Günter M. Gramlich

Lineare Algebra

*Für meine Familie:*
*Sabine, Anna und Christoph*

# Lineare Algebra

Eine Einführung in die Welt der Vektoren, Matrizen,
Lineare Gleichungen, Lineare Räume und Lineare Abbildungen

mit über 200 Bildern,
über 20 Tabellen,
über 800 Beispielen
und gelösten Aufgaben

von
Günter M. Gramlich

**Bibliografische Information der Deutschen Nationalbibliothek**
Die Deutsche Nationalbibliothek verzeichnet diese Publikation in der Deutschen Nationalbibliografie; detaillierte bibliografische Daten sind im Internet über http://dnb.d-nb.de abrufbar.

**Günter M. Gramlich**
Lineare Algebra
Eine Einführung in die Welt der Vektoren, Matrizen, Lineare Gleichungen, Lineare Räume und Lineare Abbildungen

Berlin: Pro BUSINESS 2013

ISBN 978-3-86386-474-3

1. Auflage 2013


Produktion und Herstellung: Pro BUSINESS GmbH
Gedruckt auf alterungsbeständigem Papier
Printed in Germany
www.book-on-demand.de

Prof. Dr. Günter M. Gramlich
Hochschule Ulm
http://www.hs-ulm.de/gramlich

# Vorwort

Die *Lineare Algebra* ist ein lebendiger und aktiver Bereich der Mathematik. Sie ist grundlegend sowohl für die reine als auch für die angewandte Mathematik, für die Informatik, für Natur-, Wirtschafts-, Sozial- und Ingenieurswissenschaften. Sie verfügt über viele und tiefgehende theoretische Ergebnisse und ist verantwortlich für stetig anwachsende Algorithmen von Computersimulationen.

Vorlesungen zur *Linearen Algebra* gehören zu den Pflichtveranstaltungen der mathematischen Grundausbildung von allen Studierenden der ingenieurwissenschaftlichen, wirtschaftwissenschaftlichen, naturwissenschaftlichen, mathematischen sowie informations- und kommunikationstechnischen Fachrichtungen an Fachhochschulen, Hochschulen und Universitäten. Hintergrund dieses Buches ist die Unterstützung einer Vorlesung *Lineare Algebra*. Das Buch kann aber auch zum Selbststudium und als Wiederholungslektüre zur Prüfungsvorbereitung eingesetzt werden. Auch soll es Anregung sein und den Weg eröffnen zur weitergehenden und vertieften Beschäftigung mit Theorie, Algorithmen, Konzepten, Methoden, Modellen, Anwendungen und Querverbindungen der *Linearen Algebra*. Die Themen reichen von Vektoren, Matrizen, Geometrie, Vektorräumen, linearen Abbildungen, linearen Gleichungen, Determinanten, Eigenwerten, Eigenvektoren, linearer Ausgleichsrechnung, Koordinatentransformationen bis zur Singulärwertzerlegung.

Ich habe versucht, immer wieder Anwendungen und Mathematische Modelle der *Linearen Algebra* aufzuzeigen, da ich den Anwendungsbezug der Mathematik für sehr bedeutsam erachte; er ist aber nicht das Maß aller Dinge. Es gibt Themen, die sich einer kurzfristigen Anwendbarkeit entziehen, jedoch von grundsätzlicher Bedeutung sind und gerade wegen ihrer Zweckfreiheit eine wesentliche Komponente der mathematischen Bildung (auch für Anwender) ausmachen.

Zentrale Gleichungen der *Linearen Algebra* sind lineare Gleichungssysteme $\boldsymbol{Ax} = \boldsymbol{b}$ und Eigenwertgleichungen $\boldsymbol{Ax} = \lambda\boldsymbol{x}$. Es ist einfach faszinierend, wie viel man über diese beiden Gleichungen sagen (und lernen) kann. Viele Anwendungen sind diskret und nicht kontinuierlich, digital anstatt analog und linearisierbar anstatt unberechenbar und chaotisch. Dann aber sind Matrizen und Vektoren die geeigneten Objekte und die *Lineare Algebra* die richtige Sprache; an die Stelle von kontinuierlichen Funktionen treten Vektoren. Vier Hauptaufgaben der *Linearen Algebra*, die ich in diesem Buch besprechen möchte, habe ich im Anhang A aufgeschrieben.

Die Methoden der *Linearen Algebra* eignen sich zur Beschreibung einer großen Zahl von Phänomenen der Natur-, Ingenieur-, Gesellschafts- und Wirtschaftswissenschaften. Man spricht von einer Mathematischen Modellierung der Phänomene. Die *Linearen Algebra* ist ein mächtiges Modellierungswerkzeug. Beispiele, die ganz oder zu einem großen Teil mit Methoden der *Linearen Algebra* modelliert werden können, sind: Elektromagnetische Schwingkreise, das Biegen von Balken, das Pendel, die Bewegung des Kreisels, die Drehung des Kreisels um seine Achsen, die Spektren von Molekülen und Atomen, die Darstellung, Bearbeitung und Kompression digitaler Bilder, Wichtigkeit von Internetseiten, Produktionsplanung, Lineare Regression, mechanische Schwingungen, usw.

Ein wesentliches Konzept der *Linearen Algebra* ist der Vektor. Vektoren sind mathematische Abstraktionen von Pfeilen. Entscheidend wichtig für die *Lineare Algebra* und ihren großen Erfolg ist Folgendes: Das Bild der Pfeile und wie damit umzugehen ist, kann auf verscheidene Situationen angewendet werden. Verschiedene mathematische Objekte können als Vektoren interpretiert und mit ihnen gerechnet werden wie mit Pfeilen. So können beispielsweise als Vektoren interpretiert werden: Gruppe von Zahlen, Polynome, Matrizen, Funktionen, usw. Immer wird gleich gerechnet. Das ist am Anfang gewöhnungsbedürftig, da zum Beispiel das Additionszeichen + immer gleich geschrieben wird, aber immer wieder anders gemeint ist. Es ist wichtig und sinnvoll dies gleich zu schreiben, macht aber zu Beginn das Verstehen nicht gerade leicht.

Die *Lineare Algebra* hat sich aus zwei unterschiedlichen Teilgebieten entwickelt: der (analytischen) Geometrie und dem Studium linearer Gleichungssysteme. Die *Lineare Algebra* ist ein faszinierendes Gebiet innerhalb der Mathematik mit großem Anwendungspotenzial. Sie lässt sich aus drei Blickpunkten betrachten. Erstens: *Geometrischer Blickpunkt.* Die (Analytische) Geometrie modelliert geometrische Objekte mithilfe der *Linearen Algebra.* Zweitens: *Arithmetischer Blickpunkt.* Modellieren und rechnen mit linearen Gleichungen und Matrizen sind für praktische Probleme, für Computermathematik (Numerische Mathematik) und für Computersimulationen von großer Bedeutung. Man denke nur an die Matrizenrechnung und MATLAB[1]. Drittens: *Algebraischer Blickpunkt.* In der strukturbetonten Theorie der Vektorräume (lineare Räume) tritt das Wesen der Mathematik als Strukturwissenschaft besonders hervor. Wir haben uns bemüht, in dieser Einführung alle drei Blickpunkte zur Geltung kommen zu lassen.

Dieses Lehr- und Übungsbuch ist aus einer Reihe von Mathematik-Vorlesungen für Ingenieure, Informatiker und Wirtschaftswissenschaftler hervorgegangen, die sich seit vielen Jahren gehalten gabe und noch immer halte. Es ist auch durch mein Büchlein [39] inspiriert. Es ist so angelegt, dass es in der vorgegebenen Reihenfolge, ohne Auslassungen, sicher aber mit häufigem Zurückblättern, bearbeitet werden kann. Die mathematischen Sätze sind kursiv geschrieben, durchnummeriert und (fast) jeder Satz mit einem Namen versehen. Eine Definition erkennt man nicht daran, dass davor *Definition* steht, sondern

[1] MATLAB ® ist eingetragenes Warenzeichen von The MathWork Inc.

daran, dass der zu definierende Begriff **fett** gedruckt ist. Definitionen und Sätze habe ich oft mit Bemerkungen und Kommentare versehen, um deren Bedeutungen gut zu verstehen. Wiederholungen sind kein Versehen, sondern Gewollt. An zahlreichen Beispielen können Sie die zentralen Begriffe und Methoden der *Linearen Algebra* trainieren. Jedes Kapitel beinhaltet Aufgaben, deren Musterlösungen am Ende abgedruckt sind. Die Aufgaben dienen zum Einüben und Vertiefen des Stoffes. Sie finden zwei Sorten von Aufgaben. Zum einen ganz einfache Kästchenaufgaben bzw. Richtig- oder Falsch-Aufgaben, diese dienen zur unmittelbaren Selbstkontrolle, und zum anderen die eigentlichen Aufgaben. Bei diesen habe ich mich bemüht, keine unnötigen Tricks einzubauen, sondern Ihnen Erfolgserlebnisse zu ermöglichen. Das Namen- und Stichwortverzeichnis ist recht ausführlich angelegt, um das Auffinden von Namen, Definitionen und Erläuterungen beim Zurückblättern oder bei der späteren Arbeit mit dem Buch zu erleichtern.

Ich habe mich bemüht, Bezeichnungen konsistent über das ganze Buch hinweg zu verwenden. Punkte, Mengen und lineare Abbildungen werden mit großen lateinischen Buchstaben $A$, $B$, $C$, $L$, $M$, usw. bezeichnet. Besonders wichtige Mengen, wie zum Beispiel die reellen Zahlen werden ebenfalls mit großen lateinischen Buchstaben geschrieben, darüber hinaus sind sie aber noch besonders gedruckt, zum Beispiel $\mathbb{R}$ für die Menge der reellen Zahlen. Reelle Zahlen sind kleine lateinische $a$, $b$, $c$, $\ldots$ oder griechische Buchstaben $\alpha$, $\beta$, $\gamma$, usw. Vektoren und Matrizen sind **fett** und *kursiv* geschrieben; Vektoren sind kleine ($\boldsymbol{a}$, $\boldsymbol{b}$, $\boldsymbol{c}$ usw.) und Matrizen sind große lateinische Buchstaben ($\boldsymbol{A}$, $\boldsymbol{B}$, $\boldsymbol{C}$ usw.). Sind Abbildungen bzw. Funktionen Vektoren, so schreiben wir sie nicht fett. Beispiele sind mit dem ausgefüllten Quadratzeichen ■ und Beweise mit dem nicht ausgefüllten Quadratzeichen □ abgeschlossen. Gelegentlich rechnen wir mit MATLAB, dann verwenden wir die `Schreibmaschinenschrift`.

Wir entwickeln die *Lineare Algebra* fast ausschließlich mit dem reellen Zahlenkörper $\mathbb{R}$ aus Gründen der Übersichtlichkeit und der Praxisnähe. Im Mittelpunkt stehen somit reelle Vektorräume, wobei diese fast immer endlich dimensional sind. Fast alles gilt analog auch im $\mathbb{K}^n$ mit beliebigem Zahlenkörper $\mathbb{K}$, ja überhaupt in jedem endlich dimensionalen Vektorraum über $\mathbb{K}$. Statt $\mathbb{R}$ kann man oft auch einen anderen Zahlenkörper $\mathbb{K}$ zulassen und es kostet nicht viel Anstrengung, die bereits gewonnenen Ergebnisse zu übertragen bzw. entsprechend anzupassen. Ganz besonders stark orientieren wir uns an den vier Fundamentalräumen einer reellen Matrix.

In zunehmendem Maße werden sehr leistungsfähige mathematische Softwaresysteme (wie zum Beispiel MATLAB) bei der mathematischen Lösung naturwissenschaftlicher, technischer, wirtschaftswissenschaftlicher oder sonstiger Probleme in Praxis und Wissenschaft erfolgreich eingesetzt. Solche Systeme können bereits im Grundstudium (so auch in der *Linearen Algebra*) ein nützliches und sinnvolles Hilfsmittel sein und zum Beispiel zur Kontrolle beim Lösen von Aufgaben verwendet werden (Überprüfung der von Hand gerechneten Lösungen). Das System MATLAB gestattet es, Algorithmen in übersichtlicher

Form darzustellen und umzusetzen. Außerdem deckt es eigene Fehler gnadenlos auf. Computerexperimente in der Mathematik können Wege zur Erkenntnis sein.

Die *Lineare Algebra* gibt es als mathematische Disziplin schon lange Zeit, jedoch wurde die breite praktische Anwendung der bekannten Verfahren erst mit dem Siegeszug der Computerei in den letzten Jahren wirklich möglich. Gerade der Umgang mit großen Datenmengen, wie sie in der praktischen angewandten *Linearen Algebra* vorkommen, sind ein Vorzug der modernen Rechenleistungen. Aus diesem Grund und auf diesem Gebiet gibt es sehr viele und sehr gut konzipierte Softwarepakete (der Anwender hat die Qual der Wahl), die verwendete mathematische Modelle schnell und zuverlässig einsetzbar machen. So werden immer mehr Softwarekomplettlösungen angeboten, die aber leider die dahinterstehenden mathematische Modelle oft nicht mehr erkennen lassen. Dies ist nicht immer vorteilhaft. Für bestimmte Verfahren bestehen gewisse Kriterien, die beim Einsatz erfüllt sein müssen und bei Nichterfüllen zu Überraschungen, Verwunderungen oder Fehlern führen. Meist hat der Anwender auch mehrere Lösungsmöglichkeiten zur Verfügung, so dass auch die Vielfalt entsprechend eingeordnet werden muss. Wir wollen Erfahrungen und Tipps aufzeigen und weitergeben, um praktische Probleme effizient zu lösen.

Durch die über 800 Beispiele und gelösten Aufgaben wird das Verständnis des Lehrstoffes gefestigt. Um sich die *Lineare Algebra* zu erschließen, ist es ratsam, die Beispiele durchzuarbeiten und die Aufgaben zu lösen. Arbeiten Sie alleine und auch in Gruppen! Stellen Sie eigene Fragen und überlegen Sie sich Antworten! Unterhalten Sie sich über *Lineare Algebra*! Über 200 Bilder tragen zur weiteren Veranschaulichung wichtiger Definitionen, Sätze, Beispiele und Beweise bei. Über 20 Tabellen gestalten das Buch übersichtlich. Am Ende des Buches finden Sie nach dem Literaturverzeichnis ein Symbolverzeichnis sowie das griechische Alphabet.

Das vorliegende Buch habe ich vollständig in LaTeX mit der Hauptklasse scrbook des KOMA-Script Pakets erstellt. Die Literaturhinweise wurden mit BibLaTeX und der Index mit *MakeIndex* erzeugt. Fast alle Bilder (Abbildungen) wurden mithilfe von PSTricks oder MATLAB erstellt. Ohne diese schönen Tools wäre dies alles viel schwieriger gewesen. Falls ich ein Bild aus dem freien Onlinelexikon Wikipedia (`http://de.wikipedia.org`) übernommen habe, so habe ich dies jeweils in der Bildunterschrift erwähnt.

Für jede Anregung, nützlichen Hinweis oder Verbesserungsvorschlag bin ich dankbar. Sie können mich über Post oder E-Mail `gramlich@hs-ulm.de` erreichen. Auch nachdem das Buch in Druck gegangen ist, wird es weiterleben. So finden Sie auf meiner Homepage `www.hs-ulm.de/gramlich` eine ständig aktualisierte Fehlerliste zu diesem Buch, die `.bib`-Datei, in der die von mir angegebene Literatur steht und weitere interessante Links zur *Linearen Algebra*.

Ulm, im Frühling 2013 — Günter M. Gramlich

# Inhaltsverzeichnis

# 1. Lineare Gleichungssysteme und Matrizen

*Computational mathematics is mainly based on two big ideas: Taylor series and linear algebra.*
LLOYD N. TREFETHEN

*Der Computer hat dazu beigetragen, das Studium der numerischen Analysis zu vertiefen und die Theorie der Matrizen aus ihrem fünfzigjährigen Schlaf zu erwecken.*
PHILIP J. DAVIS, REUBEN HERSH [22]

In vielen realen außermathematischen, aber auch innermathematischen Problemen treten *lineare Gleichungssysteme* auf; ihre Behandlung ist eines der wichtigsten Themen der *Linearen Algebra.* In der *Elektrotechnik* etwa führt die Anwendung der KIRCHHOFFschen Knotenregel für Schaltkreise auf lineare Gleichungssysteme, Bilanzaufgaben in *Technik* und *Ökonomie* werden mit linearen Systemen modelliert. Innerhalb der Mathematik werden Lösungen nichtlinearer Gleichungssysteme und Optimierungsaufgaben mit linearen Systemen gesucht (Quasi-NEWTON-Verfahren). *Interpolationen* und *Approximationen* von Kurven und Flächen mittels Spline- und anderer Funktionen führen auf lineare Systeme. Die *Integration* von Anfangswertaufgaben bei Systemen gewöhnlicher *Differenzialgleichungen*, die Diskretisierung von *Randwertaufgaben* bei gewöhnlichen und partiellen *Differenzialgleichungen* mittels *Differenzenverfahren* oder *finiter Elemente* oder das Lösen von *Anfangs- und Randwertaufgaben bei partiellen Differenzialgleichungen* führt über lineare Gleichungssysteme zur Lösung.

Zur sachgerechten Behandlung mathematischer Probleme der *Technik* und *Wirtschaft*, etwa zu Netzwerkberechnungen in der *Elektrotechnik* oder zur Berechnung von Fachwerken in der *Statik*, zur Lösung von *Transportproblemen* oder anderen *Optimierungsaufgaben*, zur qualitativen und quantitativen Diskussion *mechanischer dynamischer Systeme* bedient man sich der Matrizenrechnung. Matrizen sind mathematische Modelle für innermathematische und außermathematische Probleme, zum Beispiel für *Drehungen, Spiegelungen, Projektionen, lineare Abbildungen, digitale Bilder, lineare Gleichungssysteme, Graphen, innerbetriebliche Leistungsverflechtungen, Materialverflechtungen bei Stufenproduktionen, Kundenwanderungen, volkswirtschaftliche Verflechtungen, Trägheitsbeschreibungen starrer Körper*, usw.

## 1.1. Lineare Gleichungssysteme

Die Gleichung

$$2x - 5 = 3$$

ist eine lineare Gleichung, weil die Variable $x$ linear in ihr vorkommt. Löst man die Gleichung $2x - 5 = 3$ nach der Unbekannten $x$ auf, so erhält man die Lösung $x = 4$.

Allgemein ist eine **lineare Gleichung in einer Variablen** $x$ von der Form

$$ax = b,$$

wobei $a, b$ reelle Konstanten sind. Für $a \neq 0$ ist $x = b/a$ die Lösung.

**Satz 1.1.** *Wir betrachten die lineare Gleichung $ax = b$ mit reellen Konstanten $a$, $b$.*

*(a) Ist $a \neq 0$, dann ist $x = b/a$ die (eindeutige)*[1] *Lösung von $ax = b$.*

*(b) Ist $a = 0$, aber $b \neq 0$, dann hat $ax = b$ keine Lösung.*

*(c) Ist $a = 0$ und $b = 0$, dann löst jede reelle Zahl die Gleichung $ax = b$.*

*Für die Lösungsmenge $L$ von $ax = b$ gilt also: $L = \{b/a\}$, $L = \{\}$ oder $L = \mathbb{R}$.*

Wir betrachten zu diesem Satz gleich ein Beispiel.

**Beispiel 1.1.** Die Lösung der Gleichung $2x = 6$ ist $x = 3$. Die Gleichung $0x = 7$ hat keine Lösung. Die Gleichung $0x = 0$ hat jede reelle Zahl als Lösung, zum Beispiel ist $x = 4$ eine Lösung. ∎

Bei der Lösung der Gleichung $ax = b$ sind drei Fälle zu unterscheiden: *Eindeutige Lösbarkeit*, *Unlösbarkeit* und *mehrdeutige Lösbarkeit*. Ausschließlich diese drei Fälle treten auch bei linearen Gleichungssystemen auf.

Eine **lineare Gleichung in $n$ Variablen** $x_1, x_2, \ldots, x_n$ hat die Gestalt

$$a_1x_1 + a_2x_2 + \cdots + a_nx_n = b,$$

wobei $a_1, a_2, \ldots, a_n$ und $b$ gegebene reelle Konstanten sind. Die reellen Zahlen $a_i$ nennt man die **Koeffizienten** der Gleichung und $b \in \mathbb{R}$ ist die **rechte Seite** (**Absolutglied**) der Gleichung (Zur Schreibweise sei bemerkt, dass wir für die Variablen $x_1$, $x_2$, $x_3$ einer Gleichung auch $x$, $y$ oder $z$ schreiben. Kommen mehr als drei Unbekannte vor, so schreiben wir $x$ mit Index, also $x_1$, $x_2$ usw.).

[1] Das Wort eindeutig habe ich in Klammer gesetzt, weil es überflüssig ist, denn *die* Lösung drückt schon die Eindeutigkeit aus.

**Beispiel 1.2** (Lineare und nichtlineare Gleichungen)**.** Wir geben Beispiele von linearen und nichtlinearen Gleichungen.

(a) Die Gleichung $x + y = 6$ ist linear in den Variablen $x$ und $y$.
(b) Ein Straßenhändler für Modeschmuck verkauft Ketten für 18 €, Ringe für 8 € und Armreifen für 12 €. Der Tagesumsatz $U$ folgt für die Absatzmengen $k$, $r$, $a$ der Ketten, Ringe und Armreife aus der Gleichung $U = 18k + 8r + 12a$. Diese Gleichung ist linear in $k$, $r$ und $a$. Ein konkretes Umsatzbeispiel könnte $k = 1$, $r = 2$, $a = 0$ sein: $U = 18 + 16 + 0 = 34$.
(c) Für den Umfang eines Rechtecks gilt: $U = 2x + 2y$, wenn $x$ die Breite und $y$ die Länge des Rechecks sind. Die Gleichung $U = 2x + 2y$ ist linear in Länge und Breite.
(d) Für den Flächeninhalt $F$ eines Rechtecks mit den Kantenlängen $x$ und $y$ gilt $F = xy$. Diese Gleichung ist nichtlinear. ■

Eine **Lösung** der linearen Gleichung $a_1x_1 + a_2x_2 + \cdots + a_nx_n = b$ ist eine endliche Folge ($n$-Tupel) von $n$ Zahlen $\bar{x}_1$, $\bar{x}_2$, ..., $\bar{x}_n$ mit der Eigenschaft, dass die Gleichung durch die Substitution $x_1 = \bar{x}_1$, $x_2 = \bar{x}_2$, ..., $x_n = \bar{x}_n$ erfüllt wird. Die Gesamtheit aller Lösungen heißt **allgemeine Lösung** (**Lösungsmenge**, **Lösungsgesamtheit**) der Gleichung[2].

**Beispiel 1.3** (Allgemeine Lösung)**.** Finden Sie die allgemeine Lösung der linearen Gleichung

$$4x - 2y = 1.$$

*Lösung.* Um Lösungen dieser Gleichung zu finden, können wir für $x$ einen beliebigen Wert aus $\mathbb{R}$ wählen und nach $y$ auflösen; alternativ können wir auch irgendeinen Wert für $y$ wählen und nach $x$ auflösen. Der erste Ansatz liefert für $x = t$, wobei $t \in \mathbb{R}$ beliebig ist, $y = 2t - 1/2$. Die derart bestimmte **parameterabhängige Lösung**

$$x = t, \quad y = 2t - 1/2$$

ist die **allgemeine Lösung**, jede spezielle Wahl des reellen Parameters $t$ ergibt eine **spezielle Lösung** (**Teillösung**). Einzelne Lösungen erhalten wir durch Einsetzen entsprechender Zahlen für $t$. Beispielsweise liefert $t = 3$ die Lösung $x = 3$, $y = 11/2$. Schlagen wir die zweite Lösungsstrategie ein, so erhalten wir

$$x = 1/2t + 1/4, \quad y = t.$$

Obwohl sich diese Formeln von den ersten unterscheiden, beschreiben sie dieselbe allgemeine Lösung. Zum Beispiel liefert hier $t = 11/2$ genau die Lösung $x = 3$, $y = 11/2$, die wir oben für $t = 3$ erhalten haben. ■

[2]Eine endliche Folge bzw. ein $n$-Tupel wird auch so $(x_1, x_2, \ldots, x_n)$ geschrieben. Für $n = 2$ spricht man von einem Paar $(x_1, x_2)$, für $n = 3$ von einem Tripel $(x_1, x_2, x_3)$ und für $n = 4$ Quadrupel $(x_1, x_2, x_3, x_4)$. In Kapitel 3 wird die „Produktmenge $\mathbb{R}^n$" eingefürt. Ein $n$-Tupel ist dann ein Element aus $\mathbb{R}^n$.

Die allgemeine Lösung (Lösungsmenge) einer linearen Gleichung mit zwei Variablen kann durch eine Gerade in der Ebene dargestellt. Die Punktepaare, die Lösungen der Gleichung sind, liegen auf einer Geraden. Man sagt auch: Die allgemeine Lösung kann durch eine Gerade visualisiert werden.

**Beispiel 1.4.** Die allgemeine Lösung der Gleichung $x + y = 6$ aus Beispiel 1.2 ist die Gerade in Bild 1.1 (links). Eingezeichnet sind auch die drei Lösungen $(6, 0)$, $(3, 3)$

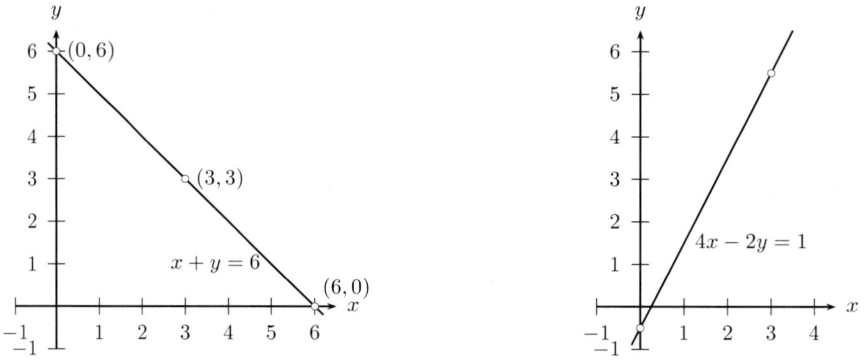


Bild 1.1.: Die Lösungsmengen von $x + y = 6$ und $4x - 2y = 1$

und $(0, 6)$. Die Lösungsmenge der Gleichung $4x - 2y = 1$, also die Gerade, ist in Bild 1.1 (rechts) zu sehen. Die speziellen Lösungen $(0, -1/2)$ und $(3, 11/2)$ sind ebenfalls eingezeichnet. ∎

Üblicherweise treten lineare Gleichungen mit mehreren Variablen nicht einzeln auf. Kommen endlich viele Gleichungen mit den Variablen $x_1$, $x_2$, …, $x_n$ vor, so spricht man von einem **linearen Gleichungssystem**. Die $m$ linearen Gleichungen

$$\begin{aligned} a_{11}x_1 + a_{12}x_2 + \cdots + a_{1n}x_n &= b_1 \\ a_{21}x_1 + a_{22}x_2 + \cdots + a_{2n}x_n &= b_2 \\ &\vdots \\ a_{m1}x_1 + a_{m2}x_2 + \cdots + a_{mn}x_n &= b_m \end{aligned}$$

ergeben ein lineares Gleichungssystem mit $n$ Variablen. Die beiden Gleichungen

$$\begin{aligned} x_1 - 2x_2 &= 1 \\ 3x_1 + 2x_2 &= 11 \end{aligned}$$

bilden ein lineares Gleichungssystem mit zwei Unbekannten, das heißt, es ist $m = 2$ und $n = 2$.

Eine **Lösung** des linearen Gleichungssystems ist eine endliche Folge von $n$ Zahlen ($n$-Tupel) $\bar{x}_1, \bar{x}_2, \ldots, \bar{x}_n$ mit der Eigenschaft, dass jede Gleichung erfüllt ist, wenn man $x_1 = \bar{x}_1, x_2 = \bar{x}_2, \ldots, x_n = \bar{x}_n$ in das Gleichungssystem einsetzt. Besitzt ein lineares System keine Lösung, so sagt man, es ist **unlösbar** (**inkonsistent**); hat es eine Lösung, so ist es **lösbar** (**konsistent**). Sind die rechten Seiten des Gleichungssystems Null, das heißt $b_1 = b_2 = \cdots = b_m = 0$, so heißt das System **homogen**. Beachten Sie, dass ein homogenes Gleichungssystem stets die Lösung $x_1 = x_2 = \cdots = x_n = 0$ hat; man nennt sie die **triviale Lösung**.

**Beispiel 1.5** (Lösung)**.** Das lineare System

$$\begin{aligned} x_1 - 2x_2 &= 1 \\ 3x_1 + 2x_2 &= 11 \end{aligned}$$

ist lösbar (konsistent). Die Lösung ist $x_1 = 3$, $x_2 = 1$. ■

Zwei Gleichungssysteme sind **äquivalent** (**gleichwertig**), wenn sie dieselbe Lösungsmenge haben. Das lineare System

$$\begin{aligned} x_1 - 3x_2 &= -7 \\ 2x_1 + x_2 &= 7 \end{aligned}$$

hat die Lösung $x_1 = 2$ und $x_2 = 3$. Das lineare System

$$\begin{aligned} 8x_1 - 3x_2 &= 7 \\ 3x_1 - 2x_2 &= 0 \\ 10x_1 - 2x_2 &= 14 \end{aligned}$$

hat ebenfalls die Lösung $x_1 = 2$ und $x_2 = 3$. Daher sind die beiden Systeme äquivalent (gleichwertig). Bitte beachten Sie: Auf den ersten Blick sieht man den beiden linearen Gleichungssystemen nicht an, dass sie äquivalent sind.

## 1.2. Lineare Systeme mit zwei Gleichungen und zwei Unbekannten

Lineare Gleichungssysteme mit zwei Gleichungen und zwei Variablen sind noch überschaubar und können mithand gelöst werden. Wir zeigen, wie man eine Lösungsformel findet.

Die allgemeine Form einer linearen Gleichung in zwei Variablen $x$ und $y$ ist

$$ax + by + c = 0.$$

Hierbei sind $a$, $b$ und $c$ gegebene reelle Zahlen. Die Lösungsmenge der Gleichung ist die leere Menge, falls $a = 0$, $b = 0$, $c \neq 0$; sie besteht aus allen reellen Zahlenpaare $(x, y)$, falls $a = 0$, $b = 0$ und $c = 0$. In den anderen Fällen lässt sich die Lösungsmenge als Gerade beschreiben.

Die allgemeine Form eines linearen Gleichungssystems mit zwei linearen Gleichungen und zwei Variablen $x$, $y$ lautet:

$$\begin{aligned} a_{11}x + a_{12}y &= b_1 \\ a_{21}x + a_{22}y &= b_2 \end{aligned}$$

$a_{11}$, $a_{21}$ sind die Koeffizienten von $x$, die Koeffizienten von $y$ sind $a_{12}$, $a_{22}$ und $b_1$, $b_2$ sind die rechten Seiten (Absolutglieder) des Gleichungssystems. Man spricht von einem $(2, 2)$-Gleichungssystem.

Es gibt verschiedene Methoden, solche linearen (2,2)-Gleichungssysteme zu lösen. Übliche Verfahren sind das *Gleichsetzungsverfahren*, das *Einsetzungsverfahren*, und das *Additionsverfahren*.

### Gleichsetzungsverfahren

Bei beiden Gleichungen wird eine der beiden Variablen auf der linken Seite isoliert, und die rechten Seiten werden dann gleichgesetzt. Es ist

$$\begin{aligned} a_{11}x + a_{12}y &= b_1 \\ a_{21}x + a_{22}y &= b_2 \end{aligned} \qquad \text{und nach } y \text{ aufgelöst} \qquad \begin{aligned} y &= \frac{b_1}{a_{12}} - \frac{a_{11}}{a_{12}}x \\ y &= \frac{b_2}{a_{22}} - \frac{a_{21}}{a_{22}}x \end{aligned}$$

Nun werden die beiden rechten Seiten gleich gesetzt. Dann ist

$$\frac{b_1}{a_{12}} - \frac{a_{11}}{a_{12}}x = \frac{b_2}{a_{22}} - \frac{a_{21}}{a_{22}}x.$$

Auflösen nach $x$ ergibt

$$x = \frac{b_2a_{12} - b_1a_{22}}{a_{12}a_{21} - a_{11}a_{22}}.$$

Um $y$ zu berechnen wird die Lösung in eine der beiden Gleichungen eingesetzt. Wir erhalten

$$y = \frac{b_1a_{21} - b_2a_{11}}{a_{12}a_{21} - a_{11}a_{22}}.$$

**Satz 1.2** (Lösung eines $(2,2)$-Systems). *Bezüglich der Lösbarkeit eines $(2,2)$-linearen Gleichungssystems erhalten wir drei Fälle:*

*(a) Ist der Nenner $a_{12}a_{21} - a_{11}a_{22} \neq 0$, so erhält man genau eine Lösung, und zwar*

$$x = \frac{b_2a_{12} - b_1a_{22}}{a_{12}a_{21} - a_{11}a_{22}} \quad \text{und} \quad y = \frac{b_1a_{21} - b_2a_{11}}{a_{12}a_{21} - a_{11}a_{22}}.$$

*(b) Ist der Nenner $a_{12}a_{21} - a_{11}a_{22}$ gleich Null, aber (mindestens) einer der beiden Zähler ungleich Null, so gibt es keine Lösung.*

*(c) Ist der Nenner $a_{12}a_{21} - a_{11}a_{22}$ gleich Null, und sind außerdem beide Zähler gleich Null, so gibt es unendlich viele Lösungen, und zwar jedes reelle Paar $(x, y)$, das die erste Gleichung und damit dann zugleich die zweite Gleichung erfüllt.*

Die Menge aller Punkte, die eine lineare Gleichung erfüllt ist eine Gerade in der Ebene. Somit gehört zu jeder gegebenen Gleichung eine Gerade. Im ersten Fall ist der Schnittpunkt der beiden Gerade die eindeutige Lösung des Systems. Im zweiten Fall gibt es keine Lösung, weil die Geraden parallel liegen (Parallelen haben keinen Schnittpunkt). Im dritten Fall gibt es unendlich viele Lösungen; die beiden Geraden sind gleich, es handelt sich um ein und dieselbe Gerade.

**Beispiel 1.6.** Aus Beispiel 1.5 wissen wir, dass $x_1 = 3$, $x_2 = 1$ die Lösung des linearen Systems

$$\begin{aligned} x_1 - 2x_2 &= 1 \\ 3x_1 + 2x_2 &= 11 \end{aligned}$$

ist. Bestätigen Sie dieses Ergebnis nun mit der Lösungsformel aus Satz 1.2.

*Lösung.* Es ist $a_{11} = 1$, $a_{12} = -2$, $a_{21} = 3$, $a_{22} = 2$, $b_1 = 1$ und $b_2 = 11$. Da der Nenner $a_{12}a_{21} - a_{11}a_{22} = (-2)(3) - (1)(2) = -6 - 2 = -8$, also ungleich Null ist, hat das System die eindeutige Lösung

$$x = \frac{b_2a_{12} - b_1a_{22}}{a_{12}a_{21} - a_{11}a_{22}} = \frac{(11)(-2) - (1)(2)}{-8} = \frac{-22 - 2}{-8} = \frac{-24}{-8} = 3,$$

$$y = \frac{b_1a_{21} - b_2a_{11}}{a_{12}a_{21} - a_{11}a_{22}} = \frac{(1)(3) - (11)(1)}{-8} = \frac{3 - 11}{-8} = \frac{-8}{-8} = 1.$$

Die beiden Geraden, die durch die beiden Gleichungen beschrieben werden, schneiden sich im Punkt $(x, y) = (3, 1)$. In Bild 5.9 (links) sind die beiden Geraden und der Lösungspunkt dargestellt. ■

**Beispiel 1.7.** Wir betrachten das lineare System

$$\begin{aligned} 2x + 3y &= 8 \\ 4x + 6y &= 13. \end{aligned}$$

Nach der Lösungsformel aus Satz 1.2 ist der Nenner gleich Null. Der Zähler des $x$-Terms ist $9 \neq 0$. Es gibt also keine Lösung, die Geraden sind parallel, siehe Bild 1.2 (links).

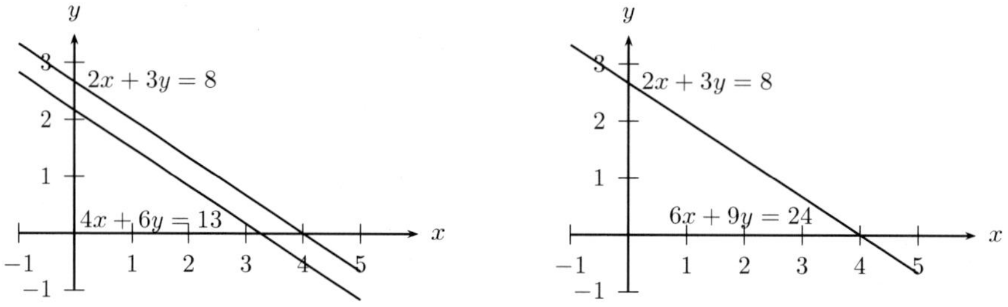


Bild 1.2.: Zu Beispiel 1.7

Wir betrachten das lineare System

$$\begin{aligned} 2x + 3y &= 8 \\ 6x + 9y &= 24. \end{aligned}$$

Nach der Lösungsformel aus Satz 1.2 ist der Nenner gleich Null. Der Zähler des $x$-Terms ist Null, auch der Zähler des $y$-Terms ist Null. Es gibt also unendlich viele Lösungen, die Geraden, die durch die beiden Gleichungen beschrieben werden, sind dieselben, siehe Bild 1.2 (rechts). ■

### Einsetzungsverfahren

Eine der beiden Gleichungen wird nach der einen Variablen aufgelöst und dieses Ergebnis wird in die zweite Gleichung eingesetzt.

### Additionsverfahren

Wir zeigen das Additionsverfahren an folgendem linearen Gleichungssystem:

$$\begin{aligned} x + 2y &= 15 \\ x - y &= 12 \end{aligned}$$

Multiplikation der zweiten Gleichung mit $-2$, um bei der Variablen $y$ den gleichen Koeffizienten wie in der ersten Gleichung zu erhalten. Man erhält

$$\begin{aligned} x + 2y &= 15 \\ 2x - 2y &= 24 \end{aligned}$$

Nun werden beiden Gleichungen addiert mit dem Ergebnis

$$x + 2x = 15 + 24 \quad \text{bzw.} \quad 3x = 39$$

Auflösen nach $x$ ergibt die Lösung $x = 13$. Einsetzen der gefundenen Lösung in eine der beiden Ausgangsgleichungen liefert die zweite Lösung $y = 1$.

Anhand des linearen Gleichungssystems

$$\begin{aligned} 3x + 7y &= 16 \\ x + y &= 4 \end{aligned}$$

zeigen wir das Additionsverfahren geometrisch. Dieses lineare System hat die Lösung $(x, y) = (3, 1)$. Das Bild 1.3 (links) zeigt das dazugehörige *Zeilenbild* (Man spricht von einem Zeilenbild, weil die Gleichungen bzw. Zeilen geometrisch interpretiert werden). Als erstes multiplizieren wir die zweite Gleichung $x + y = 4$ mit $(-3)$. Das neue System

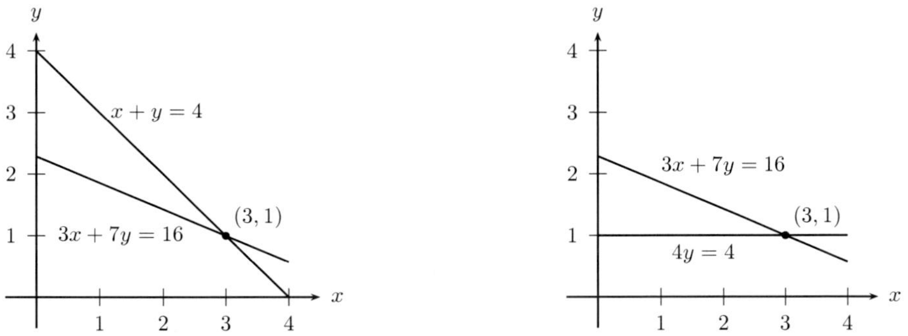


Bild 1.3.: Zeilenbild des Systems (links); nach Additionsschritt (rechts)

ist nun

$$\begin{aligned} 3x + 7y &= 16 \\ -x - 3y &= -12 \end{aligned}$$

Die dazugehörige Geometrie (Zeilenbild) ist das Gleiche wie in Bild 1.3 (links). Nun addieren wir die beiden Gleichungen und ersetzen die zweite Gleichung durch die neue Gleichung. Das neue äquivalente System ist nun

$$\begin{aligned} 3x + 7y &= 16 \\ 4y &= 4 \end{aligned}$$

Da sich die zweite Gleichung geändert hat, gibt es nun auch eine neue Gerade. Das Bild 1.3 (rechts) zeigt das dazugehörige Zeilenbild. Nun dividieren wir die zweite Gleichung durch 4 und erhalten

$$\begin{aligned} 3x + 7y &= 16 \\ y &= 1 \end{aligned}$$

Das Zeilenbild ist natürlich wie in Bild 1.3 (rechts). Setzt man $y = 1$ in die erste Gleichung ein, so erhält man $x = 3$ und damit ist $x = 3$, $y = 1$ die Lösung des linearen Gleichungssystems.

## 1.3. Matrizen

In vielen Anwendungen (Technik, Wirtschaft, Gesellschaft) werden Prozesse tabellarisch verwaltet und mit Tabellen bearbeitet, gesteuert und geregelt. Komplexe Prozesse können so übersichtlich modelliert werden. Das ist der Auftritt von *Matrizen.*

Das rechteckige Zahlenschema

$$\begin{bmatrix} a_{11} & a_{12} & \cdots & a_{1n} \\ a_{21} & a_{22} & \cdots & a_{2n} \\ \vdots & \vdots & \vdots & \vdots \\ a_{i1} & a_{i2} & \cdots & a_{in} \\ \vdots & \vdots & \vdots & \vdots \\ a_{m1} & a_{m2} & \cdots & a_{mn} \end{bmatrix}$$

mit $a_{ij} \in \mathbb{R}$, $i = 1, 2, \ldots, m$, $j = 1, 2, \ldots, n$ heißt **reelle Matrix mit $m$ Zeilen und $n$ Spalten** oder **$(m, n)$-Matrix**[3]. Die reellen Zahlen $a_{ij}$ sind die **Elemente der Matrix (Matrixelemente)**. Statt $a_{ij}$ bietet sich auch die Schreibweise $a(i, j)$ oder $\boldsymbol{A}(i, j)$ an[4].

[3]Eine Matrix muss nicht mit Hilfe des undefinierten Begriffes des „rechteckigen Schemas" eingeführt werden. Man kann sie vielmehr wie folgt auf bekannte Objekte zurückführen: Eine reelle Matrix $\boldsymbol{A} = [a_{ij}]$ ist eine Abbildung $f : \{1, 2, \ldots, m\} \times \{1, 2, \ldots, n\} \to \mathbb{R}$. Jedem Paar $(i, j)$ mit $i = 1, 2, \ldots, m$ und $j = 1, 2, \ldots, n$ wird die reelle Zahl $a_{ij}$ zugeordnet.

[4]Eine Matrix ist ein rechteckiges Schema (Tabelle) von Zahlen. Sie ist aber noch mehr! Eine Matrix ist auch ein Operator, eine Abbildung. Dieser Abbildungsaspekt wird ausführlich in Kapitel 8 besprochen.

Zum Beispiel ist

$$\begin{bmatrix} 1 & \sqrt{2} & -2 \\ 7 & -3 & \pi \end{bmatrix}$$

eine Matrix mit 2 Zeilen, 3 Spalten und insgesamt $2 \cdot 3 = 6$ Elementen. Es ist $a_{11} = 1$, $a_{12} = \sqrt{2}$, $a_{13} = -2$, $a_{21} = 7$, $a_{22} = -3$ und $a_{23} = \pi$.

Die Matrixelemente $a_{ij}$ sind in diesem Buch fast immer reelle Zahlen, also $a_{ij} \in \mathbb{R}$. Gelegentlich ist es jedoch erforderlich für die Matrixelemente auch Funktionsterme oder andere mathematische Objekte zuzulassen.

Ein lineares Gleichungssystem mit $m$ Gleichungen und $n$ Unbekannten

$$\begin{aligned} a_{11}x_1 + a_{12}x_2 + \cdots + a_{1n}x_n &= b_1 \\ a_{21}x_1 + a_{22}x_2 + \cdots + a_{2n}x_n &= b_2 \\ &\vdots \\ a_{m1}x_1 + a_{m2}x_2 + \cdots + a_{mn}x_n &= b_m \end{aligned}$$

können wir als Matrix in der Form

$$\begin{bmatrix} a_{11} & a_{12} & \cdots & a_{1n} & b_1 \\ a_{21} & a_{22} & \cdots & a_{2n} & b_2 \\ \vdots & \vdots & \vdots & \vdots & \vdots \\ a_{i1} & a_{i2} & \cdots & a_{in} & b_i \\ \vdots & \vdots & \vdots & \vdots & \vdots \\ a_{m1} & a_{m2} & \cdots & a_{mn} & b_m \end{bmatrix} \quad \text{bzw.} \quad \left[\begin{array}{cccc|c} a_{11} & a_{12} & \cdots & a_{1n} & b_1 \\ a_{21} & a_{22} & \cdots & a_{2n} & b_2 \\ \vdots & \vdots & \vdots & \vdots & \vdots \\ a_{i1} & a_{i2} & \cdots & a_{in} & b_i \\ \vdots & \vdots & \vdots & \vdots & \vdots \\ a_{m1} & a_{m2} & \cdots & a_{mn} & b_m \end{array}\right]$$

schreiben, wenn wir uns merken, dass die Matrixelemente in der $j$-ten Spalte mit der Variablen $x_j$ zu multiplizieren sind, zwischen zwei Spalten ein Pluszeichen + und zwischen der vorletzten und letzten Spalte ein Gleichheitszeichen = steht. Wir nennen diese Matrix die **erweiterte Koeffizientenmatrix des linearen Gleichungssystems**. Erweitert deshalb, weil die rechte Seite des Gleichungssystems mit in die Matrix aufgenommen wird. Ist dies nicht der Fall, so spricht man nur von der **Koeffizientenmatrix** des linearen Systems. Zum Beispiel gehört zum linearen Gleichungssystem

$$\begin{aligned} x_1 + x_2 + 2x_3 &= 9 \\ 2x_1 + 4x_2 - 3x_3 &= 1 \\ 3x_1 + 6x_2 - 5x_3 &= 0 \end{aligned}$$

die erweiterte Koeffizientenmatrix

$$\begin{bmatrix} 1 & 1 & 2 & 9 \\ 2 & 4 & -3 & 1 \\ 3 & 6 & -5 & 0 \end{bmatrix} \quad \text{bzw.} \quad \left[\begin{array}{ccc|c} 1 & 1 & 2 & 9 \\ 2 & 4 & -3 & 1 \\ 3 & 6 & -5 & 0 \end{array}\right].$$

Mithilfe von Matrizen können wir lineare Gleichungssysteme übersichtlich und kompakt schreiben und behandeln.

## 1.4. Elementare Umformungen und Zeilenstufenformen

Wir entwickeln nun ein Lösungsverfahren für lineare Gleichungssysteme. Die grundlegende Idee dieses Verfahrens besteht darin, das gegebene System in ein äquivalentes (gleichwertiges) System zu bringen, das einfacher gelöst werden kann. Wir betrachten folgende drei grundlegende Operationen.

**Elementare Gleichungsumformungen:**

- Vertauschen von zwei Gleichungen,
- Multiplikation einer Gleichung mit einer von Null verschiedenen Konstanten,
- Addition eines Vielfachen einer Gleichung zu einer anderen Gleichung.

Unter einer **elementaren Gleichungsumformung** versteht man solch eine Operation.

**Satz 1.3** (Elementare Gleichungsumformungen). *Elementare Gleichungsumformungen ändern nicht die Lösungsmenge eines linearen Gleichungssystems.*

Anders ausgedrückt: Lineare Systeme, die durch elementare Gleichungsumformungen auseinander hervorgehen, sind äquivalent; sie haben die gleiche Lösungsmenge. Da die Zeilen der erweiterten Koeffizientenmatrix den Gleichungen des zugehörigen Systems entsprechen, liefern die elementaren Gleichungsumformungen folgende **elementare Zeilenumformungen** innerhalb der erweiterten Koeffizientenmatrix.

**Elementare Zeilenumformungen:**

- Vertauschen von zwei Zeilen,
- Multiplikation einer Zeile mit einer von Null verschiedenen Konstanten,
- Addition eines Vielfachen einer Zeile zu einer anderen Zeile.

Durch elementare Zeilenumformungen kann man jede Matrix auf *Zeilenstufenform* bringen. Eine Matrix hat **Zeilenstufenform**, wenn folgende Eigenschaften erfüllt sind:

- Alle Zeilen, die nur Nullen enthalten, stehen in den untersten Zeilen der Matrix.
- Wenn eine Zeile nicht nur aus Nullen besteht, so ist die erste von Null verschiedene Zahl eine Eins. Sie wird als **führende Eins** der Zeile bezeichnet.
- In zwei aufeinanderfolgenden Zeilen, die nicht verschwindende Elemente besitzen, steht die führende Eins der unteren Zeile rechts von der führenden Eins der oberen Zeile.

Die Matrix

$$\begin{bmatrix} 1 & \times & \times & \times & \times & \times & \times & \times \\ 0 & 0 & 1 & \times & \times & \times & \times & \times \\ 0 & 0 & 0 & 1 & \times & \times & \times & \times \\ 0 & 0 & 0 & 0 & 0 & 0 & 1 & \times \\ 0 & 0 & 0 & 0 & 0 & 0 & 0 & 0 \\ 0 & 0 & 0 & 0 & 0 & 0 & 0 & 0 \end{bmatrix}$$

ist eine typische Matrix in Zeilenstufenform, wobei $\times$ für irgendeine reelle Zahl steht.

Besitzt eine Matrix Zeilenstufenform und gilt noch zusätzlich eine Spalte, die eine führende Eins enthält, hat keine weiteren von Null verschiedenen Einträge, dann hat sie **reduzierte (normierte) Zeilenstufenform**.

Die Matrix

$$\begin{bmatrix} 1 & \times & 0 & 0 & \times & \times & 0 & \times \\ 0 & 0 & 1 & 0 & \times & \times & 0 & \times \\ 0 & 0 & 0 & 1 & \times & \times & 0 & \times \\ 0 & 0 & 0 & 0 & 0 & 0 & 1 & \times \\ 0 & 0 & 0 & 0 & 0 & 0 & 0 & 0 \\ 0 & 0 & 0 & 0 & 0 & 0 & 0 & 0 \end{bmatrix}$$

ist eine typische Matrix in reduzierter Zeilenstufenform, wobei $\times$ für irgendeine reelle Zahl steht.

**Beispiel 1.8** (Zeilenstufenform)**.** Entscheiden Sie, welche der folgenden Matrizen in Zeilenstufenform vorliegen.

(a) $\begin{bmatrix} 1 & 4 & 3 & 7 \\ 0 & 1 & 5 & 2 \\ 0 & 0 & 1 & 9 \end{bmatrix}$ (c) $\begin{bmatrix} 1 & 0 & 0 \\ 0 & 1 & 0 \\ 0 & 0 & 1 \end{bmatrix}$ (e) $\begin{bmatrix} 1 & 0 & 0 \\ 0 & 1 & 0 \\ 0 & 2 & 0 \end{bmatrix}$

(b) $\begin{bmatrix} 1 & 1 & 0 \\ 0 & 1 & 0 \\ 0 & 0 & 0 \end{bmatrix}$ (d) $\begin{bmatrix} 1 & 2 & 0 \\ 0 & 1 & 0 \\ 0 & 0 & 0 \end{bmatrix}$ (f) $\begin{bmatrix} 1 & 3 & 4 \\ 0 & 0 & 0 \\ 0 & 0 & 0 \end{bmatrix}$

*Lösung.* Nur die Matrix (e) hat keine Zeilenstufenform. ■

**Beispiel 1.9** (Reduzierte Zeilenstufenform). Entscheiden Sie, ob die folgenden Matrizen in reduzierter Zeilenstufenform vorliegen.

(a) $\begin{bmatrix} 1 & 0 & 0 & 4 \\ 0 & 1 & 0 & 7 \\ 0 & 0 & 1 & -1 \end{bmatrix}$ (c) $\begin{bmatrix} 0 & 1 & 0 \\ 1 & 0 & 0 \\ 0 & 0 & 0 \end{bmatrix}$ (e) $\begin{bmatrix} 0 & 0 & 0 \\ 0 & 0 & 1 \\ 0 & 0 & 0 \end{bmatrix}$

(b) $\begin{bmatrix} 1 & 1 & 0 \\ 0 & 1 & 0 \\ 0 & 0 & 1 \end{bmatrix}$ (d) $\begin{bmatrix} 1 & 0 & 2 \\ 0 & 1 & 3 \\ 0 & 0 & 0 \end{bmatrix}$ (f) $\begin{bmatrix} 0 & 0 & 0 \\ 0 & 0 & 0 \\ 0 & 0 & 0 \end{bmatrix}$

*Lösung.* (a), (d), (f) haben reduzierte Zeilenstufenform; die anderen Matrizen nicht. ■

Liegt eine Matrix in Zeilenstufenform vor, so stehen unter einer führenden Eins nur Nullen. Hat die Matrix sogar reduzierte Zeilenstufenform, so stehen auch über einer führenden Eins nur Nullen.

Nachdem man die Koeffizientenmatrix eines linearen Gleichungssystems durch elementare Zeilenumformungen auf reduzierte Zeilenstufenform gebracht hat, lässt sich die Lösungsmenge des Systems leicht bestimmen. Das folgende Beispiel zeigt dies.

**Beispiel 1.10.** Wir gehen davon aus, dass die erweiterte Koeffizientenmatrix eines linearen Gleichungssystems durch elementare Zeilenumformungen auf die folgende reduzierte Zeilenstufenform gebracht wurde

$$\begin{bmatrix} 1 & 0 & 0 & 4 & -1 \\ 0 & 1 & 0 & 2 & 6 \\ 0 & 0 & 1 & 3 & 2 \end{bmatrix}.$$

Bestimmen Sie daraus die Lösungsmenge des Systems.

*Lösung.* Das zugehörige Gleichungssystem ist

$$\begin{aligned} x_1 \qquad + 4x_4 &= -1 \\ x_2 \quad + 2x_4 &= 6 \\ x_3 + 3x_4 &= 2. \end{aligned}$$

Da $x_1$, $x_2$ und $x_3$ den führenden Einsen entsprechen, bezeichnen wir sie als **führende Variablen**, die übrigen (hier $x_4$) nennen wir **freie Variablen**. Durch Auflösen der Gleichungen nach den führenden Variablen erhalten wir

$$\begin{aligned} x_1 &= -1 - 4x_4 \\ x_2 &= \phantom{-}6 - 2x_4 \\ x_3 &= \phantom{-}2 - 3x_4. \end{aligned}$$

Da $x_4$ einen beliebigen Wert $t \in \mathbb{R}$ annehmen kann, hat das System unendlich viele Lösungen, die sich durch

$$x_1 = -1 - 4t, \quad x_2 = 6 - 2t, \quad x_3 = 2 - 3t, \quad x_4 = t.$$

beschreiben lassen. ∎

**Beispiel 1.11.** Wir gehen davon aus, dass die erweiterte Koeffizientenmatrix eines linearen Gleichungssystems durch elementare Zeilenumformungen auf die folgende Zeilenstufenform gebracht wurde

$$\begin{bmatrix} 1 & 2 & 4 & 0 & 1 \\ 0 & 1 & 2 & 0 & 0 \\ 0 & 0 & 1 & 1 & 0 \\ 0 & 0 & 0 & 0 & 0 \end{bmatrix}.$$

Bestimmen Sie die führenden und freien Variablen des dazugehörigen linearen Gleichungssystems.

*Lösung.* Entsprechend der Stellung der führenden Einsen kann man direkt an der Matrix ablesen, dass $x_1$, $x_2$ und $x_3$ die führenden Variablen sind. Die freie Variable ist daher $x_4$. ∎

Durch die gegebene Matrix $\boldsymbol{A}$ ist die Form ihrer Zeilenstufenmatrix eindeutig festgelegt, die einzelnen Matrixelemente allerdings nicht. Wird die Matrix $\boldsymbol{A}$ auf reduzierte Zeilenstufenform gebracht, dann kann man zeigen, dass sowohl die Form als auch deren Matrixelemente eindeutig bestimmt sind. Mit anderen Worten: Wie auch die einzelnen Zeilenumformungen aussehen mögen, die reduzierte Zeilenstufenmatrix von $\boldsymbol{A}$ ist immer eindeutig. Einen Beweis hierzu finden Sie zum Beispiel in [81]. Die (unreduzierte) Zeilenstufenform ist effizienter zu berechnen, aus theoretischen Überlegungen heraus, ist aber die reduzierte Zeilenstufenform oft geeigneter.

## 1.5. Das Gauß- und Gauß-Jordan-Verfahren

In Beispiel 1.10 haben wir gesehen, dass es nicht schwer ist, ein lineares Gleichungssystem zu lösen, dessen erweiterte Koeffizientenmatrix in reduzierter Zeilenstufenform vorliegt. Aus diesem Grund ist man bestrebt, jede Koeffizientenmatrix zum Lösen eines linearen Systems auf diese Form zu bringen. Man nennt diese Vorgehensweise **Gauß-Jordan-Verfahren**[5].

[5] Wilhelm Jordan (1842 – 1899).

**Algorithmus 1: Gauß-Jordan-Verfahren**

Das Transformieren einer Matrix in reduzierte Zeilenstufenform besteht aus folgenden Schritten:

1. Wir bestimmen die am weitesten links stehende Spalte, die von Null verschiedene Werte enthält.
2. Ist die oberste Zahl der in Schritt 1 gefundenen Spalte eine Null, dann vertauschen wir die erste Zeile mit einer geeigneten anderen Zeile.
3. Ist $a$ das erste Element der in Schritt 1 gefundenen Spalte, dann dividieren wir die erste Zeile durch $a$, um die führende Eins zu erzeugen.
4. Wir addieren passende Vielfache der ersten Zeile zu den übrigen Zeilen, um unterhalb der führenden Eins Nullen zu erzeugen.
5. Wir wenden die ersten vier Schritte auf den Teil der Matrix an, den wir durch Streichen der ersten Zeile erhalten, und wiederholen dieses Verfahren, bis die erweiterte Koeffizientenmatrix Zeilenstufenform hat.
6. Mit der letzten nicht verschwindenden Zeile beginnend, addiere man geeignete Vielfache jeder Zeile zu den darüber liegenden Zeilen, um über den führenden Einsen Nullen zu erzeugen.

Zuweilen ist es günstiger und weniger aufwendig, wenn man die erweiterte Koeffizientenmatrix nur auf Zeilenstufenform bringt, das heißt auf den letzten Schritt (6.) im GAUSS-JORDAN-Verfahren verzichtet. Das Gleichungssystem, das man dabei erhält, kann dann durch **Rückwertseinsetzen** (**Rückwärtssubstitution**) gelöst werden, siehe folgende Beispiele. Das Verfahren heißt dann **Gauß-Verfahren**[6].

**Algorithmus 2: Gauß-Verfahren**

Das GAUSS-Verfahren besteht aus folgenden Schritten:

1. Wir führen die Schritte 1. bis 5. wie beim GAUSS-JORDAN-Verfahren durch.
2. Wir lösen das System in Zeilenstufenform durch Rückwärtseinsetzen.

Das GAUSS-Verfahren ist *die* Methode, um lineare Gleichungssysteme auch numerisch mit dem Computer zu lösen.

[6] KARL FRIEDRICH GAUSS (1777 – 1855).

**Beispiel 1.12** (Gauß-Verfahren, eindeutige Lösung)**.** Lösen Sie das lineare Gleichungssystem

$$\begin{aligned} x + y + 2z &= 9 \\ 2x + 4y - 3z &= 1 \\ 3x + 6y - 5z &= 0 \end{aligned}$$

durch das GAUSS-Verfahren.

*Lösung.* Die dazugehörige erweiterte Koeffizientenmatrix ist

$$\begin{bmatrix} 1 & 1 & 2 & 9 \\ 2 & 4 & -3 & 1 \\ 3 & 6 & -5 & 0 \end{bmatrix}.$$

Wir bringen dieses lineare Gleichungssystem bzw. diese Matrix durch elementare Gleichungs- bzw. Zeilenumformungen auf Zeilenstufenform.

1. Addition des (−2)-Fachen der ersten Zeile (Gleichung) zur zweiten:

$$\begin{aligned} x + y + 2z &= 9 \\ 2y - 7z &= -17 \\ 3x + 6y - 5z &= 0 \end{aligned} \qquad \begin{bmatrix} 1 & 1 & 2 & 9 \\ 0 & 2 & -7 & -17 \\ 3 & 6 & -5 & 0 \end{bmatrix}.$$

2. Addition des (−3)-Fachen der ersten Zeile (Gleichung) zur dritten:

$$\begin{aligned} x + y + 2z &= 9 \\ 2y - 7z &= -17 \\ 3y - 11z &= -27 \end{aligned} \qquad \begin{bmatrix} 1 & 1 & 2 & 9 \\ 0 & 2 & -7 & -17 \\ 0 & 3 & -11 & -27 \end{bmatrix}.$$

3. Multiplikation der zweiten Zeile (Gleichung) mit 1/2:

$$\begin{aligned} x + y + 2z &= 9 \\ y - 7/2z &= -17/2 \\ 3y - 11z &= -27 \end{aligned} \qquad \begin{bmatrix} 1 & 1 & 2 & 9 \\ 0 & 1 & -7/2 & -17/2 \\ 0 & 3 & -11 & -27 \end{bmatrix}.$$

4. Addition des (−3)-Fachen der zweiten Zeile (Gleichung) zur dritten:

$$\begin{aligned} x + y + 2z &= 9 \\ y - 7/2z &= -17/2 \\ -1/2z &= -3/2 \end{aligned} \qquad \begin{bmatrix} 1 & 1 & 2 & 9 \\ 0 & 1 & -7/2 & -17/2 \\ 0 & 0 & -1/2 & -3/2 \end{bmatrix}.$$

5. Multiplikation der dritten Zeile (Gleichung) mit −2:

$$\begin{aligned} x + \quad y + \quad 2z &= \quad 9 \\ y - 7/2z &= -17/2 \\ z &= \quad 3 \end{aligned} \qquad \begin{bmatrix} 1 & 1 & 2 & 9 \\ 0 & 1 & -7/2 & -17/2 \\ 0 & 0 & 1 & 3 \end{bmatrix}.$$

6. Damit ist die Zeilenstufenform erreicht und wir können durch Rückwärtssubstitution lösen. Auflösen nach den führenden Variablen ergibt

$$\begin{aligned} x &= 9 - y - 2z \\ y &= -17/2 + 7/2z \\ z &= 3 \end{aligned}$$

Durch Einsetzen der letzten Gleichung in die anderen, erhalten wir

$$\begin{aligned} x &= 3 - y \\ y &= 2 \\ z &= 3 \end{aligned}$$

und schließlich durch Substitution der zweiten Gleichung in die erste, ergibt die Lösung

$$\begin{aligned} x &= 1 \\ y &= 2 \\ z &= 3. \quad \blacksquare \end{aligned}$$

Wir lösen das gleiche Beispiel nun mit der GAUSS-JORDAN-Methode.

**Beispiel 1.13** (Gauß-Jordan-Verfahren, eindeutige Lösung)**.** Lösen Sie das lineare System

$$\begin{aligned} x + y + 2z &= 9 \\ 2x + 4y - 3z &= 1 \\ 3x + 6y - 5z &= 0 \end{aligned}$$

aus Beispiel 1.12 mit dem GAUSS-JORDAN-Verfahren.

*Lösung.* Die dazugehörige erweiterte Koeffizientenmatrix ist

$$\begin{bmatrix} 1 & 1 & 2 & 9 \\ 2 & 4 & -3 & 1 \\ 3 & 6 & -5 & 0 \end{bmatrix}.$$

Wir bringen diese Matrix durch Zeilenumformungen auf reduzierte Zeilenstufenform. Hierzu brauchen wir im Hinblick auf Beispiel 1.12 nur noch die dort bereits berechnete Zeilenstufenform auf reduzierte Gestalt zu bringen, das heißt oberhalb der führenden Einsen müssen Nullen stehen. Anders gesagt: Im GAUSS-JORDAN-Verfahren ist nur noch Schritt 6 durchzuführen. Somit gehen wir von folgender Matrix aus

$$\begin{bmatrix} 1 & 1 & 2 & 9 \\ 0 & 1 & -7/2 & -17/2 \\ 0 & 0 & 1 & 3 \end{bmatrix}.$$

1. Addition des $(7/2)$-Fachen der dritten Zeile zur zweiten:

$$\begin{bmatrix} 1 & 1 & 2 & 9 \\ 0 & 1 & 0 & 2 \\ 0 & 0 & 1 & 3 \end{bmatrix}.$$

2. Addition des $(-2)$-Fachen der dritten Zeile zur ersten:

$$\begin{bmatrix} 1 & 1 & 0 & 3 \\ 0 & 1 & 0 & 2 \\ 0 & 0 & 1 & 3 \end{bmatrix}.$$

3. Addition des $(-1)$-Fachen der zweiten Zeile zur ersten:

$$\begin{bmatrix} 1 & 0 & 0 & 1 \\ 0 & 1 & 0 & 2 \\ 0 & 0 & 1 & 3 \end{bmatrix}.$$

Die Lösung $z = 3$, $y = 2$, $x = 1$ kann nun direkt abgelesen werden. ■

**Beispiel 1.14** (Gauß-Verfahren, keine Lösung)**.** Zeigen Sie mit dem GAUSS-Verfahren, dass das lineare Gleichungssystem

$$\begin{aligned} x_1 + \phantom{2x_2} &= 6 \\ x_1 + \phantom{2}x_2 &= 0 \\ x_1 + 2x_2 &= 0 \end{aligned}$$

keine Lösung hat.

*Lösung.* Die dazugehörige erweiterte Koeffizientenmatrix ist

$$\begin{bmatrix} 1 & 0 & 6 \\ 1 & 1 & 0 \\ 1 & 2 & 0 \end{bmatrix}.$$

Wir bringen diese Matrix durch elementare Zeilenumformungen auf Zeilenstufenform.

1. Addition des $(-1)$-Fachen der ersten Zeile zur zweiten:

$$\begin{bmatrix} 1 & 0 & 6 \\ 0 & 1 & -6 \\ 1 & 2 & 0 \end{bmatrix}.$$

2. Addition des $(-1)$-Fachen der ersten Zeile zur dritten:

$$\begin{bmatrix} 1 & 0 & 6 \\ 0 & 1 & -6 \\ 0 & 2 & -6 \end{bmatrix}.$$

3. Addition des $(-2)$-Fachen der zweiten Zeile zur dritten:

$$\begin{bmatrix} 1 & 0 & 6 \\ 0 & 1 & -6 \\ 0 & 0 & 6 \end{bmatrix}.$$

4. Multiplikation der letzten Zeile mit $1/6$:

$$\begin{bmatrix} 1 & 0 & 6 \\ 0 & 1 & -6 \\ 0 & 0 & 1 \end{bmatrix}.$$

Damit hat die erweiterte Koeffizientenmatrix Zeilenstufenform. An der dritten, letzten Zeile ist erkennbar, dass das lineare System unlösbar ist, denn

$$0x_1 + 0x_2 = 1$$

ist für keine reelle Zahlenkombination $x_1$, $x_2$ lösbar. ∎

**Beispiel 1.15** (Gauß-Verfahren, unendlich viele Lösungen)**.** Berechnen Sie die allgemeine Lösung des linearen Systems

$$\begin{aligned} x_1 + 2x_2 &= 4 \\ 3x_1 + 6x_2 &= 12 \end{aligned}$$

mit dem GAUSS-Verfahren.

*Lösung.* Die dazugehörige erweiterte Koeffizientenmatrix ist

$$\begin{bmatrix} 1 & 2 & 4 \\ 3 & 6 & 12 \end{bmatrix}.$$

Wir bringen diese Matrix durch elementare Zeilenumformungen auf Zeilenstufenform. Dies geht in einem Schritt. Addition des $(-3)$-Fachen der ersten Zeile zur zweiten:

$$\begin{bmatrix} 1 & 2 & 4 \\ 0 & 0 & 0 \end{bmatrix}.$$

Damit ist bereits Zeilenstufenform erreicht. Das dazugehörige Gleichungssystem ist

$$\begin{aligned} x_1 + 2x_2 &= 4 \\ 0x_1 + 0x_2 &= 0. \end{aligned}$$

Damit ist bereits erkennbar, dass das System unendlich viele Lösungen hat. Die erste Gleichung schreibt sich als

$$x_1 = 4 - 2x_2$$

und wir können für die freie Variable $x_2$ einen beliebigen Parameter $t \in \mathbb{R}$ wählen. Die unendlich vielen Lösungen haben somit die parametrisierte Form

$$x_1 = 4 - 2t, \quad x_2 = t. \quad \blacksquare$$

Wir können die bisherigen Rechnungen und Beobachtungen zusammenfassen.

**Satz 1.4** (GAUSS-Verfahren; Lösungen). *Gegeben ist ein lineares Gleichungssystem. Dann kann man die erweiterte Koeffizientenmatrix durch elementare Zeilenumformungen stets auf Zeilenstufenform, das heißt auf die Form ($m$ Zeilen, $n+1$ Spalten)*

$$\left[\begin{array}{cccccccccccccc|c} 0 & \cdots & 0 & 1 & \times & \cdots & \times & \times & \times & \cdots & \times & \times & \times & \cdots & \times & b_1 \\ 0 & \cdots & 0 & 0 & 0 & \cdots & 0 & 1 & \times & \cdots & \times & \times & \times & \cdots & \times & b_2 \\ \vdots & & & & & & & & & & & & & & \vdots & \vdots \\ 0 & \cdots & 0 & 0 & 0 & \cdots & 0 & 0 & 0 & \cdots & 0 & 1 & \times & \cdots & \times & b_r \\ 0 & \cdots & 0 & 0 & 0 & \cdots & 0 & 0 & 0 & \cdots & 0 & 0 & 0 & \cdots & 0 & b_{r+1} \\ 0 & \cdots & 0 & 0 & 0 & \cdots & 0 & 0 & 0 & \cdots & 0 & 0 & 0 & \cdots & 0 & 0 \\ \vdots & & & & & & & & & & & & & & \vdots & \vdots \\ 0 & \cdots & 0 & 0 & 0 & \cdots & 0 & 0 & 0 & \cdots & 0 & 0 & 0 & \cdots & 0 & 0 \end{array}\right]$$

*bringen, wobei $b_{r+1}$ entweder 1 oder 0 ist und $\times$ für irgendeine reelle Zahl steht.*

*(a) Ist $b_{r+1} = 1$, so besitzt das lineare Gleichungssystem keine Lösung.*

*(b) Ist $b_{r+1} = 0$ und ist $r = n$, so besitzt das lineare Gleichungssystem genau eine Lösung. Ist das System homogen, also $b_i = 0$ für $i = 1, 2, \ldots, m$, so ist $x_j = 0$ für $j = 1, 2, \ldots, n$, die (einzige) Lösung.*

*(c) Ist $b_{r+1} = 0$ und ist $r < n$, so besitzt das lineare Gleichungssystem unendlich viele Lösungen und die Lösungsmenge lässt sich parametrisiert darstellen; es gibt $n - r$ Parameter.*

**Beispiel 1.16** (Lineares Gleichungssystem, Gauß-Verfahren, unendlich viele Lösungen). Berechnen Sie die allgemeine Lösung des linearen Systems

$$\begin{aligned} x_1 + 2x_2 + x_3 &= 1 \\ 2x_1 + 4x_2 + 2x_3 &= 2 \end{aligned}$$

mit dem GAUSS-Verfahren.

*Lösung.* Die dazugehörige erweiterte Koeffizientenmatrix ist

$$\begin{bmatrix} 1 & 2 & 1 & 1 \\ 2 & 4 & 2 & 2 \end{bmatrix}.$$

Wir bringen diese Matrix durch elementare Zeilenumformungen auf Zeilenstufenform. Dies geht in einem Schritt. Addition des $(-2)$-Fachen der ersten Zeile zur zweiten:

$$\begin{bmatrix} 1 & 2 & 1 & 1 \\ 0 & 0 & 0 & 0 \end{bmatrix}.$$

Damit ist bereits Zeilenstufenform erreicht. Das dazugehörige Gleichungssystem ist

$$\begin{aligned} x_1 + 2x_2 + x_3 &= 1 \\ 0x_1 + 0x_2 + 0x_3 &= 0. \end{aligned}$$

Damit ist bereits erkennbar, dass das System unendlich viele Lösungen hat. Die erste Gleichung schreibt sich als

$$x_1 = -2x_2 - x_3$$

und wir können für die freien Variablen $x_2$, $x_3$ beliebige Parameter $s, t \in \mathbb{R}$ wählen. Die unendlich vielen Lösungen haben somit die parametrisierte Form

$$x_1 = -2s - t, \quad x_2 = s, \quad x_3 = t. \quad \blacksquare$$

## 1.6. Zur Lösungstheorie linearer Gleichungssysteme

Wir haben gesehen, dass lineare Gleichungssysteme entweder eindeutig lösbar sind, oder unendlich viele Lösungen besitzen oder aber keine Lösung haben. Das Bild 1.4 zeigt dies übersichtlich als Baumdiagramm.

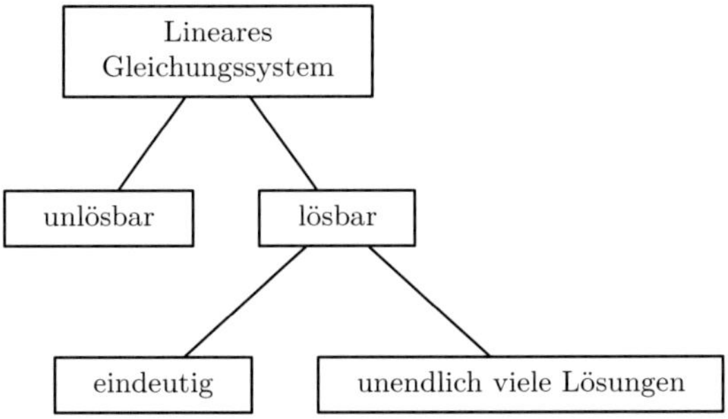


Bild 1.4.: Zur Lösbarkeit linearer Gleichungssysteme

Ein lineares Gleichungssystem mit $m$ Gleichungen und $n$ Variablen heißt **bestimmt** (**quadratisch**), wenn $m = n$ ist. Das Bild 1.5 (links) zeigt diesen Fall grafisch. Mit anderen Worten: Liegen so viel Gleichungen wie Variablen vor, so nennen wir das System bestimmt. Aus den Beispielen und Aufgaben geht hervor, dass bestimmte Systeme keine, genau eine oder unendlich viele Lösungen haben können. „In der Regel" (aber eben nicht immer) ist ein bestimmtes System eindeutig lösbar.

**Beispiel 1.17** (Bestimmte bzw. quadratische Systeme)**.** Das Gleichungssystem in Beispiel 1.5 ist bestimmt (quadratisch) und hat genau eine Lösung. Das Gleichungssystem in Beispiel 1.7 ist bestimmt und hat keine Lösung. Das zweite Gleichungssystem in Beispiel 1.7 ist bestimmt und hat unendlich viele Lösungen. ∎

Ein lineares Gleichungssystem mit $m$ Gleichungen und $n$ Variablen heißt **überbestimmt**, wenn $m > n$ ist. Das Bild 1.5 (mitte) zeigt diesen Fall grafisch. Auch hier gilt: Überbe-

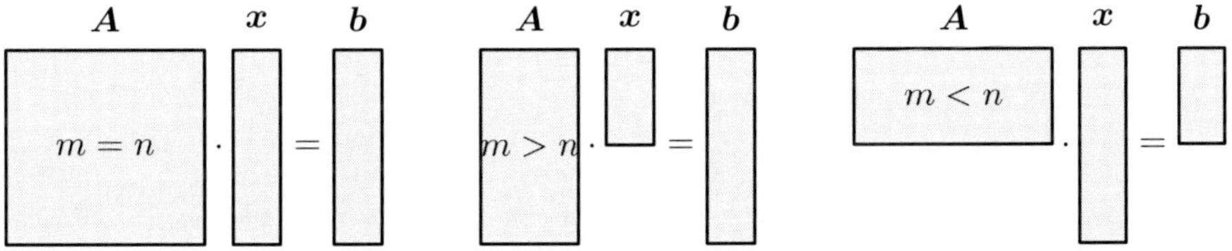


Bild 1.5.: Bestimmtes, überbestimmtes und unterbestimmtes Gleichungssystem

stimmte Systeme können keine, genau eine oder unendlich viele Lösungen haben. „In der Regel" (aber eben nicht immer) ist ein überbestimmtes System unlösbar. Dieser Sachverhalt führt auf *lineare Ausgleichsaufgaben*, siehe Kapitel 7. Überbestimmte Gleichungssysteme treten zum Beispiel in der *Stochastik*[7], insbesondere in der *Regressionsrechnung* auf.

**Beispiel 1.18** (Überbestimmte Systeme). Das Gleichungssysteme in Beispiel 1.14 ist überbestimmt und hat keine Lösung. Das Gleichungssystem in Aufgabe 1.49 ist überbestimmt und hat genau eine Lösung. Das Gleichungssystem in Aufgabe 1.50 ist überbestimmt und hat unendlich viele Lösungen. ■

Ein lineares Gleichungssystem mit $m$ Gleichungen und $n$ Variablen heißt **unterbestimmt**, wenn $m < n$ ist[8]. Das Bild 1.5 (rechts) zeigt diesen Fall grafisch. Unterbestimmte Systeme können keine oder unendlich viele Lösungen haben. Ein unterbestimmtes System ist niemals eindeutig lösbar. „In der Regel“ (aber eben nicht immer) hat ein unterbestimmtes System unendlich viele Lösungen. Unterbestimmte Systeme treten zum Beispiel in der *Mathematischen Optimierung*[9] auf; dort kommen sie als Nebenbedingungen (Restriktionen) vor.

**Beispiel 1.19** (Unterbestimmte Systeme). Die Gleichungssysteme in den Beispielen 1.4 und 1.10 sind unterbestimmt und haben unendlich viele Lösungen. Das Gleichungssystem in Aufgabe 1.51 ist unterbestimmt und hat keine Lösung. ■

Suchen Sie nicht nach einem unterbestimmten linearen Gleichungssystem, das genau eine Lösung hat; sie werden keines finden. Warum besitzt ein unterbestimmtes Gleichungssystem nie eine eindeutige Lösung? Der Grund dafür ist folgender. Angenommen das System hat $r$ führende Variablen (führende Einsen), dann hat es mindestens eine freie Variable, denn $n-r \geq n-m \geq 1$, weil $m \geq r$ ist. Ist daher das System lösbar, so können wir den freien Variablen beliebige Werte zuordnen und nach den führenden Variablen auflösen, siehe Beispiel 1.10.

Die Tabelle 1.1 gibt einen Überblick über die Lösbarkeit linearer Gleichungssysteme in Abhängigkeit von der Größe der Gleichungssysteme.

Wir werden die Lösungstheorie linearer Gleichungssysteme in Kapitel 5 nochmals aufgreifen und genauer studieren. Es wird sich dann herausstellen, dass homogene lineare Gleichungssysteme stets lösbar sind, und dass deren Lösungsräume *reelle Vektorräume (lineare Räume)* sind. Lösungsräume von inhomogenen linearen Gleichungssystemen sind

[7] Die Stochastik (Kunst des Vermutens, Ratekunst) ist ein Teilgebiet der Mathematik und fasst als Oberbegriff die Gebiete Wahrscheinlichkeitstheorie und Statistik zusammen. In der Stochastik beschäftigt man sich mit der mathematischen Modellierung zufälliger Ereignisse.

[8] Es gibt Autoren, die nennen ein lineares Gleichungssystem unterbestimmt, wenn es unendlich viele Lösungen hat. Achtung: Dies ist eine andere Definition von unterbestimmt!

[9] Die Mathematische Optimierung ist ein Teilgebiet der Mathematik. Die Optimierung beschäftigt sich damit, optimale Parameter eines (meist komplexen) Systems zu finden.

| $m = n$ | $m > n$ | $m < n$ |
|---|---|---|
| keine Lösung | keine Lösung | keine Lösung |
| genau eine Lösung | genau eine Lösung | |
| unendlich viele L. | unendlich viele L. | unendlich viele Lösungen |

Tabelle 1.1.: Zur Lösbarkeit linearer Gleichungssysteme

*„verschobene“ Vektorräume (affine Räume, lineare Mannigfaltigkeiten).* Lineare homogene Gleichungssysteme werden uns insbesondere im Kapitel 11 zum Thema *Eigenwerte und Eigenvektoren* nochmals ausführlich begegnen.

## 1.7. Lineare Systeme mit Parametern

Besitzt ein lineares Gleichungssystem einen oder mehrere Parameter, so sind zur Lösung in der Regel Fallunterscheidungen notwendig.

**Beispiel 1.20** (Lineare Systeme mit Parametern). Bestimmen Sie die Lösungsmenge des linearen Gleichungssystems

$$\begin{aligned} x + ry &= 1 \\ rx + y &= 1 \end{aligned}$$

mit dem reellen Parameter $r$.

*Lösung.* Bereits im ersten GAUSS-Schritt müssten wir die erste Gleichung mit $-r$ multiplizieren. Deshalb ist eine Fallunterscheidung durchzuführen. Fall 1 berücksichtigt, dass $r = 0$ ist und Fall 2 schließt dies aus.

**Fall 1:** $r = 0$. Ist $r = 0$, so lautet das lineare System

$$\left[\begin{array}{cc|c} 1 & 0 & 1 \\ 0 & 1 & 1 \end{array}\right]$$

und hat die eindeutige Lösung $(1, 1)$. Die Lösungsmenge ist $L_1 = \{(1, 1)\}$.

**Fall 2:** $r \neq 0$. Ist $r \neq 0$, so ist

$$\left[\begin{array}{cc|c} 1 & r & 1 \\ 0 & -r^2+1 & -r+1 \end{array}\right].$$

Nun sieht das GAUSS-Verfahren vor, dass die zweite Zeile durch den Term $-r^2 + 1$ dividiert wird. Wieder ist eine Fallunterscheidung nötig, die ausschließt, dass der Divisor den Wert Null annimmt. Dies trifft für $r = 1$ oder $r = -1$ zu. Damit erhalten wir drei neue Unterfälle.

**Fall 2.1:** $r = 1$. Jetzt ist

$$\left[\begin{array}{cc|c} 1 & 1 & 1 \\ 0 & 0 & 0 \end{array}\right]$$

mit der Lösungsmenge $L_2 = \{(1,0) + t(-1,1) \text{ mit } t \in \mathbb{R}\}$.

**Fall 2.2:** $r = -1$. Dann ist

$$\left[\begin{array}{cc|c} 1 & -1 & 1 \\ 0 & 0 & 2 \end{array}\right]$$

mit der leeren Lösungsmenge, also $L_3 = \{\}$.

**Fall 2.3:** $r \notin \{1, -1\}$. Dann dürfen wir die untere Zeile durch den Term $r^2 + 1$ dividieren

$$\left[\begin{array}{cc|c} 1 & r & 1 \\ 0 & 1 & 1/(1+r) \end{array}\right].$$

Als nächstes wird das $-r$-fache der unteren Zeile zur oberen addiert (dies ist unkritisch, weil $r$ auch nicht 0 ist):

$$\left[\begin{array}{cc|c} 1 & 0 & 1 - r/(1+r) \\ 0 & 1 & 1/(1+r) \end{array}\right] = \left[\begin{array}{cc|c} 1 & 0 & 1/(1+r) \\ 0 & 1 & 1/(1+r) \end{array}\right]$$

mit der Lösung $L_4 = \{1/(1+r)(1,1)\}$.

In der Gesamtlösung $L$ fassen wir alle vier Teillösungen zusammen:

$$L = \begin{cases} \{(1,0) + t(-1,1) \text{ mit } t \in \mathbb{R}\} & \text{für } r = 1 \\ \{\} & \text{für } r = -1 \\ \{\frac{1}{1+r}(1,1)\} & \text{sonst.} \end{cases}$$

Beachten Sie, dass der Fall $r = 0$ in „sonst“ enthalten ist. ∎

## 1.8. Mehr über Matrizen

Matrizen bezeichnen wir gewöhnlich mit großen lateinischen Buchstaben, zum Beispiel $\boldsymbol{A}$, $\boldsymbol{B}$, $\boldsymbol{C}$, usw. Die **Ordnung** (**Größe**, **Format**) einer Matrix ist durch die Anzahl ihrer Zeilen $m$ und Spalten $n$ festgelegt. Für die Matrix $\boldsymbol{A}$ schreibt man auch $[a_{ij}]$ für $i = 1, 2, \ldots, m$ und $j = 1, 2, \ldots, n$. Die Menge aller reellen $(m, n)$-Matrizen bezeichnen wir mit $\mathbb{R}^{m \times n}$; es gilt also[10]

$$\mathbb{R}^{m \times n} = \{\boldsymbol{A} \mid \boldsymbol{A} = [a_{ij}],\ a_{ij} \in \mathbb{R}\}.$$

[10] Die Bezeichnung für die Menge der Matrizen ist nicht einheitlich. In [30] wird die Menge $\mathbb{R}^{m \times n}$ mit $M(m \times n; \mathbb{R})$, in [54] so ähnlich, in [53] mit $(\mathbb{R})_{m,n}$ und in [59] mit $\mathbb{R}^{(m,n)}$ bezeichnet.

Besteht eine Matrix aus einer einzigen Spalte, so heißt sie **Spaltenmatrix**, analog wird eine Matrix mit nur einer Zeile als **Zeilenmatrix** bezeichnet. Eine $(1, 1)$-Matrix ist sowohl Zeilen- als auch Spaltenmatrix und wird auch als **Skalar** bezeichnet.

Vertauscht man Zeilen und Spalten einer Matrix $\boldsymbol{A} = [a_{ij}] \in \mathbb{R}^{m \times n}$, so erhält man die **transponierte Matrix** $\boldsymbol{A}^{\mathrm{T}} \in \mathbb{R}^{n \times m}$ mit $n$ Zeilen und $m$ Spalten:

$$\boldsymbol{A}^{\mathrm{T}} = [a_{ji}] \in \mathbb{R}^{n \times m}.$$

Spaltenmatrizen spielen eine besondere Rolle, wir werden sie daher überwiegend mit kleinen (fett gedruckten, kursiven) lateinischen Buchstaben $\boldsymbol{a}$, $\boldsymbol{b}$, $\boldsymbol{u}$, $\boldsymbol{v}$, ... bezeichnen. Später werden wir sehen, dass sie mit den *Vektoren* des $\mathbb{R}^m$ *identifiziert*[11]. werden können. Da es nicht notwendig ist, ihre Elemente doppelt zu indizieren, können wir die $(m, 1)$-Spaltenmatrix $\boldsymbol{a}$ als

$$\boldsymbol{a} = \begin{bmatrix} a_1 \\ a_2 \\ \vdots \\ a_m \end{bmatrix}$$

schreiben. Liegt eine Spaltenmatrix $\boldsymbol{a} \in \mathbb{R}^{m \times 1}$ vor, so ist $\boldsymbol{a}^{\mathrm{T}} \in \mathbb{R}^{1 \times m}$ eine Zeilenmatrix; umgekehrt ist $\boldsymbol{y}^{\mathrm{T}} \in \mathbb{R}^{1 \times m}$ eine Zeilenmatrix, so ist $\boldsymbol{y} \in \mathbb{R}^{m \times 1}$ eine Spaltenmatrix. Zeilenmatrizen sind also transponierte Spaltenmatrizen und umgekehrt.

Eine Matrix $\boldsymbol{A}$ mit $n$ Zeilen und $n$ Spalten heißt **quadratische Matrix der Ordnung** $n$. Gegeben ist eine Matrix $\boldsymbol{A} \in \mathbb{R}^{n \times n}$, dann bilden die Elemente $a_{11}$, $a_{22}$, ..., $a_{nn}$ die **Hauptdiagonale** von $\boldsymbol{A}$.

Eine $(m, n)$-Matrix $\boldsymbol{O}$, deren sämtliche Elemente Null sind, heißt **Nullmatrix**

$$\boldsymbol{O} = \begin{bmatrix} 0 & 0 & \cdots & 0 \\ 0 & 0 & \cdots & 0 \\ \vdots & \vdots & \vdots & \vdots \\ 0 & 0 & \cdots & 0 \end{bmatrix}.$$

[11]Was versteht man in der Mathematik unter dem Begriff des *Identifizierens*? Der einfachste Fall ist der der „bloßen“ Mengen: Zwei Mengen werden miteinander *idenfiziert*, wenn es zwischen diesen eine bijektive Abbildung gibt. Ist mehr Struktur im Spiel, so muss auch die zusätzliche Struktur erhalten bleiben.

Eine Matrix $\boldsymbol{D} = [d_{ij}] \in \mathbb{R}^{m\times n}$ ist eine **Diagonalmatrix**, wenn $d_{ij} = 0$ für $i \neq j$ gilt. Wir schreiben $\boldsymbol{D} = \mathrm{Diag}(d_{11}, d_{22}, \ldots, d_{rr})$ mit $r = \mathrm{Min}\{m, n\}$. Ist $n = m$, so hat eine Diagonalmatrix die folgende Struktur

$$\boldsymbol{D} = \begin{bmatrix} d_{11} & & & \\ & d_{22} & & \\ & & \ddots & \\ & & & d_{nn} \end{bmatrix}.$$

*Vereinbarung: Schreiben wir in eine Matrix keine Elemente, so steht dafür die Zahl Null.*

Eine quadratische Diagonalmatrix $\boldsymbol{E} \in \mathbb{R}^{n\times n}$, deren Diagonalelemente alle gleich 1 sind, heißt **Einheitsmatrix**:

$$\boldsymbol{E} = \begin{bmatrix} 1 & & & \\ & 1 & & \\ & & \ddots & \\ & & & 1 \end{bmatrix}.$$

Um die Ordnung einer Einheitsmatrix $\boldsymbol{E}$ zu verdeutlichen, schreiben wir auch $\boldsymbol{E}_n$, wenn die Einheitsmatrix $n$ Zeilen und $n$ Spalten hat.

Eine Matrix $\boldsymbol{A} \in \mathbb{R}^{n\times n}$ ist **symmetrisch**, wenn sie gleich ihrer Transponierten ist

$$\boldsymbol{A}^{\mathrm{T}} = \boldsymbol{A}.$$

**Beispiel 1.21.** Zeigen Sie, dass die Matrix

$$\boldsymbol{A} = \begin{bmatrix} 1 & 2 \\ 2 & 3 \end{bmatrix}$$

symmetrisch ist.

*Lösung.* Es ist

$$\boldsymbol{A}^{\mathrm{T}} = \begin{bmatrix} 1 & 2 \\ 2 & 3 \end{bmatrix}^{\mathrm{T}} = \begin{bmatrix} 1 & 2 \\ 2 & 3 \end{bmatrix} = \boldsymbol{A},$$

also ist die Matrix $\boldsymbol{A}$ symmetrisch. ∎

**Beispiel 1.22.** Ergänzen Sie die beiden Matrizen $\boldsymbol{A}$ und $\boldsymbol{B}$ zu symmetrischen Matrizen.

$$\boldsymbol{A} = \begin{bmatrix} 1 & \times & \times \\ 3 & -2 & 8 \\ 6 & \times & 0 \end{bmatrix}, \qquad \boldsymbol{B} = \begin{bmatrix} 8 & 9 & \times \\ \times & \times & 2 \\ 6 & \times & \times \end{bmatrix}$$

*Lösung.* Es ist

$$\boldsymbol{A} = \begin{bmatrix} 1 & 3 & 6 \\ 3 & -2 & 8 \\ 6 & 8 & 0 \end{bmatrix}, \qquad \boldsymbol{B} = \begin{bmatrix} 8 & 9 & 6 \\ 9 & 1 & 2 \\ 6 & 2 & 2 \end{bmatrix}$$

Die Matrix $\boldsymbol{B}$ ist nicht eindeutig, weil man in der Wahl der Diagonalelemente Freiheiten hat. ∎

Eine Matrix $\boldsymbol{U} = [u_{ij}] \in \mathbb{R}^{n \times n}$ ist eine **obere Dreiecksmatrix**, wenn gilt $u_{ij} = 0$ für $i > j$. Eine Matrix $\boldsymbol{L} = [l_{ij}] \in \mathbb{R}^{n \times n}$ ist eine **untere Dreiecksmatrix**, wenn gilt $l_{ij} = 0$ für $i < j$.

**Beispiel 1.23.** Geben Sie eine obere und eine untere Dreiecksmatrix an!

*Lösung.* Es ist zum Beispiel

$$\boldsymbol{U} = \begin{bmatrix} 1 & 2 & 3 \\ 0 & 0 & 4 \\ 0 & 0 & 5 \end{bmatrix}, \qquad \boldsymbol{L} = \begin{bmatrix} 1 & 0 & 0 \\ 2 & 3 & 0 \\ 0 & 4 & 0 \end{bmatrix}.$$

Die Matrix $\boldsymbol{U}$ ($\boldsymbol{U}$ steht für upper) ist eine obere und die Matrix $\boldsymbol{L}$ ($\boldsymbol{L}$ steht für lower) ist eine untere Dreiecksmatrix. ∎

**Beispiel 1.24.** Jede quadratische Matrix in Zeilenstufenform ist eine obere Dreiecksmatrix. ∎

## 1.9. Operationen mit Matrizen

Zwei Matrizen sind **gleich**, wenn sie dieselbe Ordnung haben und die einander entsprechenden Elemente übereinstimmen.

**Beispiel 1.25.** Wann sind die beiden Matrizen

$$\boldsymbol{A} = \begin{bmatrix} 1 & x \\ y & -2 \end{bmatrix} \quad \text{und} \quad \boldsymbol{B} = \begin{bmatrix} 1 & -1 \\ 2 & -2 \end{bmatrix}$$

gleich?

*Lösung.* Die Matrizen $\boldsymbol{A}$, $\boldsymbol{B}$ sind genau dann gleich, wenn $x = -1$ und $y = 2$ ist. ∎

Sind $\boldsymbol{A}$ und $\boldsymbol{B}$ zwei Matrizen gleicher Ordnung, so ist ihre **Summe $\boldsymbol{A} + \boldsymbol{B}$** diejenige Matrix, die durch Addition der einander entprechenden Elemente entsteht.

**Beispiel 1.26** (Addition von Matrizen)**.** Berechnen Sie die Summe der Matrizen

$$\boldsymbol{A} = \begin{bmatrix} 1 & 2 & 3 \\ -1 & 4 & 2 \end{bmatrix} \quad \text{und} \quad \boldsymbol{B} = \begin{bmatrix} 0 & 2 & -4 \\ -2 & 1 & 3 \end{bmatrix}.$$

*Lösung.* Die Summe ist

$$\boldsymbol{A} + \boldsymbol{B} = \begin{bmatrix} 1+0 & 2+2 & 3+(-4) \\ -1+(-2) & 4+1 & 2+3 \end{bmatrix} = \begin{bmatrix} 1 & 4 & -1 \\ -3 & 5 & 5 \end{bmatrix}. \quad \blacksquare$$

**Beispiel 1.27** (Addition von Matrizen, Anwendung)**.** Ein Betrieb produziert die drei Güter I, II und III und liefert diese an vier Händler. Im ersten bzw. zweiten Halbjahr eines Jahres wurden dabei folgende Mengen abgegeben, siehe die Tabellen 1.2 und 1.3.

| | 1. Händler | 2. Händler | 3. Händler | 4. Händler |
|---|---|---|---|---|
| I | 12 | 8 | 0 | 20 |
| II | 7 | 5 | 20 | 10 |
| III | 14 | 4 | 6 | 15 |

Tabelle 1.2.: Erstes Halbjahr

| | 1. Händler | 2. Händler | 3. Händler | 4. Händler |
|---|---|---|---|---|
| I | 13 | 12 | 5 | 10 |
| II | 13 | 7 | 8 | 20 |
| III | 12 | 8 | 7 | 15 |

Tabelle 1.3.: Zweites Halbjahr

Die Jahresgesamtbilanz ergibt sich daher durch die Tabelle 1.4. Drücken Sie die Halbjah-

| | 1. Händler | 2. Händler | 3. Händler | 4. Händler |
|---|---|---|---|---|
| I | $12+13=25$ | $8+12=20$ | $0+5=5$ | $20+10=30$ |
| II | $7+13=20$ | $5+7=12$ | $20+8=28$ | $10+20=30$ |
| III | $14+12=26$ | $4+8=12$ | $6+7=13$ | $15+15=30$ |

Tabelle 1.4.: Jahr

resproduktion mit Matrizen aus und berechnen Sie die Jahresgesamtproduktion durch Matrizenaddition.

*Lösung.* In Matrixschreibweise erhalten wir mit

$$\boldsymbol{A} = \begin{bmatrix} 12 & 8 & 0 & 20 \\ 7 & 5 & 20 & 10 \\ 14 & 4 & 6 & 15 \end{bmatrix} \quad \text{und} \quad \boldsymbol{B} = \begin{bmatrix} 13 & 12 & 5 & 10 \\ 13 & 7 & 8 & 20 \\ 12 & 8 & 7 & 15 \end{bmatrix}$$

die Jahresgesamtbilanz durch Matrizenaddition zu

$$\boldsymbol{A}+\boldsymbol{B}=\begin{bmatrix} 25 & 20 & 5 & 30 \\ 20 & 12 & 28 & 30 \\ 26 & 12 & 13 & 30 \end{bmatrix}. \quad \blacksquare$$

Die **Differenz** $\boldsymbol{A}-\boldsymbol{B}$ erhält man durch Subtraktion der Elemente in $\boldsymbol{B}$ von den entsprechenden Elementen in $\boldsymbol{A}$.

Ist $\boldsymbol{A} \in \mathbb{R}^{m\times n}$ und $c \in \mathbb{R}$ ein Skalar, so ist das **skalare Matrixprodukt** $c\boldsymbol{A} \in \mathbb{R}^{m\times n}$ die Matrix, die durch Multiplikation jedes Elementes von $\boldsymbol{A}$ mit der Zahl $c$ entsteht.

**Beispiel 1.28.** Berechnen Sie für $c = 2$ und

$$\boldsymbol{A}=\begin{bmatrix} 2 & 3 & 4 \\ 1 & 9 & 7 \end{bmatrix}$$

die Matrix $c\boldsymbol{A}$.

*Lösung.* Es ist

$$c\boldsymbol{A}=2\begin{bmatrix} 2 & 3 & 4 \\ 1 & 9 & 7 \end{bmatrix}=\begin{bmatrix} 2\cdot 2 & 2\cdot 3 & 2\cdot 4 \\ 2\cdot 1 & 2\cdot 9 & 2\cdot 7 \end{bmatrix}=\begin{bmatrix} 4 & 6 & 8 \\ 2 & 18 & 14 \end{bmatrix}. \quad \blacksquare$$

Für Matrizen $\boldsymbol{A}_1, \boldsymbol{A}_2, \ldots, \boldsymbol{A}_r$ derselben Größe und Skalare $c_1, c_2, \ldots, c_r$ heißt der Ausdruck

$$c_1\boldsymbol{A}_1 + c_2\boldsymbol{A}_2 + \cdots + c_r\boldsymbol{A}_r$$

**Linearkombination von** $\boldsymbol{A}_1, \boldsymbol{A}_2, \ldots, \boldsymbol{A}_r$ **mit den Koeffizienten** $c_1, c_2, \ldots, c_r$. Für

$$\boldsymbol{A}=\begin{bmatrix} 2 & 3 & 4 \\ 1 & 9 & 7 \end{bmatrix} \quad \text{und} \quad \boldsymbol{B}=\begin{bmatrix} 0 & 2 & 7 \\ -1 & 3 & -4 \end{bmatrix}$$

ist

$$\begin{aligned} 2\boldsymbol{A}-\boldsymbol{B} &= 2\boldsymbol{A}+(-1)\boldsymbol{B} \\ &= 2\begin{bmatrix} 2 & 3 & 4 \\ 1 & 9 & 7 \end{bmatrix}+(-1)\begin{bmatrix} 0 & 2 & 7 \\ -1 & 3 & -4 \end{bmatrix}=\begin{bmatrix} 4 & 4 & 1 \\ 3 & 15 & 18 \end{bmatrix} \end{aligned}$$

eine Linearkombination von $\boldsymbol{A}$ und $\boldsymbol{B}$ mit den Koeffizienten 2 und $-1$.

**Beispiel 1.29.** Lösen Sie die Matrizengleichung

$$\begin{bmatrix} 5 & -7 \\ 2 & 0 \end{bmatrix} + \begin{bmatrix} a & b \\ c & d \end{bmatrix} = \begin{bmatrix} 3 & 1 \\ 0 & -2 \end{bmatrix}.$$

*Lösung.* Es ist

$$\begin{bmatrix} a & b \\ c & d \end{bmatrix} = \begin{bmatrix} 3 & 1 \\ 0 & -2 \end{bmatrix} - \begin{bmatrix} 5 & -7 \\ 2 & 0 \end{bmatrix} = \begin{bmatrix} -2 & 8 \\ -2 & -2 \end{bmatrix}. \quad \blacksquare$$

Wir wollen nun das *Produkt zweier Matrizen* definieren. Da Matrizen addiert werden, indem man die einander entsprechenden Elemente addiert, ist es nahe liegend, zwei Matrizen gleicher Größe zu multiplizieren, indem man die einander entsprechenden Elemente multipliziert. Solch eine Multiplikation gibt es tatsächlich (man nennt sie HADAMARD- oder SCHUR-Multiplikation, siehe Kapitel 2)[12], sie ist aber für die meisten Probleme und Anwendungen von untergeordneter Bedeutung. Stattdessen treffen wir eine Definition der Matrizenmultiplikation, die zwar weniger natürlich erscheint, dafür aber viel nützlicher ist.

Ist $\boldsymbol{A}$ eine $(m, r)$-Matrix und $\boldsymbol{B}$ eine $(r, n)$-Matrix, so ist das **Produkt** $\boldsymbol{A} \cdot \boldsymbol{B}$ die folgendermaßen definierte $(m, n)$-Matrix: Um das Element in der $i$-ten Zeile und $k$-ten Spalte von $\boldsymbol{A} \cdot \boldsymbol{B}$ zu bestimmen, multipliziert man paarweise die Elemente der $i$-ten Zeile von $\boldsymbol{A}$ und der $k$-ten Spalte von $\boldsymbol{B}$ und addiert die entstehenden Produkte. Merke: Zeile mal Spalte. Statt $\boldsymbol{A} \cdot \boldsymbol{B}$ schreibt man oft einfach $\boldsymbol{AB}$.

Diese Regel lässt sich schematisch darstellen; man spricht vom FALKschen[13] Schema. Wir zeigen dies anhand der $(2, 2)$-Matrix $\boldsymbol{A}$ und der $(2, 3)$-Matrix $\boldsymbol{B}$ mit

$$\boldsymbol{A} = \begin{bmatrix} 2 & 0 \\ 6 & 8 \end{bmatrix} \quad \text{und} \quad \boldsymbol{B} = \begin{bmatrix} 5 & 7 & 8 \\ 9 & 10 & 11 \end{bmatrix}.$$

Um die $(2, 3)$-Matrix $\boldsymbol{AB}$ zu erhalten, schreiben wir die Matrizen versetzt angeordnet in folgendes Schema:

$$\begin{array}{r|l} & \begin{bmatrix} 5 & 7 & 8 \\ 9 & 10 & 11 \end{bmatrix} \quad = \boldsymbol{B} \\ \hline \boldsymbol{A} = \begin{bmatrix} 2 & 0 \\ 6 & 8 \end{bmatrix} & \begin{bmatrix} 10 & 14 & 16 \\ 102 & 122 & 136 \end{bmatrix} \quad = \boldsymbol{AB} \end{array}$$

[12] JACQUES HADAMARD (1842 – 1899), ISSAI SCHUR (1875 – 1941).
[13] SIGURD FALK.

Wir multiplizieren die Zeilenelemente der Matrix $\boldsymbol{A}$, die wir in die linke untere Ecke schreiben, mit den entsprechenden Spaltenelementen von $\boldsymbol{B}$, die wir in die obere rechte Ecke schreiben; im unteren rechten Bereich steht das Ergebnis $\boldsymbol{AB}$.

Kompakt schreibt sich das Matrizenprodukt der $(m,r)$-Matrix $\boldsymbol{A} = [a_{ij}]$ mit der $(r,n)$-Matrix $\boldsymbol{B} = [b_{jk}]$ als

$$\boldsymbol{AB} = \left[\sum_{j=1}^{r} a_{ij} b_{jk}\right]$$

für $i = 1, 2, \dots, m$ und $k = 1, 2, \dots, n$. Das Ergebnis ist eine $(m,n)$-Matrix:

$$\underset{\text{i-te Zeile von } \boldsymbol{A}}{\begin{bmatrix} \\ a_{i1} \quad \cdots \quad a_{ir} \\ \\ \end{bmatrix}} \underset{\text{k-te Spalte von } \boldsymbol{B}}{\begin{bmatrix} b_{1k} \\ \vdots \\ b_{rk} \end{bmatrix}} = \underset{\text{ik-tes Element von } \boldsymbol{AB}}{\begin{bmatrix} \\ \sum_{j=1}^{r} a_{ij} b_{jk} \\ \\ \end{bmatrix}}$$

Eine $(m,r)$-Matrix mal eine $(r,n)$-Matrix ergibt eine $(m,n)$-Matrix:

$$[\ (m,r)\ ] \cdot [\ (r,n)\ ] = [\ (m,n)\ ] .$$

**Beispiel 1.30.** Berechnen Sie das Produkt $\boldsymbol{AB}$ der Matrizen

$$\boldsymbol{A} = \begin{bmatrix} 1 & 2 & 4 \\ 2 & 6 & 0 \end{bmatrix} \quad \text{und} \quad \boldsymbol{B} = \begin{bmatrix} 4 & 1 & 4 & 3 \\ 0 & -1 & 3 & 1 \\ 2 & 7 & 5 & 2 \end{bmatrix} .$$

*Lösung.* $\boldsymbol{A}$ ist eine $(2,3)$-Matrix und $\boldsymbol{B}$ ist eine $(3,4)$-Matrix, also ist das Produkt $\boldsymbol{AB}$ erklärt und eine $(2,4)$-Matrix. Um beispielsweise das Element in Zeile 2 und Spalte 3 zu berechnen, betrachten wir die zweite Zeile von $\boldsymbol{A}$ und die dritte Spalte von $\boldsymbol{B}$. Dann multiplizieren wir die einander entsprechenden Elemente und addieren diese Produkte. Es ergibt sich

$$(2)(4) + (6)(3) + (0)(5) = 26.$$

Die restlichen sieben Elemente der Produktmatrix $\boldsymbol{AB}$ berechnen wir mit Hilfe des Falkschen Schemas.

$$\begin{array}{c|c}
 & \begin{bmatrix} 4 & 1 & 4 & 3 \\ 0 & -1 & 3 & 1 \\ 2 & 7 & 5 & 2 \end{bmatrix} = \boldsymbol{B} \\ \hline
\boldsymbol{A} = \begin{bmatrix} 1 & 2 & 4 \\ 2 & 6 & 0 \end{bmatrix} & \begin{bmatrix} 12 & 27 & 30 & 13 \\ 8 & -4 & 26 & 12 \end{bmatrix} = \boldsymbol{AB}. \ \blacksquare
\end{array}$$

Achtung: Das Matrizenprodukt ist nur für Matrizen $\boldsymbol{A}$ und $\boldsymbol{B}$ mit der Eigenschaft „Spalten von $\boldsymbol{A}$ gleich Zeilen von $\boldsymbol{B}$“ definiert.

Durch Einfügen horizontaler und vertikaler Trennungslinien kann eine Matrix in kleinere Matrizen zerlegt werden. Man zerlegt dabei eine gegebene Matrix in **Untermatrizen** oder bildet eine Matrix aus mehreren Matrizen zu einer **Blockmatrix**. Zur Veranschaulichung haben wir drei Zerlegungen einer $3 \times 4$-Matrix $\boldsymbol{A}$ dargestellt: In vier Untermatrizen $\boldsymbol{A}_{11}$, $\boldsymbol{A}_{12}$, $\boldsymbol{A}_{21}$, $\boldsymbol{A}_{22}$

$$\boldsymbol{A} = \left[\begin{array}{ccc|c} a_{11} & a_{12} & a_{13} & a_{14} \\ a_{21} & a_{22} & a_{23} & a_{24} \\ \hline a_{31} & a_{32} & a_{33} & a_{34} \end{array}\right] = \begin{bmatrix} \begin{bmatrix} a_{11} & a_{12} & a_{13} \\ a_{21} & a_{22} & a_{23} \end{bmatrix} & \begin{bmatrix} a_{14} \\ a_{24} \end{bmatrix} \\ \begin{bmatrix} a_{31} & a_{32} & a_{33} \end{bmatrix} & \begin{bmatrix} a_{34} \end{bmatrix} \end{bmatrix} = \begin{bmatrix} \boldsymbol{A}_{11} & \boldsymbol{A}_{12} \\ \boldsymbol{A}_{21} & \boldsymbol{A}_{22} \end{bmatrix}$$

in ihre Zeilen

$$\boldsymbol{A} = \left[\begin{array}{cccc} a_{11} & a_{12} & a_{13} & a_{14} \\ \hline a_{21} & a_{22} & a_{23} & a_{24} \\ \hline a_{31} & a_{32} & a_{33} & a_{34} \end{array}\right] = \begin{bmatrix} \begin{bmatrix} a_{11} & a_{12} & a_{13} & a_{14} \end{bmatrix} \\ \begin{bmatrix} a_{21} & a_{22} & a_{23} & a_{24} \end{bmatrix} \\ \begin{bmatrix} a_{31} & a_{32} & a_{33} & a_{34} \end{bmatrix} \end{bmatrix} = \begin{bmatrix} — & \boldsymbol{z}_1^{\mathrm{T}} & — \\ — & \boldsymbol{z}_2^{\mathrm{T}} & — \\ — & \boldsymbol{z}_3^{\mathrm{T}} & — \end{bmatrix}$$

sowie in ihre Spalten.

$$\boldsymbol{A} = \left[\begin{array}{c|c|c|c} a_{11} & a_{12} & a_{13} & a_{14} \\ a_{21} & a_{22} & a_{23} & a_{24} \\ a_{31} & a_{32} & a_{33} & a_{34} \end{array}\right] = \begin{bmatrix} \begin{bmatrix} a_{11} \\ a_{21} \\ a_{31} \end{bmatrix} & \begin{bmatrix} a_{12} \\ a_{22} \\ a_{32} \end{bmatrix} & \begin{bmatrix} a_{13} \\ a_{23} \\ a_{33} \end{bmatrix} & \begin{bmatrix} a_{14} \\ a_{24} \\ a_{34} \end{bmatrix} \end{bmatrix}$$
$$= \begin{bmatrix} | & | & | & | \\ \boldsymbol{a}_1 & \boldsymbol{a}_2 & \boldsymbol{a}_3 & \boldsymbol{a}_4 \\ | & | & | & | \end{bmatrix}.$$

Man kann das auch so sehen: Die Matrix $\boldsymbol{A}$ ist eine Blockmatrix, die sich aus Untermatrizen zusammensetzt[14].

Wir betrachten die die Matrizenaddition. Angenommen, es sind $\boldsymbol{A}$, $\boldsymbol{B}$ zwei Matrizen aus $\mathbb{R}^{m \times n}$, die auf die gleiche Weise zerlegt (partitioniert) sind, also

$$\boldsymbol{A} = \begin{bmatrix} \boldsymbol{A}_{11} & \cdots & \boldsymbol{A}_{1t} \\ \vdots & & \vdots \\ \boldsymbol{A}_{s1} & \cdots & \boldsymbol{A}_{st} \end{bmatrix}, \quad \boldsymbol{B} = \begin{bmatrix} \boldsymbol{B}_{11} & \cdots & \boldsymbol{B}_{1t} \\ \vdots & & \vdots \\ \boldsymbol{B}_{s1} & \cdots & \boldsymbol{B}_{st} \end{bmatrix},$$

[14]Die Spalten von $\boldsymbol{A} \in \mathbb{R}^{m \times n}$ sind also die Spaltenmatrizen $\boldsymbol{a}_j \in \mathbb{R}^{m \times 1}$, $j = 1 : n$. Die Zeilen von $\boldsymbol{A} \in \mathbb{R}^{m \times n}$ sind die Zeilenmatrizen $\boldsymbol{z}_i^{\mathrm{T}} \in \mathbb{R}^{1 \times n}$, $i = 1 : m$. In Anlehnung an die MATLAB-Syntax ist es auch sinnvoll statt $\boldsymbol{a}_j$ einfach $\boldsymbol{A}(:, j)$ bzw. `A(:,j)` und statt $\boldsymbol{z}_i^{\mathrm{T}}$ einfach $\boldsymbol{A}(i, :)$ bzw. `A(i,:)` zu schreiben.

wobei $\boldsymbol{A}_{ij}$, $\boldsymbol{B}_{ij}$ aus $\mathbb{R}^{m_j \times n_j}$ Untermatrizen von $\boldsymbol{A}$, $\boldsymbol{B}$ sind. Dann ist

$$\boldsymbol{A}+\boldsymbol{B} = \begin{bmatrix} \boldsymbol{A}_{11}+\boldsymbol{B}_{11} & \cdots & \boldsymbol{A}_{1t}+\boldsymbol{B}_{1t} \\ \vdots & & \vdots \\ \boldsymbol{A}_{s1}+\boldsymbol{B}_{s1} & \cdots & \boldsymbol{A}_{st}+\boldsymbol{B}_{st} \end{bmatrix}.$$

Das bedeutet, dass sich Untermatrizen wie Elemente addieren, natürlich vorausgesetzt, dass sie die gleiche Größe haben.

Bei der Matrizenmultiplikation ist das entsprechend, falls die Zerlegung (bzw. Zusammensetzung) passend ist. Wir betrachten ein Beispiel. Es ist

$$\boldsymbol{A} = \begin{bmatrix} 1 & 2 & 3 \\ 4 & 5 & 6 \\ 7 & 8 & 9 \\ 10 & 11 & 12 \end{bmatrix}, \quad \boldsymbol{B} = \begin{bmatrix} 13 & 14 \\ 15 & 16 \\ 17 & 18 \end{bmatrix}$$

mit den Zerlegungen

$$\boldsymbol{A} = \begin{bmatrix} \boldsymbol{A}_{11} & \boldsymbol{A}_{12} \\ \boldsymbol{A}_{21} & \boldsymbol{A}_{22} \end{bmatrix} = \begin{bmatrix} \begin{bmatrix} 1 & 2 \\ 4 & 5 \end{bmatrix} & \begin{bmatrix} 3 \\ 6 \end{bmatrix} \\ \begin{bmatrix} 7 & 8 \\ 10 & 11 \end{bmatrix} & \begin{bmatrix} 9 \\ 12 \end{bmatrix} \end{bmatrix}, \quad \boldsymbol{B} = \begin{bmatrix} \boldsymbol{B}_{11} & \boldsymbol{B}_{12} \\ \boldsymbol{B}_{21} & \boldsymbol{B}_{22} \end{bmatrix} = \begin{bmatrix} \begin{bmatrix} 13 \\ 15 \end{bmatrix} & \begin{bmatrix} 14 \\ 16 \end{bmatrix} \\ \begin{bmatrix} 17 \end{bmatrix} & \begin{bmatrix} 18 \end{bmatrix} \end{bmatrix}.$$

Dann ist

$$\begin{aligned} \boldsymbol{AB} &= \begin{bmatrix} \boldsymbol{A}_{11} & \boldsymbol{A}_{12} \\ \boldsymbol{A}_{21} & \boldsymbol{A}_{22} \end{bmatrix} \begin{bmatrix} \boldsymbol{B}_{11} & \boldsymbol{B}_{12} \\ \boldsymbol{B}_{21} & \boldsymbol{B}_{22} \end{bmatrix} = \begin{bmatrix} \boldsymbol{A}_{11}\boldsymbol{B}_{11}+\boldsymbol{A}_{12}\boldsymbol{B}_{21} & \boldsymbol{A}_{11}\boldsymbol{B}_{12}+\boldsymbol{A}_{12}\boldsymbol{B}_{22} \\ \boldsymbol{A}_{21}\boldsymbol{B}_{11}+\boldsymbol{A}_{22}\boldsymbol{B}_{21} & \boldsymbol{A}_{21}\boldsymbol{B}_{12}+\boldsymbol{A}_{22}\boldsymbol{B}_{22} \end{bmatrix} \\ &= \begin{bmatrix} \begin{bmatrix} 1 & 2 \\ 4 & 5 \end{bmatrix}\begin{bmatrix} 13 \\ 15 \end{bmatrix} + \begin{bmatrix} 3 \\ 6 \end{bmatrix}\begin{bmatrix} 17 \end{bmatrix} & \begin{bmatrix} 1 & 2 \\ 4 & 5 \end{bmatrix}\begin{bmatrix} 14 \\ 16 \end{bmatrix} + \begin{bmatrix} 3 \\ 6 \end{bmatrix}\begin{bmatrix} 18 \end{bmatrix} \\ \begin{bmatrix} 7 & 8 \\ 10 & 11 \end{bmatrix}\begin{bmatrix} 13 \\ 15 \end{bmatrix} + \begin{bmatrix} 9 \\ 12 \end{bmatrix}\begin{bmatrix} 17 \end{bmatrix} & \begin{bmatrix} 7 & 8 \\ 10 & 11 \end{bmatrix}\begin{bmatrix} 14 \\ 16 \end{bmatrix} + \begin{bmatrix} 9 \\ 12 \end{bmatrix}\begin{bmatrix} 18 \end{bmatrix} \end{bmatrix} \\ &= \begin{bmatrix} \begin{bmatrix} 43 \\ 127 \end{bmatrix} + \begin{bmatrix} 51 \\ 102 \end{bmatrix} & \begin{bmatrix} 46 \\ 136 \end{bmatrix} + \begin{bmatrix} 54 \\ 108 \end{bmatrix} \\ \begin{bmatrix} 211 \\ 295 \end{bmatrix} + \begin{bmatrix} 153 \\ 204 \end{bmatrix} & \begin{bmatrix} 226 \\ 316 \end{bmatrix} + \begin{bmatrix} 162 \\ 216 \end{bmatrix} \end{bmatrix} = \begin{bmatrix} \begin{bmatrix} 94 \\ 229 \end{bmatrix} & \begin{bmatrix} 100 \\ 244 \end{bmatrix} \\ \begin{bmatrix} 364 \\ 499 \end{bmatrix} & \begin{bmatrix} 388 \\ 532 \end{bmatrix} \end{bmatrix} \\ &= \begin{bmatrix} 94 & 100 \\ 229 & 244 \\ 364 & 388 \\ 499 & 532 \end{bmatrix}. \end{aligned}$$

Die Multiplikation von Matrizen kann übersichtlich auch über Zeile mal Spalte (*Skalarprodukte*) dargestellt werden. Zum Beispiel gilt für $m = 3$ und $n = 2$:

$$\boldsymbol{AB} = \begin{bmatrix} - & \boldsymbol{z}_1^{\mathrm{T}} & - \\ - & \boldsymbol{z}_2^{\mathrm{T}} & - \\ - & \boldsymbol{z}_3^{\mathrm{T}} & - \end{bmatrix} \begin{bmatrix} | & | \\ \boldsymbol{b}_1 & \boldsymbol{b}_2 \\ | & | \end{bmatrix} = \begin{bmatrix} \boldsymbol{z}_1^{\mathrm{T}}\boldsymbol{b}_1 & \boldsymbol{z}_1^{\mathrm{T}}\boldsymbol{b}_2 \\ \boldsymbol{z}_2^{\mathrm{T}}\boldsymbol{b}_1 & \boldsymbol{z}_2^{\mathrm{T}}\boldsymbol{b}_2 \\ \boldsymbol{z}_3^{\mathrm{T}}\boldsymbol{b}_1 & \boldsymbol{z}_3^{\mathrm{T}}\boldsymbol{b}_2 \end{bmatrix}.$$

Gelegentlich ist es vorteilhaft, die Matrizenmultiplikation *spalten-* bzw. *zeilenweise* zu interpretieren. Dies ist zum Beispiel dann der Fall, wenn man vom Matrizenprodukt $\boldsymbol{AB} \in \mathbb{R}^{m \times n}$ nur an einer Spalte oder Zeile interessiert ist.
*Spaltenweise:* Ist $\boldsymbol{A} \in \mathbb{R}^{m \times r}$ und $\boldsymbol{B} \in \mathbb{R}^{r \times n}$, so hat $\boldsymbol{B}$ $n$ Spalten, also die Form

$$\boldsymbol{B} = \begin{bmatrix} | & | & & | \\ \boldsymbol{b}_1 & \boldsymbol{b}_2 & \cdots & \boldsymbol{b}_n \\ | & | & & | \end{bmatrix}.$$

Das Matrizenprodukt $\boldsymbol{AB} \in \mathbb{R}^{m \times n}$ ist dann definiert und kann wie folgt geschrieben werden

$$\boldsymbol{AB} = \boldsymbol{A} \begin{bmatrix} | & | & & | \\ \boldsymbol{b}_1 & \boldsymbol{b}_2 & \cdots & \boldsymbol{b}_n \\ | & | & & | \end{bmatrix} = \begin{bmatrix} | & | & & | \\ \boldsymbol{Ab}_1 & \boldsymbol{Ab}_2 & \cdots & \boldsymbol{Ab}_n \\ | & | & & | \end{bmatrix}.$$

In Worten: Die $i$-te Spalte der Produktmatrix $\boldsymbol{AB}$ erhalten wir als Produkt der Matrix $\boldsymbol{A}$ mit der $i$-ten Spalte von $\boldsymbol{B}$.
*Zeilenweise:* Ist $\boldsymbol{A} \in \mathbb{R}^{m \times r}$ und $\boldsymbol{B} \in \mathbb{R}^{r \times n}$, so hat $\boldsymbol{A}$ $m$ Zeilen, also die Form

$$\boldsymbol{A} = \begin{bmatrix} - & \boldsymbol{z}_1^{\mathrm{T}} & - \\ - & \boldsymbol{z}_2^{\mathrm{T}} & - \\ & \vdots & \\ - & \boldsymbol{z}_m^{\mathrm{T}} & - \end{bmatrix}.$$

Das Matrizenprodukt $\boldsymbol{AB}$ ist dann definiert und kann wie folgt geschrieben werden

$$\boldsymbol{AB} = \begin{bmatrix} - & \boldsymbol{z}_1^{\mathrm{T}} & - \\ - & \boldsymbol{z}_2^{\mathrm{T}} & - \\ & \vdots & \\ - & \boldsymbol{z}_m^{\mathrm{T}} & - \end{bmatrix} \boldsymbol{B} = \begin{bmatrix} - & \boldsymbol{z}_1^{\mathrm{T}}\boldsymbol{B} & - \\ - & \boldsymbol{z}_2^{\mathrm{T}}\boldsymbol{B} & - \\ & \vdots & \\ - & \boldsymbol{z}_m^{\mathrm{T}}\boldsymbol{B} & - \end{bmatrix}.$$

In Worten: Die $i$-te Zeile der Produktmatrix $\boldsymbol{AB}$ erhalten wir als Produkt der $i$-ten Zeile von $\boldsymbol{A}$ mit der Matrix $\boldsymbol{B}$.

**Beispiel 1.31.** Berechnen Sie die dritte Spalte und die zweite Zeile der Produktmatrix $\boldsymbol{AB}$ mit den Matrizen $\boldsymbol{A}$ und $\boldsymbol{B}$ aus Beispiel 1.30.

*Lösung.* Die dritte Spalte von $\boldsymbol{AB}$ ist

$$\begin{bmatrix} 1 & 2 & 4 \\ 2 & 6 & 0 \end{bmatrix} \begin{bmatrix} 4 \\ 3 \\ 5 \end{bmatrix} = \begin{bmatrix} 30 \\ 26 \end{bmatrix}$$

und die zweite Zeile $\boldsymbol{AB}$ ergibt sich zu

$$\begin{bmatrix} 2 & 6 & 0 \end{bmatrix} \begin{bmatrix} 4 & 1 & 4 & 3 \\ 0 & -1 & 3 & 1 \\ 2 & 7 & 5 & 2 \end{bmatrix} = \begin{bmatrix} 8 & -4 & 26 & 12 \end{bmatrix}. \quad \blacksquare$$

Ist $\boldsymbol{A} \in \mathbb{R}^{m\times n}$ und $\boldsymbol{x} \in \mathbb{R}^{n\times 1}$, so ergibt sich das Produkt $\boldsymbol{Ax}$ zu

$$\begin{aligned}
\boldsymbol{Ax} &= \begin{bmatrix} a_{11} & a_{12} & \cdots & a_{1n} \\ \vdots & \vdots & \vdots & \vdots \\ a_{m1} & a_{m2} & \cdots & a_{mn} \end{bmatrix} \begin{bmatrix} x_1 \\ \vdots \\ x_n \end{bmatrix} = \begin{bmatrix} a_{11}x_1 + a_{12}x_2 + \cdots + a_{1n}x_n \\ \vdots \\ a_{m1}x_1 + a_{m2}x_2 + \cdots + a_{mn}x_n \end{bmatrix} \\
&= \begin{bmatrix} a_{11}x_1 \\ \vdots \\ a_{m1}x_1 \end{bmatrix} + \cdots + \begin{bmatrix} a_{1n}x_n \\ \vdots \\ a_{mn}x_n \end{bmatrix} = x_1 \begin{bmatrix} a_{11} \\ \vdots \\ a_{m1} \end{bmatrix} + \cdots + x_n \begin{bmatrix} a_{1n} \\ \vdots \\ a_{mn} \end{bmatrix} \\
&= x_1 \begin{bmatrix} | \\ \boldsymbol{a}_1 \\ | \end{bmatrix} + \cdots + x_n \begin{bmatrix} | \\ \boldsymbol{a}_n \\ | \end{bmatrix}.
\end{aligned}$$

Dies bedeutet, dass das Produkt $\boldsymbol{Ax}$ aus einer Matrix $\boldsymbol{A}$ und einer Spaltenmatrix $\boldsymbol{x}$ eine Linearkombination der Spalten von $\boldsymbol{A}$ ist, deren Koeffizienten die Elemente von $\boldsymbol{x}$ sind. Man nennt dies die **spaltenweise Berechnung** von $\boldsymbol{Ax}$ im Gegensatz zum **zeilenweisen** herkömmlichen Ansatz. Analog ist das Produkt $\boldsymbol{y}^{\mathrm{T}}\boldsymbol{A}$ für eine Zeilenmatrix $\boldsymbol{y}^{\mathrm{T}} \in \mathbb{R}^{1\times m}$ mit einer Matrix $\boldsymbol{A} \in \mathbb{R}^{m\times n}$ die Linearkombination der Zeilen von $\boldsymbol{A}$ mit den Koordinaten (Elementen) von $\boldsymbol{y}$ als Koeffizienten.

**Beispiel 1.32.** Berechnen Sie das Matrizenprodukt $\boldsymbol{Ax}$ mit

$$\boldsymbol{A} = \begin{bmatrix} 1 & -2 \\ 3 & 2 \end{bmatrix} \quad \text{und} \quad \boldsymbol{x} = \begin{bmatrix} 3 \\ 1 \end{bmatrix}$$

erst spaltenweise und dann wie gewohnt zeilenweise.

*Lösung.* Spaltenweise als Linearkombination:

$$\begin{aligned}
\boldsymbol{Ax} &= \begin{bmatrix} 1 & -2 \\ 3 & 2 \end{bmatrix} \begin{bmatrix} 3 \\ 1 \end{bmatrix} = 3 \begin{bmatrix} 1 \\ 3 \end{bmatrix} + 1 \begin{bmatrix} -2 \\ 2 \end{bmatrix} = \begin{bmatrix} 3 \\ 9 \end{bmatrix} + \begin{bmatrix} -2 \\ 2 \end{bmatrix} \\
&= \begin{bmatrix} 3-2 \\ 9+2 \end{bmatrix} = \begin{bmatrix} 1 \\ 11 \end{bmatrix}.
\end{aligned}$$

Zeilenweise wie gewohnt:

$$\boldsymbol{A}\boldsymbol{x} = \begin{bmatrix} 1 & -2 \\ 3 & 2 \end{bmatrix} \begin{bmatrix} 3 \\ 1 \end{bmatrix} = \begin{bmatrix} (1)(3) + (-2)(1) \\ (3)(3) + (2)(1) \end{bmatrix} = \begin{bmatrix} 3 - 2 \\ 9 + 2 \end{bmatrix} = \begin{bmatrix} 1 \\ 11 \end{bmatrix}. \quad \blacksquare$$

**Beispiel 1.33.** Berechnen Sie das Matrizenprodukt $\boldsymbol{y}^{\mathrm{T}}\boldsymbol{A}$ mit

$$\boldsymbol{A} = \begin{bmatrix} 1 & -2 \\ 3 & 2 \end{bmatrix} \quad \text{und} \quad \boldsymbol{y} = \begin{bmatrix} 3 \\ 1 \end{bmatrix}$$

wie gewöhnlich und dann als Linearkombination der Zeilen von $\boldsymbol{A}$.

*Lösung.* Gewöhnlich ist

$$\begin{aligned} \boldsymbol{y}^{\mathrm{T}}\boldsymbol{A} &= \begin{bmatrix} 3 & 1 \end{bmatrix} \begin{bmatrix} 1 & -2 \\ 3 & 2 \end{bmatrix} = \begin{bmatrix} (3)(1) + (1)(3) & (3)(-2) + (1)(2) \end{bmatrix} \\ &= \begin{bmatrix} 3 + 3 & -6 + 2 \end{bmatrix} = \begin{bmatrix} 6 & -4 \end{bmatrix} \end{aligned}$$

und als Linearkombination der Zeilen

$$\begin{aligned} \boldsymbol{y}^{\mathrm{T}}\boldsymbol{A} &= \begin{bmatrix} 3 & 1 \end{bmatrix} \begin{bmatrix} 1 & -2 \\ 3 & 2 \end{bmatrix} = 3 \begin{bmatrix} 1 & -2 \end{bmatrix} + 1 \begin{bmatrix} 3 & 2 \end{bmatrix} = \begin{bmatrix} 3 & -6 \end{bmatrix} + \begin{bmatrix} 3 & 2 \end{bmatrix} \\ &= \begin{bmatrix} 6 & -4 \end{bmatrix}. \quad \blacksquare \end{aligned}$$

**Beispiel 1.34.** Gegeben ist die Matrix $\boldsymbol{A} = [a_{ij}] \in \mathbb{R}^{m \times n}$. Finden Sie eine Matrix $\boldsymbol{B}$, sodass

$$\boldsymbol{B}\boldsymbol{A} = \begin{bmatrix} a_{11} + \cdots + a_{m1} & a_{12} + \cdots + a_{m2} & \cdots & a_{1n} + \cdots + a_{mn} \end{bmatrix}$$

ist.

*Lösung.* Gesucht ist also eine Matrix $\boldsymbol{B}$, die dafür sorgt, dass die Elemente der Produktmatrix $\boldsymbol{B}\boldsymbol{A}$ die Summe der Spaltenelemente von $\boldsymbol{A}$ sind. Beachten Sie noch, dass $\boldsymbol{B}\boldsymbol{A}$ eine Zeilenmatrix ist. Wählt man $\boldsymbol{B} = \boldsymbol{eins}^{\mathrm{T}}$ mit

$$\boldsymbol{eins}^{\mathrm{T}} = \begin{bmatrix} 1 & 1 & \dots & 1 \end{bmatrix} \in \mathbb{R}^{1 \times n}$$

so hat man das Gewünschte erreicht. $\blacksquare$

Es gibt noch eine weitere Möglichkeit, das Produkt zweier Matrizen zu berechnen bzw. zu interpretieren, nämlich über das *dyadische Produkt.*

Ist $\boldsymbol{a} \in \mathbb{R}^{m \times 1}$ eine Spaltenmatrix und $\boldsymbol{b}^{\mathrm{T}} \in \mathbb{R}^{1 \times n}$ eine Zeilenmatrix, so ist das Matrizenprodukt $\boldsymbol{a}\boldsymbol{b}^{\mathrm{T}}$ definiert und eine Matrix aus $\mathbb{R}^{m \times n}$; Spaltenmatrix mal Zeilenmatrix ergibt eine (rechteckige) Matrix. Man nennt es das **dyadische Produkt** (**Tensorprodukt**)[15]. Wir können es wie folgt schreiben

$$\boldsymbol{a}\boldsymbol{b}^{\mathrm{T}} = \begin{bmatrix} a_1 \\ a_2 \\ \vdots \\ a_m \end{bmatrix} \begin{bmatrix} b_1 & b_2 & \cdots & b_n \end{bmatrix} = \begin{bmatrix} b_1 a_1 & b_2 a_1 & \cdots & b_n a_1 \\ b_1 a_2 & b_2 a_2 & \cdots & b_n a_2 \\ \vdots & \vdots & \vdots & \vdots \\ b_1 a_m & b_2 a_m & \cdots & b_n a_m \end{bmatrix}.$$

Die Spalten sind Vielfache von $\boldsymbol{a}$ und die Zeilen sind Vielfache von $\boldsymbol{b}^{\mathrm{T}}$.

**Beispiel 1.35.** Berechnen Sie das dyadische Produkt $\boldsymbol{a}\boldsymbol{b}^{\mathrm{T}}$ von $\boldsymbol{a}^{\mathrm{T}} = [1 \quad 2]$ und $\boldsymbol{b}^{\mathrm{T}} = [3 \quad 4 \quad 5]$.

*Lösung.* Es ist

$$\boldsymbol{a}\boldsymbol{b}^{\mathrm{T}} = \begin{bmatrix} 1 \\ 2 \end{bmatrix} \begin{bmatrix} 3 & 4 & 5 \end{bmatrix} = \begin{bmatrix} 3 & 4 & 5 \\ 6 & 8 & 10 \end{bmatrix}.$$

Das Ergebnis ist also eine Matrix aus $\mathbb{R}^{2\times 3}$. ∎

Das dyadische Produkt erlaubt es nun, das Produkt zweier Matrizen $\boldsymbol{A} \in \mathbb{R}^{m\times r}$ und $\boldsymbol{B} \in \mathbb{R}^{r\times n}$ auch wie folgt zu schreiben

$$\boldsymbol{A}\boldsymbol{B} = \begin{bmatrix} | & | & & | \\ \boldsymbol{a}_1 & \boldsymbol{a}_2 & \cdots & \boldsymbol{a}_r \\ | & | & & | \end{bmatrix} \begin{bmatrix} — & \boldsymbol{b}_1^{\mathrm{T}} & — \\ — & \boldsymbol{b}_2^{\mathrm{T}} & — \\ & \vdots & \\ — & \boldsymbol{b}_r^{\mathrm{T}} & — \end{bmatrix} = \boldsymbol{a}_1\boldsymbol{b}_1^{\mathrm{T}} + \boldsymbol{a}_2\boldsymbol{b}_2^{\mathrm{T}} + \cdots + \boldsymbol{a}_r\boldsymbol{b}_r^{\mathrm{T}}.$$

Wir geben ein Beispiel.

**Beispiel 1.36.** Berechnen Sie das Produkt $\boldsymbol{A}\boldsymbol{B}$ der Matrizen

$$\boldsymbol{A} = \begin{bmatrix} 1 & 2 & 4 \\ 2 & 6 & 0 \end{bmatrix} \quad \text{und} \quad \boldsymbol{B} = \begin{bmatrix} 4 & 1 & 4 & 3 \\ 0 & -1 & 3 & 1 \\ 2 & 7 & 5 & 2 \end{bmatrix}.$$

als Summe dyadischer Produkte.

[15]Siehe auch Abschnitt 2.12

*Lösung.* Es ist

$$\begin{aligned}
\boldsymbol{AB} &= \begin{bmatrix} 1 & 2 & 4 \\ 2 & 6 & 0 \end{bmatrix} \begin{bmatrix} 4 & 1 & 4 & 3 \\ 0 & -1 & 3 & 1 \\ 2 & 7 & 5 & 2 \end{bmatrix} \\
&= \begin{bmatrix} 1 \\ 2 \end{bmatrix} \begin{bmatrix} 4 & 1 & 4 & 3 \end{bmatrix} + \begin{bmatrix} 2 \\ 6 \end{bmatrix} \begin{bmatrix} 0 & -1 & 3 & 1 \end{bmatrix} + \begin{bmatrix} 4 \\ 0 \end{bmatrix} \begin{bmatrix} 2 & 7 & 5 & 2 \end{bmatrix} \\
&= \begin{bmatrix} 4 & 1 & 4 & 3 \\ 8 & 2 & 8 & 6 \end{bmatrix} + \begin{bmatrix} 0 & -2 & 6 & 2 \\ 0 & -6 & 18 & 6 \end{bmatrix} + \begin{bmatrix} 8 & 28 & 20 & 8 \\ 0 & 0 & 0 & 0 \end{bmatrix} \\
&= \begin{bmatrix} 12 & 27 & 30 & 13 \\ 8 & -4 & 26 & 12 \end{bmatrix}.
\end{aligned}$$

Dies stimmt mit dem Ergebnis in Beispiel 1.30 überein. ∎

## Rechenregeln für Matrizen

Die folgenden Sätze fassen Rechenregeln für Matrizen zusammen. Diese sind grundlegend für die folgenden Kapitel. Wir beweisen nicht alle Aussagen, da ihre Beweise ähnlich verlaufen. Die Beweise reduzieren sich im Wesentlichen auf zwei Ideen. Erstens: Man überprüft, dass die $ij$-ten Elemente der beiden Seiten der jeweiligen Matrizengleichung gleich sind. Zweitens: Man nutzt aus, dass die jeweiligen Regeln beim Rechnen mit den reellen Zahlen gelten.

**Satz 1.5** (Eigenschaften der Matrizenaddition)**.** *Es sind $\boldsymbol{A}$, $\boldsymbol{B}$ und $\boldsymbol{C}$ Matrizen aus $\mathbb{R}^{m\times n}$. Dann gilt*

*(a) Kommutativität: $\boldsymbol{A}+\boldsymbol{B}=\boldsymbol{B}+\boldsymbol{A}$.*

*(b) Assoziativität: $\boldsymbol{A}+(\boldsymbol{B}+\boldsymbol{C})=(\boldsymbol{A}+\boldsymbol{B})+\boldsymbol{C}$.*

*(c) Es gibt genau eine $(m,n)$-Matrix $\boldsymbol{O}$ mit $\boldsymbol{A}+\boldsymbol{O}=\boldsymbol{A}$ für jede Matrix $\boldsymbol{A}\in\mathbb{R}^{m\times n}$. Die Matrix $\boldsymbol{O}$ ist die Nullmatrix.*

*(d) Zu jeder $(m,n)$-Matrix $\boldsymbol{A}$ gibt es eine eindeutige $(m,n)$-Matrix $\boldsymbol{D}$, sodass gilt $\boldsymbol{A}+\boldsymbol{D}=\boldsymbol{O}$. Wir schreiben $\boldsymbol{D}$ als $-\boldsymbol{A}$ und damit gilt $\boldsymbol{A}+(-\boldsymbol{A})=\boldsymbol{O}$. Die Matrix $-\boldsymbol{A}$ ist die negative Matrix von $\boldsymbol{A}$.*

*Beweis.* Der erste Teil (a) kann wie folgt bewiesen werden. Ist $\boldsymbol{A}=[a_{ij}]\in\mathbb{R}^{m\times n}$ und $\boldsymbol{B}=[b_{ij}]\in\mathbb{R}^{m\times n}$, so ist $a_{ij}+b_{ij}=b_{ij}+a_{ij}$ weil beim Rechnen mit reellen Zahlen das Kommutativitätgesetz gilt. Weil dies für alle $i=1,\ldots,m$ und alle $j=1,\ldots,n$ gilt, ist $\boldsymbol{A}+\boldsymbol{B}=[a_{ij}+b_{ij}]=[b_{ij}+a_{ij}]=\boldsymbol{B}+\boldsymbol{A}$.

Wir zeigen noch, dass die Nullmatrix eindeutig ist. Wir nehmen an, es sind $\boldsymbol{O}$ und $\widetilde{\boldsymbol{O}}$ zwei Nullmatrizen. Dann gilt wegen $\boldsymbol{A}+\boldsymbol{O}=\boldsymbol{A}$, sowohl $\boldsymbol{O}+\widetilde{\boldsymbol{O}}=\boldsymbol{O}$ als auch $\widetilde{\boldsymbol{O}}+\boldsymbol{O}=\widetilde{\boldsymbol{O}}$. Somit ist $\widetilde{\boldsymbol{O}}=\widetilde{\boldsymbol{O}}+\boldsymbol{O}=\boldsymbol{O}+\widetilde{\boldsymbol{O}}=\boldsymbol{O}$. □

**Beispiel 1.37.** Gegeben ist die Matrix

$$\boldsymbol{A}=\begin{bmatrix}1 & -2\\ 3 & 2\end{bmatrix}.$$

Finden Sie die negative Matrix von $\boldsymbol{A}$, also $-\boldsymbol{A}$.

*Lösung.* Es ist

$$-\boldsymbol{A}=\begin{bmatrix}-1 & 2\\ -3 & -2\end{bmatrix}. \quad \blacksquare$$

Da die Matrizenmultiplikation im Allgemeinen nicht kommutativ ist, müssen wir zwei Distributivgesetze formulieren, während bei kommutativen Verknüpfungen ein Distributivgesetz ausreicht.

**Satz 1.6** (Eigenschaften der Matrizenmultiplikation)**.** *Es sind $\boldsymbol{A}$, $\boldsymbol{B}$ und $\boldsymbol{C}$ Matrizen entsprechender Größe. Dann gilt*

*(a) Assoziativität: $\boldsymbol{A}(\boldsymbol{BC})=(\boldsymbol{AB})\boldsymbol{C}$.*

*(b) Distributivität: $(\boldsymbol{A}+\boldsymbol{B})\boldsymbol{C}=\boldsymbol{AC}+\boldsymbol{BC}$.*

*(c) Distributivität: $\boldsymbol{C}(\boldsymbol{A}+\boldsymbol{B})=\boldsymbol{CA}+\boldsymbol{CB}$.*

*(d) Für die Multiplikation einer beliebigen Matrix $\boldsymbol{A}\in\mathbb{R}^{m\times n}$ mit der Nullmatrix $\boldsymbol{O}\in\mathbb{R}^{n\times r}$ gilt: $\boldsymbol{AO}=\boldsymbol{O}$, wobei das Ergebnis eine Nullmatrix mit $m$ Zeilen und $r$ Spalten ist. Entsprechendes gilt für $\boldsymbol{OA}=\boldsymbol{O}$, wenn die Nullmatrizen die entsprechenden Ordnungen haben.*

**Beispiel 1.38.** Gegeben sind die Matrizen

$$\boldsymbol{A}=\begin{bmatrix}1 & 2\\ 3 & 6\end{bmatrix},\quad \boldsymbol{B}=\begin{bmatrix}1 & -2\\ 3 & 2\end{bmatrix},\quad \boldsymbol{C}=\begin{bmatrix}5 & 7 & 8\\ 9 & 10 & 11\end{bmatrix}.$$

Bestätigen Sie mit diesen Matrizen die Gültigkeit des Distributivgesetzes $(\boldsymbol{A}+\boldsymbol{B})\boldsymbol{C}=\boldsymbol{AC}+\boldsymbol{BC}$ aus Satz 1.6.

*Lösung.* Die linke Seite ist

$$(\boldsymbol{A}+\boldsymbol{B})\boldsymbol{C}=\begin{bmatrix}2 & 0\\ 6 & 8\end{bmatrix}\begin{bmatrix}5 & 7 & 8\\ 9 & 10 & 11\end{bmatrix}=\begin{bmatrix}10 & 14 & 16\\ 102 & 122 & 136\end{bmatrix}$$

und die rechte Seite ergibt

$$\boldsymbol{AC}+\boldsymbol{BC}=\begin{bmatrix} 23 & 27 & 30 \\ 69 & 81 & 90 \end{bmatrix}+\begin{bmatrix} -13 & -13 & -14 \\ 33 & 41 & 46 \end{bmatrix}=\begin{bmatrix} 10 & 14 & 16 \\ 102 & 122 & 136 \end{bmatrix}.$$

Beide Seiten sind also gleich. ∎

**Satz 1.7** (Eigenschaften der skalaren Multiplikation). *Es sind $\boldsymbol{A}$, $\boldsymbol{B}$ Matrizen entsprechender Größe und $r, s$ reelle Zahlen. Dann gilt*

*(a) Assoziativität:* $r(s\boldsymbol{A})=(rs)\boldsymbol{A}$.
*(b) Distributivität:* $(r+s)\boldsymbol{A}=r\boldsymbol{A}+s\boldsymbol{A}$.
*(c) Distributivität:* $r(\boldsymbol{A}+\boldsymbol{B})=r\boldsymbol{A}+r\boldsymbol{B}$.
*(d)* $\boldsymbol{A}(r\boldsymbol{B})=r(\boldsymbol{AB})=(r\boldsymbol{A})\boldsymbol{B}$.

**Beispiel 1.39.** Bestätigen Sie die Gültigkeit der Assoziativität $r(s\boldsymbol{A})=(rs)\boldsymbol{A}$ anhand der Matrix

$$\boldsymbol{A}=\begin{bmatrix} 1 & 2 \\ 3 & 6 \end{bmatrix}$$

und den reellen Zahlen $r=2$ und $s=3$.

*Lösung.* Die linke Seite ist

$$r(s\boldsymbol{A})=2\left(3\begin{bmatrix} 1 & 2 \\ 3 & 6 \end{bmatrix}\right)=2\left(\begin{bmatrix} 3 & 6 \\ 9 & 18 \end{bmatrix}\right)=\begin{bmatrix} 6 & 12 \\ 18 & 36 \end{bmatrix}$$

und die rechte Seite ergibt

$$(rs)\boldsymbol{A}=(2\cdot 3)\begin{bmatrix} 1 & 2 \\ 3 & 6 \end{bmatrix}=6\begin{bmatrix} 1 & 2 \\ 3 & 6 \end{bmatrix}=\begin{bmatrix} 6 & 12 \\ 18 & 36 \end{bmatrix}.$$

Beide Seiten sind also gleich. ∎

**Satz 1.8** (Eigenschaften der transponierten Matrix). *Es sind $\boldsymbol{A}$, $\boldsymbol{B}$ Matrizen entsprechender Größe und $r$ eine reelle Zahl. Dann gilt*

*(a)* $(\boldsymbol{A}^T)^T=\boldsymbol{A}$.
*(b)* $(\boldsymbol{A}+\boldsymbol{B})^T=\boldsymbol{A}^T+\boldsymbol{B}^T$.
*(c)* $(\boldsymbol{AB})^T=\boldsymbol{B}^T\boldsymbol{A}^T$.
*(d)* $(r\boldsymbol{A})^T=r\boldsymbol{A}^T$.

**Beispiel 1.40.** Bestätigen Sie die Gleichung $(\boldsymbol{AB})^{\mathrm{T}} = \boldsymbol{B}^{\mathrm{T}}\boldsymbol{A}^{\mathrm{T}}$ aus Satz 1.8 anhand der Matrizen

$$\boldsymbol{A} = \begin{bmatrix} 1 & 2 \\ 3 & 6 \end{bmatrix} \quad \text{und} \quad \boldsymbol{B} = \begin{bmatrix} 1 & -2 \\ 3 & 2 \end{bmatrix}.$$

*Lösung.* Die linke Seite ist

$$(\boldsymbol{AB})^{\mathrm{T}} = \left( \begin{bmatrix} 1 & 2 \\ 3 & 6 \end{bmatrix} \begin{bmatrix} 1 & -2 \\ 3 & 2 \end{bmatrix} \right)^{\mathrm{T}} = \begin{bmatrix} 7 & 2 \\ 21 & 6 \end{bmatrix}^{\mathrm{T}} = \begin{bmatrix} 7 & 21 \\ 2 & 6 \end{bmatrix}.$$

Die rechte Seite ergibt

$$\boldsymbol{B}^{\mathrm{T}}\boldsymbol{A}^{\mathrm{T}} = \begin{bmatrix} 1 & 3 \\ -2 & 2 \end{bmatrix} \begin{bmatrix} 1 & 3 \\ 2 & 6 \end{bmatrix} = \begin{bmatrix} 7 & 21 \\ 2 & 6 \end{bmatrix}. \quad \blacksquare$$

**Beispiel 1.41.** Zeigen Sie, dass die Matrix $\boldsymbol{aa}^{\mathrm{T}}$ für $\boldsymbol{a} \in \mathbb{R}^n$ symmetrisch ist.

*Lösung.* Mit Satz 1.8 gilt

$$(\boldsymbol{aa}^{\mathrm{T}})^{\mathrm{T}} = (\boldsymbol{a}^{\mathrm{T}})^{\mathrm{T}}\boldsymbol{a}^{\mathrm{T}} = \boldsymbol{aa}^{\mathrm{T}}.$$

Somit ist die Matrix $\boldsymbol{aa}^{\mathrm{T}} \in \mathbb{R}^{n\times n}$ symmetrisch. ■

**Satz 1.9.** *Für die Multiplikation einer Matrix $\boldsymbol{A} \in \mathbb{R}^{n\times n}$ mit der Einheitsmatrix $\boldsymbol{E} \in \mathbb{R}^{n\times n}$ gilt stets*

$$\boldsymbol{AE} = \boldsymbol{EA} = \boldsymbol{A}.$$

### Bemerkungen zu Matrizenoperationen

Man kann nur Matrizen addieren, deren Größen zusammenpassen, das heißt deren Zeilenanzahl und Spaltenanzahl übereinstimmen. Bevor wir also zwei Matrizen addieren wollen, müssen wir erst prüfen, ob das überhaupt geht. Wenn das möglich ist, werden Matrizen elementweise addiert. Analog werden Matrizen subtrahiert.

Die Matrizenmultiplikation ist schon etwas komplizierter als die Matrizenaddition, aber auch hier gilt: Zuerst überprüfen, ob die Matrizen überhaupt multipliziert werden dürfen. Dabei kommt es aber nicht darauf an, dass Zeilenanzahl und Spaltenanzahl der beiden Matrizen übereinstimmen, sondern dass die Spaltenanzahl der ersten Matrix gleich der Zeilenanzahl der zweiten Matrix ist. Wir merken uns also: Sind zwei Matrizen gegeben, so kann man diese nur multiplizieren, wenn die zweite Matrix genauso viele Zeilen hat wie die erste Matrix Spalten. Das Ergebnis, also die Produktmatrix, hat dann so viele Zeilen, wie die erste Matrix Zeilen und so viele Spalten wie die zweite Matrix Spalten.

*Die Matrizenmultiplikation ist nicht kommutativ.* Wenn $\boldsymbol{A} \cdot \boldsymbol{B}$ existiert, muss $\boldsymbol{B} \cdot \boldsymbol{A}$ nicht notwendigerweise existieren. Und selbst wenn beides definiert ist, muss die Produktmatrix nicht die Gleiche sein:

$$\underset{\boldsymbol{A}}{\begin{bmatrix} 1 & 2 \\ 0 & 1 \end{bmatrix}} \underset{\boldsymbol{B}}{\begin{bmatrix} 1 & 0 \\ 1 & 3 \end{bmatrix}} = \underset{\boldsymbol{AB}}{\begin{bmatrix} 3 & 6 \\ 1 & 3 \end{bmatrix}} \neq \underset{\boldsymbol{BA}}{\begin{bmatrix} 1 & 2 \\ 1 & 5 \end{bmatrix}} = \underset{\boldsymbol{B}}{\begin{bmatrix} 1 & 0 \\ 1 & 3 \end{bmatrix}} \underset{\boldsymbol{A}}{\begin{bmatrix} 1 & 2 \\ 0 & 1 \end{bmatrix}}.$$

*Wenn $\boldsymbol{AB} = \boldsymbol{O}$ ist, muss nicht unbedingt $\boldsymbol{A} = \boldsymbol{O}$ oder $\boldsymbol{B} = \boldsymbol{O}$ sein.* Hier ist ein Beispiel:

$$\underset{\boldsymbol{A}}{\begin{bmatrix} 1 & 0 \\ 0 & 0 \end{bmatrix}} \underset{\boldsymbol{B}}{\begin{bmatrix} 0 & 0 \\ 0 & 1 \end{bmatrix}} = \underset{\boldsymbol{O}}{\begin{bmatrix} 0 & 0 \\ 0 & 0 \end{bmatrix}}.$$

Die Multiplikation einer Matrix mit einer Zahl (Skalar) ist definiert. Die Matrixelemente werden einfach mit dem Skalar multipliziert.

## 1.10. Die Matrixform eines linearen Systems

Wir betrachten das lineare Gleichungssystem

$$\begin{aligned} a_{11}x_1 + a_{12}x_2 + \cdots + a_{1n}x_n &= b_1 \\ a_{21}x_1 + a_{22}x_2 + \cdots + a_{2n}x_n &= b_2 \\ &\vdots \\ a_{m1}x_1 + a_{m2}x_2 + \cdots + a_{mn}x_n &= b_m \end{aligned}$$

mit $m$ Gleichungen und $n$ Variablen. Mit den Bezeichnungen

$$\boldsymbol{A} = \begin{bmatrix} a_{11} & a_{12} & \cdots & a_{1n} \\ a_{21} & a_{22} & \cdots & a_{2n} \\ \vdots & \vdots & \vdots & \vdots \\ a_{m1} & a_{m2} & \cdots & a_{mn} \end{bmatrix}, \ \boldsymbol{b} = \begin{bmatrix} b_1 \\ b_2 \\ \vdots \\ b_m \end{bmatrix} \text{ und } \boldsymbol{x} = \begin{bmatrix} x_1 \\ x_2 \\ \vdots \\ x_n \end{bmatrix}$$

lässt sich das lineare Gleichungssystem als

$$\begin{bmatrix} a_{11} & a_{12} & \cdots & a_{1n} \\ a_{21} & a_{22} & \cdots & a_{2n} \\ \vdots & \vdots & \vdots & \vdots \\ a_{m1} & a_{m2} & \cdots & a_{mn} \end{bmatrix} \begin{bmatrix} x_1 \\ x_2 \\ \vdots \\ x_n \end{bmatrix} = \begin{bmatrix} b_1 \\ b_2 \\ \vdots \\ b_m \end{bmatrix}$$

oder kurz

$$\boldsymbol{Ax} = \boldsymbol{b}$$

schreiben. Die Matrix $\boldsymbol{A} \in \mathbb{R}^{m \times n}$ ist die **Koeffizientenmatrix** oder **Systemmatrix**, $\boldsymbol{b} \in \mathbb{R}^{m \times 1}$ die **rechte Seite** des Systems und $\boldsymbol{x} \in \mathbb{R}^{n \times 1}$ ist die gesuchte Spaltenmatrix der Unbekannten. Die erweiterte Koeffizientenmatrix von $\boldsymbol{Ax} = \boldsymbol{b}$ ist

$$\begin{bmatrix} \boldsymbol{A} & \boldsymbol{b} \end{bmatrix} = \begin{bmatrix} a_{11} & a_{12} & \cdots & a_{1n} & b_1 \\ a_{21} & a_{22} & \cdots & a_{2n} & b_2 \\ \vdots & \vdots & \vdots & \vdots & \vdots \\ a_{m1} & a_{m2} & \cdots & a_{mn} & b_m \end{bmatrix} = \left[\begin{array}{cccc|c} a_{11} & a_{12} & \cdots & a_{1n} & b_1 \\ a_{21} & a_{22} & \cdots & a_{2n} & b_2 \\ \vdots & \vdots & \vdots & \vdots & \vdots \\ a_{m1} & a_{m2} & \cdots & a_{mn} & b_m \end{array}\right] = \begin{bmatrix} \boldsymbol{A} \,|\, \boldsymbol{b} \end{bmatrix}.$$

## 1.11. Lineare Systeme mit mehreren rechten Seiten

In vielen praktischen Fällen findet man die Situation vor, dass $r > 1$ lineare Gleichungssysteme mit gleicher Koeffizientenmatrix $\boldsymbol{A} \in \mathbb{R}^{m \times n}$, aber mehreren rechten Seiten $\boldsymbol{b}_j \in \mathbb{R}^m$, $j = 1, 2, \ldots, r$, zu lösen sind: $\boldsymbol{Ax}_1 = \boldsymbol{b}_1$, $\boldsymbol{Ax}_2 = \boldsymbol{b}_2$, …, $\boldsymbol{Ax}_r = \boldsymbol{b}_r$. Gesucht sind also $r$ Lösungen $\boldsymbol{x}_j$ aus $\mathbb{R}^n$. Dieses Problem können wir gleichwertig als

$$\begin{bmatrix} | & | & & | \\ \boldsymbol{Ax}_1 & \boldsymbol{Ax}_2 & \cdots & \boldsymbol{Ax}_r \\ | & | & & | \end{bmatrix} = \begin{bmatrix} | & | & & | \\ \boldsymbol{b}_1 & \boldsymbol{b}_2 & \cdots & \boldsymbol{b}_r \\ | & | & & | \end{bmatrix}$$

bzw.

$$\boldsymbol{A} \underbrace{\begin{bmatrix} | & | & & | \\ \boldsymbol{x}_1 & \boldsymbol{x}_2 & \cdots & \boldsymbol{x}_r \\ | & | & & | \end{bmatrix}}_{\boldsymbol{X}} = \underbrace{\begin{bmatrix} | & | & & | \\ \boldsymbol{b}_1 & \boldsymbol{b}_2 & \cdots & \boldsymbol{b}_r \\ | & | & & | \end{bmatrix}}_{\boldsymbol{B}}.$$

formulieren. Gesucht ist also die Matrix $\boldsymbol{X} \in \mathbb{R}^{n \times r}$ der Matrizengleichung (siehe auch Abschnitt 2.12)

$$\boldsymbol{AX} = \boldsymbol{B}$$

zu gegebenen Matrizen $\boldsymbol{A} \in \mathbb{R}^{m\times n}$ und $\boldsymbol{B} \in \mathbb{R}^{m\times r}$. Die Lösungen der $r$ linearen Gleichungssysteme sind die Spaltenvektoren der Matrix $\boldsymbol{X} \in \mathbb{R}^{n\times r}$.

**Satz 1.10** (Lineare Systeme mit mehreren rechten Seiten)**.** *Die Matrizengleichung $\boldsymbol{AX} = \boldsymbol{B}$ nach $\boldsymbol{X}$ zu lösen, ist gleichbedeutend dazu die $r$ linearen Gleichungssysteme $\boldsymbol{Ax}_j = \boldsymbol{b}_j$ mit gleicher Koeffizientenmatrix $\boldsymbol{A}$ und verschiedenen rechten Seiten $\boldsymbol{b}_j$ zu lösen.*

**Beispiel 1.42.** Die Matrizengleichung

$$\underbrace{\begin{bmatrix} 1 & -2 \\ 3 & 2 \end{bmatrix}}_{\boldsymbol{A}} \underbrace{\begin{bmatrix} | & | & | \\ \boldsymbol{x}_1 & \boldsymbol{x}_2 & \boldsymbol{x}_3 \\ | & | & | \end{bmatrix}}_{\boldsymbol{X}} = \underbrace{\begin{bmatrix} 1 & -8 & 0 \\ 11 & 0 & 8 \end{bmatrix}}_{\boldsymbol{B}}$$

hat die Lösung

$$\boldsymbol{X} = \begin{bmatrix} 3 & -2 & 2 \\ 1 & 3 & 1 \end{bmatrix},$$

weil

$$\boldsymbol{x}_1 = \begin{bmatrix} 3 \\ 1 \end{bmatrix}, \quad \boldsymbol{x}_2 = \begin{bmatrix} -2 \\ 3 \end{bmatrix}, \quad \boldsymbol{x}_3 = \begin{bmatrix} 2 \\ 1 \end{bmatrix}$$

die Lösungen der drei linearen Gleichungssysteme

$$\underbrace{\begin{bmatrix} 1 & -2 \\ 3 & 2 \end{bmatrix}}_{\boldsymbol{A}} \underbrace{\begin{bmatrix} | \\ | \end{bmatrix}}_{\boldsymbol{x}_1} = \underbrace{\begin{bmatrix} 1 \\ 11 \end{bmatrix}}_{\boldsymbol{b}_1}, \quad \underbrace{\begin{bmatrix} 1 & -2 \\ 3 & 2 \end{bmatrix}}_{\boldsymbol{A}} \underbrace{\begin{bmatrix} | \\ | \end{bmatrix}}_{\boldsymbol{x}_2} = \underbrace{\begin{bmatrix} -8 \\ 0 \end{bmatrix}}_{\boldsymbol{b}_2}$$

$$\underbrace{\begin{bmatrix} 1 & -2 \\ 3 & 2 \end{bmatrix}}_{\boldsymbol{A}} \underbrace{\begin{bmatrix} | \\ | \end{bmatrix}}_{\boldsymbol{x}_3} = \underbrace{\begin{bmatrix} 0 \\ 8 \end{bmatrix}}_{\boldsymbol{b}_3}$$

sind. ■

Das Gauss-Jordan-Verfahren können wir verwenden, um mehrere lineare Gleichungssysteme gleichzeitig zu lösen. Hierzu bilden wir die Blockmatrix $[\boldsymbol{A}\ \boldsymbol{B}] \in \mathbb{R}^{m\times(n\cdot r)}$ und wenden darauf das Gauss-Jordan-Verfahren an.

**Algorithmus 3: Gleichzeitige Berechnung mehrerer Gleichungssysteme mit gleicher Koeffizientenmatrix mit dem Gauß-Jordan-Verfahren**

Um mehrere lineare Gleichungssysteme mit gleicher Koeffizientenmatrix gleichzeitig zu lösen, kann wie folgt vorgegangen werden.

1. Man erstellt aus $\boldsymbol{A}$ und den rechten Seiten $\boldsymbol{B} = [\boldsymbol{b}_1\ \boldsymbol{b}_2\ \cdots\ \boldsymbol{b}_r]$ die Blockmatrix

$$\begin{bmatrix} \boldsymbol{A} & \boldsymbol{B} \end{bmatrix} = \left[\begin{array}{cccc|cccc} a_{11} & a_{12} & \cdots & a_{1n} & | & | & & | \\ \vdots & \vdots & \vdots & \vdots & \boldsymbol{b}_1 & \boldsymbol{b}_2 & \cdots & \boldsymbol{b}_r \\ a_{m1} & a_{m2} & \cdots & a_{mn} & | & | & & | \end{array}\right].$$

2. Mithilfe elementarer Zeilenumformungen (GAUSS-JORDAN-Verfahren) wird die Blockmatrix auf reduzierte Zeilenstufenform umgeformt.

Die Lösbarkeit und die Lösungen können dann abgelesen werden.

**Beispiel 1.43.** Gegeben sind die beiden linearen Gleichungssysteme

$$\begin{aligned} x_1 - 2x_2 &= 1 \\ 3x_1 + 2x_2 &= 11 \\ 9x_1 + 6x_2 &= 33 \end{aligned} \qquad \text{und} \qquad \begin{aligned} x_1 - 2x_2 &= 1 \\ 3x_1 + 2x_2 &= 11 \\ 9x_1 + 6x_2 &= 34 \end{aligned}$$

Berechnen Sie die Lösungen mit dem GAUSS-JORDAN-Verfahren gleichzeitig.

*Lösung.* Wir bilden die Blockmatrix

$$\left[\begin{array}{rr|rr} 1 & -2 & 1 & 1 \\ 3 & 2 & 11 & 11 \\ 9 & 6 & 33 & 34 \end{array}\right]$$

und wenden darauf das GAUSS-JORDAN-Verfahren an. Das Ergebnis ist

$$\left[\begin{array}{cc|cc} 1 & 0 & 3 & 0 \\ 0 & 1 & 1 & 0 \\ 0 & 0 & 0 & 1 \end{array}\right].$$

Das bedeutet, dass das erste Gleichungssystem die Lösung $x_1 = 3$, $x_2 = 1$ hat und das zweite Gleichungssystem unlösbar ist. ∎

Die Funktion `rref` realisiert Algorithmus 3 in MATLAB.

## 1.12. Inverse Matrizen

Der Begriff der *inversen Matrix* ist verwandt mit dem Kehrwert einer Zahl. Ist $a$ eine reelle Zahl, so ist der Kehrwert von $a$ diejenige reelle Zahl $c$ für die $ac = 1 = ca$ gilt. Statt $c$ schreibt man $1/a$ oder $a^{-1}$. Alle reelle Zahlen außer der Null haben einen Kehrwert. Ist also $a \neq 0$, so gilt $aa^{-1} = a^{-1}a = 1$. Diese Ideen werden nun in die Welt der quadratischen Matrizen übertragen.

Es ist $\boldsymbol{A} \in \mathbb{R}^{n\times n}$ eine quadratische Matrix. Gibt es eine Matrix $\boldsymbol{B}$ mit $\boldsymbol{AB} = \boldsymbol{BA} = \boldsymbol{E}$, so heißt $\boldsymbol{A}$ **invertierbar** (**regulär**). $\boldsymbol{B}$ wird als **Inverse** (**Kehrmatrix**) von $\boldsymbol{A}$ bezeichnet.

Die Inverse einer Matrix ist eindeutig, denn angenommen $\boldsymbol{B}$ und $\boldsymbol{C}$ sind zwei inverse Matrizen von $\boldsymbol{A}$, so gilt $\boldsymbol{BA} = \boldsymbol{E}$, und multiplizieren wir beide Seiten von rechts mit $\boldsymbol{C}$, so folgt $(\boldsymbol{BA})\boldsymbol{C} = \boldsymbol{EC} = \boldsymbol{C}$. Andererseits ist $(\boldsymbol{BA})\boldsymbol{C} = \boldsymbol{B}(\boldsymbol{AC}) = \boldsymbol{BE} = \boldsymbol{B}$, woraus $\boldsymbol{C} = \boldsymbol{B}$ folgt. Daher bezeichnen wir *die* Inverse der Matrix $\boldsymbol{A}$ mit $\boldsymbol{A}^{-1}$. Es gilt also

$$\boldsymbol{AA}^{-1} = \boldsymbol{E} \quad \text{und} \quad \boldsymbol{A}^{-1}\boldsymbol{A} = \boldsymbol{E},$$

wenn $\boldsymbol{A}$ quadratisch ist und eine Inverse hat. Eine invertierbare Matrix kann also niemals zwei inverse Matrizen besitzen.

**Beispiel 1.44.** Zeigen Sie, dass die Matrix

$$\boldsymbol{B} = \begin{bmatrix} 1/4 & 1/4 \\ -3/8 & 1/8 \end{bmatrix} \text{ eine Inverse von } \boldsymbol{A} = \begin{bmatrix} 1 & -2 \\ 3 & 2 \end{bmatrix} \text{ ist.}$$

*Lösung.* Es gilt

$$\boldsymbol{AB} = \begin{bmatrix} 1 & -2 \\ 3 & 2 \end{bmatrix} \begin{bmatrix} 1/4 & 1/4 \\ -3/8 & 1/8 \end{bmatrix} = \begin{bmatrix} 1 & 0 \\ 0 & 1 \end{bmatrix} = \boldsymbol{E}$$

und

$$\boldsymbol{BA} = \begin{bmatrix} 1/4 & 1/4 \\ -3/8 & 1/8 \end{bmatrix} \begin{bmatrix} 1 & -2 \\ 3 & 2 \end{bmatrix} = \begin{bmatrix} 1 & 0 \\ 0 & 1 \end{bmatrix} = \boldsymbol{E}.$$

Es ist also

$$\boldsymbol{A}^{-1} = \boldsymbol{B} = \begin{bmatrix} 1/4 & 1/4 \\ -3/8 & 1/8 \end{bmatrix}. \quad \blacksquare$$

Bitte beachten Sie, dass nur eine quadratische Matrix eine inverse Matrix haben kann. Nicht jede quadratische Matrix hat aber eine Inverse.

**Beispiel 1.45.** Zeigen Sie, dass die Matrix

$$\begin{bmatrix} 0 & 1 \\ 0 & 2 \end{bmatrix}$$

keine inverse Matrix hat.

*Lösung.* Hätte die Matrix eine Inverse, so müsste

$$\begin{bmatrix} 0 & 1 \\ 0 & 2 \end{bmatrix} \begin{bmatrix} a & b \\ c & d \end{bmatrix} = \begin{bmatrix} b & d \\ 2b & 2d \end{bmatrix}.$$

gleich der Einheitsmatrix $\boldsymbol{E}_2$ sein. Insbesondere muss also $b = 1$ und $2b = 0$ sein. Dies ist aber nicht möglich. Folglich kann die Matrix keine Inverse haben. ∎

Für reelle $(2,2)$-Matrizen kann man die Inversen allgemein angeben.

**Satz 1.11** (Die Inverse einer $(2,2)$-Matrix)**.** *Die Matrix*

$$\boldsymbol{A} = \begin{bmatrix} a & b \\ c & d \end{bmatrix} \in \mathbb{R}^{2\times 2}$$

*ist für $ad - bc \neq 0$ invertierbar. In diesem Fall gilt*

$$\boldsymbol{A}^{-1} = \frac{1}{ad - bc} \begin{bmatrix} d & -b \\ -c & a \end{bmatrix} = \begin{bmatrix} d/(ad-bc) & -b/(ad-bc) \\ -c/(ad-bc) & a/(ad-bc) \end{bmatrix}.$$

Um diesen Satz 1.11 zu beweisen, braucht man nur $\boldsymbol{A}\boldsymbol{A}^{-1} = \boldsymbol{A}^{-1}\boldsymbol{A} = \boldsymbol{E}$ nachzurechnen. Ist $ad - bc \neq 0$, so erhält man die Inverse $\boldsymbol{A}^{-1}$ aus $\boldsymbol{A}$ durch Vertauschen der beiden Diagonalelemente, durch Änderung der Vorzeichen der beiden anderen Elemente und durch Multiplikation aller vier Matrixelemente mit $1/(ad - bc)$. Ist $ad - bc = 0$, so ist $\boldsymbol{A}$ nicht invertierbar.

Wie kommt man auf die Formel für $\boldsymbol{A}^{-1}$ in Satz 1.11? Hierzu betrachten wir die Matrizengleichung

$$\underbrace{\begin{bmatrix} a & b \\ c & d \end{bmatrix}}_{\boldsymbol{A}} \underbrace{\begin{bmatrix} x_1 & x_3 \\ x_2 & x_4 \end{bmatrix}}_{\boldsymbol{X}} = \underbrace{\begin{bmatrix} 1 & 0 \\ 0 & 1 \end{bmatrix}}_{\boldsymbol{E}_2}$$

bzw. gleichwertig die beiden Systeme

$$\begin{bmatrix} a & b \\ c & d \end{bmatrix} \begin{bmatrix} x_1 \\ x_2 \end{bmatrix} = \begin{bmatrix} 1 \\ 0 \end{bmatrix} \quad \text{und} \quad \begin{bmatrix} a & b \\ c & d \end{bmatrix} \begin{bmatrix} x_3 \\ x_4 \end{bmatrix} = \begin{bmatrix} 0 \\ 1 \end{bmatrix}.$$

Ist $ad - bc \neq 0$, so nach Satz 1.2 (Gleichsetzungsverfahren, Einsetzungsverfahren, Additionsverfahren) $x_1 = d/(ad - bc)$, $x_2 = -c/(ad - bc)$ bzw. $x_3 = -b/(ad - bc)$, $x_4 = a/(ad - bc)$ die Lösung. Damit ist

$$\boldsymbol{A}^{-1} = \boldsymbol{X} = \begin{bmatrix} x_1 & x_3 \\ x_2 & x_4 \end{bmatrix} = \begin{bmatrix} d/(ad-bc) & -b/(ad-bc) \\ -c/(ad-bc) & a/(ad-bc) \end{bmatrix}.$$

**Satz 1.12.** *Besitzt eine Matrix eine Inverse, so ist diese eindeutig bestimmt.*

Der folgende Satz gibt nützliche Rechenregeln für invertierbare Matrizen.

**Satz 1.13** (Rechenregeln für invertierbare Matrizen)**.** *Es sind $\boldsymbol{A}$ und $\boldsymbol{B}$ zwei quadratische Matrizen aus $\mathbb{R}^{n \times n}$.*

*(a) Die Inverse einer invertierbaren Matrix $\boldsymbol{A}$ ist invertierbar und es gilt: $(\boldsymbol{A}^{-1})^{-1} = \boldsymbol{A}$.*

*(b) Das Produkt $\boldsymbol{AB}$ zweier invertierbarer Matrizen $\boldsymbol{A}$, $\boldsymbol{B}$ ist invertierbar und es gilt $(\boldsymbol{AB})^{-1} = \boldsymbol{B}^{-1}\boldsymbol{A}^{-1}$.*

*(c) Die Transponierte $\boldsymbol{A}^T$ einer quadratischen Matrix ist genau dann invertierbar, wenn $\boldsymbol{A}$ invertierbar ist. In diesem Fall gilt: $(\boldsymbol{A}^T)^{-1} = (\boldsymbol{A}^{-1})^T$.*

*Beweis.* Für den Beweis von (a) überlegt man sich zunächst, dass nach Voraussetzung $\boldsymbol{A}\boldsymbol{A}^{-1} = \boldsymbol{A}^{-1}\boldsymbol{A} = \boldsymbol{E}$ gilt. Die Matrizen $\boldsymbol{A}$ und $\boldsymbol{A}^{-1}$ können somit auch mit vertauschten Rollen betrachtet werden. Also ist $\boldsymbol{A}$ die Inverse von $\boldsymbol{A}^{-1}$, das heißt $\boldsymbol{A} = (\boldsymbol{A}^{-1})^{-1}$.

Für den Beweis von (b) ist zu zeigen, dass die Matrix $\boldsymbol{B}^{-1}\boldsymbol{A}^{-1}$ invers zu $\boldsymbol{AB}$ ist, also $(\boldsymbol{AB})(\boldsymbol{B}^{-1}\boldsymbol{A}^{-1}) = \boldsymbol{E}$ gilt. Weil für die Matrizenmultiplikation das Assoziativgesetz gültig ist, gilt

$$(\boldsymbol{AB})(\boldsymbol{B}^{-1}\boldsymbol{A}^{-1}) = (\boldsymbol{A}(\boldsymbol{B}\boldsymbol{B}^{-1}))\boldsymbol{A}^{-1} = (\boldsymbol{AE})\boldsymbol{A}^{-1} = \boldsymbol{A}\boldsymbol{A}^{-1} = \boldsymbol{E}$$

und somit die Behauptung.

Wir zeigen (c). Es ist $(\boldsymbol{A}^{-1})^{\mathrm{T}}\boldsymbol{A}^{\mathrm{T}} = (\boldsymbol{A}\boldsymbol{A}^{-1})^{\mathrm{T}} = \boldsymbol{E}^{\mathrm{T}} = \boldsymbol{E}$ und $\boldsymbol{A}^{\mathrm{T}}(\boldsymbol{A}^{-1})^{\mathrm{T}} = (\boldsymbol{A}^{-1}\boldsymbol{A})^{\mathrm{T}} = \boldsymbol{E}^{\mathrm{T}} = \boldsymbol{E}$. Aus diesen beiden Gleichungen folgt, dass die Matrix $(\boldsymbol{A}^{-1})^{\mathrm{T}}$ die Inverse von $\boldsymbol{A}^{\mathrm{T}}$ ist, also ist $(\boldsymbol{A}^{\mathrm{T}})^{-1} = (\boldsymbol{A}^{-1})^{\mathrm{T}}$. □

Für endlich viele invertierbare Matrizen $\boldsymbol{A}_1$, $\boldsymbol{A}_2$, …, $\boldsymbol{A}_k$ folgt aus Satz 1.13:

$$(\boldsymbol{A}_1\boldsymbol{A}_2 \cdots \boldsymbol{A}_k)^{-1} = \boldsymbol{A}_k^{-1} \cdots \boldsymbol{A}_2^{-1}\boldsymbol{A}_1^{-1}.$$

**Beispiel 1.46** (Rechenregeln für invertierbare Matrizen). Verifizieren Sie die Matrizengleichung $(\boldsymbol{AB})^{-1} = \boldsymbol{B}^{-1}\boldsymbol{A}^{-1}$ aus Satz 1.13 anhand der Matrizen

$$\boldsymbol{A} = \begin{bmatrix} 1 & -2 \\ 3 & 2 \end{bmatrix} \quad \text{und} \quad \boldsymbol{B} = \begin{bmatrix} 1 & -1 \\ 2 & 0 \end{bmatrix}$$

*Lösung.* Es ist einerseits

$$\boldsymbol{A}^{-1} = \begin{bmatrix} 1/4 & 1/4 \\ -3/8 & 1/8 \end{bmatrix} \quad \text{und} \quad \boldsymbol{B}^{-1} = \begin{bmatrix} 0 & 1/2 \\ -1 & 1/2 \end{bmatrix}$$

somit also

$$\boldsymbol{B}^{-1}\boldsymbol{A}^{-1} = \begin{bmatrix} -3/16 & 1/16 \\ -7/16 & -3/16 \end{bmatrix}$$

und andererseits

$$(\boldsymbol{AB})^{-1} = \begin{bmatrix} -3 & -1 \\ 7 & -3 \end{bmatrix}^{-1} = \begin{bmatrix} -3/16 & 1/16 \\ -7/16 & -3/16 \end{bmatrix}. \quad \blacksquare$$

Der folgende Satz zeigt, dass für eine Matrix $\boldsymbol{B} \in \mathbb{R}^{n\times n}$, die eine der beiden Bedingungen $\boldsymbol{AB} = \boldsymbol{E}$ oder $\boldsymbol{BA} = \boldsymbol{E}$ erfüllt, automatisch auch die Andere gilt. $\boldsymbol{B}$ ist dann die Inverse von $\boldsymbol{A}$, also $\boldsymbol{B} = \boldsymbol{A}^{-1}$.

**Satz 1.14.** *Ist $\boldsymbol{A} \in \mathbb{R}^{n\times n}$ eine Matrix, so gilt:*

*(a) Ist $\boldsymbol{B} \in \mathbb{R}^{n\times n}$ mit $\boldsymbol{BA} = \boldsymbol{E}$, so ist $\boldsymbol{B} = \boldsymbol{A}^{-1}$.*
*(b) Ist $\boldsymbol{B} \in \mathbb{R}^{n\times n}$ mit $\boldsymbol{AB} = \boldsymbol{E}$, so ist $\boldsymbol{B} = \boldsymbol{A}^{-1}$.*

*Beweis.* Es ist zunächst $\boldsymbol{BA} = \boldsymbol{E}$. Wenn wir zeigen können, dass $\boldsymbol{A}$ invertierbar ist, so folgt durch Multiplikation der Gleichung $\boldsymbol{BA} = \boldsymbol{E}$ von rechts mit $\boldsymbol{A}^{-1}$ zunächst $\boldsymbol{BAA}^{-1} = \boldsymbol{EA}^{-1}$, dann $\boldsymbol{BE} = \boldsymbol{EA}^{-1}$ und somit $\boldsymbol{B} = \boldsymbol{A}^{-1}$, womit der Beweis erbracht ist.

Um die Invertierbarkeit von $\boldsymbol{A}$ zu zeigen, zeigen wir, dass aus $\boldsymbol{Ax} = \boldsymbol{o}$ folgt $\boldsymbol{x} = \boldsymbol{o}$ (Satz 14.9). Ist $\boldsymbol{z}$ irgendeine Lösung von $\boldsymbol{Ax} = \boldsymbol{o}$, also $\boldsymbol{Az} = \boldsymbol{o}$. Multiplizieren wir beide Seiten der Gleichung $\boldsymbol{Az} = \boldsymbol{o}$ von links mit $\boldsymbol{B}$, so erhalten wir $\boldsymbol{BAz} = \boldsymbol{Bo}$ bzw. $\boldsymbol{Ez} = \boldsymbol{o}$, also $\boldsymbol{z} = \boldsymbol{o}$. Damit hat das Gleichungssystem $\boldsymbol{Ax} = \boldsymbol{o}$ nur die triviale Lösung $\boldsymbol{x} = \boldsymbol{o}$.

Den zweiten Teil, dass aus $\boldsymbol{AB} = \boldsymbol{E}$ folgt $\boldsymbol{B} = \boldsymbol{A}^{-1}$, zeigt man analog. □

Der Kehrwert $a^{-1}$ der reellen Zahl $a \neq 0$ ist ein Spezialfall der inversen Matrix $\boldsymbol{A}^{-1}$ der Matrix $\boldsymbol{A} \in \mathbb{R}^{n\times n}$, nämlich für $n = 1$.

### Berechnung der Inversen einer Matrix

In Satz 1.11 haben wir eine Formel zur Berechnung der Inversen einer Matrix für den Fall $n = 2$ angegeben. Wie kann man die Inverse einer beliebigen Matrix $\boldsymbol{A} \in \mathbb{R}^{n\times n}$ explizit berechnen? Hierzu gibt es mehrere Möglichkeiten, insbesondere ist das GAUSS-JORDAN-Verfahren geeignet.

Entscheidend zur Berechnung der Inversen ist folgende Beobachtung. Die Inverse der Matrix $\boldsymbol{A}$ zu berechnen, bedeutet, die Matrizengleichung

$$\boldsymbol{AX} = \boldsymbol{E}_n$$

nach $\boldsymbol{X}$ aufzulösen. Interpretiert man das Matrizenprodukt $\boldsymbol{AX}$ spaltenweise, so lautet die Matrizengleichung

$$\begin{bmatrix} | & | & & | \\ \boldsymbol{Ax}_1 & \boldsymbol{Ax}_2 & \cdots & \boldsymbol{Ax}_n \\ | & | & & | \end{bmatrix} = \begin{bmatrix} 1 & & & \\ & 1 & & \\ & & \ddots & \\ & & & 1 \end{bmatrix},$$

das heißt $\boldsymbol{X}$ zu berechnen ist gleichwertig (äquivalent) dazu für $j = 1, 2, \ldots, n$

$$\boldsymbol{Ax}_j = \begin{bmatrix} 0 \\ \vdots \\ 0 \\ 1 \\ 0 \\ \vdots \\ 0 \end{bmatrix} \leftarrow j\text{-te Zeile}$$

nach $\boldsymbol{x}_j$ aufzulösen. Das Lösen dieser $n$ linearen Gleichungssysteme kann gleichzeitig erfolgen, da alle diese Systeme $\boldsymbol{A}$ als Koeffizientenmatrix besitzen. Dazu bilden wir die Blockmatrix $[\boldsymbol{A} \quad \boldsymbol{E}_n]$ und wenden auf sie das GAUSS-JORDAN-Verfahren an. Nach Abschluß des Verfahrens steht links in der Blockmatrix die Einheitsmatrix $\boldsymbol{E}_n$ und rechts $\boldsymbol{X} = \boldsymbol{A}^{-1}$. Die Lösungsvektoren $\boldsymbol{x}_j$ bilden dann die Spaltenvektoren der inversen Matrix.

**Algorithmus 4: Berechnung von $\boldsymbol{A}^{-1}$ mit dem Gauß-Jordan-Verfahren**

Zur Bestimmung der Inversen einer Matrix $\boldsymbol{A} \in \mathbb{R}^{n\times n}$ kann wie folgt vorgegangen werden.

1. Man erstellt die aus $\boldsymbol{A}$ und $\boldsymbol{E}_n$ zusammengesetzte Blockmatrix

$$[\ \boldsymbol{A} \quad \boldsymbol{E}_n\ ] = \left[\begin{array}{cccccccc} a_{11} & a_{12} & \cdots & a_{1n} & 1 & & & \\ a_{21} & a_{22} & \cdots & a_{2n} & & 1 & & \\ \vdots & \vdots & \vdots & \vdots & & & \ddots & \\ a_{n1} & a_{n2} & \cdots & a_{nn} & & & & 1 \end{array}\right].$$

2. Mithilfe elementarer Zeilenumformungen (Gauss-Jordan-Verfahren) wird die Blockmatrix so umgeformt, dass die Einheitsmatrix $\boldsymbol{E}_n$ den Platz von $\boldsymbol{A}$ einnimmt. Die inverse Matrix $\boldsymbol{A}^{-1}$ steht dann an der Stelle von $\boldsymbol{E}_n$:

$$\left[\begin{array}{cccccccc} 1 & & & & x_{11} & x_{12} & \cdots & x_{1n} \\ & 1 & & & x_{21} & x_{22} & \cdots & x_{2n} \\ & & \ddots & & \vdots & \vdots & \vdots & \vdots \\ & & & 1 & x_{n1} & x_{n2} & \cdots & x_{nn} \end{array}\right] = [\ \boldsymbol{E}_n \quad \boldsymbol{X} = \boldsymbol{A}^{-1}\ ].$$

$\boldsymbol{X}$ ist die Inverse von $\boldsymbol{A}$ bzw. $\boldsymbol{X}$ ist die Lösung von $\boldsymbol{A}\boldsymbol{X} = \boldsymbol{E}_n$.

Mithilfe von Algorithmus 4 kann gleichzeitig entschieden werden, ob eine gegebene Matrix $\boldsymbol{A}$ invertierbar ist. Enthält zum Schluss die linke Blockmatrix eine Nullzeile, so ist die Matrix $\boldsymbol{A}$ nicht invertierbar.

**Beispiel 1.47** (Berechnung von $\boldsymbol{A}^{-1}$ mit dem Gauss-Jordan-Verfahren)**.** Berechnen Sie mit dem Gauss-Jordan-Verfahren die Inverse der Matrix (siehe Beispiel 1.44)

$$\boldsymbol{A} = \begin{bmatrix} 1 & -2 \\ 3 & 2 \end{bmatrix}.$$

*Lösung.* Wir gehen von der Matrix

$$[\ \boldsymbol{A} \quad \boldsymbol{E}_2\ ] = \left[\begin{array}{cccc} 1 & -2 & 1 & 0 \\ 3 & 2 & 0 & 1 \end{array}\right]$$

aus und wenden darauf elementare Zeilenumformungen (Gauss-Jordan-Verfahren) an. Es ergeben sich zum Beispiel folgende Rechenschritte.

1. Addition des $(-3)$-Fachen der ersten Zeile zur zweiten:

$$\left[\begin{array}{cccc} 1 & -2 & 1 & 0 \\ 0 & 8 & -3 & 1 \end{array}\right]$$

2. Multiplikation der zweiten Zeile mit $1/8$:

$$\left[\begin{array}{cccc} 1 & -2 & 1 & 0 \\ 0 & 1 & -3/8 & 1/8 \end{array}\right]$$

3. Addition des (2)-Fachen der zweiten Zeile zur ersten:

$$\left[\begin{array}{cc|cc} 1 & 0 & 2/8 & 2/8 \\ 0 & 1 & -3/8 & 1/8 \end{array}\right]$$

Somit ist

$$\boldsymbol{A}^{-1} = \begin{bmatrix} 1/4 & 1/4 \\ -3/8 & 1/8 \end{bmatrix}.$$

Machen Sie die Probe und bestätigen Sie $\boldsymbol{A}^{-1}\boldsymbol{A} = \boldsymbol{E}_2$. ■

**Satz 1.15.** *Eine Matrix $\boldsymbol{A} \in \mathbb{R}^{n\times n}$ ist genau dann invertierbar, wenn $\boldsymbol{E}_n$ ihre reduzierte Zeilenstufenform ist. Mit anderen Worten: Eine Matrix $\boldsymbol{A} \in \mathbb{R}^{n\times n}$ ist genau dann invertierbar, wenn sie mit dem* Gauss-Jordan-*Verfahren in die Einheitsmatrix $\boldsymbol{E}_n$ überführt werden kann.*

**Beispiel 1.48** (Berechnung von $\boldsymbol{A}^{-1}$ mit dem Gauss-Jordan-Verfahren)**.** Berechnen Sie mit dem Gauss-Jordan-Verfahren die Inverse der Matrix (siehe Beispiel 1.13)

$$\boldsymbol{A} = \begin{bmatrix} 1 & 1 & 2 \\ 2 & 4 & -3 \\ 3 & 6 & -5 \end{bmatrix}.$$

*Lösung.* Es ergeben sich zum Beispiel folgende Rechenschritte.

1. Addition des (−2)-Fachen der ersten Zeile zur zweiten:

$$\left[\begin{array}{ccc|ccc} 1 & 1 & 2 & 1 & 0 & 0 \\ 0 & 2 & -7 & -2 & 1 & 0 \\ 3 & 6 & -5 & 0 & 0 & 1 \end{array}\right]$$

2. Addition des (−3)-Fachen der ersten Zeile zur dritten:

$$\left[\begin{array}{ccc|ccc} 1 & 1 & 2 & 1 & 0 & 0 \\ 0 & 2 & -7 & -2 & 1 & 0 \\ 0 & 3 & -11 & -3 & 0 & 1 \end{array}\right]$$

3. Multiplikation der zweiten Zeile mit 1/2:

$$\left[\begin{array}{ccc|ccc} 1 & 1 & 2 & 1 & 0 & 0 \\ 0 & 1 & -7/2 & -1 & 1/2 & 0 \\ 0 & 3 & -11 & -3 & 0 & 1 \end{array}\right]$$

4. Addition des (−3)-Fachen der zweiten Zeile zur dritten:

$$\left[\begin{array}{ccc|ccc} 1 & 1 & 2 & 1 & 0 & 0 \\ 0 & 1 & -7/2 & -1 & 1/2 & 0 \\ 0 & 0 & -1/2 & 0 & -3/2 & 1 \end{array}\right]$$

5. Multiplikation der dritten Zeile mit −2:

$$\left[\begin{array}{ccc|ccc} 1 & 1 & 2 & 1 & 0 & 0 \\ 0 & 1 & -7/2 & -1 & 1/2 & 0 \\ 0 & 0 & 1 & 0 & 3 & -2 \end{array}\right]$$

6. Addition des (7/2)-Fachen der dritten Zeile zur zweiten:

$$\left[\begin{array}{ccc|ccc} 1 & 1 & 2 & 1 & 0 & 0 \\ 0 & 1 & 0 & -1 & 11 & -7 \\ 0 & 0 & 1 & 0 & 3 & -2 \end{array}\right]$$

7. Addition des (−2)-Fachen der dritten Zeile zur ersten:

$$\left[\begin{array}{ccc|ccc} 1 & 1 & 0 & 1 & -6 & 4 \\ 0 & 1 & 0 & -1 & 11 & -7 \\ 0 & 0 & 1 & 0 & 3 & -2 \end{array}\right]$$

8. Addition des (−1)-Fachen der zweiten Zeile zur ersten:

$$\left[\begin{array}{ccc|ccc} 1 & 0 & 0 & 2 & -17 & 11 \\ 0 & 1 & 0 & -1 & 11 & -7 \\ 0 & 0 & 1 & 0 & 3 & -2 \end{array}\right]$$

Somit ist

$$\boldsymbol{A}^{-1} = \begin{bmatrix} 2 & -17 & 11 \\ -1 & 11 & -7 \\ 0 & 3 & -2 \end{bmatrix}.$$

Machen Sie die Probe und bestätigen Sie $\boldsymbol{A}^{-1}\boldsymbol{A} = \boldsymbol{E}_3$. ■

Ist es nicht möglich, aus der ersten Teilmatrix $\boldsymbol{A}$ von $[\boldsymbol{A}\ \boldsymbol{B}]$ die Einheitsmatrix $\boldsymbol{E}$ zu machen, weil die erste Teilmatrix eine Nullzeile hat, so ist die Matrix $\boldsymbol{A}$ nicht invertierbar.

**Beispiel 1.49.** Zeigen Sie, dass die Matrix

$$\boldsymbol{A} = \begin{bmatrix} 0 & 1 \\ 0 & 2 \end{bmatrix}$$

nicht invertierbar ist.

*Lösung.* Es ist

$$\left[\begin{array}{cc|cc} 0 & 1 & 1 & 0 \\ 0 & 2 & 0 & 1 \end{array}\right] \xrightarrow{\text{Gauss-Jordan-Verfahren}} \left[\begin{array}{cc|cc} 0 & 1 & 0 & 1/2 \\ 0 & 0 & 1 & -1/2 \end{array}\right].$$

Somit hat die Matrix $\boldsymbol{A}$ keine Inverse. Dieses Ergebnis kannten wir schon aus Beispiel 1.45. Mit einer anderen Methode haben wir das Ergebnis nun erneut bestätigt. ∎

Auf eines sei jedoch ausdrücklich hingewiesen. Das explizite Berechnen der Inversen einer Matrix ist praktisch weniger von Bedeutung als theoretisch. In Anwendungen muss man äußerst selten die Inverse einer Matrix explizit kennen; gute Algorithmen lösen lineare Systeme nicht dadurch, dass sie die Koeffizientenmatrix invertieren. In diesem Sinn ist Satz 1.16 hauptsächlich von theoretischer und weniger von praktischer Bedeutung. Nähere Informationen finden Sie hierzu in [36].

## 1.13. Inverse Matrizen und lineare Systeme

Die Bedeutung invertierbarer Matrizen für lineare Gleichungssysteme ergibt sich daraus, dass jede *Matrizengleichung*

$$\boldsymbol{AX} = \boldsymbol{B}$$

mit $\boldsymbol{B}, \boldsymbol{X} \in \mathbb{R}^{n\times r}$ und einer invertierbaren Matrix $\boldsymbol{A} \in \mathbb{R}^{n\times n}$ die (eindeutige) Lösung $\boldsymbol{X} = \boldsymbol{A}^{-1}\boldsymbol{B}$ besitzt. Bitte beachten Sie, das die Systemmatrix $\boldsymbol{A}$ quadratisch sein muss.

**Satz 1.16.** *Es ist $\boldsymbol{A} \in \mathbb{R}^{n\times n}$ eine invertierbare Matrix. Dann hat die Matrizengleichung $\boldsymbol{AX} = \boldsymbol{B}$ für jede Matrix $\boldsymbol{B} \in \mathbb{R}^{n\times r}$ genau eine Lösung, nämlich*

$$\boldsymbol{X} = \boldsymbol{A}^{-1}\boldsymbol{B}.$$

*Speziell hat das lineare Gleichungssystem $\boldsymbol{Ax} = \boldsymbol{b}$ für jede rechte Seite $\boldsymbol{b} \in \mathbb{R}^{n\times 1}$ genau eine Lösung, nämlich*

$$\boldsymbol{x} = \boldsymbol{A}^{-1}\boldsymbol{b}.$$

*Das homogene Gleichungssystem $\boldsymbol{Ax} = \boldsymbol{o}$ hat nur die (triviale) Lösung $\boldsymbol{x} = \boldsymbol{o}$.*

*Beweis.* Wir multiplizieren die Matrizengleichung $\boldsymbol{AX} = \boldsymbol{B}$ von links mit $\boldsymbol{A}^{-1}$, dann ist $\boldsymbol{A}^{-1}(\boldsymbol{AX}) = \boldsymbol{A}^{-1}\boldsymbol{B}$. Mit dem Assoziativgesetz für Matrizen erhalten wir zunächst $(\boldsymbol{A}^{-1}\boldsymbol{A})\boldsymbol{X} = \boldsymbol{A}^{-1}\boldsymbol{B}$, dann $\boldsymbol{EX} = \boldsymbol{A}^{-1}\boldsymbol{B}$ und schließlich $\boldsymbol{X} = \boldsymbol{A}^{-1}\boldsymbol{B}$. □

Bisher haben wir die GAUSS- und die GAUSS-JORDAN-Methode kennengelernt, um lineare Systeme zu lösen. Für quadratische Systeme haben wir mit Satz 1.16 ein weiteres Verfahren gefunden. Das lineare Gleichungssystem $\boldsymbol{Ax} = \boldsymbol{b}$ nach Satz 1.16 zu lösen, ist aus folgendem Grund sehr praktisch. Muss $\boldsymbol{Ax} = \boldsymbol{b}$ wiederholt für mehrere verschiedene rechten Seiten $\boldsymbol{b}$ gelöst werden, so ist $\boldsymbol{A}^{-1}$ nur einmal zu berechnen und $\boldsymbol{x} = \boldsymbol{A}^{-1}\boldsymbol{b}$ ist die eindeutige Lösung. Dennoch ist das Ergebnis von Satz 1.16 hauptsächlich von theoretischer Bedeutung als von praktischer, da wir in Abschnitt 1.16 eine effizientere Methode kennenlernen werden.

**Beispiel 1.50.** Zeigen Sie, dass das lineare Gleichungssystem

$$\underbrace{\begin{bmatrix} 1 & -2 \\ 3 & 2 \end{bmatrix}}_{\boldsymbol{A}} \underbrace{\begin{bmatrix} x_1 \\ x_2 \end{bmatrix}}_{\boldsymbol{x}} = \underbrace{\begin{bmatrix} b_1 \\ b_2 \end{bmatrix}}_{\boldsymbol{b}}$$

für jede rechte Seite $\boldsymbol{b}$ genau eine Lösung hat.

*Lösung.* Die Inverse der Matrix $\boldsymbol{A}$ kennen wir aus Beispiel 1.44. Es ist

$$\boldsymbol{A}^{-1} = \begin{bmatrix} 1/4 & 1/4 \\ -3/8 & 1/8 \end{bmatrix}.$$

Daher ist

$$\boldsymbol{x} = \boldsymbol{A}^{-1}\boldsymbol{b} = \begin{bmatrix} 1/4 & 1/4 \\ -3/8 & 1/8 \end{bmatrix} \begin{bmatrix} b_1 \\ b_2 \end{bmatrix} = \begin{bmatrix} 1/4b_1 + 1/4b_2 \\ -3/8b_1 + 1/8b_2 \end{bmatrix}$$

die (eindeutige) Lösung des linearen Systems. Ist speziell die rechte Seite $\boldsymbol{b} = (1, 11)$, so ist $\boldsymbol{x} = (3, 1)$ die (eindeutige) Lösung. Ist $\boldsymbol{b} = (0, 0)$, so ist $\boldsymbol{x} = (0, 0)$ die (eindeutige) Lösung. ■

### Berechnung von $AX = B$

Ist die Matrix $\boldsymbol{A} \in \mathbb{R}^{n \times n}$ invertierbar, so ist $\boldsymbol{X} = \boldsymbol{A}^{-1}\boldsymbol{B}$ die Lösung der Matrizengleichung $\boldsymbol{AX} = \boldsymbol{B}$, siehe Satz 1.16. Diese Lösung finden wir analog zu Algorithmus 4.

**Algorithmus 5: Berechnung von $\boldsymbol{X} = \boldsymbol{A}^{-1}\boldsymbol{B}$ mit dem Verfahren von Gauß-Jordan**

Zur Berechnung von $\boldsymbol{X} = \boldsymbol{A}^{-1}\boldsymbol{B}$ kann wie folgt vorgegangen werden.

1. Man erstellt die aus $\boldsymbol{A}$ und $\boldsymbol{B}$ zusammengesetzte Blockmatrix

$$[\ \boldsymbol{A} \quad \boldsymbol{B}\ ] = \begin{bmatrix} a_{11} & a_{12} & \cdots & a_{1n} & b_{11} & b_{12} & \cdots & b_{1r} \\ a_{21} & a_{22} & \cdots & a_{2n} & b_{21} & b_{22} & \cdots & b_{2r} \\ \vdots & \vdots & \vdots & \vdots & \vdots & \vdots & \vdots & \vdots \\ a_{n1} & a_{n2} & \cdots & a_{nn} & b_{n1} & b_{n2} & \cdots & b_{nr} \end{bmatrix}$$

2. Mithilfe elementarer Zeilenumformungen (Gauss-Jordan-Verfahren) wird die Blockmatrix so umgeformt, dass die Einheitsmatrix $\boldsymbol{E}_n$ den Platz von $\boldsymbol{A}$ einnimmt. Die Lösung, das heißt die Matrix $\boldsymbol{X} = \boldsymbol{A}^{-1}\boldsymbol{B}$, steht dann an der Stelle von $\boldsymbol{B}$:

$$\begin{bmatrix} 1 & & & & x_{11} & x_{12} & \cdots & x_{1r} \\ & 1 & & & x_{21} & x_{22} & \cdots & x_{2r} \\ & & \ddots & & \vdots & \vdots & \vdots & \vdots \\ & & & 1 & x_{n1} & x_{n2} & \cdots & x_{nr} \end{bmatrix} = [\ \boldsymbol{E}_n \quad \boldsymbol{X} = \boldsymbol{A}^{-1}\boldsymbol{B}\ ] .$$

$\boldsymbol{X}$ ist die Lösung der Matrizengleichung $\boldsymbol{AX} = \boldsymbol{B}$.

**Beispiel 1.51** (Lineare Systeme mit mehreren rechten Seiten)**.** Berechnen Sie die Lösungen der drei linearen Gleichungssysteme $\boldsymbol{Ax} = \boldsymbol{b}_j$, $j = 1, 2, 3$, mit

$$\boldsymbol{A} = \begin{bmatrix} 1 & -2 \\ 3 & 2 \end{bmatrix}, \quad \boldsymbol{b}_1 = \begin{bmatrix} 1 \\ 11 \end{bmatrix}, \quad \boldsymbol{b}_2 = \begin{bmatrix} 4 \\ 0 \end{bmatrix}, \quad \boldsymbol{b}_3 = \begin{bmatrix} 0 \\ 4 \end{bmatrix}.$$

*Lösung.* Die zusammengesetzte Blockmatrix ist

$$\begin{bmatrix} 1 & -2 & 1 & 4 & 0 \\ 3 & 2 & 11 & 0 & 4 \end{bmatrix}.$$

Auf diese Blockmatrix wird nun das Gauss-Jordan-Verfahren angewendet mit dem Ergebnis

$$\begin{bmatrix} 1 & 0 & 3 & 1 & 1 \\ 0 & 1 & 1 & -3/2 & 1/2 \end{bmatrix}.$$

Somit sind $\boldsymbol{x}_1 = (3, 1)$, $\boldsymbol{x}_2 = (1, -3/2)$ und $\boldsymbol{x}_3 = (1, 1/2)$ die Lösungen. ■

Die folgenden Bemerkungen wiederholen nützliche Aussagen:

- Das lineare Gleichungssystem $\boldsymbol{Ax} = \boldsymbol{b}$ ist ein Spezialfall von $\boldsymbol{AX} = \boldsymbol{B}$, dann nämlich, wenn nur eine rechte Seite vorliegt.
- Ist die Matrix $\boldsymbol{A}$ invertierbar, so ist $\boldsymbol{X} = \boldsymbol{A}^{-1}\boldsymbol{B}$ die (eindeutige) Lösung.
- Ist $\boldsymbol{B} = \boldsymbol{E}$, so ist $\boldsymbol{X} = \boldsymbol{A}^{-1}\boldsymbol{E} = \boldsymbol{A}^{-1}$ die (eindeutige) Lösung, das heißt die Lösung ist die Inverse von $\boldsymbol{A}$.

## 1.14. Lineare Systeme, die einfach zu lösen sind

In besonderen Situationen, das heißt dann, wenn die invertierbare Koeffizientenmatrix $\boldsymbol{A}$ spezielle Struktur aufweist, lässt sich das lineare Gleichungssystem $\boldsymbol{Ax} = \boldsymbol{b}$ ohne Matrixinvertierung lösen.

Wir betrachten das lineare Gleichungssysteme

$$\boldsymbol{Ax} = \boldsymbol{b}$$

mit $\boldsymbol{A} \in \mathbb{R}^{n \times n}$ und $\boldsymbol{b} \in \mathbb{R}^n$. Wir nehmen an, dass die Koeffizientenmatrix $\boldsymbol{A}$ invertierbar (regulär) ist, dann ist $\boldsymbol{x} = \boldsymbol{A}^{-1}\boldsymbol{b}$ die eindeutige Lösung.

### Diagonalmatrizen

Angenommen die Koeffizientenmatrix $\boldsymbol{A}$ ist diagonal, dann hat das lineare System $\boldsymbol{Ax} = \boldsymbol{b}$ die Form

$$\begin{bmatrix} a_{11} & & & \\ & a_{22} & & \\ & & \ddots & \\ & & & a_{nn} \end{bmatrix} \begin{bmatrix} x_1 \\ x_2 \\ \vdots \\ x_n \end{bmatrix} = \begin{bmatrix} b_1 \\ b_2 \\ \vdots \\ b_n \end{bmatrix}.$$

Das lineare System $\boldsymbol{Ax} = \boldsymbol{b}$ ist einfach $a_{ii}x_i = b_i$ für $i = 1, 2, \ldots, n$. Ist nun $a_{ii} \neq 0$ für alle $i = 1, 2, \ldots, n$ (genau dann ist $\boldsymbol{A}$ invertierbar), so ist $x_i = b_i/a_{ii}$ die Lösung des Systems.

**Algorithmus 6: Lösungsverfahren für Diagonalsystem**

Ein Diagonalsystem kann wie folgt gelöst werden:

1. Für $i = 1$ bis n:
   $x_i = \frac{b_i}{a_{ii}}$.

**Beispiel 1.52** (Diagonalmatrix als Koeffizientenmatrix)**.** Berechnen Sie die Lösung des linearen Systems $\boldsymbol{Ax} = \boldsymbol{b}$ mit

$$\boldsymbol{A} = \begin{bmatrix} 1 & 0 & 0 \\ 0 & 2 & 0 \\ 0 & 0 & 3 \end{bmatrix} \quad \text{und} \quad \boldsymbol{b} = \begin{bmatrix} 1 \\ 4 \\ 6 \end{bmatrix}$$

*Lösung.* Die Koeffizientenmatrix hat diagonalform und das lineare System schreibt sich ausführlich als

$$\begin{aligned} 1x_1 &= 1 \\ 2x_2 &= 4 \\ 3x_3 &= 6. \end{aligned}$$

Also ist $x_1 = 1/1 = 1$, $x_2 = 4/2 = 2$ und $x_3 = 6/3 = 2$ die Lösung. ∎

Kann ein lineares Gleichungssystem durch eine Diagonalmatrix beschrieben werden, so ist das Lösen besonders einfach. Alle Gleichungen sind entkoppelt. Alle Koordinaten sind unabhängig voneinander. Diese Vorteile werden wir immer wieder ausnutzen.

### Untere Dreiecksmatrizen

Ist $\boldsymbol{A} \in \mathbb{R}^{n \times n}$ eine untere Dreiecksmatrix, dann hat das lineare System $\boldsymbol{Ax} = \boldsymbol{b}$ die Form

$$\begin{bmatrix} a_{11} & 0 & \cdots & 0 \\ a_{21} & a_{22} & \cdots & 0 \\ \vdots & \vdots & \ddots & \vdots \\ a_{n1} & a_{n2} & \cdots & a_{nn} \end{bmatrix} \begin{bmatrix} x_1 \\ x_2 \\ \vdots \\ x_n \end{bmatrix} = \begin{bmatrix} b_1 \\ b_2 \\ \vdots \\ b_n \end{bmatrix}.$$

Die erste Gleichung ist also $a_{11}x_1 = b_1$ und daraus folgt $x_1 = b_1/a_{11}$, falls $a_{11} \neq 0$ ist. Die zweite Gleichung ist $a_{21}x_1 + a_{22}x_2 = b_2$ mit der Lösung $x_2 = (b_2 - a_{21}x_1)/a_{22}$, falls $a_{22} \neq 0$ ist. Da der Werte von $x_1$ zu diesem Zeitpunkt aber bereits berechnet wurde, sind alle Zahlen auf der rechten Seite der Gleichung bekannt. Fahren wir auf diese Weise fort, so können wir $x_i$ mit Hilfe von $x_{i-1}$ ausdrücken, vorausgesetzt alle Diagonalelemente $a_{ii}$ sind ungleich Null (genau dann ist $\boldsymbol{A}$ invertierbar). Die Lösung erhalten wir wie folgt:

$$\begin{aligned} x_1 &= b_1/a_{11} \\ x_2 &= (b_2 - a_{21}x_1)/a_{22} \\ x_3 &= (b_3 - a_{31}x_1 - a_{32}x_2)/a_{33} \\ \vdots &= \vdots \\ x_n &= (b_n - a_{n1}x_1 - a_{n2}x_2 - \cdots - a_{n,n-1}x_{n-1})/a_{nn}. \end{aligned}$$

Das führt auf den folgenden Algorithmus.

**Algorithmus 7: Lösungsverfahren für unteres Dreiecksystem**

Ein unteres Dreiecksystem kann durch folgende Schritte gelöst werden:

1. $x_1 = \frac{b_1}{a_{11}}$.
2. Für $i = 2$ bis n:
   $x_i = \frac{1}{a_{ii}}(b_i - \sum_{j=1}^{n-1} a_{ij}x_j)$.

Man nennt dieses Verfahren **Vorwärtseinsetzen** (**Vorwärtssubstitution**), da die Lösung sukzessive dadurch berechnet werden, dass der berechnete Lösungswert in die nächste Gleichung eingesetzt (substituiert) wird.

**Beispiel 1.53** (Dreiecksmatrix als Koeffizientenmatrix)**.** Berechnen Sie die Lösung des linearen Systems $\boldsymbol{Ax} = \boldsymbol{b}$ mit

$$\boldsymbol{A} = \begin{bmatrix} 1 & 0 & 0 \\ -2 & 1 & 0 \\ 1 & 3 & 2 \end{bmatrix} \quad \text{und} \quad \boldsymbol{b} = \begin{bmatrix} 2 \\ 4 \\ 12 \end{bmatrix}.$$

*Lösung.* Die Koeffizientenmatrix hat untere Dreiecksform und das lineare Gleichungssystem schreibt sich ausführlich als

$$\begin{aligned} x_1 &= 2 \\ -2x_1 + x_2 &= 4 \\ x_1 + 3x_2 + 2x_3 &= 12. \end{aligned}$$

Durch Einsetzen von $x_1 = 2$ in die zweite Gleichung, erhalten wir $(-2)(2) + x_2 = 4$, also die Lösung $x_2 = 8$. Die beiden Lösungen $x_1 = 2$ und $x_2 = 8$ in die dritte Gleichung eingesetzt ergibt: $2 + (3)(8) + 2x_3 = 12$, also die Lösung $x_3 = -7$. Damit ist $x_1 = 2$, $x_2 = 8$ und $x_3 = -7$ die Lösung des linearen unteren Dreiecksystems. ∎

## Obere Dreiecksmatrizen

Ist $\boldsymbol{A} \in \mathbb{R}^{n \times n}$ eine obere Dreiecksmatrix, dann hat das lineare System $\boldsymbol{Ax} = \boldsymbol{b}$ die Form

$$\begin{bmatrix} a_{11} & a_{12} & \cdots & a_{1n} \\ 0 & a_{22} & \cdots & a_{2n} \\ \vdots & \vdots & \ddots & \vdots \\ 0 & 0 & \cdots & a_{nn} \end{bmatrix} \begin{bmatrix} x_1 \\ x_2 \\ \vdots \\ x_n \end{bmatrix} = \begin{bmatrix} b_1 \\ b_2 \\ \vdots \\ b_n \end{bmatrix}.$$

Analog dem Fall der unteren Dreiecksmatrizen kann das lineare System ähnlich gelöst werden, mit dem Unterschied, dass man zuerst $x_n$, dann $x_{n-1}$ und so weiter berechnet. Vorausgesetzt alle Diagonalelemente sind ungleich Null (genau dann ist $\boldsymbol{A}$ invertierbar), dann erhalten wir die Lösung wie folgt:

$$\begin{aligned} x_n &= b_n / a_{nn} \\ x_{n-1} &= (b_{n-1} - a_{n-1,n} x_n) / a_{n-1,n-1} \\ x_{n-2} &= (b_{n-2} - a_{n-2,n-1} x_{n-1} - a_{n-2,n} x_n) / a_{n-2,n-2} \\ \vdots &= \vdots \\ x_1 &= (b_1 - a_{12} x_2 - a_{13} x_3 - \cdots - a_{1n} x_n) / a_{11}. \end{aligned}$$

Das führt auf den folgenden Algorithmus.

**Algorithmus 8: Lösungsverfahren für oberes Dreiecksystem**

Ein oberes Dreiecksystem kann durch folgende Schritte gelöst werden:

1. $x_n = \frac{b_n}{a_{nn}}$.
2. Für $i = n - 1$ bis 1:
   $x_i = \frac{1}{a_{ii}}(b_i - \sum_{j=i+1}^{n} a_{ij} x_j)$

Das ist die Methode des *Rückwertseinsetzen* (*Rückwärtssubstitution*), da die Koordinaten von $\boldsymbol{x}$ rückwärts berechnet werden. In Abschnitt 1.5 haben wir Rückwertseinsetzen bereits kennen gelernt.

**Beispiel 1.54** (Dreiecksmatrix als Koeffizientenmatrix)**.** Berechnen Sie die Lösung des linearen Systems $\boldsymbol{Ax} = \boldsymbol{b}$ mit

$$\boldsymbol{A} = \begin{bmatrix} 1 & 1 & 2 \\ 0 & 1 & -7/2 \\ 0 & 0 & 1 \end{bmatrix} \quad \text{und} \quad \boldsymbol{b} = \begin{bmatrix} 9 \\ -17/2 \\ 3 \end{bmatrix}.$$

*Lösung.* Die Koeffizientenmatrix hat untere Dreiecksform und das lineare Gleichungssystem schreibt sich ausführlich als

$$\begin{aligned} x_1 + x_2 + 2x_3 &= 9 \\ x_2 - 7/2x_3 &= -17/4 \\ x_3 &= 3. \end{aligned}$$

Durch Einsetzen von $x_3 = 3$ in die zweite Gleichung, erhalten wir $x_2 = -17/2 + (7/2)(3)$, also die Lösung $x_2 = 2$. Die beiden Lösungen $x_3 = 3$ und $x_2 = 2$ in die erste Gleichung eingesetzt ergibt: $x_1 = 9 - 2 - (2)(3)$, also die Lösung $x_1 = 1$. Damit ist $x_1 = 1$, $x_2 = 2$ und $x_3 = 3$ die Lösung des linearen Systems. ∎

Es gibt noch andere lineare Systeme, die einfach zu lösen sind, zum Beispiel, wenn die Koeffizientenmatrix *orthogonal* ist. Eine Diskussion auf diesen Fall und andere Fälle verschieben wir auf später.

## 1.15. Wie löst man lineare Systeme mit dem Computer?

Mithilfe des GAUSSschen Verfahrens können Sie jedes vorgegebene lineare Gleichungssystem lösen – im Prinzip. In Wirklichkeit hat man es in den Anwendungen mit großen linearen Systemen zu tun, sodass wir auf den Computer angewiesen sind. Wenn Sie sich für diese *Computermathematik* (*Numerische Mathematik*[16], *Numerische Lineare Algebra*) interessieren, empfehle ich Ihnen das Buch [36]. Wenn Sie in dieses Buch hineingeschaut haben, dann werden Sie feststellen, dass zum erfolgreichen professionellen Rechnen noch mehr gehört als ein paar theoretische Grundlagen, welche die Vorlesung über Mathematik für Anfangssemester bietet. Wir konkretisieren diesen Hinweis mit ein paar Details.

Im Allgemeinen werden numerische Verfahren zur Lösung von linearen Gleichungssystemen in zwei Klassen eingeteilt:

- *Direkte Verfahren.* Das sind solche Verfahren, die in endlich vielen Rechenschritten eine exakte Lösung des Systems $\boldsymbol{Ax} = \boldsymbol{b}$ liefern (natürlich nur, wenn man annimmt, dass auf dem Computer alle Schritte exakt durchgeführt werden, was aber ja nicht der Fall ist). Beispiel: Direktes Lösen mit LU-Faktorrisierung.
- *Indirekte (iterative) Verfahren.* Das sind solche Verfahren, die eine Folge von Näherungslösungen erzeugen, die gegen die Lösung von $\boldsymbol{Ax} = \boldsymbol{b}$ konvergiert. Beispiele: *Gradientenverfahren*, *Verfahren der konjugierten Gradienten.*

[16] Die Numerische Mathematik (Computermathematik) ist ein Teilgebiet der Mathematik. Sie befasst sich mit der Untersuchung numerischer Verfahren und deren Eigenschaften (Approximationsgüte, Konvergenzverhalten).

Ist ein quadratisches lineares Gleichungssystem $\boldsymbol{Ax} = \boldsymbol{b}$ gegeben und die Matrix $\boldsymbol{A}$ invertierbar (regulär), so hat das Systeme genau die Lösung $\boldsymbol{x} = \boldsymbol{A}^{-1}\boldsymbol{b}$. Somit könnte man vermuten, dass man die Lösung dadurch berechnet, dass man die Matrix $\boldsymbol{A}$ invertiert und dann die Inverse $\boldsymbol{A}^{-1}$ mit $\boldsymbol{b}$ multipliziert. Dies ist jedoch aus zwei Gründen kein praktischer Weg: Erstens ist der Rechenaufwand im Allgemeinen größer und zweitens ist das Resultat oft ungenauer. Diese zwei Gründe kann man bereits an einfachen Beispielen aufzeigen.

Wir betrachten die lineare Gleichung $3x = 27$. Die exakte Lösung ist $x = 27/3 = 9$. Mit nur einer Rechenoperation (Division) haben wir das exakte Resultat erhalten. Nicht so, wenn wir den oben geschilderten Weg einschlagen. Hierzu müssen wir die Inverse $\boldsymbol{A}^{-1} = [1/3] = 1/3$ von $\boldsymbol{A} = [3] = 3$ mit 27 multiplizieren; dies ergibt $x = 1/3 \cdot 27 \approx 0.3333 \cdot 27 = 8.9991$ und somit ein ungenaueres Ergebnis. Außerdem benötigt dieser Rechenprozess zwei Rechenoperationen: eine Division und eine Multiplikation.

Beim Rechnen mit linearen Systemen ist noch ein weiterer Aspekt zu beachten, den wir an einem Beispiel andeuten: Die *Kondition des Problems*, in diesem Fall die *Kondition des gegebenen linearen Gleichungssystems.*

Gegeben ist das lineare Gleichungssystem

$$\begin{aligned} x + y &= 2 \\ x + 1.01y &= 2.01 \end{aligned} \tag{1.1}$$

Die eindeutige Lösung ist $x = 1$, $y = 1$. Nun stören wir die rechte Seite der zweiten Gleichung ein klein wenig von 2.01 auf die Zahl 2.015. Dies ist eine Störung um weniger als 0.25%, denn es ist: $(2.015 - 2.01)/2.01 \approx 0.00248 = 0.248\%$. Wir interessieren uns nun für die Lösung des gestörten, neuen Systems

$$\begin{aligned} x + y &= 2 \\ x + 1.01y &= 2.015 \end{aligned}$$

und erwarten, dass diese Lösung nur geringfügig von der obigen Lösung $x = 1$, $y = 1$ abweicht. Wir haben die rechte Seite der zweiten Gleichung ja nur geringfügig geändert. Die Lösung des gestörten Systems ist $\tilde{x} = 0.5$, $\tilde{y} = 1.5$. Die überrascht! Obwohl wir die rechte Seite der zweiten Gleichung um weniger als 0.25% geändert haben, verkleinert sich $x = 1$ um 50% zu 0.5 und $y = 1$ vergrößert sich um 50% zu 1.5. Mit anderen Worten: Eine kleine Störung in der rechten Seite verändert die Lösung drastisch. Geometrisch betrachtet haben die beiden Gleichungen $x + 1.01y = 2.01$ und $x + 1.01y = 2.015$ dieselbe Steigung $-1/1.01$, nur der Achsenabschnitt hat sich geändert, nämlich von $2.01/1.01 \approx 1.990$ zu $2.015/1.01 \approx 1.995$. Beobachtung: Eine „kleine“ Änderung im Achsenabschnitt der zweiten Gerade bewirkt eine „starke“ Verschiebung des Schnittpunktes.

Lineare Gleichungssysteme, deren Lösung stark auf kleine Änderungen der rechten Seite (oder der Koeffizientenmatrix) reagieren, nennt man *schlecht konditioniert.* Allgemein gilt: Systeme, die auf kleine Änderungen der Eingangsdaten mit großen Änderungen der Ausgangsdaten reagieren, nennt man schlecht konditioniert. Fazit: Das lineare Gleichungssystem (1.1) ist schlecht konditioniert.

Die Kondition (gut oder schlecht) eines Systems ist unabhängig von etwaigen *Rundungsfehlern*, die zwangsläufig entstehen wenn man mit dem Computer rechnet. Es ist aber klar, dass schlecht konditionierte Systeme besonders empfindlich auf Rundungsfehler reagieren.

Eine grundlegende Methode quadratische lineare Gleichungssysteme $\boldsymbol{Ax} = \boldsymbol{b}$ direkt zu lösen, besteht darin, die Koeffizientenmatrix $\boldsymbol{A}$ in ein Produkt von zwei (oder drei) Matrizen zu zerlegen[17]:

$$\boldsymbol{A} = \boldsymbol{A}_1\boldsymbol{A}_2.$$

Die Lösung ist dann durch

$$\boldsymbol{x} = \boldsymbol{A}^{-1}\boldsymbol{b} = \boldsymbol{A}_2^{-1}\boldsymbol{A}_1^{-1}\boldsymbol{b}$$

gegeben ($\boldsymbol{A}$ invertierbar vorausgesetzt); sie kann dann von rechts nach links berechnet werden (rekursiv):

(a) $\boldsymbol{z}_1 = \boldsymbol{A}_1^{-1}\boldsymbol{b}$

(b) $\boldsymbol{z}_2 = \boldsymbol{A}_2^{-1}\boldsymbol{z}_1 = \boldsymbol{A}_2^{-1}\boldsymbol{A}_1^{-1}\boldsymbol{b}.$

Der $i$-te Schritt dieses Verfahrens besteht also darin, $\boldsymbol{A}_i\boldsymbol{z}_i = \boldsymbol{z}_{i-1}$ zu lösen. Ist diese Gleichung einfach zu lösen, zum Beispiel weil $\boldsymbol{A}_i$ diagonal, dreiecksförmig, orthogonal, usw. ist, so erhalten wir dadurch eine geeignete Methode, um $\boldsymbol{Ax} = \boldsymbol{b}$ zu lösen. Im Gesamtverfahren gibt es somit zwei wesentliche Schritt:

(a) *Faktorisierungsschritt*: Die Matrix $\boldsymbol{A}$ wird geeignet faktorisiert (Eine effiziente Faktorisierung ist die *LU-Faktorisierung*).

(b) *Lösungsschritt*: $\boldsymbol{x} = \boldsymbol{A}^{-1}\boldsymbol{b}$ wird rekursiv berechnet durch eine Folge von Gleichungen der Form $\boldsymbol{A}_i\boldsymbol{z}_i = \boldsymbol{z}_{i-1}$.

Wir betrachten diese Vorgehensweise in Abschnitt 1.16 genau.

[17] Diese Strategie ist typisch. Matrizen werden oft in „einfachere“ Matrizen zerlegt; man schreibt sie häufig als Produkt von zwei oder drei Matrizen.

## 1.16. Dreieckszerlegung. LU-Faktorisierung

Mit GAUSS- und GAUSS-JORDAN-Elimination können lineare Gleichungssysteme gelöst werden, indem die erweiterte Koeffizientenmatrix systematisch auf Zeilenstufenform bzw. reduzierte Zeilenstufenform gebracht wird. Durch Rückwärtseinsetzen wird dann die Lösungsmenge bestimmt. Wir stellen nun eine alternative Methode vor, die darauf beruht, die Koeffizientenmatrix in ein Produkt aus einer unteren und einer oberen Dreiecksmatrix zu zerlegen. Aus Abschnitt 1.14 wissen wir, dass ein lineares System dessen Koeffizientenmatrix dreiecksförmig ist besonders einfach gelöst werden kann. Diese Methode lässt sich sehr gut auf dem Computer realisieren und ist Grundlage vieler Algorithmen. Man nennt die Methode *Dreieckszerlegung* oder auch *LU-Zerlegung* bzw. *LU-Faktorisierung*. Dreieckszerlegungen (LU-Faktorisierungen) sind zusammen mit QR- und SVD-Faktorisierungen (Kapitel 6 und 13) wichtige Matrizenzerlegungen der Numerischen Linearen Algebra und somit Grundlage moderner Simulationsverfahren.

Die Dreieckszerlegung ist nicht wirklich ein neues Verfahren, es ist vielmehr eine Übersetzung des GAUSS-Verfahrens in Matrizensprache. Um die Methode der Dreieckszerlegung zu beschreiben, schränken wir uns auf quadratische Matrizen ein. Dies bedeutet nicht, dass die LU-Methode für rechteckige Matrizen nicht funktioniert. Nein! Sie kann auch auf nicht quadratische Matrizen angewendet werden. In der Praxis aber wird die LU-Faktorisierung fast nur für quadratische Systeme benötigt.

Jede Koeffizientenmatrix $\boldsymbol{A}$ des linearen Systems kann durch elementare Zeilenumformungen auf Zeilenstufenform gebracht werden. Ist $\boldsymbol{A}$ darüberhinaus invertierbar, so ist $\boldsymbol{x} = \boldsymbol{A}^{-1}\boldsymbol{b}$ die eindeutige Lösung und die Zeilenstufenmatrix hat die Form

$$\boldsymbol{U} = \begin{bmatrix} 1 & & & & \\ & 1 & & * & \\ & & \ddots & & \\ & 0 & & 1 & \\ & & & & 1 \end{bmatrix}. \tag{1.2}$$

Dies ist eine obere Dreiecksmatrix mit lauter Einsen in der Diagonalen[18]. Kommen wir beim Umformen auf Zeilenstufenform ohne Zeilenvertauschungen aus, dann können wir eine untere Dreiecksmatrix $\boldsymbol{L}$ derart konstruieren, dass

$$\boldsymbol{A} = \boldsymbol{L}\boldsymbol{U}$$

gilt.

[18]Die reduzierte Zeilenstufenmatrix ist die Einheitsmatrix.

Gegeben ist eine quadratische Matrix $\boldsymbol{A} \in \mathbb{R}^{n \times n}$. Dann verstehen wir unter einer **Dreieckszerlegung** (**LU-Faktorisierung**, **LU-Zerlegung**) der Matrix $\boldsymbol{A}$ eine multiplikative Zerlegung der Matrix $\boldsymbol{A}$ in

$$\boldsymbol{A} = \boldsymbol{L}\boldsymbol{U}$$

mit einer unteren (lower) Dreiecksmatrix $\boldsymbol{L}$ und einer oberen (upper) Dreiecksmatrix $\boldsymbol{U}$, also für $n = 4$

$$\underset{\boldsymbol{A}}{\begin{bmatrix} \times & \times & \times & \times \\ \times & \times & \times & \times \\ \times & \times & \times & \times \\ \times & \times & \times & \times \end{bmatrix}} = \underset{\boldsymbol{L}}{\begin{bmatrix} \times & 0 & 0 & 0 \\ \times & \times & 0 & 0 \\ \times & \times & \times & 0 \\ \times & \times & \times & \times \end{bmatrix}} \underset{\boldsymbol{U}}{\begin{bmatrix} \times & \times & \times & \times \\ 0 & \times & \times & \times \\ 0 & 0 & \times & \times \\ 0 & 0 & 0 & \times \end{bmatrix}}.$$

Man schreibt auch $\boldsymbol{A} = \boldsymbol{L}\boldsymbol{R}$ und spricht von einer **LR-Zerlegung**, wobei $\boldsymbol{L}$ linke und $\boldsymbol{R}$ rechte Dreieckssmatrix genannt wird.

Wir gehen die Aufgabe in zwei Schritten an. Zuerst zeigen wir die Nützlichkeit einer solchen Zerlegung, das heißt wie sich das lineare Gleichungssystem $\boldsymbol{A}\boldsymbol{x} = \boldsymbol{b}$ lösen lässt, wenn für die Koeffizientenmatrix $\boldsymbol{A} = \boldsymbol{L}\boldsymbol{U}$ gilt. Dann werden wir die Dreieckszerlegung (Faktorisierung) konstruieren.

### Lösung mit Dreieckszerlegung

Ist nun eine LU-Faktorisierung gegeben, dann können wir das lineare Gleichungssystem $\boldsymbol{A}\boldsymbol{x} = \boldsymbol{b}$ auch als $\boldsymbol{L}\boldsymbol{U}\boldsymbol{x} = \boldsymbol{b}$ schreiben. Damit lässt sich das untere Dreieckssystem $\boldsymbol{L}\boldsymbol{y} = \boldsymbol{b}$ durch Vorwärtseinsetzen und das obere Dreieckssystem $\boldsymbol{U}\boldsymbol{x} = \boldsymbol{y}$ durch Rückwärtseinsetzen lösen. Die Zwischenlösung $\boldsymbol{y}$ ist die Spaltenmatrix (Vektor) $\boldsymbol{L}^{-1}\boldsymbol{b}$.

Wir formulieren das Vorgehen als Algorithmus.

**Algorithmus 9: Lösen von $\boldsymbol{A}\boldsymbol{x} = \boldsymbol{b}$ mit Dreieckszerlegung**

Lässt sich eine Matrix $\boldsymbol{A} \in \mathbb{R}^{n \times n}$ als $\boldsymbol{A} = \boldsymbol{L}\boldsymbol{U}$ mit einer unteren Dreiecksmatrix $\boldsymbol{L}$ und einer oberen Dreiecksmatrix $\boldsymbol{U}$ darstellen, so kann das lineare Gleichungssystem $\boldsymbol{A}\boldsymbol{x} = \boldsymbol{b}$ folgendermaßen gelöst werden:

1. Löse $\boldsymbol{L}\boldsymbol{y} = \boldsymbol{b}$ nach $\boldsymbol{y}$ (Vorwärtseinsetzen).
2. Löse $\boldsymbol{U}\boldsymbol{x} = \boldsymbol{y}$ nach $\boldsymbol{x}$ (Rückwärtseinsetzen).

**Beispiel 1.55** (Dreieckszerlegung). Bestimmen Sie mit Algorithmus 9 die Lösung des Gleichungssystems

$$\underbrace{\begin{bmatrix} 1 & 0 & 0 \\ -2 & 3 & 0 \\ 2 & 4 & 1 \end{bmatrix}}_{\boldsymbol{L}} \underbrace{\begin{bmatrix} 2 & -1 & 3 \\ 0 & 1 & 2 \\ 0 & 0 & 4 \end{bmatrix}}_{\boldsymbol{U}} \underbrace{\begin{bmatrix} x_1 \\ x_2 \\ x_3 \end{bmatrix}}_{\boldsymbol{x}} = \underbrace{\begin{bmatrix} 1 \\ -2 \\ 0 \end{bmatrix}}_{\boldsymbol{b}}.$$

*Lösung.* Die Lösung des unteren Dreieckssystems $\boldsymbol{Ly} = \boldsymbol{b}$ ist $\boldsymbol{y} = (1, 0, -2)$ (Vorwärtseinsetzen) und die Lösung von $\boldsymbol{Ux} = \boldsymbol{y}$ ist schließlich $\boldsymbol{x} = (7/4, 1, -1/2)$ (Rückwärtseinsetzen). ∎

Algorithmus 9 ersetzt das Problem $\boldsymbol{Ax} = \boldsymbol{b}$ zu lösen, durch die Aufgabe zwei Dreieckssysteme $\boldsymbol{Ly} = \boldsymbol{b}$ und $\boldsymbol{Ux} = \boldsymbol{y}$ zu lösen. Diese aber sind einfacher zu behandeln, wie wir in Abschnitt 1.14 gesehen haben.

### Konstruktion einer Dreieckszerlegung

Wir zeigen nun, wie es möglich ist, eine gegebene quadratische Matrix $\boldsymbol{A}$ als $\boldsymbol{A} = \boldsymbol{LU}$ zu schreiben. Wir demonstrieren dies zunächst an einem Beispiel und formulieren anschließend einen geeigneten Algorithmus. Damit ist das Gesamtverfahren zur Lösung eines linearen Gleichungssystems mit Dreieckszerlegungen komplett. Es liefert eine gute Methode lineare Gleichungssysteme mit dem Computer zu lösen.

Ist $\boldsymbol{A} \in \mathbb{R}^{n \times n}$, so wissen wir, dass es möglich ist, $\boldsymbol{A}$ auf Zeilenstufenform zu bringen. Bezeichnen diese Zeilenstufenmatrix bzw. obere Dreiecksmatrix mit $\boldsymbol{U}$, so hat $\boldsymbol{U}$ die Form 1.2, wenn wir voraussetzen, dass $\boldsymbol{A}$ invertierbar ist. Wir zeigen nun, dass $\boldsymbol{A} = \boldsymbol{LU}$ möglich ist, wobei $\boldsymbol{L}$ eine untere Dreiecksmatrix ist.

Hierzu ist

$$\boldsymbol{A} = \begin{bmatrix} 2 & 6 & 2 \\ -3 & -8 & 0 \\ 4 & 9 & 2 \end{bmatrix}$$

gegeben. Nun verwenden wir das Gauss-Verfahren (Algorithmus 2) und bringen diese Matrix $\boldsymbol{A}$ auf Zeilenstufenform.

Durch Multiplikation der ersten Zeile mit 1/2 erhalten wir

$$\begin{bmatrix} 1 & 3 & 1 \\ -3 & -8 & 0 \\ 4 & 9 & 2 \end{bmatrix}.$$

$l_{11}$ ordnen wir den Kehrwert von $1/2$ zu, also $l_{11} = 2$. Dann wird die erste Zeile mit 3 multipliziert und zur Zweiten addiert. Den negativen Wert dieses Multiplikators ordnen wir $l_{21}$ zu, also $l_{21} = -3$. Wir erhalten

$$\begin{bmatrix} 1 & 3 & 1 \\ 0 & 1 & 3 \\ 4 & 9 & 2 \end{bmatrix}.$$

Entsprechend erhalten wir

$$\begin{bmatrix} 1 & 3 & 1 \\ 0 & 1 & 3 \\ 0 & -3 & -2 \end{bmatrix}$$

mit $l_{31} = -(-4) = 4$. Damit stehen unterhalb der ersten führenden Eins nur Nullen. Die zweite Zeile hat schon eine führende Eins, also ist $l_{22} = 1/1 = 1$. Multiplikation der zweiten Zeile mit 3 und Addition zur dritten Zeile ergibt

$$\begin{bmatrix} 1 & 3 & 1 \\ 0 & 1 & 3 \\ 0 & 0 & 7 \end{bmatrix}$$

mit $l_{32} = -3$. Multiplikation der letzten Zeile mit $1/7$ ergibt die Zeilenstufenmatrix bzw. obere Dreiecksmatrix $\boldsymbol{U}$, also

$$\boldsymbol{U} = \begin{bmatrix} 1 & 3 & 1 \\ 0 & 1 & 3 \\ 0 & 0 & 1 \end{bmatrix}.$$

Damit ist auch $\boldsymbol{L}$ konstruiert. Es ist

$$\boldsymbol{L} = \begin{bmatrix} l_{11} & 0 & 0 \\ l_{21} & l_{22} & 0 \\ l_{31} & l_{32} & 0 \end{bmatrix} = \begin{bmatrix} 2 & 0 & 0 \\ -3 & 1 & 0 \\ 4 & -3 & 7 \end{bmatrix}.$$

Rechnen Sie als Probe nun nach, dass

$$\underset{\boldsymbol{A}}{\begin{bmatrix} 2 & 6 & 2 \\ -3 & 8 & 0 \\ 4 & 9 & 2 \end{bmatrix}} = \underset{\boldsymbol{L}}{\begin{bmatrix} 2 & 0 & 0 \\ -3 & 1 & 0 \\ 4 & -3 & 7 \end{bmatrix}} \underset{\boldsymbol{U}}{\begin{bmatrix} 1 & 3 & 1 \\ 0 & 1 & 3 \\ 0 & 0 & 1 \end{bmatrix}}$$

gilt und somit eine LU-Zerlegung (Dreieckszerlegung) von $\boldsymbol{A}$ gefunden ist.

Bitte beachten Sie, dass wir keine Zeilenvertauschungen vorgenommen haben. Setzt man dies voraus, so gelingt eine Dreiecksverlegung (LU-Faktorisierung) tatsächlich immer.

**Algorithmus 10: Konstruktion der Dreieckszerlegung**

Mit den folgenden Schritten lässt sich von einer quadratischen Matrix eine Dreieckszerlegung konstruieren.

1. Wir transformieren die gegebene Matrix $\boldsymbol{A}$ ohne Zeilenvertauschungen zu einer Zeilenstufenmatrix $\boldsymbol{U}$ und merken uns die Multiplikatoren, die die führenden Einsen und die Nullen darunter erzeugen.
2. Wir belegen die Hauptdigonale von $\boldsymbol{L}$ mit den Kehrwerten der Multiplikatoren, die an der entsprechenden Stelle in $\boldsymbol{U}$ eine führende Eins liefern.
3. Wir schreiben unter die Hauptdiagonale von $\boldsymbol{L}$ die negativen Werte der Multiplikatoren, die zur Elimination der entsprechenden Positionen in $\boldsymbol{U}$ verwendet werden.
4. Wir bilden die Faktorisierung $\boldsymbol{A} = \boldsymbol{LU}$.

Wir zeigen die Funktionsweise von Algorithmus 10 an einem weiteren Beispiel.

**Beispiel 1.56** (Konstruktion einer Dreieckszerlegung)**.** Berechnen Sie mit Algorithmus 10 eine Dreieckszerlegung (LU-Faktorisierung) von

$$\boldsymbol{A} = \begin{bmatrix} 6 & -2 & 0 \\ 9 & -1 & 1 \\ 3 & 7 & 5 \end{bmatrix}.$$

*Lösung.* Durch Multiplikation der ersten Zeile mit $1/6$ erhalten wir

$$\begin{bmatrix} 1 & -1/3 & 0 \\ 9 & -1 & 1 \\ 3 & 7 & 5 \end{bmatrix},$$

also ist $l_{11} = 6$. Multiplikation der ersten Zeile mit $-9$ und Multiplikation der ersten Zeile mit $-3$ sorgt dafür, dass in der ersten Spalte unterhalb der führenden Eins zwei Nullen stehen, also

$$\begin{bmatrix} 1 & -1/3 & 0 \\ 0 & 2 & 1 \\ 0 & 8 & 5 \end{bmatrix}.$$

Das ergibt $l_{12} = 9$ und $l_{13} = 3$. Mulitplikation der zweiten Zeile mit $1/2$ ergibt

$$\begin{bmatrix} 1 & -1/3 & 0 \\ 0 & 1 & 1/2 \\ 0 & 8 & 5 \end{bmatrix},$$

also ist $l_{22} = 2$. Multiplikation der zweiten Zeile mit $-8$ sorgt dafür, dass unterhalb des Hauptdiagonalelementes 1 eine Null steht, also

$$\begin{bmatrix} 1 & -1/3 & 0 \\ 0 & 1 & 1/2 \\ 0 & 0 & 1 \end{bmatrix}.$$

Somit ist $l_{32} = 8$. Zuletzt ist $l_{33} = 1$, weil eine führende Eins schon da steht. Insgesamt ist somit

$$\boldsymbol{A} = \boldsymbol{L}\boldsymbol{U} = \begin{bmatrix} 6 & 0 & 0 \\ 9 & 2 & 0 \\ 3 & 8 & 1 \end{bmatrix} \begin{bmatrix} 1 & -1/3 & 0 \\ 0 & 1 & 1/2 \\ 0 & 0 & 1 \end{bmatrix}.$$

eine Dreieckszerlegung (LU-Faktorisierung) von $\boldsymbol{A}$. ■

**Satz 1.17.** *Ist $\boldsymbol{A}$ eine quadratische Matrix, die sich ohne Zeilenvertauschung auf eine Zeilenstufenform (obere Dreiecksmatrix) $\boldsymbol{U}$ bringen lässt, so gibt es eine Zerlegung*

$$\boldsymbol{A} = \boldsymbol{L}\boldsymbol{U}$$

*mit einer unteren Dreiecksmatrix $\boldsymbol{L}$. Ist $\boldsymbol{A}$ invertierbar, so hat $\boldsymbol{U}$ die Form 1.2. Damit sind sowohl $\boldsymbol{L}$ als auch $\boldsymbol{U}$ invertierbar.*

### Lösen von $\boldsymbol{Ax} = \boldsymbol{b}$ mit Dreieckszerlegung

Mit den Überlegungen aus dem letzten Abschnitt, ist nun möglich, ein lineares Gleichungssystem mit Hilfe einer Dreieckszerlegung zu lösen. Diese Möglichkeit stellt eine bevorzugte Methode dar, lineare Systeme mit dem Computer zu lösen. Mehr Informationen erhalten Sie dazu in den Spezialvorlesungen zur Numerischen Linearen Algebra.

**Algorithmus 11: Lösen von $\boldsymbol{Ax} = \boldsymbol{b}$ mit LU-Faktorisierung**

Mit den folgenden Schritten lässt sich ein lineares Gleichungssystem mit LU-Faktorisierung lösen.

1. Berechne eine LU-Faktorisierung der Matrix $\boldsymbol{A}$.
2. Löse $\boldsymbol{Ly} = \boldsymbol{b}$ nach $\boldsymbol{y}$ (Vorwärtseinsetzen).
3. Löse $\boldsymbol{Ux} = \boldsymbol{y}$ nach $\boldsymbol{x}$ (Rückwärtseinsetzen).

**Beispiel 1.57** (Dreieckszerlegung. LU-Faktorisierung)**.** Berechnen Sie die Lösung des linearen Systems

$$\underbrace{\begin{bmatrix} 6 & -2 & 0 \\ 9 & -1 & 1 \\ 3 & 7 & 5 \end{bmatrix}}_{\boldsymbol{A}} \underbrace{\begin{bmatrix} x_1 \\ x_2 \\ x_3 \end{bmatrix}}_{\boldsymbol{x}} = \underbrace{\begin{bmatrix} 1 \\ 2 \\ 3 \end{bmatrix}}_{\boldsymbol{b}}.$$

mit Hilfe der LU-Faktorisierung.

*Lösung.* Aufgrund von Beispiel 1.56 kennen wir eine LU-Zerlegung von $\boldsymbol{A}$.

Im zweiten Schritt müssen wir nun durch Vorwärtseinsetzen das System

$$\underbrace{\begin{bmatrix} 6 & 0 & 0 \\ 9 & 2 & 0 \\ 3 & 8 & 1 \end{bmatrix}}_{\boldsymbol{L}} \underbrace{\begin{bmatrix} y_1 \\ y_2 \\ y_3 \end{bmatrix}}_{\boldsymbol{y}} = \underbrace{\begin{bmatrix} 1 \\ 2 \\ 3 \end{bmatrix}}_{\boldsymbol{b}}$$

nach $\boldsymbol{y}$ lösen. Das Ergebnis ist

$$\boldsymbol{y} = \begin{bmatrix} 1/6 \\ 1/4 \\ 1/2 \end{bmatrix}.$$

Schließlich erhalten wir im dritten Schritt die Lösung, indem wir das System

$$\underbrace{\begin{bmatrix} 1 & -1/3 & 0 \\ 0 & 1 & 1/2 \\ 0 & 0 & 1 \end{bmatrix}}_{\boldsymbol{U}} \underbrace{\begin{bmatrix} x_1 \\ x_2 \\ x_3 \end{bmatrix}}_{\boldsymbol{x}} = \underbrace{\begin{bmatrix} 1/6 \\ 1/4 \\ 1/2 \end{bmatrix}}_{\boldsymbol{y}}$$

durch Rückwärtseinsetzen nach $\boldsymbol{x}$ auflösen. Es ergibt sich die Lösung

$$\boldsymbol{x} = \begin{bmatrix} x_1 \\ x_2 \\ x_3 \end{bmatrix} = \begin{bmatrix} 1/6 \\ 0 \\ 1/2 \end{bmatrix}. \quad \blacksquare$$

## Ergänzungen

Besitzt jede quadratische Matrix eine Dreieckszerlegung? Nein! Nicht jede Matrix besitzt eine Dreieckszerlegung. Die Matrix

$$\boldsymbol{A} = \begin{bmatrix} 0 & 1 \\ 1 & 0 \end{bmatrix}$$

besitzt keine Dreieckszerlegung, obwohl Sie regulär ist und somit jedes Gleichungssystem mit ihr als Koeffizientenmatrix eindeutig lösbar ist. Nur mit Zeilenvertauschungen kann man eine Dreieckszerlegung konstruieren. In solchen Fällen führt man *Permutationsmatrizen* $\boldsymbol{P}$ ein, die dann solche Zeilenvertauschungen beschreiben. Dadurch ist es möglich, $\boldsymbol{A}$ als Produkt dreier Matrizen zu schreiben, also zum Beispiel $\boldsymbol{A} = \boldsymbol{PLU}$. In diesem Beispiel ist dann zum Beispiel

$$\underset{\boldsymbol{U}}{\begin{bmatrix} 0 & 1 \\ 1 & 0 \end{bmatrix}} = \underset{\boldsymbol{P}}{\begin{bmatrix} 0 & 1 \\ 1 & 0 \end{bmatrix}} \underset{\boldsymbol{L}}{\begin{bmatrix} 1 & 0 \\ 0 & 1 \end{bmatrix}} \underset{\boldsymbol{U}}{\begin{bmatrix} 1 & 0 \\ 0 & 1 \end{bmatrix}}.$$

Wie das genau funktioniert, erfahren Sie in Vorlesungen zur Numerischen Linearen Algebra, siehe zum Beispiel [19], [36] oder [61]. In MATLAB gibt es hierzu die Funktion `lu`.

Kann eine quadratische Matrix mehr als eine LU-Faktorisierung haben? Ja! Ohne weitere Einschrängungen sind Dreieckszerlegungen nicht eindeutig. Ist beispielsweise

$$\boldsymbol{A} = \boldsymbol{LU} = \begin{bmatrix} l_{11} & 0 \\ l_{21} & l_{22} \end{bmatrix} \begin{bmatrix} 1 & u_{12} \\ 0 & 1 \end{bmatrix}$$

eine Dreieckszerlegung von $\boldsymbol{A}$, in der das Diagonalelement $l_{11} \neq 0$ ist, so ist

$$\boldsymbol{A} = \begin{bmatrix} 1 & 0 \\ l_{21}/l_{11} & 1 \end{bmatrix} \begin{bmatrix} l_{11} & 0 \\ 0 & l_{22} \end{bmatrix} \begin{bmatrix} 1 & u_{12} \\ 0 & 1 \end{bmatrix} = \begin{bmatrix} 1 & 0 \\ l_{21}/l_{11} & 1 \end{bmatrix} \begin{bmatrix} l_{11} & l_{11}u_{12} \\ 0 & l_{22} \end{bmatrix}$$

eine weitere Dreieckszerlegung von $\boldsymbol{A}$.

Unter einer LU-Zerlegung versteht man in der Numerischen Linearen Algebra meistens eine Zerlegung, wo die untere Dreiecksmatrix $\boldsymbol{L}$ lauter Einsen in der Diagonale besitzt; man spricht dann von einer *normierten unteren Dreiecksmatrix* $\boldsymbol{L}$. Weitere Einzelheiten finden Sie in Vorlesungen zur Numerischen Linearen Algebra, siehe zum Beispiel [19], [36] oder [61].

### Weitere Anwendungen der Dreieckszerlegung

Die Dreieckszerlegung (LU-Faktorisierung) ist ja gerade eine geeignete Anordnung des GAUSS-Verfahrens. Wir haben gesehen, dass sie zum Lösen linearer Gleichungssysteme gut geeignet und anwendbar ist.

Insbesondere bietet sie einen großen Vorteil, wenn mehrere Gleichungssysteme mit derselben Koeffizientenmatrix $\boldsymbol{A}$, aber verschiedenen rechten Seiten $\boldsymbol{b}$, zu lösen sind. Dann ist der dominierende Aufwand zur Bestimmung der LU-Faktorisierung nur einmal durchzuführen. Für jede rechte Seite fällt dann nur die Lösung von $\boldsymbol{Ly} = \boldsymbol{b}$ und $\boldsymbol{Ux} = \boldsymbol{y}$ an.

In den meisten Fällen ist es weder notwendig noch angebracht, die Inverse einer Matrix explizit zu berechnen. Dennoch gibt es Situationen, wo dies sinnvoll ist (zum Beispiel in der Statistik). Zur Berechnung der Inversen bietet sich folgende Strategie an: Man bestimmt (nur einmal) die LU-Faktorisierung von $\boldsymbol{A}$ und löst die Gleichungssysteme $\boldsymbol{LUx}_i = \boldsymbol{e}_i$ für $i = 1, 2, \ldots, n$. Die Lösungen $\boldsymbol{x}_i$ sind die Spaltenvektoren von $\boldsymbol{A}^{-1}$.

Auch die Berechnung der *Determinante* (siehe Kapitel 10) geschieht meist mit der LU-Faktorisierung. Aus $\boldsymbol{A} = \boldsymbol{LU}$ folgt

$$\mathrm{Det}(\boldsymbol{A}) = \mathrm{Det}(\boldsymbol{LU}) = \mathrm{Det}(\boldsymbol{L})\mathrm{Det}(\boldsymbol{U}) = \mathrm{Det}(\boldsymbol{L}),$$

weil $\mathrm{Det}(\boldsymbol{U}) = 1$ ist (alle Diagonalelemente sind eins).

Weitere Einzelheiten finden Sie in Vorlesungen zur Numerischen Linearen Algebra, siehe zum Beispiel [19].

## 1.17. Lösen linearer Gleichungssysteme in Matlab

Lineare Gleichungssysteme können in MATLAB effizient gelöst werden. Dort stehen verschiedene Möglichkeiten zur Verfügung, siehe zum Beispiel [37].

## 1.18. Weitere Bemerkungen und Hinweise

Lineare Gleichungssysteme haben eine lange Geschichte. Schon vor 5000 Jahren haben sich Menschen mit Problemen beschäftigt, die wir heute mit Hilfe von solchen Gleichungssystemen lösen ([57]). Mit Gleichungen ist es möglich Probleme zu lösen, die aus den verschiedensten Bereichen kommen: aus der Technik, aus der Wirtschaft, aus der Gesellschaft, aus der Mathematik selber. Es gibt auch Aufgaben, die von Menschen allein zur Unterhaltung gelöst werden (Knobelaufgaben). Bei all diesen Problemen haben wir Größen, die zwar unbekannt sind, über die wir jedoch einiges wissen. Aus diesem Wissen leiten wir Gleichungen her, in denen diese unbekannten Größen vorkommen. Erhalten wir mehrere Gleichungen, dann sprechen wir von einem Gleichungssystem. Dann versuchen wir die unbekannten Größen rechnerisch zu bestimmen; wir lösen das Gleichungssystem auf.

Man unterscheidet *lineare* und *nichtlineare Gleichungen*. In der Linearen Algebra beschränkt man sich auf lineare Gleichungssysteme, weil sie enorm wichtig sind und mathematisch vergleichsweise einfach behandelt werden können.

Der besondere Charme des GAUSS- und des GAUSS-JORDAN Verfahrens besteht in der Systematik mit der lineare Gleichungssysteme gelöst werden können. Dabei verändern die durchgeführten Aktivitäten nicht den Informationsgehalt des ursprünglichen Gleichungssystems; die Lösungsmenge bleibt unverändert. Die Bestimmung der Lösungsmenge ist im letzten Gleichungssystem grundsätzlich leichter möglich. MATLAB kennt die Funktion `rref` zur Berechnung der reduzierten Zeilenstufenform.

KARL FRIEDRICH GAUSS (1777 – 1855) war deutscher Mathematiker und Wissenschaftler. Er gilt als einer der größten Mathematiker aller Zeiten. Es wird berichtet, dass in der ganzen Geschichte der Mathematik wohl noch nie ein Kind so frühreif wie GAUSS war, der sich ohne fremde Hilfe die Grundzüge der Arithmetik erarbeitete.

WILHELM JORDAN (1842 – 1899) war deutscher Ingenieur, der sich auf Geodäsie spezialisiert hatte. Seinen Beitrag zu linearen Gleichungssystemen veröffentlichte er in seinem Werk *Handbuch der Vermessungskunde*.

Statt von Zeilenstufenform bzw. reduzierter Zeilenstufenform spricht man manchmal auch von *Staffelform* (*Treppenform*) bzw. *reduzierter Staffelform* (*reduzierte Treppenform*). Die Definitionen sind leider nicht einheitlich. Manche Autoren fordern bei der Zeilenstufenform nicht die führenden Einsen.

Zwei Namen sind mit der Geburt der modernen *Linearen Algebra* verbunden: W.R. HAMILTON (1805 – 1865) und H.G. GRASSMANN (1809 – 1877). GRASSMANN war Lehrer in Stettin (dem heutigen Szczecin) und maßgeblich am Entwurf des *Vektorraum*-Begriffs beteiligt. Informationen zur Geschichte der *Linearen Algebra* finden Sie bei A. BEUTELSPACHER [9] und in [109], sowie der darin zitierten Literatur.

Der Begriff *Matrix* wurde 1850 vom englischen Mathematiker J.J. SYLVESTER (1814-1897) in die Mathematik eingeführt (lat., eigentlich „Zuchttier, Stammmutter"). Als Begründer der Matrizenrechnung gilt der englische Mathematiker A. CAYLEY (1821-1895). Rechteckige Zahlenschemata kannte man natürlich schon lange vorher (zum Beispiel A. DÜRERs *Magisches Quadrat*, das sich auf seinem Kupferstich *Melancholie* aus dem Jahre 1514 befindet, siehe zum Beispiel [37]). Ein Zahlenschema kann jeder hinschreiben, der Zahlen kennt. Die Leistung CAYLEYs besteht darin, dass er als erster Matrizen als mathematische Objekte auffasste und mit ihnen algebraische Operationen vornahm, während vor seiner Zeit Zahlen und geometrische Figuren im Wesentlichen die einzigen Objekte der Mathematik waren ([54]).

Für Matrizen gibt es die Operationen Addition, Subtraktion, Multiplikation und skalare Multiplikation, aber eine Division gibt es nicht. *Durch Matrizen darf man nicht teilen.* Warum? Eine Division kann nicht eindeutig erklärt werden. Die Lösungen der Gleichungen $\boldsymbol{A}\boldsymbol{X}_1 = \boldsymbol{B}$ und $\boldsymbol{X}_2\boldsymbol{A} = \boldsymbol{B}$ sind $\boldsymbol{X}_1 = \boldsymbol{A}^{-1}\boldsymbol{B}$ und $\boldsymbol{X}_2 = \boldsymbol{B}\boldsymbol{A}^{-1}$ ($\boldsymbol{A}$ invertierbar vorausgesetzt). Diese Lösungen sind im Allgemeinen aber verschieden. Eine Division kann somit nicht (eindeutig) definiert werden.

Hier möchte ich Ihnen noch ein paar Literaturhinweise geben. Viele Bilder, Beispiele, usw. habe ich aus meinem Büchlein [39] übernommen. Zur *Linearen Algebra* gibt es viele Bücher, zumal in fast jedem Buch über Mathematik ein Kapitel zur *Linearen Algebra* enthalten ist ([3], [15], [27], [46], [60], [63], [80], [94], [101], [107], [121]). Die Renner unter den deutschsprachigen Büchern zur *Linearen Algebra* sind [9], [30] und [54]. Suchen Sie noch mehr Übungsaufgaben, so empfehle ich Ihnen [16], [33], [43], [73]. Beispiele aus den Wirtschaftswissenschaften finden Sie in den Büchern [90], [95] und [99]. *Linearen Algebra* geschrieben für die Informatik siehe [120] und für Naturwissenschaften siehe [119]. Das Buch [82] wurde von Studenten für Studenten geschrieben. Doch jetzt viel Erfolg bei den Aufgaben!

## Aufgaben

f **1.1.** Wahr oder falsch: Falls die Zeilenstufenform einer Matrix $\boldsymbol{A}$ freie Variablen zulässt, dann hat das System $\boldsymbol{A}\boldsymbol{x} = \boldsymbol{b}$ unendlich viele Lösungen.

w **1.2.** Wahr oder falsch: Ein homogenes Gleichungssystem ist immer lösbar.

w **1.3.** Wahr oder falsch: Ist $\boldsymbol{A} \in \mathbb{R}^{n\times n}$ regulär (invertierbar), dann ist die reduzierte Zeilenstufenfrom von $\boldsymbol{A}$ gleich der Einheitsmatrix $\boldsymbol{E}_n$.

f **1.4.** Wahr oder falsch: Sind $\boldsymbol{A}$, $\boldsymbol{B} \in \mathbb{R}^{n\times n}$ reguläre Matrizen, dann ist auch $\boldsymbol{A}+\boldsymbol{B}$ regulär und es gilt $(\boldsymbol{A}+\boldsymbol{B})^{-1} = \boldsymbol{A}^{-1}+\boldsymbol{B}^{-1}$.

f **1.5.** Wahr oder falsch: Sind $\boldsymbol{A}$, $\boldsymbol{B} \in \mathbb{R}^{n\times n}$ reguläre Matrizen, dann ist auch $\boldsymbol{A}\boldsymbol{B}$ regulär und es gilt $(\boldsymbol{A}\boldsymbol{B})^{-1} = \boldsymbol{A}^{-1}\boldsymbol{B}^{-1}$.

f **1.6.** Wahr oder falsch: Sind $\boldsymbol{A}$, $\boldsymbol{B} \in \mathbb{R}^{n\times n}$, dann gilt $(\boldsymbol{A}-\boldsymbol{B})^2 = \boldsymbol{A}^2 - 2\boldsymbol{A}\boldsymbol{B} + \boldsymbol{B}^2$.

f **1.7.** Wahr oder falsch: Ist $\boldsymbol{A}\boldsymbol{B} = \boldsymbol{A}\boldsymbol{C}$ und $\boldsymbol{A} \neq \boldsymbol{O}$, dann gilt $\boldsymbol{B} = \boldsymbol{C}$.

W **1.8.** Wahr oder falsch: Sind $\boldsymbol{x}$ und $\boldsymbol{y}$ zwei reelle Spaltenmatrizen (Vektoren), die nicht gleich der Nullmatrix sind, dann hat die Zeilenstufenform von $\boldsymbol{A} = \boldsymbol{x}\boldsymbol{y}^{\mathrm{T}}$ nur eine von Null verschiedene Zeile.

**1.9.** Wahr oder falsch: Ist $\boldsymbol{A} \in \mathbb{R}^{4\times 3}$ und $\boldsymbol{a}_2 = \boldsymbol{a}_3$. Ist $\boldsymbol{b} = \boldsymbol{a}_1 + \boldsymbol{a}_2 + \boldsymbol{a}_3$, dann hat das System $\boldsymbol{Ax} = \boldsymbol{b}$ unendlich viele Lösungen ($\boldsymbol{a}_j$ ist die $j$-te Spalte von $\boldsymbol{A}$).

**1.10.** Wahr oder falsch: Ist $\boldsymbol{A} \in \mathbb{R}^{n\times n}$ und $\boldsymbol{AB} = \boldsymbol{O}$, dann ist $\boldsymbol{B} = \boldsymbol{O}$.

**1.11.** Wahr oder falsch: Ist $\boldsymbol{A} \in \mathbb{R}^{m\times n}$, $\boldsymbol{B} \in \mathbb{R}^{n\times m}$ und $\boldsymbol{AB} = \boldsymbol{E}$, dann ist $\boldsymbol{BA} = \boldsymbol{E}$.

**1.12.** Wahr oder falsch: Ist

$$\boldsymbol{A} = \begin{bmatrix} \boldsymbol{B} & \boldsymbol{O} \\ \boldsymbol{O} & \boldsymbol{C} \end{bmatrix},$$

wobei $\boldsymbol{B}$ und $\boldsymbol{C}$ invertierbar sind, dann ist $\boldsymbol{A}$ invertierbar.

**1.13.** Wahr oder falsch: Ein lineares Gleichungssystem mit $m$ Gleichungen in $m+1$ Unbekannten hat immer eine Lösung.

**1.14.** Wahr oder falsch: Jede quadratische Matrix in Zeilenstufenform ist eine obere Dreiecksmatrix.

**1.15.** Wahr oder falsch: Sind $\boldsymbol{A}, \boldsymbol{B} \in \mathbb{R}^{n\times n}$ und $\boldsymbol{AB}$ invertierbar, dann ist auch $\boldsymbol{BA}$ invertierbar.

**1.16.** Es ist $\boldsymbol{A}, \boldsymbol{B} \in \mathbb{R}^{2\times 3}$. Dann ist

☐ $\boldsymbol{A}+\boldsymbol{B} \in \mathbb{R}^{2\times 3}$ ☐ $\boldsymbol{A}+\boldsymbol{B} \in \mathbb{R}^{4\times 6}$ ☐ $\boldsymbol{A}+\boldsymbol{B} \in \mathbb{R}^{4\times 9}$

**1.17.** Welche der folgenden Eigenschaften hat die Matrizenmultiplikation nicht:

☐ Assoziativität ☐ Distributivität ☐ Kommutativität

**1.18.** Das Produkt

$$\begin{bmatrix} 1 & -1 \\ 2 & 0 \end{bmatrix} \begin{bmatrix} 3 \\ 1 \end{bmatrix}$$

ist gleich

☐ $\begin{bmatrix} 2 \\ 6 \end{bmatrix}$ ☐ $\begin{bmatrix} 5 \\ -3 \end{bmatrix}$ ☐ $\begin{bmatrix} 0 \\ 2 \end{bmatrix}$

**1.19.** Schreibt man ein lineares Gleichungssystem kurz als $\boldsymbol{Ax} = \boldsymbol{b}$, so ist damit gemeint

☐ $\boldsymbol{A} \in \mathbb{R}^{m\times n}$, $\boldsymbol{b} \in \mathbb{R}^{n\times 1}$.
☐ $\boldsymbol{A} \in \mathbb{R}^{m\times n}$, $\boldsymbol{b} \in \mathbb{R}^{m\times 1}$.
☐ $\boldsymbol{A} \in \mathbb{R}^{m\times n}$, $\boldsymbol{b} \in \mathbb{R}^{n\times 1}$ oder $\boldsymbol{b} \in \mathbb{R}^{m\times 1}$ (nicht festgelegt).

Hierbei sind $m$ und $n$ natürliche Zahlen.

**1.20.** Welche der Matrizen ist symmetrisch?

☐ $\begin{bmatrix} 0 & 0 & 1 & 2 \\ 0 & 0 & 3 & 4 \\ 1 & 2 & 0 & 0 \\ 3 & 4 & 0 & 0 \end{bmatrix}$ ☒ $\begin{bmatrix} 0 & 0 & 1 & 2 \\ 0 & 0 & 3 & 4 \\ 1 & 3 & 0 & 0 \\ 2 & 4 & 0 & 0 \end{bmatrix}$ ☐ $\begin{bmatrix} 1 & 2 & 0 & 0 \\ 3 & 4 & 0 & 0 \\ 0 & 0 & 4 & 2 \\ 0 & 0 & 3 & 1 \end{bmatrix}$

**1.21.** Es ist $\boldsymbol{E} \in \mathbb{R}^{n\times n}$ die Einheitsmatrix. Dann ist die transponierte Matrix $\boldsymbol{E}^{\mathrm{T}}$ gleich

☒ $\begin{bmatrix} 1 & & \\ & \ddots & \\ & & 1 \end{bmatrix}$ ☐ $\begin{bmatrix} & & 1 \\ & \ddots & \\ 1 & & \end{bmatrix}$ ☐ $\begin{bmatrix} T & & \\ & \ddots & \\ & & T \end{bmatrix}$

**1.22.** Kreuzen Sie die wahre(n) Aussage(n) an. Man kann das Produkt $\boldsymbol{AB}$ von $\boldsymbol{A}$ und $\boldsymbol{B}$ bilden, wenn folgendes gilt:

☐ Die Anzahl der Zeilen von $\boldsymbol{A}$ und die Anzahl der Spalten von $\boldsymbol{B}$.

☐ Die Anzahl der Spalten von $\boldsymbol{A}$ und die Anzahl der Zeilen von $\boldsymbol{B}$.

☐ Die Anzahl der Spalten von $\boldsymbol{A}$ und die Anzahl der Spalten von $\boldsymbol{B}$.

☒ Die Anzahl der Zeilen von $\boldsymbol{A}$ sowie die Anzahl der Zeilen und Spalten von $\boldsymbol{B}$.

☐ Wenn $\boldsymbol{AB}$ definiert ist, so ist auch $\boldsymbol{BA}$ definiert.

☐ Wenn $\boldsymbol{AB}$ und $\boldsymbol{BA}$ definiert ist, dann ist $\boldsymbol{AB} = \boldsymbol{BA}$.

☐ Wenn $\boldsymbol{AB}$ und $\boldsymbol{BA}$ definiert ist, dann ist $\boldsymbol{AB} \neq \boldsymbol{BA}$.

☐ Wenn $\boldsymbol{A}$ und $\boldsymbol{B}$ verschieden von der Nullmatrix sind, dann ist auch $\boldsymbol{AB}$ verschieden von der Nullmatrix.

☐ Wenn $\boldsymbol{A}$ verschieden von der Nullmatrix ist, dann ist auch $\boldsymbol{AA}$ verschieden von der Nullmatrix.

**1.23.** Für welche der folgenden $3\times 3$-Matrizen $\boldsymbol{A}$ gilt $\boldsymbol{AB} = \boldsymbol{BA} = \boldsymbol{B}$ für alle $\boldsymbol{B} \in \mathbb{R}^{3\times 3}$:

☒ $\begin{bmatrix} 1 & 0 & 0 \\ 0 & 1 & 0 \\ 0 & 0 & 1 \end{bmatrix}$ ☐ $\begin{bmatrix} 0 & 0 & 1 \\ 0 & 1 & 0 \\ 1 & 0 & 0 \end{bmatrix}$ ☐ $\begin{bmatrix} 1 & 1 & 1 \\ 1 & 1 & 1 \\ 1 & 1 & 1 \end{bmatrix}$

**1.24.** Welche der folgenden $(3,3)$-Matrizen haben Zeilenstufenform?

☒ $\begin{bmatrix} 1 & 0 & 0 \\ 0 & 1 & 0 \\ 0 & 0 & 1 \end{bmatrix}$ ☐ $\begin{bmatrix} 1 & 0 & 0 \\ 0 & 1 & 0 \\ 0 & 2 & 0 \end{bmatrix}$ ☒ $\begin{bmatrix} 1 & 5 & -3 \\ 0 & 1 & 1 \\ 0 & 0 & 0 \end{bmatrix}$

☒ $\begin{bmatrix} 1 & 2 & 0 \\ 0 & 1 & 0 \\ 0 & 0 & 0 \end{bmatrix}$ ☒ $\begin{bmatrix} 1 & 3 & 4 \\ 0 & 0 & 0 \\ 0 & 0 & 0 \end{bmatrix}$ ☐ $\begin{bmatrix} 1 & 2 & 3 \\ 0 & 0 & 0 \\ 0 & 0 & 1 \end{bmatrix}$

**1.25.** Kreuzen Sie die wahre(n) Aussage(n) an. Welche der folgenden Aussagen ist wahr? Es ist $\boldsymbol{A}, \boldsymbol{B} \in \mathbb{R}^{n\times n}$.

☐ $(\boldsymbol{A}^{\mathrm{T}})^{-1} = (\boldsymbol{A}^{-1})^{\mathrm{T}}$.
☐ $(\boldsymbol{AB})^{-1} = \boldsymbol{A}^{-1}\boldsymbol{B}^{-1}$.
☐ $(\boldsymbol{AB})^{\mathrm{T}} = \boldsymbol{A}^{\mathrm{T}}\boldsymbol{B}^{\mathrm{T}}$.
☒ Nichts davon ist wahr.

**1.26.** Kreuzen Sie die wahre(n) Aussage(n) an. Es ist $\boldsymbol{A}$ eine quadratische Matrix mit $\boldsymbol{A}^3 = \boldsymbol{O}$. Dann gilt:

☐ $\boldsymbol{A}$ ist regulär.
☒ $\boldsymbol{A}$ ist singulär.
☐ $(\boldsymbol{A} + \boldsymbol{E})^3 = \boldsymbol{E}$.
☐ Nichts davon ist gilt.

**1.27.** Kreuzen Sie die wahre(n) Aussage(n) an. Sind $\boldsymbol{A}, \boldsymbol{B} \in \mathbb{R}^{n\times n}$, dann gilt:

☐ $(\boldsymbol{A} + \boldsymbol{B})^2 = \boldsymbol{A}^2 + 2\boldsymbol{AB} + \boldsymbol{B}^2$.
☐ $(\boldsymbol{AB})^{-1} = \boldsymbol{A}^{-1}\boldsymbol{B}^{-1}$.
☐ $\boldsymbol{AB}$ ist regulär.
☒ Nichts davon ist gilt.

**1.28.** Wir betrachten eine neue Addition $\oplus$ für reelle Zahlen. Diese ist durch

$$a \oplus b = 2a + 2b, \qquad a, b \in \mathbb{R}$$

definiert. Ist $\oplus$ eine vertauschbare (kommutative) Rechenoperation, das heißt gilt das Vertauschungsgesetz (Kommutativgesetz)? Die Rechenoperationen auf der rechten Seite der obigen Definitionsgleichung sind die gewöhnlichen Rechenoperationen für reelle Zahlen und somit bekannt. Kreuzen Sie die wahren(n) Aussagen(en) an.

☐ Nein.
☒ Ja.
☐ Nicht entscheidbar.
☐ Keine dieser Antworten trifft zu.

**1.29.** Welche der Zahlenpaare $(0, 0)$, $(4, 0)$, $(2, 1)$, $(0, 4)$, $(4 - 2\pi, \pi)$, $(-2, 3)$, $(6, -1)$ sind Lösungen des Systems

$$\begin{aligned} x_1 + 2x_2 &= 4 \\ 3x_1 + 6x_2 &= 12 \end{aligned}$$

**1.30.** Welches der folgenden Gleichungssysteme ist linear, welches nichtlinear?

(a) $\begin{aligned} 3x - 2y &= (-1)^2 \\ x + y &= 4 \end{aligned}$

(b) $\begin{aligned} (y-1)^2 + x - y^2 &= 7x - y \\ \frac{x}{2} + \frac{y}{4} &= -1 \end{aligned}$

**1.31.** Bestimmen Sie alle Lösungen von

$$\pi \cdot x = -7\frac{2}{3}.$$

x = -7 2/3 / π = -2,44

**1.32.** Bestimmen Sie alle Lösungen von

$$\begin{aligned} 10^{100}x - 10^{99}y &= 10^{99} \\ 10^{57}x + 10^{56}y &= 10^{56} \end{aligned}$$

**1.33.** Die Summe zweier Zahlen ist 119, ihre Differenz ist 21. Wie lauten die beiden Zahlen? Summe 70 differenz: 21

**1.34.** Gegeben ist die Matrix

$$\boldsymbol{A} = [a_{ij}] = \begin{bmatrix} 3 & 4 & -1 \\ 2 & 9 & 8 \\ -4 & \pi & e \\ \sqrt{2} & -6 & 1 \end{bmatrix}.$$

(a) Welche Ordnung hat die Matrix $\boldsymbol{A}$? 4×3

(b) Wie lauten die Elemente $a_{21}$, $a_{23}$, $a_{43}$? 2, 8, 1

(c) Wie lauten die Elemente $\boldsymbol{A}(2,1)$, $\boldsymbol{A}(3,3)$, $\boldsymbol{A}(4,1)$? 2, e, √2

(d) Geben Sie $\boldsymbol{A}(4,:)$ (vierte Zeile von $\boldsymbol{A}$) an. √2, −6, 1

(e) Berechnen Sie die Summe $\sum_{j=1}^{3} a_{2j}$. 2 + 9 + 8 = 19

**1.35.** Sind $\boldsymbol{A}$ und $\boldsymbol{B}$ aus $\mathbb{R}^{3\times 3}$. Gibt es dann stets eine Matrix $\boldsymbol{X} \in \mathbb{R}^{3\times 3}$ mit $\boldsymbol{A}+\boldsymbol{X} = \boldsymbol{B}$?

**1.36.** Kann für eine Matrix $\boldsymbol{A} \in \mathbb{R}^{n\times n}$ gelten $\boldsymbol{A}^{\mathrm{T}} = -\boldsymbol{A}$? Ja

**1.37.** Zeigen Sie, dass für die Matrix

$$\boldsymbol{A} = \frac{1}{5}\begin{bmatrix} 3 & 4 \\ -4 & 3 \end{bmatrix}$$

die Gleichung $\boldsymbol{A}^{-1} = \boldsymbol{A}^{\mathrm{T}}$ gilt. 2 × gleiche aufschreiben

**1.38.** Quadratische Matrizen $\boldsymbol{H}_n = [h_{ij}] \in \mathbb{R}^{n\times n}$, $n \in \mathbb{N}$, die wie folgt definiert sind

$$h_{ij} = \frac{1}{i+j-1} \qquad (i = 1,2,\ldots,n; j = 1,2,\ldots,n)$$

heißen HILBERT-*Matrizen*[19]. Schreiben Sie die ersten vier HILBERT-Matrizen $\boldsymbol{H}_1$, $\boldsymbol{H}_2$, $\boldsymbol{H}_3$, $\boldsymbol{H}_4$ auf.

**1.39** (Symmetrische Matrizen)**.** Welche der folgenden Schema kann man zu einer symmetrischen (3, 3)-Matrix ergänzen?

$$\text{(a)} \begin{bmatrix} 6 & 5 & 4 \\ & 3 & 2 \\ & & 1 \end{bmatrix} \quad \text{(b)} \begin{bmatrix} 1 & & \\ & 2 & \\ & & 3 \end{bmatrix} \quad \text{(c)} \begin{bmatrix} 1 & & \\ 2 & & \\ 3 & 4 & 5 \end{bmatrix} \quad \text{(d)} \begin{bmatrix} & & 3 \\ & 2 & \\ 1 & & \end{bmatrix}$$

**1.40** (Symmetrische Matrizen)**.** Welche der folgenden Matrix ist symmetrisch?

$$\text{(a)} \begin{bmatrix} 3 & 4 & -1 \\ 2 & 9 & 8 \\ -4 & \pi & e \\ \sqrt{2} & -6 & 1 \end{bmatrix} \qquad \text{(c)} \begin{bmatrix} 1 & 1/2 & 1/3 & 1/4 \\ 1/2 & 1/3 & 1/4 & 1/5 \\ 1/3 & 1/4 & 1/5 & 1/6 \\ 1/4 & 1/5 & 1/6 & 1/7 \end{bmatrix}$$

$$\text{(b)} \begin{bmatrix} 1 & 1/2 & 1/3 \\ 1/2 & 1/3 & 1/4 \\ 1/3 & 1/4 & 1/5 \end{bmatrix} \qquad \text{(d)} \begin{bmatrix} -4 & -1 & 0 & 0 \\ -1 & 4 & -1 & 0 \\ 0 & -1 & 4 & -1 \\ 0 & 0 & -1 & 4 \end{bmatrix}$$

**1.41** (Symmetrische Matrizen)**.** Wie viele Elemente kann man bei einer symmetrischen $(n, n)$-Matrix frei wählen?

**1.42** (Symmetrische Matrizen)**.** Wie viele Elemente muss man bei einer (3, 3)-Matrix festlegen, damit daraus keine symmetrische Matrix mehr wird?

**1.43.** Für welche (2, 2)-Matrix $\boldsymbol{P}$ gilt:

$$\boldsymbol{P}\begin{bmatrix} x \\ y \end{bmatrix} = \begin{bmatrix} y \\ x \end{bmatrix}$$

**1.44.** Berechnen Sie die allgemeine Lösung von $\boldsymbol{Ax} = \boldsymbol{b}$ mit

$$\boldsymbol{A} = \begin{bmatrix} 4 & 1 & 0 & 0 & 0 \\ 1 & 4 & 1 & 0 & 0 \\ 0 & 1 & 4 & 1 & 0 \\ 0 & 0 & 1 & 4 & 1 \\ 0 & 0 & 0 & 1 & 4 \end{bmatrix} \quad \text{und} \quad \boldsymbol{b} = \begin{bmatrix} 4.1 \\ 2.4 \\ 4.2 \\ 2.4 \\ 4.1 \end{bmatrix},$$

[19] DAVID HILBERT (1862 – 1943)

wobei Ihnen die Lösungsmethode freigestellt ist.

**1.45.** Beweisen Sie: Für $a, b, c, d \in \mathbb{R}$ und $ad - bc \neq 0$ ergibt sich die reduzierte Zeilenstufenform von

$$\begin{bmatrix} a & b \\ c & d \end{bmatrix} \quad \text{zu} \quad \begin{bmatrix} 1 & 0 \\ 0 & 1 \end{bmatrix}.$$

regulär + invertierbar
LGS universell lösbar.

Welche Konsequenzen hat dieses Ergebnis?

**1.46.** Berechnen Sie die reduzierte Zeilenstufenform der Matrix

$$\begin{bmatrix} 2 & -1 & 0 \\ -1 & 2 & -1 \\ 0 & -1 & 2 \end{bmatrix}.$$

Überprüfen Sie Ihr Ergebnis mit `rref` in MATLAB.

**1.47.** Berechnen Sie die allgemeine Lösung des linearen Gleichungssystems

$$\begin{aligned} -x_2 + 3x_3 &= 1 \\ 3x_1 + 6x_2 - 3x_3 &= -2 \\ 6x_1 + 6x_2 + 3x_3 &= 5. \end{aligned}$$

**1.48.** Berechnen Sie die allgemeine Lösung des linearen Gleichungssystems

$$\begin{aligned} x_1 + x_2 + 2x_3 &= 8 \\ -x_1 - 2x_2 + 3x_3 &= 1 \\ 3x_1 - 7x_2 + 4x_3 &= 10. \end{aligned}$$

**1.49.** Berechnen Sie die allgemeine Lösung des linearen Gleichungssystems

$$\begin{aligned} x_1 - 2x_2 &= 1 \\ 3x_1 + 2x_2 &= 11 \\ 9x_1 + 6x_2 &= 33 \end{aligned}$$

$x_1 = 3$
$x_2 = 1$

**1.50.** Berechnen Sie die allgemeine Lösung des linearen Gleichungssystems

$$\begin{aligned} 4x_1 - 8x_2 &= 12 \\ 3x_1 - 6x_2 &= 9 \\ -2x_1 + 4x_2 &= -6. \end{aligned}$$

**1.51.** Berechnen Sie die allgemeine Lösung des linearen Gleichungssystems

$$\begin{aligned} x_1 + 2x_2 + x_3 &= 1 \\ 2x_1 + 4x_2 + 2x_3 &= 3. \end{aligned}$$

keine Lösung

**1.52.** Berechnen Sie die allgemeine Lösung des linearen Gleichungssystems

$$\underbrace{\begin{bmatrix} 2 & 4 & -2 \\ 4 & 9 & -3 \\ -2 & -3 & 7 \end{bmatrix}}_{\boldsymbol{A}} \underbrace{\begin{bmatrix} x_1 \\ x_2 \\ x_3 \end{bmatrix}}_{\boldsymbol{x}} = \underbrace{\begin{bmatrix} 2 \\ 8 \\ 10 \end{bmatrix}}_{\boldsymbol{b}}.$$

x1 = −1
x2 = 2
x3 = 2

**1.53.** Berechnen Sie die allgemeine Lösung des linearen (homogenen) Gleichungssystems

$$\begin{bmatrix} 1 & 1 & 4 & 1 & 2 \\ 0 & 1 & 2 & 1 & 1 \\ 0 & 0 & 0 & 1 & 2 \\ 1 & -1 & 0 & 0 & 2 \\ 2 & 1 & 6 & 0 & 1 \end{bmatrix} \begin{bmatrix} x_1 \\ x_2 \\ x_3 \\ x_4 \\ x_5 \end{bmatrix} = \begin{bmatrix} 0 \\ 0 \\ 0 \\ 0 \\ 0 \end{bmatrix}.$$

**1.54.** Zeigen Sie, dass die Matrizen $\boldsymbol{A}^{\mathrm{T}}\boldsymbol{A}$ und $\boldsymbol{A}\boldsymbol{A}^{\mathrm{T}}$ für jede Matrix $\boldsymbol{A} \in \mathbb{R}^{m \times n}$ symmetrisch sind.

**1.55.** Gegeben ist die Matrix $\boldsymbol{A} = [a_{ij}] \in \mathbb{R}^{m \times n}$. Finden Sie eine Matrix $\boldsymbol{B}$, sodass

$$\boldsymbol{AB} = \begin{bmatrix} a_{11} + a_{12} + \cdots + a_{1n} \\ a_{21} + a_{22} + \cdots + a_{2n} \\ \vdots \\ a_{m1} + a_{m2} + \cdots + a_{mn} \end{bmatrix}$$

ist.

**1.56.** Gegeben sind die drei Matrizen

$$\boldsymbol{A} = \begin{bmatrix} 3 & 4 \\ 5 & 0 \\ 3 & 2 \end{bmatrix}, \quad \boldsymbol{B} = \begin{bmatrix} 2 & 0 & 0 \\ 3 & 5 & 0 \\ 8 & 7 & 9 \end{bmatrix}, \quad \boldsymbol{C} = \begin{bmatrix} 7 & 0 & 0 \\ 0 & 0 & 0 \\ 0 & 0 & 5 \end{bmatrix}.$$

Bestimmen Sie zu jeder Matrix die für sie zutreffenden Eigenschaften! Transponieren Sie jede der drei Matrizen!

**1.57.** Wir lösen nun ein lineares Gleichungssystem und es wird sich herausstellen, dass wir im Lösungsweg einen oder mehrere Fehler gemacht haben. Ihre Aufgabe ist es, diese Fehler zu lokalisieren. Die Aufgabe lautet: Bestimmen Sie den Parameter $t \in \mathbb{R}$, sodass das System

$$\begin{aligned} tx + y &= -5 \\ x + ty &= 5. \end{aligned}$$

genau eine Lösung hat.

Die erste Gleichung wird mit $-t$ multipliziert

$$\begin{aligned} -t^2x - ty &= 5t \\ x + ty &= 5. \end{aligned}$$

Die zwei Gleichungen werden jetzt addiert. Damit folgt $(1-t^2)x = 5t + 5$ und nach Division durch $1 - t^2$ erhalten wir

$$x = \frac{5t+5}{1-t^2} = \frac{5(t+1)}{(1+t)(1-t)} \quad \text{also} \quad x = \frac{5}{1-t} \quad \text{für } t \neq 1.$$

Diesen Term setzen wir in die zweite Gleichung des Gleichungssystems ein und erhalten

$$\frac{5}{1-t} + ty = 5 \quad \text{bzw.} \quad ty = 5 - \frac{5}{1-t} = \frac{5 - 5t - 5}{1-t} = -\frac{5t}{1-t}.$$

Nach Division durch $t$ gilt

$$y = -\frac{5}{1-t} \quad \text{für } t \neq 1.$$

Daher ist für jedes $t \in \mathbb{R} \setminus \{1\}$

$$x = \frac{5}{1-t}, \qquad y = -\frac{5}{1-t}$$

die eindeutige Lösung des linearen Systems.

Wir prüfen das Ergebnis für $t = -1$. In diesem Fall lautet das lineare System

$$\begin{aligned} -x + y &= -5 \\ x - y &= 5 \end{aligned} \quad \text{bzw. gleichwertig} \quad \begin{aligned} x - y &= 5 \\ x - y &= 5 \end{aligned}$$

Die beiden Gleichungen sind gleich. Daraus folgt: Das Gleichungssystem hat für $t = -1$ unendlich viele Lösungen. Dies stellt zu obiger Lösung einen Widerspruch dar. Was ist richtig? Was ist falsch? Warum?

**1.58.** Bestimmen Sie alle Matrizen vom Typ

$$\boldsymbol{X} = \begin{bmatrix} a & b \\ c & d \end{bmatrix} \in \mathbb{R}^{2\times 2},$$

deren Matrizenprodukt mit der Matrix

$$\boldsymbol{A} = \begin{bmatrix} 1 & 0 \\ -1 & 1 \end{bmatrix}$$

sich kommutativ verhält ($\boldsymbol{AX} = \boldsymbol{XA}$).

**1.59.** Berechnen Sie das Matrizenprodukt $\boldsymbol{Ax}$ mit

$$\boldsymbol{A} = \begin{bmatrix} 1 & -2 \\ 3 & 2 \end{bmatrix} \quad \text{und} \quad \boldsymbol{x} = \begin{bmatrix} 3 \\ 1 \end{bmatrix}$$

als Summe dyadischer Produkte; siehe Beispiel 1.32.

**1.60.** Berechnen Sie das Matrix-Matrix Produkt

$$\boldsymbol{AB} = \begin{bmatrix} 1 & 2 \\ 3 & 4 \\ 5 & 6 \end{bmatrix} \begin{bmatrix} 10 & 20 \\ 30 & 40 \end{bmatrix}$$

spaltenweise, zeilenweise und als Summe von dyadischen Produkten.

**1.61.** Für welche reellen Parameterwerte $t$ existiert die Inverse von

$$\boldsymbol{A}_t = \begin{bmatrix} t & 2 & 1 \\ -2t & t-5 & 1 \\ -2t & -4 & t^2-5 \end{bmatrix}?$$

**1.62.** Gegeben sind die Matrix $\boldsymbol{A}$ und die Spaltenmatrix $\boldsymbol{b}$. Bestimmen Sie in Abhängigkeit der reellen Parameter $t$ und $s$ die allgemeine Lösung des linearen Systems $\boldsymbol{Ax} = \boldsymbol{b}$.

$$\boldsymbol{A} = \begin{bmatrix} 1 & 0 & 0 & 4 \\ 1 & 0 & 1 & 0 \\ 1 & 1 & 0 & 0 \\ 1 & 2 & 3 & t \end{bmatrix}, \quad \boldsymbol{b} = \begin{bmatrix} 2 \\ 0 \\ 0 \\ s \end{bmatrix}$$

**1.63.** Zwischen den beiden folgenden Gleichungssystemen besteht ein grundsätzlicher Unterschied:

$$\begin{aligned} x - 2y &= 1 \\ 3x + 2y &= 11 \end{aligned} \qquad\qquad \begin{aligned} xy &= 12 \\ 3x - 4y &= 0 \end{aligned}$$

Erklären Sie!

**1.64.** Welche Vorausetzungen müssen erfüllt sein, damit die Lösung eines rechts-oberen Dreiecksystems mit der Methode des Rückwärtseinsetzen berechnet werden kann?

**1.65.** Berechnen Sie die Lösung folgender Gleichungssysteme:

$$\begin{aligned} x_1 + x_2 &= 2 \\ x_1 + 1.1x_2 &= 5 \end{aligned} \qquad \text{und} \qquad \begin{aligned} x_1 + x_2 &= 2 \\ x_1 + 1.01x_2 &= 5 \end{aligned}$$

Was fällt Ihnen auf?

**1.66.** Haben die beiden folgenden Matrizen Zeilenstufenform? Haben Sie reduzierte Zeilenstufenform?

$$\begin{bmatrix} 1 & 0 & 0 & 0 & 0 \\ 0 & 1 & 0 & 0 & 0 \\ 0 & 0 & 1 & 0 & 0 \\ 0 & 0 & 0 & 1 & 0 \\ 0 & 0 & 0 & 0 & 1 \end{bmatrix} \qquad \begin{bmatrix} 1 & 0 & 0 & 0 & -2 & 4 \\ 0 & 1 & 0 & 0 & 4 & 8 \\ 0 & 0 & 0 & 1 & 7 & -2 \\ 0 & 0 & 0 & 0 & 0 & 0 \\ 0 & 0 & 0 & 0 & 0 & 0 \end{bmatrix}$$

**1.67.** Es sind $x$, $y$ und $z$ Variablen für reelle Zahlen. Berechnen Sie

$$\begin{bmatrix} x & y & z \end{bmatrix} \begin{bmatrix} 4 & -1 & 2 \\ -1 & 0 & 1 \\ 2 & 1 & 0 \end{bmatrix} \begin{bmatrix} x \\ y \\ z \end{bmatrix}.$$

Schreiben Sie den quadratischenAusdruck

$$3x^2 - 8xy + 2y^2 + 6xz - 3z^2$$

als Matrizenprodukt.

**1.68** (Permutationsmatrizen)**.** Was widerfährt Spaltenmatrizen bei der Multiplikation mit einer Matrix

$$\boldsymbol{P} = \begin{bmatrix} 0 & 1 & 0 & 0 \\ 0 & 0 & 1 & 0 \\ 1 & 0 & 0 & 0 \\ 0 & 0 & 0 & 1 \end{bmatrix} \in \mathbb{R}^{4\times 4} \quad ?$$

$\boldsymbol{P}$ heißt *Permutationsmatrix.*

**1.69.** Bestimmen Sie die Lösung des linearen Gleichungssystems

$$\underbrace{\begin{bmatrix} 1 & 0 & 0 \\ -2 & 1 & 0 \\ 4 & -2 & 1 \end{bmatrix}}_{\boldsymbol{L}} \underbrace{\begin{bmatrix} 1 & 4 & 1 \\ 0 & 10 & 3 \\ 0 & 0 & 3 \end{bmatrix}}_{\boldsymbol{U}} \underbrace{\begin{bmatrix} x_1 \\ x_2 \\ x_3 \end{bmatrix}}_{\boldsymbol{x}} = \underbrace{\begin{bmatrix} 6 \\ 1 \\ 1 \end{bmatrix}}_{\boldsymbol{b}}.$$

**1.70.** Diskutieren Sie das lineare Gleichungssystem

$$\underbrace{\begin{bmatrix} 2 & 3 \\ 5 & 4 \end{bmatrix}}_{\boldsymbol{A}} \underbrace{\begin{bmatrix} x_1 \\ x_2 \end{bmatrix}}_{\boldsymbol{x}} = \underbrace{\begin{bmatrix} b_1 \\ b_2 \end{bmatrix}}_{\boldsymbol{b}}$$

auf Lösbarkeit.

**1.71.** Diskutieren Sie das lineare Gleichungssystem

$$\underbrace{\begin{bmatrix} 2 & 3 \\ 4 & 6 \end{bmatrix}}_{\boldsymbol{A}} \underbrace{\begin{bmatrix} x_1 \\ x_2 \end{bmatrix}}_{\boldsymbol{x}} = \underbrace{\begin{bmatrix} b_1 \\ b_2 \end{bmatrix}}_{\boldsymbol{b}}$$

auf Lösbarkeit.

**1.72.** Gegeben ist die Matrix

$$\boldsymbol{A} = \begin{bmatrix} a & b & c \\ d & e & f \\ g & h & i \end{bmatrix} \in \mathbb{R}^{3\times 3}.$$

Zeigen Sie, dass

$$\boldsymbol{A}^{-1} = \frac{1}{a(ei - fh) - b(di - fg) + c(dh - eg)} \begin{bmatrix} ei - fg & -(bi - ch) & bf - ce \\ -(di - fg) & ai - cg & -(af - cd) \\ dh - eg & -(ah - bg) & ae - bd \end{bmatrix}$$

gilt, falls $a(ei - fh) - b(di - fg) + c(dh - eg) \neq 0$ ist.

**1.73** (Inverse Matrix)**.** Berechnen Sie von der Matrix

$$\boldsymbol{A} = \begin{bmatrix} 2 & 4 & -2 \\ 4 & 9 & -3 \\ -2 & -3 & 7 \end{bmatrix}$$

die Inverse $\boldsymbol{A}^{-1}$.

**1.74** (Inverse Matrix). Berechnen Sie von

$$A = \begin{bmatrix} 1 & 2 \\ 2 & 3 \end{bmatrix}$$

mit dem GAUSS-JORDAN-Verfahren die Inverse $A^{-1}$.

**1.75.** Gegeben sind die beiden linearen Gleichungssysteme

$$\begin{aligned} x_1 + 2x_2 &= 4 \\ 3x_1 + 6x_2 &= 12 \end{aligned} \quad \text{und} \quad \begin{aligned} x_1 + 2x_2 &= 1 \\ 3x_1 + 6x_2 &= 1 \end{aligned}$$

Berechnen Sie die Lösungen mit dem GAUSS-JORDAN-Verfahren (Algorithmus 3) gleichzeitig.

**1.76.** Zeigen Sie, dass die Matrix

$$A = \begin{bmatrix} 1 & 2 \\ 3 & 6 \end{bmatrix}$$

nicht invertierbar ist.

**1.77.** Gegeben sind die Matrizen $A \in \mathbb{R}^{m \times n}$, $x \in \mathbb{R}^{n \times 1}$ und $y \in \mathbb{R}^{1 \times m}$. Welche der folgenden Ausdrücken sind für $m, n \in \mathbb{N}$ und $m \neq n$ definiert? Überprüfen Sie Ihre Ergebnisse in MATLAB.

| | | | |
|---|---|---|---|
| (a) $yAx$ | (e) $(Ax)^{\mathrm{T}}y$ | (i) $yx^{\mathrm{T}}A\mathrm{T}$ | (m) $yx$ |
| (b) $y^{\mathrm{T}}Ax$ | (f) $x^{\mathrm{T}}(yA)^{\mathrm{T}}$ | (j) $A^{\mathrm{T}}y^{\mathrm{T}}x^{\mathrm{T}}$ | (n) $y^{\mathrm{T}}x$ |
| (c) $x^{\mathrm{T}}Ay^{\mathrm{T}}$ | (g) $Axy$ | (k) $y^{\mathrm{T}}x^{\mathrm{T}}A$ | (o) $yx^{\mathrm{T}}$ |
| (d) $x^{\mathrm{T}}Ay$ | (h) $Axy^{\mathrm{T}}$ | (l) $xy$ | (p) $y^{\mathrm{T}}x^{\mathrm{T}}$ |

## Sie sollten nun mit folgenden Begriffen umgehen können

Lineare Gleichungssysteme, allgemeine Lösung, elementare Zeilenumformungen, (reduzierte) Zeilenstufenform, GAUSS-Verfahren, GAUSS-JORDAN-Verfahren, Matrizen, Matrizenoperationen, inverse Matrix.

# 2. Modelle und Anwendungen von linearen Gleichungssystemen und Matrizen

*Nicht das Rechnen mit den Gleichungen, sondern das Aufstellen und namentlich auch das Interpretieren derselben ist es, was ihm [dem Studenten] am meisten zu schaffen macht.*

MAX PLANCK

*The simplest model in applied mathematics is a system of linear equations. It is also by far the most important.*

GILBERT STRANG

Lineare Gleichungssysteme und Matrizen gehören zu den einfachsten mathematischen Modellen; sie sind aber auch die Wichtigsten. Wir betrachten und behandeln gerne auch einfache mathematische Modelle. Diese haben den Vorteil, dass der Modellierer die Bearbeitung eines Problems mit diesen beginnen kann, um sie dann schrittweise zu verfeinern und zu verbessern. Oft sind schon erste Teillösungen für den weiteren Prozess hilfreich und geben Hinweise auf zu erwartende kritische Situationen.

Bereits einfache Matrizenoperationen erlauben es uns, komplexe Probleme damit zu lösen. Lineare Gleichungen treten sowohl in außermathematischen als auch in innermathematischen Modellierungen (Differenzialgleichungen, Optimierungsaufgaben, nichtlineare Gleichungen) sehr häufig auf. Mit den Bezeichnungen

$$\boldsymbol{A} = \begin{bmatrix} a_{11} & a_{12} & \cdots & a_{1n} \\ \vdots & \vdots & \vdots & \vdots \\ a_{m1} & a_{m2} & \cdots & a_{mn} \end{bmatrix}, \quad \boldsymbol{b} = \begin{bmatrix} b_1 \\ b_2 \\ \vdots \\ b_m \end{bmatrix} \quad \text{und} \quad \boldsymbol{x} = \begin{bmatrix} x_1 \\ x_2 \\ \vdots \\ x_n \end{bmatrix}$$

schreibt sich ein lineares Gleichungssystem kurz als

$$\boldsymbol{A}\boldsymbol{x} = \boldsymbol{b}.$$

Die Matrix $\boldsymbol{A} \in \mathbb{R}^{m\times n}$ ist die *Koeffizientenmatrix* (*Systemmatrix*), die Spaltenmatrix $\boldsymbol{b} \in \mathbb{R}^{m\times 1}$ die *rechte Seite* (*Wirkung*, *Ausgang*) des Systems und $\boldsymbol{x} \in \mathbb{R}^{n\times 1}$ ist die gesuchte Spaltenmatrix (*Ursache*, *Eingang*). Das dazugehörige Blockbild dieses *inversen Problems der Ursache* ist in Bild 2.1 dargestellt. Mit dem \-Operator kann man in MATLAB solche Systeme lösen.

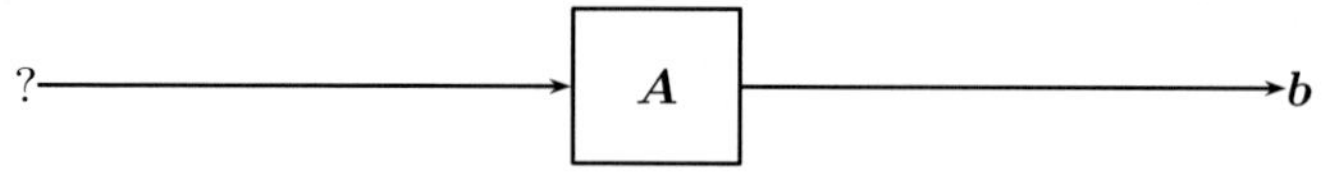


Bild 2.1.: Das inverse Problem der Ursache

## 2.1. Produktionsprozesse

Wird bei einem Produktionsprozess (zum Beispiel Herstellung von Damen- und Herrenschuhe) mehr als eine Produktionsstufe durchlaufen, so spricht man von einem mehrstufigen Produktionsprozess. Zum Beispiel werden bei zweistufigen Produktionsprozessen aus Rohstoffen (zum Beispiel Rohleder der Qualität 1,2,3) Zwischenprodukte (zum Beispiel Oberleder, Futterleder, Sohlenleder) und daraus dann Endprodukte (zum Beispiel Damen- oder Herrenschuhe) hergestellt. Ein zweistufiger Produktionsprozess hat somit folgende Form:

$$\text{Rohstoffe} \xrightarrow{\text{Stufe 1}} \text{Zwischenprodukte} \xrightarrow{\text{Stufe 2}} \text{Endprodukte}$$

Solche Prozesse lassen sich elegant und übersichtlich mit Matrizen modellieren. Jede Produktionsstufe kann durch ein Produktionsmatrix (Verflechtungsmatrix) beschrieben werden.

$$\text{Rohstoffe} \xrightarrow{\boldsymbol{A}_{RZ}} \text{Zwischenprodukte} \xrightarrow{\boldsymbol{B}_{ZE}} \text{Endprodukte}$$

Die Matrix $\boldsymbol{A}_{RZ}$ enthält den Rohstoffeinsatz für die Zwischenprodukte, die Matrix $\boldsymbol{B}_{ZE}$ enthält den Zwischenprodukteinsatz für die Endprodukte.

Wir beschreiben einen zweistufigen Produktionsprozess für die drei Rohstoffe $R_1$, $R_2$, $R_3$, für die vier Zwischenprodukte $Z_1$, $Z_2$, $Z_3$, $Z_4$ und für zwei Endprodukte $E_1$, $E_2$. Die Matrix $\boldsymbol{A}_{RZ}$ enthält den Rohstoffeinsatz für die Zwischenprodukte, also

$$\boldsymbol{A}_{RZ} = \begin{bmatrix} a_{11} & a_{12} & a_{13} & a_{14} \\ a_{21} & a_{22} & a_{23} & a_{24} \\ a_{31} & a_{32} & a_{33} & a_{34} \end{bmatrix} \in \mathbb{R}^{3\times 4}.$$

Dabei gibt $a_{ij} \in \mathbb{R}$ an, wie viel Mengeneinheiten (ME) des $i$-ten Rohstoffes zur Herstellung einer ME des $j$-ten Zwischenproduktes erforderlich sind:

$$R_i \xrightarrow{a_{ij}\in\mathbb{R}} Z_j$$

mit $i = 1, 2, 3$, $j = 1, 2, 3, 4$. Die Matrix $\boldsymbol{B}_{ZE}$ enthält den Zwischenprodukteinsatz für die Endprodukte, also

$$\boldsymbol{B}_{ZE} = \begin{bmatrix} b_{11} & b_{12} \\ b_{21} & b_{22} \\ b_{31} & b_{32} \\ b_{41} & b_{42} \end{bmatrix} \in \mathbb{R}^{4\times 2}.$$

Dabei gibt $b_{jk} \in \mathbb{R}$ an, wie viel ME des $j$-ten Zwischenproduktes zur Herstellung einer ME des $k$-ten Endproduktes erforderlich sind:

$$Z_j \xrightarrow{b_{jk}\in\mathbb{R}} E_k$$

mit $j = 1, 2, 3, 4$, $k = 1, 2$.

Zum Beispiel ist die zweite Zeile der Matrix $\boldsymbol{A}_{RZ}$ die Untermatrix

$$\begin{bmatrix} a_{21} & a_{22} & a_{23} & a_{24} \end{bmatrix}.$$

Sie gibt an, dass zur Produktion von einer ME von $Z_1$ $a_{21}$ ME von $R_2$, zur Produktion von einer ME von $Z_2$ $a_{22}$ ME von $R_2$, zur Produktion von einer ME von $Z_3$ $a_{23}$ ME von $R_2$ und zur Produktion von einer ME von $Z_4$ $a_{24}$ ME von $R_2$ nötig sind ($R_2 \xrightarrow{a_{2j}\in\mathbb{R}} Z_j$, $j = 1, 2, 3, 4$). Die erste Spalte von $\boldsymbol{B}_{ZE}$ ist die Untermatrix

$$\begin{bmatrix} b_{11} & b_{21} & b_{31} & b_{41} \end{bmatrix}^{\mathrm{T}}.$$

Sie gibt an, dass zur Produktion von einer ME von Endpunkt $E_1$ $b_{11}$ ME von Zwischenprodukt $Z_1$, zur Produktion von einer ME von Endpunkt $E_1$ $b_{21}$ ME von Zwischenprodukt $Z_2$, zur Produktion von einer ME von Endpunkt $E_1$ $b_{31}$ ME von Zwischenprodukt $Z_3$ und zur Produktion von einer ME von Endpunkt $E_1$ $b_{41}$ ME von Zwischenprodukt $Z_4$ nötig sind ($Z_j \xrightarrow{b_{j1}\in\mathbb{R}} E_1$, $j = 1, 2, 3, 4$). Folglich gibt das Matrizenprodukt („Skalarprodukt“)

$$\begin{bmatrix} a_{21} & a_{22} & a_{23} & a_{24} \end{bmatrix} \begin{bmatrix} b_{11} \\ b_{21} \\ b_{31} \\ b_{41} \end{bmatrix} = a_{21}b_{11} + a_{22}b_{21} + a_{23}b_{31} + a_{24}b_{41} = c_{21}$$

an, wie viel ME von Rohstoff $R_2$ zur Herstellung einer ME von Endprodukt $E_1$ benötigt werden.

Die Produktionsmatrix für den Gesamtproduktionsprozess kann dann als Matrizenprodukt der einzelnen Produktionsmatrizen berechnet werden:

$$\begin{matrix} \text{Rohstoffe} \\ R_i \end{matrix} \xrightarrow{\boldsymbol{C}_{RE}=\boldsymbol{A}_{RZ}\boldsymbol{B}_{ZE}} \begin{matrix} \text{Endprodukte} \\ E_k \end{matrix}$$

Die Matrix $\boldsymbol{C}_{RE} = \boldsymbol{A}_{RZ}\boldsymbol{B}_{ZE}$ enthält den Rohstoffeinsatz für die Endprodukte. Dabei gibt $c_{ik} = \sum_{k=1}^{4} a_{ij}b_{jk} \in \mathbb{R}$ an, wie viel ME des $i$-ten Rohstoffes zur Herstellung einer ME des $k$-ten Endproduktes erforderlich sind:

$$R_i \xrightarrow{c_{ik}\in\mathbb{R}} E_k$$

mit $i = 1,2,3$ und $k = 1,2$.

**Beispiel 2.1** (Produktionsprozess)**.** Aus drei Rohstoffen $R_1$, $R_2$ und $R_3$ werden vier Zwischenprodukte $Z_1$, $Z_2$, $Z_3$ und $Z_4$ hergestellt. Dabei benötigt man

- für $Z_1$: 11 ME von $R_1$ und 7 ME von $R_3$,
- für $Z_2$: 8 ME von $R_1$, 3 ME von $R_2$ und 5 ME von $R_3$,
- für $Z_3$: 12 ME von $R_2$ und 8 ME von $R_3$,
- für $Z_4$: 10 ME von $R_3$.

Zur Herstellung der Endprodukte $E_1$ und $E_2$ benötigt man:

- für $E_1$: 5 ME von $Z_1$, 3 ME von $Z_2$ und 6 ME von $Z_3$,
- für $E_2$: 3 ME von $Z_1$, 2 ME von $Z_3$ und 10 ME von $Z_4$.

Modellieren Sie die Zusammenhänge von Rohstoffen, Zwischenprodukten und Endprodukten durch geeignete Matrizen.

(a) Interpretieren Sie das Matrixelement $a_{12} = 8$ der Matrix $\boldsymbol{A}_{RZ}$.

(b) Interpretieren Sie die erste Zeile der Matrix $\boldsymbol{A}_{RZ}$ und die erste Spalte der Matrix $\boldsymbol{B}_{ZE}$.

(c) Wie viele ME der Rohstoffe werden für je eine ME der Endprodukte benötigt?

(d) Wie viele ME benötigt man von jedem Rohstoff, um 20 ME von Endprodukt $E_1$ und 25 ME von Endprodukt $E_2$ herzustellen?

*Lösung.* Die Produktionsmatrizen $\boldsymbol{A}_{RZ}$ und $\boldsymbol{B}_{ZE}$ sind:

$$\boldsymbol{A}_{RZ} = \begin{bmatrix} 11 & 8 & 0 & 0 \\ 0 & 3 & 12 & 0 \\ 7 & 5 & 8 & 10 \end{bmatrix} \quad \text{und} \quad \boldsymbol{B}_{ZE} = \begin{bmatrix} 5 & 3 \\ 3 & 0 \\ 6 & 2 \\ 0 & 10 \end{bmatrix}.$$

Die Produktionsmatrix $\boldsymbol{C}_{RE} = \boldsymbol{A}_{RZ}\boldsymbol{B}_{ZE}$ ist:

$$\boldsymbol{C}_{RE} = \begin{bmatrix} 11 & 8 & 0 & 0 \\ 0 & 3 & 12 & 0 \\ 7 & 5 & 8 & 10 \end{bmatrix} \begin{bmatrix} 5 & 3 \\ 3 & 0 \\ 6 & 2 \\ 0 & 10 \end{bmatrix} = \begin{bmatrix} 79 & 33 \\ 81 & 24 \\ 98 & 137 \end{bmatrix}.$$

(a) Das Matrixelement $a_{12} = 8$ der Matrix $\boldsymbol{A}_{RZ}$ gibt an, dass zur Produktion einer ME von $Z_2$ unter anderen 8 ME von $R_1$ erforderlich ist.

(b) Die erste Zeile der Matrix $\boldsymbol{A}_{RZ}$ ist die Untermatrix

$$\begin{bmatrix} 11 & 8 & 0 & 0 \end{bmatrix}.$$

Sie gibt an, dass zur Produktion 11 ME von $R_1$ für eine ME von $Z_1$ und 8 ME von $R_1$ für eine ME von $Z_2$ erforderlich sind. Die erste Spalte der Matrix $\boldsymbol{B}_{ZE}$ ist die Untermatrix

$$\begin{bmatrix} 5 & 3 & 6 & 0 \end{bmatrix}^{\mathrm{T}}.$$

Sie gibt an, dass zur Produktion einer ME von $E_1$ 5 ME von $Z_1$, 3 ME von $Z_2$ und 6 ME von $Z_3$ erforderlich sind.

(c) Zur Herstellung je 1 ME des Endproduktes $E_1$ braucht man 79 ME von Rohstoff $R_1$, 81 ME von Rohstoff $R_2$ und 98 ME von Rohstoff $R_3$. Zur Herstellung je 1 ME des Endproduktes $E_2$ braucht man 33 ME von $R_1$, 24 ME von $R_2$ und 137 ME von $R_3$.

(d) Es ist zum Beispiel $(c_{11})(20) + (c_{12})(25) = (79)(20) + (33)(25) = 2404$ und allgemein

$$\begin{bmatrix} 79 & 33 \\ 81 & 24 \\ 98 & 137 \end{bmatrix} \begin{bmatrix} 20 \\ 25 \end{bmatrix} = \begin{bmatrix} 2405 \\ 2220 \\ 5385 \end{bmatrix}.$$

es werden somit 2405 ME von Rohstoff $R_1$, 2220 ME von Rohstoff $R_2$ und 5385 ME von Rohstoff $R_3$ benötigt. ■

## 2.2. Innerbetriebliche Leistungsverrechnung

Eine innerbetriebliche Leistungsverrechnung wird immer dann notwendig, wenn in einem Betrieb nicht nur Leistungen für den Markt erzeugt werden, sondern auch solche Leistungen erstellt werden, die im Betrieb selbst verbraucht werden. Man spricht dann von innerbetrieblichen Leistungen oder Eigenleistungen. Beispiele für Eigenleistungen sind selbsterstellte Anlagen und Maschinen, Erzeugung von Strom, Gas oder Dampf, eigene Reparatur- oder Transportleistungen.

Handelt es sich um Eigenleistungen, die mehrjährig nutzbar sind (selbsterstellte Anlagen, Maschinen, Gebäude), so werden diese aktiviert (Erfassung von Vermögensgegenständen in der Bilanz) und damit wie Marktleistungen behandelt. Werden die innerbetrieblichen Leistungen jedoch in der Periode ihrer Erstellung verbraucht (selbsterzeugter Strom, Reparaturleistungen usw.), ist eine Verrechnung der Leistung zwischen den Kostenstellen notwendig. Die innerbetriebliche Leistungsverrechnung ist in der Regel mittels eines linearen Gleichungssystems möglich und dient nicht nur der exakten Bestimmung der Kosten verschiedener einander gegenseitig beliefernder Kostenstellen, sondern auch einer genauen Quantifizierung der Leistungen dieser Kostenstelle und damit einer präzisen Stückkostenermittlung. Die innerbetrieblichen Verrechnungspreise geben darüberhinaus einen Hinweis, ob die Erstellung von Eigenleistung oder der Fremdbezug wirtschaftlicher ist. In Zusammenhang mit der Ermittlung innerbetrieblicher Verrechnungspreise unterscheidet man zwischen primären Kosten, die durch den Verzehr von außen bezogener Kostengüter entstehen (Löhne, Material, Dienste usw.) und sekundären Kosten, die dadurch entstehen, dass innerbetriebliche Leistungen verbraucht werden.

Die von W. LEONTIEF[1] eingeführten linearen Modelle zur Entflechtung verbundener Leistungen waren zwar ursprünglich für volkswirtschaftliche Berechnungen gedacht, sie werden jedoch seit langem sehr erfolgreich auch zur innerbetrieblichen Kosten- und Leistungsverrechnung eingesetzt. Tatsächlich gibt es im Prinzip keinen Unterschied zwischen volkswirtschaftlichen Verflechtungen von Wirtschaftzweigen und dem Leistungsaustausch verschiedener Kostenstellen eines Betriebes.

In einem Betrieb stehen zwei Hilfskostenstellen A und B in ständigem Leistungsaustausch. Bei der Hilfskostenstelle A handelt es sich um eine Reparaturschlosserei, die Reparaturstunden zur Verfügung stellt. Bei der Hilfskostenstelle B handelt es sich um die Transportabteilung. Die Leistungsabgabe dieser Abteilung wird in Tonnenkilometer (tkm) gemessen.

In der letzten Abrechnungsperiode sind in der Reparaturschlosserei 7500 € primäre Kosten angefallen. Daneben wurden 500 tkm der Transportabteilung beansprucht. Insgesamt leistete die Reparaturschlosserei 200 Stunden. Die Gesamtleistung der Transportabteilung betrug im gleichen Zeitraum 20 000 tkm. Es entstanden primäre Kosten von 18 000 €. Außerdem wurden 50 Reparaturstunden verbraucht. Das Bild 2.2 zeigt die grafische

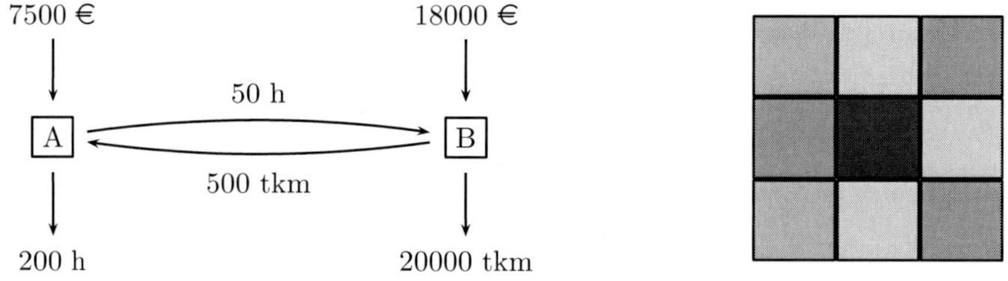


Bild 2.2.: Zur Leisungsverrechnung (links). Die Lösung zum CT-Beispiel im Grauton (rechts)

[1] WASSILY LEONTIEF (1905 – 1999).

Darstellung der Leistungsverflechtung. Berechnen Sie den innerbetrieblichen Verrechnungspreis für eine Reparaturstunde und für einen Tonnenkilometer. Wie hoch sind die Gesamtkosten jeder Kostenstelle? Bei der Ermittlung der innerbetrieblichen Verrechnungspreise geht man von dem Prinzip aus, dass der Input gleich dem Ouput ist (Istkostenabwälzverfahren).

Wir stellen zunächst das mathematische Modell auf, lösen es und interpretieren die Lösung anschließend.

1. *Aufstellung des mathematischen Modells.* Bezeichnet man die Verrechnungspreise für eine Reparaturstunde mit $a$ und für einen Tonnenkilometer mit $b$, so erhält man:

   | | |
   |---|---|
   | Input von A: | $7500 + 500b$ |
   | Output von A: | $200a$ |
   | Input von B: | $18000 + 50a$ |
   | Output von B: | $20000a$ |

   Nach dem Prinzip des Istkostenabwälzungsverfahrens ergibt sich daraus ein lineares Gleichungssystem mit zwei Gleichungen und zwei Unbekannten

   $$7500 + 500b = 200a$$
   $$18000 + 50a = 20000b$$

   bzw. in Normalform

   $$\begin{aligned} 200a - 500b &= 7500 \\ 50a - 20000b &= -18000 \end{aligned} \quad \Leftrightarrow \quad \begin{bmatrix} 200 & -500 \\ 50 & -20000 \end{bmatrix} \begin{bmatrix} a \\ b \end{bmatrix} = \begin{bmatrix} 7500 \\ -18000 \end{bmatrix}$$

2. *Lösung des mathematischen Modells.* Verwendet man irgendeine Methode zur Lösung linearer Gleichungssysteme, so erhält man $a = 40$ und $b = 1$.
3. *Interpretation des Ergebnisses.* Der innerbetriebliche Verrechnungspreis für eine Reparaturstunde beträgt 40 €, der Preis für einen Tonnenkilometer 1 €.

   Mit Hilfe der innerbetrieblichen Verrechnungspreise lässt sich auch die Frage nach den Gesamtkosten, die auf die verschiedenen Kostenstellen entfallen, beantworten:

   | | |
   |---|---|
   | Gesamtkosten bei A: | $7500 + 500 \cdot 1 = 8000$ (€ pro Periode) |
   | Gesamtkosten bei B: | $18000 + 50 \cdot 40 = 20000$ (€ pro Periode) |

## 2.3. Matrizenmodelle und Stromgrößen

Produktionsprozessen, innerbetrieblichen Leistungsverrechnungen und auch Transportprozessen ist ein charakteristisches Merkmal gemeinsam. Es treten jeweils „Stromgrößen" auf. Derartige Ströme sind in der Wirtschaft (und auch in der Technik) in vielfältiger Weise zu beobachten. Wir betrachten ein paar Beispiele:

- *Transport*: Ein Unternehmen transportiert Güter von verschiedenen Absendeorten $A_i$ zu unterschiedlichen Empfangsorten $E_j$. Mit $m_{ij}$ sei die Menge (zum Beispiel gemessen in Kilogramm oder Liter) bezeichnet, die in einer Zeitperiode (Tag, Monat, Jahr) von $A_i$ nach $E_j$ transportiert wird:

  $$A_i \xrightarrow{m_{ij} \in \mathbb{R}} E_j$$

  mit $i = 1 : m$, $j = 1 : n$.
- *Kundenwanderung*: Ein Produkt (zum Beispiel ein Auto) wird von sechs Herstellern $H_i$, $i = 1 : 6$, auf einem abgegrenzten Markt angeboten. In jeder Zeitperiode finden Kundenwanderungen statt. Mit $w_{ij}$ sei die Zahl der Kunden bezeichnet, die in einer Periode vom Produkt des Herstellers $i$ zu dem Hersteller $j$ wandern:

  $$H_i \xrightarrow{w_{ij} \in \mathbb{N}} H_j$$

  mit $i = 1 : 6$, $j = 1 : 6$.
- *Futtermischung*: Aus verschiedenen Futtermitteln $F_i$ wird für mehrere Haustiergruppen $H_j$ die Tagesration gemischt. Dabei bezeichnet $m_{ij}$ die Menge (zum Beispiel gemessen in kg), die pro Tag von $F_i$ für $H_j$ verarbeitet wird:

  $$F_i \xrightarrow{m_{ij} \in \mathbb{R}} H_j$$

  mit $i = 1 : m$, $j = 1 : n$.
- *Volkswirtschaftliche Verflechtungen*: Für bestimmte Analysen wird die Volkswirtschaft in $n$ Sektoren $S_i$ unterteilt. Die Sektoren sind durch gegenseitige Lieferungen ihrer Erzeugnisse verflochten. Mit $m_{ij}$ (gemessen in GE) wird der Umfang der Lieferung bezeichnet, den Sektor $S_i$ im Verlaufe eines Jahres an $S_j$ tätigt:

  $$S_i \xrightarrow{m_{ij} \in \mathbb{R}} S_j$$

  mit $i, j = 1 : n$.

In allen beschriebenen Situationen treten *Stromgrößen* von einem Objekt zu einem anderen auf. Man spricht von Strömen, die von gewissen Quellen zu sogenannten Senken verlaufen (Mathematische Graphen werden eingeführt und gezeichnet). Zur eindeutigen Modellierung der Stromgrößen bedarf es zweier Indizes: Einen für den Absender (Quelle) und einen für den Empfänger (Senke, Verbraucher). Es ist naheliegend, den Absenderindex als ersten und den Empfängerindex als zweiten zu notieren; damit entstehen Kennzahlen mit einem Doppelindex:

$$a_{ij} \quad \text{mit} \quad \begin{cases} i: & \text{Index des Absenders der Stromgröße } a_{ij} \\ j: & \text{Index des Empfängers der Stromgröße } a_{ij} \end{cases}$$

Zur übersichtlichen Anordnung von solchen Zahlen mit einem Doppelindex sind Matrizen geeignet. Dabei treffen wir folgende Vereinbarung: Sind $a_{ij}$ die Stromgrößen eines realen Problems, so wird $a_{ij}$ in die $i$-te Zeile einer Matrix und dort in die $j$-te Spalte eingetragen.

Zusammenfassend: Matrizen sind in zahlreichen Problemen (Wirtschaft, Technik usw.) enthalten. Jede Matrix hat eine ganz bestimmte Bedeutung; sie hängt mit dem Aufbau der Matrix und dem Platz der Zahl in der Matrix zusammen.

## 2.4. Computergrafik

Im RGB-Farbmodell wird eine Farbe durch ein Tripel $(r, g, b)$ dargestellt, wobei $r$ für den Rotanteil, $g$ für den Grünanteil und $b$ für den Blauanteil der dargestellten Farbe steht. Die Koordinaten sind so normiert, dass sie zwischen 0 und 1 liegen. Zum Beispiel bedeutet $(1, 0, 0)$ rot, $(0, 0, 1)$ blau, $(1, 1, 0)$ gelb und $(1, 1, 1)$ weiß. Für Videosignale und für das Farbfernsehen wird (bei der NTSC-Farbcodierung) das sogenannte YIQ-Farbmodell verwendet. Dabei wird ein RGB-Signal so codiert übertragen, dass die gleiche Empfangscodierung für Schwarz/Weiß- und Farbbildschirme verwendet werden kann. Im YIQ-Modell enthält ein Tripel $(y, i, q)$ eine Luminanzkoordinate (Intensität des Lichts) $y$ und zwei Chrominanzkoordinaten (Färbung und Sättigung) $i$ und $q$ (Die Luminanzkoordinate enthält alle Informationen, die ein Schwarz/Weiß-Bildschirm benötigt). Die Umrechnung vom RGB- ins YIQ-Farbmodell erfolgt mittels Matixmultiplikation:

$$\begin{bmatrix} y \\ i \\ q \end{bmatrix} = \boldsymbol{A} \begin{bmatrix} r \\ g \\ b \end{bmatrix} \quad \text{mit } \boldsymbol{A} = \begin{bmatrix} 0.30 & 0.59 & 0.11 \\ 0.60 & -0.28 & -0.32 \\ 0.21 & -0.52 & 0.31 \end{bmatrix}.$$

Wenn nun umgekehrt Farben im YIQ-Modell gegeben sind, wie kann dann ins RGB-Modell umgerechnet werden? Die Umkehrung erfolgt mit Hilfe der inversen Matrix $\boldsymbol{A}^{-1}$:

$$\begin{bmatrix} r \\ g \\ b \end{bmatrix} = \boldsymbol{A}^{-1} \begin{bmatrix} y \\ i \\ q \end{bmatrix} \quad \text{mit } \boldsymbol{A}^{-1} \approx \begin{bmatrix} 1 & 0.95 & 0.62 \\ 1 & -0.28 & -0.64 \\ 1 & -1.11 & 1.73 \end{bmatrix}.$$

Anmerkung: Die NTSC-Farbcodierung wird vor allem in den USA und in Japan verwendet. Das europäische System heißt PAL-System. Hier wird das sogenannten YUV-Farbmodell verwendet. Auch die Umrechnung von RGB auf YUV erfolgt mit Hilfe einer invertierbaren Matrix.

## 2.5. Computertomographie

Das Bild 2.3 zeigt einen Querschnitt durch ein menschliches Gehirn, der mit einem Computertomographen angefertigt wurde. Der Schädelknochen zeigt sich als breites weißes

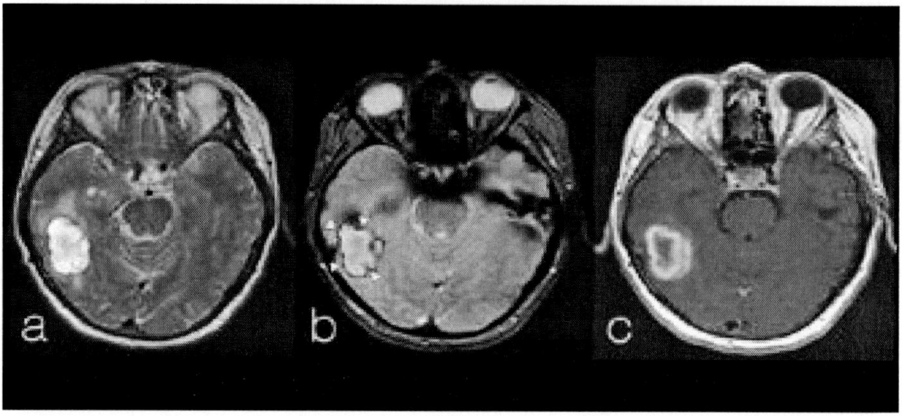


Bild 2.3.: Computertomographischer Querschnitt der Hirnregion eines Menschen

Oval. Er umschließt das Hirn, dessen Gewebestruktur deutlich hervortritt.

Die Tomographie ist eine schmerzfreie Untersuchungsmethode. Sie liefert Bilder des Körperinnern ohne operativen Eingriff. Bei der Herstellung dieser Bilder spielen Computer und Mathematik eine wesentliche Rolle, denn die Bilder werden berechnet. Im Prinzip besteht diese Rechnung darin, dass ein großes lineares Gleichungssystem aufgelöst wird. Wir zeigen nun, wie man auf dieses System kommt und wie am Schluss solch ein Bild entsteht.

Zunächst werden Messungen durchgeführt. Hierzu muss der liegende Patient in die Maschine geschoben werden, die die Messungen durchführt. Dies braucht viel Anteilnahme des betreuenden Personals. Es ist keine angenehme Sache, in einer engen Apparatur zu liegen und kaum die Arme bewegen zu können. Die Aussicht, dass die Diagnose ein bedenkliches Ergebnis liefern könnte, beschwert das Gemüt des Patienten zusätzlich.

Durch die Position des Patienten wird die Schicht festgelegt, die dargestellt werden soll. Eine Strahlenquelle sendet Strahlen (RÖNTGEN-Strahlen[2]) aus. Diese durchqueren die gewählte Körperschicht und treten wieder aus dem Körper aus. Nun treffen die Strahlen auf einen Empfänger, der misst, wie stark diese jetzt noch sind. Das ist aber noch nicht genug! Es müssen noch mehr Messungen gemacht werden. Deshalb wird die Strahlenquelle in kleinen Schritten gedreht und jedesmal wird der Messvorgang wiederholt. So kommt man schließlich zu einer großen Anzahl von Messungen.

Wir möchten das Prinzip an einem einfachen Modell erklären ([57], [58]). Hierzu unterteilen wir die betrachtete Schicht zwischen Strahlenquelle und -empfänger in neun Quadrate und zeichnen einen Strahl ein, siehe Bild 2.4.

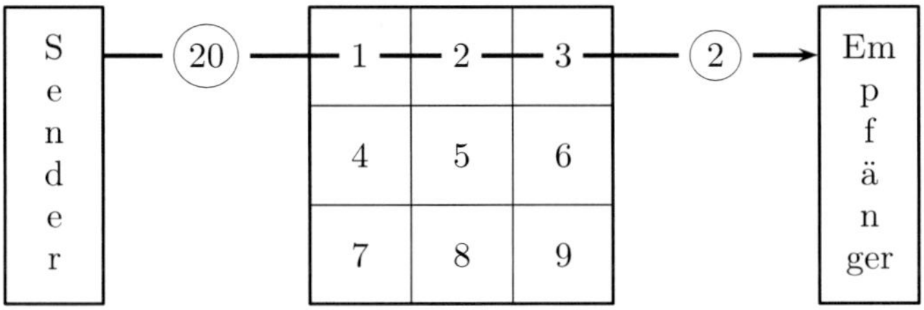


Bild 2.4.: Zur Berechnung der CT-Bilder

Nehmen wir an, dass der Strahl beim Verlassen der Quelle eine Stärke von 20 Einheiten hat. Er durchquert die Quadrate 1, 2 und 3. Beim Durchgang durch das erste Quadrat wird er um einen gewissen Betrag abgeschwächt, sagen wir um $x_1$ Einheiten. Im zweiten Quadrat wird er weiter um $x_2$ Einheiten abgeschwächt und im dritten nochmals um $x_3$ Einheiten. Nun tritt der Strahl aus der Schicht heraus. Die Stärke, die der Strahl jetzt noch hat, wird vom Strahlenempfänger gemessen. Sie betrage noch 2 Einheiten. Wir können diese Abschwächung von 20 auf 2 Einheiten mit einer Gleichung beschreiben:

$$20 - x_1 - x_2 - x_3 = 2$$

oder in Normalform ausgedrückt

$$x_1 + x_2 + x_3 = 18.$$

Der Wert der rechten Seite ist durch Messung bestimmt worden; die Größen $x_1$, $x_2$ und $x_3$ sind unbekannt. Wir haben eine lineare Gleichung mit drei Unbekannten vor uns.

Nun wird ja nicht nur eine Messung durchgeführt. Weitere, parallele Strahlen werden durch die Schicht geschickt und gemessen, siehe Bild 2.5.

[2] WILHELM CONRAD RÖNTGEN (1845 – 1923).

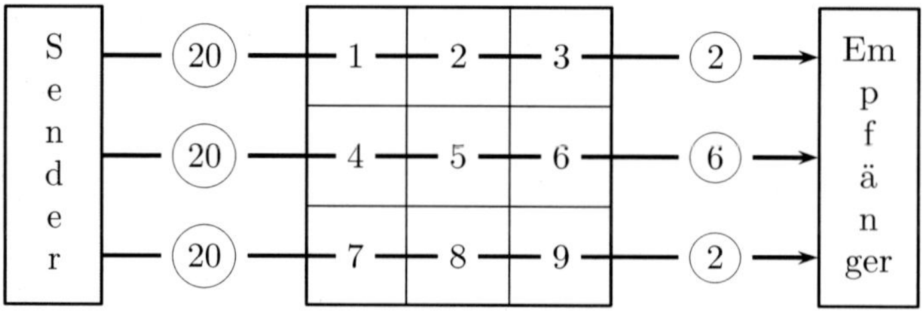


Bild 2.5.: Zur Berechnung der CT-Bilder

Der zweite Strahl durchquert die Quadrate 4, 5 und 6 und wird von 20 auf 6 Einheiten abgeschwächt. Der dritte Strahl geht durch die Quadrate 7, 8 und 9. Er wird von 20 auf 2 Einheiten abgeschwächt. Daraus ergeben sich die folgenden Gleichungen:

$$x_4 + x_5 + x_6 = 14 \qquad \text{(für den mittleren Strahl)}$$
$$x_7 + x_8 + x_9 = 18 \qquad \text{(für den unteren Strahl).}$$

Aus den drei Messungen erhalten wir also drei lineare Gleichungen mit allerdings neun Unbekannten, also das unterbestimmte lineare Gleichungssystem

$$\begin{aligned} x_1{+}x_2{+}x_3 \qquad\qquad\qquad\qquad &= 18 \\ x_4{+}x_5{+}x_6 \qquad\qquad &= 14 \\ x_7{+}x_8{+}x_9 &= 18. \end{aligned}$$

Aus diesem unterbestimmten System lassen sich die neun Unbekannten nicht eindeutig bestimmen. Wir brauchen weitere Bedingungen, also weitere Gleichungen. Zur eindeutigen Bestimmung von neun Unbekannten braucht man normalerweise neun Gleichungen. Deshalb wird die Messeinrichtung in zwei Schritten leicht gedreht. Damit können sechs weitere Messungen durchgeführt werden.

Zunächst drehen wir die Messeinrichtung um einen bestimmten Winkel, sodass zum Beispiel die in Bild 2.6 (links) dargestellte Position entsteht.

Nun werden die Quadrate 4, 2 und 3 vom oberen Strahl durchdrungen. Nimmt der Empfänger eine Intensität von 3 Einheiten wahr, dann folgt die Gleichung

$$x_2 + x_3 + x_4 = 17.$$

Nehmen wir für den mittleren und unteren Strahl gemessene Stärken von 5 und 8 an, dann kommen noch die Gleichungen

$$x_5 + x_6 + x_7 = 15$$
$$x_8 + x_9 = 12$$

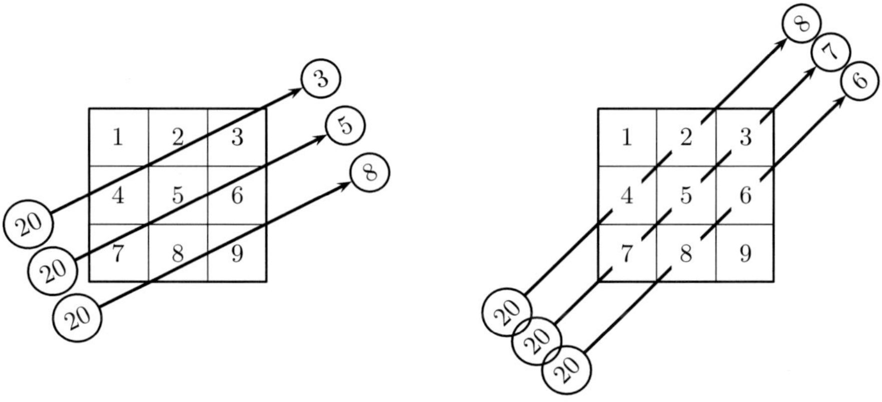


Bild 2.6.: Position nach der ersten und zweiten Drehung

hinzu. Insgesamt besteht das lineare Gleichungssystem nun aus sechs Gleichungen und neun Unbekannten. Es ist immer noch unterbestimmt; eine eindeutige Lösung gibt es nicht. Drehen wir nun den Tomographen noch einmal in die in Bild 2.6 (rechts) gezeigte Position, dann erhalten wir wieder drei lineare Gleichungen. Sind die aufgefangenen Intensitäten für die drei Strahlen 8, 7 und 6, dann lauten diese drei Gleichungen

$$\begin{aligned} x_2 + x_4 &= 12 \\ x_3 + x_5 + x_7 &= 13 \\ x_6 + x_8 &= 14. \end{aligned}$$

Nun können wir die drei linearen Systeme, die wir durch die drei Positionen gewonnen haben, zu einem System zusammenfassen; dieses lautet:

$$\begin{aligned} x_1+x_2+x_3 \qquad\qquad\qquad\qquad &= 18 \\ x_4+x_5+x_6 \qquad\qquad &= 14 \\ x_7+x_8+x_9 &= 18 \\ x_2+x_3+x_4 \qquad\qquad\qquad &= 17 \\ x_5+x_6+x_7 \qquad\quad &= 15 \\ x_8+x_9 &= 12 \\ x_2+\quad x_4 \qquad\qquad\qquad &= 12 \\ x_3+\quad x_5+\quad x_7 \qquad\quad &= 13 \\ x_6+\quad x_8 \qquad &= 14. \end{aligned}$$

Nun haben wir ein quadratisches Gleichungssystem mit neun Gleichungen und neun Unbekannten. Dieses System hat genau eine Lösung; sie lautet: $\boldsymbol{x} = (6, 7, 5, 5, 2, 7, 6, 7, 5)$, siehe Übungsaufgabe 2.13.

Was bedeutet diese Lösung? Das erste Quadrat schwächt den Strahl um $x_1 = 6$ Einheiten ab, das zweite um $x_2 = 7$, das dritte um $x_3 = 5$ Einheiten und so weiter. Diese Zahlen werden jetzt mit Hilfe einer Grautonskala umgesetzt, siehe Bild 2.7.

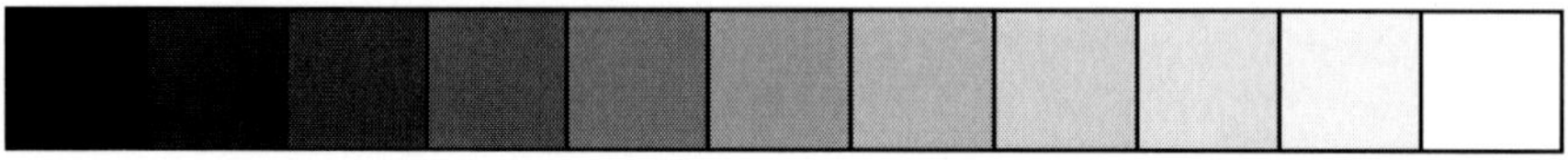

Bild 2.7.: Grautonskala

Das erste Quadrat wird also mit dem Grauton Nummer 6 eingefärbt, das zweite mit dem Ton Nummer 7 usw. Jedes Bildquadrat wird mit dem entsprechenden Grauton eingefärbt. So entsteht das CT-Bild dieser Schicht, siehe Bild 2.2 (rechts).

Das rechnerische Verfahren muss noch in vielfältiger Weise verfeinert werden, wenn medizinisch aussagekräftige Bilder entstehen sollen. Aber das Prinzip der Computertomographie kennen Sie nun. Jedes CT-Bild besteht aus Tausenden von Quadrätchen, die in unterschiedlichen Grautönen gefärbt sind. Der Grauton gibt an, wie stark ein Strahl an der entsprechenden Stelle im Körper abgeschwächt wird. Wenn er stark abgeschwächt wird, so erscheint das Quadrat hell; wird er nicht oder nur wenig abgeschwächt, so ist das Quadrat dunkel. Weil verschiedene Gewebearten Strahlen unterschiedlich stark abschwächen, ergeben sich Helligkeitsunterschiede. Deshalb können wir unterschiedliche Gewebearten im CT-Bild unterscheiden.

## 2.6. Statistik: Korrelationsmatrizen

In den meisten Fragebögen werden mehr als $n = 2$ Merkmale erhoben. Hunderte von Merkmalen werden bei großen empirischen Forschungsprojekten, beispielsweise in der Krebs- oder Infarktforschung pro Person erhoben. Die statistischen Ämter der Länder und des Bundes erheben sogar Tausende von Merkmalen auf Gemeindebasis.

Sobald die Anzahl $n$ der Merkmale derartige Größenordnungen erreicht, speichert man die Urliste zweckmäßigerweise in Form einer Datenmatrix (Beobachtungsmatrix):

$$\boldsymbol{X} = \begin{bmatrix} x_{11} & x_{12} & \cdots & x_{1n} \\ x_{21} & x_{22} & \cdots & x_{2n} \\ \vdots & \vdots & \vdots & \vdots \\ x_{m1} & x_{m2} & \cdots & x_{mn} \end{bmatrix}.$$

Der Beobachtungswert $x_{ij}$ gibt dabei die Ausprägung des $j$-ten Merkmals bei der $i$-ten Untersuchungseinheit an; die Zeilen von $\boldsymbol{X}$ entsprechen also den Untersuchungseinheiten (Personen, Gemeinden, Betrieben usw.), während die Spalten den $n$ verschiedenen Merkmalen entsprechen.

Eine Darstellung der Urliste als Streuungsdiagramm ist für $n = 3$ nicht mehr zu empfehlen und für $n \geq 4$ unmöglich. Bei großem $n$ ist es ferner unpraktikabel, für jedes Paar von Merkmalen das zweidimensionale Streuungsdiagramm aufzustellen; so wären beispielsweise für $n = 30$ bereits $\binom{n}{2} = \binom{30}{2} = 30 \cdot 29/2 = 435$ derartige Diagramme erforderlich. Statt dessen werden weitergehende und effizientere Auswertungsmethoden eingesetzt.

Die Abhängigkeit mehrdimensionaler Datensätze wird somit in der Regel auf die paarweisen Abhängigkeitsstrukturen zurückgeführt. Die gebräuchlichste Form besteht dabei in der Berechnung der paarweisen *Korrelationskoeffizienten* oder *Kovarianzen* und ihrer Anordnung in einer sogenannten *Korrelationsmatrix* und *Kovarianzmatrix*.

Wir betrachten *Korrelationsmatrizen*, um daraus ablesen zu können, welche Merkmale korreliert sind und welche nicht oder nur schwach. Es sei daran erinnert, dass der *empirische Korrelationskoeffizient* $Kor(X_1, X_2)$ ein Maß für die Ausprägung des linearen Zusammenhangs zweier Merkmale $X_1$ und $X_2$ ist und durch

$$Kor(X_1, X_2) = \frac{\sum_{i=1}^{m}(x_{i1} - \bar{x}_1)(x_{i2} - \bar{x}_2)}{\sqrt{\sum_{i=1}^{m}(x_{i1} - \bar{x}_1)^2 \sum_{i=1}^{m}(x_{i2} - \bar{x}_2)^2}}$$

definiert ist, wobei $x_{i1}$, $x_{i2}$ die Merkmalsausprägungen (Beobachtungswerte) und $\bar{x}_1$, $\bar{x}_2$ die arithmetischen Mittelwerte von $X_1$ bzw. $X_2$ sind. Der Nenner hat lediglich eine normierende Bedeutung; er sorgt dafür, dass $-1 \leq Kor(X_1, X_2) \leq 1$ gilt und dass der Korrelationskoeffizient maßstabsunabhängig wird. Der Schlüssel für das Verständnis von $Kor(X_1, X_2)$ liefert der Zähler, bei dem die Abweichungsprodukte $(x_{i1} - \bar{x}_1)(x_{i2} - \bar{x}_2)$ aufsummiert werden. Zur Interpretation dieses Korrelationskoeffizienten geben wir noch die folgende Tabelle an und verweisen für weitere Einzelheiten auf die umfangreiche Literatur über Statistik[3].

| $\lvert Kor(X_1, X_2)\rvert$ | *Interpretation* |
|---|---|
| 0 | „keine Korrelation“ |
| 0 – 0.5 | „schwache Korrelation“ |
| 0.5 – 0.8 | „mittlere Korrelation“ |
| 0.8 – 1 | „starke Korrelation“ |
| 1 | „perfekte Korrelation“ |

[3]Statistik ist die Lehre von Theorie und Methoden zum Umgang mit quantitativen Informationen (Daten). Sie ist eine Möglichkeit, eine systematische Verbindung zwischen Erfahrung (Empirie) und Theorie herzustellen. Sie ist damit unter anderem die Zusammenfassung bestimmter Methoden, um empirische Daten zu analysieren.

Bezeichnen wir mit $Kor(X_i, X_j)$ den *(empirischen) Korrelationskoeffizient* zwischen dem $i$-ten Merkmal $X_i$ und dem $j$-ten Merkmal $X_j$ und fassen wir diese Koeffizienten zu einer Matrix zusammen, so erhalten wir die *empirische Korrelationsmatrix*

$$\boldsymbol{K} = \begin{bmatrix} 1 & Kor(X_1, X_2) & \cdots & Kor(X_1, X_n) \\ Kor(X_2, X_1) & 1 & \cdots & Kor(X_2, X_n) \\ \vdots & \vdots & \vdots & \vdots \\ Kor(X_n, X_1) & Kor(X_n, X_2) & \cdots & 1 \end{bmatrix}.$$

Die (empirische) Korrelationsmatrix ist eine reelle quadratische $(n, n)$-Matrix mit Werten zwischen $-1$ und 1. Sie ist darüberhinaus symmetrisch und alle Diagonalelemente sind gleich Eins.

**Beispiel 2.2** (Korrelationsmatrix). Fünf Schüler haben in Englisch, Mathe und Physik die folgenden Klausurpunkte erreicht:

| *Schüler* | *Englisch* | *Mathe* | *Physik* |
|---|---|---|---|
| $S_1$ | 61 | 53 | 53 |
| $S_2$ | 63 | 73 | 78 |
| $S_3$ | 78 | 61 | 82 |
| $S_4$ | 65 | 84 | 96 |
| $S_5$ | 63 | 59 | 71 |
| Arithmetischer Mittelwert | 66 | 66 | 76 |

Bestimmen Sie die (empirische) Korrelationsmatrix $\boldsymbol{K}$ und beschreiben Sie, wie die drei Merkmale korreliert sind.

*Lösung.* Es ist $m = 5$, $n = 3$, $X_1$ ist das Merkmal „Englisch", $X_2$ ist das Merkmal „Mathe" und $X_3$ ist das Merkmal „Physik". Wir berechnen $Kor(X_1, X_2)$. Es ist

$$\begin{aligned} Kor(X_1, X_2) &= \frac{\sum_{i=1}^{5}(x_{i1} - \bar{x}_1)(x_{i2} - \bar{x}_2)}{\sqrt{\sum_{i=1}^{5}(x_{i1} - \bar{x}_1)^2 \sum_{i=1}^{5}(x_{i2} - \bar{x}_2)^2}} \\ &= \frac{(-5)(-13) + (-3)(7) + (12)(-5) + (-1)(18) + (-3)(-7)}{\sqrt{((-5)^2 + (-3)^2 + (12)^2 + (-1)^2 + (-3)^2)((-13)^2 + (7)^2 + (-5)^2 + (18)^2 + (-7)^2)}} \\ &= \frac{65 + (-21) + (-60) + (-18) + 21}{\sqrt{(25 + 9 + 144 + 1 + 9)(169 + 49 + 25 + 324 + 49)}} \\ &= \frac{-13}{\sqrt{(188)(616)}} = -\frac{13}{\sqrt{115808}} \approx -0.0382 \end{aligned}$$

Sie sehen, das Aufstellen der Korrelationsmatrix ist mit viel Rechenarbeit verbunden. Wir lösen den Rest der Aufgabe mit MATLAB. Dazu geben wir die Daten zunächst ein.

```
>> X = [61 53 53; 63 73 78; 78 61 82; 65 84 96; 63 59 71];
```

Die (empirische) Korrelationsmatrix lässt sich in MATLAB mit der Funktion `corrcoef` berechnen.

```
>> K = corrcoef(X)
K =
    1.0000   -0.0382    0.4071
   -0.0382    1.0000    0.8665
    0.4071    0.8665    1.0000
```

Unter Berücksichtigung der Symmetrie und der Informationslosigkeit der Diagonalelemente ist klar, dass wirklich nur drei Werte von Belang sind: $Kor(X_1, X_2) = -0.0382$, $Kor(X_1, X_3) = 0.4071$, $Kor(X_2, X_3) = 0.8665$. Dies bedeutet, dass die Merkmale „Englisch" und „Mathe" keine Korrelation, die Merkmale „Englisch" und „Physik" eine schwache und die Merkmale „Mathe" und „Physik" eine starke Korrelation aufweisen. ■

## 2.7. Interpolation

Im CAGD (Computer Aided Geometric Design) werden zum Design von Kurven und Flächen (zum Beispiel im Automobil- oder Flugzeugbau) Kurven- und Flächenstücke verwendet, (meist durch sogenannte *kubische Splines* realisiert) die dann an den Endpunkten oder Randkurven glatt zusammenpassen müssen. Am bekanntesten sind die BEZIER-Kubiken, die von dem französischen Auto-Designer bei RENAULT, P. BEZIER[4], eingeführt wurden.

Ein typisches Problem ist zum Beispiel die Bestimmung einer kubischen Parabel $f(x) = ax^3 + bx^2 + cx + d$ durch zwei Punkte $(x_1, y_1)$, $(x_2, y_2)$ in der Ebene mit vorgegebener Steigung $m_1$ in $(x_1, y_1)$ und $m_2$ in $(x_2, y_2)$. Bestimmen Sie für $(x_1, y_1) = (0, 2)$, $(x_2, y_2) = (4, 0)$, $m_1 = -3$ und $m_2 = -3$ die kubische Parabel.

Aus $f'(x) = 3ax^2 + 2bx + c$ und $f(0) = 2$, $f(4) = 0$, $f'(0) = -3$ und $f'(4) = -3$ ergibt sich das lineare Gleichungssystem

$$\begin{aligned} d &= 2 \\ 64a + 16b + 4c + d &= 0 \\ c &= -3 \\ 48a + 8b + c &= -3 \end{aligned}$$

mit der Lösung:

[4] PIERRE ETIENNE BEZIER (1910 – 1999).

```
>> A = [0 0 0 1; 64 16 4 1; 0 0 1 0; 48 8 1 0];
>> b = [2; 0; -3; -3];
>> x = sym(A\b)
x =
 -5/16
  15/8
    -3
     2
```

Die kubische Parabel ist somit $f(x) = -5/16x^3 + 15/8x^2 - 3x + 2$ und in Bild 2.8 zu sehen.

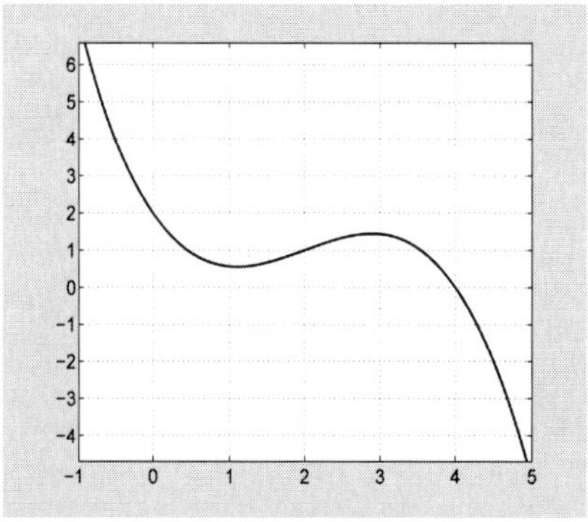

Bild 2.8.: Interpolation

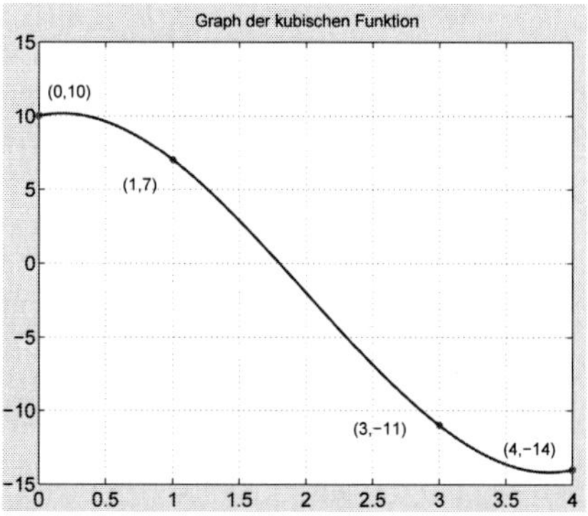


Bild 2.9.: Interpolation

**Beispiel 2.3** (Lineare Gleichungen, Interpolation, Modellierung)**.** Lösen Sie die folgende Interpolationsaufgabe. Gegeben sind die beiden Punkte $P_1 = (0, 1)$ und $P_2 = (3, 7)$. Wie lautet die Geradengleichung $y = ax + b$ durch diese beiden Punkte?

*Lösung.* Das mathematische Modell ist das lineare Gleichungssystem

$$a \cdot 0 + b = 1$$
$$a \cdot 3 + b = 7$$

Löst man diese nach $a$ und $b$ auf, so erhält man $a = 2$ und $b = 1$. Die Geradengleichung lautet daher: $y = 2x + 1$. ∎

## 2.8. Bildverarbeitung

Ein digitales Bild kann durch eine Matrix dargestellt werden. Im einfachsten Fall ist das Bild (die Szene) eine rechteckige Matrix $\boldsymbol{S} = [s(x,y)]$ mit Bildzeilen und Bildspalten. Der Zeilenindex ist $x$ und der Spaltenindex $y$. Der Bildpunkt (Pixel) an der Stelle $(x,y)$ besitzt den Grauwert $s(x,y)$, hier 0 oder 1. In der Bildverarbeitung schreibt man $s(x,y)$ statt $s_{xy}$. Somit kann ein digitalisiertes Schwarz/Weiß-Bild mit dem folgenden mathematischen Modell beschrieben werden:

| *Symbol* | *Bedeutung* |
|---|---|
| $G = \{0,1\}$ | Grauwertmenge mit den Grauwerten 0 (schwarz) und 1 (weiß) |
| $S = [s(x,y)]$ | Bildmatrix des Bildes |
| $x = 0,1,\ldots,L-1$ | Bildzeilen |
| $y = 0,1,\ldots,R-1$ | Bildspalten |
| $(x,y)$ | Ortskoordinate des Bildpunktes |
| $s(x,y) \in G$ | Grauwert des Bildpunktes |

Das Bild 2.10 zeigt ein Beispiel. Wir können (wie jede Matrix) dies auch als eine Ab-

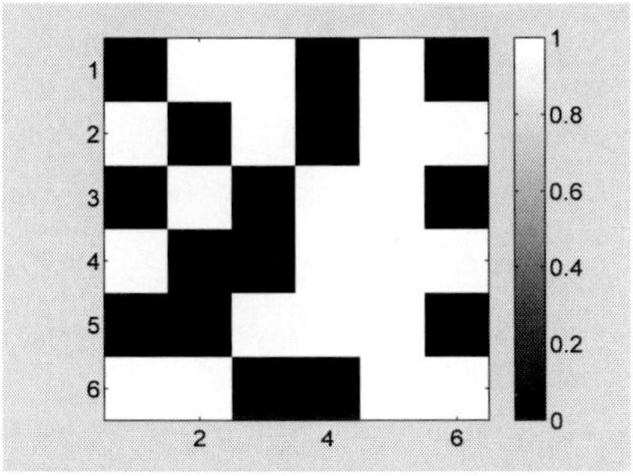


```
0 1 1 0 1 0
1 0 1 0 1 1
0 1 0 1 1 0
1 0 0 1 1 1
0 0 1 1 1 0
1 1 0 0 1 1
```

Bild 2.10.: Ein Schwarz/Weiß-Bild und die Bildmatrix

bildung $s : \{0,1,\ldots,L-1\} \times \{0,1,\ldots,R-1\} \to \{0,1\}$ betrachten (zweidimensionales digitales Signal). Das Bild habe ich in MATLAB wie folgt erzeugt:

```
colormap gray
A = [0 1 1 0 1 0;
     1 0 1 0 1 1;
     0 1 0 1 1 0;
```

```
     1 0 0 1 1 1;
     0 0 1 1 1 0;
     1 1 0 0 1 1];
image(A,'CDataMapping','scaled')
colorbar, axis square
```

## 2.9. Elektrische Netzwerke

In Bild 2.11 skizzierten Schaltung (Bauteilorientierter Graph) sind die Widerstände $R_1$,

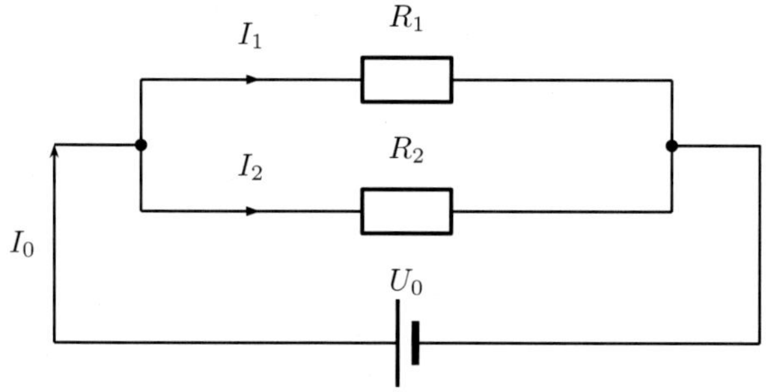


Bild 2.11.: Elektrisches Netzwerk

$R_2$ und die Spannung $U_0$ gegeben. Stellen Sie mit Hilfe der KIRCHHOFFschen Gesetze[5] (Knoten- und Kreisregel) ein lineares Gleichungssystem für die unbekannten Stromstärken $I_0$, $I_1$, $I_2$ auf und ermitteln Sie die drei Stromstärken. Zur Erinnerung:

- Erstes KIRCHHOFFsche Gesetz (Knotenregel): Die Summe aller Ströme, die in einen Knoten hineinführen, ist gleich der Summe aller Ströme, die aus dem Knoten herausführen. Oder: In jedem Knotenpunkt des Netzes ist die Summe der Stromstärken der ankommenden Ströem gleich der Summe der Ströme der abfließenden Ströme.
- Zweites KIRCHHOFFsche Gesetz (Kreisregel, Maschenregel): Die Summe aller Spannungsabfälle in einem Kreis (Masche) ist gleich der Summe aller Spannungsquellen. Oder: In der Masche des Netzes ist die Summe der Spannungen gleich der Summe der Produkte aus den (gerichteten) Stromstärken und Widerständen.

[5] GUSTAV ROBERT KIRCHHOFF (1824 – 1887).

Für unser Netzwerk (Bild 2.11) bedeutet das, dass in den linken Knoten der Strom $I_0$ hinein- und die Ströme $I_1$, $I_2$ herausfließen, also

$$I_0 = I_1 + I_2.$$

Analog fließen in den rechten Knoten $I_1$, $I_2$ hinein und $I_0$ heraus, das liefert uns aber nichts Neues.

Nun zu den Kreisen (Maschen): Ein Kreis ist zum Beispiel der Weg von der Spannungsquelle $U_0$ über den Widerstand $R_1$ zurück zur Spannungsquelle. Der Spannungsabfall an einem Widerstand ist nach dem OHMschen Gesetz[6] $U = R \cdot I$, und wir erhalten dann für diesen Kreis

$$U_0 = R_1 I_1.$$

Analog für den Kreis, bei dem der Weg über den Widerstand $R_2$ führt

$$U_0 = R_2 I_2.$$

Zuletzt gibt es noch den Kreis von $R_1$ nach $R_2$ und wieder zurück nach $R_1$. Da es entlang dieses Weges keine Spannungsquellen gibt, ist dieser Anteil einfach gleich null. Außerdem wird bei diesem Kreis der Weg über $R_2$ entgegen der Richtung von $I_2$ durchlaufen, was durch ein negatives Vorzeichen berücksichtigt werden muss:

$$0 = R_1 I_1 - R_2 I_2.$$

Diese Gleichung folgt aber auch aus der Subtraktion der vorangegangenen beiden und ist somit überflüssig.

Insgesamt erhalten wir die drei Gleichungen

$$\begin{aligned} I_0 &= I_1 + I_2 \\ U_0 &= R_1 I_1 \\ U_0 &= R_2 I_2 \end{aligned}$$

die bezüglich $I_0$, $I_1$, $I_2$ ein lineares Gleichungssystem darstellen. Die Lösung des Systems bzw. die Ströme sind durch

$$I_0 = (\frac{1}{R_1} + \frac{1}{R_2})U_0, \quad I_1 = \frac{1}{R_1}U_0, \quad I_2 = \frac{1}{R_2}U_0$$

gegeben. Der Spannungsabfall an zwei parallel geschalteten Widerständen $R_1$, $R_2$ ist also gleich dem Spannungsabfall an einem fiktiven Widerstand

$$R_0 = \frac{1}{\frac{1}{R_1} + \frac{1}{R_2}} = \frac{R_1 R_2}{R_1 + R_2}.$$

[6] GEORG SIMON OHM (1789 – 1854).

Ergänzungen: Analog kann man natürlich auch komplizierte Schaltkreise betrachten. Allerdings muss der Zusammenhang zwischen Strom und Spannung für jedes Bauteil linear sein (wie zum Beispiel das OHMsche Gesetz für Widerstände). Bei einem Wechselstromkreis ist das auch für Spulen und Kondensatoren der Fall, wenn man Strom und Spannung mit komplexen Zahlen beschreibt. Bei komplexen Bauteilen (Dioden, Transistoren) ist der Zusammenhang allerdings nichtlinear und damit ist auch das zugehörige Gleichungssystem nichtlinear. Eine Lösung ist dann im Allgemeinen nur noch numerisch mit Hilfe von Näherungsverfahren (zum Beispiel Quasi-NEWTON-Verfahren)[7] möglich.

## 2.10. Randwertaufgaben

Zur numerischen Lösung von Randwertaufgaben gewöhnlicher Differenzialgleichungen überführt man kontinuierliche in diskrete Probleme. Als typische Aufgabe betrachten wir die folgende *Randwertaufgabe*

$$\text{RWA:} \begin{cases} u''(x) + f(x) = 0 \\ u(0) = 0, u(1) = 0 \end{cases} \quad x \in [0, 1].$$

Gesucht ist eine Funktion $u$ auf dem Intervall $[0, 1]$, die die Differenzialgleichung $u''(x) + f(x) = 0$ ($f$ ist gegeben) und die *Randbedingungen* $u(0) = 0$, $u(1) = 0$ erfüllt.

Diese *Zweipunkt-Randwertaufgabe* entsteht zum Beispiel dann, wenn man die Temperaturverteilung eines Stabes modelliert mit einer Wärmequelle $f(x)$ und den Forderungen 0 Grad Celsius an den Enden.

Um diese Randwertaufgabe nun (numerisch) zu lösen, diskretisieren wir das Problem, indem wir das Intervall $[0, 1]$ in $n + 1$ gleiche Teilintervalle der Länge $h = 1/(n + 1)$ einteilen und die wahre Lösung in diesen Punkten $x = h$, $x = 2h$, ..., $x = nh$ durch die genäherte Lösung $u_1$, $u_2$, ..., $u_n$ approximieren. An den Endpunkten $x = 0$ und $x = 1 = (n + 1)h$ gelten die Randbedingungen $u_0 = 0$ und $u_{n+1} = 0$.

Den zweiten Ableitungsterm $u''(x)$ der Differenzialgleichung ersetzen wir durch die *zentrale Differenzenformel zweiter Ordnung*, das heißt

$$u''(x) \approx \frac{u(x + h) - 2u(x) + u(x - h)}{h^2}.$$

Beachten Sie für $h \to 0$ geht die rechte Seite gegen den wahren Wert $u''(x)$.

In einem typischen Gitterpunkt $x = ih$, $i = 1, 2, \ldots, n$, wird nun die Differenzialgleichung $u''(x) + f(x) = 0$ durch ihr diskretes Analogon ersetzt

$$\frac{u_{i+1} - 2u_i + u_{i-1}}{h^2} = -f(ih)$$

[7] ISAAC NEWTON (1642 – 1726).

bzw. nach einer Umstellung

$$-u_{i+1} + 2u_i - u_{i-1} = h^2 f(ih).$$

Wegen $i = 1, 2, \dots, n$ entstehen somit $n$ Gleichungen, wobei $u_0$ und $u_{n+1}$ in der ersten und letzten Gleichung auftreten; $u_0$ und $u_{n+1}$ sind keine Unbekannten, man kennt die Werte aus den Randbedingungen. Die Struktur der $n$ Gleichungen sieht man besser, wenn man diese in Matrixform schreibt. Für $n = 5$ gilt

$$\begin{bmatrix} 2 & -1 & & & \\ -1 & 2 & -1 & & \\ & -1 & 2 & -1 & \\ & & -1 & 2 & -1 \\ & & & -1 & 2 \end{bmatrix} \begin{bmatrix} u_1 \\ u_2 \\ u_3 \\ u_4 \\ u_5 \end{bmatrix} = h^2 \begin{bmatrix} f(h) \\ f(2h) \\ f(3h) \\ f(4h) \\ f(5h) \end{bmatrix}.$$

Die Koeffizientenmatrix ist eine tridiagonale, symmetrisch und positiv definite Matrix. In den Anwendungen treten in der Regel derartige *Bandmatrizen* bei der Diskretisierung des Problems auf.

**Beispiel 2.4.** Wir lösen nun eine Randwertaufgabe nach obiger *Methode der finiten Differenzen.*

(a) Berechnen Sie in MATLAB eine Näherungslösung der Randwertaufgabe

$$\text{RWA:} \begin{cases} u''(x) + 2 = 0 \\ u(0) = 0, u(1) = 0 \end{cases} \quad x \in [0, 1].$$

mit Hilfe des zentralen Differenzenquotienten zweiter Ordnung für $n = 20$.

(b) Bestätigen Sie die exakte Lösungsfunktion $u(x) = -x^2 + x$, $x \in [0, 1]$, per Hand und berechnen Sie sie symbolisch in MATLAB mit Hilfe der Funktion `dsolve` die Lösung.

(c) Zeichnen Sie in MATLAB die exakte Lösungsfunktion und die numerische Lösungsfunktion für $n = 20$.

*Lösung.*

(a) Die numerische Lösung für $n = 20$ erhält man in MATLAB zum Beispiel mit den nachfolgenden Anweisungen. Wir speichern dabei die Matrix $\boldsymbol{A}$ als Sparse-Matrix ab. Für $n = 20$ wäre dies nicht unbedingt nötig, aber für größere $n$ sehr wohl.

```
>> %-Anzahl der inneren Punkte n festlegen. Gitterweite h
>> %-berechnen.
>> n = 20; h = 1/(n+1);
>> e = ones(n,1);
>> %-Aufstellen der Koeffizientenmatrix und der rechten
```

```
>> %-Seite. A ist eine Sparse-Matrix.
>> A = spdiags([-e 2*e -e], -1:1, n, n);
>> b = h^2*2*ones(n,1);
>> %-Berechnung der Lösung
>> u = A\b;
```

(b) Man bestätigt durch zweimalige Differenziation, dass $u(x) = -x^2 + x$ die Differenzialgleichung löst und auch die Randbedingungen erfüllt sind. Symbolisch erhält man in MATLAB die Bestätigung wie folgt

```
>> dsolve('D2u+2=0,u(0)=0,u(1)=0','x')
ans =
-x^2+x
```

(c) Das Bild 2.12 zeigt die exakte und die numerische Lösungsfunktion. Zur Erzeugung

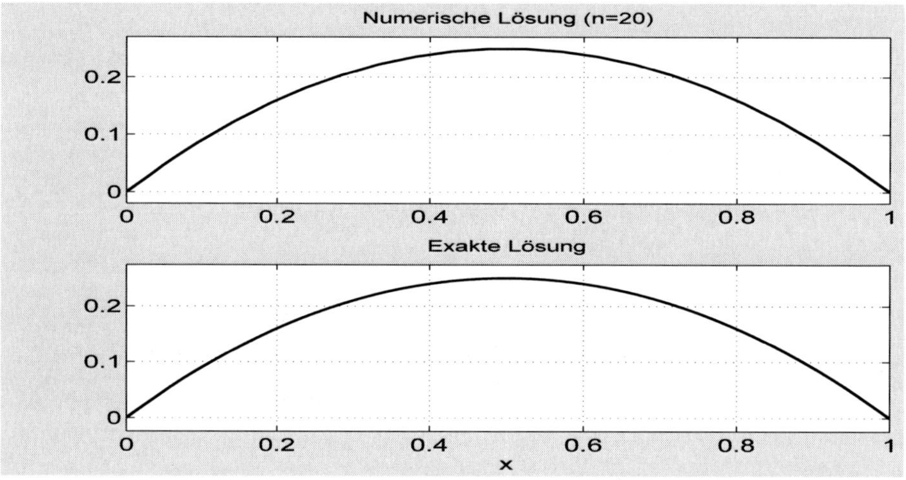


Bild 2.12.: Lösung der Randwertaufgabe

der Grafik haben wir den Befehl `subplot` verwendet. ■

## 2.11. Abrechnung beim Skat

Bei vielen Spielen, unter anderem auch beim Kartenspiel *Skat*, haben die Spieler am Spielende Punktezahlen aufzuweisen, mit denen dann nach gewissen Regeln die Spielabrechnung (Gewinne und Verluste) vorgenommen wird.

Wir betrachten folgendes Beispiel ([69]). Bei einem Skattunier, das an sechs Tischen mit je drei Spielern ausgetragen wird, haben sich nach einer Runde folgende Punktezahlen ergeben, siehe Tabelle 2.1. Für je einen Punkt Unterschied zwischen zwei Spielern eines Tisches wird ein Cent vom Spieler mit der kleineren Punktezahl an den Spieler mit der höheren Punktezahl gezahlt[8]. Wieviel Euro haben die Spieler an den einzelnen Tischen gewonnen bzw. verloren?

| Spieler \ Tischnummer | 1 | 2 | 3 | 4 | 5 | 6 |
|---|---|---|---|---|---|---|
| Spieler 1 | 424 | -246 | 250 | 624 | -45 | 10 |
| Spieler 2 | -200 | -140 | 146 | 244 | 0 | -240 |
| Spieler 3 | 1456 | -550 | 50 | 122 | 880 | 568 |

Tabelle 2.1.: Abrechnung beim Skat

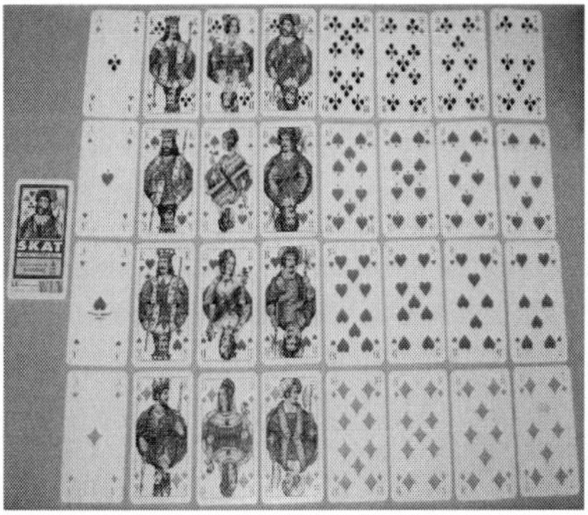

Bild 2.13.: Zum Skat-Spiel (Wikipedia)

Wir betrachten Tisch 1 und berechnen die Gewinne bzw. Verluste der drei Spieler. Hierzu sei $p_j$ die Punktezahl von Spieler $j$ an Tisch 1. Für Spieler 1 gilt: $p_1 - p_2 = 424 - (-200) = 624$. Das bedeutet, dass Spieler 1 von Spieler 2 Euro 6.24 erhält. Weiterhin ist $p_1 - p_3 = 424 - 1456 = -1032$. Das bedeutet, dass Spieler 1 an Spieler 3 Euro 10.32 bezahlen muss. Damit gilt: $(p_1 - p_2) + (p_1 - p_3) = 624 + (-1032) = -408$. Das bedeutet, dass Spieler 1 an Tisch 1 Euro 4.08 verliert. Für Spieler 2 gilt analog: $(p_2 - p_1) + (p_2 - p_3) = (-200 - 424) + (-200 - 1456) = -2280$. Das bedeutet: Spieler 2 verliert an Tisch 1 Euro 22.80. Für Spieler 3 gilt: $(p_3 - p_1) + (p_3 - p_2) = (1456 - 424) + (1456 - (-200)) = 2688$.

[8] Andere Abrechnungsvereinbarungen sind denkbar und werden auch praktiziert.

Das bedeutet, dass Spieler 3 an Tisch 1 Euro 26.88 gewinnt[9]. Für die anderen Tische zwei bis sechs ist analog zu verfahren bzw. abzurechnen.

Da an allen Tischen entsprechend abgerechnet wird (während eines Tuniers sogar mehrfach) lohnt sich eine allgemeine Betrachtung und die Entwickung einer Formel (Mathematisches Modell) für die Berechnung an einem Tisch bzw. an mehreren Tischen.

Den Gewinn bzw. Verlust der einzelnen Spieler an einem Tisch berechnet sich allgemein wie folgt:

- Spieler 1: $(p_1 - p_2) + (p_1 - p_3) = 2p_1 - p_2 - p_3$,
- Spieler 2: $(p_2 - p_1) + (p_2 - p_3) = 2p_2 - p_1 - p_3$,
- Spieler 2: $(p_3 - p_1) + (p_3 - p_2) = 2p_3 - p_1 - p_2$.

Den Gewinn bzw. Verlust der einzelnen Spieler kann man als Matrizenmultiplikation übersichtlich darstellen und berechnen:

$$\underbrace{\begin{bmatrix} 2 & -1 & -1 \\ -1 & 2 & -1 \\ -1 & -1 & 2 \end{bmatrix}}_{\boldsymbol{A}} \underbrace{\begin{bmatrix} p_1 \\ p_2 \\ p_3 \end{bmatrix}}_{\boldsymbol{p}} = \underbrace{\begin{bmatrix} 2p_1 - p_2 - p_3 \\ 2p_2 - p_1 - p_3 \\ 2p_3 - p_1 - p_2 \end{bmatrix}}_{\boldsymbol{g}}.$$

Die Matrix $\boldsymbol{A}$ nennt man *Abrechnungsmatrix*, die Spaltenmatrix $\boldsymbol{p}$ *Punktezahlmatrix* und die Spaltenmatrix $\boldsymbol{g}$ *Gewinnmatrix* (*Verlustmatrix*).

Wir greifen das obige Beispiel auf und berechnen die Gewinne bzw. Verluste mit Hilfe der Matrizenmultiplikation. Es ist

$$\begin{aligned} \boldsymbol{Ap} &= \begin{bmatrix} 2 & -1 & -1 \\ -1 & 2 & -1 \\ -1 & -1 & 2 \end{bmatrix} \begin{bmatrix} 424 \\ -200 \\ 1456 \end{bmatrix} \\ &= \begin{bmatrix} (2)(424) + (-1)(-200) + (-1)(1456) \\ (-1)(424) + (2)(-200) + (-1)(1456) \\ (-1)(424) + (-1)(-200) + (2)(1456) \end{bmatrix} = \begin{bmatrix} -408 \\ -2280 \\ 2688 \end{bmatrix} = \boldsymbol{g}. \end{aligned}$$

Erweitern wir die Punktezahlmatrix $\boldsymbol{p}$ spaltenweise durch die Punkte der Spieler an den anderen Tischen, so erhalten wir eine Punktezahlmatrix $\boldsymbol{P}$ der Größe (3, Anzahl der Tische). Mit der Matrizenmultiplikation $\boldsymbol{AP}$ erhalten wir dann eine Matrix $\boldsymbol{G} = \boldsymbol{AP}$ der Größe (3, Anzahl der Tische) in der spaltenweise die Gewinne bzw. Verluste der Spieler an den einzelnen Tischen stehen. Wir erhalten somit folgenden Satz.

[9] Diese Abrechnungsmethode wird unter Skatspielern gerne als Vergleichs- oder Differenzenmethode bezeichnet.

Die Abrechnung beim Skat kann für alle Tische mit Hilfe der Formel

$$G = AP$$

durchgeführt werden. Hierbei ist $G \in \mathbb{R}^{3\times \text{Anzahl der Tische}}$ die Gewinnmatrix (Verlustmatrix),

$$A = \begin{bmatrix} 2 & -1 & -1 \\ -1 & 2 & -1 \\ -1 & -1 & 2 \end{bmatrix}$$

die Abrechnungsmatrix und $P \in \mathbb{R}^{3\times \text{Anzahl der Tische}}$ die Punktezahlmatrix.

**Beispiel 2.5** (Skatabrechnung)**.** Berechnen Sie die Gewinne bzw. Verluste aller Spieler der sechs Tische aus dem obigen Einführungsbeispiel.

*Lösung.* Die Gewinne bzw. Verluste berechnen sich durch

$$G = AP,$$

wobei $A$ die Abrechnungsmatrix und $P$ die Punktezahlmatrix ist. Es gilt

$$G = AP = \begin{bmatrix} 2 & -1 & -1 \\ -1 & 2 & -1 \\ -1 & -1 & 2 \end{bmatrix} \begin{bmatrix} 424 & -246 & 250 & 624 & -45 & 10 \\ -200 & -140 & 146 & 244 & 0 & -240 \\ 1456 & -550 & 50 & 122 & 880 & 568 \end{bmatrix}$$
$$= \begin{bmatrix} -408 & 198 & 304 & 882 & -970 & -308 \\ -2280 & 516 & -8 & -258 & -835 & -1058 \\ 2688 & -714 & -296 & -624 & 1805 & 1366 \end{bmatrix}$$

In MATLAB geht das mit dem Befehl `G=A*P` sehr schnell. ■

## 2.12. Matrizenmultiplikationen

Bereits im ersten Kapitel haben wir die Matrizenmultiplikation in der Form *Zeile mal Spalte* definiert. Die beteiligten Matrizen müssen in ihren Ordnungen zusammenpassen. Ein wichtiger Spezialfall ist die Multiplikation einer Matrix mit einem Spaltenvektor.

Hört man zum ersten Mal von diesem Matrizenprodukt, so tut man sich schwer mit dem Verständnis, denn man stellt sich die Frage: Warum ist dies gerade so definiert? Wir haben uns bei der Einführung mit dem Argument begnügt, dass diese Art der Multiplikation in den Anwendungen wichtig ist, wichtiger als andere mögliche Produktdefinitionen.

Wir werden später beim Thema „Lineare Abbildungen“ den wahren Grund kennen lernen; dieser liegt darin, wie man lineare Abbildungen miteinander verkettet. Wir zeigen im folgenden zwei andere Arten der Multiplikationen und geben jeweils Anwendungen dazu an.

### Das Kronecker-Produkt (Tensorprodukt)

Ist $\boldsymbol{A} \in \mathbb{R}^{m \times n}$ und $\boldsymbol{B} \in \mathbb{R}^{p \times q}$, dann ist das **Kronecker-Produkt** (**Tensorprodukt**, **direktes Produkt**) $\boldsymbol{A} \otimes \boldsymbol{B}$ definiert als die Blockmatrix[10]

$$\boldsymbol{A} \otimes \boldsymbol{B} = \begin{bmatrix} a_{11}\boldsymbol{B} & a_{12}\boldsymbol{B} & \cdots & a_{1n}\boldsymbol{B} \\ a_{21}\boldsymbol{B} & a_{22}\boldsymbol{B} & \cdots & a_{2n}\boldsymbol{B} \\ \vdots & \vdots & \vdots & \vdots \\ a_{m1}\boldsymbol{B} & a_{m2}\boldsymbol{B} & \cdots & a_{mn}\boldsymbol{B} \end{bmatrix}.$$

Jede Untermatrix hat die Ordnung $pq$ und $\boldsymbol{A} \otimes \boldsymbol{B}$ hat die Ordnung $(mp)(nq)$. Im Gegensatz zum (gewöhnlichen) Matrizenprodukt ist das KRONECKER-Produkt ohne Einschränkung an die Größe der Matrizen definiert.

**Beispiel 2.6.** Gegeben sind die beiden Matrizen

$$\boldsymbol{A} = \begin{bmatrix} 1 & 2 \\ 3 & 4 \end{bmatrix} \quad \text{und} \quad \boldsymbol{B} = \begin{bmatrix} -1 & 4 \\ 2 & -3 \end{bmatrix}.$$

Berechnen Sie die KRONECKER-Produkte $\boldsymbol{A} \otimes \boldsymbol{B}$ und $\boldsymbol{B} \otimes \boldsymbol{A}$.

*Lösung.* Es ist einerseits

$$\boldsymbol{A} \otimes \boldsymbol{B} = \begin{bmatrix} \boldsymbol{B} & 2\boldsymbol{B} \\ 3\boldsymbol{B} & 4\boldsymbol{B} \end{bmatrix} = \begin{bmatrix} -1 & 4 & -2 & 8 \\ 2 & -3 & 4 & -6 \\ -3 & 12 & -4 & 16 \\ 6 & -9 & 8 & -12 \end{bmatrix}$$

und andererseits

$$\boldsymbol{B} \otimes \boldsymbol{A} = \begin{bmatrix} -\boldsymbol{A} & 4\boldsymbol{A} \\ 2\boldsymbol{A} & -3\boldsymbol{A} \end{bmatrix} = \begin{bmatrix} -1 & -2 & 4 & 8 \\ -3 & -4 & 12 & 16 \\ 2 & 4 & -3 & -6 \\ 6 & 8 & -9 & -12 \end{bmatrix}. \qquad \blacksquare$$

An diesem Beispiel sieht man, dass das KRONECKER-Produkt (wie das gewöhnliche Matrizenprodukt) nicht kommutativ ist. Andererseits hat es folgende Eigenschaften.

[10] LEOPOLD KRONECKER (1823 – 1891).

**Satz 2.1** (Eigenschaften des KRONECKER-Produktes). *Sind* $\boldsymbol{A}$, $\boldsymbol{B}$ *und* $\boldsymbol{C}$ *Matrizen geeigneter Ordnung. Dann gilt:*

*(a) Assoziativgesetz:*

$$\boldsymbol{A} \otimes (\boldsymbol{B} \otimes \boldsymbol{C}) = (\boldsymbol{A} \otimes \boldsymbol{B}) \otimes \boldsymbol{C}$$

*(b) Distributivgesetze:*

$$(\boldsymbol{A} + \boldsymbol{B}) \otimes \boldsymbol{C} = \boldsymbol{A} \otimes \boldsymbol{C} + \boldsymbol{B} \otimes \boldsymbol{C} \qquad \boldsymbol{C} \otimes (\boldsymbol{A} + \boldsymbol{B}) = \boldsymbol{C} \otimes \boldsymbol{A} + \boldsymbol{C} \otimes \boldsymbol{B}$$

*(c) Transponierte:*

$$(\boldsymbol{A} \otimes \boldsymbol{B})^T = \boldsymbol{A}^T \otimes \boldsymbol{B}^T.$$

Das KRONECKER-Produkt kann in MATLAB mit der Funktion `kron` berechnet werden. Wir bestätigen die Ergebnisse des Beispiels 2.6.

```
>> A = [1 2; 3 4]; B = [-1 4; 2 -3];
>> AB = kron(A,B)
AB =
    -1     4    -2     8
     2    -3     4    -6
    -3    12    -4    16
     6    -9     8   -12
>> BA = kron(B,A)
BA =
    -1    -2     4     8
    -3    -4    12    16
     2     4    -3    -6
     6     8    -9   -12
```

Ist $\boldsymbol{a} \in \mathbb{R}^{m \times 1}$ und $\boldsymbol{b} \in \mathbb{R}^{n \times 1}$, so ist

$$\boldsymbol{a} \otimes \boldsymbol{b}^{\mathrm{T}} = \begin{bmatrix} a_1 \boldsymbol{b}^{\mathrm{T}} \\ \vdots \\ a_m \boldsymbol{b}^{\mathrm{T}} \end{bmatrix} = \begin{bmatrix} a_1 [b_1 \cdots b_n] \\ \vdots \\ a_m [b_1 \cdots b_n] \end{bmatrix} = \begin{bmatrix} a_1 b_1 & \cdots & a_1 b_n \\ \vdots & \ddots & \vdots \\ a_m b_1 & \cdots & a_m b_n \end{bmatrix} = \boldsymbol{a}\boldsymbol{b}^{\mathrm{T}}.$$

Das KRONECKER-Produkt (Tensorprodukt) $\boldsymbol{a} \otimes \boldsymbol{b}^{\mathrm{T}}$ ist also gleich dem dyadischen Produkt $\boldsymbol{a}\boldsymbol{b}^{\mathrm{T}}$ der Spaltenmatrizen $\boldsymbol{a}$ und $\boldsymbol{b}$.

**Beispiel 2.7.** Gegeben ist $\boldsymbol{a} = [1 \quad 2]^{\mathrm{T}} \in \mathbb{R}^{2\times 1}$ und $\boldsymbol{b} = [3 \quad 4 \quad 5]^{\mathrm{T}} \in \mathbb{R}^{3\times 1}$. Berechnen Sie $\boldsymbol{a} \otimes \boldsymbol{b}^{\mathrm{T}}$ und $\boldsymbol{a}\boldsymbol{b}^{\mathrm{T}}$ und bestätigen Sie die Gleichkeit der Ergebnisse.

*Lösung.* Es ist einerseits

$$\boldsymbol{a} \otimes \boldsymbol{b}^{\mathrm{T}} = \begin{bmatrix} a_1 \boldsymbol{b}^{\mathrm{T}} \\ \vdots \\ a_m \boldsymbol{b}^{\mathrm{T}} \end{bmatrix} = \begin{bmatrix} 1\,[3 & 4 & 5] \\ 2\,[3 & 4 & 5] \end{bmatrix} = \begin{bmatrix} 3 & 4 & 5 \\ 6 & 8 & 10 \end{bmatrix}.$$

Es ist andererseits

$$\boldsymbol{a}\boldsymbol{b}^{\mathrm{T}} = \begin{bmatrix} 1 \\ 2 \end{bmatrix} \begin{bmatrix} 3 & 4 & 5 \end{bmatrix} = \begin{bmatrix} 3 & 4 & 5 \\ 6 & 8 & 10 \end{bmatrix}.$$

Die Ergebnisse sind gleich. ∎

Ist $\boldsymbol{a} \in \mathbb{R}^{m\times 1}$ und $\boldsymbol{b} \in \mathbb{R}^{n\times 1}$, so ist

$$\boldsymbol{a} \otimes \boldsymbol{b} = \begin{bmatrix} a_1 \boldsymbol{b} \\ \vdots \\ a_m \boldsymbol{b} \end{bmatrix} = \begin{bmatrix} a_1 \begin{bmatrix} b_1 \\ \vdots \\ b_n \end{bmatrix} \\ \vdots \\ a_m \begin{bmatrix} b_1 \\ \vdots \\ b_n \end{bmatrix} \end{bmatrix} = \begin{bmatrix} a_1 b_1 \\ \vdots \\ a_1 b_n \\ \vdots \\ a_m b_1 \\ \vdots \\ a_m b_n \end{bmatrix}.$$

Das KRONECKER-Produkt zweier Spaltenmatrizen (Vektoren) $\boldsymbol{a} \in \mathbb{R}^{m\times 1}$ und $\boldsymbol{b} \in \mathbb{R}^{n\times 1}$ ergibt eine Spaltenmatrix (Vektor) aus $\mathbb{R}^{mn\times 1}$. Das KRONECKER-Produkt besitzt nicht nur eine interessante mathematische Struktur, sondern es hat Anwendungen in der Statistik, numerischen Mathematik, Kommunikationstheorie usw.; wir geben eine weitere.

In verschiedenen Anwendungen muss man *Matrizengleichungen* lösen (siehe auch Abschnitt 1.11). Eine Matrizengleichungsform ist zum Beispiel

$$\boldsymbol{A}\boldsymbol{X} = \boldsymbol{B},$$

wobei $\boldsymbol{A} \in \mathbb{R}^{n\times n}$, $\boldsymbol{B} \in \mathbb{R}^{n\times m}$ gegeben sind und die Matrix $\boldsymbol{X} \in \mathbb{R}^{n\times m}$ gesucht ist. Ist die Matrix $\boldsymbol{A}$ regulär, so ist $\boldsymbol{X} = \boldsymbol{A}^{-1}\boldsymbol{B}$ die eindeutige Lösung. Man multipliziere die Matrizengleichung beidseitig von links mit $\boldsymbol{A}^{-1}$. Wir können diese Gleichung als ein lineares Gleichungssystem mit $m$ rechten Seiten interpretieren; die rechten Seiten sind die Spalten der Matrix $\boldsymbol{B}$. In MATLAB können wir diese Matrizengleichung mit dem \-Operator lösen.

**Beispiel 2.8.** Berechnen Sie die Lösung der Matrizengleichung

$$\underbrace{\begin{bmatrix} 1 & -2 \\ 3 & 2 \end{bmatrix}}_{\boldsymbol{A}} \boldsymbol{X} = \underbrace{\begin{bmatrix} 1 & 2 \\ 3 & 8 \end{bmatrix}}_{\boldsymbol{B}}$$

und bestätigen Sie diese in MATLAB.

*Lösung.* Die Matrix $\boldsymbol{A}$ ist regulär mit

$$\boldsymbol{A}^{-1} = \begin{bmatrix} 1/4 & 1/4 \\ -3/8 & 1/8 \end{bmatrix}.$$

Daher ist die Lösung durch

$$\boldsymbol{X} = \boldsymbol{A}^{-1}\boldsymbol{B} = \begin{bmatrix} 1/4 & 1/4 \\ -3/8 & 1/8 \end{bmatrix} \begin{bmatrix} 1 & 2 \\ 3 & 8 \end{bmatrix} = \begin{bmatrix} 1 & 5/2 \\ 0 & 1/4 \end{bmatrix}$$

gegeben. Die MATLAB-Zeilen, die das Ergebnis bestätigen sollen, können zum Beispiel wie folgt aussehen:

```
>> A = sym([1 -2; 3 2]); B = sym([1 2; 3 8]);
>> X = A\B
X =
[   1, 5/2]
[   0, 1/4]
```

Alternativ könnte man die Funktion `inv` verwenden. ■

Es kann sinnvoll sein, die Matrizengleichung $\boldsymbol{AX} = \boldsymbol{B}$ als ein lineares Gleichungssystem in Normalform $\boldsymbol{Ax} = \boldsymbol{b}$ zu schreiben. Hierzu betrachten wir zunächst den Fall $m = n = 2$. Dann kann man $\boldsymbol{AX} = \boldsymbol{B}$ schreiben als

$$\begin{bmatrix} a_1 & a_2 \\ a_3 & a_4 \end{bmatrix} \begin{bmatrix} x_1 & x_2 \\ x_3 & x_4 \end{bmatrix} = \begin{bmatrix} b_1 & b_2 \\ b_3 & b_4 \end{bmatrix}.$$

Ausgeschrieben lautet dieses Gleichungssystem

$$\begin{aligned} a_1x_1 + a_2x_3 &= b_1 \\ a_1x_2 + a_2x_4 &= b_2 \\ a_3x_1 + a_4x_3 &= b_3 \\ a_3x_2 + a_4x_4 &= b_4, \end{aligned}$$

was wir in Matrizen-Form auch als

$$\begin{bmatrix} a_1 & 0 & a_2 & 0 \\ 0 & a_1 & 0 & a_2 \\ a_3 & 0 & a_4 & 0 \\ 0 & a_3 & 0 & a_4 \end{bmatrix} \begin{bmatrix} x_1 \\ x_2 \\ x_3 \\ x_4 \end{bmatrix} = \begin{bmatrix} b_1 \\ b_2 \\ b_3 \\ b_4 \end{bmatrix}$$

notieren können. Schauen wir uns nun diese $(4,4)$-Koeffizientenmatrix an, so fällt auf, dass wir diese auch als KRONECKER-Produkt $\boldsymbol{A} \otimes \boldsymbol{E}_2$ schreiben können und damit als gewöhnliches Gleichungssystem

$$(\boldsymbol{A} \otimes \boldsymbol{E}_2)\boldsymbol{x} = \boldsymbol{b},$$

wobei der Spaltenvektor $\boldsymbol{x}$ der Unbekannten dadurch entstanden ist, dass wir die Zeilen von $\boldsymbol{X}$ zu einem Spaltenvektor aneinander gefügt haben; analog ist der Spaltenvektor $\boldsymbol{b}$ entstanden. Das, was wir soeben für den Fall $m = n = 2$ gefunden haben, gilt allgemein. Die Matrizengleichung $\boldsymbol{AX} = \boldsymbol{B}$ kann äquivalent als gewöhnliches Gleichungssystem

$$(\boldsymbol{A} \otimes \boldsymbol{E}_m)\boldsymbol{x} = \boldsymbol{b}$$

geschrieben werden, wobei der Spaltenvektor $\boldsymbol{x}$ durch Aneinanderhängen der Zeilen von $\boldsymbol{X}$ entsteht

$$\boldsymbol{x} = (x_{11}, x_{12}, \ldots, x_{1m}, x_{21}, \ldots, x_{nm})$$

und analog konstruiert man den Spaltenvektor $\boldsymbol{b}$ aus der Matrix $\boldsymbol{B}$.

Auf analoge Weise findet man, dass man die Matrizengleichung

$$\boldsymbol{XC} = \boldsymbol{B} \quad \text{äquivalent als} \quad (\boldsymbol{E}_n \otimes \boldsymbol{C}^{\mathrm{T}})\boldsymbol{x} = \boldsymbol{b}$$

schreiben kann. Damit aber folgt, dass die (komplexere) Matrizengleichung

$$\boldsymbol{AX} + \boldsymbol{XC} = \boldsymbol{B} \quad \text{äquivalent zu} \quad (\boldsymbol{A} \otimes \boldsymbol{E}_m + \boldsymbol{E}_n \otimes \boldsymbol{C}^{\mathrm{T}})\boldsymbol{x} = \boldsymbol{c}$$

ist. Damit ist die Matrizengleichung $\boldsymbol{AX} + \boldsymbol{XC} = \boldsymbol{B}$ genau dann eindeutig lösbar, wenn die $(mn, mn)$-Matrix

$$\boldsymbol{A} \otimes \boldsymbol{E}_m + \boldsymbol{E}_n \otimes \boldsymbol{C}^{\mathrm{T}}$$

regulär ist und die Lösung ist durch $\boldsymbol{x} = (\boldsymbol{A} \otimes \boldsymbol{E}_m + \boldsymbol{E}_n \otimes \boldsymbol{C}^{\mathrm{T}})^{-1}\boldsymbol{b}$ gegeben.

**Beispiel 2.9.** Berechnen Sie die Lösung der Matrizengleichung

$$\boldsymbol{AX} + \boldsymbol{XC} = \boldsymbol{B}$$

mit

$$\boldsymbol{A} = \begin{bmatrix} 1 & 2 \\ 0 & 3 \end{bmatrix}, \quad \boldsymbol{C} = \begin{bmatrix} 2 & 1 \\ 1 & 4 \end{bmatrix} \quad \text{und} \quad \boldsymbol{B} = \boldsymbol{E}_2.$$

*Lösung.* Die Koeffizientenmatrix des äquivalenten gewöhnlichen linearen Gleichungssystems ist

$$\boldsymbol{A} \otimes \boldsymbol{E}_2 + \boldsymbol{E}_2 \otimes \boldsymbol{C}^{\mathrm{T}} = \begin{bmatrix} 1 & 0 & 2 & 0 \\ 0 & 1 & 0 & 2 \\ 0 & 0 & 3 & 0 \\ 0 & 0 & 0 & 3 \end{bmatrix} + \begin{bmatrix} 2 & 1 & 0 & 0 \\ 1 & 4 & 0 & 0 \\ 0 & 0 & 2 & 1 \\ 0 & 0 & 1 & 4 \end{bmatrix} = \begin{bmatrix} 3 & 1 & 2 & 0 \\ 1 & 5 & 0 & 2 \\ 0 & 0 & 5 & 1 \\ 0 & 0 & 1 & 7 \end{bmatrix}$$

Somit ergibt sich die Lösung zu

$$\begin{aligned} \boldsymbol{x} &= (\boldsymbol{A} \otimes \boldsymbol{E}_2 + \boldsymbol{E}_2 \otimes \boldsymbol{C}^{\mathrm{T}})^{-1}\boldsymbol{b} \\ &= \begin{bmatrix} 5/14 & -1/14 & -18/119 & 5/119 \\ -1/14 & 3/14 & 5/119 & -8/119 \\ 0 & 0 & 7/34 & -1/34 \\ 0 & 0 & -1/34 & 5/34 \end{bmatrix} \begin{bmatrix} 1 \\ 0 \\ 1 \\ 0 \end{bmatrix} = \begin{bmatrix} 7/34 \\ -1/34 \\ 7/34 \\ -1/34 \end{bmatrix}. \end{aligned}$$

Die Zeilen

```
>> A = sym([1 2; 0 3]); C = sym([2 1; 1 4]);
>> x = inv(kron(A,eye(2))+kron(eye(2),C'))*[1;0;1;0];
>> x'
ans =
[ 7/34, -1/34,  7/34, -1/34]
```

bestätigen das Ergebnis in MATLAB. ∎

Auf ähnliche Art und Weise kann man noch kompliziertere Matrizengleichungen behandeln.

### Das Hadamard-Produkt (Schur-Produkt)

Ist $\boldsymbol{A} \in \mathbb{R}^{m \times n}$ und $\boldsymbol{B}$ eine Matrix gleicher Ordnung wie $\boldsymbol{A}$, so ist das **Hadamard-Produkt** (**Schur-Produkt**) definiert als[11]

$$\boldsymbol{A} \circ \boldsymbol{B} = \begin{bmatrix} a_{11}b_{11} & a_{12}b_{12} & \cdots & a_{1n}b_{1n} \\ a_{21}b_{21} & a_{22}b_{22} & \cdots & a_{2n}b_{2n} \\ \vdots & \vdots & \vdots & \vdots \\ a_{m1}b_{m1} & a_{m2}b_{m2} & \cdots & a_{mn}b_{mn} \end{bmatrix}.$$

[11] JACQUES HADAMARD (1865 – 1963) und ISSAI SCHUR (1875 – 1941).

Diese Multiplikation kann man sich einfach merken. Das Element $a_{ij}$ wird mit dem entsprechenden Element $b_{ij}$ von $\boldsymbol{B}$ multipliziert; analog der Matrizenaddition. Es ist klar, dass dieses Produkt nun kommutativ ist

$$\boldsymbol{A} \circ \boldsymbol{B} = \boldsymbol{B} \circ \boldsymbol{A}.$$

Sie können dieses (elementweise definierte) HADAMARD-Produkt in MATLAB mit dem `.*`-Operator berechnen (nicht den Punkt vergessen!).

**Beispiel 2.10.** Berechnen Sie das HADAMARD-Produkt $\boldsymbol{A} \circ \boldsymbol{B}$ der Matrizen

$$\boldsymbol{A} = \begin{bmatrix} 1 & 2 \\ 3 & 4 \end{bmatrix} \quad \text{und} \quad \boldsymbol{B} = \begin{bmatrix} -1 & 4 \\ 2 & -3 \end{bmatrix}.$$

Bestätigen Sie das Ergebnis in MATLAB.

*Lösung.* Es ist

$$\boldsymbol{A} \circ \boldsymbol{B} = \begin{bmatrix} (1)(-1) & (2)(4) \\ (3)(2) & (4)(-3) \end{bmatrix} = \begin{bmatrix} -1 & 8 \\ 6 & -12 \end{bmatrix}.$$

```
>> A = [1 2; 3 4]; B = [-1 4; 2 -3];
>> A.*B
ans =
    -1     8
     6   -12
```

Die Ergebnisse stimmen also erwartungsgemäß überein. ∎

**Satz 2.2** (Eigenschaften des HADAMARD-Produktes). *Sind $\boldsymbol{A}$, $\boldsymbol{B}$ und $\boldsymbol{C}$ Matrizen gleicher Ordnung, so gilt*

*(a) Assoziativgesetz:*

$$\boldsymbol{A} \circ (\boldsymbol{B} \circ \boldsymbol{C}) = (\boldsymbol{A} \circ \boldsymbol{B}) \circ \boldsymbol{C}$$

*(b) Distributivgesetz:*

$$\boldsymbol{A} \circ (\boldsymbol{B} + \boldsymbol{C}) = \boldsymbol{A} \circ \boldsymbol{B} + \boldsymbol{A} \circ \boldsymbol{C}$$

*(c) Kommutativgesetz:*

$$\boldsymbol{A} \circ \boldsymbol{B} = \boldsymbol{B} \circ \boldsymbol{A}$$

*(d) Transponierte:*

$$(\boldsymbol{A} \circ \boldsymbol{B})^T = \boldsymbol{A}^T \circ \boldsymbol{B}^T.$$

Das folgende Beispiel gibt eine Anwendung des HADAMARD-Produktes.

**Beispiel 2.11.** Nehmen wir an, dass ein Taxifahrer in zwei benachbarten Städten $S_1$ und $S_2$ operiert. Aufgrund seiner Erfahrung weiß er, dass 40 % seiner Fahrgäste, die er in der Stadt $S_1$ aufnimmt, in $S_1$ bleiben, wohingegen 60 % nach Stadt $S_2$ gefahren werden müssen. Ähnlich bleiben 70 % in Stadt $S_2$ und 30 % wollen von $S_2$ nach $S_1$. Die dazugehörige Matrix (Wahrscheinlichkeitsmatrix), die dies übersichtlich darstellt, lautet

$$\begin{bmatrix} 0.4 & 0.3 \\ 0.6 & 0.7 \end{bmatrix}.$$

Die Spalten entsprechen der Aufnahme und die Zeilen entsprechen dem Zielort in der jeweiligen Stadt. Als mittleres Fahrgeld in Stadt $S_1$ bekommt der Taxifahrer erfahrungsgemäß 10 € und in Stadt $S_2$ 15 €. Fährt er von $S_1$ nach $S_2$, so sind dies im Mittel 20 € und von $S_2$ nach $S_1$ 25 €. Wie groß ist das erwartete Entgelt für eine Fahrt in der Stadt $S_1$? Wie groß für alle möglichen Einzelfälle?

*Lösung.* Das zu erwartende Fahrgeld in Stadt $S_1$ beträgt € $0.4 \cdot 10 = 4$. Die zu erwartenden Fahrgelder kann man der Matrix

$$\begin{bmatrix} 4 & 6 \\ 15 & 10.5 \end{bmatrix}$$

entnehmen, die man als HADAMARDsches Produkt der Matrizen

$$\begin{bmatrix} 0.4 & 0.3 \\ 0.6 & 0.7 \end{bmatrix} \quad \text{und} \quad \begin{bmatrix} 10 & 20 \\ 25 & 15 \end{bmatrix}$$

auffassen kann. ∎

### Zusammenfassung: Matrizenmultiplikationen

Wir kennen drei Vektoren- (Kapitel 3) und drei Matrizenprodukte: Das gewöhnliche, das KRONECKER- und das HADAMARD-Produkt. Alle drei Produkte lassen sich in MATLAB direkt berechnen. Die Tabelle 2.2 zeigt dies übersichtlich.

| *Name* | *mathematische Notation* | MATLAB |
|---|---|---|
| Gewöhnliches Matrizenprodukt | $\boldsymbol{A} \cdot \boldsymbol{B}$ oder $\boldsymbol{AB}$ | `A*B` |
| KRONECKER-Produkt | $\boldsymbol{A} \otimes \boldsymbol{B}$ | `kron(A,B)` |
| HADAMARD-Produkt | $\boldsymbol{A} \circ \boldsymbol{B}$ | `A.*B` |

Tabelle 2.2.: Matrizenprodukte

## 2.13. Stochastische Prozesse

Unter *Diffusion* versteht man einen Vorgang bei dem ein Stoff aufgrund molekularer Bewegung in einem anderen eindringt oder ihn ganz durchdringt. Wir betrachten als Beispiel für einen solchen Vorgang das folgende Modell einer Diffusion.

Zwei luftgefüllte Kammern (1) und (2) sind durch eine Membran (Luftfilter) getrennt, die Luftmoleküle in beiden Richtungen frei durchlässt. Die Moleküle eines Duftstoffs können jedoch nicht beide Richtungen mit der gleichen Wahrscheinlichkeit passieren. In Kammer (1) befinden sich am Anfang 1 Million Moleküle des Duftstoffes und in Kammer (2) befindet sich zu Beginn kein Molekül, siehe Bild 2.14. Jedem Molekül werden

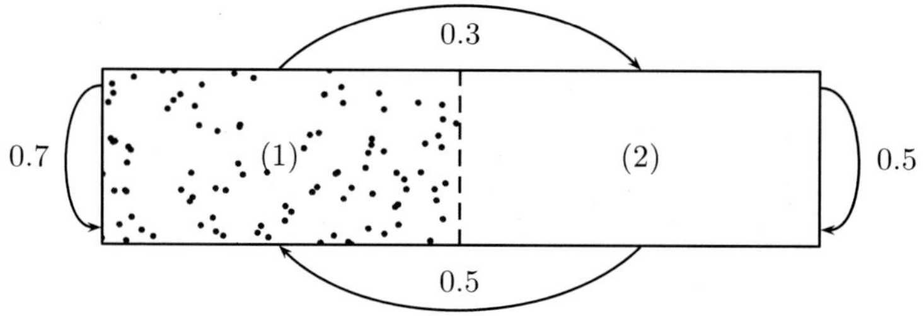


Bild 2.14.: Diffusion

die Übergangswahrscheinlichkeiten aus Bild 2.14 bei Beobachtung in Minutenabständen zugeschrieben. Ein Molekül, das sich in Kammer (1) befindet bleibt mit 70-prozentiger Wahrscheinlichkeit in Kammer (1) und diffundiert mit Wahrscheinlichkeit 0.3 nach Kammer (2). Ein Molekül, das sich in Kammer (2) befindet, wechselt mit 50-prozentiger Wahrscheinlichkeit nach Kammer (1) bzw. verbleibt mit gleicher Wahrscheinlichkeit 0.5 in Kammer (2).

Mit $k = 0, 1, 2, \ldots$ bezeichnen wir die Zeitspanne in Minuten. $v_k$ bezeichne die Aufenthaltswahrscheinlichkeit eines Moleküls in Kammer (1) nach $k$ Minuten und $w_k$ bezeichne die Aufenthaltswahrscheinlichkeit eines Moleküls in Kammer (2) ebenfalls nach $k$ Minuten. Der Anfangszustand ist $(v_0, w_0) = (1, 0)$, das heißt das Molekül befindet sich in Kammer (1). Die Aufenthaltswahrscheinlichkeit, dass sich ein Molekül nach einer Minute in Kammer (1) befindet ist

$$v_1 = 70\% v_0 + 50\% w_0 = \frac{70}{100} v_0 + \frac{50}{100} w_0 = 0.7 v_0 + 0.5 w_0 = (0.7)(1) + (0.5)(0) = 0.7.$$

Analog gilt für die Aufenthalswahrscheinlichkeit $w_1$ in Kammer (2) nach einer Minute

$$w_1 = 30\% v_0 + 50\% w_0 = \frac{30}{100} v_0 + \frac{50}{100} w_0 = 0.3 v_0 + 0.5 w_0 = (0.3)(1) + (0.5)(0) = 0.3.$$

Es ist also

$$\begin{bmatrix} v_1 \\ w_1 \end{bmatrix} = v_0 \cdot \begin{bmatrix} 0.7 \\ 0.3 \end{bmatrix} + w_0 \cdot \begin{bmatrix} 0.5 \\ 0.5 \end{bmatrix} = 1 \cdot \begin{bmatrix} 0.7 \\ 0.3 \end{bmatrix} + 0 \cdot \begin{bmatrix} 0.5 \\ 0.5 \end{bmatrix} = \begin{bmatrix} 0.7 \\ 0.3 \end{bmatrix}$$

bzw.

$$\begin{bmatrix} v_1 \\ w_1 \end{bmatrix} = \begin{bmatrix} 0.7 & 0.5 \\ 0.3 & 0.5 \end{bmatrix} \begin{bmatrix} v_0 \\ w_0 \end{bmatrix} = \begin{bmatrix} 0.7 & 0.5 \\ 0.3 & 0.5 \end{bmatrix} \begin{bmatrix} 1 \\ 0 \end{bmatrix} = \begin{bmatrix} 0.7 \\ 0.3 \end{bmatrix}.$$

Nach einer Minute befindet sich das Molekül mit 70-prozentiger Wahrscheinlichkeit in Kammer (1) und mit 30-prozentiger Wahrscheinlichkeit in Kammer (2).

Nach zwei Minuten gilt

$$\begin{bmatrix} v_2 \\ w_2 \end{bmatrix} = v_1 \cdot \begin{bmatrix} 0.7 \\ 0.3 \end{bmatrix} + w_1 \cdot \begin{bmatrix} 0.5 \\ 0.5 \end{bmatrix} = 0.7 \cdot \begin{bmatrix} 0.7 \\ 0.3 \end{bmatrix} + 0.3 \cdot \begin{bmatrix} 0.5 \\ 0.5 \end{bmatrix} = \begin{bmatrix} 0.64 \\ 0.36 \end{bmatrix}$$

bzw.

$$\begin{bmatrix} v_2 \\ w_2 \end{bmatrix} = \begin{bmatrix} 0.7 & 0.5 \\ 0.3 & 0.5 \end{bmatrix} \begin{bmatrix} v_1 \\ w_1 \end{bmatrix} = \begin{bmatrix} 0.7 & 0.5 \\ 0.3 & 0.5 \end{bmatrix} \begin{bmatrix} 0.7 \\ 0.3 \end{bmatrix} = \begin{bmatrix} 0.64 \\ 0.36 \end{bmatrix}$$

bzw.

$$\begin{bmatrix} v_2 \\ w_2 \end{bmatrix} = \begin{bmatrix} 0.7 & 0.5 \\ 0.3 & 0.5 \end{bmatrix}^2 \begin{bmatrix} v_0 \\ w_0 \end{bmatrix} = \begin{bmatrix} 0.64 & 0.60 \\ 0.36 & 0.40 \end{bmatrix} \begin{bmatrix} 1 \\ 0 \end{bmatrix} = \begin{bmatrix} 0.64 \\ 0.36 \end{bmatrix}.$$

Nach zwei Minuten befindet sich das Molekül mit 64-prozentiger Wahrscheinlichkeit in Kammer (1) und mit 36-prozentiger Wahrscheinlichkeit in Kammer (2). Allgemein gilt für $k = 0, 1, \ldots$

$$\begin{bmatrix} v_k \\ w_k \end{bmatrix} = v_{k-1} \begin{bmatrix} 0.7 \\ 0.3 \end{bmatrix} + w_{k-1} \begin{bmatrix} 0.5 \\ 0.5 \end{bmatrix}$$

bzw.

$$\begin{bmatrix} v_k \\ w_k \end{bmatrix} = \begin{bmatrix} 0.7 & 0.5 \\ 0.3 & 0.5 \end{bmatrix} \begin{bmatrix} v_{k-1} \\ w_{k-1} \end{bmatrix} = \begin{bmatrix} 0.7 & 0.5 \\ 0.3 & 0.5 \end{bmatrix}^k \begin{bmatrix} v_0 \\ w_0 \end{bmatrix}.$$

Die Matrix

$$\boldsymbol{U} = \begin{bmatrix} 0.7 & 0.5 \\ 0.3 & 0.5 \end{bmatrix}$$

heißt *Übergangsmatrix*. Sie beschreibt die Übergangswahrscheinlichkeiten vom momentanen Zustand zum Nächsten; hier von der momentanen Aufenthaltswahrscheinlichkeit eines Moleküls zur nächsten. Sie ist eine sogenannte *stochastische Matrix*, weil alle Einträge nicht negativ und alle Spaltensummen gleich eins sind.

Die Spaltenmatrix $\boldsymbol{v} = [v\ w]^{\mathrm{T}}$ heißt *Zustandsverteilung*. Ihre Koordinaten sind nicht negativ und die Koordinatensumme ist eins. Die Spaltenmatrix $\boldsymbol{v}_{k-1}$ modelliert den Zustand in der Stufe $k-1$; hier die Aufenthaltswahrscheinlichkeit eines Moleküls zum Zeitpunkt $k-1$. Ist $\boldsymbol{v}_{k-1}$ die Zustandsverteilung in der Stufe $k-1$, so ist $\boldsymbol{v}_k = \boldsymbol{U}\boldsymbol{v}_{k-1}$ die Zustandsverteilung der nächsten Stufe $k$.

Man nennt solche Vorgänge *stochastische Prozesse*. Speziell liegt hier ein MARKOV*scher Prozess* (speziell eine MARKOV-*Kette*, *stochastische Differenzengleichung*) vor[12]. Jede (endliche homogene) MARKOV-Kette kann durch eine stochastische Matrix modelliert werden. MARKOV-Ketten sind dynamische stochastische Systeme, deren zukünftige Entwicklung ausschließlich von der Gegenwart nicht aber von der Vergangenheit abhängt. Dies ist häufig eine zulässige Approximation der realen Verhältnisse, so dass diese Theorie eine enorme Fülle von Anwendungen besitzt. Beispiele sind: Wartemodelle, Personalfluss- und Personalbeschaffungsmodelle, Prognose von Verschleiß-, Ausfall- und Reperaturfolgen von Maschinen und maschinellen Einrichtungen, Marktanteilsmodelle, Instandhaltungsmodelle, Medizinökonomiemodelle, Suchsysteme ([68],[38]), usw. Wie sie sehen, ist die Matrizenrechnung von grundlegender Bedeutung. MARKOV-Ketten verbinden die mathematischen Gebiete *Lineare Algebra*, *Analysis*, *Stochastik*[13], *Graphentheorie*[14] und *Numerische Mathematik*[15].

Wir geben noch ein Beispiel einer MARKOVschen Kette.

[12] ANDREI MARKOV (1856 bis 1922)

[13] Stochastik ist die Lehre der mathematischen Modellbildung zufälliger Vorgänge. Oder: Stochastik ist die Lehre von den Gesetzmäßigkeiten des Zufalls.

[14] Die Graphentheorie ist ein Teilgebiet der Mathematik, das die Eigenschaften von Graphen und ihre Beziehungen zueinander untersucht.

[15] Die Numerische Mathematik beschäftigt sich als Teilgebiet der Mathematik mit der Konstruktion und Analyse von Algorithmen.

**Beispiel 2.12** (Käuferverhalten). Ein Unternehmen bietet zwei verschiedene Sorten Vanille-Tee an. Marktuntersuchungen haben ergeben, dass die Kunden beide Sorten ausprobieren. 40% der Kunden von Sorte 1 sind Stammkunden, 60% wechseln nach einem Jahr zu Sorte 2. 50% der Kunden von Sorte 2 sind Stammkunden, die andere Hälfte wechselt nach einem Jahr zu Sorte 1. Die Anfangsverteilung ist 30% Sorte 1 und 70% Sorte 2.

Um kurz- und mittelfristig planen zu können, benötigt das Unternehmen die Verteilung der Kunden auf beide Teesorten. Berechnen Sie die Zustandsverteilung nach einem Jahr und nach zwei Jahren. Geben Sie die prozentuale Kundenverteilung auf die beiden Teesorten an. Berechnen Sie die Zustandsverteilung nach 10 und nach 20 Jahren. Was beobachten Sie?

*Lösung.* Ein mathematisches Modell ist

$$\boldsymbol{v}_k = \boldsymbol{U}\boldsymbol{v}_{k-1} = \begin{bmatrix} 0.4 & 0.5 \\ 0.6 & 0.5 \end{bmatrix} \begin{bmatrix} v_1 \\ v_2 \end{bmatrix}.$$

Nach einem Jahr ist

$$\boldsymbol{v}_1 = \boldsymbol{U}\boldsymbol{v}_0 = \begin{bmatrix} 0.4 & 0.5 \\ 0.6 & 0.5 \end{bmatrix} \begin{bmatrix} 0.3 \\ 0.7 \end{bmatrix} = \begin{bmatrix} 0.47 \\ 0.53 \end{bmatrix}.$$

47% der Kunden kaufen nach einem Jahr Sorte 1 und 53% Sorte. Nach zwei Jahren:

$$\boldsymbol{v}_2 = \boldsymbol{U}\boldsymbol{v}_1 = \boldsymbol{U}^2\boldsymbol{v}_0 = \begin{bmatrix} 0.4 & 0.5 \\ 0.6 & 0.5 \end{bmatrix}^2 \begin{bmatrix} 0.3 \\ 0.7 \end{bmatrix} = \begin{bmatrix} 0.453 \\ 0.547 \end{bmatrix}.$$

45.3% der Kunden kaufen nach zwei Jahren Sorte 1 und 54.7% Sorte. Nach 10 und nach 20 Jahren:

```
>> A = [0.4 0.5; 0.6 0.5];
>> v0 = [0.3; 0.7];
>> v10=A^(10)*v0
v10 =
   0.4545
   0.5455
>> v20=A^(20)*v0
v20 =
   0.4545
   0.5455
```

Ungefähr 45.45% der Kunden kaufen nach 10 bzw. 20 Jahren Sorte 1 und zirka 54.55% Sorte 2.

Beobachtung: Auf lange Sicht stabilisieren sich die Käuferwünsche. Zirka 45.45% der Kunden wählen Vanille-Tee Sorte 1 und zirka 54.55% kaufen den Vanille-Tee Sorte 2. ■

Ich habe Ihnen einen kleinen Einblick in die Theorie von MARKOV-Ketten gegeben. Weitere interessante Fragen sind: Wie berechnet man Zustandsverteilungen, die sich bei weiteren Übergängen nicht mehr ändern? Existiert eine Zustandsverteilung, die unabhängig von der Startverteilung für $k \to \infty$ erreicht wird, und wie ist diese gegebenenfalls zu berechnen? Welche Aussagen über den Zusammenhang von Startverteilung und den genannten speziellen Zustandsverteilungen sind möglich? Gibt es Endzustände (Stoppzustände), den das System nach Erreichen nicht mehr verlassen kann? Hier interessiert man sich für mittlere Wartezeiten bis zum Erreichen des Endzustands in Abhängigkeit von gegebenen Anfangszuständen. Kann es mehrere Endzustände geben? Wenn ja, wie groß sind die mittleren Wartezeiten bis zum Erreichen dieser Endzustände? Wie groß sind die Wahrscheinlichkeiten mit denen das System jeweils die Endzustände erreicht?

Falls Sie Antworten auf diese Fragen möchten, so empfehle ich Ihnen eine Vorlesung über stochastische Prozesse[16]. Dort erhalten Sie weitere und tiefer gehende Informationen über diese interessanten und praxisnahen mathematischen Modelle.

## 2.14. Zyklische Prozesse

Käferpopulationen entwickeln sich im Wesentlichen nach einem festgelegten Schema. Aus den Eiern schlüpfen zum Beispiel nach einem Monat Larven. Nach einem weiteren Monat werden aus den Larven Käfer, die dann wieder Eier legen und dannach sterben.

Nehmen wir an, dass 25% der Eier zu Larven werden und 75% gefressen werden oder sonst wie verenden. Von den Larven werden aus der Hälfte Käfer, die andere Hälfte überlebt nicht. Ein zoologisches Institut beobachtet über einen bestimmten Zeitraum 40 Käfer, 40 Eier und 40 Larven, um festzustellen, ob mit einer Käferplage zu rechnen ist, wenn jeder Käfer acht Eier legt [42]. Die Zustandsübergänge sind in Tabelle 2.3 angegeben. Die Anfangsverteilung ist $\boldsymbol{v}_0 = (40, 40, 40)$ und die Zustandsübergangsmatrix ist nach Tabelle 2.3

$$\boldsymbol{U} = \begin{bmatrix} 0 & 0 & 8 \\ 0.25 & 0 & 0 \\ 0 & 0.5 & 0 \end{bmatrix}.$$

[16] Die stochastische Modellbildung ist ein Musterbeispiel angewandter Mathematik. Die Mathematik wird angewendet, um Probleme aus der Realität mit Hilfe stochastischer Methoden zu lösen.

| nach \ von | Eier | Larven | Käfer |
|---|---|---|---|
| Eier | 0 | 0 | 8 |
| Larven | 0.25 | 0 | 0 |
| Käfer | 0 | 0.5 | 0 |

Tabelle 2.3.: Käferpopulation

Die Hauptdiagonale hat nur Nullen, denn aus Larven können keine Larven werden; entsprechendes gilt für Käfer und Eier. Wir berechnen die Population für drei Generationen

$$\boldsymbol{v}_1 = \boldsymbol{U}\boldsymbol{v}_0 = \begin{bmatrix} 0 & 0 & 8 \\ 0.25 & 0 & 0 \\ 0 & 0.5 & 0 \end{bmatrix} \begin{bmatrix} 40 \\ 40 \\ 40 \end{bmatrix} = \begin{bmatrix} 320 \\ 10 \\ 20 \end{bmatrix},$$

$$\boldsymbol{v}_2 = \boldsymbol{U}\boldsymbol{v}_1 = \begin{bmatrix} 0 & 0 & 8 \\ 0.25 & 0 & 0 \\ 0 & 0.5 & 0 \end{bmatrix} \begin{bmatrix} 320 \\ 10 \\ 20 \end{bmatrix} = \begin{bmatrix} 160 \\ 80 \\ 5 \end{bmatrix},$$

$$\boldsymbol{v}_3 = \boldsymbol{U}\boldsymbol{v}_2 = \begin{bmatrix} 0 & 0 & 8 \\ 0.25 & 0 & 0 \\ 0 & 0.5 & 0 \end{bmatrix} \begin{bmatrix} 160 \\ 80 \\ 5 \end{bmatrix} = \begin{bmatrix} 40 \\ 40 \\ 40 \end{bmatrix}.$$

Wir stellen fest, dass sich in der dritten Generation wieder die Anfangsverteilung von Eiern, Larven und Käfern einstellt. Es liegt offenbar ein dreimonatiger Zyklus vor; die Käferpopulation ist zyklisch. Von einer Käferplage kann keine Rede sein.

Es ist

$$\boldsymbol{U}^3 = \begin{bmatrix} 0 & 0 & 8 \\ 0.25 & 0 & 0 \\ 0 & 0.5 & 0 \end{bmatrix}^3 = \begin{bmatrix} 1 & 0 & 0 \\ 0 & 1 & 0 \\ 0 & 0 & 1 \end{bmatrix} = \boldsymbol{E}.$$

Eine Matrix mit solch einer Eigenschaft nennt man *zyklisch*.

## 2.15. Google™, PageRank™ und die Wichtigkeit von Internetseiten

Die Beliebtheit der Internet-Suchmaschine GOOGLE™, beruht zum großen Teil auf der Tatsache, dass GOOGLE in der Regel schnell relevante Internetseiten für die vom Benutzer eingegebenen Suchbegriffe findet. Eine wichtige Komponente der GOOGLE-Suchmaschine ist das Page-Rank™-Verfahren der Firmengründer S. BRIN und L. PAGE, das die „Wichtigkeit“ von Internetseiten bewertet[17].

[17]GOOGLE and PageRank are trademarks of GOOGLE, Inc.

Wir wollen diese Idee nun mathematisch modellieren. Hierzu ordnen wir jeder Internetseite $S_i$ eine Wichtigkeit $x_i \geq 0$ zu. Dabei ist Seite $S_i$ wichtiger als Seite $S_j$, wenn $x_i > x_j$ gilt. Die Verbindung einer Internetseite zum Rest des Internets erfolgt über *Links*, also über Verweise auf andere Seiten. Zudem benötigen wir den Begriff des *Backlinks* einer Internetseite, worunter die Links von anderen Seiten auf diese Seite verstanden werden. Im vierseiten Internet in Bild 2.15 ([72]) hat Seite $S_1$ Links auf die Seiten $S_2$,

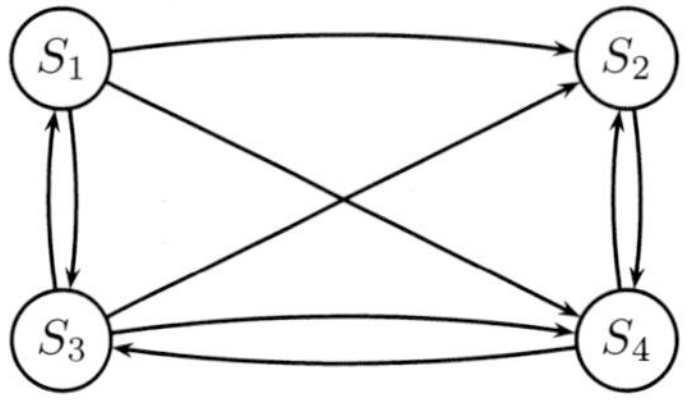


Bild 2.15.: Verknüpfungsstruktur (Graph) in einem vierseitigen Internet

$S_3$ und $S_4$, und einen Backlink von der Seite $S_3$.

Das einfachste Modell zur Berechnung der Wichtigkeit von Internetseiten ist die Zählung der Anzahl ihrer Backlinks; je mehr Seiten auf eine gegebene Seite zeigen, desto wichtiger ist diese Seite. Im vierseitigen Internet von Bild 2.15 ergibt dieses Modell erster Stufe: $x_1 = 1$, $x_2 = 3$, $x_3 = 2$ und $x_4 = 3$. Somit sind die Seiten $S_2$ und $S_4$ die wichtigsten Seiten und beide sind gleich wichtig.

In diesem ersten Modell ist jedoch die Wichtigkeit der Backlinks selbst nicht berücksichtigt. Dabei entspricht es der Intuition, dass eine Seite wichtiger sein sollte, wenn wichtige Seiten auf sie zeigen. Somit können wir $x_i$ als Summe der Wichtigkeiten aller Backlinks der Seite $S_i$ definieren. Im Beispiel von Bild 2.15 ergibt dies die folgenden vier linearen Gleichungen, die gleichzeitig erfüllt sein müssen (Modell zweiter Stufe): $x_1 = x_3$, $x_2 = x_1 + x_3 + x_4$, $x_3 = x_1 + x_4$, $x_4 = x_1 + x_2 + x_3$.

Dies ist schon ein Teil der Strategie des PageRank-Verfahrens von GOOGLE. Allerdings wird hierbei nicht die Anzahl der Links einer Seite berücksichtigt, also wie viel „Stimme" eine Seite für andere Seiten abgibt. Deshalb wird verlangt, dass jede Seite zwar zu jeder Seite einen Link setzen darf, aber dass sie insgesamt nur eine Stimme vergeben darf.

Im Bild 2.15 sehen die entsprechenden Gleichungen für die unbekannten Wichtigkeiten $x_1$, $x_2$, $x_3$ und $x_4$ so aus (Modell dritter Stufe):

$$x_1 = \frac{x_3}{3}, \quad x_2 = \frac{x_1}{3} + \frac{x_3}{3} + \frac{x_4}{2}, \quad x_3 = \frac{x_1}{3} + \frac{x_4}{2}, \quad x_4 = \frac{x_1}{3} + x_2 + \frac{x_3}{3}.$$

Wir haben es hier mit einem Gleichungssystem mit vier Gleichungen für die vier unbekannten Wichtigkeiten zu tun. Alle Gleichungen sind linear in den Unbekannten $x_i$.

Eine Lösung dieses homogenen linearen Gleichungssystems ist: $x_1 = 3/16 = 0.1875$, $x_2 = 3/4 = 0.75$, $x_3 = 9/16 = 0.5625$, $x_4 = 1$. Die wichtigste Internetseite ist also Seite $S_4$.

Man kann diese Lösung beliebig skalieren, das heißt alle Wichtigkeiten $x_i$ mit der gleichen positiven Konstante multiplizieren (das Gleichungssystem ist homogen und hat unendlich viele Lösungen). Dadurch kann man zum Beispiel stets die Wichtigkeit der wichtigsten Seite auf 1 oder jeden anderen positiven Wert setzen. Eine solche Skalierung ist manchmal aus rechentechnischen oder rein optischen Gründen vorteilhaft. Sie ist erlaubt, weil sie den wesentlichen Informationsgehalt der Lösung, nämlich die Rangfolge der Internetseiten entsprechend ihrer Wichtigkeit, unverändert lässt. Oft fügt man dem linearen Gleichungssystem die Gleichung $x_1 + \cdots + x_n = 1$ hinzu, damit hat jede Internetseite einen Wert zwischen 0 und 1. Für Bild 2.15 erhält man dann für $n = 4$ die Lösung: $x_1 = 3/40 = 0.075$, $x_2 = 3/10 = 0.3$, $x_3 = 9/40 = 0.225$, $x_4 = 2/5 = 0.4$.

Weitere Beispiele und Modellverfeinerungen finden Sie im Artikel [38]. Das Buch [68] widmet sich diesem Thema ganz ausführlich.

## 2.16. Weitere Bemerkungen und Hinweise

Interessante Matrizengleichungen treten in der Kontrolltheorie auf; die Liapunov- und Riccati-Gleichungen[18] sind bekannte Beispiele. Weitere Informationen zur Kontrolltheorie finden Sie zum Beispiel in [66].

Die *Graphentheorie*, das heißt das Rechnen mit Graphen und Netzwerken stellt eine weitere Möglichkeit dar, Anwendungen der Lineare Algebra und Matrizen aufzuzeigen. Den interessierten Leser verweise ich auf [24], [89], [110], [113].

Sind in der Gleichung $\boldsymbol{Ax} = \boldsymbol{y}$ die Matrix $\boldsymbol{A}$ und die Spaltenmatrix $\boldsymbol{x}$ gegeben, so spricht man auch vom *direkten Problem*. Die Lösung erhält man durch Matrizenmultiplikation. Im Gegensatz dazu liegt ein *inverses Problem* (genauer das *inverse Problem der Ursache*) vor, wenn in der Gleichung $\boldsymbol{Ax} = \boldsymbol{y}$ die Matrix $\boldsymbol{A}$ und die rechte Seite $\boldsymbol{y}$ (dann meist als $\boldsymbol{b}$ bezeichnet) gegeben sind und die Spaltenmatrix $\boldsymbol{x}$ gesucht ist. Jetzt muss ein lineares Gleichungssystem gelöst werden. Sind die Spaltenmatrizen $\boldsymbol{x}$ und $\boldsymbol{y}$ gegeben, aber die Matrix $\boldsymbol{A}$ unbekannt, so heißt dieses *inverse Problem* **Systemidentifikation** (**Modellidentifikation**, **Prozessidentifikation**).

Die Tabelle 2.4 fasst das soeben Gesagte zusammen. Für Probleme der Systemidentifikation verweisen wir auf die Spezialliteratur, siehe zum Beispiel [74].

[18] Alexander Michailowitsch Liapunov (1857 – 1918), Jacopo Francesco Riccati (1676 – 1754).

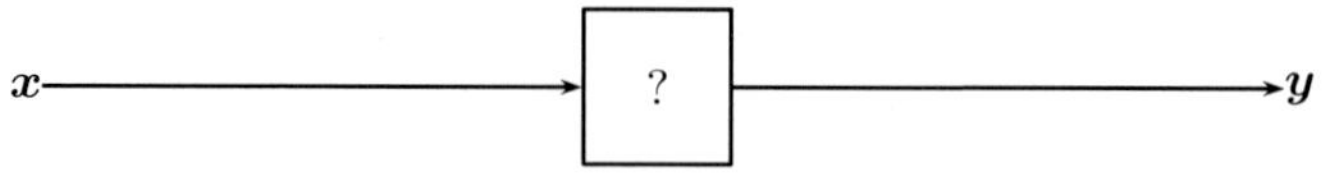


Bild 2.16.: Systemidentifikation (inverses Problem)

| | $\boldsymbol{A}$ | $\boldsymbol{x}$ | $\boldsymbol{y}$ |
|---|---|---|---|
| direktes Problem | gegeben | gegeben | *gesucht* |
| inverses Problem der Ursache | gegeben | *gesucht* | gegeben |
| inverses Problem (Systemidentifikation) | *gesucht* | gegeben | gegeben |

Tabelle 2.4.: Aufgabenstellungen zu $\boldsymbol{Ax} = \boldsymbol{y}$

## Aufgaben

**2.1.** Zwei Maschinen produzieren zusammen 100 Teile pro Stunde. Dabei ist die eine Maschine A dreimal so leistungsfähig wie die andere Maschine B. Wie viele Teile produzieren die beiden Maschinen jeweilig?

**2.2.** Für einen Produktionsprozess ist bekannt: Zur Produktion 1 ME von $E_1$ sind 4 ME von $R_1$ und 6 ME von $R_2$ erforderlich, zur Produktion 1 ME von $E_2$ sind 3 ME von $R_1$ und 5 ME von $R_2$ erfordelich.

(a) Stellen Sie die Porduktionsmatrix $\boldsymbol{C}_{RE}$ auf !

(b) Berechnen Sie den Bedarf an Rohstoffen $R_1$ und $R_2$ zur Produktion eines Produktionssortiments, bestehend aus 500 ME von $E_1$ und 800 ME von $E_2$!

**2.3.** Ein Unternehmen stellt mit Hilfe der Produktionsfaktoren $F_1$, $F_2$, $F_3$ zwei Produkte $P_1$, $P_2$ her.

$$\begin{matrix}\text{Produktionsfaktoren} & \xrightarrow{\text{Produktionsstufe}} & \text{Produkte} \\ F_i & & P_j\end{matrix}$$

Zur Produktion für jede Mengeneinheit von $P_j$ $(j = 1, 2)$ werden $a_{ij}$ Mengeneinheiten von $F_i$ $(i = 1, 2, 3)$ verbraucht. Der Zusammenhang lässt sich anschaulich darstellen, siehe Bild 2.17. Wir nehmen weiter an, dass für die Produktionsfaktoren $F_i$ Kosten $c_i$ pro Einheit auftreten und für die Produkte $P_j$ Verkaufspreise $p_j$ erzielt werden, siehe Tabelle 2.5. Wir nehmen an, dass $x_j$ Einheiten des Produktes $P_j$ hergestellt und verkauft werden. Berechnen Sie den Verbrauch $y_i$ der Produktionsfaktoren $F_i$, die Beschaffungskosten $k$, den Umsatz $u$ und den Gewinn $g$. Interpretieren Sie die Größen mit Hilfe von Matrizen und Matrizenoperationen.

| | $P_1$ | $P_2$ |
|---|---|---|
| $F_1$ | $a_{11}$ | $a_{12}$ |
| $F_2$ | $a_{21}$ | $a_{22}$ |
| $F_3$ | $a_{31}$ | $a_{32}$ |

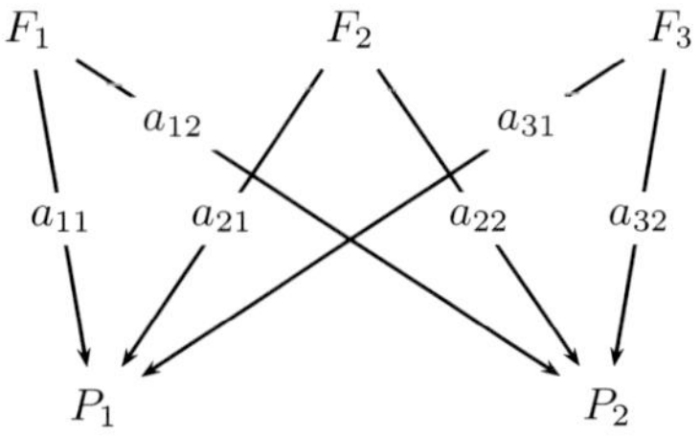


Bild 2.17.: Ein einstufiger Produktionsprozess

| Produktionsfaktoren | $F_1$ | $F_2$ | $F_3$ |
|---|---|---|---|
| Kosten pro Einheit | $c_1$ | $c_2$ | $c_3$ |

| Produkte | $P_1$ | $P_2$ |
|---|---|---|
| Verkaufspreise | $p_1$ | $p_2$ |

Tabelle 2.5.: Kosten und Verkaufspreise

**2.4.** Ein Betrieb produziert aus drei Rohstoffen $R_1$, $R_2$ und $R_3$ die Produkte $P_1$ und $P_2$. Der Materialfluss in Mengeneinheiten (ME) ist der Tabelle 2.6 zu entnehmen.

| | $P_1$ | $P_2$ |
|---|---|---|
| $R_1$ | 4 | 6 |
| $R_2$ | 0 | 8 |
| $R_3$ | 5 | 3 |

Tabelle 2.6.: Stückliste

(a) Ein Kunde erteilt ein Auftrag über 20 ME von $P_1$ und 15 ME von $P_2$. Berechnen Sie, wie viel Mengeneinheiten der Rohstoffe von jeder Sorte benötigt werden?

(b) Die Rohstoffkosten betragen 7 Geldeinheiten (GE) für 1 ME $R_1$, 3 GE für 1 ME $R_2$ und 2 GE für 1 ME $R_3$. Berechnen Sie die gesamten Rohstoffkosten für die Produktion von 120 ME von $P_1$ und 80 ME von $P_2$.

**2.5.** Die Herstellung von je einer Mengeneinheit (ME) von Zwischenprodukt $Z_1$ erfordert 2 ME des Rohstoffs $R_1$ und 1 ME des Rohstoffs $R_2$. Die Produktion von je 1 ME von Zwischenprodukt $Z_2$ erfordert 3 ME des Rohstoffs $R_1$ und 2 ME von $R_2$. Für je 1 ME von $Z_3$ benötigt man 4 ME des Rohstoffs $R_1$ und 6 ME des Rohstoffs $R_2$. Für die Fertigstellung von je 1 ME des Endproduktes $E_1$ sind 2 ME von Zwischenprodukt $Z_1$, 1 ME von $Z_2$ und 5 ME von $Z_3$ erforderlich. Aus 1 ME $Z_1$, kein $Z_2$ und 1 ME von $Z_3$ wird 1 ME von $E_2$ erzeugt. Für die Produktion von $E_3$ sind pro ME jeweils 1 ME $Z_1$, 2 ME $Z_2$ und 3 ME von $Z_3$ erforderlich.

(a) Stellen Sie die Verflechtungsmatrizen auf.

(b) Wie viel Mengeneinheiten der Rohstoffe werden für je eine Mengeneinheit der Endprodukte benötigt?

**2.6.** Ein Unternehmen will pro Tag 200 Stück des Produktes A, 500 Stück des Produktes B und 300 Stück des Produktes C herstellen. Diese Quantitäten kann man durch die Spaltenmatrix (Mengenmatrix) $\boldsymbol{x} = [200\ 500\ 300]^{\mathrm{T}}$ beschreiben. Jedes dieser drei Produkte wird eine gewisse Zeit auf einer Maschine des Typs I und auf einer Maschine des Typs II bearbeitet. Die zur Fertigstellung jedes Stückes benötigten Stunden sind in der Tabelle 2.7 dargestellt. In jeder Nutzungsstunde einer Maschine des Typs I werden

| | *Produkt A* | *Produkt B* | *Produkt C* |
|---|---|---|---|
| Stunden auf Maschinentyp I | 0.3 | 0.1 | 0.6 |
| Stunden auf Maschinentyp II | 0.5 | 0.4 | 0.2 |

Tabelle 2.7.: Bearbeitungszeiten

70 kWh Arbeit und 2 l Schmierstoff, dei einer Maschine des Typs II dagegen 100 kWh Arbeit und 1 l Schmierstoff benötigt. Die Tabelle 2.8 zeigt dies übersichtlich. Jede kWh

| | *Typ I* | *Typ II* |
|---|---|---|
| Arbeit in kWh | 70 | 100 |
| Schmierstoff in l | 2 | 1 |

Tabelle 2.8.: Betriebsstoffverbrauch

kostet 0.10 € und jeder Liter Schmierstoff 3 €. Diese Daten enthält der Kostenvektor $\boldsymbol{k} = (0.1, 3)$. Mit diesen Daten lassen sich nun folgende Aufgaben lösen.

(a) Berechnen Sie die Nutzungszeiten der Maschinen des Typs I und II.

(b) Berechnen Sie den Betriebsstoffverbrauch je Stück der Produkte.

(c) Berechnen Sie die Betriebskosten je Nutzungsstunde einer Maschine.

(d) Berechnen Sie den Gesamtbetriebsstoffverbrauch.

(e) Geben Sie die Betriebskosten je Mengeneinheit der Produkte und die Gesamtkosten an.

**2.7.** Ein Produkt kann durch zwei unterschiedliche Verfahren $V_1$ und $V_2$ aus zwei verschiedenen Materialien $M_1$ und $M_2$ hergestellt werden. Bei der Herstellung nach Verfahren $V_1$ werden 20 Mengeneinheiten (ME) von $M_1$ und 40 ME von $M_2$ benötigt, während bei der Herstellung nach Verfahren $V_2$ 60 ME von $M_1$ und 50 ME von $M_2$ benötigt werden. Der Materialvorrat beläuft sich auf 1500 ME von $M_1$ und 1600 ME von $M_2$. Wie viele Produkte kann man mittels der zwei unterschiedlichen Verfahren herstellen, wenn das gesamte Material verbraucht werden soll?

**2.8.** Eine Volkswirtschaft habe drei Industrien: Fischfang, Forstwirtschaft und Bootsbau. Um eine Tonne Fisch anzulanden, wird der Betrieb von $a$ Fischerbooten benötigt. Um eine Tonne Holz zu erzeugen, werden $b$ Tonnen Fisch benötigt, um die Forstarbeiter zu ernähren. Um ein Fischerboot herzustellen, werden $c$ Tonnen Holz benötigt. Dies sind nur die benötigten Inputgrößen für jeden dieser drei Industriezweige. Nehmen Sie an, dass es keine zusätzliche externe Nachfrage nach Fischerbooten gibt. Bestimmen Sie, welchen Gesamtoutput jeder der drei Industriezweige produzieren muss, um die zusätzliche Nachfrage nach $d_1$ Tonnen Fisch und $d_2$ Tonnen Holz erfüllen zu können.

**2.9.** Das Bild 2.9 zeigt den Graph einer kubische Funktion $y = ax^3 + bx^2 + cx + d$, $x \in \mathbb{R}$. Bestimmen Sie die Koeffizienten $a, b, c$ und $d$.

**2.10.** Lösen Sie das folgende Problem. Gesucht sind die Koeffizienten der Polynomfunktion $f(t) = x_1 t^2 + x_2 t + x_3$, $t \in \mathbb{R}$, deren Graph bei $t = -3$ die $t$-Achse schneidet, bei $t = -2$ eine Stelle mit waagrechter Tangente hat und durch den Punkt $P = (1, 8)$ verläuft.

**2.11.** Stellen Sie für das folgende *Interpolationsproblem* das zu lösende lineare Gleichungssystem auf und lösen Sie es. Es soll die kubische Polynomfunktion $b(t) = x_4 + x_3 t + x_2 t^2 + x_1 t^3$ die vier Punkte $(-2, 10)$, $(-1, 4)$, $(1, 6)$ und $(2, 3)$ in der $t, b$-Ebene interpolieren, das heißt, der Graph von $b$ soll durch die gegebenen vier Punkte verlaufen.

**2.12.** Finden Sie ein mathematisches Modell für ein digitalisiertes Grauwertbild. Das Bild 2.18 zeigt ein Beispiel. Wir können (wie jede Matrix) dies auch als eine Abbil-

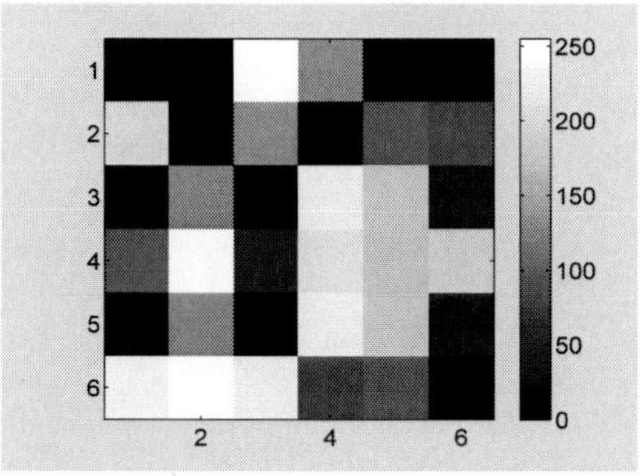


| | | | | | |
|---|---|---|---|---|---|
| 0 | 2 | 255 | 127 | 5 | 0 |
| 200 | 0 | 130 | 0 | 89 | 77 |
| 10 | 121 | 4 | 222 | 178 | 34 |
| 90 | 255 | 44 | 211 | 175 | 189 |
| 13 | 125 | 15 | 221 | 176 | 33 |
| 234 | 255 | 222 | 75 | 87 | 14 |

Bild 2.18.: Ein Grauwertbild und die Bildmatrix

dung $s : \{0, 1, \ldots, L-1\} \times \{0, 1, \ldots, R-1\} \to \{0, 1, \ldots, 255\}$ betrachten (zweidimensionales digitales Signal).

**2.13.** Bestätigen Sie die Lösung $\boldsymbol{x} = (6, 7, 5, 5, 2, 7, 6, 7, 5)$ des Computertomograph-Beispiels in MATLAB, siehe Abschnitt 2.5.

**2.14.** Ein Vater hat einen Sohn und eine Tochter. Der Vater ist viermal so alt wie sein Sohn und der Sohn ist fünf Jahre älter als seine Schwester. In fünf Jahren sind Vater und Sohn zusammen sechsmal so alt wie die Tochter. Wie alt sind Vater, Sohn und Tochter?

**2.15.** In einer Innenstadt kreuzen sich zwei Einbahnstraßen, wie in Bild 2.19 dargestellt.

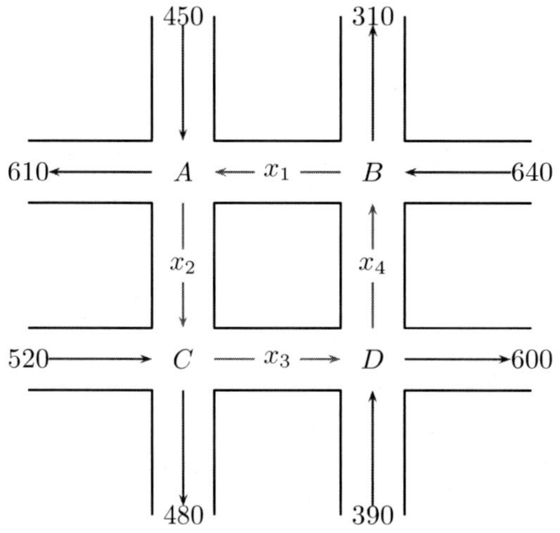


Bild 2.19.: Vier Kreuzungen

Die durchschnittlichen Anzahlen von Fahrzeugen je Stunde sind ebenfalls aus dem Diagramm ablesbar. Berechnen Sie den Verkehrsfluss (durchschnittliche Anzahl von Fahrzeugen je Stunde) zwischen den vier Kreuzungen $A$, $B$, $C$, $D$.

**2.16.** In einem Handballverein gibt es zweimal so viele Feldhandballspieler und passive Mitglieder wie Hallenhandballspieler, 50 Vereinsmitglieder spielen Handball, 110 spielen nicht gleichzeitig Hallen- und Feldhandball. Die Anzahl der passiven Vereinsmitgleider ist um 25 größer als die Zahl der Hallenhandballspieler. Wie viele Mitglieder hat der Verein?

**2.17.** Ein Kind ist 21 Jahre jünger als seine Mutter. In 6 Jahren wird die Mutter fünfmal so alt wie das Kind sein. Wo ist der Vater?

**2.18.** Eine zweistellige Zahl hat die Quersumme 11. Vertauscht man ihre Ziffern, so entsteht eine um 27 größere Zahl. Wie heißt die Zahl?

**2.19.** Edelstahl ist eine Legierung (Mischmetall, das durch Zusammenschmelzen mehrere Metalle entstanden ist) aus Eisen, Chrom und Nickel; zum Beispiel besteht 18/10-Stahl aus 72% Eisen, 18% Chrom und 10% Nickel. Aus den Legierungen $A$, $B$, $C$ soll unter Zugabe von möglichst wenig Nickel ($D$) eine Tonne 18/10-Stahl hergestellt werden. Lösen Sie das Problem mit einem linearen Gleichungssystem.

| | $A$ | $B$ | $C$ | $D$ |
|---|---|---|---|---|
| Eisen | 70% | 74% | 78% | 0% |
| Chrom | 22% | 18% | 15% | 0% |
| Nickel | 8% | 8% | 7% | 100% |

**2.20.** In einem gemüseverarbeitenden Betrieb ist ein Sonderposten von 23 t Möhren und 17 t Erbsen eingetroffen, was den Chef auf die originelle Idee bringt, daraus schmackhaftes Mischgemüse herzustellen. Besonders gut gehen erfahrungsgemäß die Sorten $S_1$, $S_2$ und $S_3$, die sich (neben unterschiedlichen Geschmacksverstärkern) durch unterschiedliche Anteile an Mören und Erbsen in der Mischung auszeichnen. In der Tabelle 2.9 sind die Gewichtsanteile in Prozent angegeben. Der Produktionsleiter wird beauftragt, alle Produktionsvarianten zu beschreiben, die den vollständigen Verbrauch des Gemüses gewährleisten. Nun sind Sie der Produktionschef!

| | $S_1$ | $S_2$ | $S_3$ |
|---|---|---|---|
| Möhren | 80 | 60 | 45 |
| Erbsen | 20 | 40 | 55 |

Tabelle 2.9.: Zu Aufgabe 2.20

| nach \ von | CDU | SPD | Sonstige |
|---|---|---|---|
| CDU | 0.45 | 0.20 | 0.20 |
| SPD | 0.15 | 0.50 | 0.20 |
| Sonstige | 0.40 | 0.30 | 0.60 |

Tabelle 2.10.: Zu Aufgabe 2.23

**2.21** (Lineare Gleichungen, innerbetriebliche Leistungsverrechnung)**.** In einem Betrieb stehen drei Kostenstellen in gegenseitigem Leistungsaustausch. Für die letzte Abrechnungsperiode wurde folgendes ermittelt:

| von \ an | A | B | C | Gesamtleistung in ME | primäre Kosten in € |
|---|---|---|---|---|---|
| A | | 40 | 10 | 400 | 10 880 |
| B | 20 | | 60 | 880 | 34 080 |
| C | 5 | 30 | | 235 | 10 340 |

(a) Stellen Sie die Leistungsverflechtung grafisch dar.

(b) Ermitteln Sie die innerbetrieblichen Verrechnungspreise für je eine Mengeneinheit (ME) von A, B und C.

(c) Wie hoch sind die Gesamtkosten jeder Kostenstelle?

**2.22** (Lineare Gleichungen, innerbetriebliche Leistungsverrechnung)**.** In einem Unternehmen existieren drei Hilfskostenstellen, die durch eine innerbetriebliche Leistungsverflechtung verbunden sind. Die zur Berechnung der innerbetrieblichen Verrechnungspreise notwendige Daten sind in der folgenden Tabelle (Heizung in kWh, Strom in kWh, Reperatur in h)

| von \ an | Heizung | Strom | Reperatur | Gesamtleistung | primäre Kosten |
|---|---|---|---|---|---|
| Heizung | – | 500 | 150 | 45 000 | 12 600 |
| Strom | 800 | 1 000 | 80 | 18 000 | 132 950 |
| Reperatur | 50 | 40 | 20 | 120 | 6 285 |

zusammengestellt.

(a) Ermitteln Sie die innerbetrieblichen Verrechnungspreise.

(b) Wie hoch sind die Gesamtkosten jeder Kostenstelle?

**2.23** (Wählerwanderungen)**.** Bei der Bundestagswahl 2009 entfielen 32.0% der Erststimmen auf die CDU und 27.9% der Erststimmen auf die SPD. Die Tabelle 2.10 stellt die jährlichen Wählerwanderungen dar. Ermitteln Sie die Wahlprognose für die nächste Bundestagswahl 2013 unter der Voraussetzung, dass eine jährliche Wählerwanderung unterstellt wird, wie in Tabelle 2.10 beschrieben.

# 3. Vektoren in der Ebene und im Raum

Eine skalare Größe ist durch die Angabe einer einzigen Zahl gekennzeichnet. Was ist eine *vektorielle Größe* bzw. ein *Vektor*? Die Idee des Konzeptes Vektor ist leicht zu verstehen. Ein Beispiel ist etwa die Aufforderung: Verschieben Sie das Buch um 10 cm. Offenbar weiß man dann noch nicht, wo es hin soll. Dazu bedarf es offensichtlich noch einer weiteren Angabe der Verschiebung, nämlich der Richtung auf dem Tisch (Ebene) oder im Raum. Analoge Größen wie Verschiebungen in der Ebene oder im Raum sind Geschwindigkeiten, Kräfte, usw. Vektorielle Größen (Vektoren) sind mathematische Modelle in geometrischen, arithmetischen, physikalischen, technischen, wirtschaftlichen und gesellschaftlichen Kontexten. Damit modellieren wir zum Beispiel Wege, Geschwindigkeiten, Beschleunigungen, Kräfte, Impulse, Drehimpulse, Drehmomente, Verschiebungen in der Ebene oder im Raum, Mengen, Preise und Stücklisten verschiedener Produkte usw. Bei manchen Größen ist uns oft gar nicht bewusst, dass es sich um vektorielle Größen handelt. Umgangssprachlich sagt man, ein Tachometer zeigt die Geschwindigkeit an. Tatsächlich aber ist das nur die halbe Wahrheit, denn die Richtung der Geschwindigkeit wird durch einen Tachometer nicht angezeigt.

Vektoren sind zentrale Gegenstände der Linearen Algebra. Sie ermöglichen viele Aufgaben aus unterschiedlichen Anwendungsgebieten zu modellieren und zu lösen. Dieses Kapitel ist so aufgebaut, dass wir zunächst *geometrische Vektoren* (Pfeilklassen) in der Ebene und im Raum ohne Koordinatensystem betrachten. In vielen mathematischen Modellen kommen solche geometrischen Vektoren zum Einsatz. Dann diskutieren wir *arithmetische Vektoren*. Mit diesen kann man gut rechnen, auch auf dem Computer. Danach zeigen wir, dass geometrische und arithmetische Vektoren „strukturgleich" sind. Wir sprechen dann nur noch von Vektoren. Geometrische und arithmetische Vektoren sind unterschiedliche Bilder von Vektoren. Welches Bild zum Einsatz kommt, entscheidet die jeweilige Anwendung.

Mit dem Aufbau und Vorgehen orientieren wir uns an der historischen Entwicklung des Vektorbegriffs, da zunächst konkrete *Vektorraummodelle* im Mittelpunkt stehen. Damit betreiben wir dann klassische Vektorrrechung. Der allgemeine Begriff des *Vektorraumes* ist dann Gegenstand von Kapitel 5, wobei auf die hier betrachteten konkreten Vektoren zurückgeblickt und eine Abstraktion vollzogen wird.

Da bei vielen geometrischen Aufgaben sowohl Strecken als auch Winkel eine große Rolle spielen, ist es vorteilhaft, *gerichtete Strecken* bzw. *Pfeile* (*Verschiebungen*, *Translationen*) als eigenständige mathematische Größen zur Verfügung zu haben. Solche Größen spielen auch in der Physik, Technik, Wirtschaft und Gesellschaft eine sehr große Rolle. Sie wurden historisch eingeführt, um solche physikalischen Größen zu beschreiben, die sich (anders als Temperatur, Masse, Zeit, Arbeit, Widerstand, Spannung, Energie, Entropie) nicht durch eine Maßzahl und eine Maßeinheit (*skalare Größe*, *Skalar*[1]) allein beschreiben lassen, sondern die sowohl einen Betrag (Maßzahl, Maßeinheit) und eine Richtung als auch einen Richtungssinn (*gerichtete bzw. vektorielle Größen*) haben, oder zu deren Beschreibung mehrere Zahlen notwendig sind. Dazu gehören zum Beispiel Geschwindigkeiten und Kräfte. Wir wollen deshalb Pfeile näher untersuchen und Rechenregeln für sie erarbeiten. Diese Regeln gelten jedoch nicht nur für Pfeile, sondern für viele Objekte in der Mathematik und anderen Wissenschaften, wie wir in diesem und den folgenden Kapiteln sehen werden.

Die Vektorrechnung entstand in einem langen historischen Prozess vor allem aufgrund der Anforderungen der Geometrie und der Physik. Im weiteren Verlauf löste sich der Vektorbegriff von den konkreten Kontexten der Geometrie und der Physik. Damit wurde einerseits eine Abstraktion vollzogen, indem der Begriff *Vektorraum* entstand (Kapitel 5). Andererseits führte die Mächtigkeit dieser Struktur zur Erschließung neuer Anwendungsfelder von Vektoren, die heute zum Beispiel weder aus der Informatik noch aus den Wirtschaftswissenschaften wegzudenken ist.

## 3.1. Geometrische Vektoren

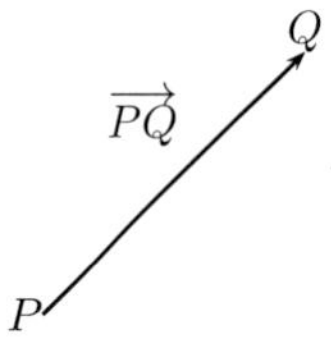


Bild 3.1.: Verschiebung

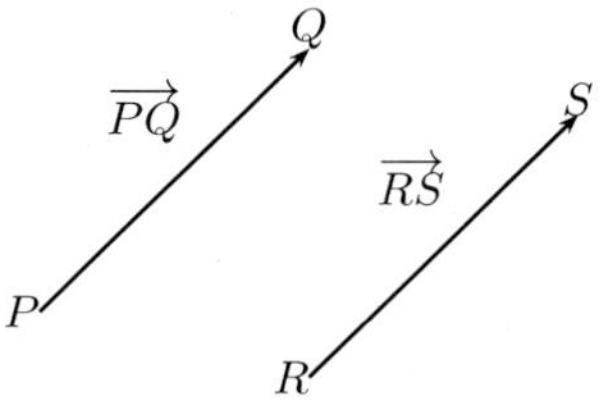


Bild 3.2.: Gleiche Wirkung

Am einfachsten ist es, sich geometrisch in der Ebene und im Raum an den Vektorbegriff heranzutasten. Zu zwei Punkten $P$ und $Q$ in der Ebene oder im Raum gibt es genau eine Verschiebung, die $P$ nach $Q$ bringt (abbildet). Diese Verschiebung wird mit $\overrightarrow{PQ}$ bezeichnet und ist ein *geometrischer Vektor von $P$ nach $Q$* (Das Wort Vektor bedeutet

[1]Ein Skalar ist eine Zahl, die sich auf einer Skala eines Messinstrumentes ablesen lässt; daher der Name.

so viel wie „Träger“ ; der geometrische Vektor $\overrightarrow{PQ}$ „trägt“ $P$ nach $Q$). $\overrightarrow{PQ}$ wird als *Pfeil (gerichtete Strecke)* dargestellt, siehe Bild 3.1.

Unter dem Vektor $\overrightarrow{PQ}$ wird aber auch zum Beispiel der Punkt $R$ nach $S$ verschoben oder anders ausgedrückt: Der Vektor $\overrightarrow{PQ}$ hat auf $R$ dieselbe Wirkung, wie auf $P$. Bezeichnen wir diesen analog mit $\overrightarrow{RS}$, so gilt $\overrightarrow{PQ} = \overrightarrow{RS}$, siehe Bild 3.2.

Der Vektor, zu dem die Pfeile in Bild 3.3 gehören, bildet $P$ auf $Q$, $R$ auf $S$, $T$ auf $V$, usw. ab. Wir bezeichnen ihn mit $\overrightarrow{PQ}$, $\overrightarrow{RS}$, $\overrightarrow{TV}$ usw. oder mit einem kleinen fett gedruckten,

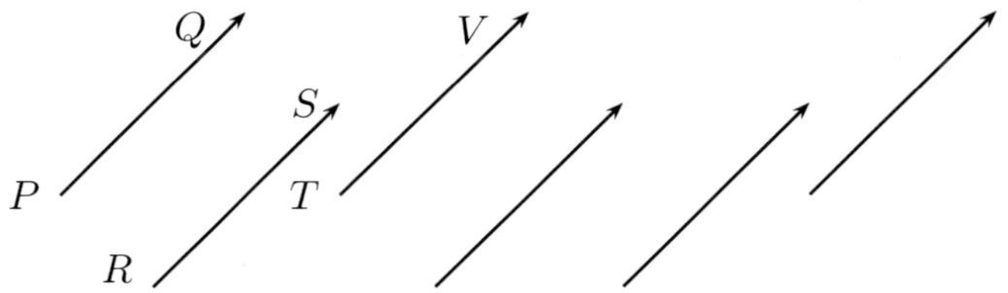


Bild 3.3.: Vektor $\boldsymbol{v}$

kursiven, lateinischen Buchstaben, zum Beispiel $\boldsymbol{v}$ (Manche Autoren schreiben für einen Vektor auch $\vec{v}$ oder $\underline{v}$. Physiker schreiben für einen Vektor auch $|v>$, insbesondere dann, wenn sie Quantenmechnik betreiben.). Ein Pfeil ist festgelegt (charakterisiert) durch seine Länge, seine Richtung und seinen Richtungssinn (festgelegt durch die Pfeilspitze).

Ein **geometrischer Vektor** (kurz **Vektor**) ist ein Pfeil (gerichtete Strecke, Verschiebung, Translation), wobei wir nicht zwischen solchen Pfeilen unterscheiden, die durch eine Parallelverschiebung ineinander übergehen. Ein geometrischer Vektor ist also die Menge aller zueinander paralleler, gleich langer und gleich gerichteter Pfeile (Oder: Alle Pfeile, die die gleiche Länge haben, parallel zueinander sind und die Pfeilspitze auf der gleichen Seite haben, stellen denselben geometrischen Vektor dar.). Eine solche Menge von Pfeilen ist bereits festgelegt, wenn man einen ihrer Pfeile, einen **Repräsentanten**, kennt. Ein Pfeil ist also ein Repräsentant eines Vektors. Ein Vektor kann in der Ebene oder im Raum frei parallel verschoben werden und ist nicht an einen festen Anfangspunkt gebunden. Vektoren werden mit $\boldsymbol{v}$, $\boldsymbol{w}$, $\boldsymbol{u}$, $\boldsymbol{a}$, $\boldsymbol{b}$ usw. bezeichnet. Der **Betrag** (**Länge**, **Norm**) eines geometrischen Vektors ist gleich der Länge eines Pfeils, der ihn repräsentiert. Für den Betrag des Vektors $\boldsymbol{v}$ schreibt man $|\boldsymbol{v}|$ oder $v$.

Geometrische Vektoren $\boldsymbol{v}$ und $\boldsymbol{w}$ sind **gleich** ($\boldsymbol{v} = \boldsymbol{w}$), wenn die Pfeile von $\boldsymbol{v}$ und $\boldsymbol{w}$ zu einander parallel, gleich lang und gleichgerichtet sind, siehe Bild 3.4. Derjenige Vektor, der jeden Punkt auf sich selbst abbildet, heißt **Nullvektor**. Der Nullvektor wird mit $\boldsymbol{o}$ bezeichnet. Der Nullvektor kann nicht als Pfeil gezeichnet werden, sondern als Punkt. Er ist der einzige Vektor ohne Pfeil. Den zu $\boldsymbol{v}$ parallelen, gleich langen, aber entgegengesetzt

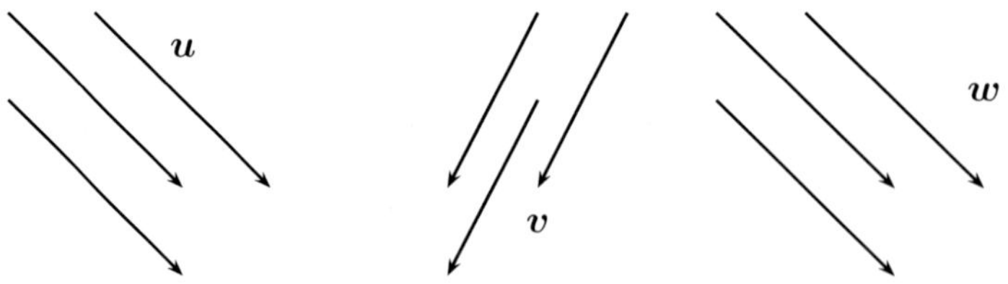


Bild 3.4.: Gleiche und unterschiedliche Vektoren: $\boldsymbol{u} = \boldsymbol{w}$, aber $\boldsymbol{v} \neq \boldsymbol{u}$

gerichteten Vektor bezeichnen wir mit $-\boldsymbol{v}$ und nennen ihn **Gegenvektor** (**negativer Vektoren**, **inverser Vektor**). Ist $\overrightarrow{PQ}$ ein Pfeil (Repräsentant) von $\boldsymbol{v}$, so ist $\overrightarrow{QP}$ ein Pfeil (Repräsentant) von $-\boldsymbol{v}$. Zu jedem Vektor gibt es einen Gegenvektor. In der Physik ist diese Konstruktion bei Kräften unter dem *dritten* NEWTON*schen Gesetz* als „actio et reactio" bekannt.

## 3.2. Rechnen mit geometrischen Vektoren

Die **Hintereinanderausführung** zweier geometrischer Vektoren $\boldsymbol{u}$ und $\boldsymbol{v}$ (das heißt erst Vektor $\boldsymbol{u}$ und dann Vektor $\boldsymbol{v}$) ergibt wieder einen geometrischen Vektor. Dieser neue Vektor verschiebt nun den Anfangspunkt von $\boldsymbol{u}$ zum Endpunkt von $\boldsymbol{v}$. Statt von Hintereinanderausführung spricht man auch von **Vektoraddition**: Die geometrischen Vektoren $\boldsymbol{u}$ und $\boldsymbol{v}$ werden *addiert* und man schreibt $\boldsymbol{u} + \boldsymbol{v}$. Der Vektor $\boldsymbol{u} + \boldsymbol{v}$ heißt **Summenvektor**. Das Bild 3.5 zeigt die Vektoraddition, das heißt, wie man mit Hilfe eines Pfeiles von $\boldsymbol{u}$ und eines Pfeiles von $\boldsymbol{v}$ den neuen Pfeil $\boldsymbol{u} + \boldsymbol{v}$ erhält.

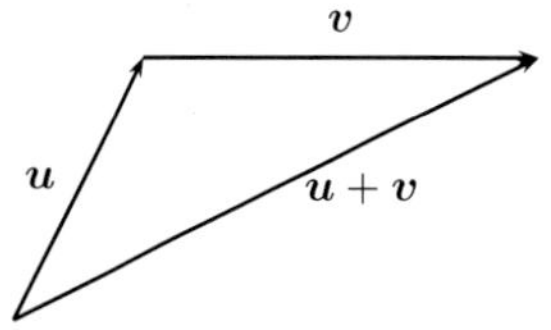


Bild 3.5.: Vektoraddition

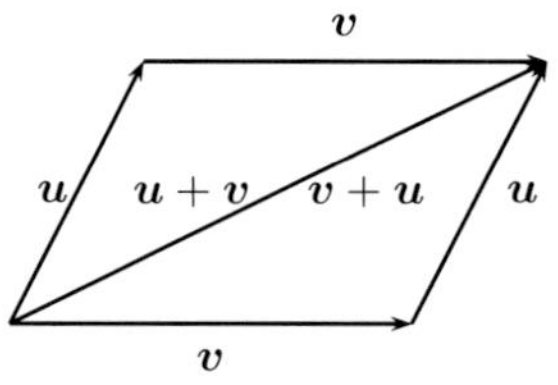


Bild 3.6.: Kommutativität

Bitte beachten Sie, dass das Additionszeichen + bei der Vektoraddition (Vektor plus Vektor) formal genauso aussieht wie das Additionszeichen bei der gewöhnlichen Addition zweier (reeller) Zahlen, inhaltlich jedoch eine andere Bedeutung hat.

Wir können die Vektoraddition auch so beschreiben. Sind $\boldsymbol{u}$ und $\boldsymbol{v}$ Vektoren und ist $\overrightarrow{PQ}$ ein Repräsentant von $\boldsymbol{u}$ und $\overrightarrow{QR}$ ein Repräsentant von $\boldsymbol{v}$, so ist der Summenvektor $\boldsymbol{u}+\boldsymbol{v}$ derjenige Vektor, der $\overrightarrow{PQ}+\overrightarrow{QR}$ enthält.

Zwei Vektoren $\boldsymbol{u}$ und $\boldsymbol{v}$ werden also nach folgender Vorschrift (geometrisch) addiert:

- Der Vektor $\boldsymbol{v}$ wird parallel zu sich selbst verschoben, bis sein Anfangspunkt in den Endpunkt des Vektor $\boldsymbol{u}$ fällt.
- Die vom Anfangspunkt des Vektors $\boldsymbol{u}$ zum Endpunkt des Vektors $\boldsymbol{v}$ gerichtete Strecke ist der Summenvektor $\boldsymbol{u}+\boldsymbol{v}$.

Das Bild 3.6 zeigt die Summen $\boldsymbol{u}+\boldsymbol{v}$ und $\boldsymbol{v}+\boldsymbol{u}$. Offensichtlich gilt

$$\boldsymbol{u}+\boldsymbol{v}=\boldsymbol{v}+\boldsymbol{u}.$$

Auf die Reihenfolge kommt es also nicht an; ob erst $\boldsymbol{u}$ und dann $\boldsymbol{v}$ oder erst $\boldsymbol{v}$ und dann $\boldsymbol{u}$ ist das Gleiche. Beachten Sie auch die Konstruktion: Haben die Vektoren $\boldsymbol{u}$ und $\boldsymbol{v}$ denselben Anfangspunkt (was man immer erreichen kann), so ist die Summe gerade die Diagonale des dadurch bestimmten Parallelogramms. Deshalb heißt die Vektoraddition auch *Parallelogrammregel* (Bild 3.6). Wir haben soeben begründet, dass für geometrische Vektoren das *Kommutativgesetz* (*Vertauschungsgesetz*) gilt. Ähnlich zeigt man die anderen Rechenregeln (Eigenschaften) des folgenden Satzes 3.1.

**Satz 3.1** (Rechenregeln für geometrische Vektoren)**.** *Für alle geometrischen Vektoren* $\boldsymbol{u}$, $\boldsymbol{v}$ *gelten die folgenden vier Rechenregeln:*

*(a) Kommutativgesetz:* $\boldsymbol{u}+\boldsymbol{v}=\boldsymbol{v}+\boldsymbol{u}$,

*(b) Assoziativgesetz:* $(\boldsymbol{u}+\boldsymbol{v})+\boldsymbol{w}=\boldsymbol{u}+(\boldsymbol{v}+\boldsymbol{w})$,

*(c) Existenz des Nullvektors: Es existiert der Nullvektor* $\boldsymbol{o}$, *mit* $\boldsymbol{v}+\boldsymbol{o}=\boldsymbol{v}$,

*(d) Existenz negativer Vektoren: Zu jedem* $\boldsymbol{v}$ *gibt es ein* $-\boldsymbol{v}$ *mit* $\boldsymbol{v}+(-\boldsymbol{v})=\boldsymbol{o}$.

*Beweis.* Wir geben eine (zweifache) Begründung für das Assoziativgesetzes $(\boldsymbol{u}+\boldsymbol{v})+\boldsymbol{w}=\boldsymbol{u}+(\boldsymbol{v}+\boldsymbol{w})$, siehe Bild 3.7. Die drei geometrischen Vektoren $\boldsymbol{u}$, $\boldsymbol{v}$, $\boldsymbol{w}$ können in beliebiger Reiehnfolge addiert werden und liefern immer dasselbe Ergebnis. Das schreiben wir in vereinfachter Form ohne Klammern $\boldsymbol{u}+\boldsymbol{v}+\boldsymbol{w}$. □

Sind zwei Vektoren $\boldsymbol{v}$ und $\boldsymbol{w}$ gegeben, so lässt sich der Summenvektor $\boldsymbol{v}+\boldsymbol{w}$ auf zwei Arten konstruieren:

- Hierzu verschieben wir den Vektor $\boldsymbol{w}$ parallel so, dass der Anfangspunkt des Vektors $\boldsymbol{w}$ mit dem Endpunkt des Vektors $\boldsymbol{v}$ zusammenfällt. Verbinden wir nun den Anfangspunkt des Vektors $\boldsymbol{v}$ mit dem Endpunkt des Vektors $\boldsymbol{w}$, so erhalten wir den Summenvektor $\boldsymbol{v}+\boldsymbol{w}$. Wir haben die einzelnen Schritte in Bild 3.8 aufgezeichnet.

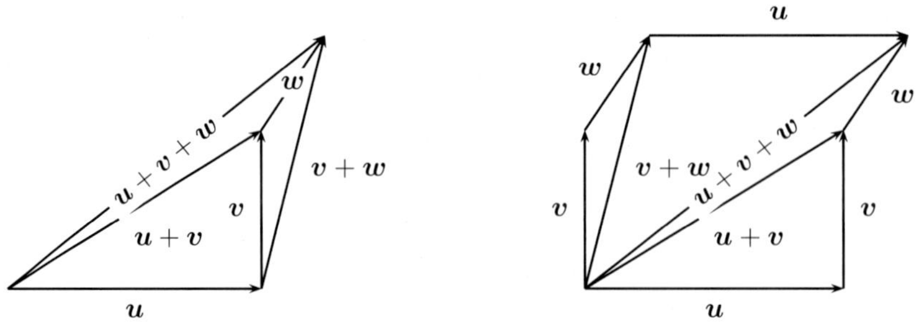


Bild 3.7.: Assoziativgesetz auf zwei Arten begründet

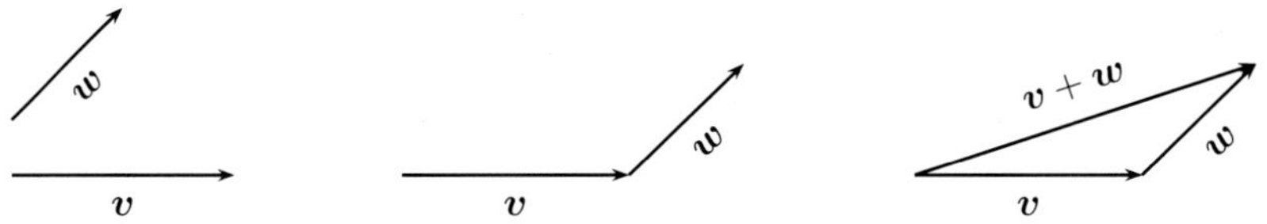


Bild 3.8.: Erste Art der Vektoraddition

- Hierzu verschieben wir den Vektor $\boldsymbol{w}$ parallel so, dass der Anfangspunkt des Vektors $\boldsymbol{w}$ mit dem Anfangspunkt des Vektors $\boldsymbol{v}$ zusammenfällt. Bilden wir nun das Parallelogramm der Vektoren $\boldsymbol{v}$ und $\boldsymbol{w}$, so ist der Summenvektor $\boldsymbol{v}+\boldsymbol{w}$ die gerichtete Diagonale vom Anfangspunkt des Vektors $\boldsymbol{v}$ (bzw. $\boldsymbol{w}$) bis zum Endpunkt des Vektors $\boldsymbol{v}$ (bzw. $\boldsymbol{w}$). Auch hier haben wir die einzelnen Schritte in Bild 3.9 aufgezeichnet.

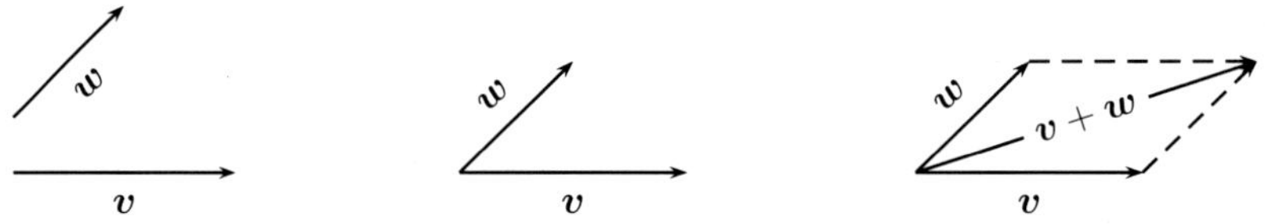


Bild 3.9.: Zweite Art der Vektoraddition: Parallelogrammregel

Die Addition zweier geometrischer Vektoren (Pfeile) ergibt einen resultierenden geometrischen Vektor. Die Länge und die Richtung des resultierenden Vektors ist so festgelegt, dass der resultierende Vektor in seiner Wirkung der Gesamtwirkung der beiden einzelnen Vektoren entspricht. Gut kann man sich das bei Kräften in der Mechanik vorstellen. Die resultierende Kraft zweier Einzelkräfte ist so, dass die Wirkung der beiden Einzelkräfte und der resultierenden Kraft gleich ist. Die resultierende Kraft ist eine Art Ersatzkraft der beiden Einzelkräfte.

Die **Vektorsubtraktion** lässt sich auf die Vektoraddition zurückführen. Unter dem **Differenzvektor** $\boldsymbol{v} - \boldsymbol{w}$ zweier Vektoren $\boldsymbol{v}$ und $\boldsymbol{w}$ versteht man den Summenvektor aus $\boldsymbol{v}$ und $-\boldsymbol{w}$, wobei $-\boldsymbol{w}$ der Gegenvektor von $\boldsymbol{w}$ ist:

$$\boldsymbol{v} - \boldsymbol{w} = \boldsymbol{v} + (-\boldsymbol{w}).$$

Der Differenzvektor $\boldsymbol{v} - \boldsymbol{w}$ ist also die Summe aus dem Vektor $\boldsymbol{v}$ und dem Gegenvektor von $\boldsymbol{w}$.

Sind zwei Vektoren $\boldsymbol{v}$ und $\boldsymbol{w}$ gegeben, so lässt sich der Differenzvektor $\boldsymbol{v} - \boldsymbol{w}$ (wie auch der Summenvektor) auf zwei Arten konstruieren:

- Der Vektor $\boldsymbol{w}$ wird zunächst in seiner Richtung umgekehrt; dies ergibt den Gegenvektor $-\boldsymbol{w}$. Dann verfährt man so wie bei der Vektoraddition.
- Der Differenzvektor $\boldsymbol{v} - \boldsymbol{w}$ lässt sich auch mit Hilfe der Parallelogrammregel konstruieren. In Bild 3.10 wird diese geometrische Konstruktion näher erläutert.

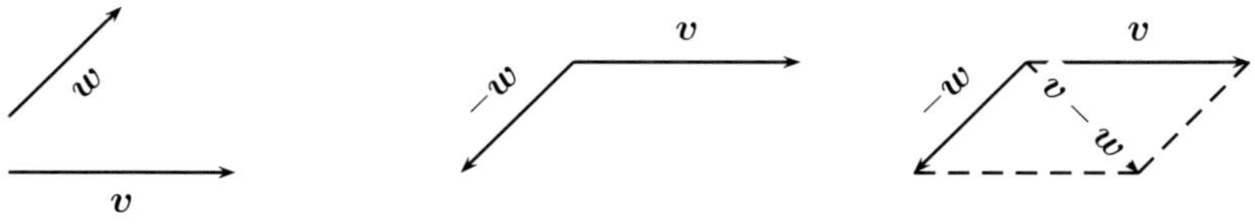


Bild 3.10.: Der Differenzvektor $\boldsymbol{v} - \boldsymbol{w}$ als gerichtete Diagonale im Parallelogramm

Summen- und Differenzvektor lassen sich geometrisch als gerichtete Diagonalen des Parallelogramms konstruieren, das von den beiden gegebenen Vektoren aufgespannt wird, siehe Bild 3.11.

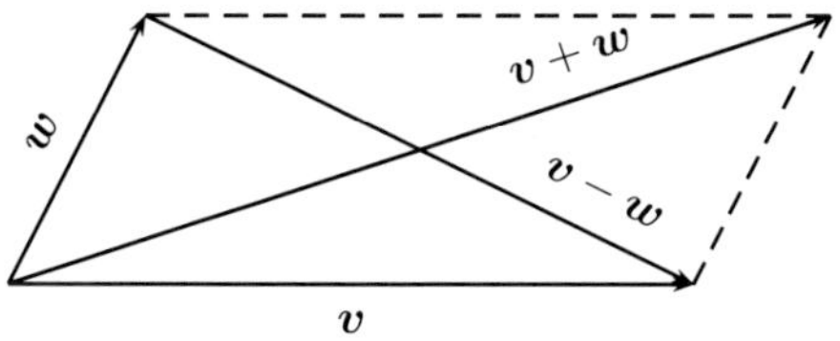


Bild 3.11.: Summenvektor $\boldsymbol{v} + \boldsymbol{w}$ und Differenzvektor $\boldsymbol{v} - \boldsymbol{w}$

Bitte beachten Sie, dass die Vektorsubtraktion im Grunde keine neue Vektoroperation ist; sie ist in der Vektoraddition bereits enthalten. Aus diesem Grund sind „allgemeine (abstrakte) Vektorräume“, wie wir sie in Kapitel 5 einführen und näher diskutieren werden, nur mit zwei Operationen definiert, nämlich der Vektoraddition und der „skalaren Multiplikation“(wird gleich erklärt), nicht aber mit der Vektorsubtraktion. Die Vektorsubraktion ist dann automatisch mit enthalten.

Die Summe aus mehr als zwei Vektoren wird gebildet, indem man in der bekannten Weise Vektor an Vektor setzt. Durch Parallelverschiebung lässt sich dies stets erreichen. Das Ergebnis dieser Konstruktion ist ein sogenanntes *Vektorpolygon.* Der Summenvektor wird in den Anwendungen meist *Resultierende* (*Ersatzvektor*) genannt. Er ist derjenige Vektor, der vom Anfangspunkt des ersten Vektors zum Endpunkt des letzten Vektors führt.

In Bild 3.12 ist die Addition dreier Vektoren zu einem resultierenden Vektor Schritt für

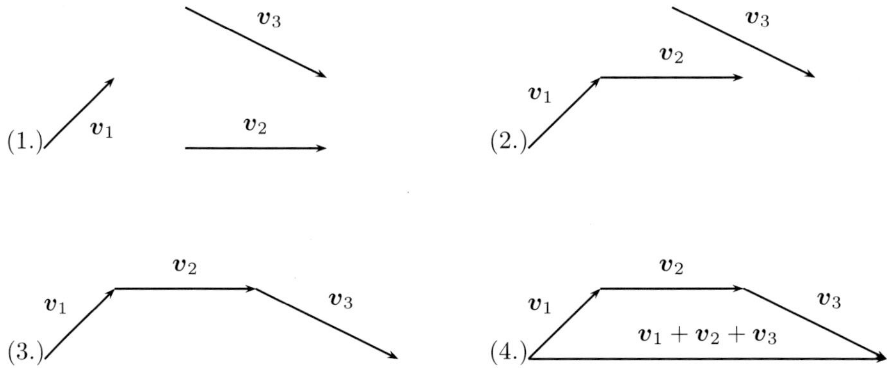


Bild 3.12.: Addition dreier Vektoren; Vektorpolygon

Schritt gezeigt. Ist das Vektorpolygon gschlossen, so ist der Summenvektor der Nullvektor: $\boldsymbol{v}_1 + \boldsymbol{v}_2 + \boldsymbol{v}_3 - \boldsymbol{v} = \boldsymbol{o}$ bzw. $\boldsymbol{v}_1 + \boldsymbol{v}_2 + \boldsymbol{v}_3 = \boldsymbol{v}$ . In Physik und Technik bedeutet dies, dass sich die Vektoren in ihrer Wirkung gegenseitig aufheben.

Wir besprechen nun die zweite (nach der Addition) wesentliche Rechenoperation: *Skalare Multiplikation.* Für einen Vektor $\boldsymbol{v} \neq \boldsymbol{o}$ und eine reelle Zahl $r \neq 0$ bezeichnet man mit $r \cdot \boldsymbol{v}$ den Vektor, dessen Pfeile

1. parallel zu den Pfeilen von $\boldsymbol{v}$ sind,
2. $|r|$-mal so lang wie die Pfeile von $\boldsymbol{v}$ sind,

3. gleich gerichtet zu den Pfeilen von $\boldsymbol{v}$ sind, falls $r > 0$, entgegengesetzt gerichtet zu den Pfeilen von $\boldsymbol{v}$ sind, falls $r < 0$ ist.

Ist $r = 0$, so ist $r \cdot \boldsymbol{v} = \boldsymbol{o}$ für alle Vektoren $\boldsymbol{v}$. Ist $\boldsymbol{v} = \boldsymbol{o}$, so ist $r \cdot \boldsymbol{o} = \boldsymbol{o}$ für alle $r \in \mathbb{R}$. Ein Vektor der Form $r \cdot \boldsymbol{v}$ heißt **skalares Vielfaches** von $\boldsymbol{v}$. Den Punkt zwischen Skalar und Vektor lassen wir gewöhnlich auch weg, statt $r \cdot \boldsymbol{v}$, schreiben wir kurz $r\boldsymbol{v}$. Die Verknüpfung eines Skalars mit einem Vektor nennt man **skalare Multiplikation** (**Multiplikation mit Skalaren**, **Skalarmultiplikation**).

Das Bild 3.13 zeigt vier verschiedene Pfeile; sie stellen die vier Vektoren $\boldsymbol{v}$, $2\boldsymbol{v}$, $-\boldsymbol{v}$ und

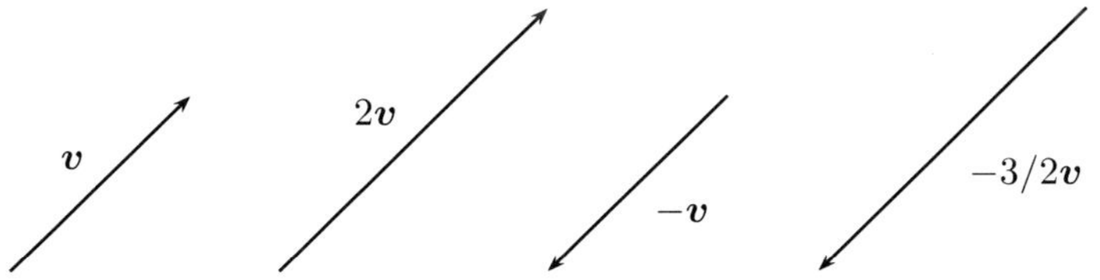


Bild 3.13.: Skalare Multiplikationen

$-3/2\boldsymbol{v}$ dar. Die drei Vektoren $2\boldsymbol{v}$, $-\boldsymbol{v}$ und $-3/2\boldsymbol{v}$ sind durch skalare Multiplikation aus dem Vektor $\boldsymbol{v}$ hervorgegangen. Die Skalare sind $r_1 = 2$, $r_2 = -1$ und $r_3 = -3/2$.

**Beispiel 3.1** (Skalare Multiplikation; Physik und Technik). Die physikalischen Größen Kraft (Impulsstrom) $\boldsymbol{K}$, Masse $m$ und Beschleunigung $\boldsymbol{a}$ sind durch das zweite NEWTONsche Gesetz $\boldsymbol{K} = m\boldsymbol{a}$ mit einander verknüpft. Masse mal Beschleunigung ist eine skalare Multiplikation; die Masse $m > 0$ ist der Skalar.

Impuls $\boldsymbol{p}$ ist Masse $m$ mal Geschwindigkeit $\boldsymbol{v}$: $\boldsymbol{p} = m\boldsymbol{v}$. Hier ist Masse mal Geschwindigkeit eine skalare Multiplikation; die Masse $m > 0$ ist der Skalar.

Ein geladenes Teilchen (Ladung $q$) erfährt in einem elektrischen Feld der Feldstärke $\boldsymbol{E}$ eine Kraft $\boldsymbol{K} = q\boldsymbol{E}$ in Richtung des Feldes bei positiver Ladung oder in die dem Feld entgegengesetzte Richtung bei negativer Ladung. Die Ladung $q$ ist der Skalar. ∎

Für diese skalare Multiplikation lassen sich sofort die folgenden Rechenregeln bestätigen. Es wird verabredet, dass (wie beim Rechnen mit reellen Zahlen) $\cdot$ vor $+$ ausgeführt wird.

**Satz 3.2** (Rechenregeln für geometrische Vektoren). *Für alle reellen Zahlen $c$, $d$ und für alle geometrischen Vektoren $\boldsymbol{v}$, $\boldsymbol{w}$ gelten die folgenden vier Eigenschaften:*

*(a) Distributivgesetz:* $c \cdot (\boldsymbol{v} + \boldsymbol{w}) = c \cdot \boldsymbol{v} + c \cdot \boldsymbol{w}$,

(b) *Distributivgesetz:* $(c + d) \cdot \boldsymbol{v} = c \cdot \boldsymbol{v} + d \cdot \boldsymbol{v}$,

(c) *Assoziativgesetz:* $c \cdot (d \cdot \boldsymbol{v}) = (c \cdot d) \cdot \boldsymbol{v}$,

(d) $1 \cdot \boldsymbol{v} = \boldsymbol{v}$.

Bitte beachten Sie, dass der Punkt $\cdot$ bei der skalaren Multiplikation (Zahl mal Vektor) formal genauso aussieht wie der Punkt bei der gewöhnlichen Multiplikation zweier (reeller) Zahlen, inhaltlich jedoch eine andere Bedeutung hat.

*Beweis.* Wir begründen das Distributivgesetz $c \cdot (\boldsymbol{v} + \boldsymbol{w}) = c \cdot \boldsymbol{v} + c \cdot \boldsymbol{w}$. Die Begründung kann man Bild 3.14 entnehmen. Die anderen Rechengesetze sind ähnlich zu begründen.

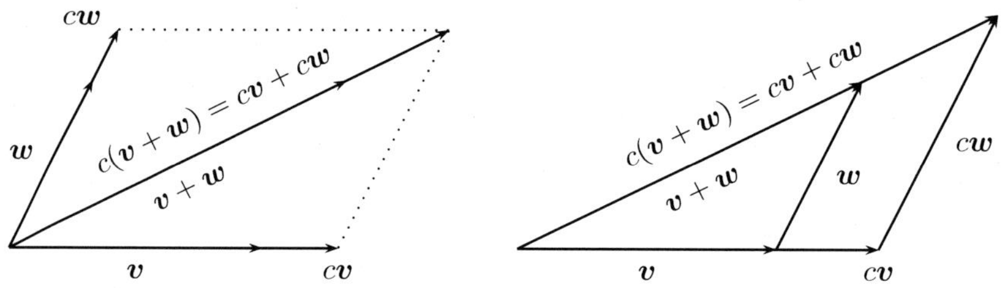


Bild 3.14.: Distributivgesetz auf zwei Arten begründet

□

**Beispiel 3.2** (Geometrische Vektoren in der Ebene)**.** Gegeben sind die beiden Vektoren $\boldsymbol{u}$ und $\boldsymbol{v}$, siehe Bild 3.15 linkes Bild. Konstruieren Sie nun den Vektor $2\boldsymbol{u} - 1/2\boldsymbol{v}$.

Bild 3.15.: Zu Beispiel 3.2

*Lösung.* Zunächst wird der Vektor $\boldsymbol{u}$ mit dem Faktor 2 gestreckt und der Vektor $\boldsymbol{v}$ mit dem Faktor 1/2 gestaucht. Anschließend wird der gestauchte Vektor $1/2\boldsymbol{v}$ vom gestreckten Vektor $2\boldsymbol{v}$ subtrahiert. Die Substraktion ist die Addition mit dem Gegenvektor, siehe rechtes Bild 3.15. ■

Mit den Rechenregeln aus Satz 3.1 und Satz 3.2 wurden grundlegende strukturelle Aussagen aufgestellt und bewiesen, deren Bedeutung weit über die hier gemachten geometrischen Vektoren hinaus reicht. Dieselben Rechenregeln werden im Folgenden für völlig andere Objekte erneut auftreten. In Kapitel 5 wird sich sogar zeigen, dass die acht Regeln ausreichen, um den Begriff des *allgemeinen (abstrakten) Vektorraumes* zu bestimmen.

## 3.3. Geometrische Vektoren in physikalischen Kontexten

Physik und Technik tragen weitere Interpretationen zum Vektorbegriff bei. In Physik und Technik gibt es gerichtete Größen wie Geschwindigkeiten, Beschleunigungen, Kräfte, usw. Diese sind durch eine Maßzahl und eine Maßeinheit nicht vollständig bestimmt, vielmehr ist auch die Richtung von entscheidender Bedeutung. Vektorielle Größen aus Physik und Technik nennt man auch gerne *physikalische Vektoren*. Den vektorielle Charakter der Größe Geschwindigkeit zeigt folgende Situation.

Ein Boot fährt auf einem Fluss mit der Geschwindigkeit von 12 km/h in Richtung auf das andere Ufer. Die Strömungsgeschwindigkeit des Flusses beträgt 6 km/h. Die Maßangaben (Maßzahl und Maßeinheit) modellieren den Sachverhalt offensichtlich nicht vollständig, vielmehr sind die Richtungen der Geschwindigkeiten von erheblicher Bedeutung. Durch maßstabsgetreue Pfeile lassen sich die Geschwindigkeiten $\boldsymbol{v}_1$ und $\boldsymbol{v}_2$ darstellen, siehe Bild 3.16. Die resultierende Geschwindigkeit $\boldsymbol{v}$ lässt sich grafisch er-

Bild 3.16.: Modellierung von Geschwindigkeiten durch Pfeile

mitteln; sie entsteht durch (geometrische) Addition der Pfeile, siehe Bild 3.16. Dies ist in voller Übereinstimmung mit physikalischen Experimenten. Vektorielle Größen aus Physik und Technik lassen sich mit geometrische Vektoren modellieren. Der Betrag des Geschwindigkeitsvektors lässt sich aus der Länge des Pfeiles ermitteln. In dem konkreten Fall ist, da $\boldsymbol{v}_1$ und $\boldsymbol{v}_2$ senkrecht zueinander sind, auch eine einfache Berechnung des

Betrages der resultierenden Geschwindigkeiten mit Hilfe des Satzes von PYTHAGORAS[2] möglich: $\sqrt{(12\,\mathrm{km/h})^2 + (6\,\mathrm{km/h})^2} \approx 13.4\,\mathrm{km/h}$.

Zu beachten ist, dass die Angabe „fährt mit einer Geschwindigkeit von 12 km/h" zwar gebräuchlich, aber nicht ganz korrekt ist, denn sie bezeichnet nicht die Geschwindigkeit des Bootes, sondern nur ihren Betrag (Maßzahl und Maßeinheit). Durch Beträge alleine sind aber Geschwindigkeiten nicht hinreichend beschrieben. Insbesondere für die Bestimmung resultierender Geschwindigkeiten ist die Kenntnis der Beträge nicht ausreichend: Die Addition der Beträge würde in dem obigen Beispiel $12\,\mathrm{km/h} + 6\,\mathrm{km/h} = 18\,\mathrm{km/h}$ ergeben. Dieser Wert ist irrelevant und beschreibt den realen Vorgang in keiner Weise.

Es sei angemerkt, dass eine Geschwindigkeit nicht durch einen „festen" Pfeil gekennzeichnet wird, dessen Position festgelegt ist. So zeigt das Bild 3.16, dass die Strömungsgeschwindigkeit durch mehrere Pfeile dargestellt werden kann. Von Bedeutung ist, dass alle Pfeile, welche dieselbe Geschwindigkeit kennzeichnen, gleich lang, parallel und gleich gerichtet sind.

Bitte beachten Sie auch: Die geometrische Veranschaulichung eines physikalischen Vektors (zum Beispiel Geschwindigkeit) als Pfeil ist ein besonderer Vorzug gegenüber anderen in der Physik auftretenden nichtskalaren Größen (zum Beispiel *Tensoren*), für die es kein so einfaches Bild gibt.

**Beispiel 3.3** (Vektoren in physikalischen Kontexten). Eine Person schwimmt senkrecht zur Strömung durch einen Fluss. Seine Geschwindigkeit $\boldsymbol{v}_P$ relativ zur Wasseroberfläche hat einen Betrag von 1.5 m/s (5.4 km/h). Der Fluss selber strömt mit einer Geschwindigkeit $\boldsymbol{v}_F$ mit einem Betrag von 2 m/s (7.2 km/h). Konstruieren Sie grafisch den Geschwindigkeitsvektor des Schwimmers relativ zum Ufer und bestimmen Sie seinen Betrag.

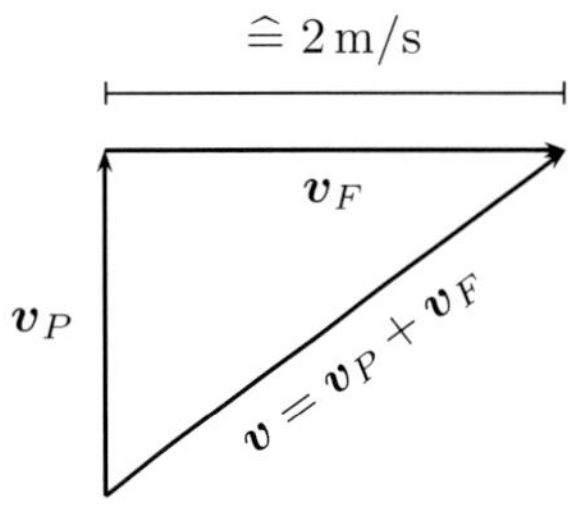


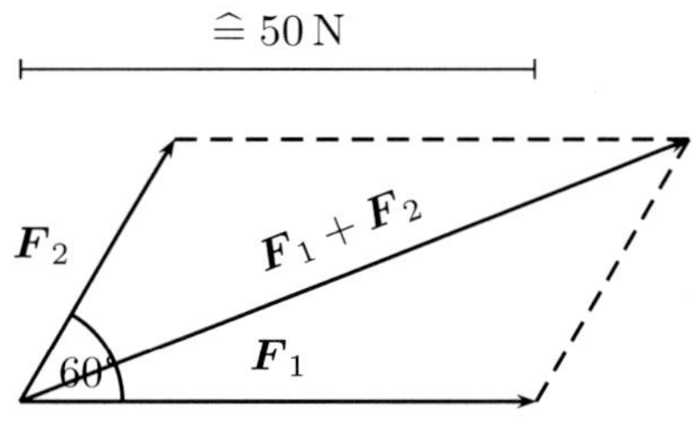


Bild 3.17.: Zu Beispiel 3.3 und Beispiel 3.5

[2] PYTHAGORAS VON SAMOS (570 v. Chr. 510 v. Chr.).

*Lösung.* Fertigen Sie eine Zeichnung wie in Bild 3.17 (links). Konstruieren Sie den (geometrischen) Summenvektor $\boldsymbol{v} = \boldsymbol{v}_P + \boldsymbol{v}_F$ und messen Sie seine Länge. Die Länge des Vektors entspricht 2.5 m/s. Die Geschwindigkeit des Schwimmers relativ zum Ufer hat also die Richtung wie in Bild 3.17 dargestellt und einen Betrag von 2.5 m/s (9 km/h), der sich auch rechnerisch ergibt: $\sqrt{(1.5)^2 + (2)^2} = \sqrt{6.25} = 2.5$. ■

Die Geschwindigkeit kann zum Beispiel in Meter pro Sekunde (m/s) oder Kilometer pro Stunde (km/h) gemessen werden und gibt an, wie schnell sich ein Körper (Gegenstand, Objekt) bewegt. Darüber hinaus hat sie eine Richtung; sie ist also eine gerichtete Größe. Die Richtung des Geschwindigkeitsvektors $\boldsymbol{v}$ an einem Punkt der Bahnkurve entspricht der momentanen Bewegungsrichtung des Körpers. Der Geschwindigkeitsvektor ist immer tangential zur Bahnkurve gerichtet (Bild 3.18). Der Betrag des Geschwindigkeitsvektors

Bild 3.18.: Geschwindigkeit und Beschleunigung als Vektorgröße

$|\boldsymbol{v}|$, das heißt die Länge des Vektorpfeils, gibt die Größe der Geschwindigkeit an. Je schneller sich der Körper bewegt, desto größer ist der Betrag seines Geschwindigkeitsvektors, also die Länge des Vektorpfeils.

Die Beschleunigung ist auch eine Vektorgröße. Die Beschleunigung kann zum Beispiel in Meter pro Sekunde zum Quadrat (m/s$^2$) oder in Kilometer pro Stunde zum Quadrat (km/h$^2$) gemessen werden und gibt an, wie stark ein Körper beschleunigt wird. Darüber hinaus hat sie eine Richtung; sie ist also eine gerichtete Größe. Die Richtung des Beschleunigungsvektor $\boldsymbol{a}$ an einem Punkt der Bahnkurve beschreibt, in welche Richtung sich die Geschwindigkeit eines Körpers nach der Zeit $\Delta t$ geändert haben wird. Sie zeigt nicht (wie fälschlicherweise oft angenommen wird) an, in welche Richtung die Geschwindigkeit dann zeigen wird (Bild 3.18). Der Betrag des Beschleunigungsvektors $|\boldsymbol{a}|$, das heißt die Länge des Vektorpfeils, gibt die Größe der Beschleunigung an. Je stärker der Körper beschleunigt wird, desto größer ist der Betrag seines Beschleunigungsvektors, also die Länge des Vektorpfeils.

**Beispiel 3.4** (Vektoren in physikalischen Kontexten. Gleichförmige Kreisbewegung)**.** Wir betrachten die gleichförmige Kreisbewegung. Eine Kreisbewegung ist gleichförmig, wenn der Betrag des Geschwindigkeitsvektors konstant ist. Die Richtung ist nicht gleich.

Wir wissen, dass der Geschwindigkeitsvektor tangential an der Kreislinie liegt und somit stets seine Richtung ändert. Wohin zeigt der Beschleunigungsvektor?

*Lösung.* Der Beschleunigungsvektor zeigt in Richtung des Kreismittelpunktes. Zur Erklärung betrachte Bild 3.18 (rechts). ∎

Auch Kräfte (Impulsströme) sind Vektorgrößen. Wir betrachten ein Beispiel.

**Beispiel 3.5** (Vektoren in physikalischen Kontexten)**.** In einem Punkt eines Körpers greifen zwei Kräfte mit den Beträgen 30 N und 50 N an; sie schließen miteinander einen Winkel 60° ein. Bestimmen Sie zeichnerisch den Betrag der Resultierenden!

*Lösung.* Der Betrag der Ersatzkraft ist 70 N. Die Lösung ist in Bild 3.17 (rechts) zu sehen. ∎

Wir fassen zusammen:

- In der Physik gibt es gerichtete Größen (physikalische Vektoren) wie Kräfte, Geschwindigkeiten und Beschleunigungen. Diese Größen sind durch Betrag (Maßzahl, Maßeinheit) und Richtung bestimmt.
- Durch Pfeile lassen sich physikalische Vektoren geometrisch darstellen. Die Länge des Pfeils stellt den Betrag der physikalischen Größe dar.
- Wenn physikalische Vektoren durch Pfeile modelliert werden, so muss eine Zuordnung zwischen physikalischer Maßeinheit und Längeneinheit getroffen werden.
- Physikalische Vektoren verhalten sich wie geometrische Vektoren. Mit physikalischen Vektoren lässt sich daher wie mit geometrischen Vektoren arbeiten.

## 3.4. Arithmetische Vektoren

Bevor wir *arithmetische Vektoren* definieren, erinnern wir an die Begriffe *Produktmenge* und *geordnete Paare*. Sind $A$ und $B$ zwei Mengen, so heißt die Menge

$$A \times B = \{(a, b) \mid a \in A, b \in B\}$$

die **Produktmenge (kartesisches Produkt, Kreuzmenge, Mengenprodukt) der Mengen** $A$ **und** $B$. Die Elemente der Menge $A \times B$ heißen **geordnete Paare** $(a, b)$ oder kurz **Paare**; es kommt auf die Reihenfolge an. Zwei Paare $(a_1, b_1)$ und $(a_2, b_2)$ sind genau dann gleich, wenn $a_1 = a_2$ und $b_1 = b_2$ gilt.

Von besonderer Bedeutung ist nun der Fall, wenn $A$ und $B$ gleich der Menge der reellen Zahlen $\mathbb{R}$ sind. In diesem Fall schreibt man für $\mathbb{R} \times \mathbb{R}$ kurz $\mathbb{R}^2$. Somit gilt

$$\mathbb{R}^2 = \{(x, y) \mid x \in \mathbb{R}, y \in \mathbb{R}\}.$$

Die Elemente von $\mathbb{R}^2$ sind **geordnete Zahlenpaare**. Wir nennen die Elemente von $\mathbb{R}^2$ (auch) **arithmetische Vektoren**. Die Begründung dafür ist, dass geordnete Zahlenpaare (wie auch Zahlentripel, Zahlenquadrupel usw.) auch Vektoren sind. Dies wird im Folgenden ausführlich erklärt. Die Produktmenge $\mathbb{R}^2$ heißt auch **zweifacher (zweidimensionaler) reeller Zahlenraum**. Dieser Name drückt eine Verallgemeinerung der gewöhnlichen reellen Zahlenmenge (Zahlenraum) $\mathbb{R}$ aus. *Der $\mathbb{R}^2$ ist der Prototyp reeller Vektorräume der Dimension* 2. Diese Aussage werden wir in Kapitel 14 präzisieren.

**Beispiel 3.6** (Elemente aus $\mathbb{R}^2$)**.** Hier sind einige geordnete Paare, arithmetische Vektoren bzw. Elemente aus $\mathbb{R}^2$: $(3,2)$, $(1,-1)$, $(1,0)$, $(0,1)$, $(\pi,e)$, $(\cos(\pi/4),\sin(\pi/4))$. ∎

**Beispiel 3.7** (Elemente aus $\mathbb{R}^2$)**.** Aus Kapitel 1 wissen wir, dass Lösungen von linearen Gleichungssystemen mit zwei Variablen Spaltenmatrizen mit zwei Zeilen sind, siehe Beispiel 1.5. Schreiben wir daher eine Lösung $[x\ y]^{\mathrm{T}} \in \mathbb{R}^{2\times 1}$ als $(x,y) \in \mathbb{R}^2$, so ist dies ein geordnetes reelles Zahlenpaar. ∎

**Beispiel 3.8** (Elemente aus $\mathbb{R}^2$)**.** Ein Rechteck ist durch die Angabe von Länge und Breite vollständig beschrieben. So versteht man unter $(2\,\mathrm{m}, 3\,\mathrm{m})$ ein Rechteck mit der Länge $2\,\mathrm{m}$ und der Breite $3\,\mathrm{m}$. Das Ausmaß eines Rechtecks ist also durch ein reelles Zahlenpaar (Länge, Breite) festgelegt. ∎

Arithmetische Vektoren (geordnete Paare) bezeichnen wir mit den gleichen Symbolen wie geometrische Vektoren, zum Beispiel $\boldsymbol{v}$, also $\boldsymbol{v} = (x,y)$ (bzw. $\boldsymbol{v} = (v_1,v_2)$, $\boldsymbol{v} = (v_x,v_y)$). Die Zahlen $x$ und $y$ heißen **Koordinaten** (**Einträge**, **Elemente**, **Komponenten**)[3]. Achtung! Geometrische und arithmetische Vektoren sind nicht gleich, dennoch schreiben wir sie gleich, nämlich als kleine lateinische Buchstaben kursiv und fett gedruckt. Sie münden im Abschnitt 3.8 in den gemeinsamen Begriff Vektor, deshalb unterscheiden wir sie in der Schreibweise schon jetzt nicht mehr.

**Beispiel 3.9** (Produktionsbereich)**.** Die Mengen (in Mengeneinheiten ME) der monatlich hergestellten Produkte (zwei Typen) können als Produktionsvektor mit zwei Koordinaten geschrieben werden: $\boldsymbol{p} = (p_1,p_2)$. ∎

**Beispiel 3.10** (Absatzbereichbereich)**.** Die Güteverkaufspreise (in Euro pro ME) von zwei Produkten können in einen Preisvektor $\boldsymbol{p} = (p_1,p_2)$ zusammengefasst werden. ∎

**Beispiel 3.11** (Geometrie)**.** Jeder Punkt $P$ der Ebene kann nach Einführung eines geeigneten Koordinatensystems durch seine beiden Koordinaten $(x,y)$ beschrieben werden, also $P = (x,y)$. ∎

[3] Wir haben den Begriff Komponente hier nur aufgeführt, weil er von manchen Autoren verwendet wird. Tatsächlich verstehen wir unter der Komponente eines Vektors einen Vektor selbst, siehe 3.12.

Da ein arithmetischer Vektor ein geordnetes Zahlenpaar ist, sind die Vektoren

$$\boldsymbol{u} = (u_1, u_2) \quad \text{und} \quad \boldsymbol{v} = (v_1, v_2)$$

genau dann **gleich**, wenn $u_1 = v_1$ und $u_2 = v_2$ sind. Das heißt, zwei Vektoren sind genau dann gleich, wenn die entsprechenden Koordinaten gleich sind.

**Beispiel 3.12** (Gleiche Vektoren)**.** Gegeben sind die Vektoren $\boldsymbol{v} = (x - 1, 2y)$ und $\boldsymbol{w} = (0, 4)$. Finden Sie reelle Zahlen $x$, $y$, sodass $\boldsymbol{v} = \boldsymbol{w}$ ist.

*Lösung.* Es muss $(x-1, 2y) = (0, 4)$ gelten. Dies ist genau dann der Fall, wenn $x-1 = 0$ und $2y = 4$ ist. Also muss $x = 1$ und $y = 2$ sein. ∎

## 3.5. Rechnen mit arithmetischen Vektoren

Sind $\boldsymbol{u}$ und $\boldsymbol{v}$ aus $\mathbb{R}^2$, so ist die **Summe** von $\boldsymbol{u}$ und $\boldsymbol{v}$, also $\boldsymbol{u} + \boldsymbol{v}$, der Vektor, den man erhält, wenn man die entsprechenden Koordinaten addiert:

$$\boldsymbol{u} + \boldsymbol{v} = (u_1 + v_1, u_2 + v_2).$$

Dies ist die **Addition von arithmetischen Vektoren**.

**Beispiel 3.13** (Vektoraddition in $\mathbb{R}^2$)**.** Es sind die arithmetischen Vektoren $\boldsymbol{u} = (1, 2)$ und $\boldsymbol{v} = (3, -4)$ gegeben. Berechnen Sie deren Summe.

*Lösung.* Die Summe ist

$$\boldsymbol{u} + \boldsymbol{v} = (1, 2) + (3, -4) = (1 + 3, 2 + (-4)) = (4, -2). \quad ∎$$

Den Nullvektor in $\mathbb{R}^2$ bezeichnen wir mit $\boldsymbol{o}$, das heißt

$$\boldsymbol{o} = (0, 0).$$

Der Nullvektor $\boldsymbol{o}$ hat die Eigenschaft, dass er bezüglich der Addition wie ein *neutrales Element* wirkt

$$\boldsymbol{v} + \boldsymbol{o} = \boldsymbol{v},$$

wobei $\boldsymbol{v}$ irgendein Vektor in $\mathbb{R}^2$ ist. Der negative Vektor des Vektors $\boldsymbol{v} = (v_1, v_2)$ ist $-\boldsymbol{v} = (-v_1, -v_2)$ und es gilt

$$\boldsymbol{v} + (-\boldsymbol{v}) = \boldsymbol{o}.$$

Das **Produkt** einer reellen Zahl $c$ mit einem Vektor $\boldsymbol{v} \in \mathbb{R}^2$, also $c \cdot \boldsymbol{v}$, ist der Vektor, der durch Multiplikation jeder Koordinate von $\boldsymbol{v}$ mit $c$ gewonnen wird:

$$c \cdot \boldsymbol{v} = (cv_1, cv_2).$$

Man nennt es **skalares Produkt** (**skalare Multiplikation**). Den Punkt zwischen einem Skalar und einem Vektor schreiben wir oft nicht, also gilt $c \cdot \boldsymbol{v} = c\boldsymbol{v}$.

**Beispiel 3.14.** Es sind der Vektor $\boldsymbol{v} = (1, 2)$ und die Skalare $c = 2$ und $d = -3$ gegeben. Berechnen Sie $c\boldsymbol{v}$ und $d\boldsymbol{v}$.

*Lösung.* Es ist

$$c\boldsymbol{v} = 2(1,2) = (2 \cdot 1, 2 \cdot 2) = (2,4) \quad \text{und} \quad d\boldsymbol{v} = -3(1,2) = (-3 \cdot 1, -3 \cdot 2) = (-3,-6). \quad \blacksquare$$

Wir übertragen obige Konzepte nun auf den „dreidimensionalen Fall“. Analog zur Produktmenge von zwei Mengen kann man die Produktmenge von drei oder mehr Mengen bilden. Die Elemente sind dann **Tripel** $(a, b, c)$ bei drei Mengen und **$n$-Tupel** $(a_1, a_2, \ldots, a_n)$ bei $n$ Mengen. $n$-Tupel sind Folgen der Länge $n$. Die Menge heißt

$$A_1 \times A_2 \times \cdots \times A_n = \{(a_1, a_2, \ldots, a_n) \mid a_1 \in A_1, a_2 \in A_2, \ldots, a_n \in A_n\}$$

**Produktmenge (kartesisches Produkt, Kreuzmenge, Mengenprodukt) der Mengen** $A_1$, $A_2$,...,$A_n$.

Besonders oft werden wir es mit dem sogenannten $\mathbb{R}^n$ (gesprochen: „er-en“ ) zu tun haben, das ist die Produktmenge von $n$ Faktoren $\mathbb{R}$:

$$\mathbb{R}^n = \mathbb{R} \times \mathbb{R} \times \cdots \times \mathbb{R}.$$

Den Fall $n = 2$ haben wir bereits besprochen. Für $n = 3$ ist der $\mathbb{R}^3$ die Menge aller **Zahlentripel** $(x, y, z)$, also

$$\mathbb{R}^3 = \{(x, y, z) \mid x, y, z \in \mathbb{R}\}.$$

Wir nennen die Elemente von $\mathbb{R}^3$ (auch) **arithmetische Vektoren**. Die Begründung dafür ist, dass geordnete Zahlentripel wie auch Paare Vektoren sind. Dies wird im Folgenden ausführlich erklärt. Die Produktmenge $\mathbb{R}^3$ heißt auch **dreifacher (dreidimensionaler) reeller Zahlenraum**. *Der $\mathbb{R}^3$ ist der Prototyp reeller Vektorräume der Dimension* 3. Diese Aussage werden wir in Kapitel 14 präzisieren.

Der $\mathbb{R}^3$ ist das mathematische Modell des Raumes der Physik oder auch des Wahrnehmungsraumes. Die Erfahrung zeigt, dass dieses Modell den Wahrnehmungsraum gut beschreibt. Deshalb sagt man oft, der $\mathbb{R}^3$ sei *der Raum*.

**Beispiel 3.15** (Elemente aus $\mathbb{R}^3$)**.** Hier sind einige Tripel bzw. Elemente aus $\mathbb{R}^3$: $(3, 2, -1)$, $(1, -1, 2)$, $(1, 0, 0)$, $(0, 1, 0)$, $(0, 0, 1)$, $(\pi, e, 1)$, $(2, -3, 10)$, $(\cos(\pi/4), \sin(\pi/4), 0)$. ■

**Beispiel 3.16** (Elemente aus $\mathbb{R}^3$)**.** In Kapitel 1 haben wir gesehen, dass Lösungen von linearen Gleichungen mit drei Variablen Zahlentripel aus $\mathbb{R}^3$ sind, siehe Beispiel 1.12. ■

Da ein arithmetischer Vektor ein Tripel ist, sind die Vektoren $\boldsymbol{u} = (u_1, u_2, u_3)$ und $\boldsymbol{v} = (v_1, v_2, v_3)$ **gleich**, wenn $u_1 = v_1$, $u_2 = v_2$ und $u_3 = v_3$ sind. Das heißt zwei Vektoren sind genau dann gleich, wenn alle Koordinaten entsprechend zueinander gleich sind.

Sind $\boldsymbol{u}$ und $\boldsymbol{v}$ zwei arithmetische Vektoren aus $\mathbb{R}^3$ und ist $c$ ein Skalar, dann ist die **Summe** $\boldsymbol{u}+\boldsymbol{v}$ und die **skalare Multiplikation** $c\boldsymbol{v}$ (analog wie im Fall $n = 2$) wie folgt definiert

$$\boldsymbol{u} + \boldsymbol{v} = (u_1 + v_1, u_2 + v_2, u_3 + v_3) \quad \text{bzw.} \quad c\boldsymbol{v} = (cv_1, cv_2, cv_3).$$

Den arithmetischen Nullvektor in $\mathbb{R}^3$ bezeichnen wir mit $\boldsymbol{o}$, das heißt

$$\boldsymbol{o} = (0, 0, 0).$$

Der Nullvektor $\boldsymbol{o}$ hat die Eigenschaft, dass er bezüglich der Addition wie ein *neutrales Element* wirkt

$$\boldsymbol{v} + \boldsymbol{o} = \boldsymbol{v},$$

wobei $\boldsymbol{v}$ irgendein Vektor in $\mathbb{R}^3$ ist. Der negative Vektor (Gegenvektor) des arithmetischen Vektors $\boldsymbol{v} = (v_1, v_2, v_3)$ ist $-\boldsymbol{v} = (-v_1, -v_2, -v_3)$ und es gilt

$$\boldsymbol{v} + (-\boldsymbol{v}) = \boldsymbol{o}.$$

**Beispiel 3.17.** Es sind die Vektoren $\boldsymbol{u} = (2, 3, -1)$ und $\boldsymbol{v} = (3, -4, 2)$ gegeben. Berechnen Sie $\boldsymbol{u} + \boldsymbol{v}$, $-2\boldsymbol{u}$ und $3\boldsymbol{u} - 2\boldsymbol{v}$.

*Lösung.* Es ist

$$\boldsymbol{u}+\boldsymbol{v} = (2+3, 3+(-4), -1+2) = (5, -1, 1), \quad -2\boldsymbol{u} = (-2\cdot 2, -2\cdot 3, -2\cdot(-1)) = (-4, -6, 2),$$

und

$$3\boldsymbol{u} - 2\boldsymbol{v} = (6 - 6, 9 + 8, -3 - 4) = (0, 17, -7). \quad ■$$

Für arithmetische Vektoren in $\mathbb{R}^2$ und in $\mathbb{R}^3$ lassen sich nützliche Rechenregeln aufstellen. Diese Regeln sind dieselben wie die in den Sätzen 3.1 und 3.2 (Geometrische Vektoren sind jetzt arithmetische Vektoren). Zum Beispiel lautet das Kommutativgesetz aus Satz 3.1: *Für beliebige Vektoren* $\boldsymbol{v}, \boldsymbol{w}$ *in* $\mathbb{R}^2$ *oder in* $\mathbb{R}^3$ *gilt* $\boldsymbol{v} + \boldsymbol{w} = \boldsymbol{w} + \boldsymbol{v}$. Die anderen Rechenregeln kann man analog den Sätzen 3.1 und 3.2 entnehmen.

**Satz 3.3** (Rechenregeln für arithmetische Vektoren aus $\mathbb{R}^2$). *Für alle reellen Zahlen $r$, $s$ und für alle arithmetischen Vektoren $\boldsymbol{u}$, $\boldsymbol{v}$, $\boldsymbol{w}$ aus $\mathbb{R}^2$ gelten die folgenden acht Eigenschaften:*

*(a) Kommutativgesetz:* $\boldsymbol{v} + \boldsymbol{w} = \boldsymbol{w} + \boldsymbol{v}$,
*(b) Assoziativgesetz:* $(\boldsymbol{u} + \boldsymbol{v}) + \boldsymbol{w} = \boldsymbol{u} + (\boldsymbol{v} + \boldsymbol{w})$,
*(c) Existenz des Nullvektors: Es existiert der Nullvektor* $\boldsymbol{o}$ *mit* $\boldsymbol{v} + \boldsymbol{o} = \boldsymbol{v}$,
*(d) Existenz negativer Vektoren: Zu jedem* $\boldsymbol{v}$ *gibt es ein* $-\boldsymbol{v}$ *mit* $\boldsymbol{v} + (-\boldsymbol{v}) = \boldsymbol{o}$,
*(e) Distributivgesetz:* $r \cdot (\boldsymbol{v} + \boldsymbol{w}) = r \cdot \boldsymbol{v} + r \cdot \boldsymbol{w}$,
*(f) Distributivgesetz:* $(r + s) \cdot \boldsymbol{v} = r \cdot \boldsymbol{v} + s \cdot \boldsymbol{v}$,
*(g) Assoziativgesetz:* $r \cdot (s \cdot \boldsymbol{v}) = (r \cdot s) \cdot \boldsymbol{v}$,
*(h)* $1 \cdot \boldsymbol{v} = \boldsymbol{v}$.

*Beweis der acht Rechenregeln.* Um diesen Satz zu beweisen sind vor allem Rechenregeln für reelle Zahlen auf Paare von reellen Zahlen zu übertragen, wobei Paare addiert und skalar multipliziert werden wie oben definiert.

(a) Für Vektoren $\boldsymbol{v}$, $\boldsymbol{w}$ aus $\mathbb{R}^2$ gilt:

$$\boldsymbol{v} + \boldsymbol{w} = (v_1, v_2, ) + (w_1, w_2) = (v_1 + w_1, v_2 + w_2) = (w_1 + v_1, w_2 + v_2) = \boldsymbol{w} + \boldsymbol{v}.$$

Also ist das Kommutativgesetz für Vektoren aus $\mathbb{R}^2$ erfüllt.

(b) Für Vektoren $\boldsymbol{u}$, $\boldsymbol{v}$, $\boldsymbol{w}$ aus $\mathbb{R}^2$ gilt: Für Vektoren $\boldsymbol{v}$, $\boldsymbol{w}$ aus $\mathbb{R}^2$ gilt:

$$\begin{aligned}(\boldsymbol{u} + \boldsymbol{v}) + \boldsymbol{w} &= \big((u_1, u_2) + (v_1, v_2)\big) + (w_1, w_2) = (u_1 + v_1, u_2 + v_2) + (w_1, w_2)\\ &= (u_1 + v_1 + w_1, u_2 + v_2 + w_2) = (u_1, u_2) + (v_1 + w_1, v_2 + w_2)\\ &= (u_1, u_2) + \big((v_1, v_2) + (w_1 + w_2)\big) = \boldsymbol{u} + (\boldsymbol{v} + \boldsymbol{w}).\end{aligned}$$

(c) Ist $\boldsymbol{v}$ aus $\mathbb{R}^2$ und $\boldsymbol{o} = (0, 0)$ der Nullvektor, so gilt:

$$\boldsymbol{v} + \boldsymbol{o} = (v_1, v_2) + (0, 0) = (v_1 + 0, v_2 + 0) = (v_1, v_2) = \boldsymbol{v}.$$

(d) Ist $\boldsymbol{v} = (v_1, v_2)$ und $-\boldsymbol{v} = (-v_1, -v_2)$ so gilt:

$$\boldsymbol{v} + (-\boldsymbol{v}) = (v_1, v_2) + (-v_1, -v_2) = (v_1 - v_1, v_2 - v_2) = (0, 0) = \boldsymbol{o}.$$

(e) Ist $r \in \mathbb{R}$ und $\boldsymbol{v}$, $\boldsymbol{w}$ aus $\mathbb{R}^2$, so gilt:

$$\begin{aligned}r(\boldsymbol{v} + \boldsymbol{w}) &= r\big((v_1, v_2) + (w_1, w_2)\big) = r(v_1 + w_1, v_2 + w_2)\\ &= \big(r(v_1 + w_1), r(v_2 + w_2)\big) = (rv_1 + rw_1, rv_2 + rw_2)\\ &= (rv_1, rv_2) + (rw_1, rw_2) = r(v_1, v_2) + r(w_1, w_2) = r\boldsymbol{v} + r\boldsymbol{w}.\end{aligned}$$

(f) Sind $r$, $s$ reelle Zahlen und $\boldsymbol{v}$ aus $\mathbb{R}^2$, so gilt:

$$\begin{aligned}(r+s)\boldsymbol{v} &= (r+s)\cdot(v_1,v_2) = \big((r+s)v_1,(r+s)v_2\big)\\ &= (rv_1+sv_1, rv_2+sv_2) = (rv_1,rv_2)+(sv_1,sv_2)\\ &= r\cdot(v_1,v_2)+s\cdot(v_1,v_2) = r\cdot\boldsymbol{v}+s\cdot\boldsymbol{v}.\end{aligned}$$

(g) Sind $r$, $s$ reelle Zahlen und $\boldsymbol{v}$ aus $\mathbb{R}^2$, so gilt:

$$r\cdot(s\cdot\boldsymbol{v}) = r\cdot(s\cdot(v_1,v_2)) = r\cdot(sv_1,sv_2) = (rsv_1,rsv_2) = (rs)\cdot(v_1,v_2) = (rs)\cdot\boldsymbol{v}.$$

(h) Ist $\boldsymbol{v}$ aus $\mathbb{R}^2$, so gilt:

$$1\cdot\boldsymbol{v} = 1\cdot(v_1,v_2) = (1\cdot v_1, 1\cdot v_2) = (v_1,v_2) = \boldsymbol{v}.$$

Damit haben wir alle acht Rechenregeln für Vektoren aus $\mathbb{R}^2$ bewiesen. □

Für Vektoren aus $\mathbb{R}^3$ gelten analoge Rechenregeln; die dazugehörigen Beweise sind entsprechend zu führen. In Kapitel 5 werden wir sehen, dass die Elemente aus $\mathbb{R}^n$, wobei $n$ eine beliebige natürliche Zahl ist, diesen acht Rechenregeln genügen, wobei die Rechenoperationen $+$ und $\cdot$ analog dem Fall $n=2$ bzw. $n=3$ sind.

## 3.6. Arithmetische Vektoren in Anwendungen

Arithmetische Vektoren treten in Natur, Technik, Gesellschaft und Wirtschaft überall auf. Wir beginnen mit Anwendungen in Physik und Technik, dann zeigen wir Beispiele aus der Wirtschaft.

### Arithmetische Vektoren in physikalischen Kontexten

Kräfte aus Physik und Technik sind vektorielle Größen. Die Einheit der Kraft ist das Newton (N). Man kann die Einheit N auf Grundeinheiten zurückführen:

$$1\,\mathrm{N} = 1\,\mathrm{kg}\cdot\frac{1\,\frac{\mathrm{m}}{\mathrm{s}}}{1\,\mathrm{s}} = 1\,\frac{\mathrm{kg}\cdot\mathrm{m}}{\mathrm{s}^2}.$$

Wenn ein Körper mit einer Masse von 1 kg in einer Sekunde aus der Ruhe auf eine Geschwindigkeit von 1 m/s beschleunigt wird, wirkt auf ihn eine Kraft von 1 N. In der Praxis führt man zum Messen von Kräften allerdings keine Beschleunigungsversuche durch, sondern benutzt zum Beispiel Federkraftmesser, bei denen die Kraft von 1 N einer bestimmten Dehnung der Feder entspricht. Physikalische Kräfte sind zum Beispiel:

Gewichtskraft, Federkraft, Zugkraft, Motorkraft, elektrische Kraft, Antriebskraft, Gleitreibungskraft, Haftreibungskraft, Reibungskraft, Muskelkraft, Hangabtriebskraft, Verformungskraft, Antriebskraft, Bremskraft, Druckkraft, Steigkraft und Normalkraft.

Welche Gegenkraft $\boldsymbol{f}$ hebt die vier Einzelkräfte $\boldsymbol{f}_1$, $\boldsymbol{f}_2$, $\boldsymbol{f}_3$ und $\boldsymbol{f}_4$ in ihrer Gesamtheit auf (Krafteinheit: 1 NEWTON)?

$$\boldsymbol{f}_1 = (200, 110, -50),\ \boldsymbol{f}_2 = (-10, 30, -40),\ \boldsymbol{f}_3 = (40, 85, 120),\ \boldsymbol{f}_4 = -(30, 50, 40).$$

Die Gegenkraft $\boldsymbol{f}$ ist $\boldsymbol{f} = -(\boldsymbol{f}_1 + \boldsymbol{f}_2 + \boldsymbol{f}_3 + \boldsymbol{f}_4) = -(200, 175, -10) = (-200, -175, 10)$ in NEWTON.

### Arithmetische Vektoren in wirtschaftlichen Kontexten

Eine Einzelhandelskette stellt die Stückpreise ihrer drei Seifenmarken mit Hilfe eines arithmetischen Vektors dar: $\boldsymbol{p} = (1.19, 2.09, 0.39)$. Der Eintrag $p_1 = 1.19$ gibt den Preis für ein Stück der ersten Seifenmarke an, ein Stück der zweiten Seifenmarke kostet $p_2 = 2.09$ ein Stück der dritten Seifenmarke kostet $p_3 = 0.39$. Die Preise der drei Seifenmarken haben sich nun wie folgt verändert: Seifenmarke 1: keine Veränderung, Seifenmarke 2: +0.10, Seifenmarke 3: +0.05. Wie sind die neuen Preise?

Die Preissteigerungen können in einem Preissteigerungsvektor $\boldsymbol{s} = (0, 0.10, 0.05)$ dargestellt werden. Die neuen Preise ergeben sich dann durch Vektoraddition:

$$\boldsymbol{p} + \boldsymbol{s} = (1.19, 2.09, 0.39) + (0, 0.10, 0.05) = (1.19, 2.19, 0.44).$$

Nun gilt: Der Preis für ein Stück der ersten Seifenmarke beträgt 1.19, für ein Stück der zweiten Seifenmarke 2.19 und der Preis für ein Stück der dritten Seifenmarke ist 0.44.

## 3.7. Zusammenhänge zwischen geometrischen und arithmetischen Vektoren

Die Sätze 3.1, 3.2 und 3.3 haben gezeigt, dass für geometrische und arithmetische Vektoren dieselben grundlegenden Rechenregeln gelten, obwohl diese Objekte aus völlig unterschiedlichen Bereichen der Geometrie und der Arithmetik stammen. Im Folgenden werden wir nun weitere Zusammenhänge zwischen geometrischen und arithmetischen Vektoren herstellen, welche die „strukturelle Gleichheit" dieser Objekte noch weiter untermauern. Der Begriff *strukturelle Gleichheit* wird in Abschnitt 14.5 (exakt) definiert.

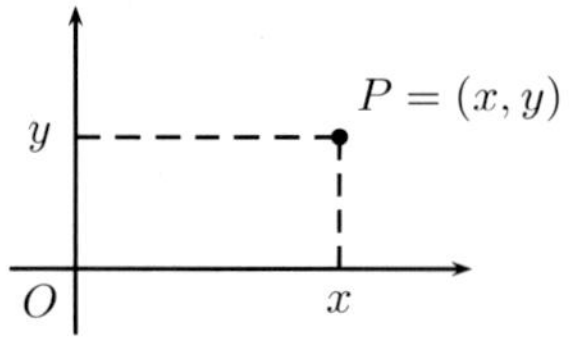


Bild 3.19.: Koordinatensystem und Punkt

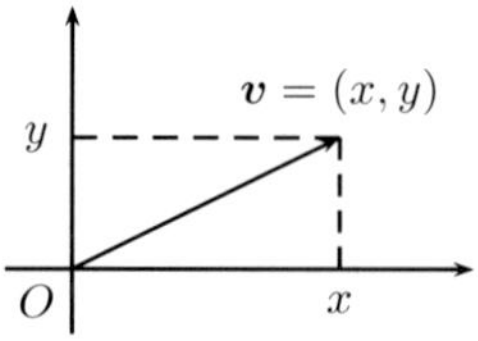


Bild 3.20.: Ortsvektor von $\boldsymbol{v}$

### Geometrische Vektoren im Koordinatensystem

In der Ebene, die wir uns als Zeichenebene vorstellen, entsteht ein **kartesisches Koordinatensystem** durch Vorgabe eines Punktes $O$ und zweier aufeinander senkrecht stehender Zahlengeraden, der $x$- und der $y$-Achse, deren Nullpunkt jeweils in $O$ liegt. Dabei muss die $y$-Achse durch eine positive Drehung (gegen den Uhrzeigersinn) aus der $x$-Achse hervorgehen. Die beiden Achsen sind wie die reelle Zahlengerade gleich skaliert. Fällt man für einen beliebigen Punkt $P$ in der $x, y$-Ebene die Lote auf die Achsen, so bestimmen die beiden Fußpunkte die $x$- bzw. $y$-Koordinate von Punkt $P$ und man schreibt $P = (x, y)$. Der Punkt $O = (0, 0)$ heißt **Ursprung** (**Nullpunkt**) des Koordinatensystems. Nach Festlegung eines kartesischen Koordinatensystems gibt es zu jedem Zahlenpaar $(x, y) \in \mathbb{R}^2$ genau einen Punkt $P$ der Ebene mit $P = (x, y)$ und umgekehrt. Die Menge aller Punkte der Ebene können wir daher mit der Menge $\mathbb{R}^2$, das heißt mit den geordneten Zahlenpaaren $(x, y)$ *identifizieren*, siehe Bild 3.19.

Innerhalb eines kartesischen Koordinatensystems lassen sich den Anfangs- und Endpunkten von Pfeilen Koodinaten zuordnen. Dabei zeigt sich, dass Pfeile, die denselben geometrischen Vektor darstellen, gleiche Koodinatendifferenzen der End- und Anfangspunkte haben, siehe Bild 3.21. Für zwei beliebige parallelgleiche Pfeile $\overrightarrow{PQ}$ und $\overrightarrow{RS}$ der Ebene gilt

$$x_Q - x_P = x_S - x_R \quad \text{und} \quad y_Q - y_P = y_S - y_R.$$

Ist insbesondere $\overrightarrow{OV}$ ein Pfeil, der demselben geometrischen Vektor wie $\overrightarrow{PQ}$ und $\overrightarrow{RS}$ angehört, so ist

$$x_V = x_V - 0 = x_Q - x_P = x_S - x_R \quad \text{und} \quad y_V = y_V - 0 = y_Q - y_P = y_S - y_R.$$

Die Differenzen der End- und Anfangskoordinaten sind somit ein gemeinsames Merkmal von allen Pfeilen eines geometrischen Vektors, also darstellungsunabhängig (repräsentationsunabhängig). Daraus ergibt sich eine umkehrbar eindeutige Zuordnung zwischen geometrischen und arithmetischen Vektoren. Ist der Anfangspunkt des Pfeils der Koordinatenursprung, so nennt man ihn **Ortsvektor**, siehe Bild 3.20.

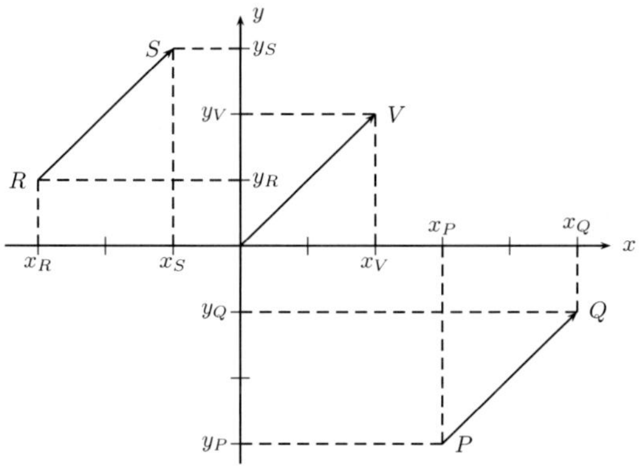


Bild 3.21.: Differenzen der Koordinaten der End- und Anfangspunkte von Pfeilen

Gegeben ist ein kartesisches Koordinatensystem in der Ebene. Jedem geometrischen Vektor $\boldsymbol{v}$ lässt sich eindeutig ein arithmetischer Vektor auf folgende Weise zuordnen: Ist $\overrightarrow{PQ}$ ein beliebiger Repräsentant von $\boldsymbol{v}$, so wird dem geometrischen Vektor $\boldsymbol{v}$ das Paar der Koordinatendifferenzen der Punkte $P = (x_P, y_P)$ und $Q = (x_Q, y_Q)$ zugeordnet:

$$\boldsymbol{v} \mapsto (x_Q - x_P, y_Q - y_P).$$

Für den speziellen Repräsentanten $\overrightarrow{OV}$ von $\boldsymbol{v}$, dessen Anfangspunkt der Koordinatenursprung ist (Ortsvektor), vereinfacht sich diese Zuordnung zu

$$\boldsymbol{v} \mapsto (x_V, y_V).$$

Umgekehrt lässt sich jedem arithmetischen Vektor $(x, y)$ bezüglich eines kartesischen Koordinatensystems eindeutig ein geometrischer Vektor der Ebene zuordnen, der durch den Pfeil $\overrightarrow{OP}$ mit dem Anfangspunkt im Koordinatenursprung und dem Endpunkt $P = (x, y)$ repräsentiert wird. Der Pfeil $\overrightarrow{OP}$ ist der Ortsvektor von $(x, y)$.

**Beispiel 3.18.** Ist $\boldsymbol{v}$ ein geometrischer Vektor (eine Pfeilklasse) in einem kartesischen Koordinatensystem und $\overrightarrow{AA'}$ mit $A = (0, 1)$, $A' = (2, 2)$ ein Repräsentant von $\boldsymbol{v}$. Zu dem geometrischen Vektor $\boldsymbol{v}$ gehört der eindeutig bestimmte arithmetische Vektor (Zahlenpaar) $(2, 1)$, denn es ist $(x_{A'} - x_A, y_{A'} - y_A) = (2 - 0, 2 - 1) = (2, 1)$. Umgekehrt gehört zu dem arithmetischen Vektor (Zahlenpaar) $(2, 1)$ der eindeutig bestimmte geometrische Vektor (die Pfeilklasse) $\boldsymbol{v}$, der zum Beispiel durch den Pfeil (Ortsvektor) $\overrightarrow{OP}$ mit $O = (0, 0)$, $P = (2, 1)$ repräsentiert wird. ■

Analoge Überlegungen gelten auch für geometrische Vektoren im Raum und arithmetische Vektoren aus $\mathbb{R}^3$. **Kartesische Koordinatensysteme** im Raum bestehen aus drei sich in einem Punkt $O$ (Nullpunkt oder Ursprung) rechtwinklig schneidenden Zahlengeraden gleicher Längeneinheit und jeweils mit dem Nullpunkt im Schnittpunkt $O$. Man bezeichnet sie als $x$-, $y$- und $z$-Achse, derart, dass diese Achsen ein *Rechtssystem* bilden; das heißt, die Drehung der positiven $x$-Achse um 90° in die positive $y$-Achse, zusammen mit einer Verschiebung in Richtung der positiven $z$-Achse muss eine Rechtsschraubung darstellen[4]. Die drei durch je zwei Achsen bestimmten Ebenen heißen **Koordinatenebenen** bzw. $(x, y)$-Ebene, $(y, z)$-Ebene und $(z, x)$-Ebene. Die Koordinaten $x$, $y$, $z$ eines Punktes $P$ gewinnt man aus den Schnittpunkten der entsprechenden Achsen mit den zu den Koordinatenebenen parallelen Ebenen durch $P$. Man schreibt $P = (x, y, z)$. Zu jedem Koordinatentripel gibt es genau einen Punkt des Raumes – und umgekehrt, siehe Bild 3.23. Wie im „zweidimensionalen Fall“ gibt es nun zu jedem Zahlentripel $(x, y, z) \in \mathbb{R}^3$

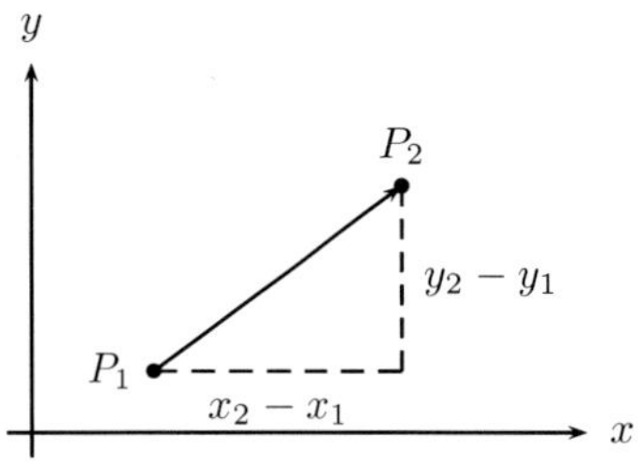


Bild 3.22.: Zu Beispiel 3.19

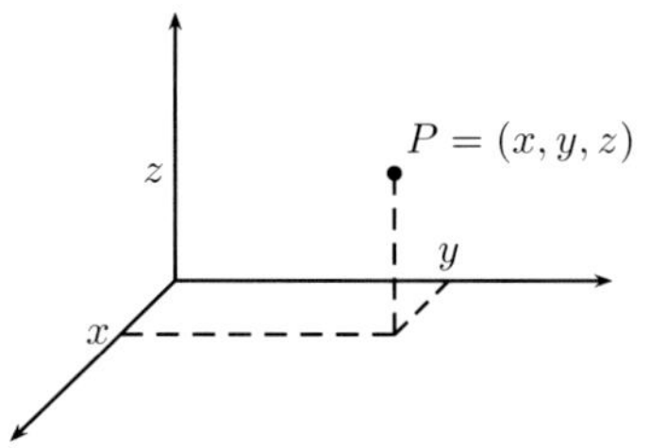


Bild 3.23.: Koordinatensystem im Raum

genau einen Punkt $P$ des Raumes mit $P = (x, y, z)$ – und umgekehrt. Die Menge aller Punkte des Raumes können wir daher mit der Menge $\mathbb{R}^3$, das heißt mit den geordneten Tripeln $(x, y, z)$ *identifizieren.*

**Satz 3.4.** *Bezüglich eines gegebenen kartesischen Koordinatensystems existiert eine bijektive Abbildung von den geometrischen Vektoren der Ebene (Raumes) auf die arithmetischen Vektoren des* $\mathbb{R}^2$ *(*$\mathbb{R}^3$*).*

Der Zusammenhang zwischen geometrischen Vektoren und arithmetischen Vektoren ist in beiden Richtungen von großem Nutzen. Die Zuordnung geometrische Vektoren $\mapsto$ arithmetische Vektoren ermöglicht es, geometrische Aufgaben auf arithmetischem bzw. algebraischem Weg zu lösen. Umgekehrt schafft die Interpretation von Zahlenpaaren bzw. Zahlentripeln als geometrische Vektoren mitunter interessante Veranschaulichungs-

[4]Um dies mathematisch exakt zu beschreiben, muss man den Begriff *Orientierung* einführen, worauf wir hier verzichten wollen.

möglichkeiten für Sachverhalte, die zunächst keinerlei geometrischen Bezug zu haben scheinen.

**Beispiel 3.19.** $P_1 = (x_1, y_1)$ und $P_2 = (x_2, y_2)$ sind zwei Punkte der Ebene $\mathbb{R}^2$. Wie lauten die Koordinaten des Vektors $\overrightarrow{P_1P_2}$?

*Lösung.* Die Koordinaten des Vektors $\overrightarrow{P_1P_2}$ sind $x_2 - x_1$ und $y_2 - y_1$, siehe Bild 3.22, das heißt $\overrightarrow{P_1P_2} = (x_2 - x_1, y_2 - y_1)$. ∎

### Strukturgleichheit von geometrischen und arithmetischen Vektoren

Geometrische Vektoren können arithmetischen Vektoren nicht nur eindeutig zugeordnet werden und umgekehrt, sondern die geometrische Vektoraddition und die geometrische skalare Multiplikation lassen sich auf die arithmetische Vektoraddition bzw. arithmetische skalare Multiplikation zurückführen. Man spricht von *struktureller Gleichheit.*

**Satz 3.5** (Strukturelle Gleichheit). *Es sind $\boldsymbol{v}$ und $\boldsymbol{w}$ geometrische Vektoren in der Ebene, denen bezüglich eines kartesischen Koordinatensystems arithmetische Vektoren (Paare reeller Zahlen) zugeordnet sind (wie oben beschrieben):*

$$\boldsymbol{v} \mapsto (x_v, y_v), \quad \boldsymbol{w} \mapsto (x_w, y_w).$$

*Dann ergibt sich bei der (geometrischen) Addition der geometrischen Vektoren $\boldsymbol{v}$ und $\boldsymbol{w}$ der geometrischer Vektor $\boldsymbol{v}+\boldsymbol{w}$, dem das Paar entspricht, das sich durch (arithmetische) Addition dem $\boldsymbol{v}$ und $\boldsymbol{w}$ zugeordneten Paar ergibt:*

$$\boldsymbol{v} + \boldsymbol{w} \mapsto (x_v, y_v) + (x_w, y_w).$$

*Ist weiterhin $r$ eine reelle Zahl, so führt die (geometrische) skalare Multiplikation von $\boldsymbol{v}$ mit $r$ zu dem geometrischen Vektor $r\boldsymbol{v}$, dem der arithmetische Vektor (das Paar) entspricht, welcher sich durch (arithmetische) skalare Multiplikation des $\boldsymbol{v}$ zugeordneten arithmetischen Vektors (Paars) mit $r$ ergibt:*

$$r\boldsymbol{v} \mapsto r(x_v, y_v).$$

*Analoge Aussagen gelten auch für geometrische Vektoren im Raum bzw. arithmetischen Vektoren aus $\mathbb{R}^3$.*

Auf einen Beweis von Satz 3.5 wollen wir hier verzichten; er wird mit dem Beweis von Satz 14.10 nachgeholt. Zur Veranschaulichung seiner Aussage verweisen wir auf Bild 3.24. Daraus lassen sich auch Beweisideen für die beiden Teile des Satzes entnehmen.

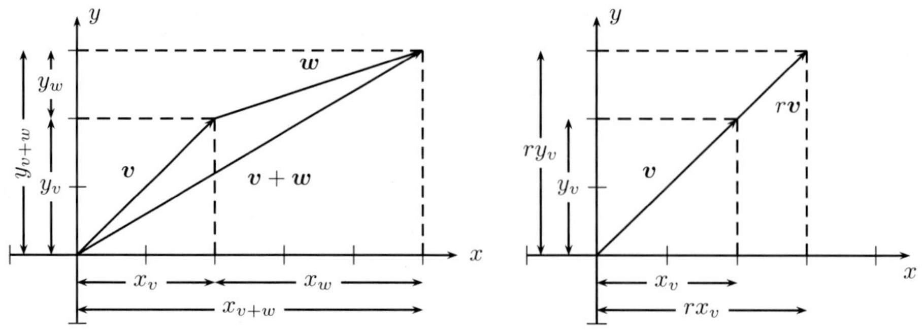


Bild 3.24.: Addition und Skalarmultiplikation von geometrischen und arithmetischen Vektoren

**Beispiel 3.20.** Zeichnen Sie die Vektoren $\boldsymbol{v} = (4, 1)$ und $\boldsymbol{w} = (-2, 2)$ in ein kartesisches Koordinatensystem. Berechnen und zeichnen Sie den Vektor $\boldsymbol{v} + \boldsymbol{w}$. Zeichnen Sie den Vektor $\boldsymbol{u} = (2, 1)$ in ein kartesisches Koordinatensystem. Berechnen und zeichnen Sie den Vektor $2\boldsymbol{u}$. Interpretieren Sie Ihre Ergebnisse im Hinblick auf die Strukturgleichheit von arithmetischen und geometrischen Vektoren.

*Lösung.* Die Vektoren $\boldsymbol{v}$, $\boldsymbol{w}$ und $\boldsymbol{v}+\boldsymbol{w} = (4+(-2), 1+2) = (2, 3)$ sind in Bild 3.25 (links) zu sehen. Die Vektoren $\boldsymbol{u}$ und $2\boldsymbol{u} = 2(2, 1) = (4, 2)$ sind in Bild 3.25 (rechts) zu sehen. In

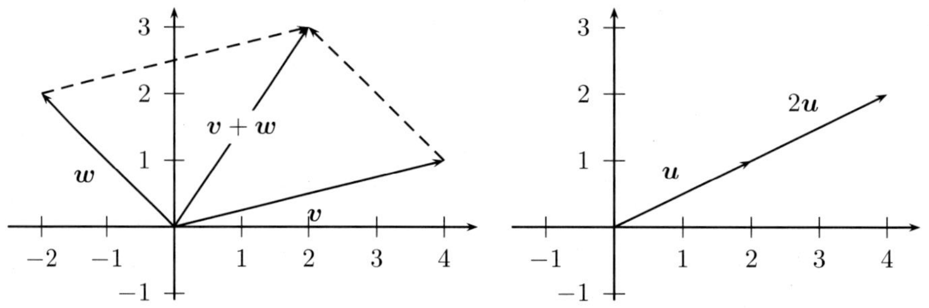


Bild 3.25.: Zu Beispiel 3.20

diesem Beispiel wird die Strukturgleichheit von arithmetischen und geometrischen Vektoren deutlich. Jedem reellen Zahlenpaar entspricht eindeutig ein geometrischer Vektor, und es ist gleichgültig, ob wir erst die geometrischen Vektoren erst geometrisch addieren und dann die dazugehörigen Zahlenpaare ablesen oder erst die Zahlenpaare durch arithmetische Vektoraddition bestimmen und dann zeichnen. ∎

Bezeichnen wir mit $L$ die Abbildung aus Satz 3.5, das heißt die Abildung von der Menge der geometrischen Vektoren in der Ebene mit einem kartesischen Koordinatensystem in die Menge $\mathbb{R}^2$, so gilt $L(\boldsymbol{v} + \boldsymbol{w}) = (x_v, y_v) + (x_w, y_w) = L(\boldsymbol{v}) + L(\boldsymbol{w})$ und $L(r \cdot \boldsymbol{v}) = r \cdot (x_v, y_v) = r \cdot L(\boldsymbol{v})$. Bitte beachten Sie, dass die Zeichen $+$ und $\cdot$ in verschiedenen Bedeutungen auftreten. Das Zeichen $+$ ist zum Einen die geometrische und zum Anderen die arithmetische Addition; analoges gilt für das Zeichen $\cdot$. Eine Abbildung mit solchen Eigenschaften nennt man „lineare Abbildung“. In den Kapiteln 8 und 14 werden wir uns ausführlich mit linearen Abbildungen beschäftigen.

Die beiden Sätze 3.4 und 3.5 beinhalten zusammen, dass die geometrischen Vektoren der Ebene bzw. des Raumes (Pfeilklassen in der Ebene und im Raum) und die arithmetischen Vektoren aus $\mathbb{R}^2$ bzw. $\mathbb{R}^3$ (Zahlenpaare und Zahlentripel) bijektiv aufeinander abbildbar und die Addition sowie die skalare Multiplikation übertragbar sind. Dieser sehr enge Zusammenhang zwischen zunächst völlig unterschiedlichen Strukturen aus der Geometrie bzw. der Arithmetik wird als *strukturelle Gleichheit (Strukturgleichheit, Isomorphie, Gestaltgleichheit)* bezeichnet; die Abbildung heißt *Isomorphismus*[5].

Einen Isomorphismus $f : A \to B$ darf man sich einfach vorstellen als Umbenennung der Elemente von $A$, also $a' = f(a)$ nur als einen neuen Namen für $a \in A$ auffassen. Existiert ein solcher Isomorphismus, so sind $A$ und $B$ strukturell gleich (in $A$ und $B$ existieren die gleichen Beziehungen zwischen den Elementen untereinander) und können miteinander *identifiziert* (also als verschiedene Einkleidungen ein und desselben Objekts aufgefasst) werden.

Hier bedeutet das, dass wir die geometrischen Vektoren (Pfeilklassen in der Ebene und im Raum) und die arithmetischen Vektoren (Zahlenpaare und Zahlentripel) miteinander identifizieren können.

## 3.8. Vektoren

Die Strukturgleichheit zwischen geometrischen und arithmetischen Vektoren ermöglicht es, diese Objekte „gleichzusetzen“. Man schreibt daher für geometrische und zugehörige arithmetische Vektoren $\boldsymbol{v} = (x, y)$ bzw. $\boldsymbol{v} = (x, y, z)$. Man unterscheidet auch sprachlich nicht zwischen geometrischen Vektoren und arithmetischen Vektoren, sondern nennt diese nun **Vektoren**.

[5] Auf die wichtigen Begriffe Strukturgleichheit (Isomorphie) und Isomorphismus gehen wir in Abschnitt 14.5 ausführlich und genau ein.

Mit der Zusammenführung von geometrischen und arithmetischen Objekten zeichnet sich der Vektorbegriff bereits durch einen hohen Verallgemeinerungsgrad aus und eröffnet die Möglichkeit, rechnerische Methoden auf die Geometrie zu übertragen und umgekehrt. Eine Verallgemeinerung erfolgt dann im Kapitel 5 mit der Betrachtung von allgemeinen (abstrakten) Vektorräumen. Erst auf dieser Grundlage ist dann eine allgemeine Definition des Begriffs *Vektor* möglich. Mit den Rechenregeln aus den Sätzen 3.1, 3.2 und 3.3 für geometrische Vektoren bzw. arithmetische Vektoren sind jedoch bereits die wichtigsten strukturellen Eigenschaften von Vektoren gegeben, die auch allgemeine (abstrakte) Vektorräume maßgeblich bestimmen. Wir formulieren diese Sätze zusammenfassend zu einem Satz für Vektoren.

**Satz 3.6** (Rechenregeln für Vektoren). *Für alle reellen Zahlen $r$, $s$ und für alle Vektoren $\boldsymbol{u}$, $\boldsymbol{v}$, $\boldsymbol{w}$ gelten die folgenden acht Eigenschaften:*

*(a) Kommutativgesetz:* $\boldsymbol{v} + \boldsymbol{w} = \boldsymbol{w} + \boldsymbol{v}$,

*(b) Assoziativgesetz:* $(\boldsymbol{u} + \boldsymbol{v}) + \boldsymbol{w} = \boldsymbol{u} + (\boldsymbol{v} + \boldsymbol{w})$,

*(c) Existenz des Nullvektors: Es existiert der Nullvektor* $\boldsymbol{o}$ *mit* $\boldsymbol{v} + \boldsymbol{o} = \boldsymbol{v}$,

*(d) Existenz negativer Vektoren: Zu jedem* $\boldsymbol{v}$ *gibt es ein* $-\boldsymbol{v}$ *mit* $\boldsymbol{v} + (-\boldsymbol{v}) = \boldsymbol{o}$,

*(e) Distributivgesetz:* $r \cdot (\boldsymbol{v} + \boldsymbol{w}) = r \cdot \boldsymbol{v} + r \cdot \boldsymbol{w}$,

*(f) Distributivgesetz:* $(r + s) \cdot \boldsymbol{v} = r \cdot \boldsymbol{v} + s \cdot \boldsymbol{v}$,

*(g) Assoziativgesetz:* $r \cdot (s \cdot \boldsymbol{v}) = (r \cdot s) \cdot \boldsymbol{v}$,

*(h)* $1 \cdot \boldsymbol{v} = \boldsymbol{v}$.

Wir haben diesen Satz 3.6 sowohl für geometrische als auch für arithmetische Vektoren bereits bewiesen. Mithilfe des Satzes 3.6 lassen sich weitere Rechenregeln bzw. Eigenschaften von Vektoren herleiten. Dazu ist es nicht mehr notwendig, diese jeweils für geometrische und arithmetische Vektoren zu beweisen, sondern es genügt, auf die Aussagen des Satzes 3.6 zurückzugreifen.

**Satz 3.7** (Weitere Rechenregeln für Vektoren). *Es gelten die folgenden Rechenregeln bzw. Eigenschaften:*

*(a)* $0\boldsymbol{v} = \boldsymbol{o}$ *für jeden Vektor* $\boldsymbol{v}$.

*(b) Der Nullvektor* $\boldsymbol{o}$ *ist eindeutig bestimmt.*

*(c)* $r\boldsymbol{o} = \boldsymbol{o}$ *für jeden Skalar* $r \in \mathbb{R}$.

*(d) Falls* $r\boldsymbol{v} = \boldsymbol{o}$ *ist, dann ist* $r = 0$ *oder* $\boldsymbol{v} = \boldsymbol{o}$.

*(e) Für jeden Vektor* $\boldsymbol{v}$ *ist* $(-1)\boldsymbol{v} = -\boldsymbol{v}$.

*(f) Zu jedem Vektor* $\boldsymbol{v}$ *gibt es nur einen Gegenvektor* $-\boldsymbol{v}$.

Mit *oder* ist in Satz 3.7 ein einschließendes (nicht ausschließendes) *oder* gemeint. Es kann also auch der Fall eintreten, dass sowohl $r = 0$ als auch $\boldsymbol{v} = \boldsymbol{o}$ gilt. Wir werden diesen Satz später in Kapitel 5 für beliebige *Vektorräume* beweisen, siehe Satz 5.1.

## 3.9. Schreibweisen und Vereinbarungen

Die geometrischen und die arithmetischen Vektoren der Ebene (und des Raumes) sind strukturgleich (isomorph, gleichgestaltig), ihnen haben wir den gemeinsamen Namen Vektor gegeben.

Wir können nachweisen, dass die Matrizenmenge $\mathbb{R}^{2\times 1}$ zu $\mathbb{R}^2$ strukturgleich ist[6]. Einen Beweis dafür finden Sie im Beweis von Satz 14.10. Die Matrizenoperationen in $\mathbb{R}^{2\times 1}$ sind

$$\begin{bmatrix} v_1 \\ v_2 \end{bmatrix} + \begin{bmatrix} w_1 \\ w_2 \end{bmatrix} = \begin{bmatrix} v_1 + w_1 \\ v_2 + w_2 \end{bmatrix} \quad \text{bzw.} \quad c\begin{bmatrix} v_1 \\ v_2 \end{bmatrix} = \begin{bmatrix} cv_1 \\ cv_2 \end{bmatrix}$$

und führen zum gleichen Ergebnis (nur in einer anderen Schreibweise) wie die Vektoroperationen in $\mathbb{R}^2$

$$(v_1, v_2) + (w_1, w_2) = (v_1 + w_1, v_2 + w_2) \quad \text{bzw.} \quad c(v_1, v_2) = (cv_1, cv_2).$$

Wenn es möglich ist, zwischen zwei *Vektorräumen* Strukturgleichheit zu beweisen, so ist es üblich, diese beiden Vektorräume bei Bedarf gleich zu setzen (obwohl sie streng genommen nicht gleich sind). Dies hat die Vorteile, Darstellungen zu vereinfachen und die wesentlichen Punkte nicht durch unnötige Details zu verschleiern. Dies wollen wir für die Räume $\mathbb{R}^2$ und $\mathbb{R}^{2\times 1}$ bzw. für die Räume $\mathbb{R}^3$ und $\mathbb{R}^{3\times 1}$ tun[7]. Ein Element aus $\mathbb{R}^2$ schreiben wir daher so

$$\boldsymbol{v} = (v_1, v_2) \quad \text{oder so} \quad \boldsymbol{v} = \begin{bmatrix} v_1 \\ v_2 \end{bmatrix}.$$

Die erste Schreibweise hat den Vorteil, dass sie aus schreibtechnischen Gründen platzsparender ist; die zweite, dass sie besser zur Matrizenrechnung passt. So vereinbaren wir also

$$\mathbb{R}^2 = \{(v_1, v_2) \mid v_1, v_2 \in \mathbb{R}\} = \{\begin{bmatrix} v_1 \\ v_2 \end{bmatrix} \mid v_1, v_2 \in \mathbb{R}\} = \mathbb{R}^{2\times 1}.$$

Alle Überlegungen gelten analog auch für Vektoren aus $\mathbb{R}^3$ bzw. Spaltenmatrizen aus $\mathbb{R}^{3\times 1}$. Bitte beachten Sie, dass Pfeile in der Ebene (bzw. im Raum), Zahlenpaare (bzw.

[6]Es gibt bis auf Strukturgleichheit (Isomorphie) überhaupt nur einen reellen Vektorraum der Dimension zwei. Der $\mathbb{R}^2$ ist somit der Prototype des reellen Vektorraumes der Dimension zwei.

[7]Später auch allgemein für die Räume $\mathbb{R}^n$ und $\mathbb{R}^{n\times 1}$ mit $n \in \mathbb{N}$.

Zahltripel) und (2,1)-Matrizen (bzw. (3,1)-Matrizen) nicht das Gleiche sind; sie sind „nur“ strukturgleich. Es ist jedoch praktisch, diese mathematischen Objekte in vielen Situationen gleich zu schreiben; aus dem jeweiligen Zusammenhang ist aber immer klar, was gemeint ist.

Elemente aus $\mathbb{R}^2$ (bzw. aus $\mathbb{R}^3$) werden wir im Folgenden wie folgt interpretieren: Als geordnete Zahlenpaare (Zahlentripel), als Pfeile der Ebene (des Raumes), als (2,1)-Spaltenmatrix ((3,1)-Spaltenmatrix) und als Punkte der Ebene (des Raumes). Beim Programmieren werden zur Realisierung eindimensionale Arrays verwendet.

## 3.10. Anwendung: Stabkräfte eines belasteten Dreibeins

Wir betrachten ein Gelenk mit drei Beinen, welches auf der $x, y$-Ebene steht. Der Einfachheit halber legen wir den Koordinatenursprung senkrecht über das Gelenk. Das Gelenk befinde sich im Punkt $S = (0, 0, 2)$ in Meter, siehe Bild 3.26. Die Koordinaten

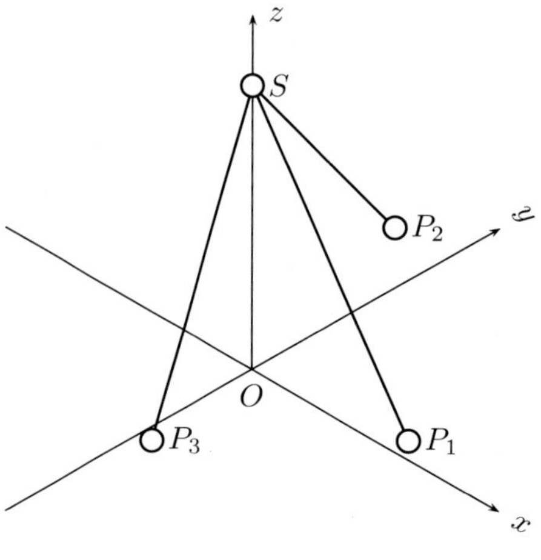


Bild 3.26.: Dreibein mit Koordinatensystem

der Auflagepunkte sind in Meter: $P_1 = (2, 1, 0)$, $P_2 = (-1, 1, 0)$ und $P_3 = (1, -2, 0)$. Weiterhin sei das Eigengewicht der Stäbe zu vernachlässigen, das heißt im Ruhezustand wirken keine Kräfte auf die Punkte.

Nun wird das Gelenk im Punkt $S$ durch eine Punktmasse mit der Gewichtskraft $\boldsymbol{G}$ belastet, die durch drei Reaktionskräfte des Dreibeins kompensiert werden. Berechnen Sie diese drei Kräfte mit $\boldsymbol{G} = (0, 0, -18)$ in Kilo-Newton.

Die gesuchten Kräfte bezeichnen wir mit $\boldsymbol{F}_1$ an $P_1$, $\boldsymbol{F}_2$ an $P_2$ und $\boldsymbol{F}_3$ an $P_3$. Die Kräfte wirken entlang der Stäbe, also gilt: $\boldsymbol{F}_1 = a\,\overrightarrow{SP_1} = a(\overrightarrow{SO} + \overrightarrow{OP_1}) = a((0,0,-2) + (2,1,0)) = a(2,1,-2)$ mit $a < 0$, $\boldsymbol{F}_2 = b\,\overrightarrow{SP_2} = b(-1,1,-2)$ mit $b < 0$ und $\boldsymbol{F}_3 = c\,\overrightarrow{SP_3} = c(1,-2,-2)$ mit $c < 0$. Da die Gewichtskraft $\boldsymbol{G}$ kompensiert werden muss, muss $\boldsymbol{F}_1 + \boldsymbol{F}_2 + \boldsymbol{F}_3 + \boldsymbol{G} = \boldsymbol{o}$ sein, das heißt

$$a\begin{bmatrix} 2 \\ 1 \\ -2 \end{bmatrix} + b\begin{bmatrix} -1 \\ 1 \\ -2 \end{bmatrix} + c\begin{bmatrix} 1 \\ -2 \\ -2 \end{bmatrix} + \begin{bmatrix} 0 \\ 0 \\ -18 \end{bmatrix} = \begin{bmatrix} 0 \\ 0 \\ 0 \end{bmatrix}.$$

Die Lösung dieses inhomogenen linearen Gleichungssystems ist $a = -1$, $b = -5$ und $c = -3$. Dies ergibt die drei Kräfte

$$\boldsymbol{F}_1 = \begin{bmatrix} -2 \\ -1 \\ 2 \end{bmatrix}, \quad \boldsymbol{F}_2 = \begin{bmatrix} 5 \\ -5 \\ 10 \end{bmatrix}, \quad \boldsymbol{F}_3 = \begin{bmatrix} -3 \\ 6 \\ 6 \end{bmatrix}$$

in Kilo-Newton. Zur Probe können wir die Kräfte addieren und erhalten als Summe $\boldsymbol{F}_1 + \boldsymbol{F}_2 + \boldsymbol{F}_3 = (0,0,18)$ in Kilo-Newton, also gerade die Gegenkraft zur angreifenden Gewichtskraft.

## 3.11. Die Länge von Vektoren

Ist $\boldsymbol{v}$ ein Vektor in der Ebene oder im Raum, so ist es sinnvoll, dem Vektor $\boldsymbol{v}$ als **Länge** die Länge eines ihm zugeordneten Pfeils zu geben. Man bezeichnet die Länge von $\boldsymbol{v}$ mit $|\boldsymbol{v}|$ oder $v$.

Ist $\boldsymbol{v} = (v_1, v_2) \in \mathbb{R}^2$, so ist nach dem Satz des Pythagoras $|\boldsymbol{v}|^2 = v_1^2 + v_2^2$, also ist die Länge von $\boldsymbol{v}$ durch die Formel $|\boldsymbol{v}| = \sqrt{v_1^2 + v_2^2}$ gegeben, siehe Bild 3.27.

**Satz 3.8** (Länge eines Vektors im $\mathbb{R}^2$). *Die Länge $|\boldsymbol{v}|$ eines Vektors $\boldsymbol{v} \in \mathbb{R}^2$ ist*

$$|\boldsymbol{v}| = \sqrt{v_1^2 + v_2^2}.$$

**Beispiel 3.21.** Welche Länge hat der Vektor $\boldsymbol{v} = (4,-3)$?

*Lösung.* Die Länge des Vektors $\boldsymbol{v}$ ist

$$|\boldsymbol{v}| = \sqrt{4^2 + (-3)^2} = \sqrt{16 + 9} = 5. \quad \blacksquare$$

Ist nun $\boldsymbol{v} = (v_1, v_2, v_3)$ ein Vektor aus dem Raum $\mathbb{R}^3$, so gilt durch zweifache Anwendung des Satzes von Pythagoras (siehe Bild 3.28) $|\boldsymbol{v}|^2 = v_1^2 + v_2^2 + v_3^2$ und damit $|\boldsymbol{v}| = \sqrt{v_1^2 + v_2^2 + v_3^2}$.

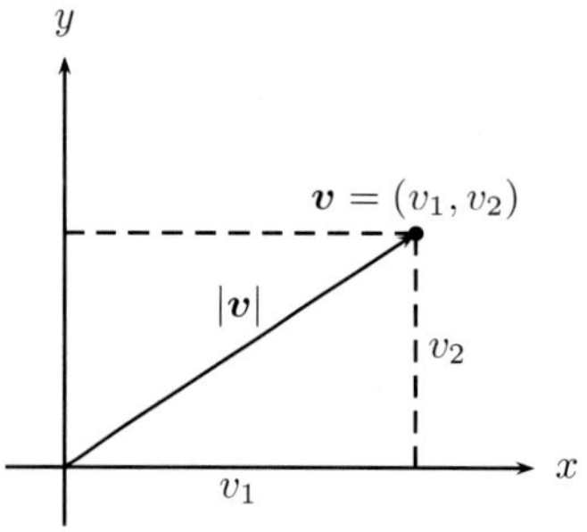


Bild 3.27.: Länge in der Ebene

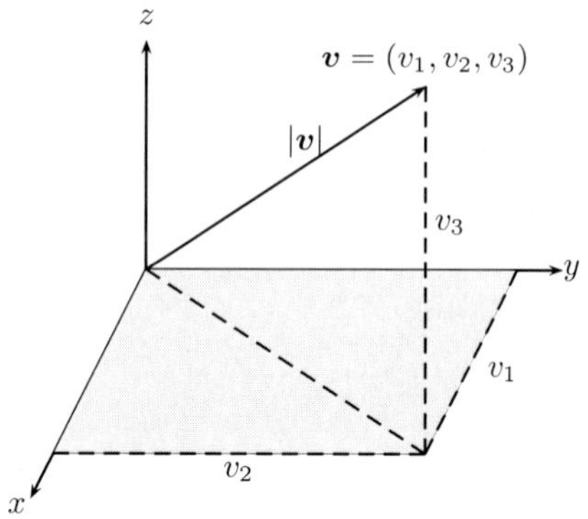


Bild 3.28.: Länge im Raum

**Satz 3.9** (Länge eines Vektors im $\mathbb{R}^3$). *Die Länge $|\boldsymbol{v}|$ eines Vektors $\boldsymbol{v} \in \mathbb{R}^3$ ist*

$$|\boldsymbol{v}| = \sqrt{v_1^2 + v_2^2 + v_3^2}.$$

**Beispiel 3.22.** Welche Länge hat der Vektor $\boldsymbol{v} = (4, -3, 2) \in \mathbb{R}^3$?

*Lösung.* Die Länge des Vektors $\boldsymbol{v}$ ist

$$|\boldsymbol{v}| = \sqrt{4^2 + (-3)^2 + 2^2} = \sqrt{16 + 9 + 4} = \sqrt{29} \approx 5.3852. \quad \blacksquare$$

Statt Länge sagt man auch **Betrag** oder **Norm**. Ein Vektor der Länge 1 heißt **Einheitsvektor**.

Die Vektoren $\boldsymbol{e}_1 = (1, 0)$ und $\boldsymbol{e}_2 = (0, 1)$ sind Einheitsvektoren in der Ebene $\mathbb{R}^2$ und die Vektoren $\boldsymbol{e}_1 = (1, 0, 0)$, $\boldsymbol{e}_2 = (0, 1, 0)$ und $\boldsymbol{e}_3 = (0, 0, 1)$ sind Einheitsvektoren im Raum $\mathbb{R}^3$. Auch der Vektor $\boldsymbol{v} = (1/\sqrt{3}, 1/\sqrt{3}, 1/\sqrt{3})$ ist ein Einheitsvektor im Raum $\mathbb{R}^3$.

Die Einheitsvektoren in Richtung der Koordinaten $\boldsymbol{e}_1$, $\boldsymbol{e}_2$, $\boldsymbol{e}_3$ schreibt man auch als $\boldsymbol{e}_x$, $\boldsymbol{e}_y$, $\boldsymbol{e}_z$ oder als $\boldsymbol{i}$, $\boldsymbol{j}$, $\boldsymbol{k}$. Sie spielen eine wichtige Rolle und werden auch als **natürliche (kanonische) Einheitsvektoren**[8] bezeichnet. Analoges gilt für die Einheitsvektoren $\boldsymbol{e}_1$, $\boldsymbol{e}_2$ in der Ebene $\mathbb{R}^2$.

Mit **Normieren eines Vektors** wird die Division durch seine Länge bezeichnet. Ist $\boldsymbol{v}$ ein Vektor und dividiert man ihn durch seine Länge $|\boldsymbol{v}|$, so entsteht der normierte Vektor $\boldsymbol{e_v} = 1/(|\boldsymbol{v}|)\boldsymbol{v}$; er ist ein Einheitsvektor, parallel zu $\boldsymbol{v}$ und hat die gleiche Richtung wie $\boldsymbol{v}$. Zu jedem Vektor $\boldsymbol{v}$ gibt es somit zwei natürliche Einheitsvektoren: $\boldsymbol{e_v}$ und $-\boldsymbol{e_v}$.

[8] Manche Autoren nennen sie auch kartesische Koordinatenvektoren.

**Beispiel 3.23** (Normieren eines Vektors). Bestimmen Sie die Einheitsvektoren $\boldsymbol{e_v}$ und $-\boldsymbol{e_v}$ von $\boldsymbol{v} = (1, 1)$.

*Lösung.* Es ist $|\boldsymbol{v}| = \sqrt{2}$, also ist

$$\boldsymbol{e_v} = \frac{1}{|\boldsymbol{v}|}\boldsymbol{v} = \frac{1}{\sqrt{2}}(1,1) = (\frac{1}{\sqrt{2}}, \frac{1}{\sqrt{2}}) \quad \text{und} \quad -\boldsymbol{e_v} = (-\frac{1}{\sqrt{2}}, -\frac{1}{\sqrt{2}}).$$

Die Vektoren $\boldsymbol{e_v}$ und $-\boldsymbol{e_v}$ sind Einheitsvektoren, parallel zu $\boldsymbol{v}$ und haben die gleiche bzw. entgegengesetzte Richtung wie $\boldsymbol{v}$. ∎

Mithilfe der Länge eines Vektors lässt sich die geometrische Frage nach dem Abstand zweier Punkte $P_1 = (x_1, y_1, z_1)$ und $P_2 = (x_2, y_2, z_2)$ im Raum beantworten. Wir wissen aufgrund obiger Überlegungen, dass $\overrightarrow{P_1P_2} = (x_2 - x_1, y_2 - y_1, z_2 - z_1)$ ist, also ist

$$|\overrightarrow{P_1P_2}| = \sqrt{(x_2 - x_1)^2 + (y_2 - y_1)^2 + (z_2 - z_1)^2}$$

der Abstand von $P_1$ zu $P_2$ im Raum. Analog gilt für zwei Punkte $P_1 = (x_1, y_1)$ und $P_2 = (x_2, y_2)$ in der Ebene $\mathbb{R}^2$

$$|\overrightarrow{P_1P_2}| = \sqrt{(x_2 - x_1)^2 + (y_2 - y_1)^2}.$$

**Satz 3.10** (Abstand zweier Punkte). *Der Abstand zweier Punkte $P_1 = (x_1, y_1, z_1)$ und $P_2 = (x_2, y_2, z_2)$ im Raum ist*

$$|\overrightarrow{P_1P_2}| = \sqrt{(x_2 - x_1)^2 + (y_2 - y_1)^2 + (z_2 - z_1)^2}.$$

*Analog für zwei Punkte in der Ebene.*

**Beispiel 3.24.** Berechnen Sie den Abstand der beiden Punkte $P_1 = (2, -1, -5)$ und $P_2 = (4, -3, 1)$ im Raum $\mathbb{R}^3$.

*Lösung.* Es ist

$$|\overrightarrow{P_1P_2}| = \sqrt{(4-2)^2 + (-3-(-1))^2 + (1-(-5))^2} = \sqrt{4+4+36} = 2\sqrt{11} \approx 6.6. \quad ∎$$

Nach Definition hat der Vektor $k\boldsymbol{v}$ die $|k|$-fache Länge von $\boldsymbol{v}$. Das liefert die Formel

$$|k\boldsymbol{v}| = |k| \cdot |\boldsymbol{v}|,$$

die sowohl in der Ebene $\mathbb{R}^2$ als auch im Raum $\mathbb{R}^3$ gilt.

**Beispiel 3.25.** Berechnen Sie die Länge des Vektors $k\boldsymbol{v}$ mit $\boldsymbol{v} = (1, -3, 1)$ und $k = -2$.

*Lösung.* Es ist

$$|k\boldsymbol{v}| = |(-2)\cdot(1,-3,1)| = |-2|\cdot|(1,-3,1)| = 2\cdot\sqrt{1^2 + (-3)^2 + 1^2} = 2\cdot\sqrt{11} \approx 6.6.$$

Der Vektor $k\boldsymbol{v} = -2(1, -3, 1) = (-2, 6, -2)$ hat somit die Länge $2 \cdot \sqrt{11} \approx 6.6$. ∎

## 3.12. Das Skalarprodukt

Es sind $\boldsymbol{u}$ und $\boldsymbol{v}$ vom Nullvektor verschiedene Vektoren in der Ebene oder im Raum, die den gleichen Anfangspunkt haben. Unter dem **Winkel $\phi$ zwischen den Vektoren $\boldsymbol{u}$ und $\boldsymbol{v}$** versteht man den kleineren der Winkel zwischen den gerichteten Strecken von $\boldsymbol{u}$ und $\boldsymbol{v}$. Das Bild 3.29 zeigt vier Beispiele.

Bild 3.29.: Winkel zwischen Vektoren

Es sind $\boldsymbol{u}$ und $\boldsymbol{v}$ Vektoren in der Ebene oder im Raum, die den Winkel $0 \leq \phi \leq 180°$ einschließen. Das **Skalarprodukt** (**skalare Vektorprodukt**) $\boldsymbol{u} \cdot \boldsymbol{v}$ ist definiert als

$$\boldsymbol{u} \cdot \boldsymbol{v} = \begin{cases} |\boldsymbol{u}||\boldsymbol{v}| \cos(\phi) & \text{für } \boldsymbol{u} \neq \boldsymbol{o} \text{ und } \boldsymbol{v} \neq \boldsymbol{o} \\ 0 & \text{für } \boldsymbol{u} = \boldsymbol{o} \text{ oder } \boldsymbol{v} = \boldsymbol{o}. \end{cases}$$

Manchmal wird das Skalarprodukt $\boldsymbol{u} \cdot \boldsymbol{v}$ auch als $< \boldsymbol{u}, \boldsymbol{v} >$ oder $(\boldsymbol{u}, \boldsymbol{v})$ geschrieben.

**Beispiel 3.26** (Skalares Vektorprodukt)**.** Der Vektor $\boldsymbol{u}$ habe die Länge 1 und der Vektor $\boldsymbol{v}$ habe die Länge $2\sqrt{2}$. Berechnen Sie deren skalares Vektorprodukt (Skalarprodukt) unter der Annahme, dass sie einen Winkel von 45° bilden.

*Lösung.* Es ist

$$\boldsymbol{u} \cdot \boldsymbol{v} = |\boldsymbol{u}||\boldsymbol{v}| \cos(\phi) = (1)(2\sqrt{2}) \cos(45°) = (1)(2\sqrt{2})(1/\sqrt{2}) = 2.$$

Das Skalarprodukt von $\boldsymbol{u}$ und $\boldsymbol{v}$ ist 2. ■

Direkt aus der Definition können wir folgende Eigenschaften des skalaren Vektorproduktes ablesen (Bild 3.30):

- Für $0° \leq \phi < 90°$ ist $\boldsymbol{u} \cdot \boldsymbol{v}$ positiv, da $|\boldsymbol{u}|$, $|\boldsymbol{v}|$ und $\cos(\phi)$ positiv sind.

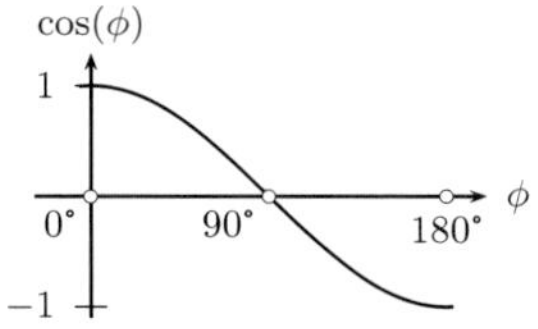


Bild 3.30.: Kosinusfunktion

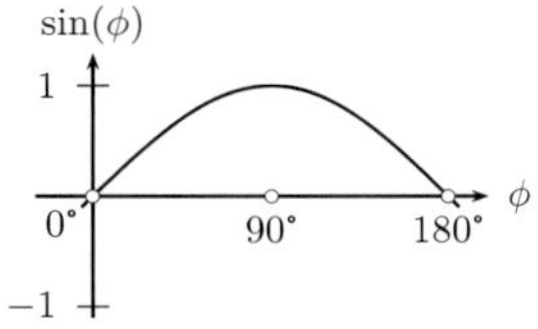


Bild 3.31.: Sinusfunktion

- Für $90° < \phi < 180°$ ist das Skalarprodukt $\boldsymbol{u} \cdot \boldsymbol{v}$ negativ, da in diesem Bereich $\cos(\phi)$ negativ ist.
- Für $\phi = 0°$ haben die Vektoren $\boldsymbol{u}$ und $\boldsymbol{v}$ gleiche Richtung; es gilt: $\boldsymbol{u} \cdot \boldsymbol{v} = |\boldsymbol{u}| \cdot |\boldsymbol{v}|$. Speziell ist $\boldsymbol{u} \cdot \boldsymbol{u} = |\boldsymbol{u}|^2$ und somit $|\boldsymbol{u}| = \sqrt{\boldsymbol{u} \cdot \boldsymbol{u}}$. In Worten: Die Länge eines Vektors ist die Quadratwurzel aus dem Skalarprodukt des Vektors mit sich selbst.
- Für $\phi = 180°$ haben die Vektoren $\boldsymbol{u}$ und $\boldsymbol{v}$ entgegengesetzte Richtungen; es gilt: $\boldsymbol{u} \cdot \boldsymbol{v} = -|\boldsymbol{u}| \cdot |\boldsymbol{v}|$.
- Für $\phi = 90°$ ist $\cos 90° = 0$, also ist $\boldsymbol{u} \cdot \boldsymbol{v} = 0$. In Worten: Bilden die Vektoren einen Winkel von 90°, so ist das Skalarprodukt Null.

In der Bezeichnung *skalares Vektorprodukt* kommt zum Ausdruck, dass es sich um ein Produkt zweier Vektoren handelt und dass das Ergebnis eine skalare Größe ist. Bitte bachten Sie, dass beim Skalarprodukt der übliche Malpunkt verwendet wird. Eine Verwechslungsgefahr mit dem Malpunkt der skalaren Multiplikation besteht nicht. Während das Skalarprodukt nur zwischen zwei Vektoren definiert ist, erfordert die skalare Multiplikation einen Skalar und einen Vektor.

**Beispiel 3.27** (Skalares Vektorprodukt)**.** Die Vektoren $\boldsymbol{u} = (0, 0, 1)$ und $\boldsymbol{v} = (0, 2, 2)$ bilden einen Winkel von 45°. Berechnen Sie das Skalarprodukt von $\boldsymbol{u}$ und $\boldsymbol{v}$.

*Lösung.* Es ist

$$\boldsymbol{u} \cdot \boldsymbol{v} = |\boldsymbol{u}||\boldsymbol{v}| \cos(\phi) = (\sqrt{0^2 + 0^2 + 1^2})(\sqrt{0^2 + 2^2 + 2^2})\frac{1}{\sqrt{2}} = \sqrt{8}\frac{1}{\sqrt{2}} = 2. \quad \blacksquare$$

**Beispiel 3.28** (Skalares Vektorprodukt, Arbeit bei konstanter Kraft)**.** *Arbeit* wird durch eine Kraft an einem Körper verrichtet, wenn diese Kraft auf den Körper einwirkt, während sie den Körper über einen bestimmten Weg bewegt. Der Weg muss dabei eine Komponente in Richtung der Kraft aufweisen, damit Arbeit verrichtet wird. Eine konstante (sowohl konstanter Betrag als auch konstante Richtung) Kraft $\boldsymbol{K}$ bewege einen Massenpunkt von $P$ nach $Q$, wobei $\boldsymbol{K}$ nicht notwendig in Richtung von $\overrightarrow{PQ}$ wirke. $\boldsymbol{s}$ sei der Vektor, der durch $\overrightarrow{PQ}$ dargestellt ist. Dann ist die geleistete Arbeit

$$A = \boldsymbol{K} \cdot \boldsymbol{s} = |\boldsymbol{K}| \cdot |\boldsymbol{s}| \cdot \cos(\phi),$$

denn es kommt ja nur der Kraftbetrag $|\boldsymbol{K}|\cos(\phi)$ der „orthogonalen Projektion“ von $\boldsymbol{K}$ auf $\overrightarrow{PQ}$ zur Wirkung ($\phi$ is der Winkel zwischen $\boldsymbol{K}$ und $\boldsymbol{s}$). Kraft wird in N (NEWTON) und Arbeit in Nm angegeben. Die Arbeit ist eine *skalare Größe (Skalar)*, die einen positiven Wert annimmt, wenn $\boldsymbol{K}$ und $\boldsymbol{s}$ in dieselbe Richtung zeigen, und einen negativen, wenn sie entgegengesetzte Richtungen haben. Es ist $1\,\mathrm{J} = 1\,\mathrm{N}\cdot 1\,\mathrm{m} = 1\,\mathrm{Nm}$ (J steht als Abkürzung für JOULE[9]).

Eine Kraft von 12 N wirke auf einen Körper unter dem Winkel $\phi = 20°$. Welche Arbeit verrichtet diese Kraft, wenn der Körper eine Strecke von 3 m zurücklegt?

Es ist

$$A = \boldsymbol{K}\cdot\boldsymbol{s} = |\boldsymbol{K}|\cdot|\boldsymbol{s}|\cdot\cos(\phi) = 12\,\mathrm{N}\cdot 3\,\mathrm{m}\cdot\cos(20\,°) \approx (36\,)(0.939\,7)\,\mathrm{Nm} \approx 34\,\mathrm{Nm} = 34\,\mathrm{J}.$$

Die verrichtete Arbeit beträgt demnach zirka 34 J.

Lassen Sie uns den Fall betrachten, in dem die Bewegung und die Kraft in derselben Richtung verlaufen, sodass $\phi = 0\,°$ und $\cos(\phi) = 1$ und dann $A = |\boldsymbol{K}|\cdot|\boldsymbol{s}|$ ist. Wenn Sie zum Beispiel einen beladenen Einkaufswagen über einen Weg von 50 m durch Ausüben einer horizontalen Kraft von 30 N auf den Wagen schieben, dann verrichten Sie an dem Wagen eine Arbeit von

$$A = |\boldsymbol{K}|\cdot|\boldsymbol{s}| = 30\,\mathrm{N}\cdot 50\,\mathrm{m} = 1500\,\mathrm{Nm} = 1500\,\mathrm{J}.$$

Eine Kraft kann auf einen Körper ausgeübt werden, ohne dass Arbeit verrichtet wird. Wenn Sie zum Beispiel eine schwere Einkaufstasche in Ruhe in Ihren Händen halten, verrichten Sie keine Arbeit an der Tasche. Es wird eine Kraft ausgeübt, aber der Weg ist gleich null und deshalb ist die Arbeit $A = 0$.

Sie verrichten ebenfalls keine Arbeit an der Einkaufstasche, wenn Sie sie tragen und dabei horizontal mit konstanter Geschwindigkeit über den Boden gehen. Es ist keine horizontale Kraft erforderlich, um die Tüte mit konstanter Geschwindigkeit zu bewegen. Demnach üben Sie eine nach oben gerichtete Kraft auf die Tüte aus, die gleich deren Gewichtskraft ist. Aber diese nach oben gerichtete Kraft verläuft senkrecht zu der horizontalen Bewegung der Tüte und hat somit nichts mit dieser Bewegung zu tun. Folglich verrichtet die nach oben gerichtete Kraft keine Arbeit. Diese Schlussfolgerung ergibt sich aus unserer Definition der Arbeit

$$A = \boldsymbol{K}\cdot\boldsymbol{s} = |\boldsymbol{K}|\cdot|\boldsymbol{s}|\cdot\cos(\phi),$$

weil $\phi = 90\,°$ und $\cos(90\,°) = 0$ ist. Deshalb wird keine Arbeit durch eine Kraft verrichtet, wenn diese bestimmte Kraft senkrecht zu der Bewegung verläuft (Wenn Sie beginnen oder aufhören zu gehen, gibt es eine horizontale Beschleunigung und Sie üben kurz eine horizontale Kraft aus und verrichten somit Arbeit). ■

[9] JAMES PRESCOTT JOULE (1818 – 1889).

### Koordinatenform des Skalarproduktes

Sind die Vektoren $\boldsymbol{u}$ und $\boldsymbol{v}$ durch ihre Koordinaten gegeben, so kann man das skalare Vektorprodukt durch die Koordinaten von $\boldsymbol{u} = (u_1, u_2, u_3)$ und $\boldsymbol{v} = (v_1, v_2, v_3)$ ausdrücken, siehe Bild 3.32. Die Seitenlängen des Dreiecks $OUV$ betragen $|\boldsymbol{u}|$, $|\boldsymbol{v}|$ und $|\boldsymbol{v} - \boldsymbol{u}|$. Nach

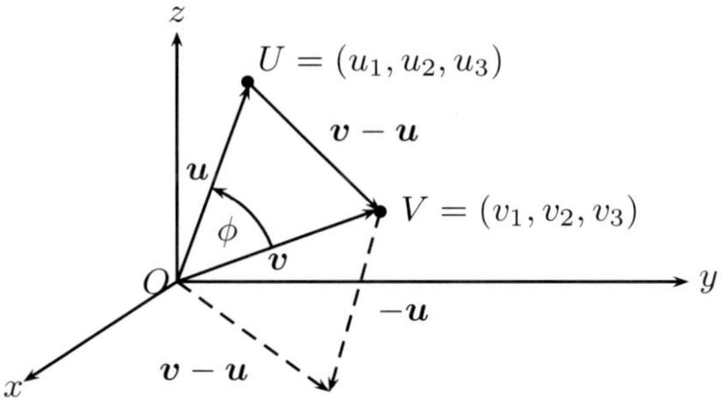


Bild 3.32.: Zur Koordinatenform des Skalarproduktes im Raum

dem *Kosinussatz* (Der Kosinussatz wird in den Aufgaben hergeleitet.) gilt

$$|\boldsymbol{v} - \boldsymbol{u}|^2 = |\boldsymbol{u}|^2 + |\boldsymbol{v}|^2 - 2|\boldsymbol{u}||\boldsymbol{v}|\cos(\phi).$$

Umformen ergibt

$$|\boldsymbol{u}||\boldsymbol{v}|\cos(\phi) = \frac{1}{2}(|\boldsymbol{u}|^2 + |\boldsymbol{v}|^2 - |\boldsymbol{v} - \boldsymbol{u}|^2) \quad \text{oder} \quad \boldsymbol{u} \cdot \boldsymbol{v} = \frac{1}{2}(|\boldsymbol{u}|^2 + |\boldsymbol{v}|^2 - |\boldsymbol{v} - \boldsymbol{u}|^2).$$

Mit $|\boldsymbol{u}|^2 = u_1^2 + u_2^2 + u_3^2$, $|\boldsymbol{v}|^2 = v_1^2 + v_2^2 + v_3^2$ und $|\boldsymbol{v} - \boldsymbol{u}|^2 = (v_1 - u_1)^2 + (v_2 - u_2)^2 + (v_3 - u_3)^2$ erhalten wir

$$\begin{aligned} \boldsymbol{u} \cdot \boldsymbol{v} &= \frac{1}{2}\big(u_1^2 + u_2^2 + u_3^2 + v_1^2 + v_2^2 + v_3^2 - (v_1 - u_1)^2 - (v_2 - u_2)^2 - (v_3 - u_3)^2\big) \\ &= \frac{1}{2}(2u_1v_1 + 2u_2v_2 + 2u_3v_3) = u_1v_1 + u_2v_2 + u_3v_3. \end{aligned}$$

Das skalare Vektorprodukt kann also in Koordinatenform durch

$$\boldsymbol{u} \cdot \boldsymbol{v} = u_1v_1 + u_2v_2 + u_3v_3$$

berechnet werden. Analog ergibt sich für Vektoren $\boldsymbol{u} = (u_1, u_2)$ und $\boldsymbol{v} = (v_1, v_2)$ in der Ebene die Formel

$$\boldsymbol{u} \cdot \boldsymbol{v} = u_1v_1 + u_2v_2.$$

**Satz 3.11.** *Das Skalarprodukt der Vektoren* $\boldsymbol{u} = (u_1, u_2, u_3)$ *und* $\boldsymbol{v} = (v_1, v_2, v_3)$ *im Raum* $\mathbb{R}^3$ *ist*

$$\boldsymbol{u} \cdot \boldsymbol{v} = u_1 v_1 + u_2 v_2 + u_3 v_3.$$

*Für Vektoren* $\boldsymbol{u} = (u_1, u_2)$ *und* $\boldsymbol{v} = (v_1, v_2)$ *in der Ebene* $\mathbb{R}^2$ *gilt*

$$\boldsymbol{u} \cdot \boldsymbol{v} = u_1 v_1 + u_2 v_2.$$

**Beispiel 3.29** (Skalares Vektorprodukt)**.** Berechnen Sie das skalare Vektorprodukt der Vektoren $\boldsymbol{u} = (0, 0, 1)$ und $\boldsymbol{v} = (0, 2, 2)$, siehe Beispiel 3.27.

*Lösung.* $\boldsymbol{u} \cdot \boldsymbol{v} = (0)(0) + (0)(2) + (1)(2) = 2.$ ■

**Beispiel 3.30** (Skalares Vektorprodukt, Wirtschaft)**.** Rechnungen und Bestellzettel weisen oft die folgende Form auf, siehe Tabelle 3.1. Berechnen Sie den Gesamtbetrag der

| *Artikel* | *Menge* | *Einzelpreis in €* |
|---|---|---|
| Herren-T-Shirt | 2 | 20 |
| Herren-Weste | 1 | 100 |
| Herren-Slip | 5 | 9 |

Tabelle 3.1.: Bestellzettel

Bestellung.

*Lösung.* Die Mengen und die Einzelpreise können wir, wie dies auch die Tabelle 3.1 nahelegt, zu einem Mengenvektor $\boldsymbol{m} = (2, 1, 5)$ und Preisvektor $\boldsymbol{p} = (20, 100, 9)$ zusammenfassen, und der Gesamtwert der Bestellung errechnet sich dann als Summe der Produkte der sich entsprechenden Koordinaten dieser Vektoren:

$$\boldsymbol{m} \cdot \boldsymbol{p} = (2, 1, 5) \cdot (20, 100, 9) = (2)(20) + (1)(100) + (5)(9) = 185.$$

Der Gesamtbetrag der Bestellung beträgt somit 185 €. ■

**Beispiel 3.31** (Skalares Vektorprodukt, Arbeit)**.** Welche Arbeit wird bei einer geradlinigen Verschiebung einer Punktmasse von Punkt $P_1 = (1, 1, 1)\text{m}$ nach Punkt $P_2 = (4, 3, -4)\text{m}$ durch die Kraft $\boldsymbol{K} = (2, -1, -1)\text{N}$ geleistet?

*Lösung.* Zunächst ist $\boldsymbol{s} = \overrightarrow{P_1P_2} = (4, 3, -4)\text{m} - (1, 1, 1)\text{m} = (3, 2, -5)\text{m}$. Somit ist

$$A = \boldsymbol{K} \cdot \boldsymbol{s} = (2, -1, -1)\text{N} \cdot (3, 2, -5)\text{m} = \Big((2)(3) + (-1)(2) + (-1)(-5)\Big)\text{Nm} = 9\,\text{Nm}.$$

Die von der Kraft $\boldsymbol{K}$ geleistete Arbeit $A$ ist daher $9\,\text{Nm} = 9\,\text{J}$. Die Arbeit ist positiv, da die Richtung der Kraft und die Richtung des Weges übereinstimmen. Die Gesamtenergie des Systems erhöht sich, dem System wird Enegie zugeführt. ■

Werden $\boldsymbol{u}$ und $\boldsymbol{v}$ als Spaltenmatrizen geschrieben, also $\boldsymbol{u} = [u_1 \;\; u_2 \;\; u_3]^{\mathrm{T}}$ und $\boldsymbol{v} = [v_1 \;\; v_2 \;\; v_3]^{\mathrm{T}}$, so ist das Skalarprodukt das Matrizenprodukt der Zeilenmatrix $\boldsymbol{u}^{\mathrm{T}}$ mit der Spaltenmatrix $\boldsymbol{v}$

$$\boldsymbol{u}^{\mathrm{T}}\boldsymbol{v} = u_1v_1 + u_2v_2 + u_3v_3.$$

Mit anderen Worten: Zeilenvektor mal Spaltenvektor ergibt $u_1v_1+u_2v_2+u_3v_3$, also ist

$$\boldsymbol{u} \cdot \boldsymbol{v} = \boldsymbol{u}^{\mathrm{T}}\boldsymbol{v}.$$

Analog gilt für $\boldsymbol{u}, \boldsymbol{v} \in \mathbb{R}^2$

$$\boldsymbol{u}^{\mathrm{T}}\boldsymbol{v} = u_1v_1 + u_2v_2 = \boldsymbol{u} \cdot \boldsymbol{v}.$$

Insbesondere ist für $\boldsymbol{v} \in \mathbb{R}^3$ (analog für $\boldsymbol{v} \in \mathbb{R}^2$)

$$\boldsymbol{v}^{\mathrm{T}}\boldsymbol{v} = \boldsymbol{v} \cdot \boldsymbol{v} = v_1^2 + v_2^2 + v_3^2 = |\boldsymbol{v}|^2.$$

## Winkelbestimmung

Aus $\boldsymbol{u} \cdot \boldsymbol{v} = |\boldsymbol{u}||\boldsymbol{v}|\cos(\phi)$ folgt

$$\cos(\phi) = \frac{\boldsymbol{u} \cdot \boldsymbol{v}}{|\boldsymbol{u}||\boldsymbol{v}|}.$$

Mit dieser Formel lässt sich der Winkel $\phi$ zwischen den Vektoren $\boldsymbol{u}$ und $\boldsymbol{v}$ berechnen, wenn diese in Koordinatenform gegeben sind. Es gilt dann

$$\cos(\phi) = \frac{u_1v_1 + u_2v_2 + u_3v_3}{\sqrt{u_1^2 + u_2^2 + u_3^2} \cdot \sqrt{v_1^2 + v_2^2 + v_3^2}}$$

bzw. analog für Vektoren in der Ebene.

**Beispiel 3.32.** Gegeben sind die Vektoren $\boldsymbol{u} = (2, -1, 1)$ und $\boldsymbol{v} = (1, 1, 2)$. Berechnen Sie den Winkel zwischen $\boldsymbol{u}$ und $\boldsymbol{v}$.

*Lösung.* Mit diesen Daten gilt

$$\cos(\phi) = \frac{(2)(1) + (-1)(1) + (1)(2)}{\sqrt{4+1+1} \cdot \sqrt{1+1+4}} = \frac{1}{2}$$

Daraus folgt $\phi = 60°$. ■

**Beispiel 3.33.** Bestimmen Sie den Winkel zwischen der Diagonalen und einer Kante eines Würfels.

*Lösung.* Es sei $k$ die Kantenlänge des Würfels. Sind $\boldsymbol{u}_1 = (k, 0, 0)$, $\boldsymbol{u}_2 = (0, k, 0)$ und $\boldsymbol{u}_3 = (0, 0, k)$ die drei Kanten, so beschreibt $\boldsymbol{d} = \boldsymbol{u}_1 + \boldsymbol{u}_2 + \boldsymbol{u}_3 = (k, k, k)$ die Diagonale des Würfels. Für den Winkel $\phi$ zwischen $\boldsymbol{d}$ und der Kante $\boldsymbol{u}_1$ gilt

$$\cos(\phi) = \frac{\boldsymbol{u}_1 \cdot \boldsymbol{d}}{|\boldsymbol{u}_1||\boldsymbol{d}|} = \frac{k^2}{k\sqrt{3k^2}} = \frac{1}{\sqrt{3}},$$

also ist

$$\phi = \arccos(\frac{1}{\sqrt{3}}) \approx 54.74^\circ \approx 54^\circ 44'.$$

Auf die gleiche Weise findet man, dass der Winkel zwischen $\boldsymbol{d}$ und $\boldsymbol{u}_2$ bzw. $\boldsymbol{u}_3$ ebenfalls ungefähr 54 Grad und 44 Winkelminuten beträgt. ∎

## Orthogonale Vektoren

Stehen zwei Vektoren senkrecht aufeinander, so nennt man das auch **orthogonal**. Wenn wir noch vereinbaren, dass der Nullvektor senkrecht zu jedem Vektor ist, so erhalten wir

**Satz 3.12** (Orthogonale Vektoren)**.** *Zwei Vektoren $\boldsymbol{u}$ und $\boldsymbol{v}$ sind genau dann orthogonal, wenn $\boldsymbol{u} \cdot \boldsymbol{v} = 0$ ist.*

Als Schreibweise für zwei orthogonale Vektoren $\boldsymbol{u}$ und $\boldsymbol{v}$ verwendet man $\boldsymbol{u} \perp \boldsymbol{v}$.

**Beispiel 3.34** (Orthogonale Vektoren)**.** Zeigen Sie, dass die Vektoren $\boldsymbol{u} = (1, 1)$ und $\boldsymbol{v} = (-1, 1)$ orthogonal sind.

*Lösung.* Es ist $\boldsymbol{u} \cdot \boldsymbol{v} = (1)(-1) + (1)(1) = -1 + 1 = 0$. Somit ist $\boldsymbol{u} \perp \boldsymbol{v}$. ∎

**Beispiel 3.35** (Orthogonale Vektoren)**.** Zeigen Sie, dass die drei natürlichen Einheitsvektoren $\boldsymbol{e}_1 = (1, 0, 0)$, $\boldsymbol{e}_2 = (0, 1, 0)$ und $\boldsymbol{e}_3 = (0, 0, 1)$ paarweise senkrecht aufeinander stehen.

*Lösung.* Es ist $\boldsymbol{e}_1 \cdot \boldsymbol{e}_2 = 1 \cdot 0 + 0 \cdot 1 + 0 \cdot 0 = 0$ und ebenso $\boldsymbol{e}_1 \cdot \boldsymbol{e}_3 = 0$, $\boldsymbol{e}_2 \cdot \boldsymbol{e}_3 = 0$. ∎

### Rechenregeln des Skalarproduktes

Für das Skalarprodukt gelten die folgenden Rechenregeln.

**Satz 3.13** (Rechenregeln des Skalarproduktes)**.** *Es sind* $\boldsymbol{u}$, $\boldsymbol{v}$ *und* $\boldsymbol{w}$ *Vektoren im zwei- oder dreidimensionalen Raum und* $c$ *ein Skalar. Dann gilt*

*(a)* $\boldsymbol{u} \cdot \boldsymbol{v} = \boldsymbol{v} \cdot \boldsymbol{u}$, *(Kommutativgesetz)*

*(b)* $\boldsymbol{u} \cdot (\boldsymbol{v} + \boldsymbol{w}) = \boldsymbol{u} \cdot \boldsymbol{v} + \boldsymbol{u} \cdot \boldsymbol{w}$, *(Distributivgesetz)*

*(c)* $c(\boldsymbol{u} \cdot \boldsymbol{v}) = (c\boldsymbol{u}) \cdot \boldsymbol{v} = \boldsymbol{u} \cdot (c\boldsymbol{v})$,

*(d)* $\boldsymbol{v} \cdot \boldsymbol{v} > 0$ *für* $\boldsymbol{v} \neq \boldsymbol{o}$ *und* $\boldsymbol{v} \cdot \boldsymbol{v} = 0$ *für* $\boldsymbol{v} = \boldsymbol{o}$.

*Beweis.* Wir beweisen nur die identische Gleichung $c(\boldsymbol{u} \cdot \boldsymbol{v}) = (c\boldsymbol{u}) \cdot \boldsymbol{v}$ im dreidimensionalen Raum und überlassen dem Leser die Beweise der anderen Identitäten.
Für $\boldsymbol{u} = (u_1, u_2, u_3)$ und $\boldsymbol{v} = (v_1, v_2, v_3)$ ist

$$\begin{aligned} c(\boldsymbol{u} \cdot \boldsymbol{v}) &= c(u_1v_1 + u_2v_2 + u_3v_3) = cu_1v_1 + cu_2v_2 + cu_3v_3 \\ &= (cu_1)v_1 + (cu_2)v_2 + (cu_3)v_3 = (c\boldsymbol{u}) \cdot \boldsymbol{v}. \end{aligned}$$ □

### Anwendung: Das Parallelogramm-Gesetz

Sind $\boldsymbol{v}$ und $\boldsymbol{w}$ zwei Vektoren in der Ebene oder im Raum, so gilt mit den Rechenregeln des Skalarproduktes (Satz 3.13):

$$\begin{aligned} |\boldsymbol{v} + \boldsymbol{w}|^2 + |\boldsymbol{v} - \boldsymbol{w}|^2 &= (\boldsymbol{v} + \boldsymbol{w}) \cdot (\boldsymbol{v} + \boldsymbol{w}) + (\boldsymbol{v} - \boldsymbol{w}) \cdot (\boldsymbol{v} - \boldsymbol{w}) \\ &= \boldsymbol{v} \cdot \boldsymbol{v} + \boldsymbol{w} \cdot \boldsymbol{w} + 2\boldsymbol{v} \cdot \boldsymbol{w} + \boldsymbol{v} \cdot \boldsymbol{v} + \boldsymbol{w} \cdot \boldsymbol{w} - 2\boldsymbol{v} \cdot \boldsymbol{w} \\ &= 2\boldsymbol{v} \cdot \boldsymbol{v} + 2\boldsymbol{w} \cdot \boldsymbol{w} = 2|\boldsymbol{v}|^2 + 2|\boldsymbol{w}|^2. \end{aligned}$$

Damit haben wir aber gerade den folgenden Satz 3.14 bewiesen, siehe Bild 3.33.

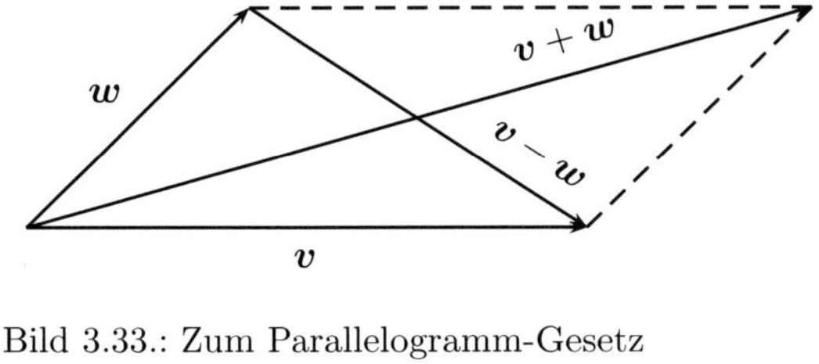


Bild 3.33.: Zum Parallelogramm-Gesetz

**Satz 3.14** (Parallelogramm-Gesetz). *In jedem Parallelogramm ist die Summe der Quadrate der vier Seiten gleich der Summe der Quadrate der zwei Diagonalen.*

**Beispiel 3.36** (Parallelogramm-Gesetz). Gegeben sind die beiden Vektoren $\boldsymbol{v} = (1, 0)$ und $\boldsymbol{w} = (2, 2)$. Bestätigen Sie mit diesen Vektoren das Parallelogramm-Gesetz.

*Lösung.* Es ist einerseits $|\boldsymbol{v}|^2 = 1^2 + 0^2 = 1$ und $|\boldsymbol{w}|^2 = 2^2 + 2^2 = 8$. Damit ist die Summe der Quadrate der vier Seiten des Paralellogramms $2 \cdot 1 + 2 \cdot 8 = 18$. Andererseit ist $\boldsymbol{v} + \boldsymbol{w} = (1, 0) + (2, 2) = (3, 2)$ und $\boldsymbol{v} - \boldsymbol{w} = (1, 0) - (2, 2) = (-1, -2)$, also $|\boldsymbol{v} + \boldsymbol{w}|^2 = 3^2 + 2^2 = 13$ und $|\boldsymbol{v} - \boldsymbol{w}|^2 = (-1)^2 + (-2)^2 = 5$. Damit ist die Summe der Quadrate der zwei Diagonalen $13 + 5 = 18$. ■

### Orthogonale Projektionsvektoren

In einer Reihe von Anwendungen interessiert man sich für die „Zerlegung“ eines Vektors $\boldsymbol{u}$ in einen zu einem gegebenen Vektor $\boldsymbol{a}$ parallelen und einen dazu senkrechten Summanden (Anteil). Dazu verlegt man $\boldsymbol{u}$ und $\boldsymbol{a}$ in den gemeinsamen Anfangspunkt $Q$ und fällt das Lot vom Endpunkt von $\boldsymbol{u}$ auf die Gerade durch $\boldsymbol{a}$, siehe Bild 3.34.

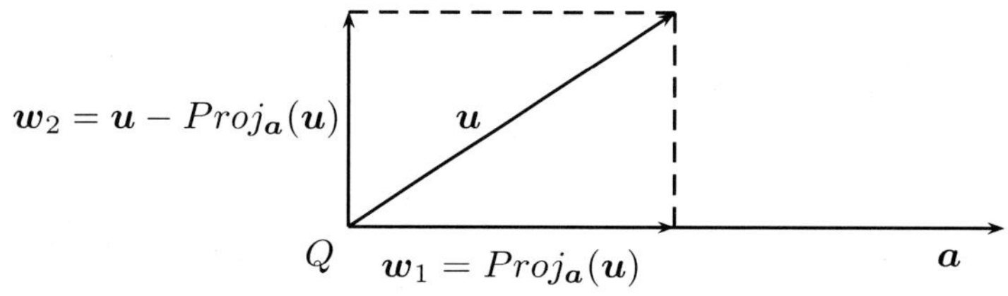


Bild 3.34.: Orthogonale Projektionsvektoren

Ist $\boldsymbol{u} = \boldsymbol{w}_1 + \boldsymbol{w}_2$, so heißt der Vektor $\boldsymbol{w}_1$ **orthogonaler Projektionsvektor (Orthogonalprojektion, orthogonale Projektion) von $\boldsymbol{u}$ auf $\boldsymbol{a}$** und wird auch mit $Proj_{\boldsymbol{a}}(\boldsymbol{u})$ bezeichnet. Dementsprechend heißt $\boldsymbol{w}_2$ **orthogonaler Projektionsvektor von $\boldsymbol{u}$ senkrecht zu $\boldsymbol{a}$**. Wir geben nun Formeln an, mit denen man die beiden orthogonalen Projektionsvektoren berechnen kann.

**Satz 3.15** (Orthogonale Projektionsvektoren). *Für Vektoren $\boldsymbol{u}$ und $\boldsymbol{a}$ in der Ebene oder im Raum mit $\boldsymbol{a} \neq \boldsymbol{o}$ gilt*

$$\boldsymbol{w}_1 = Proj_{\boldsymbol{a}}(\boldsymbol{u}) = \frac{\boldsymbol{u} \cdot \boldsymbol{a}}{|\boldsymbol{a}|^2}\boldsymbol{a} \quad \text{und} \quad \boldsymbol{w}_2 = \boldsymbol{u} - Proj_{\boldsymbol{a}}(\boldsymbol{u}) = \boldsymbol{u} - \frac{\boldsymbol{u} \cdot \boldsymbol{a}}{|\boldsymbol{a}|^2}\boldsymbol{a}.$$

*Beweis.* Es sind $\boldsymbol{w}_1 = Proj_{\boldsymbol{a}}(\boldsymbol{u})$ und $\boldsymbol{w}_2 = \boldsymbol{u} - Proj_{\boldsymbol{a}}(\boldsymbol{u})$. Da $\boldsymbol{w}_1$ zu $\boldsymbol{a}$ parallel ist, gilt: $\boldsymbol{w}_1 = k\boldsymbol{a}$. Damit ist

$$\boldsymbol{u} = \boldsymbol{w}_1 + \boldsymbol{w}_2 = k\boldsymbol{a} + \boldsymbol{w}_2,$$

woraus sich mit den Rechenregeln für das Skalarprodukt

$$\boldsymbol{u} \cdot \boldsymbol{a} = (k\boldsymbol{a} + \boldsymbol{w}_2) \cdot \boldsymbol{a} = k|\boldsymbol{a}|^2 + \boldsymbol{w}_2 \cdot \boldsymbol{a}$$

ergibt. Da $\boldsymbol{w}_2$ senkrecht zu $\boldsymbol{a}$ ist, gilt $\boldsymbol{w}_2 \cdot \boldsymbol{a} = 0$, also

$$k = \frac{\boldsymbol{u} \cdot \boldsymbol{a}}{|\boldsymbol{a}|^2}.$$

Wegen $Proj_{\boldsymbol{a}}(\boldsymbol{u}) = \boldsymbol{w}_1 = k\boldsymbol{a}$ erhalten wir

$$Proj_{\boldsymbol{a}}(\boldsymbol{u}) = \frac{\boldsymbol{u} \cdot \boldsymbol{a}}{|\boldsymbol{a}|^2}\boldsymbol{a}. \qquad \square$$

**Beispiel 3.37.** Es sind $\boldsymbol{u} = (2, -1, 3)$ und $\boldsymbol{a} = (4, -1, 2)$ zwei gegebene Vektoren im Raum. Bestimmen Sie die orthogonalen Projektionsvektoren von $\boldsymbol{u}$ auf den Vektor $\boldsymbol{a}$ und senkrecht zu $\boldsymbol{a}$.

*Lösung.* Es ist $\boldsymbol{u} \cdot \boldsymbol{a} = (2)(4) + (-1)(-1) + (3)(2) = 15$ und $|\boldsymbol{a}|^2 = 4^2 + (-1)^2 + 2^2 = 21$, also

$$Proj_{\boldsymbol{a}}(\boldsymbol{u}) = \frac{\boldsymbol{u} \cdot \boldsymbol{a}}{|\boldsymbol{a}|^2}\boldsymbol{a} = \frac{15}{21}(4, -1, 2) = \frac{5}{7}(4, -1, 2) \approx (2.8, -0.7, 1.4)$$

und

$$\boldsymbol{u} - Proj_{\boldsymbol{a}}(\boldsymbol{u}) = (2, -1, 3) - (20/7, -5/7, 10/7) \approx (-0.8, -0.3, 1.6). \quad \blacksquare$$

Für die Länge des orthogonalen Projektionsvektors von $\boldsymbol{u}$ auf $\boldsymbol{a}$ erhält man

$$|Proj_{\boldsymbol{a}}(\boldsymbol{u})| = \left|\frac{\boldsymbol{u} \cdot \boldsymbol{a}}{|\boldsymbol{a}|^2}\boldsymbol{a}\right| = \left|\frac{\boldsymbol{u} \cdot \boldsymbol{a}}{|\boldsymbol{a}|^2}\right||\boldsymbol{a}| = \frac{|\boldsymbol{u} \cdot \boldsymbol{a}|}{|\boldsymbol{a}|^2}|\boldsymbol{a}|,$$

da $|\boldsymbol{a}|^2 > 0$ ist. Damit ist

$$|Proj_{\boldsymbol{a}}(\boldsymbol{u})| = \frac{|\boldsymbol{u} \cdot \boldsymbol{a}|}{|\boldsymbol{a}|}.$$

Wegen $\boldsymbol{u} \cdot \boldsymbol{a} = |\boldsymbol{u}||\boldsymbol{a}|\cos(\phi)$ ist somit

$$|Proj_{\boldsymbol{a}}(\boldsymbol{u})| = |\boldsymbol{u}||\cos(\phi)|.$$

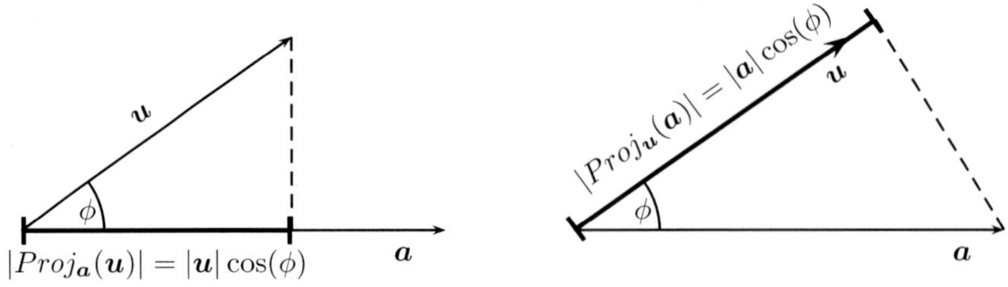


Bild 3.35.: Länge der Orthogonalprojektion

**Satz 3.16** (Länge der Orthogonalprojektion)**.** *Die Länge des orthogonalen Projektionsvektors $Proj_{\boldsymbol{a}}(\boldsymbol{u})$ von $\boldsymbol{u}$ auf $\boldsymbol{a}$ ist*

$$|Proj_{\boldsymbol{a}}(\boldsymbol{u})| = \frac{|\boldsymbol{u} \cdot \boldsymbol{a}|}{|\boldsymbol{a}|} = |\boldsymbol{u}||\cos(\phi)|.$$

Die geometrische Interpretation dieser Gleichung lässt sich dem Bild 3.35 entnehmen. Beachten Sie, dass man den Betrag von $\cos(\phi)$ nehmen muss, falls $\phi$ größer als 90° ist.

**Beispiel 3.38.** Welche Länge hat der orthogonale Projektionsvektor $Proj_{\boldsymbol{a}}(\boldsymbol{u})$ aus Beispiel 3.37?

*Lösung.* Mit Satz 3.16 und Beispiel 3.37 gilt

$$|Proj_{\boldsymbol{a}}(\boldsymbol{u})| = \frac{|\boldsymbol{u} \cdot \boldsymbol{a}|}{|\boldsymbol{a}|} = \frac{15}{\sqrt{21}} \approx 3.27. \quad \blacksquare$$

Wir werden in Kapitel 6 sehen, dass orthogonale Projektionen durch Matrizen beschrieben werden können. Orthogonale Projektionen sind interessante und wichtige *lineare Abbildungen* (Kapitel 8).

### Geometrische Interpretation des Skalarproduktes

Das Skalarprodukt kann nun auch geometrisch interpretiert werden. Unter der Annahme, dass $|\phi| \leq 90°$, so dass $\cos(\phi)$ positiv ist, ist die Länge des orthogonalen Projektionsvektors von $\boldsymbol{u}$ auf $\boldsymbol{a}$ gleich $|\boldsymbol{u}|\cos(\phi)$. Somit ist das Skalarprodukt $\boldsymbol{u} \cdot \boldsymbol{a}$ gleich dem Produkt der Längen $|\boldsymbol{u}|\cos(\phi)$ und $|\boldsymbol{a}|$. Aufgrund der Symmetrie können wir $\boldsymbol{u} \cdot \boldsymbol{a}$ ebenso mit der orthogonalen Projektion von $\boldsymbol{a}$ auf $\boldsymbol{u}$ verbinden und folgern, dass $\boldsymbol{u} \cdot \boldsymbol{a}$ dem Produkt der Längen der orthogonalen Projektion von $\boldsymbol{a}$ auf $\boldsymbol{u}$, also $|\boldsymbol{a}|\cos(\phi)$ und der Länge $|\boldsymbol{u}|$ ist, siehe Bild 3.35.

### Komponentendarstellung

In einem kartesischen Koordinatensystem mit den Koordinaten $x$ und $y$ (bzw. $x, y, z$ in drei Dimensionen) kann man einen Vektor $\boldsymbol{v}$ eindeutig durch Zahlenwerte charakterisieren, die sich durch orthogonale Projektion auf die Koordinatenachsen ergeben. Diese zwei (bzw. drei) Zahlenwerte sind die kartesischen Koordinaten des Vektors; man bezeichnet sie mit $v_x$, $v_y$ oder $v_1$, $v_2$ oder ähnlich (analog in drei Dimensionen). Beispiel: $\boldsymbol{v} = (v_x, v_y) = (2, 3)$.

Eine mathematisch elegante Schreibweise erreicht man mit Hilfe der natürlichen Einheitsvektoren $\boldsymbol{e}_1$ und $\boldsymbol{e}_2$ (bzw. $\boldsymbol{e}_x$, $\boldsymbol{e}_y$ und analog für drei Dimensionen). Das Skalarprodukt des Einheitsvektors $\boldsymbol{e}_1$ mit dem Vektor $\boldsymbol{v}$ ergibt die $x$-Koordinate von $\boldsymbol{v}$

$$v_1 = \boldsymbol{v} \cdot \boldsymbol{e}_1,$$

denn nach der Definition des Skalarproduktes handelt es sich um die orthogonale Projektion von $\boldsymbol{v}$ auf die $x$-Achse, multipliziert mit der Länge von $\boldsymbol{e}_1$, also der Zahl 1. Analoges gilt natürlich auch für die andere Richtung (bzw. für die anderen Raumrichtungen). Den Vektor $\boldsymbol{v}$ kann man mit Hilfe von Koordinaten und Einheitsvektoren folgendermaßen ausdrücken:

$$\boldsymbol{v} = v_1\boldsymbol{e}_1 + v_2\boldsymbol{e}_2 \quad \text{bzw.} \quad \boldsymbol{v} = v_1\boldsymbol{e}_1 + v_2\boldsymbol{e}_2 + v_3\boldsymbol{e}_3$$

In diesen Darstellungen sind die Skalare $v_i$ die Koordinaten von $\boldsymbol{v}$ und die Vektoren $v_i\boldsymbol{e}_i$ die **Komponenten von $\boldsymbol{v}$**. Es ist also

$$\boldsymbol{v} = (v_1, v_2) = (v_1, 0) + (0, v_2) = v_1(1, 0) + v_2(0, 1) = v_1\boldsymbol{e}_1 + v_2\boldsymbol{e}_2$$

bzw. im Raum

$$\begin{aligned}\boldsymbol{v} &= (v_1, v_2, v_3) = (v_1, 0, 0) + (0, v_2, 0) + (0, 0, v_3)\\ &= v_1(1, 0, 0) + v_2(0, 1, 0) + v_3(0, 0, 1) = v_1\boldsymbol{e}_1 + v_2\boldsymbol{e}_2 + v_3\boldsymbol{e}_3.\end{aligned}$$

## 3.13. Cauchy-Schwarzsche Ungleichung. Dreiecksungleichung

Die Cauchy-Schwarzsche Ungleichung stellt einen Zusammenhang zwischen dem Skalarprodukt zweier Vektoren $\boldsymbol{u}$, $\boldsymbol{v}$ und ihrer Längen dar. Die Ungleichung lautet

$$|\boldsymbol{u} \cdot \boldsymbol{v}| \leq |\boldsymbol{u}||\boldsymbol{v}|.$$

Die Bezeichnung der Ungleichung erinnert an die beiden Mathematiker Cauchy und Schwarz auf die diese Ungleichung zurückgeht[10] .

[10] Augustin-Louise Cauchy (1789 – 1857); Hermann Schwarz (1843 – 1921).

**Satz 3.17** (CAUCHY-SCHWARZsche Ungleichung). *Für alle Vektoren* $\boldsymbol{u}$, $\boldsymbol{v}$ *gilt die* CAUCHY-SCHWARZSCHE *Ungleichung*

$$|\boldsymbol{u} \cdot \boldsymbol{v}| \leq |\boldsymbol{u}||\boldsymbol{v}|.$$

*Dabei gilt Gleichheit genau dann, wenn die Vektoren* $\boldsymbol{u}$ *und* $\boldsymbol{v}$ *Vielfache von einander sind.*

*Beweis.* Diese Ungleichung ist auf jeden Fall richtig bei $\boldsymbol{u} = \boldsymbol{o}$ oder bei $\boldsymbol{v} = \boldsymbol{o}$. Bei $\boldsymbol{u}$, $\boldsymbol{v} \neq \boldsymbol{o}$ gilt

$$\boldsymbol{u} \cdot \boldsymbol{v} = |\boldsymbol{u}||\boldsymbol{v}| \cos(\phi), \quad \text{also} \quad |\boldsymbol{u} \cdot \boldsymbol{v}| = |\boldsymbol{u}||\boldsymbol{v}|| \cos(\phi)| \leq |\boldsymbol{u}||\boldsymbol{v}|.$$

Damit besteht Gleichheit genau bei $|\cos(\phi)| = 1$ , also $\phi = 0°$ oder $\phi = 180°$. □

**Beispiel 3.39.** Bestätigen Sie mit $\boldsymbol{u} = (1, 3)$ und $\boldsymbol{v} = (-2, 8)$ die CAUCHY-SCHWARZsche Ungleichung.

*Lösung.* Die linke Seite der Ungleichung ergibt

$$|\boldsymbol{u} \cdot \boldsymbol{v}| = -2 + 24 = 22.$$

Die rechte Seite ergibt

$$|\boldsymbol{u}||\boldsymbol{v}| = \sqrt{10}\sqrt{68} \approx 26.07,$$

also gilt wie erwartet $|\boldsymbol{u} \cdot \boldsymbol{v}| \leq |\boldsymbol{u}||\boldsymbol{v}|$. ■

Von der CAUCHY-SCHWARZschen Ungleichung können wir auf die folgende wichtige Ungleichung schließen.

**Satz 3.18** (Dreiecksungleichung). *Es gilt*

$$|\boldsymbol{u} + \boldsymbol{v}| \leq |\boldsymbol{u}| + |\boldsymbol{v}|$$

*für alle Vektoren* $\boldsymbol{u}$, $\boldsymbol{v}$.

*Beweis.* Aus $|\boldsymbol{u} + \boldsymbol{v}|^2 = (\boldsymbol{u} + \boldsymbol{v}) \cdot (\boldsymbol{u} + \boldsymbol{v}) = |\boldsymbol{u}|^2 + |\boldsymbol{v}|^2 + 2\boldsymbol{u}\boldsymbol{v}$ und der CAUCHY-SCHWARZschen Ungleichung $\boldsymbol{u} \cdot \boldsymbol{v} \leq |\boldsymbol{u} \cdot \boldsymbol{v}| \leq |\boldsymbol{u}||\boldsymbol{v}|$ folgt

$$|\boldsymbol{u} + \boldsymbol{v}|^2 \leq |\boldsymbol{u}|^2 + |\boldsymbol{v}|^2 + 2|\boldsymbol{u}||\boldsymbol{v}| = (|\boldsymbol{u}| + |\boldsymbol{v}|)^2,$$

und das ergibt die Dreiecksungleichung. □

Die Bezeichung *Dreiecksungleichung* erklärt sich aus dem Dreieck $ABC$, siehe Bild 3.36. Die Ungleichung besagt die offensichtliche Tatsache, dass der geradlinige Weg von $A$ nach $C$ niemals länger ist als der Umweg über $B$, wo immer auch der Punkt $B$ liegen mag. Gleichheit besteht übrigens genau dann, wenn $B$ der Strecke $\overline{AC}$ angehört, also wenn $\boldsymbol{u}$ und $\boldsymbol{v}$ linear abhängig sind bei $\boldsymbol{u} \cdot \boldsymbol{v} \geq 0$.

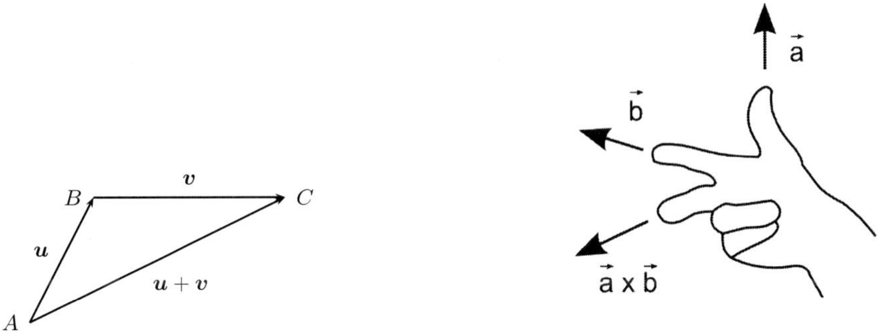


Bild 3.36.: Zur Dreiecksungleichung (links); zum Kreuzprodukt (Wikipedia)

## 3.14. Das Kreuzprodukt

Neben dem skalaren Vektorprodukt (Skalarprodukt) gibt es noch ein weiteres Vektorprodukt, das wir aber nur im Raum $\mathbb{R}^3$ definieren. Dieses Vektorprodukt erzeugt aus zwei gegebenen räumlichen Vektoren $\boldsymbol{u}$ und $\boldsymbol{v}$ nach einer bestimmten Vorschrift einen neuen Vektor im Raum, der auf beiden senkrecht steht und durch das Symbol $\boldsymbol{u} \times \boldsymbol{v}$ (gelesen: $\boldsymbol{u}$ Kreuz $\boldsymbol{v}$) gekennzeichnet wird. Dieses Kreuzprodukt hat viele Anwendungen in der Physik, der Technik und der Geometrie. So sind beispielsweise die folgenden physikalischen Größen als Kreuzprodukte darstellbar: Drehmoment (Ortsvektor $\times$ Impuls), Drehimpuls (Ortsvektor $\times$ Kraft), LORENTZ-Kraft[11] und Bahngeschwindigkeit (Winkelgeschwindigkeit $\times$ Ortsvektor) bei Drehbewegungen.

Unter dem **Kreuzprodukt** (**vektorielles Vektorprodukt**, **äußeres Produkt**) $\boldsymbol{u} \times \boldsymbol{v}$ zweier räumlicher Vektoren $\boldsymbol{u}$ und $\boldsymbol{v}$ versteht man den eindeutig bestimmten Vektor mit folgenden Eigenschaften:

(a) $\boldsymbol{u} \times \boldsymbol{v}$ ist sowohl zu $\boldsymbol{u}$ als auch zu $\boldsymbol{v}$ orthogonal (Bild 3.37, links).

(b) Die Länge des Vektors $\boldsymbol{u} \times \boldsymbol{v}$ ist gleich dem Produkt aus den Längen der Vektoren $\boldsymbol{u}$ und $\boldsymbol{v}$ und dem Sinus des von ihnen eingeschlossenen Winkels $\phi$ (Bild 3.31):

$$|\boldsymbol{u} \times \boldsymbol{v}| = |\boldsymbol{u}||\boldsymbol{v}| \sin(\phi), \qquad (0° \leq \phi \leq 180°).$$

(c) Die Vektoren $\boldsymbol{u}$, $\boldsymbol{v}$ und $\boldsymbol{u} \times \boldsymbol{v}$ bilden in dieser Reihenfolge ein Rechtssystem[12].

[11] HENDRIK ANTOON LORENTZ (1853 – 1928).

[12] Drei Vektoren $(\boldsymbol{a}, \boldsymbol{b}, \boldsymbol{c} = \boldsymbol{a} \times \boldsymbol{b})$ bilden ein Rechtssystem (Rechte-Hand-Regel; rechtes Bild 3.36), wenn folgendes gilt: Man spreizt die rechte Hand so, dass der Daumen in Richtung von $\boldsymbol{a}$ weist,

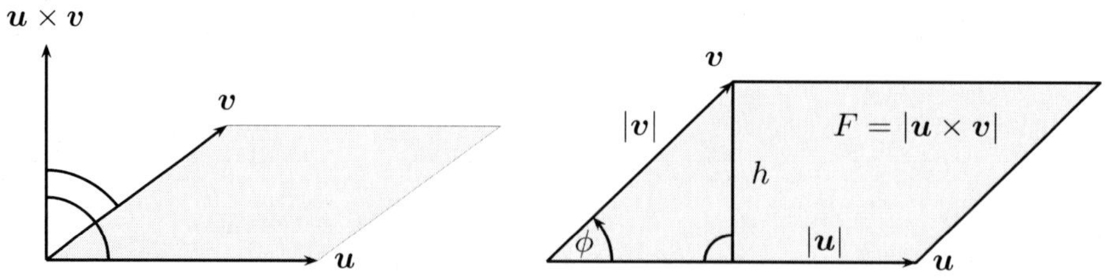


Bild 3.37.: Zum Kreuzprodukt

In der Bezeichnung *vektorielles Vektorprodukt* kommt zum Ausdruck, dass es sich um ein Produkt zweier Vektoren handelt und dass das Ergebnis ein Vektor ist.

**Beispiel 3.40** (Kreuzprodukt)**.** Berechnen Sie das Kreuzprodukt $\boldsymbol{u} \times \boldsymbol{v}$ der Vektoren $\boldsymbol{u} = (0, 0, 1)$ und $\boldsymbol{v} = (0, 2, 2)$.

*Lösung.* Die beiden Vektoren $\boldsymbol{u}$ und $\boldsymbol{v}$ bilden einen Winkel von 45°, siehe auch Beispiel 3.27. Mit $\phi = 45°$ gilt somit

$$|\boldsymbol{u} \times \boldsymbol{v}| = |\boldsymbol{u}| \cdot |\boldsymbol{v}| \cdot \sin(\phi) = |(0,0,1)| \cdot |(0,2,2)| \cdot \sin(45°) = 1 \cdot \sqrt{8} \cdot \sqrt{2}/2 = \sqrt{16}/2 = 2.$$

Der Vektor $\boldsymbol{u} \times \boldsymbol{v}$ hat also die Länge 2. Nun liegen die Vektoren $\boldsymbol{u}$ und $\boldsymbol{v}$ in der $y, z$-Ebene, also muss der Vektor $\boldsymbol{u} \times \boldsymbol{v}$ parallel zur $x$-Achse liegen. Weil die drei Vektoren ein Rechtssystem bilden müssen, zeigt der Vektor $\boldsymbol{u} \times \boldsymbol{v}$ in Richtung negativer $x$-Werte. Somit ist

$$\boldsymbol{u} \times \boldsymbol{v} = 2(-\boldsymbol{e}_1) = 2(-1, 0, 0) = (-2, 0, 0)$$

der gesuchte Kreuzproduktvektor. ∎

Sie kennen nun zwei Vektorprodukte: Das Skalarprodukt und das Kreuzprodukt. Beachten Sie, dass das Kreuzprodukt nur im Raum definiert ist und einen Vektor als Ergebnis liefert, im Gegensatz zum Skalarprodukt, dessen Resultat eine reelle Zahl ist.

Für den Flächeninhalt $F$ des von den Vektoren $\boldsymbol{u}$ und $\boldsymbol{v}$ aufgespannten Parallelogramms erhalten wir nach Bild 3.37 (rechts)

$$F = (\text{Grundlinie}) \cdot (\text{Höhe}) = |\boldsymbol{u}| \cdot h = |\boldsymbol{u}||\boldsymbol{v}| \sin(\phi).$$

der Zeigefinder in Richtung von $\boldsymbol{b}$ (Daumen und Zeigefinger liegen dabei in einer Ebene mit der Handfläche), und der Mittelfinger in Richtung von $\boldsymbol{c} = \boldsymbol{a} \times \boldsymbol{b}$. Die Vektoren $\boldsymbol{a}$ und $\boldsymbol{b}$ müssen nicht orthogonal sein, wie bei einem kartesischen Koordinatensystem.

Dies aber ist genau die Länge des Vektors $\boldsymbol{u} \times \boldsymbol{v}$. Somit erhalten wir eine geometrische Deutung für die Länge von $\boldsymbol{u} \times \boldsymbol{v}$. Die Länge des Kreuzproduktvektors $\boldsymbol{u} \times \boldsymbol{v}$ entspricht dem Flächeninhalt des von den Vektoren $\boldsymbol{u}$ und $\boldsymbol{v}$ aufgespannten Parallelogramms.

Im Fall $\boldsymbol{v} = c\boldsymbol{u}$, $c \in \mathbb{R}$ und $\boldsymbol{u}, \boldsymbol{v} \neq \boldsymbol{o}$ verkümmert das Parallelogramm zu einer Linie. Der Flächeninhalt ist daher Null. Die Vektoren $\boldsymbol{u}$ und $\boldsymbol{v}$ sind zueinander parallel und haben gleiche oder entgegengesetzte Richtung. Wir können damit das folgende Kriterium für parallele Vektoren formulieren.

**Satz 3.19** (Kriterium für parallele Vektoren)**.** *Zwei vom Nullvektor verschiedene Vektoren $\boldsymbol{u}$ und $\boldsymbol{v}$ sind genau dann parallel, wenn ihr Kreuzprodukt der Nullvektor ist:*

$$\boldsymbol{u} \times \boldsymbol{v} = \boldsymbol{o} \quad \textit{genau dann, wenn } \boldsymbol{u} \textit{ und } \boldsymbol{v} \textit{ parallel sind.}$$

Für den Sonderfall $\boldsymbol{u} = \boldsymbol{v}$ folgt unmittelbar aus $|\boldsymbol{u} \times \boldsymbol{v}| = |\boldsymbol{u}||\boldsymbol{v}| \sin(\phi)$

$$|\boldsymbol{u} \times \boldsymbol{v}| = |\boldsymbol{u}||\boldsymbol{v}| \sin 0° = 0$$

und daraus

$$\boldsymbol{u} \times \boldsymbol{u} = \boldsymbol{o}.$$

Wir fassen unsere Ergebnisse zusammen und geben weitere Rechenregeln an.

**Satz 3.20** (Rechenregeln des Kreuzproduktes)**.** *Sind $\boldsymbol{u}$, $\boldsymbol{v}$ und $\boldsymbol{w}$ beliebige Vektoren im Raum und $c$ eine reelle Zahl, so gilt*

*(a)* $\boldsymbol{u} \times \boldsymbol{v} = -(\boldsymbol{v} \times \boldsymbol{u})$ *(Anti-Kommutativgesetz)*

*(b)* $\boldsymbol{u} \times (\boldsymbol{v} + \boldsymbol{w}) = (\boldsymbol{u} \times \boldsymbol{v}) + (\boldsymbol{u} \times \boldsymbol{w})$ *(Distributivgesetz)*

*(c)* $(\boldsymbol{u} + \boldsymbol{v}) \times \boldsymbol{w} = (\boldsymbol{u} \times \boldsymbol{w}) + (\boldsymbol{v} \times \boldsymbol{w})$ *(Distributivgesetz)*

*(d)* $c(\boldsymbol{u} \times \boldsymbol{v}) = (c\boldsymbol{u}) \times \boldsymbol{v} = \boldsymbol{u} \times (c\boldsymbol{v})$

*(e)* $\boldsymbol{u} \times \boldsymbol{o} = \boldsymbol{o} \times \boldsymbol{u} = \boldsymbol{o}$

*(f)* $\boldsymbol{u} \times \boldsymbol{u} = \boldsymbol{o}$

*Beweis.* Wir begründen die Rechenregel (a). Vertauscht man bei der Bildung des Kreuzproduktes die Reihenfolge, in der zwei Vektoren $\boldsymbol{u}$ und $\boldsymbol{v}$ multipliziert werden, so müssen die Vektoren $\boldsymbol{v}$, $\boldsymbol{u}$ und $\boldsymbol{v} \times \boldsymbol{u}$ in dieser Reihenfolge ein Rechtssystem bilden. Dies ist der Fall, wenn der Vektor $\boldsymbol{v} \times \boldsymbol{u}$ entgegengesetzt zu dem Vektor $\boldsymbol{u} \times \boldsymbol{v}$ orientiert ist.

Auch die Rechenregel (d), (e) und (f) folgen unmittelbar aus der Definition des Kreuzproduktes. Der Nachweis der Distributivgesetze ist komplexer. Einen Beweis finden Sie in dem Buch [15]. □

Zu den Rechenregeln des Vektorproduktes sind folgende Bemerkungen zu machen:

- Weil das Vektorprodukt nicht kommutativ ist, müssen zwei Distributivgesetzes formuliert werden.
- Wegen der Regel $c(\boldsymbol{u} \times \boldsymbol{v}) = (c\boldsymbol{u}) \times \boldsymbol{v}$ lässt man die Klammern auch weg und schreibt einfach $c\boldsymbol{u} \times \boldsymbol{v}$.
- Ein Assoziativegesetz für das Vektorprodukt gilt nicht. Im Allgemeinen ist also $\boldsymbol{u} \times (\boldsymbol{v} \times \boldsymbol{w}) \neq (\boldsymbol{u} \times \boldsymbol{v}) \times \boldsymbol{w}$. Beispielsweise ist $\boldsymbol{e}_1 \times (\boldsymbol{e}_2 \times \boldsymbol{e}_2) = \boldsymbol{e}_1 \times \boldsymbol{o} = \boldsymbol{o}$ und $(\boldsymbol{e}_1 \times \boldsymbol{e}_2) \times \boldsymbol{e}_2 = \boldsymbol{e}_3 \times \boldsymbol{e}_2 = -\boldsymbol{e}_1$, also $\boldsymbol{e}_1 \times (\boldsymbol{e}_2 \times \boldsymbol{e}_2) \neq (\boldsymbol{e}_1 \times \boldsymbol{e}_2) \times \boldsymbol{e}_2$.

### Koordinatendarstellung des Kreuzproduktes

Da wir unter einem kartesischen Koordinatensystem mit den natürlichen Einheitsvektoren $\boldsymbol{e}_1$, $\boldsymbol{e}_2$ und $\boldsymbol{e}_3$ stets ein Rechtssystem meinen, gilt

$$\begin{array}{lll} \boldsymbol{e}_1 \times \boldsymbol{e}_2 = \boldsymbol{e}_3 & \boldsymbol{e}_2 \times \boldsymbol{e}_3 = \boldsymbol{e}_1 & \boldsymbol{e}_3 \times \boldsymbol{e}_1 = \boldsymbol{e}_2 \\ \boldsymbol{e}_2 \times \boldsymbol{e}_1 = -\boldsymbol{e}_3 & \boldsymbol{e}_3 \times \boldsymbol{e}_2 = -\boldsymbol{e}_1 & \boldsymbol{e}_1 \times \boldsymbol{e}_3 = -\boldsymbol{e}_2 \\ \boldsymbol{e}_1 \times \boldsymbol{e}_1 = \boldsymbol{o} & \boldsymbol{e}_2 \times \boldsymbol{e}_2 = \boldsymbol{o} & \boldsymbol{e}_3 \times \boldsymbol{e}_3 = \boldsymbol{o} \end{array}$$

nach Definition des Kreuzproduktes. Hieraus und mit den Rechenregeln folgt die Koordinatendarstellung für das Kreuzprodukt:

$$\begin{aligned} \boldsymbol{u} \times \boldsymbol{v} &= (u_1\boldsymbol{e}_1 + u_2\boldsymbol{e}_2 + u_3\boldsymbol{e}_3) \times (v_1\boldsymbol{e}_1 + v_2\boldsymbol{e}_2 + v_3\boldsymbol{e}_3) \\ &= u_1v_1(\boldsymbol{e}_1 \times \boldsymbol{e}_1) + u_1v_2(\boldsymbol{e}_1 \times \boldsymbol{e}_2) + u_1v_3(\boldsymbol{e}_1 \times \boldsymbol{e}_3) + \\ &\quad\; u_2v_1(\boldsymbol{e}_2 \times \boldsymbol{e}_1) + u_2v_2(\boldsymbol{e}_2 \times \boldsymbol{e}_2) + u_2v_3(\boldsymbol{e}_2 \times \boldsymbol{e}_3) + \\ &\quad\; u_3v_1(\boldsymbol{e}_3 \times \boldsymbol{e}_1) + u_3v_2(\boldsymbol{e}_3 \times \boldsymbol{e}_2) + u_3v_3(\boldsymbol{e}_3 \times \boldsymbol{e}_3) \\ &= \boldsymbol{o} + u_1v_2\boldsymbol{e}_3 - u_1v_3\boldsymbol{e}_2 - u_2v_1\boldsymbol{e}_3 + \boldsymbol{o} + u_2v_3\boldsymbol{e}_1 + u_3v_1\boldsymbol{e}_2 - u_3v_2\boldsymbol{e}_1 + \boldsymbol{o} \\ &= (u_2v_3 - u_3v_2)\boldsymbol{e}_1 + (u_3v_1 - u_1v_3)\boldsymbol{e}_2 + (u_1v_2 - u_2v_1)\boldsymbol{e}_3. \end{aligned}$$

**Satz 3.21** (Koordinatendarstellung des Kreuzproduktes). *Sind* $\boldsymbol{u} = (u_1, u_2, u_3)$ *und* $\boldsymbol{v} = (v_1, v_2, v_3)$ *zwei Vektoren im Raum, so ist das Kreuzprodukt durch*

$$\begin{aligned} \boldsymbol{u} \times \boldsymbol{v} &= (u_2v_3 - u_3v_2, u_3v_1 - u_1v_3, u_1v_2 - u_2v_1) \\ &= (u_2v_3 - u_3v_2)\boldsymbol{e}_1 + (u_3v_1 - u_1v_3)\boldsymbol{e}_2 + (u_1v_2 - u_2v_1)\boldsymbol{e}_3 \end{aligned}$$

*berechenbar.*

Das Kreuzprodukt im $\mathbb{R}^3$ ist also eine Abbildung $\mathbb{R}^3 \times \mathbb{R}^3 \to \mathbb{R}^3$, $(\boldsymbol{u}, \boldsymbol{v}) \mapsto \boldsymbol{u} \times \boldsymbol{v} = (u_2v_3 - u_3v_2, u_3v_1 - u_1v_3, u_1v_2 - u_2v_1)$. Wie kann man sich die Koordinatendarstellung des Kreuzproduktes merken? Hierzu schreibt man jeden Vektor zwei Mal untereinander,

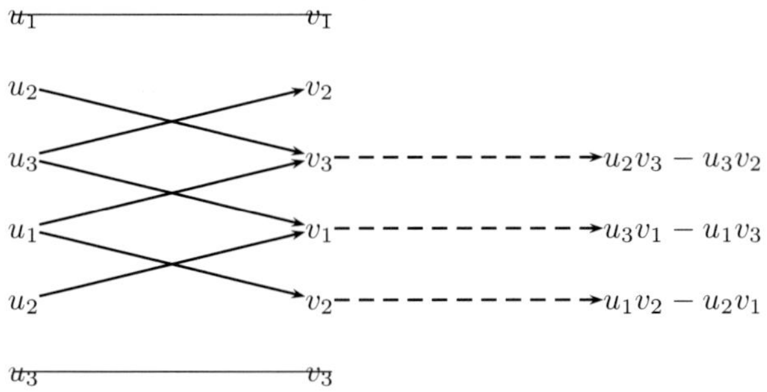


Bild 3.38.: Zur Berechnung des Kreuzproduktes in Koordinatenform

streicht die erste und letzte Zeile und bildet dann immer über Kreuz Produkte, siehe Bild 3.38. Die zwei Produkte, deren Verbindungslinien sich kreuzen, werden zusammengerechnet und zwar Verbindungslinie abwärts (von links nach rechts) minus Verbindungslinie aufwärts (von links nach rechts) und das ganze eben dreimal.

**Beispiel 3.41.** Bestätigen Sie das Ergebnis in Beispiel 3.40 mit Satz 3.21.

*Lösung.* Es ist

$$\begin{aligned}\boldsymbol{u} \times \boldsymbol{v} &= (0,0,1) \times (0,2,2) = \big((0)(2) - (1)(2), (1)(0) - (0)(2), (0)(2) - (0)(0)\big)\\ &= (-2,0,0) = -2\boldsymbol{e}_x. \quad \blacksquare\end{aligned}$$

**Beispiel 3.42.** Was ist $\boldsymbol{u} \times \boldsymbol{v}$ für $\boldsymbol{u} = (1,2,-2)$ und $\boldsymbol{v} = (3,0,1)$?

*Lösung.* Es ist

$$\begin{aligned}\boldsymbol{u} \times \boldsymbol{v} &= (1,2,-2) \times (3,0,1) = \big((2)(1) - (-2)(0), (-2)(3) - (1)(1), (1)(0) - (2)(3)\big)\\ &= (2,-7,-6) = 2\boldsymbol{e}_1 - 7\boldsymbol{e}_2 - 6\boldsymbol{e}_3. \quad \blacksquare\end{aligned}$$

**Beispiel 3.43** (Flächeninhalt eines Dreiecks)**.** Berechnen Sie den Flächeninhalt des Dreiecks mit den Eckpunkten $P_1 = (2,2,0)$, $P_2 = (-1,0,2)$ und $P_3 = (0,4,3)$.

*Lösung.* Der Flächeninhalt des Dreiecks ist die Hälfte des Inhalts des Parallelogramms, das von den Vektoren $\overrightarrow{P_1P_2}$ und $\overrightarrow{P_1P_3}$ aufgespannt wird. Daher können wir den Flächeninhalt des Dreiecks mit Hilfe des Kreuzproduktes berechnen. Zunächst ist

$$\overrightarrow{P_1P_2} = \overrightarrow{OP_2} - \overrightarrow{OP_1} = (-1,0,2) - (2,2,0) = (-3,-2,2)$$

und

$$\overrightarrow{P_1P_3} = \overrightarrow{OP_3} - \overrightarrow{OP_1} = (0,4,3) - (2,2,0) = (-2,2,3).$$

Damit gilt

$$\overrightarrow{P_1P_2} \times \overrightarrow{P_1P_3} = (-10,5,-10).$$

Also ist der Flächeninhalt des Dreiecks

$$\frac{1}{2}|\overrightarrow{P_1P_2} \times \overrightarrow{P_1P_3}| = \frac{1}{2}\sqrt{100+25+100} = \frac{1}{2}\sqrt{225} = 7.5. \quad \blacksquare$$

**Beispiel 3.44** (Drehmoment bzw. Kraftmoment)**.** Bewegt sich ein Massenpunkt mit dem Ortsvektor $\boldsymbol{r}$ in einem Kraftfeld $\boldsymbol{f}$, dann nennt man die Größe $\boldsymbol{d} = \boldsymbol{r} \times \boldsymbol{f}$ das *Drehmoment (Kraftmoment)* der Kraft $\boldsymbol{f}$ um den Koordinatenursprung. Die Einheit des Drehmomentes ist NEWTON-Meter (Nm)[13]. Der Betrag (Länge) von $\boldsymbol{d}$ ist ein Maß für

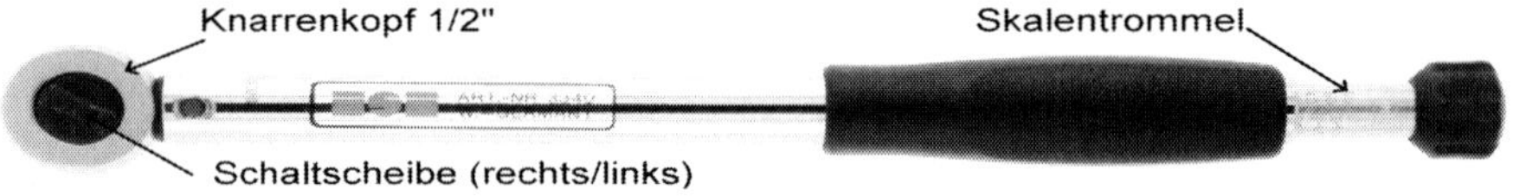


Bild 3.39.: Drehmomentschlüssel (Wikipedia)

die Drehbewegung, die durch die Kraft am Massenpunkt verursacht wird. Berechnen Sie das Drehmoment in Nm für $\boldsymbol{f} = (-1,0,4)$ N und $\boldsymbol{r} = (50,40,30)$ cm.

*Lösung.* Für das Drehmoment gilt

$$\boldsymbol{d} = \boldsymbol{r}\times\boldsymbol{f} = \left(\begin{bmatrix} 0.5 \\ 0.4 \\ 0.3 \end{bmatrix} \times \begin{bmatrix} -1 \\ 0 \\ 4 \end{bmatrix}\right)\text{Nm} = \begin{bmatrix} (0.4)(4)-(0.3)(0) \\ (0.3)(-1)-(0.5)(4) \\ (0.5)(0)-(0.4)(-1) \end{bmatrix}\text{Nm} = \begin{bmatrix} 1.6 \\ -2.3 \\ 0.4 \end{bmatrix}\text{Nm}. \quad \blacksquare$$

**Beispiel 3.45** (Anwendung aus der Geometrie: Abstand eines Punktes von einer Geraden)**.** Mithilfe des Kreuzproduktes kann der Abstand eines Punktes von einer Geraden berechnet werden (Der Abstand eines Punktes von einer Geraden ist die Länge des Lotes vom Punkt zur Geraden).

Ist die Gerade durch zwei Punkte $A$ und $B$ gegeben, und ist $P$ ein dritter Punkt, dessen Abstand $d$ von der Geraden gesucht ist. Dann lässt sich der Flächeninhalt des Dreiecks

[13]Die Radschrauben meines Fahrzeugs sollen mit einem Drehmomentschlüssel (Bild 3.39) mit 120 Nm angezogen werden.

$ABP$ einerseits durch $1/2|\overrightarrow{AB} \times \overrightarrow{AP}|$, andererseits durch $1/2|\overrightarrow{AB}|d$ (1/2 mal Grundseite mal Höhe) ausdrücken. Hieraus folgt durch Gleichsetzen und Auflösen nach $d$ die Abstandformel

$$d = \frac{|\overrightarrow{AB} \times \overrightarrow{AP}|}{|\overrightarrow{AB}|}.$$

Im Sonderfall, wenn $P$ auf der Geraden liegt, ist natürlich $d = 0$, weil dann die Vektoren $\overrightarrow{AB}$ und $\overrightarrow{AP}$ parallel sind. ∎

## 3.15. Das Spatprodukt

Sind $\boldsymbol{a}$, $\boldsymbol{b}$ und $\boldsymbol{c}$ drei Vektoren im Raum, so heißt das Skalarprodukt der Vektoren $\boldsymbol{a} \times \boldsymbol{b}$ und $\boldsymbol{c}$ **Spatprodukt**:

$$(\boldsymbol{a} \times \boldsymbol{b}) \cdot \boldsymbol{c}.$$

Wir betrachten drei Vektoren $\boldsymbol{a}$, $\boldsymbol{b}$ und $\boldsymbol{c}$, die ein *Spat* (*Parallelepiped*, *Parallelflach*) aufspannen, siehe Bild 3.40. Das von den Vektoren $\boldsymbol{a}$ und $\boldsymbol{b}$ aufgespannte Parallelogramm

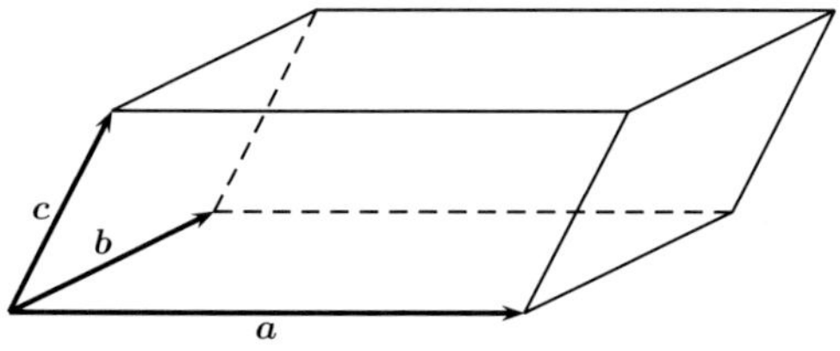


Bild 3.40.: Die drei Vektoren $\boldsymbol{a}$, $\boldsymbol{b}$ und $\boldsymbol{c}$ erzeugen ein Spat

stellt die Grundfläche des Spats dar, wobei der Inhalt der Grundfläche durch $|\boldsymbol{a} \times \boldsymbol{b}|$ gegeben ist. Die Höhe des Spats ergibt sich durch orthogonale Projektion des Vektors $\boldsymbol{c}$ auf den Vektor $\boldsymbol{a} \times \boldsymbol{b}$, also durch $|Proj_{\boldsymbol{a}\times\boldsymbol{b}}(\boldsymbol{c})| = |(\boldsymbol{a} \times \boldsymbol{b}) \cdot \boldsymbol{c}|/|\boldsymbol{a} \times \boldsymbol{b}|$. Das Volumen $V$ des Spats erhält man durch

$$V = (\text{Grundfläche}) \cdot (\text{Höhe}) = |\boldsymbol{a} \times \boldsymbol{b}| \cdot \frac{|(\boldsymbol{a} \times \boldsymbol{b}) \cdot \boldsymbol{c}|}{|\boldsymbol{a} \times \boldsymbol{b}|} = |(\boldsymbol{a} \times \boldsymbol{b}) \cdot \boldsymbol{c}|.$$

**Satz 3.22** (Volumen eines Spats)**.** *Der Betrag des Spatproduktes* $|(\boldsymbol{a} \times \boldsymbol{b}) \cdot \boldsymbol{c}|$ *stellt das Volumen des Spats dar.*

Mit dem Spatprodukt kann man entscheiden, ob drei Vektoren ein Rechtssystem bilden. Gilt $(\boldsymbol{a} \times \boldsymbol{b}) \cdot \boldsymbol{c} > 0$ , so bilden die drei Vektoren $\boldsymbol{a}$, $\boldsymbol{b}$ und $\boldsymbol{c}$ ein Rechtssystem. Im Fall $(\boldsymbol{a} \times \boldsymbol{b}) \cdot \boldsymbol{c} < 0$ liegt kein Rechtssystem vor. Für $\boldsymbol{a}, \boldsymbol{b}, \boldsymbol{c} \neq \boldsymbol{o}$ ist $(\boldsymbol{a} \times \boldsymbol{b}) \cdot \boldsymbol{c} = 0$ genau dann, wenn die drei Vektoren $\boldsymbol{a}$, $\boldsymbol{b}$ und $\boldsymbol{c}$ in einer Ebene; man sagt: $\boldsymbol{a}$, $\boldsymbol{b}$ und $\boldsymbol{c}$ sind „linear abhängig“ , siehe Abschnitt 5.12.

### Koordinatenform des Spatproduktes

Sind die drei Vektoren $\boldsymbol{a} = (a_1, a_2, a_3)$, $\boldsymbol{b} = (b_1, b_2, b_3)$ und $\boldsymbol{c} = (c_1, c_2, c_3)$ gegeben, so gilt für das Spatprodukt in Koordinatendarstellung

$$
\begin{aligned}
(\boldsymbol{a} \times \boldsymbol{b}) \cdot \boldsymbol{c} &= \begin{bmatrix} a_2b_3 - a_3b_2 \\ a_3b_1 - a_1b_3 \\ a_1b_2 - a_2b_1 \end{bmatrix} \cdot \begin{bmatrix} c_1 \\ c_2 \\ c_3 \end{bmatrix} \\
&= (a_2b_3 - a_3b_2)c_1 + (a_3b_1 - a_1b_3)c_2 + (a_1b_2 - a_2b_1)c_3.
\end{aligned}
$$

**Satz 3.23** (Koordinatenform des Spatproduktes)**.** *Für die drei Vektoren $\boldsymbol{a} = (a_1, a_2, a_3)$, $\boldsymbol{b} = (b_1, b_2, b_3)$ und $\boldsymbol{c} = (c_1, c_2, c_3)$ aus $\mathbb{R}^3$ lautet das Spatprodukt in Koordinatendarstellung*

$$
(\boldsymbol{a} \times \boldsymbol{b}) \cdot \boldsymbol{c} = (a_2b_3 - a_3b_2)c_1 + (a_3b_1 - a_1b_3)c_2 + (a_1b_2 - a_2b_1)c_3.
$$

**Beispiel 3.46.** Berechnen Sie das Spatprodukt der Vektoren $\boldsymbol{a} = (3, -2, -5)$, $\boldsymbol{b} = (1, 4, -4)$ und $\boldsymbol{c} = (0, 3, 2)$. Bilden diese drei Vektoren ein Rechtssystem?

*Lösung.* Das Spatprodukt von $\boldsymbol{a}$, $\boldsymbol{b}$ und $\boldsymbol{c}$ ist

$$
\begin{aligned}
(\boldsymbol{a} \times \boldsymbol{b}) \cdot \boldsymbol{c} &= \big((-2)(-4) - (-5)(4)\big)0 + \big((-5)(1) - (3)(-4)\big)3 + \big((3)(4) - (-2)(1)\big)2 \\
&= 28 \cdot 0 + 7 \cdot 3 + 14 \cdot 2 = 49.
\end{aligned}
$$

Da das Spatprodukt größer als Null ist, bilden die drei Vektoren $\boldsymbol{a}$, $\boldsymbol{b}$ und $\boldsymbol{c}$ ein Rechtssystem. ■

**Beispiel 3.47.** Gegeben sind die Vektoren $\boldsymbol{v}_1 = \sqrt{2}/4(-1, \sqrt{3}, 2)$, $\boldsymbol{v}_2 = -1/2\ (\sqrt{3}, 1, 0)$ und $\boldsymbol{v}_3 = \sqrt{2}/4(1, -\sqrt{3}, 2)$. Zeigen Sie, dass diese drei Vektoren senkrecht aufeinander stehende Einheitsvektoren im $\mathbb{R}^3$ sind und ein Rechtssystem bilden.

*Lösung.* Alle drei Vektoren haben die Länge 1. Wir rechnen dies stellvertretend für $\boldsymbol{v}_2$ nach.

$$
|\boldsymbol{v}_2| = |-\frac{1}{2}| \cdot |(\sqrt{3}, 1, 0)| = \frac{1}{2}\sqrt{(\sqrt{3})^2 + 1^2 + 0^2} = \frac{1}{2}\sqrt{4} = 1.
$$

Ferner stehen alle drei Vektoren paarweise senkrecht aufeinander, weil das Skalarprodukt jeweils Null ergibt:

$$\boldsymbol{v}_1 \cdot \boldsymbol{v}_2 = \frac{\sqrt{2}}{4} \begin{bmatrix} -1 \\ \sqrt{3} \\ 2 \end{bmatrix} (-\frac{1}{2}) \begin{bmatrix} \sqrt{3} \\ 1 \\ 0 \end{bmatrix} = \frac{\sqrt{2}}{4}(-\frac{1}{2})(-\sqrt{3} + \sqrt{3} + 0) = 0.$$

Rechnen Sie die beiden verbleibenden Skalarprodukte nach. Da das Spatprodukt $(\boldsymbol{v}_1 \times \boldsymbol{v}_2) \cdot \boldsymbol{v}_3$ gleich 1 ist, liegt ein Rechtssystem vor. Zusammenfassend gilt also: $|\boldsymbol{v}_i| = 1$ für $i = 1, 2, 3$, $\boldsymbol{v}_i \cdot \boldsymbol{v}_j = 0$ für $i \neq j$ und $(\boldsymbol{v}_1 \times \boldsymbol{v}_2) \cdot \boldsymbol{v}_3 = 1 > 0$. ∎

## 3.16. Weitere Bemerkungen und Hinweise

Mithilfe der Vektorrechnung lassen sich auch viele Probleme der Geometrie lösen, siehe zum Beispiel [29], [64]. Auch Probleme aus Physik, Technik und Wirtschaft lassen sich mit Vektoren geeignet modellieren.

Mit dem Skalarprodukt, dem Kreuzprodukt und dem dyadischen Produkt kennen Sie nun drei Vektorprodukte, das heißt Verknüpfungen, bei denen Vektoren miteinander multipliziert werden. Das Kreuzprodukt hat in Physik und Technik viele Anwendungen; den beiden anderen Vektorprodukten werden wir auf den folgenden Seiten noch oft begegnen.

Bitte beachten Sie, dass wir das Malzeichen (Produktzeichen, Multiplikationszeichen) $\cdot$ in verschiedenen Bedeutungen verwendet haben und auch noch verwenden werden: Zahl mal Zahl, Zahl mal Vektor, Vektor mal Vektor (Skalarprodukt) und Matrix mal Matrix.

Ein 2-Tupel ist ein anderer Name für ein geordnetes Paar, ein 3-Tupel für ein Tripel, ein 4-Tupel für ein Quadtrupel, ein 5-Tupel für ein Quintupel und so weiter. Wir werden die Menge der $n$-Tupel, also die Menge $\mathbb{R}^n$ bzw. den *Vektorraum* $\mathbb{R}^n$ in Kapitel 5 studieren.

Bitte beachten Sie die folgenden Sichtweisen und Interpretationen. Die Vektoraddition in $\mathbb{R}^n$ $(n = 2, 3)$ ist eine Abbildung

$$\begin{array}{ccc} \mathbb{R}^n \times \mathbb{R}^n & \to & \mathbb{R}^n \\ (\boldsymbol{u}, \boldsymbol{v}) & \mapsto & \boldsymbol{u} + \boldsymbol{v} \end{array}$$

Die skalare Multiplikation in $\mathbb{R}^n$ ist eine Abbildung

$$\begin{array}{ccc} \mathbb{R} \times \mathbb{R}^n & \to & \mathbb{R}^n \\ (c, \boldsymbol{v}) & \mapsto & c \cdot \boldsymbol{v} \end{array}$$

Das skalare Vektorprodukt (Skalarprodukt) ist eine Abbildung

$$\begin{array}{ccc} \mathbb{R}^n \times \mathbb{R}^n & \to & \mathbb{R} \\ (\boldsymbol{u}, \boldsymbol{v}) & \mapsto & \boldsymbol{u} \cdot \boldsymbol{v} \end{array}$$

Das vektorrielle Vektorprodukt (Kreuzprodukt) ist eine Abbildung

$$\begin{array}{ccc} \mathbb{R}^3 \times \mathbb{R}^3 & \to & \mathbb{R}^3 \\ (\boldsymbol{u}, \boldsymbol{v}) & \mapsto & \boldsymbol{u} \times \boldsymbol{v} \end{array}$$

Sie sehen Abbildungen sind überall. Der Begriff einer Abbildung ist fundamental!

Die Frage „Was sind Vektoren?“ haben wir aus mathematischer Sicht immer noch nicht befriedigend gelöst. Dies geschieht dann in Kapitel 5. Dort werden wir *Vektorräume* definieren; Vektoren sind dann die Elemente daraus.

## Aufgaben

**3.1.** Kreuzen Sie die wahren(n) Aussagen(en) an. Es ist $\boldsymbol{v} \in \mathbb{R}^3$. Dann ist

☐ $\boldsymbol{v}^{\mathrm{T}}\boldsymbol{v} < 0$.
☐ $\boldsymbol{v}^{\mathrm{T}}\boldsymbol{v} \geq 0$.
☐ $\boldsymbol{o}^{\mathrm{T}}\boldsymbol{v} = \boldsymbol{o}$.
☐ $\boldsymbol{o}^{\mathrm{T}}\boldsymbol{v} = 0$.

**3.2.** Kreuzen Sie die wahren(n) Aussagen(en) an. Welche der Vektoren sind Einheitsvektoren?

☐ $(1, 1, 1)$ ☐ $(0, 1, 0)$ ☐ $(-1/2, 0, 1/2)$
☐ $(0, 0, 0)$ ☐ $(1, 2, 3)$ ☐ $(1/3, 1/3, 1/3)$

**3.3.** Es sind $\boldsymbol{u}$ und $\boldsymbol{v}$ aus $\mathbb{R}^3$. Kreuzen Sie die wahren(n) Aussagen(en) an.

☐ Ist $\boldsymbol{u} = \boldsymbol{o}$, dann ist $\boldsymbol{u} \times \boldsymbol{v} = \boldsymbol{o}$.
☐ Ist $\boldsymbol{v} = \boldsymbol{o}$, dann ist $\boldsymbol{u} \times \boldsymbol{v} = \boldsymbol{o}$.
☐ Ist $\boldsymbol{u} \times \boldsymbol{v} = \boldsymbol{o}$, dann ist $\boldsymbol{u} = \boldsymbol{o}$.
☐ Ist $\boldsymbol{u} \times \boldsymbol{v} = \boldsymbol{o}$, dann ist $\boldsymbol{v} = \boldsymbol{o}$.
☐ Ist $\boldsymbol{u} \times \boldsymbol{v} = \boldsymbol{o}$, dann ist $\boldsymbol{u} = \boldsymbol{o}$ und $\boldsymbol{v} = \boldsymbol{o}$.
☐ Ist $\boldsymbol{u} \times \boldsymbol{v} = \boldsymbol{o}$, dann ist $\boldsymbol{u} = \boldsymbol{o}$ oder $\boldsymbol{v} = \boldsymbol{o}$.
☐ Keine Aussage ist richtig.

**3.4.** Kreuzen Sie die wahren(n) Aussagen(en) an. Sind zwei Vektoren $\boldsymbol{u} \in \mathbb{R}^3$ und $\boldsymbol{v} \in \mathbb{R}^3$ orthogonal, so gilt:

☐ $|\boldsymbol{u} \times \boldsymbol{v}| = 0.$
☐ $|\boldsymbol{u} \times \boldsymbol{v}| = \boldsymbol{o}.$
☐ $|\boldsymbol{u} \times \boldsymbol{v}| = -|\boldsymbol{u} \times \boldsymbol{v}|.$
☐ $|\boldsymbol{u} \times \boldsymbol{v}| = -|\boldsymbol{u}| \cdot |\boldsymbol{v}|.$
☒ $|\boldsymbol{u} \times \boldsymbol{v}| = |\boldsymbol{u}| \cdot |\boldsymbol{v}|.$
☒ $|\boldsymbol{u} \times \boldsymbol{v}| = |\boldsymbol{v}| \cdot |\boldsymbol{u}|.$
☐ $|\boldsymbol{u} \times \boldsymbol{v}| = 1.$
☐ $|\boldsymbol{u} \times \boldsymbol{v}| = -1.$
☐ Keine Aussage ist richtig.

**3.5.** Kreuzen Sie nur die wahre(n) Aussage(n) an. $\boldsymbol{v}$ und $\boldsymbol{w}$ sind beliebige Vektoren aus $\mathbb{R}^3$.

☒ $\boldsymbol{v} \cdot \boldsymbol{w} = \boldsymbol{w} \cdot \boldsymbol{v}.$
☒ $|\boldsymbol{v}|^2 + |\boldsymbol{w}|^2 = |\boldsymbol{v} - \boldsymbol{w}|^2$
☐ Stehen die Vektoren $\boldsymbol{v}$ und $\boldsymbol{w}$ senkrecht aufeinander, so gilt: $\boldsymbol{v} \cdot \boldsymbol{w} = \boldsymbol{o}$.

**3.6.** Welchen Winkel müssen zwei (geometrische) Vektoren $\boldsymbol{v}$ und $\boldsymbol{w}$ gleicher Länge miteinander bilden, damit der Summenvektor $\boldsymbol{v} + \boldsymbol{w}$ die gleiche Länge hat wie $\boldsymbol{v}$? 120°

**3.7.** Berechnen Sie jeweils das Skalarprodukt der angegebenen Vektoren:

(a) $\boldsymbol{a} = (1, 0)$; $\boldsymbol{b} = (0, 1)$
(b) $\boldsymbol{a} = (1, 0, 0)$; $\boldsymbol{b} = (0, 1, 0)$
(c) $\boldsymbol{a} = (1, 1, 1)$; $\boldsymbol{b} = (-2, -2, -2)$
(d) $\boldsymbol{a} = (2, 2, 2)$; $\boldsymbol{b} = (3, 3, 3)$

Überprüfen Sie Ihre Ergebnisse in MATLAB (Eine Einführung in MATLAB finden Sie unter `http://www.hs-ulm.de/gramlich`).

**3.8.** Geben Sie skalare Größen an! Geben Sie auch Maßeinheiten mit an!

**3.9.** Welche der Größen Beschleunigung, Leistung, Zentrifugalkraft, Geschwindigkeit, Wärmemenge, Impuls, elektrischer Widerstand, magnetische Feldstärke, Atomgewicht, Drehmoment sind vektorielle Größen? Verwenden Sie zur Lösung dieser Aufgabe gegebenenfalls Literatur bzw. geeignete Internetseiten.

**3.10.** Gegeben sind die drei Vektoren $\boldsymbol{a}$, $\boldsymbol{b}$ und $\boldsymbol{c}$, siehe Bild 3.41 (links). Zeichnen Sie den Summenvektor $\boldsymbol{s} = \boldsymbol{a} + \boldsymbol{b} + \boldsymbol{c}$.

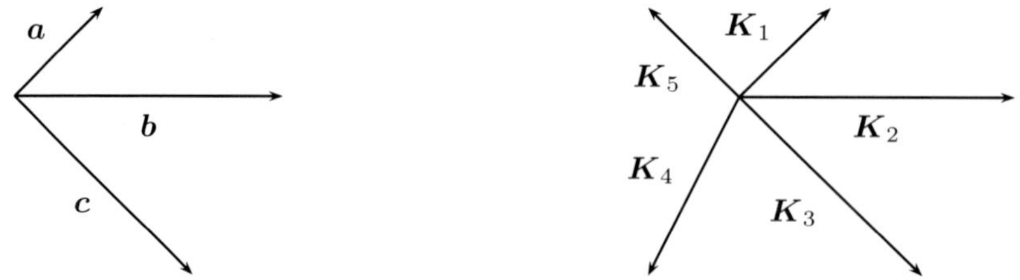


Bild 3.41.: Zu den Aufgaben 3.10 und 3.11

**3.11.** Auf einen Körper wirken an der Stelle $P$ fünf Kräfte, siehe Bild 3.41 (rechts). Welche weitere Kraft $\boldsymbol{K}$ ist nötig, um den Körper an einer eventuellen Bewegung zu hindern?

**3.12.** Für zwei Vektoren $\boldsymbol{a}$ und $\boldsymbol{b}$ ($\boldsymbol{a}, \boldsymbol{b} \neq \boldsymbol{o}$) gilt: $|\boldsymbol{a} + \boldsymbol{b}| = |\boldsymbol{a} - \boldsymbol{b}|$. Wie groß ist der Winkel zwischen $\boldsymbol{a}$ und $\boldsymbol{b}$?

**3.13.** Ist die Summe zweier Einheitsvektoren wieder ein Einheitsvektor?

**3.14.** Berechnen Sie $\boldsymbol{v} + \boldsymbol{w}$, $\boldsymbol{u} + \boldsymbol{v} + \boldsymbol{w}$ und $2\boldsymbol{u} + 2\boldsymbol{v} + \boldsymbol{w}$ für

$$\boldsymbol{u} = \begin{bmatrix} 1 \\ 2 \\ 3 \end{bmatrix}, \quad \boldsymbol{v} = \begin{bmatrix} -3 \\ 1 \\ -2 \end{bmatrix} \quad \text{und} \quad \boldsymbol{w} = \begin{bmatrix} 2 \\ -3 \\ -1 \end{bmatrix}.$$

**3.15.** Gegeben sind die Vektoren $\boldsymbol{a} = (5, 4, -3)$, $\boldsymbol{b} = (1, 1, 0)$ und $\boldsymbol{c} = (1, 0, -3)$. Bestimmen Sie die Werte für $\alpha$ und $\beta$ so, dass gilt $\boldsymbol{a} + \alpha\boldsymbol{b} + \beta\boldsymbol{c} = \boldsymbol{o}$ ($\boldsymbol{o}$ ist der Nullvektor).

**3.16.** Es sind $\boldsymbol{u} = (3, 2, -1)$ und $\boldsymbol{v} = (0, 2, -3)$ gegeben. Berechnen Sie $\boldsymbol{u} \times \boldsymbol{v}$.

**3.17.** Bestimmen Sie einen Vektor, der auf $\boldsymbol{u} = (-6, 4, 2)$ und $\boldsymbol{v} = (3, 1, 5)$ senkrecht steht.

**3.18.** Zeigen Sie, dass $\boldsymbol{u} \cdot (\boldsymbol{u} \times \boldsymbol{v}) = 0$ für alle $\boldsymbol{u}, \boldsymbol{v} \in \mathbb{R}^3$ gilt.

**3.19.** Beweisen Sie mit Hilfe des Skalarproduktes den Kosinussatz.

**3.20.** Es ist $\boldsymbol{v} + \boldsymbol{w} = (3, 1)$ und $\boldsymbol{v} - \boldsymbol{w} = (1, 3)$. Berechnen Sie $\boldsymbol{v}$ und $\boldsymbol{w}$.

**3.21.** Finden Sie die Koordinaten von $3\boldsymbol{v} + \boldsymbol{w}$, $\boldsymbol{v} - 3\boldsymbol{w}$ und $\alpha\boldsymbol{v} + \beta\boldsymbol{w}$ für $\boldsymbol{v} = (2, 1)$ und $\boldsymbol{w} = (1, 2)$.

**3.22.** Berechnen Sie den Winkel $\theta$, den die beiden Vektoren $\boldsymbol{v} = (1, \sqrt{3})$ und $\boldsymbol{w} = (1, 0)$ bilden.

**3.23.** Beweisen Sie mit Hilfe der Vektorrechnung den *Satz des* THALES: *Jeder Peripheriewinkel über einem Kreisdurchmesser ist ein rechter Winkel.* Über den Satz des THALES haben Sie bereits in der Schule gesprochen, siehe linkes Bild in Bild B.4[14].

**3.24.** Berechnen Sie die Oberfläche $O$ eines regulären Tetraeders mit der Seitenlänge $a$.

**3.25.** Gegeben ist ein Dreieck im Raum mit den Eckpunkten $P_1$, $P_2$ und $P_3$. Berechnen Sie den Flächeninhalt des Dreiecks.

**3.26.** Was ist der normierte Vektor (Einheitsvektor) zu $\boldsymbol{v}$ und wie kann man ihn bestimmen?

**3.27.** Gegeben sind die Vektoren $\boldsymbol{v} = (1, 1)$ und $\boldsymbol{w} = (1, 5)$. Bestimmen Sie eine Zahl $\alpha$, so dass $\boldsymbol{w} - \alpha\boldsymbol{v}$ senkrecht auf $\boldsymbol{v}$ steht. Finden Sie nun eine allgemeine Formel mit der $\alpha$ für beliebige Vektoren $\boldsymbol{v}$ und $\boldsymbol{w}$ berechnet werden kann ($\boldsymbol{v} \neq \boldsymbol{o}$).

**3.28.** Gegeben sind die Einheitsvektoren $\boldsymbol{v}$ und $\boldsymbol{w}$. Zeigen Sie, dass zwischen

(a) $\boldsymbol{v}$ und $\boldsymbol{v}$

(b) $\boldsymbol{w}$ und $-\boldsymbol{w}$

(c) $\boldsymbol{v} + \boldsymbol{w}$ und $\boldsymbol{v} - \boldsymbol{w}$

der Winkel 0 °C, 90 °C oder 180 °C beträgt.

**3.29.** Welchen Winkel bildet der Vektor $\boldsymbol{v} = 4\boldsymbol{e}_1 - 3\boldsymbol{e}_2$ mit den drei Koordinatenachsen?

**3.30.** Zwei Vektoren $\boldsymbol{v} \in \mathbb{R}^3$ und $\boldsymbol{w} \in \mathbb{R}^3$ heißen *kollinear*, wenn es gibt eine Zahl $\lambda \in \mathbb{R}$ gibt, so dass $\boldsymbol{v} = \lambda\boldsymbol{w}$ ist. Bestimmen Sie den Vektor $\boldsymbol{w} = (x, y, 10)$ so, dass $\boldsymbol{v} = (2, 3, -5)$ und $\boldsymbol{w}$ kollinear sind.

**3.31.** Was bedeutet die orthogonale Projektion $Proj_{\boldsymbol{s}}(\boldsymbol{K})$, wenn $\boldsymbol{K}$ eine Kraft und $\boldsymbol{s}$ einen Weg bezeichnet?

**3.32.** Begründen Sie, warum folgende Gleichungen sinnlos sind:

(a) $\boldsymbol{v} + 2\boldsymbol{w} + 3 = \boldsymbol{u}$

(b) $\boldsymbol{e_v} + \boldsymbol{e_w} = 2$

(c) $\boldsymbol{v} \cdot \boldsymbol{w} + 3\boldsymbol{u} = \boldsymbol{n}$

(d) $\boldsymbol{v} \times \boldsymbol{w} + \boldsymbol{v} \cdot \boldsymbol{w} = 0$

(e) $(\boldsymbol{a} \cdot \boldsymbol{b}) \times (\boldsymbol{c} \cdot \boldsymbol{d}) = (\boldsymbol{a} \times \boldsymbol{b}) \cdot (\boldsymbol{c} \times \boldsymbol{d})$

[14]THALES VON MILET (624 v. Chr. bis 546 v. Chr.).

**3.33.** Interpretieren Sie die Vektoraddition im Fall $n = 1$.

**3.34** (Kreuzprodukt)**.** Beweisen Sie mit Hilfe des Kreuzproduktes den Sinussatz: *In jedem Dreieck ist der Qutotient zweier Seitenlängen gleich dem Quotienten der Sinus der jeweils gegenüberliegenden Innenwinkel:*

$$\frac{a}{b} = \frac{\sin(\alpha)}{\sin(\beta)}.$$

**3.35.** Veranschaulichen Sie den Vektor $(-3, 1)$ grafisch:

(a) Als Ortsvektor $\overrightarrow{OA}$. Welche Koordinaten hat der Punkt $A$?

(b) Als Vektor $\overrightarrow{PQ}$, wobei $P = (2, 1)$ ist. Wie lauten die Koordinaten von $Q$?

(c) Als Vektor $\overrightarrow{RS}$, wenn $S = (0, 1)$ ist. Geben Sie die Koordinaten von $R$ an.

**3.36.** Auf welcher Kurve liegen im $\mathbb{R}^2$ alle Punkte, deren Ortsvektoren denselben Betrag haben?

**3.37.** Welche Fläche wird durch $\{(x, y, z) \in \mathbb{R}^3 \mid |(x, y, z)| = 4\}$ beschrieben?

**3.38.** Richtig oder falsch?

(a) $\boldsymbol{v} = \boldsymbol{w}$ daraus folgt $|\boldsymbol{v}| = |\boldsymbol{w}|$

(b) $|\boldsymbol{v}| = |\boldsymbol{w}|$ daraus folgt $\boldsymbol{v} = \boldsymbol{w}$

**3.39.** Gegeben sind die Vektoren $\boldsymbol{a} = (2, 5, 3)$, $\boldsymbol{b} = (-1, 5, 8)$ und $\boldsymbol{c} = (5, 0, 1)$. Berechnen Sie die Koordinaten von $\boldsymbol{s} = 5\boldsymbol{a} - 3(\boldsymbol{b} + 2\boldsymbol{c}) + 3(2\boldsymbol{a} - \boldsymbol{c})$ und die Länge von $\boldsymbol{s}$, das heißt $|\boldsymbol{s}|$.

**3.40.** Gegeben sind die Vektoren $\boldsymbol{a} = (1, 5, 2)$, $\boldsymbol{b} = (-2, 14, 1)$ und $\boldsymbol{c} = (c_1, 1, c_3)$. Bestimmen Sie die Parameter $c_1$ und $c_3$ so, dass der Vektor $\boldsymbol{c}$ sowohl zu $\boldsymbol{a}$ als auch zu $\boldsymbol{b}$ orthogonal ist und zwar unter ausschließlicher Verwendung von

(a) Skalarprodukten,

(b) Kreuzprodukten.

**3.41** (Kreuzprodukt)**.** Der Vektor $\boldsymbol{u} \in \mathbb{R}^3$ zeigt in die positive Richtung der $z$-Achse eines kartesischen Koordinatensystems. In welche Richtung zeigt der Vektor $\boldsymbol{v} \in \mathbb{R}^3$, wenn der Vektor $\boldsymbol{u} \times \boldsymbol{v}$

(a) der Nullvektor ist,

(b) in negative $x$-Richtung zeigt,

(c) in negative $y$-Richtung zeigt.

**3.42** (Kreuzprodukt)**.** Eine Ladung $q$, die sich mit der Geschwindigkeit $\boldsymbol{v}$ durch ein homogenes Magnetfeld mit der magnetischen Flussdichte $\boldsymbol{B}$ bewegt, erfährt dort die sogenannte LORENTZkraft $\boldsymbol{F} = q(\boldsymbol{v} \times \boldsymbol{B})$. Wann erfolgt die Bewegung kräftefrei?

**3.43.** Ein Sportflugzeug würde bei Windstille mit einer Geschwindigkeit von 150 km/h genau nach Süden fliegen. Es wird jedoch von einem Wind, der mit der Geschwindigkeit von 30 km/h aus Nord-Osten bläst, abgetrieben. Stellen Sie die Geschwindigkeit des Flugzeuges relativ zur Erde mit Hilfe eines Pfeiles dar.

**3.44.** Ein Flugzeug fliegt nach Norden. Seine Geschwindigkeit gegenüber der Luft beträgt $\boldsymbol{v}_F = (0, 300)$ km/h. Geben Sie die Geschwindigkeit des Flugzeuges über Land für drei verschiedene Windgeschwindigkeiten an: $\boldsymbol{v}_1 = (0, -50)$ km/h (Gegenwind), $\boldsymbol{v}_2 = (50, 0)$ km/h (Seitenwind), $\boldsymbol{v}_3 = (0, 50)$ km/h (Rückenwind). Geben Sie anschließend den Betrag der Geschwindigkeiten über dem Erdboden für alle drei Fälle an.

**3.45.** An einem Körper greift die Kraft $\boldsymbol{F} = (0, 5)$ N an. Wir verschieben ihn jeweils um die Wegstrecke $\boldsymbol{s}_1 = (3, 3)$ m, $\boldsymbol{s}_2 = (2, 1)$ und $\boldsymbol{s}_3 = (2, 0)$ m. Berechnen Sie jeweils die geleistete mechanische Arbeit $W$.

**3.46.** Elektronen bewegen sich, wenn sie schräg in ein homogenes Magnetfeld eintreten, auf einer schraubenlinienförmigen Bahn mit dem zeitabhängigen Ortsvektor $\boldsymbol{r}(t) = (r\cos(\omega t), r\sin(\omega t), ct)$. Hierbei ist $\omega > 0$ die Kreisfrequenz, $r > 0$ der Radius und $c >$ die Ganghöhe, siehe Bild 3.42. Die Richtung des Magnetfeldes ist entlang der positiven $z$-Achse. Bestimmen Sie den Geschwindigkeitsvektor $\boldsymbol{v}(t) = \dot{\boldsymbol{r}}(t)$ sowie den Beschleunigungsvektor $\boldsymbol{a}(t) = \ddot{\boldsymbol{r}}(t)$ sowie deren Beträge.

**3.47.** An einem Wagen ziehen vier Hunde mit den Kräften $\boldsymbol{F}_1 = (20, 25)$ N, $\boldsymbol{F}_2 = (15, 5)$ N, $\boldsymbol{F}_3 = (25, -5)$ N und $\boldsymbol{F}_4 = (30, -15)$ N. Wie groß ist die Gesamtkraft?

**3.48.** Ein PKW der Masse 1300 kg (mit Insassen) fährt eine 750 Meter lange Straße mit dem konstanten Anstieg 9% hinauf. Berechnen Sie die dabei verrichtete Arbeit (ohne Berücksichtigung von Reibung und Luftwiderstand).

**3.49.** Bestimmen Sie den Vektor $\boldsymbol{u} \times \boldsymbol{v}$ für $\boldsymbol{u} = 5\boldsymbol{e}_x + 6\boldsymbol{e}_y \in \mathbb{R}^3$ und $\boldsymbol{v} = 3\boldsymbol{e}_x - 2\boldsymbol{e}_y \in \mathbb{R}^3$. Überlegen Sie sich jedoch zuvor in welche Richtung der Vektor $\boldsymbol{u} \times \boldsymbol{v}$ zeigt, und berechnen Sie $\boldsymbol{u} \times \boldsymbol{v}$ erst dann.

**3.50** (Kreuzprodukt)**.** Bei Drehbewegungen gilt, dass die Bahngeschwindigkeit eines beliebigen Punktes das Kreuzprodukt aus Winkelgeschwindigkeit und Ortsvektor zum Punkt ist.

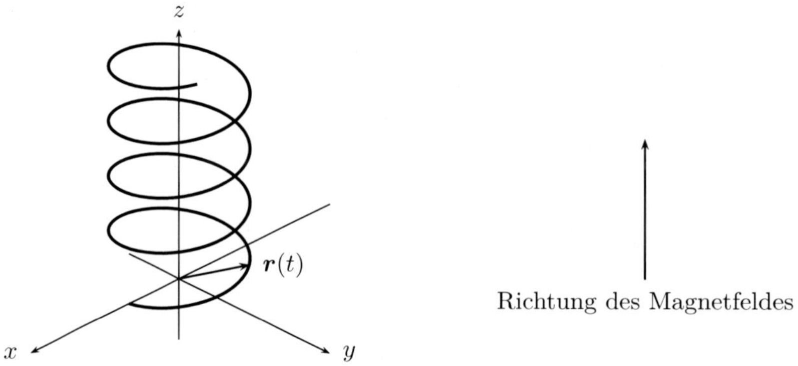


Bild 3.42.: Elektronenbewegung im homogenen Magnetfeld

Der Ortsvektor $\boldsymbol{r}$ zum Punkt $P$ habe die Koordinaten $(0, r_y, r_z)$ mit $r_y$ und $r_z$ größer als 0. Der Punkt $P$ liegt also in der $y, z$-Ebene. Die Drehachse sei die $z$-Achse und die Winkelgeschwindigkeit sei $\boldsymbol{\omega} = (0, 0, \omega_z)$ mit $\omega_z > 0$. Die Winkelgeschwindigkeit wird also durch einen Vektor modelliert, der auf der $z$-Achse liegt und in Richtung positiver $z$ -Werte zeigt. Geben Sie die Bahngeschwindigkeit $\boldsymbol{v}$ an der Stelle $P$ an.

**3.51** (Matrizenrechnung). Welche $(2,2)$-Matrix $\boldsymbol{R}$ dreht jeden Vektor $[x\ y]^{\mathrm{T}} \in \mathbb{R}^{2\times 1}$ um 90°? Es muss also sein:

$$\boldsymbol{R}\begin{bmatrix} x \\ y \end{bmatrix} = \begin{bmatrix} y \\ -x \end{bmatrix}.$$

**3.52** (Vektoren und Vektoroperationen). Ein Geschäft hat $n$ verschiedene Waren im Angebot (Dabei kann $n$ jede natürliche Zahl sein. Um die Aufgabenstellung nicht zu umfangreich werden zu lassen, soll $n = 3$ gewählt werden). Die vorhandene Stückzahlen und die Einkaufspreise für die Waren sind in Tabelle 3.2 (links) angegeben.

| *Ware* | *Stückzahl* | *Einkaufspreis* |
|---|---:|---:|
| Ware 1 | 2 500 | 1.50 € |
| Ware 2 | 800 | 3.20 € |
| Ware 3 | 13 000 | 0.50 € |

| *Ware* | *Verkaufspreis* |
|---|---:|
| Ware 1 | 2.00 € |
| Ware 2 | 4.50 € |
| Ware 3 | 1.00 € |

Tabelle 3.2.: Zu Aufgabe 3.52

(a) Wie lauten die Vektoren des Warenbestandes und der Einkaufspreise?

(b) An zwei aufeinander folgenden Tagen wurde folgende Warenmenge verkauft: Erster Tag: 800 von Ware 1, 320 von Ware 2 und 6 000 von Ware 3. Zweiter Tag: 700 von Ware 1, 250 von Ware 2 und 5 000 von Ware 3. Wie groß ist der Warenbestand zu Beginn des dritten Tages?

(c) Wie groß war der Umsatz an den zwei Tagen, wenn die Waren zu den Preisen aus Tabelle 3.2 (rechts) verkauft wurden? An welchem Tag war der Umsatz am größten?

(d) Wie groß war der Gewinn an diesen beiden Tagen, wenn 60% des Verkaufes für Personal- und andere Kosten veranschlagt wurde?

**3.53** (Geometrische Vektoraddition). Geben Sie eine Beschreibung von Bild 3.43. Was

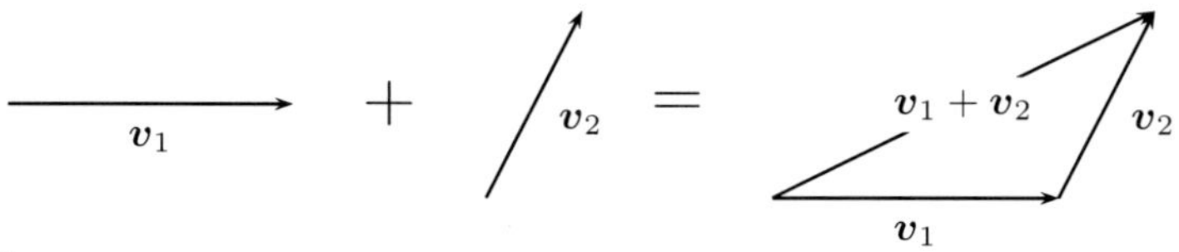


oder

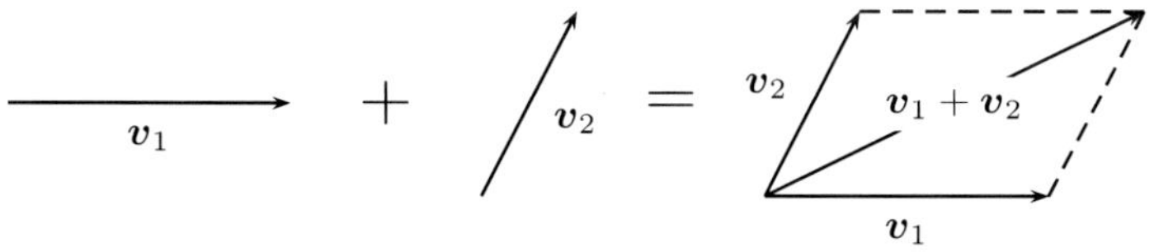


Bild 3.43.: Zu Aufgabe 3.53

drückt Bild 3.43 aus?

**3.54** (Orthogonale Vektoren). Bestimmen Sie $x \in \mathbb{R}$, sodass die Vektoren $\boldsymbol{v} = 5\boldsymbol{e}_1 + x\boldsymbol{e}_2 + 3\boldsymbol{e}_3$ und $\boldsymbol{w} = \boldsymbol{e}_1 - 2\boldsymbol{e}_2 - 7\boldsymbol{e}_3$ orthogonal sind.

**3.55** (Orthogonale Vektoren). Zeigen Sie, dass die Vektoren $\boldsymbol{v} = (1, 1, 1) \in \mathbb{R}^3$ und $\boldsymbol{w} = (-1, 0, 1) \in \mathbb{R}^3$ orthogonal sind.

**3.56** (Winkel zwischen Vektoren). Der Winkel zwischen den Vektoren $\boldsymbol{u} = (1, 0)$ und $\boldsymbol{v} = (1, 1)$ ist 45°. Dies ist anschaulich klar, denn der Vektor $\boldsymbol{u}$ liegt auf der $x$-Achse und der Vektor $\boldsymbol{v}$ auf der Winkelhalbierenden. Überprüfen Sie dies durch eine Rechnung.

**3.57** (Orthogonale Projektion). Gegeben sind die Vektoren $\boldsymbol{u} = (1, 3)$ und $\boldsymbol{a} = (4, 4)$. Berechnen Sie den orthogonalen Projektionsvektor $Proj_{\boldsymbol{a}}(\boldsymbol{u})$ und überzeugen Sie sich grafisch von der Richtigkeit der Lösung.

**3.58** (Orthogonale Projektion). Berechnen Sie den orthogonalen Projektionsvektor von $\boldsymbol{u} = (3, 1)$ auf die $x$-Achse.

**3.59** (Orthogonale Projektion). Nach Satz 3.15 gilt

$$Proj_{\boldsymbol{a}}(\boldsymbol{u}) = \frac{\boldsymbol{u} \cdot \boldsymbol{a}}{|\boldsymbol{a}|^2} \cdot \boldsymbol{a}$$

Wir rechnen weiter

$$Proj_{\boldsymbol{a}}(\boldsymbol{u}) = \frac{\boldsymbol{u} \cdot \boldsymbol{a}}{|\boldsymbol{a}|^2} \cdot \boldsymbol{a} = \frac{\boldsymbol{u} \cdot \boldsymbol{a} \cdot \boldsymbol{a}}{|\boldsymbol{a}|^2} = \frac{\boldsymbol{u} \cdot |\boldsymbol{a}|^2}{|\boldsymbol{a}|^2} = \frac{\boldsymbol{u} \cdot 1}{1} = \boldsymbol{u}.$$

Also ist $Proj_{\boldsymbol{a}}(\boldsymbol{u}) = \boldsymbol{u}$. Was ist falsch? Wo ist der Fehler?

**3.60** (Kreuzprodukt). Kann bezüglich des Kreuzproduktes $\times$ ein neutrales Element existieren? Wenn ja, wie sieht es aus?

## Sie sollten nun mit folgenden Begriffen umgehen können

Vektoren, Rechenregeln für Vektoren, Länge von Vektoren, Skalarprodukt, orthogonale Projektionen, Kreuzprodukt, CAUCHY-SCHWARZsche Ungleichung, Dreiecksungleichung.

# 4. Geometrische Modelle in der Ebene und im Raum

Die Verbindung von Geometrie und Algebra wird dadurch erreicht, dass man geometrische Objekte als Punktmengen auffasst und jedem Punkt Zahlenwerte zuordnet, durch die er sich von anderen unterscheidet. Eine Gerade oder eine Kurve ist dann eine Menge von Punkten, für deren Zahlenwerte bestimmte Bedingungen gelten, die man Gleichungen dieser Objekte nennt, zum Beispiel Gleichung eines Kreises oder einer Geraden. Die Punkte, die einer linearen Gleichung in zwei Variablen genügen, beschreiben immer eine Gerade, die einer quadratischen Gleichung in zwei Variablen immer einen Kegelschnitt.

Die Grundlage für eine solche analytische Darstellung der Geometrie ist die Zuordnung zwischen Punkt und Zahl, die eindeutig sein muss. Auf einer Geraden oder allgemeiner auf einer Kurve genügt eine Zahl, auf einer Ebene oder einer Fläche ein Zahlenpaar (zwei Zahlen) und im Raum ein Zahlentripel (drei Zahlen), um einen Punkt eindeutig festzulegen. Umgekehrt bestimmt ein Punkt auf einer Kurve eindeutig eine Zahl, auf einer Fläche ein Zahlenpaar und im Raum ein Zahlentripel. Diese Zahlen werden Koordinaten des entsprechenden Punktes genannt. Die Koordinaten sind abhängig von dem zugrunde liegenden Koordinatensystem.

In diesem Kapitel wollen wir ein paar grundlegende Begriffe aus der *Analytischen Geometrie (Vektorgeometrie, Parameterdarstellungen, Koordinatentransformationen)*[1] behandeln. Im Vordergrund stehen verschiedene Darstellungen von Geraden und Ebenen. Welche Möglichkeiten bestehen, um eine Gerade in der Ebene oder im Raum zu beschreiben? Wie kann man eine Ebene im Raum angeben? Wie kann man Bewegungen modellieren? Wie ändern sich die Koordinaten eines Punktes, wenn man das Koordinatensystem verschiebt oder dreht?

## 4.1. Darstellungen von Geraden

Die Lösungsmenge einer linearen Gleichung der Form $ax_1 + bx_2 + c = 0$ kann man als Gerade der Zeichenebene darstellen. Eine Gleichung der Form $ax_1 + bx_2 + c = 0$ $(a, b, c$

[1] Die Vektorgeometrie (auch Analytische Geometrie) ist ein Teilgebiet der Geometrie, das algebraische Hilfsmittel vor allem aus der Linearen Algebra zur Lösung geometrischer Probleme bereitstellt. Sie ermöglicht es in vielen Fällen, geometrische Aufgabenstellungen rein rechnerisch zu lösen, ohne die Anschauung zu Hilfe zu nehmen.

reelle Parameter) nennt man **Geradengleichung in Koordinatenform (Koordinatengleichung)** in der Ebene, siehe Bild 4.1 (links). Ist $P$ ein Punkt auf dieser Geraden,

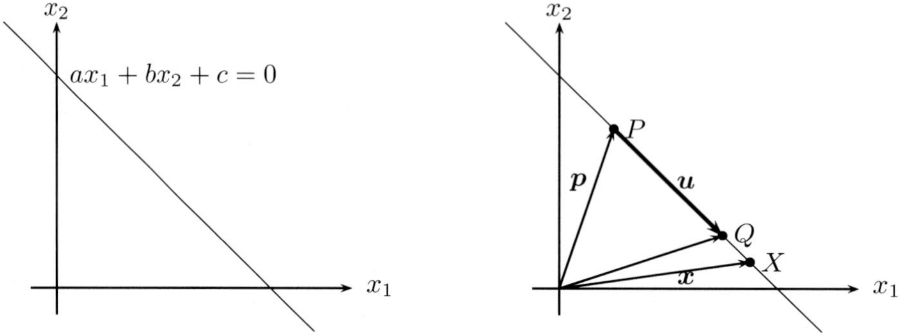


Bild 4.1.: Geradengleichung in Koordinaten- und Parameterform

so erfüllen seine Koordinaten die Gleichung und jede Lösung dieser Gleichung entspricht den Koordinaten eines Punktes der Geraden.

**Satz 4.1** (Koordinatengleichung, Koordinatenform). *Jede Gerade in der $x_1, x_2$-Ebene lässt sich durch eine Koordinatengleichung*

$$ax_1 + bx_2 + c = 0$$

*beschreiben, bei der mindestens einer der beiden Koeffizienten $a$ und $b$ ungleich Null ist.*

Eine Gerade in der Ebene ist also durch folgende Punktmenge gegeben:

$$\{(x_1, x_2) \mid ax_1 + bx_2 + c = 0,\ a \neq 0 \text{ oder } b \neq 0\}.$$

**Beispiel 4.1** (Punktprobe). Prüfen Sie, ob der Punkt $A = (0, 3)$ auf der Geraden liegt, die durch die Gleichung $x_1 + 2x_2 = 6$ beschrieben ist.

*Lösung.* Der Punkt $A$ hat die Koordinaten $(0, 3)$. Setzt man nun für $x_1 = 0$ und für $x_2 = 3$ ein, so gilt $0 + 6 = 6$, folglich liegt $A$ auf der Geraden. ∎

Bitte beachten Sie, dass man jede Gerade in der $x, y$-Ebene mit einer Koordinatengleichung der Form $ax + by + c = 0$ beschreiben kann. Mit der Gleichung $y = ax + b$ kann man aber nicht alle Geraden in der Ebene $\mathbb{R}^2$ beschreiben. Geraden parallel zur $y$-Achse können mit $y = ax + b$ nicht beschrieben werden.

**Beispiel 4.2** (Koordinatengleichung). Die zwei Punkte $P_1 = (0, 1)$ und $P_2 = (2, 0)$ legen eine Gerade in der Ebene $\mathbb{R}^2$ fest. Bestimmen Sie eine Koordinatengleichung dieser Geraden.

*Lösung.* Eine Koordinatengleichung durch die beiden Punkte $P_1 = (0, 1)$ und $P_2 = (2, 0)$ ist

$$x_1 + 2x_2 - 2 = 0.$$

Man erhält sie, in dem man das unterbestimmte lineare Gleichungssystem

$$\begin{aligned} a \cdot 0 + b \cdot 1 + c &= 0 \\ a \cdot 2 + b \cdot 0 + c &= 0 \end{aligned}$$

löst. Wählt man für die Variable $c$ den Wert $-2$, so erhält man $a = 1$ und $b = 2$. ■

Mithilfe von Vektoren ist es möglich, sowohl Geraden der Ebene als auch Geraden im Raum algebraisch zu modellieren.

Sind eine Gerade und zwei Punkte $P$ und $Q$ auf dieser gegeben, so gilt: Ein beliebig gewählter Punkt $X$ der Geraden hat den Ortsvektor $\boldsymbol{x}$ mit $\boldsymbol{x} = \overrightarrow{OP} + t\overrightarrow{PQ}$, $t \in \mathbb{R}$, denn es ist $\boldsymbol{x} = \overrightarrow{OP} + \overrightarrow{PX}$. Da $P$, $Q$ und $X$ auf einer Geraden liegen, sind $\overrightarrow{PQ}$ und $\overrightarrow{PX}$ Vielfache voneinander, also ist $\boldsymbol{x} = \overrightarrow{OP} + t\overrightarrow{PQ}$. Bezeichnen wir $\overrightarrow{OP}$ mit $\boldsymbol{p}$ und $\overrightarrow{PQ}$ mit $\boldsymbol{u}$, so ist

$$\boldsymbol{x} = \boldsymbol{p} + t\boldsymbol{u}, \qquad t \in \mathbb{R}.$$

Der Vektor $\boldsymbol{p}$ heißt **Stützvektor (Aufvektor) der Geraden**, weil sein Pfeil von $O$ nach $P$ die Gerade „in dem Punkt $P$ stützt". Der Vektor $\boldsymbol{u}$ heißt **Richtungsvektor** der Geraden, weil er die „Richtung" der Geraden festlegt und $t \in \mathbb{R}$ ist ein **Parameter**.

**Satz 4.2** (Vektorielle Punkt-Richtungsform, Parameterform, Parametergleichung). *Jede Gerade in der Ebene oder im Raum lässt sich durch eine Gleichung der Form*

$$\boldsymbol{x} = \boldsymbol{p} + t\boldsymbol{u}, \qquad t \in \mathbb{R}$$

*beschreiben. Hierbei ist* $\boldsymbol{p}$ *ein Stützvektor,* $\boldsymbol{u}$ $(\boldsymbol{u} \neq \boldsymbol{o})$ *ein Richtungsvektor und* $t$ *reeller Parameter.*

Eine Gleichung der Form $\boldsymbol{x} = \boldsymbol{p} + t\boldsymbol{u}$ nennt man **Geradengleichung in Parameterform** (**Parametergleichung**) der jeweiligen Geraden mit dem Parameter $t \in \mathbb{R}$, siehe Bild 4.1 (rechts).

**Beispiel 4.3** (Parameterform, Lineare Gleichungssysteme). In Beispiel 1.15 haben wir gesehen, dass das lineare Gleichungssystem

$$\begin{aligned} x_1 + 2x_2 &= 4 \\ 3x_1 + 6x_2 &= 12 \end{aligned}$$

unendlich viele Lösungen hat, die sich durch $x_1 = 4 - 2t$, $x_2 = t$ mit $t \in \mathbb{R}$ beschreiben lassen. Die Lösungsmenge ist eine Geradengleichung in Parameterform (Parametergleichung)

$$\boldsymbol{x} = \begin{bmatrix} x_1 \\ x_2 \end{bmatrix} = \begin{bmatrix} 4 - 2t \\ t \end{bmatrix} = \begin{bmatrix} 4 \\ 0 \end{bmatrix} + \begin{bmatrix} -2 \\ 1 \end{bmatrix} t.$$

Richtungsvektor ist $\boldsymbol{u} = (-2, 1)$ und Stützvektor ist $\boldsymbol{p} = (4, 0)$. ∎

**Beispiel 4.4** (Punktprobe). Prüfen Sie, ob der Punkt $A = (-7, -5, 8)$ auf der Geraden liegt, die durch die Parametergleichung $\boldsymbol{x} = (3, -1, 2) + t(5, 2, -3)$ beschrieben ist.

*Lösung.* Wenn $A$ auf der Geraden liegt, dann muss es eine reelle Zahl geben, die die Vektorgleichung $(3, -1, 2) + t(5, 2, -3) = (-7, -5, 8)$ erfüllt. Aus $3 + 5t = -7$ folgt $t = -2$ und es gilt sowohl $(-1) + (-2)(2) = -5$ als auch $(2) + (-2)(-3) = 8$. Somit liegt der Punkt $A$ auf der Geraden. ∎

**Beispiel 4.5** (Parametergleichungen). Geben Sie zwei Parametergleichungen für die Gerade an, die durch die Punkte $A = (1, -2, 5)$ und $B = (4, 6, -2)$ geht.

*Lösung.* Da $A$ auf der Geraden liegt, ist der Vektor $(1, -2, 5)$ ein möglicher Stützvektor der Geraden. Da $A$ und $B$ auf der Geraden liegen, ist der Vektor $\overrightarrow{AB} = (4, 6, -2) - (1, -2, 5) = (3, 8, -7)$ ein möglicher Richtungsvektor der Geraden. Somit erhält man für die Gerade zum Beispiel die Parametergleichung $\boldsymbol{x} = (1, -2, 5) + t(3, 8, -7)$, $t \in \mathbb{R}$. Eine weitere Gleichung ist zum Beispiel $\boldsymbol{x} = (4, 6, -2) + t(-3, -8, 7)$, $t \in \mathbb{R}$. ∎

**Beispiel 4.6** (Parameterform → Koordinatenform). Bestimmen Sie eine Koordinatengleichung von der Geraden, die durch die Parametergleichung

$$\boldsymbol{x} = \begin{bmatrix} 4 \\ 0 \end{bmatrix} + \begin{bmatrix} -2 \\ 1 \end{bmatrix} t$$

gegeben ist.

*Lösung.* Schreibt man die Parametergleichung als zwei Gleichungen, so erhält man

$$\begin{aligned} x_1 &= 4 - 2t \\ x_2 &= t. \end{aligned}$$

Setzt man $t = x_2$ in die erste Gleichung ein, dann erhält man $x_1 = 4 - 2x_2$ bzw.

$$x_1 + 2x_2 - 4 = 0.$$

Vergleichen Sie hierzu das Beispiel 1.15. ∎

**Beispiel 4.7** (Koordinatenform → Parameterform). Gegeben ist eine Gerade in der Darstellung

$$x_2 = mx_1 + b,$$

wobei $m$ die Steigung und $b$ der Achsenabschnitt der Geraden sind. Bestimmen Sie eine Parameterform!

*Lösung.* Man löst zuerst die Koordinatengleichung nach einer Variablen auf. In diesem Fall ist dies schon passiert, denn die Gleichung ist bereits nach $x_2$ aufgelöst. Nun kann man schreiben

$$\begin{aligned} x_1 &= 1x_1 + 0 \\ x_2 &= mx_1 + b. \end{aligned}$$

Dies schreiben wir als

$$\begin{bmatrix} x_1 \\ x_2 \end{bmatrix} = \begin{bmatrix} 1 \\ m \end{bmatrix} x_1 + \begin{bmatrix} 0 \\ b \end{bmatrix}.$$

Bezeichnen wir den Paramter wie gewöhnlich mit $t$, so ist mit $x_1 = t$

$$\boldsymbol{x} = \begin{bmatrix} 1 \\ m \end{bmatrix} t + \begin{bmatrix} 0 \\ b \end{bmatrix}$$

eine Parameterdarstellung der Geraden. ∎

### Normalenform einer Geraden

Einen Vektor $\boldsymbol{n}$ nennt man einen **Normalenvektor der Geraden**, wenn er orthogonal zu jedem Vektor ist, der auf dieser Geraden liegt.

Ist $\boldsymbol{n}$ ein Normalenvektor der Geraden mit $\boldsymbol{x} = \boldsymbol{p} + t\boldsymbol{u}$, so liegt ein Punkt $X$ genau dann auf der Geraden, wenn für den Ortsvektor $\boldsymbol{x} = \overrightarrow{OX}$ gilt: $\boldsymbol{x} - \boldsymbol{p}$ ist orthogonal zu $\boldsymbol{n}$. Daher ist auch $(\boldsymbol{x} - \boldsymbol{p}) \cdot \boldsymbol{n} = 0$ eine Gleichung der Geraden. Da $\boldsymbol{n}$ ein Normalenvektor ist, spricht man von einer Geradengleichung in **Normalenform**, siehe Bild 4.2.

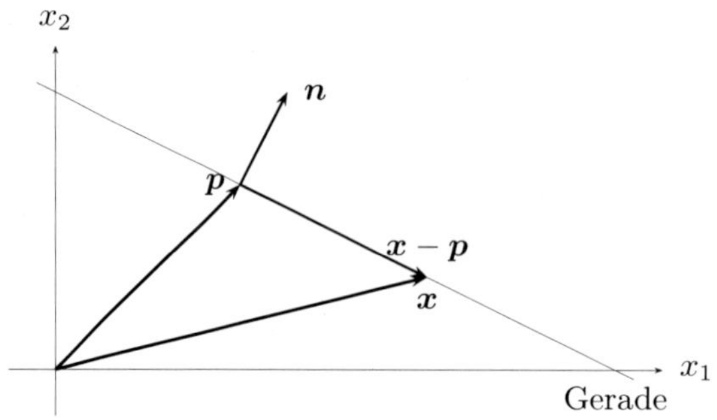


Bild 4.2.: Gerade in Normalenform $(\boldsymbol{x} - \boldsymbol{p}) \cdot \boldsymbol{n} = 0$

**Satz 4.3** (Normalenform einer Geraden). *Eine Gerade mit dem Stützvektor* $\boldsymbol{p}$ *und dem Normalenvektor* $\boldsymbol{n}$ *wird beschrieben durch die Gleichung*

$$(\boldsymbol{x} - \boldsymbol{p}) \cdot \boldsymbol{n} = 0 \quad \textit{bzw.} \quad \boldsymbol{x} \cdot \boldsymbol{n} = \boldsymbol{p} \cdot \boldsymbol{n}.$$

Da die Gleichung $(\boldsymbol{x} - \boldsymbol{p}) \cdot \boldsymbol{n} = 0$ keine Parameter enthält, wird sie auch *parameterfreie Geradengleichung* genannt.

**Beispiel 4.8** (Normalenform). Geben Sie für die $x_1$-Koordinatengerade eine Gleichung in Normalenform an. Geben Sie den Normalenvektor an.

*Lösung.* Mit $\boldsymbol{p} = (0, 0)$ und $\boldsymbol{x} = (x_1, x_2)$ ist zum Beispiel

$$(\boldsymbol{x} - \boldsymbol{p}) \cdot \boldsymbol{n} = \boldsymbol{x} \cdot \boldsymbol{n} = \boldsymbol{x} \cdot (0, 1) = 0.$$

Der Normalenvektor ist $\boldsymbol{n} = (0, 1)$. ∎

**Beispiel 4.9** (Normalenform → Koordinatenform). Eine Gerade durch $P = (0, 2)$ hat den Normalenvektor $\boldsymbol{n} = (1, 1)$. Geben Sie eine Gleichung in Normalenform an, und bestimmen Sie aus dieser Normalenform eine Koordinatenform der Geraden.

*Lösung.* Einsetzen von $\boldsymbol{p} = \overrightarrow{OP} = (0, 2)$ und $\boldsymbol{n} = (1, 1)$ in $(\boldsymbol{x} - \boldsymbol{p}) \cdot \boldsymbol{n} = 0$ ergibt die Normalengleichung

$$(\boldsymbol{x} - (0, 2)) \cdot (1, 1) = 0.$$

Einsetzen von $\boldsymbol{x} = (x_1, x_2)$ in die Normalengleichung ergibt

$$((x_1, x_2) - (0, 2)) \cdot (1, 1) = (x_1, x_2) \cdot (1, 1) - (0, 2) \cdot (1, 1) = 0.$$

Ausrechnen der beiden Skalarprodukte ergibt die gewünschte Koordinatengleichung

$$x_1 + x_2 - 2 = 0. \quad ∎$$

Geraden können in verschiedener Weise beschrieben und charakterisiert werden. Die Anwendung entscheidet, welche Darstellung man den Vorzug geben soll.

Geraden sind eindeutig bestimmt, durch zwei beliebige, aber verschiedene, Punkte, durch einen beliebigen Punkt mit einem Steigungsparameter, durch einen beliebigen Punkt mit einem Richtungsvektor und durch einen Punkt mit einem Normalenvektor.

## 4.2. Darstellungen von Ebenen

Der Vektor $\boldsymbol{p}$ heißt **Stützvektor der Ebene**, weil sein Pfeil von $O$ nach $P$ die Ebene „in dem Punkt $P$ stützt". Die Vektoren $\boldsymbol{u}$ und $\boldsymbol{v}$ heißen **Spannvektoren** der Ebene, weil sie die Ebene „aufspannen", siehe Bild 4.3.

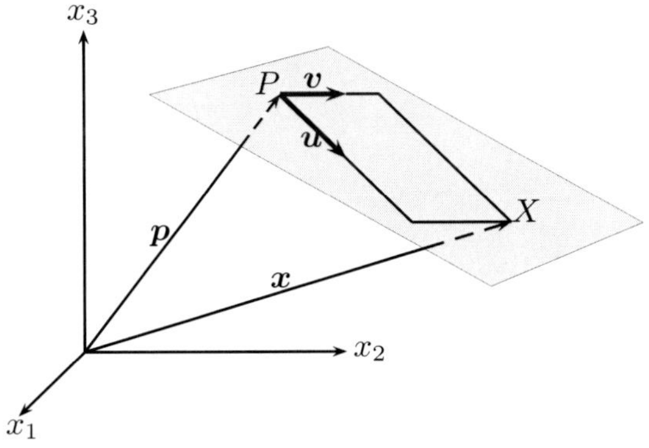


Bild 4.3.: Ebenengleichung in Parameterform

**Satz 4.4** (Vektorielle Punkt-Richtungsform, Parameterform). *Jede Ebene lässt sich durch eine Gleichung der Form*

$$\boldsymbol{x} = \boldsymbol{p} + s\boldsymbol{u} + t\boldsymbol{v}, \qquad s, t \in \mathbb{R}$$

*beschreiben. Hierbei ist* $\mathbf{p}$ *der Stützvektor und die nicht parallelen Vektoren* $\mathbf{u}$ *und* $\boldsymbol{v}$ *sind zwei Spannvektoren.*

Man nennt die Gleichung $\boldsymbol{x} = \boldsymbol{p} + s\mathbf{u} + \mathbf{t}\boldsymbol{v}$ eine **Ebenengleichung in Parameterform** der entsprechenden Ebene mit den reellen Parametern $s$ und $t$.

**Beispiel 4.10** (Parameterform, Lineare Gleichungssysteme). In Beispiel 1.16 haben wir gesehen, dass das lineare Gleichungssystem

$$\begin{aligned} x_1 + 2x_2 + x_3 &= 1 \\ 2x_1 + 4x_2 + 2x_3 &= 2 \end{aligned}$$

unendlich viele Lösungen hat, die sich durch $x_1 = -2s - t$, $x_2 = s$, $x_3 = t$ mit $s, t \in \mathbb{R}$ beschreiben lassen. Die Lösungsmenge ist eine Ebenengleichung in Parameterform

$$\boldsymbol{x} = \begin{bmatrix} x_1 \\ x_2 \\ x_3 \end{bmatrix} = \begin{bmatrix} 1 - 2s - t \\ s \\ t \end{bmatrix} = \begin{bmatrix} 1 \\ 0 \\ 0 \end{bmatrix} + s \begin{bmatrix} -2 \\ 1 \\ 0 \end{bmatrix} + t \begin{bmatrix} -1 \\ 0 \\ 1 \end{bmatrix}.$$

Spannvektoren sind $\boldsymbol{u} = (-2, 1, 0)$, $\boldsymbol{v} = (-1, 0, 1)$ und Stützvektor ist $\boldsymbol{p} = (1, 0, 0)$. ■

**Beispiel 4.11** (Parameterdarstellung). Die drei Punkte $A = (1, -1, 1)$, $B = (1.5, 1, 0)$ und $C = (0, 1, 1)$ legen eine Ebene fest. Geben Sie eine Parameterdarstellung dieser Ebene an.

*Lösung.* Wählt man als Stützvektor den Ortsvektor von $A$ und als Spannvektoren $\overrightarrow{AB}$ und $\overrightarrow{AC}$, so erhält man

$$\boldsymbol{x} = \begin{bmatrix} 1 \\ -1 \\ 1 \end{bmatrix} + s \begin{bmatrix} 0.5 \\ 2 \\ -1 \end{bmatrix} + t \begin{bmatrix} -1 \\ 2 \\ 0 \end{bmatrix}. \quad ■$$

**Beispiel 4.12** (Parameterdarstellung). Geben Sie die $x, y$-Ebene in Parameterform an.

*Lösung.* Zum Beispiel erhält man mit der Wahl $\boldsymbol{p} = (0, 0, 0)$, $\boldsymbol{u} = (1, 0, 0)$ und $\boldsymbol{v} = (0, 1, 0)$ durch

$$\boldsymbol{x} = s \begin{bmatrix} 1 \\ 0 \\ 0 \end{bmatrix} + t \begin{bmatrix} 0 \\ 1 \\ 0 \end{bmatrix}, \qquad s, t \in \mathbb{R}$$

eine Parameterform für die $x, y$-Ebene. ■

Ist eine Parametergleichung einer Ebene gegeben, dann kann man eine Gleichung ohne Parameter bestimmen, indem man die Parametergleichung als drei Gleichungen auffasst.

**Beispiel 4.13** (Parameterform → Koordinatenform). Gegeben ist die Parametergleichung

$$\boldsymbol{x} = \begin{bmatrix} 1 \\ 1 \\ 1 \end{bmatrix} + s \begin{bmatrix} 2 \\ 1 \\ 0 \end{bmatrix} + t \begin{bmatrix} 3 \\ 0 \\ 0.5 \end{bmatrix}.$$

Bestimmen Sie eine Gleichung ohne Parameter.

*Lösung.* Drückt man zum Beispiel mit Hilfe der zweiten und dritten Gleichung $s$ und $t$ durch $x_2$ und $x_3$ aus und setzt in die erste Gleichung ein, so ergibt sich

$$x_1 - 2x_2 - 6x_3 + 7 = 0. \quad \blacksquare$$

Man sagt: $x_1 - 2x_2 - 6x_3 + 7 = 0$ ist die **Koordinatendarstellung der Ebene** (**Koordinatengleichung der Ebene**), denn: Ist $P$ ein Punkt der Ebene, so erfüllen seine Koordinaten die Gleichung und jede Lösung dieser Gleichung entspricht den Koordinaten eines Punktes der Ebene.

**Satz 4.5** (Koordinatengleichung, Koordinatenform)**.** *Jede Ebene lässt sich durch eine Koordinatengleichung*

$$ax_1 + bx_2 + cx_3 + d = 0$$

*beschreiben, bei der mindestens einer der drei Koeffizienten $a$, $b$ und $c$ ungleich Null ist.*

**Beispiel 4.14** (Koordinatenform $\rightarrow$ Parameterform)**.** Bestimmen Sie eine Parametergleichung von der Ebene, die durch die Koordinatengleichung

$$3x_1 - x_2 + 7x_3 - 12 = 0$$

gegeben ist.

*Lösung.* Man löst zuerst die Koordinatengleichung zum Beispiel nach $x_2$ auf: $x_2 = -12 + 3x_1 + 7x_3$. Dann kann man schreiben

$$\begin{aligned} x_1 &= \phantom{-1}0 + 1x_1 + 0x_3 \\ x_2 &= -12 + 3x_1 + 7x_3 \\ x_3 &= \phantom{-1}0 + 0x_1 + 1x_3. \end{aligned}$$

Hieraus ergibt sich

$$\begin{bmatrix} x_1 \\ x_2 \\ x_3 \end{bmatrix} = \begin{bmatrix} 0 \\ -12 \\ 0 \end{bmatrix} + x_1 \begin{bmatrix} 1 \\ 3 \\ 0 \end{bmatrix} + x_3 \begin{bmatrix} 0 \\ 7 \\ 1 \end{bmatrix}.$$

Bezeichnen wir die Parameter mit $s$ und $t$ (wie gewohnt), so ist mit $x_1 = s$ und $x_2 = t$

$$\boldsymbol{x} = \begin{bmatrix} 0 \\ -12 \\ 0 \end{bmatrix} + s \begin{bmatrix} 1 \\ 3 \\ 0 \end{bmatrix} + t \begin{bmatrix} 0 \\ 7 \\ 1 \end{bmatrix}.$$

eine Parameterdarstellung der Ebene. $\blacksquare$

**Beispiel 4.15** (Koordinatengleichung). Die drei Punkte $A = (1, 1, 0)$, $B = (1, 0, 1)$ und $C = (0, 1, 1)$ legen eine Ebene fest. Bestimmen Sie eine Koordinatengleichung dieser Ebene.

*Lösung.* Eine Koordinatengleichung einer Ebene hat die Form $ax_1 + bx_2 + cx_3 + d = 0$. Setzt man jeweils die Koordinaten der Punkte $A$, $B$ und $C$ in die Gleichung ein, dann erhält man das lineare Gleichungssystem

$$\begin{aligned} a + b \quad\;\; + d &= 0 \\ a + \quad\; c + d &= 0 \\ b + c + d &= 0 \end{aligned}$$

Dieses lineare Gleichungssystem hat drei Gleichungen und vier Variablen. Löst man dieses System etwa mit dem GAUSS-Verfahren, so erhält man $a = -d/2$, $b = -d/2$ und $c = -d/2$. Setzt man zum Beispiel $d = -2$, so erhält man $a = 1$, $b = 1$ und $c = 1$. Eine Koordinatengleichung der Ebene ist daher

$$x_1 + x_2 + x_3 - 2 = 0. \quad \blacksquare$$

## Normalenform einer Ebene

Eine Ebene im Raum kann man vektoriell durch einen Stützvektor und zwei Spannvektoren beschreiben. Eine weitere Möglichkeit erhält man mit Hilfe eines Vektors, der orthogonal zu den Spannvektoren der Ebene ist.

Einen Vektor $\boldsymbol{n}$ nennt man einen **Normalenvektor der Ebene**, wenn er orthogonal zu zwei gegebenen (nicht parallelen) Spannvektoren der Ebene ist.

Ist $\boldsymbol{n}$ ein Normalenvektor der Ebene mit $\boldsymbol{x} = \boldsymbol{p} + s\boldsymbol{u} + t\boldsymbol{v}$, so liegt ein Punkt $X$ genau dann in der Ebene, wenn für den Ortsvektor $\boldsymbol{x} = \overrightarrow{OX}$ gilt: $\boldsymbol{x} - \boldsymbol{p}$ ist orthogonal zu $\boldsymbol{n}$. Daher ist auch $(\boldsymbol{x} - \boldsymbol{p}) \cdot \boldsymbol{n} = 0$ eine Gleichung der Ebene.

Da $\boldsymbol{n}$ ein Normalenvektor ist, spricht man von einer Ebenengleichung in **Normalenform**. Weil die Ebenengleichung durch einen Punkt (Endpunkt des Stützvektors) und eine Normale gegeben ist, spricht man gelegentlich auch von einer **Punkt-Normalenform**, siehe Bild 4.4.

**Satz 4.6** (Normalenform einer Ebene). *Eine Ebene mit dem Stützvektor* $\boldsymbol{p}$ *und dem Normalenvektor* $\boldsymbol{n}$ *wird beschrieben durch die Gleichung*

$$(\boldsymbol{x} - \boldsymbol{p}) \cdot \boldsymbol{n} = 0.$$

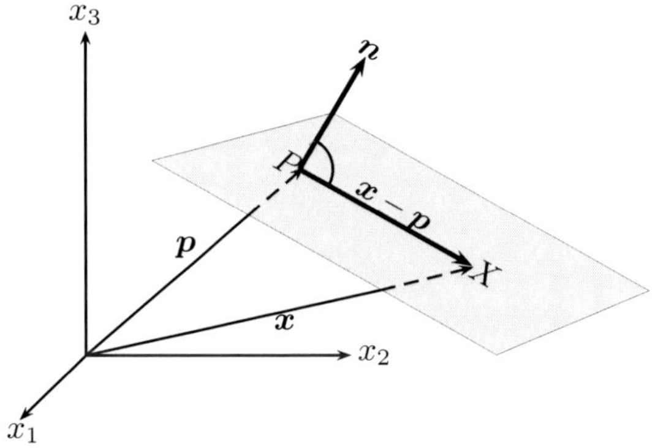


Bild 4.4.: Ebenengleichung in Normalenform

Da die Gleichung $(\boldsymbol{x}-\boldsymbol{p})\cdot\boldsymbol{n}=0$ keine Parameter enthält, wird sie auch *parameterfreie Ebenengleichung* genannt.

**Beispiel 4.16** (Normalenform)**.** Geben Sie für die $x_1, x_2$-Koordinatenebene eine Gleichung in Normalenform an. Geben Sie den Normalenvektor an.

*Lösung.* Mit $\boldsymbol{p}=(0,0,0)$ und $\boldsymbol{x}=(x_1,x_2,x_3)$ ist zum Beispiel

$$(\boldsymbol{x}-\boldsymbol{p})\cdot\boldsymbol{n}=\boldsymbol{x}\cdot\boldsymbol{n}=\boldsymbol{x}\cdot(0,0,1)=0.$$

Der Normalenvektor ist $\boldsymbol{n}=(0,0,1)$. ∎

**Beispiel 4.17** (Normalenform → Koordinatenform)**.** Eine Ebene durch $P=(4,1,3)$ hat den Normalenvektor $\boldsymbol{n}=(2,-1,5)$. Geben Sie eine Gleichung der Ebene in Normalenform an, und bestimmen Sie aus dieser Normalenform eine Koordinatengleichung der Ebene.

*Lösung.* Einsetzen von $\boldsymbol{p}=\overrightarrow{OP}$ und $\boldsymbol{n}$ in $(\boldsymbol{x}-\boldsymbol{p})\cdot\boldsymbol{n}=0$ ergibt die Gleichung in Normalenform

$$\left(\boldsymbol{x}-\begin{bmatrix}4\\1\\3\end{bmatrix}\right)\cdot\begin{bmatrix}2\\-1\\5\end{bmatrix}=0.$$

Einsetzen von $\boldsymbol{x}=(x_1,x_2,x_3)$ in die Normalenform ergibt

$$\begin{bmatrix}x_1\\x_2\\x_3\end{bmatrix}\cdot\begin{bmatrix}2\\-1\\5\end{bmatrix}=\begin{bmatrix}4\\1\\3\end{bmatrix}\cdot\begin{bmatrix}2\\-1\\5\end{bmatrix}.$$

Ausrechnen der beiden Skalarprodukte ergibt die Koordinatengleichung

$$2x_1 - x_2 + 5x_3 - 22 = 0. \quad \blacksquare$$

Die Koordinatengleichung $ax_1 + bx_2 + cx_3 + d = 0$ einer Ebene kann auch in der Form $(a, b, c)\cdot(x_1, x_2, x_3)+d = 0$ geschrieben werden, das heißt als $\boldsymbol{n}\cdot\boldsymbol{x}+d = 0$ mit $\boldsymbol{n} = (a, b, c)$ und $\boldsymbol{x} = (x_1, x_2, x_3)$. Zu gegebenem $\boldsymbol{n}$ und $d$ kann man einen Vektor $\boldsymbol{p}$ finden, sodass $\boldsymbol{p}\cdot\boldsymbol{n}+d = 0$ ist, siehe Beispiel 4.18. Aus $\boldsymbol{n}\cdot\boldsymbol{x}+d = 0$ und $\boldsymbol{n}\cdot\boldsymbol{p}+d = 0$ folgt $(\boldsymbol{x}-\boldsymbol{p})\cdot\boldsymbol{n} = 0$, also ist $\boldsymbol{n}$ ein Normalenvektor der Ebene.

**Beispiel 4.18** (Koordinatenform → Normalenform)**.** Bestimmen Sie für die Ebene mit der Koordinatengleichung $2x_1 + 5x_2 + 3x_3 - 12 = 0$ eine Ebenengleichung in Normalenform.

*Lösung.* Zur Bestimmung des Stützvektors $\boldsymbol{p}$ ist es geschickt, zwei Koordinaten als Null zu wählen, zum Beispiel $x_2$ und $x_3$. Die fehlende Koordinate ergibt sich durch Einsetzen in die Koordinatendarstellung. Aus $x_2 = 0$ und $x_3 = 0$ folgt $2x_1 - 12 = 0$, also $x_1 = 6$. Damit ist $\boldsymbol{p} = (6, 0, 0)$. Die Koeffizienten 2, 5 und 3 der Koordinatengleichung $2x_1+5x_2+3x_3-12 = 0$ sind die Koordinaten des Normalenvektors $\boldsymbol{n} = (2, 5, 3)$. Daraus ergibt sich eine Normalenform der Ebenengleichung

$$\left(\boldsymbol{x} - \begin{bmatrix} 6 \\ 0 \\ 0 \end{bmatrix}\right) \cdot \begin{bmatrix} 2 \\ 5 \\ 3 \end{bmatrix} = 0. \quad \blacksquare$$

**Satz 4.7.** *Ist $ax_1 + bx_2 + cx_3 + d = 0$ eine Koordinatengleichung einer Ebene, so ist der Vektor mit den Koordinaten $a$, $b$, $c$ ein Normalenvektor der Ebene.*

Insbesondere folgt aus dem Satz 4.7, dass zwei Ebenen zueinander parallel sind, wenn sich die Koordinatengleichungen nur in der Konstanten $d$ unterscheiden.

**Beispiel 4.19** (Parameterform → Normalenform)**.** Bestimmen Sie für die Ebene in Parameterform

$$\boldsymbol{x} = \begin{bmatrix} 5 \\ 2 \\ 3 \end{bmatrix} + s \begin{bmatrix} 1 \\ 0 \\ 2 \end{bmatrix} + t \begin{bmatrix} 0 \\ -5 \\ 8 \end{bmatrix}$$

eine Gleichung in Normalenform.

*Lösung.* Mit $\boldsymbol{p} = (5, 2, 3)$ haben wir bereits einen geeigneten Stützvektor. Jeder Normalenvektor $\boldsymbol{n}$ muss zu den Spannvektoren orthogonal sein, also muss für $\boldsymbol{n} = (n_1, n_2, n_3)$

gelten $(1,0,2)\cdot(n_1,n_2,n_3)=0$ und $(0,-5,8)\cdot(n_1,n_2,n_3)=0$. Ausrechnen der beiden Skalarprodukte ergibt das lineare Gleichungssystem

$$\begin{aligned} n_1 \qquad &+ 2n_3 = 0 \\ - 5n_2 &+ 8n_3 = 0 \end{aligned}$$

mit zwei Gleichungen und drei Variablen, das sich umformen lässt in

$$\begin{aligned} n_1 &= -2n_3 \\ n_2 &= 8/5n_3. \end{aligned}$$

Setzt man zum Beispiel $n_3 = 5$, so ergibt sich eine ganzzahlige Lösung $n_2 = 8$ und $n_1 = -10$. Damit erhalten wir als Normalenvektor $\boldsymbol{n} = (-10, 8, 5)$ und als eine Normalengleichung der Ebenengleichung (den benötigten Stützvektor kann man direkt der gegebenen Ebenengleichung entnehmen)

$$\left(\boldsymbol{x} - \begin{bmatrix} 5 \\ 2 \\ 3 \end{bmatrix}\right) \cdot \begin{bmatrix} -10 \\ 8 \\ 5 \end{bmatrix} = 0.$$

Eine alternative Lösungsmöglichkeit besteht darin, einen Normalenvektor über das Kreuzprodukt der beiden Spannvektoren auszurechnen. So erhält man beispielsweise aus

$$\begin{bmatrix} 1 \\ 0 \\ 2 \end{bmatrix} \times \begin{bmatrix} 0 \\ -5 \\ 8 \end{bmatrix}$$

den Normalenvektor $(10, -8, -5)$. ∎

## 4.3. Parameterdarstellungen als Funktionen. Beschreibung von Bewegungen

Durch Parameterdarstellungen von Geraden werden reelle Zahlen Vektoren und damit Punkte der Ebene oder des Raumes zugeordnet. Eine Parameterdarstellung lässt sich als Funktion $f$ auffassen mit $f : \mathbb{R} \to \mathbb{R}^2$, $t \mapsto \boldsymbol{p}+t\boldsymbol{u}$, bzw. $f : \mathbb{R} \to \mathbb{R}^3$, $t \mapsto \boldsymbol{p}+t\boldsymbol{u}$. Der reelle Parameter $t$ hat hierbei die Aufgabe unabhängige Variable einer Funktion $f$ zu sein. Die Funktionswerte $f(t)$ sind nun aber reelle Zahlenpaare oder reelle Zahlentripel.

Besonders bei physikalischen und technischen Anwendungen ist es sinnvoll, den Parameter $t$ als Zeit aufzufassen. Durch die Parameterdarstellung $f : t \mapsto \boldsymbol{x} = \boldsymbol{p} + t\boldsymbol{u}$ wird die zeitabhängig Position des durch den Ortsvektor $\boldsymbol{x}$ beschriebenen Punktes (oft eine Punktmasse) auf einer Geraden dargestellt. Parameterdarstellungen erhalten damit einen neuen Aspekt; neben der geometrischen Form einer Bahnkurve (im einfachsten Fall eine Gerade) wird auch die Art der Bewegung beschrieben.

**Beispiel 4.20.** Die drei Parameterdarstellungen

$$f_1(t) = \boldsymbol{p} + t\boldsymbol{u}_1 = \boldsymbol{p} + t(3/2, 0, 0)$$
$$f_2(t) = \boldsymbol{p} + t\boldsymbol{u}_2 = \boldsymbol{p} + t(1, 0, 0)$$
$$f_3(t) = \boldsymbol{p} + t^2\boldsymbol{u}_3 = \boldsymbol{p} + t^2(1, 0, 0)$$

mit $t \geq 0$, stellen dieselbe Halbgerade dar. Wird der Parameter $t$ als Zeit aufgefasst, so beschreibt $f_1$ eine gleichförmige Bewegung (entlang der Halbgeraden), $f_2$ eine gleichförmige Bewegung geringerer Geschwindigkeit (entlang der Halbgeraden) und $f_3$ eine gleichmäßig beschleunigte Bewegung (entlang der Halbgeraden). Die Richtungsvektoren $\boldsymbol{u}_1$ und $\boldsymbol{u}_2$ sind Geschwindigkeitsvektoren, $\boldsymbol{u}_3$ ist ein Beschleunigungsvektor. Es ist $\dot{f}_1(t) = \boldsymbol{u}_1 = (3/2, 0, 0)$, $\dot{f}_2(t) = \boldsymbol{u}_2 = (1, 0, 0)$, $\dot{f}_3(t) = 2t\boldsymbol{u}_3 = 2t(1, 0, 0)$ und $\ddot{f}_3 = 2\boldsymbol{u}_3 = 2(1, 0, 0)$. Das Bild 4.5 zeigt die zurückgelegten Wege der Bewegungen entlang der Stre-

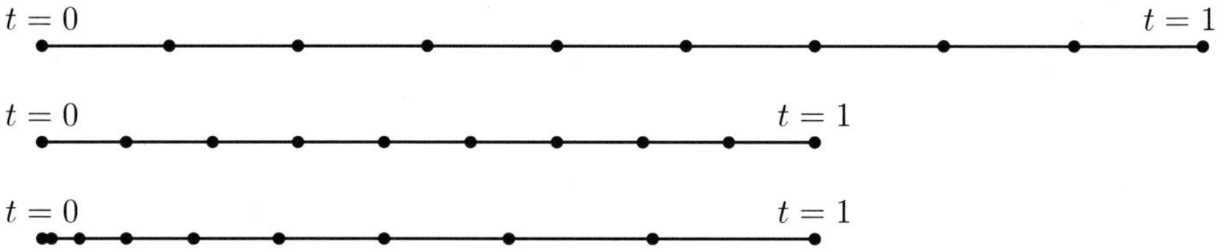


Bild 4.5.: Zurückgelegte Wege

cken im Zeitintervall $[0, 1]$, also von $t = 0$ bis $t = 1$ für die drei Funktionen $f_1$ (oben), $f_2$ (mitte), $f_3$ (unten). Da der Geschwindigkeitsvektor $\boldsymbol{u}_1$ größer als der Geschwindigkeitsvektor $\boldsymbol{u}_2$ ist, ist auch der zurückgelegte Weg von Bewegung 1 größer als der von Bewegung 2. Die Punkte (Gegenstände) auf den Halbgeraden (mitte) und (unten) legen den gleichen Weg zurück, wobei die untere Bewegung zunächst langsamer verläuft; sie wird aber immer schneller. ∎

## 4.4. Elementare Koordinatentransformationen

Die Wahl eines *Koordinatensystems*, in dem ein technisches, physikalisches oder sonstiges Problem behandelt wird, bestimmt zu einem beträchtlichen Teil den Schwierigkeitsgrad und Aufwand der Rechnung. Eine geeignete Wahl des Koordinatensystems kann die rechnerische Behandlung erheblich erleichtern. Oft ist es gerade die geeignete Wahl des Koordinatensystems, die ein Problem überhaupt rechnerisch lösbar macht. Man überlegt sich also, bevor man mit der Rechnung beginnt, welches Koordinatensystem für das spezielle Problem geeignet ist und legt dann dieses für die Rechnung zugrunde. Bei komplexeren Problemen (zum Beispiel in der *Robotik* oder *Computergrafik*) kommt es öfters vor, dass man an irgendeiner Stelle des Rechenprozesses bemerkt, dass eine andere Wahl des Koordinatensystems sinnvoll wird. Man kann nun die Rechnung in dem neuen Koordinatensystem erneut beginnen oder, wenn der Aufwand zu groß erscheint, die alten Koordinaten auf die neuen transformieren; man spricht von einer *Koordinatentransformation.*

Ein Koordinatensystem ist durch eine „Basis“ gegeben[2]. Daher gelten analoge Aussagen auch für Basen in einem „Vektorraum“. In den folgenden Kapiteln (insbesondere in den Kapiteln 11 und 15, Stichworte: Diagonalisierbarkeit, Eigensysteme, Darstellungsmatrix, Spektralsatz.) werden wir immer wieder erkennen, dass eine geeignete Wahl einer Basis für Erkenntnisprozesse, Handrechnungen und Computerrechnungen wesentlich ist; ich werde Sie stets darauf hinweisen.

Wir wollen uns zwei *elementaren Koordinatentransformationen* zuwenden, die besonders wichtig sind: *Koordinatenverschiebung* und *Koordinatendrehung*, siehe Bild 4.6. In bei-

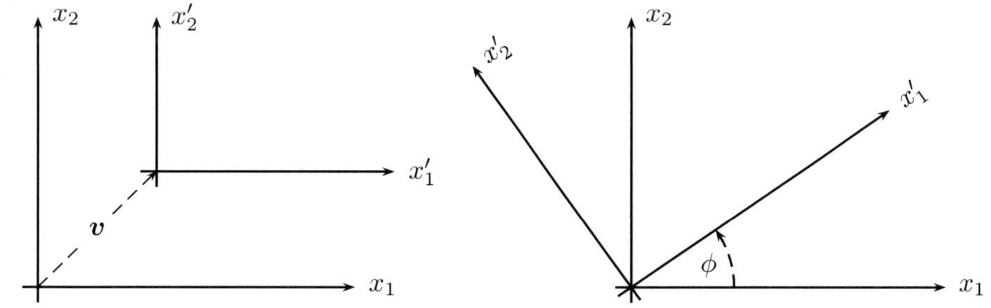


Bild 4.6.: Koordinatenverschiebung und Koordinatendrehung

den Fällen gehen wir von einem rechtwinkligen Koordinatensystem in der Ebene aus und transformieren (verschieben oder drehen) dieses wiederum in ein rechtwinkliges Koordinatensystem. Bei der Koordinatenverschiebung wird das Koordinatensystem um einen Vektor $\boldsymbol{v}$ verschoben, die entsprechenden Koordinatenachsen bleiben parallel, siehe Bild 4.6 (links). Bei der Koordinatendrehung wird um den Koordinatenursprung um einen bestimmten Winkel $\phi$ gedreht, siehe Bild 4.6 (rechts). Wie sind dann die Koordinaten eines Punktes in dem neuen Koordinatensystem?

[2]Wir werden die Begriffe *Basis* und *Vektorraum* in Kapitel 5 vorstellen.

### Koordinatenverschiebungen in der Ebene

Das neue Koordinatensystem entsteht durch Verschiebung (Translation) des alten Koordinatensystems um einen Vektor; wir verschieben den Urspung des (alten) Koordinatensystems um den Vektor $\boldsymbol{v} = (v_1, v_2)$, siehe Bild 4.7. Bei einer solchen Transformation

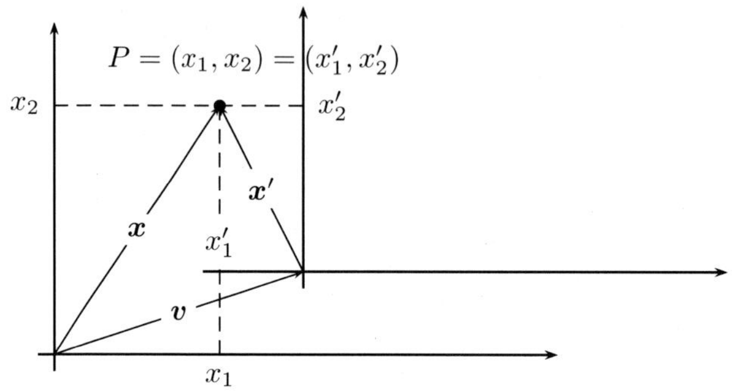


Bild 4.7.: Koordinatenverschiebung

bleiben die entsprechenden Koordinatenachsen parallel. Welche Koordinaten hat dann der Punkt $P$ bzw. sein Ortsvektor $\boldsymbol{x}$ in diesem neuen, verschobenen Koordinatensystem? Aus Bild 4.7 lesen wir ab: $\boldsymbol{x} = \boldsymbol{v} + \boldsymbol{x}'$ oder $\boldsymbol{x}' = \boldsymbol{x} - \boldsymbol{v}$. Diese Transformationsformeln können wir auch in Koordinatenschreibweise notieren: $x_1' = x_1 - v_1$, $x_2' = x_2 - v_2$.

Ist $P = (x_1, x_2)$ ein Punkt in einem rechtwinkligen Koordinatensystem in der Ebene und wird dieses um den Vektor $\boldsymbol{v} = (v_1, v_2)$ verschoben, so sind

$$\begin{bmatrix} x_1' \\ x_2' \end{bmatrix} = \begin{bmatrix} x_1 \\ x_2 \end{bmatrix} - \begin{bmatrix} v_1 \\ v_2 \end{bmatrix}$$

die Koordinaten des Punktes $P$ in diesem neuen, verschobenen Koordinatensystem.

**Beispiel 4.21** (Koordinatenverschiebung)**.** Ein rechtwinkliges Koordinatensystem werde um den Vektor $\boldsymbol{v} = (1, 1)$ verschoben. Welche Koordinaten hat der Punkt $P = (2, 2)$ bzw. sein Ortsvektor $\boldsymbol{x} = (2, 2)$ in dem neuen Koordinatensystem?

*Lösung.* Es ist

$$\begin{bmatrix} x_1' \\ x_2' \end{bmatrix} = \begin{bmatrix} x_1 \\ x_2 \end{bmatrix} - \begin{bmatrix} v_1 \\ v_2 \end{bmatrix} = \begin{bmatrix} 2 \\ 2 \end{bmatrix} - \begin{bmatrix} 1 \\ 1 \end{bmatrix} = \begin{bmatrix} 1 \\ 1 \end{bmatrix}.$$

Daher sind $(x_1', x_2') = (1, 1)$ die neuen Koordinaten von $P$. ■

Im folgenden Beispiel zeigen wir wieder eine Koordinatenverschiebung, gleichzeitig aber auch deren Nützlichkeit.

**Beispiel 4.22** (Koordinatenverschiebung). Ein Kreis mit dem Radius $r$ habe seinen Mittelpunkt nicht im Koordinantenursprung. Wir wollen die Gleichung für die Punkte auf der Kreislinie herleiten. Der Kreismittelpunkt werde durch den Ortsvektor $\bar{\boldsymbol{x}} = (\bar{x}, \bar{y})$ festgelegt. Der Ortsvektor für einen beliebigen Punkt $\boldsymbol{x} = (x, y)$ auf der Kreislinie lautet: $\boldsymbol{x} = \bar{\boldsymbol{x}} + \boldsymbol{r}$, wobei $\boldsymbol{r}$ der Vektor vom Kreismittelpunkt zum Endpunkt von $\boldsymbol{x}$ ist, siehe Bild 4.8 (links). Es ist $r = |\boldsymbol{r}|$, das heißt der Radius ist gleich der Länge von $\boldsymbol{r}$. Wir

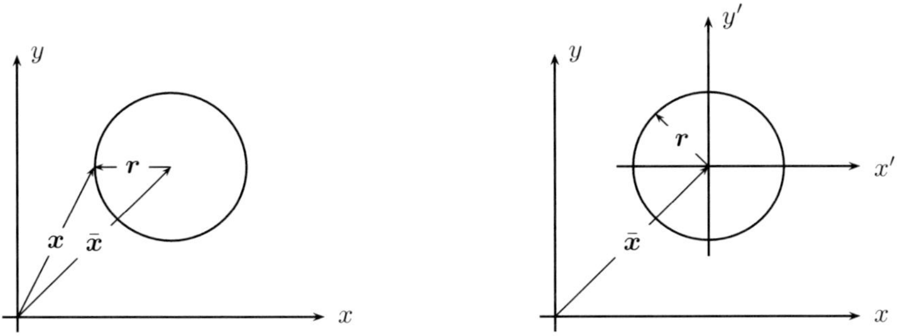


Bild 4.8.: Zu Beispiel 4.22

lösen nach $\boldsymbol{r}$ auf und erhalten $\boldsymbol{r} = \boldsymbol{x} - \bar{\boldsymbol{x}}$. Daraus folgt $r^2 = |\boldsymbol{r}|^2 = |\boldsymbol{x} - \bar{\boldsymbol{x}}|^2$ bzw. $r^2 = (x - \bar{x})^2 + (y - \bar{y})^2$ oder ausführlicher

$$r^2 = x^2 - 2x\bar{x} + \bar{x}^2 + y^2 - 2y\bar{y} + \bar{y}^2.$$

Dies ist die Gleichung für die Kreislinie.

Wir wollen jetzt die entsprechende Gleichung ableiten für ein Koordinatensystem, das durch eine Verschiebung um $\bar{\boldsymbol{x}}$ entsteht. In diesem Fall hat der Kreis seinen Mittelpunkt im Koordinatenursprung. In dem neuen $x', y'$-Koordinatensystem (Bild 4.8, rechts) gilt

$$r^2 = (x')^2 + (y')^2.$$

Wir sehen: Die Gleichung für die Kreislinie in diesem transformierten $x', y'$-Koordinatensystem ist erheblich einfacher. ∎

#### Koordinatendrehungen in der Ebene

Ein Punkt $P$ hat in einem $x_1, x_2$-Koordinatensystem den Ortsvektor $\boldsymbol{x} = (x_1, x_2) = x_1\boldsymbol{e}_1 + x_2\boldsymbol{e}_2$. Wir drehen jetzt das Koordinatensystem um den Winkel $\phi$ um den Ko-

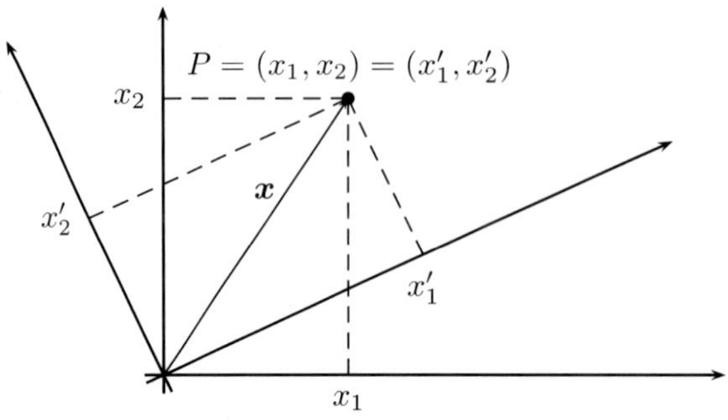


Bild 4.9.: Koordinatendrehung

ordinatenursprung in eine neue Lage. Die neuen Koordinatenachsen bezeichnen wir mit $x'_1$ und $x'_2$, die neuen natürlichen Einheitsvektoren („Basisvektoren") mit $\boldsymbol{e}'_1$, $\boldsymbol{e}'_2$. Der Ortsvektor $\boldsymbol{x}$ (bzw. Punkt $P$) hat dann im neuen Koordinatensystem die Form $\boldsymbol{x} = (x'_1, x'_2) = x'_1\boldsymbol{e}'_1 + x_2\boldsymbol{e}'_2$, siehe Bild 4.9.

Den Übergang vom alten zum neuen Koordinatensystem können wir folgendermaßen modellieren. Wir gehen aus von der Darstellung $\boldsymbol{x} = x_1\boldsymbol{e}_1 + x_2\boldsymbol{e}_2$ im ursprünglichen System. Die beiden Summanden (Komponenten) können wir nun ihrerseits in je zwei Summanden (Komponenten) in Richtung der neuen Achsen zerlegen. Schließlich fassen wir dann die Anteile in Richtung der neuen Achsen zusammen (Vektoraddition).

Wir beginnen mit dem Summanden $x_1\boldsymbol{e}_1$. Mit dem neuen Koordinatensystem gilt $x_1\boldsymbol{e}_1 = x_1 \cos\phi \boldsymbol{e}'_1 - x_1 \sin\phi \boldsymbol{e}'_2$, siehe Bild 4.10. Für den zweiten Summanden $x_2\boldsymbol{e}_2$ gilt $x_2\boldsymbol{e}_2 = x_2 \sin\phi \boldsymbol{e}'_1 + x_2 \cos\phi \boldsymbol{e}'_2$, siehe Bild 4.10. Somit können wir den Ortsvektor $\boldsymbol{x}$ im neuen Koordinatensystem darstellen:

$$\begin{aligned} \boldsymbol{x} &= x_1\boldsymbol{e}_1 + x_2\boldsymbol{e}_2 = x_1 \cos\phi \boldsymbol{e}'_1 - x_1 \sin\phi \boldsymbol{e}'_2 + x_2 \sin\phi \boldsymbol{e}'_1 + x_2 \cos\phi \boldsymbol{e}'_2 \\ &= (x_1 \cos\phi + x_2 \sin\phi)\boldsymbol{e}'_1 + (-x_1 \sin\phi + x_2 \cos\phi)\boldsymbol{e}'_2. \end{aligned}$$

Mithilfe dieser Darstellung können die neuen Koordinaten eines beliebigen Ortsvektor $\boldsymbol{x}$ (Punktes $P$) aus den alten berechnet werden.

Ist $P = (x_1, x_2)$ ein Punkt in einem rechtwinkligen Koordinatensystem in der Ebene und wird dieses um den Koordinatenursprung um den Winkel $\phi$ gedreht, so sind

$$\begin{bmatrix} x'_1 \\ x'_2 \end{bmatrix} = \begin{bmatrix} \cos\phi & \sin\phi \\ -\sin\phi & \cos\phi \end{bmatrix} \begin{bmatrix} x_1 \\ x_2 \end{bmatrix}$$

die Koordinaten des Punktes $P$ in diesem neuen, gedrehten Koordinatensystem.

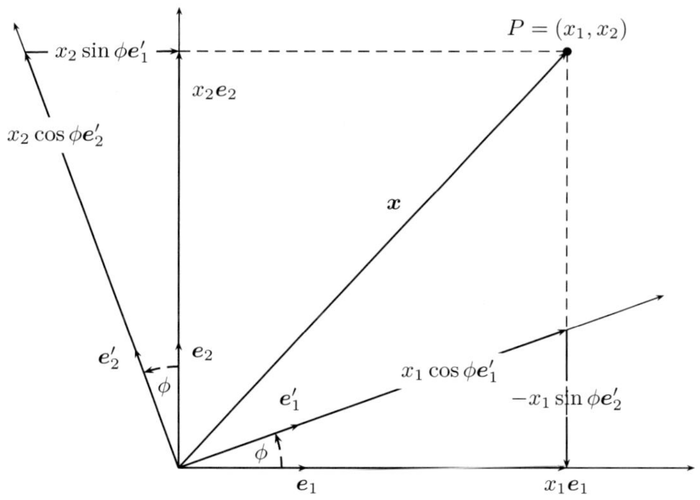


Bild 4.10.: Koordinatendrehung

**Beispiel 4.23.** Gegeben ist der Punkt $P = (2, -1)$ im rechtwingkligen $x_1, x_2$-Koordinatensystem. Welche Koordinaten hat $P$ in dem neuen $x'_1, x'_2$-Koordinatensystem, wenn dieses aus dem alten durch Drehung um 45° hervorgegangen ist?

*Lösung.* Mit $\sin(45°) = \cos(45°) = 1/\sqrt{2}$ erhalten wir

$$\begin{bmatrix} x'_1 \\ x'_2 \end{bmatrix} = \begin{bmatrix} 1/\sqrt{2} & 1/\sqrt{2} \\ -1/\sqrt{2} & 1/\sqrt{2} \end{bmatrix} \begin{bmatrix} x_1 \\ x_2 \end{bmatrix},$$

sodass der Punkt $P = (2, -1)$ im $x_1, x_2$-Koordinatensystem wegen

$$\begin{bmatrix} x'_1 \\ x'_2 \end{bmatrix} = \begin{bmatrix} 1/\sqrt{2} & 1/\sqrt{2} \\ -1/\sqrt{2} & 1/\sqrt{2} \end{bmatrix} \begin{bmatrix} 2 \\ -1 \end{bmatrix} = \begin{bmatrix} 1/\sqrt{2} \\ -3/\sqrt{2} \end{bmatrix}$$

nun die neuen Koordinaten $(x'_1, x'_2) = (1/\sqrt{2}, -3/\sqrt{2})$ hat. ■

**Beispiel 4.24.** Gegeben ist der Punkt $P = (3, 2)$ im rechtwingkligen $x_1, x_2$-Koordinatensystem. Welche Koordinaten hat $P$ in dem neuen $x'_1, x'_2$-Koordinatensystem, wenn dieses aus dem alten durch Drehung um 60° hervorgegangen ist? Rechnen Sie mit MATLAB.

*Lösung.* Mit $\phi = 60°$ gilt

```
>> phi=60;
>> [cosd(phi) sind(phi); -sind(phi) cosd(phi)]*[3;2]
ans =
    3.2321
   -1.5981
```

Daher sind $(x_1', x_2') \approx (3.2321, -1.5981)$ die neuen Koordinaten von $P$. ∎

## Zwei- und mehrfache Koordinatendrehungen in der Ebene

Wir wollen jetzt die Transformation herleiten, die sich ergibt, wenn wir das Koordinatensystem zuerst um den Winkel $\alpha$ drehen in ein $x', y'$-Koordinatensystem und danach um den Winkel $\beta$ in ein $x'', y''$-Koordinatensystem.

Die Anschauung und Vorüberlegung lässt bereits vermuten, dass die Drehung um den Winkel $\alpha$ und danach um den Winkel $\beta$ durch eine einzige Drehung um den Winkel $\alpha+\beta$ ersetzt werden kann. Davon wollen wir uns nun überzeugen.

Die Transformation für die Übergänge $(x, y) \to (x', y')$ und $(x', y') \to (x'', y'')$ sind bekannt:

$$\begin{bmatrix} x' \\ y' \end{bmatrix} = \begin{bmatrix} \cos\phi & \sin\phi \\ -\sin\phi & \cos\phi \end{bmatrix} \begin{bmatrix} x \\ y \end{bmatrix} \quad \text{und} \quad \begin{bmatrix} x'' \\ y'' \end{bmatrix} = \begin{bmatrix} \cos\phi & \sin\phi \\ -\sin\phi & \cos\phi \end{bmatrix} \begin{bmatrix} x' \\ y' \end{bmatrix}.$$

Ersetzen wir $(x', y')$ in der zweiten (rechten) Gleichung durch die rechte Seite der ersten (linken) Gleichung, so ist[3]

$$\begin{aligned} \begin{bmatrix} x'' \\ y'' \end{bmatrix} &= \begin{bmatrix} \cos\beta & \sin\beta \\ -\sin\beta & \cos\beta \end{bmatrix} \begin{bmatrix} \cos\alpha & \sin\alpha \\ -\sin\alpha & \cos\alpha \end{bmatrix} \begin{bmatrix} x \\ y \end{bmatrix} \\ &= \begin{bmatrix} \cos\beta\cos\alpha - \sin\beta\sin\alpha & \cos\beta\sin\alpha + \sin\beta\cos\alpha \\ -\sin\beta\cos\alpha - \cos\beta\sin\alpha & -\sin\beta\sin\alpha + \cos\beta\cos\alpha \end{bmatrix} \begin{bmatrix} x \\ y \end{bmatrix} \\ &= \begin{bmatrix} \cos(\alpha+\beta) & \sin(\alpha+\beta) \\ -\sin(\alpha+\beta) & \cos(\alpha+\beta) \end{bmatrix} \begin{bmatrix} x \\ y \end{bmatrix}. \end{aligned}$$

Das Ergebnis bestätigt unsere Vermutung. Die Hintereinanderausführung (Matrizenmultiplikation) zweier Drehungen um die Winkel $\alpha$ und $\beta$ führt zu dem gleichen Ergebnis wie eine Drehung um den Winkel $\alpha + \beta$.

[3] Mithilfe der trigonometrischen Additionstheoreme $\sin(\alpha+\beta) = \sin\alpha\cos\beta + \cos\alpha\sin\beta$ und $\cos(\alpha+\beta) = \cos\alpha\cos\beta - \sin\alpha\sin\beta$.

Ist $P = (x_1, x_2)$ ein Punkt in einem rechtwinkligen Koordinatensystem in der Ebene und wird dieses um den Koordinatenursprung erst um den Winkel $\alpha$ dann um den Winkel $\beta$ gedreht, so sind

$$\begin{bmatrix} x_1' \\ x_2' \end{bmatrix} = \begin{bmatrix} \cos(\alpha+\beta) & \sin(\alpha+\beta) \\ -\sin(\alpha+\beta) & \cos(\alpha+\beta) \end{bmatrix} \begin{bmatrix} x_1 \\ x_2 \end{bmatrix}$$

die Koordinaten des Punktes $P$ in diesem neuen, zweimal gedrehten Koordinatensystem.

## 4.5. Weitere Bemerkungen und Hinweise

Die Analytische Geometrie ist ein Teilgebiet der Geometrie, das Methoden zur Verfügung stellt, um geometrische Aufgabenstellungen in algebraische Probleme zu übersetzen und dann mit algebraischen Mitteln (vor allem aus der Linearen Algebra) zu lösen. Zur Übersetzung dienen Koordinatensysteme. Viele geometrische Aufgabenstellungen und Antworten finden Sie zum Beispiel in den Lehrbüchern [64] und [88].

Die Analytische Geometrie wurde von dem französischen Mathematiker und Philosophen René Descartes (1596-1650) begründet. Wesentliche Erweiterungen sind Leonhard Euler (1707-1783) zu verdanken, der sich insbesondere mit *Kurven und Flächen zweiter Ordnung* befasste, siehe zum Beispiel [88].

### Aufgaben

**4.1.** Geben Sie zu der Gerade durch die Punkte $A = (0, 5, -4)$ und $B = (6, 3, 1)$ eine Parameterdarstellung an.

**4.2.** Prüfen Sie, ob der Punkt $X = (2, -1, -1)$ auf der Geraden liegt, die durch die Gleichung $\boldsymbol{x} = (1, 0, 1) + t(1, 3, 3)$ beschrieben ist.

**4.3.** Geben Sie zwei verschiedene Parametergleichungen der Ebene an, die durch die Punkte $A = (2, 0, 3)$, $B = (1, -1, 5)$ und $C = (3, -2, 0)$ festgelegt ist.

**4.4.** Bestimmen Sie eine Koordinatendarstellung der Ebene $\boldsymbol{x} = (1, 2, 0) + s(1, 0, 1) + t(1, 2, 3)$, $s, t \in \mathbb{R}$.

**4.5.** Eine Ebene geht durch den Punkt $P = (2, -5, 7)$ und hat den Normalenvektor $(2, 1, -2)$. Prüfen Sie, ob der Punkt $A = (2, 7, 1)$ in der Ebene liegt.

**4.6.** Bestimmen Sie eine Gleichung der Ebene $\boldsymbol{x} = (2, 1, 2) + s(1, 3, 0) + t(-2, 1, 3)$, $s, t \in \mathbb{R}$ in Normalenform und daraus eine Gleichung in Koordinatenform.

**4.7.** Geben Sie für jede der drei Koordinatenebenen eine Gleichung in Normalenform an.

**4.8.** Durch die Vektoren $\boldsymbol{a}$ und $\boldsymbol{b}$ werde eine Ebene aufgespannt. Wie können Sie einen Vektor bestimmen, der zu dieser Ebene senkrecht steht? Wie viele solcher Vektoren gibt es, die die Länge 1 haben?

**4.9.** Bestimmen Sie die Koordinatengleichung der durch den Punkt $P = (5, 1, 5)$ gehenden Ebene $E$ mit dem Normalenvektor $\boldsymbol{n} = (-1, 2, -1)$.

**4.10.** Eine Masse wird auf einer Ebene $E$ mit der Parameterdarstellung $\boldsymbol{r}(s, t) = (1, 2, -1) + s(1, 0, 1) + t(-1, 1, 0)$ ($s, t \in \mathbb{R}$, Einheit in m) durch die Kraft $\boldsymbol{F} = 10\boldsymbol{e}_x + 20\boldsymbol{e}_y + 3\boldsymbol{e}_z$ (in N) geradlinig von $P_1$ ($s = 0$, $t = -1$) nach $P_2$ ($s = 1$, $t = 2$) verschoben. Berechnen Sie die dabei an der Masse verrichtete Arbeit $W$ sowie den Winkel $\phi$ zwischen dem Kraft- und dem Verschiebungsvektor.

**4.11.** Eine Ebene $E$ enthält die Punkte $P_1 = (2, 1, -3)$, $P_2 = (3, 0, 2)$ und $P_3 = (2, 2, 1)$ (alle Koordinaten in der Einheit m). In $P_1$ greift eine Fraft $\boldsymbol{F}$ mit der $z$-Koordinate $F_z = -2\,\mathrm{N}$ an.

(a) Bestimmen Sie die noch unbekannten Kraftkoordinaten $F_x$ und $F_y$ so, dass der Kraftvektor senkrecht auf der Ebene steht.

(b) Wie lautet der Drehmomentenvektor $\boldsymbol{M}$ der Kraft bezüglich des Punktes $Q = (5, 1, -2)\,\mathrm{m}$?

**4.12.** Gegeben ist die Gerade $g$ mit der Darstellung $\boldsymbol{x} = (1, -3) + t(4, u_2)$, $t \in \mathbb{R}$, und die Gerade $h$ mit der Darstellung $\boldsymbol{x} = (5, 2) + t(-1, 3)$, $t \in \mathbb{R}$. Wie muss die zweite Koordinate des Vektors $(4, u_2)$ der Geraden $g$ gewählt werden, damit sich $g$ und $h$ nicht schneiden?

**4.13.** Ein Punkt habe die Koordinaten $P = (2, 2)$. Welche Koordinaten hat der Punkt $P$ nach der Drehung des Koordinatensystems um 45°?

## Sie sollten nun mit folgenden Begriffen umgehen können

Geraden, Ebenen, Koordinatenform, Parameterform, Normalform.

# 5. Reelle Vektorräume und Unterräume

*Der Raum $\mathbb{R}^n$ lässt vielerlei Interpretationen zu, zum Beispiel ist der $\mathbb{R}^3$ eine ganz gute Beschreibung des Raumes, in dem wir leben, der $\mathbb{R}^4$ ist der Raum-Zeit Raum und ein Vektor/Punkt aus $\mathbb{R}^{37}$ beschreibt die Gehälter von 37 ausgewählten Leuten.*
T. Bröcker [12]

Nach Zahlen und Vektoren erreichen wir nun eine dritte Verständnisstufe. Statt einzelne Vektoren untersuchen wir nun *Räume*[1] *von Vektoren*. Immer wieder trifft man in der Mathematik auf Mengen, deren Elemente man addieren und mit einer Zahl multiplizieren kann; etwa die geometrischen Vektoren, die $(m, n)$-Matrizen oder die Menge der reellen Funktionen. Man beobachtet, dass für diese Rechenoperationen dieselben grundlegenden Regeln gelten, die auch das Rechnen mit Vektoren im $\mathbb{R}^2$ und $\mathbb{R}^3$ beherrschen. Zur einheitlichen Herleitung der sich daraus ergebenden Konsequenzen wurde der Begriff des (abstrakten) *Vektorraumes* eingeführt.

Die Gesetze für Vektorräume abstrahieren wir aus den Rechenregeln für Vektoren im $\mathbb{R}^2$ und $\mathbb{R}^3$ (Abschnitt 3.5) bzw. für geometrische Vektoren (Abschnitt 3.1). Somit sind alle bisher betrachteten Vektoren Teil dieses neuen Konzeptes. Darüber hinaus können wir aber auch andere Objekte, etwa Matrizen und diskrete oder kontinuierliche Funktionen mit einbeziehen.

Ohne die Theorie der Vektorräume versteht man lineare Gleichungssysteme nicht vollständig. Unsere Anschauung kann zwar nur den dreidimensionalen Raum erfassen, aber viele der bekannten Konzepte, die wir im Kapitel 3 für den zwei- und dreidimensionalen Raum erarbeitet haben, lassen sich auf höhere Dimensionen übertragen und gewinnbringend anwenden, sofern man die geometrische Anschauung vernachlässigt.

## 5.1. Die Vektorraum-Definition

Ein **reeller Vektorraum** (**reeller linearer Raum**, **reelle lineare Mannigfaltigkeit**) besteht aus einer Menge $V$ von Elementen, die wir **Vektoren** nennen, die folgenden Regeln (Vektorraumregeln, Vektorraumgesetze, Vektorraumaxiome) genügen:

[1] In der Mathematik versteht man unter einem Raum eine Menge mit einer Struktur. Gruppen, Körper, Vektorräume und topologische Räume sind mathematische Räume.

1. *Verknüpfung von Vektoren.* Es gibt eine Verknüpfung $\oplus$ auf $V$, die je zwei Vektoren $\boldsymbol{v}$ und $\boldsymbol{w}$ aus $V$ einen Vektor $\boldsymbol{v} \oplus \boldsymbol{w}$ aus $V$ zuordnet, sodass für alle $\boldsymbol{u}, \boldsymbol{v}, \boldsymbol{w} \in V$ die folgenden Eigenschaften erfüllt sind:
   (a) *Kommutativität:*
   $$\boldsymbol{u} \oplus \boldsymbol{v} = \boldsymbol{v} \oplus \boldsymbol{u}.$$
   (b) *Assoziativität:*
   $$\boldsymbol{u} \oplus (\boldsymbol{v} \oplus \boldsymbol{w}) = (\boldsymbol{u} \oplus \boldsymbol{v}) \oplus \boldsymbol{w}.$$
   (c) *Existenz des Nullvektors:* Es gibt einen Vektor, den wir mit $\boldsymbol{o}$ bezeichnen, mit folgender Eigenschaft
   $$\boldsymbol{v} \oplus \boldsymbol{o} = \boldsymbol{v}.$$
   (d) *Existenz negativer Vektoren:* Zu jedem Vektor $\boldsymbol{v}$ gibt es einen Vektor, den wir $-\boldsymbol{v}$ nennen, mit
   $$\boldsymbol{v} \oplus (-\boldsymbol{v}) = \boldsymbol{o}.$$
2. *Verknüpfung von reellen Zahlen und Vektoren.* Für jeden Vektor $\boldsymbol{v} \in V$ und jede reelle Zahl $c \in \mathbb{R}$ ist ein Vektor $c \odot \boldsymbol{v}$ definiert, also $c \odot \boldsymbol{v} \in V$. Diese Bildung des skalaren Vielfachen ist so, dass für alle $c, d \in \mathbb{R}$ und für alle Vektoren $\boldsymbol{v}, \boldsymbol{w} \in V$ die folgenden Eigenschaften gelten:
   (a) *Distributivgesetz:*
   $$c \odot (\boldsymbol{v} \oplus \boldsymbol{w}) = (c \odot \boldsymbol{v}) \oplus (c \odot \boldsymbol{w}),$$
   (b) *Distributivgesetz:*
   $$(c + d) \odot \boldsymbol{v} = (c \odot \boldsymbol{v}) \oplus (d \odot \boldsymbol{v}),$$
   (c) *Assoziativgesetz:*
   $$c \odot (d \odot \boldsymbol{v}) = (c \cdot d) \odot \boldsymbol{v},$$
   (d) $1 \odot \boldsymbol{v} = \boldsymbol{v}$.

(Reelle) Zahlen nennen wir auch **Skalare**. Die Operation $\oplus$ ist die **Vektoraddition** und die Verknüpfung $\odot$ die **Skalarmultiplikation** (**skalare Multiplikation**). Der Vektor $\boldsymbol{o}$ ist der **Nullvektor** und der Vektor $-\boldsymbol{v}$ ist der **negative Vektor** (**Gegenvektor**) von $\boldsymbol{v}$.

Erlaubt man in obiger Definition **komplexe Zahlen** $\mathbb{C}$ statt reelle, so spricht man von einem **komplexen Vektorraum**. In dieser Darstellung behandeln wir hauptsächlich reelle Vektorräume.

Im Allgemeinen verwendet man für die Verknüpfungen $\oplus$ und $+$ dasselbe Zeichen, nämlich $+$ ; ebenso wird in der Schreibweise der Verknüpfungen $\odot$ und $\cdot$ kein Unterschied gemacht, indem man bei beiden Verknüpfungen das Verknüpfungszeichen weglässt. Aus dem Zusammenhang ist immer ersichtlich, welche Verknüpfung gemeint ist. Außerdem vereinbart man noch, dass die Verknüpfung der skalaren Multiplikation stärker binden soll als die Verknüpfung der Vektoraddition. Zum Beispiel schreibt sich dann das Distributivgesetz der skalaren Multiplikation als

$$c(\boldsymbol{v} + \boldsymbol{w}) = c\boldsymbol{v} + c\boldsymbol{w}.$$

Ein reeller Vektorraum ist also immer eine Tripel: Die Menge $V$, die Verknüpfung $+$ und die Verknüpfung $\cdot$; man schreibt daher $(V, +, \cdot)$ oder abkürzend einfach $V$ für einen Vektorraum. Noch genauer ist die Bezeichnung $(V, +, \cdot, \mathbb{R})$ für einen reellen Vektorraum, indem man auch noch angibt, dass die skalare Multiplikation mit reellen Zahlen durchgeführt wird[2].

Aus den acht Rechenregeln der Vektorraum-Definition lassen sich die folgenden Eigenschaften beweisen.

**Satz 5.1** (Eigenschaften von Vektoren)**.** *Ist $V$ ein Vektorraum, dann gilt*

*(a)* $0\boldsymbol{v} = \boldsymbol{o}$ *für jeden Vektor* $\boldsymbol{v} \in V$.

*(b) Der Nullvektor* $\boldsymbol{o}$ *ist eindeutig bestimmt.*

*(c)* $c\boldsymbol{o} = \boldsymbol{o}$ *für jeden Skalar* $c \in \mathbb{R}$.

*(d) Falls* $c\boldsymbol{v} = \boldsymbol{o}$ *ist, dann ist* $c = 0$ *oder* $\boldsymbol{v} = \boldsymbol{o}$.

*(e) Für jeden Vektor* $\boldsymbol{v} \in V$ *ist* $(-1)\boldsymbol{v} = -\boldsymbol{v}$.

*(f) Zu jedem Vektor* $\boldsymbol{v}$ *gibt es nur einen Gegenvektor* $-\boldsymbol{v}$.

Mit *oder* ist ist in Satz 5.1 ein nicht ausschließendes *oder* gemeint. Es kann also auch der Fall eintreten, dass sowohl $c = 0$ als auch $\boldsymbol{v} = \boldsymbol{o}$ gilt.

*Beweis.* Es sind sechs Eigenschaften nachzuweisen.

(a) Es ist $0\boldsymbol{v} = (0 + 0)\boldsymbol{v} = 0\boldsymbol{v} + 0\boldsymbol{v}$. Daraus folgt $0\boldsymbol{v} = \boldsymbol{o}$.

(b) Sind $\boldsymbol{o}$ und $\boldsymbol{o}'$ zwei Nullvektoren, so gilt $\boldsymbol{o} = \boldsymbol{o} + \boldsymbol{o}' = \boldsymbol{o}' + \boldsymbol{o} = \boldsymbol{o}'$.

(c) Es ist $c\boldsymbol{o} = c(\boldsymbol{o} + \boldsymbol{o}) = c\boldsymbol{o} + c\boldsymbol{o}$. Daraus folgt $c\boldsymbol{o} = \boldsymbol{o}$.

(d) Ist $c\boldsymbol{v} = \boldsymbol{o}$, aber $c \neq 0$, so folgt $\boldsymbol{v} = 1\boldsymbol{v} = (c^{-1}c)\boldsymbol{v} = c^{-1}(c\boldsymbol{v}) = c^{-1}\boldsymbol{o} = \boldsymbol{o}$.

[2] Noch genauer: $(V, \oplus, \odot, (K, +, \cdot))$, wobei $K(+, \cdot)$ ein beliebiger Zahlenkörper ist.

(e) Es ist $\boldsymbol{v} + (-1)\boldsymbol{v} = 1\boldsymbol{v} + (-1)\boldsymbol{v} = (1-1)\boldsymbol{v} = 0\boldsymbol{v} = \boldsymbol{o}$.

(f) Gilt sowohl $\boldsymbol{v} + \boldsymbol{a} = \boldsymbol{o}$ als auch $\boldsymbol{v} + \boldsymbol{b} = \boldsymbol{o}$, so ist $\boldsymbol{a} = \boldsymbol{a} + \boldsymbol{o} = \boldsymbol{a} + (\boldsymbol{v} + \boldsymbol{b}) = (\boldsymbol{a} + \boldsymbol{v}) + \boldsymbol{b} = (\boldsymbol{v} + \boldsymbol{a}) + \boldsymbol{b} = \boldsymbol{o} + \boldsymbol{b} = \boldsymbol{b} + \boldsymbol{o} = \boldsymbol{b}$. □

## 5.2. Der Vektorraum $\mathbb{R}^n$

Aus Abschnitt 3.5 wissen wir, dass die Produktmengen $\mathbb{R}^2$ und $\mathbb{R}^3$ mit den entsprechenden Verknüpfungen reelle Vektorräume sind. Wir zeigen nun, dass auch die $n$-fache Produktmenge

$$\mathbb{R}^n = \underbrace{\mathbb{R} \times \mathbb{R} \times \cdots \times \mathbb{R}}_{n} = \{(x_1, x_2, \ldots, x_n) \mid x_i \in \mathbb{R}\}$$

zusammen mit der koordinatenweisen Addition

$$\boldsymbol{x} + \boldsymbol{y} = (x_1, x_2, \ldots, x_n) + (y_1, y_2, \ldots, y_n) = (x_1 + y_1, x_2 + y_2, \ldots, x_n + y_n)$$

und der skalaren Multiplikation

$$c\boldsymbol{x} = c(x_1, x_2, \ldots, x_n) = (cx_1, cx_2, \ldots, cx_n).$$

ein reeller Vektorraum ist. Das Kommutativgesetz gilt, weil

$$\begin{aligned} \boldsymbol{x} + \boldsymbol{y} &= (x_1 + y_1, x_2 + y_2, \ldots, x_n + y_n) = (y_1 + x_1, y_2 + x_2, \ldots, y_n + x_n) \\ &= (y_1, y_2, \ldots, y_n) + (x_1, x_2, \ldots, x_n) = \boldsymbol{y} + \boldsymbol{x} \end{aligned}$$

ist. Der zu $\boldsymbol{x} = (x_1, x_2, \ldots, x_n)$ negative Vektor ist $-\boldsymbol{x} = (-x_1, -x_2, \ldots, -x_n)$. Somit gilt

$$\begin{aligned} \boldsymbol{x} + (-\boldsymbol{x}) &= (x_1, x_2, \ldots, x_n) + (-x_1, -x_2, \ldots, -x_n) = (x_1 - x_1, x_2 - x_2, \ldots, x_n - x_n) \\ &= (0, 0, \ldots, 0) = \boldsymbol{o}. \end{aligned}$$

Wie Sie sehen, ist der Nachweis der Rechengesetze nicht schwierig; wir überlassen es Ihnen, die anderen Vektorraumregeln nachzurechnen.

Die Fälle $n = 2$ und $n = 3$ haben wir bereits in Kapitel 3 ausführlich studiert. Der Raum $\mathbb{R}^n$ ist zwar für $n > 3$ anschaulich nicht erfassbar, mathematisch (analytisch) ist er aber genauso einfach handhabbar wie der $\mathbb{R}^2$ oder der $\mathbb{R}^3$. Der Raum $\mathbb{R}^n$ ist für $n > 3$ aber auch sehr nützlich. Warum? Nun, blicken wir zurück auf das erste Kapitel. Dort haben wir uns mit linearen Gleichungssystemen beschäftigt und insbesondere festgestellt, dass Lösungen $n$-Tupeln von reellen Zahlen sind, also Elemente der Produktmenge $\mathbb{R}^n$. Da es nun nicht nur Gleichungssysteme mit zwei oder drei Variablen gibt, sondern auch mit vier und mehr, liegen deren Lösungen im Raum $\mathbb{R}^4$ bzw. $\mathbb{R}^n$ für $n > 4$.

Die Menge der reellen Zahlen $\mathbb{R}$ bildet, wenn $+$ die gewöhnliche Addition und $\cdot$ die gewöhnliche Multiplikation von reellen Zahlen ist, einen reellen Vektorraum. Dieser Vektorraum ist ein Spezialfall des Vektorraumes $\mathbb{R}^n$ für $n = 1$. In diesem Fall spielt die Menge der reellen Zahlen $\mathbb{R}$ eine *duale* Rolle, zum einen sind die reellen Zahlen die Vektoren und zum anderen sind sie Skalare.

Streng genommen sind die Mengen $\mathbb{R}^2$, $\mathbb{R}^3$ bzw. allgemein $\mathbb{R}^n$ für sich genommen keine Vektorräume, sondern nur im Zusammenhang mit den definierten Verknüpfungen. Es müsste also heißen $(\mathbb{R}^2, +, \cdot)$, $(\mathbb{R}^3, +, \cdot)$ und $(\mathbb{R}^n, +, \cdot)$ sind Vektorräume. Dennoch wird die Kurzschreibweise $\mathbb{R}^2$, $\mathbb{R}^3$ und $\mathbb{R}^n$ für diese Vektorräume verwendet; die Verknüpfungen werden dabei als gegeben betrachtet. Der Vektorraum $\mathbb{R}^n$ heißt manchmal auch **$n$-facher ($n$-dimensionaler) reeller Zahlenraum**.

**Beispiel 5.1.** Der Vektorraum $\mathbb{R}^n$ tritt für beliebig große $n$ im täglichen Leben in sehr naheliegender Weise als geeignetes Modell überall dort auf, wo man mit großen Datenmengen umgehen muss. Man denke zum Beispiel an ein Geldinstitut, $n$ ist dann die Anzahl der Konten. Guthaben bzw. Unterdeckung des $j$-ten Kontos wird durch eine reelle Zahl $v_j$ beschrieben. Der Vektor $\boldsymbol{v} = (v_1, \ldots, v_n) \in \mathbb{R}^n$ beschreibt die Gesamtheit aller Kontostände. Buchungen werden durch Vektoraddition und Verzinsungen durch skalare Multiplikation modelliert. ∎

**Beispiel 5.2** (Diskrete Signale)**.** Aus einem kontiniuierlichen Signal (mathematisch ist das eine kontinuierliche Funktion) wird durch Abtastung zu bestimmten Zeitpunkten ein diskretes Signal, was dann nichts anderes als ein Vektor ist. Tastet man das Signal $f : \mathbb{R}^n \to \mathbb{R}^n$ zu den Zeitpunkten $t_i = ih$, $i = 1, \ldots, n$, und ein festes $h > 0$ ab, so erhält man die Werte $f(t_i) \in \mathbb{R}$ und damit einen Vektor aus $\mathbb{R}^n$. Methoden der Signalverarbeitung[3] (zum Beispiel Filterungen) sind dann nicht anderes als Operationen mit Vektoren in $\mathbb{R}^n$. ∎

## 5.3. Der Vektorraum der geometrischen Vektoren

Die Menge der geometrischen Vektoren (Pfeile, Verschiebungen) der Ebene und des Raumes aus bilden nach den Abschnitten 3.1 und 3.2 einen reellen Vektorraum. Mit den Sätzen 3.1 und 3.2 haben wir bereits nachgewiesen, dass diese Mengen alle in der Definition eines Vektorraumes geforderten Eigenschaften besitzen.

[3] Ziele der Signalverarbeitung sind zum Beispiel: Den Verlauf von Signalen möglichst genau zu anlysieren, effizient zu kodieren, mit tolerierbaren Verlusten zu komprimieren, effektiv zu speichern, schnell zu übermitteln und sorgfältig zu rekonstruieren.

## 5.4. Weitere Beispiele von reellen Vektorräumen

Viele Klassen von Funktionen bilden einen reellen Vektorraum. Etwa

- die Menge aller Funktionen von $\mathbb{R}$ nach $\mathbb{R}$,
- die Menge aller stetigen Funktionen von $\mathbb{R}$ nach $\mathbb{R}$,
- die Menge aller $n$-mal differenzierbaren Funktionen von $\mathbb{R}$ nach $\mathbb{R}$,
- die Menge aller unendlich oft differenzierbaren Funktionen von $\mathbb{R}$ nach $\mathbb{R}$.

Dies wollen wir nun genauer verstehen.

### Der Vektorraum der reellwertigen Abbildungen

Ist $M$ eine beliebige nicht leere Menge, so kann man die Menge

$$Abb(M, \mathbb{R}) = \{f : M \to \mathbb{R}\}$$

aller Abbildungen (Funktionen) von $M$ nach $\mathbb{R}$ zu einem reellen Vektorraum machen, indem man für $f, g \in Abb(M, \mathbb{R})$ und $c \in \mathbb{R}$ die Abbildungen $f + g$ und $c \cdot f$ erklärt durch

$$f + g = (f + g)(x) = f(x) + g(x) \quad \text{und} \quad c \cdot f = (c \cdot f)(x) = c \cdot f(x)$$

für alle $x \in M$ (Bitte beachten Sie die unterschiedliche Bedeutung der Operationen $+$ und $\cdot$ in obiger Erklärung). Der Nachweis der Vektorraumregeln ist nicht schwer; wir überlassen es Ihnen, diese nachzurechnen[4]. Offensichtlich ist $\mathbb{R}^n$ ein Spezialfall mit $M = \{1, 2, \ldots, n\}$, denn $\mathbb{R}^n = Abb(\{1, 2, \ldots, n\}, \mathbb{R})$.

Ein weiterer Spezialfall ist der Vektorraum

$$Abb(\mathbb{N}, \mathbb{R}) = \{(x_i)_{i \in \mathbb{N}} \mid x_i \in \mathbb{R}\}$$

aller reellen Zahlenfolgen. Für $(x_i)$ und $(y_i)$ aus $Abb(\mathbb{N}, \mathbb{R})$ sowie $c \in \mathbb{R}$ ist

$$(x_i) + (y_i) = (x_i + y_i) \quad \text{und} \quad c(x_i) = (cx_i).$$

Auch dieses Beispiel ist ein Hinweis auf die große Bedeutung von Vektorräumen in der *Analysis*[5] und der *Funktionalanalysis*[6].

[4] Bitte beachten Sie die Schreibweise. $f$ ist ein Vektor, wir schreiben ihn aber nicht als $\boldsymbol{f}$.

[5] Die Analysis ist ein Teilgebiet der Mathematik. Sie befasst sich mit Grenzwerten von Folgen und Reihen sowie mit Funktionen reeller Zahlen und deren Stetigkeit, Differenzierbarkeit und Integration.

[6] Die Funktionalanalysis ist der Zweig der Mathematik, der sich mit der Untersuchung von Vektorräumen und stetigen Funktionen auf solchen befasst. Es ist das Zusammenspiel von analytischen und algebraischen Phänomenen, das die Funktionalanalysis auszeichnet und reizvoll macht.

Der Vektorraum *Abb*$(\mathbb{N}, \mathbb{R})$ der reellen Zahlenfolgen wird gerne auch als $\mathbb{R}^{\mathbb{N}}$ oder als $\mathbb{R}^{\infty}$ bezeichnet. Aus dieser letzten Bezeichnung geht eine Besonderheit hervor. Ohne den Begriff *Dimension* hier näher zu erläutern (siehe Abschnitt 5.13) sei erwähnt, dass die Dimension dieses Vektorraumes unendlich ist, während der Vektorraum $\mathbb{R}^n$ die endliche Dimension $n$ hat. Weitere Informationen zum reellen Folgenraum *Abb*$(\mathbb{N}, \mathbb{R})$ finden Sie zum Beispiel in [25], [28], [50], [48], [60], [87], [116].

### Der Vektorraum der reellen Matrizen

Wir betrachten die Menge $\mathbb{R}^{m \times n}$, als Addition $+$ die elementweise definierte Matrizenaddition und als $\cdot$ die skalare Multiplikation einer Matrix mit einer reellen Zahl. Nach den Rechenregeln aus Abschnitt 1.9, insbesondere den Sätzen 1.5 und 1.7, ist $\mathbb{R}^{m \times n}$ ein reeller Vektorraum: $(\mathbb{R}^{m \times n}, +, \cdot)$ *ist ein reeller Vektorraum.* Das Nullelement in diesem Vektorraum ist die Nullmatrix. Für weitere Einzelheiten verweise ich Sie auf Kapitel 1; dort haben wir die Matrizenrechnung kennengelernt, dargestellt und eingesetzt. Bemerken Sie, dass der Vektorraum $\mathbb{R}^{m \times 1}$, den wir mit $\mathbb{R}^m$ identifiziert haben, ein Spezialfall von $\mathbb{R}^{m \times n}$ ist.

### Der Vektorraum der reellen Polynomfunktionen

Es ist $V = \mathbb{R}[x]$ die Menge aller reellen Polynomfunktionen. Dann ist $\mathbb{R}[x]$ ein Vektorraum, wenn man die gewöhnlichen Regeln der Addition von Polynomen und der Multiplikation mit einer Konstanten zugrunde legt. Ein Element aus $\mathbb{R}[x]$ hat die Form $a_0 + a_1 x + a_2 x^2 + \cdots a_n x^n$, wobei $x$ die Variable ist und $a_i$ reelle Zahlen (Koeffizienten) sind. Liegen zwei reelle Polynomfunktionen vor, so sind die Summe und das skalare Vielfache wieder eine reelle Polynomfunktion und außerdem gelten alle acht Vektoraumgesetze. Überprüfen Sie dies! Der Nullvektor ist die konstante Nullfunktion und das neutrale Element der Skalarmultiplikation ist die konstante Einsfunktion.

## 5.5. Gedanken zu Vektoren und Vektorräumen

Lassen Sie uns nun ein paar Gedanken über das neue Verständnis von Vektoren machen. Vektoren sind also Elemente eines Vektorraumes. Wie wir schon wissen, gibt es sehr viele verschiedene Beispiele für Vektorräume, zum Beispiel die geometrischen Vektoren in der Ebene und im Raum, die Vektorräume $\mathbb{R}^2$ und $\mathbb{R}^3$, den Vektorraum $\mathbb{R}^{m \times n}$ oder auch den Vektorraum aller Funktionen. Wenn wir nun den $\mathbb{R}^3$ betrachten, so sind die Vektoren

Tripel reeller Zahlen. Wenn wir jetzt allerdings den Vektorraum aller Funktionen betrachten, dann sind auf einmal Funktionen Vektoren. Das klingt doch zunächst verwunderlich. Aber auch für Funktionen gelten die schönen Rechenregeln der Vektorraum-Definition.

Was aber bedeuten diese schönen Rechenregeln? Vereinfacht ausgedrückt bedeutet das nur, dass man mit Elementen des Vektorraumes (also den Vektoren) besonders schön rechnen kann, dass also ähnliche Regeln gelten wie etwa im *Zahlenkörper* $\mathbb{R}$. Insbesondere sind Vektorräume immer „abgeschlossen“. Was bedeutet das? Das bedeutet: Wenn man zwei Vektoren aus einem Vektorraum hat und die zugehörige Verknüpfung (also die Vektoraddition) auf diese beiden Vektoren anwendet, so ist das Ergebnis wieder ein Vektor im selben Vektorraum. Dies gilt auch bei den Pfeilvektoren, denn wenn man zwei Pfeile addiert, so erhält man wieder einen Pfeil. Aber auch für Funktionen gilt diese Regel. Für die Multiplikation eines Vektors mit einer reellen Zahl gilt analoges.

Vektorräume haben sich im 19. und 20. Jahrhundert als eine der wichtigsten mathematischen Strukturen herausgestellt, die in praktisch jeder mathematisch orientierten Disziplin eine grundlegende Rolle spielen. Die Vektorraumtheorie kann man sich wie folgt entstanden denken. Bei der Entwicklung der Mathematik haben die Wissenschaftler oft folgende Situation angetroffen: Gegeben ist eine Menge von irgendwelchen Objekten; diese Objekte lassen sich in natürlicher Weise „addieren“ und mit reellen (oder komplexen) Zahlen „skalieren“, und das Ergebnis dieser Operationen ist jeweils wieder ein Objekt derselben Art. Es ist aber noch keine hundert Jahre her, seit das allen diesen Situationen Gemeinsame in einem Begriff mündete, siehe H. WEYL [118][7]. Liegt eine derartige Situation vor, so nennt man heute die betreffende Menge einen Vektorraum (Linearer Raum), auch wenn die betreffenden Objekte ursprünglich ganz anderer Natur (zum Beispiel Funktionen oder Matrizen) sind. Um Vektorräume von Funktionen hat sich S. BANACH (zirka 1932)[8] besonders verdient gemacht und die sogenannte *Funktionalanalysis* begründet[9]. Weitere geschichtliche Einzelheiten zu Vektoren und Vektorräumen finden Sie bei M. KOECHER[10] [64] und A. BEUTELSPACHER [9].

## 5.6. Untervektorräume

Es ist $V$ ein Vektorraum und $U$ eine nichtleere Teilmenge von $V$. Ist $U$ ein Vektorraum bezüglich der Operationen in $V$, so ist $U$ ein **Untervektorraum** (**lineare Untermannigfaltigkeit**) von $V$. Statt Untervektorraum sagt man oft kurz **Unterraum**.

[7] HERMANN KLAUS HUGO WEYL (1885 – 1955).
[8] STEFAN BANACH (1892 – 1945).
[9] Eine Zeitlang verband man damit auch den Namen von NORBERT WIENER (1894-1964) und sprach von der Theorie der BANACH-WIENER-Räume. Heute spricht man meist von BANACH-Räumen.
[10] MAX KOECHER (1924 – 1990).

Es ist nicht notwendig, alle Vektorraumregeln für $U$ nachzuprüfen, da einige davon aus dem größeren Vekorraum $V$ übernommen werden können. So gilt zum Beispiel das Kommutativgesetz $\boldsymbol{u} + \boldsymbol{v} = \boldsymbol{v} + \boldsymbol{u}$ für alle Vektoren in $V$, folglich auch für die Elemente in $U$. Ebenso übertragen sich die anderen Vektorraumregeln. Nach dem folgenden Satz 5.2 kann man sich auf die Überprüfung von zwei Eigenschaften beschränken. Die erste Eigenschaft ist, dass mit $\boldsymbol{u}$, $\boldsymbol{v}$ in $U$ auch die Summe $\boldsymbol{u} + \boldsymbol{v}$ wieder in $U$ liegen muss; man nennt es *die Abgeschlossenheit gegenüber der Addition.* Die zweite Eigenschaft ist *die Abgeschlossenheit gegenüber der skalaren Multiplikation*: Ist $\boldsymbol{u} \in U$, dann muss auch $c\boldsymbol{u} \in U$ sein, für alle $c \in \mathbb{R}$ (Bild 5.1).

Bild 5.1.: Zur Abgeschlossenheit des Untervektorraumes $U$

**Satz 5.2** (Unterraumkriterium). *Es ist $V$ ein Vektorraum mit den Operationen + und · und $U$ eine nichtleere Teilmenge von $V$. $U$ ist genau dann ein Unterraum von $V$, wenn die beiden folgenden Bedingungen erfüllt sind:*

*(a) Sind $\boldsymbol{u}$ und $\boldsymbol{v}$ Vektoren in $U$, dann ist auch die Summe $\boldsymbol{u} + \boldsymbol{v}$ in $U$.*

*(b) Ist $c$ eine reelle Zahl und $\boldsymbol{u}$ ein Vektor in $U$, dann ist auch der Vektor $c\boldsymbol{u}$ in $U$.*

*Beweis.* Da die Aussage in Satz 5.2 eine Äquivalenzaussage ist, sind zwei Richtungen zu zeigen. Wir zeigen zunächst, dass die beiden Eigenschaften (a) und (b) in Satz 5.2 gelten, falls $U$ ein Unterraum von $V$ ist.

Ist $U$ ein Unterraum von $V$, so ist $U$ selber ein Vektorraum. Also gelten dort insbesondere die Eigenschaften (a) und (b).

Ist nun $U$ eine Teilmenge von $V$ und die Eigenschaften (a) und (b) sind erfüllt. Dann werden alle acht Vektorraumaxiome (wie Kummutativität, Assoziativität usw.) von dem Vektorraum $V$ auf die Teilmenge $U$ vererbt. Damit ist $U$ selber ein Vektorraum und somit ein Unterraum von dem Vektorraum $V$. □

Beachten Sie: *Zu jedem Unterraum gehört der Nullvektor.*

**Beispiel 5.3.** Es ist $M$ die folgende Menge

$$M = \{(x, y, z) \in \mathbb{R}^3 \mid z = x + y\}.$$

Ist $M$ ein Unterraum von $V = \mathbb{R}^3$?

*Lösung.* Nach dem Unterraumkriterium müssen wir überprüfen, ob $\boldsymbol{u} + \boldsymbol{v}$ und $c\boldsymbol{v}$ in $M$ liegt, wenn $\boldsymbol{u}$ und $\boldsymbol{v}$ aus $M$ sind. Hierzu sei $\boldsymbol{u} = (u_1, u_2, u_1 + u_2)$ und $\boldsymbol{v} = (v_1, v_2, v_1 + v_2)$, dann gilt

$$\boldsymbol{u} + \boldsymbol{v} = \begin{bmatrix} u_1 + v_1 \\ u_2 + v_2 \\ (u_1 + u_2) + (v_1 + v_2) \end{bmatrix} = \begin{bmatrix} u_1 + v_1 \\ u_2 + v_2 \\ (u_1 + v_1) + (u_2 + v_2) \end{bmatrix},$$

was zeigt, dass der Summenvektor in $M$ liegt. Ähnlich sieht man, dass

$$c\boldsymbol{v} = c \begin{bmatrix} v_1 \\ v_2 \\ (v_1 + v_2) \end{bmatrix} = \begin{bmatrix} cv_1 \\ cv_2 \\ c(v_1 + v_2) \end{bmatrix} = \begin{bmatrix} cv_1 \\ cv_2 \\ cv_1 + cv_2 \end{bmatrix}$$

in $M$ liegt. Damit ist gezeigt, dass $M$ ein Unterraum von $V = \mathbb{R}^3$ ist. Die Menge $M$ beschreibt die Ebene im Raum $\mathbb{R}^3$ mit der Koordinatengleichung $x + y - z = 0$. ■

**Beispiel 5.4.** Es ist $T$ die Menge aller Vektoren in $\mathbb{R}^2$, deren Koordinatensumme gleich eins ist: $T = \{(x, y) \in \mathbb{R}^2 \mid x + y = 1\}$. $T$ ist natürlich eine Teilmenge von $\mathbb{R}^2$. Ist $T$ auch ein Unterraum von $\mathbb{R}^2$?

*Lösung.* Nein, $T$ ist kein Unterraum von $\mathbb{R}^2$. Ist zum Beispiel $\boldsymbol{v}_1 = (1, 0) \in T$ und $\boldsymbol{v}_2 = (0, 1) \in T$, so ist $\boldsymbol{v}_1 + \boldsymbol{v}_2 = (1, 0) + (0, 1) = (1, 1) \notin T$, denn $1 + 1 = 2 \neq 1$.

Eine andere Begründung: Der Nullvektor $\boldsymbol{o} = (0, 0)$ gehört nicht zu $T$. ■

Jeder vom Nullvektorraum verschiedene Vektorraum $V$ enthält mindestens zwei *triviale Unterräume*: den ganzen Raum $V$ und den **Nullvektorraum** $\{\boldsymbol{o}\}$, der nur den Nullvektor aus $V$ enthält.

**Satz 5.3** (Triviale Unterräume). *Jeder Vektorraum $V \neq \{\boldsymbol{o}\}$ enthält mindenstens zwei triviale Unterräume, nämlich den ganzen Raum $V$ und den Nullvektorraum $\{\boldsymbol{o}\}$.*

**Beispiel 5.5** (Der Vektorraum der Polynomfunktionen vom Grad $\leq n$). Es ist $W = \mathbb{R}_{\leq n}[x]$ die Menge aller reellen Polynomfunktionen vom Grad kleiner oder gleich $n$. Begründen Sie, weshalb $W = \mathbb{R}_{\leq n}[x]$ ein Unterraum von $V = \mathbb{R}[x]$ ist.

*Lösung.* Dies kann man mit dem Unterraumkriterium (Satz 5.2) überprüfen. Sind $p_1$ und $p_2$ zwei Polynomfunktionen aus $W = \mathbb{R}_{\leq n}[x]$, so ist auch deren Summe wieder in $W = \mathbb{R}_{\leq n}[x]$, denn das Summenpolynom hat wieder den Grad kleiner oder gleich $n$. Multipliziert man eine Polynomfunktion vom Grad kleiner oder gleich $n$ mit einer reellen Zahl, so ist der Grad wieder kleiner oder gleich $n$. Damit ist $W = \mathbb{R}_{\leq n}[x]$ ein Unteraum von $V = \mathbb{R}[x]$ und damit auch selbst ein Vektorraum. ∎

**Beispiel 5.6** (Untervektorräume)**.** Ist $I \subseteq \mathbb{R}$ ein Intervall und $V = Abb(I, \mathbb{R})$ der Vektorraum aller auf $I$ definierten reellwertigen Funktionen. Von den vielen möglichen Untervektorräumen von $V$ sind nur einige aufgeführt:

- $U_1 = \{f \in V \mid f \text{ ist beschränkt}\} \subset V$
- $U_2 = \{f \in V \mid f \text{ ist stetig}\} \subset V$
- $U_3 = \{f \in V \mid f \text{ ist integrierbar}\} \subset V$
- $U_4 = \{f \in V \mid f \text{ ist differenzierbar}\} \subset V$

Dass die beiden Bedingungen des Untervektorraumkriteriums erfüllt sind, lernt man im Analysisteil der mathematischen Ausbildung. ∎

**Beispiel 5.7.** Es ist $V = \mathbb{R}^{3\times 3}$ der Vektorraum der reellen Matrizen der Ordnung drei. Ist dann die Teilmenge $U \subset V$ der symmetrischen Matrizen ein Untervektorraum von $V$?

*Lösung.* Ja! Es ist

$$U = \left\{ \begin{bmatrix} a & b & c \\ b & d & e \\ c & e & f \end{bmatrix} \mid a, b, c, d, e, f \in \mathbb{R} \right\}.$$

Nun gilt für $a_j$, $b_j$, $c_j$, $d_j$, $e_j$, $f_j$ aus $\mathbb{R}$

$$\begin{bmatrix} a_1 & b_1 & c_1 \\ b_1 & d_1 & e_1 \\ c_1 & e_1 & f_1 \end{bmatrix} + \begin{bmatrix} a_2 & b_2 & c_2 \\ b_2 & d_2 & e_2 \\ c_2 & e_2 & f_2 \end{bmatrix} = \begin{bmatrix} a_1+a_2 & b_1+b_2 & c_1+c_2 \\ b_1+b_2 & d_1+d_2 & e_1+e_2 \\ c_1+c_2 & e_1+e_2 & f_1+f_2 \end{bmatrix} = \begin{bmatrix} a_3 & b_3 & c_3 \\ b_3 & d_3 & e_3 \\ c_3 & e_3 & f_3 \end{bmatrix} \in U.$$

Die Summe zweier symmetrischer Matrizen ist also wieder eine symmetrische Matrix. Nun zur skalaren Multiplikation. Mit $r \in \mathbb{R}$ ist

$$r \begin{bmatrix} a_4 & b_4 & c_4 \\ b_4 & d_4 & e_4 \\ c_4 & e_4 & f_4 \end{bmatrix} = \begin{bmatrix} ra_4 & rb_4 & rc_4 \\ rb_4 & rd_4 & re_4 \\ rc_4 & re_4 & rf_4 \end{bmatrix} = \begin{bmatrix} a_5 & b_5 & c_5 \\ b_5 & d_5 & e_5 \\ c_5 & e_5 & f_5 \end{bmatrix} \in U.$$

Auch hier können wir erkennen, dass die skalare Multiplikation nicht aus $U$ herausführt, sondern ebenfalls eine symmetrische Matrix ergibt. Damit ist $U$ ein Unterraum von $V = \mathbb{R}^{3\times 3}$. ∎

**Beispiel 5.8.** Es ist $U$ eine durch den Ursprung verlaufende Gerade im Vektorraum $\mathbb{R}^3$. Begründen Sie, dass $U$ ein Unterraum des $\mathbb{R}^3$ ist.

*Lösung.* Es ist anschaulich klar, dass Summen und skalare Vielfache von Vektoren aus $U$ wieder auf der Gerade $U$ liegen. ■

**Beispiel 5.9.** Es ist $U$ eine durch den Ursprung verlaufende Ebene im Vektorraum $\mathbb{R}^3$. Begründen Sie, dass $U$ ein Unterraum des $\mathbb{R}^3$ ist.

*Lösung.* Es ist anschaulich klar, dass Summen und skalare Vielfache von Vektoren aus $U$ wieder in der Ebene $U$ liegen. ■

Mit Satz 5.3 und den Beispielen 5.8 und 5.9 erhalten wir die in der Tabelle 5.1 zusammengestellten Unterräume von $\mathbb{R}^2$ und $\mathbb{R}^3$.

| *Unterräume des* $\mathbb{R}^2$ | *Unterräume des* $\mathbb{R}^3$ |
|---|---|
| $\{\boldsymbol{o}\}$ | $\{\boldsymbol{o}\}$ |
| Geraden durch den Ursprung | Geraden durch den Ursprung |
| | Ebenen durch den Ursprung |
| $\mathbb{R}^2$ | $\mathbb{R}^3$ |

Tabelle 5.1.: Unterräume von $\mathbb{R}^2$ und $\mathbb{R}^3$

## 5.7. Der Nullraum und homogene lineare Gleichungssysteme

Wir besprechen nun einen sehr wichtigen Unterraum des Vektorraumes $\mathbb{R}^n$. Ein lineares homogenes Gleichungssystem mit $m$ Gleichungen und $n$ Unbekannten kann man stets in der Form

$$\boldsymbol{A}\boldsymbol{x} = \boldsymbol{o}$$

schreiben, wobei $\boldsymbol{A} \in \mathbb{R}^{m\times n}$ die Koeffizientenmatrix, $\boldsymbol{x} \in \mathbb{R}^n$ ein unbekannter Vektor und $\boldsymbol{o}$ der Nullvektor in $\mathbb{R}^m$ sind. Die Menge $W$ aller Lösungen des Gleichungssystems $\boldsymbol{A}\boldsymbol{x} = \boldsymbol{o}$ ist dann eine Teilmenge von $\mathbb{R}^n$. Diese Teilmenge $W$ ist in jedem Fall nicht leer, denn der Nullvektor $\boldsymbol{o}$ gehört stets zu ihr, da er stets eine Lösung des homogenen linearen Gleichungssystem $\boldsymbol{A}\boldsymbol{x} = \boldsymbol{o}$ ist.

Man nennt $W$ den **Lösungsraum** (**Lösungsmenge**) des homogenen Gleichungssystems oder den **Nullraum** (**Nullunterraum**) der Matrix $\boldsymbol{A}$. Den Nullraum[11] der Matrix $\boldsymbol{A}$ bezeichnet man mit $N(\boldsymbol{A})$.

[11] Bitte verwechseln Sie den trivialen Nullvektorraum $\{\boldsymbol{o}\}$, der nur den Nullvektor enthält, nicht mit dem Nullraum $N(\boldsymbol{A})$, der aus allen Lösungen von $\boldsymbol{A}\boldsymbol{x} = \boldsymbol{o}$ besteht.

Wir können nun zeigen, dass der Lösungsraum bzw. der Nullraum von $\boldsymbol{A}$ stets ein Unterraum von $\mathbb{R}^n$ ist. Sind $\boldsymbol{x}$ und $\boldsymbol{y}$ zwei Lösungen des Gleichungssystems, dann ist

$$\boldsymbol{Ax} = \boldsymbol{o} \quad \text{und} \quad \boldsymbol{Ay} = \boldsymbol{o}.$$

Nun gilt mit dem Distributivgesetz aus Satz 1.6

$$\boldsymbol{A}(\boldsymbol{x} + \boldsymbol{y}) = \boldsymbol{Ax} + \boldsymbol{Ay} = \boldsymbol{o} + \boldsymbol{o} = \boldsymbol{o},$$

und damit ist $\boldsymbol{x} + \boldsymbol{y}$ eine Lösung. Ist $c \in \mathbb{R}$ ein Skalar, so ist mit Satz 1.7

$$\boldsymbol{A}(c\boldsymbol{x}) = c(\boldsymbol{Ax}) = c\boldsymbol{o} = \boldsymbol{o}$$

und somit ist $c\boldsymbol{x}$ eine Lösung des Systems. Damit ist die Menge $W$ abgeschlossen bezüglich der Addition und Skalarmultiplikation und damit ist $W$ ein Unterraum von $\mathbb{R}^n$.

**Satz 5.4.** *Der Lösungraum des linearen homogenen Gleichungssystems $\boldsymbol{Ax} = \boldsymbol{o}$ bzw. der Nullraum $N(\boldsymbol{A})$ der Matrix $\boldsymbol{A} \in \mathbb{R}^{m \times n}$ ist ein Untervektorraum des $\mathbb{R}^n$.*

Da der Nullraum von $\boldsymbol{A}$ gleich dem Lösungsraum des homogenen Gleichungssystems $\boldsymbol{Ax} = \boldsymbol{o}$ ist, gilt

$$N(\boldsymbol{A}) = \{\boldsymbol{x} \in \mathbb{R}^n \mid \boldsymbol{Ax} = \boldsymbol{o}\}.$$

**Beispiel 5.10.** Gegeben ist das homogene Gleichungssystem

$$\begin{aligned} x_1 + 2x_2 &= 0 \\ 3x_1 + 6x_2 &= 0. \end{aligned}$$

Geben Sie die Koeffizientenmatrix $\boldsymbol{A}$ an und beschreiben Sie den Nullraum geometrisch.

*Lösung.* Die Koeffizientenmatrix $\boldsymbol{A}$ dieses homogenen Gleichungssystems ist

$$\boldsymbol{A} = \begin{bmatrix} 1 & 2 \\ 3 & 6 \end{bmatrix}.$$

Das lineare System $\boldsymbol{Ax} = \boldsymbol{o}$ ist äquivalent zur Gleichung $x_1 + 2x_2 = 0$, siehe Beispiel 1.15. Setzen wir $x_2 = t$, $t \in \mathbb{R}$, so ist die allgemeine Lösung $x_1 = -2t$, $x_2 = t$ bzw.

$$\boldsymbol{x} = t \begin{bmatrix} -2 \\ 1 \end{bmatrix}.$$

Geometrisch beschreibt die Gleichung eine Gerade im $\mathbb{R}^2$ durch den Koordinatenursprung. ∎

Die Lösungen des inhomogenen Systems $x_1 + 2x_2 = 4$ bilden ebenfalls eine Gerade in $\mathbb{R}^2$, aber keinen Unterraum; der Nullvektor ist keine Lösung, er liegt nicht auf dieser Geraden. Der Nullvektor aber muss immer im Unterraum liegen.

**Beispiel 5.11.** Beschreiben Sie den Nullraum der Matrix

$$\boldsymbol{A} = \begin{bmatrix} 1 & -2 \\ 3 & 2 \end{bmatrix}.$$

*Lösung.* Die Gleichung $\boldsymbol{Ax} = \boldsymbol{o}$ hat nur die triviale Lösung $\boldsymbol{x} = \boldsymbol{o}$, siehe Beispiel 1.50 (für $b_1 = b_2 = 0$). Demnach besteht der Nullraum von $\boldsymbol{A}$ nur aus dem Nullvektor $\boldsymbol{o}$. ∎

Mit Satz 5.4 haben wir gezeigt, dass die Lösungsmenge eines linearen homogenen Gleichungssystem ein Untervektorraum von $\mathbb{R}^n$ ist. Auch die Lösungsmengen von linearen *Differenzial- und Differenzengleichungen*[12] bilden Untervektorräume.

## 5.8. Der Durchschnitt von zwei Unterräumen

Sind $U_1$, $U_2$ in $\mathbb{R}^3$ zwei verschiedene Ebenen durch den Nullvektor $\boldsymbol{o}$, so ist $U_1 \cap U_2$ eine Gerade durch den Nullvektor $\boldsymbol{o}$, also wieder ein Unterraum. Allgemein gilt:

**Satz 5.5.** *Sind $U_1$, $U_2$ Untervektorräume von $V$, so ist auch*

$$U = U_1 \cap U_2$$

*ein Untervektorraum von $V$.*

Man nennt $U = U_1 \cap U_2 = \{\boldsymbol{u}_1 + \boldsymbol{u}_2 \mid \boldsymbol{u}_1 \in U_1, \boldsymbol{u}_2 \in U_2\}$ den **Durchschnitt** von $U_1$ und $U_2$.

*Beweis.* Sind $U_1$ und $U_2$ Unterräume eines Vektorraumes $V$. Wir zeigen nun, dass dann auch der Durchschnitt $U_1 \cap U_2$ ein Unterraum von $V$ ist. Weil $U_1$ und $U_2$ Unterräume sind, ist $\boldsymbol{o} \in U_1$ und $\boldsymbol{o} \in U_2$. Also ist auch $\boldsymbol{o} \in U_1 \cap U_2$. Nun nehmen wir an, $\boldsymbol{u}_1$ und $\boldsymbol{u}_2$ sind Elemente von $U_1 \cap U_2$. Dann ist $\boldsymbol{u}_1$, $\boldsymbol{u}_2$ in $U_1$ und in $U_2$. Da $U_1$ und $U_2$ Unterräume sind, gilt für jede reelle Zahl $c$, $d$: $c\boldsymbol{u}_1 + d\boldsymbol{u}_2 \in U_1$ und $c\boldsymbol{u}_1 + d\boldsymbol{u}_2 \in U_2$. Damit gilt $c\boldsymbol{u}_1 + d\boldsymbol{u}_2 \in U_1 \cap U_2$. Somit ist $U_1 \cap U_2$ ein Unterraum von $V$. □

Die **Vereinigung** $U_1 \cup U_2$ zweier Unterräume $U_1$, $U_2$ eines Vektorraumes $V$ ist in der Regel kein Unterraum. Ist zum Beispiel $U_1 = \{(x_1, x_2) \in \mathbb{R}^2 \mid x_1 = 0\}$ und $U_2 = \{(x_1, x_2) \in \mathbb{R}^2 \mid x_2 = 0\}$, dann liegen die Vektoren $\boldsymbol{u}_1 = (0, 1)$ und $\boldsymbol{u}_2 = (1, 0)$ beide in $U_1 \cup U_2$, nicht aber deren Summe $\boldsymbol{u}_1 + \boldsymbol{u}_2 = (1, 1)$.

[12] Eine Differenzialgleichung ist eine Gleichung, in der Ableitungen vorkommen. Eine Differenzengleichung ist eine Gleichung, in der Differenzen (absolute, relative Änderungen) vorkommen. Beide Gleichungstypen sind grundlegende mathematische Modelle, um dynamische Prozesse zu beschreiben.

## 5.9. Linearkombinationen. Lineare Hülle

Gegeben sind die Vektoren $\boldsymbol{v}_1, \boldsymbol{v}_2, \ldots, \boldsymbol{v}_r$ aus einem Vektorraum $V$. Ein Vektor $\boldsymbol{v} \in V$ ist eine **Linearkombination** (**lineare Kombination**) der Vektoren $\boldsymbol{v}_1, \boldsymbol{v}_2, \ldots, \boldsymbol{v}_r$, wenn gilt

$$\boldsymbol{v} = a_1\boldsymbol{v}_1 + a_2\boldsymbol{v}_2 + \cdots + a_r\boldsymbol{v}_r$$

für irgendwelche reelle Zahlen $a_1, a_2, \ldots, a_r$. Diese reellen Zahlen heißen **Koeffizienten**.

Sind $\boldsymbol{v}_1, \boldsymbol{v}_2, \boldsymbol{v}_3$ Vektoren eines reellen Vektorraumes, so sind zum Beispiel die beiden Vektoren $6\boldsymbol{v}_1 + 2\boldsymbol{v}_2 - 9\boldsymbol{v}_3$ und $3/2\boldsymbol{v}_1 - 2\boldsymbol{v}_2 + 11\boldsymbol{v}_3$ Linearkombinationen dieser drei Vektoren.

Wie kann man entscheiden, ob zum Beispiel der Vektor $\boldsymbol{v}$ eine Linearkombination von $\boldsymbol{v}_1, \boldsymbol{v}_2$ und $\boldsymbol{v}_3$ ist? Dazu muss man ein *lineares Gleichungssystem* lösen. Das nachfolgende Beispiel 5.12 zeigt, wie das geht.

**Beispiel 5.12.** Gegeben seien im Vektorraum $\mathbb{R}^3$ die Vektoren $\boldsymbol{v}_1 = (1,2,1)$, $\boldsymbol{v}_2 = (1,0,2)$ und $\boldsymbol{v}_3 = (1,1,0)$. Zeigen Sie, dass der Vektor $\boldsymbol{v} = (2,1,5) \in \mathbb{R}^3$ eine Linearkombination von $\boldsymbol{v}_1, \boldsymbol{v}_2$ und $\boldsymbol{v}_3$ ist.

*Lösung.* Der Vektor $\boldsymbol{v} = (2,1,5) \in \mathbb{R}^3$ ist eine Linearkombination von $\boldsymbol{v}_1, \boldsymbol{v}_2$ und $\boldsymbol{v}_3$, falls wir reelle Zahlen $a_1, a_2$ und $a_3$ so finden können, dass

$$a_1\boldsymbol{v}_1 + a_2\boldsymbol{v}_2 + a_3\boldsymbol{v}_3 = \boldsymbol{v}$$

ist. Setzen wir die Zahlen für $\boldsymbol{v}_1, \boldsymbol{v}_2, \boldsymbol{v}_3$ und $\boldsymbol{v}$ ein, so erhalten wir

$$a_1 \begin{bmatrix} 1 \\ 2 \\ 1 \end{bmatrix} + a_2 \begin{bmatrix} 1 \\ 0 \\ 2 \end{bmatrix} + a_3 \begin{bmatrix} 1 \\ 1 \\ 0 \end{bmatrix} = \begin{bmatrix} 2 \\ 1 \\ 5 \end{bmatrix}.$$

Schreiben wir diese vektorielle Gleichung ausführlich, so erhalten wir das lineare Gleichungssystem (überprüfen Sie dies!)

$$\begin{aligned} a_1 + \phantom{2}a_2 + a_3 &= 2 \\ 2a_1 \phantom{+ 2a_2} + a_3 &= 1 \\ a_1 + 2a_2 \phantom{+ a_3} &= 5. \end{aligned}$$

Lösen wir nun dieses System mit einer Methode wie zum Beispiel dem GAUSS-Verfahren, so erhalten wir die eindeutige Lösung $a_1 = 1, a_2 = 2$ und $a_3 = -1$, was uns gleichzeitig sagt, dass $\boldsymbol{v}$ eine Linearkombination von $\boldsymbol{v}_1, \boldsymbol{v}_2$ und $\boldsymbol{v}_3$ ist, nämlich

$$\boldsymbol{v} = 1\boldsymbol{v}_1 + 2\boldsymbol{v}_2 + (-1)\boldsymbol{v}_3. \quad \blacksquare$$

Gegeben sei die Menge $M$, bestehend aus Vektoren $\boldsymbol{v}_1, \boldsymbol{v}_2, \ldots, \boldsymbol{v}_r$ aus einem Vektorraum $V$, das heißt $M = \{\boldsymbol{v}_1, \boldsymbol{v}_2, \ldots, \boldsymbol{v}_r\}$. Dann heißt die Menge aller Linearkombinationen der Vektoren aus $M$ **lineare Hülle** und wir bezeichnen sie mit $Lin(M)$ oder mit $Lin(\boldsymbol{v}_1, \boldsymbol{v}_2, \ldots, \boldsymbol{v}_r)$. Damit ist

$$Lin(M) = \{\boldsymbol{v} \mid \boldsymbol{v} = a_1\boldsymbol{v}_1 + a_2\boldsymbol{v}_2 + \cdots + a_r\boldsymbol{v}_r \text{ und } a_1, a_2, \ldots, a_r \in \mathbb{R}\}.$$

Diese Definition wird noch durch die Übereinkunft $Lin(\{\}) = \{\boldsymbol{o}\}$ ergänzt, die lineare Hülle aus gar keinen Vektoren soll aus dem Nullvektor bestehen.

Wegen $\boldsymbol{v}_1 = 1\cdot\boldsymbol{v}_1 + 0\cdot\boldsymbol{v}_2 + \cdots + 0\cdot\boldsymbol{v}_r$, $\boldsymbol{v}_2 = 0\cdot\boldsymbol{v}_1 + 1\cdot\boldsymbol{v}_2 + \cdots + 0\cdot\boldsymbol{v}_r$ usw. liegen die Vektoren $\boldsymbol{v}_i$ selbst in der von ihnen erzeugten linearen Hülle, das heißt $\boldsymbol{v}_i \in Lin(\boldsymbol{v}_1, \boldsymbol{v}_2, \ldots, \boldsymbol{v}_r)$.

Zur Veranschaulichung des Begriffs der linearen Hülle machen Sie sich klar, dass im $\mathbb{R}^2$ jeder vom Nullvektor verschiedene Vektor einen Unterraum erzeugt, der einer Geraden durch den Koordinatenursprung entspricht (linkes Bild 5.2). Zwei zueinander parallel

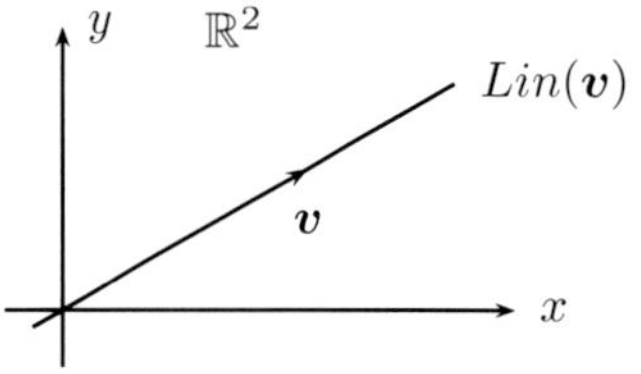


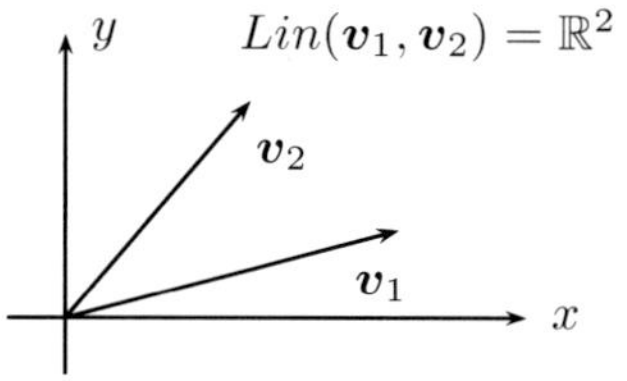


Bild 5.2.: Die lineare Hülle von $\boldsymbol{v}$ und die lineare Hülle von $\boldsymbol{v}_1$, $\boldsymbol{v}_2$

liegende Vektoren, die beide nicht gleich dem Nullvektor sind, spannen ebenfalls nur eine Ursprungsgerade auf, während zwei nicht parallele Vektoren schon den gesamten Raum $\mathbb{R}^2$ erzeugen (rechtes Bild 5.2).

Auch im $\mathbb{R}^3$ erzeugt ein Vektor, der nicht gleich dem Nullvektor ist, eine Gerade durch den Ursprung des Koordinatensystems, zwei nicht parallele Vektoren eine Ebene durch den Ursprung und drei Vektoren (nicht alle in einer Ebene liegend) bereits den ganzen Raum $\mathbb{R}^3$.

**Beispiel 5.13** (Lineare Hülle, Unterraum)**.** Gegeben sind Vektoren $\boldsymbol{v}_1, \boldsymbol{v}_2, \ldots, \boldsymbol{v}_r$ aus einem Vektorraum $V$. Zeigen Sie, dass die lineare Hülle von den Vektoren $\boldsymbol{v}_1, \boldsymbol{v}_2, \ldots, \boldsymbol{v}_r$ einen Unterraum von $V$ bildet.

*Lösung.* Wir haben nachzuweisen, dass $Lin(\boldsymbol{v}_1, \boldsymbol{v}_2, \ldots, \boldsymbol{v}_r)$ unter der Addition und Skalarmultiplikation abgeschlossen ist. Zunächst enthält $Lin(\boldsymbol{v}_1, \boldsymbol{v}_2, \ldots, \boldsymbol{v}_r)$ wegen $\boldsymbol{o} = 0\boldsymbol{v}_1 + 0\boldsymbol{v}_2 + \cdots + 0\boldsymbol{v}_r$ mindestens den Nullvektor, das heißt die Menge ist nicht leer. Zwei Elemente $\boldsymbol{u}$ und $\boldsymbol{w}$ aus $Lin(\boldsymbol{v}_1, \boldsymbol{v}_2, \ldots, \boldsymbol{v}_r)$ lassen sich darstellen als $\boldsymbol{u} = c_1\boldsymbol{v}_1 +$

$c_2\boldsymbol{v}_2 + \cdots + c_r\boldsymbol{v}_r$ und $\boldsymbol{w} = d_1\boldsymbol{v}_1 + d_2\boldsymbol{v}_2 + \cdots + d_r\boldsymbol{v}_r$ mit reellen Zahlen $c_1, c_2, \ldots, c_r$ und $d_1, d_2, \ldots, d_r$. Damit gilt

$$\boldsymbol{u} + \boldsymbol{w} = (c_1 + d_1)\boldsymbol{v}_1 + (c_2 + d_2)\boldsymbol{v}_2 + \cdots + (c_r + d_r)\boldsymbol{v}_r$$

und

$$k\boldsymbol{u} = (kc_1)\boldsymbol{v}_1 + (kc_2)\boldsymbol{v}_2 + \cdots + (kc_r)\boldsymbol{v}_r$$

für $k \in \mathbb{R}$. Folglich sind $\boldsymbol{u} + \boldsymbol{w}$ und $k\boldsymbol{u}$ wieder Linearkombinationen von $\boldsymbol{v}_1, \boldsymbol{v}_2, \ldots, \boldsymbol{v}_r$, liegen also in $Lin(\boldsymbol{v}_1, \boldsymbol{v}_2, \ldots, \boldsymbol{v}_r)$. Daher ist die Menge $Lin(\boldsymbol{v}_1, \boldsymbol{v}_2, \ldots, \boldsymbol{v}_r)$ ein Unterraum von $V$. ■

Soeben haben wir folgenden Satz bewiesen.

**Satz 5.6.** *Es ist $M = \{\boldsymbol{v}_1, \boldsymbol{v}_2, \ldots, \boldsymbol{v}_r\}$ eine Menge von Vektoren aus einem Vektorraum $V$. Dann ist die lineare Hülle $Lin(M)$ ein Untervektorraum von $V$.*

Dieser Satz zeigt, wie man Unterräume konstruieren kann; man bildet einfach die lineare Hülle von gegebenen Vektoren. Darüberhinaus gilt folgende Eigenschaft.

**Satz 5.7.** *Es ist $M = \{\boldsymbol{v}_1, \boldsymbol{v}_2, \ldots, \boldsymbol{v}_r\}$ eine Menge von Vektoren aus einem Vektorraum $V$. Dann ist die lineare Hülle $Lin(M)$ der kleinste Unterraum von $V$, der alle Vektoren $\boldsymbol{v}_1, \boldsymbol{v}_2, \ldots, \boldsymbol{v}_r$ enthält.*

*Beweis.* $Lin(\boldsymbol{v}_1, \boldsymbol{v}_2, \ldots, \boldsymbol{v}_r)$ ist ein Unterraum von $V$. Ein Unterraum, der $\boldsymbol{v}_1, \boldsymbol{v}_2, \ldots, \boldsymbol{v}_r$ enthält, muss alle aus Vielfachen und Summen gebildete Vektoren, also die ganze lineare Hülle, enthalten. Es gibt also keinen kleineren Unterraum, der die Vektoren $\boldsymbol{v}_1, \boldsymbol{v}_2, \ldots, \boldsymbol{v}_r$ enthält. □

Zwei außerordentlich wichtige Beispiele von Unterräumen, die lineare Hüllen von gegebenen Vektoren sind und uns im Weiteren immer wieder begegnen werden, sind der *Spalten-* und *Zeilenraum einer Matrix*. Gegeben sei die Matrix $\boldsymbol{A} \in \mathbb{R}^{m\times n}$, dann bildet die lineare Hülle aller Spaltenvektoren von $\boldsymbol{A}$ einen Unterraum von $\mathbb{R}^m$. Diesen nennen wir den **Spaltenraum** von $\boldsymbol{A}$. Betrachten wir die Zeilen von $\boldsymbol{A}$ als Vektoren des $\mathbb{R}^n$, so bildet die lineare Hülle der Zeilen von $\boldsymbol{A}$ einen Unterraum von $\mathbb{R}^n$; dieser heißt **Zeilenraum**.

**Satz 5.8.** *Der Spaltenraum der Matrix $\boldsymbol{A} \in \mathbb{R}^{m\times n}$ ist ein Unterraum des $\mathbb{R}^m$. Der Zeilenraum von $\boldsymbol{A}$ ist ein Unterraum des $\mathbb{R}^n$.*

Man bezeichnet den Spaltenraum von $\boldsymbol{A}$ mit $S(\boldsymbol{A})$ und den Zeilenraum von $\boldsymbol{A}$ mit $Z(\boldsymbol{A})$. Es gilt

$$\text{Spaltenraum von } \boldsymbol{A} = S(\boldsymbol{A}) = Lin(\boldsymbol{a}_1, \boldsymbol{a}_2, \ldots, \boldsymbol{a}_n) = \{\boldsymbol{A}\boldsymbol{x} \in \mathbb{R}^m \mid \boldsymbol{x} \in \mathbb{R}^n\},$$

wobei $\boldsymbol{a}_i$ die Spaltenvektoren der Matrix $\boldsymbol{A}$ sind. Ferner ist

$$\text{Zeilenraum von } \boldsymbol{A} = Z(\boldsymbol{A}) = Lin(\boldsymbol{z}_1, \boldsymbol{z}_2, \ldots, \boldsymbol{z}_m) = \{\boldsymbol{A}^{\mathrm{T}}\boldsymbol{y} \in \mathbb{R}^n \mid \boldsymbol{y} \in \mathbb{R}^m\},$$

wobei $\boldsymbol{z}_j^{\mathrm{T}}$ die Zeilenvektoren der Matrix $\boldsymbol{A}$ sind.

**Beispiel 5.14.** Beschreiben Sie den Spalten- und Zeilenraum der Matrix

$$\boldsymbol{A} = \begin{bmatrix} 1 & -1 \\ 2 & 3 \\ 4 & 5 \end{bmatrix}.$$

*Lösung.* Der Spaltenraum wird von den beiden Spalten in $\boldsymbol{A}$ aufgespannt; er liegt im Vektorraum $\mathbb{R}^3$ und beschreibt eine Ebene durch den Ursprung. Der Zeilenraum liegt im Raum $\mathbb{R}^2$ und wird von den drei Zeilenvektoren erzeugt; es ist der ganze Raum $\mathbb{R}^2$. ∎

Man sagt, ein Unterraum $U$ von $V$ wird von den Vektoren $\boldsymbol{v}_1, \boldsymbol{v}_2, \ldots, \boldsymbol{v}_r$ **erzeugt** (**aufgespannt**) oder $\{\boldsymbol{v}_1, \boldsymbol{v}_2, \ldots, \boldsymbol{v}_r\}$ ist ein **Erzeugendensystem** von $U$, wenn

$$U = Lin(\boldsymbol{v}_1, \boldsymbol{v}_2, \ldots, \boldsymbol{v}_r).$$

gilt.

**Beispiel 5.15.** Zeigen Sie, dass die drei Vektoren $(1,0,0)$, $(0,1,0)$ und $(0,0,1)$ den Vektorraum $\mathbb{R}^3$ aufspannen.

*Lösung.* Jeder Vektor $\boldsymbol{x} = (x_1, x_2, x_3) \in \mathbb{R}^3$ kann wie folgt dargestellt werden

$$\begin{bmatrix} x_1 \\ x_2 \\ x_3 \end{bmatrix} = x_1 \begin{bmatrix} 1 \\ 0 \\ 0 \end{bmatrix} + x_2 \begin{bmatrix} 0 \\ 1 \\ 0 \end{bmatrix} + x_3 \begin{bmatrix} 0 \\ 0 \\ 1 \end{bmatrix}.$$

Die Koeffizienten der Linearkombination sind die Koordinaten des Vektors $\boldsymbol{x}$. ∎

**Beispiel 5.16.** Die Vektoren $\boldsymbol{e}_1 = (1,0,0)$, $\boldsymbol{e}_2 = (0,1,0)$ und $\boldsymbol{e}_3 = (0,0,1)$ erzeugen den Vektorraum $\mathbb{R}^3$. Sind das die einzigen Vektoren, die $\mathbb{R}^3$ erzeugen?

*Lösung.* Nein. Derselbe Vektorraum wird auch von den Vektoren $\boldsymbol{e}_1 + \boldsymbol{e}_2$, $\boldsymbol{e}_1 - \boldsymbol{e}_2$ und $\boldsymbol{e}_2 + \boldsymbol{e}_3$, aber auch von zahllosen anderen Systemen erzeugt. ∎

**Beispiel 5.17.** Die beiden natürlichen Einheitsvektoren $\boldsymbol{e}_1 = (1,0,0)$ und $\boldsymbol{e}_2 = (0,1,0)$ spannen die $x_1, x_2$-Ebene $\{\boldsymbol{x} \in \mathbb{R}^3 \mid x_3 = 0\}$ auf. Dieselbe Ebene wird auch von den drei Vektoren $\boldsymbol{e}_1$, $\boldsymbol{e}_2$ und $\boldsymbol{e}_1 + \boldsymbol{e}_2 = (1,1,0)$ aufgespannt. Jeden dieser drei Vektoren könnte mam weglassen, die restlichen beiden Vektoren spannen die $x_1, x_2$-Ebene immer noch auf. Man sagt: Diese drei Vektoren sind *linear abhängig*. Diesen Begriff werden wir in Abschnitt 5.12 definieren. ∎

## 5.10. Die vier Fundamentalräume einer Matrix

Im Zusammenhang mit einer Matrix $\boldsymbol{A} \in \mathbb{R}^{m \times n}$ haben wir bisher drei wichtige Unterräume von $\mathbb{R}^m$ bzw. $\mathbb{R}^n$ kennengelernt:

- Den Spaltenraum von $\boldsymbol{A}$ als Unterraum von $\mathbb{R}^m$.
- Den Nullraum von $\boldsymbol{A}$ als Unterraum von $\mathbb{R}^n$.
- Den Zeilenraum von $\boldsymbol{A}$ ebenfalls ein Unterraum von $\mathbb{R}^n$.

Betrachten wir auch noch die transponierte Matrix $\boldsymbol{A}^{\mathrm{T}} \in \mathbb{R}^{n \times m}$, so gibt es noch die folgenden drei Räume:

- Den Spaltenraum von $\boldsymbol{A}^{\mathrm{T}}$ als Unterraum von $\mathbb{R}^n$.
- Den Nullraum von $\boldsymbol{A}^{\mathrm{T}}$ als Unterraum von $\mathbb{R}^m$.
- Den Zeilenraum von $\boldsymbol{A}^{\mathrm{T}}$ als Unterraum von $\mathbb{R}^m$.

Der Spaltenraum von $\boldsymbol{A}$ stimmt mit dem Zeilenraum von $\boldsymbol{A}^{\mathrm{T}}$ sowie der Zeilenraum von $\boldsymbol{A}$ mit dem Spaltenraum von $\boldsymbol{A}^{\mathrm{T}}$ überein. Es verbleiben dann die folgenden vier Räume, die als **Fundamentalräume von $\boldsymbol{A}$** bezeichnet werden.

**Die vier Fundamentalräume der Matrix $\boldsymbol{A}$:**

- Der Spaltenraum von $\boldsymbol{A}$ als Unterraum von $\mathbb{R}^m$.
- Der Nullraum von $\boldsymbol{A}$ als Unterraum von $\mathbb{R}^n$.
- Der Zeilenraum von $\boldsymbol{A}$ ebenfalls ein Unterraum von $\mathbb{R}^n$.
- Der Nullraum von $\boldsymbol{A}^{\mathrm{T}}$ als Unterraum von $\mathbb{R}^m$.

## 5.11. Der Spaltenraum und lineare Gleichungssysteme

Hierzu betrachten wir das lineare System $\boldsymbol{Ax} = \boldsymbol{b}$ von $m$ Gleichungen mit $n$ Variablen. Mit

$$\boldsymbol{A} = \begin{bmatrix} | & | & & | \\ \boldsymbol{a}_1 & \boldsymbol{a}_2 & \cdots & \boldsymbol{a}_n \\ | & | & & | \end{bmatrix} \quad \text{und} \quad \boldsymbol{x} = \begin{bmatrix} x_1 \\ x_2 \\ \vdots \\ x_n \end{bmatrix}$$

ist das Matrix-Vektor-Produkt $\boldsymbol{Ax}$ eine Linearkombination der Spaltenvektoren $\boldsymbol{a}_1$, $\boldsymbol{a}_2$, …, $\boldsymbol{a}_n$ (Abschnitt 1.9), deren Koeffizienten die Variablen $x_1$, $x_2$, …, $x_n$ sind

$$\boldsymbol{Ax} = x_1\boldsymbol{a}_1 + x_2\boldsymbol{a}_2 + \cdots + x_n\boldsymbol{a}_n.$$

Damit liest sich das Gleichungssystem $\boldsymbol{Ax} = \boldsymbol{b}$ als

$$x_1\boldsymbol{a}_1 + x_2\boldsymbol{a}_2 + \cdots + x_n\boldsymbol{a}_n = \boldsymbol{b},$$

also ist das System genau dann lösbar (konsistent), wenn $\boldsymbol{b}$ eine Linearkombination der Spaltenvektoren von $\boldsymbol{A}$ ist. Wir erhalten damit folgenden Satz.

**Satz 5.9.** *Ein lineares Gleichungssystem $\boldsymbol{Ax} = \boldsymbol{b}$ ist genau dann lösbar, wenn $\boldsymbol{b}$ im Spaltenraum von $\boldsymbol{A}$ liegt.*

**Beispiel 5.18.** Es ist das lineare System

$$\underbrace{\begin{bmatrix} 1 & 1 & 2 \\ 2 & 4 & -3 \\ 3 & 6 & -5 \end{bmatrix}}_{\boldsymbol{A}} \underbrace{\begin{bmatrix} x_1 \\ x_2 \\ x_3 \end{bmatrix}}_{\boldsymbol{x}} = \underbrace{\begin{bmatrix} 9 \\ 1 \\ 0 \end{bmatrix}}_{\boldsymbol{b}}$$

gegeben. Zeigen Sie, dass $\boldsymbol{b}$ im Spaltenraum von $\boldsymbol{A}$ liegt, und stellen Sie den Vektor $\boldsymbol{b}$ als Linearkombination der Spaltenvektoren von $\boldsymbol{A}$ dar.

*Lösung.* Das lineare System ist zum Beispiel durch das GAUSS-Verfahren lösbar und die Lösung ist durch $x_1 = 1$, $x_2 = 2$ und $x_3 = 3$ gegeben, siehe Beispiel 1.12. Daher liegt nach Satz 5.9 der Vektor $\boldsymbol{b}$ im Spaltenraum der Matrix $\boldsymbol{A}$ und hat die Darstellung

$$1\begin{bmatrix} 1 \\ 2 \\ 3 \end{bmatrix} + 2\begin{bmatrix} 1 \\ 4 \\ 6 \end{bmatrix} + 3\begin{bmatrix} 2 \\ -3 \\ -5 \end{bmatrix} = \begin{bmatrix} 9 \\ 1 \\ 0 \end{bmatrix}. \quad \blacksquare$$

**Beispiel 5.19.** Beschreiben Sie jeweils den Spaltenraum der drei Matrizen

$$\boldsymbol{E} = \begin{bmatrix} 1 & 0 \\ 0 & 1 \end{bmatrix}, \ \boldsymbol{A} = \begin{bmatrix} 1 & 2 \\ 2 & 4 \end{bmatrix}, \ \boldsymbol{B} = \begin{bmatrix} 1 & 2 & 3 \\ 0 & 0 & 4 \end{bmatrix} \text{ und } \boldsymbol{C} = \begin{bmatrix} 1 & 0 \\ 1 & 1 \\ 1 & 2 \end{bmatrix}.$$

Was bedeutet das für das Lösen linearer Gleichungssysteme mit diesen Matrizen als Koeffizientenmatrizen?

*Lösung.* Der Spaltenraum der ersten drei Matrizen liegt im Vektorraum $\mathbb{R}^2$, da alle Spaltenvektoren zwei Koordinaten haben. Der Spaltenraum der Matrix $\boldsymbol{C}$ liegt dagegen im $\mathbb{R}^3$.

Der Spaltenraum der Einheitsmatrix $\boldsymbol{E}$ ist der gesamte Vektorraum $\mathbb{R}^2$. Jeder Vektor aus $\mathbb{R}^2$ ist eine Linearkombination der Spalten von $\boldsymbol{E}$. Ein lineares Gleichungssystem der Form $\boldsymbol{Ex} = \boldsymbol{b}$ ist für jede rechte Seite $\boldsymbol{b}$ lösbar. Das Gleichungssystem $\boldsymbol{Ex} = \boldsymbol{b}$ ist *universell lösbar*. Der Vektor $\boldsymbol{x} = \boldsymbol{b}$ ist dann die *eindeutige Lösung*.

Der Spaltenraum der Matrix $\boldsymbol{A}$ ist eine Ursprungsgerade in der Ebene $\mathbb{R}^2$, denn die zweite Spalte $(2, 4)$ ist das Doppelte der ersten Spalte $(1, 2)$. Alle Vektoren der Gestalt $t(1, 2)$, $t \in \mathbb{R}$, liegen auf dieser Geraden. Das lineare System $\boldsymbol{Ax} = \boldsymbol{b}$ ist nur dann lösbar, wenn der Vektor $\boldsymbol{b}$ auf dieser Geraden liegt.

Für jede rechte Seite $\boldsymbol{b}$ ist das lineare System $\boldsymbol{Bx} = \boldsymbol{b}$ lösbar, denn der Spaltenraum von $\boldsymbol{B}$ ist der gesamte Vektorraum $\mathbb{R}^2$. Das Gleichungssystem $\boldsymbol{Bx} = \boldsymbol{b}$ ist *universell lösbar*. Mit anderen Worten: Jede rechte Seite $\boldsymbol{b}$ kann als Linearkombination $\boldsymbol{Bx}$ mit geeignetem Vektor $\boldsymbol{x}$ geschrieben werden. Ist zum Beispiel $\boldsymbol{b} = (5, 4)$, so ist die Summe aus Spalte zwei und drei gleich $\boldsymbol{b}$, das heißt, $\boldsymbol{x}$ kann als $(0, 1, 1)$ gewählt werden. Die rechte Seite $\boldsymbol{b} = (5, 4)$ ist aber auch die Summe aus zweimal der ersten und einmal der dritten Spalte, das heißt, $\boldsymbol{x} = (2, 0, 1)$ ist eine weitere Lösung mit rechter Seite $\boldsymbol{b}$ und Koeffizientenmatrix $\boldsymbol{B}$. Die Matrix $\boldsymbol{B}$ hat den gleichen Spaltenraum wie $\boldsymbol{E}$, dennoch hat $\boldsymbol{x}$ beim Lösen von $\boldsymbol{Bx} = \boldsymbol{b}$ mehr Koordinaten und die Lösung ist nicht eindeutig.

Der Spaltenraum der Matrix $\boldsymbol{C}$ ist eine Ebene im Raum $\mathbb{R}^3$ durch den Koordinatenursprung, denn die beiden Spaltenvektoren der Matrix $\boldsymbol{C}$ spannen eine Ebene auf. Das lineare Gleichungssystem $\boldsymbol{Cx} = \boldsymbol{b}$ ist folglich nur dann lösbar, wenn der Vektor $\boldsymbol{b} \in \mathbb{R}^3$ in dieser Ebene liegt, sonst hat das Gleichungssystem keine Lösung. ∎

## 5.12. Lineare Unabhängigkeit

Jeder Vektor $\boldsymbol{v}$ aus $Lin(\boldsymbol{v}_1, \boldsymbol{v}_2, \ldots, \boldsymbol{v}_r) \subseteq V$ hat nach Definition eine Darstellung als Linearkombination

$$\boldsymbol{v} = c_1\boldsymbol{v}_1 + c_2\boldsymbol{v}_2 + \cdots + c_r\boldsymbol{v}_r \quad \text{mit } c_j \in \mathbb{R}.$$

Sehr wichtig ist die Frage, ob die Zahlen (Skalare) $c_1$, $c_2$, ..., $c_r$ durch den Vektor $\boldsymbol{v}$ eindeutig bestimmt sind. Dann kann man nämlich den Vektor $\boldsymbol{v}$ weitgehend ersetzen durch das $r$-Tupel $(c_1, c_2, \ldots, c_r) \in \mathbb{R}^r$ (bzw. durch den Vektor $\boldsymbol{c} = (c_1, c_2, \ldots, c_r) \in \mathbb{R}^r$), denn die Abbildung $\mathbb{R}^r \to Lin(\boldsymbol{v}_1, \boldsymbol{v}_2, \ldots, \boldsymbol{v}_r)$ mit $(c_1, c_2, \ldots, c_r) \mapsto c_1\boldsymbol{v}_1 + c_2\boldsymbol{v}_2 + \cdots + c_r\boldsymbol{v}_r$ ist dann nicht nur surjektiv, sondern injektiv und somit bijektiv. Das ist praktisch äußerst nützlich, denn mit den Vektoren in $\mathbb{R}^r$ kann man einfacher rechnen als in einem beliebigen Vektorraum $V$. Um eine Antwort auf diese Frage zu bekommen, ist Definition von *linearer Unabhängigkeit* bzw. *Abhängigkeit* von Bedeutung. Zuerst jedoch zwei Beispiele.

Sind drei geometrische Vektoren parallel zu einer Ebene, das heißt lassen sich drei Repräsentanten in einer Ebene zeichnen, so kann man sie durch geeignetes Verlängern oder Verkürzen oder Richtungsumkehren zu einer geschlossenen Vektorkette zusammenhängen, siehe Bild 5.3. Hier ist also $1\boldsymbol{u} + 2\boldsymbol{v} + (-4/5\boldsymbol{w}) = \boldsymbol{o}$. So etwas gibt es zum Beispiel auch im Raum der Polynomfunktionen $\mathbb{R}_{\leq n}[x]$. Denn sind $n \geq 2$, $c_0$, $c_1$, $c_2$

Bild 5.3.: Zum Begriff lineare Unabhängigkeit bzw. Abhängigkeit

reelle Zahlen und $p_0(x) = 1$, $p_1(x) = x$, $p_2(x) = x^2$ und $p(x) = c_0 + c_1x + c_2x^2$, dann ist $c_0p_0 + c_1p_1 + c_2p_2 + (-1)p = o$ (Nullpolynomfunktion). Das sind zwei Beispiele für *lineare Abhängigkeit.*

Gegeben sind die Vektoren $\boldsymbol{v}_1$, $\boldsymbol{v}_2$, ..., $\boldsymbol{v}_r$ aus einem Vektorraum $V$. Die Vektorgleichung

$$c_1\boldsymbol{v}_1 + c_2\boldsymbol{v}_2 + \cdots c_r\boldsymbol{v}_r = \boldsymbol{o}$$

hat mindestens die (triviale) Lösung

$$c_1 = 0,\ c_2 = 0,\ \ldots, c_r = 0.$$

Ist dies die einzige Lösung, so nennen wir die $r$ Vektoren $\boldsymbol{v}_i$ **linear unabhängig**, sonst **linear abhängig**.

**Beispiel 5.20.** Die Menge der Vektoren $M = \{\boldsymbol{v}_1, \boldsymbol{v}_2, \boldsymbol{v}_3\}$ mit $\boldsymbol{v}_1 = (2, -1, 0, 3)$, $\boldsymbol{v}_2 = (1, 2, 5, -1)$ und $\boldsymbol{v}_3 = (7, -1, 5, 8)$ ist linear abhängig. Zeigen Sie dies.

*Lösung.* Da $3\boldsymbol{v}_1 + \boldsymbol{v}_2 - \boldsymbol{v}_3 = \boldsymbol{o}$ ist, folgt die lineare Abhängigkeit. ∎

**Beispiel 5.21.** Die Menge der Vektoren $M = \{\boldsymbol{v}_1, \boldsymbol{v}_2\}$ mit $\boldsymbol{v}_1 = (1, 0, 2)$ und $\boldsymbol{v}_2 = (0, 1, 0)$ ist linear unabhängig. Zeigen Sie dies.

*Lösung.* Die Vektorgleichung

$$c_1 \begin{bmatrix} 1 \\ 0 \\ 2 \end{bmatrix} + c_2 \begin{bmatrix} 0 \\ 1 \\ 0 \end{bmatrix} = \begin{bmatrix} 0 \\ 0 \\ 0 \end{bmatrix}$$

ist nur für $c_1 = 0$ und $c_2 = 0$ erfüllt. ∎

Das letzte Beispiel ist so einfach gewählt, dass der Nachweis der linearen Unabhängigkeit unmittelbar klar ist. Man muss nur wissen wie Vektoren addiert werden, skalar multipliziert werden und wann zwei Vektoren gleich sind. Für eine größere Anzahl von Vektoren in einem Vektorraum $\mathbb{R}^n$ mit großem $n \in \mathbb{N}$ wird diese Untersuchung komplizierter. Das betrachten wir nun.

**Beispiel 5.22.** Untersuchen Sie die Vektoren $\boldsymbol{v}_1 = (1, -2, 3)$, $\boldsymbol{v}_2 = (5, 6, -1)$ und $\boldsymbol{v}_3 = (3, 2, 1)$ auf lineare Unabhängigkeit.

*Lösung.* Die Vektorgleichung

$$c_1\boldsymbol{v}_1 + c_2\boldsymbol{v}_2 + c_3\boldsymbol{v}_3 = \boldsymbol{o}$$

liefert das homogene lineare Gleichungssystem

$$\begin{aligned} c_1 + 5c_2 + 3c_3 &= 0 \\ -2c_1 + 6c_2 + 2c_3 &= 0 \\ 3c_1 - \phantom{5}c_2 + \phantom{3}c_3 &= 0. \end{aligned}$$

Durch Auflösen erhalten wir

$$c_1 = -\frac{1}{2}t, \quad c_2 = -\frac{1}{2}t, \quad c_3 = t$$

wobei $t$ ein reeller Parameter ist. Also hat das homogene System auch nicht triviale Lösungen und damit sind die drei Vektoren $\boldsymbol{v}_1$, $\boldsymbol{v}_2$ und $\boldsymbol{v}_3$ linear abhängig. ∎

Zur Untersuchung der linearen Abhängigkeit oder Unabhängigkeit von $r$ Vektoren $\boldsymbol{v}_1$, $\boldsymbol{v}_2$, ..., $\boldsymbol{v}_r$ geht man von dem homogenen linearen Gleichungssystem (der Vektorgleichung)

$$c_1\boldsymbol{v}_1 + c_2\boldsymbol{v}_2 + \cdots + c_r\boldsymbol{v}_r = \boldsymbol{o}$$

aus. Lineare Abhängigkeit oder Unabhängigkeit äußert sich dann in der Lösbarkeit des linearen Systems.

**Satz 5.10** (Kriterien zur linearen Unabhängigkeit und Abhängigkeit)**.** *Gegeben sind $r$ Vektoren $\boldsymbol{v}_1$, $\boldsymbol{v}_2$, ..., $\boldsymbol{v}_r$ aus einem Vektorraum $V$.*

*(a) Die Vektoren $\boldsymbol{v}_1, \ldots, \boldsymbol{v}_r$ sind linear unabhängig genau dann, wenn das homogene System $c_1\boldsymbol{v}_1 + c_2\boldsymbol{v}_2 + \cdots + c_r\boldsymbol{v}_r = \boldsymbol{o}$ nur trivial lösbar ist, das heißt, wenn $\boldsymbol{c} = (c_1, \ldots, c_r) = \boldsymbol{o}$ ist.*

*(b) Die Vektoren $\boldsymbol{v}_1, \ldots, \boldsymbol{v}_r$ sind linear abhängig genau dann, wenn das homogene System $c_1\boldsymbol{v}_1 + c_2\boldsymbol{v}_2 + \cdots + c_r\boldsymbol{v}_r = \boldsymbol{o}$ nicht triviale Lösungen besitzt.*

**Beispiel 5.23.** Im Vektorraum der stetigen Funktionen von $\mathbb{R}$ nach $\mathbb{R}$ sind die drei Funktionen 1, cos, sin linear unabhängig (1 bedeutet hier die Funktion, die jeder reellen Zahl $x$ die Zahl 1 zuordnet, also $1 : \mathbb{R} \to \mathbb{R}$ mit $x \mapsto 1$; *Einsfunktion*). Zeigen Sie dies.

*Lösung.* Die Vektorgleichung $c_1 1 + c_2 \cos + c_3 \sin = o$ ($o$ bedeutet hier die Funktion, die jeder reellen Zahl $x$ die Zahl 0 zuordnet, also $o : \mathbb{R} \to \mathbb{R}$ mit $x \mapsto 0$; *Nullfunktion*) bedeutet, dass

$$c_1 1 + c_2 \cos(x) + c_3 \sin(x) = 0$$

für alle $x \in \mathbb{R}$ gilt. Nun genügt es für $x$ geeignete Werte einzusetzen:

$$\begin{aligned} x = 0: \quad & c_1 \cdot 1 + c_2 \cdot 1 + c_3 \cdot 0 = 0 \\ x = \pi/2: \quad & c_1 \cdot 1 + c_2 \cdot 0 + c_3 \cdot 1 = 0 \\ x = \pi: \quad & c_1 \cdot 1 + c_2 \cdot (-1) + c_3 \cdot 0 = 0 \end{aligned}$$

Dies ergibt ein homogenes lineares Gleichungssystem für $c_1$, $c_2$, $c_3$ mit der Koeffizientenmatrix

$$\begin{bmatrix} 1 & 1 & 0 \\ 1 & 0 & 1 \\ 1 & -1 & 0 \end{bmatrix} \xrightarrow{\text{Umgeformt auf Zeilestufenform}} \begin{bmatrix} 1 & 1 & 0 \\ 0 & 1 & -1 \\ 0 & 0 & 1 \end{bmatrix}$$

Also ist $c_1 = 0$, $c_2 = 0$ und $c_3 = 0$ die einzige Lösung. Somit sind die drei Funktionen 1, cos, sin im Vektorraum der stetigen Funktionen linear unabhängig. ∎

Für zwei Vektoren lässt sich die lineare Abhängigkeit und die lineare Unabhängigkeit in den Vektorräumen $V = \mathbb{R}^2$ und $V = \mathbb{R}^3$ geometrisch deuten.

Nehmen wir an, dass die Vektoren $\boldsymbol{v}_1$ und $\boldsymbol{v}_2$ in $\mathbb{R}^2$ linear abhängig sind. Dann gibt es Zahlen $c_1$ und $c_2$, nicht beide Null, so dass $c_1\boldsymbol{v}_1 + c_2\boldsymbol{v}_2 = \boldsymbol{o}$ ist. Ist $c_1 \neq 0$, dann ist $\boldsymbol{v}_1 = (-c_2/c_1)\boldsymbol{v}_2$. Ist $c_2 \neq 0$, dann ist $\boldsymbol{v}_2 = (-c_1/c_2)\boldsymbol{v}_1$. Das heißt einer der beiden Vektoren ist ein Vielfaches des Anderen. Umgekehrt sei $\boldsymbol{v}_1 = c\boldsymbol{v}_2$. Dann ist $1 \cdot \boldsymbol{v}_1 - c\boldsymbol{v}_2 = \boldsymbol{o}$, und da die Koeffizienten von $\boldsymbol{v}_1$ und $\boldsymbol{v}_2$ nicht beide Null sind, folgt dass $\boldsymbol{v}_1$ und $\boldsymbol{v}_2$ linear abhängig sind. Somit sind die Vektoren $\boldsymbol{v}_1$ und $\boldsymbol{v}_2$ in $\mathbb{R}^2$ linear abhängig dann und nur dann, wenn der Vektor ein Vielfaches des Anderen ist. Somit sind zwei Vektoren in $\mathbb{R}^2$ linear abhängig genau dann, wenn sie auf derselben Gerade liegen, die durch den Ursprung geht. Zwei Vektor in $\mathbb{R}^2$ sind demnach linear unabhängig, wenn sie nicht auf einer Geraden liegen, siehe die Bilder 5.4 und 5.5.

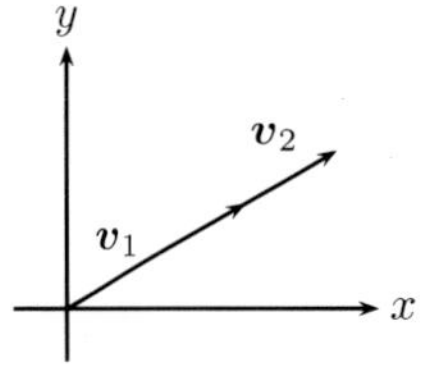


Bild 5.4.: $\boldsymbol{v}_1$, $\boldsymbol{v}_2$ linear abhängig

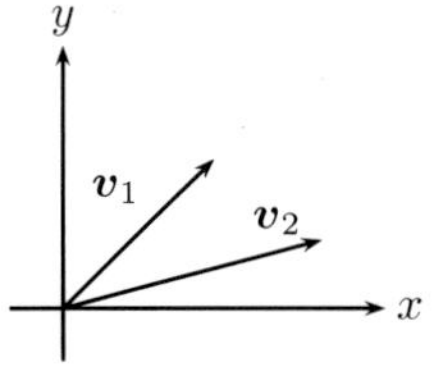


Bild 5.5.: $\boldsymbol{v}_1$, $\boldsymbol{v}_2$ linear unabhängig

Analog sind im Vektorraum $\mathbb{R}^3$ zwei Vektoren genau dann linear unabhängig, wenn sie nicht auf einer Geraden liegen, und linear abhängig, wenn sie auf einer Geraden durch den Ursprung liegen.

Nach dem eben Gesagten, müssten insbesondere zwei Vektoren, die senkrecht aufeinander stehen, linear unabhängig sein. Genau dies zeigen wir nun.

**Beispiel 5.24.** Sind $\boldsymbol{v}_1$ und $\boldsymbol{v}_2$ zwei Vektoren aus $\mathbb{R}^2$ oder $\mathbb{R}^3$ und nicht Nullvektoren. Nehmen wir an, sie stehen senkrecht aufeinander, dann sind sie linear unabhängig. Zeigen Sie dies.

*Lösung.* Die Vekktorgleichung $c_1\boldsymbol{v}_1 + c_2\boldsymbol{v}_2 = \boldsymbol{o}$ multiplizieren wir mit dem Vektor $\boldsymbol{v}_1$. Das ist

$$\boldsymbol{v}_1 \cdot (c_1\boldsymbol{v}_1 + c_2\boldsymbol{v}_2) = \boldsymbol{v}_1 \cdot \boldsymbol{o}.$$

Mit den Rechenregeln für das Skalarprodukt aus Satz 3.12 folgt hieraus

$$c_1\boldsymbol{v}_1 \cdot \boldsymbol{v}_2 + c_2\boldsymbol{v}_1 \cdot \boldsymbol{v}_2 = 0.$$

Da $\boldsymbol{v}_1 \cdot \boldsymbol{v}_1 \neq 0$ und $\boldsymbol{v}_1 \cdot \boldsymbol{v}_2 = 0$ ist, folgt aus der letzten Gleichung $c_1 = 0$. Analog erhält man durch Multiplikation mit $\boldsymbol{v}_2$, dass $c_2 = 0$ ist. Also sind die senkrechten Vektoren $\boldsymbol{v}_1$ und $\boldsymbol{v}_2$ linear unabhängig. ■

Wir geben noch ein paar Bemerkungen zu den Begriffen lineare Abhängigkeit und Unabhängigkeit von Vektoren.

- Der Nullvektor $\boldsymbol{o}$ ist immer abhängig. Begründung: Der Nullvektor lässt sich nicht trivial aus sich selbst kombinieren, zum Beispiel $\boldsymbol{o} = 1 \cdot \boldsymbol{o}$.
- Ist der Nullvektor $\boldsymbol{o}$ einer der Vektoren $\boldsymbol{v}_1$, $\boldsymbol{v}_2$, ..., $\boldsymbol{v}_r$, zum Beispiel $\boldsymbol{v}_1 = \boldsymbol{o}$. Dann sind die Vektoren linear abhängig, denn $1 \cdot \boldsymbol{v}_1 + 0 \cdot \boldsymbol{v}_2 + \cdots + 0 \cdot \boldsymbol{v}_r = 1 \cdot \boldsymbol{o} + \boldsymbol{o} + \cdots + \boldsymbol{o} = \boldsymbol{o}$. Eine Menge von Vektoren, die den Nullvektor enthält, ist linear abhängig.
- Ein einzelner Vektor ist genau dann linear unabhängig, wenn er nicht der Nullvektor ist. Ist nämlich $\boldsymbol{v} \neq \boldsymbol{o}$, so folgt aus der Vektorgleichung $a\boldsymbol{v} = \boldsymbol{o}$, dass der Koeffizient $a = 0$ ist.

## 5.13. Basis und Dimension

Ist der $\mathbb{R}^3$ in irgendeinem Sinne „größer“ als der $\mathbb{R}^2$? Beide Vektorräume haben unendlich viele Elemente. Trotzdem gibt es eine Zahl, die beide in ihrer „Kompliziertheit“ bzw. „Größe“ unterscheidet. Mathematiker nennen die Zahl *Dimension*, Physiker, Ingenieure und Andere oft *Freiheitsgrade*. Wir wollen dies nun genauer fassen.

Die Vektoren $\boldsymbol{v}_1, \boldsymbol{v}_2, \ldots, \boldsymbol{v}_n$ eines Vektorraumes $V$ bilden eine **Basis** von $V$, wenn sie den Vektorraum $V$ aufspannen und linear unabhängig sind. Das Bild 5.6 zeigt drei Vektoren

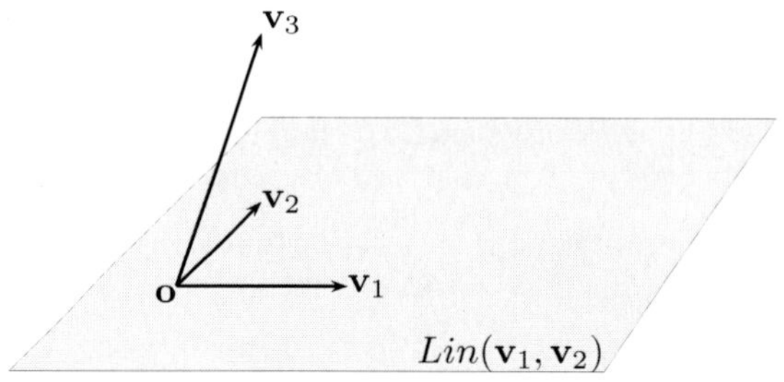


Bild 5.6.: Zum Basis-Begriff

$\boldsymbol{v}_1$, $\boldsymbol{v}_2$ und $\boldsymbol{v}_3$ im Raum. Diese drei Vektoren spannen den ganzen Raum auf und da sie linear unbhängig sind, bilden sie eine Basis des Raumes.

Was ist das Besondere an einer Basis? Angenommen die Vektoren $\boldsymbol{v}_1$, $\boldsymbol{v}_2$, ..., $\boldsymbol{v}_n$ bilden eine Basis für $V$. Dann ist wegen $V = Lin(\boldsymbol{v}_1, \boldsymbol{v}_2, \ldots, \boldsymbol{v}_n)$ jeder Vektor aus $V$ eine Linearkombination der Vektoren $\boldsymbol{v}_1$, $\boldsymbol{v}_2$, ..., $\boldsymbol{v}_n$. Da die Vektoren $\boldsymbol{v}_1$, $\boldsymbol{v}_2$, ..., $\boldsymbol{v}_n$ auch noch linear unabhängig sind, ist jeder Vektor $\boldsymbol{v}$ aus $V$ nicht nur eine Linearkombination, sondern diese ist auch noch eindeutig. Dies sieht man folgendermaßen. Nehmen wir an, es sei $\boldsymbol{v} = a_1\boldsymbol{v}_1 + \cdots + a_n\boldsymbol{v}_n$ und $\boldsymbol{v} = b_1\boldsymbol{v}_1 + \cdots + b_n\boldsymbol{v}_n$. Subtrahieren wir die beiden Vektoren, so ist $(a_1 - b_1)\boldsymbol{v}_1 + \cdots + (a_n - b_n)\boldsymbol{v}_n = \boldsymbol{o}$. Da die Vektoren $\boldsymbol{v}_j$ linear unabhängig sind, folgt $a_j = b_j$ für alle $j = 1, 2, \ldots, n$.

Damit haben wir bewiesen, dass jeder Vektor eines Vektorraumes eindeutig mit Hilfe von Basisvektoren dargestellt werden kann. Wir fassen dies im folgeden Satz zusammen.

**Satz 5.11** (Eindeutige Darstellung mit Hilfe einer Basis). *Bilden die Vektoren* $\{\boldsymbol{v}_1, \ldots, \boldsymbol{v}_n\}$ *eine Basis des Vektorraumes* $V$*, dann kann jeder Vektor* $\boldsymbol{v}$ *aus* $V$ *als eindeutige Linarkombination der Basisvektoren dargestellt werden.*

Ist $\{\boldsymbol{v}_1, \ldots, \boldsymbol{v}_n\}$ eine Basis des Vektorraumes $V$, so ist auch $\{c\boldsymbol{v}_1, \ldots, \boldsymbol{v}_n\}$, $c \neq 0$, eine Basis von $V$. Damit folgt, dass eine Basis für einen Vektorraum nie eindeutig ist; es gibt viele Basen.

**Beispiel 5.25.** Zeigen Sie, dass die beiden Vektoren $(1, 0)$ und $(0, 1)$ eine Basis des Vektorraumes $\mathbb{R}^2$ bilden. Wir nennen diese Basis die *natürliche Basis* (*kanonische Basis*, *Standardbasis*) für den Raum $\mathbb{R}^2$.

*Lösung.* Wegen

$$\begin{bmatrix} x_1 \\ x_2 \end{bmatrix} = x_1 \begin{bmatrix} 1 \\ 0 \end{bmatrix} + x_2 \begin{bmatrix} 0 \\ 1 \end{bmatrix}$$

spannen die beiden Vektoren den $\mathbb{R}^2$ auf. Aus

$$c_1 \begin{bmatrix} 1 \\ 0 \end{bmatrix} + c_2 \begin{bmatrix} 0 \\ 1 \end{bmatrix} = \begin{bmatrix} 0 \\ 0 \end{bmatrix}$$

folgt $c_1 = c_2 = 0$, also sind sie auch linear unabhängig. ∎

Wie im Beispiel 5.25 sieht man, dass die drei Vektoren $(1, 0, 0)$, $(0, 1, 0)$ und $(0, 0, 1)$ eine Basis des Vektorraumes $\mathbb{R}^3$ bilden. Allgemein bilden die Vektoren $\{\boldsymbol{e}_1, \boldsymbol{e}_2, \ldots, \boldsymbol{e}_n\}$ mit

$$\boldsymbol{e}_i = \begin{bmatrix} 0 \\ \vdots \\ 0 \\ 1 \\ 0 \\ \vdots \\ 0 \end{bmatrix} \leftarrow i\text{-te Zeile}$$

eine Basis des Vektorraumes $\mathbb{R}^n$. Wir nennen diese Basis die **natürliche Basis** (**kanonische Basis**, **Standardbasis**) für den Vektorraum $\mathbb{R}^n$, siehe Bild 5.7.

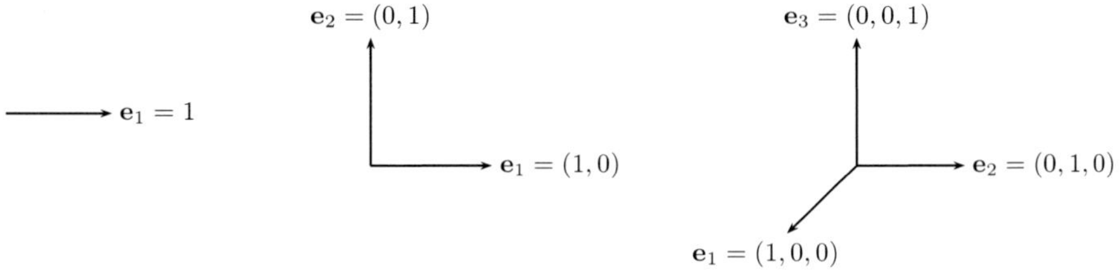


Bild 5.7.: Natürliche Basis im $\mathbb{R}^1$, $\mathbb{R}^2$ und $\mathbb{R}^3$

**Beispiel 5.26.** Zeigen Sie, dass die beiden Vektoren $(1, 3)$ und $(-2, 2)$ eine Basis des $\mathbb{R}^2$ bilden.

*Lösung.* Es ist $(x_1, x_2) \in \mathbb{R}^2$. Wir suchen reelle Zahlen $c_1$ und $c_2$ mit der Eigenschaft

$$c_1 \begin{bmatrix} 1 \\ 3 \end{bmatrix} + c_2 \begin{bmatrix} -2 \\ 2 \end{bmatrix} = \begin{bmatrix} x_1 \\ x_2 \end{bmatrix}.$$

Dazu ist das lineare Gleichungssystem

$$c_1 - 2c_2 = x_1$$

$$3c_1 + 2c_2 = x_2$$

zu lösen. Dieses System hat die eindeutige Lösung

$$c_1 = 1/4x_1 + 1/4x_2 \quad \text{und} \quad c_2 = -3/8x_1 + 1/8x_2,$$

was wir bereits aus Beispiel 1.50 wissen. Aus

$$c_1 \begin{bmatrix} 1 \\ 3 \end{bmatrix} + c_2 \begin{bmatrix} -2 \\ 2 \end{bmatrix} = \begin{bmatrix} 0 \\ 0 \end{bmatrix}$$

folgt $c_1 = c_2 = 0$, also sind die Vektoren auch linear unabhängig. ∎

**Beispiel 5.27.** Warum bilden die drei Vektoren $(1, 0)$, $(0, 1)$ und $(1, 1)$ keine Basis des $\mathbb{R}^2$?

*Lösung.* Die Vektoren spannen zwar den Raum $\mathbb{R}^2$ auf, aber sie sind linear abhängig, denn es gilt

$$1 \begin{bmatrix} 1 \\ 0 \end{bmatrix} + 1 \begin{bmatrix} 0 \\ 1 \end{bmatrix} + (-1) \begin{bmatrix} 1 \\ 1 \end{bmatrix} = \begin{bmatrix} 0 \\ 0 \end{bmatrix}. \quad ∎$$

**Satz 5.12.** *Ist $r > n$, so sind die $r$ Vektoren im Vektorraum $\mathbb{R}^n$ linear abhängig.*

Die Spaltenvektoren jeder invertierbaren $(n, n)$-Matrix bilden eine Basis des Raumes $\mathbb{R}^n$. Ist nämlich die Matrix $\boldsymbol{A}$ invertierbar, so sind die Spaltenvektoren linear unabhängig, denn das homogene System $\boldsymbol{Ax} = \boldsymbol{o}$ hat nur die triviale Lösung $\boldsymbol{x} = \boldsymbol{o}$, siehe Satz 1.16. Die Spaltenvektoren spannen auch den gesamten Raum $\mathbb{R}^n$ auf, da jeder Vektor $\boldsymbol{b} \in \mathbb{R}^n$ im Spaltenraum von $\boldsymbol{A}$ liegt; $\boldsymbol{Ax} = \boldsymbol{b}$ hat die (eindeutige) Lösung $\boldsymbol{x} = \boldsymbol{A}^{-1}\boldsymbol{b}$, siehe Satz 1.16.

**Satz 5.13.** *Die Vektoren $\boldsymbol{v}_1$, $\boldsymbol{v}_2$, …, $\boldsymbol{v}_n$ bilden genau dann eine Basis des Vektorraumes $\mathbb{R}^n$, wenn sie die Spalten einer invertierbaren Matrix sind.*

Die **Dimension** eines Vektorraumes $V$ ist gleich der Anzahl der Vektoren einer Basis für $V$. Hierfür schreiben wir $\mathrm{Dim}(V)$. Der triviale Vektorraum $\{\boldsymbol{o}\}$, der nur aus dem Nullvektor besteht, hat die Dimension Null.

**Beispiel 5.28.** Welche Dimension hat der Vektorraum $\mathbb{R}^n$?

*Lösung.* Die natürlichen Basisvektoren $\boldsymbol{e}_1$, $\boldsymbol{e}_2$, …, $\boldsymbol{e}_n$ bilden eine Basis von $\mathbb{R}^n$. Daher gilt $\mathrm{Dim}(\mathbb{R}^n) = n$. Insbesondere ist $\mathrm{Dim}(\mathbb{R}) = 1$, $\mathrm{Dim}(\mathbb{R}^2) = 2$ und $\mathrm{Dim}(\mathbb{R}^3) = 3$. ∎

**Beispiel 5.29.** Welche Dimension hat der Vektorraum der geometrischen Vektoren der Ebene bzw. des Raumes?

*Lösung.* Der Vektorraum der geometrischen Vektoren der Ebene hat die Dimension zwei und der Vektorraum der geometrischen Vektoren des Raumes hat die Dimension drei. Dies folgt nicht nur aus anschaulichen Überlegungen, sondern aus der im Abschnitt 3.7 festgestellten Strukturgleichheit (Isomorphie) dieser beiden Vektorräume mit $\mathbb{R}^2$ bzw. $\mathbb{R}^3$ (arithmetische Vektoren). Wegen dieser Isomorphie lassen sich Basen der Vektorräume der geometrischen Vektoren auf Basen von $\mathbb{R}^2$ bzw. $\mathbb{R}^3$ abbilden und umgekehrt. ∎

Ein Vektorraum $V$ ist **endlich dimensional**, wenn eine Basis für $V$ aus nur endlich vielen Vektoren besteht. Dagegen ist $V$ **unendlich dimensional**, wenn eine Basis von $V$ unendlich viele Vektoren hat.

Wir werden im Folgenden meist nur Vektorräume endlicher Dimension besprechen. Es gibt zahlreiche interessante Dinge über den Fall unendlicher Dimension zu berichten. Dies ist aber hier nicht unser Anliegen. Die *Funktionalanalysis* bzw. *Operatortheorie* stellt dazu den richtigen Rahmen dar.

**Beispiel 5.30.** Es ist $W = \mathbb{R}_{\leq n}[x]$ der Vektorraum der Polynomfunktionen vom Grad kleiner oder gleich $n$. Zeigen Sie, dass die Menge $\{1, x, x^2, \ldots, x^n\}$ eine Basis von $W = \mathbb{R}_{\leq n}[x]$ ist. Bestimmen Sie auch die Dimension von $W = \mathbb{R}_{\leq n}[x]$.

*Lösung.* Es ist

$$Lin(1, x, x^2, \ldots, x^n) = \mathbb{R}_{\leq n}[x],$$

denn ist $\boldsymbol{v} = p(x)$ eine beliebige Polynomfunktion aus $\mathbb{R}_{\leq n}[x]$, so gilt: $\boldsymbol{v} = p(x) = a_0 1 + a_1 x + a_1 x^2 + \cdots + a_n x^n = a_0 \boldsymbol{b}_1 + a_1 \boldsymbol{b}_2 + \cdots + a_n \boldsymbol{b}_{n+1}$ für irgendwelche reelle Zahlen $a_i$, wobei wir $\boldsymbol{b}_1 = 1$, $\boldsymbol{b}_2 = x$, …, $\boldsymbol{b}_{n+1} = x^n$ definiert haben. Die Vektoren $\boldsymbol{b}_1 = 1$, $\boldsymbol{b}_2 = x$, $\boldsymbol{b}_3 = x^2$, …, $\boldsymbol{b}_{n+1} = x^n$ sind linear unabhängig, denn der Vektor $a_0 \boldsymbol{b}_1 + a_1 \boldsymbol{b}_2 + \cdots + a_n \boldsymbol{b}_{n+1} = a_0 1 + a_1 x + a_1 x^2 + \cdots + a_n x^n$ kann nur dann der Nullvektor (Nullpolynomfunktion) sein, also

$$\boldsymbol{o} = a_0 \boldsymbol{b}_1 + a_1 \boldsymbol{b}_2 + \cdots + a_n \boldsymbol{b}_{n+1} = a_0 1 + a_1 x + a_1 x^2 + \cdots + a_n x^n$$

wenn alle Koeffizienten null sind, also $a_i = 0$ für alle $i$ von $i = 1 : n$. Damit bilden die Vektoren $\boldsymbol{b}_1 = 1$, $\boldsymbol{b}_2 = x$, $\boldsymbol{b}_3 = x^2$, …, $\boldsymbol{b}_{n+1} = x^n$ eine Basis von $\mathbb{R}_{\leq n}[x]$. Man nennt $\{1, x, x^2, \ldots, x^n\}$ die *natürliche Basis von* $\mathbb{R}_{\leq n}[x]$. Da es $n+1$ Basisvektoren gibt, ist die Dimension des Vektorraumes $\mathbb{R}_{\leq n}[x]$ folglich $n + 1$.

Beachten Sie, dass der Vektorraum der Polynomfunktionen $\mathbb{R}[x]$ (ohne Beschränkung an den Grad) keine endliche Dimension hat; er ist unendlich dimensional. ∎

**Beispiel 5.31** (Dimension von $\mathbb{R}^\infty$)**.** Der Vektorraum $\mathbb{R}^\infty$ aller reellen Zahlenfolgen $(a_n)$ ist unendlich dimensional. Wäre seine Dimension nämlich endlich, so müsste eine Zahl $k \in \mathbb{N}$ existieren, so dass der Vektorraum eine Basis mit $k$ Vektoren besitzt. Dann kann es aber keine Menge linear unabhängiger Vektoren geben, die mehr als $k$ Elemente hat. Jedoch gelingt es (wie groß $k$ auch immer gewählt sein möge) mühelos, $k+1$ linear unabhängige Vektoren von $\mathbb{R}^\infty$ anzugeben, nämlich die reellen Zahlenfolgen:

$$(a_n) = (\underset{1}{1}, 0, \ldots), \quad (b_n) = (0, \underset{2}{1}, 0, \ldots), \quad \ldots,$$
$$(k_n) = (0, \ldots, 0, \underset{k}{1}, 0, \ldots), \quad (l_n) = (0, \ldots, 0, \underset{k+1}{1}, 0, \ldots).$$

Somit gibt es keine Begrenzung der Anzahl linear unabhängiger Vektoren und daher keine endliche Basis des Vektorraumes $\mathbb{R}^\infty$ aller reellen Zahlenfolgen. Der Vektorraum ist unendlich dimensional. ■

Wir geben noch ein paar Tipps. Ob $r$ Vektoren $\boldsymbol{v}_1$, $\boldsymbol{v}_2$, …, $\boldsymbol{v}_r$ aus $\mathbb{R}^n$ linear abhängig oder unabhängig sind, lässt sich grob so beschreiben:

- Für $r > n$ können die Vektoren nur linear abhängig sein, denn die Dimension von $\mathbb{R}^n$ ist gleich $n$. Insbesondere können die Vektoren keine Basis des $\mathbb{R}^n$ sein.
- Für $r = n$ können die Vektoren linear abhängig oder linear unabhängig sein. Sind sie linear unabhängig, dann bilden sie such eine Basis des $\mathbb{R}^n$.

  Allgemein gilt, dass in einem Vektorraum der Dimension $n$ jede Basis aus genau $n$ linear unabhängigen Vektoren besteht und umgekehrt, dass jede Menge von $n$ linear unabhängigen Vektoren eine Basis bildet.
- Für $r < n$ können die Vektoren linear abhängig oder linear unabhängig sein. Sie bilden aber niemals eine Basis des $\mathbb{R}^n$, denn auch wenn sie linear unabhängig sind, lassen sich mit ihnen nicht alle Vektoren aus $\mathbb{R}^n$ als Linearkombinationen darstellen.

## 5.14. Die Struktur der Lösungsmenge von $\boldsymbol{Ax} = \boldsymbol{b}$

Der nächste Satz 5.14 liefert einen Zusammenhang zwischen der Lösungsmenge eines inhomogenen Gleichungssystems $\boldsymbol{Ax} = \boldsymbol{b}$ und dem Lösungsraum des zugehörigen homogenen Systems $\boldsymbol{Ax} = \boldsymbol{o}$.

**Satz 5.14** (Beschreibung aller Lösungen von $\boldsymbol{Ax} = \boldsymbol{b}$. Allgemeine Lösung). *Es ist $\bar{\boldsymbol{x}}$ eine Lösung des inhomogenen Gleichungssystems $\boldsymbol{Ax} = \boldsymbol{b}$ und $\{\boldsymbol{v}_1, \boldsymbol{v}_2, \ldots, \boldsymbol{v}_r\}$ eine Basis des Nullraumes von $\boldsymbol{A}$. Ein Vektor $\boldsymbol{x}$ ist genau dann eine Lösung von $\boldsymbol{Ax} = \boldsymbol{b}$, wenn er die Darstellung*

$$\boldsymbol{x} = \bar{\boldsymbol{x}} + c_1\boldsymbol{v}_1 + c_2\boldsymbol{v}_2 + \cdots + c_r\boldsymbol{v}_r$$

*mit reellen Zahlen $c_1, c_2, \ldots, c_r$ besitzt.*

*Beweis.* Wir müssen zwei Richtungen zeigen. Erste Richtung: Ist $\boldsymbol{x}$ eine Lösung von $\boldsymbol{Ax} = \boldsymbol{b}$, dann hat sie die Darstellung $\boldsymbol{x} = \bar{\boldsymbol{x}} + c_1\boldsymbol{v}_1 + c_2\boldsymbol{v}_2 + \cdots + c_r\boldsymbol{v}_r$. Zweite Richtung: Hat $\boldsymbol{x}$ die Form $\boldsymbol{x} = \bar{\boldsymbol{x}} + c_1\boldsymbol{v}_1 + c_2\boldsymbol{v}_2 + \cdots + c_r\boldsymbol{v}_r$, dann ist $\boldsymbol{x}$ eine Lösung von $\boldsymbol{Ax} = \boldsymbol{b}$.
Erstens: Ist $\boldsymbol{x}$ Lösung des Systems, so gilt $\boldsymbol{A}\bar{\boldsymbol{x}} = \boldsymbol{b}$ und $\boldsymbol{Ax} = \boldsymbol{b}$, woraus durch Subtraktion $\boldsymbol{Ax} - \boldsymbol{A}\bar{\boldsymbol{x}} = \boldsymbol{o}$ oder $\boldsymbol{A}(\boldsymbol{x} - \bar{\boldsymbol{x}}) = \boldsymbol{o}$ folgt. Damit ist der Vektor $\boldsymbol{x} - \bar{\boldsymbol{x}}$ eine Lösung des homogenen Systems $\boldsymbol{Ax} = \boldsymbol{o}$. Da die Vektoren $\{\boldsymbol{v}_1, \boldsymbol{v}_2, \ldots, \boldsymbol{v}_r\}$ eine Basis des Nullraumes von $\boldsymbol{A}$ bilden, gibt es Skalare $c_1$, $c_2$, ..., $c_r$ mit

$$\boldsymbol{x} - \bar{\boldsymbol{x}} = c_1\boldsymbol{v}_1 + c_2\boldsymbol{v}_2 + \cdots + c_r\boldsymbol{v}_r,$$

woraus die Darstellung

$$\boldsymbol{x} = \bar{\boldsymbol{x}} + c_1\boldsymbol{v}_1 + c_2\boldsymbol{v}_2 + \cdots + c_r\boldsymbol{v}_r$$

folgt.
Zweitens: Es ist nun $\boldsymbol{x}$ ein Vektor der Form $\boldsymbol{x} = \bar{\boldsymbol{x}} + c_1\boldsymbol{v}_1 + c_2\boldsymbol{v}_2 + \cdots + c_r\boldsymbol{v}_r$. Dann gilt $\boldsymbol{Ax} = \boldsymbol{A}(\bar{\boldsymbol{x}} + c_1\boldsymbol{v}_1 + c_2\boldsymbol{v}_2 + \cdots + c_r\boldsymbol{v}_r) = \boldsymbol{A}\bar{\boldsymbol{x}} + c_1(\boldsymbol{A}\boldsymbol{v}_1) + c_2(\boldsymbol{A}\boldsymbol{v}_2) + \cdots + c_r(\boldsymbol{A}\boldsymbol{v}_r) = \boldsymbol{A}\bar{\boldsymbol{x}}$, da alle $\boldsymbol{v}_i$ im Nullraum von $\boldsymbol{A}$ liegen. Damit gilt $\boldsymbol{Ax} = \boldsymbol{b}$, also ist $\boldsymbol{x}$ eine Lösung des inhomogenen Systems, was zu beweisen war. □

Der Vektor $\bar{\boldsymbol{x}}$ ist eine **Lösung** (**Teillösung**, **spezielle Lösung**) und die Summe ist die **allgemeine Lösung** des Systems $\boldsymbol{Ax} = \boldsymbol{b}$. Der Ausdruck $c_1\boldsymbol{v}_1 + c_2\boldsymbol{v}_2 + \cdots + c_r\boldsymbol{v}_r$ wird **allgemeine Lösung** von $\boldsymbol{Ax} = \boldsymbol{o}$ genannt. Vergleichen Sie hierzu Kapitel 1. Somit gilt: *Die allgemeine Lösung von* $\boldsymbol{Ax} = \boldsymbol{b}$ *ist die Summe einer Lösung (Teillösung, spezielle Lösung) und der allgemeinen Lösung des dazugehörigen homogenen Systems* $\boldsymbol{Ax} = \boldsymbol{o}$.

Wir wollen es auf keinen Fall versäumen, diesen Satz für Gleichungssysteme mit zwei oder drei Variablen im $\mathbb{R}^2$ und $\mathbb{R}^3$ geometrisch zu interpretieren. Der Lösungsraum eines homogenen Systems $\boldsymbol{Ax} = \boldsymbol{o}$ mit zwei Variablen ist ein Unterraum des $\mathbb{R}^2$, also entweder eine Gerade durch den Koordinatenursprung, der Nullvektorraum $\{\boldsymbol{o}\}$ oder der ganze Raum $\mathbb{R}^2$. Damit ergibt sich die allgemeine Lösung von $\boldsymbol{Ax} = \boldsymbol{b}$ durch Addition einer Teillösung $\bar{\boldsymbol{x}}$ zu den Lösungen von $\boldsymbol{Ax} = \boldsymbol{o}$. Geometrisch entspricht das einer Verschiebung des Lösungsraumes von $\boldsymbol{Ax} = \boldsymbol{o}$ um $\bar{\boldsymbol{x}}$, sodass wir als Lösungsmenge den Punkt $\bar{\boldsymbol{x}}$, eine Gerade durch $\bar{\boldsymbol{x}}$, eine Ebene durch $\bar{\boldsymbol{x}}$ oder den ganzen Raum $\mathbb{R}^2$ erhalten. Das Bild 5.8 zeigt diese Situation für den Fall, dass wir eine Gerade als Lösungsmenge von $\boldsymbol{Ax} = \boldsymbol{b}$ haben. Hierbei ist $\boldsymbol{x}_N$ eine Lösung des homogenen Systems und $\bar{\boldsymbol{x}}$ eine spezielle Lösung des inhomogenen Systems.

Analog ergibt sich die Lösungsmenge eines Systems mit drei Variablen durch Verschiebung eines Unterraumes von $\mathbb{R}^3$ um eine Teillösung $\bar{\boldsymbol{x}}$; man erhält also den Punkt $\bar{\boldsymbol{x}}$, eine Gerade durch $\bar{\boldsymbol{x}}$, eine Ebene durch $\bar{\boldsymbol{x}}$ oder den ganzen Raum $\mathbb{R}^3$.

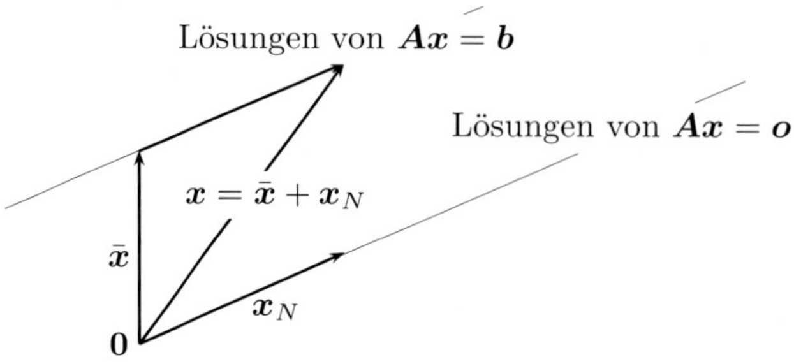


Bild 5.8.: Alle Lösungen von $\boldsymbol{Ax} = \boldsymbol{b}$

**Beispiel 5.32.** Wir betrachten das inhomogene Gleichungssystem

$$\begin{aligned} x_1 + 2x_2 &= 4 \\ 3x_1 + 6x_2 &= 12 \end{aligned}$$

aus Beispiel 1.15. Dort haben wir bereits festgestellt, dass das System unendlich viele Lösungen hat. Schreiben Sie nun die allgemeine Lösung als Summe einer speziellen Lösung des inhomogenen und der allgemeinen Lösung des homogenen Systems.

*Lösung.* Die allgemeine Lösung des homogenen Gleichungssystems kennen wir bereits aus Beispiel 5.10; sie hat die Form $t(-2, 1)$, $t \in \mathbb{R}$. Eine spezielle Lösung des inhomogenen Systems ist $(2, 1)$. Daher ist die allgemeine Lösung durch

$$\boldsymbol{x} = \begin{bmatrix} 2 \\ 1 \end{bmatrix} + t \begin{bmatrix} -2 \\ 1 \end{bmatrix}, \qquad t \in \mathbb{R}$$

gegeben. Da $(4, 0)$ ebenfalls eine spezielle Lösung des inhomogenen Systems ist, kann die allgemeine Lösung auch als

$$\boldsymbol{x} = \begin{bmatrix} 4 \\ 0 \end{bmatrix} + t \begin{bmatrix} -2 \\ 1 \end{bmatrix}, \qquad t \in \mathbb{R}$$

angegeben werden. ∎

Direkt aus Satz 5.14 kann man ablesen, dass ein lösbares inhomogenes Gleichungssystem genau dann eindeutig lösbar ist, wenn das dazugehörige homogene System nur die triviale Lösung besitzt. In diesem Fall besteht der Nullraum der Koeffizientenmatrix nur aus dem Nullvektor.

**Beispiel 5.33.** Begründen Sie mit der eben gemachten Aussage, dass das lineare Gleichungssystem

$$\begin{bmatrix} 1 & -2 \\ 3 & 2 \end{bmatrix} \begin{bmatrix} x_1 \\ x_2 \end{bmatrix} = \begin{bmatrix} b_1 \\ b_2 \end{bmatrix}$$

für jede rechte Seite $\boldsymbol{b}$ genau eine Lösung hat.

*Lösung.* Jedes inhomogene lineare System mit dieser Koeffizientenmatrix ist lösbar, siehe Beispiel 1.50. Da der Nullraum der Koeffizientenmatrix nur aus dem Nullvektor besteht, muss die Lösung eindeutig sein. ■

## 5.15. Lineare Gleichungssysteme. Zeilen- und Spaltenbild

Ist ein lineares Gleichungssystem $\boldsymbol{Ax} = \boldsymbol{b}$ mit $\boldsymbol{A} \in \mathbb{R}^{m \times n}$ und $\boldsymbol{b} \in \mathbb{R}^m$ gegeben, so gehören dazu auch zwei Vektorräume, nämlich der Vektorraum $\mathbb{R}^m$ und der Vektorraum $\mathbb{R}^n$ (für $m = n$ sind sie natürlich gleich). Aus diesem Grund haben wir auch zwei Möglichkeiten auf lineare Gleichungssysteme zu „schauen". Zum einen kann man das Gleichungssystem *zeilenweise* und zum anderen *spaltenweise* betrachten. Betrachtet man es zeilenweise, so im Raum $\mathbb{R}^n$, betrachtet man es spaltenweise, so im Raum $\mathbb{R}^m$.

Jede Gleichung $\boldsymbol{z}_i^{\mathrm{T}}\boldsymbol{x} = b_i$, $i = 1, \ldots, m$, ($\boldsymbol{z}_i^{\mathrm{T}}$ sind die Zeilenvektoren von $\boldsymbol{A}$) bestimmt eine sogenannte „Hyperebene" im Raum $\mathbb{R}^n$. Im Fall $n = 3$ sind die Hyperebenen natürlich richtige Ebenen und im Fall $n = 2$ sind das Geraden. Ein lineares Gleichungssystem ist genau dann lösbar, wenn die $m$ Hyperebenen im Raum $\mathbb{R}^n$ mindestens einen gemeinsamen Schnittpunkt haben. Haben sie das nicht, so ist das Gleichungssystem unlösbar. Man spricht bei dieser Vorstellung vom *Zeilenbild.*

Es gibt auch ein *Spaltenbild.* Hierzu betrachtet man die Spalten von $\boldsymbol{A}$ und die rechte Seite $\boldsymbol{b}$ als Vektoren im Raum $\mathbb{R}^m$. Ein lineares Gleichungssystem $\boldsymbol{Ax} = \boldsymbol{b}$ ist genau dann lösbar, wenn die rechte Seite $\boldsymbol{b}$ im Spaltenraum von $\boldsymbol{A}$ liegt (Satz 5.9). Dann nämlich kann der Vektor $\boldsymbol{b}$ mit den Spaltenvektoren von $\boldsymbol{A}$ linear kombiniert werden. Sind die Spalten darüber hinaus linear unabhängig (bilden also eine Basis vom Spaltenraum), so ist das lineare Gleichungssystem eindeutig lösbar. Liegt der Vektor $\boldsymbol{b}$ nicht im Spaltenraum von $\boldsymbol{A}$, so ist das Gleichungssystem unlösbar.

**Beispiel 5.34** (Lineares Gleichungssystem. Zeilen- und Spaltenbild)**.** Das lineare Gleichungssystem

$$\underbrace{\begin{bmatrix} 1 & -2 \\ 3 & 2 \end{bmatrix}}_{\boldsymbol{A}} \underbrace{\begin{bmatrix} x_1 \\ x_2 \end{bmatrix}}_{\boldsymbol{x}} = \underbrace{\begin{bmatrix} 1 \\ 11 \end{bmatrix}}_{\boldsymbol{b}}.$$

hat die (eindeutige) Lösung $\boldsymbol{x} = (3, 1)$. Diskutieren Sie dieses lineare Gleichungssystem zeilenweise (Zeilenbild) und spaltenweise (Spaltenbild).

*Lösung.* Zunächst das Zeilenbild. Das Gleichungssystem besteht aus zwei Gleichungen: $x_1 - 2x_2 = 1$ und $3x_1 + 2x_2 = 11$. Jede Gleichung bestimmt eine Gerade im Raum $\mathbb{R}^2$, die sich im Lösungspunkt $\boldsymbol{x} = (3, 1)$ schneiden, siehe Bild 5.9 (linkes Bild).

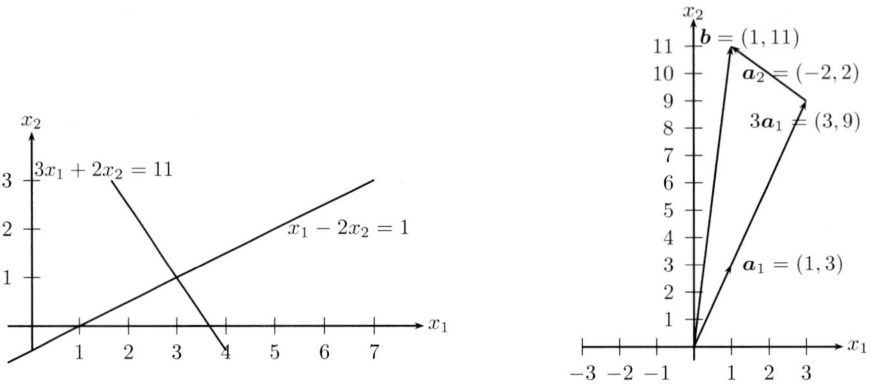


Bild 5.9.: Zeilen- und Spaltenbild

Jetzt das Spaltenbild. Die Matrix $\boldsymbol{A}$ besteht aus den beiden Spaltenvektoren $\boldsymbol{a}_1 = (1, 3)$ und $\boldsymbol{a}_2 = (-2, 2)$, die im Raum $\mathbb{R}^2$ liegen. Da diese beiden Spaltenvektoren lineare unabhängig sind, kann der Vektor $\boldsymbol{b} = (1, 11)$ eindeutig als Linearkombination mit diesen geschrieben werden, wobei die Koeffizienten die Koordinaten des Lösungsvektors $\boldsymbol{x} = (3, 1)$ sind:

$$3\boldsymbol{a}_1 + 1\boldsymbol{a}_2 = 3\begin{bmatrix} 1 \\ 3 \end{bmatrix} + 1\begin{bmatrix} -2 \\ 2 \end{bmatrix} = \begin{bmatrix} 1 \\ 11 \end{bmatrix} = \boldsymbol{b}$$

Das Bild 5.9 (rechtes Bild) zeigt die Spalteninterpretation grafisch. ∎

Wir diskutieren den Fall $n = 2$ und $m \geq 1$ ausführlicher. Zunächst das Zeilenbild. Liegt ein lineares Gleichungssystem mit zwei Variablen vor, dann beschreibt jede der $m$ Gleichungen (Zeilen) eine Gerade in $\mathbb{R}^2$. Haben alle Geraden genau einen Schnittpunkt, so ist das Gleichungssystem eindeutig lösbar (regulärer Fall). Sind die Geraden parallel, so gibt es entweder keinen Schnittpunkt (keine Lösung; singulärer Fall) oder die Geraden sind gleich (unendlich viele Lösungen; singulärer Fall).

Jetzt das Spaltenbild. Hierzu betrachten wir die beiden Spalten ($n = 2$) der Matrix $\boldsymbol{A}$ und die rechte Seite $\boldsymbol{b}$ als Vektoren im Raum $\mathbb{R}^m$. Die beiden Spaltenvektoren spannen eine Ebene (Spaltenraum) im Raum $\mathbb{R}^m$ auf, wenn sie linear unabhängig sind. Liegt der Vektor $\boldsymbol{b}$ auf dieser Ebene, so kann er mit den beiden Spaltenvektoren linear kombiniert werden. Die Koeffizienten der Linearkombination sind dann die Koordinaten des Lösungsvektors. Liegt er nicht auf dieser Ebene, so gibt es keine Lösung. Spannen die beiden Spaltenvektoren nur eine Gerade auf (sie sind dann linear abhängig), so gibt es eine Lösung, wenn $\boldsymbol{b}$ auf dieser Geraden liegt; es gibt dann sogar unendlich viele Lösungen. Liegt der Vektor $\boldsymbol{b}$ nicht auf dieser Geraden, so gibt es keine Lösung.

## 5.16. Basen für die vier Fundamentalräume

Wir gehen nun der Frage nach, wie wir Basen für die vier Fundamentalräume finden können?

Zunächst stellen wir fest, dass wir in Wirklichkeit nur Verfahren für den Nullraum und den Zeilenraum kennen müssen. Kennen wir nämlich ein Verfahren, um eine Basis für $N(\boldsymbol{A})$ zu bestimmen, so können wir das gleiche Verfahren auf die Matrix $\boldsymbol{A}^{\mathrm{T}}$ anwenden und erhalten so eine Basis für $N(\boldsymbol{A}^{\mathrm{T}})$. Analog müssen wir nur ein Verfahren zur Bestimmung einer Basis von $Z(\boldsymbol{A})$ kennen. Dieses können wir dann auf die Matrix $\boldsymbol{A}^{\mathrm{T}}$ anwenden und erhalten wegen $S(\boldsymbol{A}) = Z(\boldsymbol{A}^{\mathrm{T}})$ eine Basis für den Spaltenraum von $\boldsymbol{A}$.

Unsere Konstruktionen führen über elementare Zeilenumformungen. Schon im Kapitel 1 haben wir elementare Zeilenumformungen zum Lösen von linearen Gleichungssystemen eingesetzt, da sie die Lösungsmenge nicht ändern. Folglich lassen sie auch den Nullraum einer Matrix $\boldsymbol{A} \in \mathbb{R}^{m \times n}$ unverändert, der nach Definition gerade der Lösungsraum des linearen homogenen Gleichungssystems $\boldsymbol{Ax} = \boldsymbol{o}$ ist.

Es bleibt nicht nur der Nullraum einer Matrix unter elementaren Zeilenumformungen erhalten. Klar ist auch, dass elementare Zeilenumformungen den Zeilenraum einer Matrix nicht ändern können. Somit ist folgender Satz wahr und Grundlage für alle weiteren Überlegungen in diesem Abschnitt.

**Satz 5.15.** *Elementare Zeilenumformungen ändern den Nullraum und den Zeilenraum einer Matrix nicht.*

Der Satz 5.15 kann auch wie folgt ausgedrückt werden. Entsteht die Matrix $\boldsymbol{Z}$ aus der Matrix $\boldsymbol{A}$ durch elementare Zeilenvertauschungen, so gilt: $N(\boldsymbol{A}) = N(\boldsymbol{Z})$ und $Z(\boldsymbol{A}) = Z(\boldsymbol{Z})$.

Der Satz 5.15 ist nun grundlegend für die Konstruktion sowohl einer Nullraum- als auch einer Zeilenraumbasis. Die Idee beider Konstruktionen besteht nun darin, die gegebene

Matrix $\boldsymbol{A}$ auf (reduzierte) Zeilenstufenform $\boldsymbol{Z}$ zu bringen, und davon ausgehend, geeignete Basen zu konstruieren. Dies ist erlaubt, denn Satz 5.15 besagt, dass sich die entsprechenden Räume nicht ändern. Von der Matrix $\boldsymbol{Z}$ lassen sich die gewünschten Basen dann leichter ablesen.

### Konstruktion einer Basis für den Nullraum

Bitte beachten Sie, dass die Konstruktion einer Basis für den Nullraum einer Matrix $\boldsymbol{A}$ gleichbedeutend ist mit der Konstruktion einer Basis für das lineare homogene Gleichungssystem $\boldsymbol{Ax} = \boldsymbol{o}$. Basen für lineare homogene Gleichungssysteme spielen in der Theorie von *Eigensystemen (Eigenwerte und Eigenvektoren)* eine außerordentlich große Rolle, siehe Kapitel 11.

Wir zeigen im Folgenden die Konstruktion einer Basis des Nullraumes einer Matrix an einem Beispiel. Die allgemeine Konstruktion verläuft vollkommen analog. Als Beispiel wählen wir die Matrix (siehe Kapitel 1)

$$\boldsymbol{A} = \begin{bmatrix} 1 & 1 & 4 & 1 & 2 \\ 0 & 1 & 2 & 1 & 1 \\ 0 & 0 & 0 & 1 & 2 \\ 1 & -1 & 0 & 0 & 2 \\ 2 & 1 & 6 & 0 & 1 \end{bmatrix}$$

und stellen uns die Aufgabe, eine Basis des Nullraumes dieser Matrix $\boldsymbol{A}$ zu konstruieren. Wir können auch sagen: Wir wollen eine Basis des Lösungsraumes des dazugehörigen linearen homogenen Gleichungssystems

$$\underbrace{\begin{bmatrix} 1 & 1 & 4 & 1 & 2 \\ 0 & 1 & 2 & 1 & 1 \\ 0 & 0 & 0 & 1 & 2 \\ 1 & -1 & 0 & 0 & 2 \\ 2 & 1 & 6 & 0 & 1 \end{bmatrix}}_{\boldsymbol{A}} \underbrace{\begin{bmatrix} x_1 \\ x_2 \\ x_3 \\ x_4 \\ x_5 \end{bmatrix}}_{\boldsymbol{x}} = \underbrace{\begin{bmatrix} 0 \\ 0 \\ 0 \\ 0 \\ 0 \end{bmatrix}}_{\boldsymbol{o}}$$

bestimmen. Die erweitere Koeffizientenmatrix ist

$$\left[\begin{array}{ccccc|c} 1 & 1 & 4 & 1 & 2 & 0 \\ 0 & 1 & 2 & 1 & 1 & 0 \\ 0 & 0 & 0 & 1 & 2 & 0 \\ 1 & -1 & 0 & 0 & 2 & 0 \\ 2 & 1 & 6 & 0 & 1 & 0 \end{array}\right].$$

Durch elementare Zeilenumformungen erhält man die folgende reduzierte Zeilenstufenform (siehe Kapitel 1. Auch mit der MATLAB-Funktion `rref` können Sie dies bestätigen):

$$\left[\begin{array}{ccccc|c} 1 & 0 & 2 & 0 & 1 & 0 \\ 0 & 1 & 2 & 0 & -1 & 0 \\ 0 & 0 & 0 & 1 & 2 & 0 \\ 0 & 0 & 0 & 0 & 0 & 0 \\ 0 & 0 & 0 & 0 & 0 & 0 \end{array}\right]$$

und als zugehöriges Gleichungssystem

$$\begin{aligned} x_1 + 2x_3 + x_5 &= 0 \\ x_2 + 2x_3 - x_5 &= 0 \\ x_4 + 2x_5 &= 0. \end{aligned}$$

Auflösen nach den führenden Variablen liefert

$$\begin{aligned} x_1 &= -2x_3 - x_5 \\ x_2 &= -2x_3 + x_5 \\ x_4 &= -2x_5. \end{aligned}$$

Mit $x_5 = t$, $t \in \mathbb{R}$, und $x_3 = s$, $s \in \mathbb{R}$, erhalten wir die allgemeine Lösung:

$$x_1 = -2s - t, \quad x_2 = -2s + t, \quad x_3 = s, \quad x_4 = -2t, \quad x_5 = t$$

bzw.

$$\boldsymbol{x} = \begin{bmatrix} x_1 \\ x_2 \\ x_3 \\ x_4 \\ x_5 \end{bmatrix} = \begin{bmatrix} -2s - t \\ -2s + t \\ s \\ -2t \\ t \end{bmatrix} = \begin{bmatrix} -2s \\ -2s \\ s \\ 0 \\ 0 \end{bmatrix} + \begin{bmatrix} -t \\ t \\ 0 \\ -2t \\ t \end{bmatrix} = s \begin{bmatrix} -2 \\ -2 \\ 1 \\ 0 \\ 0 \end{bmatrix} + t \begin{bmatrix} -1 \\ 1 \\ 0 \\ -2 \\ 1 \end{bmatrix}.$$

Also spannen die Vektoren $\boldsymbol{x}_1 = (-2, -2, 1, 0, 0)$ und $\boldsymbol{x}_2 = (-1, 1, 0, -2, 1)$ den Lösungsraum von $\boldsymbol{A}\boldsymbol{x} = \boldsymbol{o}$ auf. Da sie außerdem linear unabhängig sind, bilden sie eine Basis vom Lösungsraum bzw. vom Nullraum von $\boldsymbol{A}$. Der Raum hat die Dimension zwei.

In analoger Weise können wir zu jeder Matrix eine Basis für den dazugehörigen Nullraum bestimmen. Wir geben noch ein weiteres Beispiel zur Basisbestimmung eines Nullraumes.

**Beispiel 5.35** (Nullraumbasis)**.** Bestimmen Sie eine Basis des Nullraumes der Matrix

$$\boldsymbol{A} = \begin{bmatrix} 1 & 2 \\ 3 & 6 \end{bmatrix}.$$

*Lösung.* Nach Definition ist der Nullraum von $\boldsymbol{A}$ der Lösungsraum des homogenen Systems

$$\begin{aligned} x_1 + 2x_2 &= 0 \\ 3x_1 + 6x_2 &= 0. \end{aligned}$$

Dieses System ist äquivalent zur Gleichung $x_1 + 2x_2 = 0$. Vergleichen Sie hierzu Beispiel 5.10. Die allgemeine Lösung ist durch $\boldsymbol{x} = t(-2, 1)$, $t \in \mathbb{R}$, gegeben. Damit kann der Vektor $(-2, 1)$ als Basisvektor des Nullraumes von $\boldsymbol{A}$ gewählt werden. ∎

### Konstruktion einer Basis für den Zeilenraum

Eine Zeilenraumbasis lässt sich noch einfacher bestimmen als eine Nullraumbasis. Dazu dient folgender Satz.

**Satz 5.16.** *Es ist $\boldsymbol{Z}$ eine Matrix in Zeilenstufenform. Die vom Nullvektor verschiedenen Zeilenvektoren von $\boldsymbol{Z}$ bilden eine Basis des Zeilenraumes von $\boldsymbol{Z}$.*

**Beispiel 5.36.** Bestimmen Sie eine Basis des Zeilenraumes der Matrix

$$\boldsymbol{Z} = \begin{bmatrix} 1 & 2 & 4 & 0 & 1 \\ 0 & 1 & 2 & 0 & 0 \\ 0 & 0 & 0 & 1 & 0 \\ 0 & 0 & 0 & 0 & 0 \end{bmatrix}.$$

*Lösung.* Die Matrix $\boldsymbol{Z}$ hat Zeilenstufenform. Folglich bilden nach Satz 5.16 die drei Vektoren $(1, 2, 4, 0, 1)$, $(0, 1, 2, 0, 0)$ und $(0, 0, 0, 1, 0)$ eine Basis für den Zeilenraum von $\boldsymbol{Z}$ in $\mathbb{R}^5$. ∎

Die allgemeine Strategie ist nun klar. Ausgehend von der gegebenen Matrix $\boldsymbol{A}$ berechnen wir zunächst die (reduzierte) Zeilenstufenmatrix $\boldsymbol{Z}$. Von dieser können wir dann leicht eine Zeilenraumbasis ablesen. Diese ist dann unsere gewünschte Zeilenraumbasis von $\boldsymbol{A}$.

**Beispiel 5.37.** Bestimmen Sie eine Basis des Zeilenraumes der Matrix

$$\boldsymbol{A} = \begin{bmatrix} 1 & 1 & 4 & 1 & 2 \\ 0 & 1 & 2 & 1 & 1 \\ 0 & 0 & 0 & 1 & 2 \\ 1 & -1 & 0 & 0 & 2 \\ 2 & 1 & 6 & 0 & 1 \end{bmatrix}$$

*Lösung.* Durch elementare Zeilenumformungen erhält man aus $\boldsymbol{A}$ die reduzierte Zeilenstufenmatrix

$$\boldsymbol{Z} = \begin{bmatrix} 1 & 0 & 2 & 0 & 1 \\ 0 & 1 & 2 & 0 & -1 \\ 0 & 0 & 0 & 1 & 2 \\ 0 & 0 & 0 & 0 & 0 \\ 0 & 0 & 0 & 0 & 0 \end{bmatrix}$$

Die drei Vektoren $(1,0,2,0,1)$, $(0,1,2,0,-1)$ und $(0,0,0,1,2)$ bilden nun (Satz 5.16) eine Zeilenraumbasis von $\boldsymbol{Z}$. Folglich bilden diese drei Vektoren auch eine Zeilenraumbasis von $\boldsymbol{A}$ (Satz 5.15). ■

### Konstruktion einer Basis für (beliebig) gegebene Vektoren

Die obigen Überlegungen ermöglichen es uns, zu einer Menge von gegebenen Vektoren eine Basis der dazugehörigen linearen Hülle zu konstruieren. Angenommen, die Menge habe $m$ Vektoren aus $\mathbb{R}^n$, dann schreiben wir diese in eine $(m,n)$-Matrix, transformieren die Matrix mit Hilfe von elementaren Zeilenumformungen in (reduzierte) Zeilenstufenform und lesen die Basisvektoren des Zeilenraumes ab.

**Beispiel 5.38** (Basis zu gegebenen Vektoren)**.** Bestimmen Sie eine Basis der linearen Hülle der drei Vektoren $\boldsymbol{v}_1 = (1,0)$, $\boldsymbol{v}_2 = (1,1)$ und $\boldsymbol{v}_3 = (1,2)$.

*Lösung.* Klar ist, dass die Basis höchstens aus zwei Vektoren besteht. Die Vektoren $\boldsymbol{v}_1$, $\boldsymbol{v}_2$ und $\boldsymbol{v}_3$ spannen den Zeilenraum der Matrix

$$\begin{bmatrix} 1 & 0 \\ 1 & 1 \\ 1 & 2 \end{bmatrix}$$

auf. Die Matrix hat die (reduzierte) Zeilenstufenform

$$\begin{bmatrix} 1 & 0 \\ 0 & 1 \\ 0 & 0 \end{bmatrix}.$$

Die vom Nullvektor verschiedenen Zeilenvektoren sind $(1,0)$ und $(0,1)$. Diese Vektoren bilden eine Basis des Zeilenraumes und damit eine Basis der linearen Hülle $Lin(\boldsymbol{v}_1, \boldsymbol{v}_2, \boldsymbol{v}_3)$ der drei gegebenen Vektoren. ■

### Beispiel: Basen für die vier Fundamentalräume

Wir bestimmen nun von der Matrix

$$\boldsymbol{A} = \begin{bmatrix} 1 & 0 \\ 1 & 1 \\ 1 & 2 \end{bmatrix}$$

jeweils eine Basis der vier Fundamentalräume (siehe auch Beispiel 6.7).

Die Spalten der Matrix $\boldsymbol{A}$ sind linear unabhängig, also können wir die beiden Spalten als Basisvektoren für den Spaltenraum von $\boldsymbol{A}$ wählen. Es ist ein zweidimensionaler Unterraum im $\mathbb{R}^3$. Aber auch die beiden Vektoren $(1, 0, -1)$ und $(0, 1, 2)$ sind eine Basis für den Spaltenraum von $\boldsymbol{A}$. Um dies zu sehen, betrachten wir von der Matrix $\boldsymbol{A}^{\mathrm{T}}$ die reduzierte Zeilenstufenmatrix

$$\begin{bmatrix} 1 & 0 & -1 \\ 0 & 1 & 2 \end{bmatrix}.$$

Die Zeilenvektoren sind gerade diese beiden Basisvektoren.

Der Nullraum von $\boldsymbol{A}^{\mathrm{T}}$ ist eine Gerade im $\mathbb{R}^3$ und kann wie folgt parametrisiert werden: $t(1, -2, 1)$, $t \in \mathbb{R}$. Diese Gerade findet man, indem man das lineare System $\boldsymbol{A}^{\mathrm{T}}\boldsymbol{x} = \boldsymbol{o}$ löst. Damit ist zum Beispiel der Vektor $(1, -2, 1)$ ein Basisvektor von $N(\boldsymbol{A}^{\mathrm{T}})$.

Bilden wir die reduzierte Zeilenstufenform von $\boldsymbol{A}$, so erhalten wir

$$\begin{bmatrix} 1 & 0 \\ 0 & 1 \\ 0 & 0 \end{bmatrix}$$

Daher bilden die Vektoren $(1, 0)$ und $(0, 1)$ eine Basis vom Zeilenraum von $\boldsymbol{A}$.

Der Nullraum von $\boldsymbol{A}$ besteht nur aus dem Nullvektor. Dieses Ergebnis finden wir, indem wir $\boldsymbol{Ax} = \boldsymbol{o}$ lösen; $\boldsymbol{x} = \boldsymbol{o}$ ist die einzige Lösung.

## 5.17. Die Dimensionen der vier Fundamentalräume

Es ist $\boldsymbol{A}$ eine reelle $(m, n)$-Matrix. Ist $\boldsymbol{Z}$ eine Zeilenstufenmatrix der Matrix $\boldsymbol{A}$, so gilt nach Satz 5.15: $Z(\boldsymbol{A}) = Z(\boldsymbol{Z})$. Insbesondere haben die beiden Zeilenräume die gleiche Dimension: $\mathrm{Dim}(Z(\boldsymbol{A})) = \mathrm{Dim}(Z(\boldsymbol{Z}))$. Die Spaltenräume von $\boldsymbol{A}$ und $\boldsymbol{Z}$ sind aber im Allgemeinen nicht gleich. Trotzdem aber sind sie gleich groß, das heißt die Dimensionen sind gleich: $\mathrm{Dim}(S(\boldsymbol{A})) = \mathrm{Dim}(S(\boldsymbol{Z}))$. Wieso? Nach Satz 5.15 haben $\boldsymbol{A}$ und $\boldsymbol{Z}$ den gleichen Nullraum, also stimmen die Lösungsmengen der homogenen Systeme $\boldsymbol{Ax} = \boldsymbol{o}$

und $\boldsymbol{Zx} = \boldsymbol{o}$ überein. $\boldsymbol{Ax} = \boldsymbol{o}$ hat genau dann eine nichttriviale Lösung $\boldsymbol{x}$, wenn $\boldsymbol{Zx} = \boldsymbol{o}$ ebenfalls diese Lösung besitzt. Damit sind die Spaltenvektoren von $\boldsymbol{A}$ genau dann linear unabhängig, wenn es die Spaltenvektoren von $\boldsymbol{Z}$ sind. Da dies auch für jede Teilmenge der Spaltenvektoren gilt, ergibt sich: Eine Menge von Spaltenvektoren von $\boldsymbol{A}$ ist genau dann linear unabhängig, wenn die entsprechende Menge der Spaltenvektoren von $\boldsymbol{Z}$ linear unabhängig ist. Eine Menge von Spaltenvektoren von $\boldsymbol{A}$ ist genau dann eine Basis des Spaltenraumes von $\boldsymbol{A}$, wenn die entsprechende Menge der Spaltenvektoren von $\boldsymbol{Z}$ eine Basis des Spaltenraumes von $\boldsymbol{Z}$ ist (Insbesondere sind die Spaltenvektoren von $\boldsymbol{Z}$, die eine führende Eins enthalten, eine Basis des Spaltenraumes von $\boldsymbol{Z}$).

Nach Satz 5.16 sind die Dimensionen von $Z(\boldsymbol{Z})$ und $S(\boldsymbol{Z})$ gleich, denn die Anzahl der vom Nullvektor verschiedenen Zeilenvektoren ist gleich der Anzahl der führenden Einsen. Somit haben der Zeilenraum und der Spaltenraum einer Matrix $\boldsymbol{A}$ die gleiche Dimension: $r = \text{Dim}(Z(\boldsymbol{A})) = \text{Dim}(S(\boldsymbol{A}))$. Für die Matrix $\boldsymbol{A} \in \mathbb{R}^{m \times n}$ ist $\boldsymbol{Ax} = \boldsymbol{o}$ ein homogenes System mit $n$ Variablen. Hierfür gilt: Die Anzahl der führenden Variablen (führenden Einsen) plus die Anzahl der freien Variablen ist gleich $n$, also ist

$$\text{Dim}(S(\boldsymbol{A})) + \text{Dim}(N(\boldsymbol{A})) = r + \text{Dim}(N(\boldsymbol{A})) = n.$$

Mit den gleichen Überlegungen gilt dann für die transponierte Matrix $\boldsymbol{A}^{\mathrm{T}} \in \mathbb{R}^{n \times m}$: $\text{Dim}(S(\boldsymbol{A}^{\mathrm{T}})) + \text{Dim}(N(\boldsymbol{A}^{\mathrm{T}})) = m$ bzw. $\text{Dim}(Z(\boldsymbol{A})) + \text{Dim}(N(\boldsymbol{A}^{\mathrm{T}})) = m$ oder

$$\text{Dim}(S(\boldsymbol{A})) + \text{Dim}(N(\boldsymbol{A}^{\mathrm{T}})) = r + \text{Dim}(N(\boldsymbol{A}^{\mathrm{T}})) = m.$$

Dies alles fassen wir im folgenden Hauptsatz zusammen.

**Hauptsatz 1** (Dimensionen der Fundamentalräume)**.** *Der Zeilenraum und der Spaltenraum einer Matrix $\boldsymbol{A} \in \mathbb{R}^{m \times n}$ haben die gleiche Dimension $r$. Der Nullraum von $\boldsymbol{A}$ hat die Dimension $n - r$ und der Nullraum von $\boldsymbol{A}^T$ hat die Dimension $m - r$.*

Da der Zeilenraum und Spaltenraum einer Matrix $\boldsymbol{A}$ die gleiche Dimension haben, trifft man folgende Vereinbarung. Die Dimension des Zeilenraumes (oder Spaltenraumes) einer Matrix $\boldsymbol{A} \in \mathbb{R}^{m \times n}$ heißt **Rang von $\boldsymbol{A}$**; wir schreiben $\text{Rang}(\boldsymbol{A})$. Damit gilt:

$$\text{Dim}\, Z(\boldsymbol{A}) = \text{Dim}\, S(\boldsymbol{A}) = \text{Rang}(\boldsymbol{A}).$$

Die Tabelle 5.2 fasst die Dimensionen der vier Fundamentalräume zusammen. Da der Spaltenraum einer Matrix $\boldsymbol{A}$ gleich dem Zeilenraum der transponierten Matrix $\boldsymbol{A}^{\mathrm{T}}$ ist, gilt

**Satz 5.17.** *Für jede Matrix $\boldsymbol{A} \in \mathbb{R}^{m \times n}$ gilt $\text{Rang}(\boldsymbol{A}) = \text{Rang}(\boldsymbol{A}^T)$.*

Den Rang einer Matrix kann man berechnen, indem man eine Basis für den Spaltenraum bzw. für den Zeilenraum bestimmt; zum Beispiel über die (reduzierte) Zeilenstufenform, siehe zum Beispiel Aufgabe **??**.

| *Fundamentalraum* | *Dimension* |
|---|---|
| Zeilenraum von $\boldsymbol{A}$ | $r = \text{Rang}(\boldsymbol{A})$ |
| Spaltenraum von $\boldsymbol{A}$ | $r = \text{Rang}(\boldsymbol{A})$ |
| Nullraum von $\boldsymbol{A}$ | $n - r$ |
| Nullraum von $\boldsymbol{A}^{\mathrm{T}}$ | $m - r$ |

Tabelle 5.2.: Dimensionen der vier Fundamentalräume

**Beispiel 5.39.** Verifizieren Sie den Hauptsatz 1 für die Matrix

$$\boldsymbol{A} = \begin{bmatrix} 1 & 2 & 4 & 0 & 1 \\ 0 & 1 & 2 & 0 & 0 \\ 0 & 0 & 0 & 1 & 0 \\ 0 & 0 & 0 & 0 & 0 \end{bmatrix}.$$

*Lösung.* Die Matrix $\boldsymbol{A}$ hat 4 Zeilen und 5 Spalten, also ist $\boldsymbol{A} \in \mathbb{R}^{4\times 5}$. Der Zeilen- und Spaltenraum hat die Dimension 3: $\text{Dim}(S(\boldsymbol{A})) = \text{Dim}(Z(\boldsymbol{A})) = r = 3$. Folglich besitzt der Nullraum von $\boldsymbol{A}$ die Dimension $\text{Dim}(N(\boldsymbol{A})) = \text{Dim}(\mathbb{R}^5) - \text{Dim}(S(\boldsymbol{A})) = 5 - 3 = 2$. Die Anzahl der führenden Einsen ist 3 und die der freien Variablen ist 2. Wegen

$$\text{Dim}(N(\boldsymbol{A}^{\mathrm{T}})) = \text{Dim}(\mathbb{R}^4) - \text{Dim}(S(\boldsymbol{A})) = 4 - 3 = 1$$

hat der Nullraum von $\boldsymbol{A}^{\mathrm{T}}$ die Dimension 1. Zusammenfassend gilt Tabelle 5.3. Die Matrix

| *Fundamentalraum* | *Dimension* |
|---|---|
| Zeilenraum von $\boldsymbol{A}$ | $r = 3$ |
| Spaltenraum von $\boldsymbol{A}$ | $r = 3$ |
| Nullraum von $\boldsymbol{A}$ | $n - r = 5 - 3 = 2$ |
| Nullraum von $\boldsymbol{A}^{\mathrm{T}}$ | $m - r = 4 - 3 = 1$ |

Tabelle 5.3.: Dimensionen der vier Fundamentalräume aus Beispiel 5.39

$\boldsymbol{A}$ hat demnach den Rang 3. ∎

**Beispiel 5.40.** Diskutieren Sie den Hauptsatz 1 für die Matrix

$$\boldsymbol{A} = \begin{bmatrix} 1 & 2 & 3 \end{bmatrix}.$$

*Lösung.* Hier ist $m = 1$, $n = 3$ und $\text{Rang}(\boldsymbol{A}) = 1$. Der Zeilenraum ist eine Gerade im $\mathbb{R}^3$. Der Nullraum ist die Ebene, die durch die Koordinatenform $x_1 + 2x_2 + 3x_3 = 0$ beschrieben wird. Die Ebene hat die Dimension 2 (gleich $3 - 1$). Die Spaltenvektoren dieser Matrix sind Elemente aus $\mathbb{R}^1$! Der Spaltenraum ist $\mathbb{R}^1$. Der Nullraum von $\boldsymbol{A}^{\mathrm{T}}$ besteht nur aus dem Nullvektor; die einzige Lösung von $\boldsymbol{A}^{\mathrm{T}}y = \boldsymbol{o}$ ist $y = 0$. ∎

**Beispiel 5.41.** Diskutieren Sie den Hauptsatz 1 für die Matrix

$$\boldsymbol{A} = \begin{bmatrix} 1 & 2 \\ 3 & 6 \end{bmatrix}.$$

*Lösung.* Hier gilt $m = 2$, $n = 2$ und $\text{Rang}(\boldsymbol{A}) = 1$. Der Zeilenraum ist eindimensional und wird zum Beispiel durch den Vektor $(1, 2)$ aufgespannt. Der Nullraum kann in Koordinatenform durch $x_1 + 2x_2 = 0$ beschrieben werden; er ist eine Gerade im $\mathbb{R}^2$. Der Vektor $(-2, 1)$ ist ein möglicher Basisvektor. Die Spaltenvektoren sind linear abhängig; der Vektor $(1, 3)$ spannt zum Beispiel den Spaltenraum auf. Folglich muss der Nullraum von $\boldsymbol{A}^\mathrm{T}$ die Dimension 1 haben. $(3, -1)$ ist zum Beispiel eine Lösung von $\boldsymbol{A}^\mathrm{T}\boldsymbol{y} = \boldsymbol{o}$; alle Lösungen sind durch $t(3, -1)$ für $t \in \mathbb{R}$ gegeben. ∎

Aus dem Hauptsatz 1 folgt sofort die Gültigkeit des folgenden Satzes.

**Satz 5.18.** *Genau dann, wenn die Matrix $\boldsymbol{A} \in \mathbb{R}^{m \times n}$ den Rang $n$ hat, dann besteht der Nullraum von $\boldsymbol{A}$ nur aus dem Nullvektor, das heißt es ist: $N(\boldsymbol{A}) = \{\boldsymbol{o}\}$.*

## 5.18. Spaltenraum. Zeilenstufenform. Basisergänzungssatz

Ist $\boldsymbol{A} \in \mathbb{R}^{m \times n}$ eine Matrix und $\boldsymbol{Z} \in \mathbb{R}^{m \times n}$ die dazugehörige reduzierte Zeilenstufenmatrix, so sind deren Spaltenräume im Allgemeinen verschieden, also $S(\boldsymbol{A}) \neq S(\boldsymbol{Z})$. Ist zum Beispiel

$$\boldsymbol{A} = \begin{bmatrix} 1 & 2 \\ 3 & 6 \end{bmatrix}, \qquad \boldsymbol{Z} = \begin{bmatrix} 1 & 2 \\ 0 & 0 \end{bmatrix}$$

so ist $S(\boldsymbol{A}) = \{t(1, 3), t \in \mathbb{R}\} \neq \{t(1, 0), t \in \mathbb{R}\} = S(\boldsymbol{Z})$. Die Spaltenvektoren von $\boldsymbol{A}$ und die Spaltenvektoren von $\boldsymbol{Z}$ besitzen aber die gleiche Abhängigkeitsbeziehungen. Wir betrachten dazu ein Beispiel.

**Beispiel 5.42.** Die Matrix (siehe Aufgabe 1.53)

$$\boldsymbol{A} = \begin{bmatrix} 1 & 1 & 4 & 1 & 2 \\ 0 & 1 & 2 & 1 & 1 \\ 0 & 0 & 0 & 1 & 2 \\ 1 & -1 & 0 & 0 & 2 \\ 2 & 1 & 6 & 0 & 1 \end{bmatrix}$$

besitzt die reduzierte Zeilenstufenform

$$\boldsymbol{Z} = \begin{bmatrix} 1 & 0 & 2 & 0 & 1 & 0 \\ 0 & 1 & 2 & 0 & -1 & 0 \\ 0 & 0 & 0 & 1 & 2 & 0 \\ 0 & 0 & 0 & 0 & 0 & 0 \\ 0 & 0 & 0 & 0 & 0 & 0 \end{bmatrix}.$$

Die Spaltenvektoren $\boldsymbol{z}_1$, $\boldsymbol{z}_2$ und $\boldsymbol{z}_4$ von $\boldsymbol{Z}$ sind linear unabhängig (das sind die mit einer führenden Eins), während $\boldsymbol{z}_3 = 2\boldsymbol{z}_1 + 2\boldsymbol{z}_2$ und $\boldsymbol{z}_5 = \boldsymbol{z}_1 + (-1)\boldsymbol{z}_2 + 2\boldsymbol{z}_3$ ist. Die gleichen Beziehungen gelten für die Spalten von $\boldsymbol{A}$. Die Spaltenvektoren $\boldsymbol{a}_1$, $\boldsymbol{a}_2$ und $\boldsymbol{a}_4$ von $\boldsymbol{A}$ sind linear unabhängig, während $\boldsymbol{a}_3 = 2\boldsymbol{a}_1 + 2\boldsymbol{a}_2$ und $\boldsymbol{a}_5 = \boldsymbol{a}_1 + (-1)\boldsymbol{a}_2 + 2\boldsymbol{a}_3$ ist. ∎

Dies ist kein Zufall, sondern immer so. Begründung: $\boldsymbol{Ax} = \boldsymbol{o}$ genau dann, wenn $\boldsymbol{Zx} = \boldsymbol{o}$ ist. Mit der (reduzierten) Zeilenstufenmatrix $\boldsymbol{Z}$ können wir Abhängigkeiten der Spaltenvektoren von $\boldsymbol{A}$ aufdecken.

**Beispiel 5.43.** Schreiben Sie von der Matrix

$$\boldsymbol{A} = \begin{bmatrix} 2 & -4 & -8 & 6 & 3 \\ 0 & 1 & 3 & 2 & 3 \\ 3 & -2 & 0 & 0 & 8 \end{bmatrix}$$

jeden abhängigen Spaltenvektor als Linearbombination der linear unabhängigen Spaltenvektoren.

*Lösung.* Die reduzierte Zeilenstufenmatrix von $\boldsymbol{A}$ ist

$$\boldsymbol{Z} = \begin{bmatrix} 1 & 0 & 2 & 0 & 4 \\ 0 & 1 & 3 & 0 & 2 \\ 0 & 0 & 0 & 1 & \frac{1}{2} \end{bmatrix}.$$

Somit ist

$$\boldsymbol{z}_3 = 2\boldsymbol{z}_1 + 3\boldsymbol{z}_2 \quad \text{und} \quad \boldsymbol{z}_5 = 4\boldsymbol{z}_1 + 2\boldsymbol{z}_2 + \frac{1}{2}\boldsymbol{z}_4.$$

Diese Verhältnisse übertragen sich auf $\boldsymbol{A}$. Also ist

$$\boldsymbol{a}_3 = 2\boldsymbol{a}_1 + 3\boldsymbol{a}_2 \quad \text{und} \quad \boldsymbol{a}_5 = 4\boldsymbol{a}_1 + 2\boldsymbol{a}_2 + \frac{1}{2}\boldsymbol{a}_4,$$

was man leicht überprüfen kann. ∎

Damit haben wir eine weitere Möglichkeit, eine Basis vom Spaltenraum einer Matrix $\boldsymbol{A}$ zu konstruieren. Hierzu bestimmen wir die Spalten von $\boldsymbol{Z}$, die eine führende Eins haben. Die entsprechenden Spalten von $\boldsymbol{A}$ sind linear unabhängig und bilden somit eine Basis für den Spaltenraum von $\boldsymbol{A}$. Diese Basiskonstruktion hat darüberhinaus den Vorteil, dass gegebene Spaltenvektoren Basisvektoren sind.

**Beispiel 5.44.** Bestimmen Sie von der Matrix

$$\boldsymbol{A} = \begin{bmatrix} 1 & 0 \\ 1 & 1 \\ 1 & 2 \end{bmatrix}$$

eine Basis des Spaltenraumes.

*Lösung.* Die reduzierte Zeilenstufenmatrix von $\boldsymbol{A}$ ist

$$\boldsymbol{Z} = \begin{bmatrix} 1 & 0 \\ 0 & 1 \\ 0 & 0 \end{bmatrix}.$$

Folglich ist die erste und zweite Spalte von $\boldsymbol{A}$ ein Basisvektor, also $(1,1,1)$, $(0,1,2)$. Das Ergebnis ist uns natürlich schon bekannt; der Weg dorthin aber ein anderer. ∎

**Beispiel 5.45.** Bestimmen Sie von der Matrix

$$\boldsymbol{A} = \begin{bmatrix} 4 & 3 & 2 \\ 0 & 0 & 0 \end{bmatrix}$$

eine Basis für den Spaltenraum.

*Lösung.* Wir erkennen eine Basis sofort: $B_1 = \{(4,0)\}$ oder $B_2 = \{(3,0)\}$ oder $B_3 = \{(2,0)\}$ ist eine Basis vom Spaltenraum von $\boldsymbol{A}$.

Eine andere oben gelernte Methode besteht darin, von der Matrix $\boldsymbol{A}^{\mathrm{T}}$ die reduzierte Zeilenstufenform zu berechnen und die Zeilenvektoren, die nicht Nullvektoren sind, bilden eine Basis. Die Zeilenstufenmatrix von $\boldsymbol{A}^{\mathrm{T}}$ ist

$$\begin{bmatrix} 1 & 0 \\ 0 & 0 \\ 0 & 0 \end{bmatrix}.$$

Folglich ist $B_4 = \{(1,0)\}$ eine Basis.

Eine weitere Möglichkeit haben wir ebene kennengelernt. Die Zeilenstufenmatrix von $\boldsymbol{A}$ ist

$$\begin{bmatrix} 1 & 1/2 & 3/4 \\ 0 & 0 & 0 \end{bmatrix}.$$

Also ist $B_5 = \{(4,0)\} = B_1$ eine Basis. ∎

In vielen Überlegungen und Anwendungen muss man vorhandene Vektoren zu einer Basis eines Vektorraumes $V$ ergänzen. Das geht immer, man spricht vom *Basisergänzungssatz*.

**Satz 5.19** (Basisergänzungssatz). *Ist $V$ ein Vektorraum der Dimension $n$. Dann kann jede Menge von linear unabhängigen Vektoren $\boldsymbol{v}_1, \ldots, \boldsymbol{v}_r$, $r < n$, zu einer Basis von $V$ ergänzt werden.*

*Beweis.* Wir schreiben $U_r = \{\boldsymbol{v}_1, \ldots, \boldsymbol{v}_r\}$. $r < n$ bedeutet, dass $Lin(U_r) \neq V$ ist und somit muss ein Vektor $\boldsymbol{v}_{r+1} \in V$ existieren mit $\boldsymbol{v}_{r+1} \notin Lin(U_r)$. Die erweiterte Menge $U_{r+1} = U_r \cup \{\boldsymbol{v}_{r+1}\}$ ist dann eine Menge von $r + 1$ linear unabhängigen Vekktoren. Wiederholt man diesen Prozess, so erhält man Mengen $U_{r+2}$, $U_{r+3}$, usw., bis man $U_n$ mit $Lin(U_n) = V$ erreicht hat, wobei $U_n$ nun $n$ linear unabhängige Vektoren enthält. □

Der Beweis von Satz 5.19 zeigt, wie man theoretisch vorzugehen hat, sagt aber nicht wie man die zusätzlichen Vektoren zu berechnen hat. Wir zeigen nun eine Möglichkeit im Fall $V = \mathbb{R}^n$.

Ist $\{\boldsymbol{b}_1, \ldots, \boldsymbol{b}_n\}$ irgendeine Basis von $\mathbb{R}^n$, so bilden wir die Matrix

$$\boldsymbol{A} = \begin{bmatrix} | & & | & | & & | \\ \boldsymbol{v}_1 & \cdots & \boldsymbol{v}_r & \boldsymbol{b}_1 & \cdots & \boldsymbol{b}_n \\ | & & | & | & & | \end{bmatrix} \in \mathbb{R}^{n \times (r+n)}.$$

Klar ist, dass $S(\boldsymbol{A}) = \mathbb{R}^n$ ist. Die Vektoren $U_r = \{\boldsymbol{v}_1, \ldots, \boldsymbol{v}_r\}$ sind linear unabhängig. Die verbleibenden $n - r$ linear unabhängigen Spaltenvektoren sind eine Teilmenge der Basisvektoren $\{\boldsymbol{b}_1, \ldots, \boldsymbol{b}_n\}$, sagen wir $\{\boldsymbol{b}_{j_1}, \ldots, \boldsymbol{b}_{j_{n-r}}\}$. Die Menge $\{\boldsymbol{v}_1, \ldots, \boldsymbol{v}_r, \boldsymbol{b}_{j_1}, \ldots, \boldsymbol{b}_{j_{n-r}}\}$ bildet dann eine Basis von $\mathbb{R}^n$.

**Beispiel 5.46.** Erweitere die Menge $\{\boldsymbol{v}_1, \boldsymbol{v}_2\} = \{(1, 0, -1, 2), (0, 0, 1, -2)\}$ der linear unabhängigen Vektoren zu einer Basis von $\mathbb{R}^4$.

*Lösung.* Wir wählen als Basis von $\mathbb{R}^4$ die natürliche Basis $\{\boldsymbol{b}_1, \boldsymbol{b}_2, \boldsymbol{b}_3, \boldsymbol{b}_4\} = \{\boldsymbol{e}_1, \boldsymbol{e}_2, \boldsymbol{e}_3, \boldsymbol{e}_4\}$ und bilden die Matrix

$$\boldsymbol{A} = \begin{bmatrix} | & | & | & | & | & | \\ \boldsymbol{v}_1 & \boldsymbol{v}_2 & \boldsymbol{b}_1 & \boldsymbol{b}_2 & \boldsymbol{b}_3 & \boldsymbol{b}_4 \\ | & | & | & | & | & | \end{bmatrix} = \begin{bmatrix} 1 & 0 & 1 & 0 & 0 & 0 \\ 0 & 0 & 0 & 1 & 0 & 0 \\ -1 & 1 & 0 & 0 & 1 & 0 \\ 2 & -2 & 0 & 0 & 0 & 1 \end{bmatrix}.$$

Die reduzierte Zeilstufenform ist

$$\boldsymbol{Z} = \begin{bmatrix} 1 & 0 & 1 & 0 & 0 & 0 \\ 0 & 1 & 1 & 0 & 0 & -\frac{1}{2} \\ 0 & 0 & 0 & 1 & 0 & 0 \\ 0 & 0 & 0 & 0 & 1 & \frac{1}{2} \end{bmatrix}.$$

Sie deckt die linearen abhängigen und unabhängigen Vektoren auf. Die linear unabhängigen Spaltenvektoren sind $\boldsymbol{a}_1$, $\boldsymbol{a}_2$, $\boldsymbol{a}_4$ und $\boldsymbol{a}_5$. Somit ist

$$(1, 0, -1, 2), \quad (0, 0, 1, -2), \quad (0, 1, 0, 0), \quad (0, 0, 1, 0)$$

eine Basis von $\mathbb{R}^4$, die die beiden Vektoren $\{(1, 0, -1, 2), (0, 0, 1, -2)\}$ enthält. ■

**Beispiel 5.47.** Erweitern Sie den Vektor $(1, 1)$ zu einer Basis von $\mathbb{R}^2$.

*Lösung.* Wir wählen die natürliche Basis von $\mathbb{R}^2$ und bilden die Matrix

$$\begin{bmatrix} 1 & 1 & 0 \\ 1 & 0 & 1 \end{bmatrix}.$$

Die reduzierte Zeilenstufenform ist

$$\begin{bmatrix} 1 & 0 & 1 \\ 0 & 1 & -1 \end{bmatrix},$$

also ist $B = \{(1, 1), (1, 0)\}$ eine Basis von $\mathbb{R}^2$, die den Vektor $(1, 1)$ enthält. ∎

### Anwendung: Datenkompression

In diesem Abschnitt haben wir gesehen, dass die (reduzierte) Zeilenstufenmatrix $\boldsymbol{Z}$ einer Matrix $\boldsymbol{A}$, deren Abhängigkeiten in den Spalten aufdeckt. Die linear abhängigen Spaltenvektoren von $\boldsymbol{A}$ stellen redundante Informationen in dem Sinne dar, dass sie stets mit den linear unabhängigen Spaltenvektoren dargestellt werden können.

Auch wenn *Datenkompression* nicht das primäre Anliegen von $\boldsymbol{Z}$ ist, ist die Anwendbarkeit klar. Für ein großes Datenfeld ist es viel effizienter nur die unabhängigen Spalten und die Koeffizienten der abhängigen Spalten zu speichern. Die redundanten Spalten von $\boldsymbol{A}$ können stets rekonstruiert werden.

## 5.19. Summe und direkte Summe zweier Unterräumen

Wir wissen aus Abschnitt 5.8, dass die bloße mengentheoretische Vereinigung zweier Unterräume in der Regel keinen neuen Unterraum ergibt. Um gegebene Unterräume $U_1$ und $U_2$ zu einem größeren Raum zusammen zu fassen, der ebenfalls eine lineare Struktur trägt, bildet man die *Summe* $U_1 + U_2$, welche gerade dem Erzeugnis der Menge $U_1 \cup U_2$ entspricht.

Sind $U_1$, $U_2$ Unterräume eines Vektorraumes $V$, dann heißt die Menge

$$U_1 + U_2 = \{\boldsymbol{u}_1 + \boldsymbol{u}_2 \mid \boldsymbol{u}_1 \in U_1, \boldsymbol{u}_2 \in U_2\}$$

**Summe** der Unterräume $U_1$ und $U_2$.

**Beispiel 5.48.** Wir betrachten die Unterräume von $V = \mathbb{R}^3$:

$$U_1 = \{(x, 0, 0) \mid x \in \mathbb{R}\}, \quad U_2 = \{(0, y, 0) \mid y \in \mathbb{R}\}.$$

Die Summe dieser beiden Unterräume ist

$$U_1 + U_2 = \{(x, 0, 0) + (0, y, 0) \mid x, y \in \mathbb{R}\} = \{(x, y, 0) \mid x, y \in \mathbb{R}\}$$

Geometrisch entspricht $U_1$ der $x$-Achse, $U_2$ der $y$-Achse und $U_1 + U_2$ der $x, y$-Ebene. ∎

Die Summe zweier Unterräume ist wieder ein Unterraum.

**Satz 5.20.** *Sind $U_1$, $U_2$ Untervektorräume eines Vektorraumes $V$, so ist die Summe $U_1 + U_2$ ebenfalls ein Unterraum von $V$.*

*Beweis.* Es ist klar, dass $U_1 + U_2$ nicht die leere Menge ist. Somit bleiben für $U_1 + U_2$ die Bedingungen der Unterraumkriterien aus Satz 5.2 zu bestätigen. Dazu sind $\boldsymbol{u}$, $\boldsymbol{w}$ aus $U_1 + U_2$, das heißt es existieren $\boldsymbol{u}_1$, $\boldsymbol{w}_1$ aus $U_1$ und $\boldsymbol{u}_2$, $\boldsymbol{w}_2$ aus $U_2$ mit $\boldsymbol{u} = \boldsymbol{u}_1 + \boldsymbol{u}_2$ und $\boldsymbol{w} = \boldsymbol{w}_1 + \boldsymbol{w}_2$. Wegen der Assoziativität und der Kommutativität der Vektoraddition folgt

$$\boldsymbol{u} + \boldsymbol{w} = (\boldsymbol{u}_1 + \boldsymbol{u}_2) + (\boldsymbol{w}_1 + \boldsymbol{w}_2) = (\boldsymbol{u}_1 + \boldsymbol{w}_1) + (\boldsymbol{u}_2 + \boldsymbol{w}_2) \in U_1 + U_2.$$

Ist $c \in \mathbb{R}$, so gilt

$$c\boldsymbol{u} = c(\boldsymbol{u}_1 + \boldsymbol{u}_2) = c\boldsymbol{u}_1 + c\boldsymbol{u}_2 \in U_1 + U_2.$$

Damit sind die Unterraumkriterien erfüllt, und $U_1 + U_2$ ist somit ein Unterraum von $V$. □

Es ist also $U_1 + U_2 = Lin(U_1 \cup U_2)$. Jedes Element aus $U_1 + U_2$ besitzt eine Darstellung $\boldsymbol{u} = \boldsymbol{u}_1 + \boldsymbol{u}_2$ mit $\boldsymbol{u}_1 \in U_1$ und $\boldsymbol{u}_2 \in U_2$. Diese Darstellung ist im Allgemeinen jedoch nicht eindeutig.

**Beispiel 5.49.** Wir betrachten den Vektorraum $V = \mathbb{R}^3$. Es ist $U_1$ die $x, y$-Ebene und $U_2$ die $y, z$-Ebene, das heißt $U_1 = \{(x, y, 0) \mid x, y \in \mathbb{R}\}$ und $U_2 = \{(0, y, z) \mid y, z \in \mathbb{R}\}$. Dann ist $\mathbb{R}^3 = U_1 + U_2$, denn jeder Vektor in $\mathbb{R}^3$ ist die Summe eines Vektors in $U_1$ und eines Vektors in $U_2$. Solche Summen sind aber nicht eindeutig. Zum Beispiel ist $(3, 5, 7) = (3, 2, 0) + (0, 3, 7)$ und $(3, 5, 7) = (3, -1, 0) + (0, 6, 7)$. ∎

Der Vektorraum $V$ ist eine **direkte Summe** seiner beiden Unterräume $U_1$ und $U_2$, wenn jeder Vektor $\boldsymbol{v} \in V$ eindeutig als $\boldsymbol{v} = \boldsymbol{u}_1 + \boldsymbol{u}_2$ geschrieben werden kann, wobei $\boldsymbol{u}_1 \in U_1$ und $\boldsymbol{u}_2 \in U_2$ ist. Man schreibt $\boldsymbol{v} = \boldsymbol{u}_1 \oplus \boldsymbol{u}_2$ und $V = U_1 \oplus U_2$.

**Beispiel 5.50.** Wir betrachten den Vektorraum $V = \mathbb{R}^3$. Es ist $U_1$ die $x, y$-Ebene und $U_2$ die $z$-Achse, das heißt $U_1 = \{(x, y, 0) \mid x, y \in \mathbb{R}\}$ und $U_2 = \{(0, 0, z) \mid z \in \mathbb{R}\}$. Nun ist jeder Vektor $(x, y, z)$ aus $\mathbb{R}^3$ die Summe eines Vektors aus $U_1$ und eines aus $U_2$, nun aber auf eindeutige Weise: $(x, y, z) = (x, y, 0) + (0, 0, z)$. Der Vektorraum $\mathbb{R}^3$ ist direkte Summe von $U_1$ und $U_2$, das heißt $\mathbb{R}^3 = U_1 \oplus U_2$. ■

**Satz 5.21.** *Der Vektorraum $V$ ist genau dann direkte Summe seiner Unterräume $U_1$ und $U_2$, wenn $V = U_1 + U_2$ und $U_1 \cap U_2 = \{\boldsymbol{o}\}$ gilt.*

*Beweis.* Wir müssen zwei Richtungen zeigen. Zuerst nehmen wir $V = U_1 \oplus U_2$ an. Ist $\boldsymbol{v} \in V$, dann gibt es eindeutige Vektoren $\boldsymbol{u}_1 \in U_1$ und $\boldsymbol{u}_2 \in U_2$ mit $\boldsymbol{v} = \boldsymbol{u}_1 + \boldsymbol{v}_2$. Also ist $V = U_1 + U_2$. Ist $\boldsymbol{v} \in U_1 \cap U_2$, dann ist $\boldsymbol{v} = \boldsymbol{v} + \boldsymbol{o}$ mit $\boldsymbol{v} \in U_1$, $\boldsymbol{o} \in U_2$, und $\boldsymbol{v} = \boldsymbol{o} + \boldsymbol{v}$ mit $\boldsymbol{o} \in U_1$, $\boldsymbol{v} \in U_2$. Somit ist $\boldsymbol{v} = \boldsymbol{o} + \boldsymbol{o} = \boldsymbol{o}$ und damit $U_1 \cap U_2 = \{\boldsymbol{o}\}$.

Jetzt zeigen wir die Umkehrung und nehmen an, dass $V = U_1 + U_2$ und $U_1 \cap U_2 = \{\boldsymbol{o}\}$ ist. Ist $\boldsymbol{v} \in V$, dann gibt es $\boldsymbol{u}_1 \in U_1$ und $\boldsymbol{u}_2 \in U_2$ mit $\boldsymbol{v} = \boldsymbol{u}_1 + \boldsymbol{u}_2$, weil $V = U_1 + U_2$ gilt. Wir müssen zeigen, dass diese Darstellung eindeutig ist. Angenommen $\boldsymbol{v} = \boldsymbol{u}_1' + \boldsymbol{u}_2'$ mit $\boldsymbol{u}_1' \in U_1$, $\boldsymbol{u}_2' \in U_2$. Dann ist $\boldsymbol{u}_1 + \boldsymbol{u}_2 = \boldsymbol{u}_1' + \boldsymbol{u}_2'$ bzw. gleichbedeutend $\boldsymbol{u}_1 - \boldsymbol{u}_1' = \boldsymbol{u}_2' + \boldsymbol{u}_2$. Nun ist $\boldsymbol{u}_1 - \boldsymbol{u}_1' \in U_1$ und $\boldsymbol{u}_2' + \boldsymbol{u}_2 \in U_2$. Weil nach Voraussetzung $U_1 \cap U_2 = \{\boldsymbol{o}\}$ ist, ist $\boldsymbol{u}_1 - \boldsymbol{u}_1' = \boldsymbol{o}$ und $\boldsymbol{u}_2' - \boldsymbol{u}_2 = \boldsymbol{o}$ und somit $\boldsymbol{u}_1 = \boldsymbol{u}_1'$ und $\boldsymbol{u}_2 = \boldsymbol{u}_2'$. Somit ist die Darstellung $\boldsymbol{v} = \boldsymbol{u}_1 + \boldsymbol{u}_2$ eindeutig; es gilt $V = U_1 \oplus U_2$. □

Gilt $U_1 \oplus U_2 = V$, so heißen die Unterräume $U_1$, $U_2$ **komplementär**. Der Unterraum $U_1$ ist das **Komplement** von $U_2$ und $U_2$ ist das Komplement von $U_1$.

Das Komplement von $U_1$ (oder $U_2$) ist nicht eindeutig. Ist zum Beispiel $V = \mathbb{R}^2$ und $U_1$ irgendeine Ursprungsgerade in $\mathbb{R}^2$, dann ist jede andere Ursprungsgerade ein Komplement von $U_1$.

**Satz 5.22** (Dimensionssatz). *Sind $U$, $W$ Untervektorräume eines Vektorraumes $V$, so gilt*

$$\mathit{Dim}(U + W) = \mathit{Dim}(U) + \mathit{Dim}(W) - \mathit{Dim}(U \cap W).$$

*Insbesondere ist $\mathit{Dim}(U \oplus W) = \mathit{Dim}(U) + \mathit{Dim}(W)$.*

*Beweis.* Zunächst sei bemerkt, dass $U \cap W$ ein Unterraum von $U$ und $W$ ist. Angenommen $\mathrm{Dim}(U) = m$, $\mathrm{Dim}(W) = n$ und $\mathrm{Dim}(U \cap W) = r$. Ferner nehmen wir an, dass die Menge der Vektoren $\{\boldsymbol{v}_1, \ldots, \boldsymbol{v}_r\}$ eine Basis von $U \cap W$ ist. Wir erweitern diese Basis $\{\boldsymbol{v}_i\}$ zu einer Basis von $U$ und $W$; sagen wir $\{\boldsymbol{v}_1, \ldots, \boldsymbol{v}_r, \boldsymbol{u}_1, \ldots, \boldsymbol{u}_{m-r}\}$ und $\{\boldsymbol{v}_1, \ldots, \boldsymbol{v}_r, \boldsymbol{w}_1, \ldots, \boldsymbol{w}_{n-r}\}$. Dann hat die Menge der Vektoren

$$B = \{\boldsymbol{v}_1, \ldots, \boldsymbol{v}_r, \boldsymbol{u}_1, \ldots, \boldsymbol{u}_{m-r}, \boldsymbol{w}_1, \ldots, \boldsymbol{w}_{n-r}\}$$

$m + n - r$ Elemente. Damit ist der Satz bewiesen, wenn wir zeigen können, dass $B$ eine Basis von $U + W$ ist.

Da die Vektoren $\boldsymbol{v}_i, \boldsymbol{u}_j$ den Unterraum $U$ aufspannen und die Vektoren $\boldsymbol{v}_i, \boldsymbol{w}_k$ den Unterraum $W$, spannen die Vektoren $B = \{\boldsymbol{v}_i, \boldsymbol{u}_j, \boldsymbol{w}_k\}$ den Unterraum $U + W$ auf. Somit bleibt nachzuweisen, dass die Menge der Vektoren von $B$ linear unabhängig sind.

Angenommen es ist

$$a_1\boldsymbol{v}_1 + \cdots + a_r\boldsymbol{v}_r + b_1\boldsymbol{u}_1 + \cdots + b_{m-r}\boldsymbol{u}_{m-r} + c_1\boldsymbol{w}_1 + \cdots + c_{n-r}\boldsymbol{w}_{n-r} = \boldsymbol{o}$$

mit reellen Zahlen $a_i$, $b_j$ und $c_k$. Wir setzen $\boldsymbol{v} = a_1\boldsymbol{v}_1 + \cdots + a_r\boldsymbol{v}_r + b_1\boldsymbol{u}_1 + \cdots + b_{m-r}\boldsymbol{u}_{m-r}$. Dann ist $\boldsymbol{v} = -c_1\boldsymbol{w}_1 - \cdots - c_{n-r}\boldsymbol{w}_{n-r}$. Aufgrund der beiden letzten Gleichungen folgt, dass der Vektor $\boldsymbol{v}$ zu $U$, zu $W$ und damit auch zu $U \cap W$ gehört. Da nun die Vektoren $\{\boldsymbol{v}_i\}$ eine Basis von $U \cap W$ bilden, gibt es reelle Zahlen $d_1, \ldots, d_r$, so dass $\boldsymbol{v} = d_1\boldsymbol{v}_1 + \cdots + d_r\boldsymbol{v}_r$ gilt. Eingesetzt in die Gleichung $\boldsymbol{v} = -c_1\boldsymbol{w}_1 - \cdots - c_{n-r}\boldsymbol{w}_{n-r}$ erhalten wir

$$d_1\boldsymbol{v}_1 + \cdots + d_r\boldsymbol{v}_r + c_1\boldsymbol{w}_1 + \cdots + c_{n-r}\boldsymbol{w}_{n-r} = \boldsymbol{o}.$$

Da die Vektoren $\{\boldsymbol{v}_i, \boldsymbol{w}_k\}$ eine Basis von $W$ bilden, sind sie linear unabhängig. Daher folgt aus der letzten Gleichung $c_1 = 0, \ldots, c_{n-r} = 0$. Das ergibt

$$a_1\boldsymbol{v}_1 + \cdots + a_r\boldsymbol{v}_r + b_1\boldsymbol{u}_1 + \cdots + b_{m-r}\boldsymbol{u}_{m-r} = \boldsymbol{o}.$$

Da die Vektoren $\{\boldsymbol{v}_i, \boldsymbol{u}_j\}$ eine Basis von $U$ bilden, sind auch sie linear unabhängig. Somit folgt aus der letzten Gleichung $a_1 = 0, \ldots, a_r = 0, b_1 = 0, \ldots, b_{m-r} = 0$. Damit sind alle Koeffizienten $a_i$, $b_j$ und $c_k$ gleich Null und $B$ somit linear unabhängig. Damit ist die erste Gleichung des Satzes bewiesen.

Die zweite Gleichung des Satzes ist ein Spezialfall der allgemeinen Dimensionsgleichung, denn es ist $\text{Dim}(U \cap W) = 0$, weil $U \cap W = \{\boldsymbol{o}\}$ ist, wenn $U$ und $W$ direkte Summen sind. □

## 5.20. Weitere Bemerkungen und Hinweise

In der Vektorraum-Definition haben wir gefordert, dass in der zugrunde liegenden Menge das Assoziativgesetz, die Existenz des Nullvektors (neutrales Element) und die Existenz negativer Vektoren (inverse Elemente) gelten. Eine Menge, die eine Verknüpfung mit solchen Eigenschaften besitzt, nennt man eine *Gruppe*. Gilt zusätzlich die Kommutativität, so spricht man von einer *kommutativen Gruppe* oder zu Ehren des Mathematikers N. Abel (1802-1829) von einer Abel*schen Gruppe*. Ein Vektorraum ist also bezüglich der Vektoraddition eine Abelsche Gruppe. Bis in neuerer Zeit wurden ständig neue Anwendungsmöglichkeiten der *Gruppentheorie* in Geometrie, Analysis, Topologie entdeckt;

dies sind innermathematische Gebiete. Gruppen spielen auch eine wichtige Rolle in der Kristallographie, Quantenphysik und anderen theoretischen Naturwissenschaften. Die Vektorraumtheorie (und auch die Gruppentheorie) dient in einfacher Weise dazu, zum axiomatischen Denken zu gelangen. Sie ist gut geeignet, in das mathematische Denken und das deduktive Schließen einzuführen.

Den Nullraum einer Matrix nennt man oft auch den *Kern*. Auch der Spaltenraum hat einen weiteren, häufig verwendeten Namen: *Bildraum*. Das kommt daher, dass man die Matrix $\boldsymbol{A} \in \mathbb{R}^{m \times n}$ als Abbildung von $\mathbb{R}^n$ nach $\mathbb{R}^m$ auffassen kann, denn der Vektor $\boldsymbol{Ax}$ liegt im Raum $\mathbb{R}^m$, der Vektor $\boldsymbol{x}$ dagegen ist in $\mathbb{R}^n$. $\boldsymbol{Ax}$ ist das Bild von $\boldsymbol{x}$ unter Anwendung der Matrix $\boldsymbol{A}$. Näheres hierzu finden Sie in Kapitel 8.

Oft ist es wichtig, zwischen Punkten und Vektoren unterscheiden zu können. In der Mathematik wird dies durch die Einführung eines „affinen Raumes“ gelöst. Dies ist eine Erweiterung des Begriffes Vektorraumes. Ein affiner Raum enthält Punkte *und* Vektoren.

Was ist eine Basis? Eine Basis ist eine Menge von linear unabhängigen Vektoren, aus denen sich der gesamte Vektorraum linear kombinieren lässt. Und zwar jeder Vektor auf genau eine Weise! Derselbe Vektorraum hat viele verschiedene Basen. Aber es sind immer gleich viele Basisvektoren, nämlich so viele wie die Dimension des Vektorraumes angibt.

Wofür ist es gut, wenn man alle Vektoren eines Vektorraumes in eindeutiger Weise aus wenigen Basisvektoren zusammensetzen kann? Wenn Basisvektoren eines Vektorraumes bekannt sind, reichen zur Beschreibung jedes Vektors eine Reihe von Zahlen (Koordinaten, Koeffizienten) aus. Darüberhinaus kann man von den Basisvektoren und Koordinaten häufig einige weglassen, ohne wesentliche Informationen zu verlieren. Außerdem kann die Zusammensetzung aus den Basisvektoren wichtige Eigenschaften zum Vorschein bringen. Allgemeiner ausgedrückt zum Übertragen auf andere Sachverhalte: Wenn Grundbausteine kannt sind, reichen zur Beschreibung gewisser Objekte eine Reihe von Zahlen aus. Darüberhinaus kann man von den Grundbausteinen häufig einige weglassen, ohne wesentliche Informationen zu verlieren. Außerdem kann die Zusammensetzung aus Grundbausteinen charakteristische Merkmale eines Objektes zum Vorschein bringen. Der Drang und das Ziel, vieles auf wenige Grundbausteine zu reduzieren, ist viel verbreitet. Zum Beispiel wird in der Physik von nur vier echten Grundkräften (Wechselwirkungen) besprochen: Gravitation, elektromagnetische, schwache und starke Wechselwirkung. In diesem Sinn ist die Kräftewelt vierdimensional. In der Psychologie spricht man von nur vier echten Grundgefühlen: Trauer, Angst, Wut und Freude. Alle anderen Gefühle sind „Mischungsverhältnisse“ dieser vier Grundgefühle. In diesem Sinn ist die Gefühlswelt vierdimensional.

Was bedeutet es bzw. wofür ist es gut, dass es für einen Vektorraum ganz unterschiedliche Basen gibt? Die Darstellungen eines Vektors (Signals) durch verschiedene Basen können sehr unterschiedliche Charakteristika dieses Signals zum Vorschein bringen. Manche Basen stellen stark vertretene Aspekte eines Signals in den Vordergrund und sind dann zur Signalanalyse besonders gut geeignet, während weniger wichtige Aspekte im Hintergrund bleiben und für die Signalweiterverarbeitung dann auch weggelassen werden können (kleine Koordinaten, kleine Koeffizienten).

## Aufgaben

**5.1.** Wahr oder falsch: Ist $U$ ein Unterraum des Vektorraumes $V$, dann ist $U$ ein Vektorraum.

**5.2.** Wahr oder falsch: $\mathbb{R}^2$ ist ein Unterraum von $\mathbb{R}^3$.

**5.3.** Wahr oder falsch: Wenn die Vektoren $\boldsymbol{x}_1, \boldsymbol{x}_2, \ldots, \boldsymbol{x}_n$ den Vektorraum $\mathbb{R}^n$ aufspannen, dann sind sie linear unabhängig.

**5.4.** Wahr oder falsch: Wenn die Vektoren $\boldsymbol{x}_1, \boldsymbol{x}_2, \ldots, \boldsymbol{x}_n$ einen Vektorraum $V$ aufspannen, dann sind sie linear unabhängig.

**5.5.** Wahr oder falsch: Sind die Vektoren $\boldsymbol{x}_1, \boldsymbol{x}_2, \ldots, \boldsymbol{x}_n$ im Vektorraum $V$ linear abhängig, dann ist einer von ihnen der Nullvektor.

**5.6.** Wahr oder falsch: Sind $\boldsymbol{x}_1, \boldsymbol{x}_2, \ldots, \boldsymbol{x}_n$ Vektoren im Vektorraum $V$ und ist einer von ihnen der Nullvektor, dann sind die Vektoren linear abhängig.

**5.7.** Wahr oder falsch: Ist $\boldsymbol{A}$ eine reelle $(m,n)$-Matrix, dann haben die Matrizen $\boldsymbol{A}$ und $\boldsymbol{A}^{\mathrm{T}}$ den gleichen Rang.

**5.8.** Wahr oder falsch: Ist $\boldsymbol{A}$ eine reelle $(m,n)$-Matrix, dann haben die Matrizen $\boldsymbol{A}$ und $\boldsymbol{A}^{\mathrm{T}}$ den gleichen Nullraum.

**5.9.** Wahr oder falsch: Ist $\boldsymbol{A} \in \mathbb{R}^{m \times n}$, dann haben die Matrizen $\boldsymbol{A}\boldsymbol{A}^{\mathrm{T}}$ und $\boldsymbol{A}^{\mathrm{T}}\boldsymbol{A}$ den gleichen Rang wie $\boldsymbol{A}$.

**5.10.** Wahr oder falsch: Die Lösungsvektoren des linearen Gleichungssystems $\boldsymbol{A}\boldsymbol{x} = \boldsymbol{b}$ mit $\boldsymbol{b} \neq \boldsymbol{o}$ bilden einen Vektorraum.

**5.11.** Wahr oder falsch: Ist $U$ ein Unterraum des endlich dimensionalen Vektorraumes $V$ und ist $\mathrm{Dim}(U) = \mathrm{Dim}(V)$, dann ist $U = V$.

**5.12.** Wahr oder falsch: Die Menge der Vektoren $(x_1, x_2) \in \mathbb{R}^2$ mit $x_1^2 - x_2^2 = 0$ bildet einen Unterraum von $\mathbb{R}^2$.

W **5.13.** Wahr oder falsch: Ist $M$ eine Menge von linear unabhängigen Vektoren eines Vektorraumes $V$ der Dimension $n$, dann hat $M$ hööchstens $n$ Elemente.

W **5.14.** Wahr oder falsch: Es sind $U$, $W$ Unterräume des Vektorraumes $V$ und $\mathrm{Dim}(U + W) = \mathrm{Dim}(U) + \mathrm{Dim}(W)$, dann ist $U \cap W = \{\boldsymbol{o}\}$.

f **5.15.** Wahr oder falsch: Ist $M_1 \subseteq V$ und $M_2 \subseteq V$ mit $Lin(M_1) = V = Lin(M_2)$, dann ist $M_1 \cap M_2 \neq \{\}$.

W **5.16.** Wahr oder falsch: Ist $\boldsymbol{A} \in \mathbb{R}^{n\times n}$ und $\mathrm{Dim}(N(\boldsymbol{A})) = n$, so ist $\boldsymbol{A} = \boldsymbol{O}$.

f **5.17.** Wahr oder falsch: Sind $\boldsymbol{A}, \boldsymbol{B} \in \mathbb{R}^{n\times n}$, dann ist $N(\boldsymbol{BA}) \subseteq N(\boldsymbol{A})$.

**5.18.** Richtig oder falsch?

- ☐ Man kann je zwei Vektoren eines Vektorraums addieren.
- ☐ Man kann einen Vektor $\boldsymbol{v}$ durch einen Vektor $\boldsymbol{w} \neq \boldsymbol{o}$ dividieren.
- ☐ Jeder Vektorraum hat ein eindeutiges Nullelement.
- ☐ Jeder Vektorraum hat ein eindeutiges Einselement.
- ☐ $\mathbb{R}^n$ besteht aus allen $n$-Tupeln reeller Zahlen.
- ☐ $\mathbb{R}^n$ besteht aus $n$-Tupeln von Vektoren.
- ☐ Jeder Vektorraum hat endliche Dimension.
- ☐ Jeder Vektorraum hat endlich viele Basisvektoren.

**5.19.** Welche der folgenden Objekte haben eine Dimension?

- ☐ Ein Vektor,
- ☐ eine Linearkombination,
- ☐ eine Basis,
- ☒ ein Unterraum.

**5.20.** Welche der folgenden Aussagen ist keine der Regeln des reellen Vektorraumes?

- ☐ Für alle $\boldsymbol{v}, \boldsymbol{w} \in V$ gilt $\boldsymbol{v} + \boldsymbol{w} = \boldsymbol{w} + \boldsymbol{v}$.
- ☐ Für alle $\boldsymbol{u}, \boldsymbol{v}, \boldsymbol{w} \in V$ gilt $(\boldsymbol{u} + \boldsymbol{v}) + \boldsymbol{w} = \boldsymbol{u} + (\boldsymbol{v} + \boldsymbol{w})$.
- ☒ Für alle $\boldsymbol{u}, \boldsymbol{v}, \boldsymbol{w} \in V$ gilt $(\boldsymbol{uv})\boldsymbol{w} = \boldsymbol{u}(\boldsymbol{vw})$.

**5.21** (Unterraum)**.** Welche der folgenden Teilmengen $U \subset \mathbb{R}^n$, $n \geq 2$, ist ein Unterraum?

- ☒ $U = \{\boldsymbol{x} \in \mathbb{R}^n \mid x_1 = \cdots = x_n = 0\}$.
- ☐ $U = \{\boldsymbol{x} \in \mathbb{R}^n \mid x_1^2 = x_2^2\}$.
- ☐ $U = \{\boldsymbol{x} \in \mathbb{R}^n \mid x_1^2 = 1\}$.

**5.22** (Unterraum). Welche der folgenden Mengen von Vektoren $\boldsymbol{x} = (x_1, \ldots, x_n) \in \mathbb{R}^n$ bildet einen Unterraum von $\mathbb{R}^n$?

☐ Alle $\boldsymbol{x}$ mit $x_1 > 0$.
☒ Alle $\boldsymbol{x}$ mit $x_1 + x_2 = 0$.
☐ Alle $\boldsymbol{x}$ mit $x_1 + x_2 + 1 = 0$.
☒ Alle $\boldsymbol{x}$ mit $x_1 = 0$.
☐ Alle $\boldsymbol{x}$ mit $x_1 \in \mathbb{Z}$.

**5.23.** Wie viele Unterräume hat $\mathbb{R}^2$?

☐ Zwei: $\{\boldsymbol{o}\}$ und $\mathbb{R}^2$.
☐ Vier: $\{\boldsymbol{o}\}$, $\mathbb{R}^2$ und die beiden Koordinatenachsen.
☒ Unendlich viele.

**5.24.** Falls $\boldsymbol{v}_1$, $\boldsymbol{v}_2$ und $\boldsymbol{v}_3$ linear unabhängige Vektoren in $V$ sind, dann

☐ sind $\boldsymbol{v}_1$ und $\boldsymbol{v}_2$ linear abhängig,
☐ $\boldsymbol{v}_1$ und $\boldsymbol{v}_2$ können linear abhängig oder unabhängig sein,
☒ $\boldsymbol{v}_1$ und $\boldsymbol{v}_2$ sind stets linear unabhängig.

**5.25.** Welche der folgenden Aussagen bedeutet die lineare Unabhängigkeit der Vektoren $\boldsymbol{v}_1$, $\boldsymbol{v}_2$, … und $\boldsymbol{v}_n$ des Vektorraumes $V$:

☒ $c_1\boldsymbol{v}_1 + c_2\boldsymbol{v}_2 + \cdots + c_n\boldsymbol{v}_n = \boldsymbol{o}$, nur wenn $c_1 = c_2 = \cdots = c_n = 0$.
☐ Wenn $c_1 = c_2 = \cdots = c_n = 0$, dann $c_1\boldsymbol{v}_1 + c_2\boldsymbol{v}_2 + \cdots + c_n\boldsymbol{v}_n = \boldsymbol{o}$.
☐ $c_1\boldsymbol{v}_1 + c_2\boldsymbol{v}_2 + \cdots + c_n\boldsymbol{v}_n = \boldsymbol{o}$ für alle $c_i \in \mathbb{R}$, $i = 1, 2, \ldots, n$.

**5.26.** Unter dem Rang($\boldsymbol{A}$) einer Matrix versteht man

☐ $\mathrm{Dim}(N(\boldsymbol{A}))$. ☒ $\mathrm{Dim}(S(\boldsymbol{A}))$. ☐ $\mathrm{Dim}(\mathbb{R}^m)$.

**5.27.** Der Rang der Matrix

$$\begin{bmatrix} 7 & 7 & 7 \\ 7 & 7 & 7 \\ 7 & 7 & 7 \\ 7 & 7 & 7 \end{bmatrix}$$

ist

☒ 1 ☐ 3 ☐ 4 ☐ 7

**5.28.** Für $\boldsymbol{A} \in \mathbb{R}^{m \times n}$ mit $m \leq n$ gilt stets

☒ $\text{Rang}(\boldsymbol{A}) \leq m$ ☐ $m \leq \text{Rang}(\boldsymbol{A}) \leq n$ ☐ $n \leq \text{Rang}(\boldsymbol{A})$

**5.29.** Kreuzen Sie nur die wahre(n) Aussage(n) an. Gegeben sei das lineare Gleichungssystem $\boldsymbol{Ax} = \boldsymbol{b}$ mit $\boldsymbol{A} \in \mathbb{R}^{m \times n}$ und $\boldsymbol{b} \in \mathbb{R}^m$. Ferner gelte $\boldsymbol{b} \in S(\boldsymbol{A})$. Dann folgt

☐ Das System $\boldsymbol{Ax} = \boldsymbol{b}$ ist eindeutig lösbar.
☐ $\text{Rang}(\boldsymbol{A}) = m$.
☒ Das System $\boldsymbol{Ax} = \boldsymbol{b}$ ist lösbar.
☐ $N(\boldsymbol{A}) = \{\boldsymbol{o}\}$.
☐ $\text{Rang}(\boldsymbol{A}) = n$.
☐ Das System $\boldsymbol{Ax} = \boldsymbol{o}$ hat nur die triviale Lösung.
☐ Die Spaltenvektoren von $\boldsymbol{A}$ sind linear unabhängig.

**5.30.** Es ist $\boldsymbol{A} \in \mathbb{R}^{n \times n}$. Dann hat das lineare Gleichungssystem $\boldsymbol{Ax} = \boldsymbol{o}$ genau dann eine nicht triviale Lösung, wenn

☐ $\text{Rang}(\boldsymbol{A}) = n$ ☒ $\text{Rang}(\boldsymbol{A}) < n$ ☐ $\boldsymbol{A} \neq \boldsymbol{O}$ ☐ $\boldsymbol{A} = \boldsymbol{O}$

ist.

**5.31.** Es ist $\boldsymbol{A} \in \mathbb{R}^{n \times n}$ und regulär. Dann hat das lineare Gleichungssystem $\boldsymbol{Ax} = \boldsymbol{b}$

☐ die triviale Lösung
☐ keine Lösung
☐ mehrere Lösungen
☒ eine eindeutige Lösung

**5.32.** Es ist $\boldsymbol{A} \in \mathbb{R}^{27 \times 28}$. Dann hat das lineare Gleichungssystem $\boldsymbol{Ax} = \boldsymbol{o}$

☒ eine nicht triviale Lösung
☐ keine nicht triviale Lösung
☐ kann oder kann nicht eine triviale Lösung haben (hängt von $\boldsymbol{A}$ ab)
☐ keine Lösung

**5.33.** Es ist $\boldsymbol{A} \in \mathbb{R}^{28 \times 27}$. Dann hat das lineare Gleichungssystem $\boldsymbol{Ax} = \boldsymbol{o}$

☐ eine nicht triviale Lösung

☐ keine nicht triviale Lösung
☒ kann oder kann nicht eine triviale Lösung haben (hängt von $\boldsymbol{A}$ ab)
☐ keine Lösung

**5.34.** Richtig oder falsch?

f (a) Die Lösungsmenge eines linearen Systems $\boldsymbol{Ax} = \boldsymbol{b}$, $\boldsymbol{b} \neq \boldsymbol{o}$ bildet einen Vektorraum.
r (b) Es ist $\text{Rang}(\boldsymbol{A}) = \text{Rang}(\boldsymbol{A}^{\text{T}})$.

**5.35.** Welche der folgenden Mengen ist kein reeller Vektorraum?

(a) Die Menge der Spaltenvektoren $\boldsymbol{x} \in \mathbb{R}^4$ mit $x_1 = 0$.
(b) Die Menge der regulären $(3, 3)$-Matrizen mit der gewöhnlichen Matrizenaddition.
(c) Die Menge der Polynomfunktionen mit reellen Koeffizienten.
(d) Die Menge der $(2, 2)$-Matrizen mit der gewöhnlichen Matrizenaddition.

**5.36.** Es sind $\boldsymbol{v}_1$, $\boldsymbol{v}_2$, $\boldsymbol{v}_3$ und $\boldsymbol{v}_4$ Vektoren im $\mathbb{R}^3$. Dann gilt

(a) Die Vektoren $\boldsymbol{v}_1$, $\boldsymbol{v}_2$, $\boldsymbol{v}_3$ und $\boldsymbol{v}_4$ sind linear unabhängig.
(b) Die Vektoren $\boldsymbol{v}_1$, $\boldsymbol{v}_2$, $\boldsymbol{v}_3$ und $\boldsymbol{v}_4$ sind linear abhängig.
(c) Die Vektoren $\boldsymbol{v}_1$, $\boldsymbol{v}_2$, $\boldsymbol{v}_3$ und $\boldsymbol{v}_4$ sind linear unabhängig oder abhängig.
(d) Keine der obigen Antworten ist richtig.

**5.37.** Wir betrachten die Gleichung

$$ax + by = 0$$

in den Unbekannten $x$ und $y$ mit $a, b \in \mathbb{R}$. Für $b \neq 0$ ist die Lösungsmenge dieser Gleichung

$$\{(x, -ax/b) \mid x \in \mathbb{R}\}.$$

Weisen Sie nach, dass die Menge dieser Paare einen Vektorraum bildet.

**5.38.** Überprüfen Sie, ob die Teilmenge $M = \{(3, 5, 2), (1, 1, 1), (3, 6, 2)\}$ des Vekrorraumes $\mathbb{R}^3$ linear abhängig ist oder nicht.

**5.39.** Es gilt die Systemgleichung $\boldsymbol{Ax} = \boldsymbol{b}$. Zeigen Sie, dass $n$ linear unabhängige Vektoren $\boldsymbol{x}_i$ der Ursache und dazugehörige Vektoren $\boldsymbol{b}_i$ der Wirkung genügen, um die Matrix $\boldsymbol{A} \in \mathbb{R}^{m \times n}$ zu identifizieren (Wie Sie sehen, verwenden wir hier andere Sprechweisen: Systemgleichung, Ursache und Wirkung für lineares Gleichungssystem, Unbekannte und rechte Seite. Dies ist Absicht, denn wir wollen mit dieser Aufgabe das große Gebiet der *Systemidentifikation* berühren.).

**5.40.** Es sind $\boldsymbol{v}_1$, $\boldsymbol{v}_2$, $\boldsymbol{v}_3$, $\boldsymbol{v}_4$ und $\boldsymbol{v}_5$ Vektoren im $\mathbb{R}^4$. Dann gilt

(a) Die Vektoren $\boldsymbol{v}_1$, $\boldsymbol{v}_2$, $\boldsymbol{v}_3$, $\boldsymbol{v}_4$ und $\boldsymbol{v}_5$ sind linear unabhängig.
(b) Die Vektoren $\boldsymbol{v}_1$, $\boldsymbol{v}_2$, $\boldsymbol{v}_3$, $\boldsymbol{v}_4$ und $\boldsymbol{v}_5$ sind linear abhängig.
(c) Die Vektoren $\boldsymbol{v}_1$, $\boldsymbol{v}_2$, $\boldsymbol{v}_3$, $\boldsymbol{v}_4$ und $\boldsymbol{v}_5$ sind linear unabhängig oder abhängig.
(d) Keine der obigen Antworten ist richtig.

**5.41.** Kreuzen Sie die wahre(n) Aussage(n) an. Es ist $\boldsymbol{A} \in \mathbb{R}^{m\times n}$ und $\boldsymbol{Z}$ eine Zeilenstufenmatrix von $\boldsymbol{A}$. Dann gilt

☒ $N(\boldsymbol{A}) = N(\boldsymbol{Z})$ ☒ $Z(\boldsymbol{A}) = Z(\boldsymbol{Z})$ ☐ $S(\boldsymbol{A}) = S(\boldsymbol{Z})$

**5.42.** Begründen Sie, warum die Menge der invertierbaren Matrizen keinen Unterraum von $\mathbb{R}^{n\times n}$ bildet.

**5.43** (Basis). Geben sie eine Basis vom Vektorraum $\mathbb{R}^4$ an.

**5.44.** Bestimmen Sie eine Basis des Nullraumes der Matrix

$$\boldsymbol{A} = \begin{bmatrix} 2 & 2 & -1 & 0 & 1 \\ -1 & -1 & 2 & -3 & 1 \\ 1 & 1 & -2 & 0 & -1 \\ 0 & 0 & 1 & 1 & 1 \end{bmatrix}.$$

**5.45.** Bestimmen Sie eine Basis des Nullraumes der Matrix

$$\boldsymbol{Z} = \begin{bmatrix} 1 & 2 & 4 & 0 & 1 \\ 0 & 1 & 2 & 0 & 0 \\ 0 & 0 & 0 & 1 & 0 \\ 0 & 0 & 0 & 0 & 0 \end{bmatrix}.$$

**5.46.** Geben Sie eine Basis des Zeilen- und Spaltenraumes der folgenden Matrizen an:

(a) $\begin{bmatrix} 1 & 0 & 2 \\ 0 & 0 & 1 \\ 0 & 0 & 0 \end{bmatrix}$

(b) $\begin{bmatrix} 1 & -3 & 0 & 0 \\ 0 & 1 & 0 & 0 \\ 0 & 0 & 0 & 0 \\ 0 & 0 & 0 & 0 \end{bmatrix}$

(c) $\begin{bmatrix} 1 & 2 & 4 & 5 \\ 0 & 1 & -3 & 0 \\ 0 & 0 & 1 & -3 \\ 0 & 0 & 0 & 1 \\ 0 & 0 & 0 & 0 \end{bmatrix}$

(d) $\begin{bmatrix} 1 & 2 & -1 & 5 \\ 0 & 1 & 4 & 3 \\ 0 & 0 & 1 & -7 \\ 0 & 0 & 0 & 1 \end{bmatrix}$

**5.47.** Bestimmen Sie die Dimension des Vektorraumes $\mathbb{R}^{2\times 3}$. Welche Dimension hat der Vektorraum $\mathbb{R}^{m\times n}$?

**5.48.** Geben Sie alle Untervektorräume von dem Vektorraum $V = \mathbb{R}$ an.

**5.49.** In der Produktmenge $\mathbb{R}^2$ werde die Addition wie gewöhnlich definiert durch

$$(v_1, v_2) + (w_1, w_2) = (v_1 + w_1, v_2 + w_2),$$

aber die Skalarmultiplikation durch

$$r \cdot (v_1, v_2) = (rv_1, v_2).$$

Ist mit dieser Definition $(\mathbb{R}^2, +, \cdot)$ ein reeller Vektorraum?

**5.50.** Können Sie eine Matrix $\boldsymbol{A} \in \mathbb{R}^{2\times 2}$ angeben mit $N(\boldsymbol{A}) = S(\boldsymbol{A})$?

**5.51.** In der *Kontrolltheorie* (*Regelungstechnik*, *Steuerungstechnik*) heißt ein System (*Zustandsraummodell*) *steuerbar*, wenn es durch entsprechende Wahl der Eingangsgrößen (Steuergrößen, Stellgrößen) von einem beliebigen Anfangszustand in einen beliebigen Endzustand gebracht werden kann. Die Steuerbarkeit eines Systems ist Voraussetzung, um einen Zustandsregler erfolgreich entwerfen zu können[13].

Eine große Klasse von Kontrollproblemen kann durch ein lineares Differenzialgleichungssystem der Form (*Zustandsraummodell*)

$$\dot{\boldsymbol{x}}(t) = \boldsymbol{A}\boldsymbol{x}(t) + \boldsymbol{b}u(t)$$

beschrieben werden, wobei $\boldsymbol{x}(t) = (x_1(t), x_2(t), \ldots, x_n(t)) \in \mathbb{R}^n$ der Zustandsvektor, $\boldsymbol{A} \in \mathbb{R}^{n\times n}$ eine gegebene Matrix (Systemmatrix), $\boldsymbol{b} \in \mathbb{R}^n$ ein gegebener Vektor (Steuervektor) und $u(t)$ die Eingangsgröße (Stellgröße) sind. Es kann gezeigt werden, dass das lineare Differenzialgleichungssystem genau dann steuerbar ist, wenn der Rang der Matrix (*Steuerbarkeitsmatrix*)

$$\begin{bmatrix} | & | & | & & | \\ \boldsymbol{b} & \boldsymbol{A}\boldsymbol{b} & \boldsymbol{A}^2\boldsymbol{b} & \cdots & \boldsymbol{A}^{n-1}\boldsymbol{b} \\ | & | & | & & | \end{bmatrix}$$

gleich $n$, das heißt der Dimension des Zustandraumes ist. Diese Charakterisierung ist auch unter dem Namen *Steuerbarkeitskriterium* von KALMAN[14] bekannt.

[13] Steuerbarkeit und Nichtsteuerbarkeit eines Systems kann man sich gut vorstellen. Zum Beispiel ist ein Auto auf einer vereisten Fahrbahn nicht steuerbar.

[14] RUDOLF EMIL KÁLMÁN (1930).

Zeigen Sie, dass das lineare Zustandsraummodell

$$\dot{x}_1(t) = -\frac{1}{2}x_1(t) + \frac{1}{2}u(t)$$
$$\dot{x}_2(t) = \frac{2}{3}x_1(t) - \frac{2}{3}x_2(t)$$

steuerbar ist.

**5.52.** Die Idee der Steuerbarkeit eines linearen Zustandraumsmodells kann auf den Fall übertragen werden, wenn statt einer $m$ Steuergrößen vorhanden sind, sodass das Differenzialgleichungssystem dann folgende Form hat

$$\dot{\boldsymbol{x}}(t) = \boldsymbol{A}\boldsymbol{x}(t) + \boldsymbol{B}\boldsymbol{u}(t),$$

wobei $\boldsymbol{B} \in \mathbb{R}^{n\times m}$ und $\boldsymbol{u}(t) \in \mathbb{R}^m$ sind. Es kann gezeigt werden, dass das System genau dann steuerbar ist, wenn die Steuerbarkeitsmatrix

$$\left[\begin{array}{ccccc} \boldsymbol{B} & \boldsymbol{A}\boldsymbol{B} & \boldsymbol{A}^2\boldsymbol{B} & \cdots & \boldsymbol{A}^{n-1}\boldsymbol{B} \end{array}\right] \in \mathbb{R}^{n\times m\cdot n}$$

den Rang $n$ hat. Entscheiden Sie, ob das System im Fall

$$\boldsymbol{A} = \begin{bmatrix} 1 & 1 & 0 \\ 0 & 1 & 0 \\ 0 & 0 & 1 \end{bmatrix} \qquad \boldsymbol{B} = \begin{bmatrix} 0 & 1 \\ 1 & 0 \\ 1 & 0 \end{bmatrix}$$

steuerbar ist.

**5.53.** In der *Kontrolltheorie* (*Regelungstechnik*, *Steuerungstechnik*) heißt ein System (*Zustandsraummodell*)

$$\dot{\boldsymbol{x}}(t) = \boldsymbol{A}\boldsymbol{x}(t) + \boldsymbol{B}\boldsymbol{u}(t)$$
$$\boldsymbol{y}(t) = \boldsymbol{C}\boldsymbol{x}(t) + \boldsymbol{D}\boldsymbol{u}(t)$$

*beobachtbar*, wenn man bei bekannten Eingangsgrößen (Steuergrößen, Stellgrößen) $\boldsymbol{u}(t)$ aus der Messung von $\boldsymbol{y}(t)$ über eine endliche Zeitspanne den Anfangszustand $\boldsymbol{x}(0)$ eindeutig ermitteln kann, ganz gleich, wo dieser liegt[15].

Ein beobachtbares System ist so strukturiert, dass man durch die Messung der Ausgangsgrößen $\boldsymbol{y}(t)$ in ihrem zeitlichen Verlauf (bei bekannten Eingangsgrößen $\boldsymbol{u}(t)$) auf alle inneren Zuständsgrößen $\boldsymbol{x}(t)$ des Systems schließen kann. Haben Teile des Systems keinerlei Wirkung auf die Ausgangsgrößen, dann sind Systemteile nicht beobachtbar.

[15] Beobachtbarkeit und Nichtbeobachtbarkeit eines Systems kann man sich gut vorstellen. Die Fernsteuerung eines Modellfliegers hat eine bestimmte Reichweite. Befindet sich der Flieger hinter einem Haus, so kann ich ihn nicht mehr beobachten, aber steuern, wenn er sich in der Reichweite befindet.

Damit können die Zustände dieser Systemteile nicht von außen geschätzt werden. Daher ist die Beobachtbarkeit eines Systems die Voraussetzung, um einen Zustandsbeobachter erfolgreich entwerfen zu können ([75], [76], [114]).

Die Beobachtbarkeit eines Systems wird durch die Systemmatrix $\boldsymbol{A} \in \mathbb{R}^{n\times n}$ und die Beobachtungsmatrix $\boldsymbol{C} \in \mathbb{R}^{r\times n}$ bestimmt. Es kann gezeigt werden, dass das System genau dann beobachtbar ist, wenn der Rang der *Beobachtbarkeitsmatrix*

$$\begin{bmatrix} \boldsymbol{C} & \boldsymbol{CA} & \boldsymbol{CA}^2 & \cdots & \boldsymbol{CA}^{n-1} \end{bmatrix}^{\mathrm{T}}$$

gleich $n$, das heißt der Dimension des Zustandsraumes ist. Diese Charakterisierung ist auch unter dem Namen *Beobachtbarkeitskriterium* von KALMAN bekannt.

Zeigen Sie, dass das lineare Zustandsraummodell

$$\begin{aligned} \dot{\boldsymbol{x}}(t) &= \boldsymbol{Ax}(t) + \boldsymbol{Bu}(t) \\ \boldsymbol{y}(t) &= \boldsymbol{Cx}(t) + \boldsymbol{Du}(t) \end{aligned}$$

mit

$$\boldsymbol{A} = \begin{bmatrix} 0 & 1 \\ -1 & -3 \end{bmatrix}, \quad \boldsymbol{B} = \begin{bmatrix} 1 & 1 \\ 2 & 0 \end{bmatrix}, \quad \boldsymbol{C} = \begin{bmatrix} 1 & 1 \\ 0 & 1 \end{bmatrix}, \quad \boldsymbol{D} = \begin{bmatrix} 0 & 0 \\ 0 & 1 \end{bmatrix}$$

beobachtbar ist.

**5.54.** Welche Dimension hat der Unterraum der Lösungen eines homogenen linearen Gleichungssystems mit $n$ Variablen?

**5.55.** Für zwei Matrizen $\boldsymbol{A}$, $\boldsymbol{B}$, für die das Produkt $\boldsymbol{AB}$ definiert ist, gilt:

(a) $S(\boldsymbol{AB}) \subseteq S(\boldsymbol{A})$.
(b) $N(\boldsymbol{AB}) \supseteq N(\boldsymbol{A})$.
(c) $\mathrm{Rang}(\boldsymbol{AB}) = \mathrm{Rang}(\boldsymbol{B}) - \mathrm{Dim}(N(\boldsymbol{A}) \cap S(\boldsymbol{B}))$.

**5.56** (Unterraum, Basis, Dimension)**.** Zeigen Sie, dass

$$U = \{(a, a, b) \mid a, b \in \mathbb{R}\}$$

ein Unterraum von $\mathbb{R}^3$ ist. Geben Sie eine Basis an und bestimmen Sie die Dimension von $U$.

## Sie sollten nun mit folgenden Begriffen umgehen können

Vektorraum, Unterraum, Nullraum, Spaltenraum, Zeilenraum, Linearkombination, lineare Hülle, Fundamentalräume, lineare Unabhängigkeit, Basis, Dimension.

# 6. Der Euklidische Vektorraum $\mathbb{R}^n$

In den Anwendungen ist es vorteilhaft oder notwendig, die Länge eines Vektors, den Winkel zwischen zwei Vektoren oder den Abstand zweier Vektoren in dem Vektorraum $\mathbb{R}^n$ für beliebige Dimension $n$ zu bestimmen. Mit unseren bisherigen Mitteln sind wir nicht in der Lage dies für $n \geq 4$ zu bewerkstelligen und mathematisch zu fundieren. Wir müssen daher unsere Vektorraumstruktur geeignet erweitern. Hierzu dient dieses Kapitel.

Wir betrachten den reellen Vektorraum $\mathbb{R}^n$ und daraus zwei Vektoren $\boldsymbol{u} = (u_1, u_2, \ldots, u_n)$ und $\boldsymbol{v} = (v_1, v_2, \ldots, v_n)$. Das **natürliche (gewöhnliche, übliche, kanonische) Skalarprodukt $\boldsymbol{u} \cdot \boldsymbol{v}$ im $\mathbb{R}^n$** ist definiert durch

$$\boldsymbol{u} \cdot \boldsymbol{v} = u_1 v_1 + u_2 v_2 + \cdots + u_n v_n.$$

Für $n = 2$ und $n = 3$ kennen wir dies schon aus Kapitel 3. Das natürliche Skalarprodukt wird auch **Standardskalarprodukt** genannt.

**Beispiel 6.1.** Berechnen Sie das natürliche Skalarprodukt der beiden Vektoren $\boldsymbol{u} = (-1, 2, 3, 7)$ und $\boldsymbol{v} = (5, 4, -7, 0)$ im Vektorraum $\mathbb{R}^4$.

*Lösung.* Nach Definition ist

$$\boldsymbol{u} \cdot \boldsymbol{v} = (-1)(5) + (2)(4) + (3)(-7) + (7)(0) = -18. \quad \blacksquare$$

**Beispiel 6.2** (Anwendung aus der Statistik)**.** Sind $x_j \in \mathbb{R}$ $n$ Merkmalsausprägungen eines Merkmals $X$ und $h_j$ die dazugehörigen relativen Häufigkeiten, so ist $\bar{x} = \sum_{j=1}^{n} h_j x_j$ der arithmetische Mittelwert. Schreiben Sie den arithmetischen Mittelwert als natürliches Skalarprodukt im $\mathbb{R}^n$.

*Lösung.* Schreibt man $\boldsymbol{x} = (x_1, \ldots, x_n)$ und $\boldsymbol{h} = (h_1, \ldots, h_n)$, so ist der arithmetische Mittelwert das natürliche Skalarprodukt der Vektoren $\boldsymbol{x}$ (Merkmalsvektor) und $\boldsymbol{h}$ (Häufigkeitsvektor):

$$\bar{x} = \boldsymbol{h} \cdot \boldsymbol{v} = \sum_{j=1}^{n} h_j x_j. \quad \blacksquare$$

Im folgenden Satz sind die vier wichtigsten Rechenregeln des Skalarproduktes zusammengefasst, vergleichen Sie hierzu Satz 3.13.

**Satz 6.1** (Rechenregeln des Skalarproduktes im $\mathbb{R}^n$). *Es sind $\boldsymbol{u}$, $\boldsymbol{v}$ und $\boldsymbol{w}$ Vektoren im $\mathbb{R}^n$ und $c$ ein Skalar. Dann gilt*

*(a)* $\boldsymbol{u} \cdot \boldsymbol{v} = \boldsymbol{v} \cdot \boldsymbol{u}$, *(Kommutativgesetz)*

*(b)* $\boldsymbol{u} \cdot (\boldsymbol{v} + \boldsymbol{w}) = \boldsymbol{u} \cdot \boldsymbol{v} + \boldsymbol{u} \cdot \boldsymbol{w}$, *(Distributivgesetz)*

*(c)* $c(\boldsymbol{u} \cdot \boldsymbol{v}) = (c\boldsymbol{u}) \cdot \boldsymbol{v} = \boldsymbol{u} \cdot (c\boldsymbol{v})$,

*(d)* $\boldsymbol{v} \cdot \boldsymbol{v} > 0$ *für* $\boldsymbol{v} \neq \boldsymbol{o}$ *und* $\boldsymbol{v} \cdot \boldsymbol{v} = 0$ *für* $\boldsymbol{v} = \boldsymbol{o}$.

*Beweis.* Wir beweisen nur das Kommutativgesetz. Die anderen Rechenregeln sind genauso einfach nachzurechnen. Die Gültigkeit des Kommutativgesetzes sieht man wie folgt:

$$\boldsymbol{u} \cdot \boldsymbol{v} = (u_1, \ldots, u_n) \cdot (v_1, \ldots, v_n) = u_1 v_1 + \cdots + u_n v_n = v_1 u_1 + \cdots + v_n u_n = \boldsymbol{v} \cdot \boldsymbol{u}.$$

Sie sehen, das Kommutativgesetz ist deshalb gültig, weil es auch bei den reellen Zahlen gilt. Das Kommutativgesetz überträgt sich also von den reellen Zahlen $\mathbb{R}$ auf das Skalarprodukt für Vektoren in $\mathbb{R}^n$. Analog ist es mit den anderen Rechenregeln. □

Schreiben wir die Vektoren $\boldsymbol{u}$ und $\boldsymbol{v}$ aus $\mathbb{R}^n$ als Spaltenmatrizen und lassen (wie üblich) die Klammern der $(1,1)$-Matrizen (Skalare) weg, so ist nach der Definition der Matrizenmultiplikation

$$\boldsymbol{u}^{\mathrm{T}} \boldsymbol{v} = \begin{bmatrix} u_1 & u_2 & \cdots & u_n \end{bmatrix} \begin{bmatrix} v_1 \\ v_2 \\ \vdots \\ v_n \end{bmatrix} = u_1 v_1 + u_2 v_2 + \cdots + u_n v_n = \boldsymbol{u} \cdot \boldsymbol{v},$$

womit wir bewiesen haben, dass für das Skalarprodukt zweier Vektoren $\boldsymbol{u}$ und $\boldsymbol{v}$ im $\mathbb{R}^n$ gilt

$$\boldsymbol{u}^{\mathrm{T}} \boldsymbol{v} = \boldsymbol{u} \cdot \boldsymbol{v}.$$

In Worten: Das Skalarprodukt kann als Matrizenmultiplikation aufgefasst werden; Zeilenmatrix mal Spaltenmatrix bzw. Zeilenvektor mal Spaltenvektor.

**Beispiel 6.3.** Wir betrachten eine technische Anwendung mit $n$ Körpern. Der Körper $j$ habe die Masse $m_j$ und das Volumen $V_j$, $j = 1 : n$. Mit $\boldsymbol{m} = (m_1, m_2, \ldots, m_n)$ und $\boldsymbol{v} = (v_1, v_2, \ldots, v_n)$ gilt dann für die Gesamtmasse $M$

$$M = \boldsymbol{eins}^{\mathrm{T}} \boldsymbol{m} = \begin{bmatrix} 1 & 1 & \cdots & 1 \end{bmatrix} \begin{bmatrix} m_1 \\ m_2 \\ \vdots \\ m_n \end{bmatrix} = m_1 + m_2 + \cdots + m_n = \sum_{j=1}^{n} m_j$$

und für das Gesamtvolumen $V$

$$V = \boldsymbol{eins}^{\mathrm{T}}\boldsymbol{v} = \begin{bmatrix} 1 & 1 & \cdots & 1 \end{bmatrix} \begin{bmatrix} v_1 \\ v_2 \\ \vdots \\ v_n \end{bmatrix} = v_1 + v_2 + \cdots + v_n = \sum_{j=1}^{n} v_j.$$

Mit dem natürlichen Skalarprodukt im $\mathbb{R}^n$ lassen sich also Mittelungsprozesse modellieren. ■

Ein **Euklidischer Vektorraum** (**reeller innerer Produktraum**) ist ein reeller Vektorraum, auf dem ein Skalarprodukt definiert ist[1].

Es gibt viele EUKLIDische Vektorräume, der $\mathbb{R}^n$ mit dem natürlichen Skalarprodukt ist der wichtigste[2]. Auch wenn sich die Vektoren für $n \geq 4$ nicht mehr zeichnen lassen, so können wir dennoch von Länge und Orthogonalität sprechen, nachdem wir die entsprechenden Konzepte von $n = 2, 3$ auf beliebiges $n \in \mathbb{N}$ übertragen haben.

Wir definieren die **Euklidische Länge** (**Euklidische Norm**, **Betrag**) eines Vektors $\boldsymbol{v}$ im $\mathbb{R}^n$ durch

$$|\boldsymbol{v}| = \sqrt{\boldsymbol{v} \cdot \boldsymbol{v}} = \sqrt{v_1^2 + v_2^2 + \cdots + v_n^2}.$$

Zwei Vektoren $\boldsymbol{u}$ und $\boldsymbol{v}$ im Vektorraum $\mathbb{R}^n$ heißen **orthogonal** (**senkrecht**), wenn $\boldsymbol{u} \cdot \boldsymbol{v} = 0$ ist.

**Beispiel 6.4.** Zeigen Sie, dass die Vektoren $\boldsymbol{u} = (-2, 3, 1, 4)$ und $\boldsymbol{v} = (1, 2, 0, -1)$ im Raum $\mathbb{R}^4$ senkrecht aufeinander stehen. Welche Länge hat $\boldsymbol{u}$?

*Lösung.* Es ist

$$\boldsymbol{u} \cdot \boldsymbol{v} = (-2, 3, 1, 4) \cdot (1, 2, 0, -1) = (-2)(1) + (3)(2) + (1)(0) + (4)(-1) = 0,$$

also sind die beiden Vektoren orthogonal.

Die Länge (Norm) von $\boldsymbol{u}$ ist

$$|\boldsymbol{u}| = \sqrt{(-2)^2 + (3)^2 + (1)^2 + (4)^2} = \sqrt{4 + 9 + 1 + 16} = \sqrt{30} \approx 5.4772. \quad ■$$

[1]Vektorräume, auf denen Skalarprodukte definiert sind, heißen EUKLID*isch* bei reellen bzw. *unitär* bei komplexen Zahlen als Grundkörper. Zusammengefasst spricht man von *Innenprodukträume*. Hat man mit Räumen unendlicher Dimension zu tun, ist auch der Name *Prä-*HILBERT*raum* gebräuchlich.

[2]Der EUKLIDische Vektorraum mit dem natürlichen Skalarprodukt $\mathbb{R}^n$ steht in diesem Kapitel im Mittelpunkt.

Sind $\boldsymbol{u}$ und $\boldsymbol{v}$ zwei zueinander orthogonale Vektoren im $\mathbb{R}^n$, so gilt wegen

$$|\boldsymbol{u}+\boldsymbol{v}|^2 = (\boldsymbol{u}+\boldsymbol{v}) \cdot (\boldsymbol{u}+\boldsymbol{v}) = |\boldsymbol{u}|^2 + 2\boldsymbol{u} \cdot \boldsymbol{v} + |\boldsymbol{v}|^2 = |\boldsymbol{u}|^2 + |\boldsymbol{v}|^2$$

der Satz des PYTHAGORAS auch im $\mathbb{R}^n$.

**Satz 6.2** (Satz des Pythagoras im $\mathbb{R}^n$). *Sind $\boldsymbol{u}$ und $\boldsymbol{v}$ zwei zueinander senkrechte Vektoren im Vektorraum $\mathbb{R}^n$, so gilt*

$$|\boldsymbol{u}+\boldsymbol{v}|^2 = |\boldsymbol{u}|^2 + |\boldsymbol{v}|^2.$$

Zwei orthogonale Vektoren $\boldsymbol{u}$ und $\boldsymbol{v}$ im Raum $\mathbb{R}^n$ heißen **orthonormal**, wenn sie beide die Länge 1 haben (Einheitsvektoren).

Orthonormale Vektoren stehen also senkrecht aufeinander und sind Einheitsvektoren. Im Raum $\mathbb{R}^n$ sind die natürlichen Basisvektoren $\boldsymbol{e}_1$, $\boldsymbol{e}_2$, …, $\boldsymbol{e}_n$ orthonormale Vektoren.

## 6.1. Die Orthogonalität der vier Fundamentalräume

In diesem Abschnitt werden wir sehen, warum die vier Fundamentalräume einer Matrix tatsächlich fundamental (grundlegend) sind.

Zwei Unterräume $U$ und $W$ eines EUKLIDischen Vektorraumes $V$ sind **orthogonal**, wenn jeder Vektor $\boldsymbol{u}$ aus $U$ orthogonal zu jedem Vektor $\boldsymbol{w}$ aus $W$ ist, das heißt

$$\boldsymbol{u} \cdot \boldsymbol{w} = 0,$$

für alle $\boldsymbol{u} \in U$ und alle $\boldsymbol{w} \in W$. Man schreibt $U \perp W$.

Der folgende Satz liefert wichtige Beispiele von orthogonalen Unterräumen.

**Satz 6.3.** *Es ist $\boldsymbol{A} \in \mathbb{R}^{m \times n}$.*

*(a) Die Unterräume $N(\boldsymbol{A})$ und $Z(\boldsymbol{A})$ sind im Vektorraum $\mathbb{R}^n$ orthogonal, das heißt $N(\boldsymbol{A}) \perp Z(\boldsymbol{A})$.*

*(b) Die Unterräume $N(\boldsymbol{A}^T)$ und $S(\boldsymbol{A})$ sind im Vektorraum $\mathbb{R}^m$ orthogonal, das heißt $N(\boldsymbol{A}^T) \perp S(\boldsymbol{A})$.*

*Beweis.* Wir brauchen nur (a) zu beweisen, denn in (b) wird die Aussage von (a) auf $\boldsymbol{A}^{\mathrm{T}}$ angewendet.

Ist $\boldsymbol{x} \in N(\boldsymbol{A})$, so gilt

$$\boldsymbol{A}\boldsymbol{x} = \begin{bmatrix} - & \boldsymbol{z}_1^{\mathrm{T}} & - \\ - & \boldsymbol{z}_2^{\mathrm{T}} & - \\ & \vdots & \\ - & \boldsymbol{z}_m^{\mathrm{T}} & - \end{bmatrix} \boldsymbol{x} = \begin{bmatrix} - & \boldsymbol{z}_1^{\mathrm{T}}\boldsymbol{x} & - \\ - & \boldsymbol{z}_2^{\mathrm{T}}\boldsymbol{x} & - \\ & \vdots & \\ - & \boldsymbol{z}_m^{\mathrm{T}}\boldsymbol{x} & - \end{bmatrix} = \begin{bmatrix} 0 \\ 0 \\ \vdots \\ 0 \end{bmatrix}.$$

Die (erste) Gleichung $\boldsymbol{z}_1^{\mathrm{T}}\boldsymbol{x} = 0$ besagt, dass der Zeilenvektor $\boldsymbol{z}_1^{\mathrm{T}}$ senkrecht auf $\boldsymbol{x}$ steht. Die Gleichung $\boldsymbol{z}_2^{\mathrm{T}}\boldsymbol{x} = 0$ besagt, dass der Zeilenvektor $\boldsymbol{z}_2^{\mathrm{T}}$ senkrecht auf $\boldsymbol{x}$ steht, usw. Dann aber steht auch jede Linearkombination der Zeilenvektoren von $\boldsymbol{A}$ senkrecht auf $\boldsymbol{x}$ und somit folgt die Behauptung. Somit ist $Z(\boldsymbol{A}) \perp N(\boldsymbol{A})$. Kurz: $\boldsymbol{x}^{\mathrm{T}}(\boldsymbol{A}^{\mathrm{T}}\boldsymbol{y}) = (\boldsymbol{A}\boldsymbol{x})^{\mathrm{T}}\boldsymbol{y} = \boldsymbol{o}^{\mathrm{T}}\boldsymbol{y} = 0$. □

Ist $W$ eine Teilmenge des EUKLIDischen Vektorraumes $V$, so heißt $W^{\perp} = \{\boldsymbol{v} \in V \mid \boldsymbol{v} \perp \boldsymbol{w} \text{ für alle } \boldsymbol{w} \in W\}$ das **orthogonale Komplement** zu $W$ (lies: „$W$ senkrecht“).

Das orthogonale Komplement zu $W$ enthält alle Vektoren aus $V$, die senkrecht auf $W$ stehen. Zum Begriff des orthogonalen Komplements siehe Bild 6.1. Orthogonale Kom-

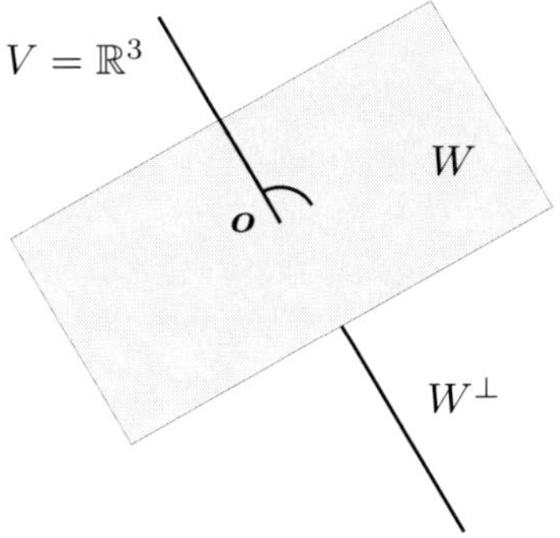


Bild 6.1.: Zum Begriff des orthogonalen Komplements

plemente sind stets auch Unterräume; dies zeigen wir in Aufgabe 6.8.

**Beispiel 6.5.** Ist $\boldsymbol{o} \neq \boldsymbol{w} \in \mathbb{R}^3$, dann kann man $\{\boldsymbol{w}\}^{\perp}$ geometrisch deuten. $\{\boldsymbol{w}\}^{\perp}$ ist die Ebene im $\mathbb{R}^3$ durch den Koordinatenursprung, die senkrecht zu dem Vektor $\boldsymbol{w}$ ist. ■

**Satz 6.4** (Orthogonale Komplemente)**.** *Es ist $\boldsymbol{A} \in \mathbb{R}^{m \times n}$. Dann gilt $N(\boldsymbol{A}) = Z(\boldsymbol{A})^{\perp}$ und $N(\boldsymbol{A}^{T}) = S(\boldsymbol{A})^{\perp}$.*

Versuchen Sie auf jeden Fall jeden Schritt des folgenden Beweises zu verstehen.

*Beweis.* Wir zeigen zunächst $N(\boldsymbol{A}^{\mathrm{T}}) = S(\boldsymbol{A})^{\perp}$. Für alle $\boldsymbol{x} \in \mathbb{R}^n$ gilt: $\boldsymbol{y} \in S(\boldsymbol{A})^{\perp} \Leftrightarrow (\boldsymbol{A}\boldsymbol{x})^{\mathrm{T}}\boldsymbol{y} = 0 \Leftrightarrow \boldsymbol{x}^{\mathrm{T}}\boldsymbol{A}^{\mathrm{T}}\boldsymbol{y} = 0 \Leftrightarrow \boldsymbol{A}^{\mathrm{T}}\boldsymbol{y} = \boldsymbol{o} \Leftrightarrow \boldsymbol{y} \in N(\boldsymbol{A}^{\mathrm{T}})$.

Der bisherige Beweis ist unabhängig von der Größe der Matrix $\boldsymbol{A}$. Deshalb gilt das Ergebnis auch für die Matrix $\boldsymbol{B} = \boldsymbol{A}^{\mathrm{T}}$. Somit ist $N(\boldsymbol{A}) = N(\boldsymbol{B}^{\mathrm{T}}) = S(\boldsymbol{B})^{\perp} = S(\boldsymbol{A}^{\mathrm{T}})^{\perp} = Z(\boldsymbol{A})^{\perp}$. □

Ist $V$ ein EUKLIDischer Vektorraum und $V = U \oplus W$, so heißt die direkte Summe **orthogonal**, falls $U \perp W$ ist.

**Satz 6.5.** *Ist $U$ ein Untervektorraum des Vektorraumes $\mathbb{R}^n$, dann ist*

$$\mathbb{R}^n = U \oplus U^{\perp}.$$

Der Vektorraum $\mathbb{R}^n$ ist also direkte orthogonale Summe von $U$ und seinem orthogonalen Komplement $U^{\perp}$. Allgemeiner lässt sich dieser Satz 6.5 auch für beliebige Vektorräume $V$ formulieren und beweisen, uns genügt der Fall $V = \mathbb{R}^n$.

*Beweis.* Wir müssen $\mathbb{R}^n = U \oplus U^{\perp}$ zeigen. Dies tun wir, indem wir $\mathbb{R}^n = U + U^{\perp}$ und $U \cap U^{\perp} = \{\boldsymbol{o}\}$ nachweisen.

Ist $\boldsymbol{x} \in U \cap U^{\perp}$, dann ist $\boldsymbol{x} \in U$ und $\boldsymbol{x} \in U^{\perp}$. Somit ist $\boldsymbol{x}^{\mathrm{T}}\boldsymbol{x} = 0$. Der einzige Vektor für den diese Eigenschaft gilt, ist der Nullvektor, das heißt $\boldsymbol{x} = \boldsymbol{o}$. Also ist $U \cap U^{\perp} = \{\boldsymbol{o}\}$.

Jetzt bleibt noch $\mathbb{R}^n = U + U^{\perp}$ nachzuweisen. Ist $\{\boldsymbol{u}_1, \ldots, \boldsymbol{u}_r\}$ eine orthogonale Basis von $U \subseteq V = \mathbb{R}^n$, dann ist es möglich diese zu einer orthogonalen Basis $\{\boldsymbol{u}_1, \ldots, \boldsymbol{u}_n\}$ von $V = \mathbb{R}^n$ zu erweitern. Nun ist $\{\boldsymbol{u}_{r+1}, \ldots, \boldsymbol{u}_n\} \in U^{\perp}$. Ist $\boldsymbol{x} \in \mathbb{R}^n$, dann gilt $\boldsymbol{x} = c_1\boldsymbol{u}_1 + \cdots + c_n\boldsymbol{u}_n$ mit

$$c_1\boldsymbol{u}_1 + \cdots + c_r\boldsymbol{u}_r \in U \quad \text{und} \quad c_{r+1}\boldsymbol{u}_{r+1} + \cdots + c_r\boldsymbol{u}_r \in U^{\perp}.$$

Das bedeutet $\mathbb{R}^n = U + U^{\perp}$.

Die beiden Bedingungen $\mathbb{R}^n = U + U^{\perp}$ und $U \cap U^{\perp} = \{\boldsymbol{o}\}$ ergeben das gewünschte Resultat $\mathbb{R}^n = U \oplus U^{\perp}$. □

**Satz 6.6.** *Ist $U$ ein Unterraum von $\mathbb{R}^n$, dann gilt $(U^{\perp})^{\perp} = U$.*

*Beweis.* Ist $\boldsymbol{x} \in U$, dann gilt $\boldsymbol{x}^{\mathrm{T}}\boldsymbol{y} = 0$ für alle $\boldsymbol{y} \in U^{\perp}$. Daher ist $\boldsymbol{x} \in (U^{\perp})^{\perp}$ und somit gilt $U \subseteq (U^{\perp})^{\perp}$.

Auf der anderen Seite. Ist $\boldsymbol{z} \in (U^{\perp})^{\perp}$, dann können wir wegen $\mathbb{R}^n = U \oplus U^{\perp}$ schreiben $\boldsymbol{z} = \boldsymbol{u}_1 + \boldsymbol{u}_2$ mit $\boldsymbol{u}_1 \in U$ und $\boldsymbol{u}_2 \in U^{\perp}$. Da $\boldsymbol{u}_2 \in U^{\perp}$ ist, ist $\boldsymbol{u}_2$ orthogonal zu $\boldsymbol{u}_1$ und zu

$\boldsymbol{z}$. Also ist $0 = \boldsymbol{u}_2^{\mathrm{T}}\boldsymbol{z} = \boldsymbol{u}_2^{\mathrm{T}}\boldsymbol{u}_1 + \boldsymbol{u}_2^{\mathrm{T}}\boldsymbol{u}_2 = \boldsymbol{u}_2^{\mathrm{T}}\boldsymbol{u}_2$, und daher $\boldsymbol{u}_2 = \boldsymbol{o}$. Somit ist $\boldsymbol{z} = \boldsymbol{u}_1 \in U$ und somit $(U^{\perp})^{\perp} \subseteq U$.

Insgesamt ist somit $(U^{\perp})^{\perp} = U$ und der Satz bewiesen. □

Aus Satz 6.6 folgt: Ist $U_1$ orthogonales Komplement von $U_2$, dann ist $U_2$ orthogonales Komplement von $U_1$, und man sagt, $U_1$ und $U_2$ sind orthogonale Komplemente.

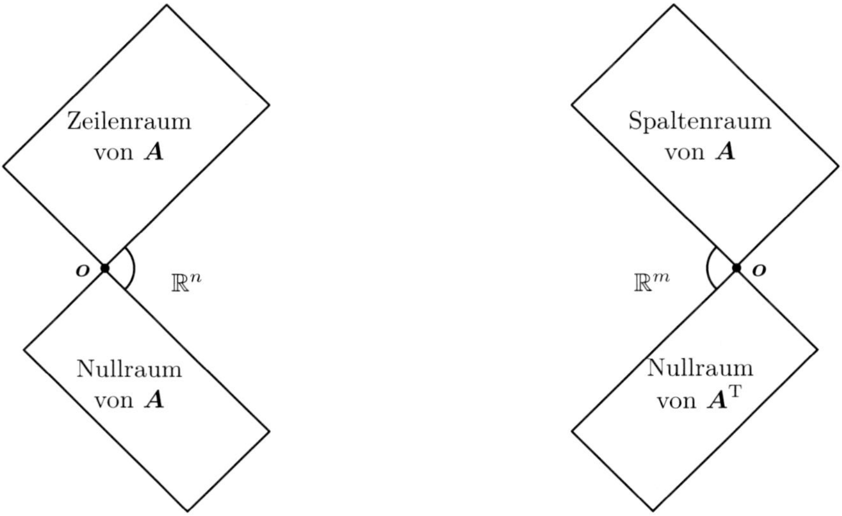


Bild 6.2.: Orthogonale Komplemente: $N(\boldsymbol{A})$, $Z(\boldsymbol{A})$ in $\mathbb{R}^n$ und $N(\boldsymbol{A}^{\mathrm{T}})$, $S(\boldsymbol{A})$ in $\mathbb{R}^m$

Insbesonder folgt aus 6.6, dass $N(\boldsymbol{A})$ und $Z(\boldsymbol{A})$, sowie $N(\boldsymbol{A}^{\mathrm{T}})$ und $S(\boldsymbol{A})$ orthogonale Komplemente sind. Somit gilt

$$N(\boldsymbol{A})^{\perp} = Z(\boldsymbol{A}) \quad \text{und} \quad N(\boldsymbol{A}^{\mathrm{T}})^{\perp} = S(\boldsymbol{A})$$

Der Nullraum und der Zeilenraum einer Matrix sind orthogonale Komplemente im Vektorraum $\mathbb{R}^n$. Der Nullraum der transponierten Matrix ist das orthogonale Komplement des Spaltenraumes im Vektorraum $\mathbb{R}^m$. Das Bild 6.2 zeigt die zuletzt gemachte Bemerkung. Kombinieren wir diese Bemerkung mit den Sätzen 6.4 und 6.5, so können wir folgenden Hauptsatz 2 formulieren.

**Hauptsatz 2.** *Es ist* $\boldsymbol{A} \in \mathbb{R}^{m \times n}$ *gegeben. Dann gilt:*

(a) *Jeder Vektor* $\boldsymbol{x} \in \mathbb{R}^n$ *kann in eindeutiger Weise als* $\boldsymbol{x} = \boldsymbol{x}_N + \boldsymbol{x}_Z$ *geschrieben werden werden, wobei* $\boldsymbol{x}_N \in N(\boldsymbol{A})$, $\boldsymbol{x}_Z \in Z(\boldsymbol{A})$ *und* $\boldsymbol{x}_N \perp \boldsymbol{x}_Z$ *ist. Anders ausgedrückt:* $\mathbb{R}^n = N(\boldsymbol{A}) \oplus N(\boldsymbol{A})^\perp = N(\boldsymbol{A}) \oplus Z(\boldsymbol{A})$ *mit* $N(\boldsymbol{A}) \perp Z(\boldsymbol{A})$. *Der Vektorraum* $\mathbb{R}^n$ *ist direkte orthogonale Summe von* $N(\boldsymbol{A})$ *und* $Z(\boldsymbol{A})$. *Außerdem ist* $\boldsymbol{x} = \boldsymbol{x}_N \oplus \boldsymbol{x}_Z$ *mit* $\boldsymbol{x}_N \perp \boldsymbol{x}_Z$.

(b) *Jeder Vektor* $\boldsymbol{y} \in \mathbb{R}^m$ *kann in eindeutiger Weise als* $\boldsymbol{y} = \boldsymbol{y}_N + \boldsymbol{y}_S$ *geschrieben werden werden, wobei* $\boldsymbol{y}_N \in N(\boldsymbol{A}^T)$, $\boldsymbol{y}_S \in S(\boldsymbol{A})$ *und* $\boldsymbol{y}_N \perp \boldsymbol{y}_S$ *ist. Anders ausgedrückt:* $\mathbb{R}^m = S(\boldsymbol{A}) \oplus S(\boldsymbol{A})^\perp = S(\boldsymbol{A}) \oplus N(\boldsymbol{A}^T)$ *mit* $S(\boldsymbol{A}) \perp N(\boldsymbol{A}^T)$. *Der Vektorraum* $\mathbb{R}^m$ *ist direkte orthogonale Summe von* $N(\boldsymbol{A}^T)$ *und* $S(\boldsymbol{A})$. *Außerdem ist* $\boldsymbol{y} = \boldsymbol{y}_N \oplus \boldsymbol{y}_S$ *mit* $\boldsymbol{y}_N \perp \boldsymbol{y}_S$.

Der Nullraum und der Zeilenraum von $\boldsymbol{A}$ sind orthogonale Komplemente im Raum $\mathbb{R}^n$. Der Nullraum von $\boldsymbol{A}^{\mathrm{T}}$ und der Spaltenraum von $\boldsymbol{A}$ sind orthogonale Komplemente im Raum $\mathbb{R}^m$. Jeder Vektor $\boldsymbol{x} \in \mathbb{R}^n$ kann eindeutig in eine Zeilenraumkomponente $\boldsymbol{x}_Z \in Z(\boldsymbol{A})$ und eine Nullraumkomponente $\boldsymbol{x}_N \in N(\boldsymbol{A})$ zerlegt werden kann, und es ist $\boldsymbol{x}_Z \perp \boldsymbol{x}_N$. Jeder Vektor $\boldsymbol{y} \in \mathbb{R}^m$ kann eindeutig in eine Spaltenraumkomponente $\boldsymbol{y}_S \in S(\boldsymbol{A})$ und eine Nullraumkomponente $\boldsymbol{y}_N \in N(\boldsymbol{A}^{\mathrm{T}})$ zerlegt werden kann, und es ist $\boldsymbol{y}_S \perp \boldsymbol{y}_N$. Bild 6.3 zeigt Hauptsatz 2 bzw. diese Bemerkungen symbolisch.

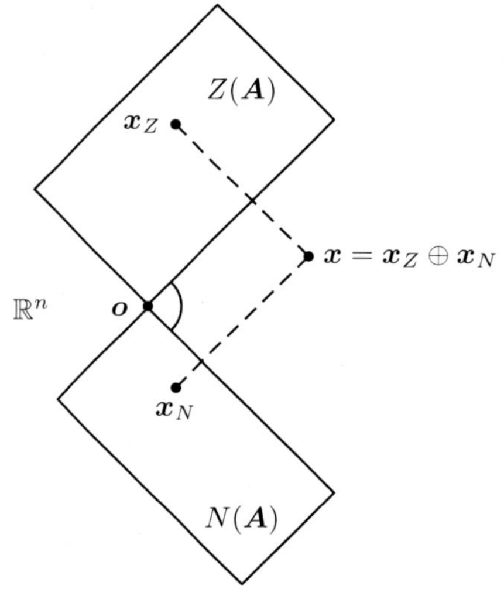


Bild 6.3.: Zum Hauptsatz 2

**Beispiel 6.6** (Zur Orthogonalität der vier Fundamentalräume)**.** Stellen Sie grafisch den Nullraum $N(\boldsymbol{A})$ und den Zeilenraum $Z(\boldsymbol{A})$ der Matrix

$$\boldsymbol{A} = \begin{bmatrix} 1 & 2 \\ 3 & 6 \end{bmatrix}$$

dar. Stellen Sie auch grafisch den Spaltenraum $S(\boldsymbol{A})$ und den Nullraum $N(\boldsymbol{A}^{\mathrm{T}})$ dar.

*Lösung.* Nach Beispiel 5.40 wird der Nullraum $N(\boldsymbol{A})$ durch die Vektoren der Form $t(-2, 1)$, $t \in \mathbb{R}$, und der Zeilenraum $Z(\boldsymbol{A})$ durch die Vektoren der Form $t(1, 2)$, $t \in \mathbb{R}$, beschrieben. Diese beiden Unterräume sind in Bild 6.4 (linkes Bild) dargestellt.

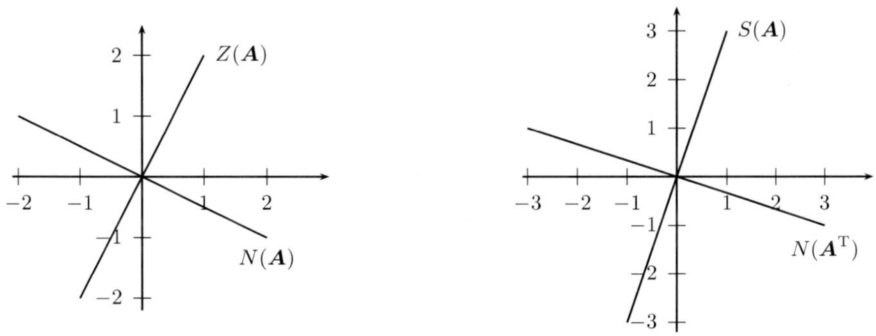


Bild 6.4.: Zu Beispiel 6.6

Nach Beispiel 5.40 wird der Spaltenraum $S(\boldsymbol{A})$ durch die Vektoren der Form $t(1, 3)$, $t \in \mathbb{R}$, und der Nullraum $N(\boldsymbol{A}^{\mathrm{T}})$ durch die Vektoren der Form $t(3, -1)$, $t \in \mathbb{R}$, beschrieben. Diese beiden Unterräume sind in Bild 6.4 (rechtes Bild) dargestellt.

In diesem Beispiel ist $m = n = 2$, das heißt alle vier Fundamentalräume sind Unterräume von $\mathbb{R}^2$. Der Nullraum steht senkrecht auf dem Zeilenraum und der Spaltenraum steht senkrecht auf dem Nullraum der transponierten Matrix. Alle vier Fundamentalräume sind in diesem Beispiel Ursprungsgeraden. ■

**Beispiel 6.7** (Zur Orthogonalität der vier Fundamentalräume)**.** Bestimmen Sie von der Matrix

$$\boldsymbol{A} = \begin{bmatrix} 1 & 0 \\ 1 & 1 \\ 1 & 2 \end{bmatrix}$$

jeweils eine Basis der vier Fundamentalräume und bestätigen Sie, dass diese orthogonal sind.

In Abschnitt 5.16 haben wir gelernt, wie man Basisvektoren bestimmten kann. Der Nullraum von $\boldsymbol{A}$ besteht nur aus dem Nullvektor. Basisvektoren vom Zeilenraum von $\boldsymbol{A}$ sind zum Beispiel $(1, 0)$, $(0, 1)$. Diese stehen natürlich orthogonal auf dem Nullraum. Der Nullraum von $\boldsymbol{A}^{\mathrm{T}}$ ist eindimensional, ein Basisvektor ist zum Beispiel $(1, -2, 1)$. Basisvektoren vom Spaltenraum sind zum Beispiel $(1, 0, -1)$, $(0, 1, 2)$. Jeder Vektor der Form $c(1, -2, 1)$, $c \in \mathbb{R}$, steht orthogonal auf den Basisvektoren vom Spaltenraum. ■

In MATLAB können Sie solche Probleme mit den Funktionen `null`, `colspace` und `orth` lösen. Weitere Einzelheiten und Beispiele finden Sie in [37].

## 6.2. Lineare Gleichungssysteme

Nach diesen Überlegungen ist es sinnvoll nochmals lineare Gleichungssysteme zu diskutieren. Wir erweitern unsere Theorie zu linearen Gleichungssystemen und fassen zusammen.

Durch die Matrizenmultiplikation $\boldsymbol{Ax}$ wird jeder Vektor $\boldsymbol{x} \in \mathbb{R}^n$ von der Matrix $\boldsymbol{A} \in \mathbb{R}^{m \times n}$ in den Spaltenraum abgebildet, denn $\boldsymbol{Ax}$ ist ein Vektor in $S(\boldsymbol{A})$, siehe Bild 6.5. Jeder Vektor aus dem Nullraum wird auf den Nullvektor in $\mathbb{R}^m$ abgebildet. Der Nullraum $N(\boldsymbol{A}^{\mathrm{T}})$ spielt hier keine Rolle. Eine Matrix ist ein rechteckiges Schema (Tabelle) von Zahlen. Sie ist aber noch mehr! Multipliziert man sie mit $\boldsymbol{x}$, so ergibt sich $\boldsymbol{b} = \boldsymbol{Ax}$. Eine Matrix ist also auch eine Abbildung (Operator). Dieser Abbildungsaspekt wird ausführlich in Kapitel 8 besprochen.

Jeder Vektor $\boldsymbol{x} \in \mathbb{R}^n$ kann als Summenvektor $\boldsymbol{x} = \boldsymbol{x}_Z + \boldsymbol{x}_N$ geschrieben werden, wobei $\boldsymbol{x}_Z \in Z(\boldsymbol{A})$ und $\boldsymbol{x}_N \in N(\boldsymbol{A})$ ist. In Bild 6.5 können wir erkennen, was passiert, wenn $\boldsymbol{A}$ mit $\boldsymbol{x} = \boldsymbol{x}_Z + \boldsymbol{x}_N$ multipliziert wird. Die Nullraumkomponente $\boldsymbol{x}_N$ wird auf den Nullvektor in $\mathbb{R}^m$ abgebildet und die Zeilenraumkomponente $\boldsymbol{x}_Z$ erzeugt einen Vektor im Spaltenraum: $\boldsymbol{Ax}_Z = \boldsymbol{Ax} = \boldsymbol{b}$. Jeder Vektor $\boldsymbol{x} \in \mathbb{R}^n$ wird durch $\boldsymbol{A}$ in den Spaltenraum abgebildet, eine andere Möglichkeit gibt es nicht. Mehr noch: Jeder Vektor im Spaltenraum wird von genau einem Vektor aus den Zeilenraum erzeugt. Begründung: Gilt $\boldsymbol{Ax}_Z = \boldsymbol{Ax}'_Z$, so muss der Differenzvektor $\boldsymbol{x}_Z - \boldsymbol{x}'_Z$ zum Nullraum gehören. Er gehört aber auch zum Zeilenraum. Der Differenzvektor muss also der Nullvektor sein, da Nullraum und Zeilenraum nur den Nullvektor gemeinsam haben. Es ist somit $\boldsymbol{x}_Z = \boldsymbol{x}'_Z$.

Ist $\boldsymbol{b}$ im Spaltenraum, so ist das lineare System $\boldsymbol{Ax} = \boldsymbol{b}$ lösbar. Es gibt eine Teillösung (spezielle Lösung) $\boldsymbol{x}_Z$, die im Zeilenraum liegt. Die homogenen Lösungen $\boldsymbol{x}_N$ bilden den Nullraum. Die allgemeine Lösung ist $\boldsymbol{x} = \boldsymbol{x}_Z + \boldsymbol{x}_N$ (Abschnitt 5.14). Die Teillösung $\boldsymbol{x}_Z \in Z(\boldsymbol{A})$ ist orthogonal zu jedem Vektor $\boldsymbol{x}_N \in N(\boldsymbol{A})$.

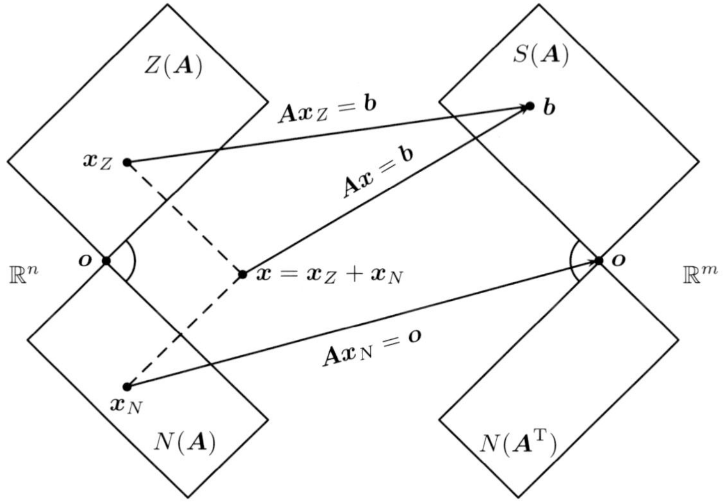


Bild 6.5.: Lösbare lineare Gleichungssysteme

**Beispiel 6.8.** Wir betrachten die Matrix

$$\boldsymbol{A} = \begin{bmatrix} 1 & 2 \\ 3 & 6 \end{bmatrix}$$

aus Beispiel 5.32. Der Nullraum von $\boldsymbol{A}$ kann zum Beispiel durch $t(-2, 1)$, $t \in \mathbb{R}$, beschrieben werden; der Zeilenraum zum Beispiel durch $s(1, 2)$, $s \in \mathbb{R}$. Ist $\boldsymbol{b} = (4, 12)$, so ist wegen

$$\begin{bmatrix} 1 & 2 \\ 3 & 6 \end{bmatrix} \begin{bmatrix} s \\ 2s \end{bmatrix} = \begin{bmatrix} 4 \\ 12 \end{bmatrix}$$

$s = 4/5$, also $\boldsymbol{x}_Z = (4/5, 8/5)$. Der Vektor $\boldsymbol{x}_Z$ aus dem Zeilenraum ist somit eine Teillösung von $\boldsymbol{A}\boldsymbol{x} = \boldsymbol{b}$ und steht senkrecht auf jedem Vektor $\boldsymbol{x}_N = t(-2, 1) \in \mathbb{R}^2$, $t \in \mathbb{R}$. ■

Wir fassen unsere Erkenntnisse über die Lösbarkeit von linearen Gleichungssystemen zusammen.

### Lösbarkeit

Unter welchen Bedingungen an $\boldsymbol{A}$ und $\boldsymbol{b}$ gibt es mindestens ein $\boldsymbol{x}$ mit $\boldsymbol{A}\boldsymbol{x} = \boldsymbol{b}$?

Die folgenden Aussagen sind äquivalent:

(a) Das Gleichungssystem $\boldsymbol{Ax} = \boldsymbol{b}$ ist lösbar.
(b) Der Vektor $\boldsymbol{b}$ liegt im Spaltenraum der Matrix $\boldsymbol{A}$, das heißt $\boldsymbol{b} \in S(\boldsymbol{A})$.
(c) Die erweiterte Koeffizientenmatrix $[\boldsymbol{A}\ \boldsymbol{b}]$ und die Matrix $\boldsymbol{A}$ haben den gleichen Rang, das heißt $\text{Rang}([\boldsymbol{A}\ \boldsymbol{b}]) = \text{Rang}(\boldsymbol{A})$.
(d) Es gilt die Gleichung $\boldsymbol{AA}^+\boldsymbol{b} = \boldsymbol{b}$.

In Bild 6.6 finden Sie die Lösbarkeit linearer Gleichungssysteme als Baumdiagramm übersichtlich dargestellt.

### Universelle Lösbarkeit

Unter welchen Bedingungen an $\boldsymbol{A}$ ist $\boldsymbol{Ax} = \boldsymbol{b}$ für alle $\boldsymbol{b} \in \mathbb{R}^m$ lösbar?

Die folgenden Aussagen sind äquivalent:

(a) Das Gleichungssystem $\boldsymbol{Ax} = \boldsymbol{b}$ ist für jede rechte Seite $\boldsymbol{b} \in \mathbb{R}^m$ lösbar.
(b) Der Spaltenraum von $\boldsymbol{A}$ ist der ganze Raum $\mathbb{R}^m$.
(c) $\text{Rang}(\boldsymbol{A}) = m$.

### Beschreibung aller Lösungen

Wie kann man alle Lösungen analytisch beschreiben?

Ist $\bar{\boldsymbol{x}}$ eine Lösung von $\boldsymbol{Ax} = \boldsymbol{b}$, so erhält man alle Lösungen von $\boldsymbol{Ax} = \boldsymbol{b}$ in der Form

$$\boldsymbol{x} = \bar{\boldsymbol{x}} + \boldsymbol{x}_N,$$

wobei $\bar{\boldsymbol{x}}$ eine spezielle Lösung ist und $\boldsymbol{x}_N$ im Nullraum von $\boldsymbol{A}$ liegt. Ist das System $\boldsymbol{Ax} = \boldsymbol{b}$ lösbar, so enthält seine allgemeine Lösung $n - \text{Rang}(\boldsymbol{A})$ freie Variablen (Parameter).

Bild 6.7 zeigt, wie wir uns die Lösungsmenge von $\boldsymbol{Ax} = \boldsymbol{b}$ vorstellen können.

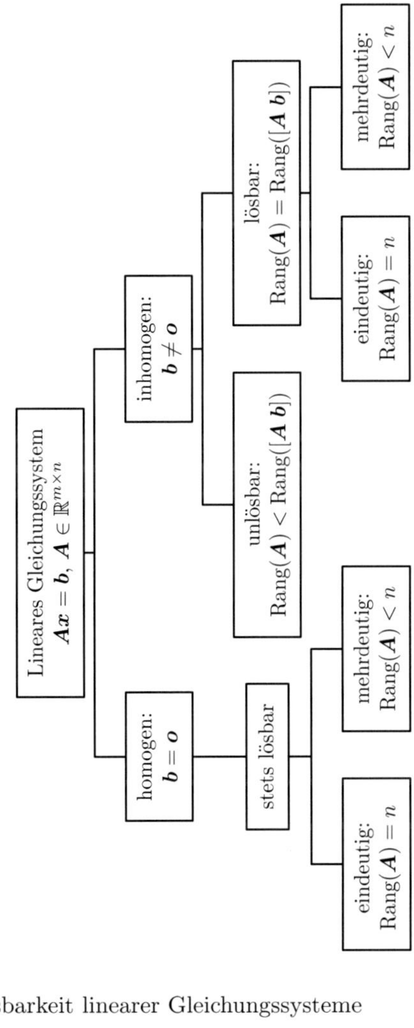


Bild 6.6.: Zur Lösbarkeit linearer Gleichungssysteme

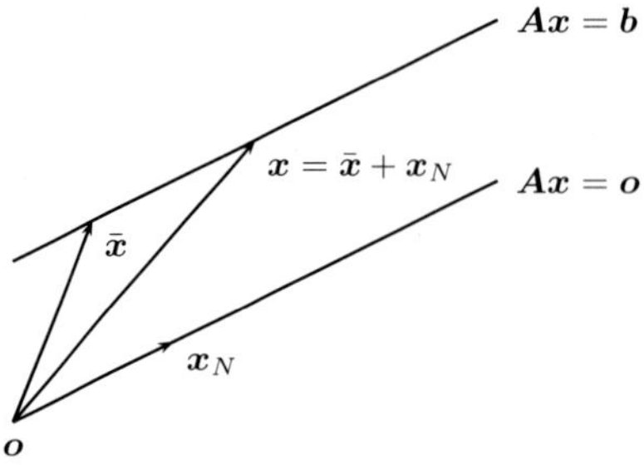


Bild 6.7.: Beschreibung aller Lösungen von $\boldsymbol{Ax} = \boldsymbol{b}$

## Eindeutige Lösbarkeit

Unter welchen Bedingungen gibt es genau eine Lösung $\boldsymbol{x}$ von $\boldsymbol{Ax} = \boldsymbol{b}$?

Ist $\boldsymbol{Ax} = \boldsymbol{b}$ lösbar, dann sind folgende Aussagen äquivalent:

(a) Das System $\boldsymbol{Ax} = \boldsymbol{b}$ ist eindeutig lösbar.
(b) Der Nullraum von $\boldsymbol{A}$ besteht nur aus dem Nullvektor.
(c) Der Rang von $\boldsymbol{A}$ ist gleich $n$, das heißt $\text{Rang}(\boldsymbol{A}) = n$.

Die Lösung ist $\boldsymbol{x} = \boldsymbol{A}^{-1}\boldsymbol{b}$, falls $m = n$ ist.

Spezielle für homogene Systeme gilt.

Die folgenden Aussagen sind äquivalent:

(a) Das System $\boldsymbol{Ax} = \boldsymbol{o}$ ist eindeutig lösbar.
(b) Das System $\boldsymbol{Ax} = \boldsymbol{o}$ hat nur die triviale Lösung.
(c) Die Spaltenvektoren von $\boldsymbol{A}$ sind linear unabhängig.
(d) Der Rang von $\boldsymbol{A}$ ist gleich $n$, das heißt $\text{Rang}(\boldsymbol{A}) = n$.

Ein lineares System $\boldsymbol{Ax} = \boldsymbol{b}$ ist genau dann eindeutig lösbar, wenn $\text{Rang}(\boldsymbol{A}) = n$ ist. Da bei einem unterbestimmten System $m < n$ gilt, kann ein solches niemals eindeutig lösbar sein.

Ein unterbestimmtes lineares Gleichungssystem $\boldsymbol{Ax} = \boldsymbol{b}$ ist nie eindeutig lösbar.

### Lösung kleinster Länge

Für den Fall, dass ein lineares Gleichungssystem unendlich viele Lösungen hat, ist es in den Anwendungen manchmal erforderlich eine Lösung von diesem zu berechenen. Eine, die besonders ausgezeichnet ist, ist die Lösung mit der kleinsten Länge. Diese können wir berechnen. Das Bild 6.8 (links) illustriert die Situation.

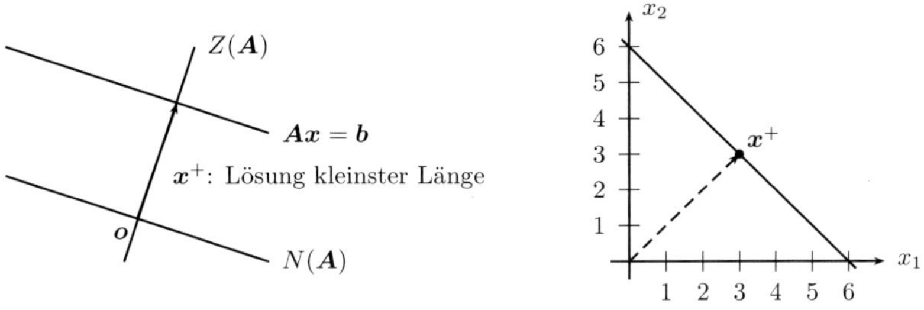


Bild 6.8.: Lösung kleinster Länge (links). Lösungsmenge und Lösung kleinster Länge von $x_1 + x_2 = 6$ (rechts)

**Satz 6.7** (Lösung kleinster Länge). *Ist der Spaltenraum von $\boldsymbol{A} \in \mathbb{R}^{m\times n}$ der $\mathbb{R}^m$, so ist das lineare Gleichungssystem $\boldsymbol{Ax} = \boldsymbol{b}$ universell lösbar. Für jede rechte Seite $\boldsymbol{b}$ gibt eine oder unendlich viele Lösungen. Die Lösung oder eine von diesen unendlich vielen Lösungen ist $\boldsymbol{x}^+ = \boldsymbol{A}^T(\boldsymbol{AA}^T)^{-1}\boldsymbol{b}$; sie ist die Lösung kleinster Länge.*

Bitte beachten Sie, dass die Voraussetzung des Satzes 6.7 nur erfüllt sein kann, wenn $m \leq n$ ist, das heißt, wenn das Gleichungssystem quadratisch oder unterbestimmt ist. Die Matrix $\boldsymbol{A}^+ = \boldsymbol{A}^{\mathrm{T}}(\boldsymbol{AA}^{\mathrm{T}})^{-1}$ heißt **Pseudoinverse** (**verallgemeinerte Inverse**, **Moore-Penrose-Inverse**)[3] von $\boldsymbol{A}$.

*Beweis.* Unter den Voraussetzungen, dass die Matrix $\boldsymbol{A}$ den Rang $m$ hat, ist das lineare System $\boldsymbol{Ax} = \boldsymbol{b}$ universell lösbar; hat also genau eine oder unendlich viele Lösungen.

Der Vektor $\boldsymbol{x}^+ = \boldsymbol{A}^{\mathrm{T}}(\boldsymbol{AA}^{\mathrm{T}})^{-1}\boldsymbol{b}$ ist eine Lösung, denn es ist

$$\boldsymbol{Ax}^+ = \boldsymbol{A}(\boldsymbol{A}^{\mathrm{T}}(\boldsymbol{AA}^{\mathrm{T}})^{-1}\boldsymbol{b}) = (\boldsymbol{AA}^{\mathrm{T}})(\boldsymbol{AA}^{\mathrm{T}})^{-1}\boldsymbol{b} = \boldsymbol{E}_m\boldsymbol{b} = \boldsymbol{b}.$$

[3] Eliakim Hastings Moore (1862 – 1932), Roger Penrose (1931).

Ist die Lösung eindeutig, so ist $\boldsymbol{x}^+$ die Lösung und es ist nichts weiter zu beweisen, denn dann ist $\boldsymbol{x}^+$ die Lösung kleinste Länge.

Wir zeigen nun, dass der Lösungsvektor $\boldsymbol{x}^+$ von allen Vektoren $\boldsymbol{x}$ mit $\boldsymbol{A}\boldsymbol{x} = \boldsymbol{b}$ die kleinste Länge hat, das heißt $|\boldsymbol{x}^+| \leq |\boldsymbol{x}|$ für alle $\boldsymbol{x}$ mit $\boldsymbol{A}\boldsymbol{x} = \boldsymbol{b}$. Dies sieht man so. Da $\boldsymbol{x}^+$ eine Lösung ist, haben alle Lösungsvektoren $\boldsymbol{x}$ die Form $\boldsymbol{x} = \boldsymbol{x}^+ + \boldsymbol{x}_N$ mit $\boldsymbol{x}_N \in N(\boldsymbol{A})$ (Abschnitt 5.14, Satz 5.14). Nun ist der Lösungsvektor $\boldsymbol{x}^+$ aus $S(\boldsymbol{A}^{\mathrm{T}})$; dies sieht man an der Darstellung $\boldsymbol{x}^+ = \boldsymbol{A}^{\mathrm{T}}(\boldsymbol{A}\boldsymbol{A}^{\mathrm{T}})^{-1}\boldsymbol{b}$. Weil $S(\boldsymbol{A}^{\mathrm{T}}) = Z(\boldsymbol{A})$ ist und $Z(\boldsymbol{A})$ auf $N(\boldsymbol{A})$ senkrecht steht, ist $\boldsymbol{x}^+ \perp \boldsymbol{x}_N$. Wegen $\boldsymbol{x} = \boldsymbol{x}^+ + \boldsymbol{x}_N$ folgt mit dem Satz des Pythagoras 6.2 $|\boldsymbol{x}|^2 = |\boldsymbol{x}^+|^2 + |\boldsymbol{x}_N|^2$. Daraus folgt

$$|\boldsymbol{x}^+|^2 = |\boldsymbol{x}|^2 - |\boldsymbol{x}_N|^2 \leq |\boldsymbol{x}|^2.$$

Also ist $|\boldsymbol{x}^+| \leq |\boldsymbol{x}|$ für alle $\boldsymbol{x}$ mit $\boldsymbol{A}\boldsymbol{x} = \boldsymbol{b}$. Also hat der Lösungsvektor $\boldsymbol{x}^+$ die kleinste Länge.

Hier ist noch eine alternative Begründung dafür, dass der Löungsvektor $\boldsymbol{x}^+$ die kleinste Länge hat. Wir nehmen an, $\boldsymbol{x}$ ist eine weitere Lösung und definieren $\boldsymbol{z} = \boldsymbol{x} - \boldsymbol{x}^+$. Dann gilt

$$\begin{aligned}
|\boldsymbol{x}|^2 = |\boldsymbol{x}^+ + \boldsymbol{z}|^2 = |\boldsymbol{x}^+|^2 + |\boldsymbol{z}|^2 + 2(\boldsymbol{x}^+)^{\mathrm{T}}\boldsymbol{z} &= |\boldsymbol{x}^+|^2 + |\boldsymbol{z}|^2 + 2\boldsymbol{b}^{\mathrm{T}}(\boldsymbol{A}\boldsymbol{A}^{\mathrm{T}})^{-1}\boldsymbol{A}\boldsymbol{z}\\
&= |\boldsymbol{x}^+|^2 + |\boldsymbol{z}|^2 + 2\boldsymbol{b}^{\mathrm{T}}(\boldsymbol{A}\boldsymbol{A}^{\mathrm{T}})^{-1}\boldsymbol{A}(\boldsymbol{x} - \boldsymbol{x}^+)\\
&= |\boldsymbol{x}^+|^2 + |\boldsymbol{z}|^2 + 2\boldsymbol{b}^{\mathrm{T}}(\boldsymbol{A}\boldsymbol{A}^{\mathrm{T}})^{-1}(\boldsymbol{A}\boldsymbol{x} - \boldsymbol{A}\boldsymbol{x}^+)\\
&= |\boldsymbol{x}^+|^2 + |\boldsymbol{z}|^2 + 2\boldsymbol{b}^{\mathrm{T}}(\boldsymbol{A}\boldsymbol{A}^{\mathrm{T}})^{-1}(\boldsymbol{b} - \boldsymbol{b}) = |\boldsymbol{x}^+|^2 + |\boldsymbol{z}|^2 + 2\boldsymbol{b}^{\mathrm{T}}(\boldsymbol{A}\boldsymbol{A}^{\mathrm{T}})^{-1}\boldsymbol{o}\\
&= |\boldsymbol{x}^+|^2 + |\boldsymbol{z}|^2.
\end{aligned}$$

Dies zeigt, dass $|\boldsymbol{x}|^2 \geq |\boldsymbol{x}^+|^2$ ist und somit ist $\boldsymbol{x}^+$ die Lösung kleinster Länge. □

**Beispiel 6.9** (Lösung kleinster Länge)**.** Gegeben ist das unterbestimmte lineare Gleichungssystem

$$x_1 + x_2 = 6.$$

Berechnen Sie die Lösung kleinster Länge.

*Lösung.* Wir lösen diese Aufgabe zunächst grafisch. Das Bild 6.8 (rechts) zeigt die Lösungsmenge dieses unterbestimmten Gleichungssystems. Jeder Punkt auf der Geraden ist eine Lösung der Gleichung. Die allgemeine Lösung ist $\boldsymbol{x} = (x_1, x_2) = (6 - t, t)$, $t \in \mathbb{R}$. Die Lösung kleinster Länge ist $\boldsymbol{x}^+ = (3, 3)$. Jeder andere Lösungsvektor hat eine größere Länge als $\boldsymbol{x}^+$.

Wir berechnen nun $\boldsymbol{x}^+$ nach Satz 6.7. Es ist

$$\boldsymbol{x}^+ = \boldsymbol{A}^{\mathrm{T}}(\boldsymbol{A}\boldsymbol{A}^{\mathrm{T}})^{-1}\boldsymbol{b} = \begin{bmatrix} 1 \\ 1 \end{bmatrix}\left(\begin{bmatrix} 1 & 1 \end{bmatrix}\begin{bmatrix} 1 \\ 1 \end{bmatrix}\right)^{-1} 6 = \begin{bmatrix} 1 \\ 1 \end{bmatrix}(2)^{-1}6 = \begin{bmatrix} 1 \\ 1 \end{bmatrix}3 = \begin{bmatrix} 3 \\ 3 \end{bmatrix}.$$

Der Lösungsvektor $\boldsymbol{x}^+ = (3, 3)$ hat die kleinste Länge. ■

### Unterbestimmte Systeme

Ein unterbestimmtes System hat entweder keine Lösung oder aber unendlich viele Lösungen. Ob keine Lösung oder unendlich viele Lösungen vorliegen, hängt davon ab, ob die rechte Seite $\boldsymbol{b}$ im Spaltenraum von $\boldsymbol{A}$ liegt oder nicht. Ist ein unterbestimmtes System lösbar, dann hat es unendlich viele Lösungen. Insbesondere hat jedes unterbestimmte homogene System unendlich viele Lösungen.

Ein lösbares, unterbestimmtes Gleichungssystem hat unendlich viele Lösungen. Insbesondere hat jedes unterbestimmte homogene System unendlich viele Lösungen.

Bild 6.9 stellt die Lösbarbeit unterbestimmter linearer Systeme als Baumdiagramm

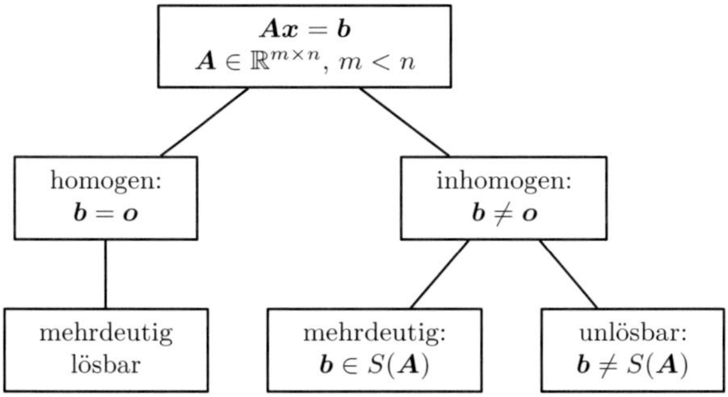


Bild 6.9.: Zur Lösbarkeit unterbestimmter linearer Gleichungssysteme

übersichtlich dar.

## 6.3. Unlösbare lineare Systeme. Orthogonale Projektionen. Normalgleichungssysteme

Lineare Gleichungssysteme müssen nicht lösbar sein. In Anwendungen treten oft lineare Systeme auf, die unlösbar sind. Wir zeigen, wie man diese unlösbaren Systeme dennoch näherungsweise lösen kann.

In Abschnitt 3.12 haben wir orthogonale Projektionen eines Vektors auf eine Gerade in der Ebene und im Raum behandelt und zur Berechnung des orthogonalen Projektionsvektors und dessen Länge eine Formel hergeleitet, siehe Satz 3.15 und Satz 3.16.

Nun wollen wir für orthogonale Projektionen Formeln und Gleichungen herleiten, die im $\mathbb{R}^m$ auch für $m > 3$ gelten, wobei der Raum, auf den wir projizieren, ein beliebiger Unterraum des $\mathbb{R}^m$ sein darf. Außerdem wollen wir *orthogonale Projektionsmatrizen* einführen, das sind Matrizen, die Vektoren auf einen Unterraum projizieren (abbilden), also den Vorgang einer orthogonalen Projektion beschreiben. Bevor wir diese orthogonalen Projektionsmatrizen allgemein definieren, hier zunächst zwei Beispiele. Ist $\boldsymbol{P}_1$ die Matrix

$$\boldsymbol{P}_1 = \begin{bmatrix} 0 & 0 & 0 \\ 0 & 0 & 0 \\ 0 & 0 & 1 \end{bmatrix},$$

so wird jedem Vektor $\boldsymbol{b} \in \mathbb{R}^3$ durch $\boldsymbol{P}_1\boldsymbol{b}$ ein Vektor $\boldsymbol{p}$ zugeordnet, der in den ersten beiden Koordinaten eine Null und in der dritten die dritte Koordinate von $\boldsymbol{b}$ aufweist

$$\boldsymbol{p} = \boldsymbol{P}_1\boldsymbol{b} = \begin{bmatrix} 0 & 0 & 0 \\ 0 & 0 & 0 \\ 0 & 0 & 1 \end{bmatrix} \begin{bmatrix} b_1 \\ b_2 \\ b_3 \end{bmatrix} = \begin{bmatrix} 0 \\ 0 \\ b_3 \end{bmatrix}.$$

Die Matrix $\boldsymbol{P}_1$ projiziert jeden Vektor $\boldsymbol{b} \in \mathbb{R}^3$ auf die $z$-Achse. Analog projiziert die Matrix

$$\boldsymbol{P}_2 = \begin{bmatrix} 1 & 0 & 0 \\ 0 & 1 & 0 \\ 0 & 0 & 0 \end{bmatrix}$$

jeden Vektor $\boldsymbol{b} \in \mathbb{R}^3$ auf die $x, y$-Ebene

$$\boldsymbol{p} = \boldsymbol{P}_2\boldsymbol{b} = \begin{bmatrix} 1 & 0 & 0 \\ 0 & 1 & 0 \\ 0 & 0 & 0 \end{bmatrix} \begin{bmatrix} b_1 \\ b_2 \\ b_3 \end{bmatrix} = \begin{bmatrix} b_1 \\ b_2 \\ 0 \end{bmatrix}.$$

Gegeben ist ein Vektor $\boldsymbol{b} \in \mathbb{R}^m$, der orthogonal auf eine Gerade projiziert werden soll, auf der der Vektor $\boldsymbol{a} = (a_1, a_2, \ldots, a_m) \neq \boldsymbol{o}$ liegt. Anders ausgedrückt: Wir wollen $\boldsymbol{b}$ auf den Spaltenraum der Matrix $\boldsymbol{A}$ projizieren, wobei die Matrix $\boldsymbol{A}$ (im Moment) nur aus dem Spaltenvektor $\boldsymbol{a}$ besteht. Wir suchen nach dem Vektor $\boldsymbol{p} = Proj_{\boldsymbol{a}}(\boldsymbol{b})$, dessen Endpunkt im Spaltenraum von $\boldsymbol{A}$ liegt und zum Endpunkt von $\boldsymbol{b}$ den kleinsten Abstand hat. Vergleichen Sie hierzu Abschnitt 3.12.

Der gesuchte Vektor $\boldsymbol{p}$ muss ein Vielfaches von $\boldsymbol{a}$ sein, wir nennen dieses Vielfache $\bar{x}$. Es ist also $\boldsymbol{p} = \bar{x}\boldsymbol{a}$. Nun sind die beiden Vektoren $\boldsymbol{b} - \boldsymbol{p} = \boldsymbol{b} - \bar{x}\boldsymbol{a}$ und $\boldsymbol{a}$ orthogonal, also gilt

$$\boldsymbol{a}^{\mathrm{T}}(\boldsymbol{b} - \bar{x}\boldsymbol{a}) = 0 \quad \text{bzw.} \quad \boldsymbol{a}^{\mathrm{T}}\boldsymbol{b} - \bar{x}\boldsymbol{a}^{\mathrm{T}}\boldsymbol{a} = 0, \quad \text{das heißt} \quad \bar{x} = \frac{\boldsymbol{a}^{\mathrm{T}}\boldsymbol{b}}{\boldsymbol{a}^{\mathrm{T}}\boldsymbol{a}} \qquad \text{für } \boldsymbol{a} \neq \boldsymbol{o}.$$

Somit ist (vergleiche Satz 3.15)

$$\boldsymbol{p} = \bar{x}\boldsymbol{a} = \frac{\boldsymbol{a}^{\mathrm{T}}\boldsymbol{b}}{\boldsymbol{a}^{\mathrm{T}}\boldsymbol{a}}\boldsymbol{a} \qquad \text{für } \boldsymbol{a} \neq \boldsymbol{o}$$

der orthogonale Projektionsvektor von $\boldsymbol{b}$ auf $\boldsymbol{a}$.

Welche Projektionsmatrix $\boldsymbol{P}$ muss man mit $\boldsymbol{b}$ multiplizieren, um $\boldsymbol{p}$ zu erhalten? Man sieht es leichter, wenn man in der Formel $\boldsymbol{p} = \bar{x}\boldsymbol{a}$ die beiden Faktoren auf der rechten Seite vertauscht. Man erhält mit dem Assoziativgesetz der Matrizenmultiplikation (Satz 1.6)

$$\boldsymbol{p} = \bar{x}\boldsymbol{a} = \boldsymbol{a}\bar{x} = \boldsymbol{a}\frac{\boldsymbol{a}^{\mathrm{T}}\boldsymbol{b}}{\boldsymbol{a}^{\mathrm{T}}\boldsymbol{a}} = \frac{\boldsymbol{a}(\boldsymbol{a}^{\mathrm{T}}\boldsymbol{b})}{\boldsymbol{a}^{\mathrm{T}}\boldsymbol{a}} = \frac{(\boldsymbol{a}\boldsymbol{a}^{\mathrm{T}})\boldsymbol{b}}{\boldsymbol{a}^{\mathrm{T}}\boldsymbol{a}} = \frac{(\boldsymbol{a}\boldsymbol{a}^{\mathrm{T}})}{\boldsymbol{a}^{\mathrm{T}}\boldsymbol{a}}\boldsymbol{b}.$$

Falls wir also

$$\boldsymbol{P} = \frac{\boldsymbol{a}\boldsymbol{a}^{\mathrm{T}}}{\boldsymbol{a}^{\mathrm{T}}\boldsymbol{a}}$$

definieren, so ist der orthogonale Projektionsvektor $\boldsymbol{p}$ durch das Matrix-Vektor-Produkt $\boldsymbol{Pb}$ gegeben, also $\boldsymbol{p} = \boldsymbol{Pb}$.

Ist $\boldsymbol{a} \in \mathbb{R}^m$ gegeben, so ist

$$\boldsymbol{P} = \frac{\boldsymbol{a}\boldsymbol{a}^{\mathrm{T}}}{\boldsymbol{a}^{\mathrm{T}}\boldsymbol{a}}, \qquad \boldsymbol{a} \neq \boldsymbol{o}$$

die **orthogonale Projektionsmatrix auf den eindimensionalen Unterraum, der von $\boldsymbol{a}$ aufgespannt wird**. Um anzudeuten, dass $\boldsymbol{P}$ auf den Spaltenraum von $\boldsymbol{A}$ (hier die lineare Hülle von $\boldsymbol{a}$) projiziert, schreiben wir $\boldsymbol{P}_{S(\boldsymbol{A})}$ oder auch $\boldsymbol{P}_{Lin(\boldsymbol{a})}$. Eine Projektionsmatrix muss keine *orthogonale Matrix* sein; orthogonale Matrizen behandeln wir in Abschnitt 11.4. Der Begriff orthogonal bezieht sich bei orthogonalen Projektionsmatrizen nicht auf die Matrixstruktur, sondern auf die Geometrie, die sich dahinter verbirgt.

**Satz 6.8** (Orthogonale Projektion auf eine Gerade in $\mathbb{R}^m$)**.** *Der orthogonale Projektionsvektor $\boldsymbol{p} \in \mathbb{R}^m$ von $\boldsymbol{b} \in \mathbb{R}^m$ auf die Gerade, die durch $\boldsymbol{o} \neq \boldsymbol{a} \in \mathbb{R}^m$ verläuft, ist*

$$\boldsymbol{p} = \bar{x}\boldsymbol{a} = \frac{\boldsymbol{a}^T\boldsymbol{b}}{\boldsymbol{a}^T\boldsymbol{a}}\boldsymbol{a} = \frac{\boldsymbol{a}\boldsymbol{a}^T}{\boldsymbol{a}^T\boldsymbol{a}}\boldsymbol{b} = \boldsymbol{Pb}.$$

Satz 6.8 ist in Bild 6.10 im Fall $m = 2$ visualisiert. Der eindimensionale Unterraum ist die Gerade, die durch den Vektor $\boldsymbol{a}$ aufgespannt wird. Der Vektor $\boldsymbol{b}$ wird orthogonal auf die Gerade projiziert. Das Ergebnis ist der orthogonale Projektionsvektor $\boldsymbol{p}$, der mit den Formeln aus Satz 6.8 berechnet werden kann.

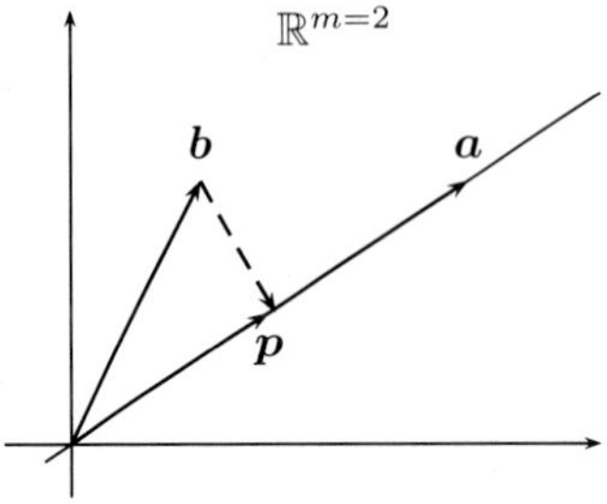


Bild 6.10.: Orthogonale Projektion auf eine Gerade; zu Satz 6.8

Den orthogonalen Projektionsvektor $\boldsymbol{p}$ können wir auf zwei Arten berechnen: Erstens durch Vektoroperationen nach der Formel $\boldsymbol{a}^{\mathrm{T}}\boldsymbol{b}/(\boldsymbol{a}^{\mathrm{T}}\boldsymbol{a})\boldsymbol{a}$ und zweitens über das Produkt Projektionsmatrix $\boldsymbol{P}$ mal Vektor $\boldsymbol{b}$. Es gibt zwei Spezialfälle. Spezialfall 1: Ist $\boldsymbol{b} = \boldsymbol{a}$, dann ist $\bar{x} = 1$ und die Projektion von $\boldsymbol{a}$ auf $\boldsymbol{a}$ ist $\boldsymbol{a}$ selbst. Spezialfall 2: Ist $\boldsymbol{b} \perp \boldsymbol{a}$, dann ist $\boldsymbol{a}^{\mathrm{T}}\boldsymbol{b} = 0$ und $\boldsymbol{p} = \boldsymbol{o}$.

Die orthogonale Projektionsmatrix $\boldsymbol{P}$ ist eine $(m, m)$-Matrix und hat den Rang$(\boldsymbol{P}) = 1$, da sie bis auf Multiplikation mit der Zahl $\boldsymbol{a}^{\mathrm{T}}\boldsymbol{a}$ die Form $\boldsymbol{a}\boldsymbol{a}^{\mathrm{T}}$ hat (Matrizen der Form $\boldsymbol{v}\boldsymbol{w}^{\mathrm{T}}$ sind aber gerade Matrizen vom Rang 1). Der Spaltenraum von $\boldsymbol{P}_{S(\boldsymbol{A})}$ hat zum Beispiel $\boldsymbol{a}$ als Basisvektor.

**Beispiel 6.10.** Berechnen Sie die orthogonale Projektionsmatrix $\boldsymbol{P}_{Lin(\boldsymbol{a})}$ auf die Gerade durch $\boldsymbol{a} = (1, 2, 2, 1)$. Bestimmen Sie anschließend den orthogonalen Projektionsvektor $\boldsymbol{p}$ von $\boldsymbol{b} = (1, 1, 0, 0)$ auf diese Gerade.

*Lösung.* Es ist $\boldsymbol{a}^{\mathrm{T}}\boldsymbol{a} = 1 + 4 + 4 + 1 = 10$ und

$$\boldsymbol{a}\boldsymbol{a}^{\mathrm{T}} = \begin{bmatrix} 1 \\ 2 \\ 2 \\ 1 \end{bmatrix} \begin{bmatrix} 1 & 2 & 2 & 1 \end{bmatrix} = \begin{bmatrix} 1 & 2 & 2 & 1 \\ 2 & 4 & 4 & 2 \\ 2 & 4 & 4 & 2 \\ 1 & 2 & 2 & 1 \end{bmatrix}$$

und somit

$$\boldsymbol{P}_{Lin(\boldsymbol{a})} = \frac{1}{\boldsymbol{a}^{\mathrm{T}}\boldsymbol{a}}\boldsymbol{a}\boldsymbol{a}^{\mathrm{T}} = \frac{1}{10}\begin{bmatrix} 1 & 2 & 2 & 1 \\ 2 & 4 & 4 & 2 \\ 2 & 4 & 4 & 2 \\ 1 & 2 & 2 & 1 \end{bmatrix} = \begin{bmatrix} 1/10 & 1/5 & 1/5 & 1/10 \\ 1/5 & 2/5 & 2/5 & 1/5 \\ 1/5 & 2/5 & 2/5 & 1/5 \\ 1/10 & 1/5 & 1/5 & 1/10 \end{bmatrix}.$$

Damit können wir $\boldsymbol{p}$ berechnen. Es ist

$$\boldsymbol{p} = \boldsymbol{P}_{Lin(\boldsymbol{a})}\boldsymbol{b} = \begin{bmatrix} 1/10 & 1/5 & 1/5 & 1/10 \\ 1/5 & 2/5 & 2/5 & 1/5 \\ 1/5 & 2/5 & 2/5 & 1/5 \\ 1/10 & 1/5 & 1/5 & 1/10 \end{bmatrix} \begin{bmatrix} 1 \\ 1 \\ 0 \\ 0 \end{bmatrix} = \begin{bmatrix} 3/10 \\ 3/5 \\ 3/5 \\ 3/10 \end{bmatrix}.$$

Somit ist $\boldsymbol{p} = (3/10, 3/5, 3/5, 3/10)$ der orthogonale Projektionsvektor von $\boldsymbol{b}$ auf die Gerade durch $\boldsymbol{a}$. ■

**Beispiel 6.11.** Es sind $\boldsymbol{u} = (2, -1, 3)$ und $\boldsymbol{a} = (4, -1, 2)$ zwei gegebene Vektoren im Raum $\mathbb{R}^3$. Bestimmen Sie den orthogonalen Projektionsvektor $\boldsymbol{p}$ von $\boldsymbol{u}$ auf die Gerade, die durch den Vektor $\boldsymbol{a}$ aufgespannt wird, mit Hilfe der orthogonalen Projektionsmatrix $\boldsymbol{P}_{Lin(\boldsymbol{a})}$ (siehe auch Beispiel 3.37).

*Lösung.* Es ist

$$\boldsymbol{p} = \boldsymbol{P}_{Lin(\boldsymbol{a})}\boldsymbol{u} = \frac{1}{21}\begin{bmatrix} 16 & -4 & 8 \\ -4 & 1 & -2 \\ 8 & -2 & 4 \end{bmatrix} \begin{bmatrix} 2 \\ -1 \\ 3 \end{bmatrix} = \frac{1}{21}\begin{bmatrix} 60 \\ -15 \\ 30 \end{bmatrix} \approx \begin{bmatrix} 2.8 \\ -0.7 \\ 1.4 \end{bmatrix}.$$

Dasselbe Ergebnis haben wir in Beispiel 3.37 erreicht, allerdings ohne die Projektionsmatrix $\boldsymbol{P}_{Lin(\boldsymbol{a})}$. ■

**Beispiel 6.12.** Zeigen Sie, dass die orthogonale Projektionsmatrix

$$\boldsymbol{P} = \frac{1}{\boldsymbol{a}^{\mathrm{T}}\boldsymbol{a}}\boldsymbol{a}\boldsymbol{a}^{\mathrm{T}} = \frac{1}{a_1^2 + a_2^2}\begin{bmatrix} a_1^2 & a_1a_2 \\ a_1a_2 & a_2^2 \end{bmatrix} \in \mathbb{R}^{2\times 2}$$

symmetrisch und idempotent ist (Eine Matrix $\boldsymbol{A}$ ist *idempotent*, wenn $\boldsymbol{A}^2 = \boldsymbol{A}$ ist).

*Lösung.* Es ist

$$\boldsymbol{P}^{\mathrm{T}} = \frac{1}{a_1^2 + a_2^2}\begin{bmatrix} a_1^2 & a_1a_2 \\ a_1a_2 & a_2^2 \end{bmatrix}^{\mathrm{T}} = \frac{1}{a_1^2 + a_2^2}\begin{bmatrix} a_1^2 & a_1a_2 \\ a_1a_2 & a_2^2 \end{bmatrix} = \boldsymbol{P}.$$

Weiterhin ist

$$\begin{aligned} \boldsymbol{P}^2 = \boldsymbol{P}\boldsymbol{P} &= \frac{1}{a_1^2 + a_2^2}\begin{bmatrix} a_1^2 & a_1a_2 \\ a_1a_2 & a_2^2 \end{bmatrix} \frac{1}{a_1^2 + a_2^2}\begin{bmatrix} a_1^2 & a_1a_2 \\ a_1a_2 & a_2^2 \end{bmatrix} \\ &= \frac{1}{(a_1^2 + a_2^2)^2}\begin{bmatrix} a_1^2 & a_1a_2 \\ a_1a_2 & a_2^2 \end{bmatrix}\begin{bmatrix} a_1^2 & a_1a_2 \\ a_1a_2 & a_2^2 \end{bmatrix} = \frac{a_1^2 + a_2^2}{(a_1^2 + a_2^2)^2}\begin{bmatrix} a_1^2 & a_1a_2 \\ a_1a_2 & a_2^2 \end{bmatrix} \\ &= \frac{1}{a_1^2 + a_2^2}\begin{bmatrix} a_1^2 & a_1a_2 \\ a_1a_2 & a_2^2 \end{bmatrix} = \boldsymbol{P}. \end{aligned}$$

Somit ist die orthogonale Projektionsmatrix $\boldsymbol{P}$ symmetrisch und idempotent. ■

Betrachten wir die Projektionsmatrizen aus den vorhergehenden Beispielen, so erkennt man zwei für Projektionsmatrizen typische Eigenschaften. Die Matrizen sind symmetrisch ($\boldsymbol{P}^{\mathrm{T}} = \boldsymbol{P}$) und idempotent ($\boldsymbol{P}^2 = \boldsymbol{P}$). Was bedeutet die idempotente Eigenschaft $\boldsymbol{P}^2 = \boldsymbol{P}$? Eine zweite Anwendung von $\boldsymbol{P}$ bewirkt keine Änderung. Genau dies erwartet man von einer Projektion. Aus diesen Gründen heraus trifft man allgemein folgende Definition.

Es ist $U$ ein Unterraum von $\mathbb{R}^m$. Eine $(m, m)$-Matrix $\boldsymbol{P}$ mit den Eigenschaften $S(\boldsymbol{P}) = U$, $\boldsymbol{P}^T = \boldsymbol{P}$ (symmetrisch) und $\boldsymbol{P}^2 = \boldsymbol{P}$ (idempotent) heißt **orthogonale Projektionsmatrix auf den Unterraum** $U$ des $\mathbb{R}^m$. Ist $\boldsymbol{P}$ eine orthogonale Projektionsmatrix auf $U$, so schreibt man auch $\boldsymbol{P}_U$.

Wir beschreiben nun orthogonale Projektionen auf einen beliebigen Unterraum. Hierzu sind $n$ Vektoren $\boldsymbol{a}_1, \boldsymbol{a}_2, \ldots, \boldsymbol{a}_n$ aus $\mathbb{R}^m$ gegeben, die linear unabhängig sind. Die Aufgabe besteht nun darin, eine Linearkombination $\bar{x}_1\boldsymbol{a}_1 + \bar{x}_2\boldsymbol{a}_2 + \cdots + \bar{x}_n\boldsymbol{a}_n$ so zu finden, dass diese dem Vektor $\boldsymbol{b}$ „am nächsten" liegt. Geometrisch gesprochen: Wir suchen denjenigen Punkt auf dem Unterraum von $S(\boldsymbol{A})$, der zum Endpunkt von $\boldsymbol{b}$ den kleinsten Abstand hat. Wie wir dieses Problem lösen können, wissen wir aus den vorhergehenden Überlegungen; statt auf einen eindimensionalen Unterrraum projizieren wir nun auf einen $n$-dimensionalen Unterraum $S(\boldsymbol{A})$ im $\mathbb{R}^m$.

Bevor wir an die Lösung gehen, betrachten wir diese Aufgabenstellung aus der Sicht linearer Gleichungen. Es kommt vor, dass ein lineares Gleichungssystem $\boldsymbol{Ax} = \boldsymbol{b}$ keine Lösung hat, siehe Beispiel 1.14. Gewöhnlich liegt die Ursache darin, dass mehr Gleichungen als Variablen vorhanden sind. Die Matrix hat mehr Zeilen als Spalten: $m > n$. Die Spalten spannen einen „kleinen" Unterraum des $m$-dimensionalen Raumes $\mathbb{R}^m$ auf. Der Vektor $\boldsymbol{b}$ liegt dann außerhalb des Spaltenraumes von $\boldsymbol{A}$. Das Bild 6.11 zeigt die Situation im Fall $m = 3$ und $n = 2$.

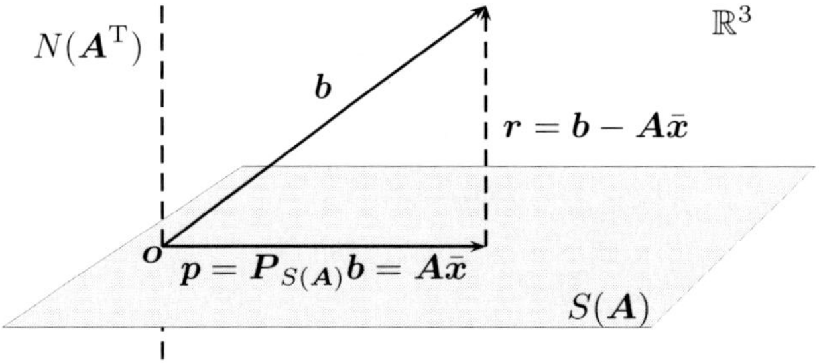


Bild 6.11.: $\boldsymbol{Ax} = \boldsymbol{b}$ ist unlösbar; $\boldsymbol{b}$ liegt nicht im Spaltenraum von $\boldsymbol{A}$

Das GAUSS-Verfahren ist nicht bis zum Ende durchführbar und das Verfahren stoppt vorzeitig, siehe Beispiel 1.14. Gleichungssysteme mit mehr Gleichungen als Variablen treten aber bei vielen praktischen Problemen (Ausgleichsaufgaben, siehe Kapitel 7) auf, das heißt, dies sind reale Probleme, die gelöst werden müssen. Daher muss man eine Lösung dieser Problemstellung finden.

Eine Lösungsmöglichkeit besteht darin, den Vektor $\boldsymbol{b}$ (rechte Seite der Gleichung) auf den Spaltenraum von $\boldsymbol{A}$ zu projizieren und den Vektor $\bar{\boldsymbol{x}} = (\bar{x}_1, \bar{x}_2, \ldots, \bar{x}_n)$, der die Koeffizienten der Linearkombination $\bar{x}_1\boldsymbol{a}_1 + \bar{x}_2\boldsymbol{a}_2 + \cdots + \bar{x}_n\boldsymbol{a}_n$ darstellt, als **Näherungslösung des linearen Systems $\boldsymbol{Ax} = \boldsymbol{b}$** zu berechnen. Wir suchen also nach dem Vektor $\bar{\boldsymbol{x}}$ mit $\boldsymbol{p} = \boldsymbol{A}\bar{\boldsymbol{x}}$, der orthogonalen Projektion von $\boldsymbol{b}$ auf $S(\boldsymbol{A}) = Lin(\boldsymbol{a}_1, \boldsymbol{a}_2, \ldots, \boldsymbol{a}_n)$. Das Problem lösen wir (ähnlich wie im eindimensionalen Fall) in drei Schritten: Wir berechnen $\bar{\boldsymbol{x}}$, hieraus $\boldsymbol{p} = \boldsymbol{A}\bar{\boldsymbol{x}}$ und schließlich die Projektionsmatrix $\boldsymbol{P}_{S(\boldsymbol{A})}$.

Wir betrachten Bild 6.11. Der **Fehlervektor** (**Residuenvektor**) $\boldsymbol{r} = \boldsymbol{b} - \boldsymbol{A}\bar{\boldsymbol{x}}$ ist also nicht der Nullvektor, denn sonst wäre $\boldsymbol{b} - \boldsymbol{A}\bar{\boldsymbol{x}} = \boldsymbol{o}$, also $\bar{\boldsymbol{x}}$ eine exakte Lösung des Systems $\boldsymbol{Ax} = \boldsymbol{b}$. Der Fehlervektor $\boldsymbol{r}$ steht senkrecht auf dem Unterraum $S(\boldsymbol{A})$; $\boldsymbol{r}$ bildet mit allen Spalten $\boldsymbol{a}_j$ von $\boldsymbol{A}$ einen rechten Winkel. Der Vektor $\boldsymbol{r} = \boldsymbol{b} - \boldsymbol{A}\bar{\boldsymbol{x}}$ steht also orthogonal auf dem Spaltenraum von $\boldsymbol{A}$ oder äquivalent ist im Nullraum von $\boldsymbol{A}^{\mathrm{T}}$ (Hauptsatz 2). Somit gilt

$$\boldsymbol{o} = \boldsymbol{A}^{\mathrm{T}}\boldsymbol{r} = \boldsymbol{A}^{\mathrm{T}}(\boldsymbol{b} - \boldsymbol{A}\bar{\boldsymbol{x}}) \quad \text{oder gleichbedeutend} \quad \boldsymbol{A}^{\mathrm{T}}\boldsymbol{A}\bar{\boldsymbol{x}} = \boldsymbol{A}^{\mathrm{T}}\boldsymbol{b}.$$

Hieraus können wir nun $\bar{\boldsymbol{x}}$ berechnen, dann $\boldsymbol{p}$ und schließlich die orthogonale Projektionsmatrix $\boldsymbol{P}_{S(\boldsymbol{A})}$ angeben, die jeden Vektor aus $\mathbb{R}^m$ auf den Spaltenraum von $\boldsymbol{A}$ projiziert. Das quadratische lineare Gleichungssystem

$$\boldsymbol{A}^{\mathrm{T}}\boldsymbol{A}\boldsymbol{x} = \boldsymbol{A}^{\mathrm{T}}\boldsymbol{b}$$

heißt **Normalgleichungssystem** (**Normalsystem**).

**Satz 6.9** (Projektion auf einen Unterraum im $\mathbb{R}^m$)**.** *Das lineare Gleichungssystem $\boldsymbol{Ax} = \boldsymbol{b}$ hat $\bar{\boldsymbol{x}}$ als Näherungslösung, wenn $\bar{\boldsymbol{x}}$ dem Normalsystem*

$$\boldsymbol{A}^T\boldsymbol{A}\boldsymbol{x} = \boldsymbol{A}^T\boldsymbol{b}$$

*genügt. Die $(n, n)$-Matrix $\boldsymbol{A}^T\boldsymbol{A}$ ist genau dann invertierbar, wenn die Spaltenvektoren $\boldsymbol{a}_j$ von $\boldsymbol{A}$ linear unabhängig sind. Dann ist $\bar{\boldsymbol{x}} = (\boldsymbol{A}^T\boldsymbol{A})^{-1}\boldsymbol{A}^T\boldsymbol{b}$ die eindeutige Lösung. Der orthogonale Projektionsvektor $\boldsymbol{p}$ von $\boldsymbol{b}$ auf den Spaltenraum von $\boldsymbol{A}$ ist der Vektor*

$$\boldsymbol{p} = \boldsymbol{A}\bar{\boldsymbol{x}} = \boldsymbol{A}(\boldsymbol{A}^T\boldsymbol{A})^{-1}\boldsymbol{A}^T\boldsymbol{b}.$$

*Diese Formel bestimmt die $(m, m)$-Projektionsmatrix $\boldsymbol{P}_{S(\boldsymbol{A})}$, die $\boldsymbol{p}$ durch $\boldsymbol{p} = \boldsymbol{P}_{S(\boldsymbol{A})}\boldsymbol{b}$ berechnet:*

$$\boldsymbol{P}_{S(\boldsymbol{A})} = \boldsymbol{A}(\boldsymbol{A}^T\boldsymbol{A})^{-1}\boldsymbol{A}^T.$$

Die quadratische Matrix $\boldsymbol{P}_{S(\boldsymbol{A})} = \boldsymbol{A}(\boldsymbol{A}^{\mathrm{T}}\boldsymbol{A})^{-1}\boldsymbol{A}^{\mathrm{T}}$ ist eine orthogonale Projektionsmatrix auf $S(\boldsymbol{A})$; sie projiziert jeden Vektor aus $\mathbb{R}^m$ in den Spaltenraum von $\boldsymbol{A}$ (Siehe Aufgabe 6.9).

Die Matrix $\boldsymbol{A}^+ = (\boldsymbol{A}^{\mathrm{T}}\boldsymbol{A})^{-1}\boldsymbol{A}^{\mathrm{T}}$ heißt **Pseudoinverse** (**verallgemeinerte Inverse**, **Moore-Penrose-Inverse**) von $\boldsymbol{A}$. Mithilfe der Pseudoinversen kann man die Näherungslösung des unlösbaren Gleichungssystems berechnen: $\bar{\boldsymbol{x}} = \boldsymbol{A}^+\boldsymbol{b}$.

**Beispiel 6.13.** Bestimmen Sie zu

$$\underbrace{\begin{bmatrix} 1 & 0 \\ 1 & 1 \\ 1 & 2 \end{bmatrix}}_{\boldsymbol{A}} \underbrace{\begin{bmatrix} x_1 \\ x_2 \end{bmatrix}}_{\boldsymbol{x}} = \underbrace{\begin{bmatrix} 6 \\ 0 \\ 0 \end{bmatrix}}_{\boldsymbol{b}}$$

das zugehörige Normalgleichungssystem, den orthogonalen Projektionsvektor $\boldsymbol{p}$, die orthogonale Projektionsmatrix $\boldsymbol{P}_{S(\boldsymbol{A})}$, die Pseudoinverse $\boldsymbol{A}^+$ von $\boldsymbol{A}$ und die Näherungslösung $\bar{\boldsymbol{x}}$. Siehe auch Beispiel 1.14.

*Lösung.* Es gilt

$$\boldsymbol{A}^{\mathrm{T}}\boldsymbol{A} = \begin{bmatrix} 1 & 1 & 1 \\ 0 & 1 & 2 \end{bmatrix} \begin{bmatrix} 1 & 0 \\ 1 & 1 \\ 1 & 2 \end{bmatrix} = \begin{bmatrix} 3 & 3 \\ 3 & 5 \end{bmatrix}$$

und

$$\boldsymbol{A}^{\mathrm{T}}\boldsymbol{b} = \begin{bmatrix} 1 & 1 & 1 \\ 0 & 1 & 2 \end{bmatrix} \begin{bmatrix} 6 \\ 0 \\ 0 \end{bmatrix} = \begin{bmatrix} 6 \\ 0 \end{bmatrix}.$$

Somit ist

$$\begin{bmatrix} 3 & 3 \\ 3 & 5 \end{bmatrix} \begin{bmatrix} x_1 \\ x_2 \end{bmatrix} = \begin{bmatrix} 6 \\ 0 \end{bmatrix}$$

das Normalsystem zu $\boldsymbol{A}\boldsymbol{x} = \boldsymbol{b}$. Damit ergibt sich der orthogonale Projektionsvektor $\boldsymbol{p}$ zu

$$\boldsymbol{p} = \boldsymbol{A}(\boldsymbol{A}^{\mathrm{T}}\boldsymbol{A})^{-1}\boldsymbol{A}^{\mathrm{T}}\boldsymbol{b} = \begin{bmatrix} 1 & 0 \\ 1 & 1 \\ 1 & 2 \end{bmatrix} \begin{bmatrix} 5/6 & -1/2 \\ -1/2 & 1/2 \end{bmatrix} \begin{bmatrix} 1 & 0 \\ 1 & 1 \\ 1 & 2 \end{bmatrix}^{\mathrm{T}} \begin{bmatrix} 6 \\ 0 \\ 0 \end{bmatrix} = \begin{bmatrix} 5 \\ 2 \\ -1 \end{bmatrix}$$

und die Projektionsmatrix ist

$$\boldsymbol{P}_{S(\boldsymbol{A})} = \boldsymbol{A}(\boldsymbol{A}^{\mathrm{T}}\boldsymbol{A})^{-1}\boldsymbol{A}^{\mathrm{T}} = \frac{1}{6}\begin{bmatrix} 5 & 2 & -1 \\ 2 & 2 & 2 \\ -1 & 2 & 5 \end{bmatrix}.$$

Die Pseudoinverse $\boldsymbol{A}^+$ von $\boldsymbol{A}$ ist

$$\boldsymbol{A}^+ = (\boldsymbol{A}^{\mathrm{T}}\boldsymbol{A})^{-1}\boldsymbol{A}^{\mathrm{T}} = \begin{bmatrix} 5/6 & 1/3 & -1/6 \\ -1/2 & 0 & 1/2 \end{bmatrix}.$$

Damit ist

$$\bar{\boldsymbol{x}} = \boldsymbol{A}^+\boldsymbol{b} = \begin{bmatrix} 5/6 & 1/3 & -1/6 \\ -1/2 & 0 & 1/2 \end{bmatrix}\begin{bmatrix} 6 \\ 0 \\ 0 \end{bmatrix} = \begin{bmatrix} 5 \\ -3 \end{bmatrix}$$

die Näherungslösung des unlösbaren linearen Gleichungssystems $\boldsymbol{A}\boldsymbol{x} = \boldsymbol{b}$. ■

Wir betrachten die hier dargestellten Überlegungen mit Hilfe unserer vier Fundamentalräume. Ist ein unlösbares lineares Gleichungssystem $\boldsymbol{A}\boldsymbol{x} = \boldsymbol{b}$, $\boldsymbol{A} \in \mathbb{R}^{m\times n}$, gegeben. Dann liegt eine Situation vor, wie in Bild 6.12 dargestellt. Die rechte Seite $\boldsymbol{b}$ des linea-

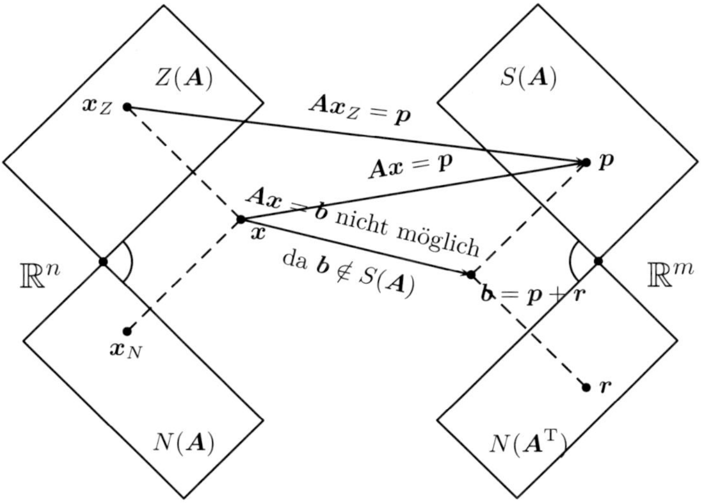


Bild 6.12.: Unlösbares lineares Gleichungssystem

ren Gleichungssystems $\boldsymbol{Ax} = \boldsymbol{b}$ liegt nicht in $S(\boldsymbol{A})$, das heißt es gibt kein $\boldsymbol{x} \in \mathbb{R}^n$ mit $\boldsymbol{Ax} = \boldsymbol{b}$. Der Vektor $\boldsymbol{b} \in \mathbb{R}^m$ ist eine orthogonale Summe von $\boldsymbol{p} \in S(\boldsymbol{A})$ und $\boldsymbol{r} \in N(\boldsymbol{A}^{\mathrm{T}})$. Das lineare Gleichungssystem $\boldsymbol{Ax} = \boldsymbol{p}$ ist lösbar, wobei $\boldsymbol{p}$ durch orthogonale Projektion von $\boldsymbol{b}$ auf $S(\boldsymbol{A})$ entsteht.

Wir stellen die linearen Gleichungssysteme $\boldsymbol{Ax} = \boldsymbol{b}$ und $\boldsymbol{A}^{\mathrm{T}}\boldsymbol{Ax} = \boldsymbol{A}^{\mathrm{T}}\boldsymbol{b}$ zusammenfassend gegenüber.

- Zu jedem $(m, n)$ linearen Gleichungssysteme $\boldsymbol{Ax} = \boldsymbol{b}$ gehört ein quadratisches lineares Normalgleichungssystem $\boldsymbol{A}^{\mathrm{T}}\boldsymbol{Ax} = \boldsymbol{A}^{\mathrm{T}}\boldsymbol{b}$.
- Das System $\boldsymbol{A}^{\mathrm{T}}\boldsymbol{Ax} = \boldsymbol{A}^{\mathrm{T}}\boldsymbol{b}$ ist immer lösbar, auch wenn $\boldsymbol{Ax} = \boldsymbol{b}$ unlösbar ist.
- Ist $\boldsymbol{Ax} = \boldsymbol{b}$ lösbar, dann stimmen die Lösungen mit denen von $\boldsymbol{A}^{\mathrm{T}}\boldsymbol{Ax} = \boldsymbol{A}^{\mathrm{T}}\boldsymbol{b}$ überein.
- $\boldsymbol{A}^{\mathrm{T}}\boldsymbol{Ax} = \boldsymbol{A}^{\mathrm{T}}\boldsymbol{b}$ hat genau dann eine eindeutige Lösung, wenn $\mathrm{Rang}(\boldsymbol{A}) = n$ ist. Dann ist $\boldsymbol{x} = (\boldsymbol{A}^{\mathrm{T}}\boldsymbol{A})^{-1}\boldsymbol{A}^{\mathrm{T}}\boldsymbol{b}$ die (eindeutige) Lösung.
- Ist $\boldsymbol{Ax} = \boldsymbol{b}$ eindeutig lösbar, dann auch $\boldsymbol{A}^{\mathrm{T}}\boldsymbol{Ax} = \boldsymbol{A}^{\mathrm{T}}\boldsymbol{b}$. Die eindeutige Lösung für beide lineare Systeme ist $\boldsymbol{x} = (\boldsymbol{A}^{\mathrm{T}}\boldsymbol{A})^{-1}\boldsymbol{A}^{\mathrm{T}}\boldsymbol{b}$.

**Beispiel 6.14.** Aus Aufgabe 1.49 wissen wir, dass das überbestimmte System

$$\underbrace{\begin{bmatrix} 1 & -2 \\ 3 & 2 \\ 9 & 6 \end{bmatrix}}_{\boldsymbol{A}} \underbrace{\begin{bmatrix} x_1 \\ x_2 \end{bmatrix}}_{\boldsymbol{x}} = \underbrace{\begin{bmatrix} 1 \\ 11 \\ 33 \end{bmatrix}}_{\boldsymbol{b}}.$$

die (eindeutige) Lösung $\boldsymbol{x} = (3, 1)$ hat. Bestätigen Sie diese Lösung über das Normalgleichungssystem.

*Lösung.* Die Matrix $\boldsymbol{A}^{-1}$ existiert nicht, also kann die Lösung nicht durch $\boldsymbol{x} = \boldsymbol{A}^{-1}\boldsymbol{b}$ berechnet werden. Es ist aber

$$\boldsymbol{x} = (\boldsymbol{A}^{\mathrm{T}}\boldsymbol{A})^{-1}\boldsymbol{A}^{\mathrm{T}}\boldsymbol{b} = \begin{bmatrix} 91 & 58 \\ 58 & 44 \end{bmatrix}^{-1} \begin{bmatrix} 331 \\ 218 \end{bmatrix} = \begin{bmatrix} 11/160 & -29/320 \\ -29/320 & 91/640 \end{bmatrix} \begin{bmatrix} 331 \\ 218 \end{bmatrix} = \begin{bmatrix} 3 \\ 1 \end{bmatrix}$$

die (eindeutige) Lösung. ∎

In MATLAB erhält man die eindeutige Lösung von $\boldsymbol{A}^{\mathrm{T}}\boldsymbol{A} = \boldsymbol{A}^{\mathrm{T}}\boldsymbol{b}$ mit dem Operator \ oder der Funktion `pinv`. Dahinter verbergen sich jedoch zwei unterschiedliche numerische Verfahren. Dies macht sich insbesondere dann bemerkbar, wenn die Lösung nicht mehr eindeutig ist. Der Operator \ und die Funktion `pinv` können dennoch verwendet werden, aber man erhält im Allgemeinen eine andere Lösung.

Orthogonale Projektionen sind besonders wichtige und interessante *lineare Abbildungen*. Lineare Abbildungen werden wir in Kapitel 8 genau studieren.

Orthogonale Projektionen können durch Projektionsmatrizen beschrieben werden. Dadurch können orthogonale Projektionen übersichtlich dargestellt werden.

- Eine orthogonale Projektionsmatrix $\boldsymbol{P}$ hat die charakteristischen Eigenschaften $\boldsymbol{P} = \boldsymbol{P}^2$ und $\boldsymbol{P} = \boldsymbol{P}^{\mathrm{T}}$.
- Sind $\boldsymbol{a}_j \in \mathbb{R}^m$, $j = 1, \dots, n$, linear unabgängige Spaltenvektoren von $\boldsymbol{A} \in \mathbb{R}^{m \times n}$, so ist $\boldsymbol{P}_{S(\boldsymbol{A})} = \boldsymbol{A}(\boldsymbol{A}^{\mathrm{T}}\boldsymbol{A})^{-1}\boldsymbol{A}^{\mathrm{T}}$ eine orthognale Projektionsmatrix auf den Spaltenraum von $\boldsymbol{A}$.
- Ist speziell $\boldsymbol{a} \in \mathbb{R}^m$, so ist $\boldsymbol{P}_{S(\boldsymbol{a})} = \boldsymbol{P}_{Lin(\boldsymbol{a})} = \boldsymbol{a}(\boldsymbol{a}^{\mathrm{T}}\boldsymbol{a})^{-1}\boldsymbol{a}^{\mathrm{T}} = \boldsymbol{a}(1/(\boldsymbol{a}^{\mathrm{T}}\boldsymbol{a}))\boldsymbol{a}^{\mathrm{T}} = 1/(\boldsymbol{a}^{\mathrm{T}}\boldsymbol{a})\boldsymbol{a}\boldsymbol{a}^{\mathrm{T}}$. Siehe Satz 6.9 und Folgerungen.
- Sind die Vektoren $\boldsymbol{a}_j \in \mathbb{R}^m$, $j = 1, \dots, n$, orthonormal, so ist $\boldsymbol{P}_{S(\boldsymbol{A})} = \boldsymbol{A}(\boldsymbol{A}^{\mathrm{T}}\boldsymbol{A})^{-1}\boldsymbol{A}^{\mathrm{T}} = \boldsymbol{A}(\boldsymbol{E}_n)^{-1}\boldsymbol{A}^{\mathrm{T}} = \boldsymbol{A}\boldsymbol{A}^{\mathrm{T}} = \boldsymbol{a}_1\boldsymbol{a}_1^{\mathrm{T}} + \dots + \boldsymbol{a}_n\boldsymbol{a}_n^{\mathrm{T}} = \boldsymbol{P}_{Lin(\boldsymbol{a}_1)} + \dots + \boldsymbol{P}_{Lin(\boldsymbol{a}_n)}$. Die orthogonale Projektionsmatrix auf den Spaltenraum von $\boldsymbol{A}$ ist die Summe der orthogonalen Projektionsmatrizen auf die einzelnen eindimensionalen Unterräume, die von $\boldsymbol{a}_j$ aufgespannt werden.
- Sind die Vektoren $\boldsymbol{a}_j \in \mathbb{R}^m$, $j = 1, \dots, n$, (nur) orthogonal, so ist

$$\boldsymbol{P}_{S(\boldsymbol{A})} = \boldsymbol{A}(\boldsymbol{A}^{\mathrm{T}}\boldsymbol{A})^{-1}\boldsymbol{A}^{\mathrm{T}} = \boldsymbol{A}\begin{bmatrix} \frac{1}{\boldsymbol{a}_1^{\mathrm{T}}\boldsymbol{a}_1} & & 0 \\ & \ddots & \\ 0 & & \frac{1}{\boldsymbol{a}_n^{\mathrm{T}}\boldsymbol{a}_n} \end{bmatrix}\boldsymbol{A}^{\mathrm{T}} = \begin{bmatrix} \frac{1}{\boldsymbol{a}_1^{\mathrm{T}}\boldsymbol{a}_1} & & 0 \\ & \ddots & \\ 0 & & \frac{1}{\boldsymbol{a}_n^{\mathrm{T}}\boldsymbol{a}_n} \end{bmatrix}\boldsymbol{A}\boldsymbol{A}^{\mathrm{T}}$$
$$= \frac{1}{\boldsymbol{a}_1^{\mathrm{T}}\boldsymbol{a}_1}\boldsymbol{a}_1\boldsymbol{a}_1^{\mathrm{T}} + \dots + \frac{1}{\boldsymbol{a}_n^{\mathrm{T}}\boldsymbol{a}_n}\boldsymbol{a}_n\boldsymbol{a}_n^{\mathrm{T}} = \boldsymbol{P}_{Lin(\boldsymbol{a}_1)} + \dots + \boldsymbol{P}_{Lin(\boldsymbol{a}_n)}.$$

  Auch hier gilt: Die orthogonale Projektionsmatrix auf den Spaltenraum von $\boldsymbol{A}$ ist die Summe der orthogonalen Projektionsmatrizen auf die einzelnen eindimensionalen Unterräume, die von $\boldsymbol{a}_j$ aufgespannt werden.

**Beispiel 6.15.** Bestätigen Sie die Beziehung $\boldsymbol{P}_{S(\boldsymbol{A})} = \boldsymbol{P}_{Lin(\boldsymbol{a}_1)} + \boldsymbol{P}_{Lin(\boldsymbol{a}_2)}$ für die orthogonalen Vektoren $\boldsymbol{a}_1 = (1, 1, 1)$ und $\boldsymbol{a}_2 = (-2/3, 1/3, 1/3)$ (in Voraussicht auf Beispiel 6.23).

*Lösung.* Es ist

$$\boldsymbol{P}_{Lin(\boldsymbol{a}_1)} = \begin{bmatrix} 1/2 & 1/3 & 1/3 \\ 1/3 & 1/3 & 1/3 \\ 1/3 & 1/3 & 1/3 \end{bmatrix} \quad \text{und} \quad \boldsymbol{P}_{Lin(\boldsymbol{a}_2)} = \begin{bmatrix} 2/3 & -1/3 & -1/3 \\ -1/3 & 1/6 & 1/6 \\ -1/3 & 1/6 & 1/6 \end{bmatrix},$$

also

$$\boldsymbol{P}_{Lin(\boldsymbol{a}_1)} + \boldsymbol{P}_{Lin(\boldsymbol{a}_2)} = \begin{bmatrix} 1 & 0 & 0 \\ 0 & 1/2 & 1/2 \\ 0 & 1/2 & 1/2 \end{bmatrix}.$$

Andererseits ist

$$
\begin{aligned}
\boldsymbol{P}_{S(\boldsymbol{A})} &= \begin{bmatrix} 1 & -2/3 \\ 1 & 1/3 \\ 1 & 1/3 \end{bmatrix} \left( \begin{bmatrix} 1 & -2/3 \\ 1 & 1/3 \\ 1 & 1/3 \end{bmatrix}^{\mathrm{T}} \begin{bmatrix} 1 & -2/3 \\ 1 & 1/3 \\ 1 & 1/3 \end{bmatrix} \right)^{-1} \begin{bmatrix} 1 & -2/3 \\ 1 & 1/3 \\ 1 & 1/3 \end{bmatrix}^{\mathrm{T}} \\
&= \begin{bmatrix} 1 & -2/3 \\ 1 & 1/3 \\ 1 & 1/3 \end{bmatrix} \begin{bmatrix} 1/3 & 0 \\ 0 & 3/2 \end{bmatrix} \begin{bmatrix} 1 & -2/3 \\ 1 & 1/3 \\ 1 & 1/3 \end{bmatrix}^{\mathrm{T}} = \begin{bmatrix} 1 & 0 & 0 \\ 0 & 1/2 & 1/2 \\ 0 & 1/2 & 1/2 \end{bmatrix},
\end{aligned}
$$

was die Beziehung $\boldsymbol{P}_{S(\boldsymbol{A})} = \boldsymbol{P}_{Lin(\boldsymbol{a}_1)} + \boldsymbol{P}_{Lin(\boldsymbol{a}_2)}$ bestätigt. ■

## 6.4. Orthogonal- und Orthonormalbasen

Gewöhnlich kann man zur Lösung eines Problems der Vektorrechnung irgendeine Basis des zugrunde liegenden Vektorraumes wählen, die der Aufgabe angemessen erscheint. Basen, deren Vektoren zueinander orthogonal oder sogar orthonormal sind, erleichtern die Rechnungen oft erheblich. Außerdem tragen orthonormale Basen zur Stabilisierung bei numerischen Algorithmen bei.

Eine Menge von Vektoren im Vektorraum $\mathbb{R}^n$ heißt **orthogonale Menge**, wenn ihre Elemente paarweise orthogonal sind. Haben sie außerdem die Länge 1, so heißt die Menge **orthonormal**.

**Beispiel 6.16** (Orthogonale Vektoren in $\mathbb{R}^3$)**.** Zeigen Sie, dass die Menge der Vektoren $\boldsymbol{v}_1 = (0,1,0)$, $\boldsymbol{v}_2 = (1,0,1)$ und $\boldsymbol{v}_3 = (1,0,-1)$ im Vektorraum $\mathbb{R}^3$ orthogonal ist.

*Lösung.* Vektoren sind orthogonal, wenn das Skalarprodukt Null ist:

$$\boldsymbol{v}_1^{\mathrm{T}}\boldsymbol{v}_2 = \boldsymbol{v}_1^{\mathrm{T}}\boldsymbol{v}_3 = \boldsymbol{v}_2^{\mathrm{T}}\boldsymbol{v}_3 = 0. \quad ■$$

Für jeden vom Nullvektor verschiedenen Vektor $\boldsymbol{v}$ gilt

$$\left|\frac{\boldsymbol{v}}{|\boldsymbol{v}|}\right| = \left|\frac{1}{|\boldsymbol{v}|}\boldsymbol{v}\right| = \left|\frac{1}{|\boldsymbol{v}|}\right||\boldsymbol{v}| = \frac{1}{|\boldsymbol{v}|}|\boldsymbol{v}| = 1,$$

also hat der Vektor $\boldsymbol{v}/|\boldsymbol{v}|$ die Länge (Norm) 1. Wir haben so den Vektor $\boldsymbol{v}$ **normalisiert**, indem wir ihn mit dem Kehrwert seiner Länge multipliziert haben. Auf diese Art erhalten wir aus einer orthogonalen Menge eine orthonormale Menge.

**Beispiel 6.17** (Orthonormale Vektoren in $\mathbb{R}^3$)**.** Normalisieren Sie die Vektoren $\boldsymbol{v}_1 = (0,1,0)$, $\boldsymbol{v}_2 = (1,0,1)$ und $\boldsymbol{v}_3 = (1,0,-1)$ aus Beispiel 6.16.

*Lösung.* Für die Vektoren gilt: $|\boldsymbol{v}_1| = 1$, $|\boldsymbol{v}_2| = \sqrt{2}$ und $|\boldsymbol{v}_3| = \sqrt{2}$. Also ergeben sich die normalisierten Vektoren

$$\boldsymbol{q}_1 = \frac{1}{|\boldsymbol{v}_1|}\boldsymbol{v}_1 = (0,1,0),\ \boldsymbol{q}_2 = \frac{1}{|\boldsymbol{v}_2|}\boldsymbol{v}_2 = (1/\sqrt{2}, 0, 1/\sqrt{2}),\ \boldsymbol{q}_3 = \frac{1}{|\boldsymbol{v}_3|}\boldsymbol{v}_3 = (1/\sqrt{2}, 0, -1/\sqrt{2}).$$

Die Menge $\{\boldsymbol{q}_1, \boldsymbol{q}_2, \boldsymbol{q}_3\}$ ist eine orthonormale Menge. ■

Eine Basis aus $\mathbb{R}^n$, die aus orthonormalen Vektoren besteht, heißt **Orthonormalbasis** (**orthonormale Basis**). Sind die Basisvektoren nur orthogonal, so spricht man von einer **Orthogonalbasis** (**orthogonalen Basis**).

**Beispiel 6.18.** Bilden die Vektoren $\boldsymbol{e}_1 = (1,0,0)$, $\boldsymbol{e}_2 = (0,1,0)$ und $\boldsymbol{e}_3 = (0,0,1)$ eine orthonormale Basis?

*Lösung.* Ja! Die Vektoren haben alle die Länge eins und stehen auch paarweise senkrecht aufeinander. ■

Allgemein bilden die Vektoren $\boldsymbol{e}_1 = (1,0,\ldots,0)$, $\boldsymbol{e}_2 = (0,1,\ldots,0)$ usw. $\boldsymbol{e}_n = (0,0,\ldots,1)$ eine Orthonormalbasis im Vektorraum $\mathbb{R}^n$. In Worten: Die natürliche Basis des Raumes $\mathbb{R}^n$ ist eine Orthonormalbasis.

**Satz 6.10.** *Eine Menge von orthogonalen Vektoren ist stets auch linear unabhängig.*

*Beweis.* Wir nehmen an, $U = \{\boldsymbol{u}_1, \boldsymbol{u}_2, \ldots, \boldsymbol{u}_r\}$ sei eine orthogonale Menge. Wir zeigen, dass aus der Gleichung

$$c_1\boldsymbol{u}_1 + c_2\boldsymbol{u}_2 + \cdots + c_r\boldsymbol{u}_r = \boldsymbol{o}$$

$c_1 = c_2 = \ldots = c_r = 0$ folgt. Zunächst gilt für jeden Vektor $\boldsymbol{u}_i \in U$

$$(c_1\boldsymbol{u}_1 + c_2\boldsymbol{u}_2 + \cdots + c_r\boldsymbol{u}_r) \cdot \boldsymbol{u}_i = \boldsymbol{o} \cdot \boldsymbol{u}_i = 0$$

oder

$$c_1\boldsymbol{u}_1 \cdot \boldsymbol{u}_i + c_2\boldsymbol{u}_2 \cdot \boldsymbol{u}_i + \cdots + c_r\boldsymbol{u}_r \cdot \boldsymbol{u}_i = 0.$$

Da $U$ eine orthogonale Menge ist, gilt $\boldsymbol{u}_j \cdot \boldsymbol{u}_i = 0$ für $i \neq j$, also bleibt von allen Summanden nur noch einer übrig. Also ist

$$c_i\boldsymbol{u}_i \cdot \boldsymbol{u}_i = 0.$$

Nach Voraussetzung ist $\boldsymbol{u}_i \neq \boldsymbol{o}$ und damit $\boldsymbol{u}_i \cdot \boldsymbol{u}_i \neq 0$, woraus wir $c_i = 0$ für alle $i = 1, 2, \ldots, r$ erhalten. Somit ist die orthogonale Menge $U$ linear unabhängig. □

**Beispiel 6.19** (FOURIER-Basis[4]). Zeigen Sie, dass die vier Vektoren $\boldsymbol{c}_0 = (1, 1, 1, 1)$, $\boldsymbol{c}_1 = (1, 0, -1, 0)$, $\boldsymbol{c}_2 = (1, -1, 1, -1)$ und $\boldsymbol{s}_1 = (0, 1, 0, -1)$ eine orthogonale Basis von $V = \mathbb{R}^4$ sind.

*Lösung.* Es ist

$$\begin{aligned}
\boldsymbol{c}_0 \cdot \boldsymbol{c}_1 &= (1)(1) + (1)(0) + (1)(-1) + (1)(0) = 0 \\
\boldsymbol{c}_0 \cdot \boldsymbol{c}_2 &= (1)(1) + (1)(-1) + (1)(1) + (1)(-1) = 0 \\
\boldsymbol{c}_0 \cdot \boldsymbol{s}_1 &= (1)(0) + (1)(1) + (1)(0) + (1)(-1) = 0 \\
\boldsymbol{c}_1 \cdot \boldsymbol{c}_2 &= (1)(1) + (0)(-1) + (-1)(1) + (0)(-1) = 0 \\
\boldsymbol{c}_1 \cdot \boldsymbol{s}_1 &= (1)(0) + (0)(1) + (-1)(0) + (0)(-1) = 0 \\
\boldsymbol{c}_2 \cdot \boldsymbol{s}_1 &= (1)(0) + (-1)(1) + (0)(1) + (-1)(-1) = 0
\end{aligned}$$

Somit stehen die vier Vektoren paarweise senkrecht aufeinander, sie sind nach Satz 6.10 linear unabhängig und bilden somit eine Basis von $V = \mathbb{R}^4$. ∎

Die orthogonalen Vektoren aus Beispiel 6.19 nennt man FOURIER-*Basis*. Man erhält sie, indem man die Funktionsterme $\cos(0 \cdot t)$, $\cos(1 \cdot t)$, $\cos(2 \cdot t)$ und $\sin(1 \cdot t)$ in den vier Punkten $t = 0, \pi/2, \pi, 3/2\pi$ auswertet (abtastet). Schreiben wir die vier orthogonalen Basisvektoren als Spaltenvektoren einer Matrix $\boldsymbol{F}$, so erhalten wir

$$\boldsymbol{F} = \begin{bmatrix} | & | & | & | \\ \boldsymbol{c}_0 & \boldsymbol{c}_1 & \boldsymbol{c}_2 & \boldsymbol{s}_1 \\ | & | & | & | \end{bmatrix} = \begin{bmatrix} 1 & 1 & 1 & 0 \\ 1 & 0 & -1 & 1 \\ 1 & -1 & 1 & 0 \\ 1 & 0 & -1 & -1 \end{bmatrix}.$$

Man nennt $\boldsymbol{F}$ FOURIER-*Matrix*. Nach Satz 5.13 ist die Matrix $\boldsymbol{F}$ invertierbar (regulär).

FOURIER-Basen und FOURIER-*Matrizen* spielen in der Theorie und Praxis der FOURIER-*Analyse (klassiche harmonische Analyse)* eine große Rolle. Die FOURIER-Analyse hat zum Beispiel in den Ingenieurswissenschaften und der Statistik sehr große Bedeutung.

### Die Koordinaten eines Vektors in einer Orthonormalbasis

Liegt eine orthonormale Basis vor, so lässt sich jeder Vektor in $\mathbb{R}^n$ besonders einfach als Linearkombination dieser orthonormalen Basisvektoren darstellen.

[4] JEAN BAPTISTE JOSEPH FOURIER (1768 – 1830).

**Satz 6.11.** *Es ist* $\{\boldsymbol{q}_1, \boldsymbol{q}_2, \ldots, \boldsymbol{q}_n\}$ *eine Orthonormalbasis von* $\mathbb{R}^n$. *Dann gilt für jeden Vektor* $\boldsymbol{v}$ *aus* $\mathbb{R}^n$

$$\boldsymbol{v} = c_1\boldsymbol{q}_1 + c_2\boldsymbol{q}_2 + \cdots + c_n\boldsymbol{q}_n,$$

*wobei die Koeffizienten* $c_i$ *der Linearkombination auf folgende Weise leicht berechnet werden können*

$$c_i = \boldsymbol{v}^{\mathrm{T}}\boldsymbol{q}_i$$

*für* $i = 1, 2, \ldots, n$.

Die reelle Zahlen $c_i = \boldsymbol{v}^{\mathrm{T}}\boldsymbol{q}_i$ werden manchmal **Fourier-Koeffizienten** von $\boldsymbol{v}$ bezüglich der orthonormalen Basis $\{\boldsymbol{q}_1, \boldsymbol{q}_2, \ldots, \boldsymbol{q}_n\}$ genannt, weil sie einen Bezug zur FOURIER-Theorie haben.

*Beweis.* Mit den Rechenregeln für das Skalarprodukt (Satz 6.1) und der Tatsache, dass die Vektoren $\boldsymbol{q}_i$ paarweise senkrecht aufeinander stehen, gilt für $i = 1, \ldots, n$

$$\boldsymbol{v}^{\mathrm{T}}\boldsymbol{q}_i = (c_1\boldsymbol{q}_1 + \cdots + c_n\boldsymbol{q}_n)^{\mathrm{T}}\boldsymbol{q}_i = c_1\boldsymbol{q}_1^{\mathrm{T}}\boldsymbol{q}_i + \cdots + c_n\boldsymbol{q}_n^{\mathrm{T}}\boldsymbol{q}_i = c_i\boldsymbol{q}_i^{\mathrm{T}}\boldsymbol{q}_i = c_i \cdot 1 = c_i. \quad \square$$

Beachten Sie, dass $(\boldsymbol{v}^{\mathrm{T}}\boldsymbol{q}_i)\boldsymbol{q}_i = \boldsymbol{P}_{Lin(\boldsymbol{q}_i)}\boldsymbol{v}$ die Orthogonalprojektion von $\boldsymbol{v}$ auf $\boldsymbol{q}_i$ ist, siehe Satz 3.15. Die Zahlen $\boldsymbol{v}^{\mathrm{T}}\boldsymbol{q}_1$, $\boldsymbol{v}^{\mathrm{T}}\boldsymbol{q}_2$, … ,$\boldsymbol{v}^{\mathrm{T}}\boldsymbol{q}_n$ sind die Koordinaten des Vektors $\boldsymbol{v}$ bezüglich der orthonormalen Basis $Q = \{\boldsymbol{q}_1, \boldsymbol{q}_2, \ldots, \boldsymbol{q}_n\}$, also ist

$$\boldsymbol{v}_Q = (\boldsymbol{v}^{\mathrm{T}}\boldsymbol{q}_1, \boldsymbol{v}^{\mathrm{T}}\boldsymbol{q}_2, \ldots, \boldsymbol{v}^{\mathrm{T}}\boldsymbol{q}_n)$$

der Vektor von $\boldsymbol{v}$ bezüglich $Q$. $\boldsymbol{v}_Q$ heißt **Koordinatenvektor** von $\boldsymbol{v}$ bezüglich $Q$.

In Kapitel 15 werden wir Koordinatenvektoren für beliebige Vektorräume und Basen ausführlich besprechen. In diesem Kapitel benötigen wir nur Koordinatenvektoren im EUKLIDischen Vektorraum $\mathbb{R}^n$ und orthogonale bzw. orthonormale Basen.

**Beispiel 6.20.** Die Vektoren $\boldsymbol{q}_1 = (0, 1, 0)$, $\boldsymbol{q}_2 = (-4/5, 0, 3/5)$ und $\boldsymbol{q}_3 = (3/5, 0, 4/5)$ bilden eine Orthonormalbasis $Q = \{\boldsymbol{q}_1, \boldsymbol{q}_2, \boldsymbol{q}_3\}$ im Vektorraum $\mathbb{R}^3$. Beschreiben Sie den Vektor $\boldsymbol{v} = (1, 1, 1)$ als Linearkombination dieser Basisvektoren und bestimmen Sie die Koordinaten von $\boldsymbol{v}$ in dieser Basis.

*Lösung.* Wegen $\boldsymbol{v}^{\mathrm{T}}\boldsymbol{q}_1 = 1$, $\boldsymbol{v}^{\mathrm{T}}\boldsymbol{q}_2 = -1/5$ und $\boldsymbol{v}^{\mathrm{T}}\boldsymbol{q}_3 = 7/5$ gilt

$$\boldsymbol{v} = \boldsymbol{q}_1 - \frac{1}{5}\boldsymbol{q}_2 + \frac{7}{5}\boldsymbol{q}_3$$

bzw.

$$\begin{bmatrix} 1 \\ 1 \\ 1 \end{bmatrix} = \begin{bmatrix} 0 \\ 1 \\ 0 \end{bmatrix} - \frac{1}{5}\begin{bmatrix} -4/5 \\ 0 \\ 3/5 \end{bmatrix} + \frac{7}{5}\begin{bmatrix} 3/5 \\ 0 \\ 4/5 \end{bmatrix}.$$

Der Vektor $\boldsymbol{v}$ in dieser Orthonormalbasis $Q$ lautet

$$\boldsymbol{v}_Q = (1, -1/5, 7/5). \quad \blacksquare$$

## Die Koordinaten eines Vektors in einer Orthogonalbasis

Aus einer Orthogonalbasis $U = \{\boldsymbol{u}_1, \boldsymbol{u}_2, \ldots, \boldsymbol{u}_n\}$ erhalten wir durch Normalisieren die Orthonormalbasis

$$U' = \left\{\frac{\boldsymbol{u}_1}{|\boldsymbol{u}_1|}, \frac{\boldsymbol{u}_2}{|\boldsymbol{u}_2|}, \ldots, \frac{\boldsymbol{u}_n}{|\boldsymbol{u}_n|}\right\}.$$

Aufgrund des letzten Abschnitts gilt dann für einen beliebigen Vektor $\boldsymbol{v}$

$$\begin{aligned} \boldsymbol{v} &= \left(\boldsymbol{v} \cdot \frac{\boldsymbol{u}_1}{|\boldsymbol{u}_1|}\right)\frac{\boldsymbol{u}_1}{|\boldsymbol{u}_1|} + \left(\boldsymbol{v} \cdot \frac{\boldsymbol{u}_2}{|\boldsymbol{u}_2|}\right)\frac{\boldsymbol{u}_2}{|\boldsymbol{u}_2|} + \cdots + \left(\boldsymbol{v} \cdot \frac{\boldsymbol{u}_n}{|\boldsymbol{u}_n|}\right)\frac{\boldsymbol{u}_n}{|\boldsymbol{u}_n|} \\ &= \frac{\boldsymbol{v}^{\mathrm{T}}\boldsymbol{u}_1}{|\boldsymbol{u}_1|^2}\boldsymbol{u}_1 + \frac{\boldsymbol{v}^{\mathrm{T}}\boldsymbol{u}_2}{|\boldsymbol{u}_2|^2}\boldsymbol{u}_2 + \cdots + \frac{\boldsymbol{v}^{\mathrm{T}}\boldsymbol{u}_n}{|\boldsymbol{u}_n|^2}\boldsymbol{u}_n. \end{aligned}$$

Beachten Sie, dass $(\boldsymbol{v}^{\mathrm{T}}\boldsymbol{u}_i/|\boldsymbol{u}_i|^2)\boldsymbol{u}_i = \boldsymbol{P}_{Lin(\boldsymbol{u}_i)}\boldsymbol{v}$ die Orthogonalprojektion von $\boldsymbol{v}$ auf $\boldsymbol{u}_i$ ist, siehe Satz 3.15.

Die Zahlen $\boldsymbol{v}^{\mathrm{T}}\boldsymbol{u}_1/|\boldsymbol{u}_1|^2$, …, $\boldsymbol{v}^{\mathrm{T}}\boldsymbol{u}_n/|\boldsymbol{u}_n|^2$ sind die Koordinaten des Vektors $\boldsymbol{v}$ bezüglich der Orthogonalbasis $U = \{\boldsymbol{u}_1, \boldsymbol{u}_2, \ldots, \boldsymbol{u}_n\}$, also ist

$$\boldsymbol{v}_U = \left(\frac{\boldsymbol{v}^{\mathrm{T}}\boldsymbol{u}_1}{|\boldsymbol{u}_1|^2}, \frac{\boldsymbol{v}^{\mathrm{T}}\boldsymbol{u}_2}{|\boldsymbol{u}_2|^2}, \ldots, \frac{\boldsymbol{v}^{\mathrm{T}}\boldsymbol{u}_n}{|\boldsymbol{u}_n|^2}\right)$$

der Vektor von $\boldsymbol{v}$ bezüglich $U$. Der Vektor $\boldsymbol{v}_U$ ist der Koordinatenvektor von $\boldsymbol{v}$ bezüglich $U$.

**Beispiel 6.21.** Die beiden Vektoren $\boldsymbol{u}_1 = (1, 1)$ und $\boldsymbol{u}_2 = (-1, 1)$ bilden eine orthogonale Basis $U = \{\boldsymbol{u}_1, \boldsymbol{u}_2\}$ im Vektorraum $\mathbb{R}^2$. Geben Sie zu dem Vektor $\boldsymbol{v} = (0, 1)$ den Koordinatenvektor $\boldsymbol{v}_U$ an.

*Lösung.* Es ist $\boldsymbol{v} \cdot \boldsymbol{u}_1 = (0,1)\cdot(1,1) = 1$, $\boldsymbol{v} \cdot \boldsymbol{u}_2 = (0,1)\cdot(-1,1) = 1$, $|\boldsymbol{u}_1|^2 = (1)^2 + (1)^2 = 2$ und $|\boldsymbol{u}_2|^2 = (-1)^2 + (1)^2 = 2$. Damit ist

$$\boldsymbol{v} = \frac{\boldsymbol{v} \cdot \boldsymbol{u}_1}{|\boldsymbol{u}_1|^2}\boldsymbol{u}_1 + \frac{\boldsymbol{v} \cdot \boldsymbol{u}_2}{|\boldsymbol{u}_2|^2}\boldsymbol{u}_2 = \frac{1}{2}\boldsymbol{u}_1 + \frac{1}{2}\boldsymbol{u}_2.$$

Also ist $\boldsymbol{v}_U = (1/2, 1/2)$ der Koordinatenvektor von $\boldsymbol{v}$ in der Basis $U$. $\blacksquare$

**Beispiel 6.22.** Die Vektoren $\boldsymbol{c}_0 = (1,1,1,1)$, $\boldsymbol{c}_1 = (1,0,-1,0)$, $\boldsymbol{c}_2 = (1,-1,1,-1)$ und $\boldsymbol{s}_1 = (0,1,0,-1)$ bilden nach Beispiel 6.19 eine Basis von $\mathbb{R}^4$, die FOURIER-Basis $F = \{\boldsymbol{c}_0, \boldsymbol{c}_1, \boldsymbol{c}_2, \boldsymbol{s}_1\}$ in $\mathbb{R}^4$. Geben Sie zu dem Vektor $\boldsymbol{v} = (1,2,3,4) \in \mathbb{R}^4$ den Koordinatenvektor $\boldsymbol{v}_F$ an, das heißt den Vektor in der FOURIER-Basis $F$ von $\mathbb{R}^4$.

*Lösung.* Die Koordinaten des Vektors $\boldsymbol{v}$ in der orthogonalen FOURIER-Basis $F$ sind

$$\begin{aligned}
\frac{\boldsymbol{v}\cdot\boldsymbol{c}_0}{|\boldsymbol{c}_0|^2} &= \frac{(1,2,3,4)\cdot(1,1,1,1)}{|(1,1,1,1)|^2} = \frac{1+2+3+4}{4} = \frac{10}{4} = 2.5,\\
\frac{\boldsymbol{v}\cdot\boldsymbol{c}_1}{|\boldsymbol{c}_1|^2} &= \frac{(1,2,3,4)\cdot(1,0,-1,0)}{|(1,0,-1,0)|^2} = \frac{1-3}{2} = -1,\\
\frac{\boldsymbol{v}\cdot\boldsymbol{c}_2}{|\boldsymbol{c}_2|^2} &= \frac{(1,2,3,4)\cdot(1,-1,1,-1)}{|(1,-1,1,-1)|^2} = \frac{1-2+3-4}{4} = -\frac{1}{2} = -0.5,\\
\frac{\boldsymbol{v}\cdot\boldsymbol{c}_2}{|\boldsymbol{c}_2|^2} &= \frac{(1,2,3,4)\cdot(0,1,0,-1)}{|(0,1,0,-1)|^2} = \frac{2-4}{2} = -1.
\end{aligned}$$

Es ist

$$\begin{bmatrix}1\\2\\3\\4\end{bmatrix} = 2.5\begin{bmatrix}1\\1\\1\\1\end{bmatrix} + (-1)\begin{bmatrix}1\\0\\-1\\0\end{bmatrix} + (-0.5)\begin{bmatrix}1\\-1\\1\\-1\end{bmatrix} + (-1)\begin{bmatrix}0\\1\\0\\-1\end{bmatrix}.$$

Somit ist $\boldsymbol{v}_F = (2.5, -1, -0.5, -1)$ der Koordinatenvektor von $\boldsymbol{v}$ in der FOURIER-Basis $F$. ■

Die Koordinaten eines Vektors in einer FOURIER-Basis heißen auch FOURIER-*Koeffizienten* und der Vektor in einer FOURIER-Basis ist die FOURIER-*Transformierte*[5]. Man schreibt $\hat{\boldsymbol{v}}$ für die FOURIER-Transformierte von $\boldsymbol{v}$. Es ist $\hat{\boldsymbol{v}} = \boldsymbol{v}_F$. In Beispiel 6.22 ist $\boldsymbol{v}_F = (2.5, -1, -0.5, -1)$ die (reelle diskrete) FOURIER-Transformierte von $\boldsymbol{v} = (1,2,3,4)$. Die erste Koordinate 2.5 von $\boldsymbol{v}_F$ ist der arithmetische Mittelwert des *diskreten Signals* (Vektors) $\boldsymbol{v} = (1,2,3,4)$.

### Konstruktion von Orthogonal- und Orthonormalbasen

Nachdem wir uns von der Nützlichkeit der Orthonormalbasen überzeugt haben, werden wir jetzt zeigen, wie man Orthonormal- und Orthogonalbasen erzeugen kann. Die Idee des folgenden Orthogonalisierungsverfahrens besteht darin, aus gegebenen Vektoren alle

[5] Die diskrete FOURIER-Transformation, die wir hier kurz streifen, wird meist im komplexen Vektorraum $\mathbb{C}^n$ definiert und behandelt.

parallelen Anteile zu eliminieren, so dass nur noch orthogonale Informationen übrig bleiben.

Bevor wir das Verfahren formulieren, erinnern wir an zwei bereits erarbeitete Sachverhalte:

(a) Der orthogonale Projektionsvektor $\boldsymbol{p}$ eines Vektors $\boldsymbol{u}$ auf einen anderen Vektor (bzw. dessen lineare Hülle) $\boldsymbol{v}$ ist durch

$$\boldsymbol{p} = \frac{\boldsymbol{u}^{\mathrm{T}}\boldsymbol{v}}{|\boldsymbol{v}|^2}\boldsymbol{v} = \frac{\boldsymbol{v}^{\mathrm{T}}\boldsymbol{u}}{|\boldsymbol{v}|^2}\boldsymbol{v} = \boldsymbol{v}\frac{\boldsymbol{v}^{\mathrm{T}}\boldsymbol{u}}{|\boldsymbol{v}|^2} = \frac{\boldsymbol{v}\boldsymbol{v}^{\mathrm{T}}\boldsymbol{u}}{|\boldsymbol{v}|^2} = \frac{\boldsymbol{v}\boldsymbol{v}^{\mathrm{T}}}{|\boldsymbol{v}|^2}\boldsymbol{u} = \boldsymbol{P}_{Lin(\boldsymbol{v})}\boldsymbol{u}.$$

gegeben. Das heißt, der orthogonale Projektionsvektor $\boldsymbol{p}$ kann wahlweise als Skalar $\boldsymbol{u}^{\mathrm{T}}\boldsymbol{v}/|\boldsymbol{v}|^2$ mal Vektor $\boldsymbol{v}$ oder als Matrix $\boldsymbol{P}_{Lin(\boldsymbol{v})}$ mal Vektor $\boldsymbol{u}$ berechnet werden.

(b) Wenn $\boldsymbol{v}_1, \ldots, \boldsymbol{v}_r$ orthogonale Vektoren sind, dann ist

$$\boldsymbol{P}_{Lin(\boldsymbol{v}_1,\ldots,\boldsymbol{v}_r)} = \boldsymbol{P}_{Lin(\boldsymbol{v}_1)} + \cdots + \boldsymbol{P}_{Lin(\boldsymbol{v}_1)}.$$

Das heißt, die orthogonale Projektionsmatrix auf $Lin(\boldsymbol{v}_1, \ldots, \boldsymbol{v}_r)$ ist die Summe der orthogonalen Projektionsmatrizen auf die eindimensionalen Unterräume $Lin(\boldsymbol{v}_i)$.

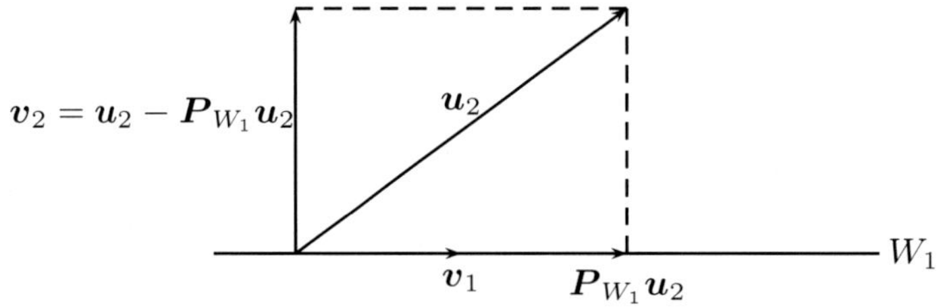


Bild 6.13.: Zum Gram-Schmidt-Orthogonalisierungsverfahren

**Algorithmus 12: Gram-Schmidt-Orthogonalisierungsverfahren**[a]

Gegeben ist eine beliebige Basis $B = \{\boldsymbol{u}_1, \boldsymbol{u}_2, \ldots, \boldsymbol{u}_n\}$ des $\mathbb{R}^n$. Dann erzeugen die folgenden Schritte eine Orthogonalbasis $\{\boldsymbol{v}_1, \boldsymbol{v}_2, \ldots, \boldsymbol{v}_n\}$ des Vektorraumes $\mathbb{R}^n$.

1. Setze

$$\boldsymbol{v}_1 = \boldsymbol{u}_1.$$

2. Es ist $W_1 = Lin(\boldsymbol{v}_1)$. Wir erhalten den zweiten orthogonalen Basisvektor $\boldsymbol{v}_2$ als Orthogonalprojektion von $\boldsymbol{u}_2$ senkrecht zu $W_1$ (siehe Bild 6.13):

$$\boldsymbol{v}_2 = \boldsymbol{u}_2 - \boldsymbol{P}_{W_1}\boldsymbol{u}_2 = \boldsymbol{u}_2 - \frac{\boldsymbol{u}_2^{\mathrm{T}}\boldsymbol{v}_1}{|\boldsymbol{v}_1|^2}\boldsymbol{v}_1.$$

3. Es ist $W_2 = Lin(\boldsymbol{v}_1, \boldsymbol{v}_2)$ (siehe Bild 6.14). Wir wählen den dritten orthogonalen Basisvektor $\boldsymbol{v}_3$ als Orthogonalprojektion von $\boldsymbol{u}_3$ senkrecht zu $W_2$:

$$\boldsymbol{v}_3 = \boldsymbol{u}_3 - \boldsymbol{P}_{W_2}\boldsymbol{u}_3 = \boldsymbol{u}_3 - \frac{\boldsymbol{u}_3^{\mathrm{T}}\boldsymbol{v}_1}{|\boldsymbol{v}_1|^2}\boldsymbol{v}_1 - \frac{\boldsymbol{u}_3^{\mathrm{T}}\boldsymbol{v}_2}{|\boldsymbol{v}_2|^2}\boldsymbol{v}_2.$$

4. Mit $W_3 = Lin(\boldsymbol{v}_1, \boldsymbol{v}_2, \boldsymbol{v}_3)$ setzen wir den vierten orthogonalen Basisvektor $\boldsymbol{v}_4$ als Orthogonalprojektion von $\boldsymbol{u}_4$ senkrecht zu $W_3$:

$$\boldsymbol{v}_4 = \boldsymbol{u}_4 - \boldsymbol{P}_{W_3}\boldsymbol{u}_4 = \boldsymbol{u}_4 - \frac{\boldsymbol{u}_4^{\mathrm{T}}\boldsymbol{v}_1}{|\boldsymbol{v}_1|^2}\boldsymbol{v}_1 - \frac{\boldsymbol{u}_4^{\mathrm{T}}\boldsymbol{v}_2}{|\boldsymbol{v}_2|^2}\boldsymbol{v}_2 - \frac{\boldsymbol{u}_4^{\mathrm{T}}\boldsymbol{v}_3}{|\boldsymbol{v}_3|^2}\boldsymbol{v}_3.$$

5. Fahren wir auf diese Art und Weise fort, so erhalten wir nach $n$ Schritten eine Orthogonalbasis $\{\boldsymbol{v}_1, \boldsymbol{v}_2, \ldots, \boldsymbol{v}_n\}$ des Vektorraumes $\mathbb{R}^n$.

[a] Jørgen Pedersen Gram (1850 – 1916), Erhard Schmidt (1876 – 1959).

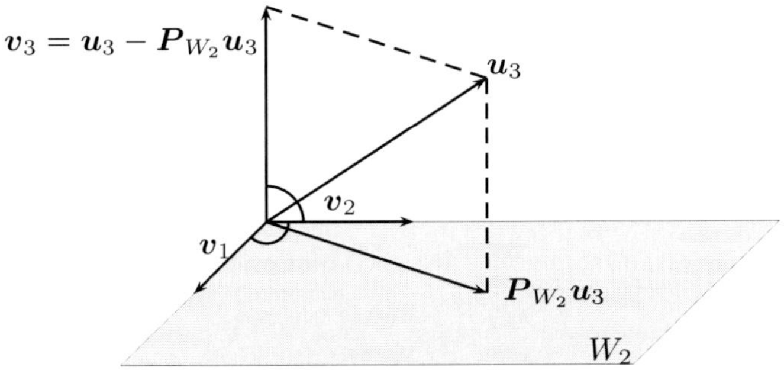


Bild 6.14.: Zum Gram-Schmidt-Verfahren

Die soeben vorgestellte Methode heißt **Gram-Schmidtsches Orthogonalisierungsverfahren**.

**Beispiel 6.23.** Konstruieren Sie mit dem Gram-Schmidtschen Orthogonalisierungsverfahren aus $\boldsymbol{u}_1 = (1, 1, 1)$, $\boldsymbol{u}_2 = (0, 1, 1)$ und $\boldsymbol{u}_3 = (0, 0, 1)$ eine Orthogonalbasis des Raumes $\mathbb{R}^3$. Normalisieren Sie danach diese Vektoren zu einer Orthonormalbasis.

*Lösung.* Nach dem Verfahren von GRAM-SCHMIDT gilt:

1. $\boldsymbol{v}_1 = \boldsymbol{u}_1 = (1, 1, 1)$,
2. $\boldsymbol{v}_2 = (-2/3, 1/3, 1/3)$, weil

$$\boldsymbol{v}_2 = \boldsymbol{u}_2 - \boldsymbol{P}_{W_1}\boldsymbol{u}_2 = \begin{bmatrix} 0 \\ 1 \\ 1 \end{bmatrix} - \begin{bmatrix} 1/3 & 1/3 & 1/3 \\ 1/3 & 1/3 & 1/3 \\ 1/3 & 1/3 & 1/3 \end{bmatrix} \begin{bmatrix} 0 \\ 1 \\ 1 \end{bmatrix} = \begin{bmatrix} -2/3 \\ 1/3 \\ 1/3 \end{bmatrix}$$

ist bzw. alternativ

$$\boldsymbol{v}_2 = \boldsymbol{u}_2 - \frac{\boldsymbol{u}_2^{\mathrm{T}}\boldsymbol{v}_1}{|\boldsymbol{v}_1|^2}\boldsymbol{v}_1 = \begin{bmatrix} 0 \\ 1 \\ 1 \end{bmatrix} - \frac{2}{3}\begin{bmatrix} 1 \\ 1 \\ 1 \end{bmatrix} = \begin{bmatrix} -2/3 \\ 1/3 \\ 1/3 \end{bmatrix}.$$

3. $\boldsymbol{v}_3 = (0, -1/2, 1/2)$, weil

$$\boldsymbol{v}_3 = \boldsymbol{u}_3 - \boldsymbol{P}_{W_2}\boldsymbol{u}_3 = \begin{bmatrix} 0 \\ 0 \\ 1 \end{bmatrix} - \begin{bmatrix} 1 & 0 & 0 \\ 0 & 1/2 & 1/2 \\ 0 & 1/2 & 1/2 \end{bmatrix} \begin{bmatrix} 0 \\ 0 \\ 1 \end{bmatrix} = \begin{bmatrix} 0 \\ -1/2 \\ 1/2 \end{bmatrix}$$

ist.

Damit bilden die Vektoren $\boldsymbol{v}_1$, $\boldsymbol{v}_2$ und $\boldsymbol{v}_3$ eine Orthogonalbasis im $\mathbb{R}^3$. Mit $|\boldsymbol{v}_1| = \sqrt{3}$, $|\boldsymbol{v}_2| = \sqrt{6}/3$ und $|\boldsymbol{v}_3| = 1/\sqrt{2}$ ergibt sich daraus die Orthonormalbasis

$$\boldsymbol{q}_1 = \frac{\boldsymbol{v}_1}{|\boldsymbol{v}_1|} = \begin{bmatrix} 1/\sqrt{3} \\ 1/\sqrt{3} \\ 1/\sqrt{3} \end{bmatrix}, \quad \boldsymbol{q}_2 = \frac{\boldsymbol{v}_2}{|\boldsymbol{v}_2|} = \begin{bmatrix} -2/\sqrt{6} \\ 1/\sqrt{6} \\ 1/\sqrt{6} \end{bmatrix}, \quad \boldsymbol{q}_3 = \frac{\boldsymbol{v}_3}{|\boldsymbol{v}_3|} = \begin{bmatrix} 0 \\ -1/\sqrt{2} \\ 1/\sqrt{2} \end{bmatrix}$$

des Vektorraumes $\mathbb{R}^3$. ■

Wir haben im letzten Beispiel mit dem GRAM-SCHMIDT-Verfahren zuerst eine Orthogonalbasis konstruiert und diese Elemente dann normalisiert. Man kann ebenso gut jeden Vektor sofort normalisieren, diese Vorgehensweise wird als **Gram-Schmidtsches Orthonormalisierungsverfahren** bezeichnet. In vielen Fällen werden die Berechnungen dann etwas mühsamer, weil mehr Wurzeln auftreten; das Ergebnis ist jedoch das gleiche.

**Satz 6.12.** *Das* GRAM-SCHMIDT*sche Orthonormalisierungsverfahren verwandelt jede beliebige Basis* $\{\boldsymbol{u}_1, \boldsymbol{u}_2, \ldots, \boldsymbol{u}_n\}$ *in eine Orthonormalbasis* $\{\boldsymbol{q}_1, \boldsymbol{q}_2, \ldots, \boldsymbol{q}_n\}$.

Für alle $k = 2, 3, \ldots, n$:

- $\{\boldsymbol{q}_1, \boldsymbol{q}_2, \ldots, \boldsymbol{q}_k\}$ ist eine Orthonormalbasis von $Lin(\boldsymbol{u}_1, \boldsymbol{u}_2, \ldots, \boldsymbol{u}_k)$.
- $\boldsymbol{q}_k$ ist orthogonal zu $\{\boldsymbol{u}_1, \boldsymbol{u}_2, \ldots, \boldsymbol{u}_{k-1}\}$.

## 6.5. QR-Faktorisierung

Eine wichtige Matrizenfaktorisierung haben wir mit der LU-Faktorisierung in Kapitel 1 kennen gelernt. Sogenannte *QR-Faktorisierungen (QR-Zerlegungen)* sind weitere wichtige Matrizenfaktorisierungen. Sie spielen in der *Numerischen Linearen Algebra*, im *Scientific Computing* und damit bei *Computersimulationen* eine große Rolle. Mit QR-Faktorisierungen werden zum Beispiel lineare Ausgleichsaufgaben und Eigenwertproblem gelöst. Grundsätzlich gibt es zwei QR-Faktorisierungen, die *volle* und die *reduzierte QR-Faktorisierung*. Wir betrachten nur die reduzierte QR-Faktorisierung.

Wir gehen nun der Frage nach, welcher Zusammenhang zwischen einer $(m,n)$-Matrix $\boldsymbol{A}$ mit linear unabhängigen Spalten und der Matrix $\boldsymbol{Q}_1$ besteht, deren orthonormale Spalten aus denen von $\boldsymbol{A}$ durch das GRAM-SCHMIDT-Verfahren hervorgegangen sind[6].

Es sind $\boldsymbol{a}_1, \boldsymbol{a}_2, \ldots, \boldsymbol{a}_n$ die Spaltenvektoren von $\boldsymbol{A}$ und $\boldsymbol{q}_1, \boldsymbol{q}_2, \ldots, \boldsymbol{q}_n$ die orthonormalen Spaltenvektoren von $\boldsymbol{Q}_1$, also

$$\boldsymbol{A} = \begin{bmatrix} | & | & & | \\ \boldsymbol{a}_1 & \boldsymbol{a}_2 & \cdots & \boldsymbol{a}_n \\ | & | & & | \end{bmatrix} \in \mathbb{R}^{m\times n} \quad \text{und} \quad \boldsymbol{Q}_1 = \begin{bmatrix} | & | & & | \\ \boldsymbol{q}_1 & \boldsymbol{q}_2 & \cdots & \boldsymbol{q}_n \\ | & | & & | \end{bmatrix} \in \mathbb{R}^{m\times n}.$$

Aufgrund von Satz 6.11 haben die Vektoren $\boldsymbol{a}_1, \boldsymbol{a}_2, \ldots, \boldsymbol{a}_n$ die Darstellungen

$$\begin{aligned} \boldsymbol{a}_1 &= (\boldsymbol{a}_1^{\mathrm{T}}\boldsymbol{q}_1)\boldsymbol{q}_1 + (\boldsymbol{a}_1^{\mathrm{T}}\boldsymbol{q}_2)\boldsymbol{q}_2 + \cdots + (\boldsymbol{a}_1^{\mathrm{T}}\boldsymbol{q}_n)\boldsymbol{q}_n \\ \boldsymbol{a}_2 &= (\boldsymbol{a}_2^{\mathrm{T}}\boldsymbol{q}_1)\boldsymbol{q}_1 + (\boldsymbol{a}_2^{\mathrm{T}}\boldsymbol{q}_2)\boldsymbol{q}_2 + \cdots + (\boldsymbol{a}_2^{\mathrm{T}}\boldsymbol{q}_n)\boldsymbol{q}_n \\ \vdots &= \vdots \\ \boldsymbol{a}_n &= (\boldsymbol{a}_n^{\mathrm{T}}\boldsymbol{q}_1)\boldsymbol{q}_1 + (\boldsymbol{a}_n^{\mathrm{T}}\boldsymbol{q}_2)\boldsymbol{q}_2 + \cdots + (\boldsymbol{a}_n^{\mathrm{T}}\boldsymbol{q}_n)\boldsymbol{q}_n. \end{aligned}$$

Definieren wir die Matrix $\boldsymbol{R}_1$ wie folgt

$$\boldsymbol{R}_1 = \begin{bmatrix} \boldsymbol{a}_1^{\mathrm{T}}\boldsymbol{q}_1 & \boldsymbol{a}_2^{\mathrm{T}}\boldsymbol{q}_1 & \cdots & \boldsymbol{a}_n^{\mathrm{T}}\boldsymbol{q}_1 \\ \boldsymbol{a}_1^{\mathrm{T}}\boldsymbol{q}_2 & \boldsymbol{a}_2^{\mathrm{T}}\boldsymbol{q}_2 & \cdots & \boldsymbol{a}_n^{\mathrm{T}}\boldsymbol{q}_2 \\ \vdots & \vdots & & \vdots \\ \boldsymbol{a}_1^{\mathrm{T}}\boldsymbol{q}_n & \boldsymbol{a}_2^{\mathrm{T}}\boldsymbol{q}_n & \cdots & \boldsymbol{a}_n^{\mathrm{T}}\boldsymbol{q}_n \end{bmatrix} = \begin{bmatrix} \boldsymbol{q}_1^{\mathrm{T}}\boldsymbol{a}_1 & \boldsymbol{q}_1^{\mathrm{T}}\boldsymbol{a}_2 & \cdots & \boldsymbol{q}_1^{\mathrm{T}}\boldsymbol{a}_n \\ \boldsymbol{q}_2^{\mathrm{T}}\boldsymbol{a}_1 & \boldsymbol{q}_2^{\mathrm{T}}\boldsymbol{a}_2 & \cdots & \boldsymbol{q}_2^{\mathrm{T}}\boldsymbol{a}_n \\ \vdots & \vdots & & \vdots \\ \boldsymbol{q}_n^{\mathrm{T}}\boldsymbol{a}_1 & \boldsymbol{q}_n^{\mathrm{T}}\boldsymbol{a}_2 & \cdots & \boldsymbol{q}_n^{\mathrm{T}}\boldsymbol{a}_n \end{bmatrix}$$

[6]Wir schreiben $\boldsymbol{Q}_1$ statt $\boldsymbol{Q}$ und $\boldsymbol{R}_1$ statt $\boldsymbol{R}$, weil die Schreibeweise $\boldsymbol{Q}$ und $\boldsymbol{R}$ bei Verwendung der vollen QR-Faktorisierung standardmäßig in der Literatur verwendet wird.

so können wir die $n$ Gleichungen auch als Matrix-Matrix-Produkt schreiben

$$\underbrace{\begin{bmatrix} | & | & & | \\ \boldsymbol{a}_1 & \boldsymbol{a}_2 & \cdots & \boldsymbol{a}_n \\ | & | & & | \end{bmatrix}}_{\boldsymbol{A}} = \underbrace{\begin{bmatrix} | & | & & | \\ \boldsymbol{q}_1 & \boldsymbol{q}_2 & \cdots & \boldsymbol{q}_n \\ | & | & & | \end{bmatrix}}_{\boldsymbol{Q}_1} \underbrace{\begin{bmatrix} \boldsymbol{a}_1^{\mathrm{T}}\boldsymbol{q}_1 & \boldsymbol{a}_2^{\mathrm{T}}\boldsymbol{q}_1 & \cdots & \boldsymbol{a}_n^{\mathrm{T}}\boldsymbol{q}_1 \\ \boldsymbol{a}_1^{\mathrm{T}}\boldsymbol{q}_2 & \boldsymbol{a}_2^{\mathrm{T}}\boldsymbol{q}_2 & \cdots & \boldsymbol{a}_n^{\mathrm{T}}\boldsymbol{q}_2 \\ \vdots & \vdots & & \vdots \\ \boldsymbol{a}_1^{\mathrm{T}}\boldsymbol{q}_n & \boldsymbol{a}_2^{\mathrm{T}}\boldsymbol{q}_n & \cdots & \boldsymbol{a}_n^{\mathrm{T}}\boldsymbol{q}_n \end{bmatrix}}_{\boldsymbol{R}_1}.$$

Nun ist nach Konstruktion $\boldsymbol{q}_j$ für jedes $j \geq 2$ orthogonal zu $\boldsymbol{a}_1, \boldsymbol{a}_2, \ldots, \boldsymbol{a}_{j-1}$, also ist $\boldsymbol{R}_1$ die obere Dreiecksmatrix

$$\boldsymbol{R} = \begin{bmatrix} \boldsymbol{q}_1^{\mathrm{T}}\boldsymbol{a}_1 & \boldsymbol{q}_1^{\mathrm{T}}\boldsymbol{a}_2 & \cdots & \boldsymbol{q}_1^{\mathrm{T}}\boldsymbol{a}_n \\ 0 & \boldsymbol{q}_2^{\mathrm{T}}\boldsymbol{a}_2 & \cdots & \boldsymbol{q}_2^{\mathrm{T}}\boldsymbol{a}_n \\ \vdots & \vdots & & \vdots \\ 0 & 0 & \cdots & \boldsymbol{q}_n^{\mathrm{T}}\boldsymbol{a}_n \end{bmatrix}.$$

Da die Diagonalelemente von $\boldsymbol{R}$ alle von Null verschieden sind, ist $\boldsymbol{R}$ invertierbar. Diese Darstellung nennt man **reduzierte QR-Faktorisierung** (**QR-Zerlegung**) von $\boldsymbol{A}$. Das Bild 6.15 zeigt die reduzierte QR-Faktorisierung symbolisch.

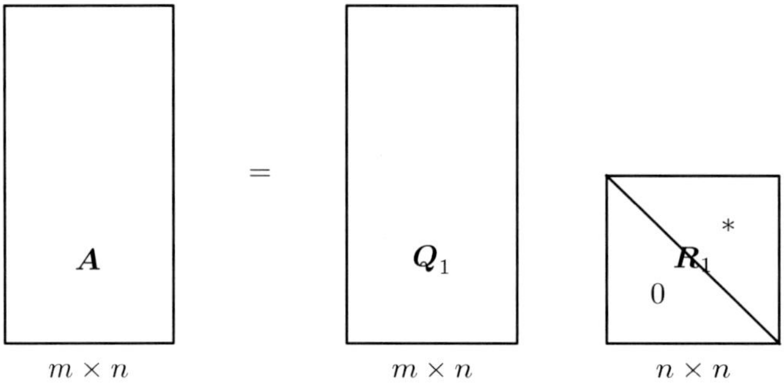


Bild 6.15.: Symbolische Darstellung einer reduzierten QR-Faktorisierung

**Satz 6.13** (QR-Faktorisierung)**.** *Es ist $\boldsymbol{A} \in \mathbb{R}^{m\times n}$ mit linear unabhängigen Spaltenvektoren. Dann gibt es eine Matrix $\boldsymbol{Q}_1 \in \mathbb{R}^{m\times n}$ mit orthonormalen Spaltenvektoren und eine invertierbare obere Dreiecksmatrix $\boldsymbol{R}_1 \in \mathbb{R}^{n\times n}$ mit*

$$\boldsymbol{A} = \boldsymbol{Q}_1\boldsymbol{R}_1.$$

Bitte beachten Sie, die Voraussetzungen des Satzes; es ist $m \geq n$ und $\mathrm{Rang}(\boldsymbol{A}) = n$.

**Beispiel 6.24** (QR-Faktorisierung)**.** Berechnen Sie von der Matrix

$$\boldsymbol{A} = \begin{bmatrix} 1 & 0 \\ 1 & 1 \\ 1 & 2 \end{bmatrix}.$$

eine reduzierte QR-Zerlegung.

*Lösung.* Wenden wir das GRAM-SCHMIDTsche Orthonormalisierungsverfahren auf die Spaltenvektoren der Matrix $\boldsymbol{A}$ an, so erhalten wir

$$\boldsymbol{q}_1 = \frac{1}{|\boldsymbol{a}_1|}\boldsymbol{a}_1 = \frac{1}{\sqrt{3}}\begin{bmatrix} 1 \\ 1 \\ 1 \end{bmatrix} = \begin{bmatrix} 1/\sqrt{3} \\ 1/\sqrt{3} \\ 1/\sqrt{3} \end{bmatrix}$$

$$\boldsymbol{v}_2 = \boldsymbol{a}_2 - (\boldsymbol{a}_2^{\mathrm{T}}\boldsymbol{q}_1)\boldsymbol{q}_1 = \begin{bmatrix} 0 \\ 1 \\ 2 \end{bmatrix} - \sqrt{3}\begin{bmatrix} 1/\sqrt{3} \\ 1/\sqrt{3} \\ 1/\sqrt{3} \end{bmatrix} = \begin{bmatrix} -1 \\ 0 \\ 1 \end{bmatrix}$$

$$\boldsymbol{q}_2 = \frac{1}{|\boldsymbol{v}|_2}\boldsymbol{v}_2 = \frac{1}{\sqrt{2}}\begin{bmatrix} -1 \\ 0 \\ 1 \end{bmatrix} = \begin{bmatrix} -1/\sqrt{2} \\ 0 \\ 1/\sqrt{2} \end{bmatrix}$$

Damit ist

$$\boldsymbol{R}_1 = \begin{bmatrix} \boldsymbol{q}_1^{\mathrm{T}}\boldsymbol{a}_1 & \boldsymbol{q}_1^{\mathrm{T}}\boldsymbol{a}_2 \\ 0 & \boldsymbol{q}_2^{\mathrm{T}}\boldsymbol{a}_2 \end{bmatrix} = \begin{bmatrix} \sqrt{3} & \sqrt{3} \\ 0 & \sqrt{2} \end{bmatrix},$$

also hat $\boldsymbol{A}$ die Zerlegung

$$\underbrace{\begin{bmatrix} 1 & 0 \\ 1 & 1 \\ 1 & 2 \end{bmatrix}}_{\boldsymbol{A}} = \underbrace{\begin{bmatrix} 1/\sqrt{3} & -1/\sqrt{2} \\ 1/\sqrt{3} & 0 \\ 1/\sqrt{3} & 1/\sqrt{2} \end{bmatrix}}_{\boldsymbol{Q}_1} \underbrace{\begin{bmatrix} \sqrt{3} & \sqrt{3} \\ 0 & \sqrt{2} \end{bmatrix}}_{\boldsymbol{R}_1}. \qquad \blacksquare$$

Eine invertierbare (quadratische) Matrix hat linear unabhängige Spalten. Folglich besitzt jede invertierbare Matrix eine QR-Faktorisierung.

**Beispiel 6.25** (QR-Faktorisierung)**.** Berechnen Sie von der Matrix

$$\boldsymbol{A} = \begin{bmatrix} 1 & -2 & -1 \\ 2 & 0 & 1 \\ 2 & -4 & 2 \\ 4 & 0 & 0 \end{bmatrix}.$$

eine QR-Zerlegung.

*Lösung.* Wenden wir das GRAM-SCHMIDTsche Orthonormalisierungsverfahren auf die Spaltenvektoren der Matrix $\boldsymbol{A}$ an, so erhalten wir

$$\boldsymbol{q}_1 = \begin{bmatrix} 1/5 \\ 2/5 \\ 2/5 \\ 4/5 \end{bmatrix}, \quad \boldsymbol{q}_2 = \begin{bmatrix} -2/5 \\ 1/5 \\ -4/5 \\ 2/5 \end{bmatrix}, \quad \boldsymbol{q}_3 = \begin{bmatrix} -4/5 \\ 2/5 \\ 2/5 \\ -1/5 \end{bmatrix}.$$

Damit ist

$$\boldsymbol{R}_1 = \begin{bmatrix} \boldsymbol{q}_1^{\mathrm{T}}\boldsymbol{a}_1 & \boldsymbol{q}_1^{\mathrm{T}}\boldsymbol{a}_2 & \boldsymbol{q}_1^{\mathrm{T}}\boldsymbol{a}_3 \\ 0 & \boldsymbol{q}_2^{\mathrm{T}}\boldsymbol{a}_2 & \boldsymbol{q}_2^{\mathrm{T}}\boldsymbol{a}_3 \\ 0 & 0 & \boldsymbol{q}_3^{\mathrm{T}}\boldsymbol{a}_3 \end{bmatrix} = \begin{bmatrix} 5 & -2 & 1 \\ 0 & 4 & -1 \\ 0 & 0 & 2 \end{bmatrix},$$

also hat $\boldsymbol{A}$ die Zerlegung

$$\underbrace{\begin{bmatrix} 1 & -2 & -1 \\ 2 & 0 & 1 \\ 2 & -4 & 2 \\ 4 & 0 & 0 \end{bmatrix}}_{\boldsymbol{A}} = \underbrace{\begin{bmatrix} 1/5 & -2/5 & -4/5 \\ 2/5 & 1/5 & 2/5 \\ 2/5 & -4/5 & 2/5 \\ 4/5 & 2/5 & -1/5 \end{bmatrix}}_{\boldsymbol{Q}_1} \underbrace{\begin{bmatrix} 5 & -2 & 1 \\ 0 & 4 & -1 \\ 0 & 0 & 2 \end{bmatrix}}_{\boldsymbol{R}_1}. \quad \blacksquare$$

In MATLAB kann eine QR-Faktorisierung mit der Funktion `qr` berechnet werden. Wir zeigen dies an Beispiel 6.25.

```
>> A = [1 -2 -1; 2 0 1; 2 -4 2; 4 0 0];
>> [Q1,R1] = qr(A,0)
Q1 =
   -0.2000    0.4000    0.8000
   -0.4000   -0.2000   -0.4000
   -0.4000    0.8000   -0.4000
   -0.8000   -0.4000    0.2000
R1 =
   -5.0000    2.0000   -1.0000
         0   -4.0000    1.0000
         0         0   -2.0000
```

Bis auf Vorzeichen stimmen die Ergebnisse mit Beispiel 6.25 überein. Weitere MATLAB-Beispiele zur QR-Zerlegung finden Sie in [37].

## 6.6. Lösen von $Ax = b$ mit QR-Faktorisierung

QR-Faktorisierungen (Abschnitt 6.5) sind gut geeignet, um lineare Gleichungssysteme numerisch effizient zu lösen. Wir zeigen nun, wie man reduzierte QR-Faktorisierungen zum Lösen von unterbestimmten und bestimmten (lösbaren) linearen Gleichungssystemen einsetzen kann. In Abschnitt 7.3 zeigen wir, wie man damit auch überbestimmte Systeme bzw. lineare Ausgleichsaufgaben lösen kann.

**Satz 6.14.** *Gegeben ist die Matrix $\boldsymbol{A} \in \mathbb{R}^{m\times n}$ mit $m \leq n$ und Rang($\boldsymbol{A}$) $= m$. Ist $\boldsymbol{A}^T = \boldsymbol{Q}_1\boldsymbol{R}_1$ eine reduzierte QR-Zerlegung von $\boldsymbol{A}^T$, dann ist*

$$\boldsymbol{x}_+ = \boldsymbol{Q}_1\boldsymbol{R}_1^{-T}\boldsymbol{b}$$

*die Lösung kleinster Länge von $\boldsymbol{Ax} = \boldsymbol{b}$.*

*Beweis.* Unter den Voraussetzungen des obigen Satzes ist $\boldsymbol{Ax} = \boldsymbol{b}$ universell mehrdeutig lösbar. Es ist

$$\boldsymbol{Ax}_+ = \boldsymbol{AQ}_1\boldsymbol{R}_1^{-\mathrm{T}}\boldsymbol{b} = (\boldsymbol{Q}_1\boldsymbol{R}_1)^{\mathrm{T}}\boldsymbol{Q}_1\boldsymbol{R}_1^{-\mathrm{T}}\boldsymbol{b} = \boldsymbol{R}_1^{\mathrm{T}}\boldsymbol{Q}_1^{\mathrm{T}}\boldsymbol{Q}_1\boldsymbol{R}_1^{-\mathrm{T}}\boldsymbol{b} = \boldsymbol{R}_1^{\mathrm{T}}\boldsymbol{R}_1^{-\mathrm{T}}\boldsymbol{b} = \boldsymbol{b}.$$

Wegen Satz 6.7 und

$$\begin{aligned}\boldsymbol{A}^{\mathrm{T}}(\boldsymbol{AA}^{\mathrm{T}})^{-1} &= \boldsymbol{Q}_1\boldsymbol{R}_1\big((\boldsymbol{Q}_1\boldsymbol{R}_1)^{\mathrm{T}}\boldsymbol{Q}_1\boldsymbol{R}_1\big)^{-1}\boldsymbol{b} = \boldsymbol{Q}_1\boldsymbol{R}_1\big(\boldsymbol{R}_1^{\mathrm{T}}\boldsymbol{Q}_1^{\mathrm{T}}\boldsymbol{Q}_1\boldsymbol{R}_1\big)^{-1}\boldsymbol{b}\\ &= \boldsymbol{Q}_1\boldsymbol{R}_1(\boldsymbol{R}_1^{\mathrm{T}}\boldsymbol{R}_1)^{-1}\boldsymbol{b} = \boldsymbol{Q}_1\boldsymbol{R}_1\boldsymbol{R}_1^{-1}\boldsymbol{R}_1^{-\mathrm{T}}\boldsymbol{b} = \boldsymbol{Q}_1\boldsymbol{R}_1^{-\mathrm{T}}\boldsymbol{b}\end{aligned}$$

ist $\boldsymbol{x}_+ = \boldsymbol{Q}_1\boldsymbol{R}_1^{-\mathrm{T}}\boldsymbol{b}$ die Lösung kleinster Länge. □

Dieser Satz liefert uns sofort eine effiziente Methode, um lineare Gleichungssysteme numerisch stabil zu lösen.

**Algorithmus 13: Lösen von $Ax = b$ mit reduzierter QR-Faktorisierung**

Für $\boldsymbol{A} \in \mathbb{R}^{m\times n}$, $m \leq n$ und Rang($\boldsymbol{A}$) $= m$ kann man mit den folgenden Schritten die Lösung kleinster Länge von $\boldsymbol{Ax} = \boldsymbol{b}$ lösen.

1. Berechne eine reduzierte QR-Zerlegung von der Matrix $\boldsymbol{A}^{\mathrm{T}}$, also $\boldsymbol{A}^{\mathrm{T}} = \boldsymbol{Q}_1\boldsymbol{R}_1$.
2. Löse das untere Dreieckssystem $\boldsymbol{R}_1^{\mathrm{T}}\boldsymbol{y} = \boldsymbol{b}$ nach $\boldsymbol{y}$.
3. Multipliziere $\boldsymbol{Q}_1$ mit $\boldsymbol{y}$: $\boldsymbol{x}_+ = \boldsymbol{Q}_1\boldsymbol{y}$.

Der Hauptaufwand in Algorithmus 13 liegt in der Berechnung der reduzierten QR-Zerlegung.

**Beispiel 6.26** (Lösung mittels reduzierter QR-Faktorisierung)**.** Berechnen Sie die Lösung von (Beispiel 6.9)

$$x_1 + x_2 = 6$$

mit Hilfe von Algorithmus 13.

*Lösung.* Es ist

$$\underbrace{\begin{bmatrix} 1 \\ 1 \end{bmatrix}}_{\boldsymbol{A}^{\mathrm{T}}} = \underbrace{\begin{bmatrix} -\sqrt{2}/2 \\ -\sqrt{2}/2 \end{bmatrix}}_{\boldsymbol{Q}_1} \underbrace{\begin{bmatrix} -\sqrt{2} \end{bmatrix}}_{\boldsymbol{R}_1}.$$

Damit ist $\boldsymbol{y} = \boldsymbol{R}_1^{-\mathrm{T}}\boldsymbol{b} = -1/\sqrt{2} \cdot 6 = -6/\sqrt{2}$. Schließlich ist

$$\boldsymbol{x}_+ = \boldsymbol{Q}_1\boldsymbol{y} = \begin{bmatrix} -\sqrt{2}/2 \\ -\sqrt{2}/2 \end{bmatrix} (-6/\sqrt{2}) = \begin{bmatrix} 3 \\ 3 \end{bmatrix}$$

die Lösung kleinster Länge. ∎

Beachten Sie: Ist $m = n$, so ist $\boldsymbol{x}_+$ die eindeutige Lösung des bestimmten (quadratischen) Systems $\boldsymbol{A}\boldsymbol{x} = \boldsymbol{b}$, also $\boldsymbol{x}_+ = \boldsymbol{A}^{-1}\boldsymbol{b}$.

**Beispiel 6.27.** Berechnen Sie in MATLAB mit einer reduzierten QR-Zerlegung die Lösung kleinster Länge von $x_1 + x_2 = 6$, siehe Beispiel 6.26.

*Lösung.* In MATLAB ist

```
>> A = [1 1]; b = 6;
>> [Q1,R1] = qr(A',0);
>> y = R1'\b;
>> x = Q1*y
x =
    3.0000
    3.0000
```

was genau die Lösung kleinster Länge aus Beispiel 6.26 bestätigt. ∎

**Beispiel 6.28.** Berechnen Sie die Lösung des bestimmten (quadratischen) linearen Gleichungssystems (Beispiel 1.5)

$$\begin{aligned} x_1 - 2x_2 &= 1 \\ 3x_1 + 2x_2 &= 11 \end{aligned}$$

mit Hilfe von Algorithmus 13.

*Lösung.* Es ist zunächst

$$\underbrace{\begin{bmatrix} 1 & 3 \\ -2 & 2 \end{bmatrix}}_{\boldsymbol{A}^{\mathrm{T}}} = \underbrace{\begin{bmatrix} -\sqrt{5}/5 & 2\sqrt{5}/5 \\ 2\sqrt{5}/5 & \sqrt{5}/5 \end{bmatrix}}_{\boldsymbol{Q}_1} \underbrace{\begin{bmatrix} -\sqrt{5} & \sqrt{5}/5 \\ 0 & 8\sqrt{5}/5 \end{bmatrix}}_{\boldsymbol{R}_1}.$$

Dann ist

$$\boldsymbol{y} = \boldsymbol{R}_1^{-\mathrm{T}}\boldsymbol{b} = \begin{bmatrix} -\sqrt{5}/5 & 0 \\ \sqrt{5}/40 & \sqrt{5}/8 \end{bmatrix} \begin{bmatrix} 1 \\ 11 \end{bmatrix} = \begin{bmatrix} -\sqrt{5}/5 \\ 7\sqrt{5}/5 \end{bmatrix}$$

und schließlich

$$\boldsymbol{x} = \boldsymbol{Q}_1\boldsymbol{y} = \begin{bmatrix} -\sqrt{5}/5 & 2\sqrt{5}/5 \\ 2\sqrt{5}/5 & \sqrt{5}/5 \end{bmatrix} \begin{bmatrix} -\sqrt{5}/5 \\ 7\sqrt{5}/5 \end{bmatrix} = \begin{bmatrix} 1 \\ 3 \end{bmatrix}.$$

Damit ist auch auch das Ergebnis aus Beispiel 1.5 bestätigt. ∎

Mithilfe der MATLAB-Umgebung lassen sich solche Aufgabe schnell lösen.

## 6.7. Weitere Bemerkungen und Hinweise

Orthogonalität beinhaltet Unabhängigkeit. Sind zwei Vektoren linear unabhängig, so heißt das, dass jeder gegenüber dem Anderen einen gewissen Anteil neuer Informationen trägt. Dieser Anteil kann auch klein sein. Sind zwei Vektoren dagegen orthogonal, so trägt jeder gegenüber dem Anderen neue Informationen. Die übertragene Idee des GRAM-SCHMIDTschen Orthogonalisierungsverfahrens besteht somit darin, zu gegebenen Informationen alle mehrfach enthaltenen Informationen zu entfernen, so dass nur neue Information übrig bleibt.

Das GRAM-SCHMIDTsche Orthogonalisierungsverfahren wird in der Computerpraxis so nicht eingesetzt, denn eine ausführliche *Rundungsfehleranalyse* zeigt, dass diese Methode extrem schlechte numerische Eigenschaften besitzt. Andere Verfahren erhalten den Vorzug, siehe zum Beispiel [36], [61], [78] oder [93].

Orthogonale Projektionen auf einen Unterraum können allgemein wie folgt beschrieben werden. Wird ein Vektor auf einen Unterraum orthogonal projiziert, so werden aus ihm Informationsanteile herausgefiltert, und zwar diejenigen, die über die Möglichkeiten dieses Unterraumes hinausgehen. Die übigen Informationsanteile bleiben unbeschadet, und können für Näherungen verwendet werden.

Bei der Arbeit mit einem bestimmten Vektorraum kommt es häufig auf die ausgewählte bzw. konstruierte Basis an. Anwendungen und numerische Verfahren funktionieren besser, wenn die Basis geeignet gewählt wurde (FOURIER-Transformation, Wavelets, usw.). Es hängt vom Problem bzw. der Situation ab, welche Basis geeignet ist.

Ist $V$ ein reeller Vektorraum. Ein *Skalarprodukt* (*inneres Produkt*) in $V$ ist eine Abbildung

$$\begin{array}{rcl} V \times V & \to & \mathbb{R} \\ (\boldsymbol{v}, \boldsymbol{w}) & \mapsto & <\boldsymbol{v}, \boldsymbol{w}> \end{array}$$

mit den folgenden Eigenschaften:

(a) Bilinearität: Für jedes $\boldsymbol{u} \in V$ sind die Abbildungen

$$<\cdot, \boldsymbol{u}>: \begin{array}{rcl} V & \to & \mathbb{R} \\ \boldsymbol{v} & \mapsto & <\boldsymbol{v}, \boldsymbol{u}> \end{array} \quad \text{und} \quad <\boldsymbol{u}, \cdot>: \begin{array}{rcl} V & \to & \mathbb{R} \\ \boldsymbol{v} & \mapsto & <\boldsymbol{u}, \boldsymbol{v}> \end{array}$$

linear.

(b) Symmetrie: $<\boldsymbol{v}, \boldsymbol{w}>=<\boldsymbol{w}, \boldsymbol{v}>$ für alle $\boldsymbol{v}$, $\boldsymbol{w}$ aus $V$.

(c) Positiv Definitheit: $<\boldsymbol{v}, \boldsymbol{v}>$ größer als 0 für alle $\boldsymbol{v} \neq \boldsymbol{o}$.

Man sagt kurz: $<\cdot, \cdot>$ ist eine positiv definite symmetrische Bilinearform auf $V$. Wegen der Symmetrie hätte natürlich auch eine der beiden Linearitätsbedingungen unter (a) genügt.

Unter einem EUKLID*ischen Vektorraum* (*reeller innerer Produktraum*) versteht man ein Paar $(V, <\cdot, \cdot>)$, bestehend aus einem reellen Vektorraum $V$ und einem Skalarprodukt $<\cdot, \cdot>$ auf $V$. Das durch

$$<\cdot, \cdot>: \begin{array}{rcl} \mathbb{R}^n \times \mathbb{R}^n & \to & \mathbb{R} \\ (\boldsymbol{v}, \boldsymbol{w}) & \mapsto & <\boldsymbol{v}, \boldsymbol{w}>= v_1 w_1 + \cdots + v_n w_n \end{array}$$

definierte Skalarprodukt ist das natürliche Skalarprodukt im Vektorraum $V = \mathbb{R}^n$. Im reellen Vektorraum $V$ der stetigen Funktionen von $[-1, 1]$ nach $\mathbb{R}$ ist zum Beispiel durch

$$<f, g>= \int_{-1}^{1} f(x) g(x) \, \mathrm{d}x$$

ein Skalarprodukt definiert.

Man kann für jeden reellen Vektorraum ein Skalarprodukt einführen. Man darf sich jedoch nicht vorstellen, zu jedem Vektorraum gäbe es nur ein ganz bestimmtes Skalarprodukt. Auch für den $\mathbb{R}^n$ gibt es unendlich viele verschiedene Skalarprodukte; zum

Beispiel erfüllt $(\boldsymbol{v}, \boldsymbol{w}) \mapsto < \boldsymbol{Av}, \boldsymbol{Aw} >$ die drei Bedingungen an ein Skalarprodukt, wenn $\boldsymbol{A}$ eine feste invertierbare $(n, n)$-Matrix ist.

Ein komplexer Vektorraum mit einem Skalarprodukt heißt *unitärer Vektorraum*. Der Vektorraum $\mathbb{C}^n$ ist ein Beispiel eines unitären Vektorraumes. Ist ein unitärer Raum *vollständig* (jede CAUCHY-Folge[7] ist konvergent), so nennt man ihn HILBERT-*Raum*[8]. HILBERT-Räume spielen in der Physik (zum Beispiel in der Quantenmechanik) und Technik (zum Beispiel in der Signaltheorie) eine sehr große Rolle. Die Räume $\mathbb{R}^n$ und $\mathbb{C}^n$ sind HILBERT-Räume. Weitere Informationen über diese Räume, über diese Theorie und deren Anwendungen erhalten Sie zum Beispiel in den Büchern [1], [41], [48], [79], [116], [117].

Was nutzt die Existenz eines Skalarproduktes in einem Vektorraum? Mit dem Skalarprodukt werden Vektoren zum Beispiel meßbar. Jedem Vektor lässt sich eine Norm zuordnen, die im geometrischen Fall der Länge entspricht. Die Norm eines Vektors wiederum beschreibt dessen Größe bzw. Ausmaß. Erst in Vektorräumen mit Skalarprodukt sind Längen, Abstände, Winkel und orthogonale Projektionen definiert.

Aus Sicht der Optimierungstheorie ist die Lösung kleinster Länge von $\boldsymbol{Ax} = \boldsymbol{b}$ die Lösung der Optimierungsaufgabe

$$\begin{array}{rcl} \text{Minimiere} & & \\ \boldsymbol{x} \in \mathbb{R}^n & |\boldsymbol{x}|^2 & \\ \text{unter den Nebenbedingungen} & \boldsymbol{Ax} & = \boldsymbol{b} \end{array}$$

Es handelt sich hierbei um eine quadratische Optimierungsaufgabe mit linearen Gleichungsnebenbedingungen.

## Aufgaben

**6.1.** Wahr oder falsch: Sind $\boldsymbol{x}$ und $\boldsymbol{y}$ zwei Vektoren im $\mathbb{R}^n$ und ist der Projektionsvektor von $\boldsymbol{x}$ auf $\boldsymbol{y}$ gleich dem Projektionsvektor von $\boldsymbol{y}$ auf $\boldsymbol{x}$, dann sind die Vektoren $\boldsymbol{x}$ und $\boldsymbol{y}$ linear abhängig.

**6.2.** Wahr oder falsch: Sind $\boldsymbol{x}$ und $\boldsymbol{y}$ zwei Einheitsvektoren im $\mathbb{R}^n$ und ist $|\boldsymbol{x}^{\mathrm{T}}\boldsymbol{y}| = 1$, dann sind $\boldsymbol{x}$ und $\boldsymbol{y}$ linear unabhängig.

**6.3.** Wahr oder falsch: Sind $U$, $V$ und $W$ Unterräume von $\mathbb{R}^3$ und gilt $U \perp V$ und $V \perp W$, dann ist $U \perp W$.

[7] AUGUSTIN LOUIS CAUCHY (1789 – 1857).
[8] DAVID HILBERT (1862 – 1943).

**6.4.** Wahr oder falsch: Für quadratische Matrizen $\boldsymbol{A}$ und $\boldsymbol{B}$ der gleichen Größe gilt: $\text{Rang}(\boldsymbol{AB}) = \text{Rang}(\boldsymbol{BA})$.

**6.5.** Wahr oder falsch: Hat die Koeffizientenmatrix $\boldsymbol{A}$ eines linearen Gleichungssystems den Rang $m$, so gibt es immer eine Lösung.

**6.6.** Stellen Sie die vier Fundamentalräume symbolisch grafisch dar und geben Sie die entsprechenden Dimensionen der vier Räume an, wenn $\boldsymbol{A} \in \mathbb{R}^{m \times n}$ ist.

**6.7.** In einem Monat verkauft ein Unternehmen von vier Produkten die Mengen $x_1$, $x_2$, $x_3$, $x_4$ zu den Preisen $p_1$, $p_2$, $p_3$ und $p_4$. Mengen und Preise können zu Vektoren $\boldsymbol{x}$ bzw. $\boldsymbol{p}$ zusammengefasst werden.

(a) Der Erlös $E$ soll mindestens $E^*$ betragen. Schreiben Sie diese Bedingung mit dem skalaren Produkt von Preis- und Mengenvektor.
(b) Die Gesamtheit aller Produkte soll mindestens 1000 Stück betragen. Schreiben Sie diese Bedingung unter Verwendung von Vektoren.

**6.8.** Gegeben ist eine Teilmenge $W$ des Vektorraumes $V$. Zeigen Sie, dass $W^{\perp}$ ein Unterraum von $V$ ist.

**6.9.** Wir nehmen an, dass die Matrix $\boldsymbol{A} \in \mathbb{R}^{m \times n}$ linear unabhängige Spaltenvektoren hat. Zeigen Sie, dass die Matrix

$$\boldsymbol{P}_{S(\boldsymbol{A})} = \boldsymbol{A}(\boldsymbol{A}^{\mathrm{T}}\boldsymbol{A})^{-1}\boldsymbol{A}^{\mathrm{T}}$$

eine orthogonale Projektionsmatrix auf den Unterraum $S(\boldsymbol{A})$ ist.

**6.10.** Handelt es sich um orthogonale Projektionsmatrizen?

(a) $\boldsymbol{P}_1 = \boldsymbol{E}$ (b) $\boldsymbol{P}_2 = \boldsymbol{O}$ (c) $\boldsymbol{P}_3 = \begin{bmatrix} 1 & 1 \\ 0 & 1 \end{bmatrix}$

**6.11.** Ist $\boldsymbol{P}$ eine orthogonale Projektionsmatrix, dann ist $\boldsymbol{E} - 2\boldsymbol{P}$ eine orthogonale Matrix. Beweisen Sie dies!

**6.12.** Machen Sie sich ein Bild von der Lösung kleinster Länge im Fall $\boldsymbol{A} \in \mathbb{R}^{2\times 3}$, $\boldsymbol{b} \in \mathbb{R}^2$ und $\text{Rang}(\boldsymbol{A}) = 2$.

**6.13.** Betrachten Sie die Matrizen

$$\boldsymbol{A} = \begin{bmatrix} 1 & 0 \\ 0 & 1 \\ 1 & 0 \end{bmatrix} \quad \text{und} \quad \boldsymbol{B} = \begin{bmatrix} 1 & 2 \\ 0 & 1 \\ 1 & 0 \end{bmatrix}.$$

Beantworten Sie durch Handrechnung die folgenden Fragen.

(a) Wie lautet die orthogonale Projektionsmatrix $\boldsymbol{P}_{S(\boldsymbol{A})}$ und was ist das Bild von $(1, 2, 3)$ unter $\boldsymbol{P}_{S(\boldsymbol{A})}$?
(b) Beantworten Sie die gleichen Fragen für die Matrix $\boldsymbol{B}$.

**6.14.** Zeigen Sie, dass jede der folgenden Matrizen idempotent $\boldsymbol{P}^2 = \boldsymbol{P}$ ist. Welche Projektionsmatrix ist eine orthogonale Projektion?

(a) $\boldsymbol{P}_1 = \begin{bmatrix} 25 & -20 \\ 30 & -24 \end{bmatrix}$

(b) $\boldsymbol{P}_2 = \begin{bmatrix} -26 & -18 & -27 \\ 21 & 15 & 21 \\ 12 & 8 & 13 \end{bmatrix}$

(c) $\boldsymbol{P}_3 = \begin{bmatrix} 1 & 0 & 0 \\ 0 & 1 & 0 \\ 0 & 0 & 0 \end{bmatrix}$

**6.15.** Zeigen Sie, dass die Vektoren $\boldsymbol{u}_1 = (2, 2, 1)$, $\boldsymbol{u}_2 = (2, -1, -2)$, $\boldsymbol{u}_3 = (-1, 2, -2)$ eine orthogonale Basis von $\mathbb{R}^3$ bilden, und zerlegen Sie den Vektor $\boldsymbol{v} = (-1, 1, 3)$ bezüglich dieser Basis.

**6.16.** In Algorithmus 12 haben wir das GRAM-SCHMIDTsche Orthogonalisierungsverfahren kennengelernt. Formulieren Sie nun das GRAM-SCHMIDTsche Orthonormalisierungsverfahren, das heißt bilden Sie aus einer beliebigen Basis $B = \{\boldsymbol{u}_1, \boldsymbol{u}_2, \ldots, \boldsymbol{u}_n\}$ des $\mathbb{R}^n$ eine orthonormale Basis $Q = \{\boldsymbol{q}_1, \boldsymbol{q}_2, \ldots, \boldsymbol{q}_n\}$ des Vektorraumes $\mathbb{R}^n$.

Mit orthogonalen Projektionsmatrizen gilt: $\boldsymbol{v}_2 = \boldsymbol{u}_2 - \boldsymbol{P}_{Lin(\boldsymbol{q}_1)}\boldsymbol{u}_2 = \boldsymbol{u}_2 - (\boldsymbol{u}_2^{\mathrm{T}}\boldsymbol{q}_1)\boldsymbol{q}_1$, $\boldsymbol{v}_3 = \boldsymbol{u}_3 - \boldsymbol{P}_{Lin(\boldsymbol{q}_1,\boldsymbol{q}_2)}\boldsymbol{u}_3 = \boldsymbol{u}_3 - (\boldsymbol{u}_3^{\mathrm{T}}\boldsymbol{q}_1)\boldsymbol{q}_1 - (\boldsymbol{u}_3^{\mathrm{T}}\boldsymbol{q}_2)\boldsymbol{q}_2$, usw. Hierbei ist $\boldsymbol{P}_{Lin(\boldsymbol{q}_1,\ldots,\boldsymbol{q}_k)} = \boldsymbol{Q}\boldsymbol{Q}^{\mathrm{T}}$, wobei die Spaltenvektoren von $\boldsymbol{Q}$ die Vektoren $\boldsymbol{q}_j$, $j = 1, \ldots, k$ sind.

**6.17.** Gegeben ist die Basis $B = \{\boldsymbol{u}_1 = (4, 3), \boldsymbol{u}_2 = (-2, 1)\}$ des $\mathbb{R}^2$. Berechnen Sie nach dem GRAM-SCHMIDTschen Orthonormalisierungsverfahren (siehe Aufgabe 6.16) eine orthonormale Basis $Q = \{\boldsymbol{q}_1, \boldsymbol{q}_2\}$ des Vektorraumes $\mathbb{R}^2$.

**6.18.** Es ist $\boldsymbol{x} = (x_1, x_2, \ldots, x_n) \in \mathbb{R}^n$ der Vektor von $n$ Beobachtungen einer statistischen Größe (Merkmal). Dann ist $\bar{x} = 1/n(x_1 + x_2 + \cdots + x_n)$ der arithmetische Mittelwert der Beobachtung. Schreiben Sie den arithmetischen Mittelwert als Skalarprodukt.

**6.19.** Ein Maschinenbauunternehmen produziert und verkauft innerhalb eines Geschäftsjahres insgesamt 4 000 Elektromotoren (Stückpreis 11 000 Euro), 2 400 Drehbänke (Stückpreis 18 000 Euro), 6 000 Kleingeneratoren (Stückpreis 1 100 Euro) und 200 Transformatoren (Stückpreis 22 000 Euro). Berechnen Sie den erzielten Gesamtumsatz mit Hilfe eines Skalarproduktes zweier geeigneter Vektoren.

**6.20.** Gegeben ist die Matrix $\boldsymbol{A} \in \mathbb{R}^{m\times n}$. Wir wollen annehmen, dass diese vollen Spaltenrang hat. Welche Eigenschaften hat dann die Matrix $\boldsymbol{A}$? Stellen Sie die vier Fundamentalräume symbolisch grafisch dar.

**6.21.** Bestimmen Sie eine reduzierte QR-Zerlegung von

$$\boldsymbol{A} = \begin{bmatrix} 1 & 0 & 0 \\ 1 & 1 & 0 \\ 1 & 1 & 1 \end{bmatrix}.$$

**6.22.** Die quadratische Produktmatrix $\boldsymbol{A}^{\mathrm{T}}\boldsymbol{A}$ spielt eine besondere Rolle (Normalgleichungssystem). Gegeben ist eine (beliebige) Matrix $\boldsymbol{A} \in \mathbb{R}^{m\times n}$. Dann gilt:

(a) $\mathrm{Rang}(\boldsymbol{A}^{\mathrm{T}}\boldsymbol{A}) = \mathrm{Rang}(\boldsymbol{A})$.
(b) $S(\boldsymbol{A}^{\mathrm{T}}\boldsymbol{A}) = S(\boldsymbol{A}^{\mathrm{T}})$.
(c) $N(\boldsymbol{A}^{\mathrm{T}}\boldsymbol{A}) = N(\boldsymbol{A})$.

**6.23.** Die quadratische Produktmatrix $\boldsymbol{A}^{\mathrm{T}}\boldsymbol{A}$ spielt eine besondere Rolle (Normalgleichungssystem). Gegeben ist eine (beliebige) Matrix $\boldsymbol{A} \in \mathbb{R}^{m\times n}$. Zeigen Sie, dass dann die folgenden Eigenschaften gelten:

(a) Die quadratische Matrix $\boldsymbol{A}^{\mathrm{T}}\boldsymbol{A} \in \mathbb{R}^{n\times n}$ ist symmetrisch.
(b) Die quadratische Matrix $\boldsymbol{A}^{\mathrm{T}}\boldsymbol{A} \in \mathbb{R}^{n\times n}$ ist positiv semidefinit.
(c) Die quadratische Matrix $\boldsymbol{A}^{\mathrm{T}}\boldsymbol{A} \in \mathbb{R}^{n\times n}$ ist positiv definit, falls $\mathrm{Rang}(\boldsymbol{A}) = n$ ist.

**6.24.** Gegeben ist die Matrix $\boldsymbol{A} \in \mathbb{R}^{m\times n}$. Wir wollen annehmen, dass diese vollen Zeilenrang hat. Welche Eigenschaften hat dann die Matrix $\boldsymbol{A}$? Stellen Sie die vier Fundamentalräume symbolisch grafisch dar.

**6.25.** Zeigen Sie, dass die Matrix

$$\boldsymbol{P} = \begin{bmatrix} 1 & -1 \\ 0 & 0 \end{bmatrix} \in \mathbb{R}^{2\times 2}$$

keine orthogonale Projektionsmatrix ist. Erklären Sie!

**6.26.** Wir betrachten den Unterraum $U \subset \mathbb{R}^3$, der von den beiden Vektoren $\boldsymbol{u}_1 = (1,1,0)$ und $\boldsymbol{u}_2 = (1,0,0)$ aufgespannt wird. Beschreiben Sie diesen! Wie lautet die orthogonale Projektionsmatrix $\boldsymbol{P}$ auf diesen Unterraum $U$?

## Sie sollten nun mit folgenden Begriffen umgehen können

EUKLIDischer Vektorraum, orthogonale Projektionen, Koordinatenvektor, orthogonale und orthonormale Basen, GRAM-SCHMIDT-Verfahren, QR-Faktorisierung, Lösbarkeit von linearen Gleichungssystemen.

# 7. Lineare Ausgleichsrechnung

Gegeben ist ein überbestimmtes lineares Gleichungssystem $\boldsymbol{Ax} = \boldsymbol{b}$ mit $\boldsymbol{A} \in \mathbb{R}^{m \times n}$ und $m > n$. Da dann notwendigerweise $\text{Rang}(\boldsymbol{A}) < m$ ist, kann $\boldsymbol{Ax} = \boldsymbol{b}$ nicht universell lösbar sein, das heißt ob $\boldsymbol{Ax} = \boldsymbol{b}$ lösbar ist, hängt von $\boldsymbol{b}$ ab. Ist $\boldsymbol{Ax} = \boldsymbol{b}$ unlösbar, weil $\boldsymbol{b}$ nicht im Spaltenraum von $\boldsymbol{A}$ liegt (Bild 6.11 bzw. Bild 6.12), so kann man anstelle von $\boldsymbol{Ax} = \boldsymbol{b}$ das Normalsystem $\boldsymbol{A}^{\mathrm{T}}\boldsymbol{Ax} = \boldsymbol{A}^{\mathrm{T}}\boldsymbol{b}$ betrachten, welches stets lösbar ist. Lösen wir dieses, so erhalten wir eine Näherungslösung (oder mehrere Näherungslösungen). Diese Näherungslösung ist dadurch ausgezeichnet, dass die Länge des Fehlervektors $\boldsymbol{r}$ so klein wie möglich ist. In diesem Kapitel zeigen wir nun die Nützlichkeit und praktische Bedeutung dieser Überlegungen.

Am häufigsten gelangt man auf überbestimmte lineare Gleichungssysteme im Ausgleich von Daten, zum Beispiel bei der Berechnung von *Ausgleichsgeraden*, *Ausgleichsparabeln* usw. Die Anpassung von Daten an ein mathematisches Modell, das freie Parameter hat, bezeichnet man als *Parameteridentifikation*.

**Beispiel 7.1.** Als Beispiel betrachten wir das OHMsche Gesetz $b = xt$, wobei $b$ die Spannung, $t$ die Stromstärke und $x$ der OHMsche Widerstand ist[1]. Es besteht die Aufgabe, eine Gerade (Ausgleichsgerade, Regressionsgerade) durch den Koordinatenursprung zu legen, die dem Verlauf der Messungen „möglichst nahe“ kommt, siehe Bild 7.1. Eine

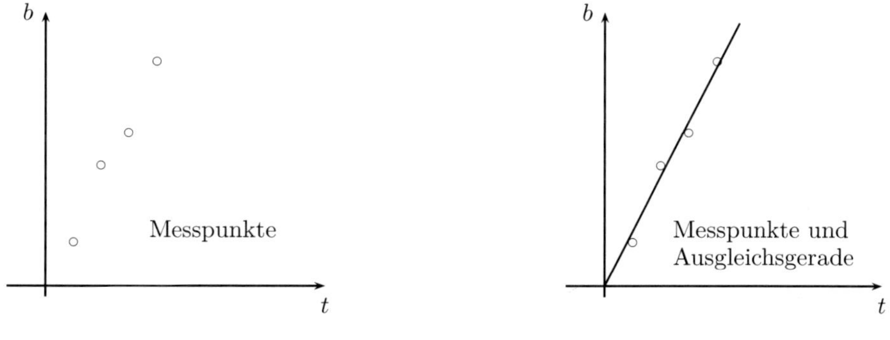


Bild 7.1.: Zur Aufgabenstellung der linearen Ausgleichsrechnung

[1] Das OHMsche Gesetz wird meist als $U = R \cdot I$ geschrieben, wobei $U$ die Spannung, $I$ die Stromstärke und $R$ der OHMsche Widerstand ist.

Gerade bzw. Funktion möchten wir deshalb kennen, um Prognosen zu machen oder um zwischen den Daten lesen zu können. Gäbe es keinen Messfehler (Beobachtungsfehler) und würde das Modell exakt die Situation beschreiben, so sollte der Widerstandsparameter $x \in \mathbb{R}$ so zu bestimmen sein, dass

$$b_i = xt_i$$

für $i = 1, 2, \ldots, 10$ ist, wenn wir annehmen dass zehn Messpunkte $(t_i, b_i)$ vorhanden sind. Ausführlich geschrieben heißt dies

$$\begin{aligned} b_1 &= xt_1 \\ b_2 &= xt_2 \\ \vdots &= \vdots \\ b_{10} &= xt_{10} \end{aligned}$$

Es ist also ein überbestimmtes lineares Gleichungssystem mit zehn Gleichungen und einer Unbekannten $x$ zu lösen. Tatsächlich sind die Messungen jedoch fehlerbehaftet, und auch die Modellfunktionen $\phi(t, x) = xt$ mit $x, t \in \mathbb{R}$ stellen im Allgemeinen nur eine ungefähre Beschreibung der Wirklichkeit dar. So gilt das OHMsche Gesetz annähernd nur in einem mittleren Temperaturbereich (sonst glüht zum Beispiel der Draht durch). Daher können wir nur fordern, dass

$$b_i \approx xt_i = \phi(t_i, x)$$

für $i = 1, \ldots, 10$ ist. ■

Einen realen Prozess kann man oft (wie in diesem Beispiel) durch zwei skalare Zustandsgrößen (Bestandsgrößen) beschreiben. Wir nennen sie $t$ und $b$. Man vermutet, dass zwischen diesen eine Gesetzmäßigkeit besteht, sodass sich die Abhängigkeit von $b$ von $t$ durch eine *Modellfunktion*

$$b = \phi(t, x_1, x_2, \ldots, x_n)$$

ausdrücken lässt. In die Modellfunktion $\phi : \mathbb{R} \times \mathbb{R}^n \to \mathbb{R}$ gehen $n$ unbekannte reelle *Parameter* $\boldsymbol{x} = (x_1, \ldots, x_n) \in \mathbb{R}^n$ ein. Diese gilt es nun unter Verwendung der $m$ Messpunkte (Beobachtungen) $(t_i, b_i)$, $i = 1, 2, \ldots, m$, der Zustandsgrößen $(t, b)$ zu bestimmen. Dabei ist $m$ größer als $n$, im Allgemeinen sogar viel größer. Die Anzahl $m$ der beobachteten Zustände ist größer als die Anzahl $n$ der zu schätzenden Parameter.

Wenn die Beobachtungen $b_i$ keinen Fehler enthalten, sollten Parameter $\boldsymbol{x} = (x_1, \ldots, x_n) \in \mathbb{R}^n$ zu bestimmen sein, so dass

$$b_i = \phi(t_i, x_1, \ldots, x_n)$$

für $i = 1, 2, \ldots, m$ gilt. Tatsächlich sind die Messungen jedoch fehlerbehaftet, und auch die Modellfunktionen $\phi$ stellen im Allgemeinen nur eine ungefähre Beschreibung der Wirklichkeit dar. Daher können wir im Allgemeinen nur fordern, dass

$$b_i \approx \phi(t_i, x_1, \ldots, x_n)$$

für $i = 1, 2, \ldots, m$ ist. Im Allgemeinen entsteht also in jedem Messpunkt ein *Fehler (Abweichung, Residuum)*[2]

$$r_i = b_i - \phi(t_i, x_1, \ldots, x_n).$$

Das Bild 7.2 zeigt die Situation geometrisch anschaulich im Fall $\phi(t, x_1, x_2) = x_1 + x_2 t$

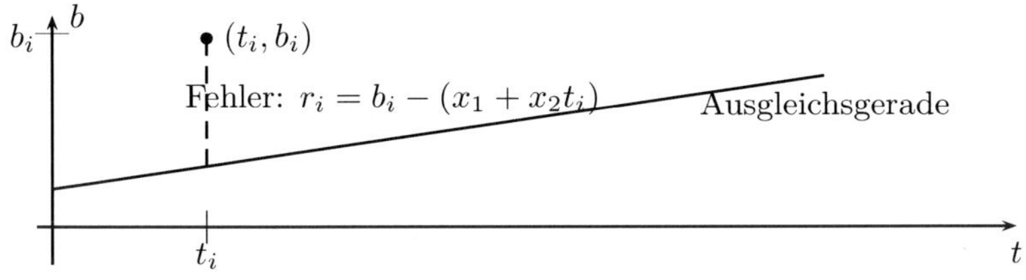


Bild 7.2.: Geometrische Vorstellung

(affin-lineare Funktion in $t$). Der Fehler $r_i$ ist positiv, wenn er oberhalb der Ausgleichsgerade liegt und negativ, wenn er darunter liegt. Die Ausgleichsgerade ist der Graph der Modellfunktion $\phi$. Die Parameter sind $\boldsymbol{x} = (x_1, x_2) \in \mathbb{R}^2$.

Nun gibt es mehrere Möglichkeiten die einzelnen Fehler $r_i = b_i - \phi(t_i, \boldsymbol{x})$ zu bewerten (zu gewichten)[3]. Gauss wählte die Minimierung der Fehlerquadrate aus. Dies führt zu der Aufgabe, den Parametervektor $\boldsymbol{x} = (x_1, \ldots, x_n) \in \mathbb{R}^n$ so zu bestimmen, dass $\sum_{i=1}^m r_i^2$ minimal wird bzw. dass die Länge des Fehlervektors $|\boldsymbol{r}|^2 = \sum_{i=1}^m r_i^2$ minimal wird (Ob man $|\boldsymbol{r}|$ oder $|\boldsymbol{r}|^2$ minimiert ist gleichwertig. Bitte machen Sie sich das klar!)[4]. Bitte beachten Sie: Es wird die Summe der quadrierten vertikalen Abstände zwischen Daten und Gerade (Kurve) minimiert, nicht die Summe der quadrierten geometrischen Abstände (Lot von den Daten zur Kurve).

[2] Häufig spricht man statt von Fehlern auch von Abständen. Dann ist zu beachten, dass die Abstände der Messpunkte parallel zur $b$-Achse ($y$-Achse) genommen werden und nicht (wie man beim Wort Abstand meinen könnte) die Länge des Lotes vom gemessenen Punkt auf die Ausgleichsgerade.

[3] Siehe Abschnitt 7.10.

[4] In den Bemerkungen und Hinweisen am Ende des Kapitels zeigen wir alternative Wege auf, den Fehlervektor zu gewichten.

Ist die Modellfunktion $\phi$ linear in den Parametern $\boldsymbol{x} = (x_1, \ldots, x_n) \in \mathbb{R}^n$, so hat sie die Form

$$\phi(t, \boldsymbol{x}) = x_1\phi_1(t) + x_2\phi_2(t) + \cdots + x_n\phi_n(t).$$

$\phi$ ist also eine Linearkombination der Funktionen $\phi_j$, die nur von $t$ abhängen. Dies ist zum Beispiel beim polynomialen Ausgleich der Fall. Dann ist $\phi(t, \boldsymbol{x}) = x_1 + x_2 t + \cdots + x_n t^{n-1}$. Mit

$$\boldsymbol{A} = \begin{bmatrix} a_{11} & \cdots & a_{1n} \\ \vdots & & \vdots \\ a_{m1} & \cdots & a_{mn} \end{bmatrix} = \begin{bmatrix} \phi_1(t_1) & \cdots & \phi_n(t_1) \\ \vdots & & \vdots \\ \phi_1(t_m) & \cdots & \phi_n(t_m) \end{bmatrix}, \quad \boldsymbol{x} = \begin{bmatrix} x_1 \\ x_2 \\ \vdots \\ x_n \end{bmatrix}, \quad \boldsymbol{b} = \begin{bmatrix} b_1 \\ b_2 \\ \vdots \\ b_m \end{bmatrix}$$

erhalten wir

$$\boldsymbol{r} = \boldsymbol{b} - \boldsymbol{A}\boldsymbol{x}.$$

Genau dieses Problem haben wir in Abschnitt 6.3 gelöst. Die Länge des Fehlervektors von $\boldsymbol{r} = \boldsymbol{b} - \boldsymbol{A}\boldsymbol{x}$ so klein wie möglich zu wählen, bedeutet zu gebenem $\boldsymbol{b} \in \mathbb{R}^m$ und $\boldsymbol{A} \in \mathbb{R}^{m\times n}$ mit $m \geq n$ ($m = n$ lassen wir auch zu) ein $\boldsymbol{x} \in \mathbb{R}^n$ zu suchen, sodass

$$|\boldsymbol{b} - \boldsymbol{A}\boldsymbol{x}|^2$$

minimal ist. Dies führt auf folgende wichtige Aufgabenstellung[5].

Unter einer **linearen Ausgleichsaufgabe im Sinne von Gauß** (**linearen Regressionsaufgabe**, **Methode der kleinsten Fehlerquadrate**, **lineare Ausgleichsrechnung**) versteht man die Optimierungsaufgabe

$$\underset{\boldsymbol{x} \in \mathbb{R}^n}{\text{Minimiere}} \quad |\boldsymbol{b} - \boldsymbol{A}\boldsymbol{x}|^2.$$

Man sucht bzw. berechnet $\boldsymbol{x} \in \mathbb{R}^n$ so, dass die Summe der Fehlerquadrate

$$|\boldsymbol{b} - \boldsymbol{A}\boldsymbol{x}|^2 = |\boldsymbol{r}|^2 = \sum_{i=1}^{m} r_i^2 = \sum_{i=1}^{m}(b_i - \sum_{j=1}^{n} a_{ij}x_j)^2$$

minimiert wird. Gelegentlich schreibt man eine lineare Ausgleichsaufgabe kurz als $\boldsymbol{b} \cong \boldsymbol{A}\boldsymbol{x}$. Die Schreibweise drückt aus, dass das überbestimmte lineare Gleichungssystem $\boldsymbol{b} = \boldsymbol{A}\boldsymbol{x}$ im Allgemeinen nur näherungsweise gelöst werden kann.

[5] Wir haben diese Aufgabenstellung als eine von vier Hauptaufgaben der Angewandten Linearen Algebra bezeichnet, siehe Anhang A.

Die Minimierung der Fehlerquadratsumme geht bereits auf GAUSS zurück und trägt daher auch den Namen *Lineare Ausgleichsrechnung im Sinne von* GAUSS. Andere Namen sind *Methode der kleinsten Quadrate*, *lineares Quadratmittelproblem*, *$l_2$-Ausgleichsrechnung* oder im Englischen *linear least squares oder maximum-likelihood-problem*. In der Statistik spricht man von *linearer Regression* und bezeichnet die Matrix $\boldsymbol{A}$ mit $\boldsymbol{X}$, die rechte Seite mit $\boldsymbol{y}$ statt mit $\boldsymbol{b}$ und die zu bestimmenden Parameter mit $\boldsymbol{\beta}$ statt $\boldsymbol{x}$. Eine Lösung $\boldsymbol{x}$ der Ausgleichsaufgabe wird *Ausgleichslösung* oder *Quadratmittellösung* genannt.

Die lineare Ausgleichsaufgabe stellt eine der einfachsten Aufgaben der *Optimierungstheorie* dar und bildet so die Schnittstelle zwischen *Linearer Algebra* und *Optimierung*, einem mathematischen Gebiet mit sehr vielen praktischen Anwendungen.

Die Forderung $|\boldsymbol{r}| = |\boldsymbol{b} - \boldsymbol{A}\boldsymbol{x}|$ so klein wie möglich zu machen, wird durch die orthogonale Projektion von $\boldsymbol{b}$ auf den Spaltenraum von $\boldsymbol{A}$ gelöst, siehe Bild 6.11.

**Beispiel 7.2** (Überbestimmtes System)**.** Das überbestimmte lineare Gleichungssystem

$$\begin{aligned} 2x &= 3 \\ 4x &= 1 \end{aligned}$$

hat keine Lösung, weil die rechte Seite $\boldsymbol{b} = (3, 1)$ nicht im Spaltenraum der Matrix

$$\boldsymbol{A} = \begin{bmatrix} 2 \\ 4 \end{bmatrix}$$

liegt. Hier ist $m = 2$ und $n = 1$. Der Spaltenraum von $\boldsymbol{A}$ ist eine Gerade in $\mathbb{R}^2$, die vom Vektor $(2, 4)$ aufgespannt wird. Der Vektor $\boldsymbol{b} = (3, 1)$ liegt aber nicht auf dieser Geraden. Die Gleichung $(2, 4)x = (3, 1)$ kann für kein $x \in \mathbb{R}$ erfüllt werden. Das Bild 7.3 zeigt dies geometrisch. Um die Länge des Fehlervektors $\boldsymbol{r} = \boldsymbol{b} - \boldsymbol{A}\boldsymbol{x} = (3, 1) - (2x, 4x) = (3 - 2x, 1 - 4x)$ im EUKLIDischen Sinn so klein wie möglich zu machen, projizieren wir $\boldsymbol{b} = (3, 1)$ orthogonal auf die Gerade. Wir erhalten den Vektor $\boldsymbol{A}\boldsymbol{x} = (1, 2) = 1/2(2, 4)$, also ist $x = 1/2$ die Lösung der dazugehörigen linearen Ausgleichsaufgabe (Siehe Beispiel 7.2, Beispiel 7.4, Aufgabe 7.8 und Aufgabe 13.5). ■

Wie schon bei linearen Gleichungssystemen sind auch bei linearen Ausgleichsaufgaben folgende Fragen relevant:

- Unter welcher (welchen) Bedingung(en) hat die lineare Ausgleichsaufgabe eine Lösung?
- Wann ist die Lösung eindeutig?
- Gibt es analytische Lösungen und wenn ja, wie sehen diese aus?
- Welche numerischen Methoden kennt man?

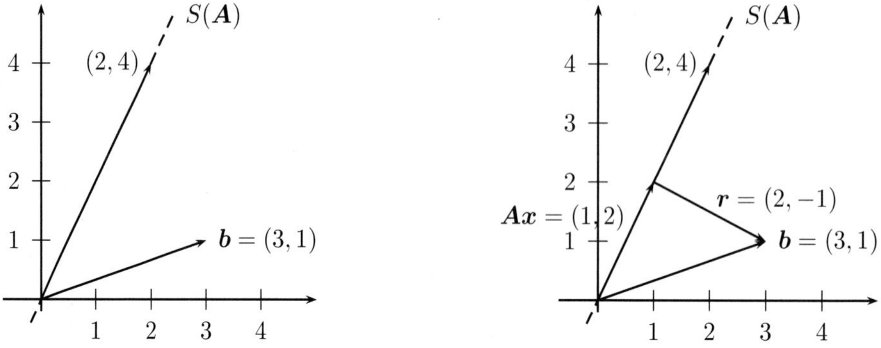


Bild 7.3.: Zu Beispiel 7.2

- Wie löst MATLAB diese Probleme?

Wir nehmen die Antworten vorweg und begründen diese in den folgenden Abschnitten dieses Kapitels.

- Die lineare Ausgleichsaufgabe hat immer eine Lösung.
- Es gibt genau dann eine eindeutige Lösung, wenn die Matrix $\boldsymbol{A}$ vollen Rang hat.
- Analytische Lösungen lassen sich mit der verallgemeinerten Inversen bzw. Pseudoinversen angeben.
- Die numerischen Methoden sind: Normalgleichungs-, QR-Zerlegungs- und Singulärwertzerlegungsmethoden.
- QR-Zerlegungs- und Singulärwertzerlegungsmethoden sind in MATLAB direkt über \ und `pinv` verfügbar.

## 7.1. Lösbarkeit und Beschreibung aller Lösungen

Die Lösungen der linearen Ausgleichsaufgabe $\boldsymbol{b} \cong \boldsymbol{Ax}$ sind die Lösungen des Normalsystems $\boldsymbol{A}^{\mathrm{T}}\boldsymbol{Ax} = \boldsymbol{A}^{\mathrm{T}}\boldsymbol{b}$, siehe Satz 6.9. Dieses quadratische lineare Gleichungssystem ist immer lösbar, denn der Vektor $\boldsymbol{A}^{\mathrm{T}}\boldsymbol{b}$ liegt stets im Spaltenraum von $\boldsymbol{A}^{\mathrm{T}}\boldsymbol{A}$ (Warum? Bitte überlegen!). Folglich hat die lineare Ausgleichsaufgabe immer eine Lösung, entweder genau eine oder aber unendlich viele. Man nennt die Lösungen auch *Ausgleichslösungen.*

**Satz 7.1** (Lösbarkeit. Anzahl der Lösungen. Universelle Lösbarkeit). *Die (überbestimmte) lineare Ausgleichsaufgabe* $\boldsymbol{b} \cong \boldsymbol{Ax}$ *ist stets (universell) lösbar; entweder hat sie genau* *eine Lösung oder unendlich viele. Ist $\boldsymbol{x}$ eine Lösung und ist $\boldsymbol{r} = \boldsymbol{b} - \boldsymbol{A}\boldsymbol{x}$ der Fehlervektor, dann sind die Aussagen äquivalent:*

*(a) $\boldsymbol{x}$ ist Lösung des Normalsystems $\boldsymbol{A}^T\boldsymbol{A}\boldsymbol{x} = \boldsymbol{A}^T\boldsymbol{b}$.*

*(b) Der Residuenvektor $\boldsymbol{r}$ liegt im Nullraum von $\boldsymbol{A}^T$, das heißt $\boldsymbol{A}^T\boldsymbol{r} = \boldsymbol{o}$.*

Aus der Theorie linearer Gleichungssysteme (insbesondere Abschnitt 5.14) und der Tatsache, dass $N(\boldsymbol{A}^{\mathrm{T}}\boldsymbol{A}) = N(\boldsymbol{A})$ ist (Aufgabe 6.22), weiß man wie die Lösungen beschrieben werden können.

**Satz 7.2** (Beschreibung aller Lösungen)**.** *Ist $\bar{\boldsymbol{x}}$ eine Lösung von $\boldsymbol{b} \cong \boldsymbol{A}\boldsymbol{x}$, so erhält man alle Lösungen in der Form $\boldsymbol{x} = \bar{\boldsymbol{x}} + \boldsymbol{x}_N$, wobei $\boldsymbol{x}_N$ im Nullraum von $\boldsymbol{A}$ liegt.*

**Beispiel 7.3** (Beschreibung aller Lösungen)**.** Gegeben ist das lineare Gleichungssystem

$$\begin{aligned} 2x_1 + x_2 &= 3 \\ 4x_1 + 2x_2 &= 1 \end{aligned}$$

Diskutieren Sie die Lösbarkeit dieses Systems und die der dazugehörigen Ersatzaufgabe (lineare Ausgleichsaufgabe). Siehe auch Beispiel 7.2.

*Lösung.* Dieses lineare System hat keine Lösung. Dies erkennt man zum Beispiel dadurch, dass man von der erweiterten Koeffizientenmatrix

$$\left[\begin{array}{cc|c} 2 & 1 & 3 \\ 4 & 2 & 1 \end{array}\right]$$

die reduzierte Zeilenstufenform bildet. Man erhält:

$$\left[\begin{array}{cc|c} 1 & 1/2 & 0 \\ 0 & 0 & 1 \end{array}\right].$$

Das Normalsystem der dazugehörigen Ersatzaufgabe ist

$$\underbrace{\begin{bmatrix} 20 & 10 \\ 10 & 5 \end{bmatrix}}_{\boldsymbol{A}^{\mathrm{T}}\boldsymbol{A}} \underbrace{\begin{bmatrix} x_1 \\ x_2 \end{bmatrix}}_{\boldsymbol{x}} = \underbrace{\begin{bmatrix} 10 \\ 5 \end{bmatrix}}_{\boldsymbol{A}^{\mathrm{T}}\boldsymbol{b}}.$$

Die reduzierte Zeilenstufenform der erweiterten Koeffizientenmatrix

$$\left[\begin{array}{cc|c} 20 & 10 & 10 \\ 10 & 5 & 5 \end{array}\right] \quad \text{ist} \quad \left[\begin{array}{cc|c} 1 & 1/2 & 1/2 \\ 0 & 0 & 0 \end{array}\right].$$

Somit hat das Normalsystem und damit die lineare Ausgleichsaufgabe unendlich viele Lösungen:

$$\boldsymbol{x} = \begin{bmatrix} x_1 \\ x_2 \end{bmatrix} = \begin{bmatrix} 1/2 \\ 0 \end{bmatrix} + t \begin{bmatrix} 1 \\ -2 \end{bmatrix} = \begin{bmatrix} 1/2 + t \\ -2t \end{bmatrix}, \qquad t \in \mathbb{R}.$$

Der Vektor $(1, -2)$ ist eine Basis des Nullraumes von $\boldsymbol{A}$, das heißt $N(\boldsymbol{A}) = \{t(1, -2) \mid t \in \mathbb{R}\}$, und $(1/2, 0)$ ist eine spezielle Lösung des Normalsystems. Das Bild 7.4 zeigt

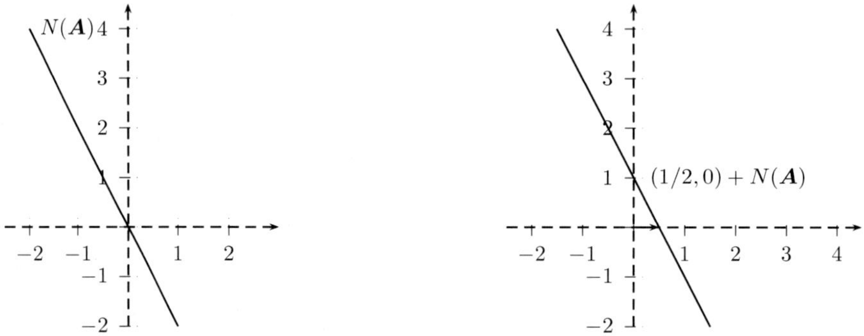


Bild 7.4.: Zu Beispiel 7.4

den Nullraum, eine Ursprungsgerade im $\mathbb{R}^2$, geometrisch (linkes Bild). Im rechten Bild ist die Lösungsmenge der dazugehörigen linearen Ausgleichsaufgabe dargestellt. Die Lösungsmenge ist eine Gerade im $\mathbb{R}^2$, die Nullraumgerade verschoben um den speziellen Lösungsvektor $(1/2, 0)$. Jeder Vektor auf dieser Geraden ist eine Lösung der linearen Ausgleichaufgabe. Für jeden Vektor auf dieser Geraden hat der Fehlervektor die Länge $|\boldsymbol{r}| = |\boldsymbol{b} - \boldsymbol{A}\boldsymbol{x}| = |(3, 1) - (1, 2)| = |(2, -1)| = \sqrt{5} \approx 2.2360$. Dies ist eine Bestätigung des Satzes 7.2. Wir fassen zusammen: Das lineare Gleichungssystem ist unlösbar mit $\text{Rang}(\boldsymbol{A}) = 1 < 2 = \text{Rang}([\boldsymbol{A}, \boldsymbol{b}])$. Die lineare Ausgleichsaufgabe (Ersatzaufgabe) hat unendlich viele Lösungen. Diese sind von der Form: Spezielle Lösung plus alle Lösungen des Nullraumes der Koeffizientenmatrix. ■

Wann gibt es eine eindeutige Lösung? Dies ist genau dann der Fall, wenn die Spalten von $\boldsymbol{A}$ linear unabhängig sind, siehe Satz 6.9. In diesem Fall ist $\boldsymbol{A}^{\mathrm{T}}\boldsymbol{A}\boldsymbol{x} = \boldsymbol{A}^{\mathrm{T}}\boldsymbol{b}$ eindeutig lösbar und durch

$$\bar{\boldsymbol{x}} = (\boldsymbol{A}^{\mathrm{T}}\boldsymbol{A})^{-1}\boldsymbol{A}^{\mathrm{T}}\boldsymbol{b} = \boldsymbol{A}^{+}\boldsymbol{b}$$

gegeben, wobei $\boldsymbol{A}^{+} = (\boldsymbol{A}^{\mathrm{T}}\boldsymbol{A})^{-1}\boldsymbol{A}^{\mathrm{T}}$ die Pseudoinverse von $\boldsymbol{A}$ ist.

**Satz 7.3** (Eindeutige Lösbarkeit). *Die folgenden Aussagen sind äquivalent:*

*(a) Die Aufgabe $\boldsymbol{b} \cong \boldsymbol{Ax}$ ist eindeutig lösbar.*

*(b) Der Nullraum von $\boldsymbol{A}$ besteht nur aus dem Nullvektor.*

*(c) Der Rang von $\boldsymbol{A}$ ist gleich $n$, das heißt Rang$(\boldsymbol{A}) = n$.*

*Die eindeutige Lösung ist durch $\boldsymbol{x} = \boldsymbol{A}^+\boldsymbol{b} = (\boldsymbol{A}^T\boldsymbol{A})^{-1}\boldsymbol{A}^T\boldsymbol{b}$ gegeben.*

**Beispiel 7.4** (Eindeutige Lösung). Weshalb hat die lineare Ausgleichsaufgabe $\boldsymbol{b} \cong \boldsymbol{Ax}$ mit

$$\boldsymbol{A} = \begin{bmatrix} 2 \\ 4 \end{bmatrix}, \qquad \boldsymbol{b} = \begin{bmatrix} 3 \\ 1 \end{bmatrix}$$

genau eine Lösung? Berechnen Sie diese und bestätigen Sie somit die Ergebnisse, die wir in Beispiel 7.2 geometrisch gefunden haben.

*Lösung.* Der Rang der Matrix $\boldsymbol{A}$ ist gleich $n = 1$ (voller Rang, mehr geht nicht). Daher ist die Lösung eindeutig. Sie ist durch

$$x = (\boldsymbol{A}^{\mathrm{T}}\boldsymbol{A})^{-1}\boldsymbol{A}^{\mathrm{T}}\boldsymbol{b} = \left(\begin{bmatrix} 2 & 4 \end{bmatrix}\begin{bmatrix} 2 \\ 4 \end{bmatrix}\right)^{-1}\begin{bmatrix} 2 & 4 \end{bmatrix}\begin{bmatrix} 3 \\ 1 \end{bmatrix} = \frac{1}{20}(6+4) = \frac{10}{20} = \frac{1}{2}.$$

gegeben. ∎

Wir betrachten ein weiteres Beispiel.

**Beispiel 7.5.** Finden Sie die Gerade in der Ebene, die „am nächsten" bei allen drei Punkten $(0, 6)$, $(1, 0)$ und $(2, 0)$ liegt, das heißt die Summe der Fehlerquadrate minimiert.

*Lösung.* Es gibt keine Gerade, die durch diese drei Punkte verläuft, somit führt diese Aufgabe auf eine lineare Ausgleichsaufgabe. Eine Gerade hat die Form $b = x_1 + x_2 t$, wobei $x_1$ und $x_2$ die gesuchten Zahlen sind. Die Bedingungen sind

$$\begin{aligned} x_1 + x_2 \cdot 0 &= 6 \\ x_1 + x_2 \cdot 1 &= 0 \\ x_1 + x_2 \cdot 2 &= 0. \end{aligned}$$

Dieses lineare System hat keine Lösung $\boldsymbol{x} = (x_1, x_2)$; $\boldsymbol{b} = (6, 0, 0)$ ist keine Linearkombination der Spalten von

$$\boldsymbol{A} = \begin{bmatrix} 1 & 0 \\ 1 & 1 \\ 1 & 2 \end{bmatrix}.$$

Das System $\boldsymbol{Ax} = \boldsymbol{b}$ ist unlösbar. Minimieren wir die Summe der Fehlerquadrate $|\boldsymbol{r}|^2 = r_1^2 + r_2^2 + r_3^2 = (6 - x_1)^2 + (0 - (x_1 + x_2))^2 + (0 - (x_1 + 2x_2))^2$, das heißt, lösen wir das dazugehörige lineare Ausgleichsproblem

$$\underset{\boldsymbol{x} \in \mathbb{R}^2}{\text{Minimiere}} \quad \left| \begin{bmatrix} 6 \\ 0 \\ 0 \end{bmatrix} - \begin{bmatrix} 1 & 0 \\ 1 & 1 \\ 1 & 2 \end{bmatrix} \begin{bmatrix} x_1 \\ x_2 \end{bmatrix} \right|$$

so erhalten wir das Normalsystem

$$\begin{bmatrix} 3 & 3 \\ 3 & 5 \end{bmatrix} \begin{bmatrix} x_1 \\ x_2 \end{bmatrix} = \begin{bmatrix} 6 \\ 0 \end{bmatrix}$$

und die eindeutige Lösung

$$\boldsymbol{x} = \begin{bmatrix} x_1 \\ x_2 \end{bmatrix} = \begin{bmatrix} 5 \\ -3 \end{bmatrix}.$$

Die gesuchte Gerade ist somit durch

$$b = 5 + (-3)t = 5 - 3t$$

gegeben. Das Bild 7.5 zeigt die dazugehörige Geometrie.

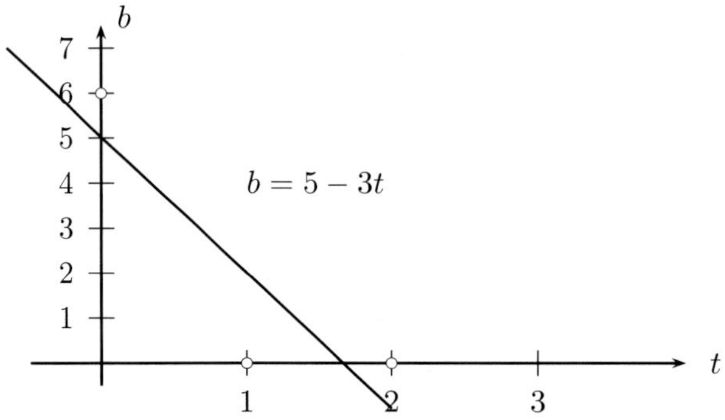


Bild 7.5.: Geradenausgleich zu drei Datenpunkten

Alternativ. Es ist

$$\bar{\boldsymbol{x}} = \boldsymbol{A}^{+}\boldsymbol{b} = (\boldsymbol{A}^{\mathrm{T}}\boldsymbol{A})^{-1}\boldsymbol{A}^{\mathrm{T}}\boldsymbol{b}$$

$$
= \begin{bmatrix} 3 & 3 \\ 3 & 5 \end{bmatrix}^{-1} \begin{bmatrix} 1 & 0 \\ 1 & 1 \\ 1 & 2 \end{bmatrix}^{\mathrm{T}} \begin{bmatrix} 6 \\ 0 \\ 0 \end{bmatrix} = \begin{bmatrix} 5/6 & -1/2 \\ -1/2 & 1/2 \end{bmatrix} \begin{bmatrix} 1 & 1 & 1 \\ 0 & 1 & 2 \end{bmatrix} \begin{bmatrix} 6 \\ 0 \\ 0 \end{bmatrix}
$$

$$
= \begin{bmatrix} 5/6 & 1/3 & -1/6 \\ -1/2 & 0 & 1/2 \end{bmatrix} \begin{bmatrix} 6 \\ 0 \\ 0 \end{bmatrix} = \begin{bmatrix} 5 \\ -3 \end{bmatrix}
$$

die eindeutige Lösung. ∎

Eine überbestimmte lineare Ausgleichsaufgabe (lineare Regressionsaufgabe) $\boldsymbol{b} \cong \boldsymbol{A}\boldsymbol{x}$ tritt dann auf, wenn das mathematische Modell ein überbestimmtes lineares Gleichungssystem $\boldsymbol{b} = \boldsymbol{A}\boldsymbol{x}$ ist, das unlösbar ist. Eine Lösung der überbestimmten linearen Ausgleichsaufgabe dient dann als Näherungslösung für das lineare System, ganz im Sinne von GAUSS. Überbestimmte lineare Ausgleichsaufgaben haben immer eine Lösung, die genau dann eindeutig ist, wenn die Matrix $\boldsymbol{A}$ vollen Rang hat; die Lösung ist dann durch $\boldsymbol{x} = (\boldsymbol{A}^{\mathrm{T}}\boldsymbol{A})^{-1}\boldsymbol{A}^{\mathrm{T}}\boldsymbol{b}$ gegeben. Bild 7.6 gibt einen Überblick zur Lösbarkeit und Lösung

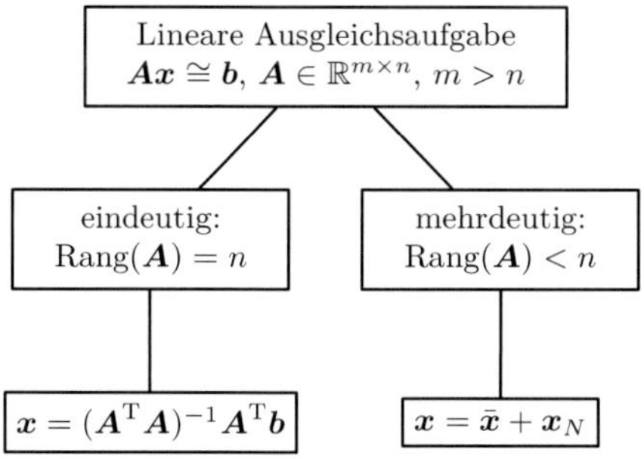


Bild 7.6.: Zur Lösbarkeit (überbestimmter) linearer Ausgleichsaufgaben

(überbestimmter) linearer Ausgleichsaufgaben. In MATLAB können wir zur Lösung dieses Aufgabentyps den Backslash-Operator \ verwenden.

## 7.2. Beste Approximationen in Unterräumen

Gute Approximationen sind in Wissenschaft und Alltag gefragt: Daten und Signale aller Art liegen oft in großen Mengen vor. Sie sind komplex, müssen oft digitalisiert, gespeichert, analysiert, übertragen, kodiert und auf vielfältige Weise bearbeitet werden. Da

Kapazitäten begrenzt sind und es oft nur auf bestimmte, manchmal grobe Eigenschaften der Daten und Signale ankommt, ist die Bestimmung guter Approximationen eine wichtige Angelegenheit.

Orthogonale Projektionsvektoren sind gute Approximationen. Sie sind in gewissem Sinne sogar die besten Approximationen, denn sie machen den Fehlervektor so klein wie überhaupt nur möglich, kleiner geht es nicht. Es gibt im vorgegebenen Unterraum $U \subseteq \mathbb{R}^m$ keinen Vektor, der zum gegebenen Vektor $\boldsymbol{b} \in \mathbb{R}^m$, der nicht in $U$ liegt, einen kleineren EUKLIDischen Abstand hat als der orthogonale Projektionsvektor $\boldsymbol{p} = \boldsymbol{A}\boldsymbol{x}$, wobei $\boldsymbol{x}$ eine Ausgleichslösung ist. Es ist

$$|\boldsymbol{b} - \boldsymbol{p}| < |\boldsymbol{b} - \boldsymbol{u}| \qquad \text{für alle } \boldsymbol{u} \text{ aus dem Unterraum } U.$$

Die Übertragung dieser Ideen auf Vektorräume von Funktionen ist möglich, erfordert jedoch zusätzliche Überlegungen. Den interessierten Leser verweise ich auf die Literatur, zum Beispiel [48].

**Beispiel 7.6** (Anwendung: Reduktion der Dimension)**.** Der Vektor $\boldsymbol{s}$ mit den Koordinaten $(22, 69, 90, 7.0, 6.5, 6.0)$ enthält die persönlichen Bestleistungen eines jungen Leichtathleten: Kugelstoßweite in Meter, Diskurswurfweite in Meter, Speerwurfweite in Meter, dann Durchschnittsgeschwindigkeit auf 100 Meter bzw. 400 Meter in Meter pro Sekunde, schließlich Weitsprungweite in Meter ([47]).

Die Frage, wie viel vom Typ eines reinen Wurfspezialisten (der überhaupt nicht laufen, dafür aber sehr gut werfen kann), in diesem Sporter steckt, kann durch den sogenannten *Wurfkoeffizient* (*Wurfparameter*, *Wurfkennzahl*) bestimmt werden. Diesen erhält man durch

$$\text{Wurfkoeffizient} = x = \frac{\boldsymbol{a}^{\mathrm{T}}\boldsymbol{s}}{\boldsymbol{a}^{\mathrm{T}}\boldsymbol{a}}.$$

Der Wurfkoeffizient ist gerade die Lösung der linearen Ausgleichsaufgabe $\boldsymbol{a}x \cong \boldsymbol{s}$, das heißt, der Ersatzaufgabe des Modells $\boldsymbol{a}x = \boldsymbol{s}$. Warum ist das Modell $\boldsymbol{a}x = \boldsymbol{s}$ geeignet? Wie ist es zu verstehen? Kugelstoßen, Diskurswerfen und Speerwerfen sind Wurfdisziplinen, die anderen drei Sportarten kann man zu den Laufdisziplinen rechnen. Wir sind am Werfen interessiert, also an einem Koeffizienten, dem Wurfkoeffizienten. Den *Prototypvektor (Modellvektor, Referenzvektor)* $\boldsymbol{a}$ können wir zu $(23, 75, 100, 0, 0, 0) \in \mathbb{R}^6$ wählen. Er repräsentiert einen reinen Werfertypen, also einen der ganz hervorragend werfen, aber keinen Zentimeter laufen kann, und die Verhältnisse zwischen den einzelnen Werten richtig widerspiegelt. Die letzten drei Koordinaten sind klar, 23 m ist eine hervorragende

Kugelstoßweite für junge Leichathleten, 75 m ist eine hervorragende Diskursweite und 100 m eine sehr gute Speerwurfweite. Also lautet ein geeignetes Modell

$$\begin{aligned} 23x &= 22 \\ 75x &= 69 \\ 100x &= 90 \\ 0x &= 7.0 \\ 0x &= 6.5 \\ 0x &= 6.0 \end{aligned} \qquad \text{bzw.} \qquad \begin{bmatrix} 23 \\ 75 \\ 100 \\ 0 \\ 0 \\ 0 \end{bmatrix} x = \begin{bmatrix} 22 \\ 69 \\ 90 \\ 7.0 \\ 6.5 \\ 6.0 \end{bmatrix}.$$

Dies ist ein überbestimmtes lineares Gleichungssystem mit einer Unbekannten $x$ und sechs Gleichungen. Dieses System hat keine Lösung. Ein geeignetes Ersatzproblem ist die dazugehörige lineare Ausgleichsaufgabe. Anders gesagt: Die persönlichen Bestleistungen des jungen Sportlers, die im Vektor $\boldsymbol{s}$ enthalten sind, sind kein Vielfaches des Prototypvektors $\boldsymbol{a}$ eines reinen Werfertypen. Das ist auch nicht zu erwarten, aber $\boldsymbol{a}x \cong \boldsymbol{s}$ als Ersatzproblem zu lösen ist eine gute Idee, denn der Fehler zwischen dem Vektor $\boldsymbol{s}$ und dem Vektor $\boldsymbol{a}$ ist dann am kleinsten, wenn wir die lineare Ausgleichaufgabe lösen. Wir erhalten

$$\text{Wurfkoeffizient} = (\boldsymbol{A}^{\mathrm{T}}\boldsymbol{A})^{-1}\boldsymbol{A}^{\mathrm{T}}\boldsymbol{b} = (\boldsymbol{a}^{\mathrm{T}}\boldsymbol{a})^{-1}\boldsymbol{a}^{\mathrm{T}}\boldsymbol{s} = \frac{\boldsymbol{a}^{\mathrm{T}}\boldsymbol{s}}{\boldsymbol{a}^{\mathrm{T}}\boldsymbol{a}} = \frac{14681}{16154} \approx 0.9088.$$

Der Wurfkoeffizient ist nahe bei der Zahl 1, das heißt der junge Leichtathlet ist für Wurfdisziplinen sehr talentiert ($x = 1$ bedeutet: sehr gut im Kugelstoßen, sehr gut im Diskurswerfen und sehr gut im Speerwerfen).

Statt sechs Ausgangsdaten haben wir nur noch einen Koeffizienten. Wir haben somit die Dimension des Problems von sechs auf eins reduziert. Das bedeutet natürlich einen Informationsverlust, der bei guter Wahl des Modellvektors aber im Vergleich zur Datenersparnis tolerierbar ist, vor allem wenn es um viele Sportler geht.

Bitte beachten Sie, dass wir den Unterraum auf den wir projiziert haben, modellieren mussten, er war nicht gegeben. ■

Analoge Problemstellungen wie in Beispiel 7.6 treten in der Praxis häufig auf. Zu einer Menge von Merkmalsträgern sind quantitative Merkmale bekannt. Jedem Merkmalsträger ist ein mehrdimensionaler Merkmalsvektor zugeordnet, dessen Koordinaten Merkmalsausprägungen beschreiben. Die Merkmale sind im Allgemeinen nicht unabhängig, sondern zeigen Abhängigkeiten auf. Man verfolgt dann meherere Ziele: Die Merkmalsträger sollen möglichst grafisch übersichtlich visualisiert werden, die Datenmenge soll reduziert werden, insbesondere bei umfangreichen Folgerechnungen, und bestimmte Merkmalszusammenhänge sollen erkannt werden. In Abschnitt 7.8 gehen wir auf die Aufgabenstellung der Reduktion der Dimension näher ein.

## 7.3. Lösen mit QR-Faktorisierung

QR-Faktorisierungen (Abschnitt 6.5) sind gut geeignet, um lineare Ausgleichsaufgaben numerisch effizient zu lösen. Wir zeigen nun, wie man reduzierte QR-Faktorisierungen zum Lösen von linearen Ausgleichsaufgaben einsetzen kann.

**Satz 7.4.** *Gegeben ist die Matrix* $\boldsymbol{A} \in \mathbb{R}^{m \times n}$ *mit* $m \geq n$ *und* $Rang(\boldsymbol{A}) = n$. *Ist* $\boldsymbol{A} = \boldsymbol{Q}_1 \boldsymbol{R}_1$ *eine reduzierte QR-Zerlegung von* $\boldsymbol{A}$, *dann hat die lineare Ausgleichsaufgabe* $\boldsymbol{A}\boldsymbol{x} \cong \boldsymbol{b}$ *die (eindeutige) Lösung*

$$\boldsymbol{x}_* = \boldsymbol{R}_1^{-1} \boldsymbol{Q}_1^{\mathrm{T}} \boldsymbol{b}.$$

*Beweis.* Unter den Voraussetzungen des obigen Satzes ist $\boldsymbol{x}_* = (\boldsymbol{A}^{\mathrm{T}}\boldsymbol{A})^{-1}\boldsymbol{A}^{\mathrm{T}}\boldsymbol{b}$ die eindeutige Lösung der linearen Ausgleichsaufgabe $\boldsymbol{A}\boldsymbol{x} \cong \boldsymbol{b}$. Es gilt dann

$$\begin{aligned} \boldsymbol{x}_* &= (\boldsymbol{A}^{\mathrm{T}}\boldsymbol{A})^{-1}\boldsymbol{A}^{\mathrm{T}}\boldsymbol{b} = \Big((\boldsymbol{Q}_1\boldsymbol{R}_1)^{\mathrm{T}}\boldsymbol{Q}_1\boldsymbol{R}_1\Big)^{-1}(\boldsymbol{Q}_1\boldsymbol{R}_1)^{\mathrm{T}}\boldsymbol{b} \\ &= (\boldsymbol{R}_1^{\mathrm{T}}\boldsymbol{Q}_1^{\mathrm{T}}\boldsymbol{Q}_1\boldsymbol{R}_1)^{-1}\boldsymbol{R}_1^{\mathrm{T}}\boldsymbol{Q}_1^{\mathrm{T}}\boldsymbol{b} = (\boldsymbol{R}_1^{\mathrm{T}}\boldsymbol{R}_1)^{-1}\boldsymbol{R}_1^{\mathrm{T}}\boldsymbol{Q}_1^{\mathrm{T}}\boldsymbol{b} = \boldsymbol{R}_1^{-1}(\boldsymbol{R}_1^{\mathrm{T}})^{-1}\boldsymbol{R}_1^{\mathrm{T}}\boldsymbol{Q}_1^{\mathrm{T}}\boldsymbol{b} \\ &= \boldsymbol{R}_1^{-1}\boldsymbol{Q}_1^{\mathrm{T}}\boldsymbol{b}. \end{aligned}$$

Damit haben wir die eindeutige Lösung von $\boldsymbol{A}\boldsymbol{x} \cong \boldsymbol{b}$ mit Hilfe der Matrizen $\boldsymbol{Q}_1$ und $\boldsymbol{R}_1$ ausgedrückt. □

Dieser Satz liefert uns sofort eine effiziente Methode, um lineare Ausgleichsaufgaben numerisch zu lösen.

**Algorithmus 14: Lösen von $\boldsymbol{A}\boldsymbol{x} \cong \boldsymbol{b}$ mit reduzierter QR-Faktorisierung**

Für $\boldsymbol{A} \in \mathbb{R}^{m \times n}$ und $\mathrm{Rang}(\boldsymbol{A}) = n$ kann man mit den folgenden Schritten $\boldsymbol{A}\boldsymbol{x} \cong \boldsymbol{b}$ lösen.

1. Berechne eine reduzierte QR-Zerlegung von der Matrix $\boldsymbol{A}$, also $\boldsymbol{A} = \boldsymbol{Q}_1\boldsymbol{R}_1$.
2. Berechne $\boldsymbol{y} = \boldsymbol{Q}_1^{\mathrm{T}}\boldsymbol{b}$ (Matrix-Vektor-Multiplikation).
3. Löse das obere Dreieckssystem $\boldsymbol{R}_1\boldsymbol{x} = \boldsymbol{y}$ nach $\boldsymbol{x}$ (Rückwärtseinsetzen).

Der Hauptaufwand in Algorithmus 14 liegt in der Berechnung der reduzierten QR-Zerlegung.

**Beispiel 7.7** (LS-Lösung mittels reduzierter QR-Faktorisierung)**.** Berechnen Sie die Lösung von

$$\begin{bmatrix} 1 & 0 \\ 1 & 1 \\ 1 & 2 \end{bmatrix} \begin{bmatrix} x_1 \\ x_2 \end{bmatrix} \cong \begin{bmatrix} 6 \\ 0 \\ 0 \end{bmatrix}$$

mit Hilfe einer reduzierten QR-Zerlegung.

*Lösung.* Mit Beispiel 6.24 gilt

$$\underbrace{\begin{bmatrix} 1 & 0 \\ 1 & 1 \\ 1 & 2 \end{bmatrix}}_{\boldsymbol{A}} = \underbrace{\begin{bmatrix} 1/\sqrt{3} & -1/\sqrt{2} \\ 1/\sqrt{3} & 0 \\ 1/\sqrt{3} & 1/\sqrt{2} \end{bmatrix}}_{\boldsymbol{Q}_1} \underbrace{\begin{bmatrix} \sqrt{3} & \sqrt{3} \\ 0 & \sqrt{2} \end{bmatrix}}_{\boldsymbol{R}_1}.$$

Damit ist

$$\boldsymbol{y} = \boldsymbol{Q}_1^{\mathrm{T}} \boldsymbol{b} = \begin{bmatrix} 1/\sqrt{3} & -1/\sqrt{2} \\ 1/\sqrt{3} & 0 \\ 1/\sqrt{3} & 1/\sqrt{2} \end{bmatrix}^{\mathrm{T}} \begin{bmatrix} 6 \\ 0 \\ 0 \end{bmatrix} = \begin{bmatrix} 2\sqrt{3} \\ -3\sqrt{2} \end{bmatrix}$$

und

$$\boldsymbol{x} = \boldsymbol{R}_1^{-1} \boldsymbol{y} = \begin{bmatrix} \sqrt{3} & \sqrt{3} \\ 0 & \sqrt{2} \end{bmatrix}^{-1} \begin{bmatrix} 2\sqrt{3} \\ -3\sqrt{2} \end{bmatrix} = \begin{bmatrix} 1/\sqrt{3} & -1/\sqrt{2} \\ 0 & 1/\sqrt{2} \end{bmatrix} \begin{bmatrix} 2\sqrt{3} \\ -3\sqrt{2} \end{bmatrix} = \begin{bmatrix} 5 \\ -3 \end{bmatrix}.$$

Die Lösung ist somit $\boldsymbol{x}_* = (5, -3)$. ■

Ist man gar nicht an der Lösung $\boldsymbol{x}_*$ von $\boldsymbol{A}\boldsymbol{x} \cong \boldsymbol{b}$ interessiert, sondern lediglich an dem Residuum $\boldsymbol{r} = \boldsymbol{b} - \boldsymbol{A}\boldsymbol{x}_*$ (bzw. an $|\boldsymbol{r}|$), so braucht man den dritten Schritt gar nicht auszuführen, da nämlich

$$\boldsymbol{r} = \boldsymbol{b} - \boldsymbol{A}\boldsymbol{x}_* = \boldsymbol{b} - \boldsymbol{Q}_1 \boldsymbol{R}_1 \boldsymbol{x}_* = \boldsymbol{b} - \boldsymbol{Q}_1 \boldsymbol{Q}_1^{\mathrm{T}} \boldsymbol{b}$$

gilt, das heißt das Residuum kann auch ohne explizite Kenntnis der Lösung $\boldsymbol{x}_*$ berechnet werden.

**Beispiel 7.8** (Residuum)**.** Berechnen Sie von der linearen Ausgleichsaufgabe aus Beispiel 7.7 nur das Residuum.

*Lösung.* Es ist

$$\boldsymbol{r} = \boldsymbol{b} - \boldsymbol{Q}_1 \boldsymbol{Q}_1^{\mathrm{T}} \boldsymbol{b} = \begin{bmatrix} 6 \\ 0 \\ 0 \end{bmatrix} - \begin{bmatrix} 1/\sqrt{3} & -1/\sqrt{2} \\ 1/\sqrt{3} & 0 \\ 1/\sqrt{3} & 1/\sqrt{2} \end{bmatrix} \begin{bmatrix} 1/\sqrt{3} & -1/\sqrt{2} \\ 1/\sqrt{3} & 0 \\ 1/\sqrt{3} & 1/\sqrt{2} \end{bmatrix}^{\mathrm{T}} \begin{bmatrix} 6 \\ 0 \\ 0 \end{bmatrix}$$

$$= \begin{bmatrix} 6 \\ 0 \\ 0 \end{bmatrix} - \begin{bmatrix} 5/6 & 1/3 & -1/6 \\ 1/3 & 1/3 & 1/3 \\ -1/6 & 1/3 & 5/6 \end{bmatrix} \begin{bmatrix} 6 \\ 0 \\ 0 \end{bmatrix} = \begin{bmatrix} 6 \\ 0 \\ 0 \end{bmatrix} - \begin{bmatrix} 5 \\ 2 \\ -1 \end{bmatrix} = \begin{bmatrix} 1 \\ -2 \\ 1 \end{bmatrix}.$$

Der Fehlervektor ist somit $\boldsymbol{r} = (1, -2, 1)$. ■

**Beispiel 7.9.** Berechnen Sie mit Hilfe der reduzierten QR-Faktorisierung nach Algorithmus 14 die Lösung der linearen Ausgleichsaufgabe $\boldsymbol{Ax} \cong \boldsymbol{b}$ mit

$$\boldsymbol{A} = \begin{bmatrix} 2 \\ 4 \end{bmatrix} \quad \text{und} \quad \boldsymbol{b} = \begin{bmatrix} 3 \\ 1 \end{bmatrix}.$$

Siehe auch Beispiel 7.2 und Beispiel 7.4.

*Lösung.* Es ist

$$\boldsymbol{A} = \boldsymbol{Q}_1 \boldsymbol{R}_1 = \begin{bmatrix} -\sqrt{5}/5 \\ -2/5\sqrt{5} \end{bmatrix} \begin{bmatrix} -2\sqrt{5} \end{bmatrix}$$

eine reduzierte QR-Faktorisierung von $\boldsymbol{A}$. Damit ist

$$\boldsymbol{y} = \boldsymbol{Q}_1^{\mathrm{T}} \boldsymbol{b} = \begin{bmatrix} -\sqrt{5}/5 & -2/5\sqrt{5} \end{bmatrix} \begin{bmatrix} 3 \\ 1 \end{bmatrix} = -3/5\sqrt{5} - 2/5\sqrt{5} = -\sqrt{5}.$$

Schließlich ist

$$\boldsymbol{x} = \boldsymbol{R}_1^{-1} \boldsymbol{y} = \frac{1}{2\sqrt{5}} \cdot (-\sqrt{5}) = \frac{1}{2}.$$

die Lösung der linearen Ausgleichsaufgabe. ■

## Eine Matlab-Implementierung

Die folgenden Programmzeilen realisieren Algorithmus 14 und berechnen den Fehlervektor in einer MATLAB-Umgebung.

```
function [x,r] = LAQR(A,b)
%-------------------------------------------
% Löst lineare Ausgleichsaufgabe mit reduzierter
% QR-Zerlegung. A habe vollen Rang n.
%-------------------------------------------
[Q1,R1] = qr(A,0);
y = Q1'*b;
x = R1\y;
r = b-Q1*Q1'*b;
```

Die Eingabe

```
>> x = A\b
```

liefert das gleiche Ergebnis und verwendet auch den gleichen Algorithmus.

**Beispiel 7.10** (Numerische Verfahren). Berechnen Sie die Lösung der linearen Ausgleichsaufgabe

$$\begin{bmatrix} 1 & -1 & 1 \\ 1 & 0 & 0 \\ 1 & 1 & 1 \\ 1 & 2 & 4 \end{bmatrix} \begin{bmatrix} x_1 \\ x_2 \\ x_3 \end{bmatrix} \cong \begin{bmatrix} 2 \\ 1 \\ 2 \\ 3 \end{bmatrix}$$

mit der reduzierten QR-Methode in MATLAB.

*Lösung.* Hier die Berechnung:

```
>> A = [1 -1 1; 1 0 0; 1 1 1; 1 2 4];
>> b = [2; 1; 2; 3];
>> [Q1,R1] = qr(A,0)
Q1 =
          -0.5        0.67082             0.5
          -0.5        0.22361            -0.5
          -0.5       -0.22361            -0.5
          -0.5       -0.67082             0.5
R1 =
            -2             -1              -3
             0        -2.2361         -2.2361
             0              0               2
>> y = Q1'*b
y =
            -4
      -0.89443
             1
>> x = R1\y
x =
           1.3
          -0.1
           0.5
```

Damit ist $\boldsymbol{x}_* = (1.3, -0.1, 0.5)$ die (eindeutige) Lösung der Ausgleichsaufgabe. Die Zeilen

```
>> A = [1 -1 1; 1 0 0; 1 1 1; 1 2 4]; b = [2; 1; 2; 3];
>> x = A\b
x =
          1.3
         -0.1
          0.5
```

liefern (wie schon oben bemerkt) das gleiche Ergebnis. ∎

## 7.4. Bestimmung der Federkonstanten im Hookeschen Gesetz

Eine Spiralfeder, die durch Aufwickeln eines steifen Drahtes entsteht, ist ein vertrauter Gegenstand. Die Kraft, welche die Feder beim Zusammendrücken oder Auseinanderziehen erzeugt, ist das Ergebnis komplizierter zwischenmolekularer Kräfte, aber eine empirische Beschreibung des makroskopischen Verhaltens der Feder ist für die meisten Anwendungen ausreichend. Wenn man die Feder zusammendrückt oder auseinanderzieht und sie dann loslässt, so kehrt sie zu ihrer ursprünglichen oder natürlichen Länge zurück, vorausgesetzt, die Veränderung der Länge war nicht zu groß. Es gibt eine Grenze für solche Auslenkungen, jenseits derer die Feder nicht mehr zu ihrer ursprünglichen Länge zurückkehrt, sondern dauerhaft verformt bleibt. Wenn wir aber nur Auslenkungen unterhalb dieser Grenzen zulassen, können wir die Auslenkung $x$ eichen, indem wir die Kraft angeben, die für eine bestimmte Verlängerung oder Verkürzung nötig ist. Experimentell beobachtet man, dass bei kleinem $x$ die Federkraft $F$ nahezu proportional zu $x$ ist. Diese Beziehung ist als HOOKE*sches Gesetz* bekannt und kann geschrieben werden als

$$F = kx,$$

wobei die Konstante $k$ als *Kraftkonstante* (*Federkonstante*) bezeichnet wird.

**Beispiel 7.11.** Bestimmen Sie die Federkonstante $k$ (in N pro cm), wenn die Kräfte 3, 5 und 8 N die Feder um 4, 7 und 11 cm dehnen.

*Lösung.* Mit dem HOOKEschen Gesetz erhalten wir das folgende Gleichungssystem:

$$\begin{aligned} 4k &= 3 \\ 7k &= 5 \\ 11k &= 8. \end{aligned}$$

Dieses lineare System ist überbestimmt und unlösbar, denn jede Gleichung liefert eine andere Federkonstante $k$. Wir berechnen daher die Lösung der linearen Ausgleichsaufgabe. Es ist

$$\boldsymbol{A}^{\mathrm{T}}\boldsymbol{A} = \begin{bmatrix} 4 & 7 & 11 \end{bmatrix} \begin{bmatrix} 4 \\ 7 \\ 11 \end{bmatrix} = 16 + 49 + 121 = 186$$

und

$$\boldsymbol{A}^{\mathrm{T}}\boldsymbol{b} = \begin{bmatrix} 4 & 7 & 11 \end{bmatrix} \begin{bmatrix} 3 \\ 5 \\ 8 \end{bmatrix} = 12 + 35 + 88 = 135.$$

Die Lösung der linearen Ausgleichsaufgabe ist somit

$$\bar{\boldsymbol{x}} = (\boldsymbol{A}^{\mathrm{T}}\boldsymbol{A})^{-1}\boldsymbol{A}^{\mathrm{T}}\boldsymbol{b} = (186)^{-1}135 = \frac{135}{186} = \frac{45}{62} \approx 0.7258.$$

Die folgenden MATLAB-Zeilen bestätigen das Ergebnis

```
>> A = [4; 7 ; 11];
>> b = [3; 5; 8];
>> k = A\b
k =
    0.7258
```

Die Federkonstante ist daher $k \approx 0.7258$ N pro cm. ∎

## 7.5. Polynomiale Ausgleichsrechnung

Häufig sucht man eine Polynomfunktion vom Grad $d$, die $m$ Punkte $(t_1, b_1)$, $(t_2, b_2)$, …, $(t_m, b_m)$ im Sinner kleinster Quadrate ausgleicht. Da die zu bestimmenden Koeffizienten der Polynomfunktion linear auftreten, handelt es sich um eine lineare Ausgleichsaufgabe. Ist $x_1 + x_2 t + x_3 t^2 \cdots + x_{d+1} t^d$ der Polynomterm, so sind die Koeffizienten $\boldsymbol{x} = (x_1, x_2, \ldots, x_{d+1})$ zu bestimmen. Die Matrix $\boldsymbol{A}$ und die rechte Seite $\boldsymbol{b}$ haben dann die Formen

$$\boldsymbol{A} = \begin{bmatrix} 1 & t_1 & t_1^2 & \cdots & t_1^d \\ 1 & t_2 & t_2^2 & \cdots & t_2^d \\ \vdots & \vdots & \vdots & \vdots & \\ 1 & t_m & t_m^2 & \cdots & t_m^d \end{bmatrix}, \quad \boldsymbol{b} = \begin{bmatrix} b_1 \\ b_2 \\ \vdots \\ b_m \end{bmatrix}.$$

Beachten Sie, dass das Ausgleichen von $m$ Punkten durch eine Gerade ($d = 1$) oder Parabel ($d = 2$) Sonderfälle sind.

Für die polynomiale Ausgleichsrechnung stehen in MATLAB zwei Funktionen zur Verfügung, die diesen wichtigen Anwendungsfall besonders einfach handbar machen: `polyfit` und `polyval`. Die Funktion `polyfit` berechnet die gesuchten Koeffizienten der Polynomfunktion und `polyval` erlaubt es, Funktionswerte einfach auszurechnen, um zum Beispiel die Polynomfunktion zu zeichnen. Wir zeigen den Einsatz dieser Funktionen nun an einem einfachen Beispiel.

**Beispiel 7.12.** Es soll eine Parabel $b = x_3 + x_2 t + x_1 t^2$ in der $(t, b)$-Ebene mit reellen Parametern $x_1$, $x_2$ und $x_3$ durch die Messpunkte

| $t_i$ | -1 | 0 | 1 | 2 |
|---|---|---|---|---|
| $b_i$ | 2 | 1 | 2 | 3 |

gelegt werden. Stellen Sie das lineare Ausgleichsproblem auf und berechnen Sie die Lösung in MATLAB. Zeichnen Sie die Parabel und die Messpunkte.

*Lösung.* Die vier Bedingungen führen auf das lineare Gleichungssystem

$$\begin{aligned} x_1 - \ x_2 + \ x_3 &= 2 \\ x_1 \qquad\qquad &= 1 \\ x_1 + \ x_2 + \ x_3 &= 2 \\ x_1 + 2x_2 + 4x_3 &= 3. \end{aligned}$$

Die dazugehörige lineare Ausgleichsaufgabe ist

$$\underset{\boldsymbol{x} \in \mathbb{R}^3}{\text{Minimiere}} \quad \left\| \begin{bmatrix} 2 \\ 1 \\ 2 \\ 3 \end{bmatrix} - \begin{bmatrix} 1 & -1 & 1 \\ 1 & 0 & 0 \\ 1 & 1 & 1 \\ 1 & 2 & 4 \end{bmatrix} \begin{bmatrix} x_1 \\ x_2 \\ x_3 \end{bmatrix} \right\|.$$

Die Lösung ergibt sich in MATLAB zum Beispiel wie folgt.

```
>> t = [-1, 0, 1, 2];
>> b = [2, 1, 2, 3];
>> d = 2;
>> x = polyfit(t,b,d)
x =
    0.5000   -0.1000    1.3000
```

Nun ist zu beachten, dass in MATLAB die polynomialen Ansatzfunktionen die Form $x_1 t^d + x_2 t^{d-1} + \cdots + x_d t + x_{d+1}$ haben. Daher ist $0.5t^2 - 0.1t + 1.3$, $t \in \mathbb{R}$ das Lösungspolynom (Ausgleichspolynom) zweiten Grades.

Die Anweisungen

```
>> tt = linspace(min(t),max(t));
>> bb = polyval(x,tt);
>> plot(tt,bb,'k',t,b,'ko'), grid,
>> xlabel('t'), ylabel('b'),
>> title('Ausgleich durch eine Parabel')
```

zeichnen die Punkte und die Parabel. Das Bild 7.7 zeigt das Ergebnis. ∎

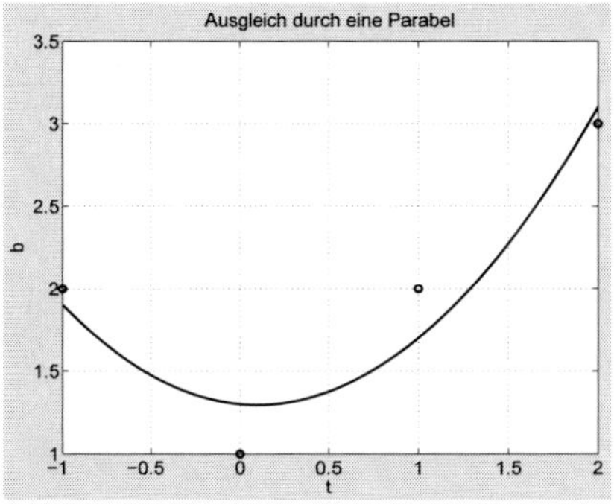


Bild 7.7.: Ausgleich durch Parabel

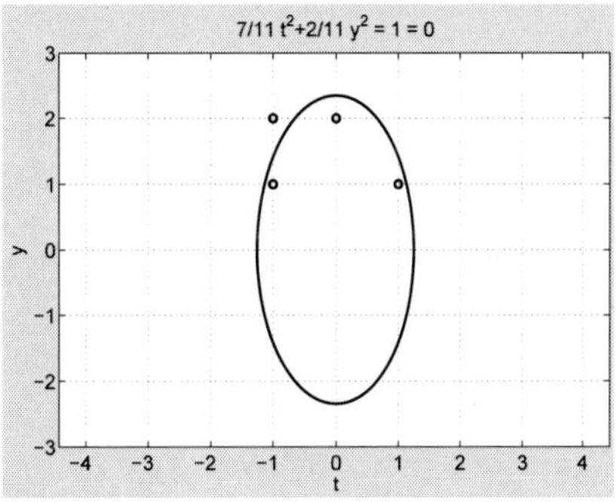


Bild 7.8.: Ellipse als Ausgleichskurve

## 7.6. Approximation von Funktionen

Eine lineare Ausgleichsaufgabe entsteht auch, wenn man bekannte Funktionen approximieren möchte, zum Beispiel für eine in einen Taschenrechner einzubauende Tastenfunktion. Hierzu betrachten wir folgendes Beispiel.

**Beispiel 7.13.** Es soll die Quadratwurzelfunktion $f(t) = \sqrt{t}$, $t \geq 0$ durch eine *affin-lineare Funktion* $l(t) = x_1 + x_2 t$ im Intervall $[0.25, 1]$ approximiert werden. Modellieren Sie das Problem und bestimmen Sie die optimalen reellen Parameter $x_1$ und $x_2$ mit MATLAB für den Fall $m = 100$ äquidistanter Punkte aus dem Intervall $[0.25, 1]$.

*Lösung.* Ist $0.25 = t_1 < t_2 \cdots < t_m = 1$ eine gegebene Partition des Intervalls $[0.25, 1]$ mit $m \geq 2$. Dann sind die reellen Parameter $x_1$ und $x_2$ so zu bestimmen, dass die Summe der Fehlerquadrate

$$\sum_{i=1}^{m} \Big( \sqrt{t_i} - (x_1 + x_2 t_i) \Big)^2$$

minimiert wird. Setzen wir $b_i = \sqrt{t_i}$, dann entsteht in Matrix-Vektor-Notation die lineare Ausgleichsaufgabe

$$\underset{\boldsymbol{x} \in \mathbb{R}^2}{\text{Minimiere}} \quad \left\| \begin{bmatrix} b_1 \\ b_2 \\ \vdots \\ b_m \end{bmatrix} - \begin{bmatrix} 1 & t_1 \\ 1 & t_2 \\ \vdots & \vdots \\ 1 & t_m \end{bmatrix} \begin{bmatrix} x_1 \\ x_2 \end{bmatrix} \right\| .$$

Beachten Sie, dass für den Sonderfall $m = 2$ ein *Interpolationsproblem* vorliegt. In diesem Fall besteht das lineare Gleichungssystem aus zwei Gleichungen und zwei Unbekannten. Das folgende MATLAB-Script löst die Ausgleichsaufgabe für den Fall $m = 100$. Zum Vergleich haben wir auch den Fall der Interpolation $m = 2$ gelöst.

```
%-Diskretisierung der Quadratwurzelfunktion.
z = linspace(0.25,1);
f = sqrt(z);
%-Eine Approximation wird für m=2, m=100 gemacht
% und dann gezeichnet.
for m=[2 100]
    t = linspace(0.25,1,m)';
    A = [ones(m,1) t];
    b = sqrt(t);
    x = A\b;
    x1 = x(1);
    x2 = x(2);
    figure
    plot(z,f,'k',z,x1+x2*z,'k--')
    title(sprintf('m=%2.0f, x1=%10.6f, x2=%10.6f',m,x1,x2))
end
```

Das Bild 7.9 zeigt die grafische Ausgabe dieses Codes, die gestrichelte Linie ist jeweils der Graph der Quadratwurzelfunktion und die durchgezogenen Linien sind die Approximationen. Die Lösungen $x_1$, $x_2$ findet Sie jeweils im Titel der Bilder. ■

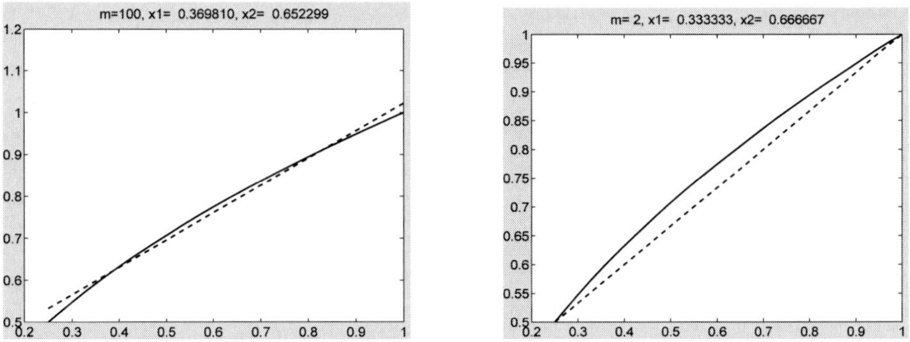


Bild 7.9.: Approximationen der Quadratwurzelfunktion

## 7.7. Anpassung von Kurven

Wir wollen in diesem Abschnitt folgendes Problem lösen. Gegeben sind $m$ Punkte $(t_i, y_i)$ $(i = 1, 2, \ldots, m)$ in der $t, y$-Ebene. Gesucht ist eine Ellipse in Standardform $t^2/a^2 + y^2/b^2 = 1$, sodass diese im Sinne der linearen Ausgleichsrechnung den $m$ Punkten so nahe wie möglich kommt.

Angenommen, es gäbe eine Ellipse, die durch alle $m$ Punkte verläuft, dann gibt es Parameter $x_1 = 1/a^2$, $x_2 = 1/b^2$, sodass alle $m$ Gleichungen $x_1 \cdot (t_i)^2 + x_2(y_i)^2 = 1$ für alle $i = 1, 2, \ldots, m$ erfüllt sind. Da dies zum Beispiel auf Grund von Messfehlern jedoch im Allgemeinen unmöglich ist, kann man die Summe der Fehlerquadrate von

$$r_i = 1 - (x_1 \cdot (t_i)^2 + x_2 \cdot (y_i)^2)$$

minimieren. In Matrixform erhalten wir

$$\boldsymbol{r} = \begin{bmatrix} r_1 \\ r_2 \\ \vdots \\ r_m \end{bmatrix} = \begin{bmatrix} 1 \\ 1 \\ \vdots \\ 1 \end{bmatrix} - \begin{bmatrix} t_1^2 & y_1^2 \\ t_2^2 & y_2^2 \\ \vdots & \vdots \\ t_m^2 & y_m^2 \end{bmatrix} \begin{bmatrix} x_1 \\ x_2 \end{bmatrix} = \boldsymbol{b} - \boldsymbol{A}\boldsymbol{x}.$$

Hat die Matrix $\boldsymbol{A}$ vollen Rang, so ist die eindeutige Lösung der linearen Ausgleichsaufgabe durch

$$\boldsymbol{x} = (\boldsymbol{A}^{\mathrm{T}}\boldsymbol{A})^{-1}\boldsymbol{A}^{\mathrm{T}}\boldsymbol{b} = \boldsymbol{A}^{+}\boldsymbol{b}$$

gegeben.

**Beispiel 7.14.** Finden Sie die Ellipse in Standardform, die „am nächsten“ zu den vier Punkten $(1, 1)$, $(0, 2)$, $(-1, 1)$ und $(-1, 2)$ liegt, das heißt die Summe der Fehlerquadrate minimiert. Verwenden Sie MATLAB, sowohl um die Lösung zu berechnen als auch um die Datenpunkte und die optimale Ellipse zu zeichnen.

*Lösung.* Die Ellipsengleichung in Standardform in der $t, y$-Ebene hat die Form $t^2/a^2 + y^2/b^2 = 1$. Mit den Definitionen $x_1 = 1/a^2$ und $x_2 = 1/b^2$ entsteht aus der Bedingungslgeichung $x_1(t_i)^2 + x_2(y_i)^2 = 1$ für $i = 1, 2, 3, 4$ das überbestimmte lineare Gleichungssystem

$$\begin{aligned} 1 \cdot x_1 + 1 \cdot x_2 &= 1 \\ 0 \cdot x_1 + 4 \cdot x_2 &= 1 \\ 1 \cdot x_1 + 1 \cdot x_2 &= 1 \\ 1 \cdot x_1 + 4 \cdot x_2 &= 1. \end{aligned}$$

In Matrix-Notation erhalten wir

$$\begin{bmatrix} 1 & 1 \\ 0 & 4 \\ 1 & 1 \\ 1 & 4 \end{bmatrix} \begin{bmatrix} x_1 \\ x_2 \end{bmatrix} = \begin{bmatrix} 1 \\ 1 \\ 1 \\ 1 \end{bmatrix}.$$

Da die Matrix vollen Rang hat

```
>> rank([1 1; 0 4; 1 1; 1 4])
ans =
     2
```

gibt es genau eine Lösung der dazugehörigen linearen Ausgleichsaufgabe. Die Lösung erhält man mit MATLAB in symbolischer Rechnung wie folgt

```
>> A = sym([1 1; 0 4; 1 1; 1 4]);
>> x = inv(A'*A)*A'*ones(4,1)
x =
[ 7/11]
[ 2/11]
```

Damit lautet die Ellispengleichung in der $t, y$-Ebene

$$\frac{7}{11}t^2 + \frac{2}{11}y^2 = 1.$$

Das Bild 7.8 zeigt die Ellipse und die vier Datenpunkte, wobei wir die Ellipse mit

```
>> ezplot('7/11*t\^{}2+2/11*y\^{}2 = 1', [-3,3,-3,3])
```

und die Punkte mit

```
>> plot([1,0,-1,-1],[1,2,1,2],'ko')
```

geplottet haben. ∎

## 7.8. Reduktion der Dimension

Von einer Gruppe junger Leichtathleten sind die Daten aus Tabelle 7.1 gegeben ([47]).

| Sportler / Disziplin | $S_1$ | $S_2$ | $S_3$ | $S_4$ | $S_5$ | $S_6$ | $S_7$ | $S_8$ | $S_9$ | $S_{10}$ |
|---|---|---|---|---|---|---|---|---|---|---|
| Kugelstoßen in Meter (m) | 20 | 22 | 16 | 14 | 23 | 19 | 21 | 15 | 19 | 17 |
| Diskuswerfen in m | 65 | 69 | 51 | 45 | 72 | 68 | 71 | 53 | 70 | 58 |
| Speerwurfweite in Meter m | 90 | 90 | 70 | 70 | 93 | 85 | 88 | 62 | 91 | 65 |
| 100 m Geschwindigkeit in m/s | 9.5 | 7.0 | 9.8 | 7.0 | 8.0 | 9.2 | 7.3 | 10.1 | 9.5 | 10.3 |
| 100 m Geschwindigkeit in m/s | 8.5 | 6.5 | 9.0 | 6.0 | 7.8 | 8.8 | 7.0 | 9.1 | 8.9 | 9.0 |
| Weitsprungweite in m | 8.5 | 6.0 | 8.7 | 5.0 | 6.7 | 8.0 | 7.0 | 8.8 | 8.3 | 8.9 |

Tabelle 7.1.: Daten junger Leichtathleten

Mit $\boldsymbol{s}_i \in \mathbb{R}^6$ bezeichnen wir den Merkmalsvektor des Sportlers $S_i$, $i = 1, \ldots, 10$. Zum Beispiel ist $\boldsymbol{s}_2 = (22, 69, 90, 7.0, 6.5, 6.0)$ der Merkmalsvektor von Sportler $S_2$. Wir wollen der Frage nachgehen, wie viel vom Typ eines reinen Wurfspezialisten (der überhaupt nicht laufen, aber sehr gut werfen kann) und wie viel vom Typ eines reinen Laufspezialisten (der überhaupt nicht werfen, aber sehr gut laufen kann) in diesen zehn jungen Leichtathleten steckt (vergleiche Beispiel 7.6).

Hierzu wollen wir pro Sportler zwei Koeffizienten (Parameter, Kennzahlen) bestimmen, die uns die entsprechenden Informationen liefern: Den *Wurfkoeffizient* $x_i$ und den *Laufkoeffizient* $y_i$ für jeden Sportler $S_i$.

Wir führen nun zwei orthogonale Basisvektoren im Raum $\mathbb{R}^6$ ein, die uns einen reinen Werfer- und einen reinen Läufertypen geeignet modellieren. Der Basisvektor $\boldsymbol{a}_1 = (23, 75, 100, 0, 0, 0) \in \mathbb{R}^6$ repräsentiert einen reinen Werfertypen, einen der sehr gut werfen, aber keinen Zentimeter laufen kann, und die Verhältnisse zwischen den einzelnen Werten richtig widerspiegelt. Die letzten drei Koordinaten sind klar, 23 m ist eine hervorragende Kugelstoßweite für junge Leichathleten, 75 m ist eine hervorragende Diskursweite und 100 m eine sehr gute Speerwurfweite. Der Basisvektor $\boldsymbol{a}_2 = (0, 0, 0, 10.3, 9.3, 8.9) \in$

$\mathbb{R}^6$ repräsentiert einen reinen Läufertypen, einen der sehr gut laufen, aber keinen Zentimeter werfen kann, und die Verhältnisse zwischen den einzelnen Werten richtig widerspiegelt. Die ersten drei Koordinaten sind klar, 10.3 m/s ist eine hervorragende Durchschnittsgeschwindigkeit für junge Leichathleten bei 100 m Läufen, 9.3 m/s ist eine hervorragende Durchschnittsgeschwindigkeit bei 400 m Läufen, und 8.9 m eine sehr gute Weitsprungweite.

Ein mathematisches Modell zur Bestimmung der Koeffizienten $x_i$ und $y_i$ des Sportlers $S_i$ ist

$$x_i \boldsymbol{a}_1 + y_i \boldsymbol{a}_2 = \boldsymbol{s}_i \quad \text{bzw.} \quad \begin{bmatrix} | & | \\ \boldsymbol{a}_1 & \boldsymbol{a}_2 \\ | & | \end{bmatrix} \begin{bmatrix} x_i \\ y_i \end{bmatrix} = \begin{bmatrix} | \\ \boldsymbol{s}_i \\ | \end{bmatrix}.$$

Das heißt, wir stellen den Merkmalsvektor $\boldsymbol{s}_i$ als Linearkombination der orthogonalen Basisvektoren $\boldsymbol{a}_1$ und $\boldsymbol{a}_2$ dar, um die Anteile „reines Werfen“ bzw. „reines Laufen“ in den Koeffizienten $x_i$ und $y_i$ auszudrücken. Für jedes $i \in \{1, 2, \ldots, 10\}$ ist dies ein überbestimmtes lineares Gleichungssystem mit zwei Unbekannten und sechs Gleichungen. Für den Sportler $S_2$ gilt zum Beispiel

$$x_i \begin{bmatrix} 23 \\ 75 \\ 100 \\ 0 \\ 0 \\ 0 \end{bmatrix} + y_i \begin{bmatrix} 0 \\ 0 \\ 0 \\ 10.3 \\ 9.3 \\ 8.9 \end{bmatrix} = \begin{bmatrix} 22 \\ 69 \\ 90 \\ 7.0 \\ 6.5 \\ 6.0 \end{bmatrix} \quad \text{bzw.} \quad \begin{bmatrix} 23 & 0 \\ 75 & 0 \\ 100 & 0 \\ 0 & 10.3 \\ 0 & 9.3 \\ 0 & 8.9 \end{bmatrix} \begin{bmatrix} x_i \\ y_i \end{bmatrix} = \begin{bmatrix} 22 \\ 69 \\ 90 \\ 7.0 \\ 6.5 \\ 6.0 \end{bmatrix}.$$

Die zehn Gleichungssysteme sind unlösbar[6]. Aber wir können jeweils das dazugehörige Ersatzproblem lösen und eine beste Näherung berechnen. Anders gesagt, wir können die dazugehörige lineare Ausgleichsaufgabe lösen; wir projizieren orthogonal in den zweidimensionalen Unterraum, der von den orthogonalen Basisvektoren $\boldsymbol{a}_1$ und $\boldsymbol{a}_2$ aufgespannt wird, und stellen dann den Projektionsvektor in den Basisvektoren $\boldsymbol{a}_1$ und $\boldsymbol{a}_2$ dar, die Darstellungskoeffizienten sind $x_i$ und $y_i$. Die Lösung der $i$-ten Ausgleichsaufgabe mit $\boldsymbol{A} = [\boldsymbol{a}_1\ \boldsymbol{a}_2]$ für $i = 1, 2, \ldots, 10$ ist:

$$(x_i, y_i) = \boldsymbol{A}^+ \boldsymbol{s}_i = (\boldsymbol{A}^{\mathrm{T}} \boldsymbol{A})^{-1} \boldsymbol{A}^{\mathrm{T}} \boldsymbol{s}_i.$$

Da $\boldsymbol{a}_1 \perp \boldsymbol{a}_2$ gilt, das heißt, da die Basisvektoren orthogonal sind, ist es möglich, die Koordinaten des Lösungsvektors der linearen Ausgleichaufgabe unabhängig voneinander zu berechnen:

$$(x_i, y_i) = \left(\frac{1}{\boldsymbol{a}_1^{\mathrm{T}} \boldsymbol{a}_1} \boldsymbol{a}_1^{\mathrm{T}} \boldsymbol{s}_i, \frac{1}{\boldsymbol{a}_2^{\mathrm{T}} \boldsymbol{a}_2} \boldsymbol{a}_2^{\mathrm{T}} \boldsymbol{s}_i\right).$$

[6] Es sind zehn Gleichungssysteme mit gleicher Koeffizientenmatrix, aber verschiedenen rechten Seiten.

In MATLAB lassen sich diese zehn linearen Ausgleichsaufgaben simultant lösen[7]

```
clear all, close all, clc,
%-Daten der zehn Sportler.
s1 = [20 65 90 9.5 8.5 8.5]';
s2 = [22 69 90 7.0 6.5 6.0]';
s3 = [16 51 70 9.8 9.0 8.7]';
s4 = [14 45 70 7.0 6.0 5.0]';
s5 = [23 72 93 8.0 7.8 6.7]';
s6 = [19 68 85 9.2 8.8 8.0]';
s7 = [21 71 88 7.3 7.0 7.0]';
s8 = [15 53 62 10.1 9.1 8.8]';
s9 = [19 70 91 9.5 8.9 8.3]';
s10 = [17 58 65 10.3 9.0 8.9]';
S = [s1 s2 s3 s4 s5 s6 s7 s8 s9 s10];
%-Orthogonale Basisvektoren.
a1 = [23 75 100 0 0 0]';
a2 = [0 0 0 10.3 9.3 8.9]';
A = [a1 a2];
%-Ausgleichslösung.
X = A\S
```

mit der Lösung in Tabelle 7.2.

| | $S_1$ | $S_2$ | $S_3$ | $S_4$ | $S_5$ | $S_6$ | $S_7$ | $S_8$ | $S_9$ | $S_{10}$ |
|---|---|---|---|---|---|---|---|---|---|---|
| Wurfkoeffizient $x_i$ | 0.88 | 0.90 | 0.69 | 0.66 | 0.94 | 0.86 | 0.90 | 0.65 | 0.91 | 0.69 |
| Laufkoeffizient $y_i$ | 0.92 | 0.68 | 0.96 | 0.63 | 0.78 | 0.91 | 0.74 | 0.98 | 0.93 | 0.98 |

Tabelle 7.2.: Wurf- und Laufkoeffizienten

Wir haben die Dimension von sechs auf zwei reduziert; aus 60 Datensätzen wurden 20 Datensätze. Zu jedem Sportler gehört nun ein Zahlenpaar, das man grafisch in der Ebene darstellen kann, siehe Bild 7.10. Die Darstellung 7.10 macht deutlich: Die Sportler $S_2$, $S_5$ und $S_7$ haben sehr gute Wurfwerte, die Sportler $S_3$, $S_8$ und $S_{10}$ haben sehr gute Laufwerte, während die Sportler $S_1$, $S_6$ und $S_9$ gute Werte im Werfen und Laufen haben, der Sportler $S_4$ fällt gegenüber den Anderen ab.

Im Gegensatz zu anderen Ausgleichsproblemen war die Koeffizientenmatrix nicht gegeben, wir mussten sie modellieren; erst dann ist die Problemstellung vollständig. Anders

[7]Es sind zehn Ausgleichsaufgaben mit gleicher Koeffizientenmatrix, aber verschiedenen rechten Seiten.

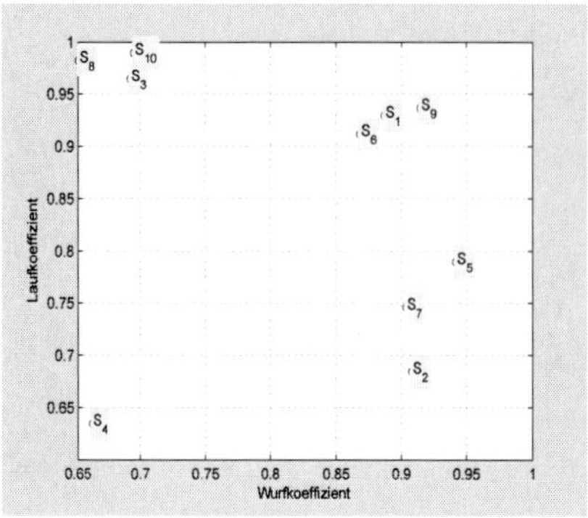


Bild 7.10.: Wurf- und Laufkoeffizienten

Bild 7.11.: Jungfraujoch (Wikipedia)

gesagt: Das Problem der Dimensionsreduktion macht deutlich, wie wichtig die geschickte Wahl des Unterraumes und seiner Basis (hier die Prototypvektoren „Wurfvektor" und „Laufvektor") ist. Beide Prototypvektoren mussten vor dem Rechnen geeignet modelliert werden.

## 7.9. Approximation periodischer Daten

In der Klimaforschung interessiert man sich unter anderem für Temperaturwerte über gewisse Zeiträume an verschiedenen Orten. Die Tabelle 7.3 zeigt mittlere Temperaturen am JUNGFRAUJOCH (Schweiz, Bild 7.11) im Zeitraum von 1961 bis 1990 ([98]). In Bild 7.12 sind die Messdaten grafisch dargestellt. Es steht Januar für $t = 0$, Februar für $t = 1$, März für $t = 3$, usw., Dezember für $t = 11$. Wenn wir annehmen, dass sich die Kurve jährlich wiederholt, so können wir die Temperatur $T$ gemessen in °C als eine periodische Funktion der Zeit $t$ gemessen in Monaten auffassen. Wir machen daher den Ansatz, dass die Funktion $T$ wie folgt aussehen könnte

$$T(t) = a_0 + a_1 \cos\Big(\frac{2\pi}{12}t\Big) + b_1 \sin\Big(\frac{2\pi}{12}t\Big), \quad t \in [0, 11].$$

Hier sind $a_0$, $a_1$ und $b_1$ unbekannte reelle Parameter. Da die trigonometrischen Funktionen periodisch mit der Periodenlänge zwölf sind, ist die angesetzte Funktion $T$ zusammengesetzt aus Funktionen, welche den erwarteten zwölfmonatigen Zyklus der Temperaturen entsprechen.

| *Monat* | *Temperatur in* °C |
|---|---|
| Januar | −13.6 |
| Februar | −14, 2 |
| März | −13.1 |
| April | −10.8 |
| Mai | −6.6 |
| Juni | −3.7 |
| Juli | −1.2 |
| August | −1.2 |
| September | −2.6 |
| Oktober | −5.2 |
| November | −10.4 |
| Dezember | −12.3 |

Tabelle 7.3.: Temperaturen am Jungfraujoch

Ziel ist es nun, die unbekannten Parameter so zu bestimmen, dass die Daten möglichst gut mit der Funktion $T$ übereinstimmen. Betrachten wir zunächst die Durchschnittspemperatur der 30 Jahre im Januar (das heißt $t = 0$), so muss gelten

$$T(0) = -13.6 = a_0 + a_1 \cos\Big(\frac{2\pi}{12} \cdot 0\Big) + b_1 \sin\Big(\frac{2\pi}{12} \cdot 0\Big).$$

Analog erhalten wir für Februar (das heißt $t = 1$)

$$T(1) = -14.2 = a_0 + a_1 \cos\Big(\frac{2\pi}{12} \cdot 1\Big) + b_1 \sin\Big(\frac{2\pi}{12} \cdot 1\Big).$$

Für die restlichen zehn Monate ergeben sich die folgenden Gleichungen

$$\begin{aligned}
-13.1 &= a_0 + a_1 \cos\Big(\frac{2\pi}{12} \cdot 2\Big) + b_1 \sin\Big(\frac{2\pi}{12} \cdot 2\Big)\\
-10.8 &= a_0 + a_1 \cos\Big(\frac{2\pi}{12} \cdot 3\Big) + b_1 \sin\Big(\frac{2\pi}{12} \cdot 3\Big)\\
-6.6 &= a_0 + a_1 \cos\Big(\frac{2\pi}{12} \cdot 4\Big) + b_1 \sin\Big(\frac{2\pi}{12} \cdot 4\Big)\\
-3.7 &= a_0 + a_1 \cos\Big(\frac{2\pi}{12} \cdot 5\Big) + b_1 \sin\Big(\frac{2\pi}{12} \cdot 5\Big)\\
-1.2 &= a_0 + a_1 \cos\Big(\frac{2\pi}{12} \cdot 6\Big) + b_1 \sin\Big(\frac{2\pi}{12} \cdot 6\Big)\\
-1.2 &= a_0 + a_1 \cos\Big(\frac{2\pi}{12} \cdot 7\Big) + b_1 \sin\Big(\frac{2\pi}{12} \cdot 7\Big)\\
-2.6 &= a_0 + a_1 \cos\Big(\frac{2\pi}{12} \cdot 8\Big) + b_1 \sin\Big(\frac{2\pi}{12} \cdot 8\Big)
\end{aligned}$$

$$
\begin{aligned}
-5.2 &= a_0 + a_1 \cos\Big(\frac{2\pi}{12}\cdot 9\Big) + b_1 \sin\Big(\frac{2\pi}{12}\cdot 9\Big)\\
-10.4 &= a_0 + a_1 \cos\Big(\frac{2\pi}{12}\cdot 10\Big) + b_1 \sin\Big(\frac{2\pi}{12}\cdot 10\Big)\\
-12.3 &= a_0 + a_1 \cos\Big(\frac{2\pi}{12}\cdot 11\Big) + b_1 \sin\Big(\frac{2\pi}{12}\cdot 11\Big)
\end{aligned}
$$

Wir erhalten also ein überbestimmtes lineares Gleichungssystem mit drei Variablen und zwölf Gleichungen. Lösen wir die dazugehörige lineare Ausgleichsaufgabe mit Hilfe der Methode der kleinsten Quadrate, so erhalten wir die Parameterwerte $a_0 \approx -7.9083$, $a_1 \approx -6.3760$ und $b_1 \approx -2.2671$. Die Ausgleichsfunktion $T$ ist somit

$$
T(t) \approx -7.91 - 6.38\cos\Big(\frac{2\pi}{12}\cdot t\Big) - 2.27\sin\Big(\frac{2\pi}{12}\cdot t\Big), \quad t \in [0, 11].
$$

Die Ausgleichkurve ist in Bild 7.13 zu sehen. Sie ist eine kontinuierliche Annäherung an die diskreten Daten. Die Besonderheit dieser Ausgleichsaufgabe ist, dass die Spaltenvektoren der Matrix $\boldsymbol{A}$ orthogonal sind

$$
\boldsymbol{A} = \begin{bmatrix}
1 & \cos(2\pi/12\cdot 0) & \sin(2\pi/12\cdot 0)\\
1 & \cos(2\pi/12\cdot 1) & \sin(2\pi/12\cdot 1)\\
1 & \cos(2\pi/12\cdot 2) & \sin(2\pi/12\cdot 2)\\
1 & \cos(2\pi/12\cdot 3) & \sin(2\pi/12\cdot 3)\\
1 & \cos(2\pi/12\cdot 4) & \sin(2\pi/12\cdot 4)\\
1 & \cos(2\pi/12\cdot 5) & \sin(2\pi/12\cdot 5)\\
1 & \cos(2\pi/12\cdot 6) & \sin(2\pi/12\cdot 6)\\
1 & \cos(2\pi/12\cdot 7) & \sin(2\pi/12\cdot 7)\\
1 & \cos(2\pi/12\cdot 8) & \sin(2\pi/12\cdot 8)\\
1 & \cos(2\pi/12\cdot 9) & \sin(2\pi/12\cdot 9)\\
1 & \cos(2\pi/12\cdot 10) & \sin(2\pi/12\cdot 10)\\
1 & \cos(2\pi/12\cdot 11) & \sin(2\pi/12\cdot 11)
\end{bmatrix}
= \begin{bmatrix}
1 & 1 & 0\\
1 & \sqrt{3}/2 & 1/2\\
1 & 1/2 & \sqrt{3}/2\\
1 & 0 & 1\\
1 & -1/2 & \sqrt{3}/2\\
1 & -\sqrt{3}/2 & 1/2\\
1 & -1 & 0\\
1 & -\sqrt{3}/2 & -1/2\\
1 & -1/2 & -\sqrt{3}/2\\
1 & 0 & -1\\
1 & 1/2 & -\sqrt{3}/2\\
1 & \sqrt{3}/2 & -1/2
\end{bmatrix}.
$$

Somit ist die Matrix $\boldsymbol{A}^{\mathrm{T}}\boldsymbol{A}$ eine Diagonalmatrix

$$
\boldsymbol{A}^{\mathrm{T}}\boldsymbol{A} = \begin{bmatrix}
12 & 0 & 0\\
0 & 6 & 0\\
0 & 0 & 6
\end{bmatrix}
$$

und dies macht die Berechnung der Parameterwerte besonders einfach (Die Eins-, die Kosinus- und die Sinusfunktion sind orthogonale Vektoren im Vektorraum der stetigen Funktionen. Als Skalarprodukt dient ein Integral.).

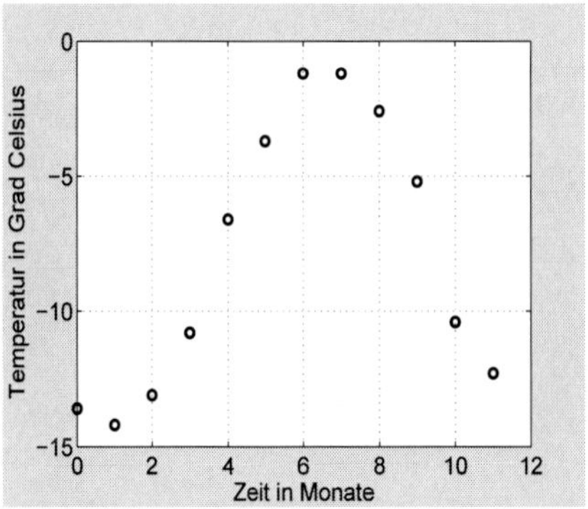


Bild 7.12.: Messdaten

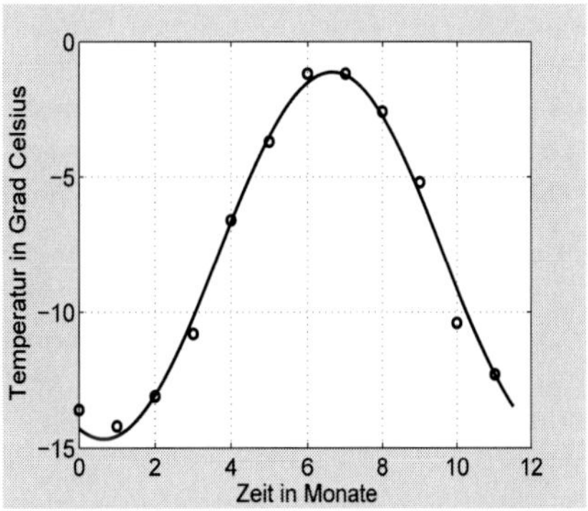


Bild 7.13.: Messdaten. Ausgleichskurve

## 7.10. Weitere Bemerkungen und Hinweise

Wem ist die Methode der kleinsten Quadrate zuzuschreiben? GAUSS erfand die Methode um 1790 und LEGENDRE veröffentlichte sie um 1805. Lineare Ausgleichsprobleme treten in erster Linie bei Parameteridentifikations- bzw. bei diskreten linearen Approximationsproblemen auf. Mehr zu linearen Ausgleichsaufgaben finden Sie im Buch [105]. Lineare Ausgleichsaufgaben sind bereits einfache *Optimierungsaufgaben*, was sich schon an der Schreibweise ablesen lässt. Aus Sicht der Optimierungstheorie handelt es sich um *konvexe quadratische Optimierungsaufgaben*, da die Zielfunktion konvex und quadratisch ist. Die Lösungen sind dann stets globale Minima.

Abgesehen davon, dass die Wahl der EUKLIDischen Länge (statt einer anderen Länge bzw. Norm) die Lösung der Optimierungsaufgabe des linearen Ausgleichsproblems erheblich erleichert, liegt ein weiterer wichtiger Grund für diese Wahl in einer *stochstischen Interpretation*, dem *Satz von* GAUSS-MARKOV. Es würde den Rahmen dieser Darstellung sprengen, eine umfassende Darstellung dieser Interpretation hier zu geben. So viel sei aber gesagt: Nimmt man an, dass die Funktionswerte einer unbekannten Funktion $\phi$ durch Messfehler verfälscht sind, so dass von jedem Wertepaar $(t_i, b_i)$ das $t$-Argument korrekt und nur der $b$-Wert zufällig verfälscht ist mit Erwartungswert $E(b_i) = \phi(t_i, \boldsymbol{x})$ und gleicher Streuung $Var(b_i) = \sigma^2$, so ist es sinnvoll, eine Funktion $\phi$ zu suchen mit $\sum(\phi(t_i, \boldsymbol{x}) - b_i)^2$ minimal.

Ersetzt man die EUKLIDische Länge (*2-Norm, Methode der kleinsten Quadrate, KQ-Methode*) durch die Betragssumme (*1-Norm, Kleinstbetrag-Methode*), so besteht die Aufgabe darin, die Summe der Absolutbeträge zu minimieren. Dieses Problem kann gleichwertig in eine Lineare Optimierungsaufgabe umgeschrieben werden und mit Lösungsmethoden der Linearen Optimierung gelöst werden (Simplex-Verfahren, innere Punkt-Verfahren). Mit der $\infty$-*Norm* (*Maximumsnorm*) anstelle der EUKLIDischen Länge stoßen wir auf das Problem der sogenannten TSCHEBYSCHEFF*schen-Ausgleichsrechnung*. Weitere Informationen finden Sie in [10].

Der wesentliche Unterschied zwischen Kleinstbetrag- und KQ-Methode liegt darin, dass die KQ-Methode eine Ausgleichsgerade (Regressionsgerade) auswählt, die einzelne große Fehler stärker vermeidet, als dies bei der Kleinstbetrag-Methode der Fall ist, denn einzelne große Fehler würden durch die Quadrierung überproportional groß werden und dadurch die Summe der Fehlerquadrate überproportional erhöhen. Entsprechend stimmen auch die Ausgleichsgeraden der beiden Methoden normalerweise nicht überein.

Der Zusammenhang der linearen Ausgleichsaufgabe mit der Stochastik (Wahrscheinlichkeitsrechnung und Statistik) zeigt sich zum Beispiel in der Gleichwertigkeit des Minimierungsproblems den Ausdruck $\sum r_i^2$ zu minimieren mit dem Maximierungsproblem den Ausdruck $e^{-\sum r_i^2}$ zu maximieren. Der Exponentialterm charakterisiert hierbei die sogenannte GAUSSsche Normalverteilung. Das ganze Verfahren heißt *Maximum-Likelihood-Methode*.

Hat die Matrix $\boldsymbol{A}$ vollen Rang $n$, so ist die Matrix $\boldsymbol{A}^{\mathrm{T}}\boldsymbol{A}$ *positiv definit*. Für positiv definite Matrizen ist die sogenannte CHOLESKY-Faktorisierung eine geeignete Dreieckszerlegung. Damit ist es dann alternativ möglich, dass Normalsystem und somit die lineare Ausgleichsaufgabe zu lösen. In Vorlesungen bzw. in Büchern zur Numerischen Mathematik finden Sie hierzu weitere Informationen.

## Aufgaben

**7.1.** Wahr oder falsch: Ist $N(\boldsymbol{A}) = \{\boldsymbol{o}\}$, dann hat das System $\boldsymbol{Ax} = \boldsymbol{b}$ eine eindeutige Ausgleichslösung.

**7.2.** Wahr oder falsch: Im Lösungspunkt einer linearen Ausgleichsaufgabe steht der Fehlervektor senkrecht auf dem Spaltenraum von $\boldsymbol{A}$.

**7.3.** Wahr oder falsch: Eine lineare Ausgleichsaufgabe hat immer genau eine Lösung; sie minimiert den Fehlervektor.

**7.4.** Wahr oder falsch: Falls die rechte Seite einer linearen Ausgleichsaufgabe im Spaltenraum der Koeffizientenmatrix liegt, so ist der Fehlervektor gleich dem Nullvektor.

**7.5.** Welche der folgenden Situationen ist bei einer linearen Ausgleichsaufgabe bezüglich deren Lösbarkeit möglich, wenn für die Koeffizientenmatrix $\boldsymbol{A} \in \mathbb{R}^{m \times n}$ $\text{Rang}(\boldsymbol{A}) < n$ gilt.

(a) Es gibt keine Lösung.

(b) Es gibt genau eine Lösung.

(c) Es gibt eine Lösung, die ist aber nicht eindeutig.

**7.6.** Gegeben sind $m$ Messpunkte $(t_i, y_i) \in \mathbb{R}^2$. Welche Modellfunktion(en) führt (führen) nicht auf lineare Ausgleichsaufgaben. Kreuzen Sie die richtige(n) Antwort(en) an.

- ☐ $\phi(t, \boldsymbol{x}) = x_1 + x_2 t, \ (t, \boldsymbol{x}) \in \mathbb{R}^3$
- ☐ $\phi(t, \boldsymbol{x}) = x_1 + x_2 t + x_3 t^4, \ (t, \boldsymbol{x}) \in \mathbb{R}^4$
- ☐ $\phi(t, \boldsymbol{x}) = x_1 + x_2 \cos(t), \ (t, \boldsymbol{x}) \in \mathbb{R}^3$
- ☐ $\phi(t, \boldsymbol{x}) = x_1 e^{x_2 t}, \ (t, \boldsymbol{x}) \in \mathbb{R}^3$
- ☐ $\phi(t, \boldsymbol{x}) = x_1 + x_2 e^{x_3 t}, \ (t, \boldsymbol{x}) \in \mathbb{R}^4$
- ☐ $\phi(t, \boldsymbol{x}) = x_1 + x_2 t + x_3 \sin(t), \ (t, \boldsymbol{x}) \in \mathbb{R}^4$
- ☐ Keine Aussage ist richtig

**7.7.** Berechnen Sie die Näherungslösung (im Sinne der linearen Ausgleichsrechnung) von $\boldsymbol{A}\boldsymbol{x} = \boldsymbol{b}$ und den orthogonalen Projektionsvektor $\boldsymbol{p}$ von $\boldsymbol{b}$ auf den Spaltenraum von $\boldsymbol{A}$ des Systems

$$\boldsymbol{A}\boldsymbol{x} = \begin{bmatrix} 1 & 1 \\ -1 & 1 \\ -1 & 2 \end{bmatrix} \begin{bmatrix} x_1 \\ x_2 \end{bmatrix} = \begin{bmatrix} 7 \\ 0 \\ -7 \end{bmatrix} = \boldsymbol{b}.$$

**7.8.** Gegeben ist das lineare Gleichungssystem

$$\begin{aligned} 2x &= 3 \\ 4x &= 1. \end{aligned}$$

Berechnen Sie die Lösung der dazugehörigen linearen Ausgleichsaufgabe. Bestimmen Sie den orthogonalen Projektionsvektor $\boldsymbol{p}$ und den Fehlervektor $\boldsymbol{r}$.

**7.9.** Bei einem bestimmten Autotyp soll der Zusammenhang zwischen dem Bremsweg $s$ (in m) und der Geschwindigkeit $v$ (in km/h) näher untersucht werden. Dazu wurde der Bremsweg bei fünf verschiedenen Geschwindigkeiten gemessen. Man erhielt dabei die folgenden Messwerte:

| $v_i$ | 40 | 70 | 100 | 130 | 150 |
|---|---|---|---|---|---|
| $s_i$ | 14 | 39 | 78 | 120 | 153 |

Als Ausgleichskurve wählen wir auf Grund des Sreuungsdiagramms eine Parabel vom Typ $s = c + bv + av^2$. Zeichnen Sie die Messwerte in MATLAB. Bestimmen Sie in MATLAB die Parameter $a$, $b$, $c$ und zeichnen Sie die Lösungsparabel in das Bild mit den Messwerten. Wie groß ist der Bremsweg bei $v = 90$ km/h?

**7.10** (Rekursive Ausgleichsrechnung, KALMAN-Filter)**.** Stellen Sie sich vor, ihr Puls wird einmal mit 70 Schlägen pro Minute gemessen, dann mit 80 und dann mit 120 Schlägen. Berechnen Sie den arithmetischen Mittelwert $\bar{x}$ als Lösung der dazugehörigen Ausgleichsaufgabe.

Nun kommt der neue Messwert $b_4 = 130$ hinzu. Berechnen Sie den arithmetischen Mittelwert $\bar{x}_{\text{neu}}$, indem Sie die entsprechend erweiterte Ausgleichsaufgabe lösen. Bestätigen Sie diese Lösung dann, indem Sie die *Aktualisierungsformel*

$$\bar{x}_{\text{neu}} = \bar{x} + \frac{1}{4}(b_4 - \bar{x}) = \frac{3}{4}\bar{x} + \frac{1}{4}b_4$$

verwenden. Vom 99. zum 100. Messwert erhält man den aktualisierten Wert durch

$$\bar{x}_{\text{neu}} = \bar{x} + \frac{1}{100}(b_{100} - \bar{x}) = \frac{99}{100}\bar{x} + \frac{1}{100}b_{100}.$$

Man benötigt also nur $\bar{x}$ und den letzten Messwert $b_{100}$, und muss nicht den Mittelwert aller 100 Zahlen berechnen!

**7.11.** Das zweite NEWTONsche Gesetz beschreibt den freien Fall eines Körpers in der Nähe der Erdoberfläche durch die Gleichung

$$s = s_0 + v_0 t + \frac{1}{2}gt^2,$$

wobei $s$ den vertikalen Abstand des Körpers zu einem festen Bezugspunkt, $s_0$ den Anfangswert von $s$ zur Zeit $t = 0$, $v_0$ die Anfangsgeschwindigkeit zur Zeit $t = 0$ und $g$ die Erdbeschleunigung (Ortsfaktor, Gravitationskonstante) bezeichnet. Aus dieser Gleichung soll die Erdbeschleunigung $g$ experimentell bestimmt werden. Dazu wird ein Körper mit unbekannter Anfangshöhe und Anfangsgeschwindigkeit fallengelassen und sein vertikaler Abstand zu einem gegebenen Bezugspunkt zu verschiedenen Zeiten gemessen. Es ergeben sich für die Zeiten $t = 0.1\,\text{s}, 0.2\,\text{s}, 0.3\,\text{s}, 0.4\,\text{s}, 0.5\,\text{s}$ die Abstände $s = -0.055\,\text{m}, 0.095\,\text{m}, 0.314\,\text{m}, 0.756\,\text{m}, 1.137\,\text{m}$. Bestimmen Sie hieraus $g$.

**7.12.** Bestimmen Sie zu

$$\boldsymbol{Ax} = \begin{bmatrix} 1 & -1 \\ 2 & 3 \\ 4 & 5 \end{bmatrix} \begin{bmatrix} x_1 \\ x_2 \end{bmatrix} = \begin{bmatrix} 2 \\ -1 \\ 5 \end{bmatrix} = \boldsymbol{b}$$

das zugehörige Normalgleichungssystem.

**7.13** (LS-Lösung mittels reduzierter QR-Faktorisierung)**.** Berechnen Sie die Lösung von

$$\boldsymbol{Ax} = \begin{bmatrix} 1 & -2 & -1 \\ 2 & 0 & 1 \\ 2 & -4 & 2 \\ 4 & 0 & 0 \end{bmatrix} \begin{bmatrix} x_1 \\ x_2 \\ x_3 \end{bmatrix} \cong \begin{bmatrix} -1 \\ 1 \\ 1 \\ -2 \end{bmatrix} = \boldsymbol{b}.$$

mit Hilfe einer reduzierten QR-Zerlegung.

**7.14** (LS-Lösung mittels reduzierter QR-Faktorisierung)**.** Berechnen Sie die Lösung von

$$\boldsymbol{A}\boldsymbol{x} = \begin{bmatrix} 1 & 1 \\ 1 & 2 \\ 1 & 3 \end{bmatrix} \begin{bmatrix} x_1 \\ x_2 \end{bmatrix} \cong \begin{bmatrix} 6 \\ 1 \\ 2 \end{bmatrix} = \boldsymbol{b}.$$

mit Hilfe einer reduzierten QR-Zerlegung.

**7.15** (Beschreibung aller Lösungen)**.** Gegeben ist das überbestimmte lineare Gleichungssystem

$$\begin{aligned} x_1 + 2x_2 &= 3 \\ 2x_1 + 4x_2 &= 2 \\ -x_1 - 2x_2 &= 1 \end{aligned}$$

Diskutieren Sie die Lösbarkeit dieses Systems und die der dazugehörigen Ersatzaufgabe (lineare Ausgleichsaufgabe).

**7.16** (Überbestimmte Systeme, rangdefekt)**.** Berechnen Sie in MATLAB `x = A\b` und `x = pinv(A)*b` mit

$$\boldsymbol{A} = \begin{bmatrix} 1 & 2 \\ 2 & 4 \\ -1 & -2 \end{bmatrix} \quad \text{und} \quad \boldsymbol{b} = \begin{bmatrix} 3 \\ 2 \\ 1 \end{bmatrix}.$$

Interpretieren Sie die Ergebnisse.

**7.17** (Theorie)**.** Wir betrachten die lineare Ausgleichsaufgabe

$$\underset{\boldsymbol{x} \in \mathbb{R}^n}{\text{Minimiere}} \quad |\boldsymbol{A}\boldsymbol{x} - \boldsymbol{b}|_2^2$$

mit $\boldsymbol{A} \in \mathbb{R}^{m \times n}$, $m \geq n$ und $\boldsymbol{b} \in \mathbb{R}^m$. Weiterhin sei $\text{Rang}(\boldsymbol{A}) = n$.

(a) Wie lauten die notwendigen Bedingungen erster Ordnung? Ist dies auch eine hinreichende Bedingung?

(b) Schreiben Sie die optimale Lösung in geschlossener Form auf.

**7.18** (Theorie, Optimierung)**.** $n$ Messungen ein und derselben Größe mögen die Werte $a_1, a_2, \ldots, a_n$ ergeben. Die Fehlertheorie lehrt, dass unter gewissen Gesichtspunkten die Minimumstelle der Funktion

$$f(x) = \sum_{k=1}^{n} (x - a_k)^2, \quad x \in \mathbb{R}$$

die günstigste Näherung für die gemessene Größe ist. Man nennt dies *die Methode der kleinsten Quadrate*. Geben Sie die günstigste Näherung an. Wie nennt man diese Minimumstelle?

**7.19** (Theorie, Optimierung). Berechnen Sie die Lösung der Optimierungsaufgabe

$$\underset{x \in \mathbb{R}}{\text{Minimiere}} \quad f(x) = \textstyle\sum_{i=1}^{m}(y_i - xt_i)^2$$

**7.20** (Grundlagen, Theorie). Wahr oder falsch: Sind vier oder mehr Datenpunkte gegeben, dann ist das Problem, diese durch eine Gerade auszugleichen, eine lineare Ausgleichsaufgabe; die Datenpunkte durch eine Parabel anzunähern dagegen ist eine nichtlineare Ausgleichsaufgabe.

**7.21** (Grundlagen, Theorie). Wahr oder falsch: Im Lösungspunkt der Ausgleichsaufgabe $\boldsymbol{Ax} \cong \boldsymbol{b}$ steht der Residuenvektor $\boldsymbol{r} = \boldsymbol{b} - \boldsymbol{Ax}$ senkrecht auf dem Spaltenraum von $\boldsymbol{A}$.

**7.22** (Grundlagen, Theorie). Wahr oder falsch: Eine (überbestimmte) lineare Ausgleichsaufgabe $\boldsymbol{Ax} \cong \boldsymbol{b}$ hat immer genau eine Lösung, die den Residuenvektor $\boldsymbol{r} = \boldsymbol{b} - \boldsymbol{Ax}$ in der EUKLIDischen Norm minimiert.

**7.23** (Grundlagen, Theorie). Wahr oder falsch: Falls $\boldsymbol{b}$ im Spaltenraum von $\boldsymbol{A}$ liegt, so ist der Residuenvektor $\boldsymbol{r}$ gleich dem Nullvektor.

**7.24** (Grundlagen, Theorie). Gegeben ist eine Matrix $\boldsymbol{A} \in \mathbb{R}^{m \times n}$ mit $m > n$ und $\text{Rang}(\boldsymbol{A}) < n$. Wir betrachten das Problem $\boldsymbol{Ax} \cong \boldsymbol{b}$. Welche der nachfolgenden Aussagen ist richtig?

(a) Es gibt keine Lösung.

(b) Es gibt genau eine Lösung.

(c) Es gibt eine Lösung, die ist aber nicht eindeutig.

**7.25** (Theorie). Wir haben gesehen, dass das lineare Gleichungssystem (Normalsystem) $\boldsymbol{A}^{\mathrm{T}}\boldsymbol{A} = \boldsymbol{A}^{\mathrm{T}}\boldsymbol{b}$ für jede beliebige Matrix $\boldsymbol{A} \in \mathbb{R}^{m \times n}$, $m > n$ und jeden beliebigen Vektor $\boldsymbol{b}$ stets lösbar (also universal lösbar) ist. Damit muss die rechte Seite des linearen Gleichungssystems stets im Spaltenraum der Koeffizientenmatrix liegen. Begründen Sie dies!

**7.26** (Theorie). Die Lösungen der linearen Ausgleichsaufgabe $\boldsymbol{b} \cong \boldsymbol{Ax}$ sind genau die Lösungen der Normalgleichungen

$$\boldsymbol{A}^{\mathrm{T}}\boldsymbol{Ax} = \boldsymbol{A}^{\mathrm{T}}\boldsymbol{b}.$$

Zeigen Sie über Differenziation, dass die Normalgleichungen notwendige Bedingungen sind, um die Funktion $f(\boldsymbol{x}) = |\boldsymbol{Ax} - \boldsymbol{b}|^2$, $\boldsymbol{x} \in \mathbb{R}^n$ zu minimieren.

**7.27** (Theorie). Gegeben ist eine lineare Ausgleichsaufgabe $\boldsymbol{b} \cong \boldsymbol{Ax}$ mit $\boldsymbol{A} \in \mathbb{R}^{m \times n}$, $m > n$ und $\boldsymbol{b} \in \mathbb{R}^m$. Ferner ist $\text{Rang}(\boldsymbol{A}) = n$ und $\boldsymbol{b} \in N(\boldsymbol{A}^{\mathrm{T}})$. Dann gilt:

☐ Die Lösung ist der Nullvektor.
☐ Die Aufgabe hat keine Lösung.
☐ Die Aufgabe hat unendlich viele Lösungen.
☐ Der Fehlervektor ist gleich $\boldsymbol{b}$.
☐ Im Lösungspunkt $\boldsymbol{x}_*$ gilt $\boldsymbol{b} - \boldsymbol{A}\boldsymbol{x}_* = \boldsymbol{o}$.
☐ Die orthogonale Projektion von $\boldsymbol{b}$ auf $S(\boldsymbol{A})$ ist der Nullvektor.
☐ Keine Aussage ist richtig.

Kreuzen Sie die wahre(n) Aussage(n) an.

**7.28** (Grundlagen, Theorie)**.** Berechnen Sie die Lösungen der homogenen überbestimmten linearen Ausgleichsaufgabe $\boldsymbol{o} \cong \boldsymbol{A}\boldsymbol{x}$.

**7.29** (Grundlagen, Theorie, Statistik)**.** Wir betrachten die lineare Ausgleichsaufgabe $\boldsymbol{b} \cong \boldsymbol{A}x$ mit $\boldsymbol{b} = (b_1, b_2, \ldots, b_m) \in \mathbb{R}^m$ und $\boldsymbol{A} = (1, 1, \ldots, 1) \in \mathbb{R}^{m \times 1}$.

(a) Lösen Sie die lineare Ausgleichsaufgabe und zeigen Sie dabei, dass die Lösung $\bar{x}$ gleich dem arithmetischen Mittelwert der Koordinaten von $\boldsymbol{b}$ ist.

(b) Berechnen Sie den Fehlervektor $\boldsymbol{r}$, $|\boldsymbol{r}|^2$ und $|\boldsymbol{r}|$.

**7.30** (Modellbildung)**.** Eine Ebene im Raum $\mathbb{R}^3$ ist durch drei verschiedene Punkte, die nicht auf einer Geraden liegen, eindeutig bestimmt. Sind vier Punkte gegeben, so ist das Problem überbestimmt. Finden Sie das Modell, dass die Ebene $z = ax + by + c$ bestimmt,

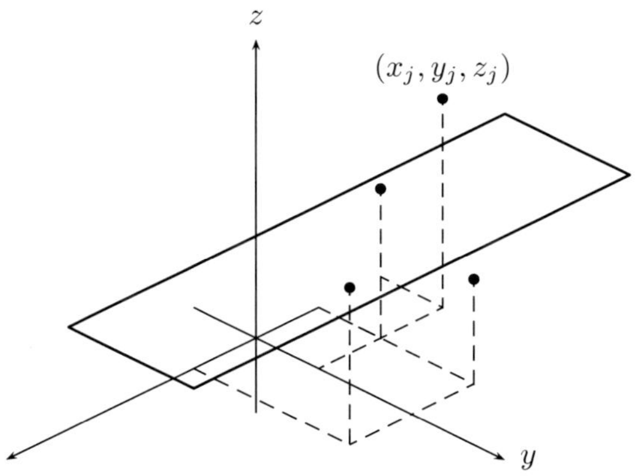


Bild 7.14.: Finden einer Ebene

die im $l_2$-Sinne am nächsten an den vier Punkten liegt.

**7.31** (Lineare Ausgleichsrechnung). Gesucht ist die Gerade $y = \alpha + \beta x$, deren $y$-Werte kleinste Quadratsummenabstand von den vorgegebenen Daten $(x_i, y_i) = (0,1)$, $(3,2)$, $(4,6)$, $(7,4)$ haben; die sogenannte Ausgleichsgerade.

**7.32** (Lineare Ausgleichsrechnung). Gegeben sind $\boldsymbol{A} \in \mathbb{R}^{m \times n}$ und $\boldsymbol{b} \in \mathbb{R}^m$. Es ist

$$\begin{bmatrix} \boldsymbol{A} & \boldsymbol{E} \\ \boldsymbol{O} & \boldsymbol{A}^{\mathrm{T}} \end{bmatrix} \begin{bmatrix} \boldsymbol{x} \\ \boldsymbol{r} \end{bmatrix} = \begin{bmatrix} \boldsymbol{b} \\ \boldsymbol{0} \end{bmatrix}.$$

Zeigen Sie, dass $\boldsymbol{x}$ eine Lösung von $\boldsymbol{A}\boldsymbol{x} \cong \boldsymbol{b}$ ist und $\boldsymbol{r}$ der dazugehörige Fehlervektor.

**7.33** (Theorie). Hat die Matrix $\boldsymbol{A} \in \mathbb{R}^{m \times n}$ den Rang $n$ (das heißt $m \geq n$), so ist die quadratische Matrix $\boldsymbol{A}^{\mathrm{T}}\boldsymbol{A} \in \mathbb{R}^{n \times n}$ regulär (invertierbar). Zeigen Sie diese Behauptung.

**7.34** (Grundlagen, Theorie). Wir betrachten die lineare Ausgleichsaufgabe $\boldsymbol{b} \cong \boldsymbol{A}\boldsymbol{x}$. Interpretieren Sie die Lösung in folgenden Fällen:

(a) $\boldsymbol{b} \in S(\boldsymbol{A})$

(b) $\boldsymbol{b} \in N(\boldsymbol{A}^{\mathrm{T}})$

**7.35.** Geben Sie in Matrizenform das Problem des Geradenausgleichs, das Normalgleichungssystem und die dazugehörige Lösung an.

## Sie sollten nun mit folgenden Begriffen umgehen können

Lineare Ausgleichsaufgabe, Pseudoinverse, QR-Faktorisierung.

# 8. Lineare Abbildungen von $\mathbb{R}^n$ nach $\mathbb{R}^m$ und Matrizen

Wir erinnern uns zunächst an den grundlegenden Begriff einer Abbildung (Funktion). Gegeben sind zwei (nicht leere) Mengen $D$ und $Z$, sowie eine Zuordnungsvorschrift, die jedem Element aus $D$ genau ein Element aus $Z$ zuordnet. Dann ist durch $D$, $Z$ und diese Zuordnungsvorschrift eine *Abbildung* (*Funktion*)[1] von $D$ nach $Z$ gegeben, siehe Bild 8.1. Die Menge $D$ heißt *Definitionsmenge* und $Z$ heißt *Zielmenge*. Bezeichnet man

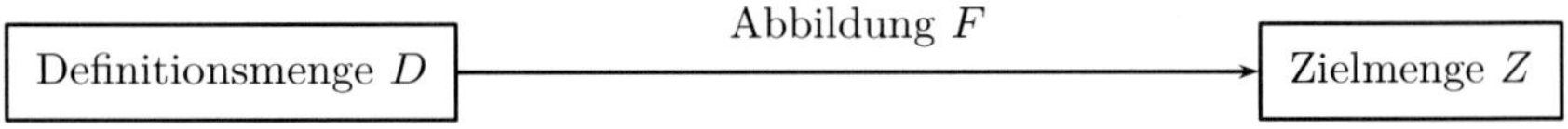


Bild 8.1.: Abbildung $F : D \to Z$

eine Abbildung von $D$ nach $Z$ mit $F$, so schreibt man dafür $F : D \to Z$. Für die Zuordnung schreibt man $x \mapsto F(x)$.

Man nennt $F(x)$ das *Bild* (*Bildelement*) von $x \in D$ bezüglich (unter) $F$. Ist $D' \subseteq D$, dann ist $F(D')$ die Menge aller Bilder von $D'$, und wenn $Z'$ eine beliebige Teilmenge von $Z$ ist, dann bezeichnet $f^{-1}(Z')$ die Menge der Elemente von $D$, deren Bilder in $Z'$ liegen: $F(D') = \{F(x) \mid x \in D'\}$ und $F^{-1}(Z') = \{x \in D \mid F(x) \in Z'\}$. Man nennt $F(D')$ die *Bildmenge* (*Wertemenge*, *Bild*) von $D'$ und $F^{-1}(Z')$ die *Urbildmenge* (*Urbild*) von $Z'$. Die Elemente aus $F^{-1}(Z')$ heißen *Urbilder* (*Urbildelemente*).

Wird jedem Vektor (Punkt) $\boldsymbol{x} \in \mathbb{R}^n$ genau ein Vektor (Punkt) $F(\boldsymbol{x}) \in \mathbb{R}^m$ zugeordnet, so spricht man von einer *vektorwertigen Abbildung* von $\mathbb{R}^n$ nach $\mathbb{R}^m$. Die Definitionsmenge ist hier $\mathbb{R}^n$ und die Zielmenge $\mathbb{R}^m$. Sind $c$, $d$ reelle Zahlen und $\boldsymbol{x}$, $\boldsymbol{y}$ Vektoren aus $\mathbb{R}^n$, so ist auch jede Linearkombination $c\boldsymbol{x} + d\boldsymbol{y}$ wieder ein Element in $\mathbb{R}^n$. Ist $F$ eine Abbildung zwischen $\mathbb{R}^n$ und $\mathbb{R}^m$, so ist $F(c\boldsymbol{x} + d\boldsymbol{y})$ ein Element in $\mathbb{R}^m$. Wir betrachten nun solche Abbildungen, wobei jedem Vektor aus $\mathbb{R}^n$ ein Vektor aus $\mathbb{R}^m$ zugeordnet wird; $n$ und $m$ sind natürliche Zahlen, siehe Bild 8.2.

Bisher haben wir meist nur einen Vektorraum $V$ (meist $V = \mathbb{R}^n$) betrachtet und darin irgendwelche Objekte studiert: Unterräume, Basen, usw. Jetzt wollen wir zwei Vektorräume $V = \mathbb{R}^n$ und $W = \mathbb{R}^m$ betrachten und Beziehungen zwischen Vorgängen in $V$ und Vorgängen in $W$ untersuchen. Solche Beziehungen können durch sogenannte *lineare Abbildungen* hergestellt werden. Eine Abbildung $L : V \to W$ heißt linear, wenn sie mit

[1] Zwischen dem Begriff Abbildung und Funktion unterscheiden wir nicht.

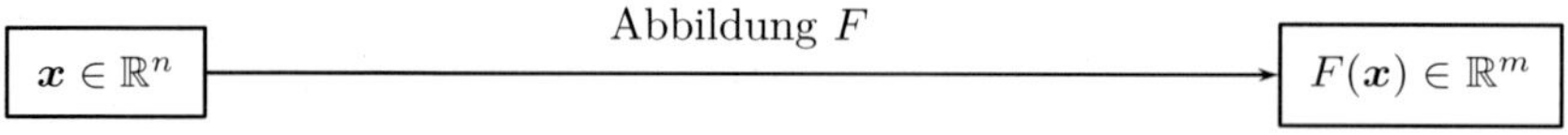


Bild 8.2.: Abbildung $F : \mathbb{R}^n \to \mathbb{R}^m$

den Vektorraum-Verknüpfungen $+$ und $\cdot$ in $V$ und $W$ *verträglich* ist, das heißt wenn es gleichgültig ist, ob ich zwei Vektoren in $V$ erst addiere und dann die Summe abbilde oder ob ich sie erst abbilde und dann ihre Bilder addiere; entsprechend für die skalare Multiplikation. Wie bereits so oft, so stellt sich auch diesmal wieder heraus, dass hierbei Matrizen sehr nützlich sind. So beschreiben Zuordnungen der Form $\boldsymbol{x} \mapsto \boldsymbol{A}\boldsymbol{x}$, $\boldsymbol{x} \in \mathbb{R}^n$, mit $\boldsymbol{A} \in \mathbb{R}^{m \times n}$ fest vorgegeben, lineare Abbildungen zwischen den Vektorräumen $V = \mathbb{R}^n$ und $W = \mathbb{R}^m$ und umgekehrt können lineare Abbildungen durch Matrizen dargestellt werden. Wir können es uns daher aussuchen, ob wir lieber mit linearen Abbildungen oder mit Matrizen arbeiten möchten. In diesem Kapitel betrachten wir lineare Abbildungen von $V = \mathbb{R}^n$ nach $W = \mathbb{R}^m$, in Kapitel 14 betrachten wir dann lineare Abbildungen von einem beliebigen Vektorraum $V$ in einen beliebigen Vektorraum $W$.

Bevor wir definieren, was eine lineare Abbildung ist, geben wir ein einfaches Beispiel. Hierzu ist $L : \mathbb{R}^2 \to \mathbb{R}^4$ mit $L(x_1, x_2) = (x_1 + x_2, x_1 - x_2, x_2, x_1)$ die lineare Abbildung. Es ist ferner $\boldsymbol{x} = (1, 1)$, $\boldsymbol{y} = (2, 3)$ und $c = 2$. Dann gilt zunächst $\boldsymbol{x} + \boldsymbol{y} = (3, 4)$ und $c\boldsymbol{x} = (2, 2)$. Nun ist einerseits $L(3, 4) = (3 + 4, 3 - 4, (4)(4), (2)(3) - (3)(4)) = (7, -1, 16, -6)$ und andererseits ist $L(1, 1) + L(2, 3) = (2, 0, 4, -1) + (5, -1, 12, -5) = (7, -1, 16, -6)$. Es ist also $L(\boldsymbol{x} + \boldsymbol{y}) = (7, -1, 16, -6) = L(\boldsymbol{x}) + L(\boldsymbol{y})$. Dies ist für alle Vektoren $\boldsymbol{x}$ und $\boldsymbol{y}$ aus $V = \mathbb{R}^2$ so! Es ist also egal, ob man die Vektoren in $V = \mathbb{R}^2$ erst addiert und dann nach $W = \mathbb{R}^4$ abbildet oder erst abbildet und dann addiert; das Ergebnis ist gleich. Entsprechend ist $L(c\boldsymbol{x}) = (4, 0, 8, -2) = cL(\boldsymbol{x})$. Dies ist für alle Vektoren $\boldsymbol{x}$ aus $\mathbb{R}^2$ und Zahlen $c \in \mathbb{R}$ so! Es ist also egal, ob man die Vektoren in $\mathbb{R}^2$ erst skalar multipliziert und dann nach $\mathbb{R}^4$ abbildet oder erst abbildet und dann skalar multipliziert; das Ergebnis ist gleich.

## 8.1. Definition und Beispiele

*Reelle Funktionen* lernt man bereits in der Schule kennen. Die einfachste Klasse sind *lineare Funktionen* (*lineare Abbildungen*). Eine **Abbildung** $L$ von $\mathbb{R}$ nach $\mathbb{R}$ ist **linear**, wenn sie die Form

$$L(x) = ax, \quad x \in \mathbb{R}$$

hat, wobei $a$ ein reeller Parameter ist. Zum Beispiel ist die Abbildung $L(x) = 2x$, $x \in \mathbb{R}$, linear mit dem Parameter $a = 2$. Der Graph einer linearen Funktion von $\mathbb{R}$ nach $\mathbb{R}$

ist eine Gerade und geht durch den Koordinatenursprung, dabei ist $a$ die Steigung der Geraden. $L$ ist nur dann eine lineare Abbildung, wenn der Graph von $L$ eine Gerade ist und durch den Koordinatenursprung geht, sonst nicht.

Jede reelle lineare Funktion $L$ hat die beiden folgenden Eigenschaften

(a) $L(x + y) = L(x) + L(y)$

(b) $L(cx) = cL(x)$

für alle $x, y, c \in \mathbb{R}$, denn es gilt:

$$L(x + y) = a(x + y) = ax + ay = L(x) + L(y)$$

und

$$L(cx) = a(cx) = acx = cax = c(ax) = cL(x).$$

Es ist also egal, ob man die Argumente $x$ und $y$ erst addiert und dann deren Summe durch $L$ abbildet oder ob man sie erst abbildet und dann ihre Bilder addiert.

Eine **Abbildung** von $\mathbb{R}^n$ nach $\mathbb{R}$ ist **linear**, wenn sie die Form

$$L(\boldsymbol{x}) = \boldsymbol{a}^{\mathrm{T}}\boldsymbol{x} = a_1x_1 + \cdots + a_nx_n, \quad \boldsymbol{x} \in \mathbb{R}^n$$

hat, wobei $\boldsymbol{a} = (a_1, \ldots, a_n)$ reelle Parameter[2] sind. Dass eine lineare Abbildung $L : \mathbb{R}^n \to \mathbb{R}$ die beiden Eigenschaften

(a) $L(\boldsymbol{x} + \boldsymbol{y}) = L(\boldsymbol{x}) + L(\boldsymbol{y})$

(b) $L(c\boldsymbol{x}) = cL(\boldsymbol{x})$

für alle $\boldsymbol{x}, \boldsymbol{y} \in \mathbb{R}^n$ und $c \in \mathbb{R}$ hat, rechnet man (wie oben) ganz einfach nach. Hat umgekehrt $L$ die beiden Eigenschaften, so definiert man $L(\boldsymbol{e}_i) = a_i$, wobei $\boldsymbol{e}_i \in \mathbb{R}^n$ der $i$-te natürliche Basisvektor ist. Mit $\boldsymbol{x} = (x_1, \ldots, x_n) = x_1\boldsymbol{e}_1 + \cdots + x_n\boldsymbol{e}_n$ und den beiden obigen Eigenschaften (a) und (b) gilt

$$\begin{aligned} L(\boldsymbol{x}) &= L(x_1\boldsymbol{e}_1 + \cdots + x_n\boldsymbol{e}_n) = L(x_1\boldsymbol{e}_1) + \cdots + L(x_n\boldsymbol{e}_n) \\ &= x_1L(\boldsymbol{e}_1) + \cdots + x_nL(\boldsymbol{e}_n) = x_1a_1 + \cdots + x_na_n. \end{aligned}$$

Es ist also folgende Aussage wahr: *Genau die linearen Abbildungen $L : \mathbb{R}^n \to \mathbb{R}$ besitzen die beiden Eigenschaften $L(\boldsymbol{x} + \boldsymbol{y}) = L(\boldsymbol{x}) + L(\boldsymbol{y})$ und $L(c\boldsymbol{x}) = cL(\boldsymbol{x})$.* Diese Überlegungen geben Anlass zur Definition einer *linearen Abbildung* von $\mathbb{R}^n$ nach $\mathbb{R}^m$.

Eine **Abbildung** (**Funktion**, **Transformation**, **Operator**) $L : \mathbb{R}^n \to \mathbb{R}^m$ mit $m, n \in \mathbb{N}$ ist **linear**, wenn gilt

[2] Der Vektor $\boldsymbol{a}$ wird auch Parametervektor genannt.

(a) $L(\boldsymbol{x}+\boldsymbol{y}) = L(\boldsymbol{x}) + L(\boldsymbol{y})$

(b) $L(c\boldsymbol{x}) = cL(\boldsymbol{x})$

für alle $\boldsymbol{x}, \boldsymbol{y} \in \mathbb{R}^n$ und $c \in \mathbb{R}$.

In Worten: Es ist egal, ob man zwei Vektoren in $V = \mathbb{R}^n$ erst addiert und dann die Summe durch $L$ nach $W = \mathbb{R}^m$ abbildet oder ob man sie erst abbildet und dann ihre Bilder addiert. Entsprechend lautet die zweite Eigenschaft bezogen auf die skalare Multiplikation.

Bitte beachten Sie: Die Addition $\boldsymbol{x}+\boldsymbol{y}$ findet im Vektorraum $\mathbb{R}^n$ statt, während die Addition $L(\boldsymbol{x}) + L(\boldsymbol{y})$ im Vektorraum $\mathbb{R}^m$ stattfindet. Analog ist $c\boldsymbol{x}$ eine skalare Multiplikation in $\mathbb{R}^n$, während $cL(\boldsymbol{x})$ eine skalare Multiplikation in $\mathbb{R}^m$ ist.

**Beispiel 8.1** (Lineare Abbildung)**.** Eine der einfachsten linearen Abbildungen sind die Multiplikationen mit einem Skalar. Zeigen Sie, dass die Abbildung $M : \mathbb{R}^2 \to \mathbb{R}^2$, $\boldsymbol{z} \mapsto 2\boldsymbol{z}$, eine lineare Abbildung ist[3].

*Lösung.* Ist $\boldsymbol{x} = (x_1, x_2)$, $\boldsymbol{y} = (y_1, y_2)$ aus $\mathbb{R}^2$ und $c \in \mathbb{R}$, dann gilt einerseits

$$\begin{aligned} M(\boldsymbol{x}+\boldsymbol{y}) &= M\big((x_1, x_2) + (y_1, y_2)\big) = M(x_1+y_1, x_2+y_2) = 2(x_1+y_1, x_2+y_2) \\ &= \big(2(x_1+y_1), 2(x_2+y_2)\big) = (2x_1+2y_1, 2x_2+2y_2) \\ &= (2x_1, 2x_2) + (2y_1, 2y_2) = 2(x_1, x_2) + 2(y_1, y_2) = 2\boldsymbol{x} + 2\boldsymbol{y} \\ &= M(\boldsymbol{x}) + M(\boldsymbol{y}) \end{aligned}$$

und andererseits

$$\begin{aligned} M(c\boldsymbol{x}) &= M\big(c(x_1, x_2)\big) = M(cx_1, cx_2) = 2(cx_1, cx_2) = (2cx_1, 2cx_2) = (c2x_1, c2x_2) \\ &= c(2x_1, 2x_2) = c\big(2(x_1, x_2)\big) = cM(x_1, x_2) = cM(\boldsymbol{x}). \end{aligned}$$

Damit erfüllt $M$ die beiden Eigenschaften einer linearen Abbildung. ■

Wie in dem Beispiel 8.1, so zeigt man allgemein, dass jede Multiplikation $M : \mathbb{R}^n \to \mathbb{R}^n$, $\boldsymbol{x} \mapsto r\boldsymbol{x}$, mit einer reellen Zahl $r$ eine lineare Abbildung ist.

**Beispiel 8.2** (Lineare Abbildung)**.** Verifizieren Sie die beiden Linearitätseigenschaften $L(\boldsymbol{x}+\boldsymbol{y}) = L(\boldsymbol{x}) + L(\boldsymbol{y})$, $L(c\boldsymbol{x}) = cL(\boldsymbol{x})$ für die lineare Abbildung $M$ aus Beispiel 8.1 und für $\boldsymbol{x} = (1, 2)$, $\boldsymbol{y} = (3, 4)$ und $c = 5$.

*Lösung.* Zunächst ist einerseits

$$M(\boldsymbol{x}+\boldsymbol{y}) = M\big((1, 2) + (3, 4)\big) = M(4, 6) = 2(4, 6) = (8, 12).$$

[3] Die lineare Abbildung $M$ stellt eine Streckung mit dem Streckfaktor 2 dar. In Kapitel 9 werden wir geometrische Eigenschaften von linearen Abbildungen genauer studieren.

und andererseits

$$M(\boldsymbol{x}) + M(\boldsymbol{y}) = M(1,2) + M(3,4) = 2(1,2) + 2(3,4) = (2,4) + (6,8) = (8,12).$$

Dann ist einerseits

$$M(c\boldsymbol{x}) = M(5(1,2)) = M(5,10) = 2(5,10) = (10,20)$$

und andererseits

$$cM(\boldsymbol{x}) = 5M(1,2) = 5 \cdot 2(1,2) = 10(1,2) = (10,20). \quad \blacksquare$$

**Beispiel 8.3** (Lineare Abbildung)**.** Die Abbildung $L : \mathbb{R}^2 \to \mathbb{R}^2$ mit $L(x_1, x_2) = (2x_1 + 3x_2, 4x_1 - 5x_2)$ ist linear. Begründen Sie diese Aussage.

*Lösung.* Ist $\boldsymbol{x} = (x_1, x_2)$, $\boldsymbol{y} = (y_1, y_2)$ aus $\mathbb{R}^2$ und $c \in \mathbb{R}$, dann gilt einerseits

$$\begin{aligned} L(\boldsymbol{x} + \boldsymbol{y}) &= L((x_1, x_2) + (y_1, y_2)) = L(x_1 + y_1, x_2 + y_2) \\ &= (2(x_1 + y_1) + 3(x_2 + y_2), 4(x_1 + y_1) - 5(x_2 + y_2)) \\ &= (2x_1 + 2y_1 + 3x_2 + 3y_2, 4x_1 + 4y_1 - 5x_2 - 5y_2) \\ &= (2x_1 + 3x_2 + 2y_1 + 3y_2, 4x_1 - 5x_2 + 4y_1 - 5y_2) \\ &= (2x_1 + 3x_2, 4x_1 - 5x_2) + (2y_1 + 3y_2, 4y_1 - 5y_2) \\ &= L(x_1, x_2) + L(y_1, y_2) = L(\boldsymbol{x}) + L(\boldsymbol{y}) \end{aligned}$$

und andererseits

$$\begin{aligned} L(c\boldsymbol{x}) &= L(c(x_1, x_2)) = L(cx_1, cx_2) = (2(cx_1) + 3(cx_2), 4(cx_1) - 5(cx_2)) \\ &= (2cx_1 + 3cx_2, 4cx_1 - 5cx_2) = (c2x_1 + c3x_2, c4x_1 - c5x_2) \\ &= (c(2x_1 + 3x_2), c(4x_1 - 5x_2)) = c(2x_1 + 3x_2, 4x_1 - 5x_2) = cL(x_1, x_2) \\ &= cL(\boldsymbol{x}). \end{aligned}$$

Damit erfüllt $L$ die beiden Eigenschaften einer linearen Abbildung. $\blacksquare$

**Beispiel 8.4** (Lineare Abbildung)**.** Die Abbildung $L : \mathbb{R}^2 \to \mathbb{R}^3$ mit $L(x_1, x_2) = (x_1 + x_2, x_2, x_1 - x_2)$ ist linear. Begründen Sie diese Aussage.

*Lösung.* Für alle Vektoren $\boldsymbol{x} = (x_1, x_2)$, $\boldsymbol{y} = (y_1, y_2)$ aus $\mathbb{R}^2$ gilt:

$$\begin{aligned} L(\boldsymbol{x} + \boldsymbol{y}) &= L((x_1, x_2) + (y_1, y_2)) = L(x_1 + y_1, x_2 + y_2) \\ &= ((x_1 + y_1) + (x_2 + y_2), x_2 + y_2, (x_1 + y_1) - (x_2 + y_2)) \\ &= (x_1 + y_1 + x_2 + y_2, x_2 + y_2, x_1 + y_1 - x_2 - y_2) \\ &= (x_1 + x_2 + y_1 + y_2, x_2 + y_2, x_1 - x_2 + y_1 - y_2) \end{aligned}$$

$$\begin{aligned} &= (x_1 + x_2, x_2, x_1 - x_2) + (y_1 + y_2, y_2, y_1 - y_2) = L(x_1, x_2) + L(y_1, y_2) \\ &= L(\boldsymbol{x} + \boldsymbol{y}) \end{aligned}$$

Weiter gilt für alle Vektoren $\boldsymbol{x} = (x_1, x_2)$ aus $\mathbb{R}^2$ und reelle Zahlen $c$:

$$\begin{aligned} L(c\boldsymbol{x}) &= L(c(x_1, x_2)) = L(cx_1, cx_2) \\ &= (cx_1 + cx_2, cx_2, cx_1 - cx_2) = (c(x_1 + x_2), cx_2, c(x_1 - x_2)) \\ &= c(x_1 + x_2, x_2, x_1 - x_2) = cL(x_1, x_2) = cL(\boldsymbol{x}). \end{aligned}$$

Damit erfüllt $L$ die beiden Eigenschaften einer linearen Abbildung. ■

**Beispiel 8.5** (Lineare Abbildung)**.** Wir wählen den Vektor $\boldsymbol{a} = (1, 3, 4)$ und definieren die Abbildung $L(\boldsymbol{x}) = \boldsymbol{a}^{\mathrm{T}}\boldsymbol{x} = x_1 + 3x_2 + 4x_3$, $\boldsymbol{x} = (x_1, x_2, x_3) \in \mathbb{R}^3$. Jedem dreidimensionalen Vektor wird so eine reelle Zahl zugeordnet. Zeigen Sie, dass $L$ eine lineare Abbildung ist.

*Lösung.* Ist $\boldsymbol{x} = (x_1, x_2, x_3)$ und $\boldsymbol{y} = (y_1, y_2, y_3)$, dann gilt einerseits

$$\begin{aligned} L(\boldsymbol{x} + \boldsymbol{y}) &= L(x_1 + y_1, x_2 + y_2, x_3 + y_3) = (x_1 + y_1) + 3(x_2 + y_2) + 4(x_3 + y_3) \\ &= x_1 + y_1 + 3x_2 + 3y_2 + 4x_3 + 4y_3 = (x_1 + 3x_2 + 4x_3) + (y_1 + 3y_2 + 4y_3) \\ &= L(\boldsymbol{x}) + L(\boldsymbol{y}) \end{aligned}$$

und andererseits

$$\begin{aligned} L(c\boldsymbol{x}) &= L(cx_1, cx_2, cx_3) = (cx_1) + 3(cx_2) + 4(cx_3) = cx_1 + c3x_2 + c4x_3 \\ &= c(x_1 + 3x_2 + 4x_3) = cL(\boldsymbol{x}). \end{aligned}$$

Damit erfüllt $L$ die beiden Eigenschaften einer linearen Abbildung.

Eine andere Begründung ist: $L$ ist eine Abbildung von $\mathbb{R}^3$ nach $\mathbb{R}$. $L$ ist linear, weil der Abbildungsterm die Form $L(\boldsymbol{x}) = \boldsymbol{a}^{\mathrm{T}}\boldsymbol{x}$ hat und jede lineare Abbildung von $\mathbb{R}^n$ nach $\mathbb{R}$ diese Form haben muss. ■

**Beispiel 8.6** (Statistik)**.** Die Abbildung, die einem Vektor $\boldsymbol{z} \in \mathbb{R}^n$ den arithmetischen Mittelwert seiner Koordinaten zuordnet, ist eine lineare Abbildung von $\mathbb{R}^n$ nach $\mathbb{R}$ mit $\boldsymbol{z} \mapsto \boldsymbol{a}^{\mathrm{T}}\boldsymbol{z} = 1/n \sum_{i=1}^{n} z_i$, $\boldsymbol{z} = (z_1, \ldots, z_n) \in \mathbb{R}^n$ und $\boldsymbol{a} = (1/n, \ldots, 1/n)$. Bezeichnen wir den arithmetischen Mittelwert von $\boldsymbol{z}$ mit $\bar{z}$, so ist also $\overline{x + y} = \overline{x} + \overline{y}$ und $\overline{cx} = c\overline{x}$ für alle $\boldsymbol{x}, \boldsymbol{y} \in \mathbb{R}^n$ und $c \in \mathbb{R}$. In Worten: Der arithmetische Mittelwert der Zahlen $x_i + y_i$ ist der Gleiche wie die Summe der arithmetischen Mittelwerte der Zahlen $x_i$ und der Zahlen $y_i$. Außerdem ist für jede reelle Zahl $c$ der arithmetische Mittelwert der Zahlen $cx_i$ gleich dem Produkt von $c$ mit dem arihtmetischen Mittelwert von den Zahlen $x_i$.

Die Abbildungen, die einem Vektor den geometrischen Mittelwert oder den Zentralwert (Median) seiner Koordinaten zuordnen, sind dagegen keine linearen Abbildungen. ■

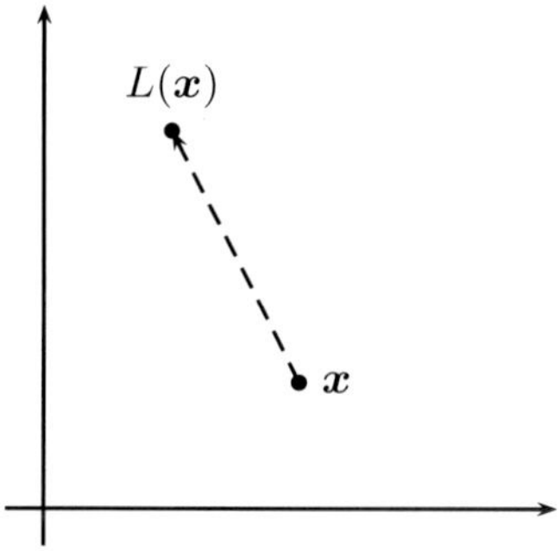


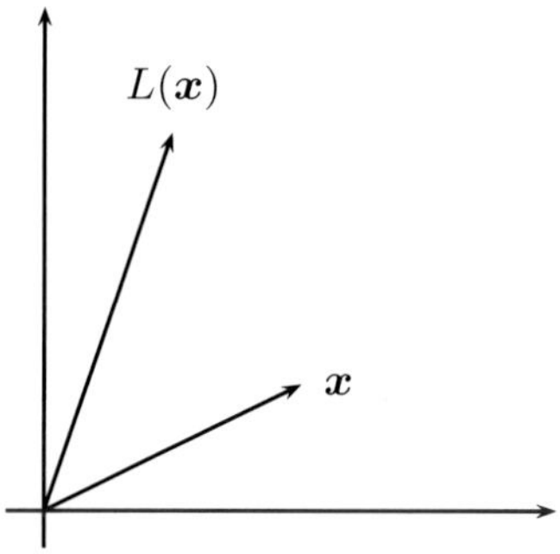


Bild 8.3.: Transformationen (Abbildungen) im $\mathbb{R}^2$

**Beispiel 8.7** (Keine lineare Abbildung)**.** Die beiden Abbildungen $F_1(x_1, x_2, x_3) = (x_1^2, x_2)$ und $F_2(x_1, x_2, x_3) = (1, 2)$ von $\mathbb{R}^3$ nach $\mathbb{R}^2$ sind nicht linear. Warum? Begründen Sie!

*Lösung.* Es ist

$$F_1(2(1,0,0)) = F_1(2,0,0) = (4,0) \neq (2,0) = 2(1,0) = 2F_1(1,0,0).$$

Damit gilt $F_1(c\boldsymbol{x}) = cF_1(\boldsymbol{x})$ nicht für alle $c \in \mathbb{R}$ und $\boldsymbol{x} = (x_1, x_2, x_3) \in \mathbb{R}^3$.

Auch $F_2$ ist nicht linear, denn es ist

$$F_2(0,0,0) = (1,2) \neq (0,0).$$

Der Nullvektor $\boldsymbol{o} = (0,0,0) \in \mathbb{R}^3$ müsste aber auf den Nullvektor $\boldsymbol{o} = (0,0)$ in $\mathbb{R}^2$ abgebildet werden. ■

An diesem Beispiel 8.7 sieht man, dass Quadrate (und höhere Potenzen) der Koordinaten bei linearen Abbildungen nicht vorkommen dürfen. In dieser Hinsicht sind sie also ziemlich einfach. Die Komplikationen ergeben sich daraus, dass man mehrere Variablen hat.

**Beispiel 8.8** (Keine lineare Abbildung)**.** Die reellwertige Abbildung $F : \mathbb{R}^3 \to \mathbb{R}$ mit $F(\boldsymbol{x}) = |\boldsymbol{x}|$ ist keine lineare Abbildung. Begründen Sie!

*Lösung.* Linearität würde zum Beispiel bedeuten, dass die Länge der Summe zweier Vektoren gleich der Summe der Länge der einzelnen Vektoren ist, also $|\boldsymbol{x}+\boldsymbol{y}| = |\boldsymbol{x}|+|\boldsymbol{y}|$. Vielmehr gilt allgemein die Dreiecksungleichung $|\boldsymbol{x}+\boldsymbol{y}| \leq |\boldsymbol{x}| + |\boldsymbol{y}|$.

Eine andere Begründung ist: $F$ ist eine Abbildung von $\mathbb{R}^3$ nach $\mathbb{R}$. Wäre $F$ linear, so müsste der Abbildungsterm die Form $F(\boldsymbol{x}) = \boldsymbol{a}^{\mathrm{T}}\boldsymbol{x}$ haben, was er aber nicht hat. ■

Es ist interessant, (lineare) Abbildungen zu „sehen“. Betrachten wir Abbildungen von $\mathbb{R}^2$ nach $\mathbb{R}^2$, so wird ein Punkt bzw. ein Vektor auf einen neuen Punkt bzw. Vektor transformiert, siehe Bild 8.3. Aus diesem Grund heißen (lineare) Abbildungen auch *(lineare) Transformationen.* Analog spricht man auch im $\mathbb{R}^3$ und allgemein im $\mathbb{R}^n$ gerne von (linearen) Transformationen, insbesondere dann, wenn die Anschauung im Vordergrund steht.

**Beispiel 8.9** (Lineare Abbildung, Drehung). Drehungen um den Koordinatenursprung sind lineare Abbildungen. Bild 8.4 zeigt die geometrische Interpretation der beiden cha-

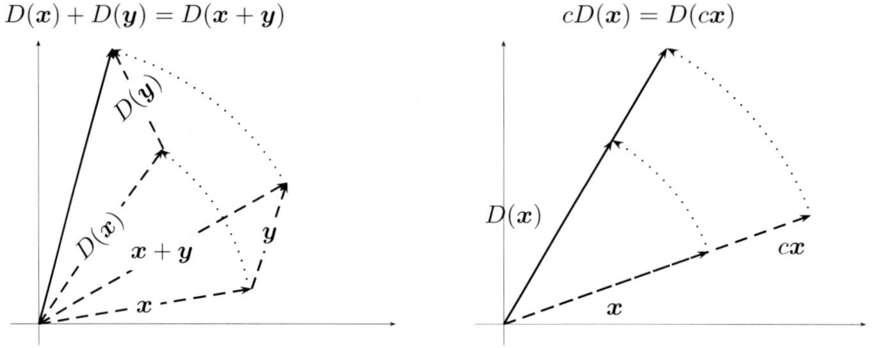


Bild 8.4.: Eine Drehung $D$ um den Koordinatenursprung ist eine lineare Abbildung

rakteristischen Eigenschaften einer linearen Abbildung bei einer Drehung in der Ebene $\mathbb{R}^2$ um den Koordinatenursprung. Man erhält das gleiche Ergebnis, ob man Vektoren erst addiert und dann dreht oder erst dreht und dann addiert. Man erhält auch das gleiche Ergebnis, wenn man einen Vektor erst mit einem Skalar multipliziert (streckt oder staucht) und dann dreht oder erst dreht und dann mit dem Skalar multipliziert. ■

## 8.2. Eigenschaften linearer Abbildungen

Die beiden Bedingungen (Gleichungen) in der Definition einer linearen Abbildung können gleichwertig durch die Forderung

$$L(c\boldsymbol{x} + d\boldsymbol{y}) = cL(\boldsymbol{x}) + dL(\boldsymbol{y})$$

ersetzt werden, wobei $\boldsymbol{x}, \boldsymbol{y} \in \mathbb{R}^n$ und $c, d \in \mathbb{R}$ sind, siehe Aufgabe 8.18.

**Satz 8.1.** *Eine Abbildung $L : \mathbb{R}^n \to \mathbb{R}^m$ ist genau dann linear, wenn $L(c\boldsymbol{x} + d\boldsymbol{y}) = cL(\boldsymbol{x}) + dL(\boldsymbol{y})$ für alle $\boldsymbol{x}, \boldsymbol{y} \in \mathbb{R}^n$ und $c, d \in \mathbb{R}$ gilt.*

In Worten: Sind zwei (oder endlich viele Vektoren) gegeben, formen wir von diesen eine Linearkombination und bilden sie durch eine lineare Abbildung ab, oder bilden wir jeden Vektor ab und formen dann die Linearkombination, das Ergebnis ist das Gleiche.

Der Nullvektor wird durch eine lineare Abbildung immer auf den Nullvektor abgebildet, das heißt für jede lineare Abbildung $L$ gilt: $L(\boldsymbol{o}) = L(\boldsymbol{x} + (-\boldsymbol{x})) = L(\boldsymbol{x}) + L(-\boldsymbol{x}) = L(\boldsymbol{x}) - L(\boldsymbol{x}) = \boldsymbol{o}$.

**Satz 8.2.** *Für jede lineare Abbildung $L : \mathbb{R}^n \to \mathbb{R}^m$ gilt: $L(\boldsymbol{o}_n) = \boldsymbol{o}_m$. Hierbei Ist $\boldsymbol{o}_n$ der Nullvektor in $\mathbb{R}^n$ und $\boldsymbol{o}_m$ der Nullvektor in $\mathbb{R}^m$.*

Das Ergebnis eignet sich gut, um Abbildungen als nicht linear zu erkennen. Wird nämlich der Nullvektor in der Definitionsmenge nicht auf den Nullvektor in der Zielmenge abgebildet, so ist die Abbildung nicht linear.

**Beispiel 8.10.** Die Abbildung

$$\begin{array}{cccc} F: & \mathbb{R}^2 & \to & \mathbb{R}^3 \\ & (x,y) & \mapsto & (x+1,y,x) \end{array}$$

ist nicht linear, da $F(\boldsymbol{o}) = F(0,0) = (1,0,0) \neq \boldsymbol{o}$ ist, also der Nullvektor in $\mathbb{R}^2$ nicht auf den Nullvektor in $\mathbb{R}^3$ abgebildet wird. ■

**Beispiel 8.11.** Nehmen wir einen festen Vektor $\bar{\boldsymbol{x}} \in \mathbb{R}^n$ und definieren die Abbildung $L(\boldsymbol{x}) = \boldsymbol{x} + \bar{\boldsymbol{x}}$, $\boldsymbol{x} \in \mathbb{R}^n$, so ist $L$ keine lineare Abbildung, denn

$$L(\boldsymbol{x}) + L(\boldsymbol{y}) = \boldsymbol{x} + \bar{\boldsymbol{x}} + \boldsymbol{y} + \bar{\boldsymbol{x}} \quad \text{aber} \quad L(\boldsymbol{x} + \boldsymbol{y}) = \boldsymbol{x} + \boldsymbol{y} + \bar{\boldsymbol{x}}.$$

Nur im Spezialfall $\bar{\boldsymbol{x}} = \boldsymbol{o}$, ist $L(\boldsymbol{x}) = \boldsymbol{x}$ eine lineare Abbildung, die sogenannte *identische Abbildung.* ■

Die Abbildung $L(\boldsymbol{x}) = \boldsymbol{x}+\bar{\boldsymbol{x}}$, $\boldsymbol{x} \in \mathbb{R}^n$, wird **affin-lineare Abbildung** genannt. Sie spielt bei Koordinatentransformationen, in der Computergrafik, in der Robotik usw. eine große Rolle.

**Beispiel 8.12.** Drehungen um den Koordinatenursprung sind lineare Abbildungen. Wir betrachten eine Drehung in der Ebene um einen Punkt, der nicht der Koordinatenursprung ist. Ist die Drehung dann immer noch eine lineare Abbildung?

*Lösung.* Nein, denn dann wird der Nullvektor im allgemeinen nicht wieder auf den Nullvektor abgebildet. ■

## 8.3. Verkettung linearer Abbildungen

Sind $L_1 : \mathbb{R}^n \to \mathbb{R}^r$ und $L_2 : \mathbb{R}^r \to \mathbb{R}^m$ lineare Abbildungen. Für $\boldsymbol{x} \in \mathbb{R}^n$ ist $L_1(\boldsymbol{x})$ ein Vektor in $\mathbb{R}^r$, dessen Bild unter $L_2$ sich als Vektor $L_2(L_1(\boldsymbol{x}))$ in $\mathbb{R}^m$ ergibt. Die Hintereinanderausführung oder Verkettung von $L_1$ und $L_2$ ist folglich eine Abbildung von $\mathbb{R}^n$ nach $\mathbb{R}^m$, die wir als **Verkettung** (**Hintereinanderausführung**, **Komposition**) von $L_1$ mit $L_2$ bezeichnen. Mit der Schreibweise $L_2 \circ L_1$ liefert das

$$(L_2 \circ L_1)(\boldsymbol{x}) = L_2(L_1(\boldsymbol{x})).$$

Beachten Sie, dass die Verkettung zweier linearer Abbildung ein Spezialfall der Verkettung zweier beliebiger Funktionen (Abbildungen) ist. Das Bild 8.5. zeigt die Verkettung

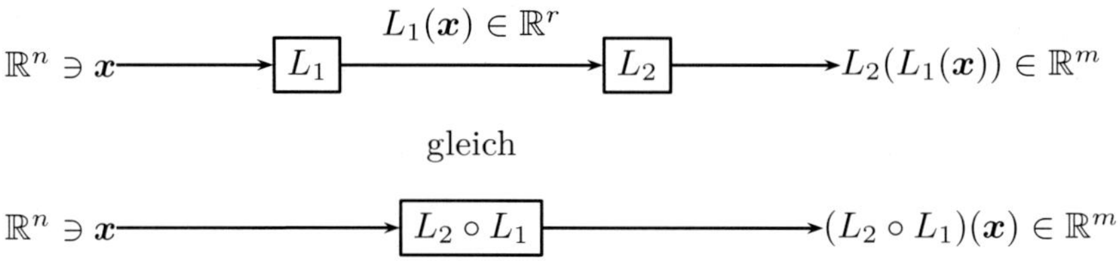


Bild 8.5.: Verkettung linearer Abbildungen

grafisch.

Sind $L_1$ und $L_2$ zwei lineare Abbildungen, so ist auch die verkettete Abbildung $L_2 \circ L_1$ wieder linear, denn es ist:

$$\begin{aligned}(L_2 \circ L_1)(\boldsymbol{x}+\boldsymbol{y}) &= L_2(L_1(\boldsymbol{x}+\boldsymbol{y})) = L_2(L_1(\boldsymbol{x}) + L_1(\boldsymbol{y})) = L_2(L_1(\boldsymbol{x})) + L_2(L_1(\boldsymbol{y})) \\ &= (L_2 \circ L_1)(\boldsymbol{x}) + (L_2 \circ L_1)(\boldsymbol{y})\end{aligned}$$

und

$$c(L_2 \circ L_1)(\boldsymbol{x}) = cL_2(L_1(\boldsymbol{x})) = L_2(cL_1(\boldsymbol{x})) = L_2(L_1(c\boldsymbol{x})) = (L_2 \circ L_1)(c\boldsymbol{x}).$$

**Satz 8.3.** *Ist $L_1$ eine lineare Abbildung von $\mathbb{R}^n$ nach $\mathbb{R}^r$ und $L_2$ eine lineare Abbildung von $\mathbb{R}^r$ nach $\mathbb{R}^m$, dann ist $L_2 \circ L_1$ eine lineare Abbildung von $\mathbb{R}^n$ nach $\mathbb{R}^m$.*

**Beispiel 8.13.** Gegeben sind die linearen Abbildungen $L_1 : \mathbb{R}^2 \to \mathbb{R}^2$ mit $L_1(x,y) = (-x,y)$ und $L_2 : \mathbb{R}^2 \to \mathbb{R}^2$ mit $L_2(x,y) = (x,0)$. Geben Sie die lineare Abbildung $L_2 \circ L_1$ an.

*Lösung.* Es ist $L_2 \circ L_1 : \mathbb{R}^2 \to \mathbb{R}^2$ mit

$$(L_2 \circ L_1)(x,y) = L_2(L_1(x,y)) = L_2(-x,y) = (-x,0). \quad \blacksquare$$

## 8.4. Kern und Bild linearer Abbildungen

Die Menge der Urbildvektoren einer linearen Abbildung, die auf den Nullvektor in $\mathbb{R}^m$ abgebildet werden und die Menge der Bildvektoren spielen eine wichtige Rolle in der Linearen Algebra und ihren Anwendungen. Sie haben deshalb einen eigenen Namen.

Ist $L : \mathbb{R}^n$ nach $\mathbb{R}^m$ eine lineare Abbildung. Dann heißt die Menge die Urbildvektoren aus $\mathbb{R}^n$, die auf den Nullvektor in $\mathbb{R}^m$ abgebildet werden **Kern** (**Nullraum**) der linearen Abbildung $L$. Man schreibt für diese Menge Kern$(L)$. Es ist also

$$\text{Kern}(L) = \{\boldsymbol{v} \in \mathbb{R}^n \mid L(\boldsymbol{v}) = \boldsymbol{o}\}.$$

Die Menge der Bildvektoren heißt **Bild** (**Bildraum**) der linearen Abbildung $L$. Man schreibt für diese Menge Bild$(L)$. Es ist also

$$\text{Bild}(L) = \{L(\boldsymbol{v}) \in \mathbb{R}^m \mid \boldsymbol{v} \in \mathbb{R}^n\}.$$

Statt Bild$(L)$ schreibt man auch $L(\mathbb{R}^n)$.

**Beispiel 8.14.** Ist $L$ die lineare Abbildung von $\mathbb{R}^2$ nach $\mathbb{R}^2$ mit $L(x, y) = (x, 0)$. Bestimmen Sie den Kern und das Bild von $L$.

*Lösung.* Ein Vektor $\boldsymbol{x} \in \mathbb{R}^2$ ist genau dann im Kern von $L$, wenn $x = 0$ ist. Somit besteht der Kern von $L$ aus dem Unterraum von $\mathbb{R}^2$, der vom Vektor $\boldsymbol{e}_2 = (0, 1)$ aufgespannt wird, anschaulich aus der $y$-Achse.

Ein Vektor $\boldsymbol{y} \in \mathbb{R}^2$ liegt im Bild von $L$ genau dann, wenn er ein Vielfaches von $\boldsymbol{e}_1 = (1, 0)$ ist. Daher ist $L(\mathbb{R}^2)$ der eindimensionale Unterraum von $\mathbb{R}^2$, der durch $\boldsymbol{e}_1$ aufgespannt wird, anschaulich die $x$-Achse. ■

Aufgrund des Beispiels ist folgender Satz nicht überraschend.

**Satz 8.4.** *Ist $L : \mathbb{R}^n$ nach $\mathbb{R}^m$ eine lineare Abbildung. Dann ist der Kern von $L$ ein Untervektorraum von $\mathbb{R}^n$ und das Bild von $L$ ist ein Untervektorraum von $\mathbb{R}^m$.*

Ein Beweis dieses Satz ist nicht schwer; wir überlassen ihn Ihnen. In Abschnitt 14.4 zeigen wir einen Beweis dieses Satzes für beliebige Vektorräume.

**Beispiel 8.15.** Ist $L$ die lineare Abbildung von $\mathbb{R}^2$ nach $\mathbb{R}^2$ mit $L(x, y) = (-x, y)$. Bestimmen Sie den Kern und das Bild von $L$.

*Lösung.* Der Kern von $L$ besteht nur aus dem Nullvektor. Der Nullvektor ist der einzige Vektor der auf den Nullvektor abgebildet wird, alle anderen Vektoren ergeben einen Bildvektor, der nicht der Nullvektor ist. Es ist also Kern$(L) = \{\boldsymbol{o}\}$.

Das Bild von $L$ ist der ganze Raum $\mathbb{R}^2$, also Bild$(L) = \mathbb{R}^2$. Ist nämlich $(a, b)$ ein beliebiger Bildvektor aus $\mathbb{R}^2$, so ist der Vektor $(-a, b)$ der dazugehörige Urbildvektor, denn es ist $L(-a, b) = (-(-a), b) = (a, b)$. ■

## 8.5. Natürliche Darstellungsmatrix

Wenn man mit linearen Abbildungen konkret rechnen will oder muss, dann ist man gut beraten, ihre Darstellung durch Matrizen zu benutzen. Das werden wir in diesem Abschnitt erklären.

Eine reelle lineare Abbildung $L$ von $\mathbb{R}$ nach $\mathbb{R}$ wird eindeutig durch den reellen Parameter $a$ in $L(x) = ax$ beschrieben. Eine lineare Abbildung $L$ von $\mathbb{R}^n$ nach $\mathbb{R}$ wird eindeutig durch den Vektor $\boldsymbol{a} \in \mathbb{R}^n$ in $L(x) = \boldsymbol{a}^{\mathrm{T}}\boldsymbol{x}$ beschrieben. Eine lineare Abbildung von $\mathbb{R}^n$ nach $\mathbb{R}^m$ wird eindeutig durch eine Matrix $\boldsymbol{A} \in \mathbb{R}^{m\times n}$ dargestellt. Davon wollen wir uns nun überzeugen.

**Beispiel 8.16.** Für $\boldsymbol{A} \in \mathbb{R}^{m\times n}$ ist die Abbildung $L(\boldsymbol{x}) = \boldsymbol{A}\boldsymbol{x}$, $\boldsymbol{x} \in \mathbb{R}^n$, linear von $\mathbb{R}^n$ nach $\mathbb{R}^m$. Weisen Sie dies nach.

*Lösung.* Nach den Rechenregeln für Matrizen (Satz 1.6 und 1.7) gilt: $L(\boldsymbol{x}+\boldsymbol{y}) = \boldsymbol{A}(\boldsymbol{x}+\boldsymbol{y}) = \boldsymbol{A}\boldsymbol{x} + \boldsymbol{A}\boldsymbol{y} = L(\boldsymbol{x}) + L(\boldsymbol{y})$ und $L(c\boldsymbol{x}) = \boldsymbol{A}(c\boldsymbol{x}) = c\boldsymbol{A}\boldsymbol{x} = cL(\boldsymbol{x})$ für alle $\boldsymbol{x}$, $\boldsymbol{y}$ in $\mathbb{R}^n$ und $c \in \mathbb{R}$. Damit ist bereits alles gezeigt. ∎

Das Beispiel zeigt, dass jede Matrix $\boldsymbol{A} \in \mathbb{R}^{m\times n}$ durch $L(\boldsymbol{x}) = \boldsymbol{A}\boldsymbol{x}$, $\boldsymbol{x} \in \mathbb{R}^n$, eine lineare Abbildung von $V = \mathbb{R}^n$ nach $W = \mathbb{R}^m$ erzeugt.

Nun fragen wir umgekehrt: Werden alle linearen Abbildungen durch Matrizen produziert? Wenn eine lineare Abbildung $L$ eine Drehung, eine Projektion, ja irgendeine lineare Abbildung ist, gibt es dann immer eine Matrix, die sich hinter $L$ verbirgt? Die Antwort ist: *Ja*!

**Beispiel 8.17.** Zeigen Sie, dass es zu jeder linearen Abbildung $L : \mathbb{R}^n \to \mathbb{R}^m$ genau eine Matrix $\boldsymbol{A} \in \mathbb{R}^{m\times n}$ gibt, die $L$ darstellt, das heißt $L(\boldsymbol{x}) = \boldsymbol{A}\boldsymbol{x}$ für alle $\boldsymbol{x} \in \mathbb{R}^n$.

*Lösung.* Wir zeigen zunächst die Existenz einer solchen Abbildung und danach deren Eindeutigkeit. Wir betrachten die natürliche Basis $\boldsymbol{e}_1, \boldsymbol{e}_2, \ldots, \boldsymbol{e}_n$ des $\mathbb{R}^n$ und konstruieren $\boldsymbol{A}$, indem wir als Spaltenvektoren von $\boldsymbol{A}$ die Bilder $L(\boldsymbol{e}_1)$, $L(\boldsymbol{e}_2)$, …, $L(\boldsymbol{e}_n)$ wählen

$$\boldsymbol{A} = \begin{bmatrix} | & | & & | \\ L(\boldsymbol{e}_1) & L(\boldsymbol{e}_2) & \cdots & L(\boldsymbol{e}_n) \\ | & | & & | \end{bmatrix}.$$

Für einen Vektor $\boldsymbol{x} \in \mathbb{R}^n$ ist das Produkt $\boldsymbol{A}\boldsymbol{x}$ eine Linearkombination der Spalten von $\boldsymbol{A}$ mit den Koordinaten von $\boldsymbol{x}$ als Koeffizienten (siehe Abschnitt 1.9) also

$$\begin{aligned} \boldsymbol{A}\boldsymbol{x} &= x_1L(\boldsymbol{e}_1) + x_2L(\boldsymbol{e}_2) + \cdots + x_nL(\boldsymbol{e}_n) = L(x_1\boldsymbol{e}_1) + L(x_2\boldsymbol{e}_2) + \cdots + L(x_n\boldsymbol{e}_n) \\ &= L(x_1\boldsymbol{e}_1 + x_2\boldsymbol{e}_2 + \cdots + x_n\boldsymbol{e}_n) = L(\boldsymbol{x}), \end{aligned}$$

womit der Existenzbeweis erbracht ist.

Wir zeigen nun, dass die Matrix eindeutig ist. Hierzu seien $\boldsymbol{A}$, $\boldsymbol{B} \in \mathbb{R}^{m \times n}$ und $L(\boldsymbol{x}) = \boldsymbol{A}\boldsymbol{x} = \boldsymbol{B}\boldsymbol{x}$ für alle $\boldsymbol{x} \in \mathbb{R}^n$. Dann muss insbesondere für die natürlichen Basisvektoren $\boldsymbol{e}_1$, $\boldsymbol{e}_2$, ..., $\boldsymbol{e}_n$ aus $\mathbb{R}^n$ gelten: $\boldsymbol{A}\boldsymbol{e}_i = \boldsymbol{B}\boldsymbol{e}_i$ für $i = 1, 2, \ldots, n$. Was ist aber $\boldsymbol{A}\boldsymbol{e}_i$? $\boldsymbol{A}\boldsymbol{e}_i$ ist genau die $i$-te Spalte von $\boldsymbol{A}$. Also haben $\boldsymbol{A}$ und $\boldsymbol{B}$ dieselben Spalten und sind daher gleich. ■

Aus der Konstruktion der Matrix $\boldsymbol{A}$ geht hervor, dass die Spalten die Bilder der natürlichen Basisvektoren sind (Siehe auch Seite 589 und Seite 595). Es ist nützlich, sich diesen Satz als Merkvers zu behalten. Man nennt die Matrix $\boldsymbol{A}$ **natürliche Darstellungsmatrix** (**Standardmatrix**, **Standarddarstellungsmatrix**, **darstellende Matrix**, **Darstellungsmatrix**, **kanonische Darstellungsmatrix**) und schreibt auch $\boldsymbol{A}_E$ oder $\boldsymbol{A}_N$, wobei $E = N = \{\boldsymbol{e}_1, \boldsymbol{e}_2, \ldots, \boldsymbol{e}_n\}$ die Menge der natürlichen Basisvektoren ist. Der folgende Satz fasst die beiden Beispiele 8.16 und 8.17 zusammen und sagt aus, dass lineare Abbildungen von $\mathbb{R}^n$ nach $\mathbb{R}^m$ genau von der Form $L(\boldsymbol{x}) = \boldsymbol{A}\boldsymbol{x}$ sind[4].

**Satz 8.5** (Lineare Abbildungen und Matrizen)**.** *Es ist $\boldsymbol{A} \in \mathbb{R}^{m \times n}$ eine reelle Matrix. Dann ist die Abbildung*

$$\begin{aligned} \mathbb{R}^n &\to \mathbb{R}^m \\ \boldsymbol{x} &\mapsto \boldsymbol{A}\boldsymbol{x} \end{aligned}$$

*linear und ist umgekehrt $L : \mathbb{R}^n \to \mathbb{R}^m$ eine lineare Abildung, dann gibt es genau eine reelle Matrix $\boldsymbol{A} \in \mathbb{R}^{m \times n}$ mit $L(\boldsymbol{x}) = \boldsymbol{A}\boldsymbol{x}$ für alle $\boldsymbol{x} \in \mathbb{R}^n$.*

Dieser Satz 8.5 soll Sie nicht auf den Gedanken bringen, eine Matrix und eine lineare Abbildung seien überhaupt dasselbe. Nein! Aber eine Matrix hat eine Doppelbedeutung: Zum einen ist sie ein rechteckiges Zahlenschema und zum anderen beschreibt sie eine lineare Abbildung.

**Beispiel 8.18** (Natürliche Darstellungsmatrix)**.** Wie lautet die natürliche Darstellungsmatrix $\boldsymbol{A}$ der linearen Abbildung

$$\begin{array}{rccc} L: & \mathbb{R}^2 & \to & \mathbb{R}^2 \\ & \boldsymbol{x} & \mapsto & (3x - 2y, x + y) \end{array}$$

*Lösung.* Es ist $L(\boldsymbol{e}_1) = L(1,0) = ((3)(1) - (2)(0), 1 + 0) = (3,1)$ und $L(\boldsymbol{e}_2) = L(0,1) = ((3)(0) - (2)(1), 0 + 1) = (-2, 1)$. Also ist

$$\boldsymbol{A} = \begin{bmatrix} | & | \\ L(\boldsymbol{e}_1) & L(\boldsymbol{e}_2) \\ | & | \end{bmatrix} = \begin{bmatrix} | & | \\ L(1,0) & L(0,1) \\ | & | \end{bmatrix} = \begin{bmatrix} 3 & -2 \\ 1 & 1 \end{bmatrix}$$

[4]Statt $\boldsymbol{A}$, $\boldsymbol{A}_E$ oder $\boldsymbol{A}_N$ schreiben wir auch $\boldsymbol{L}$, $\boldsymbol{L}_E$ bzw. $\boldsymbol{L}_N$. In Kapitel 14 wird noch klarer, warum wir in der Schreibweise Indizes verwenden.

die natürliche Darstellungsmatrix von $L$. ■

Wir werden Beispiel 8.18 in Beispiel 15.18 aufgreifen. Dort werden wir sehen, dass auch noch andere Darstellungsmatrizen möglich sind, wenn wir andere statt den natürlichen Basen wählen.

**Beispiel 8.19.** Lineare Abbildungen $L$ von $\mathbb{R}^2$ nach $\mathbb{R}^2$ sind nach Satz 8.5 genau von der Form $L(x, y) = (ax + by, cx + dy)$, wobei $a$, $b$, $c$, $d$ reelle Paramter sind.

$$\boldsymbol{A} = \begin{bmatrix} a & b \\ c & d \end{bmatrix}$$

ist die natürliche Darstellungsmatrix der linearen Abbildung $L$. Es ist

$$L(x, y) = \boldsymbol{A}\boldsymbol{x} = \begin{bmatrix} a & b \\ c & d \end{bmatrix} \begin{bmatrix} x \\ y \end{bmatrix} = \begin{bmatrix} ax + by \\ cx + dy \end{bmatrix} = (ax + by, cx + dy).$$

für $\boldsymbol{x} = (x, y) \in \mathbb{R}^2$. ■

**Beispiel 8.20.** Bestimmen Sie von der linearen Abbildung jeweils die natürliche Darstellungsmatrix.

(a) $I : \mathbb{R}^n \to \mathbb{R}^n$, $\boldsymbol{x} \mapsto \boldsymbol{x}$.
(b) $L_1 : \mathbb{R} \to \mathbb{R}^m$, $\boldsymbol{x} \mapsto x\boldsymbol{a}$ für $\boldsymbol{a} \in \mathbb{R}^m$.
(c) $L_2 : \mathbb{R}^n \to \mathbb{R}$, $\boldsymbol{x} \mapsto x_1 + x_2 \cdots + x_n$.
(d) $L_3 : \mathbb{R}^2 \to \mathbb{R}^3$, $\boldsymbol{x} \mapsto (ax_1 + bx_2, cx_1 + dx_2, ex_1 + fx_2)$ für $a, b, c, d, e, f$ aus $\mathbb{R}$.

*Lösung.* Es ergeben sich die folgenden natürlichen Darstellungsmatrizen (Die Spaltenvektoren sind die Bilder der natürlichen Einheitsvektoren).

(a) Die identische Abbildung $I$ besitzt die Einheitsmatrix $\boldsymbol{E}_n$ als natürliche Darstellungsmatrix.
(b) $\boldsymbol{L}_1 = \begin{bmatrix} a_1 \\ \vdots \\ a_m \end{bmatrix} \in \mathbb{R}^{m \times 1}$.
(c) $\boldsymbol{L}_2 = \begin{bmatrix} 1 & \cdots & 1 \end{bmatrix} \in \mathbb{R}^{1 \times n}$.
(d) $\boldsymbol{L}_3 = \begin{bmatrix} a & b \\ c & d \\ e & f \end{bmatrix} \in \mathbb{R}^{3 \times 2}$. ■

Wozu ist es nützlich, lineare Abbildungen durch Matrizen darzustellen? Hierzu gibt es vor allem zwei Gründe, einen theoretischen und einen eher praktischen.

1. Die Struktur linearer Abbildungen zwischen endlich dimensionalen Vektorräumen lässt sich durch Betrachten ihrer Darstellungsmatrix leichter erfassen.
2. Die Bildvektoren von linearen Abbildungen können durch Matrix-Vektor Multiplikation berechnet werden. Dies ist insbesondere für reale Probleme und deren praktische Berechnungen auf dem Computer von großem Vorteil.

## 8.6. Weitere Beispiele

Es ist $\boldsymbol{O}$ die $(m, n)$-Nullmatrix und $\boldsymbol{o}$ der Nullvektor im $\mathbb{R}^m$. Dann gilt für jeden Vektor $\boldsymbol{x} \in \mathbb{R}^n$

$$O(\boldsymbol{x}) = \boldsymbol{Ox} = \boldsymbol{o},$$

also bildet die Multiplikation mit der Nullmatrix $\boldsymbol{O}$ jeden Vektor des $\mathbb{R}^n$ in den Nullvektor des $\mathbb{R}^m$ ab. $O$ heißt **Nullabbildung** von $\mathbb{R}^n$ nach $\mathbb{R}^m$.

Ist $\boldsymbol{E}$ die $(n, n)$-Einheitsmatrix, so gilt für jeden Vektor $\boldsymbol{x} \in \mathbb{R}^n$

$$I(\boldsymbol{x}) = \boldsymbol{Ex} = \boldsymbol{x}.$$

Die Multiplikation mit $\boldsymbol{E}$ lässt jeden Vektor $\boldsymbol{x}$ unverändert; $I$ heißt **identische Abbildung** von $\mathbb{R}^n$ nach $\mathbb{R}^m$. Statt $I$ schreibt man auch $Id$.

Es ist $S : \mathbb{R}^2 \to \mathbb{R}^2$ die lineare Abbildung, die jedem Vektor sein Spiegelbild bezüglich der $y$-Achse zuordnet, siehe Bild 8.6. Die lineare Abbildung, die die Spiegelung an der

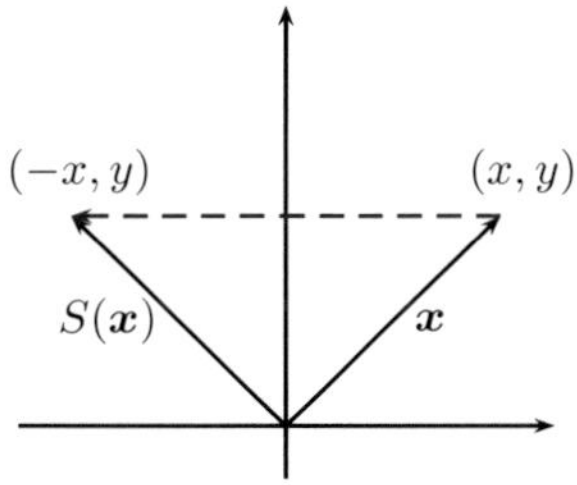


Bild 8.6.: Spiegelung an der $y$-Achse

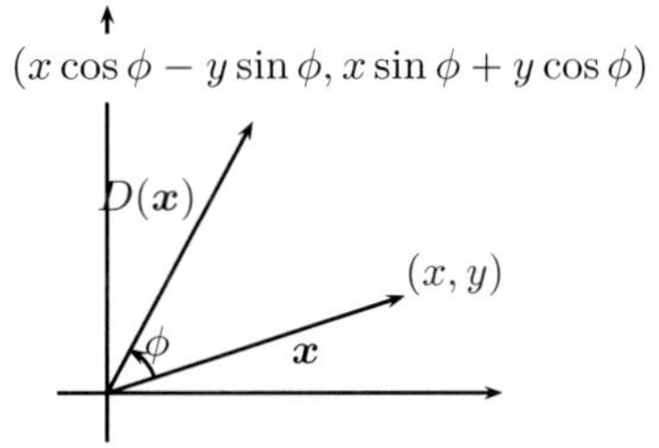


Bild 8.7.: Drehung um den Winkel $\phi$

$y$-Achse beschreibt, ist daher

$$\begin{array}{rccc} S: & \mathbb{R}^2 & \to & \mathbb{R}^2 \\ & (x, y) & \mapsto & (-x, y) \end{array}$$

und ihre natürliche Darstellungsmatrix ergibt sich zu

$$\boldsymbol{S} = \begin{bmatrix} | & | \\ S(\boldsymbol{e}_1) & S(\boldsymbol{e}_2) \\ | & | \end{bmatrix} = \begin{bmatrix} | & | \\ S(1,0) & S(0,1) \\ | & | \end{bmatrix} = \begin{bmatrix} -1 & 0 \\ 0 & 1 \end{bmatrix}.$$

Die orthogonale Projektion auf die $x$-Achse ist auch eine lineare Abbildung. Die Zuordnungsvorschrift ist

$$\begin{array}{rccc} P_x: & \mathbb{R}^2 & \to & \mathbb{R}^2 \\ & (x,y) & \mapsto & (x,0) \end{array}$$

und die natürliche Darstellungsmatrix ist

$$\boldsymbol{P}_x = \begin{bmatrix} 1 & 0 \\ 0 & 0 \end{bmatrix}.$$

Die orthogonale Projektion auf die $y$-Achse hat die Abbildungsvorschrift

$$\begin{array}{rccc} P_y: & \mathbb{R}^2 & \to & \mathbb{R}^2 \\ & (x,y) & \mapsto & (0,y) \end{array}$$

und die natürliche Darstellungsmatrix

$$\boldsymbol{P}_y = \begin{bmatrix} 0 & 0 \\ 0 & 1 \end{bmatrix}.$$

Die dazugehörige Geometrie haben wir in den Bildern 8.8 und 8.9 dargestellt.

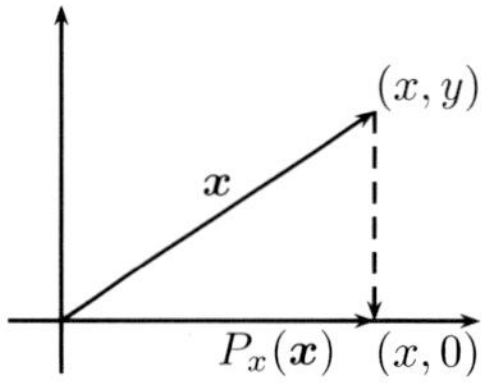


Bild 8.8.: Projektion auf die $x$-Achse

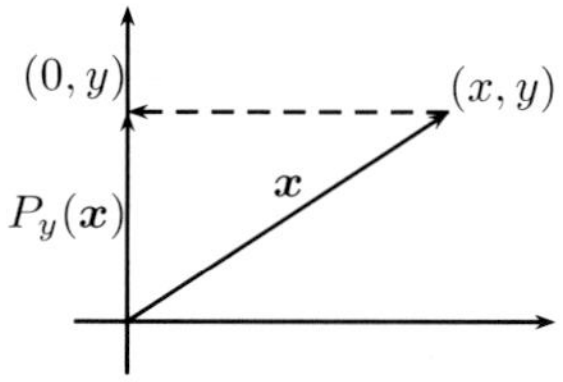


Bild 8.9.: Projektion auf die $y$-Achse

Auch *Drehungen* sind lineare Abbildungen. Das Bild 8.7 zeigt eine Drehung um den Winkel $\phi$ im mathematisch positiven Sinn (gegen den Uhrzeigersinn) in der Ebene um den Koordinatenursprung. Ihre Abbildungvorschrift ist

$$\begin{array}{rccc} D: & \mathbb{R}^2 & \to & \mathbb{R}^2 \\ & (x,y) & \mapsto & (x\cos\phi - y\sin\phi, x\sin\phi + y\cos\phi) \end{array}$$

und die natürliche Darstellungsmatrix hat die Form

$$\boldsymbol{D} = \begin{bmatrix} | & | \\ D(\boldsymbol{e}_1) & D(\boldsymbol{e}_2) \\ | & | \end{bmatrix} = \begin{bmatrix} | & | \\ D(1,0) & D(0,1) \\ | & | \end{bmatrix} = \begin{bmatrix} \cos\phi & -\sin\phi \\ \sin\phi & \cos\phi \end{bmatrix}.$$

Eine Begründung für diese Abbildungsvorschrift geben wir in Kapitel 9.

**Beispiel 8.21** (Drehungen). Spezielle Drehungen in $\mathbb{R}^2$ sind:

- Drehung um 90°: $\begin{bmatrix} \cos 90^\circ & -\sin 90^\circ \\ \sin 90^\circ & \cos 90^\circ \end{bmatrix} = \begin{bmatrix} 0 & -1 \\ 1 & 0 \end{bmatrix}$.
- Drehung um 180°: $\begin{bmatrix} -1 & 0 \\ 0 & -1 \end{bmatrix}$.

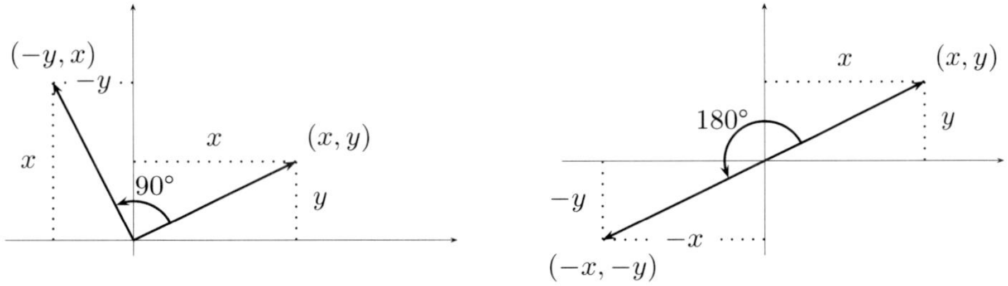


Bild 8.10.: Drehung um $\phi = 90°$ und Drehung um $\phi = 180°$

- Drehung um −90° (im Uhrzeigersinn): $\begin{bmatrix} 0 & 1 \\ -1 & 0 \end{bmatrix}$.
- Drehung um 45°: $\frac{\sqrt{2}}{2}\begin{bmatrix} 1 & -1 \\ 1 & 1 \end{bmatrix}$. ■

Bitte beachten Sie, dass wir durch

$$\begin{array}{llll} D: & \mathbb{R}^2 & \to & \mathbb{R}^2 \\ & (x,y) & \mapsto & (x\cos\phi - y\sin\phi, x\sin\phi + y\cos\phi) \end{array}$$

eine Drehung des ganzen $\mathbb{R}^2$ um den Winkel $\phi$ bewirken (Bild 8.7), nicht etwa eine Drehung des Koordinatensystems und Angabe des Punktes $(x, y)$ in dem neuen Koordinatensystem. Das ist ein anderer Vorgang (Abschnitt 4.4 und Abschnitt 15.2)[5]!

[5] Um diese beiden Drehvorgänge zu unterscheiden, spricht man in den Ingenieurswissenschaften gelegentlich von einer aktiven (Drehung des Vektors/Objekts) und von einer passiven Betrachtung der Drehung (Drehung des Koordinatensytems).

*Scherungen*, *Punktspiegelungen*, *Kontraktionen*, *Dilatationen*, *Expansionen* und *Kompressionen* sind andere interessante lineare Abbildungen; hierzu verweisen wir auf Kapitel 9 und [2].

## 8.7. Lineare Abbildungen, Matrizen und die vier Fundamentalräume

Wir betrachten nun eine gegebene Matrix $\boldsymbol{A} \in \mathbb{R}^{m \times n}$ als (lineare) Abbildung zusammen mit den vier Fundamentalräumen, siehe Bild 8.11. Die Matrix $\boldsymbol{A}$ beschreibt eine

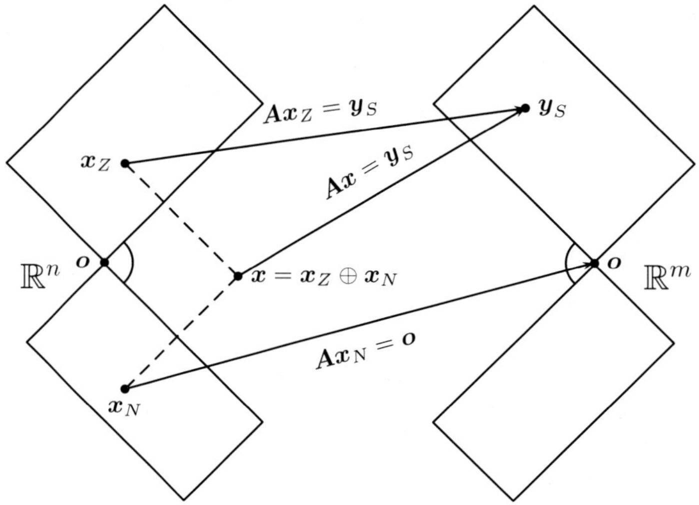


Bild 8.11.: Die Matrix $\boldsymbol{A}$ als Abbildung und die vier Fundamentalräume

Abbildung von $\mathbb{R}^n$ nach $\mathbb{R}^m$. Jeder Vektor $\boldsymbol{x} \in \mathbb{R}^n$ wird durch $\boldsymbol{A}$ auf den Spaltenraum abgebildet:

$$S(\boldsymbol{A}) = \{\boldsymbol{Ax} \mid \boldsymbol{x} \in \mathbb{R}^n\} = \{\boldsymbol{y}_S \in \mathbb{R}^m \mid \boldsymbol{y}_S = \boldsymbol{Ax} \text{ für ein } \boldsymbol{x} \in \mathbb{R}^n\}.$$

Insbesondere wird jeder Vektor $\boldsymbol{x}_N \in N(\boldsymbol{A})$ durch $\boldsymbol{A}$ auf den Nullvektor in $\mathbb{R}^m$ abgebildet:

$$N(\boldsymbol{A}) = \{\boldsymbol{x}_N \in \mathbb{R}^n \mid \boldsymbol{Ax}_N = \boldsymbol{o}\}.$$

Jeder Vektor $\boldsymbol{x}$ aus $\mathbb{R}^n$ kann dargestellt werden als direkte Summe $\boldsymbol{x} = \boldsymbol{x}_Z \oplus \boldsymbol{x}_N$ zweier Vektoren (Abschnitt 5.19), wobei der Summand $\boldsymbol{x}_Z$ aus dem Zeilenraum und der Summand $\boldsymbol{x}_N$ aus dem Nullraum von $\boldsymbol{A}$ ist; die Summanden $\boldsymbol{x}_Z$ und $\boldsymbol{x}_N$ stehen senkrecht aufeinander (direkte orthogonale Summe).

Auch die Matrix $\boldsymbol{A}^{\mathrm{T}}$ beschreibt eine Abbildung, nämlich von $\mathbb{R}^m$ nach $\mathbb{R}^n$, siehe Bild 8.12. Jeder Vektor $\boldsymbol{y} \in \mathbb{R}^m$ wird durch $\boldsymbol{A}^{\mathrm{T}}$ auf den Zeilenraum abgebildet:

$$Z(\boldsymbol{A}) = \{\boldsymbol{A}^{\mathrm{T}}\boldsymbol{y} \mid \boldsymbol{y} \in \mathbb{R}^m\} = \{\boldsymbol{x}_Z \in \mathbb{R}^n \mid \boldsymbol{x}_Z = \boldsymbol{A}^{\mathrm{T}}\boldsymbol{y} \text{ für ein } \boldsymbol{y} \in \mathbb{R}^m\}.$$

Insbesondere wird jeder Vektor $\boldsymbol{y}_N \in N(\boldsymbol{A}^{\mathrm{T}})$ durch $\boldsymbol{A}^{\mathrm{T}}$ auf den Nullvektor in $\mathbb{R}^n$ abgebildet:

$$N(\boldsymbol{A}^{\mathrm{T}}) = \{\boldsymbol{y}_N \in \mathbb{R}^m \mid \boldsymbol{A}^{\mathrm{T}}\boldsymbol{y}_N = \boldsymbol{o}\}.$$

Jeder Vektor $\boldsymbol{y}$ aus $\mathbb{R}^m$ kann dargestellt werden als direkte Summe $\boldsymbol{y} = \boldsymbol{y}_Z \oplus \boldsymbol{y}_N$ zweier Vektoren, wobei der Summand $\boldsymbol{y}_N$ aus dem Nullraum von $\boldsymbol{A}^{\mathrm{T}}$ und der Summand $\boldsymbol{y}_Z$ aus dem Zeilenraum von $\boldsymbol{A}^{\mathrm{T}}$ ist (Spaltenraum von $\boldsymbol{A}$); die Summanden $\boldsymbol{y}_Z$ und $\boldsymbol{y}_N$ stehen senkrecht aufeinander (direkte orthogonale Summe).

**Beispiel 8.22.** Gegeben ist die Matrix

$$\boldsymbol{A} = \begin{bmatrix} 1 & 0 \\ 0 & 0 \\ 0 & 0 \end{bmatrix}.$$

Sie beschreibt eine Abbildung von $\mathbb{R}^2$ nach $\mathbb{R}^3$. Zum Beispiel sind

$$\underset{\boldsymbol{x}}{\begin{bmatrix} 1 \\ 1 \end{bmatrix}} = \underset{\boldsymbol{x}_Z}{\begin{bmatrix} 1 \\ 0 \end{bmatrix}} \oplus \underset{\boldsymbol{x}_N}{\begin{bmatrix} 0 \\ 1 \end{bmatrix}} \quad \text{und} \quad \underset{\boldsymbol{y}}{\begin{bmatrix} 1 \\ 1 \\ 1 \end{bmatrix}} = \underset{\boldsymbol{y}_Z}{\begin{bmatrix} 1 \\ 0 \\ 0 \end{bmatrix}} \oplus \underset{\boldsymbol{y}_N}{\begin{bmatrix} 0 \\ 1 \\ 1 \end{bmatrix}}.$$

direkte orthogonale Summen in $\mathbb{R}^2$ bzw. in $\mathbb{R}^3$. ■

## 8.8. Verkettung und Matrizenmultiplikation

Nehmen wir an, dass wir mittels einer Matrix $\boldsymbol{A} \in \mathbb{R}^{2\times 2}$ den Vektor $\boldsymbol{x} \in \mathbb{R}^2$ auf $\boldsymbol{y} \in \mathbb{R}^2$ abgebildet haben und als Nächstes mittels der Matrix $\boldsymbol{B} \in \mathbb{R}^{2\times 2}$ den Vektor $\boldsymbol{y}$ auf $\boldsymbol{z} \in \mathbb{R}^2$ abbilden möchten. Dann beginnen wir mit

$$\boldsymbol{y} = \boldsymbol{A}\boldsymbol{x} = \begin{bmatrix} a_{11} & a_{12} \\ a_{21} & a_{22} \end{bmatrix} \begin{bmatrix} x_1 \\ x_2 \end{bmatrix} = \begin{bmatrix} a_{11}x_1 + a_{12}x_2 \\ a_{21}x_1 + a_{22}x_2 \end{bmatrix}.$$

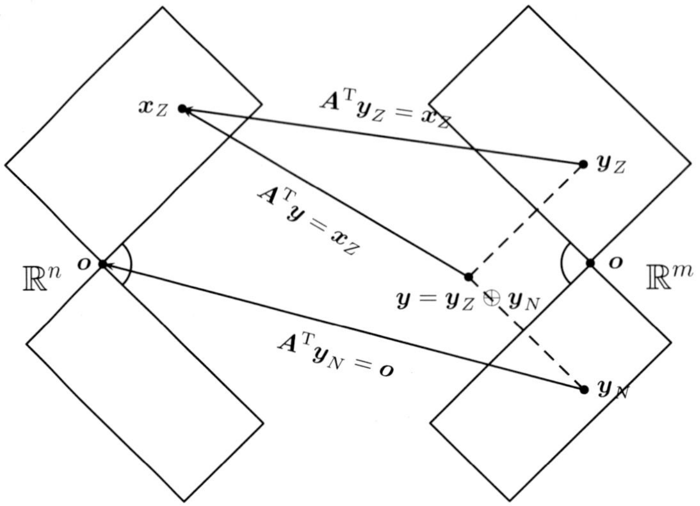


Bild 8.12.: Die Matrix $\boldsymbol{A}^{\mathrm{T}}$ als Abbildung und die vier Fundamentalräume

Anschließend bilden wir

$$\begin{aligned} \boldsymbol{z} = \boldsymbol{B}\boldsymbol{y} &= \begin{bmatrix} b_{11} & b_{12} \\ b_{21} & b_{22} \end{bmatrix} \begin{bmatrix} a_{11}x_1 + a_{12}x_2 \\ a_{21}x_1 + a_{22}x_2 \end{bmatrix} \\ &= \begin{bmatrix} b_{11}(a_{11}x_1 + a_{12}x_2) + b_{12}(a_{21}x_1 + a_{22}x_2) \\ b_{21}(a_{11}x_1 + a_{12}x_2) + b_{22}(a_{21}x_1 + a_{22}x_2) \end{bmatrix}. \end{aligned}$$

Durch Ausklammern der Terme $x_1$ und $x_2$ erhalten wir

$$\boldsymbol{z} = \underbrace{\begin{bmatrix} b_{11}a_{11} + b_{12}a_{21} & b_{11}a_{11} + b_{12}a_{21} \\ b_{21}a_{11} + b_{22}a_{21} & b_{21}a_{12} + b_{22}a_{22} \end{bmatrix}}_{\boldsymbol{C}} \underbrace{\begin{bmatrix} x_1 \\ x_2 \end{bmatrix}}_{\boldsymbol{x}}.$$

Die Matrix, die wir hier erzeugt haben, wir nennen sie $\boldsymbol{C}$, ist aber nichts anderes als die Produktmatrix von $\boldsymbol{B}$ und $\boldsymbol{A}$:

$$\boldsymbol{B}\boldsymbol{A} = \boldsymbol{C}.$$

Unter Verwendung des Matrizenproduktes lässt sich die zusammengesetzte Abbildung (verkettete Abbildung, Verkettung) wie folgt schreiben:

$$\boldsymbol{z} = \boldsymbol{B}\boldsymbol{y} = \boldsymbol{B}(\boldsymbol{A}\boldsymbol{x}) = \boldsymbol{B}\boldsymbol{A}\boldsymbol{x}.$$

Was wir hier für $(2,2)$-Matrizen hergeleitet haben, gilt auch für beliebige Matrizen $\boldsymbol{A} \in \mathbb{R}^{r \times n}$ und $\boldsymbol{B} \in \mathbb{R}^{m \times r}$. Die Produktmatrix $\boldsymbol{C} = \boldsymbol{BA}$ ist dann eine $(m,n)$-Matrix. Symbolisch, siehe Bild 8.13.

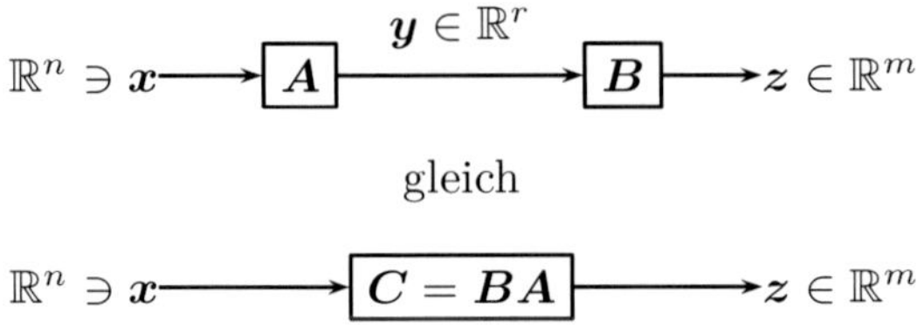


Bild 8.13.: Matrizenmultiplikation und Verkettung linearer Abbildungen

Wir sind hier bei etwas Wichtigem angekommen, dem wahren Grund für die Art wie man Matrizen multipliziert. Zwei lineare Abbildungen $L_1 : \mathbb{R}^n \to \mathbb{R}^r$ und $L_2 : \mathbb{R}^r \to \mathbb{R}^m$ seien durch Matrizen $\boldsymbol{A}$ bzw. $\boldsymbol{B}$ dargestellt. Wendet man $L_2$ auf die Ausgabe von $L_1$ an, so erhält man die Verkettung (Hintereinanderschaltung, Komposition) $L_2 \circ L_1$. Wendet man $\boldsymbol{B}$ nach $\boldsymbol{A}$ an, so erhält man das Matrizenprodukt $\boldsymbol{BA}$. Die Regeln für die Matrizenmultiplikation ergeben genau die Matrix $\boldsymbol{BA}$, um $L_2 \circ L_1$ darzustellen.

**Satz 8.6** (Verkettung, Multiplikation)**.** *Gegeben sind die linearen Abbildungen $L_1 : \mathbb{R}^n \to \mathbb{R}^r$ und $L_2 : \mathbb{R}^r \to \mathbb{R}^m$. Ist $\boldsymbol{A}$ die natürliche Darstellungsmatrix von $L_1$ und $\boldsymbol{B}$ die natürliche Darstellungsmatrix von $L_2$, dann gilt*

$$\boldsymbol{C} = \boldsymbol{BA}$$

*wobei $\boldsymbol{C}$ die natürliche Darstellungsmatrix von $L_2 \circ L_1$ ist.*

Verkettungen von Abbildungen entsprechen also Produkten von Matrizen. Die wichtigsten Fälle sind die, in denen die Räume $\mathbb{R}^n$, $\mathbb{R}^r$ und $\mathbb{R}^m$ gleich sind, dann ist $m = r = n$ und die Matrizen sind alle quadratisch.

Eine Verallgemeinerung auf drei und mehr Verkettungen ist analog möglich.

**Beispiel 8.23.** Es ist $L_1 : \mathbb{R}^2 \to \mathbb{R}^2$ die Spiegelung an der Geraden $y = x$ und $L_2 : \mathbb{R}^2 \to \mathbb{R}^2$ die orthogonale Projektion auf die $y$-Achse. Geben Sie die lineare Abbildung $L_2 \circ L_1$ und die dazugehörige natürliche Darstellungsmatrix an.

*Lösung.* Es ist $L_1 : \mathbb{R}^2 \to \mathbb{R}^2$ mit $L_1(x,y) = (y,x)$ und $L_2 : \mathbb{R}^2 \to \mathbb{R}^2$ mit $L_2(x,y) = (0,y)$. Ist $\boldsymbol{A}$ die natürliche Darstellungsmatrix von $L_1$ und ist $\boldsymbol{B}$ die natürliche Darstellungsmatrix von $L_2$, so ist

$$\boldsymbol{A} = \begin{bmatrix} 0 & 1 \\ 1 & 0 \end{bmatrix} \quad \text{und} \quad \boldsymbol{B} = \begin{bmatrix} 0 & 1 \\ 0 & 0 \end{bmatrix}.$$

Die Verkettung $L_2 \circ L_1 : \mathbb{R}^2 \to \mathbb{R}^2$ ist durch

$$(L_2 \circ L_1)(x, y) = L_2(L_1(x, y)) = L_2(y, x) = (0, x)$$

gegeben. In Worten: Ein Punkt $(x, y)$ wird an $y = x$ gespiegelt (Koordinaten $(y, x)$) und dann auf die $y$-Achse projiziert (Koordinaten $(0, x)$). Ist $\boldsymbol{C}$ die naürliche Darstellungsmatrix von $L_2 \circ L_1$, so ist

$$\boldsymbol{C} = \begin{bmatrix} 0 & 1 \\ 0 & 0 \end{bmatrix}.$$

Es gilt also die Gleichung

$$\underset{\boldsymbol{C}}{\begin{bmatrix} 0 & 1 \\ 0 & 0 \end{bmatrix}} = \underset{\boldsymbol{B}}{\begin{bmatrix} 0 & 1 \\ 0 & 0 \end{bmatrix}} \underset{\boldsymbol{A}}{\begin{bmatrix} 0 & 1 \\ 1 & 0 \end{bmatrix}}$$

aus Satz 8.6. ∎

Da die Produktbildung nicht kommutativ ist, folgt, dass die Reihenfolge der Ausführung der Verkettung von Bedeutung ist. Die Verkettung linearer Abbildungen ist abhängig von der Reihenfolge. Natürlich lassen sich einige Abbildungen vertauschen, zum Beispiel Drehungen. Es spielt keine Rolle, ob wir erst um den Winkel $\alpha$ und anschließend um den Winkel $\beta$ drehen oder umgekehrt vorgehen. In jedem Fall haben wir um $\alpha + \beta$ gedreht.

**Beispiel 8.24.** Rechnen Sie die eben gemachte Behauptung für ebene Drehungen nach und zeigen Sie, dass es gleichgültig ist, ob man zuerst um $\alpha$ und dann um $\beta$ dreht oder umgekehrt.

*Lösung.* Unter Verwendung der entsprechenden Drehungsmatrizen gilt

$$\begin{aligned} &\begin{bmatrix} \cos\alpha & -\sin\alpha \\ \sin\alpha & \cos\alpha \end{bmatrix} \begin{bmatrix} \cos\beta & -\sin\beta \\ \sin\beta & \cos\beta \end{bmatrix} \\ &= \begin{bmatrix} \cos\alpha\cos\beta - \sin\alpha\sin\beta & -\cos\alpha\sin\beta - \sin\alpha\cos\beta \\ \sin\alpha\cos\beta + \cos\alpha\sin\beta & -\sin\alpha\sin\beta + \cos\alpha\cos\beta \end{bmatrix} \\ &= \begin{bmatrix} \cos\beta & -\sin\beta \\ \sin\beta & \cos\beta \end{bmatrix} \begin{bmatrix} \cos\alpha & -\sin\alpha \\ \sin\alpha & \cos\alpha \end{bmatrix}. \end{aligned}$$

Andererseits wird eine Drehung um $\alpha + \beta$ durch die Matrix

$$\begin{bmatrix} \cos(\alpha+\beta) & -\sin(\alpha+\beta) \\ \sin(\alpha+\beta) & \cos(\alpha+\beta) \end{bmatrix}$$

beschrieben. Wir haben somit außerdem gezeigt, dass

$$\begin{bmatrix} \cos(\alpha+\beta) & -\sin(\alpha+\beta) \\ \sin(\alpha+\beta) & \cos(\alpha+\beta) \end{bmatrix} = \begin{bmatrix} \cos\alpha\cos\beta - \sin\alpha\sin\beta & -\cos\alpha\sin\beta - \sin\alpha\cos\beta \\ \sin\alpha\cos\beta + \cos\alpha\sin\beta & -\sin\alpha\sin\beta + \cos\alpha\cos\beta \end{bmatrix}$$

gilt und haben damit ohne viel Aufwand zwei trigonometrische Gleichheiten nachgewiesen! ∎

## 8.9. Umkehrabbildung und Umkehrmatrix

Wir betrachten lineare Abbildungen von $\mathbb{R}^n$ nach $\mathbb{R}^n$, das heißt Definitions- und Zielmenge sind gleich. Angenommen wir wenden die lineare Abbildung $L : \mathbb{R}^n \to \mathbb{R}^n$ auf einen beliebigen Vektor (Eingabevektor) $\boldsymbol{x}$ an und erhalten den Vektor (Ausgabevekor) $\boldsymbol{y}$, das heißt

$$\boldsymbol{y} = L(\boldsymbol{x}).$$

Wir stellen die Frage: Gibt es eine lineare Abbildung $K$, welche die lineare Abbildung $L$ umkehrt, das heißt aus $\boldsymbol{y}$ wieder eindeutig den ursprünglichen Vektor $\boldsymbol{x}$ herstellt,

$$\boldsymbol{x} = K(\boldsymbol{y}) \quad ?$$

Anders ausgedrückt, es soll

$$(K \circ L)(\boldsymbol{x}) = K(L(\boldsymbol{x})) = K(\boldsymbol{y}) = \boldsymbol{x}$$

gelten für jeden Vektor $\boldsymbol{x}$ aus $\mathbb{R}^n$. Wenn eine solche lineare Abbildung $K$ existiert, dann nennt man sie **Umkehrabbildung** (**inverse Abbildung**) von $L$ und schreibt $L^{-1} = K$.

Die Umkehrabbildung einer linearen Abbildung ist natürlich ein Spezialfall der Umkehrabbildung einer beliebigen Abbildung (Funktion). Die Antwort, ob eine Umkehrabbildung von $L$ existiert, liegt im Kern von $L$.

**Satz 8.7** (Existenz einer Umkehrabbildung). *Zu einer linearen Abbildung $L : \mathbb{R}^n \to \mathbb{R}^n$ gibt es genau dann eine Umkehrabbildung $L^{-1}$, falls der Kern von $L$ nur aus dem Nullvektor besteht.*

*Beweis.* Eine Abbildung hat genau dann eine Umkehrabbildung, wenn sie bijektiv ist. Ist die Abbildung linear, so ist dies gleichbedeutend damit, dass sie injektiv ist, was wiederum bedeutet, dass der Kern nur aus dem Nullvektor besteht, siehe Satz 14.9. □

**Beispiel 8.25** (Umkehrabbildung). Es ist $L$ die lineare Abbildung $L : \mathbb{R}^2 \to \mathbb{R}^2$ mit $L(x, y) = (-x, y)$. Sie spiegelt jeden Vektor an der $y$-Achse; $L$ ist eine Spiegelung. Gibt es von $L$ eine Umkehrabbildung?

*Lösung.* Ja! $L$ ist injektiv, denn der einzige Vektor $\boldsymbol{x} \in \mathbb{R}^2$, der auf den Nullvektor abgebildet wird, ist $\boldsymbol{x} = (0, 0)$. Es ist also $\text{Kern}(L) = \{\boldsymbol{o}\}$. ■

**Beispiel 8.26** (Keine Umkehrabbildung). Es ist $L$ die lineare Abbildung $L : \mathbb{R}^2 \to \mathbb{R}^2$ mit $L(x, y) = (0, y)$. Sie projiziert jeden Vektor senkrecht auf die $y$-Achse; $L$ ist eine orthogonale Projektion. Gibt es von $L$ eine Umkehrabbildung?

*Lösung.* Nein! $L$ ist nicht injektiv. Zum Beispiel ist $L(0, 0) = L(1, 0) = (0, 0)$. Es gibt also mehr als nur einen Vektor, der auf den Nullvektor abgebildet wird. Der Kern von $L$ besteht also nicht nur aus dem Nullvektor. Eine Umkehrung ist daher nicht möglich. ■

**Satz 8.8.** *Ist $L : \mathbb{R}^n \to \mathbb{R}^n$ eine lineare Abbildung und existiert $L^{-1}$, so ist auch $L^{-1}$ eine lineare Abbildung.*

*Beweis.* Ist $\boldsymbol{y}_1 = L(\boldsymbol{x}_1)$ und $\boldsymbol{y}_2 = L(\boldsymbol{x}_2)$, so ist $\boldsymbol{x}_1 = L^{-1}(\boldsymbol{y}_1)$ und $\boldsymbol{x}_2 = L^{-1}(\boldsymbol{y}_2)$, und somit

$$\begin{aligned} L^{-1}(\boldsymbol{y}_1 + \boldsymbol{y}_2) &= L^{-1}\big(L(\boldsymbol{x}_1) + L(\boldsymbol{x}_2)\big) = L^{-1}(L(\boldsymbol{x}_1 + \boldsymbol{x}_2)) = \boldsymbol{x}_1 + \boldsymbol{x}_2 \\ &= L^{-1}(\boldsymbol{y}_1) + L^{-1}(\boldsymbol{y}_2). \end{aligned}$$

Analog ist $L^{-1}(c\boldsymbol{y}) = cL^{-1}(\boldsymbol{y})$. Damit ist $L^{-1}$ linear. □

Wir stellen nun einen Zusammenhang zu Matrizen her.

**Satz 8.9.** *Ist $L : \mathbb{R}^n \to \mathbb{R}^n$ linear, so hat $L$ genau dann eine inverse Abbildung, wenn die natürliche Darstellungsmatrix $\boldsymbol{A}_N \in \mathbb{R}^{n \times n}$ von $L$ invertierbar ist.*

*Beweis.* Ist $L : \mathbb{R}^n \to \mathbb{R}^n$ linear und $\boldsymbol{A}_N \in \mathbb{R}^{n \times n}$ die Darstellungsmatrix von $L$. Invertierbarkeit von $\boldsymbol{A}_N$ bedeutet, dass $\boldsymbol{A}_N \boldsymbol{x} = \boldsymbol{o}$ nur für $\boldsymbol{x} = \boldsymbol{A}_N^{-1} \boldsymbol{o} = \boldsymbol{o}$ gilt. Das aber ist gleichbedeutend, dass der Kern von $L$ nur aus dem Nullvektor besteht und das wiederum, das $L$ injektiv bzw. invertierbar ist. □

**Beispiel 8.27.** Die Matrix

$$\boldsymbol{D}_\phi = \begin{bmatrix} \cos\phi & -\sin\phi \\ \sin\phi & \cos\phi \end{bmatrix}$$

beschreibt eine Drehung in $\mathbb{R}^2$ um den Koordinatenursprung mit dem Winkel $\phi$. Was ist $\boldsymbol{D}_\phi^{-1}$?

*Lösung.* Die Matrix $\boldsymbol{D}_\phi^{-1}$ lässt sich ohne Rechnung angeben. Wenn $\boldsymbol{D}_\phi$ eine Drehung mit dem Winkel $\phi$ ist, dann muss $\boldsymbol{D}_\phi^{-1}$ eine Drehung mit dem Winkel $-\phi$ (Uhrzeigersinn) sein. Also ist

$$\boldsymbol{D}_\phi^{-1} = \begin{bmatrix} \cos(-\phi) & -\sin(-\phi) \\ \sin(-\phi) & \cos(-\phi) \end{bmatrix} = \begin{bmatrix} \cos\phi & \sin\phi \\ -\sin\phi & \cos\phi \end{bmatrix}.$$

Hier die Probe:

$$\begin{aligned} \boldsymbol{D}_\phi \boldsymbol{D}_\phi^{-1} &= \begin{bmatrix} \cos\phi & -\sin\phi \\ \sin\phi & \cos\phi \end{bmatrix} \begin{bmatrix} \cos\phi & \sin\phi \\ -\sin\phi & \cos\phi \end{bmatrix} \\ &= \begin{bmatrix} \cos^2\phi + \sin^2\phi & 0 \\ 0 & \sin^2\phi + \cos^2\phi \end{bmatrix} = \begin{bmatrix} 1 & 0 \\ 0 & 1 \end{bmatrix}. \quad \blacksquare \end{aligned}$$

## Matlab

In MATLAB lassen sich inverse Matrizen (inverse lineare Abbildungen) mit dem Befehl `inv` (numerisch und symbolisch) berechnen. Wir bestätigen das Ergebnis von Beispiel 8.27 mit MATLAB.

```
>> syms phi
>> D = [cos(phi) -sin(phi); sin(phi) cos(phi)];
>> inv(D)
ans =
[  cos(phi), sin(phi)]
[ -sin(phi), cos(phi)]
```

Beim Versuch, eine singuläre Matrix (es gibt keine Umkehrabbildung) zu invertieren, wird eine Fehlermeldung angegeben.

```
>> A = [0 -1; 1 0]; inv(A)
ans =
     0     1
    -1     0
>> B = [0 0; 0 1]; inv(B)
Warning: Matrix is singular to working precision.
ans =
   Inf   Inf
   Inf   Inf
```

Die Berechnung inverser Matrizen wird in der Praxis, wenn immer möglich, vermieden, da dies typischerweise ein sehr aufwendiger Prozess ist.

## 8.10. Beispiel: Reelle diskrete Fourier-Transformation

Die lineare Abbildung, die durch die Matrix

$$\begin{bmatrix} 1/4 & 1/4 & 1/4 & 1/4 \\ 1/2 & 0 & -1/2 & 0 \\ 1/4 & -1/4 & 1/4 & -1/4 \\ 0 & 1/2 & 0 & -1/2 \end{bmatrix}$$

definiert ist, heißt *reelle diskrete* FOURIER-*Transformation (reelle DFT)* von $\mathbb{R}^4$ nach $\mathbb{R}^4$. Diese Matrix ist die Inverse der FOURIER-Matrix $\boldsymbol{F}$ (Abschnitt 6.4):

$$\boldsymbol{F}^{-1} = \begin{bmatrix} 1 & 1 & 1 & 0 \\ 1 & 0 & -1 & 1 \\ 1 & -1 & 1 & 0 \\ 1 & 0 & -1 & -1 \end{bmatrix}^{-1} = \begin{bmatrix} 1/4 & 1/4 & 1/4 & 1/4 \\ 1/2 & 0 & -1/2 & 0 \\ 1/4 & -1/4 & 1/4 & -1/4 \\ 0 & 1/2 & 0 & -1/2 \end{bmatrix}.$$

Jedem Vektor $\boldsymbol{v} \in \mathbb{R}^4$ wird durch die Matrix $\boldsymbol{F}^{-1}$ ein Vektor $\hat{\boldsymbol{v}}$ („v Dach") in $\mathbb{R}^4$ zugeordnet. Der Vektor $\hat{\boldsymbol{v}}$ heißt FOURIER-*Transformierte von* $\boldsymbol{v}$. Ist zum Beispiel $\boldsymbol{v} = (1, 2, 3, 4)$, so ist der Vektor

$$\hat{\boldsymbol{v}} = \boldsymbol{F}^{-1}\boldsymbol{v} = \begin{bmatrix} 1/4 & 1/4 & 1/4 & 1/4 \\ 1/2 & 0 & -1/2 & 0 \\ 1/4 & -1/4 & 1/4 & -1/4 \\ 0 & 1/2 & 0 & -1/2 \end{bmatrix} \begin{bmatrix} 1 \\ 2 \\ 3 \\ 4 \end{bmatrix} = \begin{bmatrix} 5/2 \\ -1 \\ -1/2 \\ -1 \end{bmatrix}$$

die FOURIER-Transformierte von $\boldsymbol{v} = (1, 2, 3, 4)$. Die FOURIER-Transformierte $\hat{\boldsymbol{v}}$ von $\boldsymbol{v}$ ist aber gerade gleich $\boldsymbol{v}$ in der FOURIER-Basis $F$. Es ist $\hat{\boldsymbol{v}} = \boldsymbol{v}_F = (5/2, -1, -1/2, -1)$, siehe Beispiel 6.22.

Die FOURIER-Transformation ist eine lineare Abbildung. Die FOURIER-Transformierte eines Vektors ist die Darstellung dieses Vektors in der FOURIER-Basis.

Die diskrete FOURIER-Transformation (DFT) ist im Grunde nichts anderes als ein Basiswechsel im Vektorraum $\mathbb{R}^n$ (bzw. $\mathbb{C}^n$). Hierbei wird ein Vektor (diskretes Signal) in einen anderen Vektor überführt (transformiert). Man erhält eine neue Darstellung des Vektors (Signals), der Strukturen erkennbar macht, die im ursprünglichen Ausgangsvektor (Ursignal) nicht sichtbar sind.

**Beispiel 8.28.** Berechnen Sie von den vier FOURIER-Basisvektoren $\boldsymbol{f}_1 = (1, 1, 1, 1)$, $\boldsymbol{f}_2 = (1, 0, -1, 0)$, $\boldsymbol{f}_3 = (1, -1, 1, -1)$ und $\boldsymbol{f}_4 = (0, 1, 0, -1)$ jeweils die FOURIER-Transformierte (siehe Beispiel 6.19).

*Lösung.* Es ist

$$\hat{\boldsymbol{f}}_1 = \begin{bmatrix} 1/4 & 1/4 & 1/4 & 1/4 \\ 1/2 & 0 & -1/2 & 0 \\ 1/4 & -1/4 & 1/4 & -1/4 \\ 0 & 1/2 & 0 & -1/2 \end{bmatrix} \begin{bmatrix} 1 \\ 1 \\ 1 \\ 1 \end{bmatrix} = \begin{bmatrix} 1 \\ 0 \\ 0 \\ 0 \end{bmatrix} = \boldsymbol{e}_1$$

Entsprechend findet man $\hat{\boldsymbol{f}}_2 = \boldsymbol{e}_2$, $\hat{\boldsymbol{f}}_3 = \boldsymbol{e}_3$ und $\hat{\boldsymbol{f}}_4 = \boldsymbol{e}_4$.

Die FOURIER-Transformierte eines FOURIER-Basisvektors ist ein natürlicher Basisvektor. Anders ausgedrückt. Die FOURIER-Basisvektoren $F = \{\boldsymbol{f}_1, \boldsymbol{f}_3, \boldsymbol{f}_3, \boldsymbol{f}_4\}$ werden durch die FOURIER-Transformation auf die natürlichen Basisvektoren $N = \{\boldsymbol{e}_1, \boldsymbol{e}_3, \boldsymbol{e}_3, \boldsymbol{e}_4\}$ abgebildet. ■

In der Praxis ist die Dimension $n$ „sehr groß". Trotzdem lassen sich FOURIER-Transformierte effizient berechnen, wenn man die *schnelle* FOURIER-*Transformation* (englisch fast Fourier transform, daher meist FFT abgekürzt)[6] verwendet. Die FFT hat ganze Industriezweige revolutioniert. Die MATLAB-Funktion `fft` bzw `ifft` ist eine effiziente Realisierung der schnellen FOURIER-Transformation bzw. deren Umkehrung (in komplexer Form).

## 8.11. Beispiel: Lineare Filter

Viele lineare Abbildungen findet man in der *Signalverarbeitung* und in der *Systemtheorie* ([32], [35], [40], [60], [79]). Ingenieure sprechen dann auch gerne von *linearen Filtern.* Ein linearer Filter ist eine lineare Abbildung, wobei die Abbildung meistens zwischen zwei Funktionenräumen verläuft, also zwischen zwei unendlich dimensionalen Vektorräumen.

Wir haben bereits gesehen, dass man diskrete Signale als Vektoren ansehen kann. Nehmen wir an, wir haben ein Signal, also einen Vektor aus $\mathbb{R}^n$ und wollen diesen „glätten", also die Unterschiede zwischen zwei benachbarten Koordinaten verkleinern. Das kann man zum Beispiel dadurch tun, dass man jeweils den Mittelwert zweier benachbarter Koordinaten bildet und diesen der ersten der beiden Koordinaten zuweist. Die letzte Koordinate lassen wir einfach unverändert. Hier ist ein Beispiel für $n = 3$:

$$\begin{bmatrix} 4 \\ -2 \\ 2 \end{bmatrix} \longrightarrow \begin{bmatrix} 1 \\ 0 \\ 2 \end{bmatrix} \longrightarrow \begin{bmatrix} 0.5 \\ 1 \\ 2 \end{bmatrix} \longrightarrow \begin{bmatrix} 0.75 \\ 1.5 \\ 2 \end{bmatrix} \longrightarrow \begin{bmatrix} 1.125 \\ 1.75 \\ 2 \end{bmatrix}.$$

[6] Die schnelle FOURIER-Transformation (FFT) ist ein Algorithmus zur effizienten Berechnung der Werte einer diskreten FOURIER-Transformation (DFT).

Wir haben hier gleich viermal nacheinander geglättet. Man sieht, die Zahlen liegen nicht mehr so weit auseinander wie vorher. Glättet man immer weiter, so erhält man „am Ende“, einen konstanten Vektor, alle Koordinaten sind 2. Am Ende damit meinen wir nach unendlich vielen Anwendungen der Glättung, was praktisch natürlich nicht durchgeführt werden kann. Bei dieser Glättung handelt es sich um eine lineare Abbildung von $\mathbb{R}^3$ nach $\mathbb{R}^3$, die durch eine Matrix aus $\mathbb{R}^{3\times 3}$ beschrieben werden kann, nämlich

$$\boldsymbol{A} = \begin{bmatrix} 0.5 & 0.5 & 0 \\ 0 & 0.5 & 0.5 \\ 0 & 0 & 1 \end{bmatrix}.$$

Der Vektor wird also durch die Glättung zu $\boldsymbol{Ax}$, durch eine vierfache Glättung entsprechend zu $\boldsymbol{AAAAx} = \boldsymbol{A}^4\boldsymbol{x}$. Es ist

$$\lim_{n\to\infty} \boldsymbol{A}^n\boldsymbol{x} = \begin{bmatrix} 2 \\ 2 \\ 2 \end{bmatrix} \quad \text{und} \quad \lim_{n\to\infty} \boldsymbol{A}^n = \begin{bmatrix} 0 & 0 & 1 \\ 0 & 0 & 1 \\ 0 & 0 & 1 \end{bmatrix}.$$

In der Bildverarbeitung (Signalverarbeitung von zweidimensionalen Signalen) spricht man von einem *Weichzeichner-Effekt*: Konturen eines Bildes werden verwischt.

## 8.12. Weitere Bemerkungen und Hinweise

Die Bedeutung von linearen Abbildungen in der Praxis (Computergrafik, Computer Aided Geometric Design (CAGD), Computer Aided Design (CAD), Bildverarbeitung, Robotik, Signalverarbeitung, Systemtheorie, Wirtschaftswissenschaften, Statistik, Mechanik, Elektrotechnik, Quantenphysik usw.) kann gar nicht überschätzt werden.

Wir haben lineare Abbildungen (lineare Transformationen) studiert und den Zusammenhang zu Matrizen hergestellt: Ist $\boldsymbol{A} \in \mathbb{R}^{m\times n}$ gegeben, so ist $L(\boldsymbol{x}) = \boldsymbol{Ax}$, $\boldsymbol{x} \in \mathbb{R}^n$ eine lineare Abbildung und umgekehrt ist $L : \mathbb{R}^n \to \mathbb{R}^m$ irgendeine lineare Abbildung, dann gibt es genau eine Matrix $\boldsymbol{A} \in \mathbb{R}^{m\times n}$ mit $L(\boldsymbol{x}) = \boldsymbol{Ax}$ für alle $\boldsymbol{x} \in \mathbb{R}^n$. Die linearen Abbildungen von $\mathbb{R}^n$ nach $\mathbb{R}^m$ sind also von der Form $\boldsymbol{Ax}$. Jedem *Urbild* $\boldsymbol{x} \in \mathbb{R}^n$ wird durch $\boldsymbol{Ax}$ ein *Bild* $\boldsymbol{y} \in \mathbb{R}^m$ durch $\boldsymbol{y} = \boldsymbol{Ax}$ zugeordnet. Symbolisch lässt sich dies wie folgt als *signalflussorientierter Graph* (*Blockbild*) darstellen, siehe Bild 8.14.

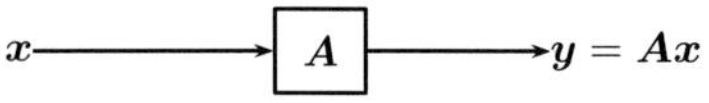


Bild 8.14.: Signalflussorientierter Graph (Blockbild) für $\boldsymbol{y} = \boldsymbol{Ax}$

Der Vektor $\boldsymbol{x}$ heißt auch *Input* statt Urbild und $\boldsymbol{y}$ auch *Output* statt Bild; die Matrix $\boldsymbol{A} = [a_{ij}]$ ist gegeben. $\boldsymbol{y} = \boldsymbol{A}\boldsymbol{x}$ lässt sich anschaulich interpretieren. Ist $m = n = 2$, so kann

$$\begin{bmatrix} y_1 \\ y_2 \end{bmatrix} = \begin{bmatrix} a_{11} & a_{12} \\ a_{21} & a_{22} \end{bmatrix} \begin{bmatrix} x_1 \\ x_2 \end{bmatrix}$$

wie in Bild 8.15 als Blockbild dargestellt werden.

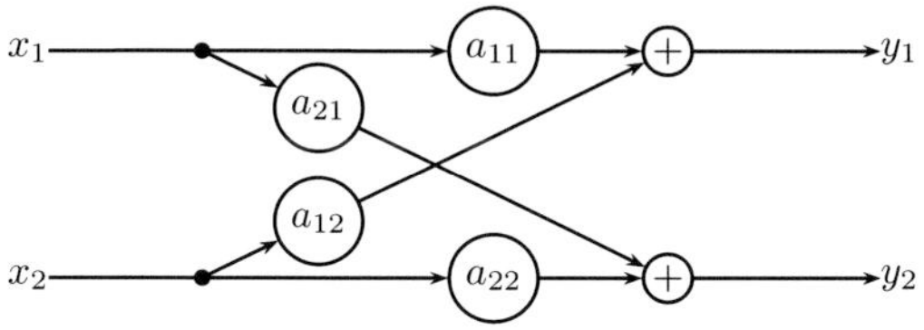


Bild 8.15.: Signalflussorientierter Graph (Blockbild) für $\boldsymbol{y} = \boldsymbol{A}\boldsymbol{x}$

Schreibt man $\boldsymbol{y} = \boldsymbol{A}\boldsymbol{x}$ ausführlich

$$y_i = \sum_{j=1}^{n} a_{ij} x_j,$$

so erkennt man, dass $a_{ij}$ ein Faktor vom $j$-ten Input $x_j$ zum $i$-ten Output $y_i$ ist. Die $i$-te Zeile von $\boldsymbol{A}$ betrifft also den $i$-ten Output, während die $j$-te Spalte von $\boldsymbol{A}$ den $j$-ten Input beeinflusst. Zum Beispiel bedeutet $a_{27} = 0$, dass der zweite Output $y_2$ nicht vom siebten Input $x_7$ abhängt. Mit anderen Worten: Die zweite Koordinate des Bildvektors $\boldsymbol{y}$ hängt nicht von der siebten Koordinate des Urbildvektors $\boldsymbol{x}$ ab. Ist zum Beispiel $|a_{31}|$ „viel größer“ als $|a_{3j}|$, das heißt $|a_{31}| \gg |a_{3j}|$ für $j \neq 1$, so bedeutet dies, dass $y_3$ hauptsächlich von $x_1$ abhängt. $|a_{52}| \gg |a_{i2}|$ für $i \neq 5$ heißt, dass hauptsächlich $x_2$ den Output $y_5$ beeinflusst. Ist $\boldsymbol{A}$ eine untere Dreiecksmatrix, das heißt, ist $a_{ij} = 0$ für $i < j$, dann hängt $y_i$ nur von $x_1, x_2, \ldots, x_i$ ab. Ist $\boldsymbol{A}$ diagonal, das heißt $a_{ij} = 0$ für $i \neq j$, dann hängt der $i$-te Output nur vom $i$-ten Input ab.

Die FOURIER-Transformation ist eine besonders wichtige Methode der FOURIER-Analysis. Sie ist in vielen Wissenschafts- und Technikzweigen von großer praktischer Bedeutung. Die Anwendungen reichen von der Physik (Akustik, Optik, Gezeiten, Astrophysik, Quantenmechanik) über viele Teilgebiete der Mathematik (Zahlentheorie, Statistik, Kombinatorik und Stochastik), die Signalverarbeitung und Kryptographie bis zu Ozeanographie und Wirtschaftswissenschaften (Zeitreihen). Die Transformation ist benannt nach dem Mathematiker JOSEPH FOURIER (1768-1830). Literatur: [14], [17], [31], [70].

Lineare Abbildungen zwischen beliebigen Vektorräumen studieren wir in Kapitel 14.

## Aufgaben

f **8.1.** Wahr oder falsch: Ist $L$ eine Abbildung von $\mathbb{R}^n$ nach $\mathbb{R}^m$ mit $L(\boldsymbol{x}+\boldsymbol{y}) = L(\boldsymbol{x})+L(\boldsymbol{y})$ für alle $\boldsymbol{x}$, $\boldsymbol{y}$ aus $\mathbb{R}^n$, dann ist $L(c\boldsymbol{x}) = cL(\boldsymbol{x})$ für alle $c \in \mathbb{R}$ und $\boldsymbol{x} \in \mathbb{R}^n$.

**8.2** (Lineare Abbildungen)**.** Es ist $L$ eine lineare Abbildung von $\mathbb{R}^n$ nach $\mathbb{R}^m$. Dann gilt:

☒ $L(\boldsymbol{o}) = \boldsymbol{o}$.
☐ $L(1) = 1$.
☒ $L(-\boldsymbol{x}) = -L(\boldsymbol{x})$ für alle $\boldsymbol{x} \in \mathbb{R}^n$.
☐ $L(-\boldsymbol{x}) = -L \cdot \boldsymbol{x}$ für alle $\boldsymbol{x} \in \mathbb{R}^n$.
☐ $L(c\boldsymbol{x}) = L(c) + L(\boldsymbol{x})$ für alle $c \in \mathbb{R}$ und alle $\boldsymbol{x} \in \mathbb{R}^n$.
☐ $L(c \cdot \boldsymbol{x}) = L(c) \cdot L(\boldsymbol{x})$ für alle $c \in \mathbb{R}$ und alle $\boldsymbol{x} \in \mathbb{R}^n$.

**8.3** (Lineare Abbildungen)**.** Es ist $L$ eine lineare Abbildung von $\mathbb{R}^n$ nach $\mathbb{R}^m$. Dann gilt:

☐ $m \leq n$.
☐ $n \leq m$.
☐ $m = n$.
☒ Der Nullvektor wird auf den Nullvektor abgebildet.
☐ Es gibt genau drei lineare Abbildungen von $\mathbb{R}^3$ nach $\mathbb{R}^3$.
☒ Es gibt unendlich viele lineare Abbildungen von $\mathbb{R}^n$ nach $\mathbb{R}^m$.

**8.4.** Die Matrix

$$\begin{bmatrix} a_{11} & a_{12} & a_{13} \\ a_{21} & a_{22} & a_{23} \end{bmatrix} \in \mathbb{R}^{2\times 3}$$

beschreibt eine lineare Abbildung von

☐ $\mathbb{R}^2$ nach $\mathbb{R}^3$
☒ $\mathbb{R}^3$ nach $\mathbb{R}^2$
☐ $\mathbb{R}$ nach $\mathbb{R}^3$
☐ $\mathbb{R}^3$ nach $\mathbb{R}^3$
☐ $\mathbb{R}^3$ nach $\mathbb{R}$
☐ $\mathbb{R}$ nach $\mathbb{R}$

**8.5.** Die Matrix

$$\begin{bmatrix} a_{11} & a_{12} \\ a_{21} & a_{22} \\ a_{31} & a_{32} \end{bmatrix} \in \mathbb{R}^{3\times 2}$$

beschreibt eine lineare Abbildung von

☐ $\mathbb{R}^3$ nach $\mathbb{R}^2$ ☐ $\mathbb{R}^{3\times 2}$ nach $\mathbb{R}^{2\times 3}$

☒ $\mathbb{R}^2$ nach $\mathbb{R}^3$ ☐ $\mathbb{R}^{3\times 2}$ nach $\mathbb{R}^{3\times 2}$

**8.6.** Welche der folgenden Abbildungen $L$ von $\mathbb{R}^2$ nach $\mathbb{R}^2$ sind lineare Abbildungen?

☒ $L(x,y) = (y,x)$
☐ $L(x,y) = (2x+4y, x-6y)$
☐ $L(x,y) = (24, y)$
☐ $L(x,y) = (2x, y^2)$
☐ $L(x,y) = (xy, 3x+2y)$
☐ $L(x,y) = (2y, 0)$
☒ $L(x,y) = (6x, 1)$
☐ $L(x,y) = (x-y, 0)$
☒ $L(x,y) = (x+2, x-y)$
☒ $L(x,y) = (|x|, y)$
☐ $L(x,y) = (x^2, y)$
☒ $L(x,y) = (0,0)$

**8.7.** Die Matrix

$$\begin{bmatrix} 1 & 0 \\ 0 & 0 \end{bmatrix}$$

beschreibt eine lineare Abbildung von $\mathbb{R}^2$ nach $\mathbb{R}^2$ und ihre Abbildungsgleichung ist

☐ $\boldsymbol{y} = (x_1, x_2)$ ☒ $\boldsymbol{y} = (x_1, 0)$ ☐ $\boldsymbol{y} = (x_2, x_1)$

**8.8.** Die lineare Abbildung $L : \mathbb{R}^2 \to \mathbb{R}^2$, $L(x_1, x_2) = (x_1 + x_2, x_2 - x_1)$ ist durch die folgende natürliche Darstellungsmatrix gegeben:

☐ $\begin{bmatrix} 1 & 1 \\ 1 & -1 \end{bmatrix}$ ☐ $\begin{bmatrix} 0 & 2 \\ -2 & 0 \end{bmatrix}$ ☒ $\begin{bmatrix} 1 & 1 \\ -1 & 1 \end{bmatrix}$ ☐ $\begin{bmatrix} 1 & 0 \\ 0 & 1 \end{bmatrix}$

**8.9.** Es ist $L : \mathbb{R}^3 \to \mathbb{R}^3$ eine lineare Abbildung definiert durch $L(0,0,1) = (2,3,1)$, $L(0,1,0) = (1,0,2)$, $L(1,0,0) = (3,5,7)$. Dann ist natürliche Darstellungsmatrix von $L$ gegeben durch:

☐ $\begin{bmatrix} 2 & 1 & 3 \\ 3 & 0 & 5 \\ 1 & 2 & 7 \end{bmatrix}$ ☐ $\begin{bmatrix} 2 & 3 & 1 \\ 1 & 0 & 2 \\ 3 & 5 & 7 \end{bmatrix}$ ☒ $\begin{bmatrix} 3 & 1 & 2 \\ 5 & 0 & 3 \\ 7 & 2 & 1 \end{bmatrix}$ ☐ $\begin{bmatrix} 0 & 0 & 1 \\ 0 & 1 & 0 \\ 1 & 0 & 0 \end{bmatrix}$

**8.10.** Ist $\boldsymbol{A} \in \mathbb{R}^{4\times 4}$ von Rang drei. Wenn wir die Matrix $\boldsymbol{A}$ als lineare Abbildung von $\mathbb{R}^4$ nach $\mathbb{R}^4$ betrachten, dann ist Dim(Bild)($\boldsymbol{A}$) gleich

☐ 1 ☐ 2 ☒ 3 ☐ 4

**8.11.** Wir betrachten die Matrix $\boldsymbol{A} \in \mathbb{R}^{6\times 4}$ als lineare Abbildung $L$ mit $\text{Dim}(\text{Bild}(L)) = 3$. Dann ist $\text{Dim}(\text{Null}(\boldsymbol{A}))$ gleich

☐ 0 ☒ 1 ☐ 3 ☐ nicht bestimmt

**8.12.** Die Matrix

$$\begin{bmatrix} 1 & 0 \\ 0 & 0 \end{bmatrix}$$

beschreibt eine lineare Abbildung von $\mathbb{R}^2$ nach $\mathbb{R}^2$. Betrachten Sie nun die Elemente von $\mathbb{R}^2$ als Punkte in der Ebene. Wohin werden die Punkte des Definitionsbereichs $\mathbb{R}^2$ abgebildet, das heißt wie lautet die Wertemenge (Zielmenge) der linearen Abbildung.

**8.13.** Kann jede lineare Abbildung $F : \mathbb{R}^n \to \mathbb{R}^m$ mit Hilfe einer Matrix $\boldsymbol{A}$ in der Form $F(\boldsymbol{x}) = \boldsymbol{A}\boldsymbol{x}$ geschrieben werden?

**8.14.** Richtig oder falsch: Um eine lineare Abbildung anzugeben, genügt es, die Bilder der natürlichen Basisvektoren unter dieser Abbildung anzugeben.

**8.15.** Es ist $L : \mathbb{R}^2 \to \mathbb{R}^2$ die folgendermaßen definierte Abbildung: $L(x_1, x_2) = (x_1 - 2x_2, -x_2)$. Zeigen Sie, dass $L$ eine lineare Abbildung ist.

**8.16.** Es ist $L : \mathbb{R}^2 \to \mathbb{R}^2$ die folgende lineare Abbildung: $L(x_1, x_2) = (x_1 - 2x_2, -x_2)$. Bestimmen Sie von $L$ die Darstellungsmatrix $\boldsymbol{A}_E$ mit $E = \{(1, 0), (0, 1)\}$.

**8.17.** Es ist $L : \mathbb{R}^3 \to \mathbb{R}^3$ die lineare Abbildung $L(x, y, z) = (x, y, 0)$. Welche geometrische Bedeutung hat $L$. Bestimmen Sie die natürliche Darstellungsmatrix $\boldsymbol{A}$ von $L$.

**8.18.** Zeigen Sie, dass die beiden Bedingungen

1. $L(\boldsymbol{x} + \boldsymbol{y}) = L(\boldsymbol{x}) + L(\boldsymbol{y})$
2. $L(c\boldsymbol{x}) = cL(\boldsymbol{x})$

für alle $\boldsymbol{x}, \boldsymbol{y} \in \mathbb{R}^n$ und $c \in \mathbb{R}$ in der Definition einer linearen Abbildung gleichwertig (äquivalent) durch die Forderung

$$L(c\boldsymbol{x} + d\boldsymbol{y}) = cL(\boldsymbol{x}) + dL(\boldsymbol{y}), \qquad \boldsymbol{x}, \boldsymbol{y} \in \mathbb{R}^n \quad \text{und} \quad c, d \in \mathbb{R}$$

ersetzt werden können.

**8.19.** Geben Sie die lineare Abbildung $L : \mathbb{R}^2 \to \mathbb{R}^2$ an, mit

$$L(1, 2) = (-2, 8) \quad \text{und} \quad L(3, 1) = (9, -1).$$

**8.20.** Berechnen Sie von $\boldsymbol{v} = (1, -1, 2, -1)$ die reelle FOURIER-Transformierte $\hat{\boldsymbol{v}}$.

**8.21** (Lineare Abbildung, orthogonale Projektion)**.** Auch orthogonale Projektionen sind lineare Abbildungen. Zeigen Sie dies geometrisch wie in Beispiel 8.9 für eine orthogonale Projektion auf die $x$-Achse in der Ebene $\mathbb{R}^2$.

**8.22.** Zeigen Sie, dass die Abbildung

$$\begin{array}{rccc} L: & \mathbb{R} & \to & \mathbb{R}^m \\ & x & \mapsto & x\boldsymbol{a} \end{array}$$

für einen festen Vektor $\boldsymbol{a} \in \mathbb{R}^m$ linear ist. Geben Sie die natürliche Darstellungsmatrix $\boldsymbol{A}_N$ von $L$ an.

**8.23** (Lineare Abbildung, Spiegelung)**.** Auch Spiegelungen sind lineare Abbildungen. Zeigen Sie dies geometrisch wie in Beispiel 8.9 für eine Spiegelung an der $y$-Achse in der Ebene $\mathbb{R}^2$.

**8.24.** Die Drehung um 90° in der Ebene $\mathbb{R}^2$ um den Koordinatenursprung ist eine lineare Abbildung. Beweisen Sie dies!

**8.25.** Die Drehung um den Winkel $\phi$ in der Ebene $\mathbb{R}^2$ um den Koordinatenursprung ist eine lineare Abbildung. Beweisen Sie dies!

**8.26.** Bestimmen Sie von der linearen Abbildung jeweils die natürliche Darstellungsmatrix.

(a) $L_1 : \mathbb{R} \to \mathbb{R}$, $x \mapsto ax$ für $a \in \mathbb{R}$.
(b) $L_2 : \mathbb{R}^2 \to \mathbb{R}^2$, $(x, y) \mapsto (ax + by, cx + dy)$ mit $a, b, c, d$ aus $\mathbb{R}$.
(c) $L_3 : \mathbb{R}^2 \to \mathbb{R}$, $(x, y) \mapsto ax + by$ mit $a, b$ aus $\mathbb{R}$.
(d) $L_4 : \mathbb{R} \to \mathbb{R}^2$, $x \mapsto (ax, by)$ mit $a, b$ aus $\mathbb{R}$.

**8.27.** Die orthogonale Projektion $P$ auf die Winkelhalbierende in der Ebene ist eine lineare Abbildung. Wie lautet ihre natürliche Darstellungsmatrix $\boldsymbol{P}_E$?

## Sie sollten nun mit folgenden Begriffen umgehen können

Lineare Abbildung, Standarddarstellungsmatrix, Verkettung und Matrizenmultiplikation, Umkehrabbildung und Umkehrmatrix.

# 9. Modelle und Anwendungen von linearen Abbildungen und Matrizen

Abbildungen werden gerne auch **Transformationen** genannt, insbesondere dann, wenn der geometrische Aspekt im Vordergrund steht. Folglich heißt eine lineare Abbildung auch **lineare Transformation**. Wir betrachten in diesem Kapitel (lineare) Transformationen von $\mathbb{R}^n$ nach $\mathbb{R}^n$ für $n = 2$ und $n = 3$, also (lineare) Abbildungen in der Ebene (2D) und im Raum (3D). Transformationen sind insbesondere in der Geometrie, in der *Computergrafik*[1], aber auch in der *Bildverarbeitung*[2] von besonderem Interesse.

Wir werden uns in diesem Kapitel hauptsächlich mit folgenden grundlegenden Transformationen in der Ebene und m Raum beschäftigen: Skalierungen, Drehungen, Spiegelungen, Scherungen, orthogonale Projektionen und Verschiebungen.

## 9.1. Lineare Abbildungen in der Ebene (2D)

Wir betrachten zunächst Skalierungen, das sind Streckungen bzw. Stauchungen in Richtung der Koordinatenachsen.

### Skalierungen in der Ebene

Eine lineare Transformation der Form

$$\begin{array}{ccc} \mathbb{R}^2 & \to & \mathbb{R}^2 \\ (x, y) & \mapsto & (k_1 x, k_2 y) \end{array}$$

[1]Die Computergrafik ist ein Teilgebiet der Informatik, das sich mit der computergestützten Erzeugung, im weiten Sinne auch mit der Bearbeitung von Bildern befasst. Mit den Mitteln der Computergrafik entstandene Bilder werden Computergrafiken genannt.

[2]Unter Bildverarbeitung versteht man die Verarbeitung von Signalen, die Bilder repräsentieren, beispielsweise Fotografien oder Einzelbilder aus Videos. Das Ergebnis einer Bildverarbeitung kann wiederum ein Bild sein oder auch eine Menge von Merkmalen des Eingabebildes (Bilderkennung). In den meisten Fällen werden Bilder als zweidimensionales Signal betrachtet, so dass übliche Methoden aus der Signalverarbeitung und somit aus der Linearen Algebra angewandet werden können.

mit $k_1, k_2 > 0$ wird **Skalierung** genannt. Die natürliche Darstellungsmatrix ist demnach die Diagonalmatrix

$$\begin{bmatrix} k_1 & 0 \\ 0 & k_2 \end{bmatrix}.$$

Durch eine solche Transformation wird die $x$-Koordinate eines Vektors (Punktes) $\boldsymbol{x}$ um $k_1$ gestreckt, falls $k_1 > 1$ ist und gestaucht, falls $0 < k_1 < 1$ gilt. Analoges gilt für die $y$-Koordinate. Die Wirkung dieser linearen Abbildung ist in den Bildern 9.1 und 9.2 illustriert.

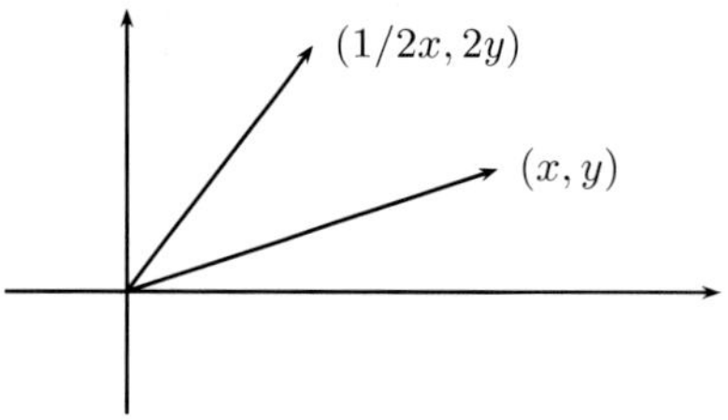


Bild 9.1.: $k_1 = 1/2$, $k_2 = 2$

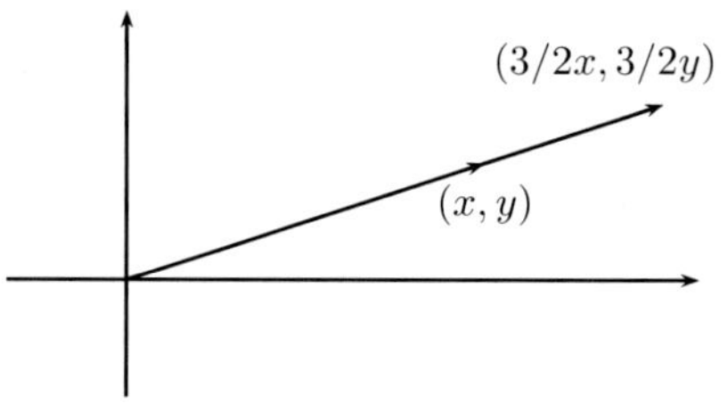


Bild 9.2.: $k_1 = 3/2$, $k_2 = 3/2$

Um ein Bild an eine Seitengröße anzupassen, ändert man seine Breite und Höhe. Ein Kopiergerät kann eine Vorlage auf 90% skalieren. In der Linearen Algebra bedeutet dies $k_1 = k_2 = 0.9$ zu wählen. Sind $k_1 = k_2$, so spricht man auch von einer **zentrischen Streckung mit Zentrum** $(0, 0)$. Dann ist

$$\begin{bmatrix} k & 0 \\ 0 & k \end{bmatrix}$$

die Standardmatrix der linearen Abbildung. Ist $k > 1$, so liegt eine **Streckung** (**Dehnung**, **Dilatation**) vor, und für $0 < k < 1$ eine **Stauchung** (**Kontraktion**).

**Beispiel 9.1.** Geben Sie die Darstellungsmatrix an, die eine zentrische Streckung um den Nullpunkt mit Streckfaktor 2 beschreibt.

*Lösung.* Die Darstellungsmatrix lautet

$$\begin{bmatrix} 2 & 0 \\ 0 & 2 \end{bmatrix}.$$

Sowohl die $x$- als auch die $y$-Koordinate wird bei dieser linearen Transformation um den Faktor 2 gestreckt. ■

Im Allgemeinen kann man jedoch in verschiedene Richtungen verschieden stark skalieren. Um eine ganzseitige Vorlage auf eine halbe Seite zu kopieren, skaliert man die $y$-Richtung um den Faktor 1/2. Um noch einen Seitenrand zu erlauben, kann man in die $x$-Richtung zum Beispiel um den Faktor 3/4 skalieren. Die Diagonalmatrix, die diese lineare Abbildung beschreibt, ist dann

$$\begin{bmatrix} 3/4 & 0 \\ 0 & 1/2 \end{bmatrix}.$$

**Beispiel 9.2.** Geben Sie die Darstellungsmatrix an, die jeden Vektor (Punkt) in $x$-Richtung streckt (staucht), die $y$-Länge aber unverändert lässt.

*Lösung.* Die Darstellungsmatrix lautet

$$\begin{bmatrix} k & 0 \\ 0 & 1 \end{bmatrix}.$$

Solche Transformationen nennt man auch *Streckungen* bzw. *Stauchungen in $x$-Richtung.* Analoges gilt für die $y$-Richtung. ■

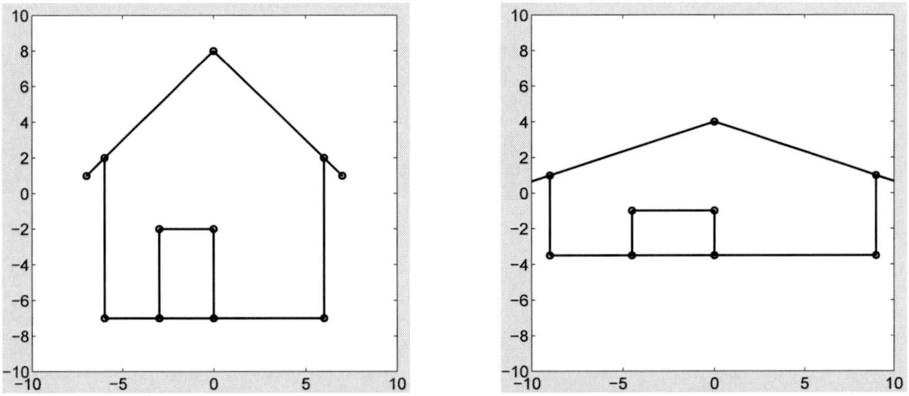


Bild 9.3.: Das Originalhaus und das neue Haus nach der Skalierung

Um eine Transformationen auf ein geometrisches Objekt, beispielsweise ein Rechteck, anzuwenden, reicht es aus, sie auf die vier Eckpunkte anzuwenden und daraus wieder ein Rechteck zu zeichnen. Es reicht also aus, wenn wir wissen, wie die Transformationen auf einzelne Punkte wirkt. Und da wir einen Punkt mit seinem Ortsvektor identifizieren können, fassen wir eine Transformation auch als eine Abbildung auf, die jedem Vektor einen Bildvektor zuordnet.

Mit MATLAB können wir Transformationen gut visualisieren. Hierzu zeichnen wir ein Haus und betrachten das „neue“ Haus nach der Transformation [105]. Die folgende MATLAB-Funktion zeichnet ein Haus in der Ebene, indem sie Datenpunkte, die in der Matrix `H` angegeben werden müssen, miteinander verbindet.

```
function plotHaus(H)
%-Zeichnet ein Haus.
x = H(1,:)';  y = H(2,:)';
plot(x,y,'ko',x,y,'k-')
axis([-10 10 -10 10]); axis square;
```

Um nun lineare Transformationen zu „sehen“ , müssen wir diese als Matrix `A` definieren und mit `H` multiplizieren. Dadurch wird jeder Punkt auf einen neuen abgebildet. Dann verwenden wir die Funktion **`plotHaus`**, um das neue Haus zu zeichnen. Als Beispiel betrachten die Skalierung

$$\boldsymbol{A} = \begin{bmatrix} 3/2 & 0 \\ 0 & 1/2 \end{bmatrix}.$$

Die $x$-Koordinate jedes Punktes $\boldsymbol{x} = (x, y)$ wird mit $3/2$ und die $y$-Koordinate mit $1/2$ multipliziert. In $x$-Richtung wird also gestreckt, während in $y$-Richtung gestaucht wird. Die folgenden Anweisungen

```
>> H = [-6,-6,-7,0,7,6,6,-3,-3,0,0,-6; -7,2,1,8,1,2,-7,-7,...
-2,-2,-7,-7]
>> plotHaus(H)
>> A = [1.5 0; 0 0.5];
>> plotHaus(A*H)
```

erzeugen die Bilder 9.3.

### Drehungen (Rotationen) in der Ebene

Drehungen stellen einen weiteren Typ elementarer Transformationen dar. Wir zeigen nun, dass eine Drehung im $\mathbb{R}^2$ um den Koordinatenursprung mit dem Winkel $\phi$ durch die lineare Abbildung

$$L(x, y) = (x\cos\phi - y\sin\phi, x\sin\phi + y\cos\phi), \quad (x, y) \in \mathbb{R}^2$$

beschrieben wird. Demzufolge ist dann die Darstellungsmatrix bezüglich der natürlichen Basis durch

$$\begin{bmatrix} \cos\phi & -\sin\phi \\ \sin\phi & \cos\phi \end{bmatrix}$$

gegeben.

Es ist $x = |\boldsymbol{x}|\cos\theta$ und $y = |\boldsymbol{x}|\sin\theta$, siehe Bild 9.4. Wegen $|\boldsymbol{x}| = |L(\boldsymbol{x})|$ gilt $x' =$

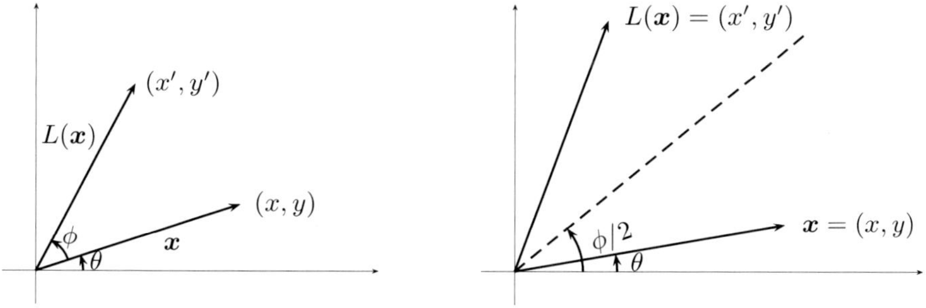


Bild 9.4.: Drehung um $\phi$ (links). Spiegelung an Gerade (rechts)

$|L(\boldsymbol{x})|\cos(\theta + \phi) = |\boldsymbol{x}|\cos(\theta + \phi)$ und $y' = |L(\boldsymbol{x})|\sin(\theta + \phi) = |\boldsymbol{x}|\sin(\theta + \phi)$. Mit Hilfe der Additionstheoreme $\cos(\alpha + \beta) = \cos\alpha\cos\beta - \sin\alpha\sin\beta$ und $\sin(\alpha + \beta) = \cos\alpha\sin\beta + \sin\alpha\cos\beta$ erhalten wir

$$\begin{aligned} x' &= |\boldsymbol{x}|\cos(\theta + \phi) = |\boldsymbol{x}|(\cos\theta\cos\phi - \sin\theta\sin\phi) = |\boldsymbol{x}|\cos\theta\cos\phi - |\boldsymbol{x}|\sin\theta\sin\phi \\ &= x\cos\phi - y\sin\phi \end{aligned}$$

und

$$\begin{aligned} y' &= |\boldsymbol{x}|\sin(\theta + \phi) = |\boldsymbol{x}|(\cos\theta\sin\phi + \sin\theta\cos\phi) = |\boldsymbol{x}|\cos\theta\sin\phi + |\boldsymbol{x}|\sin\theta\cos\phi \\ &= x\sin\phi + y\cos\phi \end{aligned}$$

Damit folgt schließlich

$$L(x, y) = (x', y') = (x\cos\phi - y\sin\phi, x\sin\phi + y\cos\phi)$$

für alle $(x, y) \in \mathbb{R}^2$.

Eine andere Begründung geht so: Die Spaltenvektoren der Darstellungsmatrix $\boldsymbol{A}$ sind die Bilder $L(\boldsymbol{e}_i)$ der natürlichen Basisvektoren $\boldsymbol{e}_i$. Nun ist $L(\boldsymbol{e}_1) = (\cos\phi, \sin\phi)$ und $L(\boldsymbol{e}_2) = (-\sin\phi, \cos\phi)$, siehe linkes Bild in 9.5.

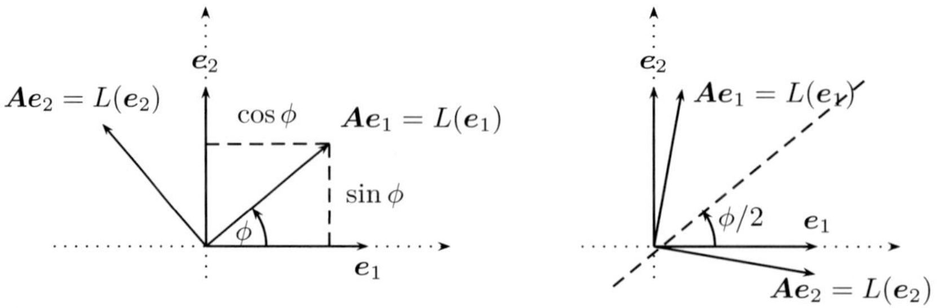


Bild 9.5.: Drehung und Spiegelung

Die Drehungen in der Ebene $\mathbb{R}^2$ um den Nullpunkt sind genau die linearen Abbildungen

$$\begin{array}{ccc} \mathbb{R}^2 & \to & \mathbb{R}^2 \\ (x, y) & \mapsto & (x\cos\phi - y\sin\phi, x\sin\phi + y\cos\phi) \end{array}$$

Jeder Vektor (Punkt) der Ebene wird um den Koordinatenursprung mit dem Winkel $\phi$ gedreht.

Die Darstellungsmatrix einer Drehung ist daher

$$\begin{bmatrix} \cos\phi & -\sin\phi \\ \sin\phi & \cos\phi \end{bmatrix}.$$

Drehungen werden durch orthogonale Matrizen beschrieben, deren Determinaten gleich Eins sind.

**Beispiel 9.3.** Geben Sie die Darstellungsmatrix einer Drehung in der Ebene um 90° an.

*Lösung.* Die Drehmatrix lautet

$$\begin{bmatrix} 0 & -1 \\ 1 & 0 \end{bmatrix},$$

denn in diesem Fall ist $\phi = 90°$. Jeder Punkt der Ebene wird durch diese Drehmatrix um 90° gedreht. ■

Matrizen, die Drehungen beschreiben, haben die allgemeine Form

$$\begin{bmatrix} a & -b \\ b & a \end{bmatrix},$$

mit $a, b \in \mathbb{R}$ und $a^2 + b^2 = 1$.

**Beispiel 9.4.** Drehen Sie das MATLAB-Haus um den Koordinatenursprung mit dem Winkel 90° und zeichnen Sie das neue Haus.

*Lösung.* Für $\phi = 90°$ ist

$$\boldsymbol{A} = \begin{bmatrix} 0 & -1 \\ 1 & 0 \end{bmatrix}$$

die Drehmatrix. Die Anweisungen

```
>> A = [0 -1; 1 0];
>> plotHaus(A*H)
```

erzeugen das Bild des Hauses nach der Drehung, siehe Bild 9.6. ■

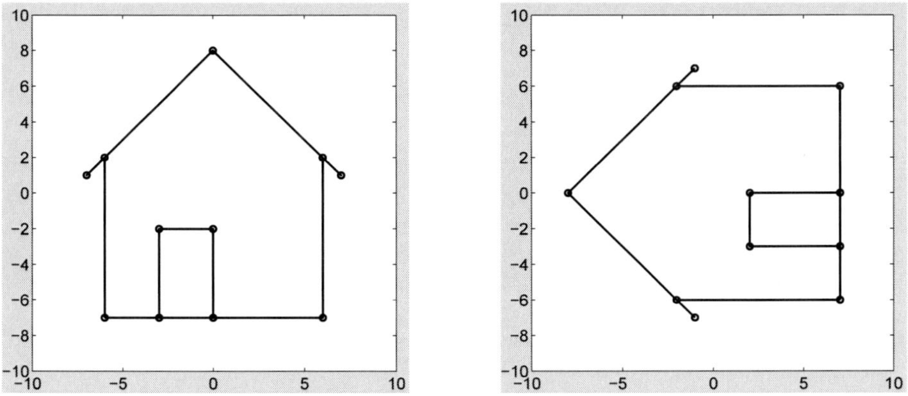


Bild 9.6.: Das Originalhaus und das Haus nach der Drehung

## Spiegelungen (Reflektionen) in der Ebene

Auch Spiegelungen (Reflektionen) sind elementare lineare Transformationen. Wir zeigen, wie man sie beschreiben kann.

Spiegelungen im $\mathbb{R}^2$ an der Achse, die gegen die $x$-Achse mit dem Winkel $\phi/2$ geneigt ist, sind genau die linearen Abbildungen der Form

$$L(x, y) = (x \cos \phi + y \sin \phi, x \sin \phi - y \cos \phi), \quad (x, y) \in \mathbb{R}^2.$$

Demzufolge ist dann die Darstellungsmatrix bezüglich der natürlichen Basis durch

$$\boldsymbol{A} = \begin{bmatrix} \cos\phi & \sin\phi \\ \sin\phi & -\cos\phi \end{bmatrix}$$

gegeben.

Es ist $x = |\boldsymbol{x}|\cos\theta$ und $y = |\boldsymbol{x}|\sin\theta$, siehe Bild 9.4 (rechts). Wegen $|\boldsymbol{x}| = |L(\boldsymbol{x})|$ gilt $x' = |L(\boldsymbol{x})|\cos(\phi-\theta) = |\boldsymbol{x}|\cos(\phi-\theta)$ und $y' = |L(\boldsymbol{x})|\sin(\phi-\theta) = |\boldsymbol{x}|\sin(\phi-\theta)$. Mit Hilfe der Additionstheoreme $\cos(\alpha-\beta) = \cos\alpha\cos\beta + \sin\alpha\sin\beta$ und $\sin(\alpha-\beta) = \sin\alpha\cos\beta - \cos\alpha\sin\beta$ erhalten wir

$$\begin{aligned} x' &= |\boldsymbol{x}|\cos(\phi-\theta) = |\boldsymbol{x}|(\cos\phi\cos\theta + \sin\phi\sin\theta) = \cos\phi|\boldsymbol{x}|\cos\theta + \sin\theta|\boldsymbol{x}|\sin\phi \\ &= x\cos\phi + y\sin\phi \end{aligned}$$

und

$$\begin{aligned} y' &= |\boldsymbol{x}|\sin(\phi-\theta) = |\boldsymbol{x}|(\sin\phi\cos\theta - \cos\phi\sin\theta) = \sin\phi|\boldsymbol{x}|\cos\theta - \cos\phi|\boldsymbol{x}|\sin\theta \\ &= x\sin\phi - y\cos\phi. \end{aligned}$$

Damit folgt schließlich

$$L(x,y) = (x',y') = (x\cos\phi + y\sin\phi, x\sin\phi - y\cos\phi)$$

für alle $(x,y) \in \mathbb{R}^2$.

Eine zweite Beweismethode ist die Folgende: Die Spaltenvektoren der Darstellungsmatrix $\boldsymbol{A}$ sind die Bilder $L(\boldsymbol{e}_i)$ der natürlichen Basisvektoren $\boldsymbol{e}_i$. Nun ist $L(\boldsymbol{e}_1) = (\cos\phi, \sin\phi)$ und $L(\boldsymbol{e}_2) = (\sin\phi, -\cos\phi)$, siehe rechtes Bild in 9.5.

Die Spiegelungen von $\mathbb{R}^2$ an der Achse, die gegen die $x$-Achse mit dem Winkel $\phi/2$ geneigt ist, sind genau die linearen Abbildungen

$$\begin{array}{ccc} \mathbb{R}^2 & \to & \mathbb{R}^2 \\ (x,y) & \mapsto & (x\cos\phi + y\sin\phi, x\sin\phi - y\cos\phi) \end{array}$$

Jeder Vektor der Ebene wird an der Achse, die gegen die $x$-Achse mit dem Winkel $\phi/2$ verläuft, gespiegelt.

Die Darstellungsmatrix einer Spiegelung lautet daher

$$\begin{bmatrix} \cos\phi & \sin\phi \\ \sin\phi & -\cos\phi \end{bmatrix}.$$

Spiegelungen werden durch orthogonale Matrizen beschrieben, deren Determinaten gleich minus Eins sind.

**Beispiel 9.5.** Geben Sie die Darstellungsmatrix einer Spiegelung in der Ebene an der $y$-Achse an.

*Lösung.* Wegen $\phi = 180°$ lautet die Spiegelungsmatrix

$$\begin{bmatrix} -1 & 0 \\ 0 & 1 \end{bmatrix}.$$

Jeder Punkt $\boldsymbol{x} = (x, y)$ der Ebene $\mathbb{R}^2$ wird durch diese Matrix an der $y$-Achse gespiegelt. Die Spiegelung an der $y$-Achse wird durch die lineare Abbildung ist $L : \mathbb{R}^2 \to \mathbb{R}^2$, $(x, y) \mapsto (-x, y)$ dargestellt. ■

Matrizen, die Spiegelungen beschreiben, haben die allgemeine Form

$$\begin{bmatrix} a & b \\ b & -a \end{bmatrix},$$

mit $a, b \in \mathbb{R}$ und $a^2 + b^2 = 1$.

**Beispiel 9.6.** Spiegeln Sie das MATLAB-Haus an der Winkelhalbierenden $y = x$ und zeichnen Sie das neue Haus.

*Lösung.* Für $\phi = 90°$ ist

$$\boldsymbol{A} = \begin{bmatrix} 0 & 1 \\ 1 & 0 \end{bmatrix}$$

die Spiegelungsmatrix. Die Spiegelung an der Winkelhalbierenden wird durch die lineare Abbildung ist $L : \mathbb{R}^2 \to \mathbb{R}^2$, $(x, y) \mapsto (y, x)$ dargestellt. Die Anweisungen

```
>> A = [0 1; 1 0];
>> plotHaus(A*H)
```

erzeugen das Bild des Hauses nach der Spiegelung, siehe Bild 9.7. ■

**Beispiel 9.7.** Wie lautet die lineare Abbildung, die die Spiegelung an der $x$-Achse beschreibt?

*Lösung.* Es ist $L : \mathbb{R}^2 \to \mathbb{R}^2$, $(x, y) \mapsto (x, -y)$ die lineare Abbildung, die die Spiegelung an der $x$-Achse beschreibt. ■

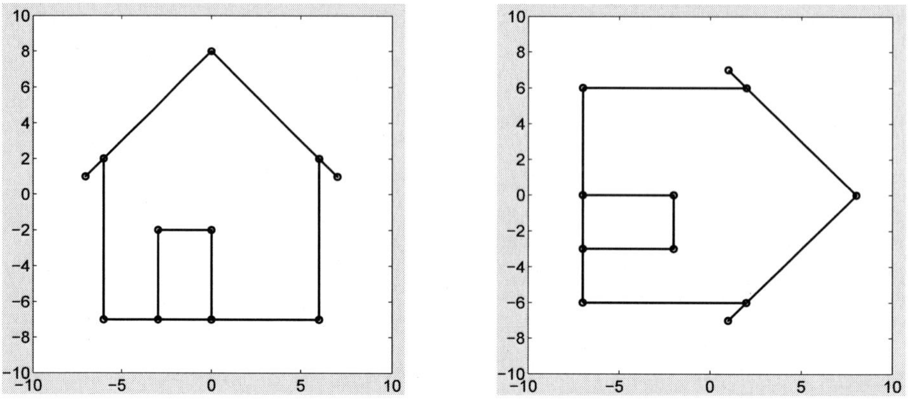


Bild 9.7.: Das Originalhaus und das Haus nach der Spiegelung

**Beispiel 9.8** (Spiegelungen in der Ebene)**.** Stellen Sie drei Spiegelungsmatrizen Spiegelung an der $x$-Achse, Spiegelung an der $y$-Achse und Spiegelung an der $x = y$-Achse (Winkelhalbierende) übersichtlich dar.

*Lösung.* Die Spiegelungsmatrizen sind:

Spiegelung an der $x$-Achse: $$S_x = \begin{bmatrix} 1 & 0 \\ 0 & -1 \end{bmatrix}$$

Spiegelung an der $y$-Achse: $$S_y = \begin{bmatrix} -1 & 0 \\ 0 & 1 \end{bmatrix}$$

Spiegelung an der $x = y$-Achse: $$S_{x=y} = \begin{bmatrix} 0 & 1 \\ 1 & 0 \end{bmatrix} \quad \blacksquare$$

Wie sieht bei vorgegebener Spiegelungsgeraden (durch den Koordinatenursprung) die zugehörige Spiegelungsmatrix $\boldsymbol{S} \in \mathbb{R}^{2\times 2}$ aus? Anhand von Bild 9.8 ist dies leicht zu beantworten. Ist die Spiegelungsgerade durch $\boldsymbol{n}^{\mathrm{T}}\boldsymbol{x} = 0$ mit $|\boldsymbol{n}| = 1$ gegeben, das heißt steht der Einheitsvektor $\boldsymbol{n}$ senkrecht auf der Spiegelungsgeraden, so hat man von einem Vektor $\boldsymbol{x} \in \mathbb{R}^2$ zweimal den Vektor $(\boldsymbol{n}^{\mathrm{T}}\boldsymbol{x})\boldsymbol{n}$ zu subtrahieren[3], um zum gespiegelten Vektor $\boldsymbol{y}$ zu kommen, also

$$\boldsymbol{y} = \boldsymbol{x} - 2(\boldsymbol{n}^{\mathrm{T}}\boldsymbol{x})\boldsymbol{n} = \boldsymbol{x} - 2\boldsymbol{n}(\boldsymbol{n}^{\mathrm{T}}\boldsymbol{x}) = \boldsymbol{x} - 2(\boldsymbol{n}\boldsymbol{n}^{\mathrm{T}})\boldsymbol{x} = (\boldsymbol{E}_2 - 2\boldsymbol{n}\boldsymbol{n}^{\mathrm{T}})\boldsymbol{x}.$$

[3] Der Vektor $(\boldsymbol{n}^{\mathrm{T}}\boldsymbol{x})\boldsymbol{n}$ ist der orthogonale Projektionsvektor von $\boldsymbol{x}$ auf $\boldsymbol{n}$.

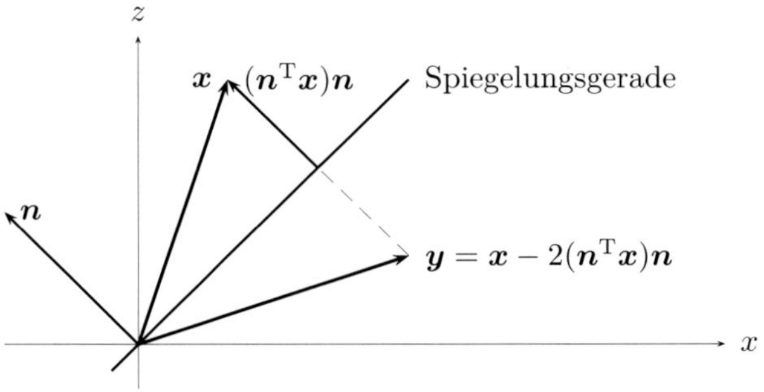


Bild 9.8.: Zur Konstruktion der Formel $\boldsymbol{S} = \boldsymbol{E}_2 - 2\boldsymbol{n}\boldsymbol{n}^{\mathrm{T}}$

Somit ist

$$\boldsymbol{S} = \boldsymbol{E}_2 - 2\boldsymbol{n}\boldsymbol{n}^{\mathrm{T}}.$$

Eine Spiegelung im $\mathbb{R}^2$ an der durch $\boldsymbol{n}^{\mathrm{T}}\boldsymbol{x} = 0$ mit $|\boldsymbol{n}| = 1$ gegebenen Gerade geschieht durch die Spiegelungsmatrix

$$\boldsymbol{S} = \boldsymbol{E}_2 - 2\boldsymbol{n}\boldsymbol{n}^{\mathrm{T}}.$$

**Beispiel 9.9** (Spiegelungen in der Ebene)**.** Verifizieren Sie die drei oben gefundenen Spiegelungsmatrizen $\boldsymbol{S}_x$, $\boldsymbol{S}_y$, $\boldsymbol{S}_{x=y}$, indem Sie sie mit Hilfe der Formel $\boldsymbol{S} = \boldsymbol{E}_2 - 2\boldsymbol{n}\boldsymbol{n}^{\mathrm{T}}$ als Spezialfälle wieder entdecken.

*Lösung.* Wir wählen $\boldsymbol{n} = \boldsymbol{e}_2 = (0, 1)$ als Normaleneinheitsvektor, denn dieser steht senkrecht auf der $x$-Achse. Damit gilt

$$\boldsymbol{S} = \boldsymbol{E}_2 - 2\boldsymbol{n}\boldsymbol{n}^{\mathrm{T}} = \boldsymbol{E}_2 - 2\boldsymbol{e}_2\boldsymbol{e}_2^{\mathrm{T}} = \begin{bmatrix} 1 & 0 \\ 0 & 1 \end{bmatrix} - 2\begin{bmatrix} 0 & 0 \\ 0 & 1 \end{bmatrix} = \begin{bmatrix} 1 & 0 \\ 0 & -1 \end{bmatrix} = \boldsymbol{S}_x.$$

Wir wählen $\boldsymbol{n} = \boldsymbol{e}_1 = (1, 0)$ als Normaleneinheitsvektor, denn dieser steht senkrecht auf der $y$-Achse. Damit gilt

$$\boldsymbol{S} = \boldsymbol{E}_2 - 2\boldsymbol{n}\boldsymbol{n}^{\mathrm{T}} = \boldsymbol{E}_2 - 2\boldsymbol{e}_1\boldsymbol{e}_1^{\mathrm{T}} = \begin{bmatrix} 1 & 0 \\ 0 & 1 \end{bmatrix} - 2\begin{bmatrix} 1 & 0 \\ 0 & 0 \end{bmatrix} = \begin{bmatrix} -1 & 0 \\ 0 & 1 \end{bmatrix} = \boldsymbol{S}_y.$$

Wir wählen $\boldsymbol{n} = (-1/\sqrt{2}, 1/\sqrt{2})$ als Normaleneinheitsvektor, denn dieser steht senkrecht auf der $x = y$-Achse (Winkelhalbierenden). Damit gilt

$$\boldsymbol{S} = \boldsymbol{E}_2 - 2\boldsymbol{n}\boldsymbol{n}^{\mathrm{T}} = \begin{bmatrix} 1 & 0 \\ 0 & 1 \end{bmatrix} - 2\begin{bmatrix} 1/2 & -1/2 \\ -1/2 & 1/2 \end{bmatrix} = \begin{bmatrix} 0 & 1 \\ 1 & 0 \end{bmatrix} = \boldsymbol{S}_{x=y}. \quad \blacksquare$$

### Scherungen in der Ebene

Eine „Scherung“ beschreibt die Verzerrung elastischer Körper. Bei einer Scherung in $x$-Richtung werden die Punkte in Richtung der $x$-Achse verschoben, und zwar so, dass die Länge des Verschiebungsvektors proportional zum Abstand des Punktes von der $x$-Achse ist. Der Proportionalitätsfaktor ist der Tangens des Neigungswinkels, siehe Bild 9.10 (links). Die Punkte auf der $x$-Achse bleiben fest. Eine Scherung in $x$-Richtung lässt die $y$-Koordinate eines Punktes unverändert, modifiziert aber seine $x$-Koordinate proportional zum $y$-Wert. Eine analoge Scherung gibt es auch in $y$-Richtung.

Die Scherungen in $x$-Richtung bzw. $y$-Richtung sind genau die linearen Abbildungen

$$\begin{array}{ccc} \mathbb{R}^2 & \to & \mathbb{R}^2 \\ (x,y) & \mapsto & (x + y\tan\alpha, y) \end{array} \quad \text{bzw.} \quad \begin{array}{ccc} \mathbb{R}^2 & \to & \mathbb{R}^2 \\ (x,y) & \mapsto & (x, y + x\tan\beta) \end{array}$$

Die Darstellungsmatrix einer Scherung in $x$-Richtung bzw. $y$-Richtung lautet

$$\begin{bmatrix} 1 & \tan\alpha \\ 0 & 1 \end{bmatrix} \quad \text{bzw.} \quad \begin{bmatrix} 1 & 0 \\ \tan\beta & 1 \end{bmatrix}.$$

**Beispiel 9.10** (Scherung)**.** Bei einer Scherung in $x$-Richtung wird aus einem Rechteck ein Parallelogramm. Das Bild 9.10 (rechts) zeigt dies für $\alpha = 45°$. Die natürliche

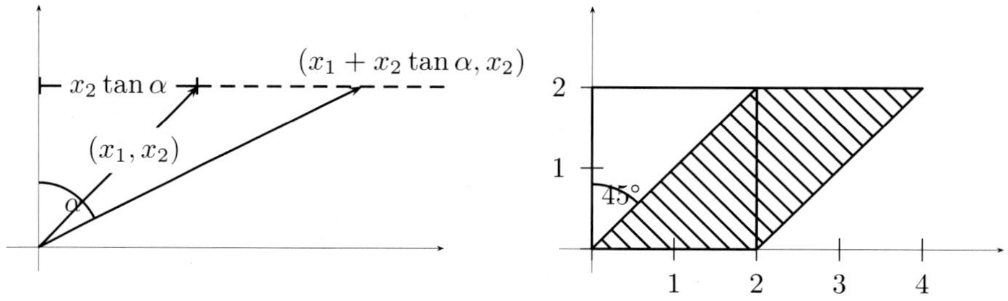


Bild 9.9.: Zum Begriff Scherung

Darstellungsmatrix dieser Scherung in $x$-Richtung ist

$$\begin{bmatrix} 1 & \tan\alpha \\ 0 & 1 \end{bmatrix} = \begin{bmatrix} 1 & \tan 45° \\ 0 & 1 \end{bmatrix} = \begin{bmatrix} 1 & 1 \\ 0 & 1 \end{bmatrix}.$$

Zum Beispiel gilt

$$\begin{bmatrix} 1 & 1 \\ 0 & 1 \end{bmatrix} \begin{bmatrix} 2 \\ 2 \end{bmatrix} = \begin{bmatrix} 4 \\ 2 \end{bmatrix}.$$

Durch diese Scherung wird also der Punkt $(2, 2)$ auf den Punkt $(4, 2)$ abgebildet. ∎

**Beispiel 9.11.** Geben Sie die natürliche Darstellungsmatrix der Scherung in $x$-Richtung um den Faktor 0.1 an und zeichnen Sie das MATLAB-Haus vor und nach der Scherung.

*Lösung.* Die natürliche Darstellungsmatrix ist

$$\boldsymbol{A} = \begin{bmatrix} 1 & 0.1 \\ 0 & 1 \end{bmatrix}.$$

Die Anweisungen

```
>> A = [1 0.1; 0 1];
>> plotHaus(A*H)
```

erzeugen das Bild des Hauses nach der Scherung, siehe Bild 9.10. ∎

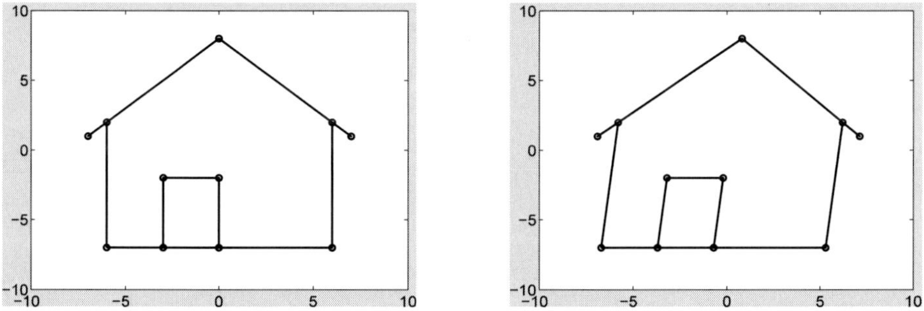

Bild 9.10.: Das Originalhaus und das Haus nach der Scherung

### Orthogonale Projektionen in der Ebene

Ist $\boldsymbol{o} \neq \boldsymbol{a} = (a_1, a_2) \in \mathbb{R}^2$ ein Vektor, so ist durch die Matrix

$$\boldsymbol{P} = \frac{1}{\boldsymbol{a}^{\mathrm{T}}\boldsymbol{a}}\boldsymbol{a}\boldsymbol{a}^{\mathrm{T}} = \frac{1}{a_1^2 + a_2^2}\begin{bmatrix} a_1^2 & a_1 a_2 \\ a_1 a_2 & a_2^2 \end{bmatrix}$$

nach Satz 6.8 eine orthogonale Projektionsmatrix gegeben. Sie projiziert jeden Vektor aus $\mathbb{R}^2$ auf den eindimensionalen Unterraum (Ursprungsgerade), der durch den Vektor $\boldsymbol{a}$ aufgespannt wird, siehe Bild 9.11. Somit beschreibt die Matrix $\boldsymbol{P}$ eine lineare Abbildung, die jeden Vektor aus $\boldsymbol{x} = (x, y) \in \mathbb{R}^2$ auf den Vektor $\boldsymbol{p} = \boldsymbol{P}\boldsymbol{x}$ auf dieser Ursprungsgeraden in $\mathbb{R}^2$ orthogonal projiziert. Der Vektor $\boldsymbol{p}$ ist der orthogonale Projektionsvektor.

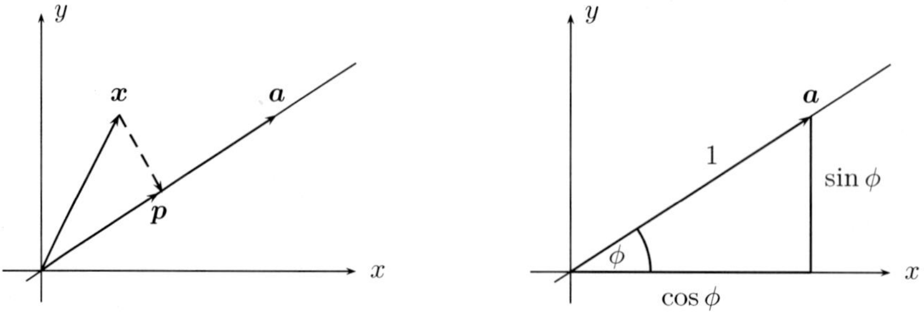


Bild 9.11.: Orthogonale Projektion auf eine Ursprungsgerade (links) und alternative Beschreibung der Ursprungsgeraden mit $\boldsymbol{a} = (\cos\phi, \sin\phi)$ (rechts)

Orthogonale Projektionen in der Ebene $\mathbb{R}^2$ auf einen eindimensionalen Unterraum (Ursprungsgerade) sind genau die linearen Abbildungen der Form

$$\begin{array}{ccc} \mathbb{R}^2 & \to & \mathbb{R}^2 \\ (x,y) & \mapsto & \frac{1}{a_1^2+a_2^2}(a_1^2 x + a_1 a_2 y, a_1 a_2 x + a_2^2 y), \end{array}$$

wobei der Vektor $\boldsymbol{a} = (a_1, a_2) \neq \boldsymbol{o}$ den eindimensionalen Unterraum aufspannt.

Die natürliche Darstellungsmatrix einer orthogonalen Projektion auf eine Ursprungsgerade ist daher

$$\frac{1}{a_1^2 + a_2^2} \begin{bmatrix} a_1^2 & a_1 a_2 \\ a_1 a_2 & a_2^2 \end{bmatrix}.$$

**Beispiel 9.12** (Orthogonale Projektionen)**.** Berechnen Sie den orthogonalen Projektionsvektor von $(3,2)$ auf die Winkelhalbierende.

*Lösung.* Für die Winkelhalbierende kann zum Beispiel $\boldsymbol{a} = (1,1)$ gewählt werden. Ist $P$ die lineare Abbildung, die die orthogonale Projektion auf die Winkelhalbierende beschreibt, so gilt

$$P(3,2) = \frac{1}{1^2+1^2}\big(1^2(3) + (1)(1)(2), (1)(1)(3) + 1^2(2)\big) = \frac{1}{2}(5,5) = \big(\frac{5}{2}, \frac{5}{2}\big). \quad \blacksquare$$

Zwei Spezialfälle sind besonders interessant, nämlich wenn die Ursprungegerade die $x$-Achse oder die $y$-Achse ist, siehe Bild 9.12. In diesem Fall kann $\boldsymbol{a} = \boldsymbol{e}_1 = (1,0)$ bzw.

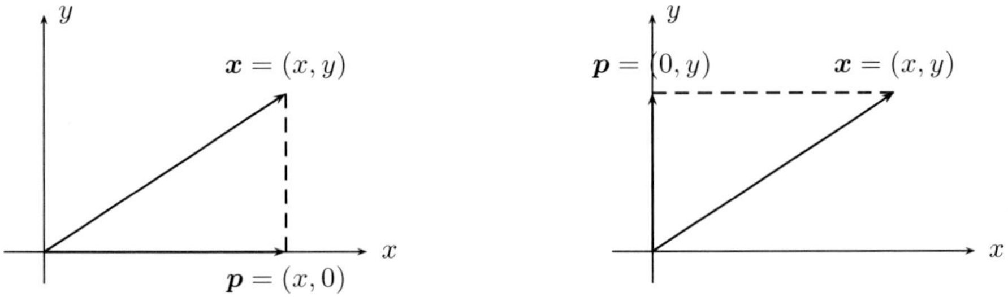


Bild 9.12.: Orthogonale Projektionen auf die $x$-Achse (links) und auf die $y$-Achse (rechts)

$\boldsymbol{a} = \boldsymbol{e}_2 = (0, 1)$ gewählt werden. Die orthogonalen Projektionsmatrizen sind dann

$$\boldsymbol{P}_1 = \frac{1}{a_1^2 + a_2^2} \begin{bmatrix} a_1^2 & a_1 a_2 \\ a_1 a_2 & a_2^2 \end{bmatrix} = \frac{1}{1} \begin{bmatrix} 1 & 0 \\ 0 & 0 \end{bmatrix} = \begin{bmatrix} 1 & 0 \\ 0 & 0 \end{bmatrix} \quad \text{bzw.} \quad \boldsymbol{P}_2 = \begin{bmatrix} 0 & 0 \\ 0 & 1 \end{bmatrix},$$

und die dazugehörigen linearen Abbildungen sind

$$P_1 : \begin{array}{ccc} \mathbb{R}^2 & \to & \mathbb{R}^2 \\ (x, y) & \mapsto & (x, 0) \end{array} \quad \text{bzw.} \quad P_2 : \begin{array}{ccc} \mathbb{R}^2 & \to & \mathbb{R}^2 \\ (x, y) & \mapsto & (0, y) \end{array}$$

Wir betrachten zu diesen Spezialfällen ein Beispiel.

**Beispiel 9.13** (Orthogonale Projektionen)**.** Berechnen Sie den orthogonalen Projektionsvektor von $(2, -5)$ auf die $x$-Achse und auf die $y$-Achse.

*Lösung.* Die Projektion auf die $x$-Achse ergibt den orthogonalen Projektionsvektor

$$\boldsymbol{p}_1 = \begin{bmatrix} 1 & 0 \\ 0 & 0 \end{bmatrix} \begin{bmatrix} 2 \\ -5 \end{bmatrix} = \begin{bmatrix} 2 \\ 0 \end{bmatrix}.$$

Die Projektion auf die $y$-Achse ergibt den orthogonalen Projektionsvektor

$$\boldsymbol{p}_2 = \begin{bmatrix} 0 & 0 \\ 0 & 1 \end{bmatrix} \begin{bmatrix} 2 \\ -5 \end{bmatrix} = \begin{bmatrix} 0 \\ -5 \end{bmatrix}.$$

Oder: $P_1(x, y) = P_1(2, -5) = (2, 0)$ und $P_2(x, y) = P_2(2, -5) = (0, -5)$. ■

Es gibt eine alternative Möglichkeit, orthogonale Projektionen in der Ebene auf eine Ursprungsgerade zu modellieren. Sei hierzu eine Gerade in der Ebene $\mathbb{R}^2$ gegeben, die durch den Ursprung verläuft und mit der positiven $x$-Achse den Winkel $\phi$ einschliesst.

Diese Ursprungsgerade wird dann durch den Vektor $\boldsymbol{a} = (\cos\phi, \sin\phi)$ aufgespannt, siehe Bild 9.11 (rechts). Damit ist

$$\begin{aligned}\boldsymbol{P} &= \frac{1}{\boldsymbol{a}^{\mathrm{T}}\boldsymbol{a}}\boldsymbol{a}\boldsymbol{a}^{\mathrm{T}} = \frac{1}{a_1^2+a_2^2}\begin{bmatrix} a_1^2 & a_1a_2 \\ a_1a_2 & a_2^2 \end{bmatrix} = \frac{1}{\cos^2\phi+\sin^2\phi}\begin{bmatrix} \cos^2\phi & \cos\phi\sin\phi \\ \cos\phi\sin\phi & \sin^2\phi \end{bmatrix} \\ &= \frac{1}{1}\begin{bmatrix} \cos^2\phi & \cos\phi\sin\phi \\ \cos\phi\sin\phi & \sin^2\phi \end{bmatrix} = \begin{bmatrix} \cos^2\phi & \cos\phi\sin\phi \\ \cos\phi\sin\phi & \sin^2\phi \end{bmatrix}\end{aligned}$$

die orthogonale Projektionsmatrix auf die Ursprungsgerade. Die dazugehörige lineare Abbildung $P : \mathbb{R}^2 \to \mathbb{R}^2$ ist

$$P(x,y) = (x\cos^2\phi + y\cos\phi\sin\phi, x\cos\phi\sin\phi + y\sin^2\phi).$$

**Beispiel 9.14** (Orthogonale Projektion)**.** Wie lautet die orthogonale Projektionsmatrix $\boldsymbol{P}$ auf die Winkelhalbierende.

*Lösung.* In diesem Fall ist $\phi = 45°$ (bzw. $\boldsymbol{a} = (\cos 45°, \sin 45°)$). Damit ist

$$\boldsymbol{P} = \begin{bmatrix} \cos^2\phi & \cos\phi\sin\phi \\ \cos\phi\sin\phi & \sin^2\phi \end{bmatrix} = \begin{bmatrix} \cos^2(45°) & \cos(45°)\sin(45°) \\ \cos(45°)\sin(45°) & \sin^2(45°) \end{bmatrix} = \begin{bmatrix} 1/2 & 1/2 \\ 1/2 & 1/2 \end{bmatrix}.$$

die orthogonale Projektionsmatrix. ∎

## 9.2. Verschiebungen (Translationen) in der Ebene

Eine Verschiebung (Translation) in der Ebene bildet jeden Vektor (Punkt) um $t_1$ Einheiten in $x$-Richtung und um $t_2$ Einheiten in $y$-Richtung ab.

Die Verschiebungen (Translationen) von $\mathbb{R}^2$ sind genau die Abbildungen

$$\begin{aligned} \mathbb{R}^2 &\to \mathbb{R}^2 \\ (x,y) &\mapsto (x,y) + (t_1,t_2), \end{aligned}$$

wobei $\boldsymbol{t} = (t_1, t_2)$ ein beliebiger Vektor aus $\mathbb{R}^2$ ist. Jeder Punkt der Ebene wird um den Vektor $\boldsymbol{t}$ verschoben.

In Matrizenform kann die Abbildung wie folgt geschrieben werden

$$\begin{bmatrix} x_1 \\ x_2 \end{bmatrix} \mapsto \begin{bmatrix} 1 & 0 \\ 0 & 1 \end{bmatrix}\begin{bmatrix} x_1 \\ x_2 \end{bmatrix} + \begin{bmatrix} t_1 \\ t_2 \end{bmatrix}$$

bzw. kompakt $\boldsymbol{x} \mapsto \boldsymbol{E}_2\boldsymbol{x} + \boldsymbol{t}$. Ist $\boldsymbol{t} \neq \boldsymbol{o}$, so ist diese Abbildung aber *nicht* linear und kann somit nicht durch eine $(2,2)$-Matrix dargestellt werden.

Neben den Verschiebungen gibt es noch weitere wichtige geometrische Transformationen, die nicht linear sind: Drehungen um einen anderen Punkt als den Ursprung, Spiegelungen an einer Achse, die nicht durch den Ursprung geht und Skalierungen relativ zu einem Punkt, der nicht der Ursprung ist. Bei allen genannten Transformationen bleibt der Ursprung nicht erhalten und aus diesem Grund sind sie nicht linear. Man fasst die Gruppe der linearen Abbildungen und die der eben genannten nicht linearen Abbildungen unter dem Namen *affin-lineare Abbildungen* zusammen.

Diese Abbildungen sind jedoch in der Praxis der Computergrafik, der Bildverarbeitung und der CAD-Systeme so häufig, dass es wünschenswert ist, auch sie durch Matrizen modellieren zu können. Damit hätte man für sämtliche affin-lineare Abbildungen eine einheitliche Darstellungsform. Wie dies geht, zeigen wir nun.

**Beispiel 9.15** (Affin-lineare Abildungen)**.** Bilden Sie das Quadrat mit den Eckpunkten $A = (0,0)$, $B = (1,0)$, $C = (1,1)$, $D = (0,1)$ unter der affin-linearen Abbildung $\boldsymbol{x} \mapsto \boldsymbol{A}\boldsymbol{x} + \boldsymbol{t}$ mit

$$\boldsymbol{A} = \begin{bmatrix} 1 & 1 \\ 1 & 3 \end{bmatrix}, \qquad \boldsymbol{t} = \begin{bmatrix} 3 \\ 0 \end{bmatrix}$$

ab und stellen Sie dies geometrisch dar.

*Lösung.* Es ist

$$A' = \boldsymbol{A}\boldsymbol{x}_A + \boldsymbol{t} = \begin{bmatrix} 1 & 1 \\ 1 & 3 \end{bmatrix} \begin{bmatrix} 0 \\ 0 \end{bmatrix} + \begin{bmatrix} 3 \\ 0 \end{bmatrix} = \begin{bmatrix} 3 \\ 0 \end{bmatrix}, \quad B' = \begin{bmatrix} 1 & 1 \\ 1 & 3 \end{bmatrix} \begin{bmatrix} 1 \\ 0 \end{bmatrix} + \begin{bmatrix} 3 \\ 0 \end{bmatrix} = \begin{bmatrix} 4 \\ 1 \end{bmatrix},$$

$$C' = \boldsymbol{A}\boldsymbol{x}_C + \boldsymbol{t} = \begin{bmatrix} 1 & 1 \\ 1 & 3 \end{bmatrix} \begin{bmatrix} 1 \\ 1 \end{bmatrix} + \begin{bmatrix} 3 \\ 0 \end{bmatrix} = \begin{bmatrix} 5 \\ 4 \end{bmatrix}, \quad D' = \begin{bmatrix} 1 & 1 \\ 1 & 3 \end{bmatrix} \begin{bmatrix} 0 \\ 1 \end{bmatrix} + \begin{bmatrix} 3 \\ 0 \end{bmatrix} = \begin{bmatrix} 4 \\ 4 \end{bmatrix}.$$

Aus dem Quadrat $ABCD$ wird das Parallelogramm $A'B'C'D'$. ■

## 9.3. Homogene Koordinaten

Identifiziert man den Vektor $\boldsymbol{x} = (x_1, x_2) \in \mathbb{R}^2$ mit dem Vektor $\boldsymbol{x} = (x_1, x_2, 1)$ aus $\mathbb{R}^3$, so sagt man, dass $(x_1, x_2, 1)$ die **homogenen Koordinaten** des Vektors $(x_1, x_2)$ sind. Mit homogenen Koordinaten können wir nun Verschiebungen durch **Verschiebungsmatrizen** (**Translationsmatrizen**)

$$\boldsymbol{T} = \begin{bmatrix} 1 & 0 & t_1 \\ 0 & 1 & t_2 \\ 0 & 0 & 1 \end{bmatrix}$$

beschreiben. Um also den Punkt $\boldsymbol{x} = (x_1, x_2)$ um $\boldsymbol{t} = (t_1, t_2)$ zu verschieben, wechselt man zuerst zu den homogenen Koordinaten $(x_1, x_2, 1)$ und multipliziert dann mit $\boldsymbol{T}$. Jeder Vektor $\boldsymbol{x}$ wird zu $\boldsymbol{x} + \boldsymbol{t}$:

$$\begin{bmatrix} 1 & 0 & t_1 \\ 0 & 1 & t_2 \\ 0 & 0 & 1 \end{bmatrix} \begin{bmatrix} x_1 \\ x_2 \\ 1 \end{bmatrix} = \begin{bmatrix} x_1 + t_1 \\ x_2 + t_2 \\ 1 \end{bmatrix}.$$

Damit wird die Translation durch eine Matrizenmultiplikation beschrieben, was in $\mathbb{R}^2$ unmöglich war.

**Beispiel 9.16.** Verschieben Sie das MATLAB-Haus um drei Längeneinheiten nach rechts und zwei nach oben.

*Lösung.* Für $\boldsymbol{t} = (3, 2)$ lautet die Verschiebungsmatrix

$$\boldsymbol{T} = \begin{bmatrix} 1 & 0 & 3 \\ 0 & 1 & 2 \\ 0 & 0 & 1 \end{bmatrix}.$$

Die folgenden Anweisungen erzeugen das Bild des Hauses nach der Verschiebung, siehe Bild 9.13.

```
>> T = [1 0 3;0 1 1; 0 0 1];
>> hH = [H;ones(1,12)];
>> ThH = T*hH;
>> plotHaus(ThH(1:2,:))
```

Achtung! In der Computergrafik arbeitet man mit Zeilenvektoren. Dort wird also die Zeile-mal-Matrix-Multiplikation verwendet. Die Translationsmatrix des letzten Beispiels hat dann folgende Gestalt

$$\begin{bmatrix} 1 & 0 & 0 \\ 0 & 1 & 0 \\ t_1 & t_2 & 1 \end{bmatrix}.$$

## 9.4. Verkettungen von Transformationen

In den Anwendungen muss man fast immer mehrere Transformationen nacheinander ausführen, also zum Beispiel eine Drehung, eine Translation und dann eine Spiegelung. Wie kann man diesen Prozess und die resultierende Abbildung beschreiben? Hierzu verwendet man homogene Koordinaten, damit kann man jede Transformation durch eine

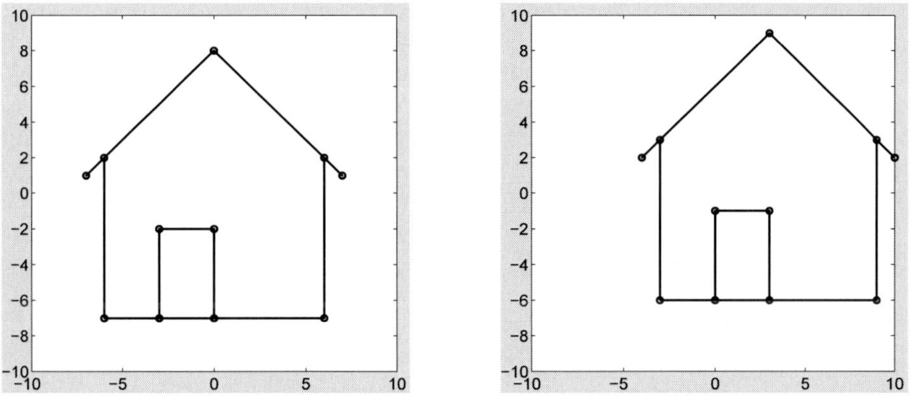


Bild 9.13.: Das Originalhaus und das Haus nach der Verschiebung

Matrix beschreiben und die Verkettung (Komposition, Hintereinanderausführung) dieser Abbildungen ist die resultierende Transformation, die man als Matrizenprodukt erhält (Abschnitt 8.8).

**Beispiel 9.17.** Drehen Sie alle Punkte der Ebene um den Punkt $(2, 3)$ mit dem Winkel $\phi$. Beschreiben Sie die Transformationen (Abbildungen) mit Matrizen.

*Lösung.* Hierzu verschieben wir den Punkt $(2, 3)$ nach $(0, 0)$, drehen dann um den Koordinatenursprung mit dem Winkel $\phi$, und verschieben dann den Ursprung zurück. Dazu müssen wir die entsprechenden Matrizen derart erweitern, dass mit homogenen Koordinaten gerechnet werden kann. Wir bekommen

$$\boldsymbol{T}_2\boldsymbol{R}\boldsymbol{T}_1\boldsymbol{x} = \begin{bmatrix} 1 & 0 & 2 \\ 0 & 1 & 3 \\ 0 & 0 & 1 \end{bmatrix} \begin{bmatrix} \cos\phi & -\sin\phi & 0 \\ \sin\phi & \cos\phi & 0 \\ 0 & 0 & 1 \end{bmatrix} \begin{bmatrix} 1 & 0 & -2 \\ 0 & 1 & -3 \\ 0 & 0 & 1 \end{bmatrix} \begin{bmatrix} x_1 \\ x_2 \\ 1 \end{bmatrix}.$$

Wir rechnen dieses Matrizenprodukt nicht aus. Das Wesentliche ist: Der Punkt $\boldsymbol{x}$ wird nach $\boldsymbol{T}_1\boldsymbol{x}$ verschoben, dann in den Punkt $\boldsymbol{R}\boldsymbol{T}_1\boldsymbol{x}$ gedreht und dann zurück zu $\boldsymbol{T}_2\boldsymbol{R}\boldsymbol{T}_1\boldsymbol{x}$ verschoben. ∎

**Beispiel 9.18** (Verkettungen elementarer Transformationen; affin-lineare Abbildungen)**.** Bestimmen Sie die Matrix $\boldsymbol{M}$, die jeden Punkt in der $x, y$-Ebene $\mathbb{R}^2$ an der Geraden mit der Gleichung $y = mx + b$ spiegelt. Die reellen Parameter m (Steigung) und $b$ (Achsenabschnitt) sind gegeben.

*Lösung.* Zur Lösung dieses Problems dient Bild 9.14. Zunächst wird der Punkt $(0, b)$

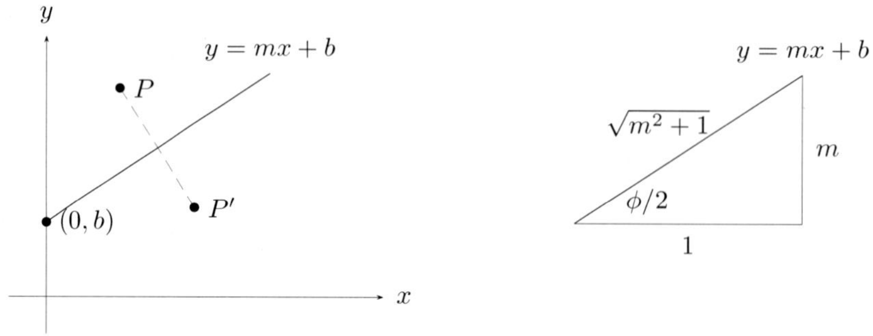


Bild 9.14.: Zu Beispiel 9.18

(Schnittpunkt der Spigelungsgerade mit der $y$-Achse) zum Koordinatenursprung $(0, 0)$ verschoben. Dies geschieht mit der Verschiebungsmatrix

$$\boldsymbol{V}_1 = \begin{bmatrix} 1 & 0 & t_1 \\ 0 & 1 & t_2 \\ 0 & 0 & 1 \end{bmatrix} = \begin{bmatrix} 1 & 0 & 0 \\ 0 & 1 & -b \\ 0 & 0 & 1 \end{bmatrix}.$$

Dann wird an der Geraden mit der Gleichung $y = mx + b$ gespiegelt, wobei $\phi/2$ der Winkel zwischen der $x$-Achse und der Geraden ist. Die Spiegeung erfolgt mit der Matrix

$$\boldsymbol{S} = \begin{bmatrix} \cos\phi & \sin\phi & 0 \\ \sin\phi & -\cos\phi & 0 \\ 0 & 0 & 1 \end{bmatrix}.$$

Nach der Spiegelung wird von $(0, 0)$ nach $(0, b)$ zurüch verschoben. Dies erfolgt mit der Verschiebungsmatrix

$$\boldsymbol{V}_2 = \begin{bmatrix} 1 & 0 & t_1 \\ 0 & 1 & t_2 \\ 0 & 0 & 1 \end{bmatrix} = \begin{bmatrix} 1 & 0 & 0 \\ 0 & 1 & b \\ 0 & 0 & 1 \end{bmatrix}.$$

Wir erhalten somit insgesamt

$$\boldsymbol{M} = \boldsymbol{V}_2\boldsymbol{S}\boldsymbol{V}_1 = \begin{bmatrix} \cos\phi & \sin\phi & -b\sin\phi \\ \sin\phi & -\cos\phi & b\cos\phi + b \\ 0 & 0 & 1 \end{bmatrix}.$$

Nun soll noch $\phi$ durch $m$ ausgedrückt werden. Es ist, siehe Bild 9.14 (rechts), $\sin(\phi/2) = m/\sqrt{m^2+1}$ und $\cos(\phi/2) = 1/\sqrt{m^2+1}$. Mit den trigonometrischen Beziehungen $\cos\phi = \cos^2(\phi/2) - \sin^2(\phi/2)$ und $\sin\phi = 2\sin(\phi/2)\cos(\phi/2)$ für doppelte Winkel gilt weiter

$$\cos\phi = \cos^2\left(\frac{\phi}{2}\right) - \sin^2\left(\frac{\phi}{2}\right) = \frac{1}{m^2+1} - \frac{m^2}{m^2+1} = \frac{1-m^2}{m^2+1}$$

und

$$\sin\phi = 2\sin\left(\frac{\phi}{2}\right)\cos\left(\frac{\phi}{2}\right) = 2\frac{m}{m^2+1}\frac{1}{m^2+1} = \frac{2m}{m^2+1}.$$

Wir erhalten somit insgesamt

$$\boldsymbol{M} = \frac{1}{m^2+1}\begin{bmatrix} 1-m^2 & 2m & -2bm \\ 2m & m^2-1 & 2b \\ 0 & 0 & m^2+1 \end{bmatrix}.$$

Die Matrix $\boldsymbol{M}$ beschreibt somit diejenige Transformation, die jeden Punkt bzw. Vektor in der Ebene $\mathbb{R}^2$ an der Geraden mit der Gleichung $y = mx + b$ spiegelt. ■

## 9.5. Lineare Abbildungen im Raum (3D)

Wir untersuchen jetzt *elementare Transformationen* im dreidimensionalen Raum $\mathbb{R}^3$. Elementare Transfromationen sind zum Beispiel Verschiebungen, Skalierungen, Drehungen und Spiegelungen. Skalierungen, Drehungen und Spiegelungen sind linear und können somit durch $(3,3)$-Matrizen dargestellt werden. Verschiebungen können durch $(4,4)$-Matrizen dargestellt werden; man verwendet homogene Koordinaten.

### Verschiebungen (Translationen) im Raum

Der gesamte Raum $\mathbb{R}^3$ soll um den Vektor $\boldsymbol{t} = (t_1, t_2, t_3)$ verschoben werden. Der Ursprung wird also zu $(t_1, t_2, t_3)$, und dieser Vektor wird jedem Punkt im Raum hinzuaddiert. In homogenen Koordinaten wird die Verschiebung um den Vektor $\boldsymbol{t}$ dann durch die folgende $(4,4)$-Matrix $\boldsymbol{T}$ beschrieben

$$\boldsymbol{T} = \begin{bmatrix} 1 & 0 & 0 & t_1 \\ 0 & 1 & 0 & t_2 \\ 0 & 0 & 1 & t_3 \\ 0 & 0 & 0 & 1 \end{bmatrix}.$$

**Beispiel 9.19.** Verschieben Sie jeden Vektor $\boldsymbol{x} \in \mathbb{R}^3$ um den Vektor $\boldsymbol{t} = (1, 2, 3)$. Beschreiben Sie diese Transformation mit einer Matrizenmultiplikation.

*Lösung.* Jeden Vektor $\boldsymbol{x} \in \mathbb{R}^3$ um $\boldsymbol{t} = (1, 2, 3)$ zu verschieben, kann wie folgt ausgedrückt werden

$$\boldsymbol{y} = \boldsymbol{x} + \boldsymbol{t} = \begin{bmatrix} x_1 + 1 \\ x_2 + 2 \\ x_3 + 3 \end{bmatrix}.$$

Diese Translation schreibt sich als Matrix-Vektor-Multiplikation

$$\boldsymbol{y}_h = \boldsymbol{T}\boldsymbol{x}_h = \begin{bmatrix} 1 & 0 & 0 & 1 \\ 0 & 1 & 0 & 2 \\ 0 & 0 & 1 & 3 \\ 0 & 0 & 0 & 1 \end{bmatrix} \begin{bmatrix} x_1 \\ x_2 \\ x_3 \\ 1 \end{bmatrix} = \begin{bmatrix} x_1 + 1 \\ x_2 + 2 \\ x_3 + 3 \\ 1 \end{bmatrix}. \quad \blacksquare$$

Die Verschiebungen im $\mathbb{R}^3$ sind genau die Abbildungen

$$\begin{array}{ccc} \mathbb{R}^3 & \to & \mathbb{R}^3 \\ (x_1, x_2, x_3) & \mapsto & (x_1 + t_1, x_2 + t_2, x_3) \end{array}$$

wobei $\boldsymbol{t} = (t_1, t_2, t_3)$ ein beliebiger Vektor ist. Hierbei wird jeder Punkt des Raumes um den Vektor $\boldsymbol{t}$ verschoben. Diese Abbildung lässt sich mit homogenen Koordinaten wie folgt beschreiben:

$$\boldsymbol{y}_h = \boldsymbol{T}\boldsymbol{x}_h = \begin{bmatrix} 1 & 0 & 0 & t_1 \\ 0 & 1 & 0 & t_2 \\ 0 & 0 & 1 & t_3 \\ 0 & 0 & 0 & 1 \end{bmatrix} \begin{bmatrix} x_1 \\ x_2 \\ x_3 \\ 1 \end{bmatrix} = \begin{bmatrix} x_1 + t_1 \\ x_2 + t_2 \\ x_3 + t_3 \\ 1 \end{bmatrix}.$$

### Skalierungen im Raum

Eine Skalierung ist eine lineare Abbildung, die Vektoren in der Regel verlängert oder verkürzt.

**Beispiel 9.20.** Beschreiben Sie die Wirkung der Diagonalmatrix

$$\boldsymbol{S} = \begin{bmatrix} 2 & 0 & 0 \\ 0 & 1/2 & 0 \\ 0 & 0 & 1 \end{bmatrix}$$

auf Vektoren $\boldsymbol{x}$ aus $\mathbb{R}^3$.

*Lösung.* Jeder Vektor $\boldsymbol{x}$ wird durch $\boldsymbol{S}$ entlang der $\boldsymbol{e}_1$-Richtung um den Faktor 2 gestreckt, in der $\boldsymbol{e}_2$-Richtung um den Faktor 1/2 gestaucht und bleibt in $\boldsymbol{e}_3$-Richtung unverändert. ■

Die Skalierungen im $\mathbb{R}^3$ sind genau die linearen Abbildungen

$$\begin{array}{ccc} \mathbb{R}^3 & \to & \mathbb{R}^3 \\ (x_1, x_2, x_3) & \mapsto & (s_{11}x_1, s_{22}x_2, s_{33}x_3) \end{array}$$

wobei $s_{11}, s_{22}, s_{33}$ beliebige reelle Zahlen sind. Diese Abbildung lässt sich mit homogenen Koordinaten wie folgt beschreiben:

$$\boldsymbol{y}_h = \boldsymbol{S}\boldsymbol{x}_h = \begin{bmatrix} s_{11} & 0 & 0 & 0 \\ 0 & s_{22} & 0 & 0 \\ 0 & 0 & s_{33} & 0 \\ 0 & 0 & 0 & 1 \end{bmatrix} \begin{bmatrix} x_1 \\ x_2 \\ x_3 \\ 1 \end{bmatrix} = \begin{bmatrix} s_{11}x_1 \\ s_{22}x_2 \\ s_{33}x_3 \\ 1 \end{bmatrix}.$$

Sind sämtliche Skalierungsfaktoren $s_{ii}$ größer als eins, so werden alle Vektoren verlängert. Sind alle Faktoren positiv, aber kleiner als eins, so werden alle Vektoren verkürzt. Negative Skalierungsfaktoren $s_{ii}$ bewirken zusätzlich zur Skalierung eine Spiegelung.

### Drehungen im Raum

Drehungen (Rotationen) im Raum beschreibt man gewöhnlich mit einer vom Ursprung ausgehenden Halbgeraden, der *Drehachse*. Während der Drehung bewegt sich der Vektor auf einem Kegelmantel. Den Drehsinn des *Drehwinkels* erhält man, wenn man entlang der Drehachse zum Ursprung blickt. Wie in der Ebene bezeichnen wir Winkel als negativ, wenn sie eine Drehung im Uhrzeigersinn erzeugen, sonst nennen wir sie positiv.

Angenommen, wir wollen den Vektor $\boldsymbol{x} = (2, 0, 1)$ um 90° um die $z$-Achse eines $(x, y, z)$-Koordinatensystems drehen. Wie Bild 9.15 zeigt, ist das Ergebnis der Vektor $\boldsymbol{x}' = (0, 2, 1)$. Der Vektor $\boldsymbol{x}$ liegt in der $x, y$-Ebene und der Vektor $\boldsymbol{x}'$ in der $y, z$-Ebene.

Jede Drehung um die $z$-Achse ($\boldsymbol{e}_3$-Achse) mit einem anderen Drehwinkel liefert einen anderen Vektor, die aber eines gemeinsam haben: Ihre dritten Koordinaten bleiben gleich. Die räumliche Drehung um die $z$-Achse ändert also nur die erste und zweite Koordinate des drehenden Vektors. Anders gesagt: Die räumliche Drehung um die $z$-Achse unterscheidet sich von der ebenen Drehung um den Koordinatenursprung (linkes Bild von

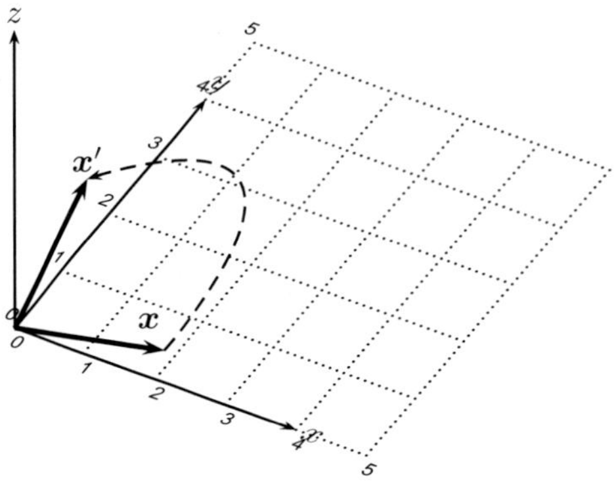


Bild 9.15.: 90°-Drehung im Raum um die $z$-Achse

9.4 und 9.5) dadurch, dass die $z$-Koordinate bei der Beschreibung zu beachten ist, aber gleich bleibt, also $z' = z$. Daher beschreibt die Matrix

$$\boldsymbol{D}_z = \begin{bmatrix} \cos\phi & -\sin\phi & 0 \\ \sin\phi & \cos\phi & 0 \\ 0 & 0 & 1 \end{bmatrix}$$

Drehungen um die $z$-Achse beschreibt.

**Beispiel 9.21.** Bestätigen Sie, dass diese Drehmatrix für $\phi = 90°$ den Vektor $\boldsymbol{x} = (2, 0, 1)$ auf den Vektor $\boldsymbol{x}' = (0, 2, 1)$ abbildet.

*Lösung.* Für $\phi = 90°$ gilt

$$\boldsymbol{x}' = \begin{bmatrix} \cos 90° & -\sin 90° & 0 \\ \sin 90° & \cos 90° & 0 \\ 0 & 0 & 1 \end{bmatrix} \begin{bmatrix} 2 \\ 0 \\ 1 \end{bmatrix} = \begin{bmatrix} 0 & -1 & 0 \\ 1 & 0 & 0 \\ 0 & 0 & 1 \end{bmatrix} \begin{bmatrix} 2 \\ 0 \\ 1 \end{bmatrix} = \begin{bmatrix} 0 \\ 2 \\ 1 \end{bmatrix}$$

wie erwartet, siehe Bild 9.15. ■

Die Drehmatrix um die $x$-Achse kann auf die gleiche Weise wie die Drehmatrix um die $z$-Achse gewonnen werden, wenn man im Bild 9.4 bzw. 9.5 die $x$-Achse mit $y$ und die $y$-Achse mit $z$ bezeichnet und die dann nach vorn zeigende Achse als $x$-Achse sieht. Man erhält mit dem Drehwinkel $\phi$

$$\boldsymbol{D}_x = \begin{bmatrix} 1 & 0 & 0 \\ 0 & \cos\phi & -\sin\phi \\ 0 & \sin\phi & \cos\phi \end{bmatrix}$$

die Drehmatrix um die $x$-Achse. Ähnlich sieht man, dass eine Drehung um den Winkel $\phi$ um die $y$-Achse durch

$$\boldsymbol{D}_y = \begin{bmatrix} \cos\phi & 0 & \sin\phi \\ 0 & 1 & 0 \\ -\sin\phi & 0 & \cos\phi \end{bmatrix}.$$

Beachten Sie die Struktur der Drehmatrizen. Die Drehmatrix für eine Drehung um die $\boldsymbol{e}_i$-Achse enthält in der $i$-ten Zeile den Vektor $\boldsymbol{e}_i^{\mathrm{T}}$ und in der $i$-ten Spalten den Vektor $\boldsymbol{e}_i$.

Im Allgemeinen wird die Drehachse durch einen Einheitsvektor $\boldsymbol{q} \neq \boldsymbol{0}$ dargestellt, der in Richtung der Achse weist. Drehungen entgegen dem Uhrzeigersinn erkennt man mit der Rechten-Hand-Regel: Wenn der rechte Daumen in Richtung von $\boldsymbol{q}$ zeigt, wölben sich die Finger in positive Drehrichtung.

Wie führt man eine Drehung mit dem Drehwinkel $\phi$ um eine beliebige Drehachse (Einheitsvektor $\boldsymbol{q}$) aus? Wir verweisen auf [15] für eine Herleitung des folgenden Ergebnisses.

Die Matrix, die eine Drehung um den Winkel $\phi$ mit der Drehachse in Richtung des Einheitsvektors $\boldsymbol{q} = (q_1, q_2, q_3)$ beschreibt, hat die Gestalt

$$\boldsymbol{D} = \begin{bmatrix} q_1^2(1-\cos\phi)+\cos\phi & q_1q_2(1-\cos\phi)-q_3\sin\phi & q_1q_3(1-\cos\phi)+q_2\sin\phi \\ q_1q_2(1-\cos\phi)+q_3\sin\phi & q_2^2(1-\cos\phi)+\cos\phi & q_2q_3(1-\cos\phi)-q_1\sin\phi \\ q_1q_3(1-\cos\phi)-q_2\sin\phi & q_2q_3(1-\cos\phi)+q_1\cos\phi & q_3^2(1-\cos\phi)+\cos\phi \end{bmatrix}.$$

Überprüfen Sie, dass der Vektor $\boldsymbol{q}$ unverändert bleibt, wenn man ihn mit dieser Drehmatrix multipliziert, dass also $\boldsymbol{Dq} = \boldsymbol{q}$ gilt. Verifizieren Sie auch, dass die drei Drehungen um die Koordinatenachsen Spezialfälle sind, das heißt, dass die drei Drehmatrizen $\boldsymbol{D}_x$, $\boldsymbol{D}_y$, $\boldsymbol{D}_z$ für $\boldsymbol{q} = \boldsymbol{e}_1$, $\boldsymbol{q} = \boldsymbol{e}_2$, $\boldsymbol{q} = \boldsymbol{e}_3$ heraus kommen.

**Beispiel 9.22.** Drehen Sie den Vektor $(1, 0, 0)$ um 90° um die Drehachse, die durch den Vektor $\boldsymbol{q} = (1/\sqrt{3}, 1/\sqrt{3}, 1/\sqrt{3})$ gebildet wird.

*Lösung.* Für $\phi = 90°$ ergibt sich

$$\begin{bmatrix} 1/3 & 1/3 - 1/\sqrt{3} & 1/3 + 1/\sqrt{3} \\ 1/3 + 1/\sqrt{3} & 1/3 & 1/3 - 1/\sqrt{3} \\ 1/3 - 1/\sqrt{3} & 1/3 + 1/\sqrt{3} & 1/3 \end{bmatrix} \begin{bmatrix} 1 \\ 0 \\ 0 \end{bmatrix} = \begin{bmatrix} 1/3 \\ 1/3 + 1/\sqrt{3} \\ 1/3 - 1/\sqrt{3} \end{bmatrix}.$$

Auch hat der gedrehte Vektor wieder die Länge 1. ∎

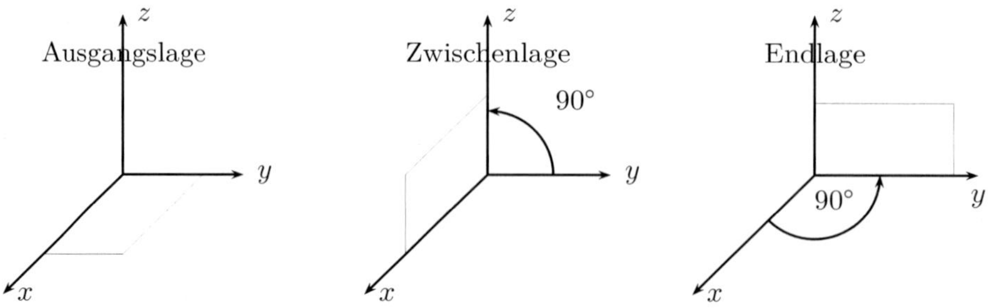


Bild 9.16.: Drehungen im Raum. Erst um die $x$-Achse, dann um die $z$-Achse

Die Reihenfolge von Drehungen ist wegen der Nichtvertauschbarkeit des Produktes von Drehmatrizen (siehe Kapitel 1) im Allgemeinen nicht vertauschbar. Dieser Sachverhalt lässt sich geometrisch schön veranschaulichen (Bild 9.16) und rechnerisch überprüfen. Die unterschiedliche Reihenfolge der ausgeführten Drehungen führt zu unterschiedlichen Endlagen. Wir betrachten ein Beispiel: Erst Drehung um 90° um die $x$-Achse, dann Drehung um 90° um die $z$-Achse, und dann umgekehrt (Bild 9.17). Wir erhalten

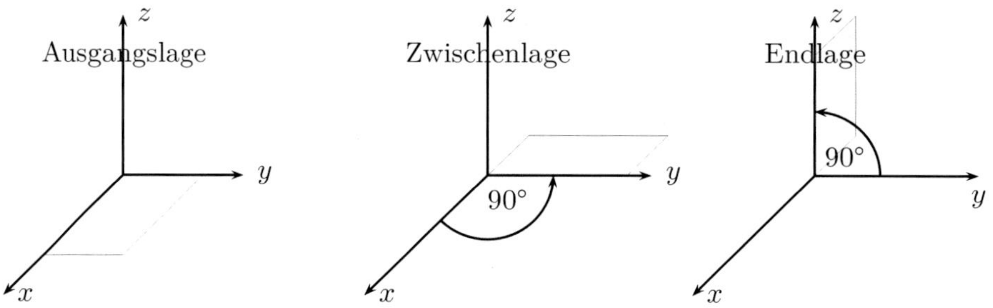


Bild 9.17.: Drehungen im Raum. Erst um die $z$-Achse, dann um die $x$-Achse

$$\boldsymbol{D}_z\boldsymbol{D}_x = \begin{bmatrix} 0 & -1 & 0 \\ 1 & 0 & 0 \\ 0 & 0 & 1 \end{bmatrix} \begin{bmatrix} 1 & 0 & 0 \\ 0 & 0 & -1 \\ 0 & 1 & 0 \end{bmatrix} = \begin{bmatrix} 0 & 0 & 1 \\ 1 & 0 & 0 \\ 0 & 1 & 0 \end{bmatrix}$$

und

$$\boldsymbol{D}_x\boldsymbol{D}_z = \begin{bmatrix} 1 & 0 & 0 \\ 0 & 0 & -1 \\ 0 & 1 & 0 \end{bmatrix} \begin{bmatrix} 0 & -1 & 0 \\ 1 & 0 & 0 \\ 0 & 0 & 1 \end{bmatrix} = \begin{bmatrix} 0 & -1 & 0 \\ 0 & 0 & -1 \\ 1 & 0 & 0 \end{bmatrix}.$$

Ist zum Beispiel $\boldsymbol{x} = (1, 2, 0)$, so ist

$$\boldsymbol{D}_z \boldsymbol{D}_x \boldsymbol{x} = \begin{bmatrix} 0 \\ 1 \\ 2 \end{bmatrix} \neq \begin{bmatrix} -2 \\ 0 \\ 1 \end{bmatrix} = \boldsymbol{D}_x \boldsymbol{D}_z \boldsymbol{x},$$

was man sich an den Bildern 9.16 und 9.17 gut klar machen kann.

### Spiegelungen im Raum

Wird ein Vektor an der $y, z$-Ebene (bzw. $\boldsymbol{e}_2, \boldsymbol{e}_3$-Ebene) gespiegelt, siehe Bild 9.18, so

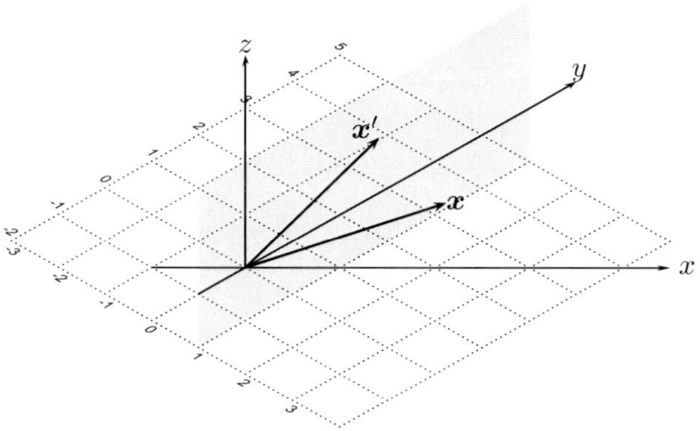


Bild 9.18.: Spiegelung an der $y, z$-Ebene

ändert nur die $x$ Koordinate das Vorzeichen:

$$\begin{bmatrix} x \\ y \\ z \end{bmatrix} \mapsto \begin{bmatrix} -x \\ y \\ z \end{bmatrix}.$$

Eine Spiegelung an der $y, z$-Ebene wird also durch die lineare Transformation $L : \mathbb{R}^3 \to \mathbb{R}^3$ mit $L(x, y, z) = (-x, y, z)$ beschrieben. Ihre natürliche Darstellungsmatrix ist

$$\begin{bmatrix} -1 & 0 & 0 \\ 0 & 1 & 0 \\ 0 & 0 & 1 \end{bmatrix}.$$

Analog sind $(x, y, z) \mapsto (x, y, -z)$ und $(x, y, z) \mapsto (x, -y, z)$ die linearen Transformationen für die Spiegelung an der $x, y$-Ebene bzw. an der $x, z$-Ebene mit der natürlichen Darstellungsmatrix

$$\begin{bmatrix} 1 & 0 & 0 \\ 0 & 1 & 0 \\ 0 & 0 & -1 \end{bmatrix} \quad \text{bzw.} \quad \begin{bmatrix} 1 & 0 & 0 \\ 0 & -1 & 0 \\ 0 & 0 & 1 \end{bmatrix}.$$

Die folgende Abbildung ist ebenfalls eine Spiegelung:

$$\begin{bmatrix} x \\ y \\ z \end{bmatrix} \mapsto \begin{bmatrix} z \\ y \\ x \end{bmatrix}.$$

Sie vertauscht die erste und dritte Koordinate eines Vektors und ist daher eine Spiegelung an der Ebene $x = z$, siehe Bild 9.19 (links). Eine Spiegelung an der Ebene $x = y$ wird durch

$$\begin{bmatrix} x \\ y \\ z \end{bmatrix} \mapsto \begin{bmatrix} y \\ x \\ z \end{bmatrix}.$$

beschrieben, siehe Bild 9.19 (rechts). Die dazugehörige natürliche Darstellungsmatrix

Bild 9.19.: Spiegelung an der Ebene $x = z$ und Spiegelung an der Ebene $x = y$

ist

$$\begin{bmatrix} 0 & 0 & 1 \\ 0 & 1 & 0 \\ 1 & 0 & 0 \end{bmatrix} \quad \text{bzw.} \quad \begin{bmatrix} 0 & 1 & 0 \\ 1 & 0 & 0 \\ 0 & 0 & 1 \end{bmatrix}.$$

**Beispiel 9.23.** Wie lautet die natürliche Darstellungsmatrix, die eine Spiegelung an der Ebene $y = z$ beschreibt?

*Lösung.* In diesem Fall wird die $y$-Koordinate und die $z$-Koordinate vertauscht. Die natürliche Darstellungsmatrix ist somit durch

$$\begin{bmatrix} 1 & 0 & 0 \\ 0 & 0 & 1 \\ 0 & 1 & 0 \end{bmatrix}$$

gegeben. ■

Analog wie bei Drehungen kann man nun fragen, wie sehen die linearen Transformationen bzw. Matrizen im Raum allgemein aus, die Spiegelungen an einer beliebigen Ebene beschreiben?

Eine $(3,3)$-Matrix der Form

$$\boldsymbol{S} = \boldsymbol{E}_3 - 2\boldsymbol{n}\boldsymbol{n}^{\mathrm{T}}$$

mit $\boldsymbol{n} \in \mathbb{R}^3$ und $|\boldsymbol{n}| = 1$, nennt man eine **Spiegelungsmatrix**. $\boldsymbol{S}$ beschreibt eine Spiegelung im $\mathbb{R}^3$, und zwar an der Ebene, die durch $\boldsymbol{n}^{\mathrm{T}}\boldsymbol{x} = 0$ beschrieben wird.

Eine Begründung für diese Aussage finden Sie zum Beispiel in [15].

**Beispiel 9.24** (Spiegelungen im Raum)**.** Stellen Sie Spiegelungsmatrizen im Raum, die wir besprochen haben, übersichtlich dar.

*Lösung.* Die folgenden Spiegelungsmatrizen haben wir besprochen:

$$\text{Spiegelung an der } y,z\text{-Ebene:} \begin{bmatrix} -1 & 0 & 0 \\ 0 & 1 & 0 \\ 0 & 0 & 1 \end{bmatrix}$$

$$\text{Spiegelung an der } x,y\text{-Ebene:} \begin{bmatrix} 1 & 0 & 0 \\ 0 & 1 & 0 \\ 0 & 0 & -1 \end{bmatrix}$$

$$\text{Spiegelung an der } x,z\text{-Ebene:} \begin{bmatrix} 1 & 0 & 0 \\ 0 & -1 & 0 \\ 0 & 0 & 1 \end{bmatrix}$$

$$\text{Spiegelung an der } x=z\text{-Ebene:} \begin{bmatrix} 0 & 0 & 1 \\ 0 & 1 & 0 \\ 1 & 0 & 0 \end{bmatrix}$$

$$\text{Spiegelung an der } x = y\text{-Ebene:} \begin{bmatrix} 0 & 1 & 0 \\ 1 & 0 & 0 \\ 0 & 0 & 1 \end{bmatrix}$$

$$\text{Spiegelung an der } y = z\text{-Ebene:} \begin{bmatrix} 1 & 0 & 0 \\ 0 & 0 & 1 \\ 0 & 1 & 0 \end{bmatrix} \quad \blacksquare$$

**Beispiel 9.25** (Spiegelungen im Raum). Verifizieren Sie die oben gefundenen Spiegelungsmatrizen, indem Sie sie mit Hilfe der Formel $\boldsymbol{S} = \boldsymbol{E}_3 - 2\boldsymbol{n}\boldsymbol{n}^{\mathrm{T}}$ als Spezialfälle wieder entdecken.

*Lösung.* Wir verifizieren nur zwei Spiegelungsmatrizen. Die anderen Spiegelungsmatrizen lassen sich analog bestätigen. Die Spiegelungsmatrix

$$\boldsymbol{S}_1 = \begin{bmatrix} -1 & 0 & 0 \\ 0 & 1 & 0 \\ 0 & 0 & 1 \end{bmatrix}$$

beschreibt eine Spiegelung an der $y, z$-Ebenen. Wir wählen $\boldsymbol{n} = \boldsymbol{e}_1$ als Normaleneinheitsvektor, denn dieser steht senkrecht auf der $y, z$-Ebene. Damit gilt

$$\boldsymbol{S} = \boldsymbol{E}_3 - 2\boldsymbol{n}\boldsymbol{n}^{\mathrm{T}} = \boldsymbol{E}_3 - 2\boldsymbol{e}_1\boldsymbol{e}_1^{\mathrm{T}} = \begin{bmatrix} 1 & 0 & 0 \\ 0 & 1 & 0 \\ 0 & 0 & 1 \end{bmatrix} - 2 \begin{bmatrix} 1 & 0 & 0 \\ 0 & 0 & 0 \\ 0 & 0 & 0 \end{bmatrix} = \begin{bmatrix} -1 & 0 & 0 \\ 0 & 1 & 0 \\ 0 & 0 & 1 \end{bmatrix} = \boldsymbol{S}_1.$$

Die Spiegelungsmatrix

$$\boldsymbol{S}_2 = \begin{bmatrix} 0 & 0 & 1 \\ 0 & 1 & 0 \\ 1 & 0 & 0 \end{bmatrix}$$

beschreibt eine Spiegelung an der $x = z$-Ebenen. Wir wählen $\boldsymbol{n} = (1/\sqrt{2}, 0, -1/\sqrt{2})$ als Normaleneinheitsvektor, denn dieser steht senkrecht auf der $x = z$-Ebene. Damit gilt

$$\boldsymbol{S} = \boldsymbol{E}_3 - 2\boldsymbol{n}\boldsymbol{n}^{\mathrm{T}} = \begin{bmatrix} 1 & 0 & 0 \\ 0 & 1 & 0 \\ 0 & 0 & 1 \end{bmatrix} - 2 \begin{bmatrix} 1/2 & 0 & -1/2 \\ 0 & 0 & 0 \\ -1/2 & 0 & 1/2 \end{bmatrix} = \begin{bmatrix} 0 & 0 & 1 \\ 0 & 1 & 0 \\ 1 & 0 & 0 \end{bmatrix} = \boldsymbol{S}_2. \quad \blacksquare$$

## Orthogonale Projektionen im Raum

Orthogonale Projektionen im Raum haben wir in Kapitel 6 und in Kapitel 7 besprochen.

## 9.6. Weitere Bemerkungen und Hinweise

Abbildungen der Form $\boldsymbol{x} \mapsto \boldsymbol{A}\boldsymbol{x} + \boldsymbol{t}$ nennt man *affin-lineare Abbildungen* [30].

Mit dem Befehl `symrotdemo` erhalten Sie eine kleine Einführung in ebene Drehungen und deren symbolische Behandlung unter MATLAB.

Mehr zur Computergrafik finden Sie zum Beispiel im Buch [7].

### Aufgaben

**9.1.** Gegeben ist die Matrix

$$\begin{bmatrix} 0 & 0 & 1 & 1 & 0 \\ 0 & 1 & 1 & 0 & 0 \\ 1 & 1 & 1 & 1 & 1 \end{bmatrix},$$

deren Spalten die homogenen Koordinaten einer Figur in der Ebene darstellen.

(a) Zeichnen Sie die Figur, deren Eckpunkte die Spalten von $\boldsymbol{F}$ sind. Um welche geometrische Figur handelt es sich?

(b) Zeichnen Sie $\boldsymbol{AF}$ für die folgenden Matrizen und beschreiben Sie jeweils den geometrischen Effekt dieser linearen Transformationen:

$$\boldsymbol{A} = \begin{bmatrix} 1/2 & 0 & 0 \\ 0 & 1/2 & 0 \\ 0 & 0 & 1 \end{bmatrix}, \quad \boldsymbol{A} = \begin{bmatrix} 1/\sqrt{2} & 1/\sqrt{2} & 0 \\ -1/\sqrt{2} & 1/\sqrt{2} & 0 \\ 0 & 0 & 1 \end{bmatrix}$$

und

$$\boldsymbol{A} = \begin{bmatrix} 1 & 0 & 2 \\ 0 & 1 & -3 \\ 0 & 0 & 1 \end{bmatrix}.$$

**9.2.** Geben Sie die Verschiebungsmatrix $\boldsymbol{T}$ an, die jeden Vektor der Ebene um drei Längeneinheiten nach links und fünf nach oben verschiebt.

**9.3.** Wie lautet die Drehmatrix $\boldsymbol{D}$ bezüglich homogener Koordinaten, die jeden Vektor um 120° gegen den Uhrzeigersinn dreht?

**9.4.** Wie lautet die Matrix der Transformation in $\mathbb{R}^2$, die jeden Vektor an der $y$-Achse spiegelt und dann nach oben um zwei Längeneinheiten verschiebt?

**9.5.** Welche Matrix streckt um zwei Längeneinheiten in $\boldsymbol{e}_1$-Richtung, staucht um 1/4 in $\boldsymbol{e}_2$-Richtung, skaliert um vier in $\boldsymbol{e}_3$-Richtung und kehrt die $\boldsymbol{e}_3$-Richtung zusätzlich um?

**9.6.** Welche Matrix dreht um die $x$-Achse um den Winkel $\phi$?

**9.7.** Welche Matrix dreht um die Drehachse mit der Richtung $(-1, 0, -1)$ um den Winkel 45°?

**9.8.** Welche Matrix spiegelt einen Vektor an der $x = y$-Ebene?

**9.9.** Welche $(2, 2)$-Matrix dreht jeden Vektor um 180°?

**9.10.** Es ist $F : \mathbb{R}^2 \to \mathbb{R}^2$ gegeben durch die Zuordnung $F(\boldsymbol{x}) = \boldsymbol{A}\boldsymbol{x} + \boldsymbol{b}$. Beschreiben Sie die folgenden Abbildungen geometrisch:

(a) $\boldsymbol{A} = \begin{bmatrix} 1 & 0 \\ 0 & 1 \end{bmatrix}$, $\boldsymbol{b} = \boldsymbol{o}$

(b) $\boldsymbol{A} = \begin{bmatrix} 1 & 0 \\ 0 & 1 \end{bmatrix}$, $\boldsymbol{b} \neq \boldsymbol{o}$

(c) $\boldsymbol{A} = \begin{bmatrix} 1 & 0 \\ 0 & -1 \end{bmatrix}$, $\boldsymbol{b} = \boldsymbol{o}$

(d) $\boldsymbol{A} = \begin{bmatrix} 1 & 0 \\ 0 & -1 \end{bmatrix}$, $\boldsymbol{b} = (b_1, 0)$

(e) $\boldsymbol{A} = \begin{bmatrix} -1 & 0 \\ 0 & 1 \end{bmatrix}$, $\boldsymbol{b} = \boldsymbol{o}$

(f) $\boldsymbol{A} = \begin{bmatrix} 0 & 1 \\ 1 & 0 \end{bmatrix}$, $\boldsymbol{b} = \boldsymbol{o}$

(g) $\boldsymbol{A} = \begin{bmatrix} -1 & 0 \\ 0 & -1 \end{bmatrix}$, $\boldsymbol{b} = \boldsymbol{o}$

(h) $\boldsymbol{A} = \begin{bmatrix} 0 & -1 \\ 1 & 0 \end{bmatrix}$, $\boldsymbol{b} = \boldsymbol{o}$

(i) $\boldsymbol{A} = \begin{bmatrix} a & 0 \\ 0 & a \end{bmatrix}$, $\boldsymbol{b} = \boldsymbol{o}$

(j) $\boldsymbol{A} = \begin{bmatrix} 1 & 0 \\ 0 & a \end{bmatrix}$, $\boldsymbol{b} = \boldsymbol{o}$

(k) $\boldsymbol{A} = \begin{bmatrix} 1 & a \\ 0 & 1 \end{bmatrix}$, $\boldsymbol{b} = \boldsymbol{o}$

(l) $\boldsymbol{A} = \begin{bmatrix} \cos\phi & -\sin\phi \\ \sin\phi & \cos\phi \end{bmatrix}$, $\boldsymbol{b} = \boldsymbol{o}$

(m) $\boldsymbol{A} = \begin{bmatrix} \cos 2\phi & \sin 2\phi \\ \sin 2\phi & -\cos 2\phi \end{bmatrix}$, $\boldsymbol{b} = \boldsymbol{o}$

**9.11.** Geben Sie ein Beispiel zu folgender Aussage: *Jeder Drehung entspricht einer zweifachen Spiegelung.*

**9.12.** Wie sieht eine Matrix aus, die in der Ebene eine Drehstreckung (Drehstauchung) beschreibt.

**9.13.** Bestimmen Sie die Standarddarstellungsmatrix der linearen Transformation $T : \mathbb{R}^2 \to \mathbb{R}^2$, die jeden Punkt $(x, y)$ auf

(a) sein Spiegelbild an $y = -x$,
(b) sein Spiegelbild am Ursprung (Punktspiegelung),

(c) seine Orthogonalprojektion auf die $x$-Achse,
(d) seine Orthogonalprojektion auf die $y$-Achse,

abbildet.

**9.14.** Das Dreieck $ABC$ mit den Eckpunkten $A = (0,0)$, $B = (2,0)$ und $C = (1,1)$ (linkes Bild 9.20) soll um 90° um den Ursprung gedreht werden. Welche Koordinaten

Bild 9.20.: Zu Aufgabe 9.14

haben die Eckpunkte des gedrehten Dreiecks $A'B'C'$?

**9.15.** Bestimmen Sie die Bildpunkte $A'$, $B'$, $C'$, $D'$ der vier Eckpunkte $A = (0,0)$, $B = (1,0)$, $C = (1,2)$, $D = (0,2)$ des Rechtecks $ABCD$ unter den folgenden linearen Transformationen. Um welche Figur handelt es sich jeweils?

(a) Spiegelung an der $x$-Achse.
(b) Spiegelung an der $y$-Achse.
(c) Stauchung in $y$-Richtung mit Faktor 1/4.
(d) Streckung in $x$-Richtung mit Faktor 2.
(e) Scherung in $x$-Richtung mit Faktor 3.
(f) Scherung in $y$-Richtung mit Faktor 2.

# 10. Determinanten

Eine *Determinante* ist eine reelle Zahl, die aus den Elementen einer reellen quadratischen Matrix nach bestimmten Vorschriften berechnet wird. Da die allgemeine Definition sehr unanschaulich ist, definieren wir zunächst Determinanten für $(2,2)$- und $(3,3)$-Matrizen und betrachten deren Eigenschaften. Diese übertragen wir dann auf $(n,n)$-Matrizen.

Mit Determinanten bauen wir dann eine Verbindung zu linearen Gleichungssystemen auf.

## 10.1. Die Determinante einer $(2,2)$-Matrix

Die Zahl $a_{11}a_{22} - a_{12}a_{21}$ heißt **Determinante** der reellen $(2,2)$-Matrix

$$\boldsymbol{A} = \begin{bmatrix} a_{11} & a_{12} \\ a_{21} & a_{22} \end{bmatrix};$$

wir schreiben

$$\operatorname{Det}(\boldsymbol{A}) = \operatorname{Det}\begin{bmatrix} a_{11} & a_{12} \\ a_{21} & a_{22} \end{bmatrix} = a_{11}a_{22} - a_{12}a_{21}.$$

Man gewinnt den Wert, indem man vom Produkt der Elemente der Hauptdiagonalen das Produkt der Elemente der Nebendiagonalen subtrahiert.

**Beispiel 10.1.** Berechnen Sie die Determinante der Matrix

$$\begin{bmatrix} 1 & -2 \\ 3 & 2 \end{bmatrix}$$

*Lösung.* Es gilt

$$\operatorname{Det}\begin{bmatrix} 1 & -2 \\ 3 & 2 \end{bmatrix} = (1)(2) - (-2)(3) = 8. \quad \blacksquare$$

Der aufmerksame Leser wird bemerken, dass die Zahl $a_{11}a_{22} - a_{12}a_{21}$ bereits in Satz 1.11 bei der Berechnung der Inversen einer $(2,2)$-Matrix aufgetreten ist. Mit der Determinanten-Definition darf die Formel zur Berechnung der Inversen einer $(2,2)$-Matrix nun wie folgt geschrieben werden

$$\boldsymbol{A}^{-1} = \frac{1}{\operatorname{Det}(\boldsymbol{A})}\begin{bmatrix} a_{22} & -a_{12} \\ -a_{21} & a_{11} \end{bmatrix} = \begin{bmatrix} a_{22}/\operatorname{Det}(\boldsymbol{A}) & -a_{12}/\operatorname{Det}(\boldsymbol{A}) \\ -a_{21}/\operatorname{Det}(\boldsymbol{A}) & a_{11}/\operatorname{Det}(\boldsymbol{A}) \end{bmatrix}.$$

## Eigenschaften von Determinanten

In diesem Anschnitt formulieren wir interessante Eigenschaften von Determinanten von $(2 \times 2)$-Matrizen.

**Satz 10.1.** *Ist $\boldsymbol{A} \in \mathbb{R}^{2\times 2}$, dann gilt:*

*(a)* $Det(\boldsymbol{A}) = Det(\boldsymbol{A}^T)$.

*(b) Vertauschen wir die beiden Zeilen (oder Spalten) der Matrix, dann ändert die Determinante ihr Vorzeichen.*

*(c) Werden die Elemente einer beliebigen Zeile (oder Spalte) mit einer reellen Konstanten $c$ multipliziert, dann multipliziert sich ihre Determinante mit dieser Konstanten $c$.*

*(d) Für die Matrix $\boldsymbol{B} \in \mathbb{R}^{2\times 2}$, die aus $\boldsymbol{A}$ durch Addition eines Vielfachen einer Zeile (oder Spalte) zu einer anderen Zeile (oder Spalte) hervorgeht, gilt $Det(\boldsymbol{B}) = Det(\boldsymbol{A})$.*

*Beweis.* Wir beweisen die Aussage (a) aus Satz 10.1. Es ist

$$\mathrm{Det}(\boldsymbol{A}) = \mathrm{Det}\begin{bmatrix} a_{11} & a_{12} \\ a_{21} & a_{22} \end{bmatrix} = a_{11}a_{22} - a_{12}a_{21}$$

und

$$\mathrm{Det}(\boldsymbol{A}^{\mathrm{T}}) = \mathrm{Det}\begin{bmatrix} a_{11} & a_{21} \\ a_{12} & a_{22} \end{bmatrix} = a_{11}a_{22} - a_{21}a_{12},$$

also $\mathrm{Det}(\boldsymbol{A}) = \mathrm{Det}(\boldsymbol{A}^{\mathrm{T}})$, weil $a_{12}a_{21} = a_{21}a_{12}$ ist.

Wir beweisen die Aussage (c) aus Satz 10.1. Wir berechnen die Determinante der Matrix

$$\begin{bmatrix} ca_{11} & ca_{12} \\ a_{21} & a_{22} \end{bmatrix},$$

die dadurch entsteht, dass die erste Zeile der Matrix

$$\begin{bmatrix} a_{11} & a_{12} \\ a_{21} & a_{22} \end{bmatrix}$$

mit $c$ multipliziert wird. Es ist

$$\begin{aligned} \mathrm{Det}\begin{bmatrix} ca_{11} & ca_{12} \\ a_{21} & a_{22} \end{bmatrix} &= (ca_{11})(a_{22}) - (ca_{12})(a_{21}) = c(a_{11}a_{22} - a_{12}a_{21}) \\ &= c\mathrm{Det}\begin{bmatrix} a_{11} & a_{12} \\ a_{21} & a_{22} \end{bmatrix}. \end{aligned}$$

Analog rechnet man das für die andere Zeile bzw. für die beiden anderen Spalten nach.

Wir beweisen die Aussage (d) aus Satz 10.1. Ist $k \neq 0$ eine reelle Zahl, so gilt

$$\begin{aligned}
\mathrm{Det}(\boldsymbol{B}) &= \mathrm{Det}\begin{bmatrix} a_{11}+ka_{21} & a_{12}+k_{22} \\ a_{21} & a_{22} \end{bmatrix} = (a_{11}+ka_{21})a_{22} - (a_{12}+ka_{22})a_{21} \\
&= a_{11}a_{22} + ka_{21}a_{22} - a_{12}a_{21} - ka_{22}a_{21} = a_{11}a_{22} - a_{12}a_{21} \\
&= \mathrm{Det}\begin{bmatrix} a_{11} & a_{12} \\ a_{21} & a_{22} \end{bmatrix} = \mathrm{Det}(\boldsymbol{A}).
\end{aligned}$$

Analog zeigt man dies für die andere Zeile bzw. für die Spalten. □

**Beispiel 10.2.** Überprüfen (Verifizieren) Sie an Hand der Matrix

$$\boldsymbol{A} = \begin{bmatrix} 1 & -2 \\ 3 & 2 \end{bmatrix}$$

die Aussage $\mathrm{Det}(\boldsymbol{A}) = \mathrm{Det}(\boldsymbol{A}^{\mathrm{T}})$ aus Satz 10.1.

*Lösung.* Es gilt

$$\mathrm{Det}(\boldsymbol{A}) = \mathrm{Det}\begin{bmatrix} 1 & -2 \\ 3 & 2 \end{bmatrix} = (1)(2) - (-2)(3) = 8.$$

und

$$\mathrm{Det}(\boldsymbol{A}^{\mathrm{T}}) = \mathrm{Det}\begin{bmatrix} 1 & 3 \\ -2 & 2 \end{bmatrix} = (1)(2) - (3)(-2) = 8. \quad \blacksquare$$

**Satz 10.2.** *Eine Determinante ist gleich Null, wenn sie eine der folgenden Bedingungen erfüllt:*

*(a) Alle Elemente einer Zeile (oder Spalte) sind Null.*
*(b) Beide Zeilen (oder Spalten) stimmen überein.*
*(c) Die Zeilen (oder Spalten) sind linear abhängig.*

**Beispiel 10.3.** Beweisen Sie die Aussage (c) von Satz 10.2.

*Lösung.* Hat eine Matrix $\boldsymbol{A} \in \mathbb{R}^{2\times 2}$ linear abhängige Zeilen, so hat sie die Form

$$\boldsymbol{A} = \begin{bmatrix} a_{11} & a_{12} \\ ca_{11} & ca_{12} \end{bmatrix} \quad \text{oder} \quad \boldsymbol{A} = \begin{bmatrix} da_{21} & da_{22} \\ a_{21} & a_{22} \end{bmatrix}.$$

In beiden Fällen ist $\mathrm{Det}(\boldsymbol{A}) = 0$. ■

**Satz 10.3.** *Die Determinante einer (oberen oder unteren) Dreiecksmatrix* $\boldsymbol{A} \in \mathbb{R}^{2\times 2}$ *hat den Wert* $Det(\boldsymbol{A}) = a_{11}a_{22}$.

Die Determinante einer Dreicksmatrix ist also das Produkt der Elemente der Hauptdiagonalen. Dieses Ergebnis gilt allgemein auch für $(n \times n)$-Matrizen.

**Satz 10.4.** *Für Matrizen* $\boldsymbol{A}$, $\boldsymbol{B}$ *aus* $\mathbb{R}^{2\times 2}$ *gilt immer* $Det(\boldsymbol{AB}) = Det(\boldsymbol{A})Det(\boldsymbol{B})$. *Ist* $\boldsymbol{A}$ *invertierbar, so gilt* $Det(\boldsymbol{A}^{-1}) = 1/Det(\boldsymbol{A})$.

**Beispiel 10.4.** Beweisen Sie $\text{Det}(\boldsymbol{A}^{-1}) = 1/\text{Det}(\boldsymbol{A})$.

*Lösung.* Aus $\boldsymbol{A}^{-1}\boldsymbol{A} = \boldsymbol{E}$ und $\text{Det}(\boldsymbol{E}) = 1$ folgt mit der ersten Behauptung des Satzes 10.4: $\text{Det}(\boldsymbol{A}^{-1}\boldsymbol{A}) = \text{Det}(\boldsymbol{A}^{-1})\text{Det}(\boldsymbol{A}) = 1$. ∎

## 10.2. Verallgemeinerung auf $(n, n)$-Matrizen

Die **Determinante** einer reellen $(3, 3)$-Matrix

$$\boldsymbol{A} = \begin{bmatrix} a_{11} & a_{12} & a_{13} \\ a_{21} & a_{22} & a_{23} \\ a_{31} & a_{32} & a_{33} \end{bmatrix}$$

ist die reelle Zahl

$$a_{11}a_{22}a_{33} + a_{12}a_{23}a_{31} + a_{13}a_{21}a_{32} - a_{13}a_{22}a_{31} - a_{11}a_{23}a_{32} - a_{12}a_{21}a_{33}.$$

**Beispiel 10.5.** Berechnen Sie die Determinante von

$$\boldsymbol{A} = \begin{bmatrix} 1 & 1 & 2 \\ 2 & 4 & -3 \\ 3 & 6 & -5 \end{bmatrix}.$$

*Lösung.* Es ist

$$\begin{aligned}\text{Det}(\boldsymbol{A}) =& (1)(4)(-5) + (1)(-3)(3) + (2)(2)(6) - (2)(4)(3) - (1)(-3)(6) - (1)(2)(-5) \\ =& -1.\end{aligned}$$ ∎

Die Determinante einer $(3, 3)$-Matrix ist ein unübersichtlich aussehender Ausdruck, aber dafür gibt es eine einfache Merkregel, die **Regel von Sarrus** (P.F. SARRUS war französischer Mathematiker in lebte von 1798 bis 1861). Wir erweitern die Matrix, indem wir die ersten beiden Spalten noch einmal hinter die Matrix schreiben, siehe Bild 10.1. Dann folgen wir den Pfeilen. Jeder Pfeil trifft drei Matrixelemente. Diese werden jeweils miteinander multipliziert. Dann werden die Produkte, die zu Pfeilen links oben nach rechts

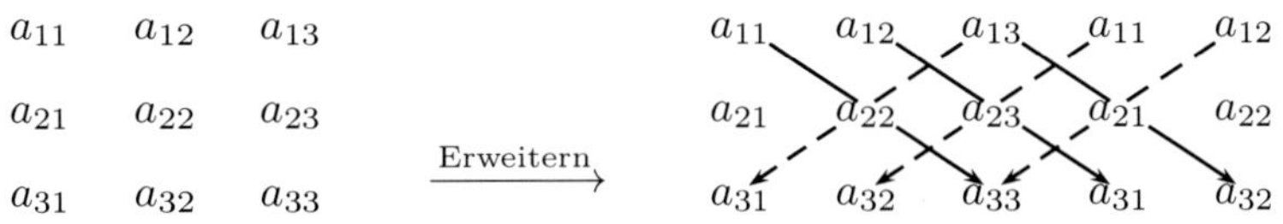


Bild 10.1.: Zur SARRUSschen Regel

unten gehören, addiert; die Produkte zu Pfeilen von rechts oben nach links unten werden subtrahiert. Vergleichen Sie das Ergebnis mit der Definition, es ergibt genau diesen Ausdruck.

Bitte beachten Sie, dass diese Regel nur für $(3,3)$-Matrizen verwendet werden kann. Sie lässt sich leider nicht auf größere Matrizen verallgemeinern.

**Beispiel 10.6** (Berechnung einer Determinante mit der Merkregel von SARRUS)**.** Berechnen Sie die Determinante von

$$\boldsymbol{A} = \begin{bmatrix} 1 & 2 & 3 \\ 4 & 5 & 6 \\ 7 & 8 & 9 \end{bmatrix}.$$

unter Verwendung der Merkregel von SARRUS.

*Lösung.* Die erweiterte Matrix ist

$$\begin{bmatrix} 1 & 2 & 3 & 1 & 2 \\ 4 & 5 & 6 & 4 & 5 \\ 7 & 8 & 9 & 7 & 8 \end{bmatrix}$$

und somit $\mathrm{Det}(\boldsymbol{A}) = (1)(5)(9)+(2)(6)(7)+(3)(4)(8)-(3)(5)(7)-(1)(6)(8)-(2)(4)(9) = 45+84+96-105-48-72 = 225-225 = 0.$ ■

Ist $\boldsymbol{A} \in \mathbb{R}^{3\times 3}$, dann gilt

$$\begin{aligned}\mathrm{Det}(\boldsymbol{A}) &= a_{11}a_{22}a_{33} + a_{12}a_{23}a_{31} + a_{13}a_{21}a_{32} - a_{13}a_{22}a_{31} - a_{11}a_{23}a_{32} - a_{12}a_{21}a_{33} \\ &= a_{11}(a_{22}a_{33} - a_{23}a_{32}) - a_{12}(a_{21}a_{33} - a_{23}a_{32}) + a_{13}(a_{21}a_{32} - a_{22}a_{31}) \\ &= a_{11}\mathrm{Det}(\boldsymbol{A}_{11}) - a_{12}\mathrm{Det}(\boldsymbol{A}_{12}) + a_{13}\mathrm{Det}(\boldsymbol{A}_{13}),\end{aligned}$$

wobei $\boldsymbol{A}_{1j} \in \mathbb{R}^{2\times 2}$ für $j = 1, 2, 3$ diejenigen Matrizen sind, die man erhält, wenn man die erste Zeile und die $j$-te Spalte der Matrix $\boldsymbol{A} \in \mathbb{R}^{3\times 3}$ streicht. Wir sagen, die Determinante wurde nach der ersten Zeile entwickelt. Auch die Entwicklung nach anderen Zeilen und Spalten ist möglich. Die Entwicklung nach der ersten Spalte ergibt

$$\mathrm{Det}(\boldsymbol{A}) = a_{11}\mathrm{Det}(\boldsymbol{A}_{11}) - a_{21}\mathrm{Det}(\boldsymbol{A}_{21}) + a_{31}\mathrm{Det}(\boldsymbol{A}_{31}).$$

Die allgemeine Rechenvorschrift für $n \times n$-Matrizen ist nach dem französischen Mathematiker LAPLACE benannt.

**Satz 10.5** (Laplacescher Entwicklungssatz). *Die Determinante einer beliebigen Matrix $\boldsymbol{A} \in \mathbb{R}^{n\times n}$ lässt sich durch*

$$Det(\boldsymbol{A}) = \sum_{j=1}^{n} (-1)^{i+j} a_{ij} Det(\boldsymbol{A}_{ij})$$

*berechnen; dies ist eine Entwicklung nach der $i$-ten Zeile ($i = 1, 2, \ldots, n$). Analog ergibt sich die Entwicklung nach der $j$-ten Spalte als Berechnungsformel für die Determinante von $\boldsymbol{A}$*

$$Det(\boldsymbol{A}) = \sum_{i=1}^{n} (-1)^{i+j} a_{ij} Det(\boldsymbol{A}_{ij}),$$

*für $j = 1, 2, \ldots, n$.*

**Beispiel 10.7.** Berechnen Sie die Determinante von

$$\boldsymbol{A} = \begin{bmatrix} 1 & 1 & 2 \\ 2 & 4 & -3 \\ 3 & 6 & -5 \end{bmatrix}$$

indem Sie nach der zweiten Zeile entwickeln.

*Lösung.* Nach dem LAPLACEschen Entwicklungssatz gilt für $i = 2$

$$\begin{aligned} \mathrm{Det}(\boldsymbol{A}) &= \sum_{j=1}^{3} (-1)^{2+j} a_{2j} \mathrm{Det}(\boldsymbol{A}_{2j}) \\ &= (-1)^3 a_{21}\mathrm{Det}(\boldsymbol{A}_{21}) + (-1)^4 a_{22}\mathrm{Det}(\boldsymbol{A}_{22}) + (-1)^5 a_{23}\mathrm{Det}(\boldsymbol{A}_{23}) \\ &= -a_{21}\mathrm{Det}(\boldsymbol{A}_{21}) + a_{22}\mathrm{Det}(\boldsymbol{A}_{22}) - a_{23}\mathrm{Det}(\boldsymbol{A}_{23}) \\ &= -(2)\mathrm{Det}\begin{bmatrix} 1 & 2 \\ 6 & -5 \end{bmatrix} + (4)\mathrm{Det}\begin{bmatrix} 1 & 2 \\ 3 & -5 \end{bmatrix} - (-3)\mathrm{Det}\begin{bmatrix} 1 & 1 \\ 3 & 6 \end{bmatrix} \\ &= -(2)(-17) + (4)(-11) - (-3)(3) = -1. \end{aligned}$$

Vergleichen Sie hierzu Beispiel 10.5. ■

Wir halten fest, dass der Wert einer Determinante unabhängig von der Zeile oder Spalte ist, nach der wir entwickeln. Für die *praktische Berechnung* wählen wir die Zeile oder Spalte aus, die die meisten Nullen besitzt, um den Rechenaufwand zu minimieren. Die Vorzeichen der Terme ändern abwechselnd ihr Vorzeichen.

Wir fassen alle Rechenregeln für Determinanten, die wir für $(2, 2)$-Matrizen behandelt haben, zu einem Satz (ohne Beweis) zusammen.

**Satz 10.6** (Rechenregeln für die Determinante einer $(n, n)$-Matrix)**.** *Für die Determinante einer beliebigen $(n, n)$-Matrix gelten die folgenden Regeln:*

*(a) Der Wert einer Determinante ändert sich durch Transponieren nicht.*

*(b) Vertauschen wir zwei Zeilen (oder Spalten), dann ändert sich das Vorzeichen der Determinante.*

*(c) Multiplizeren wir die Elemente einer beliebigen Zeile (oder Spalte) mit einer reellen Konstanten $c$, dann wird die Determinante mit $c$ multipliziert.*

*(d) Besitzen die Elemente einer Zeile (oder Spalte) einen gemeinsamen Faktor $c$, dann dürfen wir diesen vor die Determinante ziehen.*

*(e) Der Wert einer Determinante ändert sich nicht, wenn wir zu einer Zeile (oder Spalte) ein beliebiges Vielfaches einer anderen Zeile (oder Spalte) addieren.*

*(f) Die Determinante einer $(n, n)$-Matrix ist gleich Null, wenn sie eine der folgenden Bedingungen erfüllt:*

- *Alle Elemente einer Zeile (oder Spalte) sind Null.*
- *Zwei Zeilen (oder Spalten) stimmen überein.*
- *Zwei Zeilen (oder Spalten) sind zueinander proportional.*

*(g) Für zwei Matrizen $\boldsymbol{A}$ und $\boldsymbol{B}$ gilt immer $Det(\boldsymbol{AB}) = Det(\boldsymbol{A})Det(\boldsymbol{B})$.*

*(h) Die Determinante einer oberen oder unteren Dreiecksmatrix ist das Produkt der Diagonalelemente.*

*(i) Für eine invertierbare Matrix $\boldsymbol{A}$ ist $Det(\boldsymbol{A}^{-1}) = 1/Det(\boldsymbol{A})$ und für die Einheitsmatrix $\boldsymbol{E} \in \mathbb{R}^{n \times n}$ gilt $Det(\boldsymbol{E}) = 1$.*

### Determinanten und Invertierbarkeit

**Satz 10.7.** *Eine Matrix $\boldsymbol{A} \in \mathbb{R}^{n \times n}$ ist genau dann invertierbar, wenn $Det(\boldsymbol{A}) \neq 0$.*

**Beispiel 10.8.** Zeigen Sie, dass die folgende Matrix invertierbar ist:

$$\boldsymbol{A} = \begin{bmatrix} 1 & 1 & 2 \\ 2 & 4 & -3 \\ 3 & 6 & -5 \end{bmatrix}.$$

*Lösung.* Nach Beispiel 10.5 wissen wir, dass $\text{Det}(\boldsymbol{A}) = -1$ ist, also ungleich Null ist, also existiert $\boldsymbol{A}^{-1}$. Damit ist jedes Gleichungssystem, das $\boldsymbol{A}$ als Koeffizientenmatrix hat, eindeutig lösbar. ■

### Geometrische Interpretation der Determinante

So wie zwei Vektoren in $\mathbb{R}^2$ ein *Parallelogramm* erklären, spannen drei Vektoren im $\mathbb{R}^3$ einen *Spat* und $n$ Vektoren im $\mathbb{R}^n$ ein *Parallelotop* auf. Man kann zeigen, dass das Volumen $V$ des Parallelotops durch $V = |\text{Det}(\boldsymbol{A})|$ ist, wobei die Zeilenvektoren von $\boldsymbol{A}$ die $n$ Vektoren sind.

## 10.3. Determinanten und lineare Gleichungssysteme

Da eine Matrix $\boldsymbol{A} \in \mathbb{R}^{n \times n}$ genau dann invertierbar ist, wenn die Determinante $\text{Det}(\boldsymbol{A})$ ungleich Null ist, hat ein lineares System $\boldsymbol{Ax} = \boldsymbol{b}$ die eindeutige Lösung $\boldsymbol{x} = \boldsymbol{A}^{-1}\boldsymbol{b}$.

**Satz 10.8.** *Ein quadratisches inhomogenes lineares Gleichungssystem $\boldsymbol{Ax} = \boldsymbol{b}$ ist genau dann für jede rechte Seite $\boldsymbol{b}$ lösbar, wenn $\text{Det}(\boldsymbol{A}) \neq 0$ ist.*

**Beispiel 10.9.** Berechnen Sie die Lösung des linearen Systems

$$\underbrace{\begin{bmatrix} 1 & 1 & 2 \\ 2 & 4 & -3 \\ 3 & 6 & -5 \end{bmatrix}}_{\boldsymbol{A}} \underbrace{\begin{bmatrix} x_1 \\ x_2 \\ x_3 \end{bmatrix}}_{\boldsymbol{x}} = \underbrace{\begin{bmatrix} 9 \\ 1 \\ 0 \end{bmatrix}}_{\boldsymbol{b}}.$$

*Lösung.* Nach Beispiel 10.8 ist die Matrix $\boldsymbol{A}$ invertierbar, also gibt es zu jeder rechten Seite $\boldsymbol{b}$ genau eine Lösung, insbesondere zu $\boldsymbol{b} = (9, 1, 0)$. Somit ist

$$\boldsymbol{x} = \boldsymbol{A}^{-1}\boldsymbol{b} = \begin{bmatrix} 2 & -17 & 11 \\ -1 & 11 & -7 \\ 0 & 3 & -2 \end{bmatrix} \begin{bmatrix} 9 \\ 1 \\ 0 \end{bmatrix} = \begin{bmatrix} 1 \\ 2 \\ 3 \end{bmatrix}$$

die eindeutige Lösung ■

**Satz 10.9.** *Notwendig und hinreichend für die Existenz einer nicht trivialen Lösung $\boldsymbol{x} \neq \boldsymbol{o}$ des homogenen quadratischen linearen Systems $\boldsymbol{Ax} = \boldsymbol{o}$ ist, dass $\text{Det}(\boldsymbol{A}) = 0$ ist.*

Hat ein homogenes lineares Gleichungssystem eine nicht triviale Lösung, so müssen es unendlich viele Lösungen sein.

**Beispiel 10.10.** Zeigen Sie, dass das homogene lineare System

$$\begin{aligned} 2x_1 + 4x_2 \phantom{{}-x_3} &= 0 \\ x_1 - \phantom{3}x_2 - x_3 &= 0 \\ 3x_2 + x_3 &= 0. \end{aligned}$$

eine nicht triviale Lösung hat und geben Sie alle Lösungen an.

*Lösung.* Für die Koeffizientenmatrix

$$\boldsymbol{A} = \begin{bmatrix} 2 & 4 & 0 \\ 1 & -1 & -1 \\ 0 & 3 & 1 \end{bmatrix}$$

gilt $\mathrm{Det}(\boldsymbol{A}) = 0$, also hat das homogene System nicht triviale Lösungen. Zum Beispiel mit dem GAUSS-Verfahren findet man die Lösungen

$$x_1 = -2t,\ x_2 = t,\ x_3 = -3t,$$

wobei $t$ ein reeller Parameter ist. ■

Ist die Determinante einer quadratischen Koeffizientenmatrix $\boldsymbol{A}$ von Null verschieden, das heißt $\mathrm{Det}(\boldsymbol{A}) \neq 0$, so hat das lineare System $\boldsymbol{Ax} = \boldsymbol{b}$ für jede rechte Seite $\boldsymbol{b}$ die Lösung

$$\boldsymbol{x} = \boldsymbol{A}^{-1}\boldsymbol{b}.$$

Ist die Determinante dagegen Null, welche Konsequenzen hat dies für $\boldsymbol{Ax} = \boldsymbol{b}$? Das lineare System $\boldsymbol{Ax} = \boldsymbol{b}$ kann dann nur entweder unendlich viele Lösungen haben oder aber keine. Dies hängt von der rechten Seite $\boldsymbol{b}$ ab. In jedem Fall hat das homogene System $\boldsymbol{Ax} = \boldsymbol{o}$ (Satz 10.9) unendlich viele Lösungen bzw. der Nullraum von $\boldsymbol{A}$ ist nicht gleich dem Nullvektorraum $\{\boldsymbol{o}\}$. Hat das inhomogene System eine Lösung $\bar{\boldsymbol{x}}$, dann hat es unendlich viele und mit Satz 5.14 haben diese die Form

$$\bar{\boldsymbol{x}} + c_1\boldsymbol{v}_1 + c_2\boldsymbol{v}_2 + \cdots + c_r\boldsymbol{v}_r,$$

wobei $\boldsymbol{v}_1, \boldsymbol{v}_2, \ldots, \boldsymbol{v}_r$ eine Basis vom Nullraum von $\boldsymbol{A}$ und $c_1, c_2, \ldots, c_r$ reelle Zahlen sind.

**Beispiel 10.11.** Berechnen Sie die Determinante von

$$\boldsymbol{A} = \begin{bmatrix} 1 & 2 \\ 3 & 6 \end{bmatrix}.$$

Was bedeutet dies für die Lösbarkeit und die Lösungen eines linearen Gleichungssystems mit $\boldsymbol{A}$ als Koeffizientenmatrix?

*Lösung.* Es gilt

$$\operatorname{Det}(\boldsymbol{A}) = 1 \cdot 6 - 3 \cdot 2 = 6 - 6 = 0.$$

Das homogene System $\boldsymbol{Ax} = \boldsymbol{o}$ hat unendlich viele Lösungen, siehe auch Beispiel 5.10. Alle Punkte auf der Ursprungsgeraden, die durch $x_1 + 2x_2 = 0$ beschrieben wird, sind Lösungen. Ist $\boldsymbol{A}$ die Koeffizientenmatrix eines linearen Systems $\boldsymbol{Ax} = \boldsymbol{b}$, so hat dieses entweder keine oder aber unendlich viele Lösungen; dies hängt dann von der rechten Seite $\boldsymbol{b}$ ab. Hat es eine Lösung, wie in Beispiel 1.15, dann unendlich viele, nämlich alle Punkte auf der Geraden durch die Teillösung $\bar{\boldsymbol{x}} = (4, 0)$ parallel zur Geraden mit der Koordinatengleichung $x_1 + 2x_2 = 0$ (Satz 5.14). Für keine rechte Seite $\boldsymbol{b}$ ist $\boldsymbol{Ax} = \boldsymbol{b}$ eindeutig lösbar. ■

## Die Cramersche Regel

Determinanten können zur Lösung linearer Gleichungssysteme mit $n$ Gleichungen und $n$ Variablen verwendet werden, wenn das System eindeutig lösbar ist, was genau dann der Fall ist, wenn die Determinante der Koeffizientenmatrix ungleich Null ist, siehe Satz 10.7. Wir betrachten zunächst diese Lösungsmethode, die CRAMER*sche Regel* genannt wird, für $n = 2$ und verallgemeinern dann das Verfahren auf beliebiges $n$ in Satz 10.10.

Das Gleichungssystem

$$\begin{aligned} a_{11}x_1 + a_{12}x_2 &= b_1 \\ a_{21}x_1 + a_{22}x_2 &= b_2 \end{aligned}$$

kann man in die beiden Gleichungen

$$(a_{11}a_{22} - a_{12}a_{21})x_1 = b_1a_{22} - a_{12}b_2 \quad \text{und} \quad (a_{11}a_{22} - a_{12}a_{21})x_2 = a_{11}b_2 - b_1a_{21}$$

mit nur jeweils einer Unbekannten umwandeln. Die erste Gleichung entsteht, wenn man die erste Gleichung des Systems mit $a_{22}$ und die zweite mit $(-a_{12})$ multipliziert und beide Gleichungen addiert. Die zweite Gleichung erhält man aus dem Gleichungssystem durch Multiplikation der ersten Gleichung mit $(-a_{21})$, der zweiten mit $a_{11}$ und anschließender Addition. Mit der Determinanten-Definition kann man die beiden Gleichungen auch in der Form

$$\operatorname{Det}(\boldsymbol{A})x_1 = \operatorname{Det}(\boldsymbol{A}_1) \quad \text{und} \quad \operatorname{Det}(\boldsymbol{A})x_2 = \operatorname{Det}(\boldsymbol{A}_2)$$

schreiben, wobei

$$\boldsymbol{A} = \begin{bmatrix} a_{11} & a_{12} \\ a_{21} & a_{22} \end{bmatrix}$$

die Koeffizientenmatrix und die Matrizen

$$\boldsymbol{A}_1 = \begin{bmatrix} b_1 & a_{12} \\ b_2 & a_{22} \end{bmatrix} \quad \text{und} \quad \boldsymbol{A}_2 = \begin{bmatrix} a_{11} & b_1 \\ a_{21} & b_2 \end{bmatrix}$$

aus $\boldsymbol{A}$ entstehen, wenn man die Spalte der Unbekannten, die berechnet werden soll, durch $\boldsymbol{b} = (b_1, b_2)$ ersetzt. Daraus folgt für $\text{Det}(\boldsymbol{A}) \neq 0$

$$x_1 = \frac{\text{Det}(\boldsymbol{A}_1)}{\text{Det}(\boldsymbol{A})} \quad \text{und} \quad x_2 = \frac{\text{Det}(\boldsymbol{A}_2)}{\text{Det}(\boldsymbol{A})}.$$

Ist $\text{Det}(\boldsymbol{A}) = 0$, aber ist mindestens ein $\text{Det}(\boldsymbol{A}_j) \neq 0$, so entsteht der Widerspruch $0x_j = \text{Det}(\boldsymbol{A}_j) \neq 0$ und es existiert keine Lösung.

**Satz 10.10** (Cramersche Regel). *Ein lineares System $\boldsymbol{Ax} = \boldsymbol{b}$ von $n$ Gleichungen und $n$ Unbekannten mit Det($\boldsymbol{A}$) $\neq 0$ ist eindeutig lösbar. Die Lösung ist gegeben durch*

$$x_1 = \frac{\mathit{Det}(\boldsymbol{A}_1)}{\mathit{Det}(\boldsymbol{A})},\ x_2 = \frac{\mathit{Det}(\boldsymbol{A}_2)}{\mathit{Det}(\boldsymbol{A})},\ \dots,\ x_n = \frac{\mathit{Det}(\boldsymbol{A}_n)}{\mathit{Det}(\boldsymbol{A})},$$

*wobei die Matrix $\boldsymbol{A}_j$ dadurch entsteht, dass die $j$-te Spalte von $\boldsymbol{A}$ durch $\boldsymbol{b} = (b_1, b_2, \dots, b_n)$ ersetzt wird.*

**Beispiel 10.12.** Lösen Sie das lineare Gleichungssystem

$$\begin{aligned} x + y + 2z &= 9 \\ 2x + 4y - 3z &= 1 \\ 3x + 6y - 5z &= 0 \end{aligned}$$

mit der CRAMERschen Regel, siehe Beispiel 1.12.

*Lösung.* Aus

$$\boldsymbol{A} = \begin{bmatrix} 1 & 1 & 2 \\ 2 & 4 & -3 \\ 3 & 6 & -5 \end{bmatrix} \quad \boldsymbol{A}_1 = \begin{bmatrix} 9 & 1 & 2 \\ 1 & 4 & -3 \\ 0 & 6 & -5 \end{bmatrix}$$

und

$$\boldsymbol{A}_2 = \begin{bmatrix} 1 & 9 & 2 \\ 2 & 1 & -3 \\ 3 & 0 & -5 \end{bmatrix} \quad \boldsymbol{A}_3 = \begin{bmatrix} 1 & 1 & 9 \\ 2 & 4 & 1 \\ 3 & 6 & 0 \end{bmatrix}$$

erhalten wir

$$x_1 = \frac{\text{Det}(\boldsymbol{A}_1)}{\text{Det}(\boldsymbol{A})} = \frac{-1}{-1} = 1,\ x_2 = \frac{\text{Det}(\boldsymbol{A}_2)}{\text{Det}(\boldsymbol{A})} = \frac{-2}{-1} = 2,\ x_3 = \frac{\text{Det}(\boldsymbol{A}_3)}{\text{Det}(\boldsymbol{A})} = \frac{-3}{-1} = 3. \quad \blacksquare$$

## 10.4. Weitere Bemerkungen und Hinweise

Gabriel Cramer war Schweizer Mathematiker, der von 1704 bis 1752 lebte und außer der Mathematik viele andere Interessen hatte. So schrieb er zum Beispiel über Rechts- und Staatsphilosophie. Es wird berichtet, dass Überarbeitung sowie der Sturz von einer Kutsche wahrscheinlich zu seinem Tod führte.

Die Lösung eines Systems von $n$ Gleichungen und $n$ Variablen nach der Cramerschen Regel erfordert die Berechnung von $n+1$ Determinanten. Da dies sehr aufwendig ist, ist das Gauss-Verfahren die bevorzugte Methode, um quadratische lineare Gleichungssysteme zu lösen.

Für $n = 1$ ist die Determinate einfach die Zahl $a_{11}$, also $\mathrm{Det}(\boldsymbol{A}) = \mathrm{Det}([a_{11}]) = a_{11}$. Damit ist eine Determinante für jede $(n, n)$-Matrix mit $n \in \mathbb{N}$ definiert.

Manche Autoren bezeichnen die Determinante einer Matrix mit $|\boldsymbol{A}|$.

### Aufgaben

**10.1.** Die Determinante einer $(n, n)$-Matrix ist

☐ eine Matrix,
☐ eine reelle Zahl,
☐ eine Abbildung (Funktion),
☐ ein Vektor.

**10.2.** Es seien $\boldsymbol{A}, \boldsymbol{Z} \in \mathbb{R}^{n \times n}$ und $\boldsymbol{Z}$ gehe aus $\boldsymbol{A}$ durch elementare Zeilenumformungen hervor. Welche der folgenden Aussagen ist falsch?

☐ $\mathrm{Det}(\boldsymbol{A}) = 0$ genau dann, wenn $\mathrm{Det}(\boldsymbol{Z}) = 0$.
☐ $\mathrm{Det}(\boldsymbol{A}) = \mathrm{Det}(\boldsymbol{Z})$.
☐ $\mathrm{Det}(\boldsymbol{A}) = c\mathrm{Det}(\boldsymbol{Z})$ für ein $c \in \mathbb{R}$, $c \neq 0$.

**10.3.** Welche der folgenden Aussagen ist richtig? Für $\boldsymbol{A} \in \mathbb{R}^{n \times n}$ gilt:

☐ $\mathrm{Det}(\boldsymbol{A}) = 0$, daraus folgt $\mathrm{Rang}(\boldsymbol{A}) = 0$.
☐ $\mathrm{Det}(\boldsymbol{A}) = 0$, genau dann, wenn $\mathrm{Rang}(\boldsymbol{A}) \leq n - 1$.
☐ $\mathrm{Det}(\boldsymbol{A}) = 0$, daraus folgt $\mathrm{Rang}(\boldsymbol{A}) = n$.

**10.4.** Welche der folgenden Aussagen ist (sind) falsch?

☐ $\mathrm{Det}(\boldsymbol{A}) = 1$, daraus folgt $\boldsymbol{A} = \boldsymbol{E}_n$.
☐ $\mathrm{Det}(\boldsymbol{A}) = 1$ für $\boldsymbol{A} = \boldsymbol{E}_n$.
☐ $\mathrm{Det}(c\boldsymbol{E}_n) = c^n$ für $c \in \mathbb{R}$.

**10.5.** Welche Aussage ist für alle $\boldsymbol{A}, \boldsymbol{B}, \boldsymbol{C} \in \mathbb{R}^{n\times n}$ und $c \in \mathbb{R}$ richtig?

☐ $\operatorname{Det}(\boldsymbol{A}+\boldsymbol{B}) = \operatorname{Det}(\boldsymbol{A}) + \operatorname{Det}(\boldsymbol{B})$.
☐ $\operatorname{Det}(c\boldsymbol{A}) = c\operatorname{Det}(\boldsymbol{A})$.
☐ $\operatorname{Det}((\boldsymbol{AB})\boldsymbol{C}) = \operatorname{Det}(\boldsymbol{A})\operatorname{Det}(\boldsymbol{B})\operatorname{Det}(\boldsymbol{C})$.

**10.6.** $\operatorname{Det}\begin{bmatrix} \cos\phi & -\sin\phi \\ \sin\phi & \cos\phi \end{bmatrix} =$

☐ $\cos(2\phi)$ ☐ 0 ☐ 1

**10.7.** Wahr oder falsch: $\operatorname{Det}(\boldsymbol{AB}) = \operatorname{Det}(\boldsymbol{BA})$ für $\boldsymbol{A}$, $\boldsymbol{B} \in \mathbb{R}^{n\times n}$.

**10.8.** Wahr oder falsch: $\operatorname{Det}(\boldsymbol{A}+\boldsymbol{B}) = \operatorname{Det}(\boldsymbol{A}) + \operatorname{Det}(\boldsymbol{B})$ für $\boldsymbol{A}$, $\boldsymbol{B} \in \mathbb{R}^{n\times n}$.

**10.9.** Wahr oder falsch: $\operatorname{Det}(c\boldsymbol{A}) = c\operatorname{Det}(\boldsymbol{A})$ für $\boldsymbol{A} \in \mathbb{R}^{n\times n}$, $c \in \mathbb{R}$.

**10.10.** Wahr oder falsch: Ist $\boldsymbol{x} \in \mathbb{R}^n$, aber ungleich dem Nullvektor, und gilt $\boldsymbol{Ax} = \boldsymbol{o}$ für $\boldsymbol{A} \in \mathbb{R}^{n\times n}$, dann ist $\operatorname{Det}(\boldsymbol{A}) = 0$.

**10.11.** Berechnen Sie die Lösung des linearen Systems

$$\begin{aligned} x_1 - 2x_2 &= 1 \\ 3x_1 + 2x_2 &= 11 \end{aligned}$$

mit der CRAMERschen Regel.

**10.12.** Bestätigen (Verifizieren) Sie an Hand der beiden Matrizen

$$\boldsymbol{A} = \begin{bmatrix} 1 & -2 \\ 3 & 2 \end{bmatrix}, \qquad \boldsymbol{B} = \begin{bmatrix} 1 & 2 \\ -2 & 3 \end{bmatrix}$$

den Determinanten-Multiplikationssatz $\operatorname{Det}(\boldsymbol{AB}) = \operatorname{Det}(\boldsymbol{A})\operatorname{Det}(\boldsymbol{B})$.

**10.13.** Berechnen Sie die Determinante der „Drehmatrix“

$$\boldsymbol{Q} = \begin{bmatrix} \cos(\phi) & -\sin(\phi) & 0 \\ \sin(\phi) & \cos(\phi) & 0 \\ 0 & 0 & 1 \end{bmatrix}.$$

mit $\phi \in [0, 2\pi]$ unter Verwendung der Merkregel von SARRUS.

**10.14.** Ist $\lambda$ irgendeine reelle Zahl, dann gilt

$$\operatorname{Det}\begin{bmatrix} \lambda & \lambda & \lambda \\ \lambda & \lambda & \lambda \\ \lambda & \lambda & \lambda \end{bmatrix} =$$

☐ 0 ☐ $\lambda$ ☐ $\lambda^3$

Überprüfen Sie Ihr Resultat in MATLAB.

**10.15.** Bestimmen Sie mit der *Symbolic Toolbox* diejenigen Werte des reellen Parameters $t$, für die die Matrix

$$A = \begin{pmatrix} t & 1 & 0 \\ 1 & t & 1 \\ 0 & 1 & t \end{pmatrix}$$

singulär ist.

**10.16.** Es ist

$$A = \begin{bmatrix} 2 & 5 & -4 & 2 \\ -3 & -4 & 6 & 4 \\ 4 & 2 & -8 & -5 \\ \times & \times & \times & \times \end{bmatrix}$$

Welche der nachfolgend aufgeführten $(1, 4)$-Zeilenvektoren können in die vierte Zeile der Matrix $A$ eingesetzt werden, so dass die Determinante gleich Null ist.

(a) $\begin{bmatrix} 0 & 0 & 0 & 0 \end{bmatrix}$

(b) $\begin{bmatrix} 6 & 7 & 12 & -3 \end{bmatrix}$

(c) $\begin{bmatrix} 3 & 97 & -6 & 2 \end{bmatrix}$

(d) $\begin{bmatrix} \ln 6 & -\ln 7 & -\ln 36 & \ln 18 \end{bmatrix}$

(e) $\begin{bmatrix} e^4 & e^2 & e^{-8} & e^{-5} \end{bmatrix}$

(f) $\begin{bmatrix} \sqrt{2} & \sqrt{5} & -\sqrt{8} & \sqrt{2} \end{bmatrix}$

**10.17.** Es ist

$$A = \begin{bmatrix} t+3 & 2 & 1 \\ 0 & t-1 & 0 \\ 0 & 11 & t+2 \end{bmatrix}.$$

Bestimmen Sie $\mathrm{Det}(A)$ in Abhängigkeit des reellen Parameters $t$.

## Sie sollten nun mit folgenden Begriffen umgehen können

Determinante, LAPLACEscher Entwicklungssatz, CRAMERsche Regel.

# 11. Eigenwerte und Eigenvektoren

Ist $\boldsymbol{A} \in \mathbb{R}^{n\times n}$ und $\boldsymbol{x} \in \mathbb{R}^n$, so liegen zwar beide Vektoren $\boldsymbol{x}$ und $\boldsymbol{Ax}$ im Vektorraum $\mathbb{R}^n$, aber es gibt im Allgemeinen keine geometrische Beziehung zwischen ihnen, siehe Bild 11.1.

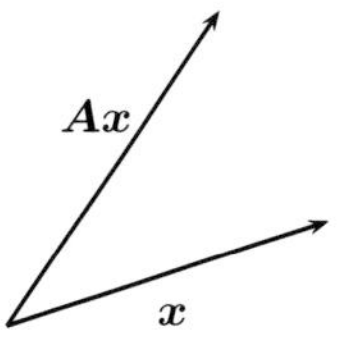


Bild 11.1.: $\boldsymbol{x}$ und $\boldsymbol{Ax}$

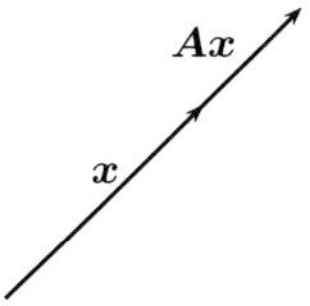


Bild 11.2.: $\boldsymbol{x}$ und $\boldsymbol{Ax}$ parallel

Oftmals existieren Vektoren $\boldsymbol{x} \neq \boldsymbol{o}$, sodass $\boldsymbol{x}$ und $\boldsymbol{Ax}$ parallel sind, das heißt, $\boldsymbol{x}$ und $\boldsymbol{Ax}$ sind skalare Vielfache voneinander, siehe Bild 11.2.

Solche Vektoren ergeben sich in natürlicher Weise bei der Untersuchung von elektrischen, mechanischen (Schwingungen), chemischen (Reaktionen), genetischen, quantenmechanischen, ökonomischen und geometrischen Systemen. In diesem Kapitel wollen wir zeigen, wie man diese Vektoren findet. Beachten Sie, dass für $\boldsymbol{x} = \boldsymbol{o}$ auch $\boldsymbol{Ao} = \boldsymbol{o}$ ist, das heißt, $\boldsymbol{Ao}$ ist ein Vielfaches des Nullvektors. Daher sind wir wirklich nur an solchen Vektoren in $\mathbb{R}^n$ interessiert, die nicht gleich dem Nullvektor sind.

Ist $\lambda$ eine reelle Zahl und $\boldsymbol{x} \neq \boldsymbol{o}$ ein Vektor in $\mathbb{R}^n$ mit

$$\boldsymbol{Ax} = \lambda \boldsymbol{x},$$

so sagen wir, dass $\lambda$ ein **Eigenwert** von $\boldsymbol{A}$ ist und $\boldsymbol{x}$ ein zu $\lambda$ dazugehöriger **Eigenvektor**[1]. Das Paar $(\lambda, \boldsymbol{x})$ heißt **Eigenpaar**.

Bitte beachten Sie, dass natürlich $0 \in \mathbb{R}$ ein Eigenwert sein kann, der Nullvektor $\boldsymbol{o} \in \mathbb{R}^n$ jedoch nach Definition nie Eigenvektor ist.

[1] Es wäre naheliegend Eigenvektoren mit $\boldsymbol{e}$ zu bezeichnen. Da wir mit $\boldsymbol{e}$ aber schon die natürlichen Einheitsvektoren bezeichnen, verwenden wir andere Symbole, wie zum Beispiel $\boldsymbol{x}$.

**Beispiel 11.1.** Zeigen Sie, dass der Vektor $\boldsymbol{x} = (1, 1)$ ein Eigenvektor zum Eigenwert $\lambda = 2$ der folgenden Matrix ist:

$$\begin{bmatrix} 1 & 1 \\ -2 & 4 \end{bmatrix}.$$

*Lösung.* Es gilt

$$\boldsymbol{Ax} = \begin{bmatrix} 1 & 1 \\ -2 & 4 \end{bmatrix} \begin{bmatrix} 1 \\ 1 \end{bmatrix} = \begin{bmatrix} 2 \\ 2 \end{bmatrix} = 2 \begin{bmatrix} 1 \\ 1 \end{bmatrix} = 2\boldsymbol{x},$$

das heißt, $\boldsymbol{x} = (1, 1)$ ist ein Eigenvektor zum Eigenwert $\lambda = 2$. ■

Eigenwerte und -vektoren können im $\mathbb{R}^2$ und $\mathbb{R}^3$ geometrisch interpretiert werden. Ist $\boldsymbol{x}$ ein Eigenvektor von $\boldsymbol{A}$ zum Eigenwert $\lambda$, also $\boldsymbol{Ax} = \lambda\boldsymbol{x}$, so führt die Multiplikation von $\boldsymbol{x}$ mit $\boldsymbol{A}$ zu einer *Streckung* oder *Stauchung* von $\boldsymbol{x}$, wobei für negatives $\lambda$ noch eine Richtungsumkehrung dazukommt, siehe Bild 11.3.

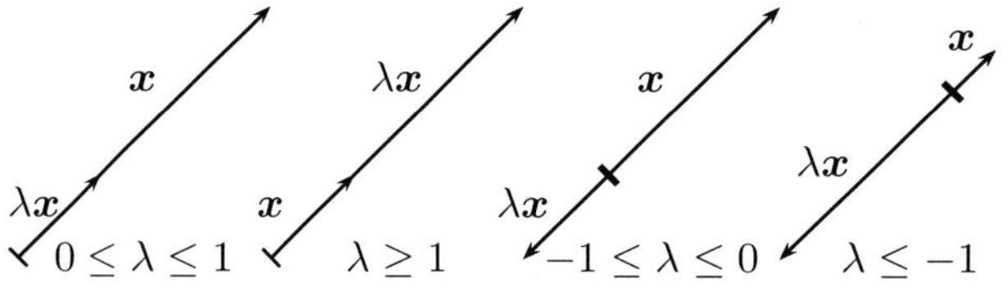


Bild 11.3.: $\boldsymbol{x}$ und $\lambda\boldsymbol{x}$

Wenn der Vektor $\boldsymbol{x} \neq \boldsymbol{o}$ Eigenvektor zur Matrix $\boldsymbol{A}$ ist, dann sind die Vektoren $\boldsymbol{x}$ und $\boldsymbol{Ax}$ linear abhängig.

Die Einheitsmatrix $\boldsymbol{E}$ (der Ordnung $n$) hat nur den Eigenwert $\lambda = 1$ und jeder Vektor $\boldsymbol{x} \neq \boldsymbol{o}$ ist Eigenvektor zum Eigenwert $\lambda = 1$, denn es ist $\boldsymbol{Ex} = 1 \cdot \boldsymbol{x}$.

Ist $(\lambda, \boldsymbol{x})$ ein Eigenpaar zur Matrix $\boldsymbol{A}$, dann gilt $\boldsymbol{A}^2\boldsymbol{x} = \boldsymbol{A}(\boldsymbol{Ax}) = \boldsymbol{A}\lambda\boldsymbol{x} = \lambda\boldsymbol{Ax} = \lambda^2\boldsymbol{x}$ und allgemein für $k = 0, 1, 2, \ldots$

$$\boldsymbol{A}^k\boldsymbol{x} = \lambda^k\boldsymbol{x}.$$

Ist also $(\lambda, \boldsymbol{x})$ ein Eigenpaar von $\boldsymbol{A}$, dann ist $(\lambda^k, \boldsymbol{x})$ ein Eigenpaar von $\boldsymbol{A}^k$ für $k = 0, 1, 2, \ldots$.

## 11.1. Wie berechnet man Eigenwerte und Eigenvektoren?

Hierzu schreiben wir die Gleichung $\boldsymbol{Ax} = \lambda \boldsymbol{x}$ als

$$\boldsymbol{Ax} = \lambda \boldsymbol{E}_n \boldsymbol{x} \quad \text{oder gleichwertig} \quad (\lambda \boldsymbol{E}_n - \boldsymbol{A})\boldsymbol{x} = \boldsymbol{o}.$$

Damit $\lambda$ ein Eigenwert von $\boldsymbol{A}$ ist, muss diese Vektorgleichung bzw. dieses homogene lineare Gleichungssystem eine nicht triviale Lösung besitzen. Nach Satz 10.9 ist dies genau dann der Fall, wenn

$$\mathrm{Det}(\lambda \boldsymbol{E}_n - \boldsymbol{A}) = 0.$$

Diese Gleichung heißt **charakteristische Gleichung** von $\boldsymbol{A}$; ihre Lösungen sind die Eigenwerte von $\boldsymbol{A}$. Berechnet man $\mathrm{Det}(\lambda \boldsymbol{E}_n - \boldsymbol{A}) = 0$, so ergibt sich ein Polynom in $\lambda$, das als **charakteristisches Polynom** von $\boldsymbol{A}$ bezeichnet wird. Das charakteristische Polynom einer Matrix aus $\mathbb{R}^{n \times n}$ hat den Grad $n$ und den führenden Koeffizienten 1. Demzufolge hat das charakteristische Polynom einer $(n, n)$-Matrix die Form

$$\lambda^n + a_{n-1}\lambda^{n-1} + \cdots + a_1\lambda + a_0.$$

Da die charakteristische Gleichung

$$\lambda^n + a_{n-1}\lambda^{n-1} + \cdots + a_1\lambda + a_0 = 0$$

nach dem *Fundamentalsatz der Algebra* höchstens $n$ verschiedene Lösungen hat, besitzt eine $(n, n)$-Matrix höchstens $n$ Eigenwerte. Die Menge aller Eigenwerte heißt **Spektrum**.

**Beispiel 11.2.** Gegeben sei die Matrix

$$\boldsymbol{A} = \begin{bmatrix} 1 & 1 \\ -2 & 4 \end{bmatrix}.$$

Berechnen Sie die Eigenwerte und die dazugehörigen Eigenvektoren.

*Lösung.* Wir suchen alle reelle Zahlen $\lambda$ und alle Vektoren $\boldsymbol{x} = (x_1, x_2)$, die der Gleichung

$$\begin{bmatrix} 1 & 1 \\ -2 & 4 \end{bmatrix} \begin{bmatrix} x_1 \\ x_2 \end{bmatrix} = \lambda \begin{bmatrix} x_1 \\ x_2 \end{bmatrix}$$

genügen. Ausgeschrieben erhalten wir

$$\begin{aligned} x_1 + \phantom{4}x_2 &= \lambda x_1 \\ -2x_1 + 4x_2 &= \lambda x_2 \end{aligned} \qquad \text{bzw.} \qquad \begin{aligned} (\lambda - 1)x_1 - \phantom{(\lambda - 4)}x_2 &= 0 \\ 2x_1 + (\lambda - 4)x_2 &= 0. \end{aligned}$$

Dies ist ein homogenes lineares Gleichungssystem mit zwei Variablen und zwei Gleichungen, das nur dann eine nicht triviale Lösung hat, wenn die Determinante der Koeffizientenmatrix Null ist, also

$$\text{Det}\begin{bmatrix} \lambda - 1 & -1 \\ 2 & \lambda - 4 \end{bmatrix} = 0.$$

Dies bedeutet

$$\lambda^2 - 5\lambda + 6 = 0 \quad \text{bzw. faktorisiert} \quad (\lambda - 3)(\lambda - 2) = 0,$$

also sind

$$\lambda_1 = 2 \quad \text{und} \quad \lambda_2 = 3$$

die Eigenwerte der Matrix $\boldsymbol{A}$. Das Spektrum von $\boldsymbol{A}$ ist $\{2, 3\}$.

Um nun alle Eigenvektoren von $\boldsymbol{A}$ zum Eigenwert $\lambda_1 = 2$ zu finden, setzen wir 2 für $\lambda$ in die Vektorgleichung

$$\begin{bmatrix} 1 & 1 \\ -2 & 4 \end{bmatrix}\begin{bmatrix} x_1 \\ x_2 \end{bmatrix} = \lambda \begin{bmatrix} x_1 \\ x_2 \end{bmatrix}$$

ein und erhalten

$$\begin{bmatrix} 1 & 1 \\ -2 & 4 \end{bmatrix}\begin{bmatrix} x_1 \\ x_2 \end{bmatrix} = 2 \begin{bmatrix} x_1 \\ x_2 \end{bmatrix} \quad \text{bzw.} \quad \begin{aligned} x_1 - \phantom{2}x_2 &= 0 \\ 2x_1 - 2x_2 &= 0. \end{aligned}$$

Alle Lösungen dieses homogenen linearen Systems sind durch

$$\begin{aligned} x_1 &= x_2 \\ x_2 &= \text{jede reelle Zahl } t \end{aligned}$$

gegeben. Damit sind alle Eigenvektoren zum Eigenwert $\lambda_1 = 2$ durch $(t, t)$ gegeben, wobei $t$ jede reelle Zahl außer Null sein kann. Zum Beispiel ist für $t = 1$ $\boldsymbol{x}_1 = (1, 1)$ ein Eigenvektor zum Eigenwert $\lambda_1 = 2$.

Völlig analog findet man alle Eigenvektoren zum Eigenwert $\lambda_2 = 3$. Setzen wir 3 für $\lambda$ in die Vektorgleichung

$$\begin{bmatrix} 1 & 1 \\ -2 & 4 \end{bmatrix}\begin{bmatrix} x_1 \\ x_2 \end{bmatrix} = \lambda \begin{bmatrix} x_1 \\ x_2 \end{bmatrix}$$

ein, so bekommen wir nach wenigen Umformungen das homogene lineare Gleichungssystem

$$2x_1 - x_2 = 0$$

$$2x_1 - x_2 = 0.$$

Alle Lösungen dieses Systems sind

$$\begin{aligned} x_1 &= 1/2x_2 \\ x_2 &= \text{jede reelle Zahl } t. \end{aligned}$$

Somit sind alle Eigenvektoren zum Eigenwert $\lambda_2 = 3$ durch $(t/2, t)$ gegeben, wobei $t$ jede reelle Zahl außer Null sein kann. Insbesondere ist für $t = 2$ der Vektor $\boldsymbol{x}_2 = (1, 2)$ ein Eigenvektor zum Eigenwert $\lambda_2 = 3$. ∎

Das Beispiel 11.2 zeigt, wie Eigenwertaufgaben, das heißt, das Berechnen von Eigenwerten und Eigenvektoren, allgemein zu lösen sind.

**Algorithmus 15: Lösen der Eigenwertaufgabe (Eigensystemaufgabe)**

Um Eigenwertaufgaben zu lösen, kann wie folgt vorgegangen werden.

1. Bestimme alle reellen Nullstellen des charakteristischen Polynoms $\text{Det}(\lambda\, \boldsymbol{E}_n - \boldsymbol{A})$. Diese sind die Eigenwerte der Matrix $\boldsymbol{A}$.
2. Für jeden Eigenwert $\lambda$ müssen alle nicht trivialen Lösungen des homogenen linearen Gleichungssystems $(\lambda \boldsymbol{E}_n - \boldsymbol{A})\boldsymbol{x} = \boldsymbol{o}$ gefunden werden. Diese sind dann die Eigenvektoren von $\boldsymbol{A}$ zum Eigenwert $\lambda$.

**Beispiel 11.3.** Bestimmen Sie die Eigenwerte und Eigenvektoren der Matrix

$$\boldsymbol{A} = \begin{bmatrix} 0 & 0 & -2 \\ 1 & 2 & 1 \\ 1 & 0 & 3 \end{bmatrix}.$$

*Lösung.* Die charakteristische Gleichung von $\boldsymbol{A}$ ist $\lambda^3 - 5\lambda^2 + 8\lambda - 4 = 0$ oder nach Faktorisierung $(\lambda - 1)(\lambda - 2)^2 = 0$. Also hat die Matrix $\boldsymbol{A}$ die Eigenwerte $\lambda = 1$ und $\lambda = 2$. Nach Schritt 2 des Algorithmus 15 müssen wir nun zu den Eigenwerten $\lambda = 1$ und $\lambda = 2$ alle nicht trivialen Lösungen des homogenen Systems $(\lambda \boldsymbol{E}_3 - \boldsymbol{A})\boldsymbol{x} = \boldsymbol{0}$, das heißt von

$$\begin{bmatrix} \lambda & 0 & 2 \\ -1 & \lambda - 2 & -1 \\ -1 & 0 & \lambda - 3 \end{bmatrix} \begin{bmatrix} x_1 \\ x_2 \\ x_3 \end{bmatrix} = \begin{bmatrix} 0 \\ 0 \\ 0 \end{bmatrix}$$

suchen. Für $\lambda = 2$ ergibt sich

$$\begin{bmatrix} 2 & 0 & 2 \\ -1 & 0 & -1 \\ -1 & 0 & -1 \end{bmatrix} \begin{bmatrix} x_1 \\ x_2 \\ x_3 \end{bmatrix} = \begin{bmatrix} 0 \\ 0 \\ 0 \end{bmatrix}.$$

Die allgemeine Lösung ist durch

$$x_1 = -t, \quad x_2 = s, \quad x_3 = t$$

$s, t$ reelle Parameter gegeben. Damit sind die Eigenvektoren zum Eigenwert $\lambda = 2$ die von Null verschiedenen Vektoren der Form

$$\boldsymbol{x} = \begin{bmatrix} -t \\ s \\ t \end{bmatrix} = t \begin{bmatrix} -1 \\ 0 \\ 1 \end{bmatrix} + s \begin{bmatrix} 0 \\ 1 \\ 0 \end{bmatrix}.$$

Für $\lambda = 1$ ergibt sich aus

$$\begin{bmatrix} 1 & 0 & 2 \\ -1 & -1 & -1 \\ -1 & 0 & -2 \end{bmatrix} \begin{bmatrix} x_1 \\ x_2 \\ x_3 \end{bmatrix} = \begin{bmatrix} 0 \\ 0 \\ 0 \end{bmatrix}.$$

die allgemeine Lösung

$$x_1 = -2t, \quad x_2 = t, \quad x_3 = t$$

wobei $t$ ein reeller Parameter ist. Also sind die Eigenvektoren zu $\lambda = 1$ die von Null verschiedenen Vektoren der Gestalt

$$\boldsymbol{x} = \begin{bmatrix} -2t \\ t \\ t \end{bmatrix} = t \begin{bmatrix} -2 \\ 1 \\ 1 \end{bmatrix}. \quad \blacksquare$$

Die Eigenvektoren von $\boldsymbol{A} \in \mathbb{R}^{n \times n}$ zu einem Eigenwert $\lambda$ sind die von Null verschiedenen Vektoren $\boldsymbol{x}$, die die Gleichung $\boldsymbol{Ax} = \lambda \boldsymbol{x}$ bzw. $(\lambda \boldsymbol{E}_n - \boldsymbol{A})\boldsymbol{x} = \boldsymbol{o}$ erfüllen. Wie wir wissen, bildet die Lösungsmenge eines homogenen Gleichungssystems einen Unterraum des Vektorraumes $\mathbb{R}^n$, den Nullraum. Deshalb ist auch die Lösungsmenge von $(\lambda \boldsymbol{E}_n - \boldsymbol{A})\boldsymbol{x} = \boldsymbol{o}$ ein Unterraum. Man nennt ihn den **Eigenraum von $\boldsymbol{A}$ zum Eigenwert** $\lambda$; Bezeichnung: $Eig(\lambda)$. Folglich ist jeder Vektor aus $Eig(\lambda) = N(\lambda \boldsymbol{E}_n - \boldsymbol{A})$, der nicht der Nullvektor ist, ein Eigenvektor von $\boldsymbol{A}$ zum Eigenwert $\lambda$.

**Satz 11.1.** *Ist $\boldsymbol{A} \in \mathbb{R}^{n \times n}$ und $\lambda$ ein Eigenwert von $\boldsymbol{A}$. Dann ist $Eig(\lambda)$ ein Untervektorraum von $\mathbb{R}^n$.*

Dass Eigenräume zu verschiedenen Eigenwerten nur den Nullvektor gemeinsam haben, ist klar, denn es kann ja nicht $\boldsymbol{Ax} = \lambda \boldsymbol{x} = \mu \boldsymbol{x}$ sein, wenn $\lambda \neq \mu$ und $\boldsymbol{x} \neq \boldsymbol{o}$ ist. Wir können sogar zeigen, dass Eigenvektoren zu verschiedenen Eigenwerten linear unabhängig sind.

Wir müssen zeigen, dass die Vektorgleichung $c_1 \boldsymbol{x}_1 + \cdots + c_r \boldsymbol{x}_r = \boldsymbol{o}$ nur gilt, wenn alle Koeffizienten $c_j$ null sind. Durch Multiplikation beider Seiten dieser Gleichung von links mit $\boldsymbol{A}$ folgt $c_1\lambda_1\boldsymbol{x}_1 + \cdots + c_r\lambda_r\boldsymbol{x}_r = \boldsymbol{o}$. Multiplizieren wir $c_1\boldsymbol{x}_1 + \cdots + c_r\boldsymbol{x}_r = \boldsymbol{o}$ mit $\lambda_1$ und subtrahieren sie dann von $c_1\lambda_1\boldsymbol{x}_1 + \cdots + c_r\lambda_r\boldsymbol{x}_r = \boldsymbol{o}$, so erhalten wir

$$c_2(\lambda_2 - \lambda_1)\boldsymbol{x}_2 + \cdots + c_r(\lambda_r - \lambda_1)\boldsymbol{x}_r = \boldsymbol{o}.$$

Mit dieser anstatt der Gleichung $c_1\boldsymbol{x}_1+\cdots+c_r\boldsymbol{x}_r = \boldsymbol{o}$ wiederholen wir nun obige Schritte, wobei wir $\lambda_2$ anstatt $\lambda_1$ verwenden. Es ergibt sich dann

$$c_3(\lambda_3 - \lambda_1)(\lambda_3 - \lambda_2)\boldsymbol{x}_3 + \cdots + c_r(\lambda_r - \lambda_1)\boldsymbol{x}_r = \boldsymbol{o}.$$

Diese Operationen können wir offenbar fortsetzen, bis zuletzt

$$c_r(\lambda_r - \lambda_1)(\lambda_r - \lambda_2)\cdots(\lambda_r - \lambda_{r-1})\boldsymbol{x}_r = \boldsymbol{o}$$

entsteht. Da alle $\lambda_j$ voneinander verschieden sind und $\boldsymbol{x}_r \neq \boldsymbol{o}$ ist, lässt diese Gleichung nur den Schluss $c_r = 0$ zu. Durch Umnummerierung in $c_1\boldsymbol{x}_1+\cdots+c_r\boldsymbol{x}_r = \boldsymbol{o}$ und gleiches Vorgehen können wir auch das Verschwinden jedes anderen Koeffizienten $c_j$ zeigen. Es gilt also $c_1 = c_2 = \cdots = c_r = 0$. Somit gilt:

**Satz 11.2.** *Es sind $\lambda_1$, $\lambda_2$, …, $\lambda_r$ paarweise verschiedene Eigenwerte von $\boldsymbol{A} \in \mathbb{R}^{n\times n}$ und $\boldsymbol{x}_1$, $\boldsymbol{x}_2$, …, $\boldsymbol{x}_r$ zugehörige Eigenvektoren. Dann sind die Eigenvektoren $\boldsymbol{x}_1$, $\boldsymbol{x}_2$, …, $\boldsymbol{x}_r$ linear unabhängig.*

**Beispiel 11.4** (Eigensysteme; symmetrische Matrix)**.** Bestimmen Sie von der Matrix

$$\boldsymbol{A} = \begin{bmatrix} 3 & -1 \\ -1 & 3 \end{bmatrix}$$

die Eigenwerte und die Eigenräume. Deuten Sie die Eigenräume geometrisch.

*Lösung.* Da das charakteristische Polynom $(\lambda-2)(\lambda-4)$ ist, sind $\lambda_1 = 2$ und $\lambda_2 = 4$ die Eigenwerte. Die Eigenräume sind $Eig(\lambda_1) = \{\boldsymbol{x} \in \mathbb{R}^2 \mid \boldsymbol{x} = t(1,1), t \in \mathbb{R}\}$ und $Eig(\lambda_2) = \{\boldsymbol{x} \in \mathbb{R}^2 \mid \boldsymbol{x} = t(1,-1), t \in \mathbb{R}\}$. Es sind die Geraden $y = x$ und $y = -x$. Die Eigenräume stehen senkrecht aufeinander. Die Eigenvektoren zu verschiedenen Eigenwerte sind daher insbesondere linear unabhängig. ∎

## Eigenwerte von Dreiecksmatrizen

Besonders einfach lassen sich die Eigenwerte von Dreiecksmatrizen bestimmen. Ist zum Beispiel die obere Dreiecksmatrix

$$\boldsymbol{A} = \begin{bmatrix} a_{11} & a_{12} & a_{13} \\ 0 & a_{22} & a_{23} \\ 0 & 0 & a_{33} \end{bmatrix}$$

gegeben, so ist die Determinate von

$$\lambda \boldsymbol{E}_3 - \boldsymbol{A} = \begin{bmatrix} \lambda - a_{11} & -a_{12} & -a_{13} \\ 0 & \lambda - a_{22} & -a_{23} \\ 0 & 0 & \lambda - a_{33} \end{bmatrix}$$

gleich dem Produkt ihrer Hauptdiagonalelemente (Satz 10.6). Damit ergibt sich die charakteristische Gleichung

$$(\lambda - a_{11})(\lambda - a_{22})(\lambda - a_{33}) = 0.$$

Die Eigenwerte sind also genau die Hauptdiagonalelemente von $\boldsymbol{A}$

$$\lambda_1 = a_{11}, \quad \lambda_2 = a_{22}, \quad \lambda_3 = a_{33}.$$

Diese Überlegungen gelten allgemein für beliebige Größe $n$ der Dreiecksmatrix.

**Satz 11.3** (Eigenwerte von Dreiecksmatrizen)**.** *Ist* $\boldsymbol{A} \in \mathbb{R}^{n\times n}$ *eine Dreiecksmatrix, so sind die Eigenwerte von* $\boldsymbol{A}$ *die Hauptdiagonalelemente von* $\boldsymbol{A}$*.*

Die Aussage von Satz 11.3 gilt insbesondere auch für Diagonalmatrizen.

**Beispiel 11.5.** Einfach durch Hinschauen erhält man die Eigenwerte der unteren Dreiecksmatrix

$$\boldsymbol{A} = \begin{bmatrix} 1 & 0 & 0 \\ 2 & 3 & 0 \\ 4 & 5 & 6 \end{bmatrix}$$

als $\lambda_1 = 1$, $\lambda_2 = 3$ und $\lambda_3 = 6$. ■

### Komplexe Eigenwerte

Eigenwerte können auch komplexe Zahlen sein, selbst dann, wenn die Matrix reell ist. Die Matrix (Drehung um 90° um den Koordinatenursprung)

$$\boldsymbol{A} = \begin{bmatrix} 0 & -1 \\ 1 & 0 \end{bmatrix}$$

besitzt das charakterische Polynom $\lambda^2 + 1$. Folglich sind $\lambda_1 = i$ und $\lambda_2 = -i$ die beiden komplexen Eigenwerte. Im wichtigsten Fall aber, wenn die gegebene Matrix symmetrisch ist, sind alle Eigenwerte reell. Eigenwerte und Eigenvektoren von symmetrischen Matrizen behandeln wir in Abschnitt 11.6.

## 11.2. Diagonalisierung einer Matrix

Wir beschäftigen uns nun mit den beiden folgenden Fragen. Existiert zu einer gegebenen Matrix $\boldsymbol{A} \in \mathbb{R}^{n \times n}$ eine Basis des Vektorraumes $\mathbb{R}^n$, die aus Eigenvektoren von $\boldsymbol{A}$ besteht? Gibt es zu einer gegebenen Matrix $\boldsymbol{A} \in \mathbb{R}^{n \times n}$ eine invertierbare Matrix $\boldsymbol{X}$, sodass $\boldsymbol{X}^{-1}\boldsymbol{A}\boldsymbol{X}$ Diagonalform hat? Wir werden nun nachweisen, dass die erste Frage genau dann mit *ja* beantwortet werden kann, wenn dies auch für die zweite Frage gilt (Satz 11.4). In Abschnitt 11.3 werden wir uns ausführlich damit beschäftigen, warum es wichtig ist die Antworten auf diese Fragen zu kennen.

Angenommen $\boldsymbol{x}_1, \boldsymbol{x}_2, \ldots, \boldsymbol{x}_n$ sind linear unabhängige Eigenvektoren von $\boldsymbol{A} \in \mathbb{R}^{n \times n}$ zu den Eigenwerten $\lambda_1, \lambda_2, \ldots, \lambda_n$. Die **Eigenvektorenmatrix** (**Modalmatrix**) $\boldsymbol{X}$ ist dann

$$\boldsymbol{X} = \begin{bmatrix} | & | & & | \\ \boldsymbol{x}_1 & \boldsymbol{x}_2 & \cdots & \boldsymbol{x}_n \\ | & | & & | \end{bmatrix}.$$

Bilden wir das Matrizenprodukt $\boldsymbol{A}\boldsymbol{X}$ und verwenden wir die spaltenweise Interpretation des Matrizenproduktes, so sind die Vektoren $\boldsymbol{A}\boldsymbol{x}_1, \boldsymbol{A}\boldsymbol{x}_2, \ldots, \boldsymbol{A}\boldsymbol{x}_n$ die Spaltenvektoren der Matrix $\boldsymbol{A}\boldsymbol{X}$, das heißt

$$\boldsymbol{A}\boldsymbol{X} = \begin{bmatrix} | & | & & | \\ \boldsymbol{A}\boldsymbol{x}_1 & \boldsymbol{A}\boldsymbol{x}_2 & \cdots & \boldsymbol{A}\boldsymbol{x}_n \\ | & | & & | \end{bmatrix}.$$

Da die Vektoren $\boldsymbol{x}_1, \boldsymbol{x}_2, \ldots, \boldsymbol{x}_n$ Eigenvektoren von $\boldsymbol{A}$ sind, gilt

$$\begin{aligned} \boldsymbol{A}\boldsymbol{X} &= \begin{bmatrix} | & | & & | \\ \boldsymbol{A}\boldsymbol{x}_1 & \boldsymbol{A}\boldsymbol{x}_2 & \cdots & \boldsymbol{A}\boldsymbol{x}_n \\ | & | & & | \end{bmatrix} = \begin{bmatrix} | & | & & | \\ \lambda_1\boldsymbol{x}_1 & \lambda_2\boldsymbol{x}_2 & \cdots & \lambda_n\boldsymbol{x}_n \\ | & | & & | \end{bmatrix} \\ &= \begin{bmatrix} | & | & & | \\ \boldsymbol{x}_1 & \boldsymbol{x}_2 & \cdots & \boldsymbol{x}_n \\ | & | & & | \end{bmatrix} \begin{bmatrix} \lambda_1 & & & \\ & \lambda_2 & & \\ & & \ddots & \\ & & & \lambda_n \end{bmatrix} = \boldsymbol{X}\boldsymbol{D}, \end{aligned}$$

wobei $\boldsymbol{D}$ die Diagonalmatrix ist, auf deren Diagonale die Eigenwerte $\lambda_1, \lambda_2, \ldots, \lambda_n$, von $\boldsymbol{A}$ stehen. Da die Spaltenvektoren von $\boldsymbol{X}$ nach Voraussetzung linear unabhängig sind, ist $\boldsymbol{X}$ invertierbar. Multiplizieren wir die Matrizengleichung $\boldsymbol{A}\boldsymbol{X} = \boldsymbol{X}\boldsymbol{D}$ von links mit $\boldsymbol{X}^{-1}$, so gilt

$$\boldsymbol{X}^{-1}\boldsymbol{A}\boldsymbol{X} = \boldsymbol{D}.$$

Eine Matrix $\boldsymbol{A} \in \mathbb{R}^{n \times n}$ ist **diagonalisierbar**, wenn es eine invertierbare Matrix $\boldsymbol{X} \in \mathbb{R}^{n \times n}$ gibt, sodass

$$\boldsymbol{X}^{-1}\boldsymbol{A}\boldsymbol{X}$$

eine Diagonalmatrix ist.

Folglich ist eine Matrix $\boldsymbol{A}$ diagonalisierbar, wenn sie $n$ linear unabhängige Eigenvektoren hat. Es gilt aber auch die Umkehrung, wie wir jetzt nachrechnen.

**Beispiel 11.6.** Zeigen Sie, dass eine diagonalisierbare Matrix $\boldsymbol{A} \in \mathbb{R}^{n \times n}$ $n$ linear unabhängige Eigenvektoren hat.

*Lösung.* Ist die Matrix $\boldsymbol{A}$ diagonalisierbar, so gibt es eine invertierbare Matrix

$$\boldsymbol{X} = \begin{bmatrix} | & | & & | \\ \boldsymbol{x}_1 & \boldsymbol{x}_2 & \cdots & \boldsymbol{x}_n \\ | & | & & | \end{bmatrix},$$

sodass $\boldsymbol{X}^{-1}\boldsymbol{A}\boldsymbol{X}$ Diagonalform hat. Also ist $\boldsymbol{X}^{-1}\boldsymbol{A}\boldsymbol{X} = \boldsymbol{D}$ mit

$$\boldsymbol{D} = \begin{bmatrix} \lambda_1 & & & \\ & \lambda_2 & & \\ & & \ddots & \\ & & & \lambda_n \end{bmatrix}.$$

Aus $\boldsymbol{X}^{-1}\boldsymbol{A}\boldsymbol{X} = \boldsymbol{D}$ folgt nach Multiplikation mit $\boldsymbol{X}$ von links $\boldsymbol{A}\boldsymbol{X} = \boldsymbol{X}\boldsymbol{D}$, also

$$\begin{aligned} \boldsymbol{A}\boldsymbol{X} = \boldsymbol{X}\boldsymbol{D} &= \begin{bmatrix} | & | & & | \\ \boldsymbol{x}_1 & \boldsymbol{x}_2 & \cdots & \boldsymbol{x}_n \\ | & | & & | \end{bmatrix} \begin{bmatrix} \lambda_1 & & & \\ & \lambda_2 & & \\ & & \ddots & \\ & & & \lambda_n \end{bmatrix} \\ &= \begin{bmatrix} | & | & & | \\ \lambda_1\boldsymbol{x}_1 & \lambda_2\boldsymbol{x}_2 & \cdots & \lambda_n\boldsymbol{x}_n \\ | & | & & | \end{bmatrix}. \end{aligned}$$

Also sind $\lambda_1\boldsymbol{x}_1$, $\lambda_2\boldsymbol{x}_2$, ..., $\lambda_n\boldsymbol{x}_n$ die Spaltenvektoren der Produktmatrix $\boldsymbol{A}\boldsymbol{X}$. Andererseits sind nach der spaltenweisen Interpretation der Matrizenmultiplikation (siehe Abschnitt 1.9) die Vektoren $\boldsymbol{A}\boldsymbol{x}_1$, $\boldsymbol{A}\boldsymbol{x}_2$, ..., $\boldsymbol{A}\boldsymbol{x}_n$ die Spaltenvektoren von $\boldsymbol{A}\boldsymbol{X}$. Damit muss

$$\boldsymbol{A}\boldsymbol{x}_1 = \lambda_1\boldsymbol{x}_1, \quad \boldsymbol{A}\boldsymbol{x}_2 = \lambda_1\boldsymbol{x}_2, \quad \ldots, \quad \boldsymbol{A}\boldsymbol{x}_n = \lambda_1\boldsymbol{x}_n$$

gelten. Da $\boldsymbol{X}$ invertierbar ist, sind alle Spalten der Matrix $\boldsymbol{X}$ vom Nullvektor verschieden und somit sind $\lambda_1$, $\lambda_2$, ..., $\lambda_n$ die Eigenwerte von $\boldsymbol{A}$ und $\boldsymbol{x}_1$, $\boldsymbol{x}_2$, ..., $\boldsymbol{x}_n$ dazugehörige Eigenvektoren. Da $\boldsymbol{X}$ invertierbar ist, müssen die $n$ Eigenvektoren linear unabhängig sein, also hat $\boldsymbol{A}$ $n$ linear unabhängige Eigenvektoren. ■

Damit münden die Anworten der beiden Fragen aus diesem Abschnitt in folgendem Satz.

**Satz 11.4** (Kriterium für Diagonalisierbarkeit). *Eine Matrix $\boldsymbol{A} \in \mathbb{R}^{n \times n}$ ist genau dann diagonalisierbar, wenn sie $n$ linear unabhängige Eigenvektoren hat.*

Ist also eine Matrix diagonalisierbar, so bilden ihre Eigenvektoren eine Basis des Vektorraumes $\mathbb{R}^n$ und umgekehrt. Wir beschreiben, wie man eine gegebene Matrix systematisch diagonalisieren kann, wenn dies möglich ist.

**Algorithmus 16: Diagonalisierung einer Matrix**

Eine Matrix kann wie folgt diagonalisiert werden.

1. Bestimmen Sie $n$ linear unabhängige Eigenvektoren $\boldsymbol{x}_1$, $\boldsymbol{x}_2$, ..., $\boldsymbol{x}_n$ von $\boldsymbol{A}$, also eine Basis von $\mathbb{R}^n$. Ist dies nicht möglich, so ist $\boldsymbol{A}$ nicht diagonalisierbar.
2. Bilden Sie eine Eigenvektorenmatrix $\boldsymbol{X}$, wobei die Spaltenvektoren die Eigenvektoren $\boldsymbol{x}_1$, $\boldsymbol{x}_2$, ..., $\boldsymbol{x}_n$ sind.
3. Das Matrixprodukt $\boldsymbol{X}^{-1}\boldsymbol{A}\boldsymbol{X}$ ist dann eine Diagonalmatrix (Eigenwertmatrix) $\boldsymbol{D}$ mit den Diagonalelementen $\lambda_1$, $\lambda_2$, ..., $\lambda_n$, wobei für $i = 1, 2, \ldots, n$ das Element $\lambda_i$ den Eigenwert zum Eigenvektor $\boldsymbol{x}_i$ darstellt.

**Beispiel 11.7.** Bestimmen Sie eine Eigenvektorenmatrix $\boldsymbol{X}$, die

$$\boldsymbol{A} = \begin{bmatrix} 1 & 1 \\ -2 & 4 \end{bmatrix}$$

diagonalisiert.

*Lösung.* Die charakteristische Gleichung von $\boldsymbol{A}$ ist

$$(\lambda - 2)(\lambda - 3) = 0.$$

Als Eigenraumbasen erhält man zum Beispiel

$$\lambda = 2: \quad \boldsymbol{x}_1 = (1, 1),$$

$$\lambda = 3: \quad \boldsymbol{x}_2 = (1, 2).$$

Eine Eigenvektorenmatrix $\boldsymbol{X}$ ist somit (die Vektoren $\boldsymbol{x}_1$ und $\boldsymbol{x}_2$ sind linear unabhängig)

$$\boldsymbol{X} = \begin{bmatrix} 1 & 1 \\ 1 & 2 \end{bmatrix}.$$

Damit gilt

$$\underset{\boldsymbol{X}^{-1}}{\begin{bmatrix} 2 & -1 \\ -1 & 1 \end{bmatrix}} \underset{\boldsymbol{A}}{\begin{bmatrix} 1 & 1 \\ -2 & 4 \end{bmatrix}} \underset{\boldsymbol{X}}{\begin{bmatrix} 1 & 1 \\ 1 & 2 \end{bmatrix}} = \underset{\boldsymbol{D}}{\begin{bmatrix} 2 & 0 \\ 0 & 3 \end{bmatrix}}. \quad \blacksquare$$

**Beispiel 11.8.** Bestimmen Sie eine Eigenvektorenmatrix $\boldsymbol{X}$, die

$$\boldsymbol{A} = \begin{bmatrix} 0 & 0 & -2 \\ 1 & 2 & 1 \\ 1 & 0 & 3 \end{bmatrix}$$

diagonalisiert.

*Lösung.* Die charakteristische Gleichung von $\boldsymbol{A}$ ist

$$(\lambda - 1)(\lambda - 2)^2 = 0.$$

Als Eigenraumbasen erhält man zum Beispiel

$$\lambda = 1: \quad \boldsymbol{x}_1 = (-2, 1, 1),$$

$$\lambda = 2: \quad \boldsymbol{x}_2 = (-1, 0, 1), \ \boldsymbol{x}_3 = (0, 1, 0).$$

Da es drei Basisvektoren gibt, ist die Matrix $\boldsymbol{A}$ diagonalisierbar mit

$$\boldsymbol{X} = \begin{bmatrix} -2 & -1 & 0 \\ 1 & 0 & 1 \\ 1 & 1 & 0 \end{bmatrix}.$$

Machen Sie die Probe und bestätigen Sie, dass gilt

$$\boldsymbol{X}^{-1}\boldsymbol{A}\boldsymbol{X} = \begin{bmatrix} 1 & 0 & 0 \\ 0 & 2 & 0 \\ 0 & 0 & 2 \end{bmatrix}. \quad \blacksquare$$

Es gibt keine festgelegte Reihenfolge für die Spaltenvektoren der Eigenvektorenmatrix $\boldsymbol{X}$. Daher führt eine Permutation der Spalten von $\boldsymbol{X}$ zu einer entsprechenden Permutation der Hauptdiagonalelemente von $\boldsymbol{X}^{-1}\boldsymbol{A}\boldsymbol{X}$.

**Beispiel 11.9.** Bestimmen Sie eine Eigenvektorenmatrix $\boldsymbol{X}$, die

$$\boldsymbol{A} = \begin{bmatrix} 1 & 0 & 0 \\ 1 & 2 & 0 \\ -3 & 5 & 2 \end{bmatrix}$$

diagonalisiert.

*Lösung.* Aus dem charakteristischen Polynom von $\boldsymbol{A}$ ergibt sich die charakteristische Gleichung

$$(\lambda - 1)(\lambda - 2)^2 = 0,$$

also hat $\boldsymbol{A}$ die Eigenwerte $\lambda = 1$ und $\lambda = 2$. Als Eigenraumbasen erhält man zum Beispiel

$$\lambda = 1: \quad \boldsymbol{x}_1 = (1/8, -1/8, 1),$$

$$\lambda = 2: \quad \boldsymbol{x}_2 = (0, 0, 1).$$

Also hat $\boldsymbol{A}$ nur zwei Eigenraumbasisvektoren und ist folglich nicht diagonalisierbar. ■

Zusammen mit Satz 11.2 erhalten wir nun ein nützliches Kriterium dafür, wann eine Matrix diagonalisierbar ist.

**Satz 11.5.** *Besitzt eine Matrix $\boldsymbol{A} \in \mathbb{R}^{n \times n}$ $n$ paarweise verschiedene Eigenwerte, so ist $\boldsymbol{A}$ diagonalisierbar.*

Es gibt natürlich auch diagonalisierbare Matrizen, die nicht $n$ verschiedene Eigenwerte besitzen, zum Beispiel

$$\begin{bmatrix} a & 0 \\ 0 & a \end{bmatrix}.$$

Satz 11.5 bietet also keine Charakterisierung diagonalisierbarer Matrizen, da diese nicht notwendig $n$ verschiedene Eigenwerte haben müssen. Der folgende Satz 11.6 ist aber solch eine Charakterisierung (ohne Beweis).

**Satz 11.6.** *Eine Matrix $\boldsymbol{A} \in \mathbb{R}^{n \times n}$ ist genau dann diagonalisierbar, wenn die Summe der Dimensionen ihrer Eigenräume gleich $n$ ist.*

## 11.3. Warum eine Matrix diagonalisieren?

Wir haben in Anschnitt 11.2 gesehen, dass es manchmal möglich ist, eine Matrix zu diagonalisieren. Warum ist es so erstrebenswert, eine Matrix zu diagonalisieren? Hierzu gibt es eine Reihe von Gründen:

- Eine Diagonalmatrix ist einfach und übersichtlichlich. Die Multiplikation einer Diagonalmatrix $\boldsymbol{D} \in \mathbb{R}^{n \times n}$ mit einem Vektor $\boldsymbol{x} \in \mathbb{R}^n$ ist sehr einfach:

$$\boldsymbol{D}\boldsymbol{x} = \begin{bmatrix} d_1 & 0 & \cdots & 0 \\ 0 & d_2 & \cdots & 0 \\ \vdots & \vdots & \vdots & \vdots \\ 0 & 0 & \cdots & d_n \end{bmatrix} \begin{bmatrix} x_1 \\ x_2 \\ \vdots \\ x_n \end{bmatrix} = \begin{bmatrix} d_1 x_1 \\ d_2 x_2 \\ \vdots \\ d_n x_n \end{bmatrix}.$$

  Entsprechend einfach ist die Multiplikation einer Diagonalmatrix mit einer Matrix $\boldsymbol{A}$. Genauer: Multipliziert man eine Matrix $\boldsymbol{A} \in \mathbb{R}^{n \times n}$ mit einer Diagonalmatrix $\boldsymbol{D} \in \mathbb{R}^{n \times n}$ von links, das heißt bildet man $\boldsymbol{DA}$, so werden die Zeilen von $\boldsymbol{A}$ entsprechend mit den Diagonalelementen von $\boldsymbol{D}$ multipliziert; eine Rechtsmultiplikation, das heißt Bildung von $\boldsymbol{AD}$, bedeutet, dass die Spalten von $\boldsymbol{A}$ mit den Diagonalelementen von $\boldsymbol{D}$ multipliziert werden.
- Eigenwerte können direkt an einer Diagonalmatrix abgelesen werden. Ist zum Beispiel

$$\boldsymbol{D} = \begin{bmatrix} 1 & 0 & 0 \\ 0 & 2 & 0 \\ 0 & 0 & 3 \end{bmatrix}$$

  so sind 1, 2 und 3 die Eigenwerte der Matrix $\boldsymbol{D}$.
- Die Koordinaten der dazugehörigen linearen Abbildung sind entkoppelt. Somit ist die lineare Abbildung übersichtlichtlich und Eigenschaften können leichter erkannt werden. Ist zum Beispiel

$$\boldsymbol{D} = \begin{bmatrix} 4 & 0 & 0 \\ 0 & 5 & 0 \\ 0 & 0 & 6 \end{bmatrix},$$

  so ist $L : \mathbb{R}^3 \to \mathbb{R}^3$ mit $L(x, y, z) = (4x, 5y, 6z)$ die dazugehörige lineare Abbildung.
- Der Vorteil der Entkopplung der Koordinaten kommt uns besonders beim Lösen von Systemen von linearen Differenzialgleichungen (Zustandraummodell in der Systemtheorie) entgegen. Ingenieure sprechen dann gerne von Entkopplung der Eigenvorgänge. In Abschnitt 12.1 gehen wir darauf ausführlich ein.
- Beim Lösen von Systemen von linearen Differenzengleichungen müssen Potenzen von Matrizen $\boldsymbol{A}^k$ berechnet werden, zum Beispiel $\boldsymbol{A}^{10}$ oder $\boldsymbol{A}^{200}$. Dies geht dann besonders einfach, wenn die Matrix diagonalisierbar ist. Ist $\boldsymbol{A}$ diagonalisierbar, so gilt $\boldsymbol{A} = \boldsymbol{XDX}^{-1}$ und damit

$$\begin{aligned} \boldsymbol{A}^2 &= \boldsymbol{XDX}^{-1}\boldsymbol{XDX}^{-1} = \boldsymbol{XD}^2\boldsymbol{X}^{-1} \\ \boldsymbol{A}^k &= (\boldsymbol{XDX}^{-1}) \cdots (\boldsymbol{XDX}^{-1}) = \boldsymbol{XD}^k\boldsymbol{X}^{-1}. \end{aligned}$$

Ist

$$D = \begin{bmatrix} 1 & 0 & 0 \\ 0 & 2 & 0 \\ 0 & 0 & 3 \end{bmatrix} \quad \text{so ist} \quad D^3 = \begin{bmatrix} 1 & 0 & 0 \\ 0 & 8 & 0 \\ 0 & 0 & 27 \end{bmatrix}.$$

Somit gilt: Ist $\boldsymbol{A}$ diagonalisierbar, so ist $\boldsymbol{A}^k$ einfacher zu berechnen. In Abschnitt 12.2 gehen wir ausführlicher auf dieses Thema ein.

## 11.4. Orthogonale Matrizen

Eine Matrix $\boldsymbol{Q} \in \mathbb{R}^{n \times n}$ heißt **orthogonal**, wenn alle Spaltenvektoren orthonormale Vektoren sind. Eigentlich treffender wäre es, eine solche Matrix als *orthonormale Matrix* zu bezeichnen. Dies hat sich aber leider (bisher) nicht durchgesetzt.

Ist $\boldsymbol{Q} \in \mathbb{R}^{n \times n}$ eine orthogonale Matrix, so gilt

$$\boldsymbol{Q}^{\mathrm{T}}\boldsymbol{Q} = \begin{bmatrix} - & \boldsymbol{q}_1^{\mathrm{T}} & - \\ - & \boldsymbol{q}_2^{\mathrm{T}} & - \\ & \vdots & \\ - & \boldsymbol{q}_n^{\mathrm{T}} & - \end{bmatrix} \begin{bmatrix} | & | & & | \\ \boldsymbol{q}_1 & \boldsymbol{q}_2 & \cdots & \boldsymbol{q}_n \\ | & | & & | \end{bmatrix} = \begin{bmatrix} 1 & & & \\ & 1 & & \\ & & \ddots & \\ & & & 1 \end{bmatrix} = \boldsymbol{E}_n.$$

Daraus folgt sofort, dass

$$\boldsymbol{Q}^{-1} = \boldsymbol{Q}^{\mathrm{T}}$$

ist, das heißt, die Inverse einer orthogonalen Matrix ist ihre Transponierte. Damit ist es besonders einfach, die Inverse einer orthogonalen Matrix zu berechnen; man braucht nur die Spalten mit den Zeilen zu vertauschen und schon hat man die Inverse. Sind die Spaltenvektoren einer Matrix $\boldsymbol{Q}$ nur orthogonal (aber keine Einheitsvektoren), so ist $\boldsymbol{Q}^{\mathrm{T}}\boldsymbol{Q}$ zwar eine Diagonalmatrix, nicht aber die Einheitsmatrix.

**Beispiel 11.10.** Zeigen Sie, dass die Matrix

$$\boldsymbol{Q} = \begin{bmatrix} \cos\phi & -\sin\phi \\ \sin\phi & \cos\phi \end{bmatrix}$$

für alle Winkel $\phi \in \mathbb{R}$ orthogonal ist.

*Lösung.* Es gilt

$$\boldsymbol{Q}^{\mathrm{T}}\boldsymbol{Q} = \begin{bmatrix} \cos\phi & \sin\phi \\ -\sin\phi & \cos\phi \end{bmatrix} \begin{bmatrix} \cos\phi & -\sin\phi \\ \sin\phi & \cos\phi \end{bmatrix} = \begin{bmatrix} 1 & 0 \\ 0 & 1 \end{bmatrix}$$

für alle $\phi \in \mathbb{R}$, sodass $\boldsymbol{Q}$ orthogonal ist. ■

Die Spalten von

$$\boldsymbol{Q} = \begin{bmatrix} \cos\phi & -\sin\phi \\ \sin\phi & \cos\phi \end{bmatrix}$$

bilden somit eine orthonormale Basis des $\mathbb{R}^2$. Die Spaltenvektoren von $\boldsymbol{Q}$ kann man sich entstanden denken durch Drehung der natürlichen Basisvektoren $\boldsymbol{e}_1$ und $\boldsymbol{e}_2$ im mathematisch positiven Sinn (gegen den Uhrzeiger) um den Winkel $\phi$, siehe Bild 11.4.

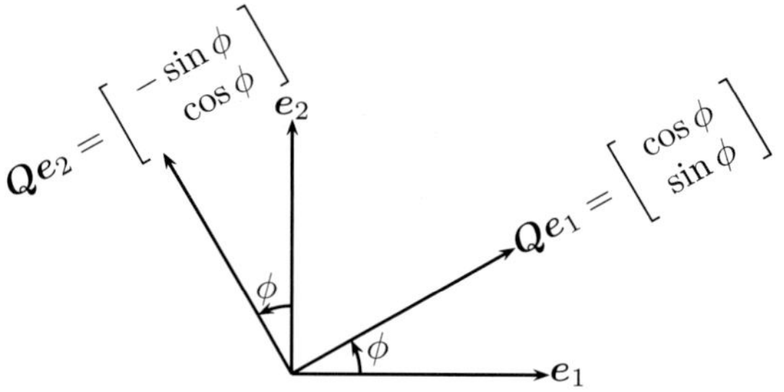


Bild 11.4.: Drehung der natürlichen Basis

Die Matrix

$$\boldsymbol{Q}^{-1} = \boldsymbol{Q}^{\mathrm{T}} = \begin{bmatrix} \cos\phi & \sin\phi \\ -\sin\phi & \cos\phi \end{bmatrix}$$

dreht die Vektoren um den Winkel $-\phi$ zurück, denn es ist $\cos(-\phi) = \cos\phi$ und $\sin(-\phi) = -\sin\phi$.

**Beispiel 11.11.** Es sei $\boldsymbol{u} \in \mathbb{R}^n$ ein Einheitsvektor und

$$\boldsymbol{Q} = \boldsymbol{E} - 2\boldsymbol{u}\boldsymbol{u}^{\mathrm{T}}.$$

Zeigen Sie, dass $\boldsymbol{Q}$ symmetrisch und orthogonal ist.

*Lösung.* Beachten Sie, dass $\boldsymbol{u}\boldsymbol{u}^{\mathrm{T}}$ eine Matrix ist, während $\boldsymbol{u}^{\mathrm{T}}\boldsymbol{u}$ eine Zahl ergibt, nämlich $|\boldsymbol{u}|^2 = 1$. Die Matrizen $\boldsymbol{Q}^{\mathrm{T}}$ und $\boldsymbol{Q}^{-1}$ sind beide gleich der Matrix $\boldsymbol{Q}$, denn es ist

$$\boldsymbol{Q}^{\mathrm{T}} = (\boldsymbol{E} - 2\boldsymbol{u}\boldsymbol{u}^{\mathrm{T}})^{\mathrm{T}} = \boldsymbol{E} - 2\boldsymbol{u}\boldsymbol{u}^{\mathrm{T}} = \boldsymbol{Q}$$

und

$$\boldsymbol{Q}^{\mathrm{T}}\boldsymbol{Q} = \boldsymbol{E} - 4\boldsymbol{u}\boldsymbol{u}^{\mathrm{T}} + 4\boldsymbol{u}\boldsymbol{u}^{\mathrm{T}}\boldsymbol{u}\boldsymbol{u}^{\mathrm{T}} = \boldsymbol{E}. \quad \blacksquare$$

Matrizen der Form $\boldsymbol{E} - 2\boldsymbol{u}\boldsymbol{u}^{\mathrm{T}}$ spiegeln jeden Vektor an der Geraden, die senkrecht auf derjenigen Geraden steht, die von $\boldsymbol{u}$ aufgespannt wird.

**Beispiel 11.12.** Geben Sie die Matrix an, die jeden Vektor im $\mathbb{R}^2$ an der $y$-Achse spiegelt.

*Lösung.* Wir wählen $\boldsymbol{u} = (1, 0)$, dann gilt

$$\boldsymbol{Q} = \boldsymbol{E} - 2\begin{bmatrix} 1 \\ 0 \end{bmatrix}\begin{bmatrix} 1 & 0 \end{bmatrix} = \begin{bmatrix} -1 & 0 \\ 0 & 1 \end{bmatrix}.$$

Die Matrix $\boldsymbol{Q}$ leistet das Gewünschte. ■

Drehungen und Spiegelungen können also durch orthogonale Matrizen beschrieben werden. Dies sind auch sehr wichtige Beispiele orthogonaler Matrizen.

Nach einer Drehung hat ein Vektor die gleiche Länge; ebenso ist es mit Vektoren, die gespiegelt werden. Diese Eigenschaft besitzen sogar alle orthogonalen Matrizen: $(\boldsymbol{Q}\boldsymbol{x})^{\mathrm{T}}(\boldsymbol{Q}\boldsymbol{x}) = \boldsymbol{x}^{\mathrm{T}}\boldsymbol{Q}^{\mathrm{T}}\boldsymbol{Q}\boldsymbol{x} = \boldsymbol{x}^{\mathrm{T}}\boldsymbol{E}\boldsymbol{x} = \boldsymbol{x}^{\mathrm{T}}\boldsymbol{x}$. Diese Eigenschaft hat eine wichtige praktische Konsequenz. Orthogonale Matrizen sind für *numerische Berechnungen mit dem Computer* besonders gut geeignet, denn die Länge eines Vektors wird nicht vergrößert, wenn man $\boldsymbol{Q}$ auf ihn anwendet. Dies macht einen Algorithmus *numerisch stabil.*

Auch das Skalarprodukt bleibt bei Multiplikation mit einer orthogonalen Matrix invariant:

$$(\boldsymbol{Q}\boldsymbol{x})^{\mathrm{T}}(\boldsymbol{Q}\boldsymbol{y}) = \boldsymbol{x}^{\mathrm{T}}\boldsymbol{Q}^{\mathrm{T}}\boldsymbol{Q}\boldsymbol{y} = \boldsymbol{x}^{\mathrm{T}}\boldsymbol{y}.$$

**Satz 11.7** (Orthogonale Matrizen)**.** *Für $\boldsymbol{Q} \in \mathbb{R}^{n\times n}$ sind die folgenden Bedingungen äquivalent:*

*(a) $\boldsymbol{Q}$ ist orthogonal.*

*(b) Die Spalten bilden eine orthonormale Basis des $\mathbb{R}^n$.*

*(c) $\boldsymbol{Q}^T\boldsymbol{Q} = \boldsymbol{E}$.*

*(d) $\boldsymbol{Q}$ ist invertierbar und $\boldsymbol{Q}^{-1} = \boldsymbol{Q}^T$.*

*(e) $\boldsymbol{Q}\boldsymbol{Q}^T = \boldsymbol{E}$.*

*(f) Die Zeilen bilden eine orthonormale Basis des $\mathbb{R}^n$.*

*(g) $|\boldsymbol{Q}\boldsymbol{x}| = |\boldsymbol{x}|$ für alle $\boldsymbol{x} \in \mathbb{R}^n$.*

*(h) $(\boldsymbol{Q}\boldsymbol{x})^T(\boldsymbol{Q}\boldsymbol{y}) = \boldsymbol{x}^T\boldsymbol{y}$ für alle $\boldsymbol{x}, \boldsymbol{y} \in \mathbb{R}^n$.*

Ist $\boldsymbol{Q}$ eine orthogonale Matrix, so gilt mit den Sätzen 10.6 und 11.7.

$$1 = \mathrm{Det}(\boldsymbol{E}) = \mathrm{Det}(\boldsymbol{Q}^{\mathrm{T}}\boldsymbol{Q}) = \mathrm{Det}(\boldsymbol{Q}^{\mathrm{T}})\mathrm{Det}(\boldsymbol{Q}) = \mathrm{Det}(\boldsymbol{Q})\mathrm{Det}(\boldsymbol{Q}) = \big(\mathrm{Det}(\boldsymbol{Q})\big)^2.$$

Das ist der Beweis für die Aussage des folgenden Satzes über die Determinate von orthogonalen Matrizen.

**Satz 11.8** (Die Determinante einer orthogonalen Matrix). *Für eine orthogonale Matrix $\boldsymbol{Q}$ gilt*

$$|Det(\boldsymbol{Q})| = 1$$

*also ist $Det(\boldsymbol{Q}) = 1$ oder $Det(\boldsymbol{Q}) = -1$.*

Orthogonale Matrizen, die Drehungen beschreiben, haben Determinanten gleich 1; für Spiegelungen gilt $\mathrm{Det}(\boldsymbol{Q}) = -1$.

**Beispiel 11.13.** Berechnen Sie die Determinanten der Matrizen

$$\boldsymbol{Q}_1 = \begin{bmatrix} \cos\phi & -\sin\phi \\ \sin\phi & \cos\phi \end{bmatrix} \quad \text{und} \quad \boldsymbol{Q}_2 = \begin{bmatrix} -1 & 0 \\ 0 & 1 \end{bmatrix}.$$

*Lösung.* Es ist $\mathrm{Det}(\boldsymbol{Q}_1) = (\cos\phi)^2 + (\sin\phi)^2 = 1$, $\mathrm{Det}(\boldsymbol{Q}_2) = (-1)(1) - (0)(0) = -1$. ■

## 11.5. Symmetrische $(2, 2)$-Matrizen

Die allgemeine Form einer reellen symmetrischen Matrix $\boldsymbol{A}$ ist

$$\boldsymbol{A} = \begin{bmatrix} a & b \\ b & c \end{bmatrix},$$

wobei $a$, $b$ und $c$ reelle Zahlen sind. Das charakteristische Polynom von $\boldsymbol{A}$ ist

$$(\lambda - a)(\lambda - c) - b^2.$$

Die Nullstellen der charakteristischen Gleichung

$$\lambda^2 + \lambda(-a - c) + ac - b^2 = 0$$

sind

$$\lambda_{1,2} = \frac{a + c \pm \sqrt{(a - c)^2 + 4b^2}}{2}.$$

In jedem Fall ist die Diskriminante größer oder gleich Null, das heißt $(a-c)^2+4b^2 \geq 0$ und damit hat die symmetrische Matrix entweder einen oder zwei reelle Eigenwerte. Sie hat einen Eigenwert, wenn $(a-c)^2+4b^2=0$ ist und sonst zwei.

Nehmen wir an, es ist $(a-c)^2+4b^2=0$. Dann muss sowohl $a=c$ als auch $b=0$ sein. Dies ist genau dann der Fall, wenn die Matrix $\boldsymbol{A}$ folgende Struktur hat

$$\begin{bmatrix} a & 0 \\ 0 & a \end{bmatrix}.$$

Dann ist $\lambda = a$ der einzige Eigenwert. Wegen

$$(\lambda \boldsymbol{E}_2 - \boldsymbol{A})\boldsymbol{x} = \begin{bmatrix} a-a & 0 \\ 0 & a-a \end{bmatrix} \boldsymbol{x} = \begin{bmatrix} 0 & 0 \\ 0 & 0 \end{bmatrix} \boldsymbol{x} = \boldsymbol{o}$$

ist jeder Vektor $\boldsymbol{x} \in \mathbb{R}^2$ ein Eigenvektor. Der Eigenraum ist zweidimensional, also der ganze Raum $\mathbb{R}^2$.

Ist nun $(a-c)^2+4b^2>0$, so liegen zwei (reelle) Eigenwerte vor. Die Eigenwerte sind (wie oben berechnet)

$$\lambda_{1,2} = \frac{a+c \pm \sqrt{(a-c)^2+4b^2}}{2}.$$

Hierzu berechnen wir nun jeweils den Eigenraum. Ist $\lambda_1 = (a+c+\sqrt{(a-c)^2+4b^2})/2$, so erhalten wir

$$(\lambda_1 \boldsymbol{E}_2 - \boldsymbol{A})\boldsymbol{x} = \begin{bmatrix} (-a+c+\sqrt{(a-c)^2+4b^2})/2 & -b \\ -b & (a-c+\sqrt{(a-c)^2+4b^2})/2 \end{bmatrix} \boldsymbol{x} = \boldsymbol{o}.$$

Das homogene Gleichungssystem (Koeffizientenmatrix in reduzierter Zeilenstufenform) ist dann ($b \neq 0$)

$$\begin{bmatrix} 1 & c-a-\sqrt{(a-c)^2+4b^2})/2b \\ 0 & 0 \end{bmatrix} \boldsymbol{x} = \boldsymbol{o}.$$

Mit $x_2 = t$, $t \in \mathbb{R}$, erhalten wir $x_1 = t(a-c+\sqrt{(a-c)^2+4b^2})/2b$. Damit ist jeder Vektor der Form ($t \neq 0$)

$$\boldsymbol{x}_1 = t \begin{bmatrix} (a-c+\sqrt{(a-c)^2+4b^2})/2b \\ 1 \end{bmatrix}$$

Eigenvektor zum Eigenwert $\lambda_1$. Analog findet man die Eigenvektoren zum Eigenwert $\lambda_2$; diese haben die Form ($t \neq 0$)

$$\boldsymbol{x}_2 = t \begin{bmatrix} (a-c-\sqrt{(a-c)^2+4b^2})/2b \\ 1 \end{bmatrix}.$$

Ist speziell $a = c$ und $b \neq 0$, so gilt

$$\lambda_1 = a + b \quad \text{und} \quad \lambda_2 = a - b.$$

Die Eigenvektoren sind ($t \neq 0$)

$$\boldsymbol{x}_1 = t \begin{bmatrix} 1 \\ 1 \end{bmatrix} \quad \text{bzw.} \quad \boldsymbol{x}_2 = t \begin{bmatrix} -1 \\ 1 \end{bmatrix}.$$

Ist dagegen $a \neq c$ und $b = 0$, so hat die Matrix

$$\begin{bmatrix} a & 0 \\ 0 & c \end{bmatrix}$$

die Eigenwerte

$$\lambda_1 = a \quad \text{und} \quad \lambda_2 = c.$$

Die Eigenvektoren sind ($t \neq 0$)

$$\boldsymbol{x}_1 = t \begin{bmatrix} 1 \\ 0 \end{bmatrix} \quad \text{bzw.} \quad \boldsymbol{x}_2 = t \begin{bmatrix} 0 \\ 1 \end{bmatrix}.$$

**Satz 11.9.** *Ist die Matrix $\boldsymbol{A} \in \mathbb{R}^{2\times 2}$ symmetrisch. Dann gibt es entweder einen Eigenwert oder zwei Eigenwerte. Im ersten Fall ist der ganze Raum $\mathbb{R}^2$ Eigenraum und im zweiten Fall gibt es zwei eindimensionale Eigenräume, die senkrecht aufeinander stehen.*

**Beispiel 11.14.** Finden Sie die Eigenwerte der symmetrischen Matrix

$$\boldsymbol{A} = \begin{bmatrix} a & b \\ b & a \end{bmatrix}$$

mit $a, b \in \mathbb{R}$ und zeigen Sie, dass $\boldsymbol{x}_1 = (1, 1)$ und $\boldsymbol{x}_2 = (-1, 1)$ Eigenvektoren sind.

*Lösung.* Das charakteristische Polynom von $\boldsymbol{A}$ ist

$$\operatorname{Det}(\lambda \boldsymbol{E}_2 - \boldsymbol{A}) = \operatorname{Det} \begin{bmatrix} \lambda - a & b \\ b & \lambda - a \end{bmatrix} = (\lambda - a)^2 - b^2.$$

Damit ergibt sich die charakteristische Gleichung zu

$$(\lambda - a)^2 - b^2 = 0 \quad \Longleftrightarrow \quad |\lambda - a| = b$$

mit den Lösungen

$$\lambda_1 = a + b \quad \text{und} \quad \lambda_2 = a - b.$$

Damit hat $\boldsymbol{A}$ die reellen Eigenwerte $a+b$ und $a-b$. Das homogene lineare Gleichungssystem zum Eigenwert $\lambda_1 = a+b$ ist

$$(\lambda_1 \boldsymbol{E}_2 - \boldsymbol{A})\boldsymbol{x} = \begin{bmatrix} b & b \\ b & b \end{bmatrix} \boldsymbol{x} = \boldsymbol{o}.$$

Da der Vektor $\boldsymbol{x}_1 = (1, -1)$ dieses homogene System löst, ist er ein Eigenvektor von $\boldsymbol{A}$ zum Eigenwert $\lambda_1$. Ebenso löst der Vektor $\boldsymbol{x}_2 = (1, 1)$ das homogene System

$$(\lambda_2 \boldsymbol{E}_2 - \boldsymbol{A})\boldsymbol{x} = \begin{bmatrix} -b & b \\ b & -b \end{bmatrix} \boldsymbol{x} = \boldsymbol{o}.$$

und ist somit Eigenvektor zum Eigenwert $\lambda_2$.

Die folgenden MATLAB-Zeilen bestätigen die Rechnung.

```
>> syms a b
>> A = [a b; b a];
>> lambda = solve(poly(A))
lambda =
[ a+b]
[ a-b]
>> null(lambda(1)*eye(2)-A)
ans =
[ 1]
[ 1]
>> null(lambda(2)*eye(2)-A)
ans =
[ -1]
[  1]
```

Beachten Sie, dass Eigenvektoren nicht eindeutig bestimmt sind. ∎

## 11.6. Diagonalisierung mit orthogonalen Matrizen

Wir beschäftigen uns nun mit den beiden folgenden Fragen; vergleichen Sie hierzu Abschnitt 11.2.

**1. Frage:** Existiert zu einer gegebenen reellen quadratischen Matrix $\boldsymbol{A}$ eine Orthonormalbasis des (EUKLIDischen) Vektorraumes $\mathbb{R}^n$, die aus lauter Eigenvektoren besteht?

**2. Frage:** Gibt es zu einer gegebenen reellen quadratischen Matrix $\boldsymbol{A}$ eine orthogonale Matrix $\boldsymbol{Q}$, sodass $\boldsymbol{Q}^{-1}\boldsymbol{A}\boldsymbol{Q} = \boldsymbol{Q}^{\mathrm{T}}\boldsymbol{A}\boldsymbol{Q}$ Diagonalform hat?

Nehmen wir einmal an, $\boldsymbol{Q}$ sei eine orthogonale Matrix mit der Eigenschaft, dass $\boldsymbol{Q}^{\mathrm{T}}\boldsymbol{A}\boldsymbol{Q}$ Diagonalgestalt hat, also

$$\boldsymbol{Q}^{\mathrm{T}}\boldsymbol{A}\boldsymbol{Q} = \boldsymbol{D},$$

wobei $\boldsymbol{D}$ eine Diagonalmatrix ist. Da für orthogonale Matrizen $\boldsymbol{Q}\boldsymbol{Q}^{\mathrm{T}} = \boldsymbol{Q}^{\mathrm{T}}\boldsymbol{Q} = \boldsymbol{E}$ gilt, ist

$$\boldsymbol{A} = \boldsymbol{Q}\boldsymbol{D}\boldsymbol{Q}^{\mathrm{T}}.$$

Für jede Diagonalmatrix $\boldsymbol{D}$ gilt $\boldsymbol{D} = \boldsymbol{D}^{\mathrm{T}}$, also ist

$$\boldsymbol{A}^{\mathrm{T}} = (\boldsymbol{Q}\boldsymbol{D}\boldsymbol{Q}^{\mathrm{T}})^{\mathrm{T}} = (\boldsymbol{Q}^{\mathrm{T}})^{\mathrm{T}}\boldsymbol{D}^{\mathrm{T}}\boldsymbol{Q}^{\mathrm{T}} = \boldsymbol{Q}\boldsymbol{D}\boldsymbol{Q}^{\mathrm{T}} = \boldsymbol{A},$$

also muss die Matrix $\boldsymbol{A}$ symmetrisch sein. In Worten: Damit eine orthogonale Diagonalisierung gelingen kann, muss $\boldsymbol{A}$ eine symmetrische Matrix sein. Die Umkehrung ist aber auch richtig: Alle symmetrischen Matrizen sind orthogonal diagonalisierbar. Für $(2,2)$-Matrizen haben wir das in Abschnitt 11.5 diskutiert und bewiesen.

**Satz 11.10** (Spektralsatz für symmetrische Matrizen)**.** *Für eine Matrix $\boldsymbol{A} \in \mathbb{R}^{n\times n}$ sind folgende Aussagen äquivalent:*

*(a) $\boldsymbol{A}$ wird durch eine orthogonale Matrix diagonalisiert.*

*(b) $\boldsymbol{A}$ ist symmetrisch.*

*(c) Es gibt eine Orthonormalbasis des $\mathbb{R}^n$, die aus Eigenvektoren von $\boldsymbol{A}$ besteht.*

Um eine symmetrische Matrix zu diagonalisieren, kann man folgenden Algorithmus heranziehen.

**Algorithmus 17: Diagonalisierung einer symmetrischen Matrix**

Eine symmetrische Matrix kann wie folgt diagonalisiert werden.

1. Bestimmen Sie Basen für jeden Eigenraum von $\boldsymbol{A}$.
2. Wenden Sie auf jede dieser Basen das Gram-Schmidtsche Orthonormalisierungsverfahren an.
3. Die Eigenvektorenmatrix $\boldsymbol{Q}$, deren Spalten die Eigenvektoren aus 2. sind, ist orthogonal und diagonalisiert $\boldsymbol{A}$.

**Beispiel 11.15.** Bestimmen Sie eine orthogonale Eigenvektorenmatrix $\boldsymbol{Q}$, die die symmetrische Matrix

$$\boldsymbol{A} = \begin{bmatrix} 4 & 2 & 2 \\ 2 & 4 & 2 \\ 2 & 2 & 4 \end{bmatrix}$$

diagonalisiert.

*Lösung.* Aus der charakteristischen Gleichung von $\boldsymbol{A}$

$$\operatorname{Det}(\lambda \boldsymbol{E}_3 - \boldsymbol{A}) = \operatorname{Det} \begin{bmatrix} \lambda - 4 & -2 & -2 \\ -2 & \lambda - 4 & -2 \\ -2 & -2 & \lambda - 4 \end{bmatrix} = (\lambda - 2)^2(\lambda - 8) = 0$$

ergeben sich die Eigenwerte $\lambda = 2$ und $\lambda = 8$. Analog zu Beispiel 11.3 findet man in $\boldsymbol{v}_1 = (-1, 1, 0)$ und $\boldsymbol{v}_2 = (-1, 0, 1)$ eine Basis des Eigenraumes zu $\lambda = 2$. Mit dem Gram-Schmidt-Verfahren ergeben sich aus $\{\boldsymbol{v}_1, \boldsymbol{v}_2\}$ die orthonormalen Vektoren

$$\boldsymbol{q}_1 = \begin{bmatrix} -1/\sqrt{2} \\ 1/\sqrt{2} \\ 0 \end{bmatrix} \quad \text{und} \quad \boldsymbol{q}_2 = \begin{bmatrix} -1/\sqrt{6} \\ -1/\sqrt{6} \\ 2/\sqrt{6} \end{bmatrix}.$$

Weiter ist $\boldsymbol{v}_3 = (1, 1, 1)$ eine Basis des eindimensionalen Eigenraumes zu $\lambda = 8$, woraus durch Normierung der Einheitsvektor

$$\boldsymbol{q}_3 = \begin{bmatrix} 1/\sqrt{3} \\ 1/\sqrt{3} \\ 1/\sqrt{3} \end{bmatrix}$$

entsteht. Wählt man $\boldsymbol{q}_1$, $\boldsymbol{q}_2$ und $\boldsymbol{q}_3$ als Spalten der Eigenvektorenmatrix $\boldsymbol{Q}$, so ergibt sich

$$\boldsymbol{Q} = \begin{bmatrix} -1/\sqrt{2} & -1/\sqrt{6} & 1/\sqrt{3} \\ 1/\sqrt{2} & -1/\sqrt{6} & 1/\sqrt{3} \\ 0 & 2/\sqrt{6} & 1/\sqrt{3} \end{bmatrix},$$

die $\boldsymbol{A}$ diagonalisiert (Rechnen Sie als Probe nach, dass $\boldsymbol{Q}^{\mathrm{T}}\boldsymbol{A}\boldsymbol{Q}$ Diagonalform hat). ∎

## 11.7. Spektraldarstellung in dyadischer Form

Fassen wir die Matrizenmultiplikation als Spalte mal Zeile auf (dyadisches Produkt, siehe Abschnitt 1.9), so kann die symmetrische Matrix $\boldsymbol{A}$ als Summe von orthogonalen

Projektionsmatrizen (siehe Abschnitt 6.3) bzw. als spezielle Matrizen $\boldsymbol{q}\boldsymbol{q}^{\mathrm{T}}$ vom Rang 1 geschrieben werden:

$$\begin{aligned}
\boldsymbol{A} &= \boldsymbol{Q}\boldsymbol{D}\boldsymbol{Q}^{\mathrm{T}} \\
&= \begin{bmatrix} | & | & & | \\ \boldsymbol{q}_1 & \boldsymbol{q}_2 & \cdots & \boldsymbol{q}_n \\ | & | & & | \end{bmatrix} \begin{bmatrix} \lambda_1 & & & \\ & \lambda_2 & & \\ & & \ddots & \\ & & & \lambda_n \end{bmatrix} \begin{bmatrix} - & \boldsymbol{q}_1^{\mathrm{T}} & - \\ - & \boldsymbol{q}_2^{\mathrm{T}} & - \\ & \vdots & \\ - & \boldsymbol{q}_n^{\mathrm{T}} & - \end{bmatrix} \\
&= \lambda_1 \boldsymbol{q}_1\boldsymbol{q}_1^{\mathrm{T}} + \lambda_2 \boldsymbol{q}_2\boldsymbol{q}_2^{\mathrm{T}} + \cdots + \lambda_n \boldsymbol{q}_n\boldsymbol{q}_n^{\mathrm{T}} \\
&= \lambda_1 \boldsymbol{P}_{Lin(\boldsymbol{q}_1)} + \lambda_2 \boldsymbol{P}_{Lin(\boldsymbol{q}_2)} + \cdots + \lambda_n \boldsymbol{P}_{Lin(\boldsymbol{q}_n)}.
\end{aligned}$$

Jede orthogonale Projektionsmatrix $\boldsymbol{P}_{Lin(\boldsymbol{q}_j)} = \boldsymbol{q}_j\boldsymbol{q}_j^{\mathrm{T}}$ projiziert jeden Vektor $\boldsymbol{v} \in \mathbb{R}^n$ auf den eindimensionalen Unterraum der vom Eigenvektor $\boldsymbol{q}_j$ aufgespannt wird. Symmetrische Matrizen sind Summen von eindimensionalen Projektionen. Diese Darstellung von $\boldsymbol{A}$ wird **Spektraldarstellung in dyadischer Form** genannt.

**Beispiel 11.16.** Schreiben Sie die symmetrische Diagonalmatrix

$$\boldsymbol{A} = \begin{bmatrix} 2 & & & \\ & 3 & & \\ & & 3 & \\ & & & 5 \end{bmatrix}$$

als Summe von orthogonalen Projektionsmatrizen, das heißt geben Sie von $\boldsymbol{A}$ die Spektraldarstellung in dyadischer Form an.

*Lösung.* Orthonormale Eigenvektoren von $\boldsymbol{A}$ sind die natürlichen Basisvektoren und die Diagonalelemente von $\boldsymbol{A}$ sind die Eigenwerte von $\boldsymbol{A}$: $\lambda_1 = 2$, $\lambda_2 = 3$, $\lambda_3 = 3$ und $\lambda_4 = 5$. Somit erhalten wir die vier orthogonalen Projektionsmatrizen

$$\boldsymbol{P}_{Lin(\boldsymbol{q}_1)} = \boldsymbol{q}_1\boldsymbol{q}_1^{\mathrm{T}} = \begin{bmatrix} 1 & & & \\ & 0 & & \\ & & 0 & \\ & & & 0 \end{bmatrix}, \quad \boldsymbol{P}_{Lin(\boldsymbol{q}_2)} = \boldsymbol{q}_2\boldsymbol{q}_2^{\mathrm{T}} = \begin{bmatrix} 0 & & & \\ & 1 & & \\ & & 0 & \\ & & & 0 \end{bmatrix}$$

$$\boldsymbol{P}_{Lin(\boldsymbol{q}_3)} = \boldsymbol{q}_3\boldsymbol{q}_3^{\mathrm{T}} = \begin{bmatrix} 0 & & & \\ & 0 & & \\ & & 1 & \\ & & & 0 \end{bmatrix}, \quad \boldsymbol{P}_{Lin(\boldsymbol{q}_4)} = \boldsymbol{q}_4\boldsymbol{q}_4^{\mathrm{T}} = \begin{bmatrix} 0 & & & \\ & 0 & & \\ & & 0 & \\ & & & 1 \end{bmatrix}$$

und damit

$$\begin{aligned}
\boldsymbol{A} &= 2\boldsymbol{q}_1\boldsymbol{q}_1^{\mathrm{T}} + 3\boldsymbol{q}_2\boldsymbol{q}_2^{\mathrm{T}} + 3\boldsymbol{q}_3\boldsymbol{q}_3^{\mathrm{T}} + 5\boldsymbol{q}_4\boldsymbol{q}_4^{\mathrm{T}} \\
&= 2\boldsymbol{P}_{Lin(\boldsymbol{q}_1)} + 3\boldsymbol{P}_{Lin(\boldsymbol{q}_2)} + 3\boldsymbol{P}_{Lin(\boldsymbol{q}_3)} + 5\boldsymbol{P}_{Lin(\boldsymbol{q}_4)}. \quad \blacksquare
\end{aligned}$$

Die Matrix $\boldsymbol{A}$ in Beispiel 11.16 hat den zweifachen Eigenwert 3. Statt $\boldsymbol{A} = 2\boldsymbol{P}_{Lin(\boldsymbol{q}_1)} = 3\boldsymbol{P}_{Lin(\boldsymbol{q}_2)} + 3\boldsymbol{P}_{Lin(\boldsymbol{q}_3)} + 5\boldsymbol{P}_{Lin(\boldsymbol{q}_4)}$ können wir auch

$$\begin{aligned}\boldsymbol{A} &= 2\begin{bmatrix} 1 & & & \\ & 0 & & \\ & & 0 & \\ & & & 0 \end{bmatrix} + 3\begin{bmatrix} 0 & & & \\ & 1 & & \\ & & 1 & \\ & & & 0 \end{bmatrix} + 5\begin{bmatrix} 0 & & & \\ & 0 & & \\ & & 0 & \\ & & & 1 \end{bmatrix} \\ &= 2\boldsymbol{P}_{Eig(2)} + 3\boldsymbol{P}_{Eig(3)} + 5\boldsymbol{P}_{Eig(5)}\end{aligned}$$

schreiben, wobei $\boldsymbol{P}_{Eig(2)}$, $\boldsymbol{P}_{Eig(3)}$ und $\boldsymbol{P}_{Eig(5)}$ die orthogonalen Projektionsmatrizen auf die Eigenräume $Eig(2)$, $Eig(3)$ und $Eig(5)$ der Matrix $\boldsymbol{A}$ sind. Der Eigenraum $Eig(3)$ ist zweidimensional und die Vektoren $\boldsymbol{q}_2$ und $\boldsymbol{q}_3$ bilden eine orthonormale Eigenvektorenbasis. Die Matrix $\boldsymbol{P}_{Eig(3)} = \boldsymbol{P}_{Lin(\boldsymbol{q}_2)} + \boldsymbol{P}_{Lin(\boldsymbol{q}_3)}$ ist eine orthogonale Projektionsmatrix auf $Eig(3)$.

**Satz 11.11** (Spektraldarstellung in dyadischer Form). *Ist $\boldsymbol{A} \in \mathbb{R}^{n\times n}$ eine symmetrische Matrix, sind $\lambda_1, \lambda_2, \ldots, \lambda_r$ ihre verschiedenen reellen Eigenwerte ($r \leq n$) und bezeichnet $\boldsymbol{P}_{Eig(\lambda_k)} \in \mathbb{R}^{n\times n}$ die orthogonale Projektionsmatrix auf den Eigenraum $Eig(\lambda_k)$, dann ist*

$$\boldsymbol{A} = \lambda_1 \boldsymbol{P}_{Eig(\lambda_1)} + \lambda_2 \boldsymbol{P}_{Eig(\lambda_2)} + \cdots + \lambda_r \boldsymbol{P}_{Eig(\lambda_r)}.$$

*die Spektraldarstellung von $\boldsymbol{A}$ in dyadischer Form.*

Jede symmetrische Matrix kann als gewichtete Summe von orthogonalen Projektionsmatrizen dargestellt werden. Weil $\boldsymbol{P}_{Eig(\lambda_1)} + \boldsymbol{P}_{Eig(\lambda_2)} + \cdots + \boldsymbol{P}_{Eig(\lambda_r)} = \boldsymbol{E}_n$ ist, spricht man gelegentlich auch von einer *Zerlegung der Einheit (Vollständigkeitsrelation, Orthogonalzerlegung der Eins).*

**Beispiel 11.17.** Schreiben Sie die symmetrische Matrix (siehe Beispiel 11.4)

$$\boldsymbol{A} = \begin{bmatrix} 3 & -1 \\ -1 & 3 \end{bmatrix}$$

als Summe von orthogonalen Projektionsmatrizen, das heißt geben Sie von $\boldsymbol{A}$ die Spektraldarstellung in dyadischer Form an.

*Lösung.* Es ist

$$\begin{aligned}\boldsymbol{A} &= \begin{bmatrix} 1/\sqrt{2} & 1/\sqrt{2} \\ 1/\sqrt{2} & -1/\sqrt{2} \end{bmatrix} \begin{bmatrix} 2 & 0 \\ 0 & 4 \end{bmatrix} \begin{bmatrix} 1/\sqrt{2} & 1/\sqrt{2} \\ 1/\sqrt{2} & -1/\sqrt{2} \end{bmatrix} \\ &= 2\begin{bmatrix} 1/2 & 1/2 \\ 1/2 & 1/2 \end{bmatrix} + 4\begin{bmatrix} 1/2 & -1/2 \\ -1/2 & 1/2 \end{bmatrix}.\end{aligned}$$

Hierbei sind

$$\boldsymbol{P}_{Eig(2)} = \begin{bmatrix} 1/2 & 1/2 \\ 1/2 & 1/2 \end{bmatrix} \quad \text{und} \quad \boldsymbol{P}_{Eig(4)} = \begin{bmatrix} 1/2 & -1/2 \\ -1/2 & 1/2 \end{bmatrix}$$

die orthogonalen Projektionsmatrizen auf die beiden Eigenräume $Eig(2)$ und $Eig(4)$ der Matrix $\boldsymbol{A}$.

Überzeugen Sie sich, dass die beiden letzten Matrizen tatsächlich orthogonale Projektionsmatrizen sind (In MATLAB geht dies sehr schnell). ■

## 11.8. Weitere Bemerkungen und Hinweise

Die Spektraldarstellung erinnert an die Zerlegung von weißem Licht (Tageslicht, Sonnenlicht) in ihre Spektralfarben, siehe Bild 11.5. Durch Brechung am optischen Prisma,

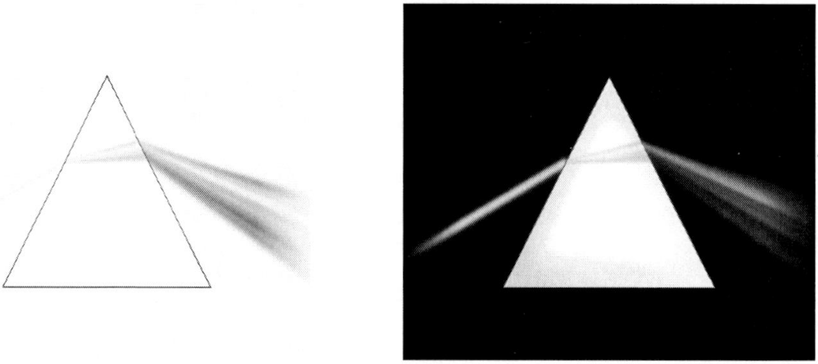

Bild 11.5.: Zerlegung von weißem Licht in Spektralfarben (Wikipedia)

durch Beugung an Gittern oder in Interferenz gelingt es, weißes Licht in Spektralfarben zu zerlegen. Die Analogie: Jede symmetrische Matrix kann in orthogonale Projektionen auf ihre Eigenräume zerlegt werden.

Der Spektralsatz für symmetrische Matrizen (Satz 11.10) ist auch unter dem traditionellen Namen *Hauptachsentransformation* bekannt. Der Spektralsatz beschreibt eine *Matrixfaktorisierung*, denn die symmetrische Matrix $\boldsymbol{A}$ ist ein Produkt von drei Faktoren (Matrizen): $\boldsymbol{A} = \boldsymbol{X}\boldsymbol{D}\boldsymbol{X}^{-1}$ (Andere Matrixfaktorisierungen sind zum Beispiel QR-Faktorisierung, Singulärwertzerlegung). Jede Matrixfaktorisierung kann jedoch als *Basiswechsel* interpretiert werden. So gilt im Fall des Spektralsatzes für symmetrische

Matrizen, dass die Eigenvektoren der symmetrischen Matrix $\boldsymbol{A}$ als orthonormale Basis im Vektorraum $V = \mathbb{R}^n$ gewählt werden können, und so die lineare Abbildung statt durch $\boldsymbol{A}$ durch die „einfachere" Diagonalmatrix $\boldsymbol{D}$ beschrieben werden kann. Mehr dazu finden Sie im Kapitel 14.

Die Berechnung der Eigenwerte und Eigenvektoren nach Algorithmus 15 ist für Matrizen der Größe drei schon nicht so einfach und für große Matrizen nahezu unmöglich. Hierzu gibt es Verfahren, die sowohl aus Sicht der numerischen Stabilität, als auch vom Rechenaufwand wesentlich besser sind. Numerische Verfahren sind zum Beispiel *iterative QR-Verfahren*, verschiedene Varianten von *Potenzmethoden*, usw. Effiziente Verfahren zum Lösen der Eigenwertaufgabe findet man in Kursen über *Numerische Mathematik*, siehe zum Beispiel [19], [36], [61] oder [93].

Wir haben bereits im Vorwort angesprochen, wie wichtig Eigensysteme sind, und Eigensystemaufgaben zu den wichtigsten Problemen der Linearen Algebra gezählt. Anwendungen der Linearen Algebra außerhalb der Mathematik findet man hauptsächlich in zwei Formen: Zuerst in Gestalt von linearen Gleichungssystemen und dann in Gestalt von Eigensystemen. Im zweiten Fall haben wir kein lineares Problem mehr, und es sind zwei Unbekannte aus einer Gleichung zu berechnen. Der GAUSS-Algorithmus hilft uns nicht weiter. Ausführlich dargestellte Anwendungen zum Thema Eigensysteme (Eigensysteme und Differenzialgleichungen, Eigensysteme und Differenzengleichungen) finden Sie im Kapitel 12.

Mit der MATLAB-Funktion `eig` kann man Eigensysteme numerisch und symbolisch lösen. In MATLAB gibt es eine eingebaute Funktion mit dem Namen `eigshow`. Mit ihr ist es möglich, $(2, 2)$-Eigensysteme zu visualisieren. Weitere Hinweise und Beispiele zur Funktion `eig` finden Sie in [37].

Viele in der Praxis auftretende Eigenwertaufgaben haben die Form eines *verallgemeinerten (allgemeinen) Eigenwertproblems*: Gegeben sind zwei quadratische Matrizen $\boldsymbol{A}$ und $\boldsymbol{B}$. Finde eine Zahl $\lambda$ und einen Vektor $\boldsymbol{x}$, so dass gilt: $\boldsymbol{Ax} = \lambda \boldsymbol{Bx}$. Für $\boldsymbol{B} \neq \boldsymbol{E}$ ist die Aufgabenstellung eine Verallgemeinerung der herkömmlichen Eigenwertaufgabe; für $\boldsymbol{B} = \boldsymbol{E}$ reduziert sich das verallgemeinerte Eigenwertproblem auf das Standardproblem. Verallgemeinerte Eigenwertaufgaben treten zum Beispiel in mechanischen Schwingungssystemen auf; dort ist $\boldsymbol{A}$ die Steifigkeitsmatrix und $\boldsymbol{B}$ die Massenmatrix.

Eine Matrix zu diagonalisieren bringt viele Vorteile, siehe Abschnitt 11.3. Unglücklicherweise gibt es aber Matrizen, für die eine Diagonalisierung nicht möglich ist. Das Beste, das man im Allgemeinen tun kann, ist das Überführen in eine JORDAN-Form[2], was einer Diagonalform nahe kommt. In der oberen Diagonalen können von Null verschiedene Einträge stehen, die zu mehrfachen Eigenwerten gehören, siehe zum Beispiel [30] oder [54].

[2]CAMILLE JORDAN (1838-1922).

Die Berechnung der JORDAN-Form ist numerisch ein instabiler Prozess und wird daher kaum verwendet. Eine kleine Störung in der Ausgangsmatrix bewirkt, dass mehrfache Eigenwerte getrennt werden und dadurch die wahre JORDAN-Form zerstört wird. Die Ergebnisse stimmen nicht mehr! Deshalb gibt es in MATLAB keine Funktion `jordan` oder so ähnlich[3].

Die Eigenwerttheorie für Matrizen wird in der *Funktionalanalysis*[4] für Operatoren auf unendlich dimensionale Vektorräume verallgemeinert; dort heißt sie *Spektraltheorie*. Die Spektraltheorie analysiert lineare Operatoren von $V$ nach $V$ (Endomorphismen), indem sie sie in ihre grundlegenden Komponenten zerlegt. Aus Eigenvektoren werden dann *Eigenfunktionen*. Eigenwerte und Eigenfunktionen begegnen uns dort in verschiedenen Zusammenhängen: *Differenzialoperatoren*, *Sturm-Liouville-Probleme*, *Randwertaufgaben*, *Integraloperatoren*, *Hilbert-Schmidt-Probleme*, siehe zum Beispiel [116].

Eigenwerte spielen in der Quantenphysik eine besondere Rolle. Physikalische Größen wie zum Beispiel der Drehimpuls werden durch Operatoren repräsentiert. Messbar sind nur die Eigenwerte der Operatoren. Hat zum Beispiel der HAMILTON-Operator, der die Energie eines quantenmechanischen Systems repräsentiert, ein diskretes Spektrum, so kann die Energie nur diskrete Werte annehmen, was zum Beispiel für die Energieniveaus in einem Atom typisch ist.

## Aufgaben

**11.1.** Wahr oder falsch: Die Eigenwerte einer Matrix sind nicht notwendig alle verschieden.

**11.2.** Wahr oder falsch: Die Eigenwerte einer reellen Matrix sind reell.

**11.3.** Wahr oder falsch: Jede $(n, n)$-Matrix hat $n$ linear unabhängige Eigenvektoren.

**11.4.** Wahr oder falsch: Ist eine $(n, n)$-Matrix singulär, so kann sie keine $n$ lineare unabhängigen Eigenvektoren haben.

**11.5.** Wahr oder falsch: Sind von einer Matrix $\boldsymbol{A}$ alle Eigenwerte null, so ist $\boldsymbol{A}$ die Nullmatrix.

**11.6.** Eine reelle symmetrische Matrix $\boldsymbol{A}$ zu diagonalisieren, heißt

☐ Eine symmetrische Matrix $\boldsymbol{P}$ zu finden, sodass $\boldsymbol{P}^{-1}\boldsymbol{A}\boldsymbol{P}$ Diagonalform hat.

[3] In der Symbolic Math Toolbox gibt es zur Berechnung der JORDAN-Form die Funktion `jordan`.

[4] Die Funktionalanalysis ist der Zweig der Mathematik, der sich mit der Untersuchung von Vektorräumen und stetigen Funktionen auf solchen befasst. Es ist das Zusammenspiel von analytischen und algebraischen Phänomenen, das die Funktionalanalysis auszeichnet und reizvoll macht.

☐ Eine orthogonale Matrix $\boldsymbol{P}$ zu finden, sodass $\boldsymbol{P}^{-1}\boldsymbol{A}\boldsymbol{P}$ Diagonalform hat.

☐ Eine invertierbare Matrix $\boldsymbol{P}$ zu finden, sodass $\boldsymbol{P}^{-1}\boldsymbol{A}\boldsymbol{P}$ Diagonalform hat.

**11.7.** Begründen Sie, weshalb die Matrix $\boldsymbol{A}^{\mathrm{T}}\boldsymbol{A}$, $\boldsymbol{A} \in \mathbb{R}^{m\times n}$, eine Basis aus Eigenvektoren besitzt. Was können Sie über die Matrix $\boldsymbol{A}\boldsymbol{A}^{\mathrm{T}}$ sagen?

**11.8.** Beschreiben Sie die Eigenwerte und Eigenvektoren einer quadratischen Diagonalmatrix.

**11.9.** Zeigen Sie, dass die Matrix

$$\boldsymbol{A} = \begin{bmatrix} a & b \\ c & d \end{bmatrix}$$

mit $a + c = 1$ und $b + d = 1$ den Eigenwert 1 hat (Hinweis: Solche Matrizen heißen *stochastische Matrizen* (MARKOV-*Matrizen*) und spielen bei MARKOV-*Ketten* eine große Rolle).

**11.10.** Bestimmen Sie eine orthogonale Eigenvektorenmatrix $\boldsymbol{Q}$, die die Matrix

$$\boldsymbol{A} = \begin{bmatrix} 3 & 1 \\ 1 & 3 \end{bmatrix}$$

diagonalisiert (Beispiel 11.4).

**11.11.** Bestimmen Sie von der orthogonalen Projektionsmatrix

$$\boldsymbol{P} = \begin{bmatrix} 1 & 0 \\ 0 & 0 \end{bmatrix}$$

die Eigenwerte und die Eigenräume. Deuten Sie die Eigenräume geometrisch. $\boldsymbol{P}$ beschreibt eine orthogonale Projektion auf die $x$-Achse, siehe Bild 11.6 (links).

Bild 11.6.: Zu Aufgabe 11.11

**11.12.** Richtig oder falsch? Für eine reelle orthogonale Matrix $\boldsymbol{Q}$ gilt

(a) $\boldsymbol{Q}+\boldsymbol{Q}^{\mathrm{T}}=\boldsymbol{E}$ (b) $\boldsymbol{Q}\boldsymbol{Q}^{-1}=\boldsymbol{E}$ (c) $\boldsymbol{Q}\boldsymbol{Q}^{\mathrm{T}}=\boldsymbol{E}$ (d) $\mathrm{Det}(\boldsymbol{Q})=1$

**11.13.** Richtig oder falsch?

(a) Jede orthogonale Matrix ist symmetrisch.
(b) Der Rang einer orthogonalen $(n,n)$-Matrix ist immer $n$.
(c) Sind $\boldsymbol{Q}_1$ und $\boldsymbol{Q}_2$ orthogonal, so ist auch $\boldsymbol{Q}_1\boldsymbol{Q}_2^{\mathrm{T}}$ orthogonal.

**11.14.** Bestimmen Sie von der Matrix

$$\boldsymbol{S}=\begin{bmatrix}1 & 0\\ 0 & -1\end{bmatrix}$$

die Eigenwerte und die Eigenräume. Deuten Sie die Eigenräume geometrisch. Die Matrix $\boldsymbol{S}$ beschreibt eine Spiegelung an der $x$-Achse, siehe Bild 11.7.

Bild 11.7.: Zu Aufgabe 11.14

**11.15.** Bestimmen Sie von der Matrix

$$\boldsymbol{S}=\begin{bmatrix}0 & 1\\ 1 & 0\end{bmatrix}$$

die Eigenwerte und die Eigenräume. Deuten Sie die Eigenräume geometrisch. Die Matrix $\boldsymbol{S}$ beschreibt eine Spiegelung an der Winkelhalbierenden, siehe Bild 11.8.

**11.16.** Bestimmen Sie von der Matrix

$$\boldsymbol{A}=\begin{bmatrix}0 & 1\\ 0 & 0\end{bmatrix}$$

die Eigenwerte und die Eigenräume. Deuten Sie die Eigenräume geometrisch.

Bild 11.8.: Zu Aufgabe 11.15

**11.17.** Bestimmen Sie von der Matrix

$$A = \begin{bmatrix} 3 & -1 \\ -1 & 3 \end{bmatrix}$$

die Eigenwerte und die Eigenräume. Deuten Sie die Eigenräume geometrisch.

**11.18.** Geben Sie von der Matrix

$$A = \begin{bmatrix} 3 & 0 & 0 & 0 \\ 0 & 7 & 0 & 0 \\ 0 & 0 & 9 & 0 \\ 0 & 0 & 0 & 11 \end{bmatrix}$$

alle Eigenwerte an.

**11.19.** Gegeben ist die Matrix

$$A = \begin{bmatrix} 3 & 0 & -1 \\ -4 & 1 & 2 \\ -6 & 0 & -2 \end{bmatrix}.$$

Welche der Vektoren

$$\begin{bmatrix} 2 \\ 2 \\ -1 \end{bmatrix}, \begin{bmatrix} -1 \\ 0 \\ 2 \end{bmatrix}, \begin{bmatrix} -1 \\ 1 \\ 3 \end{bmatrix}, \begin{bmatrix} 0 \\ 1 \\ 0 \end{bmatrix}, \begin{bmatrix} 3 \\ 2 \\ 1 \end{bmatrix}.$$

sind Eigenvektoren der Matrix $A$? Geben Sie gegebenenfalls die dazugehörigen Eigenwerte an.

**11.20.** Zeigen Sie, dass sich die Matrix

$$A = \begin{bmatrix} 1 & 1 \\ 0 & 1 \end{bmatrix} \in \mathbb{R}^{2\times 2}$$

nicht diagonalisieren lässt.

**11.21.** Wieso gilt $Eig(0) = N(\boldsymbol{A})$ für $\boldsymbol{A} \in \mathbb{R}^{n \times n}$?

**11.22.** Berechnen Sie die Eigenwerte und Eigenvektoren der HILBERT-Matrix

$$\begin{bmatrix} 1 & 1/2 \\ 1/2 & 1/3 \end{bmatrix}.$$

**11.23.** Berechnen Sie die Eigenwerte und Eigenvektoren der PASCAL-Matrix

$$\begin{bmatrix} 1 & 1 \\ 1 & 2 \end{bmatrix}.$$

**11.24.** Berechnen Sie die Eigenwerte und Eigenvektoren der LEHMER-Matrix

$$\begin{bmatrix} 1 & 1/2 \\ 1/2 & 1 \end{bmatrix}.$$

**11.25.** Berechnen Sie eine orthogonale Matrix, die

$$\boldsymbol{A} = \begin{bmatrix} a & b \\ b & a \end{bmatrix}$$

diagonalisiert.

**11.26.** Berechnen Sie die Eigenwerte und Eigenvektoren der Projektionsmatrix

$$\begin{bmatrix} 1/2 & 1/2 \\ 1/2 & 1/2 \end{bmatrix}.$$

**11.27.** Berechnen Sie die Eigenwerte und Eigenvektoren der Spiegelungsmatrix

$$\begin{bmatrix} 0 & 1 \\ 1 & 0 \end{bmatrix}.$$

**11.28** (Spektraldarstellung in dyadischer Form)**.** Schreiben Sie die symmetrische Matrix

$$\boldsymbol{A} = \begin{bmatrix} 4 & 2 & 2 \\ 2 & 4 & 2 \\ 2 & 2 & 4 \end{bmatrix}$$

als Summe von orthogonalen Projektionsmatrizen, das heißt geben Sie von $\boldsymbol{A}$ die Spektraldarstellung in dyadischer Form an.

## Sie sollten nun mit folgenden Begriffen umgehen können

Eigenwerte, Eigenvektoren, charakteristisches Polynom, Diagonalisierbarkeit, orthogonale Matrizen, Spektraldarstellung.

# 12. Modelle und Anwendungen von Eigensystemen

Eigenwerte und Eigenvektoren (kurz Eigensysteme genannt) spielen in den Anwendungen eine wichtige Rolle, zum Beispiel bei der Analyse mechanischer Strukturen. Beginnt eine Brücke aufgrund starken Windes zu schwingen, so kann dies durch bestimmte Eigenwerte des mathematischen Brücken-Modells beschrieben werden. Das Bild 12.1 zeigt die gewaltigen Schwingungen der TACOMA NARROWS Brücke, die am 7. November 1940 durch Windgeschwindigkeiten von nur 42 Meilen pro Stunde ausgelöst wurden. Sekunden später stürzte die Brücke ein. Heute wird vor jedem Brückenbau eine sorgfältige Eigensystemanalyse betrieben, um derartige Ereignisse zu verhindern. Weitere Bilder finden Sie unter `http://de.wikipedia.org/` und einen Film unter `http://www.youtube.com/`.

Bild 12.1.: Die TACOMA NARROWS Brücke kurz vor und nach dem Zusammenbruch

Wir studieren die Bedeutung von Eigensystemen bei *gewöhnlichen Differenzialgleichungen* und *Differenzengleichungen*. Mit Differenzen- und Differenzialgleichungen modelliert man dynamische Systeme ([91]).

Eigenwerte und Eigenvektoren (Eigensysteme) spielen auch in der Geometrie eine grundlegende Rolle. Wir erklären, was Eigensysteme, quadratische Gleichungen und Kegelschnitte verbindet.

## 12.1. Eigensysteme und Differenzialgleichungen

Viele Phänomene in *Natur*, *Technik* und *Wirtschaft* werden durch Differenzialgleichungen beschrieben. Unter einer *Differenzialgleichung* versteht man eine Gleichung, in der die unabhängige Variable (oder Variablen) als Funktions- und Ableitungsterme von der gesuchten Funktion auftreten. Ein Beispiel ist

$$y'(t) - 2y(t) = 0,$$

hierbei ist $t$ die unabhängige Variable, $y(t)$ der Funktions- und $y'(t)$ der Ableitungsterm der gesuchten Funktion $y$. Die Variable $t$ ist dabei aus einer bestimmten Definitionsmenge $D$ von $\mathbb{R}$ (Definitionsmengen lassen wir in diesen ersten Überlegungen weitgehend außer Betracht). Eine *Lösung* ist eine Funktion $y$ für die die Differenzialgleichung für alle $t \in D$ gilt, das heißt $y'(t) - 2y(t) = 0$ für alle $t \in D$. Man kann leicht nachrechnen, dass die Funktion $y(t) = \mathrm{e}^{2t}$, $t \in \mathbb{R}$, eine Lösung der Differenzialgleichung $y'(t) - 2y(t) = 0$ ist. Die *allgemeine Lösung* dieser Differenzialgleichung ist

$$y(t) = c\mathrm{e}^{2t}, \quad t \in \mathbb{R}$$

mit einer beliebigen reellen Konstanten $c$. Um aus der Vielfalt der Lösungen einer Differenzialgleichung diejenige herauszufinden, die den Vorgang beschreibt, bedarf es der Kenntnis weiterer Bedingungen. Verlangt man, dass die Lösung zum Beispiel die Anfangsbedingung $y(0) = 3$ erfüllt, so bestimmt sich daraus die Konstante $c$

$$3 = c\mathrm{e}^{2\cdot 0} = c.$$

Also ist

$$y(t) = 3\mathrm{e}^{2t}$$

die Lösung mit der Anfangsbedingung $y(0) = 3$. Eine Differenzialgleichung zusammen mit vorgegebenen Anfangsbedingungen heißt *Anfangswertaufgabe (AWA)*; erst dann ist die Lösung eindeutig bestimmt.

Eine Differenzialgleichung ist *linear* und von *erster Ordnung* wenn sie in der Form

$$y'(t) = a(t)y(t) + b(t)$$

darstellbar ist. Sie heißt *homogen*, wenn $b = 0$ ist, ansonsten *inhomogen*. Ist $a(t) = a$, so hat sie *konstante Koeffizienten*.

**Satz 12.1.** *Ist $a$ ein reeller Parameter, so ist die allgemeine Lösung der homogenen linearen Differenzialgleichung erster Ordnung $y'(t) = ay(t)$, $t \geq 0$, durch*

$$y(t) = ce^{at}, \qquad t \geq 0,$$

*gegeben, wobei $c$ eine beliebige reelle Zahl ist. Die eindeutige Lösung der Anfangswertaufgabe*

$$AWA : \begin{cases} y'(t) = ay(t) \\ y(0) = y_0 \end{cases} \qquad t \geq 0$$

*ist*

$$y(t) = y_0 e^{at}, \qquad t \geq 0.$$

Wir betrachten ein weiteres Beispiel.

**Beispiel 12.1.** Geben Sie die allgemeine Lösung der Differenzialgleichung

$$y'(t) = -3y(t), \qquad t \geq 0,$$

an. Bestimmen Sie darüberhinaus die Lösung zum Anfangswert $y(0) = 7$.

*Lösung.* Die allgemeine Lösung ist $y(t) = ce^{-3t}$, $t \geq 0$, denn es ist $a = -3$. Die eindeutige Lösung der Anfangswertaufgabe ist $y(t) = 7e^{-3t}$, $t \geq 0$. ■

Eine weitere Klassifikation von Differenzialgleichungen betrifft die Anzahl der vorkommenden unbekannten Funktionen. Gibt es nur eine zu berechnende Funktion, so ist eine Gleichung ausreichend. Sind dagegen zwei oder mehr Funktionen unbekannt, so ist ein *System von Differenzialgleichungen* (*Differenzialgleichungssystem*) aufzustellen und zu lösen. Ein *homogenes lineares Differenzialgleichungssystem* hat die Form

$$\begin{aligned} y_1'(t) &= a_{11}(t)y_1(t) + a_{12}(t)y_2(t) + \cdots + a_{1n}(t)y_n(t) \\ y_2'(t) &= a_{21}(t)y_1(t) + a_{22}(t)y_2(t) + \cdots + a_{2n}(t)y_n(t) \\ \vdots &= \vdots \\ y_n'(t) &= a_{n1}(t)y_1(t) + a_{n2}(t)y_2(t) + \cdots + a_{nn}(t)y_n(t) \end{aligned}$$

mit den zu bestimmenden Funktionen $y_1, y_2, \ldots, y_n$. Sind $a_{ij}$ reelle Konstanten, so spricht man von einem *homogenen linearen Differenzialgleichungssystem mit konstanten Koeffizienten* oder einem *autonomen homogenen linearen Differenzialgleichungssystem.* In Matrizenform gilt

$$\begin{bmatrix} y_1'(t) \\ y_2'(t) \\ \vdots \\ y_n'(t) \end{bmatrix} = \begin{bmatrix} a_{11} & a_{12} & \cdots & a_{1n} \\ a_{21} & a_{22} & \cdots & a_{2n} \\ \vdots & \vdots & \vdots & \vdots \\ a_{n1} & a_{n2} & \cdots & a_{nn} \end{bmatrix} \begin{bmatrix} y_1(t) \\ y_2(t) \\ \vdots \\ y_n(t) \end{bmatrix}$$

bzw. in Kurzform

$$\boldsymbol{y}'(t) = \boldsymbol{A}\boldsymbol{y}(t) \quad \text{oder noch kürzer} \quad \boldsymbol{y}' = \boldsymbol{A}\boldsymbol{y}.$$

**Beispiel 12.2.** Schreiben Sie das homogene lineare Differenzialgleichungssystem

$$\begin{aligned} y_1'(t) &= \phantom{-}3y_1(t) \\ y_2'(t) &= -2y_2(t) \end{aligned}$$

in Matrixform und lösen Sie es. Welche Lösung erhält man für die Anfangsbedingungen $y_1(0) = 1$ und $y_2(0) = 4$?

*Lösung.* Wir erhalten

$$\begin{bmatrix} y_1'(t) \\ y_2'(t) \end{bmatrix} = \begin{bmatrix} 3 & 0 \\ 0 & -2 \end{bmatrix} \begin{bmatrix} y_1(t) \\ y_2(t) \end{bmatrix}.$$

Da in jeder Gleichung nur eine unbekannte Funktion vorkommt, können wir diese unabhängig voneinander lösen. Die allgemeine Lösung ist daher

$$\boldsymbol{y}(t) = \begin{bmatrix} y_1(t) \\ y_2(t) \end{bmatrix} = \begin{bmatrix} c_1 \mathrm{e}^{3t} \\ c_2 \mathrm{e}^{-2t} \end{bmatrix}.$$

Aus den Anfangsbedingungen ergibt sich

$$\begin{aligned} 1 = y_1(0) &= c_1 \mathrm{e}^{3 \cdot 0} = c_1 \\ 4 = y_2(0) &= c_2 \mathrm{e}^{-2 \cdot 0} = c_2. \end{aligned}$$

Daraus erhalten wir die Lösung der Anfangswertaufgabe

$$\boldsymbol{y}(t) = \begin{bmatrix} y_1(t) \\ y_2(t) \end{bmatrix} = \begin{bmatrix} \mathrm{e}^{3t} \\ 4\mathrm{e}^{-2t} \end{bmatrix}. \quad \blacksquare$$

Das Differenzialgleichungssystem aus dem letzten Beispiel 12.14 ist leicht lösbar, da jede Gleichung jeweils nur eine unbekannte Funktion enthält. Die Koeffizientenmatrix des Systems hat Diagonalform; die Gleichungen sind nicht gekoppelt. Man spricht von einem entkoppelten System. Diese Beobachtung liefert einen Hinweis zur Lösung eines beliebigen Systems $\boldsymbol{y}'(t) = \boldsymbol{A}\boldsymbol{y}(t)$. Man versucht, durch eine geeignete Transformation für die Vektorfunktion $\boldsymbol{y}$ ein System mit diagonaler Koeffizientenmatrix $\boldsymbol{D}$ zu erzeugen, welches entkoppelt ist. Aus dieser erhält man durch Rücksubstitution die Lösung des ursprünglichen Systems. Wir betrachten die Substitution

$$\boldsymbol{y}(t) = \boldsymbol{X}\boldsymbol{u}(t),$$

wobei $\boldsymbol{X} \in \mathbb{R}^{n\times n}$ eine quadratische Matrix ist und $\boldsymbol{u}(t) = (u_1(t), u_2(t), \ldots, u_n(t))$ die neuen unbekannten Funktionen sind. $\boldsymbol{X}$ soll nun so gewählt werden, dass das neue System Diagonalgestalt hat. Wie lautet das neue System? Wegen $\boldsymbol{y}(t) = \boldsymbol{X}\boldsymbol{u}(t)$ gilt $\boldsymbol{y}'(t) = \boldsymbol{X}\boldsymbol{u}'(t)$, also wird aus dem System $\boldsymbol{y}'(t) = \boldsymbol{A}\boldsymbol{y}(t)$ durch Einsetzen das neue System

$$\boldsymbol{X}\boldsymbol{u}'(t) = \boldsymbol{A}\boldsymbol{X}\boldsymbol{u}(t).$$

Unter der Annahme, dass $\boldsymbol{X}$ invertierbar ist, ergibt sich daraus

$$\boldsymbol{u}'(t) = \boldsymbol{X}^{-1}\boldsymbol{A}\boldsymbol{X}\boldsymbol{u}(t).$$

oder

$$\boldsymbol{u}'(t) = \boldsymbol{D}\boldsymbol{u}(t)$$

mit $\boldsymbol{D} = \boldsymbol{X}^{-1}\boldsymbol{A}\boldsymbol{X}$. Damit ist klar, dass wir für $\boldsymbol{X}$ eine Matrix wählen, die $\boldsymbol{A}$ diagonalisiert. Dies wiederum heißt, wir können alles das verwenden, was wir über die Diagonalisierbarkeit einer Matrix gelernt haben, siehe Kapitel 11. Zur Lösung eines linearen Differenzialgleichungssystems $\boldsymbol{y}'(t) = \boldsymbol{A}\boldsymbol{y}(t)$ ergibt sich daher folgendes Lösungsverfahren.

**Algorithmus 18: Lösungsverfahren für $\boldsymbol{y}'(t) = \boldsymbol{A}\boldsymbol{y}(t)$**

Ein lineares Differenzialgleichungssystems kann wie folgt gelöst werden.

1. Bestimmen Sie eine Matrix $\boldsymbol{X}$, die die Koeffizientenmatrix $\boldsymbol{A}$ diagonalisiert
$$\boldsymbol{D} = \boldsymbol{X}^{-1}\boldsymbol{A}\boldsymbol{X}.$$
2. Lösen Sie das entkoppelte System
$$\boldsymbol{u}'(t) = \boldsymbol{D}\boldsymbol{u}(t).$$
3. Berechnen Sie $\boldsymbol{y}$ durch Matrixmultiplikation von $\boldsymbol{u}(t)$ mit $\boldsymbol{X}$
$$\boldsymbol{y}(t) = \boldsymbol{X}\boldsymbol{u}(t).$$

**Beispiel 12.3.** Lösen Sie das lineare Differenzialgleichungssystem

$$\begin{aligned} y_1'(t) &= \phantom{-2}y_1(t) + \phantom{4}y_2(t) \\ y_2'(t) &= -2y_1(t) + 4y_2(t). \end{aligned}$$

Bestimmen Sie anschließend die Lösung mit $y_1(0) = -4$ und $y_2(0) = 2$.

*Lösung.* Das Differenzialgleichungssystem schreibt sich als

$$\begin{bmatrix} y_1'(t) \\ y_2'(t) \end{bmatrix} = \begin{bmatrix} 1 & 1 \\ -2 & 4 \end{bmatrix} \begin{bmatrix} y_1(t) \\ y_2(t) \end{bmatrix}.$$

und hat daher die Koeffizientenmatrix

$$\boldsymbol{A} = \begin{bmatrix} 1 & 1 \\ -2 & 4 \end{bmatrix}.$$

Diese Matrix $\boldsymbol{A}$ muss nun diagonalisiert werden. Dies haben wir bereits in Beispiel 11.2 durchgeführt mit dem Erfolg

$$\underbrace{\begin{bmatrix} 2 & -1 \\ -1 & 1 \end{bmatrix}}_{\boldsymbol{X}^{-1}} \underbrace{\begin{bmatrix} 1 & 1 \\ -2 & 4 \end{bmatrix}}_{\boldsymbol{A}} \underbrace{\begin{bmatrix} 1 & 1 \\ 1 & 2 \end{bmatrix}}_{\boldsymbol{X}} = \underbrace{\begin{bmatrix} 2 & 0 \\ 0 & 3 \end{bmatrix}}_{\boldsymbol{D}}.$$

Das neue Differenzialgleichungssystem ist daher

$$\underbrace{\begin{bmatrix} u_1'(t) \\ u_2'(t) \end{bmatrix}}_{\boldsymbol{u}'(t)} = \underbrace{\begin{bmatrix} 2 & 0 \\ 0 & 3 \end{bmatrix}}_{\boldsymbol{D}} \underbrace{\begin{bmatrix} u_1(t) \\ u_2(t) \end{bmatrix}}_{\boldsymbol{u}(t)}.$$

Die allgemeine Lösung ist

$$\boldsymbol{u}(t) = \begin{bmatrix} u_1(t) \\ u_2(t) \end{bmatrix} = \begin{bmatrix} c_1 \mathrm{e}^{2t} \\ c_2 \mathrm{e}^{3t} \end{bmatrix}$$

aus der wir durch Rücksubstitution

$$\boldsymbol{y}(t) = \begin{bmatrix} y_1(t) \\ y_2(t) \end{bmatrix} = \boldsymbol{X} \begin{bmatrix} u_1(t) \\ u_2(t) \end{bmatrix} = \begin{bmatrix} 1 & 1 \\ 1 & 2 \end{bmatrix} \begin{bmatrix} c_1 \mathrm{e}^{2t} \\ c_2 \mathrm{e}^{3t} \end{bmatrix} = \begin{bmatrix} c_1 \mathrm{e}^{2t} + c_2 \mathrm{e}^{3t} \\ c_1 \mathrm{e}^{2t} + 2c_2 \mathrm{e}^{3t} \end{bmatrix}$$

die allgemeine Lösung von $\boldsymbol{y}'(t) = \boldsymbol{A}\boldsymbol{y}(t)$ erhalten. Durch Einsetzen der Anfangsbedingungen ergibt sich das lineare Gleichungssystem

$$\begin{aligned} -4 &= c_1 + \phantom{2}c_2 \\ 2 &= c_1 + 2c_2 \end{aligned}$$

mit den Lösungen $c_1 = -10$ und $c_2 = 6$. Die Lösung der Anfangswertausgabe ist somit

$$\boldsymbol{y}(t) = \begin{bmatrix} y_1(t) \\ y_2(t) \end{bmatrix} = \begin{bmatrix} -10\mathrm{e}^{2t} + 6\mathrm{e}^{3t} \\ -10\mathrm{e}^{2t} + 12\mathrm{e}^{3t} \end{bmatrix}. \quad \blacksquare$$

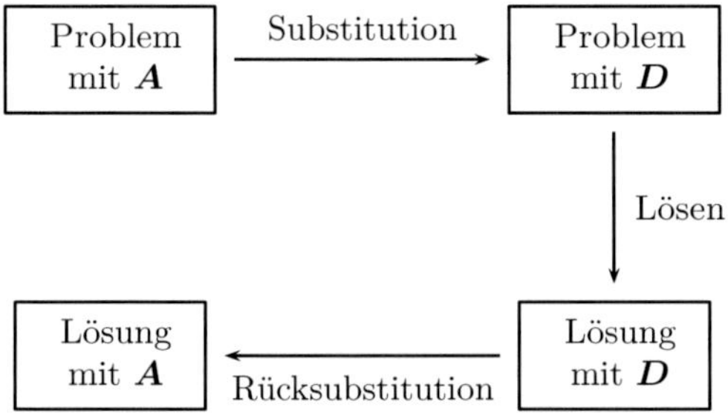


Bild 12.2.: Zur Lösung eines homogenen Differenzialgleichungssystems

Beachten Sie, dass diese Methode nur dann funktioniert, wenn die Koeffizientenmatrix des linearen Differenzialgleichungssystems diagonalisierbar ist. In Bild 12.6 haben wir den Lösungsprozess symbolisch dargestellt. Wir fassen unsere Ergebnisse in folgendem Satz zusammen.

**Satz 12.2** (Lineare homogene Differenzialgleichungssysteme)**.** *Falls die Matrix* $\boldsymbol{A} \in \mathbb{R}^{n\times n}$ *mit den Eigenwerten* $\lambda_1, \lambda_2, \ldots, \lambda_n$ *(nicht notwendig verschieden)* $n$ *linear unabhängige Eigenvektoren* $\boldsymbol{x}_1, \boldsymbol{x}_2, \ldots, \boldsymbol{x}_n$ *besitzt, so ist die allgemeine Lösung des homogenen linearen Differenzialgleichungssystems* $\boldsymbol{y}'(t) = \boldsymbol{A}\boldsymbol{y}(t)$ *durch*

$$\begin{aligned}\boldsymbol{y}(t) = \begin{bmatrix} y_1(t) \\ y_2(t) \\ \vdots \\ y_n(t) \end{bmatrix} &= \begin{bmatrix} c_1x_{11}e^{\lambda_1 t} + c_2x_{12}e^{\lambda_2 t} + \cdots + c_nx_{1n}e^{\lambda_n t} \\ c_1x_{21}e^{\lambda_1 t} + c_2x_{22}e^{\lambda_2 t} + \cdots + c_nx_{2n}e^{\lambda_n t} \\ \vdots \\ c_1x_{n1}e^{\lambda_1 t} + c_2x_{n2}e^{\lambda_2 t} + \cdots + c_nx_{nn}e^{\lambda_n t} \end{bmatrix} \\ &= c_1e^{\lambda_1 t}\boldsymbol{x}_1 + c_2e^{\lambda_2 t}\boldsymbol{x}_2 + \cdots + c_ne^{\lambda_n t}\boldsymbol{x}_n\end{aligned}$$

*mit* $\boldsymbol{x}_j = (x_{1j}, x_{2j}, \ldots, x_{nj})$ *für* $j = 1, 2, \ldots, n$ *gegeben.*

Beachten Sie, dass mehrfach auftretende Eigenwerte entsprechend ihrer Vielfachheit mit aufgezählt werden.

**Beispiel 12.4.** Lösen Sie das lineare Differenzialgleichungssystem

$$\begin{aligned} y_1'(t) &= y_1(t) - y_2(t) \\ y_2'(t) &= 2y_1(t) + 4y_2(t). \end{aligned}$$

*Lösung.* Das Differenzialgleichungssystem schreibt sich in Matrix-Notation als

$$\begin{bmatrix} y_1'(t) \\ y_2'(t) \end{bmatrix} = \begin{bmatrix} 1 & -1 \\ 2 & 4 \end{bmatrix} \begin{bmatrix} y_1(t) \\ y_2(t) \end{bmatrix}.$$

und hat daher die Koeffizientenmatrix

$$\boldsymbol{A} = \begin{bmatrix} 1 & -1 \\ 2 & 4 \end{bmatrix}.$$

Diese Matrix $\boldsymbol{A}$ hat die Eigenwerte $\lambda_1 = 2$ und $\lambda_2 = 3$ mit dazugehörigen Eigenvektoren

$$\boldsymbol{x}_1 = \begin{bmatrix} 1 \\ 1 \end{bmatrix} \quad \text{und} \quad \boldsymbol{x}_2 = \begin{bmatrix} 1 \\ -2 \end{bmatrix}.$$

Damit sind die Vektoren $\boldsymbol{x}_1$ und $\boldsymbol{x}_2$ automatisch linear unabhängig und bilden somit eine Basis des $\mathbb{R}^2$, siehe Satz 11.2. Die allgemeine Lösung des gegebenen Differezialgleichungssystems ist daher

$$\boldsymbol{y}(t) = c_1 \begin{bmatrix} 1 \\ 1 \end{bmatrix} \mathrm{e}^{2t} + c_2 \begin{bmatrix} 1 \\ -2 \end{bmatrix} \mathrm{e}^{3t} = \begin{bmatrix} c_1\mathrm{e}^{2t} + c_2\mathrm{e}^{3t} \\ c_1\mathrm{e}^{2t} - 2c_2\mathrm{e}^{3t} \end{bmatrix}. \quad \blacksquare$$

### Kompartimentmodelle

Viele Prozesse in der Natur und Technik lassen sich (idealisiert) durch das folgende Modell darstellen [49]. Gegeben seien $n$ reale oder fiktive Behälter (Kompartimente) $K_1$, $K_2$, …, $K_n$. Jeder Behälter $K_i$ enthalte zur Zeit $t$ genau $m_i(t)$ Masseneinheiten eines Salzes homogener Lösung. Durch irgendeinen Transportmechanismus (Diffusion oder Pumpen) möge in der kleinen Zeitspanne $\Delta t$ eine gewisse Salzmenge von Behälter $K_i$ nach Behälter $K_j$ ($i \neq j$) gelangen, die proportional zu $\Delta t$ und zur Ausgangsmenge $m_i(t)$, also $k_{ij}m_i(t)\Delta t$ mit festen Übergangsraten $k_{ij} \geq 0$ ist. Wir lassen auch $k_{ij} = 0$ zu; dies bedeutet, dass kein Transport direkt von $K_i$ nach $K_j$ stattfindet. Insgesamt führt also $K_i$ in der Zeit von $t$ bis $t+\Delta t$ die Salzmenge $k_{i1}m_i(t)\Delta t + k_{i2}m_i(t)\Delta t + \cdots + k_{in}m_i(t)\Delta t$ an alle anderen Kompartimente ab. Im gesamten Zeitraum verändert sich daher der Salzgehalt in $K_i$ um: Zuführung $-$ Abführung $= k_{1i}m_1(t)\Delta t + k_{2i}m_2(t)\Delta t + \cdots + k_{ni}m_n(t)\Delta t - (k_{i1}m_i(t)\Delta t + k_{i2}m_i(t)\Delta t + \cdots + k_{in}m_i(t)\Delta t)$. Damit ergibt sich also in der Zeitspanne von $t$ bis $\Delta t$ eine Veränderung des Salzgehaltes von $K_i$ um insgesamt

$$\begin{aligned} \Delta m_i(t) =& k_{1i}m_1(t)\Delta t + k_{2i}m_2(t)\Delta t + \cdots + k_{ni}m_n(t)\Delta t \\ &- (k_{i1}m_i(t)\Delta t + k_{i2}m_i(t)\Delta t + \cdots + k_{in}m_i(t)\Delta t). \end{aligned}$$

Die Salzkinetik (Kinetik = Lehre der Bewegung) in diesem Kompartimentmodell wird somit beherrscht von dem Differenzialgleichungssystem

$$\frac{\mathrm{d}m_i(t)}{\mathrm{d}t} = \sum_{\substack{j=1 \\ j\neq i}}^{n} k_{ji}m_j(t) - \sum_{\substack{j=1 \\ j\neq i}}^{n} k_{ij}m_i(t) \quad (i = 1, 2, \ldots n).$$

Mit der Notation $\mathrm{d}m_i(t)/\mathrm{d}t = \dot{m}_i(t)$ schreibt sich dieses System in Matrizenschreibweise als

$$\begin{bmatrix} \dot{m}_1(t) \\ \dot{m}_2(t) \\ \vdots \\ \dot{m}_n(t) \end{bmatrix} = \begin{bmatrix} -\sum k_{ij} & k_{21} & \cdots & k_{n1} \\ -k_{12} & -\sum k_{ij} & \cdots & k_{n2} \\ \vdots & \vdots & \vdots & \vdots \\ -k_{1n} & k_{2n} & \cdots & -\sum k_{ij} \end{bmatrix} \begin{bmatrix} m_1(t) \\ m_2(t) \\ \vdots \\ m_n(t) \end{bmatrix}.$$

Dabei ist festzuhalten, dass alle $k_{ij} \geq 0$ und alle Spaltensummen der Matrix Null sind. Das Bild 12.3 zeigt das Kompartimentmodell im Fall $n = 3$.

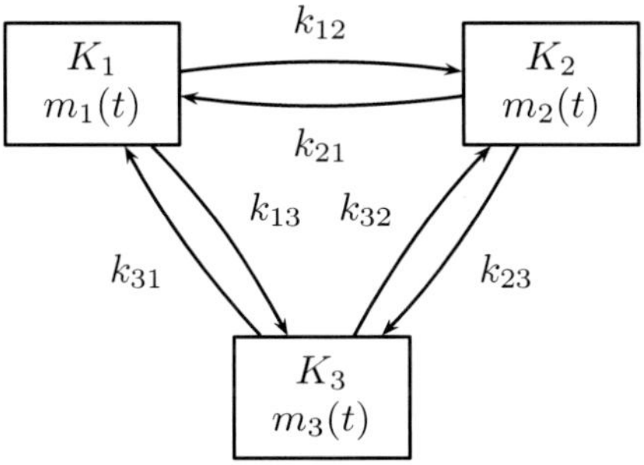


Bild 12.3.: Kompartimentmodell für $n = 3$

In diesem Fall gibt es drei Gleichungen und drei Unbekannte und das Differenzialgleichungssystem hat die Gestalt

$$\begin{bmatrix} \dot{m}_1(t) \\ \dot{m}_2(t) \\ \dot{m}_3(t) \end{bmatrix} = \begin{bmatrix} -k_{12} - k_{13} & k_{21} & k_{31} \\ k_{12} & -k_{21} - k_{23} & k_{32} \\ k_{13} & k_{23} & -k_{31} - k_{32} \end{bmatrix} \begin{bmatrix} m_1(t) \\ m_2(t) \\ m_3(t) \end{bmatrix}.$$

**Beispiel 12.5** (Abbau eines Medikaments)**.** Ein Medikament $M$ tritt aus der Blutbahn in das Gewebe, umgekehrt wieder aus dem Gewebe in die Blutbahn und wird dann über die Ausscheidungsorgane exkrediert. Die Übertrittsraten wird man dann proportional zu den Medikamentenmengen annehmen, die an den abgebenden Stellen gerade vorhanden sind. Befinden sich zur Zeit

$B(t)$ Einheiten von $M$ im Blut

$G(t)$ Einheiten von $M$ im Gewebe

$A(t)$ Einheiten von $M$ in der Außenwelt

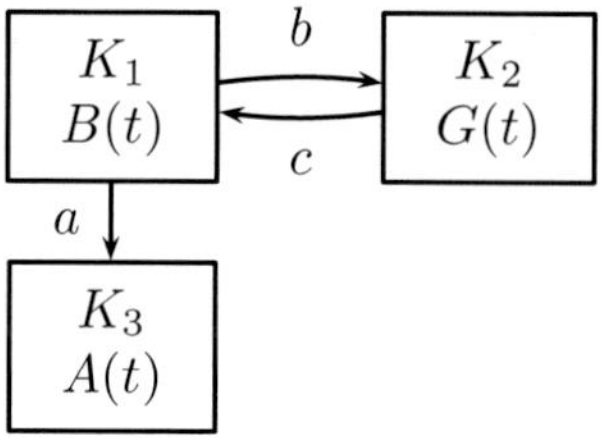


Bild 12.4.: Kompartimentmodell zum Abbau eines Medikaments

so führen diese Vorstellungen zu dem Modell mit den drei Kompartimenten: $K_1$ = Blut, $K_2$ = Gewebe und $K_3$ = Außenwelt. Das Bild 12.4 zeigt das Modell symbolisch.

Das dazugehörige mathematische Modell ist das lineare homogene Differenzialgleichungssystem der Form

$$\begin{aligned} \dot{B}(t) &= -(a+b)B(t) + c\,G(t) + 0 \cdot A(t) \\ \dot{G}(t) &= \quad bB(t) - c\,G(t) + 0 \cdot A(t) \\ \dot{A}(t) &= \quad aB(t) + 0 \cdot G(t) + 0 \cdot A(t), \end{aligned}$$

wobei $a$, $b$, und $c$ positive reelle Zahlen sind. $a$ bestimmt die Exkretion von $M$ aus dem Blut via Ausscheidungsorgane, $b$ den Übertritt von $M$ aus dem Blut in das Gewebe und $c$ den von $M$ aus dem Gewebe in das Blut, symbolisch:

$a$ : Blut $\to$ Ausscheidung, $b$ : Blut $\to$ Gewebe, $c$ : Gewebe $\to$ Blut.

Bestimmen Sie nun unter den Annahmen $a = 2$, $b = 3$, $c = 4$ und den Anfangsbedingungen $B(0) = 2$, $G(0) = 1$ und $A(0) = 0$ die Medikamentenmengen $M$ im Blut, im Gewebe und der Außenwelt zu jeder Zeit $t$. Was kann man für $t \to \infty$ sagen?

*Lösung.* Das Differenzialgleichungssystem schreibt sich in Matrix-Notation als

$$\begin{bmatrix} \dot{B}(t) \\ \dot{G}(t) \\ \dot{A}(t) \end{bmatrix} = \begin{bmatrix} -5 & 4 & 0 \\ 3 & -4 & 0 \\ 2 & 0 & 0 \end{bmatrix} \begin{bmatrix} B(t) \\ G(t) \\ A(t) \end{bmatrix}$$

und hat daher die Koeffizientenmatrix

$$\boldsymbol{A} = \begin{bmatrix} -5 & 4 & 0 \\ 3 & -4 & 0 \\ 2 & 0 & 0 \end{bmatrix}.$$

Diese Matrix $\boldsymbol{A}$ hat die Eigenwerte $\lambda_1 = -8$, $\lambda_2 = -1$ und $\lambda_3 = 0$ mit dazugehörigen Eigenvektoren

$$\boldsymbol{x}_1 = \begin{bmatrix} -4 \\ 3 \\ 1 \end{bmatrix}, \quad \boldsymbol{x}_2 = \begin{bmatrix} 1 \\ 1 \\ -2 \end{bmatrix} \quad \text{und} \quad \boldsymbol{x}_3 = \begin{bmatrix} 0 \\ 0 \\ 1 \end{bmatrix}.$$

Nach Satz 11.2 sind die Vektoren $\boldsymbol{x}_1$, $\boldsymbol{x}_2$ und $\boldsymbol{x}_3$ automatisch linear unabhängig und bilden somit eine Basis des $\mathbb{R}^3$. Die allgemeine Lösung des Differenzialgleichungssystems ist daher

$$\boldsymbol{y}(t) = c_1 \begin{bmatrix} -4 \\ 3 \\ 1 \end{bmatrix} \mathrm{e}^{-8t} + c_2 \begin{bmatrix} 1 \\ 1 \\ -2 \end{bmatrix} \mathrm{e}^{-t} + c_3 \begin{bmatrix} 0 \\ 0 \\ 1 \end{bmatrix} = \begin{bmatrix} -4c_1\mathrm{e}^{-8t} + c_2\mathrm{e}^{-t} \\ 3c_1\mathrm{e}^{-8t} + c_2\mathrm{e}^{-t} \\ c_1\mathrm{e}^{-8t} - 2c_2\mathrm{e}^{-t} + c_3 \end{bmatrix}.$$

Auf Grund der Anfangsbedingungen erhalten wir $c_1 = -1/7$, $c_2 = 10/7$ und $c_3 = 3$ und damit die eindeutige Lösung

$$\begin{bmatrix} B(t) \\ G(t) \\ A(t) \end{bmatrix} = \begin{bmatrix} 4/7\mathrm{e}^{-8t} + 10/7\mathrm{e}^{-t} \\ -3/7\mathrm{e}^{-8t} + 10/7\mathrm{e}^{-t} \\ -1/7\mathrm{e}^{-8t} - 20/7\mathrm{e}^{-t} + 3 \end{bmatrix}.$$

Aus diesen Lösungen kann man nun die Medikamentenmengen im Blut, im Gewebe und in der Außenwelt zu jeder Zeit berechnen. Für große Zeiten $t$ befindet sich das Medikament $M$ fast vollständig in der Außenwelt. Das Bild 12.5 zeigt die Lösungen grafisch. ■

### Die Exponentialfunktion einer Matrix

Für $a \in \mathbb{R}$ kann der Exponentialterm $\mathrm{e}^a$ durch eine Potenzreihe ausgedrückt werden

$$\mathrm{e}^a = 1 + a + \frac{1}{2!}a^2 + \frac{1}{3!}a^3 + \cdots$$

Dies kann man für eine $(n, n)$-Matrix verallgemeinern. Wir definieren die **Matrixexponentialfunktion** (**Matrixexponential**) $\mathrm{e}^{\boldsymbol{A}}$, $\boldsymbol{A} \in \mathbb{R}^{n \times n}$, durch die konvergente Potenzreihe[1]

$$\mathrm{e}^{\boldsymbol{A}} = \boldsymbol{E} + \boldsymbol{A} + \frac{1}{2!}\boldsymbol{A}^2 + \frac{1}{3!}\boldsymbol{A}^3 + \cdots$$

[1] Diese Definition ist nur sinnvoll, wenn man zeigen kann, dass die Reihe konvergiert. Das tut sie, siehe zum Beispiel [49].

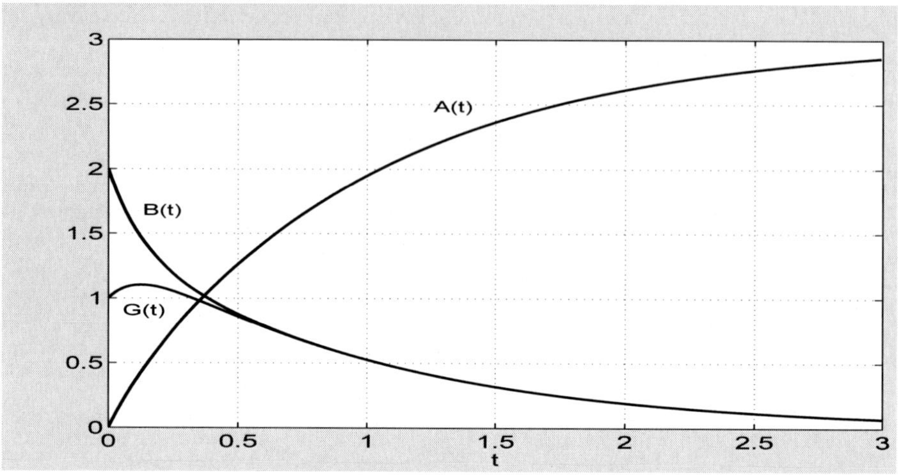


Bild 12.5.: Grafische Darstellung der Lösungen

Ist $\boldsymbol{A} = \boldsymbol{D}$, wobei $\boldsymbol{D} = \operatorname{Diag}(\lambda_1, \lambda_2, \ldots, \lambda_n)$ eine Diagonalmatrix ist, dann kann man $\mathrm{e}^{\boldsymbol{D}}$ leicht berechnen. Es ist nämlich

$$
\begin{aligned}
\mathrm{e}^{\boldsymbol{D}} &= \boldsymbol{E} + \boldsymbol{D} + \frac{1}{2!}\boldsymbol{D}^2 + \cdots \\
&= \begin{bmatrix} 1 + \lambda_1 + \frac{1}{2!}\lambda_1^2 + \cdots & 0 & \cdots & 0 \\ 0 & 1 + \lambda_2 + \frac{1}{2!}\lambda_2^2 + \cdots & \cdots & 0 \\ \vdots & \vdots & \vdots & \vdots \\ 0 & 0 & \cdots & 1 + \lambda_n + \frac{1}{2!}\lambda_n^2 + \cdots \end{bmatrix} \\
&= \begin{bmatrix} \mathrm{e}^{\lambda_1} & & & \\ & \mathrm{e}^{\lambda_2} & & \\ & & \ddots & \\ & & & \mathrm{e}^{\lambda_n} \end{bmatrix}.
\end{aligned}
$$

**Beispiel 12.6.** Berechnen Sie $e^D$ für die Matrix

$$
\boldsymbol{D} = \begin{bmatrix} 2 & 0 \\ 0 & 3 \end{bmatrix}
$$

*Lösung.* Es ist

$$e^D = e^{\begin{bmatrix} 2 & 0 \\ 0 & 3 \end{bmatrix}} = \begin{bmatrix} e^2 & 0 \\ 0 & e^3 \end{bmatrix}.$$

Die Zeilen

```
>> D = sym([2 0;0 3]);
>> expm(D)
ans =
[ exp(2),       0]
[      0, exp(3)]
```

bestätigen das Ergebnis in MATLAB. ■

Schwieriger ist es, wenn $\boldsymbol{A} \in \mathbb{R}^{n\times n}$ beliebig ist. Ist jedoch $\boldsymbol{A}$ diagonalisierbar, so erhält man aus $\boldsymbol{D} = \boldsymbol{X}^{-1}\boldsymbol{A}\boldsymbol{X}$ die äquivalente Beziehung $\boldsymbol{A} = \boldsymbol{X}\boldsymbol{D}\boldsymbol{X}^{-1}$ und dann

$$\boldsymbol{A}^k = (\boldsymbol{X}\boldsymbol{D}\boldsymbol{X}^{-1})^k = \boldsymbol{X}\boldsymbol{D}^k\boldsymbol{X}^{-1}$$

und damit

$$\begin{aligned}
\mathrm{e}^{\boldsymbol{A}} &= \boldsymbol{E} + \boldsymbol{A} + \frac{1}{2!}\boldsymbol{A}^2 + \frac{1}{2!}\boldsymbol{A}^3 + \cdots \\
&= \boldsymbol{E} + (\boldsymbol{X}\boldsymbol{D}\boldsymbol{X}^{-1}) + \frac{1}{2!}(\boldsymbol{X}\boldsymbol{D}\boldsymbol{X}^{-1})^2 + \frac{1}{3!}(\boldsymbol{X}\boldsymbol{D}\boldsymbol{X}^{-1})^3 + \cdots \\
&= \boldsymbol{E} + \boldsymbol{X}\boldsymbol{D}\boldsymbol{X}^{-1} + \frac{1}{2!}\boldsymbol{X}\boldsymbol{D}^2\boldsymbol{X}^{-1} + \frac{1}{3!}\boldsymbol{X}\boldsymbol{D}^3\boldsymbol{X}^{-1} + \cdots \\
&= \boldsymbol{X}(\boldsymbol{E} + \boldsymbol{D} + \frac{1}{2!}\boldsymbol{D}^2 + \frac{1}{3!}\boldsymbol{D}^3 + \cdots)\boldsymbol{X}^{-1} = \boldsymbol{X}\mathrm{e}^{\boldsymbol{D}}\boldsymbol{X}^{-1}.
\end{aligned}$$

**Beispiel 12.7.** Berechnen Sie $\mathrm{e}^{\boldsymbol{A}}$ für die Matrix

$$\boldsymbol{A} = \begin{bmatrix} 1 & 1 \\ -2 & 4 \end{bmatrix}.$$

*Lösung.* Die Eigenwerte von $\boldsymbol{A}$ sind $\lambda_1 = 2$ und $\lambda_2 = 3$ mit Eigenvektoren $\boldsymbol{x}_1 = (1, 1)$ und $\boldsymbol{x}_2 = (1, 2)$, siehe Beispiel 11.2. Somit gilt

$$\boldsymbol{A} = \boldsymbol{X}\boldsymbol{D}\boldsymbol{X}^{-1} = \begin{bmatrix} 1 & 1 \\ 1 & 2 \end{bmatrix}\begin{bmatrix} 2 & 0 \\ 0 & 3 \end{bmatrix}\begin{bmatrix} 2 & -1 \\ -1 & 1 \end{bmatrix}$$

und damit

$$\mathrm{e}^{\boldsymbol{A}} = \boldsymbol{X}\mathrm{e}^{\boldsymbol{D}}\boldsymbol{X}^{-1} = \begin{bmatrix} 1 & 1 \\ 1 & 2 \end{bmatrix}\begin{bmatrix} \mathrm{e}^2 & 0 \\ 0 & \mathrm{e}^3 \end{bmatrix}\begin{bmatrix} 2 & -1 \\ -1 & 1 \end{bmatrix} = \begin{bmatrix} 2\mathrm{e}^2 - \mathrm{e}^3 & \mathrm{e}^3 - \mathrm{e}^2 \\ -2\mathrm{e}^3 + 2\mathrm{e}^2 & -\mathrm{e}^2 + 2\mathrm{e}^3 \end{bmatrix}.$$

Die Zeilen

```
>> A = sym([1 1; -2 4]);
>> expm(A)
ans =
[     2*exp(2)-exp(3),         exp(3)-exp(2)]
[ -2*exp(3)+2*exp(2),    -exp(2)+2*exp(3)]
```

bestätigen das Ergebnis in MATLAB mit der Funktion `expm`. ■

Die Matrixfunktion $\mathrm{e}^{\boldsymbol{A}}$, $\boldsymbol{A} \in \mathbb{R}^{n \times n}$, kommt in vielen Anwendungen vor; wir zeigen eine bezüglich Differenzialgleichungen.

### Anwendung der Matrixexponentialfunktion auf Differenzialgleichungen

Die Matrixexponentialfunktion kann für *lineare homogene Differenzialgleichungssysteme mit konstanten Koeffizienten* erfolgreich eingesetzt werden. Hierzu betrachten wir die *Anfangswertaufgabe*

$$\text{AWA}: \begin{cases} \boldsymbol{y}'(t) = \boldsymbol{A}\boldsymbol{y}(t) \\ \boldsymbol{y}(0) = \boldsymbol{y}_0, \end{cases}$$

wobei $\boldsymbol{y}(t) = (y_1(t), y_2(t), \ldots, y_n(t))$, $t \in [a, b] \subset \mathbb{R}$, eine mindestens einmal stetig differenzierbare Vektorfunktion ist. Für den Spezialfall $n = 1$ ist die Lösung von

$$\text{AWA}: \begin{cases} y'(t) = ay(t) \\ y(0) = y_0 \end{cases}$$

durch

$$y(t) = \mathrm{e}^{at} y_0$$

gegeben. Dies können wir nun mit $\mathrm{e}^{\boldsymbol{A}t}$ für beliebiges $n$ verallgemeinern, wobei $\boldsymbol{A}t = t\boldsymbol{A}$ die Multiplikation der Matrix $\boldsymbol{A}$ mit dem Skalar $t$ bedeutet. Im Allgemeinen kann eine Potenzreihe in ihrem Konvergenzbereich gliedweise differenziert werden, was für $\mathrm{e}^{\boldsymbol{A}t}$ insofern unproblematisch ist, da die Reihe für alle $t \in \mathbb{R}$ konvergiert. Also gilt

$$\begin{aligned} \frac{\mathrm{d}}{\mathrm{d}t}\mathrm{e}^{\boldsymbol{A}t} &= \frac{\mathrm{d}}{\mathrm{d}t}(\boldsymbol{E} + t\boldsymbol{A} + \frac{1}{2!}t^2\boldsymbol{A}^2 + \frac{1}{3!}t^3\boldsymbol{A}^3 + \cdots) \\ &= (\boldsymbol{A} + t\boldsymbol{A}^2 + \frac{1}{2!}t^2\boldsymbol{A}^3 + \cdots) = \boldsymbol{A}(\boldsymbol{E} + t\boldsymbol{A} + \frac{1}{2!}t^2\boldsymbol{A}^2 + \cdots) = \boldsymbol{A}\mathrm{e}^{\boldsymbol{A}t}. \end{aligned}$$

Wie im eindimensionalen Fall gelten für $\boldsymbol{y}(t) = \mathrm{e}^{\boldsymbol{A}t}\boldsymbol{y}_0$ die Beziehungen $\boldsymbol{y}'(t) = \boldsymbol{A}\mathrm{e}^{\boldsymbol{A}t}\boldsymbol{y}_0 = \boldsymbol{A}\boldsymbol{y}(t)$ und $\boldsymbol{y}(0) = \boldsymbol{y}_0$. Somit ist die Lösung der Anfangswertaufgabe

$$\text{AWA}: \begin{cases} \boldsymbol{y}'(t) = \boldsymbol{A}\boldsymbol{y}(t) \\ \boldsymbol{y}(0) = \boldsymbol{y}_0, \end{cases}$$

durch

$$\boldsymbol{y}(t) = \mathrm{e}^{\boldsymbol{A}t}\boldsymbol{y}_0$$

gegeben. Obwohl diese Lösung formal anders aussieht als die in Satz 12.2, gibt es tatsächlich keinen Unterschied. Die Lösung in Satz 12.2 haben wir wie folgt ausgedrückt

$$c_1\boldsymbol{x}_1\mathrm{e}^{\lambda_1 t} + c_2\boldsymbol{x}_2\mathrm{e}^{\lambda_2 t} + \cdots + c_n\boldsymbol{x}_n\mathrm{e}^{\lambda_n t},$$

wobei $\boldsymbol{x}_i$ Eigenvektoren zu den Eigenwerten $\lambda_i$ sind. Die Konstanten $\boldsymbol{c} = (c_1, c_2, \ldots, c_n)$ berechnen sich aus den Anfangsbedingungen über das lineare Gleichungssystem $\boldsymbol{X}\boldsymbol{c} = \boldsymbol{y}_0$. Ist nun $\boldsymbol{A}$ diagonalisierbar, dann können wir für die Lösung schreiben

$$\boldsymbol{y}(t) = \mathrm{e}^{\boldsymbol{A}t}\boldsymbol{y}_0 = \boldsymbol{X}\mathrm{e}^{\boldsymbol{D}t}\boldsymbol{X}^{-1}\boldsymbol{y}_0.$$

Somit gilt

$$\begin{aligned}\boldsymbol{y}(t) &= \boldsymbol{X}\mathrm{e}^{\boldsymbol{D}t}\boldsymbol{X}^{-1}\boldsymbol{X}\boldsymbol{c} = \boldsymbol{X}\mathrm{e}^{\boldsymbol{D}t}\boldsymbol{c}\\ &= \begin{bmatrix} | & | & & | \\ \boldsymbol{x}_1 & \boldsymbol{x}_2 & \cdots & \boldsymbol{x}_n \\ | & | & & | \end{bmatrix} \begin{bmatrix} c_1\mathrm{e}^{\lambda_1 t} \\ c_2\mathrm{e}^{\lambda_2 t} \\ \vdots \\ c_n\mathrm{e}^{\lambda_n t} \end{bmatrix} = c_1\mathrm{e}^{\lambda_1 t}\boldsymbol{x}_1 + c_2\mathrm{e}^{\lambda_2 t}\boldsymbol{x}_2 + \cdots + c_n\mathrm{e}^{\lambda_n t}\boldsymbol{x}_n.\end{aligned}$$

**Satz 12.3** (Anfangswertaufgabe bei linearen Differenzialgleichungen)**.** *Die Lösung der Anfangswertaufgabe*

$$AWA: \begin{cases} \boldsymbol{y}'(t) = \boldsymbol{A}\boldsymbol{y}(t) \\ \boldsymbol{y}(0) = \boldsymbol{y}_0, \end{cases}$$

*ist durch*

$$\boldsymbol{y}(t) = e^{\boldsymbol{A}t}\boldsymbol{y}_0$$

*gegeben. Ist $\boldsymbol{A}$ diagonalisierbar, so kann diese Lösung wie folgt geschrieben werden*

$$\boldsymbol{y}(t) = \boldsymbol{X}e^{\boldsymbol{D}t}\boldsymbol{X}^{-1}\boldsymbol{y}_0 = c_1e^{\lambda_1 t}\boldsymbol{x}_1 + c_2e^{\lambda_2 t}\boldsymbol{x}_2 + \cdots + c_ne^{\lambda_n t}\boldsymbol{x}_n$$

*mit $\boldsymbol{c} = \boldsymbol{X}^{-1}\boldsymbol{y}_0$.*

**Beispiel 12.8.** Lösen Sie die Anfangswertaufgabe

$$\text{AWA}: \begin{cases} \boldsymbol{y}'(t) = \boldsymbol{A}\boldsymbol{y}(t) \\ \boldsymbol{y}(0) = \boldsymbol{y}_0, \end{cases}$$

mit

$$A = \begin{bmatrix} 1 & 1 \\ -2 & 4 \end{bmatrix} \quad \text{und} \quad y_0 = \begin{bmatrix} -4 \\ 2 \end{bmatrix}.$$

*Lösung.* Aufgrund des Beispiels 12.7 gilt

$$A = XDX^{-1} = \begin{bmatrix} 1 & 1 \\ 1 & 2 \end{bmatrix} \begin{bmatrix} 2 & 0 \\ 0 & 3 \end{bmatrix} \begin{bmatrix} 2 & -1 \\ -1 & 1 \end{bmatrix}$$

und damit ist die Lösung der AWA durch

$$\begin{aligned} y(t) &= e^{At} y_0 = X e^{Dt} X^{-1} y_0 \\ &= \begin{bmatrix} 1 & 1 \\ 1 & 2 \end{bmatrix} \begin{bmatrix} e^{2t} & 0 \\ 0 & e^{3t} \end{bmatrix} \begin{bmatrix} 2 & -1 \\ -1 & 1 \end{bmatrix} \begin{bmatrix} -4 \\ 2 \end{bmatrix} \\ &= \begin{bmatrix} 2e^{2t} - e^{3t} & e^{3t} - e^{2t} \\ -2e^{3t} + 2e^{2t} & -e^{2} + 2e^{3t} \end{bmatrix} \begin{bmatrix} -4 \\ 2 \end{bmatrix} = \begin{bmatrix} -10e^{2t} + 6e^{3t} \\ 12e^{3t} - 10e^{2t} \end{bmatrix} \end{aligned}$$

gegeben. Die Zeilen

```
>> A = sym([1 1; -2 4]);
>> syms t
>> y = expm(A*t)*[-4;2]
y =
[ -10*exp(2*t)+6*exp(3*t)]
[ 12*exp(3*t)-10*exp(2*t)]
```

bestätigen das Resultat in MATLAB. ■

**Beispiel 12.9.** Berechnen Sie mit der Matrixexponentialfunktion die Lösung der Anfangswertaufgabe

$$\text{AWA} : \begin{cases} y'(t) = Ay(t) \\ y(0) = y_0, \end{cases}$$

mit

$$A = \begin{bmatrix} 0 & 1 & 0 \\ 0 & 0 & 1 \\ 0 & 0 & 0 \end{bmatrix} \quad \text{und} \quad y_0 = \begin{bmatrix} 2 \\ 1 \\ 4 \end{bmatrix}.$$

*Lösung.* Die Matrix $A$ ist nicht diagonalisierbar. Trotzdem können wir das Problem lösen, denn es ist $A^3 = O$ und damit ist

$$e^{At} = E_3 + tA + \frac{1}{2!} t^2 A^2 = \begin{bmatrix} 1 & t & t^2/2 \\ 0 & 1 & t \\ 0 & 0 & 1 \end{bmatrix}.$$

Somit erhalten wir durch

$$\boldsymbol{y}(t) = \mathrm{e}^{\boldsymbol{A}t}\boldsymbol{y}_0 = \begin{bmatrix} 1 & t & t^2/2 \\ 0 & 1 & t \\ 0 & 0 & 1 \end{bmatrix} \begin{bmatrix} 2 \\ 1 \\ 4 \end{bmatrix} = \begin{bmatrix} 2+t+2t^2 \\ 1+4t \\ 4 \end{bmatrix}$$

die eindeutige Lösung der Anfangswertaufgabe. Die Anweisungen

```
>> A = sym([0 1 0; 0 0 1; 0 0 0]);
>> syms t
>> y = expm(A*t)*[2;1;4]
y =
[ 2+t+2*t^2]
[     1+4*t]
[         4]
```

bestätigen das Ergebnis in MATLAB. ∎

**Wir fassen zusammen:**

- Die Gleichung $\boldsymbol{y}'(t) = \boldsymbol{A}\boldsymbol{y}(t)$ ist eine homogene lineare Differenzialgleichung erster Ordnung mit konstanten Koeffizienten.
- Die Lösung der Gleichung $\boldsymbol{y}'(t) = \boldsymbol{A}\boldsymbol{y}(t)$ mit Startvektor $\boldsymbol{y}(0)$ ist $\boldsymbol{y}(t) = \mathrm{e}^{\boldsymbol{A}t}\boldsymbol{y}(0)$.
- Hat die Matrix $\boldsymbol{A}$ $n$ linear unabhängige Eigenvektoren $\boldsymbol{x}_1, \ldots, \boldsymbol{x}_n$, so ist $\boldsymbol{y}(t) = c_1\mathrm{e}^{\lambda_1 t}\boldsymbol{x}_1 + \cdots + c_n\mathrm{e}^{\lambda_n t}\boldsymbol{x}_n$ die allgemeine Lösung. Die Konstanten $c_1, \ldots, c_n$ können durch die Anfangsbedingung $\boldsymbol{y}(0)$ festgelegt werden.

## 12.2. Eigensysteme und Differenzengleichungen

Viele Größen ändern sich nicht kontinuierlich, sondern nur in bestimmten Zeitabständen (Perioden). Dies ist zum Beispiel der Fall, wenn man einen bestimmten Betrag auf einem Bankkonto anlegt und am Ende jeden Jahres die Zinsen für das jeweils vorhandene Kapital gutgeschrieben werden. Will man nun beschreiben, in welcher Weise eine solche Größe von den Werten abhängt, die sie in früheren Perioden angenommen hat, so benötigt man sogenannte *Differenzengleichungen.*

Wir betrachten die einfache Differenzengleichung

$$y(k+1) = ay(k), \quad k = 0, 1, 2, \ldots$$

mit $a \in \mathbb{R}$. Man bezeichnet diese Gleichung als eine *homogene lineare Differenzengleichung erster Ordnung*. Der Wert $y(k+1)$ hängt hier also unmittelbar nur von $y(k)$ ab, $y(k)$ wiederum direkt nur von $y(k-1)$, usw., schließlich $y(1)$ nur von $y(0)$. Man kann deshalb jedem $y(k)$ nur dann einen festen Wert zuordnen, wenn man sich für das erste Glied der Folge einen *Anfangswert* $y(0)$ vorgibt.

Eine *Lösung* dieser Differenzengleichung ist nun eine Formel, mit deren Hilfe man für jedes $k = 0, 1, 2, \ldots$ direkt berechnen kann, welchen Wert $y(k)$ in Abhängigkeit von $y(0)$ besitzt. Wir erhalten diese Formel durch rekursives Einsetzen wie folgt:

$$\begin{aligned}
y(1) &= ay(0) \\
y(2) &= ay(1) = a(ay(0)) = a^2y(0) \\
y(3) &= ay(2) = a(a^2y(0)) = a^3y(0) \\
&\ \vdots \\
y(k) &= a^ky(0)
\end{aligned}$$

**Satz 12.4.** *Die homogene lineare Differenzengleichung erster Ordnung*

$$y(k+1) = ay(k), \quad k = 0, 1, 2, \ldots$$

*besitzt für* $k = 0, 1, 2, \ldots$ *die Lösung*

$$y(k) = a^ky(0).$$

Vergleichen Sie diesen Satz mit Satz 12.1.

**Beispiel 12.10.** Berechnen Sie die Lösung der Differenzengleichung $y(k+1) = -1/2y(k)$ mit dem Anfangswert $y(0) = 3$. Welchen Wert besitzt $y(8)$?

*Lösung.* Nach Satz 12.4 gilt

$$y(k) = 3\left(-\frac{1}{2}\right)^k.$$

Weiterhin ist $y(8) = 3(-\frac{1}{2})^8 \approx 0.0117$. ■

**Beispiel 12.11.** Berechnen Sie die Lösung der Differenzengleichung $y(k+1) = 4y(k)$ mit dem Anfangswert $y(0) = 2$. Was ist $y(7)$?

*Lösung.* Nach Satz 12.4 gilt

$$y(k) = 2(4)^k.$$

Weiterhin ist $y(7) = 2(4)^7 = 32768$. ■

## Anwendung in der Finanzmathematik

Unter *Finanzmathematik* versteht man Verfahren zur Behandlung von Problemen, bei denen Zahlungen (Geldgrößen) zu unterschiedlichen Zeitpunkten fällig werden [77]. Ein wichtiges Prinzip innerhalb der Finanzmathematik ist die *Zinseszinsrechnung*. Dieses Problem lässt sich mit Hilfe einer linearen Differenzengleichung modellieren.

Hierzu betrachten wir ein Anfangskapital $K(0)$ und fragen wie sich $K(0)$ im Zeitablauf entwickelt, wenn nach jeder Zinsperiode (Tag, Monat, Jahr usw.) ein Zinszuschlag in Höhe von $i = p\,\%$ des zu Beginn der vorausgegangenen Zinsperiode vorhandenen Kapitals erfolgt. Gesucht ist das Endkapital $K(n)$, das sich aus $K(0)$ nach insgesamt $n$ Zinsperioden ergibt. Es ergibt sich dann für das Kapital $K(k)$ am Ende der $k$-ten Periode $(k = 1, 2, \dots, n)$

$$K(k) = K(k-1) + iK(k-1) = (1+i)K(k-1).$$

Nach Satz 12.4 ist die Lösung (Endkapital) $K(n)$ durch

$$K(n) = (1+i)^n K(0)$$

gegeben.

**Beispiel 12.12.** Ein Kapital von € 5000 wird zu einem jährlichen Zinssatz von 5% angelegt. Welcher Endbetrag steht nach 15 Jahren zur Verfügung?

*Lösung.* Aufgrund obiger Überlegungen ist

$$K(15) = (1+0.05)^{15} \cdot 5000 \approx 10394.64,$$

sodass nach 15 Jahren ein Betrag von € 10394.64 zur Verfügung steht. ■

## Systeme von linearen Differenzengleichungen

**Beispiel 12.13** (Diffusion)**.** Zwei luftgefüllte Kammern (1) und (2) sind durch eine Membran (Luftfilter) getrennt, die Luftmoleküle in beiden Richtungen frei durchlässt. Die Moleküle eines Duftstoffs können jedoch nicht beide Richtungen mit der gleichen Wahrscheinlichkeit passieren. In Kammer (1) befinden sich am Anfang 1 Million Moleküle des Duftstoffes und in Kammer (2) befindet sich zu Beginn kein Molekül, siehe Bild 2.14. Jedem Molekül werden die Übergangswahrscheinlichkeiten aus Bild 2.14 bei Beobachtung in Minutenabständen zugeschrieben. Ein Molekül, das sich in Kammer (1) befindet bleibt mit 70-prozentiger Wahrscheinlichkeit in Kammer (1) und diffundiert mit Wahrscheinlichkeit 0.3 nach Kammer (2). Ein Molekül, das sich in Kammer (2) befindet, wechselt mit 50-prozentiger Wahrscheinlichkeit nach Kammer (1) bzw. verbleibt mit gleicher Wahrscheinlichkeit 0.5 in Kammer (2). Geben Sie das mathematische Modell an, das diesen dynamischen Prozess (dynamisches System) beschreibt.

*Lösung.* Mit $k = 0, 1, 2, \ldots$ bezeichnen wir die Zeitspanne in Minuten. $v_k$ bezeichne die Aufenthaltswahrscheinlichkeit eines Teilchens in Kammer (1) nach $k$ Minuten und $w_k$ bezeichne die Aufenthaltswahrscheinlichkeit eines Teilchens in Kammer (2) ebenfalls nach $k$ Minuten. Damit gilt

$$\begin{aligned} v_k &= 0.7 v_{k-1} + 0.5 w_{k-1} \\ w_k &= 0.3 v_{k-1} + 0.5 w_{k-1} \end{aligned}$$

bzw. in Matrizenform

$$\underbrace{\begin{bmatrix} v_k \\ w_k \end{bmatrix}}_{\boldsymbol{y}_k} = \underbrace{\begin{bmatrix} 0.7 & 0.5 \\ 0.3 & 0.5 \end{bmatrix}}_{\boldsymbol{U}} \underbrace{\begin{bmatrix} v_{k-1} \\ w_{k-1} \end{bmatrix}}_{\boldsymbol{y}_{k-1}}.$$

Das mathematische Modell ist ein *System von Differenzengleichungen (Rekursionsgleichungen)*. Die Matrix $\boldsymbol{U}$ heißt *Übergangsmatrix*. Sie beschreibt den Übergang von Kammer (1) nach (2) oder umgekehrt. Für die Aufenthaltswahrscheinlichkeit $v_k$ und $w_k$ eines Teilchens gilt daher:

| $k$ in min | 0 | 1 | 2 | 3 | 4 | 5 | 6 | 7 | $\cdots$ |
|---|---|---|---|---|---|---|---|---|---|
| $v_k$ | 1 | 0.7000 | 0.6400 | 0.6280 | 0.6256 | 0.6251 | 0.6250 | 0.6250 | $\cdots$ |
| $w_k$ | 0 | 0.3000 | 0.3600 | 0.3720 | 0.3744 | 0.3749 | 0.3750 | 0.3750 | $\cdots$ |

Multipliziert man alle Wahrscheinlichkeit mit 1 000 000, so erhält man jeweils die ungefähre Anzahl der Moleküle in jeder Kammer. ∎

Von besonderer Bedeutung sind *Systeme von linearen Differenzengleichungen erster Ordnung mit konstanten Koeffizienten.* Sie haben die Normalform (explizite Form):

$$\begin{aligned} y_1(k) &= a_{11} y_1(k-1) + a_{12} y_2(k-1) + \cdots + a_{1n} y_n(k-1) + b_1(k-1) \\ y_2(k) &= a_{21} y_1(k-1) + a_{22} y_2(k-1) + \cdots + a_{2n} y_n(k-1) + b_2(k-1) \\ \vdots &= \vdots \\ y_n(k) &= a_{n1} y_1(k-1) + a_{n2} y_2(k-1) + \cdots + a_{nn} y_n(k-1) + b_n(k-1) \end{aligned}$$

bzw. in Matrizenform

$$\boldsymbol{y}(k) = \boldsymbol{A}\boldsymbol{y}(k-1) + \boldsymbol{b}(k-1) \quad \text{bzw.} \quad \boldsymbol{y}_k = \boldsymbol{A}\boldsymbol{y}_{k-1} + \boldsymbol{b}_{k-1}$$

für $k = 1, 2, \ldots$ mit $\boldsymbol{y}(k-1) = (y_1(k-1), y_2(k-1), \ldots, y_n(k-1)) \in \mathbb{R}^n$, $\boldsymbol{A} = [a_{ij}] \in \mathbb{R}^{n \times n}$ und $\boldsymbol{b}(k-1) = (b_1(k-1), b_2(k-1), \ldots, b_n(k-1)) \in \mathbb{R}^n$. Sind die *Steuerfunktionen* (*Störfunktionen, Störglieder*) $b(j)$ alle die Nullfunktionen, so liegt ein *homogenes* System vor. Ist dagegen wenigstens ein $b(j) \neq 0$, so bezeichnet man das System als *inhomogen*. Wir betrachten hauptsächlich homogene Systeme.

Wir erinnern an den Lösungsbegriff einer Differenzengleichung bzw. eines Differenzengleichungssystems, nun natürlich für vektorwertige Funktionen. Eine Funktion $\boldsymbol{\phi} : D_{\boldsymbol{\phi}} \subseteq \mathbb{N}_0 \to \mathbb{R}^n$ heißt Lösung des Systems $\boldsymbol{y}(k) = \boldsymbol{A}\boldsymbol{y}(k-1)$, falls $\boldsymbol{\phi}(k) = \boldsymbol{A}\boldsymbol{\phi}(k-1)$ für alle $k \in D_{\boldsymbol{\phi}}$ gilt. Ist eine Funktion eine Lösung des Systems, dann sagt man, sie erfülle das System. Wir schreiben im Folgenden $\boldsymbol{y}$ für eine Lösung $\boldsymbol{\phi}$. Bitte beachten Sie: Liegt *eine* Differenzengleichung vor, so sucht man *eine* Lösungsfunktion (Folge) $\phi$. Liegt aber ein System von Differenzengleichungen vor, so sucht man nach Lösungsfunktionen[2] $\boldsymbol{\phi} = (\phi_1, \ldots, \phi_n)$.

Gegeben ist ein homogenes System linearer Differenzengleichungen erster Ordnung mit konstanten Koeffizienten in expliziter Form

$$\boldsymbol{y}_k = \boldsymbol{A}\boldsymbol{y}_{k-1}, \qquad k = 1, 2, \ldots$$

mit $\boldsymbol{y}_{k-1} \in \mathbb{R}^n$ und $\boldsymbol{A} \in \mathbb{R}^{n \times n}$. Für einen beliebigen Anfangsvektor $\boldsymbol{y}_0 \in \mathbb{R}^n$ lässt sich dann $\boldsymbol{y}_k$ sukzessive berechnen: Für $k = 1$ ergibt sich $\boldsymbol{y}_1 = \boldsymbol{A}\boldsymbol{y}_0$, für $k = 2$ ergibt sich $\boldsymbol{y}_2 = \boldsymbol{A}\boldsymbol{y}_1 = \boldsymbol{A}^2\boldsymbol{y}_0$ und allgemein

$$\boldsymbol{y}_k = \boldsymbol{A}^k\boldsymbol{y}_0, \qquad k = 1, 2, \ldots$$

**Satz 12.5** (Allgemeine und spezielle Lösung). *Das homogene System linearer Differenzengleichungen erster Ordung mit konstanten Koeffizienten* $\boldsymbol{y}_k = \boldsymbol{A}\boldsymbol{y}_{k-1}$ *und unabhängiger Variable* $k \in \mathbb{N}$ *hat die allgemeine Lösung*

$$\boldsymbol{y}_k = \boldsymbol{A}^k\mathbf{c}.$$

*wobei* $\mathbf{c} \in \mathbb{R}^n$ *beliebig ist.*

*Ist* $\boldsymbol{y}_0 \in \mathbb{R}^n$ *der gegebene Anfangsvektor, so hat die Anfangswertaufgabe*

$$AWA : \begin{cases} \boldsymbol{y}_k = \boldsymbol{A}\boldsymbol{y}_{k-1} \\ \boldsymbol{y}_0 \in \mathbb{R}^n \end{cases} \qquad k = 1, 2, \ldots$$

*die spezielle Lösung*

$$\boldsymbol{y}_k = \boldsymbol{A}^k\boldsymbol{y}_0$$

*für* $k = 1, 2, \ldots$. *In diesem Fall ist also* $\mathbf{c} = \boldsymbol{y}_0$.

[2] Also diskreten Funktionen bzw. Folgen.

*Beweis.* Für alle $k \in \mathbb{N}$ gilt für die linke Seite der Differenzengleichung $\boldsymbol{y}_k = \boldsymbol{A}\boldsymbol{y}_{k-1}$: $\boldsymbol{y}_k = \boldsymbol{A}^k\boldsymbol{c}$. Dies ist aber gleich der rechten Seite, denn: $\boldsymbol{A}\boldsymbol{y}_{k-1} = \boldsymbol{A}\boldsymbol{A}^{k-1}\boldsymbol{c} = \boldsymbol{A}^k\boldsymbol{c}$.

Für $k = 0$ ist $\boldsymbol{y}_0 = \boldsymbol{A}^0\boldsymbol{c}$, also ist $\boldsymbol{y}_0 = \boldsymbol{c}$ und somit $\boldsymbol{y}_k = \boldsymbol{A}^k\boldsymbol{y}_0$ die Lösung der Anfangswertaufgabe. □

Nach Satz 12.5 kann das Problem der Bestimmung einer Lösung des Differenzensystems $\boldsymbol{y}_k = \boldsymbol{A}\boldsymbol{y}_{k-1}$ auf das Problem der Bestimmung der $k$-ten Potenz der Matrix $\boldsymbol{A}$ zurückgeführt werden. Um zum Beispiel $\boldsymbol{y}_{50}$ zu berechnen, muss man $\boldsymbol{A}^{50}$ berechnen. Leider ist es im Allgemeinen recht aufwendig, die $k$-te Potenz einer beliebigen quadratischen Matrix direkt zu ermitteln. Keine Schwierigkeiten bereitet dagegen die Bestimmung der Potenzen einer Diagonalmatrix. Denn für

$$\boldsymbol{D} = \begin{bmatrix} d_{11} & & & \\ & d_{22} & & \\ & & \ddots & \\ & & & d_{nn} \end{bmatrix} \quad \text{ergibt sich} \quad \boldsymbol{D}^2 = \begin{bmatrix} d_{11}^2 & & & \\ & d_{22}^2 & & \\ & & \ddots & \\ & & & d_{nn}^2 \end{bmatrix}$$

und allgemein für $k \in \mathbb{N}$

$$\boldsymbol{D}^k = \begin{bmatrix} d_{11}^k & & & \\ & d_{22}^k & & \\ & & \ddots & \\ & & & d_{nn}^k \end{bmatrix}.$$

Man erhält die $k$-te Potenz einer Diagonalmatrix $\boldsymbol{D}$, indem man jedes Diagonalelement in die $k$-te Potenz erhebt. Damit ist klar, dass ein lineares System $\boldsymbol{y}_k = \boldsymbol{A}\boldsymbol{y}_{k-1}$ leicht gelöst werden kann, wenn $\boldsymbol{A}$ Diagonalform hat. Hier ist ein Beispiel.

**Beispiel 12.14** (Differenzengleichungssystem)**.** Schreiben Sie das homogene lineare Differenzengleichungssystem

$$\begin{aligned} y_1(k) &= y_1(k-1) \\ y_2(k) &= 2y_2(k-1) \end{aligned}$$

in Matrizenform und lösen Sie es. Welche Lösung erhält man für die Anfangsbedingungen $y_1(0) = 3$ und $y_2(0) = 4$?

*Lösung.* Wir erhalten

$$\begin{bmatrix} y_1(k) \\ y_2(k) \end{bmatrix} = \begin{bmatrix} 1 & 0 \\ 0 & 2 \end{bmatrix} \begin{bmatrix} y_1(k-1) \\ y_2(k-1) \end{bmatrix}.$$

Da in jeder Gleichung nur eine unbekannte Funktion vorkommt, können wir diese unabhängig voneinander mit Hilfe von Satz 12.4 lösen. Die allgemeine Lösung ist daher

$$\boldsymbol{y}_k = \boldsymbol{A}^k \boldsymbol{c} = \begin{bmatrix} 1 & 0 \\ 0 & 2 \end{bmatrix}^k \begin{bmatrix} c_1 \\ c_2 \end{bmatrix} = \begin{bmatrix} 1^k & 0 \\ 0 & 2^k \end{bmatrix} \begin{bmatrix} c_1 \\ c_2 \end{bmatrix} = \begin{bmatrix} c_1 \\ c_2(2)^k \end{bmatrix}.$$

Aus den Anfangsbedingungen ergibt sich

$$\begin{aligned} 3 = y_1(0) =& c_1 = c_1 \\ 4 = y_2(0) =& c_2(2)^0 = c_2. \end{aligned}$$

Daraus erhalten wir die Lösung der Anfangswertaufgabe:

$$\boldsymbol{y}_k = \begin{bmatrix} y_1(k) \\ y_2(k) \end{bmatrix} = \begin{bmatrix} 3 \\ 4(2)^k \end{bmatrix} = \begin{bmatrix} 3 \\ 2^{k+2} \end{bmatrix}.$$

Die Zeilen

```
>> A = sym([1 0;0 2]);
>> syms k; y = A^k*[3;4]
y =
     3
 4*2^k
```

bestätigen die Ergebnisse in MATLAB. ∎

Die einfache Bestimmung der Potenzen von Diagonalmatrizen legt die Frage nahe, ob das Problem der Bestimmung der $k$-ten Potenz einer Matrix $\boldsymbol{A}$ zurückgeführt werden kann auf die Aufgabe, die $k$-te Potenz einer geeignet gewählten Diagonalmatrix zu berechnen. Die Anwort ist: Ja, in bestimmten wichtigen Fällen. Davon wollen wir uns nun überzeugen.

Das Differenzengleichungssystem aus dem letzten Beispiel 12.14 ist leicht lösbar, da jede Gleichung jeweils nur eine unbekannte Funktion enthält. Die Koeffizientenmatrix des Systems hat Diagonalform; die Gleichungen sind nicht gekoppelt. Man spricht von einem entkoppelten System. Diese Beobachtung liefert einen Hinweis zur Lösung eines beliebigen Systems $\boldsymbol{y}_k = \boldsymbol{A}\boldsymbol{y}_{k-1}$. Man versucht, durch eine geeignete Transformation für die Vektorfunktion $\boldsymbol{y}$ ein System mit diagonaler Koeffizientenmatrix $\boldsymbol{D}$ zu erzeugen, welches entkoppelt ist. Aus dieser erhält man durch Rücksubstitution die Lösung des ursprünglichen Systems.

Wir betrachten die Substitution

$$\boldsymbol{y}_{k-1} = \boldsymbol{X}\boldsymbol{u}_{k-1}, \qquad k = 1, 2, \ldots$$

wobei $\boldsymbol{X} \in \mathbb{R}^{n\times n}$ eine quadratische Matrix ist und $\boldsymbol{u}_k = (u_1(k), u_2(k), \ldots, u_n(k))$ die neuen unbekannten Funktionen sind. $\boldsymbol{X}$ soll nun so gewählt werden, dass das neue System Diagonalgestalt hat. Wie lautet das neue System? Wegen $\boldsymbol{y}_{k-1} = \boldsymbol{X}\boldsymbol{u}_{k-1}$ gilt $\boldsymbol{y}_k = \boldsymbol{X}\boldsymbol{u}_k$, also wird aus dem System $\boldsymbol{y}_k = \boldsymbol{A}\boldsymbol{y}_{k-1}$ durch Einsetzen das neue System

$$\boldsymbol{X}\boldsymbol{u}_k = \boldsymbol{A}\boldsymbol{X}\boldsymbol{u}_{k-1}.$$

Unter der Annahme, dass $\boldsymbol{X}$ invertierbar ist, ergibt sich daraus

$$\boldsymbol{u}_k = \boldsymbol{X}^{-1}\boldsymbol{A}\boldsymbol{X}\boldsymbol{u}_{k-1} \quad \text{bzw.} \quad \boldsymbol{u}_k = \boldsymbol{D}\boldsymbol{u}_{k-1}$$

mit $\boldsymbol{D} = \boldsymbol{X}^{-1}\boldsymbol{A}\boldsymbol{X}$. Damit ist klar, dass wir für $\boldsymbol{X}$ eine Matrix wählen, die $\boldsymbol{A}$ diagonalisiert. Dies wiederum heißt, wir können alles das verwenden, was wir über die Diagonalisierbarkeit einer Matrix gelernt haben. Zur Lösung eines linearen Differenzialgleichungssystems $\boldsymbol{y}_k = \boldsymbol{A}\boldsymbol{y}_{k-1}$ ergibt sich daher folgendes Lösungsverfahren.

**Algorithmus 19: Lösungsverfahren für $\boldsymbol{y}_k = \boldsymbol{A}\boldsymbol{y}_{k-1}$**

Die Differenzengleichung $\boldsymbol{y}_k = \boldsymbol{A}\boldsymbol{y}_{k-1}$ kann wie folgt gelöst werden.

1. Bestimmen Sie eine Matrix $\boldsymbol{X}$, die $\boldsymbol{A}$ diagonalisiert: $\boldsymbol{D} = \boldsymbol{X}^{-1}\boldsymbol{A}\boldsymbol{X}$.
2. Lösen Sie das entkoppelte System $\boldsymbol{u}_k = \boldsymbol{D}\boldsymbol{u}_{k-1}$. Es ist

   $$\boldsymbol{u}_k = \boldsymbol{D}^k\boldsymbol{c}$$

   die allgemeine Lösung.
3. Berechnen Sie $\boldsymbol{y}_k$ durch Matrixmultiplikation von $\boldsymbol{u}_k$ mit $\boldsymbol{X}$

   $$\boldsymbol{y}_k = \boldsymbol{X}\boldsymbol{u}_k.$$

Ist die Matrix $\boldsymbol{A}$ diagonalisierbar, so gilt $\boldsymbol{A} = \boldsymbol{X}\boldsymbol{D}\boldsymbol{X}^{-1}$. Diese Faktorisierung ist nun perfekt geeignet, Potenzen einer Matrix zu berechnen, da bei jeder Potenz ein Faktor $\boldsymbol{X}^{-1}\boldsymbol{X} = \boldsymbol{E}$ herausfällt:

$$\begin{aligned}\boldsymbol{A}^2 &= \boldsymbol{X}\boldsymbol{D}\boldsymbol{X}^{-1}\boldsymbol{X}\boldsymbol{D}\boldsymbol{X}^{-1} = \boldsymbol{X}\boldsymbol{D}^2\boldsymbol{X}^{-1}\\ \boldsymbol{A}^k &= (\boldsymbol{X}\boldsymbol{D}\boldsymbol{X}^{-1})\cdots(\boldsymbol{X}\boldsymbol{D}\boldsymbol{X}^{-1}) = \boldsymbol{X}\boldsymbol{D}^k\boldsymbol{X}^{-1}.\end{aligned}$$

Somit gilt: Ist $\boldsymbol{A}$ diagonalisierbar, so ist $\boldsymbol{A}^k$ leicht zu berechnen.

**Beispiel 12.15** (Potenz einer Matrix)**.** Berechnen Sie $\boldsymbol{A}^{12}$ für die Matrix

$$\boldsymbol{A} = \begin{bmatrix} 1 & 1 \\ 0 & 2 \end{bmatrix}.$$

*Lösung.* Die Matrix $\boldsymbol{A}$ wird durch die Matrix

$$\boldsymbol{X} = \begin{bmatrix} 1 & 1 \\ 0 & 1 \end{bmatrix}.$$

diagonalisiert, wobei

$$\boldsymbol{D} = \boldsymbol{X}^{-1}\boldsymbol{A}\boldsymbol{X} = \begin{bmatrix} 1 & -1 \\ 0 & 1 \end{bmatrix}\begin{bmatrix} 1 & 1 \\ 0 & 2 \end{bmatrix}\begin{bmatrix} 1 & 1 \\ 0 & 1 \end{bmatrix} = \begin{bmatrix} 1 & 0 \\ 0 & 2 \end{bmatrix}$$

ist. Damit gilt

$$\boldsymbol{A}^{12} = \boldsymbol{X}\boldsymbol{D}^{12}\boldsymbol{X}^{-1} = \begin{bmatrix} 1 & 1 \\ 0 & 1 \end{bmatrix}\begin{bmatrix} 1 & 0 \\ 0 & 2^{12} \end{bmatrix}\begin{bmatrix} 1 & -1 \\ 0 & 1 \end{bmatrix} = \begin{bmatrix} 1 & 4095 \\ 0 & 4096 \end{bmatrix}.$$

Die Zeilen

```
>> A = [1 1; 0 2]; A^12
ans =
              1           4095
              0           4096
```

bestätigen das Ergebnis in MATLAB. ■

In Bild 12.6 haben wir den Lösungsprozess symbolisch dargestellt. Wir fassen unsere

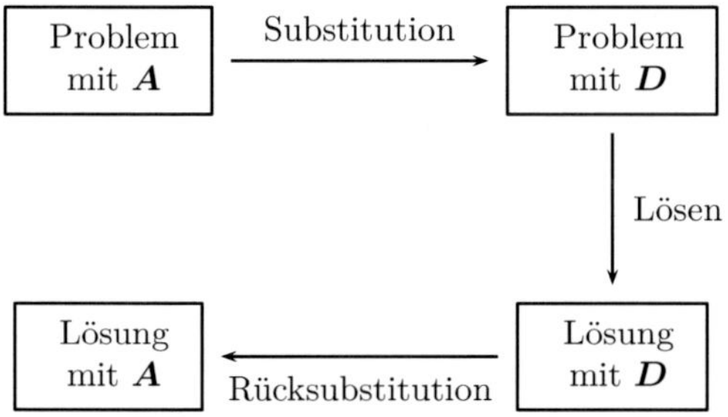


Bild 12.6.: Zur Lösung eines homogenen Differenzengleichungssystems

Ergebnisse in folgendem Satz zusammen.

**Satz 12.6** (Allgemeine Lösung bei Diagonalisierbarkeit). *Falls die Matrix $\boldsymbol{A} \in \mathbb{R}^{n\times n}$ mit den Eigenwerten $\lambda_1$, $\lambda_2$, …, $\lambda_n$ (nicht notwendig verschieden) $n$ linear unabhängige Eigenvektoren $\boldsymbol{x}_1$, $\boldsymbol{x}_2$, …, $\boldsymbol{x}_n$ besitzt, so ist die allgemeine Lösung des homogenen linearen Differenzengleichungssystems $\boldsymbol{y}_k = \boldsymbol{A}\boldsymbol{y}_{k-1}$ durch*

$$\boldsymbol{y}_k = \boldsymbol{X}\boldsymbol{u}_k = \boldsymbol{X}\boldsymbol{D}^k\boldsymbol{c} = \begin{bmatrix} | & | & & | \\ \boldsymbol{x}_1 & \boldsymbol{x}_2 & \cdots & \boldsymbol{x}_n \\ | & | & & | \end{bmatrix} \begin{bmatrix} (\lambda_1)^k & & & \\ & (\lambda_2)^k & & \\ & & \ddots & \\ & & & (\lambda_n)^k \end{bmatrix} \begin{bmatrix} c_1 \\ c_2 \\ \vdots \\ c_n \end{bmatrix}$$

$$= \begin{bmatrix} | & | & & | \\ \boldsymbol{x}_1 & \boldsymbol{x}_2 & \cdots & \boldsymbol{x}_n \\ | & | & & | \end{bmatrix} \begin{bmatrix} c_1(\lambda_1)^k \\ c_2(\lambda_2)^k \\ \vdots \\ c_n(\lambda_n)^k \end{bmatrix} = c_1(\lambda_1)^k\boldsymbol{x}_1 + c_2(\lambda_2)^k\boldsymbol{x}_2 + \cdots + c_n(\lambda_n)^k\boldsymbol{x}_n$$

*gegeben. Hierbei ist $\mathbf{c} = (c_1, c_2, \ldots, c_n) \in \mathbb{R}^n$ beliebig.*

Die allgemeine Lösung ist eine Linearkombination aus Eigenvektoren der Systemmatrix (Koeffizientenmatrix) $\boldsymbol{A}$, die eine Basis von $\mathbb{R}^n$ bilden. Anders ausgedrückt: Die allgemeine Lösung wird bezüglich der Basis dargestellt, die aus Eigenvektoren der Systemmatrix $\boldsymbol{A}$ besteht.

**Beispiel 12.16.** Berechnen Sie die allgemeine Lösung der Differenzengleichung ($k = 1, 2, \ldots$)

$$\begin{aligned} y_1(k) &= y_1(k-1) + y_2(k-1) \\ y_2(k) &= 2y_2(k-1) \end{aligned}$$

*Lösung.* Die dazugehörige Koeffizientenmatrix

$$\boldsymbol{A} = \begin{bmatrix} 1 & 1 \\ 0 & 2 \end{bmatrix}$$

hat die Eigenwerte $\lambda_1 = 1$, $\lambda_2 = 2$ und Eigenvektoren $(1, 0)$, $(1, 1)$. Damit ist die allgemeine Lösung durch

$$\boldsymbol{y}_k = \boldsymbol{X}\boldsymbol{D}^k\boldsymbol{c} = \begin{bmatrix} 1 & 1 \\ 0 & 1 \end{bmatrix} \begin{bmatrix} (1)^k & 0 \\ 0 & (2)^k \end{bmatrix} \begin{bmatrix} c_1 \\ c_2 \end{bmatrix} = \begin{bmatrix} 1 & 1 \\ 0 & 1 \end{bmatrix} \begin{bmatrix} c_1 \\ c_2(2)^k \end{bmatrix}$$

$$= c_1 \begin{bmatrix} 1 \\ 0 \end{bmatrix} + c_2(2)^k \begin{bmatrix} 1 \\ 1 \end{bmatrix}$$

gegeben. ∎

Die Lösung eines Differenzengleichungssystems ist erst dann eindeutig bestimmt, wenn $n$ Anfangswerte vorliegen. Durch diese werden die Koeffizienten $c_1$, $c_2$, ..., $c_n$ aus der allgemeinen Lösungsformel bestimmt. Diese zu berechnen bedeutet, das reguläre lineare Gleichungssystem $\boldsymbol{X}\boldsymbol{c} = \boldsymbol{y}_0$ nach $\boldsymbol{c} = (c_1, c_2, \ldots, c_n)$ aufzulösen.

**Satz 12.7** (Lösung der Anfangswertaufgabe bei Diagonalisierbarkeit)**.** *Die Lösung der Anfangswertaufgabe*

$$AWA : \begin{cases} \boldsymbol{y}_k = \boldsymbol{A}\boldsymbol{y}_{k-1} \\ \boldsymbol{y}_0 \in \mathbb{R}^n \end{cases} \quad k = 1, 2, \ldots$$

*ist durch* $\boldsymbol{y}_k = \boldsymbol{A}^k \boldsymbol{y}_0$ *gegeben. Ist* $\boldsymbol{A}$ *diagonalisierbar, so ist*

$$\boldsymbol{y}_k = \boldsymbol{X}\boldsymbol{D}^k\boldsymbol{X}^{-1}\boldsymbol{y}_0$$

*die Lösung der Anfangswertaufgabe.*

**Beispiel 12.17** (Anfangswertaufgabe)**.** Lösen Sie die Anfangswertaufgabe

$$\text{AWA} : \begin{cases} \boldsymbol{y}_k = \boldsymbol{A}\boldsymbol{y}_{k-1} \\ \boldsymbol{y}_0 = (-1, 1) \end{cases} \quad k = 1, 2, \ldots$$

mit

$$\boldsymbol{A} = \begin{bmatrix} 1 & 1 \\ 0 & 2 \end{bmatrix}.$$

*Lösung.* Die Matrix $\boldsymbol{A}$ hat die Eigenwerte $\lambda_1 = 1$ und $\lambda_2 = 2$ mit Eigenvektoren $\boldsymbol{x}_1 = (1, 0)$ und $\boldsymbol{x}_2 = (1, 1)$. Somit ist

$$\boldsymbol{A}^k = \boldsymbol{X}\boldsymbol{D}^k\boldsymbol{X}^{-1} = \begin{bmatrix} 1 & 1 \\ 0 & 1 \end{bmatrix} \begin{bmatrix} 1^k & 0 \\ 0 & 2^k \end{bmatrix} \begin{bmatrix} 1 & -1 \\ 0 & 1 \end{bmatrix} = \begin{bmatrix} 1 & 2^k - 1 \\ 0 & 2^k \end{bmatrix}.$$

Damit ist die Lösung der AWA durch

$$\boldsymbol{y}_k = \boldsymbol{A}^k\boldsymbol{y}_0 = \boldsymbol{X}\boldsymbol{D}^k\boldsymbol{X}^{-1}\boldsymbol{y}_0 = \begin{bmatrix} 1 & 2^k - 1 \\ 0 & 2^k \end{bmatrix} \begin{bmatrix} -1 \\ 1 \end{bmatrix} = \begin{bmatrix} -2 + 2^k \\ 2^k \end{bmatrix}$$

gegeben.

Hier noch die Probe, dass die rechte Seite $\boldsymbol{A}\boldsymbol{y}_{k-1}$ gleich der linken Seite $\boldsymbol{y}_k = (-2 + 2^k, 2^k)$ ist:

$$\begin{aligned} \boldsymbol{A}\boldsymbol{y}_{k-1} &= \begin{bmatrix} 1 & -1 \\ 0 & 1 \end{bmatrix} \begin{bmatrix} -2 + 2^{k-1} \\ 2^{k-1} \end{bmatrix} = \begin{bmatrix} -2 + 2^{k-1} + 2^{k-1} \\ 2 \cdot 2^{k-1} \end{bmatrix} = \begin{bmatrix} -2 + 2 \cdot 2^{k-1} \\ 2 \cdot 2^{k-1} \end{bmatrix} \\ &= \begin{bmatrix} -2 + 2^k \\ 2^k \end{bmatrix}. \end{aligned}$$

Der MATLAB-Code

```
>> A = sym([1 1; 0 2]); [X,D] = eig(A);
>> syms k; y = X*[1 0; 0 2^k]*inv(X)*[-1;1]
y =
[ -2+2^k]
[    2^k]
```

bestätigt die Ergebnisse. ∎

**Beispiel 12.18** (Anfangswertaufgabe, Diffusion). Berechnen Sie zu Beispiel 12.13 die Lösung, das heißt die Lösung der Anfangswertaufgabe

$$\text{AWA}: \left\{ \begin{array}{l} \boldsymbol{v}_k = \boldsymbol{U}\boldsymbol{v}_{k-1} \\ \boldsymbol{v}_0 = (1,0) \end{array} \right. \qquad k = 1, 2, \ldots$$

mit

$$\boldsymbol{U} = \begin{bmatrix} 0.7 & 0.5 \\ 0.3 & 0.5 \end{bmatrix}.$$

Wieviel Duftmoleküle befinden sich nach fünf Minuten in Kammer (1) und in Kammer (2)? Wie sieht die Verteilung für $k \to \infty$ aus?

*Lösung.* Die Matrix $\boldsymbol{U}$ hat die Eigenwerte $\lambda_1 = 1$ und $\lambda_2 = 1/5$. Deshalb ist $\boldsymbol{U}$ diagonalisierbar. Eine Eigenvektorenbasis ist zum Beispiel $\boldsymbol{x}_1 = (5/3, 1)$ und $\boldsymbol{x}_2 = (-1, 1)$. Deshalb gilt

$$\begin{aligned} \boldsymbol{v}_k = \boldsymbol{X}\boldsymbol{D}^k\boldsymbol{X}^{-1}\boldsymbol{v}_0 &= \begin{bmatrix} 5/3 & -1 \\ 1 & 1 \end{bmatrix} \begin{bmatrix} 1^k & 0 \\ 0 & (1/5)^k \end{bmatrix} \begin{bmatrix} 3/8 & 3/8 \\ -3/8 & 5/8 \end{bmatrix} \begin{bmatrix} 1 \\ 0 \end{bmatrix} \\ &= \begin{bmatrix} 5/8 + 3/8(1/5)^k & 5/8 - 5/8(1/5)^k \\ 3/8 - 3/8(1/5)^k & 3/8 + 5/8(1/5)^k \end{bmatrix} \begin{bmatrix} 1 \\ 0 \end{bmatrix} = \begin{bmatrix} 5/8 + 3/8(1/5)^k \\ 3/8 - 3/8(1/5)^k \end{bmatrix} \end{aligned}$$

Nach fünf Minuten gilt:

$$\boldsymbol{v}_5 = \begin{bmatrix} 5/8 + 3/8(1/5)^5 \\ 3/8 - 3/8(1/5)^5 \end{bmatrix} \approx \begin{bmatrix} 0.6251 \\ 0.3749 \end{bmatrix},$$

was bereits die Tabelle in Beispiel 12.13 andeutet. Daher befinden sich nach fünf Minuten zirka 625 100 Duftmoleküle in Kammer (1) und zirka 374 900 in Kammer (2).

Für $k \to \infty$ gehen jeweils die zweiten Terme der Koordinatenfunktionen (nämlich $3/8(1/5)^k$ und $3/8(1/5)^k$) gegen Null, daher ist $\boldsymbol{v}_\infty = (5/8, 3/8) = (0.625, 0.375)$ der Grenzzustand. Wie die Tabelle aus Beispiel 12.13 zeigt, stellt sich dieser Grenzzustand praktisch schon nach sechs Minuten ein. ∎

**Wir fassen zusammen:**

- Die Gleichung $\boldsymbol{y}(k) = \boldsymbol{A}\boldsymbol{y}(k-1)$ ist eine homogene lineare Differenzengleichung erster Ordnung mit konstanten Koeffizienten.
- Die Lösung der Gleichung $\boldsymbol{y}(k) = \boldsymbol{A}\boldsymbol{y}(k-1)$ mit Startvektor $\boldsymbol{y}(0)$ ist $\boldsymbol{y}(k) = \boldsymbol{A}^k\boldsymbol{y}(0)$.
- Hat die Matrix $\boldsymbol{A}$ $n$ linear unabhängige Eigenvektoren $\boldsymbol{x}_1, \ldots, \boldsymbol{x}_n$, so ist $\boldsymbol{y}(k) = c_1(\lambda_1)^k\boldsymbol{x}_1 + \cdots + c_n(\lambda_n)^k\boldsymbol{x}_n$ die allgemeine Lösung. Die Konstanten $c_1, \ldots, c_n$ können durch die Anfangsbedingung $\boldsymbol{y}(0)$ festgelegt werden.

## 12.3. Eigensysteme und Kegelschnitte

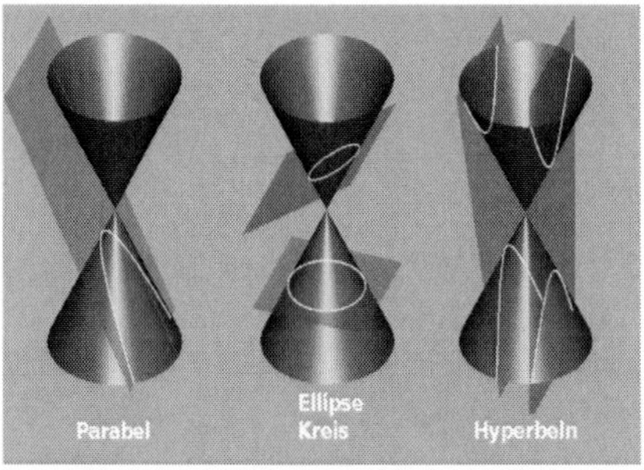

Bild 12.7.: Kegelschnitte (Wikipedia)

Die einfachsten Kurven in der Ebene, die man durch Gleichungsbeziehungen zwischen den Koordinaten ihrer Punkte beschreiben kann, sind die *Geraden* $ax + by + c = 0$. Die nächst einfacheren Kurventypen sind, gemessen an den sie beschreibenden Gleichungen, die sogenannten *Kurven zweiter Ordnung*, die durch Gleichungen der Form

$$ax^2 + 2bxy + cy^2 + dx + ey + f = 0$$

beschrieben werden. Hierbei sind $a$, $b$, $c$, $d$, $e$, $f$ reelle Konstanten und mindestens eine der Zahlen $a$, $b$, $c$ ist von Null verschieden. Eine solche Gleichung heißt *quadratische Gleichung* in $x$, $y$ und $ax^2 + 2bxy + cy^2$ ist die *zugehörige quadratische Form*. Die Menge aller Punkte $(x, y) \in \mathbb{R}^2$, die einer quadratischen Gleichung genügen, heißt *Kegelschnitt.*

In Ihren Schulbüchern oder Schul-Aufzeichnungen findet sich sicher der ein oder andere Kegelschnitt. Am interessantesten sind *Ellipsen*, *Kreise*, *Hyperbeln* und *Parabeln*, die als *nichtentartet Kegelschnitte* bezeichnet werden. Die übrigen Kegelschnitte sind *entartet (degeneriert)*, ihre Punktmengen bestehen beispielsweise nur aus einzelnen Punkten oder Geradenpaaren. Kegelschnitte entstehen immer dann, wenn man durch einen geraden Kreiskegel (aufgefasst als Doppelkegel, Sanduhr) ebene Schnitte mit verschiedenen Neigungswinkeln legt (Bild 12.7). Zum Beispiel in der Formelsammlung [5] finden Sie alle Kegelschnitte gezeichnet und mit ihrer *Standardgleichung* (*Standardform* oder *Normalform*) aufgeführt. Betrachtet man Standardgleichungen von Kegelschnitten, so fällt auf, dass sie keine gemischten Terme enthalten. Zum Beispiel hat eine Ellipse die Standardform

$$\frac{x^2}{k^2} + \frac{y^2}{l^2} = 1 \quad \text{oder eine Hyperbel} \quad \frac{x^2}{k^2} - \frac{y^2}{l^2} = 1$$

mit $k, l > 0$. Taucht dagegen ein gemischter $xy$-Term in der Gleichung eines Kegelschnitts auf, so entspricht das einer Drehung gegenüber der Standardlage, siehe Bild 12.8 (links). Außerdem erscheinen $x^2$ und $x$ sowie $y^2$ und $y$ in Standardgleichungen nie gleichzeitig.

Bild 12.8.: Drehung und Verschiebung aus der Standardlage

Das Auftreten solcher Kombinationen (bei gleichzeitiger Abwesenheit gemischter Terme) entspricht einer Verschiebung (Translation) des Kegelschnitts aus der Standardlage heraus, siehe Bild 12.8 (rechts).

Um nun die Standardgleichung eines Kegelschnitts zu bestimmen, der sich nicht in der Standardlage befindet, kann man das $x, y$-Koordinatensystem durch Drehung und Verschiebung in ein $x', y'$-System (Hauptachsensystem) überführen, in dem der Kegelschnitt Standardlage hat. In diesem Fall spricht man von einer *Hauptachsentransformation.* Ist eine quadratische Gleichung eines Kegelschnitts gegeben, so entspricht das im Allgemeinen einer Drehung und Verschiebung gegenüber der Standardlage.

Wir untersuchen jetzt Kegelschnitte, die durch Drehung aus der Standardlage hervorgegangen sind. Die quadratische Gleichung $ax^2 + 2bxy + cy^2 + dx + ey + f = 0$ in den beiden Variablen $x$ und $y$ kann man wie folgt in Matrizenform schreiben

$$\begin{bmatrix} x & y \end{bmatrix} \begin{bmatrix} a & b \\ b & c \end{bmatrix} \begin{bmatrix} x \\ y \end{bmatrix} + \begin{bmatrix} d & e \end{bmatrix} \begin{bmatrix} x \\ y \end{bmatrix} + f = 0 \quad \text{oder} \quad \boldsymbol{x}^{\mathrm{T}} \boldsymbol{A} \boldsymbol{x} + \boldsymbol{B} \boldsymbol{x} + f = 0$$

mit

$$\boldsymbol{x} = \begin{bmatrix} x \\ y \end{bmatrix}, \quad \boldsymbol{A} = \begin{bmatrix} a & b \\ b & c \end{bmatrix}, \quad \boldsymbol{B} = \begin{bmatrix} d & e \end{bmatrix}.$$

Ein Kegelschnitt kann also durch die Gleichung $\boldsymbol{x}^{\mathrm{T}}\boldsymbol{A}\boldsymbol{x}+\boldsymbol{B}\boldsymbol{x}+f=0$ beschrieben werden. Um die gemischten Terme zu beseitigen, bringen wir das $x, y$-System durch Drehung in ein $x', y'$-System. Da die Matrix $\boldsymbol{A}$ symmetrisch ist, lässt sich immer eine orthogonale Matrix $\boldsymbol{Q}$ finden, mit der $\boldsymbol{A}$ diagonalisiert werden kann.

**Algorithmus 20: Hauptachsentransformation in $\mathbb{R}^2$**

Die Bestimmung von Hauptachsen eines Kegelschnittes kann wie folgt geschehen:

1. Bestimmen Sie eine orthogonale Matrix

   $$\boldsymbol{Q} = \begin{bmatrix} q_{11} & q_{12} \\ q_{21} & q_{22} \end{bmatrix},$$

   die die quadratische Form $\boldsymbol{x}^{\mathrm{T}}\boldsymbol{A}\boldsymbol{x}$ diagonalisiert. Es ist $\mathrm{Det}(\boldsymbol{Q}) = 1$ (eventuell müssen dazu die Spalten von $\boldsymbol{Q}$ vertauscht werden), sodass die Koordinatentransformation

   $$\boldsymbol{x} = \boldsymbol{Q}\boldsymbol{x}'$$

   eine Drehung des $x, y$-Systems ist.
2. Um die Gleichung des Kegelschnitts im $x', y'$-System zu erhalten, setzen wir $\boldsymbol{x} = \boldsymbol{Q}\boldsymbol{x}'$ in $\boldsymbol{x}^{\mathrm{T}}\boldsymbol{A}\boldsymbol{x} + \boldsymbol{B}\boldsymbol{x} + f = 0$ ein, das liefert

   $$(\boldsymbol{Q}\boldsymbol{x}')^{\mathrm{T}}\boldsymbol{A}(\boldsymbol{Q}\boldsymbol{x}') + \boldsymbol{B}(\boldsymbol{Q}\boldsymbol{x}') + f = 0 \quad \text{oder} \quad \boldsymbol{x}'^{\mathrm{T}}(\boldsymbol{Q}^{\mathrm{T}}\boldsymbol{A}\boldsymbol{Q})\boldsymbol{x}' + (\boldsymbol{B}\boldsymbol{Q})\boldsymbol{x}' + f = 0.$$

   Nach Konstruktion von $\boldsymbol{Q}$ ist

   $$\boldsymbol{Q}^{\mathrm{T}}\boldsymbol{A}\boldsymbol{Q} = \begin{bmatrix} \lambda_1 & 0 \\ 0 & \lambda_2 \end{bmatrix},$$

   wobei $\lambda_1$ und $\lambda_2$ die Eigenwerte von $\boldsymbol{A}$ sind. Damit ergibt sich

   $$\begin{bmatrix} x' & y' \end{bmatrix} \begin{bmatrix} \lambda_1 & 0 \\ 0 & \lambda_2 \end{bmatrix} \begin{bmatrix} x' \\ y' \end{bmatrix} + \begin{bmatrix} d & e \end{bmatrix} \begin{bmatrix} q_{11} & q_{12} \\ q_{21} & q_{22} \end{bmatrix} \begin{bmatrix} x' \\ y' \end{bmatrix} + f = 0$$

oder

$$\lambda_1 x'^2 + \lambda_2 y'^2 + d'x' + e'y'f = 0$$

mit $d' = dq_{11} + eq_{21}$ und $e' = dq_{12} + eq_{22}$. Diese Gleichung enthält nun keine gemischten Terme mehr.

**Beispiel 12.19.** Bestimmen Sie die Normalform des Kegelschnitts, der durch die Gleichung $5x^2 - 4xy + 8y^2 - 36 = 0$ gegeben ist.

*Lösung.* Wir schreiben die Gleichung als

$$\boldsymbol{x}^{\mathrm{T}} \boldsymbol{A} \boldsymbol{x} - 36 = 0$$

mit

$$\boldsymbol{A} = \begin{bmatrix} 5 & -2 \\ -2 & 8 \end{bmatrix}.$$

Die charakteristische Gleichung von $\boldsymbol{A}$ ist

$$\operatorname{Det}(\lambda \boldsymbol{E} - \boldsymbol{A}) = \operatorname{Det} \begin{bmatrix} \lambda - 5 & -2 \\ -2 & \lambda - 8 \end{bmatrix} = (\lambda - 9)(\lambda - 4) = 0,$$

also hat $\boldsymbol{A}$ die Eigenwerte $\lambda = 4$ und $\lambda = 9$. Zugehörige normierte Eigenvektoren sind

$$\lambda = 4: \quad \boldsymbol{q}_1 = (2/\sqrt{5}, 1/\sqrt{5})$$

und

$$\lambda = 9: \quad \boldsymbol{q}_2 = (-1/\sqrt{5}, 2/\sqrt{5}),$$

also ist

$$\boldsymbol{Q} = \begin{bmatrix} 2/\sqrt{5} & -1/\sqrt{5} \\ 1/\sqrt{5} & 2/\sqrt{5} \end{bmatrix}$$

eine orthogonale Matrix, die $\boldsymbol{A}$ diagonalisiert. Wegen $\operatorname{Det}(\boldsymbol{Q}) = 1$ ist die Koordinatentransformation $\boldsymbol{x} = \boldsymbol{Q}\boldsymbol{x}'$ eine Drehung. Wir erhalten dann durch Einsetzen in $\boldsymbol{x}^{\mathrm{T}} \boldsymbol{A} \boldsymbol{x} - 36 = 0$

$$(\boldsymbol{Q}\boldsymbol{x}')^{\mathrm{T}} \boldsymbol{A} (\boldsymbol{Q}\boldsymbol{x}') - 36 = 0 \quad \text{bzw.} \quad (\boldsymbol{x}')^{\mathrm{T}} (\boldsymbol{Q}^{\mathrm{T}} \boldsymbol{A} \boldsymbol{Q}) \boldsymbol{x}' - 36 = 0.$$

Wegen

$$\boldsymbol{Q}^{\mathrm{T}} \boldsymbol{A} \boldsymbol{Q} = \begin{bmatrix} 4 & 0 \\ 0 & 9 \end{bmatrix}$$

können wir dafür

$$\begin{bmatrix} x' & y' \end{bmatrix} \begin{bmatrix} 4 & 0 \\ 0 & 9 \end{bmatrix} \begin{bmatrix} x' \\ y' \end{bmatrix} - 36 = 0 \quad \text{oder} \quad 4x'^2 + 9y'^2 - 36 = 0,$$

also

$$\frac{x'^2}{9} + \frac{y'^2}{4} = 1$$

schreiben. Diese Gleichung beschreibt die in Bild 12.9 gezeichnete Ellipse. Der Mittel-

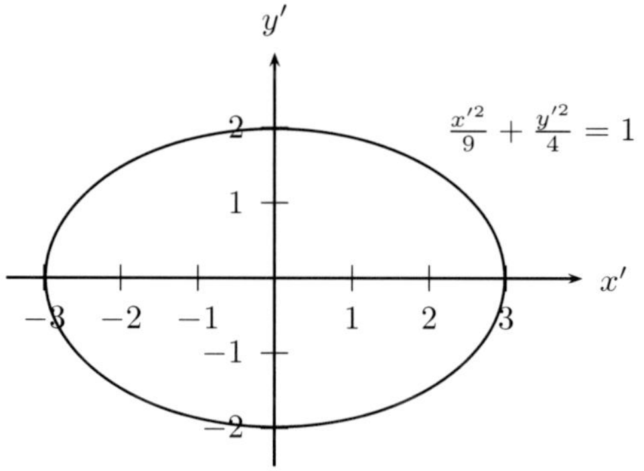


Bild 12.9.: Ellipse mit Standardgleichung $x'^2/9 + y'^2/4 = 1$

punkt ist der Koordinatenursprung, die Länge der Hauptachse ist $2 \cdot 3 = 6$ und die Länge der Nebenachse ist $2 \cdot 2 = 4$. ■

**Satz 12.8** (Hauptachsentransformation in $\mathbb{R}^2$). *Es ist*

$$ax^2 + 2bxy + cy^2 + dx + ey + f = 0$$

*die Gleichung eines Kegelschnitts und*

$$\boldsymbol{x}^T \boldsymbol{A}\boldsymbol{x} = ax^2 + 2bxy + cy^2$$

*die zugehörige quadratische Form. Dann kann man das $x, y$-System so drehen, dass der Kegelschnitt im entstehenden $x', y'$-System durch die Gleichung*

$$\lambda_1 x'^2 + \lambda_2 y'^2 + d'x' + e'y' + f = 0$$

*beschrieben wird, wobei $\lambda_1$, $\lambda_2$ die Eigenwerte von $\boldsymbol{A}$ sind. Die Drehung ergibt*

$$\boldsymbol{x} = \boldsymbol{Q}\boldsymbol{x}',$$

*wobei $\boldsymbol{Q}$ eine orthogonale Matrix mit Det$(\boldsymbol{Q}) = 1$ ist, die die quadratische Form $\boldsymbol{x}^T\boldsymbol{A}\boldsymbol{x}$ diagonalisiert.*

Man kann die Diagonalisierungsmethoden auf quadratische Gleichungen mit drei Variablen übertragen und die von diesen Gleichungen erzeugten Flächen im $\mathbb{R}^3$ (Ellipsoid, Hyperboloid, Paraboloid usw.) untersuchen. Hierzu verweisen wir auf die Literatur, siehe zum Beispiel [2].

## 12.4. Weitere Bemerkungen und Hinweise

Das Diffusionsproblem ist ein Beispiel für eine MARKOV-*Kette* (benannt nach dem russischen Mathematiker ANDREI ANDREJEWITSCH MARKOV (1856-1922); auch MARKOW oder MARKOFF geschrieben). Das ist ein *stochastischer Prozess*, bei dem die Wahrscheinlichkeit einen bestimmten Zustand zu erreichen, nur vom vorhergehenden Zustand abhängt. Die Matrix, die den MARKOV-Prozess beschreibt, hat spezielle Eigenschaften und wird *stochastische Matrix* genannt. Statt von einer MARKOV-Kette spricht man auch von einer *stochastischen Differenzengleichung.*

Ist die Systematrix $\boldsymbol{A}$ bei einem homogenenen linearen Differenzial- oder Differenzengleichungssystem nicht diagonalisierbar, so ist die Situation etwas komplizierter. Es gibt dann Eigenwerte, für die ist die Dimension des zugehörigen Eigenraumes kleiner als die Vielfachheit des Eigenwertes als Nullstelle des charakteristischen Polynoms. Eine Analyse liefert die Theorie der JORDAN-Normalformen von Matrizen.

Vom algorithmischen Standpunkt aus, werden Eigensysteme in Vorlesungen der Numerischen Mathematik bzw. Numerischen Linearen Algebra behandelt, hierzu verweise ich Sie auf [36] und [56]. *Störungstheorie* für Eigenwerte wird ausführlich im Buch [104] behandelt. Eine Einführung in das *inverse Eigenwertproblem* gibt das Buch [122]. Eigenwertsysteme für High-Performance Computer werden in [26] behandelt.

Weitere Anwendungsfelder von Eigensystemen sind: *Quadriken, Übergangsmatrizen bei Markov-Ketten, Übergangsmatrizen bei Graphen, Populationsmatrizen, Stabilitätstheorie für Differenzengleichungen* ([106], S.268), *Stabilitätstheorie für gewöhnliche Differenzialgleichungen* ([106], S.280), usw.

Die Exponentialfunktion für Matrizen bietet eine kurze, suggestive und elegante Notation für die Lösung von linearen Differenzialgleichungssystemen mit konstanten Koeffizienten. Insbesondere wenn die Koeffizientenmatrix des Systems nicht diagonalisierbar ist, gibt es keine vergleichbar einfache Möglichkeit, die Lösung aufzuschreiben. Es bleibt dabei aber stets eine theoretische Lösung: Für das konkrete Rechnen führt kein Weg an der Bestimmung der Eigenwerte und Eigenvektoren bzw. der JORDAN-Normalform der Matrix vorbeit.

Mit der Funktion expm kann man in MATLAB $e^A$ numerisch und symbolisch lösen. Die JORDAN-Normalform ist numerisch instabil. Daher werden in der Numerik andere Techniken zur Berechnung der Matrixexponentialfunktion verwendet. Eine der effektivsten Methoden ist Padé-Approximation mit Skalieren und Quadrieren. Diese Methode verbirgt sich auch hinter expm in MATLAB. Der Artikel [84] gibt eine Übersicht über verschiedene Möglichkeiten, die Matrixexponentialfunktion numerisch zu berechnen. Weitere Beispiele zur expm-Funktion finden Sie in [37].

Eine Einführung in die Finanzmathematik finden Sie zum Beispiel in den Büchern [18], [21], [62], [67], [77] und [108]. Im Artikel [38] wird gezeigt, wie Eigensysteme mit GOOGLE™ zusammenhängen[3].

## Aufgaben

**12.1.** Berechnen Sie die allgemeine Lösung des Differenzialgleichungssystems

$$\begin{aligned} y_1'(t) &= \phantom{2}y_1(t) - \phantom{4}y_2(t) \\ y_2'(t) &= 2y_1(t) + 4y_2(t). \end{aligned}$$

**12.2.** Berechnen Sie die allgemeine Lösung des Differenzialgleichungssystems

$$\begin{aligned} y_1'(t) &= \phantom{y_1(t)+2y_2(t)} - 2y_3(t) \\ y_2'(t) &= y_1(t) + 2y_2(t) + \phantom{2}y_3(t) \\ y_2'(t) &= y_1(t) + \phantom{2y_2(t)} + 3y_3(t). \end{aligned}$$

Welche Lösung erfüllt die Anfangsbedingungen $y_1(0) = 1$, $y_2(0) = 2$ und $y_3(0) = 2$?

**12.3.** Berechnen Sie die Lösung der Anfangswertaufgabe

$$\text{AWA} : \begin{cases} \boldsymbol{y}'(t) = \boldsymbol{A}\boldsymbol{y}(t) \\ \boldsymbol{y}(0) = \boldsymbol{y}_0, \end{cases}$$

mit Hilfe der Matrixexponentialfunktion, wobei gilt:

$$\boldsymbol{A} = \begin{bmatrix} 3 & 4 \\ 2 & 2 \end{bmatrix} \quad \text{und} \quad \boldsymbol{y}_0 = \begin{bmatrix} 6 \\ 1 \end{bmatrix}.$$

**12.4.** Wir betrachten ein Problem der Bevölkerungsentwicklung und bezeichnen mit $x_k > 0$ die Anzahl von Männern im Zeitpunkt $k$ und $y_k > 0$ die Anzahl von Frauen im Zeitpunkt $k$. Die Anzahl der Sterbefälle für Männer bzw. Frauen im Intervall $[k, k+1]$ sei proportional zum jeweiligen Bestand im Zeitpunkt $k$, und zwar $0.2x_k$ für die

[3] GOOGLE and PageRank are trademarks of GOOGLE, Inc.

Männer und $0.2y_k$ für die Frauen. Andererseits nehmen wir an, dass die Anzahl der Knabengeburten und Mädchengeburten im Zeitintervall $[k, k+1]$ proportional ist zum Bestand der Frauen. Die Anzahl der Knabengeburten sei beispielsweise $0.2y_k$, die Anzahl der Mädchengeburten $0.3y_k$. Für den Übergang vom Zeitpunkt $k$ zum Zeitpunkt $k+1$ ergeben sich damit zwei Gleichungen:

$$\begin{aligned} x_{k+1} &= x_k - 0.2x_k + 0.2y_k = 0.8x_k + 0.2y_k \\ y_{k+1} &= y_k - 0.2y_k + 0.3y_k = 1.1y_k \end{aligned}$$

oder matriziell

$$\begin{bmatrix} x_{k+1} \\ y_{k+1} \end{bmatrix} = \begin{bmatrix} 0.8 & 0.2 \\ 0.0 & 1.1 \end{bmatrix} \begin{bmatrix} x_k \\ y_k \end{bmatrix}.$$

Es handelt sich hier um ein lineares Differenzengleichungssystem.

Soll nun das Verhältnis von Männern zu Frauen zeitlich konstant bleiben, also $x_{k+1}/y_{k+1} = x_k/y_k = \lambda > 0$ bzw. $x_{k+1} = \lambda x_k$, $y_{k+1} = \lambda y_k$, so sprechen wir für $\lambda > 1$ von einem gleichförmigen Wachstumsprozess und für $\lambda < 1$ von einem gleichförmigen Schrumpfungsprozess. Insgesamt ergibt sich der Zusammenhang:

$$\lambda \begin{bmatrix} x_k \\ y_k \end{bmatrix} = \begin{bmatrix} \lambda x_k \\ \lambda y_k \end{bmatrix} = \begin{bmatrix} x_{k+1} \\ y_{k+1} \end{bmatrix} = \begin{bmatrix} 0.8 & 0.2 \\ 0.0 & 1.1 \end{bmatrix} \begin{bmatrix} x_k \\ y_k \end{bmatrix}$$

oder matriziell

$$\lambda \boldsymbol{z} = \boldsymbol{A}\boldsymbol{z} \quad \text{mit} \quad \boldsymbol{A} = \begin{bmatrix} 0.8 & 0.2 \\ 0.0 & 1.1 \end{bmatrix}, \quad \boldsymbol{z} = \begin{bmatrix} x_k \\ y_k \end{bmatrix}, \quad \lambda > 0.$$

Dabei ist die Matrix $\boldsymbol{A}$ bekannt und es stellt sich die Frage, ob man $\lambda$ und $\boldsymbol{z}$ so bestimmen kann, dass das Gleichungssystem $\lambda \boldsymbol{z} = \boldsymbol{A}\boldsymbol{z}$ erfüllt ist?

**12.5.** Berechnen Sie für die Matrix

$$\boldsymbol{A} = \begin{bmatrix} 1 & 1 \\ -2 & 4 \end{bmatrix}$$

die Matrix $\boldsymbol{A}^7$.

**12.6** (Potenz einer Matrix)**.** Berechnen Sie $\boldsymbol{A}^{13}$ für die Matrix

$$\boldsymbol{A} = \begin{bmatrix} 0 & 0 & -2 \\ 1 & 2 & 1 \\ 1 & 0 & 3 \end{bmatrix}.$$

**12.7.** Berechnen Sie die allgemeine Lösung des Differenzengleichungssystems

$$\begin{aligned} y_1(k) &= y_1(k-1) + 3y_2(k-1) \\ y_2(k) &= 2y_1(k-1) + 2y_2(k-1). \end{aligned}$$

# 13. Die Singulärwertzerlegung

*The reduced row echelon form (rref) is an unreliable tool for computation in the face of inexact data and arithmetic. The singular value decomposition (svd) can be regarded as a modern, computationally powerful replacement for the rref.*
CLEVE MOLER

Die *Singulärwertzerlegung (Abk.: SVD für Singular Value Decomposition)* ist eine Matrizenfaktorisierung mit vielen interessanten Anwendungen. Man kann ohne Übertreibung sagen, dass die Singulärwertzerlegung ein mächtiges und weitläufig eingesetztes Tool der modernen Matrizenrechnung ist. Sie stellt einen weiteren Höhepunkt der Linearen Algebra dar. Sie ist, wenn man so will, der dritte Hauptsatz der Linearen Algebra. Der erste Hauptsatz behandelt die Dimensionen der vier Fundamentalräume (siehe Hauptsatz 1), der zweite deren Orthogonalität (siehe Hauptsatz 2) und die Singulärwertzerlegung $\boldsymbol{A} = \boldsymbol{U}\boldsymbol{S}\boldsymbol{V}^{\mathrm{T}}$ diagonalisiert $\boldsymbol{A} \in \mathbb{R}^{m\times n}$ und liefert orthonormale Basen der vier Fundamentalräume; das alles wird durch $\boldsymbol{A} = \boldsymbol{U}\boldsymbol{S}\boldsymbol{V}^{\mathrm{T}}$ ausgedrückt. In MATLAB kann man die Singulärwertzerlegung mit der Funktion `svd` berechnen.

## 13.1. Hauptsatz und Berechnung der Singulärwertzerlegung

Wir beginnen mit der wichtigsten Aussage dieses Kapitels.

**Hauptsatz 3** (Die Singulärwertzerlegung)**.** *Jede Matrix $\boldsymbol{A} \in \mathbb{R}^{m\times n}$ kann wie folgt faktorisiert werden*

$$\boldsymbol{A} = \boldsymbol{U}\boldsymbol{S}\boldsymbol{V}^{T}.$$

*Hierbei sind die Spalten der orthogonalen Matrix $\boldsymbol{U} \in \mathbb{R}^{m\times m}$ Eigenvektoren von $\boldsymbol{A}\boldsymbol{A}^{T}$, die Spalten der orthogonalen Matrix $\boldsymbol{V} \in \mathbb{R}^{n\times n}$ sind Eigenvektoren von $\boldsymbol{A}^{T}\boldsymbol{A}$ und $\boldsymbol{S} \in \mathbb{R}^{m\times n}$ ist eine Diagonalmatrix. Die Diagonalelemente von $\boldsymbol{S}$ heißen* ***singuläre Werte****; sie sind die positiven Quadratwurzeln der Eigenwerte von $\boldsymbol{A}\boldsymbol{A}^{T}$ und $\boldsymbol{A}^{T}\boldsymbol{A}$.*

*Beweis.* Den Beweis verschieben wir auf später, siehe Seite 527. □

Die Faktorisierung

$$A = USV^{\mathrm{T}}$$

ist unter dem Namen **Singulärwertzerlegung** (SVD = Singular Value Decomposition) bekannt. Die Spalten von $\boldsymbol{U}$ heißen **linke** und die von $\boldsymbol{V}$ **rechte singuläre Vektoren**. $\boldsymbol{A}$ ist gleich orthogonal mal diagonal mal orthogonal. Die Diagonalelemente von $\boldsymbol{S} \in \mathbb{R}^{m \times n}$ sind die singulären Werte. Sie sind alle nicht negativ und können stets abfallend angeordnet werden; es ist also $s_1 \geq s_2 \geq \cdots \geq s_p \geq 0$ mit $p = \text{Min}\{m, n\}$. Die Diagonalmatrix $\boldsymbol{S}$ hat die gleiche Größe wie $\boldsymbol{A}$, nämlich $(m, n)$. Die Matrizen $\boldsymbol{U}$ und $\boldsymbol{V}$ sind immer quadratisch. Das Bild 13.1 zeigt die Singulärwertzerlegung symbolisch im Fall $m > n$.

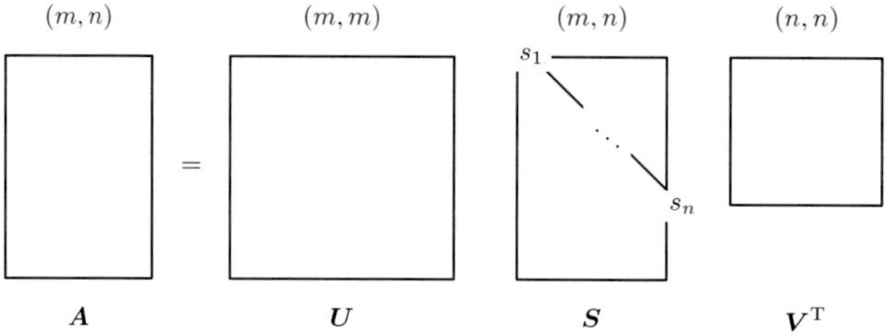


Bild 13.1.: Singulärwertzerlegung im Fall $m > n$

Ist $m = n$, so sind alle vorkommenden Matrizen quadratisch. Das Bild 13.2 zeigt dies symbolisch.

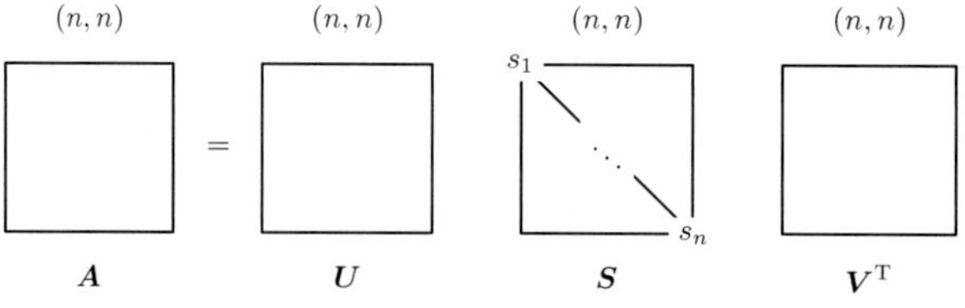


Bild 13.2.: Singulärwertzerlegung im Fall $m = n$

Ist $m < n$, so zeigt das Bild 13.3 die Formate der bei der Singulärwertzerlegung auftretenden Matrizen.

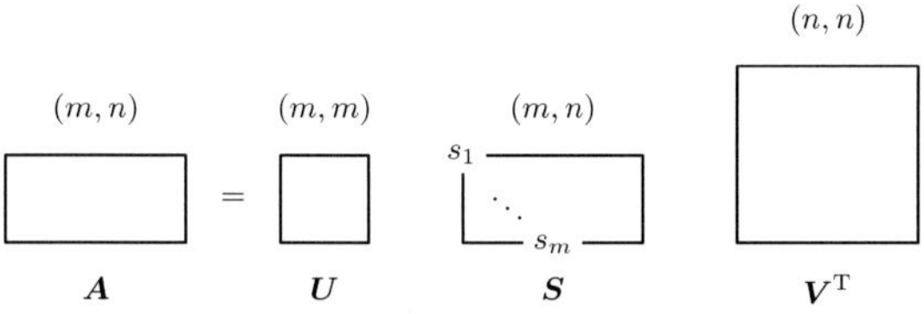


Bild 13.3.: Singulärwertzerlegung im Fall $m < n$

Für orthogonale Matrizen $\boldsymbol{U}$ und $\boldsymbol{V}$ sind die inversen Matrizen durch $\boldsymbol{U}^{\mathrm{T}}$ bzw. $\boldsymbol{V}^{\mathrm{T}}$ gegeben und wir können die Gleichung $\boldsymbol{A} = \boldsymbol{USV}^{\mathrm{T}}$ äquivalent auch wie folgt notieren

$$\boldsymbol{S} = \boldsymbol{U}^{\mathrm{T}}\boldsymbol{AV}.$$

Schreiben wir die Singulärwertzerlegung $\boldsymbol{A} = \boldsymbol{USV}^{\mathrm{T}}$ als

$$\boldsymbol{AV} = \boldsymbol{US},$$

so erkennt man die Beziehungen

$$\boldsymbol{Av}_i = s_i\boldsymbol{u}_i \quad \text{für} \quad i = 1, 2, \ldots, r$$

und

$$\boldsymbol{Av}_i = \boldsymbol{o} \quad \text{für} \quad i = r+1, r+2, \ldots, n.$$

Multiplizieren wir $\boldsymbol{A}$ mit einer Spalte von $\boldsymbol{V}$, so ist der Bildvektor ein Vielfaches einer Spalte von $\boldsymbol{U}$. Die Vektoren $\boldsymbol{v}_i$ liegen für $i = r+1$, $r+2$, …, $n$ im Nullraum von $\boldsymbol{A}$.

Für $\boldsymbol{A}^{\mathrm{T}} = \boldsymbol{VSU}^{\mathrm{T}}$ gilt analog

$$\boldsymbol{A}^{\mathrm{T}}\boldsymbol{u}_i = s_i\boldsymbol{v}_i \quad \text{für} \quad i = 1, 2, \ldots, r$$

und

$$\boldsymbol{A}^{\mathrm{T}}\boldsymbol{u}_i = \boldsymbol{o} \quad \text{für} \quad i = r+1, r+2, \ldots, n.$$

Damit erhalten wir:

$$\begin{array}{lcl} S(\boldsymbol{U}_1) = Lin(\boldsymbol{u}_1, \boldsymbol{u}_2, \ldots, \boldsymbol{u}_r) & = & S(\boldsymbol{A}) = \text{Spaltenraum von } \boldsymbol{A} \\ S(\boldsymbol{V}_2) = Lin(\boldsymbol{v}_{r+1}, \boldsymbol{v}_{r+2}, \ldots, \boldsymbol{v}_n) & = & N(\boldsymbol{A}) = \text{Nullraum von } \boldsymbol{A} \\ S(\boldsymbol{V}_1) = Lin(\boldsymbol{v}_1, \boldsymbol{v}_2, \ldots, \boldsymbol{v}_r) & = & Z(\boldsymbol{A}) = \text{Zeilenraum von } \boldsymbol{A} \\ S(\boldsymbol{U}_2) = Lin(\boldsymbol{u}_{r+1}, \boldsymbol{u}_{r+2}, \ldots, \boldsymbol{u}_n) & = & N(\boldsymbol{A}^{\mathrm{T}}) = \text{Nullraum von } \boldsymbol{A}^{\mathrm{T}}. \end{array}$$

bzw.

$$\boldsymbol{U} = \left[\, \boldsymbol{U}_1 \,\middle|\, \boldsymbol{U}_2 \,\right] = \left[ \begin{array}{c|c} \text{Spaltenraum} & \text{Nullraum} \\ \text{von } \boldsymbol{A} & \text{von } \boldsymbol{A}^{\mathrm{T}} \end{array} \right] \in \mathbb{R}^{m\times m}$$

und

$$\boldsymbol{V} = \left[\, \boldsymbol{V}_1 \,\middle|\, \boldsymbol{V}_2 \,\right] = \left[ \begin{array}{c|c} \text{Zeilenraum} & \text{Nullraum} \\ \text{von } \boldsymbol{A} & \text{von } \boldsymbol{A} \end{array} \right] \in \mathbb{R}^{n\times n}$$

Wir fassen diese wichtigen Beobachtungen im folgenden Satz zusammen.

**Satz 13.1.** *Die Matrizen $\boldsymbol{U} \in \mathbb{R}^{m\times m}$ und $\boldsymbol{V} \in \mathbb{R}^{n\times n}$ der Singulärwertzerlegung $\boldsymbol{A} = \boldsymbol{U}\boldsymbol{S}\boldsymbol{V}^T$ enthalten orthonormale Basen der vier Fundamentalräume.*

*(a) Die ersten $r$ Spalten von $\boldsymbol{V}$ bilden eine orthonormale Basis des Zeilenraumes von $\boldsymbol{A}$.*
*(b) Die verbleibenden $n - r$ Spalten von $\boldsymbol{V}$ bilden eine orthonormale Basis des Nullraumes von $\boldsymbol{A}$.*
*(c) Die ersten $r$ Spalten von $\boldsymbol{U}$ bilden eine orthonormale Basis des Spaltenraumes von $\boldsymbol{A}$.*
*(d) Die verbleibenden $m - r$ Spalten von $\boldsymbol{U}$ bilden eine orthonormale Basis des Nullraumes von $\boldsymbol{A}^T$.*

Das Bild 13.4 zeigt den Inhalt von Satz 13.1 grafisch. Zu sehen sind die vier Fundamentalräume, die orthonormalen Basen von $\mathbb{R}^n$ und $\mathbb{R}^m$ und die Bedeutungen der Gleichungen $\boldsymbol{A}\boldsymbol{v}_1 = s_1\boldsymbol{u}_1$, $\boldsymbol{A}\boldsymbol{v}_2 = s_2\boldsymbol{u}_1$ bis $\boldsymbol{A}\boldsymbol{v}_r = s_r\boldsymbol{u}_r$.

Aus der Matrix $\boldsymbol{S}$ bzw. den singulären Werten können wir den Rang der Matrix $\boldsymbol{A}$ ablesen, denn es gilt:

$$\operatorname{Rang}(\boldsymbol{A}) = \operatorname{Rang}(\boldsymbol{U}\boldsymbol{S}\boldsymbol{V}^{\mathrm{T}}) = \operatorname{Rang}(\boldsymbol{S}) = r.$$

**Satz 13.2** (Singulärwertzerlegung und Rang). *Die Anzahl $r$ der von Null verschiedenen singulären Werte ist gleich dem Rang der Matrix $\boldsymbol{A}$.*

Ist die Singulärwertzerlegung $\boldsymbol{A} = \boldsymbol{U}\boldsymbol{S}\boldsymbol{V}^{\mathrm{T}}$ korrekt (wir haben sie ja noch nicht bewiesen), so muss der im Hauptsatz 3 hergestellte Zusammenhang zu den Matrizen $\boldsymbol{A}\boldsymbol{A}^{\mathrm{T}}$ und $\boldsymbol{A}^{\mathrm{T}}\boldsymbol{A}$ gelten, denn es ist

$$\boldsymbol{A}\boldsymbol{A}^{\mathrm{T}} = (\boldsymbol{U}\boldsymbol{S}\boldsymbol{V}^{\mathrm{T}})(\boldsymbol{V}\boldsymbol{S}^{\mathrm{T}}\boldsymbol{U}^{\mathrm{T}}) = \boldsymbol{U}\boldsymbol{S}\boldsymbol{S}^{\mathrm{T}}\boldsymbol{U}^{\mathrm{T}}$$

und analog

$$\boldsymbol{A}^{\mathrm{T}}\boldsymbol{A} = \boldsymbol{V}\boldsymbol{S}^{\mathrm{T}}\boldsymbol{S}\boldsymbol{V}^{\mathrm{T}}.$$

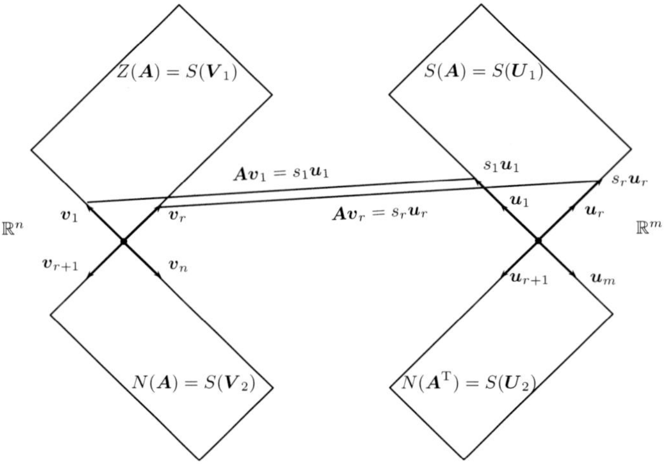


Bild 13.4.: Orthonormale Basen, die $\boldsymbol{A}$ diagonalisieren

Aus der ersten Gleichung sieht man, dass $\boldsymbol{U}$ eine Eigenvektorenmatrix von $\boldsymbol{A}\boldsymbol{A}^{\mathrm{T}}$ ist. Die Eigenwertmatrix ist $\boldsymbol{S}\boldsymbol{S}^{\mathrm{T}} \in \mathbb{R}^{m\times m}$ und die Diagonalelemente $s_1^2$, $s_2^2$, ..., $s_m^2$ sind die Eigenwerte von $\boldsymbol{A}\boldsymbol{A}^{\mathrm{T}}$. Aus der zweiten Gleichung geht hervor, dass $\boldsymbol{V}$ eine Eigenvektorenmatrix und $\boldsymbol{S}^{\mathrm{T}}\boldsymbol{S} \in \mathbb{R}^{n\times n}$ die Eigenwertmatrix von $\boldsymbol{A}^{\mathrm{T}}\boldsymbol{A}$ ist. Symbolisch:

$$\boldsymbol{U} = \begin{bmatrix} \text{Orthonormale} \\ \text{Eigenvektoren} \\ \text{von } \boldsymbol{A}\boldsymbol{A}^{\mathrm{T}} \end{bmatrix} \in \mathbb{R}^{m\times m}, \quad \boldsymbol{V} = \begin{bmatrix} \text{Orthonormale} \\ \text{Eigenvektoren} \\ \text{von } \boldsymbol{A}^{\mathrm{T}}\boldsymbol{A} \end{bmatrix} \in \mathbb{R}^{n\times n}.$$

**Satz 13.3.** *Ist $\boldsymbol{A} = \boldsymbol{U}\boldsymbol{S}\boldsymbol{V}^T$ eine Singulärwertzerlegung der Matrix $\boldsymbol{A} \in \mathbb{R}^{m\times n}$ und $r$ der Rang der Matrix $\boldsymbol{A}$, dann gilt*

*(a)* $\boldsymbol{V}^T(\boldsymbol{A}^T\boldsymbol{A})\boldsymbol{V} = \mathit{Diag}(s_1^2, s_2^2, \ldots, s_r^2, 0, 0, \ldots, 0) \in \mathbb{R}^{n\times n}$.

*(b)* $\boldsymbol{U}^T(\boldsymbol{A}\boldsymbol{A}^T)\boldsymbol{U} = \mathit{Diag}(s_1^2, s_2^2, \ldots, s_r^2, 0, 0, \ldots, 0) \in \mathbb{R}^{m\times m}$.

Die bisherigen Beobachtungen sind einfache Schlußfolgerungen, aber sie beweisen nicht den Hauptsatz 3. Der Beweis ist nicht schwierig, aber bevor wir ihn bringen, schauen wir uns Beispiele an.

**Beispiel 13.1.** Finden Sie die singulären Werte der Matrix

$$\boldsymbol{A} = \begin{bmatrix} 2 & 2 \\ 1 & 1 \end{bmatrix}$$

und geben Sie die Diagonalmatrix $\boldsymbol{S}$ an.

*Lösung.* Es ist

$$\boldsymbol{A}^{\mathrm{T}}\boldsymbol{A} = \begin{bmatrix} 2 & 1 \\ 2 & 1 \end{bmatrix} \begin{bmatrix} 2 & 2 \\ 1 & 1 \end{bmatrix} = \begin{bmatrix} 5 & 5 \\ 5 & 5 \end{bmatrix}.$$

Die Eigenwerte dieser Matrix sind $\lambda_1 = 10$ und $\lambda_2 = 0$. Damit sind $s_1 = \sqrt{\lambda_1} = \sqrt{10}$ und $s_2 = \sqrt{\lambda_2} = \sqrt{0} = 0$ die singulären Werte von $\boldsymbol{A}$. Da in diesem Beispiel $m = n = 2$ ist, ist $\boldsymbol{S}$ eine $(2,2)$-Matrix; sie sieht wie folgt aus

$$\boldsymbol{S} = \begin{bmatrix} \sqrt{10} & 0 \\ 0 & 0 \end{bmatrix} \approx \begin{bmatrix} 3.1623 & 0 \\ 0 & 0 \end{bmatrix}.$$

Die folgenden Zeilen bestätigen das Ergebnis in MATLAB:

```
>> A = [2 2; 1 1];
>> svd(A)
ans =
    3.1623
         0
```

**Beispiel 13.2.** Finden Sie die singulären Werte der Matrix

$$\boldsymbol{A} = \begin{bmatrix} 2 & 0 \\ 0 & -3 \\ 0 & 0 \end{bmatrix}$$

und geben Sie die Diagonalmatrix $\boldsymbol{S}$ an.

*Lösung.* Es ist

$$\boldsymbol{A}^{\mathrm{T}}\boldsymbol{A} = \begin{bmatrix} 2 & 0 & 0 \\ 0 & -3 & 0 \end{bmatrix} \begin{bmatrix} 2 & 0 \\ 0 & -3 \\ 0 & 0 \end{bmatrix} = \begin{bmatrix} 4 & 0 \\ 0 & 9 \end{bmatrix}.$$

Da dies eine Diagonalmatrix ist, sind die Diagonalelemente die Eigenwerte. Diese sind $\lambda_1 = 9$ und $\lambda_2 = 4$. Damit sind $s_1 = \sqrt{\lambda_1} = \sqrt{9} = 3$ und $s_2 = \sqrt{\lambda_2} = \sqrt{4} = 2$ die singulären Werte von $\boldsymbol{A}$. Da in diesem Beispiel $m = 3$ und $n = 2$ ist, ist $\boldsymbol{S}$ eine $(3,2)$-Matrix; sie sieht wie folgt aus

$$\boldsymbol{S} = \begin{bmatrix} 3 & 0 \\ 0 & 2 \\ 0 & 0 \end{bmatrix}.$$

Die Zeilen

```
>> A = [2 0; 0 -3; 0 0];
>> svd(A)
ans =
    3.0000
    2.0000
```

bestätigen das Ergebnis in MATLAB. ∎

### Konstruktion und Beweis der Singulärwertzerlegung

Wir beweisen nun Hauptsatz 3 und zeigen, jede Matrix $\boldsymbol{A} \in \mathbb{R}^{m\times n}$ kann in $\boldsymbol{A} = \boldsymbol{USV}^{\mathrm{T}}$ faktorisiert werden mit den im Hauptsatz 3 angegebenen Matrizen.

Die Matrix $\boldsymbol{A}^{\mathrm{T}}\boldsymbol{A} \in \mathbb{R}^{n\times n}$ ist symmetrisch und hat somit nach Satz 11.10 eine orthonormale Basis von Eigenvektoren; wir bezeichnen die Basisvektoren mit $\boldsymbol{v}_1$, $\boldsymbol{v}_2$, …, $\boldsymbol{v}_n$. Wir schreiben sie als Spaltenvektoren der Matrix $\boldsymbol{V}$. Nun gilt für $j = 1, 2, \ldots, n$

$$\boldsymbol{A}^{\mathrm{T}}\boldsymbol{A}\boldsymbol{v}_j = \lambda_j \boldsymbol{v}_j \quad \text{mit} \quad \boldsymbol{v}_j^{\mathrm{T}}\boldsymbol{v}_j = 1 \quad \text{und} \quad \boldsymbol{v}_i^{\mathrm{T}}\boldsymbol{v}_j = 0 \quad \text{für} \quad i \neq j.$$

Berechnen wir das Skalarprodukt von $\boldsymbol{A}^{\mathrm{T}}\boldsymbol{A}\boldsymbol{v}_j$ mit $\boldsymbol{v}_j$, so sehen wir, dass alle Eigenwerte $\lambda_j$ größer oder gleich Null sind

$$\boldsymbol{v}_j^{\mathrm{T}}\boldsymbol{A}^{\mathrm{T}}\boldsymbol{A}\boldsymbol{v}_j = \lambda_j \boldsymbol{v}_j^{\mathrm{T}}\boldsymbol{v}_j \quad \text{oder} \quad |\boldsymbol{A}\boldsymbol{v}_j|^2 = \lambda_j.$$

Angenommen, die Eigenwerte $\lambda_1$, $\lambda_2$, …, $\lambda_r$ sind positiv und die verbleibenden $n - r$ sind Null, dann setzen wir $s_j = \sqrt{\lambda_j}$ und $\boldsymbol{u}_j = \boldsymbol{A}\boldsymbol{v}_j / s_j$ für die positiven Eigenwerte. Beachten Sie, dass die Vektoren $\boldsymbol{u}_j$ nach Konstruktion Einheitsvektoren im $\mathbb{R}^m$ sind und dass sie wegen

$$\boldsymbol{u}_i^{\mathrm{T}}\boldsymbol{u}_j = \frac{\boldsymbol{v}_i^{\mathrm{T}}\boldsymbol{A}^{\mathrm{T}}\boldsymbol{A}\boldsymbol{v}_j}{s_i s_j} = \frac{\lambda_j \boldsymbol{v}_i^{\mathrm{T}}\boldsymbol{v}_j}{s_i s_j} = 0$$

für $i \neq j$ senkrecht aufeinander stehen. Die $r$ orthonormalen Vektoren $\boldsymbol{u}_j$ können nun mit Hilfe des GRAM-SCHMIDTschen Orthonormalisierungsverfahrens zu einer Basis $\boldsymbol{u}_1$, $\boldsymbol{u}_2$, …, $\boldsymbol{u}_m$ des $\mathbb{R}^m$ ergänzt werden. Diese Basisvektoren sind die Spaltenvektoren der Matrix $\boldsymbol{U}$. Das $(i, j)$-te Matrixelement von $\boldsymbol{U}^{\mathrm{T}}\boldsymbol{A}\boldsymbol{V}$ ist (nach Konstruktion) $\boldsymbol{u}_i^{\mathrm{T}}\boldsymbol{A}\boldsymbol{v}_j$ und es gilt

$$\boldsymbol{u}_i^{\mathrm{T}}\boldsymbol{A}\boldsymbol{v}_j = 0 \quad \text{für } j > r, \text{ weil } \boldsymbol{A}\boldsymbol{v}_j = \boldsymbol{o} \text{ ist}$$

und

$$\boldsymbol{u}_i^{\mathrm{T}}\boldsymbol{A}\boldsymbol{v}_j = \boldsymbol{u}_i^{\mathrm{T}} s_j \boldsymbol{u}_j \quad \text{für } j \leq r, \text{ da } \boldsymbol{A}\boldsymbol{v}_j = s_j \boldsymbol{u}_j \text{ ist.}$$

Nun ist aber $\boldsymbol{u}_i^{\mathrm{T}}\boldsymbol{u}_j = 0$ mit Ausnahme von $i = j$. Damit sind die einzigen von Null verschiedenen Matrixelemente des Produkts $\boldsymbol{S} = \boldsymbol{U}^{\mathrm{T}}\boldsymbol{A}\boldsymbol{V}$ die ersten $r$ Diagonalelemente, die gleich $s_1, s_2, \ldots, s_r$ sind. Da $\boldsymbol{U}$ und $\boldsymbol{V}$ orthogonale Matrizen sind, folgt $\boldsymbol{A} = \boldsymbol{U}\boldsymbol{S}\boldsymbol{V}^{\mathrm{T}}$, wie im Hauptsatz 3 behauptet.

Der folgende Algorithmus zeigt, wie man die Singulärwertzerlegung berechnet.

**Algorithmus 21: Singulärwertzerlegung**

Die folgenden Schritte zeigen, wie man eine Singulärwertzerlegung berechnet.

1. Berechnen Sie die Eigenwerte der (symmetrischen) Matrix $\boldsymbol{A}^{\mathrm{T}}\boldsymbol{A}$. Die singulären Werte $s_j$ von $\boldsymbol{A}$ sind die Quadratwurzeln der Eigenwerte von $\boldsymbol{A}^{\mathrm{T}}\boldsymbol{A}$.
2. Berechnen Sie eine orthonormale Eigenvektorenbasis der Matrix $\boldsymbol{A}^{\mathrm{T}}\boldsymbol{A}$. Dies sind die rechten singulären Vektoren, also die Spaltenvektoren der Matrix $\boldsymbol{V}$.
3. Berechnen Sie nun die linken singulären Vektoren, also die Spaltenvektoren der Matrix $\boldsymbol{U} \in \mathbb{R}^m$. Die ersten $r \leq m$ Spaltenvektoren von $\boldsymbol{U}$ sind die Vektoren $\boldsymbol{u}_j = 1/s_j\boldsymbol{A}\boldsymbol{v}_j$ für $j = 1, 2, \ldots r$. Die verbleibenden $m - r$ Spaltenvektoren von $\boldsymbol{U}$ müssen eine orthonormale Basis von $N(\boldsymbol{A}^{\mathrm{T}})$ bilden, die wir erhalten, indem wir zunächst eine Basis von $N(\boldsymbol{A}^{\mathrm{T}})$ (Abschnitt 5.16) berechnen und dann diese zum Beispiel mit dem GRAM-SCHMIDTschen Verfahren (Abschnitt 6.4) orthonormalisieren.

Beachten Sie, dass zwar die singulären Werte $s_j$ eindeutig bestimmt sind, im Allgemeinen nicht aber die Matrizen $\boldsymbol{U}$ und $\boldsymbol{V}$. Die Matrix $\boldsymbol{U}$ ist nicht eindeutig bestimmt, da die $m - r$ Spaltenvektoren es nicht sind. Auch die Matrix $\boldsymbol{V}$ ist nicht eindeutig, wenn $\boldsymbol{A}^{\mathrm{T}}\boldsymbol{A}$ mehrfache Eigenwerte hat.

**Beispiel 13.3.** Berechnen Sie eine Singulärwertzerlegung der Matrix

$$\boldsymbol{A} = \begin{bmatrix} 1 & 1 \\ 1 & 1 \\ 0 & 0 \end{bmatrix}.$$

*Lösung.* Die Matrix

$$\boldsymbol{A}^{\mathrm{T}}\boldsymbol{A} = \begin{bmatrix} 2 & 2 \\ 2 & 2 \end{bmatrix}$$

hat die Eigenwerte $\lambda_1 = 4$ und $\lambda_2 = 0$. Daher sind $s_1 = \sqrt{\lambda_1} = 2$ und $s_2 = \sqrt{\lambda_2} = 0$ die singulären Werte von $\boldsymbol{A}$. Die Eigenvektoren von $\lambda_1 = 4$ haben die Form $t(1, 1)$ und von $\lambda_2 = 0$ die Gestalt $t(1, -1)$. Damit ist

$$\boldsymbol{V} = \frac{1}{\sqrt{2}}\begin{bmatrix} 1 & 1 \\ 1 & -1 \end{bmatrix}$$

die orthogonale Matrix, die $\boldsymbol{A}^{\mathrm{T}}\boldsymbol{A}$ diagonalisiert. Aufgrund des dritten Schritts von Algorithmus 22 ist

$$\boldsymbol{u}_1 = \frac{1}{s_1}\boldsymbol{A}\boldsymbol{v}_1 = \frac{1}{2}\begin{bmatrix} 1 & 1 \\ 1 & 1 \\ 0 & 0 \end{bmatrix}\begin{bmatrix} 1/\sqrt{2} \\ 1/\sqrt{2} \end{bmatrix} = \begin{bmatrix} 1/\sqrt{2} \\ 1/\sqrt{2} \\ 0 \end{bmatrix}.$$

Die verbleibenden Spaltenvektoren $\boldsymbol{u}_2$ und $\boldsymbol{u}_3$ von $\boldsymbol{U}$ müssen eine orthonormale Basis von $N(\boldsymbol{A}^{\mathrm{T}})$ bilden. Eine Basis $\{\boldsymbol{x}_2, \boldsymbol{x}_3\}$ von $N(\boldsymbol{A}^{\mathrm{T}})$ können wir wie gewohnt berechnen, siehe Abschnitt 5.16. Es ergibt sich zum Beispiel $\boldsymbol{x}_2 = (1, -1, 0)$ und $\boldsymbol{x}_3 = (0, 0, 1)$. Da die beiden Vektoren bereits orthogonal sind, kommt das GRAM-SCHMIDTsche Verfahren nicht zum Einsatz; wir müssen den Vektor $\boldsymbol{x}_2$ nur auf die Länge 1 normieren. Es ergibt sich

$$\boldsymbol{u}_2 = \frac{1}{|\boldsymbol{x}_2|}\boldsymbol{x}_2 = \begin{bmatrix} 1/\sqrt{2} \\ -1/\sqrt{2} \\ 0 \end{bmatrix} \quad \text{und} \quad \boldsymbol{u}_3 = \boldsymbol{x}_3 = \begin{bmatrix} 0 \\ 0 \\ 1 \end{bmatrix}.$$

Damit gilt

$$\boldsymbol{A} = \boldsymbol{U}\boldsymbol{S}\boldsymbol{V}^{\mathrm{T}} = \begin{bmatrix} 1/\sqrt{2} & 1/\sqrt{2} & 0 \\ 1/\sqrt{2} & -1/\sqrt{2} & 0 \\ 0 & 0 & 1 \end{bmatrix}\begin{bmatrix} 2 & 0 \\ 0 & 0 \\ 0 & 0 \end{bmatrix}\begin{bmatrix} 1/\sqrt{2} & 1/\sqrt{2} \\ 1/\sqrt{2} & -1/\sqrt{2} \end{bmatrix}.$$

Die Zeilen

```
>> [U,S,V] = svd(A)
U =
   -0.7071   -0.7071         0
   -0.7071    0.7071         0
         0         0    1.0000
S =
     2     0
     0     0
     0     0
V =
   -0.7071   -0.7071
   -0.7071    0.7071
```

berechnen eine Singulärwertzerlegung in MATLAB. Beachten Sie, dass eine Singulärwertzerlegung nicht eindeutig ist; in den Spalten von $\boldsymbol{U}$ bzw. $\boldsymbol{V}$ kann irgendeine orthonormale Eigenvektorenbasis stehen. Die MATLAB-Lösung der Matrix $\boldsymbol{V}$ wählt den Wert $-1$ für den Parameter $t$. ∎

**Beispiel 13.4.** Finden Sie eine Singulärwertzerlegung der (unsymmetrischen) Matrix

$$\boldsymbol{A} = \begin{bmatrix} 2 & 2 \\ 1 & 1 \end{bmatrix}.$$

*Lösung.* Zunächst berechnen wir

$$\boldsymbol{A}^{\mathrm{T}}\boldsymbol{A} = \begin{bmatrix} 2 & 1 \\ 2 & 1 \end{bmatrix} \begin{bmatrix} 2 & 2 \\ 1 & 1 \end{bmatrix} = \begin{bmatrix} 5 & 5 \\ 5 & 5 \end{bmatrix}$$

und

$$\boldsymbol{A}\boldsymbol{A}^{\mathrm{T}} = \begin{bmatrix} 2 & 2 \\ 1 & 1 \end{bmatrix} \begin{bmatrix} 2 & 1 \\ 2 & 1 \end{bmatrix} = \begin{bmatrix} 8 & 4 \\ 4 & 2 \end{bmatrix}.$$

Die Eigenwerte der Matrix $\boldsymbol{A}^{\mathrm{T}}\boldsymbol{A}$ sind $\lambda_1 = 0$ und $\lambda_2 = 10$, siehe Beispiel 13.1. Die Eigenvektoren zu $\lambda_1 = 0$ lassen sich parametrisiert wie folgt angeben $\boldsymbol{x} = t(1, -1)$, $t \in \mathbb{R}$ und die zum Eigenwert $\lambda_2 = 10$ sind $\boldsymbol{x} = t(1, 1)$, $t \in \mathbb{R}$. Die Vektoren $(1, 1)$ und $(1, -1)$ bilden somit eine orthogonale und die Vektoren $(1/\sqrt{2}, 1/\sqrt{2})$ und $(1/\sqrt{2}, -1/\sqrt{2})$ eine orthonormale Basis des $\mathbb{R}^2$. Damit ergibt sich die orthogonale Matrix $\boldsymbol{V}$ zu

$$\boldsymbol{V} = \begin{bmatrix} 1/\sqrt{2} & 1/\sqrt{2} \\ 1/\sqrt{2} & -1/\sqrt{2} \end{bmatrix}.$$

Analog findet man die orthogonale Matrix

$$\boldsymbol{U} = \begin{bmatrix} 2/\sqrt{5} & 1/\sqrt{5} \\ 1/\sqrt{5} & -2/\sqrt{5} \end{bmatrix}.$$

Damit erhalten wir

$$\underbrace{\begin{bmatrix} 2 & 2 \\ 1 & 1 \end{bmatrix}}_{\boldsymbol{A}} = \underbrace{\begin{bmatrix} 2/\sqrt{5} & 1/\sqrt{5} \\ 1/\sqrt{5} & -2/\sqrt{5} \end{bmatrix}}_{\boldsymbol{U}} \underbrace{\begin{bmatrix} \sqrt{10} & 0 \\ 0 & 0 \end{bmatrix}}_{\boldsymbol{S}} \underbrace{\begin{bmatrix} 1/\sqrt{2} & 1/\sqrt{2} \\ 1/\sqrt{2} & -1/\sqrt{2} \end{bmatrix}}_{\boldsymbol{V}^{\mathrm{T}}}.$$ ∎

**Beispiel 13.5.** Finden Sie eine Singulärwertzerlegung der Matrix

$$\boldsymbol{A} = \begin{bmatrix} 2 & 0 \\ 0 & -3 \\ 0 & 0 \end{bmatrix}.$$

*Lösung.* Die Matrix $\boldsymbol{A}$ ist diagonal und hat deshalb zum Beispiel folgende Singulärwertzerlegung

$$\boldsymbol{A} = \begin{bmatrix} 2 & 0 \\ 0 & -3 \\ 0 & 0 \end{bmatrix} = \begin{bmatrix} 1 & 0 & 0 \\ 0 & -1 & 0 \\ 0 & 0 & 0 \end{bmatrix} \begin{bmatrix} 2 & 0 \\ 0 & 3 \\ 0 & 0 \end{bmatrix} \begin{bmatrix} 1 & 0 \\ 0 & 1 \end{bmatrix} = \boldsymbol{U}\boldsymbol{S}\boldsymbol{V}^{\mathrm{T}}.$$

Die singulären Werte sind $s_1 = 2$ und $s_2 = 3$, siehe Beispiel 13.2. ∎

## 13.2. Reduzierte Singulärwertzerlegung

Die Praxis zeigt, dass eine leicht modifizierte Form der Singulärwertzerlegung oft viel geeigneter ist; man nennt sie die *reduzierte Singulärwertzerlegung* oder *die Singulärwertzerlegung in kompakter Form*. Diese wollen wir nun herleiten und nehmen hierzu an, dass $\boldsymbol{A} \in \mathbb{R}^{m\times n}$ mit $m > n$ ist.

Ist $\boldsymbol{A} = \boldsymbol{U}\boldsymbol{S}\boldsymbol{V}^{\mathrm{T}}$ eine Singulärwertzerlegung der Matrix $\boldsymbol{A}$ mit $\boldsymbol{U} \in \mathbb{R}^{m\times m}$, $\boldsymbol{S} \in \mathbb{R}^{m\times n}$ und $\boldsymbol{V} \in \mathbb{R}^{n\times n}$, so dürfen wir diese äquivalent wie folgt schreiben

$$\boldsymbol{A} = \boldsymbol{U} \begin{bmatrix} \boldsymbol{S}_1 \\ \boldsymbol{O} \end{bmatrix} \boldsymbol{V}^{\mathrm{T}}$$

mit $\boldsymbol{S}_1 \in \mathbb{R}^{n\times n}$ und der Nullmatrix $\boldsymbol{O} \in \mathbb{R}^{(m-n)\times n}$. Diese Darstellungsmöglichkeit der Singulärwertzerlegung folgt sofort aus der Struktur der Diagonalmatrix $\boldsymbol{S}$. Nun spalten wir die Matrix $\boldsymbol{U}$ in zwei Blockmatrizen $\boldsymbol{U}_1$ und $\boldsymbol{U}_2$ auf, wobei die ersten $n$ Spalten von $\boldsymbol{U}$ nun die Spalten von $\boldsymbol{U}_1$ sind und die verbleibenden $m-n$ Spalten von $\boldsymbol{U}$ nun die Spalten der Matrix $\boldsymbol{U}_2$ werden. Damit ist $\boldsymbol{U} = [\boldsymbol{U}_1 \;\; \boldsymbol{U}_2]$ mit $\boldsymbol{U}_1 \in \mathbb{R}^{m\times n}$ und $\boldsymbol{U}_2 \in \mathbb{R}^{m\times(m-n)}$. Somit erhalten wir

$$\boldsymbol{A} = \begin{bmatrix} \boldsymbol{U}_1 & \boldsymbol{U}_2 \end{bmatrix} \begin{bmatrix} \boldsymbol{S}_1 \\ \boldsymbol{O} \end{bmatrix} \boldsymbol{V}^{\mathrm{T}} = \boldsymbol{U}_1\boldsymbol{S}_1\boldsymbol{V}^{\mathrm{T}}.$$

Die Gleichung

$$\boldsymbol{A} = \boldsymbol{U}_1\boldsymbol{S}_1\boldsymbol{V}^{\mathrm{T}}$$

heißt **reduzierte Singulärwertzerlegung von $\boldsymbol{A}$** (**kompakte Singulärwertzerlegung**, **Singulärwertzerlegung in kompakter Form**). Der Vorteil dieser Darstellung liegt darin, dass die Matrizen $\boldsymbol{U}_1$ und $\boldsymbol{S}_1$ kleiner sind als $\boldsymbol{U}$ bzw. $\boldsymbol{S}$. Das Bild 13.5 zeigt die reduzierte Singulärwertzerlegung grafisch.

**Beispiel 13.6.** Finden Sie eine reduzierte Singulärwertzerlegung von der Matrix

$$\boldsymbol{A} = \begin{bmatrix} 1 & 1 \\ 1 & 1 \\ 0 & 0 \end{bmatrix}.$$

*Lösung.* Wir lösen das Problem in MATLAB; vergleichen Sie Beispiel 13.3.

```
>> [U,S,V] = svd(A,0)
U =
   -0.7071   -0.7071
```

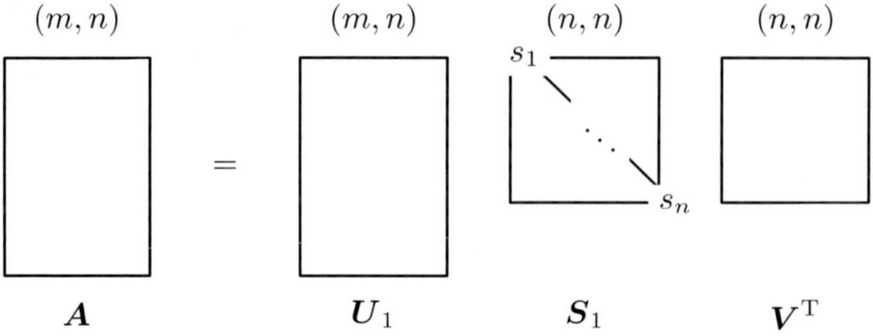


Bild 13.5.: Reduzierte Singulärwertzerlegung im Fall $m > n$

```
   -0.7071    0.7071
         0         0
S =
       2     0
       0     0
V =
   -0.7071   -0.7071
   -0.7071    0.7071
```

Sie sehen, dass man eine reduzierte Singulärwertzerlegung in MATLAB dadurch erhält, dass man in der Funktion `svd` ein zweites Argument mit dem Wert 0 angibt. ∎

Ein wichtiger Sonderfall liegt vor, wenn die Matrix $\boldsymbol{A}$ vollen Rang $n$ hat. Ist dies der Fall, so sind alle Diagonalelemente der Matrix $\boldsymbol{S}_1$ positiv; alle singulären Werte sind dann größer als Null.

## 13.3. Lösen mit (reduzierter) SVD-Faktorisierung

Die reduzierte Singulärwertzerlegung kann verwendet werden, um (überbestimme) lineare Ausgleichsaufgaben $\boldsymbol{Ax} \cong \boldsymbol{b}$ effizient zu lösen.

**Algorithmus 22: Lösen von $\boldsymbol{Ax} \cong \boldsymbol{b}$ via SVD**

1. Berechne die reduzierte SVD-Faktorisierung von $\boldsymbol{A}$, also $\boldsymbol{A} = \boldsymbol{U}_1\boldsymbol{S}_1\boldsymbol{V}^{\mathrm{T}}$.
2. Bilde den Vektor $\boldsymbol{y} = \boldsymbol{U}_1^{\mathrm{T}}\boldsymbol{b}$
3. Löse das Diagonalsystem $\boldsymbol{S}_1\boldsymbol{w} = \boldsymbol{y}$ nach $\boldsymbol{w}$.

4. Setze $\boldsymbol{x} = \boldsymbol{V}\boldsymbol{w}$.

**Beispiel 13.7.** Berechnen Sie mit Hilfe der reduzierten SVD-Faktorisierung nach Algorithmus 22 die Lösung der linearen Ausgleichsaufgabe $\boldsymbol{A}\boldsymbol{x} \cong \boldsymbol{b}$ mit

$$\boldsymbol{A} = \begin{bmatrix} 2 \\ 4 \end{bmatrix} \quad \text{und} \quad \boldsymbol{b} = \begin{bmatrix} 3 \\ 1 \end{bmatrix}.$$

Siehe auch Beispiel 7.2, Beispiel 7.4, Aufgabe 7.8 und Aufgabe 13.5.

*Lösung.* Es ist

$$\boldsymbol{A} = \boldsymbol{U}_1\boldsymbol{S}_1\boldsymbol{V} = \begin{bmatrix} \sqrt{5}/5 \\ 2/5\sqrt{5} \end{bmatrix} \begin{bmatrix} 2\sqrt{5} \end{bmatrix} \begin{bmatrix} 1 \end{bmatrix}$$

eine reduzierte SVD-Faktorisierung von $\boldsymbol{A}$. Damit ist

$$\boldsymbol{y} = \boldsymbol{U}_1^{\mathrm{T}}\boldsymbol{b} = \begin{bmatrix} \sqrt{5}/5 & 2/5\sqrt{5} \end{bmatrix} \begin{bmatrix} 3 \\ 1 \end{bmatrix} = 3/5\sqrt{5} + 2/5\sqrt{5} = \sqrt{5}.$$

Nun ist

$$\boldsymbol{w} = \boldsymbol{S}_1^{-1}\boldsymbol{y} = (2\sqrt{5})^{-1}\sqrt{5} = \frac{1}{2}.$$

Schließlich ist

$$\boldsymbol{x} = \boldsymbol{V}^{-1}\boldsymbol{w} = 1 \cdot \frac{1}{2} = \frac{1}{2}$$

die Lösung der linearen Ausgleichsaufgabe. ∎

## 13.4. Dyadische Form der Singulärwertzerlegung

Dieser Abschnitt zeigt eine weitere Betrachtungsweise der Singulärwertzerlegung mit großem Anwendungspotenzial. Hierzu knüpfen wir an bereits Bekanntes an, die *Spektraldarstellung symmetrischer Matrizen*, siehe Abschnitt 11.6.

Ist $\boldsymbol{A} \in \mathbb{R}^{n \times n}$ eine symmetrische Matrix, dann kann diese stets durch eine orthogonale Matrix $\boldsymbol{Q}$ diagonalisiert werden, das heißt, es ist

$$\boldsymbol{A} = \boldsymbol{Q}\boldsymbol{D}\boldsymbol{Q}^{\mathrm{T}},$$

wobei die Diagonalelemente von $\boldsymbol{D}$ die (reellen) Eigenwerte von $\boldsymbol{A}$ sind und die Spaltenvektoren von $\boldsymbol{Q}$ eine orthonormale Eigenvektorenbasis von $\boldsymbol{A}$ bilden. In Abschnitt 11.6 haben wir gezeigt, dass man die Faktorisierung $\boldsymbol{A} = \boldsymbol{Q}\boldsymbol{D}\boldsymbol{Q}^{\mathrm{T}}$ äquivalent in der Form

$$\boldsymbol{A} = \lambda_1\boldsymbol{q}_1\boldsymbol{q}_1^{\mathrm{T}} + \lambda_2\boldsymbol{q}_2\boldsymbol{q}_2^{\mathrm{T}} + \cdots + \lambda_n\boldsymbol{q}_n\boldsymbol{q}_n^{\mathrm{T}}$$

schreiben kann. Hierbei sind $\lambda_i$ die Eigenwerte und $\boldsymbol{q}_i$ orthonormale Eigenvektoren von $\boldsymbol{A}$. Man nennt dies die *Spektraldarstellung in dyadischer Form.* Demnach kann jede symmetrische Matrix als Summe (Linearkombination) von Rang-1-Matrizen geschrieben werden bzw. als Summe von orthogonalen Projektionen, wobei jede $(n, n)$-Projektionsmatrix $\boldsymbol{q}_i\boldsymbol{q}_i^{\mathrm{T}}$ auf den eindimensionalen Unterraum, der vom Eigenvektor $\boldsymbol{q}_i$ aufgespannt wird, projiziert.

**Beispiel 13.8** (Spektraldarstellung in dyadischer Form)**.** Berechnen Sie für die Matrix

$$\boldsymbol{A} = \begin{bmatrix} 2 & 1 & 0 \\ 1 & 2 & 0 \\ 0 & 0 & -1 \end{bmatrix}$$

die Spektraldarstellung in dyadischer Form.

*Lösung.* Die symmetrische Matrix $\boldsymbol{A}$ hat die drei Eigenwerte $\lambda_1 = 1$, $\lambda_2 = 3$ und $\lambda_3 = -1$ und die drei Eigenvektoren $(1, -1, 0)$, $(1, 1, 0)$ und $(0, 0, 1)$. Da die Eigenwerte verschieden sind, sind die Eigenvektoren orthogonal; wir können diese normieren und erhalten eine Orthonormalbasis

$$\boldsymbol{q}_1 = \begin{bmatrix} 1/\sqrt{2} \\ -1/\sqrt{2} \\ 0 \end{bmatrix}, \quad \boldsymbol{q}_2 = \begin{bmatrix} 1/\sqrt{2} \\ 1/\sqrt{2} \\ 0 \end{bmatrix}, \quad \boldsymbol{q}_3 = \begin{bmatrix} 0 \\ 0 \\ 1 \end{bmatrix}.$$

Damit erhalten wir die Spektraldarstellung von $\boldsymbol{A}$ in dyadischer Form

$$\begin{aligned} \boldsymbol{A} &= \lambda_1\boldsymbol{q}_1\boldsymbol{q}_1^{\mathrm{T}} + \lambda_2\boldsymbol{q}_2\boldsymbol{q}_2^{\mathrm{T}} + \lambda_3\boldsymbol{q}_3\boldsymbol{q}_3^{\mathrm{T}} \\ &= 1\begin{bmatrix} 1/2 & -1/2 & 0 \\ -1/2 & 1/2 & 0 \\ 0 & 0 & 0 \end{bmatrix} + 3\begin{bmatrix} 1/2 & 1/2 & 0 \\ 1/2 & 1/2 & 0 \\ 0 & 0 & 0 \end{bmatrix} + (-1)\begin{bmatrix} 0 & 0 & 0 \\ 0 & 0 & 0 \\ 0 & 0 & 1 \end{bmatrix}. \end{aligned}$$

Die Matrix $\boldsymbol{A}$ ist eine Summe von Rang-1-Matrizen, eine Linearkombination von Rang-1-Matrizen bzw. eine Summe von orthogonalen Projektionsmatrizen. ■

Im Beispiel 13.8 sind die Eigenwerte paarweise verschieden. Daher sind die Eigenvektoren orthogonal. Hat eine symmetrische Matrix Eigenwerte der Vielfachheit zwei oder größer, so sind die linear unabhängigen Eigenvektoren zu den mehrfachen Eigenwerten nicht notwendig orthogonal. Wir können sie aber mit dem GRAM-SCHMIDTschen Verfahren (Algorithmus 12) stets orthogonalisieren, ja sogar orthonormalisieren (Satz 6.12).

Die Spektraldarstellung in dyadischer Darstellung hat einen praktischen Vorteil. Jeder Summand besteht aus der Rang-1-Matrix $\boldsymbol{q}_i\boldsymbol{q}_i^{\mathrm{T}}$ und dem Eigenwert $\lambda_i$, den man als

*Gewicht* der Information im Term $\lambda_i \boldsymbol{q}_i \boldsymbol{q}_i^{\mathrm{T}}$ auffassen kann. Ordnen wir die Eigenwerte der Größe nach (wir bezeichnen sie wieder mit $\lambda$)

$$|\lambda_1| \geq |\lambda_2| \geq \cdots \geq |\lambda_n|$$

so liest sich die Spektraldarstellung $\boldsymbol{A} = \lambda_1 \boldsymbol{q}_1 \boldsymbol{q}_1^{\mathrm{T}} + \lambda_2 \boldsymbol{q}_2 \boldsymbol{q}_2^{\mathrm{T}} + \cdots + \lambda_n \boldsymbol{q}_n \boldsymbol{q}_n^{\mathrm{T}}$ wie folgt: Die ersten Summanden tragen über die Matrix $\boldsymbol{A}$ mehr Informationen als die hinteren Terme. Die Konsequenz ist, dass es in den Anwendungen oft genügt, tatsächlich nur die ersten Terme zu berücksichtigen und so die Matrix $\boldsymbol{A}$ nur durch die ersten Summanden $\lambda_i \boldsymbol{q}_i \boldsymbol{q}_i^{\mathrm{T}}$ anzunähern. Die Summanden mit den kleineren Eigenwerten tragen weniger Information. Ist ein Eigenwert sogar Null, dann trägt der dazugehörige Eigenvektor überhaupt nichts bei, um $\boldsymbol{A}$ zu rekonstruieren.

**Beispiel 13.9.** Ordnen Sie die Summanden der Spektraldarstellung von Beispiel 13.8 so an, dass die Terme mit den betragsmäßig größten Eigenwerten am Anfang stehen.

*Lösung.* Es ist

$$\boldsymbol{A} = 3\begin{bmatrix} 1/2 & 1/2 & 0 \\ 1/2 & 1/2 & 0 \\ 0 & 0 & 0 \end{bmatrix} + (-1)\begin{bmatrix} 0 & 0 & 0 \\ 0 & 0 & 0 \\ 0 & 0 & 1 \end{bmatrix} + 1\begin{bmatrix} 1/2 & -1/2 & 0 \\ -1/2 & 1/2 & 0 \\ 0 & 0 & 0 \end{bmatrix}. \quad \blacksquare$$

Wir betrachten Beispiel 13.9. Dann haben wir folgende Matrizen:

$$\begin{bmatrix} 3/2 & 3/2 & 0 \\ 3/2 & 3/2 & 0 \\ 0 & 0 & 0 \end{bmatrix}$$

$$\begin{bmatrix} 3/2 & 3/2 & 0 \\ 3/2 & 3/2 & 0 \\ 0 & 0 & 0 \end{bmatrix} + \begin{bmatrix} 0 & 0 & 0 \\ 0 & 0 & 0 \\ 0 & 0 & -1 \end{bmatrix} = \begin{bmatrix} 3/2 & 3/2 & 0 \\ 3/2 & 3/2 & 0 \\ 0 & 0 & -1 \end{bmatrix}$$

$$\begin{bmatrix} 3/2 & 3/2 & 0 \\ 3/2 & 3/2 & 0 \\ 0 & 0 & -1 \end{bmatrix} + \begin{bmatrix} 1/2 & -1/2 & 0 \\ -1/2 & 1/2 & 0 \\ 0 & 0 & 0 \end{bmatrix} = \begin{bmatrix} 2 & 1 & 0 \\ 1 & 2 & 0 \\ 0 & 0 & -1 \end{bmatrix},$$

wobei die letzte Matrix gleich $\boldsymbol{A}$ ist. Dies zeigt deutlich, dass wir die Informationen in der Matrix $\boldsymbol{A}$ durch Teilsummen approximieren können.

Da die Klasse der symmetrischen Matrizen für viele Anwendungen aber zu speziell ist, wünscht man sich eine analoge Darstellung auch für beliebige Matrizen und mit der Singulärwertzerlegung $\boldsymbol{A} = \boldsymbol{U}\boldsymbol{S}\boldsymbol{V}^{\mathrm{T}}$ hat man diese tatsächlich auch. Denn durch Ausmultiplizieren der drei Matrizen $\boldsymbol{U}$, $\boldsymbol{S}$ und $\boldsymbol{V}$ erhält man (wie bei der Spektraldarstellung im Abschnitt 11.6) die *dyadische Form der Singulärwertzerlegung*

$$\boldsymbol{A} = s_1 \boldsymbol{u}_1 \boldsymbol{v}_1^{\mathrm{T}} + s_2 \boldsymbol{u}_2 \boldsymbol{v}_2^{\mathrm{T}} + \cdots + s_r \boldsymbol{u}_r \boldsymbol{v}_r^{\mathrm{T}}.$$

**Satz 13.4** (Dyadische Form der Singulärwertzerlegung). *Ist* $\boldsymbol{A} \in \mathbb{R}^{m \times n}$ *und sind* $s_1 \geq s_2 \geq \cdots \geq s_r > 0$ *die* $r$ *von Null verschiedenen singulären Werte von* $\boldsymbol{A}$, *dann gilt*

$$\boldsymbol{A} = s_1 \boldsymbol{u}_1 \boldsymbol{v}_1^T + s_2 \boldsymbol{u}_2 \boldsymbol{v}_2^T + \cdots + s_r \boldsymbol{u}_r \boldsymbol{v}_r^T,$$

*wobei* $\boldsymbol{u}_i \in \mathbb{R}^m$ *und* $\boldsymbol{v}_i \in \mathbb{R}^n$ *die singulären Vektoren von* $\boldsymbol{A}$ *sind.*

Damit ist es möglich, jede reelle Matrix als Summe von $r$ Matrizen mit Rang 1 zu schreiben.

**Beispiel 13.10.** Berechnen Sie von der Matrix

$$\boldsymbol{A} = \begin{bmatrix} 1 & 1 \\ 1 & 1 \\ 0 & 0 \end{bmatrix}.$$

aus Beispiel 13.6 eine dyadische Form.

*Lösung.* Mit Beispiel 13.6 ist $s_1 = 2$, $\boldsymbol{u}_1 = 1/\sqrt{2}(1, 1, 0)$ und $\boldsymbol{v}_1 = \sqrt{2}(1, 1)$. Somit gilt

$$\underbrace{\begin{bmatrix} 1 & 1 \\ 1 & 1 \\ 0 & 0 \end{bmatrix}}_{\boldsymbol{A}} = \underbrace{2}_{s_1} \underbrace{\begin{bmatrix} 1/\sqrt{2} \\ 1/\sqrt{2} \\ 0 \end{bmatrix}}_{\boldsymbol{u}_1} \underbrace{\begin{bmatrix} 1/\sqrt{2} \\ 1/\sqrt{2} \end{bmatrix}}_{\boldsymbol{v}_1}$$

Die dydische Form besteht hier nur aus einem Summanden. ∎

Diese Darstellung hat nun eine wichtige praktische Konsequenz. In den Anwendungen hat die Matrix $\boldsymbol{A}$ häufig viele „kleine“ singuläre Werte. Angenommen, wir können $(r-k)$ kleine singuläre Werte von $\boldsymbol{A}$ vernachlässigen, dann ist die Matrix

$$\boldsymbol{A}_k = s_1 \boldsymbol{u}_1 \boldsymbol{v}_1^{\mathrm{T}} + s_2 \boldsymbol{u}_2 \boldsymbol{v}_2^{\mathrm{T}} + \cdots + s_k \boldsymbol{u}_k \boldsymbol{v}_k^{\mathrm{T}},$$

eine gute Näherung an $\boldsymbol{A}$ und kann somit in Anwendungen anstelle von $\boldsymbol{A}$ verwendet werden. Dies zeigen wir nun an einem Beispiel aus der Bildverarbeitung.

## 13.5. Anwendung: Bildkompression

Um ein Bild – ein Videobild oder eine Fotografie – zu digitalisieren, muss man es in ein Gitter von kleinen Rechtecken (Zellen) zerlegen und jedem Rechteck eine Zahl zuordnen, die den Grau- oder Farbgehalt misst. Deshalb ergibt ein feines Gitter mit vielen Rechtecken eine bessere Darstellung als ein groberes Gitter mit weniger Rechtecken.

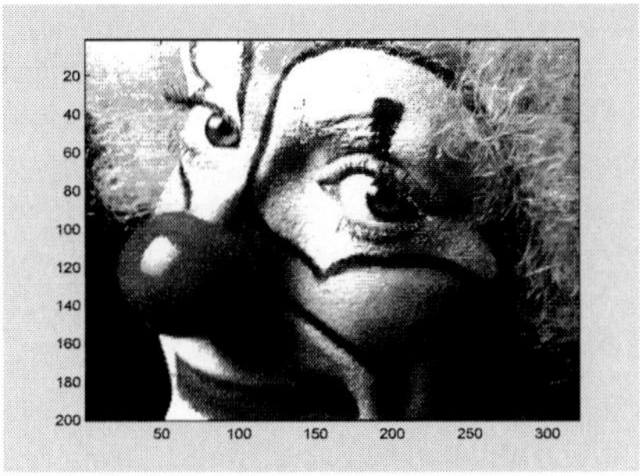


Bild 13.6.: Originalbild; $\boldsymbol{A}_{200} = \boldsymbol{A}$

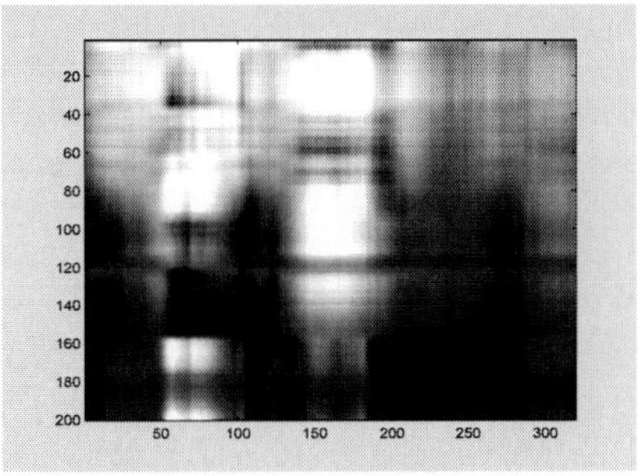


Bild 13.7.: $k = 3$; $\boldsymbol{A}_3 \approx \boldsymbol{A}$

Das feinere Gitter aber benötigt mehr Zahlen. Diese Zahlen können in einer Matrix gespeichert werden, die die gleiche Größe wie das Gitter hat. Ein 1200-mal-1000-Gitter erfordert eine $(1200, 1000)$-Matrix mit 1.2 Millionen Zahleneinträgen. Will man das Bild auf einem Computer speichern, um es später wieder zu verarbeiten, so muss die Matrix gespeichert werden. Das Problem besteht darin, dass man in der Regel mehrere Bilder hat, was für große Matrizen einen großen Speicheraufwand bedeutet. Zudem erfordert die Verarbeitung großer Datenmengen auch für schnelle Computer viel Zeit. Nötig ist es daher, diese Daten derart zu komprimieren, dass das ursprüngliche Bild oder eine geeignete Näherung des Bildes aus weniger Daten rekonstruiert werden kann. Die Singulärwertzerlegung bietet eine Möglichkeit, dies zu tun.

Angenommen, es ist

$$\boldsymbol{A} = \boldsymbol{U}\boldsymbol{S}\boldsymbol{V}^{\mathrm{T}}$$

die Singulärwertzerlegung der $(m, n)$-Matrix $\boldsymbol{A}$, wie in Hauptsatz 3 beschrieben. Die singulären Werte sind der Größe nach geordnet, das heißt $s_1 \geq s_2 \geq \cdots \geq s_p$ und nur die ersten $r \leq p$ Werte mit $p = \mathrm{Min}\{m, n\}$ sind von Null verschieden. Nach Satz 13.4 kann die Matrix $\boldsymbol{A}$ wie folgt als Summe dyadischer Produkte geschrieben werden

$$\boldsymbol{A} = s_1 \boldsymbol{u}_1 \boldsymbol{v}_1^{\mathrm{T}} + s_2 \boldsymbol{u}_2 \boldsymbol{v}_2^{\mathrm{T}} + \cdots + s_r \boldsymbol{u}_r \boldsymbol{v}_r^{\mathrm{T}}.$$

Bricht man diese Summe vor dem $r$-ten Summanden ab, so erhält man eine Approximation an $\boldsymbol{A}$ von kleinerem Rang. Da die größten singulären Werte $s_i$ in den ersten Summanden stehen, kann man annehmen, dass die meisten Informationen über $\boldsymbol{A}$ (bzw. über das Bild) in den ersten Summanden stecken. Man wird daher vermuten, dass eine Matrix $\boldsymbol{A}_k$ mit $k \leq r$ der Form

$$\boldsymbol{A}_k = s_1 \boldsymbol{u}_1 \boldsymbol{v}_1^{\mathrm{T}} + s_2 \boldsymbol{u}_2 \boldsymbol{v}_2^{\mathrm{T}} + \cdots + s_k \boldsymbol{u}_k \boldsymbol{v}_k^{\mathrm{T}}$$

auch für $k$ „sehr viel kleiner" als $r$ die Matrix $\boldsymbol{A}$ ganz gut approximiert. Um das Bild näherungsweise zu speichern, braucht man nicht alle Summanden, das heißt die ganze Matrix $\boldsymbol{A}$ abzulegen, sondern nur die ersten $k$ Glieder. Hierzu reicht es, wenn man die $2k$ Vektoren $\boldsymbol{u}_i \in \mathbb{R}^m$, $\boldsymbol{v}_i \in \mathbb{R}^n$ und die $k$ Skalare $s_i$ speichert. Damit hat man zwar Informationen weggeworfen, aber die Qualität des Bildes leidet vielleicht nicht wesentlich; man kann damit leben. Der Speicheraufwand aber reduziert sich, insbesondere dann erheblich, wenn $k$ „viel kleiner" als $r$ ist, denn es sind $(k + m \cdot k + n \cdot k)$ skalare Werte zu speichern.

Als Beispiel betrachten wir das Bild 13.6. Dies ist ein 320-mal-200-Pixelbild zu dem eine $(320, 200)$-Matrix gehört [23]. Die anderen drei Bilder 13.7, 13.8 und 13.9 zeigen

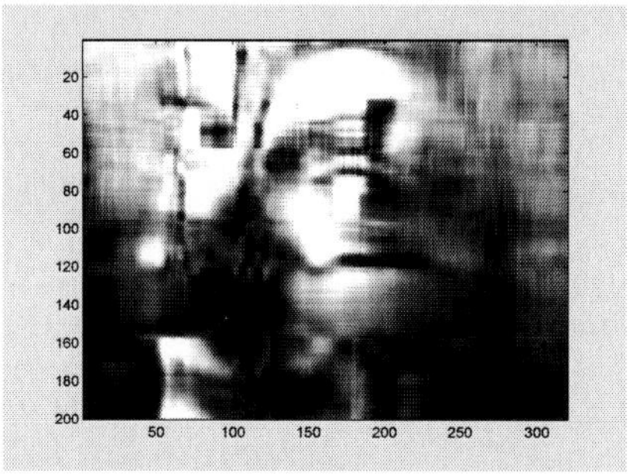


Bild 13.8.: $k = 10$; $\boldsymbol{A}_{10} \approx \boldsymbol{A}$

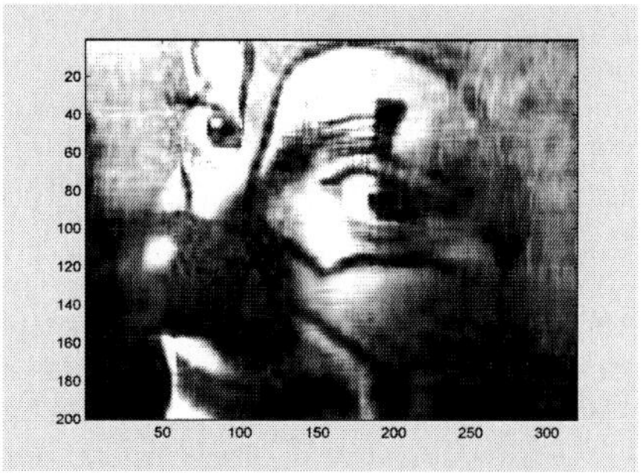


Bild 13.9.: $k = 20$; $\boldsymbol{A}_{20} \approx \boldsymbol{A}$

die Näherung für $k = 3$, $k = 10$ und $k = 20$. Die Tabelle 13.1 gibt die dazugehörigen Kompressionsfaktoren $(k+m \cdot k+n \cdot k)/(m \cdot n) = 521k/64000$ an, welche das Verhältnis der abgespeicherten Information zur Information in der ursprünglichen Matrix $\boldsymbol{A}$ angeben. Alle vier Bilder habe ich in MATLAB mit den folgenden Befehlen erzeugt (beachten Sie, dass im MATLAB-Code die Matrix $\boldsymbol{A}$ mit `X` bezeichnet ist):

```
load clown
[U,S,V] = svd(X);
colormap('gray'); k = 20;
image(U(:,1:k)*S(1:k,1:k)*V(:,1:k)')
```

## 13.6. Lineare Systeme und die Pseudoinverse

Lineare Gleichungssysteme durchdringen die ganze Lineare Algebra. In Kapitel 7 haben wir lineare Ausgleichsaufgaben behandelt, als Ersatz wenn $\boldsymbol{Ax} = \boldsymbol{b}$ unlösbar ist. Über

| $k$ | Kompressionsfaktor $= 521k/64\,000$ |
|---|---|
| 3 | 0.0244 |
| 10 | 0.0814 |
| 20 | 0.1628 |

Tabelle 13.1.: Kompressionsfaktoren

die Normalgleichungen $\boldsymbol{A}^{\mathrm{T}}\boldsymbol{A}\boldsymbol{x} = \boldsymbol{A}^{\mathrm{T}}\boldsymbol{b}$ haben wir die Lösung $\boldsymbol{x} = (\boldsymbol{A}^{\mathrm{T}}\boldsymbol{A})^{-1}\boldsymbol{A}^{\mathrm{T}}\boldsymbol{b} = \boldsymbol{A}^{+}\boldsymbol{b}$ bestimmt. Als Voraussetzung muss man jedoch annehmen, dass $\boldsymbol{A} \in \mathbb{R}^{m\times n}$ linear unabhängige Spalten hat. Sonst ist $\boldsymbol{A}^{\mathrm{T}}\boldsymbol{A}$ nicht invertierbar und $\boldsymbol{x}$ so nicht berechenbar. Das lineare Ausgleichsproblem hat im Fall $\mathrm{Rang}(\boldsymbol{A}) < n$ unendlich viele Lösungen; zu jeder Lösung $\boldsymbol{x}$ kann jeder Vektor aus dem Nullraum von $\boldsymbol{A}$ addiert werden. Aus diesen unendlich vielen Lösungen konstruieren wir uns nun eine „beste Lösung“ für das lineare Ausgleichsproblem und letztlich für das unlösbare lineare System $\boldsymbol{A}\boldsymbol{x} = \boldsymbol{b}$.

Eine zweite Situation beim Lösen linearer Gleichungen ist unbefriedigend, nämlich die, wenn $\boldsymbol{A}\boldsymbol{x} = \boldsymbol{b}$ lösbar mit unendlich vielen Lösungen ist. Welche soll man berechnen? Dieser Fall tritt insbesondere dann auf, wenn ein unterbestimmtes System mit $m < n$ und $\mathrm{Rang}(\boldsymbol{A}) = m$ vorliegt. Dies ist zum Beispiel in der *Optimierung* der Fall. Wir werden in diesem Abschnitt auch dieses Problem lösen. Es wird sich zeigen, dass in beiden Fällen mit Hilfe der *Pseudoinversen* (Singulärwertzerlegung) der Lösungsvektor mit der kleinsten Länge berechnet werden kann und dieser die beschriebenen Probleme löst.

Ist $\boldsymbol{A} \in \mathbb{R}^{n\times n}$ regulär und $\boldsymbol{A} = \boldsymbol{U}\boldsymbol{S}\boldsymbol{V}^{\mathrm{T}}$ eine Singulärwertzerlegung von $\boldsymbol{A}$, dann gilt

$$\boldsymbol{A}^{-1} = \boldsymbol{V}\boldsymbol{S}^{-1}\boldsymbol{U}^{\mathrm{T}}.$$

Die Lösung des linearen Systems $\boldsymbol{A}\boldsymbol{x} = \boldsymbol{b}$ ist demnach

$$\boldsymbol{x} = \boldsymbol{A}^{-1}\boldsymbol{b} = \boldsymbol{V}\boldsymbol{S}^{-1}\boldsymbol{U}^{\mathrm{T}}\boldsymbol{b}.$$

Ist nun $\boldsymbol{A} \in \mathbb{R}^{m\times n}$ mit $\mathrm{Rang}(\boldsymbol{A}) = r$, so hat die Matrix $\boldsymbol{S} \in \mathbb{R}^{m\times n}$ in einer Singulärwertzerlegung von $\boldsymbol{A}$ die Form

$$\boldsymbol{S} = \begin{bmatrix} \boldsymbol{S}_1 & \boldsymbol{O}_{r,n-r} \\ \boldsymbol{O}_{m-r,r} & \boldsymbol{O}_{m-r,n-r} \end{bmatrix} = \left[\begin{array}{cccc|c} s_1 & & & & \\ & s_2 & & & \\ & & \ddots & & \boldsymbol{O}_{r,n-r} \\ & & & s_r & \\ \hline & & \boldsymbol{O}_{m-r,r} & & \boldsymbol{O}_{m-r,n-r} \end{array}\right],$$

hierbei bedeutet zum Beispiel, dass $\boldsymbol{O}_{r,n-r}$ die Nullmatrix mit $r$ Zeilen und $n-r$ Spalten ist. Wir definieren die Matrix $\boldsymbol{A}^{+} \in \mathbb{R}^{n\times m}$ durch

$$\boldsymbol{A}^{+} = \boldsymbol{V}\boldsymbol{S}^{+}\boldsymbol{U}^{\mathrm{T}},$$

wobei $\boldsymbol{S}^+$ die folgende $(n, m)$-Diagonalmatrix ist

$$\boldsymbol{S}^+ = \begin{bmatrix} \boldsymbol{S}_1^{-1} & \boldsymbol{O}_{r,m-r} \\ \boldsymbol{O}_{n-r,r} & \boldsymbol{O}_{n-r,m-r} \end{bmatrix} = \left[\begin{array}{cccc|c} 1/s_1 & & & & \\ & 1/s_2 & & & \\ & & \ddots & & \boldsymbol{O}_{r,m-r} \\ & & & 1/s_r & \\ \hline & & \boldsymbol{O}_{n-r,r} & & \boldsymbol{O}_{n-r,m-r} \end{array}\right].$$

Die Matrix $\boldsymbol{A}^+$ heißt die **Pseudoinverse** (**verallgemeinerte Inverse**, **Moore-Penrose-Inverse**) von $\boldsymbol{A}$. Die Matrix $\boldsymbol{A}^+ = \boldsymbol{V}\boldsymbol{S}^+\boldsymbol{U}^{\mathrm{T}}$ ist eine natürliche Verallgemeinerung der Inversen einer regulären Matrix. In Kapitel 7 haben wir die Pseudoinverse für den Fall $m \geq n = \operatorname{Rang}(\boldsymbol{A})$ eingeführt und wir werden gleich sehen, dass die dort getroffene Definition ein Spezialfall dieser hier ist.

**Beispiel 13.11.** Bestätigen Sie $\boldsymbol{A}^+ = \boldsymbol{A}^{-1}$ für den Fall

$$\boldsymbol{A} = \begin{bmatrix} 2 & 2 \\ -1 & 1 \end{bmatrix}.$$

*Lösung.* Es ist

$$\boldsymbol{A}^{-1} = \begin{bmatrix} 1/4 & -1/2 \\ 1/4 & 1/2 \end{bmatrix}.$$

Andererseits gilt

$$\begin{aligned} \boldsymbol{A}^+ = \boldsymbol{V}\boldsymbol{S}^{-1}\boldsymbol{U}^{\mathrm{T}} &= \begin{bmatrix} 1/\sqrt{2} & -1/\sqrt{2} \\ 1/\sqrt{2} & 1/\sqrt{2} \end{bmatrix} \begin{bmatrix} 1/(2\sqrt{2}) & 0 \\ 0 & 1/\sqrt{2} \end{bmatrix} \begin{bmatrix} 1 & 0 \\ 0 & 1 \end{bmatrix} \\ &= \begin{bmatrix} 1/4 & -1/2 \\ 1/4 & 1/2 \end{bmatrix}, \end{aligned}$$

was $\boldsymbol{A}^+ = \boldsymbol{A}^{-1}$ bestätigt ■

Der folgende Algorithmus berechnet die Pseudoinverse einer Matrix mit Hilfe der Singulärwertzerlegung.

**Algorithmus 23: Berechnung der Pseudoinversen mit SVD**

Die Pseudoinverse einer Matrix $\boldsymbol{A}$ kann wie folgt berechnet werden.

1. Faktorisiere $\boldsymbol{A}$, sodass $\boldsymbol{A} = \boldsymbol{U}\boldsymbol{S}\boldsymbol{V}^{\mathrm{T}}$ ist.
2. Berechne die Matrix $\boldsymbol{S}^+$.
3. Berechne $\boldsymbol{A}^+ = \boldsymbol{V}\boldsymbol{S}^+\boldsymbol{U}^{\mathrm{T}}$.

Die Matrix $\boldsymbol{A}^+$ ist dann die Pseudoinversen von $\boldsymbol{A}$.

**Beispiel 13.12** (Pseudoinverse)**.** Berechnen Sie die Pseudoinverse von

$$\boldsymbol{A} = \begin{bmatrix} 2 & 2 \\ 1 & 1 \end{bmatrix}.$$

*Lösung.* Die Matrix $\boldsymbol{A}$ ist nicht invertierbar, das heißt $\boldsymbol{A}^{-1}$ gibt es nicht. Der Rang von $\boldsymbol{A}$ ist 1. Der von Null verschiedene singuläre Wert ist $\sqrt{10}$, siehe Beispiel 13.1. Es gilt

$$\begin{aligned} \boldsymbol{A}^+ = \boldsymbol{V}\boldsymbol{S}^+\boldsymbol{U}^{\mathrm{T}} &= \begin{bmatrix} 1/\sqrt{2} & 1\sqrt{2} \\ 1/\sqrt{2} & -1/\sqrt{2} \end{bmatrix} \begin{bmatrix} 1/\sqrt{10} & 0 \\ 0 & 0 \end{bmatrix} \begin{bmatrix} 2/\sqrt{5} & 1/\sqrt{2} \\ 1/\sqrt{5} & -2/\sqrt{5} \end{bmatrix} \\ &= \begin{bmatrix} 1/5 & 1/10 \\ 1/5 & 1/10 \end{bmatrix}. \quad \blacksquare \end{aligned}$$

Beachten Sie, dass wir auf Grund obiger Definition die Pseudoinverse einer beliebigen $(m, n)$-Diagonalmatrix bereits kennen. Ist

$$\boldsymbol{D} = \left[\begin{array}{cccc|c} d_1 & & & & \\ & d_2 & & & \\ & & \ddots & & \boldsymbol{O}_{r,n-r} \\ & & & d_r & \\ \hline & & \boldsymbol{O}_{m-r,r} & & \boldsymbol{O}_{m-r,n-r} \end{array}\right] \in \mathbb{R}^{m \times n}$$

eine Diagonalmatrix, so ist deren Pseudoinverse gegeben durch

$$\boldsymbol{D}^+ = \left[\begin{array}{cccc|c} 1/d_1 & & & & \\ & 1/d_2 & & & \\ & & \ddots & & \boldsymbol{O}_{r,m-r} \\ & & & 1/d_r & \\ \hline & & \boldsymbol{O}_{n-r,r} & & \boldsymbol{O}_{n-r,m-r} \end{array}\right] \in \mathbb{R}^{n \times m}.$$

Hierzu betrachten wir folgendes Beispiel.

**Beispiel 13.13.** Bestimmen Sie die Pseudoinverse der Diagonalmatrix

$$\boldsymbol{D} = \begin{bmatrix} 2 & 0 \\ 0 & 3 \\ 0 & 0 \end{bmatrix}$$

*Lösung.* Die Pseudoinverse von $\boldsymbol{D}$ ist

$$\boldsymbol{D}^+ = \begin{bmatrix} 1/2 & 0 & 0 \\ 0 & 1/3 & 0 \end{bmatrix}$$

Mithilfe der MATLAB-Funktion `pinv` lassen sich Pseudoinversen berechnen. Die Zeilen

```
>> D = [2 0; 0 3; 0 0];
>> Dplus = pinv(D)
Dplus =
    0.5000         0         0
         0    0.3333         0
```

bestätigen das Ergebnis in MATLAB. ∎

Bevor wir die Nützlichkeit von $\boldsymbol{A}^+$ für lineare Gleichungssysteme zeigen, bemerken wir ein zu diesem Zeitpunkt überraschendes Ergebnis: Ist $\boldsymbol{A} \in \mathbb{R}^{m\times n}$ beliebig, dann ist die Matrix $\boldsymbol{A}^+ = \boldsymbol{V}\boldsymbol{S}^+\boldsymbol{U}^\mathrm{T}$ eindeutig bestimmt. Dies ist richtig, obwohl die Faktoren einer Singulärwertzerlegung nicht eindeutig durch $\boldsymbol{A}$ definiert sind. Auf einen Beweis wollen wir verzichten. Zusammengefasst: *Jede Matrix hat eine eindeutige Pseudoinverse.*

Wir zeigen nun, wie man die Pseudoinverse zum Lösen linearer Systeme einsetzen kann und betrachten dazu zunächst den Fall $\boldsymbol{A} \in \mathbb{R}^{m\times n}$, $m > n$ und $\operatorname{Rang}(\boldsymbol{A}) = n$. Die Diagonalmatrix $\boldsymbol{S} \in \mathbb{R}^{m\times n}$ hat dann die Form

$$\boldsymbol{S} = \begin{bmatrix} \boldsymbol{S}_1 \\ \boldsymbol{O} \end{bmatrix},$$

wobei $\boldsymbol{S}_1 \in \mathbb{R}^{n\times n}$ regulär ist. Die Matrix $\boldsymbol{A}^\mathrm{T}\boldsymbol{A}$ ist dann ebenfalls regulär und es gilt

$$(\boldsymbol{A}^\mathrm{T}\boldsymbol{A})^{-1} = \boldsymbol{V}(\boldsymbol{S}^\mathrm{T}\boldsymbol{S})^{-1}\boldsymbol{V}^\mathrm{T}.$$

Die Lösung des Normalsystems bzw. der linearen Ausgleichsaufgabe ist damit (Kapitel 7)

$$\begin{aligned} \boldsymbol{x} &= (\boldsymbol{A}^\mathrm{T}\boldsymbol{A})^{-1}\boldsymbol{A}^\mathrm{T}\boldsymbol{b} \\ &= \boldsymbol{V}(\boldsymbol{S}^\mathrm{T}\boldsymbol{S})^{-1}\boldsymbol{V}^\mathrm{T}\boldsymbol{V}\boldsymbol{S}^\mathrm{T}\boldsymbol{U}^\mathrm{T}\boldsymbol{b} = \boldsymbol{V}(\boldsymbol{S}^\mathrm{T}\boldsymbol{S})^{-1}\boldsymbol{S}^\mathrm{T}\boldsymbol{U}^\mathrm{T}\boldsymbol{b} \\ &= \boldsymbol{V}\boldsymbol{S}^+\boldsymbol{U}^\mathrm{T}\boldsymbol{b} = \boldsymbol{A}^+\boldsymbol{b}. \end{aligned}$$

Damit gilt: Hat $\boldsymbol{A} \in \mathbb{R}^{m\times n}$ vollen Rang, so ist $\boldsymbol{x} = \boldsymbol{A}^+\boldsymbol{b}$ die eindeutige Lösung der linearen Ausgleichsaufgabe. Außerdem sieht man, dass in diesem Fall $\boldsymbol{A}^+ = (\boldsymbol{A}^\mathrm{T}\boldsymbol{A})^{-1}\boldsymbol{A}^\mathrm{T}$ ist.

## 13.7. Die rangdefekte lineare Ausgleichsaufgabe

Nun betrachten wir das *singuläre Ausgleichsproblem* (*rangdefektes Ausgleichsproblem*), das heißt der Rang von $\boldsymbol{A}$ ist kleiner als $n$. In diesem Fall gibt es unendlich viele Lösungen der Ausgleichsaufgabe; ist $\bar{\boldsymbol{x}}$ eine spezielle, so haben alle Lösungen die Form $\boldsymbol{x} = \bar{\boldsymbol{x}} + \boldsymbol{x}_N$ mit $\boldsymbol{x}_N$ aus dem Nullraum $N(\boldsymbol{A})$ von $\boldsymbol{A}$.

Wir zeigen nun, dass $\boldsymbol{A}^+\boldsymbol{b}$ eine Lösung der singulären Ausgleichsaufgabe ist und dass dieser Lösungsvektor – wir bezeichnen ihn mit $\boldsymbol{x}^+$ – derjenige Vektor ist, der von allen Lösungsvektoren die kleinste Länge hat. Wie dies geht, weisen wir zunächst an einem Beispiel nach und betrachten den allgemeinen Fall weiter unten.

Wir nehmen an, $\boldsymbol{A}$ habe die Form

$$\boldsymbol{A} = \begin{bmatrix} s_1 & 0 \\ 0 & 0 \\ 0 & 0 \end{bmatrix},$$

wobei $s_1 \neq 0$ ist. Für die Matrix $\boldsymbol{A}$ gilt $m = 3$, $n = 2$ und $\text{Rang}(\boldsymbol{A}) = r = 1$. Das lineare System $\boldsymbol{Ax} = \boldsymbol{b}$ ist nicht universell lösbar und die dazugehörige lineare Ausgleichsaufgabe (Ersatzproblem) hat unendlich viele Lösungen; ein singuläres Ausgleichproblem liegt vor. Ist $\boldsymbol{p} \in S(\boldsymbol{A})$ der orthogonale Projektionsvektor von $\boldsymbol{b}$ auf den Spaltenraum $S(\boldsymbol{A})$ von $\boldsymbol{A}$, so hat das lineare System $\boldsymbol{Ax} = \boldsymbol{p}$ unendlich viele Lösungen. Ist $\boldsymbol{b} = (b_1, b_2, b_3)$, so hat $\boldsymbol{p}$ die Form $\boldsymbol{p} = (b_1, 0, 0)$. Dies ist der orthogonale Projektionsvektor von $\boldsymbol{b}$ auf die $x$-Achse, der Spaltenraum der Matrix $\boldsymbol{A}$. $\boldsymbol{Ax} = \boldsymbol{p}$ bedeutet also

$$\begin{bmatrix} s_1 & 0 \\ 0 & 0 \\ 0 & 0 \end{bmatrix} \begin{bmatrix} x_1 \\ x_2 \end{bmatrix} = \begin{bmatrix} b_1 \\ 0 \\ 0 \end{bmatrix}.$$

Sie erkennen die unendlich vielen Lösungen. Aus der ersten Gleichung folgt $x_1 = b_1/s_1$ und $x_2$ ist beliebig wählbar. Eine eindeutige Lösung existiert nicht. Um dies jedoch zu erreichen, stellen wir uns die Aufgabe, aus allen Lösungsvektoren denjenigen herauszufiltern, der die kleinste Länge hat. Wir müssen die zweite Koordinate $x_2$ Null wählen, das heißt $\boldsymbol{x}^+ = (x_1, 0) = (b_1/s_1, 0)$ ist die Lösung kleinster Länge von $\boldsymbol{Ax} = \boldsymbol{p}$ bzw. vom linearen Ausgleichsproblem. Es ist also

$$\boldsymbol{x}^+ = \begin{bmatrix} b_1/s_1 \\ 0 \end{bmatrix} = \begin{bmatrix} 1/s_1 & 0 & 0 \\ 0 & 0 & 0 \end{bmatrix} \begin{bmatrix} b_1 \\ b_2 \\ b_3 \end{bmatrix}.$$

Die $(2,3)$-Matrix aber ist gerade die Pseudoinverse von $\boldsymbol{A}$. Somit gilt in diesem Beispiel, dass

$$\boldsymbol{x}^+ = \boldsymbol{A}^+\boldsymbol{b}$$

die Lösung kleinster Länge der Ausgleichsaufgabe ist.

Nun der allgemeine Fall. $\boldsymbol{x}^+$ soll die Lösung kleinster Länge von $\boldsymbol{Ax} = \boldsymbol{p}$ bzw. der Ausgleichsaufgabe $\boldsymbol{Ax} \cong \boldsymbol{b}$ sein, wobei $\boldsymbol{A} \in \mathbb{R}^{m\times n}$ beliebig ist. Wie berechnet man $\boldsymbol{x}^+$? Jetzt helfen uns Konzepte von früher, genauer der zweite Hauptsatz der Linearen Algebra (Hauptsatz 2). Zur Erinnerung: Jeder Vektor $\boldsymbol{x} \in \mathbb{R}^n$ kann als Summe zweier Vektoren geschrieben werden: $\boldsymbol{x} = \boldsymbol{x}_Z + \boldsymbol{x}_N$, wobei $\boldsymbol{x}_Z$ im Zeilenraum und $\boldsymbol{x}_N$ im Nullraum von $\boldsymbol{A}$ liegt. Weiterhin gilt:

- Der Zeilenraumvektor $\boldsymbol{x}_Z$ löst $\boldsymbol{Ax} = \boldsymbol{p}$, da $\boldsymbol{Ax}_N = \boldsymbol{o}$ ist.
- Wegen des Satzes von PYTHAGORAS gilt $|\boldsymbol{x}|^2 = |\boldsymbol{x}_Z|^2 + |\boldsymbol{x}_N|^2$ und somit hat der Vektor $\boldsymbol{x}$ kleinste Länge, wenn $\boldsymbol{x}_N = \boldsymbol{o}$ ist.

Aus diesen Beobachtungen folgt, wir müssen

$$\boldsymbol{x}^+ = \boldsymbol{x}_Z$$

wählen, um die Lösung kleinster Länge zu erhalten. Jede andere Lösung ist länger als $\boldsymbol{x}^+$.

Was jetzt noch bleibt ist der Nachweis, dass diese Lösung durch $\boldsymbol{x}^+ = \boldsymbol{A}^+\boldsymbol{b}$ zu berechnen ist. Dies sieht man folgendermaßen. Da die Multiplikation eines Vektors mit einer orthogonalen Matrix nicht seine Länge ändert, gilt

$$|\boldsymbol{Ax} - \boldsymbol{b}| = |\boldsymbol{USV}^{\mathrm{T}}\boldsymbol{x} - \boldsymbol{b}| = |\boldsymbol{SV}^{\mathrm{T}}\boldsymbol{x} - \boldsymbol{U}^{\mathrm{T}}\boldsymbol{b}|.$$

Wir führen den neuen Vektor (Variable) $\boldsymbol{y}$ durch $\boldsymbol{y} = \boldsymbol{V}^{\mathrm{T}}\boldsymbol{x} = \boldsymbol{V}^{-1}\boldsymbol{x}$ ein; dieser hat wegen der Orthogonalität von $\boldsymbol{V}$ die gleiche Länge wie $\boldsymbol{x}$. Das bedeutet $|\boldsymbol{Ax} - \boldsymbol{b}|$ zu minimieren ist das Gleiche wie $|\boldsymbol{Sy} - \boldsymbol{U}^{\mathrm{T}}\boldsymbol{b}|$ zu minimieren. Da $\boldsymbol{S}$ eine Diagonalmatrix ist, kennen wir die Lösung aus obigen Überlegungen; sie ist $\boldsymbol{y}^+ = \boldsymbol{S}^+\boldsymbol{U}^{\mathrm{T}}\boldsymbol{b}$. Daher ist $\boldsymbol{x}^+$ durch

$$\boldsymbol{x}^+ = \boldsymbol{Vy}^+ = \boldsymbol{VS}^+\boldsymbol{U}^{\mathrm{T}}\boldsymbol{b}.$$

gegeben. Es ist einfach nachzuprüfen, dass $\boldsymbol{x}^+$ im Zeilenraum von $\boldsymbol{A}$ liegt und dass $\boldsymbol{Ax}^+ = \boldsymbol{p}$ gilt. Damit haben wir folgenden Satz bewiesen.

**Satz 13.5** (Lineare Systeme und die Pseudoinverse)**.** *Es ist $\boldsymbol{A} = \boldsymbol{USV}^T$ eine Singulärwertzerlegung von $\boldsymbol{A} \in \mathbb{R}^{m\times n}$, dann gilt:*

*(a) Ist $\boldsymbol{Ax} = \boldsymbol{b}$ unlösbar (inkonsistent), dann ist*

$$\boldsymbol{x}^+ = \boldsymbol{A}^+\boldsymbol{b} = \boldsymbol{VS}^+\boldsymbol{U}^T\boldsymbol{b}$$

*die lineare Ausgleichslösung kleinster Länge.*

(b) *Ist* $\boldsymbol{Ax} = \boldsymbol{b}$ *lösbar (konsistent), dann ist*

$$\boldsymbol{x}^+ = \boldsymbol{A}^+\boldsymbol{b} = \boldsymbol{V}\boldsymbol{S}^+\boldsymbol{U}^T\boldsymbol{b}$$

*die Lösung kleinster Länge.*

*Hat die Matrix* $\boldsymbol{A}$ *vollen Rang, so gelten folgende Aussagen:*

(a) *Ist* $\boldsymbol{A} \in \mathbb{R}^{m\times n}$ *mit Rang*$(\boldsymbol{A}) = n$, *dann gilt*

$$\boldsymbol{A}^+ = (\boldsymbol{A}^T\boldsymbol{A})^{-1}\boldsymbol{A}^T \quad \textit{und} \quad \boldsymbol{A}^+\boldsymbol{A} = \boldsymbol{E}_n.$$

*Die letzte Gleichung bedeutet, dass* $\boldsymbol{A}^+$ *eine linke Inverse von* $\boldsymbol{A}$ *ist. In diesem Fall ist*

$$\boldsymbol{x} = \boldsymbol{A}^+\boldsymbol{b} = (\boldsymbol{A}^T\boldsymbol{A})^{-1}\boldsymbol{A}^T\boldsymbol{b}$$

*die eindeutige Lösung der Ersatzaufgabe (lineare Ausgleichsaufgabe)* $\boldsymbol{b} \cong \boldsymbol{Ax}$.

(b) *Ist* $\boldsymbol{A} \in \mathbb{R}^{m\times n}$ *mit Rang*$(\boldsymbol{A}) = m$, *dann gilt*

$$\boldsymbol{A}^+ = \boldsymbol{A}^T(\boldsymbol{A}\boldsymbol{A}^T)^{-1} \quad \textit{und} \quad \boldsymbol{A}\boldsymbol{A}^+ = \boldsymbol{E}_m.$$

*Die letzte Gleichung bedeutet, dass* $\boldsymbol{A}^+$ *eine rechte Inverse von* $\boldsymbol{A}$ *ist. In diesem Fall ist*

$$\boldsymbol{x} = \boldsymbol{A}^+\boldsymbol{b} = \boldsymbol{A}^T(\boldsymbol{A}\boldsymbol{A}^T)^{-1}\boldsymbol{b}$$

*die eindeutige Lösung kleinster Länge von* $\boldsymbol{Ax} = \boldsymbol{b}$.

(c) *Ist* $\boldsymbol{A} \in \mathbb{R}^{n\times n}$ *mit Rang*$(\boldsymbol{A}) = n$, *dann gilt*

$$\boldsymbol{A}^+ = \boldsymbol{A}^{-1} \quad \textit{und} \quad \boldsymbol{A}^{-1}\boldsymbol{A} = \boldsymbol{A}\boldsymbol{A}^{-1} = \boldsymbol{E}_n.$$

*In diesem Fall ist*

$$\boldsymbol{x} = \boldsymbol{A}^{-1}\boldsymbol{b}$$

*die eindeutige Lösung von* $\boldsymbol{Ax} = \boldsymbol{b}$.

Das Bild 13.10 zeigt die Aktionen der Pseudoinversen $\boldsymbol{A}^+$ von $\boldsymbol{A} \in \mathbb{R}^{m\times n}$. Multiplikation von $\boldsymbol{A}^+$ mit einem Vektor aus $\mathbb{R}^m$ liefert einen Vektor in $\mathbb{R}^n$. Der Spaltenraum von $\boldsymbol{A}^+$ ist der Zeilenraum von $\boldsymbol{A}$. Der Nullraum von $\boldsymbol{A}^+$ ist der Nullraum von $\boldsymbol{A}^{\mathrm{T}}$. Der Vektor $\boldsymbol{x}^+ = \boldsymbol{A}^+\boldsymbol{b}$ liegt im Zeilenraum von $\boldsymbol{A}$; er ist das Bild von $\boldsymbol{b}$ nach Multiplikation mit $\boldsymbol{A}^+$.

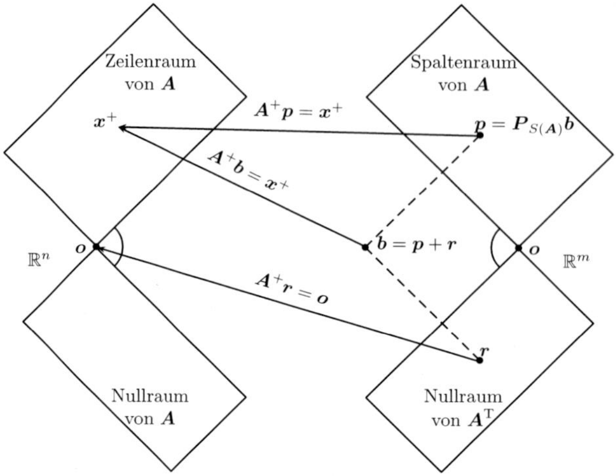


Bild 13.10.: Die Aktionen der Pseudoinversen $\boldsymbol{A}^+$

**Beispiel 13.14.** Berechnen Sie die Lösung kleinster Länge von

$$x_1 + x_2 = 6.$$

*Lösung.* Wir lösen diese Aufgabe zunächst grafisch. Das Bild **??** zeigt die Lösungsmenge dieses unterbestimmten Gleichungssystems. Jeder Punkt auf der Geraden ist eine Lösung der Gleichung. Die allgemeine Lösung ist $\boldsymbol{x} = (x_1, x_2) = (6 - t, t)$, $t \in \mathbb{R}$. Die Lösung kleinster Länge ist $\boldsymbol{x}^+ = (3, 3)$. Jeder andere Lösungsvektor mit Pfeilspitze auf der Geraden ist größer als $\boldsymbol{x}^+$.

Wir berechnen $\boldsymbol{x}^+$ nun durch $\boldsymbol{x}^+ = \boldsymbol{A}^+\boldsymbol{b}$, wobei

$$\boldsymbol{A} = \begin{bmatrix} 1 & 1 \end{bmatrix} \quad \text{und} \quad \boldsymbol{b} = \begin{bmatrix} 6 \end{bmatrix}$$

ist. Weiterhin ist

$$\boldsymbol{A} = \boldsymbol{U}\boldsymbol{S}\boldsymbol{V}^{\mathrm{T}} = \begin{bmatrix} 1 \end{bmatrix} \begin{bmatrix} \sqrt{2} & 0 \end{bmatrix} \begin{bmatrix} \sqrt{2}/2 & \sqrt{2}/2 \\ -\sqrt{2}/2 & \sqrt{2}/2 \end{bmatrix}$$

eine Singulärwertzerlegung von $\boldsymbol{A}$. Daher erhält man die Lösung kleinster Länge durch

$$\boldsymbol{x}^+ = \boldsymbol{A}^+\boldsymbol{b} = \boldsymbol{V}\boldsymbol{S}^+\boldsymbol{U}^{\mathrm{T}}\boldsymbol{b} = \begin{bmatrix} \sqrt{2}/2 & -\sqrt{2}/2 \\ \sqrt{2}/2 & \sqrt{2}/2 \end{bmatrix} \begin{bmatrix} 1/\sqrt{2} \\ 0 \end{bmatrix} \begin{bmatrix} 1 \end{bmatrix} \begin{bmatrix} 6 \end{bmatrix}$$

$$= \begin{bmatrix} 1/2 \\ 1/2 \end{bmatrix} \begin{bmatrix} 6 \end{bmatrix} = \begin{bmatrix} 3 \\ 3 \end{bmatrix},$$

was die auf geometrischem Weg gefundenen Überlegungen bestätigt. ■

**Beispiel 13.15.** Berechnen Sie in MATLAB die Lösung kleinster Länge des linearen Systems

$$\begin{aligned} x_1 + 4x_4 &= -1 \\ x_2 + 2x_4 &= 6 \\ x_3 + 3x_4 &= 2. \end{aligned}$$

*Lösung.* Dieses unterbestimmte System ist konsistent und hat unendlich viele Lösungen. Alle Lösungen haben wir in Beispiel 1.10 parametrisiert angegeben:

$$x_1 = -1 - 4t,\ x_2 = 6 - 2t,\ x_3 = 2 - 3t,\ x_4 = t.$$

Die Lösung kleinster Länge erhalten wir nun durch folgende Anweisungen

```
>> A = [1 0 0 4; 0 1 0 2; 0 0 1 3];
>> b = [-1; 6; 2];
>> xplus = pinv(A)*b
xplus =
   -2.8667
    5.0667
    0.6000
    0.4667
```

Ein Blick auf die parametrisierte Lösung zeigt, dass $t = 7/15 \approx 0.4667$ die Lösung kleinster Länge liefert. ■

**Beispiel 13.16.** Begründen Sie weshalb das folgende überbestimmte lineare Gleichungssystem keine Lösung hat, berechnen Sie die Lösungen der Ersatzaufgabe, das heißt der linearen Ausgleichsaufgabe und bestimmen Sie die Lösung kleinster Länge.

$$\begin{aligned} x_1 + 2x_2 &= 3 \\ 2x_1 + 4x_2 &= 2 \\ -1x_1 - 2x_2 &= 1 \end{aligned}$$

*Lösung.* Da der Vektor $\boldsymbol{b} = (3, 2, 1)$ nicht im Spaltenraum der Matrix

$$\boldsymbol{A} = \begin{bmatrix} 1 & 2 \\ 2 & 4 \\ -1 & -2 \end{bmatrix}$$

liegt, hat das lineare Gleichungssystem keine Lösung. Die dazugehörige lineare Ausgleichsaufgabe hat unendlich viele Lösungen, da gilt: $r = \text{Rang}(\boldsymbol{A}) = 1 < n = 2$. Alle Lösungen sind durch $x_1 = 4 - 2t$, $x_2 = t$, $t \in \mathbb{R}$ gegeben. Diese Lösungen erhält man, indem man zum Beispiel das Normalsystem $\boldsymbol{A}^{\mathrm{T}}\boldsymbol{A}\boldsymbol{x} = \boldsymbol{A}^{\mathrm{T}}\boldsymbol{b}$ löst. Eine Singulärwertzerlegung der Matrix $\boldsymbol{A}$ ist

$$\boldsymbol{A} = \boldsymbol{U}\boldsymbol{S}\boldsymbol{V}^{\mathrm{T}} = \begin{bmatrix} 1/\sqrt{6} & -2/\sqrt{5} & 1/\sqrt{2} \\ 2/\sqrt{6} & 1/\sqrt{5} & 0 \\ -1/\sqrt{6} & 0 & 1/\sqrt{2} \end{bmatrix} \begin{bmatrix} \sqrt{30} & 0 \\ 0 & 0 \\ 0 & 0 \end{bmatrix} \begin{bmatrix} 1/\sqrt{5} & -2/\sqrt{5} \\ 2/\sqrt{5} & 1/\sqrt{5} \end{bmatrix}.$$

Damit ergibt sich die Pseudoinverse von $\boldsymbol{A}$ zu

$$\boldsymbol{A}^{+} = \boldsymbol{V}\boldsymbol{S}^{+}\boldsymbol{U}^{\mathrm{T}} = \begin{bmatrix} 1/30 & 1/15 & -1/30 \\ 1/15 & 2/15 & -1/15 \end{bmatrix}$$

und die Lösung kleinster Länge ist

$$\boldsymbol{x}^{+} = \boldsymbol{A}^{+}\boldsymbol{b} = \begin{bmatrix} 1/30 & 1/15 & -1/30 \\ 1/15 & 2/15 & -1/15 \end{bmatrix} \begin{bmatrix} 3 \\ 2 \\ 1 \end{bmatrix} = \begin{bmatrix} 1/5 \\ 2/5 \end{bmatrix}.$$

Dies ist für $t = 2/5$ die Lösung aus obiger parametrisierter allgemeiner Lösung. ■

Es gibt eine alternative Möglichkeit eine Lösung aus der Lösungsmenge einer rangdefekten überbestimmten linearen Ausgleichsaufgabe auszuwählen und effizient zu berechnen.

Hat das lineare Gleichungssystem $\boldsymbol{A}\boldsymbol{x} = \boldsymbol{b}$ mit $\boldsymbol{A} \in \mathbb{R}^{m \times n}$ unendlich viele Lösungen, dann nennt man eine Lösung $\boldsymbol{x} \in \mathbb{R}^n$ mit $n - \text{Rang}(\boldsymbol{A})$ Koordinaten gleich Null eine **Basislösung** von $\boldsymbol{A}\boldsymbol{x} = \boldsymbol{b}$.

Hat $\boldsymbol{A}\boldsymbol{x} = \boldsymbol{b}$ unendlich viele Lösungen und ist $\boldsymbol{x}$ eine Basislösung, dann ist mindestens eine Koordinate von $\boldsymbol{x}$ auch wirklich Null, weil dann der Rang von $\boldsymbol{A}$ notwendigerweise kleiner als $n$ ist und daher wegen $n = \text{Dim}N(\boldsymbol{A}) + \text{Rang}(\boldsymbol{A})$ der Nullraum von $\boldsymbol{A}$ größer oder gleich Eins ist. Zum Beispiel ist

$$\boldsymbol{x} = (x_1, x_2, \ldots, x_r, \underbrace{0, 0, \ldots, 0}_{n-\text{Rang}(\boldsymbol{A})})$$

eine Basislösung. Eine Basislösung ist definiert sowohl für quadratische, unterbestimmte also auch für überbestimmte lineare Gleichungssysteme.

**Beispiel 13.17.** Geben Sie von der Gleichung

$$x_1 + x_2 = 6.$$

eine Basislösung an.

*Lösung.* Jeder Punkt auf der Geraden $x_1 + x_2 = 6$ ist eine Lösung der Gleichung. Die allgemeine Lösung ist $\boldsymbol{x} = (x_1, x_2) = (6 - t, t)$, $t \in \mathbb{R}$. Die Vektoren $(6, 0)$ und $(0, 6)$ sind zwei Basisvektoren. Es ist $n = 2$, $\boldsymbol{A} = [1\ 1]$, $\boldsymbol{b} = [6]$ und $\text{Rang}(\boldsymbol{A}) = 1$. ∎

## 13.8. Weitere Bemerkungen und Hinweise

Die Bedeutung der Singulärwertzerlegung kann heutzutage gar nicht überschätzt werden. Wir fassen die wichtigsten Ergebnisse zusammen:

- Jede reelle Matrix besitzt eine Singulärwertzerlegung. Dabei sind die singulären Werte eindeutig bestimmt, die rechten und linken singulären Vektoren aber nicht.
- Die singulären Werte sind die Quadratwurzeln der Eigenwerte von $\boldsymbol{A}^{\mathrm{T}}\boldsymbol{A}$ bzw. von $\boldsymbol{A}\boldsymbol{A}^{\mathrm{T}}$.
- Die Singulärwertzerlegung einer Matrix $\boldsymbol{A}$ ist hilfreich bei der Berechnung des (numerischen) Rangs einer Matrix bzw. beim Feststellen, ob $\boldsymbol{A}$ rangdefekt ist; beim Bestimmen von orthogonalen Basen der vier Fundamentalräume; beim Berechnen der Lösung von Ausgleichsaufgaben und beim Auffinden der Pseudoinversen.

Trotz der lang zurück reichenden Geschichte war die Singulärwertzerlegung in der angewandten Mathematik nicht sehr verbreitet. Im Gegensatz dazu war die Bedeutung der Eigenwerte von Beginn an akzeptiert. Dies änderte sich nach 1960 als Golub und andere zeigten, dass man die Singulärwertzerlegung effektiv berechnen kann, siehe zum Beispiel [36]. Viele moderne, stabile Algorithmen basieren nun auf der Singulärwertzerlegung, weil das Problem der Berechnung der singulären Werte einer allgemeinen Matrix (wie das Berechnen der Eigenwerte einer symmetrischen Matrix) gut konditioniert ist. In Cleve's Corner [83] wird berichtet, dass 1 197 U.S.-Patente die Singulärwertzerlegung erwähnen (Stand 2006). In der russischen Literatur heißen singuläre Werte *s-Zahlen*. Weitere Informationen zur Singulärwertzerlegung (SVD) finden Sie in [52] und [103].

### Aufgaben

**13.1.** Berechnen Sie von den beiden folgenden Matrizen $\boldsymbol{A}$ und $\boldsymbol{B}$ die singulären Werte

$$\boldsymbol{A} = \begin{bmatrix} 1 & 1 \\ 1 & 1 \end{bmatrix} \quad \text{und} \quad \boldsymbol{B} = \begin{bmatrix} 5 & 0 \\ 0 & 0 \\ 0 & 1 \end{bmatrix}.$$

**13.2.** Berechnen Sie von den beiden folgenden Matrizen $\boldsymbol{A}$ und $\boldsymbol{B}$ jeweils eine Singulärwertzerlegung

$$\boldsymbol{A} = \begin{bmatrix} 1 & 1 \\ -1 & 1 \end{bmatrix} \quad \text{und} \quad \boldsymbol{B} = \begin{bmatrix} 1 & -4 \\ -2 & 2 \\ 2 & 4 \end{bmatrix}.$$

**13.3.** In MATLAB gibt es die Funktion `svd`, mit der man die Singulärwertzerlegung einer Matrix berechnen kann. Der Aufruf `svd(A)` gibt die singulären Werte von `A` zurück und eine Eingabe der Form `[U,S,V] = svd(A)` liefert Matrizen $\boldsymbol{U}$, $\boldsymbol{S}$ und $\boldsymbol{V}$ zurück, sodass $\boldsymbol{A} = \boldsymbol{U}\boldsymbol{S}\boldsymbol{V}^{\mathrm{T}}$ gilt. Überprüfen Sie damit Ihre Lösungen der vorhergehenden Aufgaben.

**13.4.** Zeigen Sie mit Hilfe des Hauptsatzes 3: Es ist $\boldsymbol{A} \in \mathbb{R}^{m \times n}$ und $s_1 \geq s_2 \geq \cdots \geq s_r > 0$ die von Null verschiedenen singulären Werte von $\boldsymbol{A}$. Dann gilt

$$\boldsymbol{A} = s_1 \boldsymbol{u}_1 \boldsymbol{v}_1^{\mathrm{T}} + s_2 \boldsymbol{u}_2 \boldsymbol{v}_2^{\mathrm{T}} + \cdots + s_r \boldsymbol{u}_r \boldsymbol{v}_r^{\mathrm{T}},$$

wobei $\boldsymbol{u}_j$ und $\boldsymbol{v}_j$ die singulären Vektoren sind.

**13.5.** Berechnen Sie die Pseudoinverse von

$$\boldsymbol{A} = \begin{bmatrix} 2 \\ 4 \end{bmatrix}$$

mit Hilfe der Singulärwertzerlegung. Bestimmen Sie $\boldsymbol{A}^{+}\boldsymbol{b}$ mit $\boldsymbol{b} = (3, 1)$ und vergleichen Sie die Ergebnisse mit denen von Aufgabe 7.8.

**13.6.** Die Pseudoinverse $\boldsymbol{A}^{+}$ von

$$\boldsymbol{A} = \begin{bmatrix} 1 & 0 & 0 \\ 0 & 2 & 0 \\ 0 & 0 & 0 \end{bmatrix}$$

ist

□ $\begin{bmatrix} 1 & 0 & 0 \\ 0 & 2 & 0 \\ 0 & 0 & 0 \end{bmatrix}$ □ $\begin{bmatrix} 1 & 0 & 0 \\ 0 & 1/2 & 0 \\ 0 & 0 & 0 \end{bmatrix}$ □ $\begin{bmatrix} 2 & 0 & 0 \\ 0 & 1 & 0 \\ 0 & 0 & 0 \end{bmatrix}$

**13.7.** Berechnen Sie von der Matrix

$$\boldsymbol{A} = \begin{bmatrix} 1 & 1 & 0 \\ 0 & 1 & 1 \end{bmatrix}$$

$\boldsymbol{A}^{\mathrm{T}}\boldsymbol{A}$, $\boldsymbol{A}\boldsymbol{A}^{\mathrm{T}}$ und deren Eigenwerte sowie Eigenvektoren der Länge 1. Bilden Sie $\boldsymbol{U}\boldsymbol{S}\boldsymbol{V}^{\mathrm{T}}$, um $\boldsymbol{A}$ wiederzuerlangen.

**13.8.** Es ist $\boldsymbol{A} \in \mathbb{R}^{2\times 2}$ eine symmetrische Matrix mit den normierten Eigenvektoren $\boldsymbol{u}_1$ und $\boldsymbol{u}_2$. Falls $\boldsymbol{A}$ die Eigenwerte $\lambda_1 = 3$ und $\lambda_2 = -2$ hat, wie können dann die Matrizen $\boldsymbol{U}$, $\boldsymbol{S}$ und $\boldsymbol{V}^{\mathrm{T}}$ der Singulärwertzerlegung von $\boldsymbol{A}$ gebildet werden?

**13.9.** Wie sieht die Singulärwertzerlegung von $\boldsymbol{A}^{\mathrm{T}}$ und $\boldsymbol{A}^{-1}$ aus?

**13.10.** Berechnen Sie eine Singulärwertzerlegung der Matrix

$$\boldsymbol{A} = \begin{bmatrix} 1 & 2 \\ 3 & 6 \end{bmatrix}.$$

Vergleichen Sie hierzu die Beispiele 1.15, 5.35 und 5.41.

**13.11.** Speichern Sie im $(2,2)$-Zellenarray `Z` orthonormale Basen für alle vier fundamentalen Unterräume von

$$\boldsymbol{A} = \begin{bmatrix} 1 & -1 & 1 \\ 1 & 0 & 0 \\ 1 & 1 & 1 \\ 1 & 2 & 4 \end{bmatrix}.$$

In der (1,1)-Zelle soll eine orthonormale Basis von $S(\boldsymbol{A}^{\mathrm{T}})$ stehen, in der (1,2)-Zelle eine Basis von $N(\boldsymbol{A})$, in der (2,1)-Zelle von $S(\boldsymbol{A})$ und in der verbleibenden Zelle eine orthonormale Basis von $S(\boldsymbol{A})^{\mathrm{T}}$. Plotten Sie die Struktur von `Z`.

**13.12.** Zeigen Sie, dass für $\boldsymbol{A} \in \mathbb{R}^{m\times n}$ und $\mathrm{Rang}(\boldsymbol{A}) = m$ gilt

$$\boldsymbol{A}^{+} = \boldsymbol{A}^{\mathrm{T}}(\boldsymbol{A}\boldsymbol{A}^{\mathrm{T}})^{-1}.$$

**13.13.** Berechnen Sie die Pseudoinverse von

$$\boldsymbol{A} = \begin{bmatrix} 1 \\ 1 \\ 1 \end{bmatrix} \in \mathbb{R}^{3\times 1} \quad \text{und} \quad \boldsymbol{B} = \begin{bmatrix} 1 & 1 & 1 & 1 \end{bmatrix} \in \mathbb{R}^{1\times 4}.$$

Überprüfen Sie Ihre Ergebnisse in MATLAB.

**13.14.** Berechnen Sie die Lösung kleinster Länge des singulären linearen Gleichungssystems (Vergleiche Beispiel 1.15):

$$\begin{aligned} x_1 + 2x_2 &= 4 \\ 3x_1 + 6x_2 &= 12. \end{aligned}$$

## Sie sollten nun mit folgenden Begriffen umgehen können

Singulärwertzerlegung, singuläre Werte, reduzierte Singulärwertzerlegung, dyadische Form der Singulärwertzerlegung, Pseudoinverse.

# 14. Lineare Abbildungen von $V$ nach $W$ und Matrizen

In Kapitel 8 haben wir lineare Abbildungen eingeführt. Dabei haben wir nur Abbildungen zwischen den Vektorräumen $V = \mathbb{R}^n$ und $W = \mathbb{R}^m$ studiert. Wir haben gesehen, dass Abbildungen zwischen zwei Vektorräumen besonders interessant, wenn sie die „linearen Relationen“ zwischen den Vektoren aufrecht erhalten, siehe Bild 14.1 für die Addition.

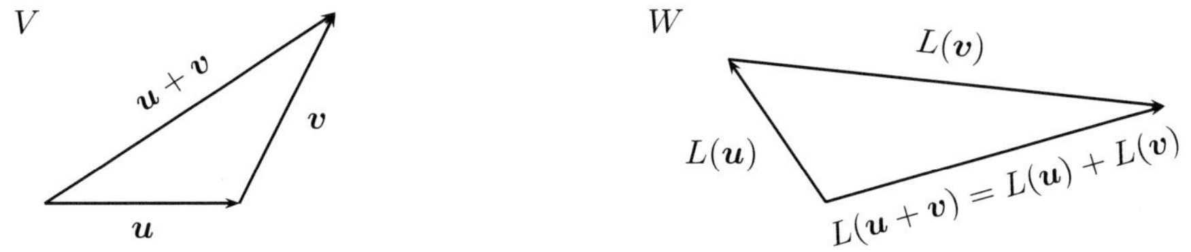


Bild 14.1.: Lineare Abbildung zwische $V$ und $W$

Wir erweitern die Definition einer linearen Abbildung aus Kaptitel 8 nun auf beliebige reelle Vektorräume.

## 14.1. Definition und Beispiele

Es sind $V$ und $W$ zwei reelle Vektorräume. Eine **Abbildung** $L : V \to W$ heißt **linear**, wenn gilt:

(a) $L(\boldsymbol{u} + \boldsymbol{v}) = L(\boldsymbol{u}) + L(\boldsymbol{v})$ für alle $\boldsymbol{u}$ und $\boldsymbol{v}$ in V.

(b) $L(c\boldsymbol{u}) = cL(\boldsymbol{u})$ für alle $\boldsymbol{u}$ in $V$ und alle reellen Skalare $c$.

Beachten Sie, dass sich die Operation + einmal im Vektorraum $V$ und einmal im Vektorraum $W$ abspielt. Analog für die Multiplikation: $c\boldsymbol{u}$ ist eine Skalarmultiplikation in $V$ und $cL(\boldsymbol{u})$ in $W$. Diese Bezeichnungen sind einerseits gefährlich, weil ja unterschiedliche Dinge nicht mit demselben Symbol bezeichnet werden sollten. Andererseits ist dies eine sehr effiziente Schreibweise, die sie auf den wesentlichen Punkt aufmerksam macht: In $V$ und in $W$ gelten dieselben Rechenregeln, die allerdings auf unterschiedliche Objekte angewendet werden. Man hat auf diese Weise einen wesentlichen Abstraktionsschritt getan und beträchtlich an Übersicht gewonnen.

**Beispiel 14.1** (Lineare Abbildungen)**.** Ist $V = \mathbb{R}^n$ und $W = \mathbb{R}^m$, so ist nach Kapitel 8 klar, dass die linearen Abbildungen von $V = \mathbb{R}^n$ nach $W = \mathbb{R}^m$ von der Form $L(\boldsymbol{v}) = \boldsymbol{A}\boldsymbol{v}$ sind. Hierbei ist $\boldsymbol{A} \in \mathbb{R}^{m \times n}$. ▪

**Beispiel 14.2** (Lineare Abbildung)**.** Es ist $W$ der Vektorraum der reellwertigen und $V$ der Vektorraum aller differenzierbarer Funktionen einer reellen Variablen. Wir definieren die Abbildung $D : V \to W$ durch

$$D(f) = f',$$

wobei $f'$ die Ableitungsfunktion von $f$ ist. Zeigen Sie, dass $D$ eine lineare Abbildung ist.

*Lösung.* Die Linearität von $D$ ergibt sich aus den Ableitungsregeln

$$D(f+g) = (f+g)' = f' + g' = D(f) + D(g)$$

und

$$D(cf) = (cf)' = cf' = cD(f).$$

Die lineare Abbildung $D$ wird auch gerne *linearer Differenzialoperator* genannt. ▪

**Beispiel 14.3** (Lineare Abbildung)**.** Es ist $V$ der Vektorraum aller reellwertigen Funktionen, die über dem Intervall $[a, b] \subset \mathbb{R}$ integrierbar sind. Die Abbildung $J : V \to \mathbb{R}$ mit

$$J(f) = \int_a^b f(x)\,\mathrm{d}x$$

ist linear. Weisen Sie dies nach.

*Lösung.* Die Linearität ergibt sich aus den Integrationsregeln

$$J(f+g) = \int_a^b \big(f(x) + g(x)\big)\,\mathrm{d}x = \int_a^b f(x)\,\mathrm{d}x + \int_a^b g(x)\,\mathrm{d}x = J(f) + J(g)$$

und

$$J(cf) = \int_a^b cf(x)\,\mathrm{d}x = c\int_a^b f(x)\,\mathrm{d}x = cJ(f).$$

Die Abbildung $J$ wird auch gerne *linearer Integraloperator* genannt. ▪

Eine lineare Abbildung mit Funktionswerten im Grundkörper $\mathbb{R}$ heißt ein **lineares Funktional** (**Linearform**) auf dem betreffenden Vektorraum. Die lineare Abbildung aus dem letzten Beispiel ist ein lineares Funktional.

**Beispiel 14.4** (Lineare Abbildung)**.** Es ist $V$ der Vektorraum aller reellwertigen stückweise stetigen Funktionen auf $[\bar{t}, \infty[ \subset \mathbb{R}$. Die Abbildung $L : V \to V$ mit

$$f \mapsto L(f) = \int_{\bar{t}}^{t} e^{-(t-\tau)} f(\tau) \,\mathrm{d}\tau$$

ist ebenfalls linear. Diese Linearität ist eine unmittelbare Konsequenz der Linearität des Integrals schlechthin (Beispiel 14.3). ∎

**Beispiel 14.5** (Lineare Abbildung)**.** Die Abbildung $H : \mathbb{R}^{2\times 2} \to \mathbb{R}^{2\times 2}$ mit

$$\begin{bmatrix} a_{11} & a_{12} \\ a_{21} & a_{22} \end{bmatrix} \mapsto \begin{bmatrix} (a_{11}+a_{12})/2 & a_{11}-a_{12} \\ (a_{21}+a_{22})/2 & a_{21}-a_{22} \end{bmatrix}$$

ist linear. Ebenso ist auch die Abbildung $V : \mathbb{R}^{2\times 2} \to \mathbb{R}^{2\times 2}$ mit

$$\begin{bmatrix} a_{11} & a_{12} \\ a_{21} & a_{22} \end{bmatrix} \mapsto \begin{bmatrix} (a_{11}+a_{21})/2 & (a_{12}-a_{22})/2 \\ a_{11}-a_{21} & a_{12}-a_{22} \end{bmatrix}$$

linear. $H$ und $V$ sind die sogenannten *diskreten horizontalen* und *vertikalen* HAAR-*Filter*. Beide gehören zu einer wichtigen Klasse von Filtern, den *diskreten Waveletfiltern*. ∎

**Beispiel 14.6** (Lineare Abbildung)**.** Die Abbildung $K : \mathbb{R}^{2\times 2} \to \mathbb{R}^{2\times 2}$ mit

$$\begin{bmatrix} a_{11} & a_{12} \\ a_{21} & a_{22} \end{bmatrix} \mapsto \begin{bmatrix} a_{11}+a_{12}+a_{21}+a_{22} & 0 \\ 0 & 0 \end{bmatrix}$$

ist linear. Ebenso ist auch die Abbildung $T : \mathbb{R}^{2\times 2} \to \mathbb{R}$ mit

$$\begin{bmatrix} a_{11} & a_{12} \\ a_{21} & a_{22} \end{bmatrix} \mapsto a_{11}+a_{12}+a_{21}+a_{22}$$

linear. ∎

**Beispiel 14.7** (Lineare Abbildung)**.** Wir betrachten die beiden Vektorräume $V = \mathbb{R}^n$ und $W = \mathbb{R}_{\leq n-1}[z]$. Die Abbildung $\mathbb{R}^n \to \mathbb{R}_{\leq n-1}[z]$ mit $\boldsymbol{x} = (x_1, \ldots, x_n) \mapsto x_1 + x_2 z + x_3 z^2 + \cdots + x_n z^{n-1}$ ist linear. Diese lineare Abbildung heißt *z-Transformation* und ist in der Signaltheorie von Bedeutung. Sie erlaubt ein Signal $\boldsymbol{x}$ durch eine Polynomfunktion $x_1 + x_2 z + x_3 z^2 + \cdots + x_n z^{n-1}$ in eindeutiger Weise darzustellen. Man spricht von einer *Kodierung* des Signals.

An dieser Stelle sei noch einmal darauf hingewiesen, dass die Summe im Urbildraum $\mathbb{R}^n$ und im Bildraum $\mathbb{R}_{\leq n-1}[z]$ zwei Operationen sind, die denselben Rechenregeln genügen, aber auf unterschiedliche Objekte wirken. Im Urbildraum geht es um die Summe von (arithmetischen) Vektoren aus $\mathbb{R}^n$, im Bildraum $\mathbb{R}_{\leq n-1}[z]$ um die Summe von Polynomfunktionen. ∎

**Beispiel 14.8** (Lineare Abbildungen). Die **Nullabbildung** $L : V \to W$, die jedem Vektor $\boldsymbol{v}$ aus $V$ den Nullvektor $\boldsymbol{o}$ in $W$ zuordnet, also $L(\boldsymbol{v}) = \boldsymbol{o} \in W$ für alle $\boldsymbol{v} \in V$, ist eine lineare Abbildung.

Auch die **identische Abbildung** $I : V \to V$, $I(\boldsymbol{v}) = \boldsymbol{v}$ für alle $\boldsymbol{v} \in V$, ist linear. ∎

## 14.2. Eigenschaften linearer Abbildungen

Es sind $V$ und $W$ zwei reelle Vektorraum. Sind $L_1 : V \to W$ und $L_2 : V \to W$ zwei lineare Abbildungen, so ist wegen

$$\begin{aligned}(L_1 + L_2)(\boldsymbol{u} + \boldsymbol{v}) &= L_1(\boldsymbol{u} + \boldsymbol{v}) + L_2(\boldsymbol{u} + \boldsymbol{v}) = L_1(\boldsymbol{u}) + L_1(\boldsymbol{v}) + L_2(\boldsymbol{u}) + L_2(\boldsymbol{v}) \\ &= L_1(\boldsymbol{u}) + L_2(\boldsymbol{u}) + L_1(\boldsymbol{v}) + L_2(\boldsymbol{v}) = (L_1 + L_2)(\boldsymbol{u}) + (L_1 + L_2)(\boldsymbol{v})\end{aligned}$$

auch deren Summe $L_1 + L_2$ eine lineare Abbildung von $V$ nach $W$. Ist $c \in \mathbb{R}$, so ist wegen

$$\begin{aligned}(L_1 + L_2)(c\boldsymbol{v}) &= L_1(c\boldsymbol{v}) + L_2(c\boldsymbol{v}) = cL_1(\boldsymbol{v}) + cL_2(\boldsymbol{v}) = c(L_1(\boldsymbol{v}) + L_2(\boldsymbol{v})) \\ &= c(L_1 + L_2)(\boldsymbol{v}).\end{aligned}$$

auch $c(L_1 + L_2)$ wieder eine lineare Abbildung von $V$ nach $W$. Also gilt

**Satz 14.1.** *Die Menge der linearen Abbildungen von $V$ nach $W$ ist ein reeller Vektorraum.*

**Beispiel 14.9.** Sind $L_1 : \mathbb{R}^3 \to \mathbb{R}$ mit $L_1(x_1, x_2, x_3) = x_1 + 3x_2 + 4x_3$ und $L_2 : \mathbb{R}^3 \to \mathbb{R}$ mit $L_2(x_1, x_2, x_3) = 3x_1 + 2x_3$ zwei lineare Abbildungen von $V = \mathbb{R}^3$ nach $W = \mathbb{R}$, so ist $L_1 + L_2 : \mathbb{R}^3 \to \mathbb{R}$ die Abbildung mit $(L_1 + L_2)(x_1, x_2, x_3) = x_1 + 3x_2 + 4x_3 + 3x_1 + 2x_3 = 4x_1 + 3x_2 + 6x_3$. Die Abbildung $L_1 + L_2$ ist linear. ∎

Weil $L$ eine lineare Abbildung ist, gilt $L(c\boldsymbol{u}) = cL(\boldsymbol{u})$ und $L(d\boldsymbol{v}) = dL(\boldsymbol{v})$. Somit gilt $L(c\boldsymbol{u} + d\boldsymbol{v}) = L(c\boldsymbol{u}) + L(d\boldsymbol{v}) = cL(\boldsymbol{u}) + dL(\boldsymbol{v})$ für alle $\boldsymbol{u}, \boldsymbol{v} \in V$ und $c, d \in \mathbb{R}$. Diese Eigenschaft lässt sich auf beliebig viele Summanden übertragen. Es gilt für Vektoren $\boldsymbol{v}_1$, $\boldsymbol{v}_2$, …, $\boldsymbol{v}_n$ und Skalare $c_1$, $c_2$, …, $c_n$

$$L(c_1\boldsymbol{v}_1 + c_2\boldsymbol{v}_2 + \cdots + c_n\boldsymbol{v}_n) = c_1L(\boldsymbol{v}_1) + c_2L(\boldsymbol{v}_2) + \cdots + c_nL(\boldsymbol{v}_n).$$

Also *bleiben Linearkombinationen bei linearen Abbildungen erhalten.* Der nächste Satz liefert weitere grundlegende Eigenschaften linearer Abbildungen.

**Satz 14.2** (Eigenschaften). *Für beliebige Vektorräume $V$, $W$ und lineare Abbildungen $L : V \to W$ gilt:*

(a) *$L(c\boldsymbol{u}+d\boldsymbol{v})=cL(\boldsymbol{u})+dL(\boldsymbol{v})$ für $c,d\in\mathbb{R}$ und $\boldsymbol{u},\boldsymbol{v}\in V$.*

(b) *$L(\sum_{i=1}^n c_i\boldsymbol{v}_i)=\sum_{i=1}^n c_iL(\boldsymbol{v}_i)$, für $c_i\in\mathbb{R}$ und $\boldsymbol{v}_i\in V$.*

(c) *Jede lineare Abbildung bildet den Nullvektor aus $V$ in den Nullvektor aus $W$ ab: $L(\boldsymbol{o})=\boldsymbol{o}$.*

(d) *Das Bild des Gegenvektors eines beliebigen Vektors $\boldsymbol{v}\in V$ ist der Gegenvektor des Bildes $L(\boldsymbol{v})$, das heißt für alle $\boldsymbol{v}\in V$ gilt: $L(-\boldsymbol{v})=-L(\boldsymbol{v})$.*

(e) *Linear abhängige Vektoren von $V$ werden stets auf linear abhängige Vektoren in $W$ abgebildet.*

*Beweis.* Wir begründen diesen Satz.

(a) Dies haben wir bereits vor der Formulierung des Satzes gezeigt.

(b) Diese Behauptung ergibt sich durch mehrfache Anwendung von (a).

(c) Wegen $0\boldsymbol{v}=\boldsymbol{o}$ folgt $L(\boldsymbol{o})=L(0\boldsymbol{v})=0L(\boldsymbol{v})=\boldsymbol{o}$.

(d) Weiter ist $L(-\boldsymbol{v})=L((-1)\boldsymbol{v})=(-1)L(\boldsymbol{v})=-L(\boldsymbol{v})$.

(e) Angenommen die Vektoren $\boldsymbol{v}_1$, $\boldsymbol{v}_2$, ..., $\boldsymbol{v}_k$ aus $V$ sind linear abhängig, dann gilt $c_1\boldsymbol{v}_1+c_2\boldsymbol{v}_2+\cdots+c_k\boldsymbol{v}_k=\boldsymbol{o}$ und mindestens ein Koeffizient $c_i$ ist ungleich Null. Nun gilt $c_1L(\boldsymbol{v}_1)+c_2L(\boldsymbol{v}_2)+\cdots+c_kL(\boldsymbol{v}_k)=L(c_1\boldsymbol{v}_1+c_2\boldsymbol{v}_2+\cdots+c_k\boldsymbol{v}_k)=L(\boldsymbol{o})=\boldsymbol{o}$. Der Nullvektor von $W$ ist damit eine Linearkombination der Vektoren $L(\boldsymbol{v}_1)$, $L(\boldsymbol{v}_2)$, ..., $L(\boldsymbol{v}_k)$ und darüber hinaus ist $c_i\neq 0$. Folglich ist die Menge der Vektoren $L(\boldsymbol{v}_1)$, $L(\boldsymbol{v}_2)$, ..., $L(\boldsymbol{v}_k)$ linear abhängig im Vektorraum $W$.

Damit sind alle Aussagen des Satzes bewiesen. □

Nach dem vorigen Satzes 14.2 wird der Nullvektor aus $V$ stets auf den Nullvektor in $W$ abgebildet. Diese Eigenschaft ist oft nützlich um festzustellen, ob eine Abbildung linear ist oder nicht. Ist zum Beispiel $\bar{\boldsymbol{v}}\neq\boldsymbol{o}$ ein Vektor, so ist die Abbildung $L(\boldsymbol{v})=\boldsymbol{v}+\bar{\boldsymbol{v}}$, $\boldsymbol{v}\in V$, nicht linear, denn der Nullvektor wird nicht auf den Nullvektor abgebildet.

**Satz 14.3** (Bilder von Unterräumen)**.** *Jeder Unterraum von $V$ wird auf einen Unterraum von $W$ abgebildet.*

*Beweis.* Ist $U\subseteq V$ ein Unterraum von $V$, so haben wir zu zeigen, dass die Bildmenge $L(U)$ ein Unterraum von $W$ ist. Hier sind drei Eigenschaften nachzuweisen. Ersten darf $L(U)$ nicht leer sein, zweitens muss mit $\boldsymbol{y}_1\in L(U)$ und $\boldsymbol{y}_2\in L(U)$ auch $\boldsymbol{y}_1+\boldsymbol{y}_2\in L(U)$ sein, und drittens muss muss für jede reelle Zahl $c$ auch $c\boldsymbol{y}_1\in L(U)$ sein.

Die Bildmenge $L(U)$ ist keinesfalls leer, denn es ist mit $\boldsymbol{o}\in U$ auch $L(\boldsymbol{o})=\boldsymbol{o}\in L(U)$. Also liegt der Nullvektor auf jedenfall in $L(U)$.

Sind $\boldsymbol{y}_1, \boldsymbol{y}_2 \in L(U)$, so gibt es Vektoren $\boldsymbol{u}_1$, $\boldsymbol{u}_2$ in $U$ mit $L(\boldsymbol{u}_1) = \boldsymbol{y}_1$ und $L(\boldsymbol{u}_2) = \boldsymbol{y}_2$. Nun ist $\boldsymbol{u}_1 + \boldsymbol{u}_2 \in U$, weil ja $U$ ein Unterraum ist. Außerdem ist $L(\boldsymbol{u}_1 + \boldsymbol{u}_2) = L(\boldsymbol{u}_1) + L(\boldsymbol{u}_2) = \boldsymbol{y}_1 + \boldsymbol{y}_2$, also liegt $\boldsymbol{y}_1 + \boldsymbol{y}_2$ in $L(U)$.

Ist $\boldsymbol{y}_1$, $\boldsymbol{u}_1$ wie eben und $c \in \mathbb{R}$, so ist $c\boldsymbol{u}_1 \in U$ und $L(c\boldsymbol{u}_1) = cL(\boldsymbol{u}_1) = c\boldsymbol{y}_1$, also liegt $c\boldsymbol{y}_1$ in $L(U)$. □

Der nächste Satz gibt uns eine Menge von Beispielen linearer Abbildungen.

**Satz 14.4** (Konstruktion von linearen Abbildungen)**.** *Es sind $V$ und $W$ Vektorräume. Ferner sind $\boldsymbol{b}_1$, $\boldsymbol{b}_2$, …, $\boldsymbol{b}_n$ Basisvektoren von $V$ und $\boldsymbol{w}_1$, $\boldsymbol{w}_2$, …, $\boldsymbol{w}_n$ beliebige Vektoren von $W$. Dann gibt es genau eine lineare Abbildung $L$ von $V$ nach $W$ mit $L(\boldsymbol{b}_1) = \boldsymbol{w}_1$, $L(\boldsymbol{b}_2) = \boldsymbol{w}_2$, …, $L(\boldsymbol{b}_n) = \boldsymbol{w}_n$.*

Wir betonen, dass die Vektoren $\boldsymbol{w}_1$, …, $\boldsymbol{w}_n$ in diesem Satz 14.4 völlig beliebig sind; sie können linear abhängig oder sie können einander gleich sein.

Dieser Satz enthält zwei interessante Aussagen. Er besagt erstens, dass für eine Basis eines $n$-dimensionalen Vektorraumes $V$ und beliebige $n$ Vektoren eines ebenfalls beliebigen Vektorraumes $W$ stets eine lineare Abbildung existiert, welche die Basisvektoren von $V$ auf die gegebenen $n$ Vektoren von $W$ abbildet. Zweitens: Eine lineare Abbildung ist durch die Bilder der Vektoren einer Basis ihres Urbildraumes eindeutig bestimmt. Die gesamte Information über eine lineare Abbildung ist bereits in den Bildern der Basisvektoren enthalten.

Eine lineare Abbildung ist durch die Wirkung auf endlich viele Basisvektoren festgelegt. Das hat zur Folge, dass sich lineare Abbildungen endlich dimensionaler Vektorräume durch endlich viele Daten (Matrizen, siehe Abschnitt 15.3) beschreiben lassen und sich teilweise wie endliche Mengen verhalten. Das ist der Grund, weshalb man mit linearen Abbildungen (Matrizen) in Computern effektiv rechnen kann (Erfolg von MATLAB) und weshalb man immer bestrebt ist, nichtlineare Probleme nach Möglichkeit durch theoretische Überlegungen auf lineare zu reduzieren (Linearisierung, „Linearisierung am Arbeitspunkt“).

*Beweis.* Es gibt drei Schritte, um den Satz zu beweisen: Erstens, muss man eine Abbildung $L$ mit $L(\boldsymbol{b}_j) = \boldsymbol{w}_j$, $j = 1, 2, \ldots, n$, definieren, zweitens zeigen $L$ ist linear und drittens nachweisen, $L$ ist eindeutig.

Erstens: Es ist $\boldsymbol{v} \in V$. Weil $\boldsymbol{b}_1$, …, $\boldsymbol{b}_n$ eine Basis von $V$ ist, exisitieren eindeutige reelle Zahlen $c_j$ mit $\boldsymbol{v} = c_1\boldsymbol{b}_1 + \cdots + c_n\boldsymbol{b}_n$. Wir definieren die Abbildung $L : V \to W$ durch $L(\boldsymbol{v}) = c_1\boldsymbol{w}_1 + \cdots + c_n\boldsymbol{w}_n$. Weil die reellen Zahlen $c_j$ eindeutig sind, ist die Abbildung $L$ wohldefiniert. Für $j = 1, \ldots, n$ gilt $\boldsymbol{v}_j = 0\boldsymbol{v} + \cdots + 1\boldsymbol{v}_j + \cdots + \boldsymbol{v}_n$ und folglich gilt $L(\boldsymbol{v}_i) = 0\boldsymbol{w}_1 + \cdots + 1\boldsymbol{w}_j + \cdots + 0\boldsymbol{w}_n = \boldsymbol{w}_j$. Damit ist der erste Schritt getan.

Zweitens: Angenommen $\boldsymbol{v} = c_1\boldsymbol{b}_1 + \cdots + c_n\boldsymbol{b}_n$ und $\boldsymbol{w} = d_1\boldsymbol{b}_1 + \cdots + d_n\boldsymbol{b}_n$. Dann gilt $\boldsymbol{v}+\boldsymbol{w} = (c_1+d_1)\boldsymbol{b}_1+\cdots+(c_n+d_n)\boldsymbol{b}_n$ und für jede reelle Zahl $r$ ist $r\boldsymbol{v} = rc_1\boldsymbol{b}_1+\cdots+rc_n\boldsymbol{b}_n$. Nach Definition von $L$ ist $L(\boldsymbol{v}) = c_1\boldsymbol{w}_1 + \cdots + c_n\boldsymbol{w}_n$ und $L(\boldsymbol{w}) = d_1\boldsymbol{w}_1 + \cdots + d_n\boldsymbol{w}_n$. Folglich ist $L(\boldsymbol{v}+\boldsymbol{w}) = (c_1+d_1)\boldsymbol{w}_1+\cdots+(c_n+d_n)\boldsymbol{w}_n = (c_1\boldsymbol{w}_1+\cdots+c_n\boldsymbol{w}_n)+(d_1\boldsymbol{w}_1+\cdots+d_n\boldsymbol{w}_n) = L(\boldsymbol{v}) + L(\boldsymbol{w})$ und $L(r\boldsymbol{v}) = r(c_1\boldsymbol{w}_1 + \cdots + c_n\boldsymbol{w}_n) = rL(\boldsymbol{v})$. Daher ist $L$ linear.

Drittens: Wir nehmen an $L' : V \to W$ ist linear mit $L'(\boldsymbol{b}_j) = \boldsymbol{w}_j$, $j = 1, 2, \ldots, n$. Wenn $\boldsymbol{v} = c_1\boldsymbol{b}_1 + \cdots + c_n\boldsymbol{b}_n$ gilt, dann folgt: $L'(\boldsymbol{v}) = L'(c_1\boldsymbol{b}_1 + \cdots + c_n\boldsymbol{b}_n) = c_1L'(\boldsymbol{b}_1) + \cdots + c_nL'(\boldsymbol{b}_n) = c_1\boldsymbol{w}_1 + \cdots + c_n\boldsymbol{w}_n = L(\boldsymbol{v})$. Weil $L'(\boldsymbol{v}) = L(\boldsymbol{v})$ für jedes $\boldsymbol{v} \in V$ gilt, folgt $L' = L$. Daher ist $L$ eindeutig bestimmt. Somit ist der Satz bewiesen. □

**Beispiel 14.10.** Es ist $L : \mathbb{R}^2 \to \mathbb{R}$ die Abildung, für die $L(1,1) = 3$ und $L(0,1) = -2$ gilt. Weil $(1,1)$ und $(0,1)$ eine Basis von $\mathbb{R}^2$ ist, ist nach Satz 14.4 die Abbildung $L$ linear und eindeutig. Geben Sie $L$ an.

*Lösung.* Ist $(x,y) \in \mathbb{R}^2$, so ist $(x,y) = c_1(1,1)+c_2(0,1) = (c_1,c_1)+(0,c_2) = (c_1,c_1+c_2)$ bzw. $x = c_1$, $y = c_1 + c_2$. Lösen wir nach $c_1$ und $c_2$ auf, so ist $c_1 = x$ und $c_2 = y - x$. Weiterhin gilt $L(x,y) = L(c_1(1,1) + c_2(0,1)) = c_1L(1,1) + c_2L(0,1) = 3c_1 + (-2)c_2 = 3x + (-2)(y-x) = 3x - 2y + 2x = 5x - 2y$.

Damit ist $L(x,y) = 5x - 2y$, $(x,y) \in \mathbb{R}^2$, die gesuchte lineare Abbildung. ■

## 14.3. Verkettung und Matrizenmultiplikation

Sind $L_1 : U \to V$ und $L_2 : V \to W$ lineare Abbildungen. Für $\boldsymbol{u} \in U$ ist $L_1(\boldsymbol{u})$ ein Vektor in $V$, dessen Bild unter $L_2$ sich als Vektor $L_2(L_1(\boldsymbol{u}))$ in $W$ ergibt. Die Hintereinanderausführung oder Verkettung von $L_1$ und $L_2$ ist folglich eine Abbildung von $U$ nach $W$, die wir als **Verkettung** (**Hintereinanderausführung**, **Komposition**) von $L_1$ mit $L_2$ bezeichnen. Mit der Schreibweise $L_2 \circ L_1$ liefert das

$$(L_2 \circ L_1)(\boldsymbol{u}) = L_2(L_1(\boldsymbol{u})).$$

Beachten Sie, dass diese Verkettung zweier linearer Abbildung ein Spezialfall der Verkettung zweier beliebiger Funktionen (Abbildungen) ist.

Sind $L_1$ und $L_2$ zwei lineare Abbildungen, so ist auch die verkettete Abbildung $L_2 \circ L_1$ wieder linear, denn es ist:

$$\begin{aligned}(L_2 \circ L_1)(\boldsymbol{u}+\boldsymbol{v}) &= L_2(L_1(\boldsymbol{u}+\boldsymbol{v})) = L_2(L_1(\boldsymbol{u}) + L_1(\boldsymbol{v})) = L_2(L_1(\boldsymbol{u})) + L_2(L_1(\boldsymbol{v}))\\ &= (L_2 \circ L_1)(\boldsymbol{u}) + (L_2 \circ L_1)(\boldsymbol{v})\end{aligned}$$

und

$$c(L_2 \circ L_1)(\boldsymbol{u}) = cL_2(L_1(\boldsymbol{u})) = L_2(cL_1(\boldsymbol{u})) = L_2(L_1(c\boldsymbol{u})) = (L_2 \circ L_1)(c\boldsymbol{u}).$$

Damit erhalten wir die Verallgemeinerung der Aussage von Satz 8.3 für beliebige Vektorräume.

**Satz 14.5.** *Ist $L_1$ eine lineare Abbildung von $U$ nach $V$ und $L_2$ eine lineare Abbildung von $V$ nach $W$, dann ist $L_2 \circ L_1$ eine lineare Abbildung von $U$ nach $W$.*

**Beispiel 14.11.** Gegeben sind die beiden linearen Abbildungen $L_1 : \mathbb{R}_{\leq 1}[x] \to \mathbb{R}_{\leq 2}[x]$ und $L_2 : \mathbb{R}_{\leq 2}[x] \to \mathbb{R}_{\leq 2}[x]$ mit $L_1(p(x)) = xp(x)$ und $L_2(p(x)) = p(2x+4)$. Geben Sie die lineare Abbildung $L_2 \circ L_1$ an.

*Lösung.* Es ist $L_2 \circ L_1 : \mathbb{R}_{\leq 1}[x] \to \mathbb{R}_{\leq 2}[x]$ mit $(L_2 \circ L_1)(p(x)) = L_2(L_1(p(x))) = L_2(xp(x)) = (2x+4)p(2x+4)$. Für $p(x) = a + bx$ ist also

$$\begin{aligned}(L_2 \circ L_1)(p(x)) &= (L_2 \circ L_1)(a + bx) = (2x+4)(a + b(2x+4)) \\ &= a(2x+4) + b(2x+4)^2. \quad \blacksquare\end{aligned}$$

## 14.4. Kern und Bild

Die Menge der Urbildvektoren einer linearen Abbildung, die auf den Nullvektor abgebildet werden und die Menge der Bildvektoren spielen eine wichtige Rolle in der Linearen Algebra und ihren Anwendungen. Sie haben deshalb einen eigenen Namen.

Sind $V$ und $W$ Vektorräume und $L$ eine lineare Abbildung von $V$ nach $W$. Dann heißt die Menge die Urbildvektoren aus $V$, die auf den Nullvektor in $W$ abgebildet werden **Kern** (**Nullraum**) der linearen Abbildung $L$. Man schreibt für diese Menge Kern$(L)$. Es ist also

$$\text{Kern}(L) = \{\boldsymbol{v} \in V \mid L(\boldsymbol{v}) = \boldsymbol{o}\}.$$

Sind $V$ und $W$ reelle Vektorräume und $L$ eine lineare Abbildung von $V$ nach $W$. Dann heißt die Menge der Bildvektoren **Bild** (**Bildraum**) der linearen Abbildung $L$. Man schreibt für diese Menge Bild$(L)$. Es ist also

$$\text{Bild}(L) = \{L(\boldsymbol{v}) \in W \mid \boldsymbol{v} \in V\}.$$

Statt Bild$(L)$ schreibt man auch $L(V)$.

**Beispiel 14.12** (Kern und Bild). Ist $\boldsymbol{A} \in \mathbb{R}^{m \times n}$ und $L : \mathbb{R}^n \to \mathbb{R}^m$ die lineare Abbildung $L$ mit $L(\boldsymbol{x}) = \boldsymbol{A}\boldsymbol{x}$. So ist der Kern von $L$ gleich dem Nullraum der Matrix $\boldsymbol{A}$ und das Bild von $L$ ist gleich dem Spaltenraum der Matrix $\boldsymbol{A}$. Es ist also

$$\text{Kern}(L) = N(\boldsymbol{A}) \quad \text{und} \quad \text{Bild}(L) = S(\boldsymbol{A}). \quad \blacksquare$$

**Beispiel 14.13** (Schwingungsgleichung; gedämpfter harmonischer Oszillator). Wir betrachten den Vektorraum $V = C^2(\mathbb{R}, \mathbb{R})$ der zweimal stetig differenzierbaren Funktionen[1], und darauf die durch die Schwingungsgleichung definierte Abbildung (Operator) $D : C^2(\mathbb{R}, \mathbb{R}) \to C(\mathbb{R}, \mathbb{R})$ mit $D(f) = mf'' + df' + kf$. $W = C(\mathbb{R}, \mathbb{R})$ ist der Vektorraum der stetigen Funktionen von $\mathbb{R}$ nach $\mathbb{R}$, und $m$, $d$, $k$ sind reelle Parameter mit der physikalischen Bedeutung: $m$ ist die Masse, $d$ ist die Dämpfungskonstante und $k$ ist die Federkonstante. $D$ ist eine lineare Abbildung (linearer Operator), denn es gelten für Vektoren $f, g \in V = C^2(\mathbb{R}, \mathbb{R})$ die Gleichungen $D(f + g) = m(f + g)'' + d(f + g)' + k(f + g) = mf'' + df' + kf + mg'' + dg' + kg = Df + Dg$ und $D(cf) = m(cf)'' + d(cf)' + k(cf) = c(mf'' + df' + kf) = cDf$. Der Kern von $D$ besteht aus allen Funktionen $f$ mit $D(f) = o$ ($o$ ist die Nullfunktion), also gerade aus den Lösungen der Schwingungsgleichung $mf'' + df' + kf = 0$. ■

**Beispiel 14.14** (Kern und Bild). Ist $L : V \to W$ die Nullabbildung (Beispiel 14.8), so ist

$$\text{Kern}(L) = V \qquad \text{und} \quad \text{Bild}(L) = \{\boldsymbol{o}\}.$$

Ist $I : V \to V$ die identische Abbildung (Beispiel 14.8), so ist

$$\text{Kern}(I) = \{\boldsymbol{o}\} \qquad \text{und} \quad \text{Bild}(I) = V. \ ■$$

**Beispiel 14.15** (Kern). Ist $D : C^1(\mathbb{R}, \mathbb{R}) \to Abb(\mathbb{R}, \mathbb{R})$ mit $D(f) = f'$. Zur Erinnerung: $Abb(\mathbb{R}, \mathbb{R})$ ist die Menge aller Funktionen von $\mathbb{R}$ nach $\mathbb{R}$ und $C^1(\mathbb{R}, \mathbb{R})$ die Menge aller stetig differenzierbaren Funktionen von $\mathbb{R}$ nach $\mathbb{R}$. Die Abbildung $D$ ist linear.

Der Kern von $D$ enthält alle Funktionen, deren Ableitung auf $\mathbb{R}$ verschwindet, also die konstanten Funktionen. ■

Die Beispiele machen den folgenden Satz plausibel.

**Satz 14.6.** *Sind $V$ und $W$ Vektorräume und $L$ eine lineare Abbildung von $V$ nach $W$. Dann ist der Kern von $L$ ein Untervektorraum von $V$ und das Bild von $L$ ist ein Untervektorraum von $W$.*

*Beweis.* Wir müssen zwei Aussagen begründen. Wir zeigen zuerst, dass der Kern von $L$ ein Unterraum von $V$ ist. Zunächst ist klar, dass der Kern von $L$ nicht leer ist, denn wegen $L(\boldsymbol{o}) = \boldsymbol{o}$ ist $\boldsymbol{o} \in \text{Kern}(L)$. Aus $L(\boldsymbol{u}) = L(\boldsymbol{v}) = \boldsymbol{o}$ folgt $L(\boldsymbol{u} + \boldsymbol{v}) = L(\boldsymbol{u}) + L(\boldsymbol{v}) = \boldsymbol{o} + \boldsymbol{o} = \boldsymbol{o}$, also liegt mit $\boldsymbol{u}$, $\boldsymbol{v}$ auch $\boldsymbol{u} + \boldsymbol{v}$ im Kern von $L$. Aus $L(\boldsymbol{v}) = \boldsymbol{o}$ folgt $L(c\boldsymbol{v}) = cL(\boldsymbol{v}) = c\boldsymbol{o} = \boldsymbol{o}$, also liegt mit $\boldsymbol{v}$ auch $c\boldsymbol{v}$ im Kern.

Wir haben in Satz 14.3 bereits gezeigt, dass jeder Unterraum von $V$ auf einen Unterraum in $W$ abgebildet wird, also gilt dies insbesondere auch für das Bild von $L$. □

[1] Mit $C^k(\mathbb{R}, \mathbb{R})$ oder $C^k(\mathbb{R})$ bezeichnet man die Menge aller $k \in \mathbb{N}$ mal stetig differenzierbaren Funktionen von $\mathbb{R}$ nach $\mathbb{R}$. $C$ von engl. continous.

Zur Erinnerung: Eine Abbildung heißt *injektiv*, falls jeder Bildvektor nur gerade mal einen Urbildvektor hat. Eine Abbildung $f : X \to Y$ heißt *surjektiv*, falls jeder Vektor von $Y$ Bildvektor ist, also $f(X) = Y$ ist.

**Beispiel 14.16.** Es ist $L : \mathbb{R}^3 \to \mathbb{R}^2$ eine lineare Abbildung mit $L(x_1, x_2, x_3) = (x_1, x_2)$. Ist $L$ injektiv, surjektiv?

*Lösung.* $L$ ist nicht injektiv, denn es ist $L(1, 3, 3, ) = L(1, 3, -2)$, aber $(1, 3, 3) \neq (1, 3, -2)$.

$L$ ist aber surjektiv. Ist $\boldsymbol{w} = (y_1, y_2) \in \mathbb{R}^2$, so gibt es stets einen Vektor $\boldsymbol{v} = (x_1, x_2, x_3) \in \mathbb{R}^3$ mit $L(\boldsymbol{v}) = \boldsymbol{w}$, denn nimmt man $x_1 = y_1$ und $x_2 = y_2$, so ist stets $L(\boldsymbol{v}) = \boldsymbol{w}$. ∎

**Satz 14.7** (Charakterisierungen). *Es ist $L : V \to W$ eine lineare Abbildung. Dann gilt:*

*(a) $L$ ist genau dann injektiv, wenn Kern$(L) = \{\boldsymbol{o}\}$ ist.*
*(b) $L$ ist genau dann surjektiv, wenn Bild$(L) = W$ ist.*

*Beweis.* Wir müssen zwei Aussagen beweisen.

(a) Wir nehmen an, $L$ ist injektiv. Ist nun $L(\boldsymbol{u}) = L(\boldsymbol{v})$, dann folgt $\boldsymbol{u} = \boldsymbol{v}$. Ist nun $\boldsymbol{u} \in \text{Kern}(L)$, dann ist $L(\boldsymbol{u}) = \boldsymbol{o}$. Weil $L$ injektiv ist, ist somit $\boldsymbol{u} = \boldsymbol{o}$, das heißt $\text{Kern}(L) = \{\boldsymbol{o}\}$.

Ist umgekehrt $\text{Kern}(L) = \{\boldsymbol{o}\}$ und $L(\boldsymbol{u}) = L(\boldsymbol{v})$. Daraus folgt: $\boldsymbol{o} = L(\boldsymbol{o}) = L(\boldsymbol{u}) - L(\boldsymbol{u}) = L(\boldsymbol{u}) - L(\boldsymbol{v}) = L(\boldsymbol{u} - \boldsymbol{v})$, also ist $\boldsymbol{u} - \boldsymbol{v} \in \text{Kern}(L)$. Nun ist $\text{Kern}(L) = \{\boldsymbol{o}\}$, also folgt $\boldsymbol{u} - \boldsymbol{v} = \boldsymbol{o}$, das heißt $\boldsymbol{u} = \boldsymbol{v}$. Somit ist $L$ injektiv.

(b) Dies ist bei allen Abbildungen so und gilt insbesondere auch für lineare Abbildungen.

Somit ist der Satz bewiesen. □

**Beispiel 14.17.** Es ist $L$ die lineare Abbildung

$$\begin{array}{rccc} L: & \mathbb{R}_{\leq 2}[x] & \to & \mathbb{R} \\ & ax^2 + bx + c & \mapsto & \int_0^1 (ax^2 + bx + c)\,\mathrm{d}x \end{array}$$

Bestimmen Sie den Kern von $L$ und dessen Dimension. Ist $L$ injektiv? Ist $L$ surjektiv?

*Lösung.* Der Kern von $L$ besteht aus allen Polynomen $\boldsymbol{v} = ax^2 + bx + c$ mit $L(\boldsymbol{v}) = 0$. Diese findet man wie folgt. Es ist $L(\boldsymbol{v}) = [1/3ax^3 + 1/2bx^2 + cx]_0^1 = a/3 + b/2 + c$. Somit ist $a/3 + b/2 + c = 0$ bzw. $c = -a/3 - b/2$. Daher besteht der Kern von $L$ aus allen Polynomen aus $\mathbb{R}_{\leq 2}[x]$ der Form $ax^2 + bx + (-a/3 - b/2)$ mit $a$, $b$ aus $\mathbb{R}$. Also liegt zum Beispiel das Polynom $x^2 + 2x - 3/2$ im Kern von $L$. Um die Dimension von Kern$(L)$

herauszufinden, suchen wir nach einer Basis von Kern($L$). Jeder Vektor im Kern von $L$ kann wie folgt geschrieben werden: $ax^2 + bx + (-a/3 - b/2) = a(x^2 - 1/3) + b(x - 1/2)$. Die Vektoren $\boldsymbol{b}_1 = x^2 - 1/3$ und $\boldsymbol{b}_2 = x - 1/2$ aus $\mathbb{R}_{\leq 2}[x]$ spannen also den Kern von $L$ auf. Nun sind die Vektoren $\boldsymbol{b}_1 = x^2 - 1/3$ und $\boldsymbol{b}_2 = x - 1/2$ linear unabhängig, da sie nicht Vielfache voneinander sind. Somit ist $\boldsymbol{b}_1 = x^2 - 1/3$ und $\boldsymbol{b}_2 = x - 1/2$ eine Basis vom Kern von $L$, und die Dimension ist zwei. Wegen Kern$(L) \neq \{\boldsymbol{o}\}$ ist $L$ nicht injektiv.

$L$ ist surjektiv. Ist $r \in \mathbb{R}$, so müssen wir einen Vektor $\boldsymbol{v} = ax^2 + bx + c \in \mathbb{R}_{\leq 2}[x]$ finden, sodass $L(\boldsymbol{v}) = r$ ist. Es ist $L(\boldsymbol{v}) = \int_0^1 (ax^2 + bx + c)\,\mathrm{d}x = a/3 + b/2 + c$. Wählen wir $a = b = 0$ und $c = r$, so gilt stets $L(\boldsymbol{v}) = r$. Also ist $L$ surjektiv. Die Dimension des Bildraumes von $L$ ist eins. ∎

**Satz 14.8.** *Ist $L : V \to W$ eine lineare Abbildung und $V$ endlich dimensional. Dann gilt*

$$\mathit{Dim}(V) = \mathit{Dim}(\mathit{Kern}(L)) + \mathit{Dim}(\mathit{Bild}(L)).$$

*Beweis.* Wir nehmen an, es ist $\mathrm{Dim}(V) = n$. Weil Kern($L$) ein Unterraum von $V$ ist, gilt folglich $0 \leq \mathrm{Dim}(\mathrm{Kern}(L)) = r \leq n$. Daher müssen wir beweisen, dass $\mathrm{Dim}(\mathrm{Bild}(L)) = n - r$ ist.

Hierzu ist $\{\boldsymbol{a}_1, \ldots, \boldsymbol{a}_r\}$ eine Basis von Kern(L). Wir erweitern diese Menge zu einer Basis von $V$: $\{\boldsymbol{a}_1, \ldots, \boldsymbol{a}_r, \boldsymbol{b}_1, \ldots, \boldsymbol{b}_{n-r}\}$. Wenn wir nun zeigen können, dass die Menge der Vektoren $B = \{L(\boldsymbol{b}_1), \ldots, L(\boldsymbol{b}_{n-r})\}$ eine Basis von Bild($L$) ist, so ist der Satz bewiesen. Zu zeigen ist also, dass die Vektoren von $B$ den Raum Bild($L$) aufspannen und linear unabhängig sind.

*Die Vektoren aus $B$ spannen den Raum Bild($L$) auf*: Es ist $\boldsymbol{w} \in \mathrm{Bild}(L)$. Dann existiert ein $\boldsymbol{v} \in V$ derart, dass $L(\boldsymbol{v}) = \boldsymbol{w}$ gilt. Weil die Vektoren aus $B$ eine Basis von $V$ bilden und $\boldsymbol{v} \in V$ ist, folgt: $\boldsymbol{v} = c_1\boldsymbol{a}_1 + \cdots + c_r\boldsymbol{a}_r + d_1\boldsymbol{b}_1 + \cdots + d_{n-r}\boldsymbol{b}_{n-r}$, wobei $c_i$, $d_j$ reelle Zahlen sind. Weil die Vektoren $\boldsymbol{a}_i$ zum Kern von $L$ gehören ist $L(\boldsymbol{a}_i) = \boldsymbol{o}$. Daher gilt: $\boldsymbol{w} = L(\boldsymbol{v}) = L(c_1\boldsymbol{a}_1 + \cdots + c_r\boldsymbol{a}_r + d_1\boldsymbol{b}_1 + \cdots + d_{n-r}\boldsymbol{b}_{n-r}) = c_1L(\boldsymbol{a}_1) + \cdots + c_rL(\boldsymbol{a}_r) + d_1L(\boldsymbol{b}_1) + \cdots + d_{n-r}L(\boldsymbol{b}_{n-r}) = d_1L(\boldsymbol{b}_1) + \cdots + d_{n-r}L(\boldsymbol{b}_{n-r})$. Also erzeugen die Vektoren aus $B$ das Bild der linearen Abbildung $L$.

*Die Vektoren aus der Menge $B$ sind linear unabhängig*: Angenommen es ist $e_1L(\boldsymbol{b}_1) + \cdots + e_{n-r}L(\boldsymbol{b}_{n-r}) = \boldsymbol{o}$. Dann gilt $L(e_1\boldsymbol{b}_1 + \cdots + e_{n-r}\boldsymbol{b}_{n-r}) = \boldsymbol{o}$ und der Vektor $e_1\boldsymbol{b}_1 + \cdots + e_{n-r}\boldsymbol{b}_{n-r}$ gehört zum Kern von $L$. Weil der Kern von $L$ durch die Vektoren $\boldsymbol{a}_1$, …, $\boldsymbol{a}_r$ aufgespannt wird, existieren reelle Zahlen $f_1$, …, $f_r$ derart, dass $e_1\boldsymbol{b}_1 + \cdots + e_{n-r}\boldsymbol{b}_{n-r} = f_1\boldsymbol{a}_1 + \cdots + f_r\boldsymbol{a}_r$ oder $e_1\boldsymbol{b}_1 + \cdots + e_{n-r}\boldsymbol{b}_{n-r} - f_1\boldsymbol{a}_1 - \cdots - f_r\boldsymbol{a}_r = \boldsymbol{o}$ gilt. Weil die Vektoren $\boldsymbol{b}_i, \boldsymbol{a}_j$ eine Basis von $V$ sind, sind alle Koeffizienten $e_i$, $f_j$ gleich Null, insbesondere also $e_1 = \cdots = e_{n-r} = 0$. Folglich sind die Vektoren aus $B$ linear unabhängig.

Daher ist $B$ eine Basis von Bild($L$), und es ist $\mathrm{Dim}(\mathrm{Bild}(L)) = n - r$. □

**Satz 14.9.** *Ist $V$ ein endlich dimensionaler Vektorraum und $L : V \to V$ eine lineare Abbildung. Die folgenden Aussagen sind äquivalent:*

*(a) $L$ ist injektiv.*

*(b) Kern$(L) = \{\boldsymbol{o}\}$.*

*(c) Bild$(L) = V$.*

*(d) $L$ ist surjektiv.*

*(e) $L$ ist bijektiv.*

*Beweis.* Wir müssen nur zeigen, dass gilt: $L$ ist injektiv genau dann, wenn $L$ surjektiv ist. Die anderen Aussagen ergeben sich dann von alleine.

Wir nehmen zunächst an, $L$ ist injektiv. Dann ist $\text{Kern}(L) = \{\boldsymbol{o}\}$ und die Dimensionsformel lautet: $\text{Dim}(V) = \text{Dim}(\text{Kern}(L)) + \text{Dim}(\text{Bild}(L)) = 0 + \text{Dim}(\text{Bild}(L)) = \text{Dim}(\text{Bild}(L))$. Das heißt, der Unterraum Bild$(L)$ von $V$ hat die gleiche Dimension wie $V$ selbst. Dies ist jedoch nur möglich, wenn das Bild von $L$ bereits der ganze Raum $V$ ist, also $\text{Bild}(L) = V$, das heißt $L$ ist surjektiv.

Nun ist $f$ surjektiv, das heißt $\text{Bild}(L) = V$. Somit ist: $\text{Dim}(V) = \text{Dim}(\text{Kern}(L)) + \text{Dim}(\text{Bild}(L)) = \text{Dim}(\text{Kern}(L)) + \text{Dim}(V)$, also $\text{Dim}(\text{Kern}(L)) = 0$. Damit ist $\text{Kern}(L) = \{\boldsymbol{o}\}$ und $L$ injektiv. □

**Beispiel 14.18.** Verifizieren Sie Satz 14.9 anhand der linearen Abbildung $L : \mathbb{R}^3 \to \mathbb{R}^3$ mit

$$L\left(\begin{bmatrix} x_1 \\ x_2 \\ x_3 \end{bmatrix}\right) = \begin{bmatrix} 1 & 0 & 1 \\ 1 & 1 & 2 \\ 2 & 1 & 3 \end{bmatrix} \begin{bmatrix} x_1 \\ x_2 \\ x_3 \end{bmatrix}.$$

Ist $L$ surjektiv, injektiv, bijektiv? Bestimmen Sie eine Basis vom Bild von $L$. Bestimmen Sie den Kern von $L$.

*Lösung.* $L$ ist nicht surjektiv. Damit auch nicht injektiv und bijektiv. Außerdem ist dann (Satz 14.9) $\text{Bild}(L) \subset \mathbb{R}^3$ und $\text{Kern}(L) \neq \{\boldsymbol{o}\}$.

Wäre $L$ surjektiv, so müsste zu jedem Vektor $\boldsymbol{y} = (y_1, y_2, y_3) \in \mathbb{R}^3$ ein Vektor $\boldsymbol{x} = (x_1, x_2, x_3) \in \mathbb{R}^3$ existieren mit $L(\boldsymbol{x}) = \boldsymbol{y}$. Dies bedeutet, es muss das lineare Gleichungssystem

$$\begin{bmatrix} 1 & 0 & 1 \\ 1 & 1 & 2 \\ 2 & 1 & 3 \end{bmatrix} \begin{bmatrix} x_1 \\ x_2 \\ x_3 \end{bmatrix} = \begin{bmatrix} y_1 \\ y_2 \\ y_3 \end{bmatrix}$$

lösbar sein. Die reduzierte Zeilenstufenform der erweiterten Koeffizientenmatrix

$$\left[\begin{array}{ccc|c} 1 & 0 & 1 & y_1 \\ 0 & 1 & 1 & y_2 - y_1 \\ 0 & 0 & 0 & y_3 - y_2 - y_1 \end{array}\right]$$

zeigt, dass das lineare Gleichungssystem nur lösbar ist, wenn $y_3 - y_2 - y_1 = 0$ ist. Daher ist $L$ nicht surjektiv.

Die drei Spaltenvektoren der Matrix, die $L$ definiert, spannen den Bildraum von $L$ auf. Die beiden ersten Spaltenvektoren $(1, 1, 2)$ und $(0, 1, 1)$ sind linear unabhängig, da keiner ein Vielfaches des Anderen ist. Der Vektor $(1, 2, 3)$ ist eine Linearkombination der beiden ersten Vektoren. Daher bilden die beiden ersten Spaltenvektoren eine Basis für den Bildraum von $L$, und es ist $\text{Dim}(\text{Bild}(L)) = 2$.

Um den Kern von $L$ zu finden, müssen alle Vektoren $\boldsymbol{x} \in \mathbb{R}^3$ gefunden werden mit $L(\boldsymbol{x}) = \boldsymbol{o}$. Lösen wir das homogene System

$$\left[\begin{array}{ccc|c} 1 & 0 & 1 & 0 \\ 1 & 1 & 2 & 0 \\ 2 & 1 & 3 & 0 \end{array}\right],$$

so ist $x_1 = -x_3$ und $x_2 = -x_3$. Daher besteht der Kern von $L$ aus allen Vektoren der Form $(-t, -t, t) = t(-1, -1, 1)$, $t \in \mathbb{R}$. Daraus folgt $\text{Dim}(\text{Kern}(L)) = 1$. ■

**Beispiel 14.19.** Die lineare Abbildung $L : \mathbb{R}^2 \to \mathbb{R}^2$ mit $(x, y) \mapsto (ax + by, cx + dy)$ ist genau dann bijektiv, wenn ihre Darstellungsmatrix

$$\begin{bmatrix} a & b \\ c & d \end{bmatrix}$$

invertierbar ist. Begründen Sie!

*Lösung.* Nach Satz 14.9 genügt es zu zeigen, dass der Kern von $L$ nur aus dem Nullvektor $\boldsymbol{o} = (0, 0)$ besteht. Dies aber ist erfüllt, denn das homogene lineare Gleichungssystem

$$\begin{bmatrix} a & b \\ c & d \end{bmatrix} \begin{bmatrix} x \\ y \end{bmatrix} = \begin{bmatrix} 0 \\ 0 \end{bmatrix}$$

hat genau dann nur den Nullvektor $(x, y) = (0, 0) = \boldsymbol{o}$ als Lösung, wenn die Koeffizientenmatrix invertierbar ist (Satz 1.16). ■

## 14.5. Strukturgleichheit (Isomorphie)

Ist $V$ ein reeller Vektorraum mit den Operationen $\oplus$ und $\odot$ und $W$ ein reeller Vektorraum mit den Operationen $\boxplus$ und $\boxdot$. Eine bijektive Abbildung $L$ von $V$ nach $W$ wird **Vektorraumisomorphismus** (oder kurz **Isomorphismus**) von $V$ nach $W$ genannt, falls gilt:

(a) $L(\boldsymbol{v} \oplus \boldsymbol{w}) = L(\boldsymbol{v}) \boxplus L(\boldsymbol{w})$ für $\boldsymbol{v}, \boldsymbol{w} \in V$,

(b) $L(c \odot \boldsymbol{v}) = c \boxdot L(\boldsymbol{v})$ für $\boldsymbol{v} \in V$, $c \in \mathbb{R}$.

Die Vektorräume $V$ und $W$ (mit gleichem Skalarbereich, bei uns stets die reellen Zahlen) heißen dann **strukturgleich** (**isomorph**). Man schreibt $V \cong W$. Durch das Zeichen $\cong$ wird die „strukturelle Gleichheit (verallgemeinerte Gleichheit)“ ausgedrückt. Kurz gesagt: Eine bijektive lineare Abbildung zwischen zwei Vektorräumen ist ein Vektorraumisomorphismus.

In Abschnitt 3.7 haben wir bereits zwei Vektorraumisomorphismen kennengelernt, den zwischen den geometrischen und arithmetischen Vektoren in der Ebene und im Raum, wenn ein Koordinatensystem zur Verfügung steht. Mit Satz 3.5 wurde gezeigt, dass die Vektorräume der geometrischen und arithmetischen Vektoren in der Ebene und im Raum strukturgleich sind.

**Beispiel 14.20.** Die lineare Abbildung $L : \mathbb{R}^2 \to \mathbb{R}^2$ mit $L(x_1, x_2) = (x_1 + 2x_2, x_1 - x_2)$ ist ein Vektorraumisomorphismus, da $L$ bijektiv ist. Es ist $\text{Kern}(L) = \{(0,0)\}$ und $\text{Bild}(L) = \mathbb{R}^2$. ∎

Das Wort isomorph (griech.: von gleicher Gestalt) verwendet man in der Mathematik allgemein im Sinne „in Hinblick auf die hier behandelte Theorie gleich“. In der Linearen Algebra ist die Theorie hauptsächlich die Theorie der Vektorräume.

**Beispiel 14.21** (Strukturgleiche Vektorräume)**.** Zeigen Sie, dass der Vektorraum der arithmetischen Vektoren der Länge vier strukturgleich (isomorph) zum Vektorraum der $(2, 2)$-Matrizen ist, also $\mathbb{R}^4 \cong \mathbb{R}^{2\times 2}$.

*Lösung.* Als lineare Abbildung können wir zum Beispiel

$$\begin{array}{rccc} L: & \mathbb{R}^4 & \to & \mathbb{R}^{2\times 2} \\ & (x_1, x_2, x_3, x_4) & \mapsto & L(x_1, x_2, x_3, x_4) = \begin{bmatrix} x_1 & x_2 \\ x_3 & x_4 \end{bmatrix} \end{array}$$

wählen. $L$ ist bijektiv, denn der Kern von $L$ besteht nur aus dem Nullvektor $\boldsymbol{x} = (0, 0, 0, 0) \in \mathbb{R}^4$, da die Matrix

$$\begin{bmatrix} x_1 & x_2 \\ x_3 & x_4 \end{bmatrix}$$

genau dann die Nullmatrix ist, wenn $x_1 = x_2 = x_3 = x_4 = 0$ ist. ∎

Isomorphe Vektorräume unterscheiden sich nur in der Natur ihrer Elemente, ihre Algebra ist die gleiche. Der Isomorphie-Begriff ist einer der „stärksten“ Strukturbegriffe der Linearen Algebra. Das liegt daran, dass lineare Abbildungen an sich bereits zentrale strukturerhaltene Eigenschaften besitzen und die Bijektivität zusätzlich ihre Umkehrbarkeit ermöglicht. So ist zum Beispiel die Erhaltung der linearen Unabhängigkeit von Vektormengen gefährleistet; für lineare Abbildungen ist dies nicht in jedem Fall gegeben. Isomorphismen beschreiben die Strukturgleichheit von Vektorräumen.

**Satz 14.10** (Strukturgleichheit endlich dimensionaler Vektorräume). *Sind $V$ und $W$ Vektorräume endlicher Dimension. Dann ist der Vektorraum $V$ zu dem Vektorraum $W$ genau dann strukturgleich (isomorph), wenn sie die gleiche Dimension haben:*

$$V \cong W \quad \Longleftrightarrow \quad Dim(V) = Dim(W).$$

*Ist $V$ ein reeller Vektorraum. Dann ist $V$ genau dann zu $\mathbb{R}^n$ strukturgleich, wenn $Dim(V) = n$ ist:*

$$V \cong \mathbb{R}^n \quad \Longleftrightarrow \quad Dim(V) = n.$$

*Jeder reelle $n$-dimensionale Vektorraum $V$ ist strukturgleich zu $\mathbb{R}^n$.*

Mit anderen Worten: Bis auf Isomorphie gibt es nur einen reellen $n$-dimensionalen Vektorraum, nämlich den $\mathbb{R}^n$, oder der $\mathbb{R}^n$ ist *der* reelle $n$-dimensionale Vektorraum, oder der $\mathbb{R}^n$ ist der Prototyp reeller Vektorräume der Dimension $n$, oder der $\mathbb{R}^n$ ist *das* mathematische Modell für einen reellen Vektorraum der Dimension $n$.

*Beweis.* Wir haben zwei Richtungen zu beweisen.

Zunächst nehmen wir $\text{Dim}(V) = \text{Dim}(W)$ an, und zeigen die beiden Vektorräume $V$ und $W$ sind strukturgleich. Wir wählen Basen $\boldsymbol{b}_1, \ldots, \boldsymbol{b}_n$ von $V$ und $\boldsymbol{c}_1, \ldots, \boldsymbol{c}_n$ von $W$ und definieren die lineare Abbildung $L : V \to W$ durch $L(\boldsymbol{b}_j) = \boldsymbol{c}_j$ für $j = 1, \ldots, n$ (Satz 14.4). Ebenso definieren wir die lineare Abbildung $M : W \to V$ mit $M(\boldsymbol{c}_j) = \boldsymbol{b}_j$. Es ist nun $M(L(\boldsymbol{v})) = M(v_1\boldsymbol{c}_1 + \cdots + v_n\boldsymbol{c}_n) = v_1\boldsymbol{b}_1 + \cdots + v_n\boldsymbol{b}_n = \boldsymbol{v}$, also $M \circ L = I$. Ebenso erhält man $L \circ M = I$, das heißt $M = L^{-1}$ und damit die Strukturgleichheit von $V$ und $W$ mittels $L$ (oder $M$).

Jetzt sind $V$ und $W$ strukturgleich und $\boldsymbol{b}_1, \ldots, \boldsymbol{b}_n$ eine Basis von $V$. Wir zeigen nun, dass die beiden Vektorräume die gleich Dimension haben. Wir behaupten: $L(\boldsymbol{b}_1) = \boldsymbol{c}_1, \ldots, L(\boldsymbol{b}_n) = \boldsymbol{c}_n$ ist eine Basis von $W$. Die Vektoren $\boldsymbol{c}_j$ sind linear unabhängig: Es ist $\boldsymbol{o} = a_1\boldsymbol{c}_1 + \ldots + a_n\boldsymbol{c}_n = L(a_1\boldsymbol{b}_1 + \cdots + a_n\boldsymbol{b}_n)$. Da $L$ injektiv ist, folgt $a_1\boldsymbol{b}_1 + \cdots + a_n\boldsymbol{b}_n = \boldsymbol{o}$. Weil die Vektoren $\boldsymbol{b}_j$ eine Basis bilden, erhalten wir $a_1 = \cdots = a_n = 0$. Die Vektoren $\boldsymbol{c}_j$

sind erzeugend: Es ist $\boldsymbol{w} \in W$. Weil $L$ surjektiv ist, gibt es ein $\boldsymbol{v} \in V$ mit $L(\boldsymbol{v}) = \boldsymbol{w}$. Also ist $\boldsymbol{w} = L(v_1\boldsymbol{b}_1 + \cdots + v_n\boldsymbol{b}_n) = v_1\boldsymbol{c}_1 + \cdots + v_n\boldsymbol{c}_n$. Die Vektorräume $V$ und $W$ haben also Basen gleicher Elementezahl, das heißt $\mathrm{Dim}(V) = \mathrm{Dim}(W)$. □

Die Existenz eines Vektorraumisomorphismus $V \cong W$ bedeutet, dass $V$ und $W$ völlig gleichartige Struktur haben, dass man sie, wenn man nur an dieser Struktur interessiert ist, miteinander identifizieren kann. Das bedeutet nicht, dass $V$ und $W$ gleich, das heißt dieselben Objekte sind. Sie können in sehr verschiedenen Zusammenhängen und auf sehr verschiedene Weise definiert sein.

**Beispiel 14.22** (Strukturgleiche Vektorräume)**.** Es folgen mehrere Beispiele für strukturgleiche Vektorräume.

- Bereits in Kapitel 3 haben wir die Strukturgleichheit zwischen den geometrischen und den arithmetischen Vektoren der Ebene und Raumes herausgearbeitet.
- Die $n$-dimensionalen Vektorräume $\mathbb{R}^n$, $\mathbb{R}^{n\times 1}$ und $\mathbb{R}^{1\times n}$ sind strukturgleich, das heißt es ist $\mathbb{R}^n \cong \mathbb{R}^{n\times 1} \cong \mathbb{R}^{1\times n}$. Die Menge der Vektoren aus $\mathbb{R}^n$, die Menge der Spaltenmatrizen und die Menge der Zeilenmatrizen der Länge $n$ sind strukturgleich.
- Der Vektorraum der reellen $(m, n)$-Matrizen hat die Dimension $m \cdot n$, also ist er strukturgleich zu $\mathbb{R}^{m\cdot n}$, das heißt $\mathbb{R}^{m\times n} \cong \mathbb{R}^{m\cdot n}$.
- Der Vektorraum der Polynomfunktionen vom Grad höchstens $n$ hat die Dimension $n + 1$. Daher ist er strukturgleich zu $\mathbb{R}^{n+1}$, das heißt $\mathbb{R}_{\leq n}[x] \cong \mathbb{R}^{n+1}$.
- Die Koordinatenabbildung $K_B$ (Abschnitt 15.1) ist ein Vektorraumisomorphismus. ■

Angesicht der Tatsache, dass man mittels Basen und Koordinaten schließlich alle Probleme über endlich dimensionale Vektorräume auf Probleme über die Räume $\mathbb{R}^n$ ($\mathbb{K}^n$ wenn man auch andere Zahlen zulässt) reduzieren kann, mag sich mancher fragen, warum wir überhaupt eine allgemeine abstrakte Theorie der Vektorräume entwickeln und nicht einfach nur die Räume $\mathbb{R}^n$ betrachten. Auf diese Frage gibt es mehrere Antworten, die miteinander zusammenhängen:

- Jeder reelle endlich dimensionale Vektorraum ist zwar strukturgleich zu einem $\mathbb{R}^n$, aber eben nur strukturgleich und nicht gleich. Andere Vektorräume kommen in natürlicher Weise an vielen Stellen vor.
- Wenn man eine Basis $B$ von $V$ gewählt hat, hat man in der Koordinatenabbildung (Abschnitt 15.1) einen natürlichen Isomorphismus. Aber dieser Isomorphismus hängt von der Basis $B$ ab. Es gibt daher genausoviele verschiedene Isomorphismen wie Basen.
- Jeder Vektorraum hat zwar eine Basis, aber im Allgemeinen ist eine solche weder gegeben, noch besonders ausgezeichnet, wenn sie mal gegeben ist (Ausnahme: die natürliche Basis). Die Wahl einer Basis enthält ein Moment Willkür.

Das Ergebnis dieser kleinen Diskussion (mehr finden Sie in [13], Seite 283) ist: Wir mussten und müssen sowohl die (abstrakte) Lineare Algebra der Vektorräume als auch die mehr konkreten Matrizenrechnungen entwickeln, und wir müssen stets in der Lage sein, von der einen Betrachtungsweise zu anderen überzugehen.

Um die Bedeutung der Strukturgleichheiten (Isomorphismen) richtig zu verstehen, wollen wir uns noch folgendes überlegen. Angenommen wir haben einen Vektorraum $V$ und darin irgendwelche Objekte zum Beispiel Teilmengen, Unterräume, Vektoren, Basen oder dergleichen. Wenn nun $L : V \to W$ ein Isomorphismus ist, so können wir in $W$ die Bilder unserer Objekte betrachten. Dann haben diese Bilder in $W$ dieselben „linearen Eigenschaften“ wie die ursprünglichen Objekte in $V$. Lineare Eigenschaften sind dabei diejenigen, die sich mittels Vektorraumdaten Menge, Addition, skalare Multiplikation formulieren lassen:

- Sind $\boldsymbol{v}_1, \ldots, \boldsymbol{v}_n$ aus $V$ linear unabhängig, so auch die Vektoren $L(\boldsymbol{v}_1), \ldots, L(\boldsymbol{v}_n)$ in $W$ (Eine genaue Begründung finden Sie im Beweis von Satz 14.10).
- Wird $V$ von den Vektoren $\boldsymbol{v}_1, \ldots, \boldsymbol{v}_n$ erzeugt, so wird $W$ von $L(\boldsymbol{v}_1), \ldots, L(\boldsymbol{v}_n)$ erzeugt (Eine genaue Begründung finden Sie im Beweis von Satz 14.10).
- Ist $\{\boldsymbol{v}_1, \ldots, \boldsymbol{v}_n\}$ eine Basis von $V$, so ist $\{L(\boldsymbol{v}_1), \ldots, L(\boldsymbol{v}_n)\}$ eine Basis von $W$ (Eine genaue Begründung finden Sie im Beweis von Satz 14.10).
- $\mathrm{Dim}(V) = \mathrm{Dim}(W)$ (Eine genaue Begründung finden Sie im Beweis von Satz 14.10).
- Sind $U_1$, $U_2$ zwei Unterräume von $V$, und $U_1 \cap U_2$ habe die Dimension fünf, dann hat auch der Untervektorraum $L(U_1) \cap L(U_2)$ von $W$ die Dimension fünf.

Beispiel einer nicht linearen Eigenschaft: Ist $V = W = \mathbb{R}^2$, $K \subset \mathbb{R}^2$ ein Kreis und $L : \mathbb{R}^2 \to \mathbb{R}^2$ ein Isomorphismus, so braucht das Bild $L(K) \subset \mathbb{R}^2$ kein Kreis zu sein.

Liegt zwischen zwei Vektorräumen ein Vektorraumisomorphismus vor, so bedeutet das, dass sie eine völlig gleichartige Struktur haben. Wenn man nur an dieser Struktur interessiert ist, so kann man diese Räume miteinander *identifizieren*[2]; die beiden Vektorräume sind aus Sicht der Vektorraumtheorie nicht unterscheidbar. Das bedeutet aber nicht, dass die beiden Vektorräume gleich, das heißt dieselben Objekte sind. Die beiden verschiedene mathematische Objekte werden in einer bestimmten Betrachtungsweise als gleich angesehen.

[2] Was versteht man in der Mathematik unter dem Begriff des *Identifizierens*? Der einfachste Fall ist der der „bloßen“ Mengen: Zwei Mengen werden miteinander *idenfiziert*, wenn es zwischen diesen eine bijektive Abbildung gibt. Ist mehr Struktur im Spiel, so muss auch die zusätzliche Struktur erhalten bleiben, das heißt die Abbildung muss verträglich, das heißt ein Homomorphismus sein.

## 14.6. Weitere Bemerkungen und Hinweise

Die Tabelle 14.1 stellt lineare Abbildungen und Matrizen gegenüber, sowie Eigenschaften

| *Lineare Abbildungen* | *Matrizen* |
|---|---|
| Lineare Abbildung $L$ | Matrix $\boldsymbol{A}$ |
| $\boldsymbol{y} = L(\boldsymbol{x})$ | $\boldsymbol{y} = \boldsymbol{A}\boldsymbol{x}$ |
| Summe von Abbildungen | Summe von Matrizen |
| Verkettung von Abbildungen | Multiplikation von Matrizen |
| Identische Abbildung | Einheitsmatrix |
| Nullabbildung | Nullmatrix |
| Bijektive Abbildung | Invertierbare Matrix |

Tabelle 14.1.: Lineare Abbildungen und Matrizen

und Verknüfungen derer.

Andere Bezeichnungen für lineare Abbildung sind *lineare Transformation*, *linearer Operator* und *Vektorraumhomomorphismus*. Das Konzept der Homomorphie (Isomorphie) ist zentral in der Mathematik; es tritt bei vielen Strukturen (algebraisch, geometrisch, topologisch, usw.) auf. Zum Beispiel gibt es den Begriff *Gruppenhomomorphismus (Gruppenisomorphismus)* in der Theorie der mathematischen Gruppen oder den *Körperhomomorphismus (Körperisomorphismus)* in der Theorie der mathematischen Körper.

Sind $A$ und $B$ zwei Mengen mit je einer inneren Verknüpfung $\circ$ bzw. $\star$. Eine Abbildung $f : A \to B$ heißt *verknüfungstreue Abbildung* (*Homomorphismus*, *strukturverträgliche Abbildung*) von $A$ in $B$, wenn für alle $a_1, a_2 \in A$ gilt: $f(a_1 \circ a_2) = f(a_1) \star f(a_2)$. Bei mehreren inneren Verknüpfungen fordert man diese Bedingung für jede Verknüpfung.

Bei Vektorräumen gibt es zwei innere Verknüpfungen. Ist nun $A$ der Vektorraum $V$, $B$ der Vektorraum $W$ und $f$ die Abbildung $L$, so ist $L : V \to W$ verknüpfungstreu bezüglich der Addition, wenn $L(\boldsymbol{v} + \boldsymbol{w}) = L(\boldsymbol{v}) + L(\boldsymbol{w})$ für alle $\boldsymbol{v}$, $\boldsymbol{w}$ aus $V$ ist. Dies ist gerade die erste Bedingung in der Definition einer linearen Abbildung. Nun gibt es in einem Vektorraum eine zweite Verknüpfung, nämlich die Skalarmultiplikation. Folglich ist es naheliegend die verknüpfungstreue auch bezüglich dieser Skalarmultiplikation zu fordern. Diese angestrebte Verknüpfungstreue lässt es sinnvoll erscheinen für $V$ und $W$ denselben Skalarkörper (bei uns die reellen Zahlen) vorauszusetzen. Damit ergibt sich $L(c\boldsymbol{v}) = cL(\boldsymbol{v})$ für alle $\boldsymbol{v} \in V$ und $c \in \mathbb{R}$. Dies ist die zweite Bedingung in der Definition einer linearen Abbildung.

Ist der Homomorphismus $f$ bijektiv, so heißt $f$ *Isomorphismus*. Isomorphismen zwischen Vektorräumen haben wir in Abschnitt 14.5 betrachtet. Einen Isomorphismus $f : A \to B$ darf man sich einfach vorstellen als Umbenennung der Elemente von $A$, also $a' = f(a)$

nur als einen neuen Namen für $a \in A$ auffassen. Existiert ein solcher Isomorphismus, so sind $A$ und $B$ strukturell gleich (in $A$ und $B$ existieren die gleichen Beziehungen zwischen den Elementen untereinander) und können miteinander identifiziert (also als verschiedene Einkleidungen ein und desselben Objekts aufgefasst) werden. Einen Isomorphismus $f$ können wir uns auch wie folgt vorstellen. $f$ und $f^{-1}$ sind eine Art von „Übersetzungsfunktionen" zwischen zwei verschiedenen Sprachen. Die Bijektivität von $f$ (und $f^{-1}$) garantiert die getreue Wort-für-Wort Übersetzung, ist sozusagen das Wörterbuch. Der Homomorphismus bringt zum Ausdruck, dass auch die jeweilige Grammatik richtig übertragen wird ([4]).

Manchmal ist es sogar eine große mathematische Leistung, die Strukturgleichheit (Isomorphie) zweier Systeme zu erkennen und zu beweisen. Isomorphe Strukturen sind in gewisser Weise das gleiche, nämlich dann, wenn man von der Darstellung der Elemente der zugrundeliegenden Mengen und den Namen der Relationen und Verknüpfungen absieht. Jedem mathematischen Satz über System 1 entspricht dann ein gleichlautender Satz in System 2 und umgekehrt; nichts kann über die Objekte in System 1 ausgesagt werden, was nicht auch in System 2 gültig wäre. Strukturgleichheit (Isomorphie) ist nicht nur in der Mathematik eine fundamentale Idee, sondern auch in der Erkenntnistheorie[3].

Die Wörter Homomorphismus, Isomorphismus, usw. leiten sich aus dem Griechischen her, wobei die zweite Worthälfte „morphismus" jeweils darauf verweist, dass es um die Struktur geht (morphe gleich Gestalt). Homomorphismus meint so etwas wie gleichartige (entsprechende) Struktur und der stärkere Begriff Isomorphismus so etwa gleiche Struktur (iso=gleich, homo=gleichartig, entsprechend).

Lineare Abbildungen (Homomorphismen, Isomorphismen) sind auch Gegenstand der Funktionalanalysis und der Theorie der HILBERT-Räume, siehe zum Beispiel [48] oder [116]. Die zugrunde liegenden Vektorräume sind dort meist unendlich dimensional. Lineare Operatoren spielen in der Quantenmechanik eine überragende Rolle.

Der Begriff Isomorphie wird in der Funktionalanalysis auf HILBERT-Räume übertragen ([48], [112], [116]). Dort zeigt sich, dass HILBERT-Räume gleicher Dimension strukturgleich (isomorph) sind. Aus diesem Grund ist der wichtige Folgenraum $l_2$ und der wichtige Funktionenraum $L_2$ strukturgleich mit der Dimension abzählbar unendlich. Als wichtige physikalische Anwendung ist die Gleichwertigkeit der sogenannten *Matrizenmechanik*

[3]Die Erkenntnistheorie ist ein Gebiet der Philosophie, welches sich mit Fragen der Art befasst, wie Wissen zustande kommt, welche Erkenntnisprozesse denkbar sind, wie Wissen unter den verschiedenen Voraussetzungen begründet ist, und woran man erkennt, dass Wissen tatsächlich aufgrund von Erkenntnis angeboten wird.

(HEISENBERG[4]) und der *Wellenmechanik* (SCHRÖDINGER[5]) in der Quantenphysik zu nennen[6].

Eine lineare Abbildung $L : V \to V$ heißt *Endomorphismus* (endo=innen). Ein Endomorphismus ist also ein Homomorphismus eines Vektorraumes in sich selbst. Ein Endomorphismus der bijektiv ist, heißt *Automorphismus*. Die Menge aller Automorphismen eines linearen Raumes bildet eine *Gruppe* mit der Verkettung als Verknüpfung; sie wird *Automorphismengruppe* (*lineare Gruppe*) genannt.

Ist $V$ ein EUKLIDischer Vektorraum (reeller Vektorraum mit Skalarprodukt) und $L : V \to V$ ein Endomorphismus. Bleiben unter $L$ die Skalarprodukte unverändert, so nennt man $L$ einen *orthogonalen Endomorphismus*. Orthogonale Endomorphismen können durch orthogonale Matrizen dargestellt werden und umgekehrt, wenn $V$ endlich dimensional ist. Beispiele sind die uns bekannten Drehungen um den Koordinatenursprung.

Das Konzept Eigenwert und Eigenvektor (Kapitel 11) kann auf Endomorphismen $L : V \to V$ übertragen werden. Ein $\lambda \in \mathbb{R}$ heißt *Eigenwert* von $L$, wenn es ein $\boldsymbol{v} \in V$ mit $\boldsymbol{v} \neq \boldsymbol{o}$ gibt, sodass gilt $L(\boldsymbol{v}) = \lambda\boldsymbol{v}$. Jedes vom Nullvektor verschiedene $\boldsymbol{v} \in V$ mit $L(\boldsymbol{v}) = \lambda\boldsymbol{v}$ heißt *Eigenvektor* von $L$ (zum Eigenwert $\lambda$). Ist $I \subseteq \mathbb{R}$ ein Intervall und $V = C^\infty(I, \mathbb{R})$ der (unendlich dimensionale) Vektorraum der auf $I$ beliebig oft differenzierbare Funktionen. Ein Endomorphismus ist gegeben durch $L : V \to V$ mit $f \mapsto f'$. Dieses $L$ hat beliebige $\lambda \in \mathbb{R}$ als Eigenwerte, denn $f(x) = ce^{\lambda x}$ ist für jedes $0 \neq c \in \mathbb{R}$ ein Eigenvektor zu $\lambda$. Dies ist ein Hinweis auf die Bedeutung von Eigenwerten und Eigenvektoren für Differenzialgleichungen, nicht nur für Systeme (Abschnitt 12.1).

## Aufgaben

**14.1.** Wahr oder falsch: Ist $L$ eine Abbildung von dem Vektorraum $V$ in den Vektorraum $W$ mit $L(\boldsymbol{u} + \boldsymbol{v}) = L(\boldsymbol{u}) + L(\boldsymbol{v})$ für alle $\boldsymbol{u}$, $\boldsymbol{v}$ aus $V$, dann ist $L(c\boldsymbol{u}) = cL(\boldsymbol{u})$ für alle $c \in \mathbb{R}$ und $\boldsymbol{u} \in V$.

[4] ERWIN SCHRÖDINGER österreichischer Physiker (1887-1961).

[5] WERNER HEISENBERG deutscher Physiker (1901-1976).

[6] Mit Hilfe einer Übersetzungsvorschrift (Quantisierung) gewinnt man aus der HAMILTONfunktion den sogenannten HAMILTONoperator. Es ist ein selbstadjungierter linearer Operator in einem HILBERTraum. Die Kenntnis der Spektraleigenschaften dieses Operators ist der eigentliche Schlüssel zum Verständnis quantenmechanischer Vorgänge. Es gibt im Wesentlichen zwei Übersetzungsvorschriften. Die auf HEISENBERG zurückgehende Vorschrift führt zum HILBERTraum $l_2$, die zugehörigen HAMILTONoperatoren sind dann unendliche Matrizen. Die auf SCHRÖDINGER zurückgehende Vorschrift führt zum HILBERTraum $L_2$, die zugehörigen HAMILTONoperatoren sind im Allgemeinen singuläre elliptische Differenzialoperatoren. VON NEUMANN [86] konnte zeigen, dass die von beiden Physikergruppen entwickelte Theorie zur Quantenphysik strukturgleich sind. JOHN V. NEUMANN (1903-1957) war ein Mathematiker österreichisch-ungarischer Herkunft. Er hat auch für bahnbrechende Ideen und Arbeiten in der Informatik gesorgt.

**14.2.** Wahr oder falsch: Falls die Matrix $\boldsymbol{A}$ die lineare Abbildung $L$ darstellt, ist $\mathrm{Dim}(S(\boldsymbol{A})) =$ $\mathrm{Dim}(\mathrm{Bild}(L))$

**14.3** (Lineare Abbildungen)**.** Es ist $L$ eine lineare Abbildung eines Vektorraumes $V$ in einen Vektorraum $W$. Dann gilt:

☐ $L(\boldsymbol{o}) = \boldsymbol{o}$.
☐ $L(1) = 1$.
☐ $L(-\boldsymbol{v}) = -L(\boldsymbol{v})$ für alle $\boldsymbol{v} \in V$.
☐ $L(-\boldsymbol{v}) = -L \cdot \boldsymbol{v}$ für alle $\boldsymbol{v} \in V$.
☐ $L(c\boldsymbol{v}) = L(c) + L(\boldsymbol{v})$ für alle $c \in \mathbb{R}$ und alle $\boldsymbol{v} \in V$.
☐ $L(c \cdot \boldsymbol{v}) = L(c) \cdot L(\boldsymbol{v})$ für alle $c \in \mathbb{R}$ und alle $\boldsymbol{v} \in V$.

**14.4** (Lineare Abbildungen)**.** Es ist $C^2(\mathbb{R}, \mathbb{R})$ der Vektorraum der zweimal differenzierbaren Funktionen von $\mathbb{R}$ nach $\mathbb{R}$. Dann ist $L : C^2(\mathbb{R}, \mathbb{R}) \to \mathit{Abb}(\mathbb{R}, \mathbb{R})$ linear für

☐ $L(f) = f^2$. ☐ $L(f) = f'' + f$. ☐ $L(f) = 2f' + 3$. ☐ nichts davon.

**14.5.** Ist $L : V \to W$ ein Vektorraumisomorphismus. Dann ist die Umkehrabbildung $L^{-1} : W \to V$ ebenfalls ein Vektorraumisomorphismus. Zeigen Sie dies.

**14.6** (Lineare Abbildung)**.** Es ist $V = C[0, 1]$ der Vektorraum aller stetigen reellwertigen Funktionen mit Definitionsbereich $[0, 1]$ und die lineare Abbildung

$$\begin{aligned} L : C[0,1] &\to C[0,1] \\ f &\mapsto \int_0^x f(t)\,\mathrm{d}t \qquad 0 \le x \le 1 \end{aligned}$$

gegeben. Zeigen Sie, dass $L$ linear ist, Bestimmen Sie $L(\mathrm{e}^x)$ und $L(x^2)$.

**14.7.** Ist $D : C^\infty(\mathbb{R}, \mathbb{R}) \to C^\infty(\mathbb{R}, \mathbb{R})$ die lineare Abbildung mit $D(f) = f'$. Bestimmen Sie den Kern von $D \circ D$.

**14.8.** Ist $J : \mathbb{R}_{\le 1}[x] \to \mathbb{R}$ mit $J(p(x)) = \int_{-1}^{1} p(x)\,\mathrm{d}x$. Bestimmen Sie den Kern von $J$.

**14.9.** Eine reelle Folge $(a_1, a_2, \ldots)$ heißt arithmetisch, wenn es eine reelle Zahl $r$ gibt mit $a_{j+1} - a_j = r$ für alle $j \in \mathbb{N}$. Zeigen Sie, dass die arithmetischen Folgen einen reellen Vektorraum bilden; wir wollen ihn *Ari* nennen. Zeigen Sie dann, dass der Vektorraum *Ari* zu dem Vektorraum $\mathbb{R}^2$ isomorph ist.

## Sie sollten nun mit folgenden Begriffen umgehen können

Lineare Abbildungen, Kern, Bild, Isomorphie.

# 15. Darstellungsmatrizen und Basiswechsel

In Kapitel 8 haben wir lineare Abbildungen eingeführt und deren Zusammenhang zu Matrizen hergestellt. Dabei haben wir nur Abbildungen zwischen den Vektorräumen $V = \mathbb{R}^n$ und $W = \mathbb{R}^m$ studiert. In Kapitel 14 haben wir den Beriff einer linearen Abbildung auf beliebige reelle Vektorräume ausgedehnt. Nun werden wir sehen, wie man diese durch Matrizen darstellen kann. Dies ist dann insbesondere für Berechnungen und Simulationen mit dem Computer von Vorteil. Außerdem sind wir dann in der Lage wirklich zu verstehen, was sich hinter der Diagonalisierbarkeit und Faktorisierung einer Matrix verbirgt, zwei Konzepte, die sowohl in der Linearen Algebra als auch in der Numerischen Mathematik und damit in vielen Anwendungen fundamental sind.

## 15.1. Koordinaten bezüglich einer Basis

Der Kernpunkt einer Basis ist, dass jeder Vektor eindeutig durch Zahlen beschrieben werden kann, wenn die Basis festgelegt worden ist. In Abschnitt 5.13 haben wir folgenden Satz bewiesen.

**Satz 15.1.** *Ist $V$ ein $n$-dimensionaler Vektorraum und $B = \{\boldsymbol{b}_1, \boldsymbol{b}_2, \dots, \boldsymbol{b}_n\}$ eine Basis von $V$. Dann kann jeder Vektor $\boldsymbol{v} \in V$ in eindeutiger Weise als Linearkombination geschrieben werden. Es gibt also eindeutig bestimmte reelle Zahlen $c_i$ mit*

$$\boldsymbol{v} = c_1\boldsymbol{b}_1 + c_2\boldsymbol{b}_2 + \cdots + c_n\boldsymbol{b}_n.$$

Die $n$ reellen Zahlen $c_1, c_2, \dots, c_n$ sind die **Koordinaten** von $\boldsymbol{v}$ bezüglich der Basis $B = \{\boldsymbol{b}_1, \boldsymbol{b}_2, \dots, \boldsymbol{b}_n\}$. Um auszudrücken, dass der Vektor $\boldsymbol{v}$ in der Basis $B$ dargestellt wird, schreiben wir $\boldsymbol{v}_B$ und nennen ihn den **Koordinatenvektor** von $\boldsymbol{v}$ bezüglich der Basis $B$. Es ist $\boldsymbol{v}_B = (c_1, c_2, \dots, c_n) \in \mathbb{R}^n$.

**Beispiel 15.1** (Koordinaten bezüglich einer Basis)**.** Es ist $V = \mathbb{R}^2$ und $B = N = \{\boldsymbol{e}_1 = (1, 0), \boldsymbol{e}_2 = (0, 1)\}$ die natürliche Basis. Bei dieser Basis können die Koordinaten eines jeden Vektors aus $V = \mathbb{R}^2$ leicht abgelesen werden. So besitzt der Vektor $\boldsymbol{v} = (1, 2) \in V = \mathbb{R}^2$ offenbar die Koordinaten 1 und 2, denn es ist $(1, 1) = 1(1, 0)+2(0, 1) = 1\boldsymbol{e}_1+2\boldsymbol{e}_2$, das heißt

$$\boldsymbol{v}_N = (1, 2).$$

Nun betrachten wir die Basis $B = \{\boldsymbol{b}_1 = (1,1), \boldsymbol{b}_2 = (1,2)\}$ in $V = \mathbb{R}^2$. Wir suchen den Koordinatenvektor $\boldsymbol{v}_B$. Hierzu müssen wir das lineare Gleichungssystem

$$\begin{bmatrix} 1 \\ 2 \end{bmatrix} = c_1\boldsymbol{b}_1 + c_2\boldsymbol{b}_2 = c_1\begin{bmatrix} 1 \\ 1 \end{bmatrix} + c_2\begin{bmatrix} 1 \\ 2 \end{bmatrix} \quad \text{bzw.} \quad \begin{bmatrix} 1 & 1 \\ 1 & 2 \end{bmatrix}\begin{bmatrix} c_1 \\ c_2 \end{bmatrix} = \begin{bmatrix} 1 \\ 2 \end{bmatrix}$$

lösen. Die Lösung ist $c_1 = 0$, $c_2 = 1$. Demgemäß lauten die Koordinaten des Vektors $\boldsymbol{v} = (1,2) \in \mathbb{R}^2$ 0 und 1. Also ist

$$\boldsymbol{v}_B = (0,1).$$

der Koordinatenvektor in der Basis $B = \{\boldsymbol{b}_1 = (1,1), \boldsymbol{b}_2 = (1,2)\}$. ■

Der Beweis von Satz 15.1 ist nicht schwer, da er unmittelbar bezug auf die Definition nimmt. Er ist aber für die tatsächliche Berechnung des Koordinatenvektors nutzlos, da er keine Handhabe gibt, wie die Berechnung tatsächlich zu erfolgen hat. Das Beispiel 15.1 zeigt, wie Koordinatenvektoren zu berechnen sind. Wir formulieren einen entsprechenden Algorithmus.

**Algorithmus 24: Lösungsverfahren zur Bestimmung des Koordinatenvektors**

Der Vektor $\boldsymbol{v} \in V$ ist Linearkombination der Basisvektoren $\boldsymbol{b}_1$, $\boldsymbol{b}_2$, …, $\boldsymbol{b}_n$, das heißt es gibt reelle Zahlen $c_1, c_2, \dots, c_n$, so dass

$$\boldsymbol{v} = c_1\boldsymbol{b}_1 + c_2\boldsymbol{b}_2 + \cdots + c_n\boldsymbol{b}_n.$$

Um diese zu berechnen, gehe wie folgt vor:

1. Stelle für die Koordinaten $c_1, c_2, \dots, c_n$ das folgende lineare Gleichungssystem

$$\begin{bmatrix} | & | & & | \\ (\boldsymbol{b}_1)_N & (\boldsymbol{b}_2)_N & \cdots & (\boldsymbol{b}_n)_N \\ | & | & & | \end{bmatrix}\begin{bmatrix} c_1 \\ c_2 \\ \vdots \\ c_n \end{bmatrix} = \begin{bmatrix} | \\ \boldsymbol{v}_N \\ | \end{bmatrix}$$

   auf, wobei die Spalten der Koeffizientenmatrix die Koordinatenvektoren der Basisvektoren $\boldsymbol{b}_1$, $\boldsymbol{b}_2$, …, $\boldsymbol{b}_n$ in der natürlichen Basis $N$ des gegebenen Vektorraumes $V$ sind. Ebenso ist die rechte Seite der Koordinatenvektor von $\boldsymbol{v}$ in der natürlichen Basis $N$.
2. Löse das lineare Gleichungssystem zum Beispiel mit dem Gauss-Verfahren.

Die eindeutig bestimmte Lösung $(c_1, c_2, \ldots, c_n)$ ergibt den Koordinatenvektor $\boldsymbol{v}_B = (c_1, c_2, \ldots, c_n) \in \mathbb{R}^n$ in der Basis $B$.

Die Lösung des linearen Gleichungssystems in Schritt 1 von Algorithmus 24 ist

$$\boldsymbol{v}_B = \begin{bmatrix} | & | & & | \\ (\boldsymbol{b}_1)_N & (\boldsymbol{b}_2)_N & \cdots & (\boldsymbol{b}_n)_N \\ | & | & & | \end{bmatrix}^{-1} \begin{bmatrix} | \\ \boldsymbol{v}_N \\ | \end{bmatrix},$$

denn die Koeffizientenmatrix ist invertierbar, weil die Spaltenvektoren linear unabhängig sind.

**Beispiel 15.2** (Koordinaten bezüglich einer Basis)**.** Es ist $V = \mathbb{R}^{2\times 2}$ und

$$B = \left\{ \begin{bmatrix} 1 & 0 \\ 0 & -1 \end{bmatrix}, \begin{bmatrix} 0 & 1 \\ 0 & 0 \end{bmatrix}, \begin{bmatrix} 0 & 0 \\ 1 & 0 \end{bmatrix}, \begin{bmatrix} 1 & 0 \\ 0 & 1 \end{bmatrix} \right\}$$

eine Basis von $\mathbb{R}^{2\times 2}$. Bestimmen Sie von dem Vektor

$$\boldsymbol{v} = \begin{bmatrix} 3 & 2 \\ 3 & 1 \end{bmatrix} \in V = \mathbb{R}^{2\times 2}$$

den Koordinatenvektor $\boldsymbol{v}_B \in \mathbb{R}^4$. Berechnen Sie anschließend den Koordinatenvektor $\boldsymbol{v}_{B'} \in \mathbb{R}^4$ in der Basis

$$B' = \left\{ \begin{bmatrix} 1 & 0 \\ 0 & 0 \end{bmatrix}, \begin{bmatrix} 0 & 1 \\ 1 & 0 \end{bmatrix}, \begin{bmatrix} 0 & 1 \\ -1 & 0 \end{bmatrix}, \begin{bmatrix} 0 & 0 \\ 0 & 1 \end{bmatrix} \right\}.$$

*Lösung.* Nach Satz 15.1 gibt es vier reelle Zahlen $c_1$, $c_2$, $c_3$ und $c_4$, so dass

$$c_1 \begin{bmatrix} 1 & 0 \\ 0 & -1 \end{bmatrix} + c_2 \begin{bmatrix} 0 & 1 \\ 0 & 0 \end{bmatrix} + c_3 \begin{bmatrix} 0 & 0 \\ 1 & 0 \end{bmatrix} + c_4 \begin{bmatrix} 1 & 0 \\ 0 & 1 \end{bmatrix} = \begin{bmatrix} 3 & 2 \\ 3 & 1 \end{bmatrix}.$$

Diese Matrizengleichung ist gleichwertig zum linearen Gleichungssystem

$$\begin{aligned} c_1 + c_4 &= 3 \\ c_2 &= 2 \\ c_3 &= 3 \\ -c_1 + c_4 &= 1. \end{aligned} \quad \text{bzw.} \quad \begin{bmatrix} 1 & 0 & 0 & 0 \\ 0 & 1 & 0 & 0 \\ 0 & 0 & 1 & 0 \\ -1 & 0 & 0 & 1 \end{bmatrix} \begin{bmatrix} c_1 \\ c_2 \\ c_3 \\ c_4 \end{bmatrix} = \begin{bmatrix} 3 \\ 2 \\ 3 \\ 1 \end{bmatrix}.$$

Anders gesagt, baut sich das lineare Gleichungssystem wie folgt auf. Die Spaltenvektoren der Koeffizientenmatrix sind die Koordinatenvektoren der Basis $B$ bezüglich der natürlichen Basis

$$N = \left\{ \begin{bmatrix} 1 & 0 \\ 0 & 0 \end{bmatrix}, \begin{bmatrix} 0 & 1 \\ 0 & 0 \end{bmatrix}, \begin{bmatrix} 0 & 0 \\ 1 & 0 \end{bmatrix}, \begin{bmatrix} 0 & 0 \\ 0 & 1 \end{bmatrix} \right\}.$$

Ebenso ist die rechte Seite des linearen Gleichungssystems $(3, 2, 3, 1)$ der Koordinatenvektor von $\boldsymbol{v}$ bezüglich $N$, also $\boldsymbol{v}_N = (3, 2, 3, 1)$. Lösen wir dieses lineare Gleichungssystem auf, so erhalten wir den Koordinatenvektor $\boldsymbol{v}_B = (c_1, c_2, c_3, c_4) = (1, 2, 3, 2)$.

Wieder gibt es nach Satz 15.1 vier reelle Zahlen $d_1$, $d_2$, $d_3$ und $d_4$, so dass

$$d_1 \begin{bmatrix} 1 & 0 \\ 0 & 0 \end{bmatrix} + d_2 \begin{bmatrix} 0 & 1 \\ 1 & 0 \end{bmatrix} + d_3 \begin{bmatrix} 0 & 1 \\ -1 & 0 \end{bmatrix} + d_4 \begin{bmatrix} 0 & 0 \\ 0 & 1 \end{bmatrix} = \begin{bmatrix} 3 & 2 \\ 3 & 1 \end{bmatrix}.$$

Diese Matrizengleichung ist gleichwertig zum linearen Gleichungssystem

$$\begin{aligned} d_1 &= 3 \\ d_2 + d_3 &= 2 \\ d_2 - d_3 &= 3 \\ d_4 &= 1 \end{aligned} \qquad \text{bzw.} \qquad \begin{bmatrix} 1 & 0 & 0 & 0 \\ 0 & 1 & 1 & 0 \\ 0 & 1 & -1 & 0 \\ 0 & 0 & 0 & 1 \end{bmatrix} \begin{bmatrix} d_1 \\ d_2 \\ d_3 \\ d_4 \end{bmatrix} = \begin{bmatrix} 3 \\ 2 \\ 3 \\ 1 \end{bmatrix}$$

Lösen wir dieses lineare Gleichungssystem auf, so erhalten wir den Koordinatenvektor $\boldsymbol{v}_{B'} = (d_1, d_2, d_3, d_4) = (3, 5/2, -1/2, 1)$. ∎

Auch das letzte Beispiel zeigt deutlich: Derselbe Vektor hat ganz unterschiedliche Koordinatenvektoren, je nachdem auf welche Basis sich die Koordinatenvektoren beziehen.

**Beispiel 15.3** (Koordinaten bezüglich einer Basis)**.** Es ist $V = \mathbb{R}_{\leq 2}[x]$ der Vektorraum der reellen Polynomfunktionen vom Grad kleiner gleich zwei. Geben Sie den Vektor $\boldsymbol{v} = a + bx + cx^2 \in \mathbb{R}_{\leq 2}[x]$ in der Basis $B = \{\boldsymbol{b}_1 = 1, \boldsymbol{b}_2 = 2x, \boldsymbol{b}_3 = 4x^2 - 2\}$ an.

*Lösung.* Die natürlich Basis von $\mathbb{R}_{\leq 2}[x]$ ist $N = \{\boldsymbol{e}_1 = 1, \boldsymbol{e}_2 = x, \boldsymbol{e}_3 = x^2\}$. Es ist somit $\boldsymbol{v}_N = (a, b, c)$ und $(\boldsymbol{b}_1)_N = (1, 0, 0)$, $(\boldsymbol{b}_2)_N = (0, 2, 0)$, $(\boldsymbol{b}_3)_N = (-2, 0, 4)\}$. Wir müssen nun das lineare Gleichungssystem

$$\begin{bmatrix} 1 & 0 & -2 \\ 0 & 2 & 0 \\ 0 & 0 & 4 \end{bmatrix} \begin{bmatrix} c_1 \\ c_2 \\ c_3 \end{bmatrix} = \begin{bmatrix} a \\ b \\ c \end{bmatrix}$$

lösen. Die Lösung ist $c_1 = a + 1/2c$, $c_2 = 1/2b$ und $c_3 = 1/4c$. Somit ist $\boldsymbol{v}_B = (a + 1/2c, 1/2b, 1/4c) = (a + 1/2c)1 + (1/2b)2x + 1/4c(4x^2 - 2)$ der Koordinatenvektor von $\boldsymbol{v}$ in der Basis $B$. ∎

**Beispiel 15.4** (Koordinaten bezüglich einer Basis; FOURIER-Basis)**.** Gegeben ist der Vektor $\boldsymbol{v} = (1, 2, 3, 4) \in \mathbb{R}^4$. Geben Sie $\boldsymbol{v}$ in der FOURIER-Basis $F = \{\boldsymbol{c}_0 = (1, 1, 1, 1), \boldsymbol{c}_1 = (1, 0, -1, 0), \boldsymbol{c}_2 = (1, -1, 1, -1), \boldsymbol{s}_1 = (0, 1, 0, -1)\}$ an.

*Lösung.* Die Lösung von

$$\begin{bmatrix} 1 & 1 & 1 & 0 \\ 1 & 0 & -1 & 1 \\ 1 & -1 & 1 & 0 \\ 1 & 0 & -1 & -1 \end{bmatrix} \begin{bmatrix} c_1 \\ c_2 \\ c_3 \\ c_4 \end{bmatrix} = \begin{bmatrix} 1 \\ 2 \\ 3 \\ 4 \end{bmatrix}.$$

ist

$$\begin{bmatrix} c_1 \\ c_2 \\ c_3 \\ c_4 \end{bmatrix} = \begin{bmatrix} 1 & 1 & 1 & 0 \\ 1 & 0 & -1 & 1 \\ 1 & -1 & 1 & 0 \\ 1 & 0 & -1 & -1 \end{bmatrix}^{-1} \begin{bmatrix} 1 \\ 2 \\ 3 \\ 4 \end{bmatrix} = \begin{bmatrix} 1/4 & 1/4 & 1/4 & 1/4 \\ 1/2 & 0 & -1/2 & 0 \\ 1/4 & -1/4 & 1/4 & -1/4 \\ 0 & 1/2 & 0 & -1/2 \end{bmatrix} \begin{bmatrix} 1 \\ 2 \\ 3 \\ 4 \end{bmatrix} = \begin{bmatrix} 5/2 \\ -1 \\ -1/2 \\ -1 \end{bmatrix}$$

Somit ist $\boldsymbol{v}_F = (5/2, -1, -1/2, -1)$ der Koordinatenvektor von $\boldsymbol{v}$ in der FOURIER-Basis $F$, siehe auch Beispiel 6.22. Die FOURIER-Transformation eines Vektors ist also nichts anderes als die Darstellung dieses Vektors in der FOURIER-Basis, siehe auch Abschnitt 8.10. ∎

Mit Satz 15.1 kann eine Abbildung definiert werden. Für eine Basis $B = \{\boldsymbol{b}_1, \boldsymbol{b}_2, \ldots, \boldsymbol{b}_n\}$ von $V$ heißt

$$\begin{array}{rccc} K_B: & \mathbb{R}^n & \to & V \\ & \boldsymbol{v}_B = (c_1, c_2, \ldots, c_n) & \mapsto & \boldsymbol{v} = c_1\boldsymbol{b}_1 + c_2\boldsymbol{b}_2 + \cdots + c_n\boldsymbol{b}_n \end{array}$$

die **Koordinatenabbildung** (**natürlicher Basisisomorphismus**, **Koordinatensystem von $V$ bezüglich $B$**)[1] von $V$ bezüglich $B$.

Der Name Basisisomorphismus wird wegen des folgenden Satzes klar, dessen Begründung wir bereits mit dem Beweis von Satz 14.10 gegeben haben.

**Satz 15.2** (Eigenschaften der Koordinatenabbildung). *Ist $B$ eine Basis des $n$-dimensionalen Vektorraumes $V$, so ist die Koordinatenabbildung $K_B : \mathbb{R}^n \to V$ linear und bijektiv.*

Die Koordinatenabbildung ist der vorhandene und eindeutig bestimmte Isomorphismus, der die natürlichen Basisvektoren in $\mathbb{R}^n$ auf die Vektoren der gegebenen Basis abbildet: $K_B(\boldsymbol{e}_j) = \boldsymbol{b}_j$. Der Satz 15.2 besagt, dass $V$ strukturgleich ist mit dem einfacher zu handhabenden Vektorraum $\mathbb{R}^n$.

**Beispiel 15.5.** Ist $V$ ein endlich dimensionaler Vektorraum, $B$ eine Basis von $V$ und $K_B$ die Koordinatenabbildung von $\mathbb{R}^n$ nach $V$. Was versteht man unter einem Koordinatenvektor $\boldsymbol{v}_B$?

*Lösung.* Der Koordinatenvektor $\boldsymbol{v}_B$ ist das Urbild von $\boldsymbol{v}$ unter der Koordinatenabbildung $K_B$, also der Vektor $K_B^{-1}(\boldsymbol{v})$. Es ist also $\boldsymbol{v}_B = K_B^{-1}(\boldsymbol{v})$. ∎

[1]Die Bezeichnungen sind in der Literatur nicht einheitlich.

## 15.2. Basiswechsel

Die natürliche Basis $N$ im Vektorraum $V = \mathbb{R}^2$ ist $N = \{\boldsymbol{e}_1 = (1,0), \boldsymbol{e}_2 = (0,1)\}$. Die natürliche Basis im im Vektorraum $V = \mathbb{R}^3$ ist $N = \{\boldsymbol{e}_1 = (1,0,0), \boldsymbol{e}_2 = (0,1,0), \boldsymbol{e}_3 = (0,0,1)\}$; die in $V = \mathbb{R}^n$ ist $N = \{\boldsymbol{e}_1, \boldsymbol{e}_2, \ldots, \boldsymbol{e}_n\}$. Im Vektorraum $V = \mathbb{R}^{2\times 2}$ ist

$$N = \left\{\boldsymbol{e}_1 = \begin{bmatrix} 1 & 0 \\ 0 & 0 \end{bmatrix}, \boldsymbol{e}_2 = \begin{bmatrix} 0 & 1 \\ 0 & 0 \end{bmatrix}, \boldsymbol{e}_3 = \begin{bmatrix} 0 & 0 \\ 1 & 0 \end{bmatrix}, \boldsymbol{e}_4 = \begin{bmatrix} 0 & 0 \\ 0 & 1 \end{bmatrix}\right\}$$

die natürliche Basis. Im Vektorraum $V = \mathbb{R}_{\leq n}[x]$ ist $N = \{1, x, x^2, \ldots, x^{n-1}\}$ die natürliche Basis.

Natürliche Basen sind natürlich und einfach, sie sind aber nicht für jede Anwendung die beste Wahl. Es gibt viele Anwendungen, in denen die Verwendung einer nicht natürlichen Basis geeigneter ist. In der Tat ist es in vielen Anwendungen ein Schlüsselproblem eine geeignete Basis zu finden. Es passiert häufig, dass eine bestimmte Basis in einem Vektorraum für ein spezielles Problem besonders gut geeignet ist, oft enthüllen sich dann neue Informationen. Wir werden daher einen Basiswechsel (Koordinatentransformation) genau beschreiben. So sind zum Beispiel Fourier- oder Wavelet-Transformationen im Grunde nichts anderes als Basiswechsel.

Die Aufgabenstellung des Basiswechsels ist folgende: Sind $B$ und $B'$ zwei Basen eines Vektorraumes $V$. Welcher Zusammenhang besteht zwischen den Koordinatenvektoren $\boldsymbol{v}_B$ und $\boldsymbol{v}_{B'}$ eines Vektors $\boldsymbol{v}$ aus $V$?

Wir können uns einen Basiswechsel gut vorstellen, wenn wir ihn geometrisch betrachten. Hierzu ist $V = \mathbb{R}^2$ der gegebene Vektorraum mit der natürlichen Basis $N = \{\boldsymbol{e}_1 = (1,0), \boldsymbol{e}_2 = (0,1)\}$. Gegeben ist in diesem Vektorraum der Vektor $\boldsymbol{v}_N = (2,2)$, siehe Bild 15.1. Welche Koordinaten hat dieser Vektor in der Basis $B = \{\boldsymbol{b}_1 = (0,1/2), \boldsymbol{b}_2 =$

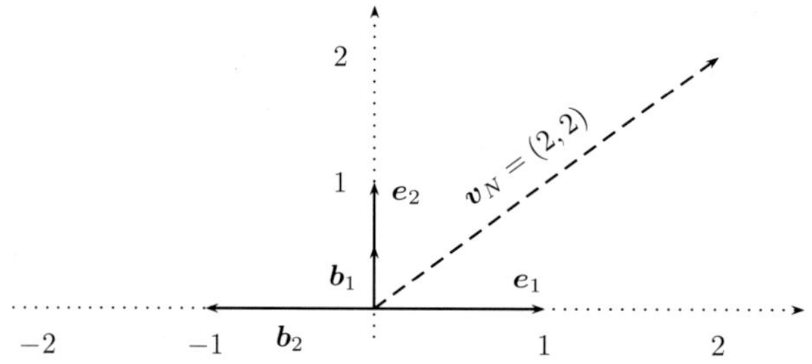


Bild 15.1.: Visualisierung eines Basiswechsels

$(-1,0)\}$, das heißt was ist $\boldsymbol{v}_B$? Die Lösung lässt sich aus Bild 15.1 ablesen: Es ist $\boldsymbol{v}_B =$

$(4, -2)$. Hier die rechnerische Bestätigung: $4(0, 1/2) + (-2)(-1, 0) = (0, 2) + (2, 0) = (2, 2)$.

Wir lösen nun das Problem des Basiswechsels und beschränken uns auf den Fall $\mathrm{Dim}(V) = 2$. Der allgemeine Fall verläuft analog, er erfordert lediglich mehr schreibarbeit.

Sind $B = \{\boldsymbol{b}_1, \boldsymbol{b}_2\}$ und $B' = \{\boldsymbol{b}'_1, \boldsymbol{b}'_2\}$ zwei gegebene Basen, sowie $(\boldsymbol{b}_1)_{B'} = (t_{11}, t_{21}) \in \mathbb{R}^2$ und $(\boldsymbol{b}_2)_{B'} = (t_{12}, t_{22}) \in \mathbb{R}^2$ die Koordinatenvektoren von $B$ bezüglich $B'$, also $\boldsymbol{b}_1 = t_{11}\boldsymbol{b}'_1 + t_{21}\boldsymbol{b}'_2$ und $\boldsymbol{b}_2 = t_{12}\boldsymbol{b}'_1 + t_{22}\boldsymbol{b}'_2$. Angenommen es ist $\boldsymbol{v}_B = (c_1, c_2) \in \mathbb{R}^2$, so gilt für einen beliebigen Vektor $\boldsymbol{v}$ aus $V$

$$\begin{aligned}\boldsymbol{v} &= c_1\boldsymbol{b}_1 + c_2\boldsymbol{b}_2 = c_1(t_{11}\boldsymbol{b}'_1 + t_{21}\boldsymbol{b}'_2) + c_2(t_{12}\boldsymbol{b}'_1 + t_{22}\boldsymbol{b}'_2)\\ &= (c_1t_{11} + c_2t_{12})\boldsymbol{b}'_1 + (c_1t_{21} + c_2t_{22})\boldsymbol{b}'_2,\end{aligned}$$

also $\boldsymbol{v}_{B'} = (c_1t_{11} + c_2t_{12}, c_1t_{21} + c_2t_{22}) \in \mathbb{R}^2$. Somit gilt

$$\boldsymbol{v}_{B'} = \begin{bmatrix} c_1t_{11} + c_2t_{12} \\ c_1t_{21} + c_2t_{22} \end{bmatrix} = \begin{bmatrix} t_{11} & t_{12} \\ t_{21} & t_{22} \end{bmatrix} \begin{bmatrix} c_1 \\ c_2 \end{bmatrix} = \begin{bmatrix} | & | \\ (\boldsymbol{b}_1)_{B'} & (\boldsymbol{b}_2)_{B'} \\ | & | \end{bmatrix} \boldsymbol{v}_B.$$

Damit haben wir gezeigt, dass sich der Koordinatenvektor $\boldsymbol{v}_{B'}$ bezüglich der Basis $B'$ als Produkt des Koordinatenvektors $\boldsymbol{v}_B$ mit einer Matrix ergibt, deren Spalten die Basisvektoren von $B$ bezüglich $B'$ sind. Diese Matrix bekommt nun zuerst einen Namen, dann halten wir dieses Ergebnis in Form eines Satzes fest.

Ist $V$ ein Vektorraum mit den Basen $B = \{\boldsymbol{b}_1, \boldsymbol{b}_2, \ldots, \boldsymbol{b}_n\}$ und $B' = \{\boldsymbol{b}'_1, \boldsymbol{b}'_2, \ldots, \boldsymbol{b}'_n\}$. Die Spalten der **Basisübergangsmatrix** $\boldsymbol{T}_B^{B'}$ von $B$ nach $B'$ sind die Koordinatenvektoren der (alten) Basisvektoren $B$ in der (neuen) Basis $B'$

$$\boldsymbol{T}_B^{B'} = \begin{bmatrix} | & | & & | \\ (\boldsymbol{b}_1)_{B'} & (\boldsymbol{b}_2)_{B'} & \cdots & (\boldsymbol{b}_n)_{B'} \\ | & | & & | \end{bmatrix} = \begin{bmatrix} t_{11} & t_{12} & & t_{1n} \\ \vdots & \vdots & \ldots & \vdots \\ t_{n1} & t_{n2} & & t_{2n} \end{bmatrix}.$$

Es ist also $\boldsymbol{b}_j = t_{1j}\boldsymbol{b}'_1 + \cdots + t_{nj}\boldsymbol{b}'_n$ und somit $(\boldsymbol{b}_j)_{B'} = (t_{1j}, t_{2j}, \ldots, t_{nj})$. In der Bezeichnung $\boldsymbol{T}_B^{B'}$ ist der untere Index $B$ die Basis im Urbildraum und der obere Index $B'$ die Basis im Bildraum. Leider ist in der Literatur der Begriff *Basisübergangsmatrix* nicht einheitlich, manchmal heißt sie auch *Transformationsmatrix*. Wir halten das Ergebnis fest.

**Satz 15.3** (Koordinatenvektoren und Basiswechsel)**.** *Ist $\boldsymbol{T}_B^{B'}$ die Basisübergangsmatrix des Basiswechsels von $B$ nach $B'$ in einem Vektorraum $V$, so gilt für die Koordinatenvektoren $\boldsymbol{v}_B$ und $\boldsymbol{v}_{B'}$ eines Vektors $\boldsymbol{v} \in V$*

$$\boldsymbol{v}_{B'} = \boldsymbol{T}_B^{B'}\boldsymbol{v}_B.$$

Kennen wir die Basisübergangsmatrix von einer Basis zur anderen, so können wir den neuen Koordinatenvektor durch Matrix-Vektor Mulitplikation bestimmen.

**Beispiel 15.6.** Es ist

$$\boldsymbol{T}_B^{B'} = \begin{bmatrix} 0 & 1/2 \\ 1 & 3/2 \end{bmatrix}$$

die Basisübergangsmatrix von der Basis $B$ zur Basis $B'$. Wie lautet der Koordinatenvektor $\boldsymbol{v}_{B'}$ vom Koordinatenvektor $\boldsymbol{v}_B = (1, 1)$?

*Lösung.* Es ist

$$\boldsymbol{v}_{B'} = \boldsymbol{T}_B^{B'} \boldsymbol{v}_B = \begin{bmatrix} 0 & 1/2 \\ 1 & 3/2 \end{bmatrix} \begin{bmatrix} 1 \\ 1 \end{bmatrix} = \begin{bmatrix} 1/2 \\ 5/2 \end{bmatrix}$$

der Koordinatenvektor von $\boldsymbol{v}_B$ in der Basis $B'$. ∎

Die entscheidende Frage ist nun: Wie findet man die Basisübergangsmatrix $\boldsymbol{T}_B^{B'}$? Um diese Frage zu beantworten, sind die linearen Gleichungssysteme (Vektorgleichungen)

$$t_{1j}\boldsymbol{b}'_1 + \cdots + t_{nj}\boldsymbol{b}'_n = \boldsymbol{b}_j$$

entscheidend. Diese müssen für $j = 1$, $j = 2$ bis $j = n$ gelöst werden. Jede Lösung $(\boldsymbol{b}_j)_{B'} = (t_{1j}, t_{2j}, \ldots, t_{nj})$ ist ein Spaltenvektor der gesuchten Basisübergangsmatrix $\boldsymbol{T}_B^{B'}$. Anders gesagt: Jede Lösung des Gleichungssystems ist der Koordinatenvektor des Basisvektors in der neuen Basis. Der folgende Algorithmus zeigt, wie man die Basisübergangsmatrix $\boldsymbol{T}_B^{B'}$ erhält.

**Algorithmus 25: Berechnung der Basisübergangsmatrix**

Gegeben ist ein Vektorraum $V$ und darin zwei Basen $B$ und $B'$. Die folgenden Schritte berechnen die Basisübergangsmatrix $\boldsymbol{T}_B^{B'}$ des Basiswechsels von $B$ nach $B'$, also die Koordinatenvektoren $(\boldsymbol{b}_1)_{B'}$, ..., $(\boldsymbol{b}_n)_{B'}$.

1. Berechne mit Algorithmus 24 die Koordinatenvektoren $(\boldsymbol{b}_1)_{B'}$, ..., $(\boldsymbol{b}_n)_{B'}$, das heißt löse für $j = 1, 2, \ldots, n$ die linearen Gleichungssysteme

$$\begin{bmatrix} | & & | \\ (\boldsymbol{b}'_1)_N & \cdots & (\boldsymbol{b}'_n)_N \\ | & & | \end{bmatrix} \begin{bmatrix} | \\ (\boldsymbol{b}_j)_{B'} \\ | \end{bmatrix} = \begin{bmatrix} | \\ (\boldsymbol{b}_j)_N \\ | \end{bmatrix}.$$

2. Schreibe die Koordinatenvektoren $(\boldsymbol{b}_1)_{B'}$, ..., $(\boldsymbol{b}_n)_{B'}$ als Spaltenvektoren in die Matrix $\boldsymbol{T}_B^{B'}$.

> Die Matrix $\boldsymbol{T}_B^{B'}$ ist die Basisübergangsmatrix des Basiswechsels von $B$ nach $B'$.

In Schritt 1 des Algorithmus 25 müssen $n$ lineare Gleichungssysteme mit gleicher Koeffizientenmatrix aber verschiedenen rechten Seiten gelöst werden. Gleichbedeutend: man hat die Matrizengleichung

$$\underbrace{\begin{bmatrix} | & & | \\ (\boldsymbol{b}_1')_N & \cdots & (\boldsymbol{b}_n')_N \\ | & & | \end{bmatrix}}_{\boldsymbol{T}_{B'}^N} \underbrace{\begin{bmatrix} | & & | \\ (\boldsymbol{b}_1)_{B'} & \cdots & (\boldsymbol{b}_n)_{B'} \\ | & & | \end{bmatrix}}_{\boldsymbol{T}_B^{B'}} = \underbrace{\begin{bmatrix} | & & | \\ (\boldsymbol{b}_1)_N & \cdots & (\boldsymbol{b}_n)_N \\ | & & | \end{bmatrix}}_{\boldsymbol{T}_B^N}$$

nach $\boldsymbol{T}_B^{B'}$ zu lösen bei gegebenen Matrizen $\boldsymbol{T}_{B'}^N$ und $\boldsymbol{T}_B^N$. Die Lösung ist $\boldsymbol{T}_B^{B'} = (\boldsymbol{T}_{B'}^N)^{-1}\boldsymbol{T}_B^N$.

In Bild 15.2 sind die Basisübergangsmatrizen beim Basiswechsel dargestellt.

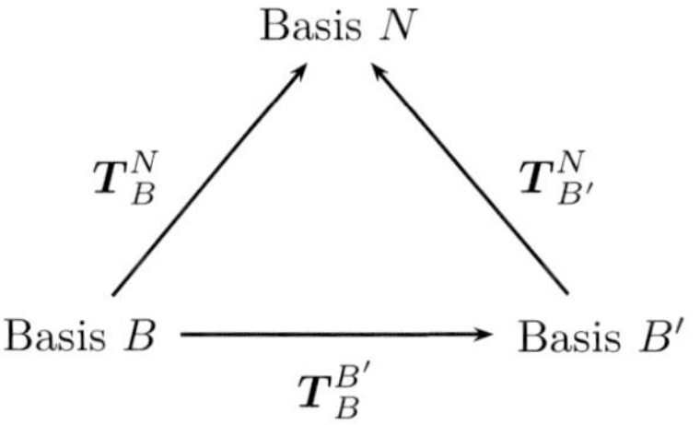


$$\boldsymbol{T}_B^{B'} = (\boldsymbol{T}_{B'}^N)^{-1}\boldsymbol{T}_B^N$$

Bild 15.2.: Basisübergangsmatrizen beim Basiswechsel

**Beispiel 15.7.** Gegeben sind die Basen $B = \{(1,1),(1,2)\}$ und $B' = \{(-1,1),(1,1)\}$ im Vektorraum $V = \mathbb{R}^2$. Berechnen Sie die Basisübergangsmatrix $\boldsymbol{T}_B^{B'}$.

*Lösung.* Zu berechnen sind nach Algorithmus 25 die Koordinatenvektoren $(\boldsymbol{b}_1)_{B'}$ und $(\boldsymbol{b}_2)_{B'}$, denn diese sind die Spaltenvektoren der Basisübergangsmatrix $\boldsymbol{T}_B^{B'}$. Um $(\boldsymbol{b}_1)_{B'}$ zu berechnen ist das lineare Gleichungssystem

$$\underbrace{\begin{bmatrix} -1 & 1 \\ 1 & 1 \end{bmatrix}}_{\boldsymbol{T}_{B'}^N} \underbrace{\begin{bmatrix} t_{11} \\ t_{21} \end{bmatrix}}_{(\boldsymbol{b}_1)_{B'}} = \underbrace{\begin{bmatrix} 1 \\ 1 \end{bmatrix}}_{(\boldsymbol{b}_1)_N}.$$

zu lösen. Die Lösung ist $(\boldsymbol{b}_1)_{B'} = (0,1)$. Um $(\boldsymbol{b}_2)_{B'}$ zu berechnen ist das lineare System

$$\underbrace{\begin{bmatrix} -1 & 1 \\ 1 & 1 \end{bmatrix}}_{\boldsymbol{T}_{B'}^N} \underbrace{\begin{bmatrix} t_{12} \\ t_{22} \end{bmatrix}}_{(\boldsymbol{b}_2)_{B'}} = \underbrace{\begin{bmatrix} 1 \\ 2 \end{bmatrix}}_{(\boldsymbol{b}_2)_N}.$$

zu lösen. Die Lösung ist $(\boldsymbol{b}_2)_{B'} = (1/2, 3/2)$. Das ergibt die gesuchte Basisübergangsmatrix

$$\boldsymbol{T}_B^{B'} = \begin{bmatrix} 0 & 1/2 \\ 1 & 3/2 \end{bmatrix}.$$

Gleichbedeutend ist es, die Matrizengleichung

$$\underbrace{\begin{bmatrix} -1 & 1 \\ 1 & 1 \end{bmatrix}}_{\boldsymbol{T}_{B'}^N} \boldsymbol{T}_B^{B'} = \underbrace{\begin{bmatrix} 1 & 1 \\ 1 & 2 \end{bmatrix}}_{\boldsymbol{T}_B^N}.$$

nach $\boldsymbol{T}_B^{B'}$ aufzulösen. Wir erhalten

$$\boldsymbol{T}_B^{B'} = \begin{bmatrix} -1 & 1 \\ 1 & 1 \end{bmatrix}^{-1} \begin{bmatrix} 1 & 1 \\ 1 & 2 \end{bmatrix} = \begin{bmatrix} -1/2 & 1/2 \\ 1/2 & 1/2 \end{bmatrix} \begin{bmatrix} 1 & 1 \\ 1 & 2 \end{bmatrix} = \begin{bmatrix} 0 & 1/2 \\ 1 & 3/2 \end{bmatrix}$$

in obiger Übereinstimmung. ■

**Beispiel 15.8.** Es ist $\boldsymbol{a}_B = (1, 0)$, $\boldsymbol{b}_B = (2, 0)$ und $\boldsymbol{c}_B = (1, 1)$ in der Basis $B = \{(1, 1), (1, 2)\}$. Bestimmen Sie die Vektoren $\boldsymbol{a}_{B'}, \boldsymbol{b}_{B'}, \boldsymbol{c}_{B'}$ in der Basis $B' = \{(-1, 1), (1, 1)\}$. Lösen Sie die Aufgabe zunächst rein geometrisch und bestätigen Sie anschließend ihre Ergebnisse analytisch. Was ist $\boldsymbol{a}_N$, $\boldsymbol{b}_N$ und $\boldsymbol{c}_N$?

*Lösung.* Die Koordinaten der Vektoren $\boldsymbol{a}_{B'}$, $\boldsymbol{b}_{B'}$ und $\boldsymbol{c}_{B'}$ können Sie aus Bild 15.3 ablesen. Es ist

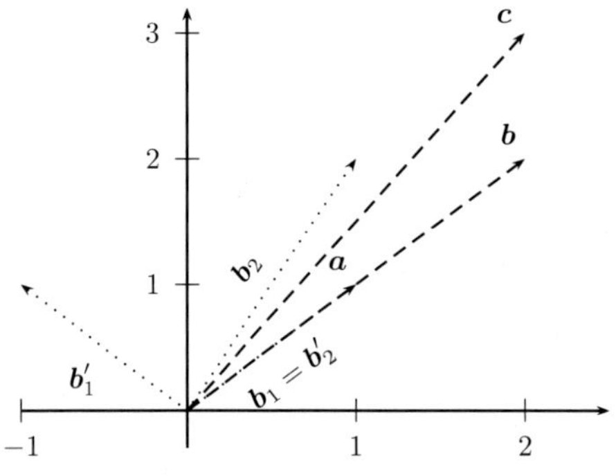


Bild 15.3.: Visualisierung eines Basiswechsels

$$\boldsymbol{a}_{B'} = (0, 1), \quad \boldsymbol{b}_{B'} = (0, 2), \quad \boldsymbol{c}_{B'} = (1/2, 5/2).$$

Die Basisübergangsmatrix $\boldsymbol{T}_B^{B'}$ haben wir bereits in Beispiel 15.7 ausgerechnet. Damit erhalten wir in Übereinstimmung mit der „geometrischen“ Lösung

$$\boldsymbol{a}_{B'} = \boldsymbol{T}_B^{B'} \boldsymbol{a}_B = \begin{bmatrix} 0 & 1/2 \\ 1 & 3/2 \end{bmatrix} \begin{bmatrix} 1 \\ 0 \end{bmatrix} = \begin{bmatrix} 0 \\ 1 \end{bmatrix}, \ \boldsymbol{b}_{B'} = \boldsymbol{T}_B^{B'} \boldsymbol{b}_B = \begin{bmatrix} 0 & 1/2 \\ 1 & 3/2 \end{bmatrix} \begin{bmatrix} 2 \\ 0 \end{bmatrix} = \begin{bmatrix} 0 \\ 2 \end{bmatrix}$$

und

$$\boldsymbol{c}_{B'} = \boldsymbol{T}_B^{B'} \boldsymbol{c}_B = \begin{bmatrix} 0 & 1/2 \\ 1 & 3/2 \end{bmatrix} \begin{bmatrix} 1 \\ 1 \end{bmatrix} = \begin{bmatrix} 1/2 \\ 5/2 \end{bmatrix}.$$

Es ist $\boldsymbol{a}_N = (1, 1)$, $\boldsymbol{b}_N = (2, 2)$ und $\boldsymbol{c}_N = (2, 3)$. ■

Bitte beachten Sie auch die beiden Sonderfälle des Basiswechsels:

- Ist $B = N$, so ist $\boldsymbol{T}_{B=N}^{B'} = (\boldsymbol{T}_{B'}^N)^{-1} \boldsymbol{T}_{B=N}^N = \boldsymbol{T}_{B'}^N \boldsymbol{E} = (\boldsymbol{T}_{B'}^N)^{-1}$. Es ist $\boldsymbol{v}_{B'} = (\boldsymbol{T}_{B'}^N)^{-1} \boldsymbol{v}_N$ und $\boldsymbol{v}_N = \boldsymbol{T}_{B'}^N \boldsymbol{v}_{B'}$.
- Ist $B' = N$, so ist $\boldsymbol{T}_B^{B'=N} = (\boldsymbol{T}_{B'}^N)^{-1} \boldsymbol{T}_B^N = (\boldsymbol{E})^{-1} \boldsymbol{T}_B^N = \boldsymbol{T}_B^N$. Dieser Fall ist besonders einfach, denn eine Matrixinvertierung ist nicht erforderlich. Die Spaltenvektoren der Basisübergangsmatrix sind einfach die neuen Basisvektoren. Es ist $\boldsymbol{v}_N = \boldsymbol{T}_B^N \boldsymbol{v}_B$ und $\boldsymbol{v}_B = (\boldsymbol{T}_B^N)^{-1} \boldsymbol{v}_N$.

Wir betrachten den Vektorraum $V = \mathbb{R}^2$ und die Basen $B = N$ und $B' = \{(1, 1), (2, 1)\}$. Die Basisübergangsmatrizen $\boldsymbol{T}_B^{B'}$ und $\boldsymbol{S}_{B'}^B$ sind dann

$$\boldsymbol{T}_B^{B'} = \begin{bmatrix} -1 & 2 \\ 1 & -1 \end{bmatrix} \quad \text{und} \quad \boldsymbol{S}_{B'}^B = \begin{bmatrix} 1 & 2 \\ 1 & 1 \end{bmatrix}.$$

Nun ist

$$\begin{bmatrix} -1 & 2 \\ 1 & -1 \end{bmatrix} \begin{bmatrix} 1 & 2 \\ 1 & 1 \end{bmatrix} = \begin{bmatrix} 1 & 0 \\ 0 & 1 \end{bmatrix} = \begin{bmatrix} 1 & 2 \\ 1 & 1 \end{bmatrix} \begin{bmatrix} -1 & 2 \\ 1 & -1 \end{bmatrix}.$$

Es ist also

$$\boldsymbol{T}_B^{B'} \boldsymbol{S}_{B'}^B = \boldsymbol{E}_2 = \boldsymbol{S}_{B'}^B \boldsymbol{T}_B^{B'},$$

wobei $\boldsymbol{E}_2$ die Einheitsmatrix der Größe zwei ist. Damit haben wir gezeigt, dass $\boldsymbol{S}_{B'}^B$ die inverse Matrix von $\boldsymbol{T}_B^{B'}$ ist, wobei $\boldsymbol{T}_B^{B'}$ die Basisübergangsmatrix von $B$ nach $B'$ und $\boldsymbol{S}_{B'}^B$ umgekehrt die Basisübergangsmatrix von $B'$ nach $B$ ist.

Diese Beobachtungen gelten nicht nur für dieses Beispiel, sie gelten allgemein.

**Satz 15.4** (Koordinatenvektoren und Basiswechsel)**.** *Für die Basisübergangsmatrix* $\boldsymbol{T}_B^{B'}$ *von der Basis* $B$ *zur Basis* $B'$ *gilt:* $\boldsymbol{T}_B^{B'}$ *ist invertierbar und* $(\boldsymbol{T}_B^{B'})^{-1}$ *ist die Basisübergangsmatrix von* $B'$ *nach* $B$*, also* $(\boldsymbol{T}_B^{B'})^{-1} = \boldsymbol{T}_{B'}^{B}$*. Für jeden Vektor* $\boldsymbol{v} \in V$ *gilt somit*

$$\boldsymbol{v}_{B'} = \boldsymbol{T}_B^{B'} \boldsymbol{v}_B \quad \textit{und} \quad \boldsymbol{v}_B = (\boldsymbol{T}_B^{B'})^{-1} \boldsymbol{v}_{B'} = \boldsymbol{T}_{B'}^{B} \boldsymbol{v}_{B'}.$$

*Beweis.* Wir nehmen an, $\boldsymbol{T}_B^{B'}$ ist die Basisübergangsmatrix von $B$ nach $B'$ und $\boldsymbol{T}_{B'}^{B}$ ist die Basisübergangsmatrix von $B'$ nach $B$. Dann gilt zunächst $\boldsymbol{v}_{B'} = \boldsymbol{T}_B^{B'} \boldsymbol{v}_B$ und $\boldsymbol{v}_B = \boldsymbol{T}_{B'}^{B} \boldsymbol{v}_{B'}$. Damit ist

$$\boldsymbol{v}_B = \boldsymbol{T}_{B'}^{B} \boldsymbol{v}_{B'} = \boldsymbol{T}_{B'}^{B} \boldsymbol{T}_B^{B'} \boldsymbol{v}_B \quad \text{und} \quad \boldsymbol{v}_{B'} = \boldsymbol{T}_B^{B'} \boldsymbol{v}_B = \boldsymbol{T}_B^{B'} \boldsymbol{T}_{B'}^{B} \boldsymbol{v}_{B'}$$

für jeden Vektor $\boldsymbol{v}_B$ und $\boldsymbol{v}_{B'}$ aus $\mathbb{R}^n$. Dies ist aber nur für $\boldsymbol{T}_{B'}^{B} \boldsymbol{T}_B^{B'} = \boldsymbol{E}_n$ und $\boldsymbol{T}_B^{B'} \boldsymbol{T}_{B'}^{B} = \boldsymbol{E}_n$ möglich. Folglich ist $\boldsymbol{T}_B^{B'}$ invertierbar mit $(\boldsymbol{T}_B^{B'})^{-1} = \boldsymbol{T}_{B'}^{B}$. □

**Beispiel 15.9** (Basiswechsel)**.** Gegeben ist der Vektor $\boldsymbol{v} \in V$ im Vektorraum $V = \mathbb{R}^2$. Es ist $\boldsymbol{v}_N = (3, 0)$. Bestimmen Sie den Koordinatenvektor $\boldsymbol{v}_{B'}$ in der Basis $B' = \{\boldsymbol{b}'_1 = (2, -3), \boldsymbol{b}'_2 = (6, 0)\}$ und stellen Sie den Basiswechsel grafisch in einem kartesischen Koordinatensystem dar. Berechnen Sie anschließend wieder $\boldsymbol{v}_N$, indem Sie die Formel $\boldsymbol{v}_B = (\boldsymbol{T}_B^{B'})^{-1} \boldsymbol{v}_{B'}$ und somit an diesem Beispiel Satz 15.4 verifizieren. Was ist $\boldsymbol{v}_{C'}$ mit $C' = \{\boldsymbol{c}'_1 = (3, 3), \boldsymbol{c}'_2 = (6, 0)\}$?

*Lösung.* Der neue Vektor ist $\boldsymbol{v}_{B'} = (0, 1/2)$, denn:

$$\boldsymbol{v}_{B'} = \boldsymbol{T}_B^{B'} \boldsymbol{v}_B = \begin{bmatrix} 2 & 6 \\ -3 & 0 \end{bmatrix}^{-1} \begin{bmatrix} 3 \\ 0 \end{bmatrix} = \frac{1}{18} \begin{bmatrix} 0 & -6 \\ 3 & 2 \end{bmatrix} \begin{bmatrix} 3 \\ 0 \end{bmatrix} = \begin{bmatrix} 0 \\ 1/2 \end{bmatrix}.$$

Das Bild 15.4 zeigt den Basiswechsel geometrisch. Es ist

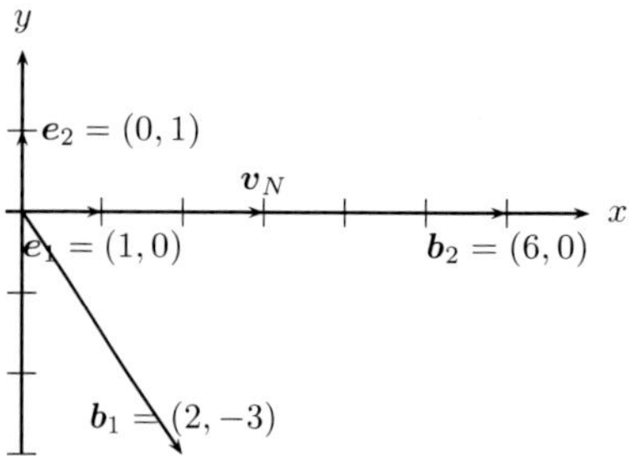


Bild 15.4.: Basiswechsel

$$\boldsymbol{v}_{B=N} = (\boldsymbol{T}_{B=N}^{B'})^{-1}\boldsymbol{v}_{B'} = \boldsymbol{T}_{B'}^{B=N}\boldsymbol{v}_{B'} = \begin{bmatrix} 2 & 6 \\ -3 & 0 \end{bmatrix} \begin{bmatrix} 0 \\ 1/2 \end{bmatrix} = \begin{bmatrix} 3 \\ 0 \end{bmatrix}.$$

Es ist $\boldsymbol{v}_{C'} = (0, 1/2)$. Der neue Basisvektor $\boldsymbol{c}_1' = (3, 3)$ hat auf die Koordinaten keinen Einfluß, wie auch aus Bild 15.4 sofort zu erkennen ist. ∎

Diagramme sind dafür da, um komplexe Sachverhalte anschaulich und übersichtlich darzustellen. Hat man zum Beispiel mehrere Abbildungen zwischen verschiedenen Mengen, so ist es angebracht, diese an einem Diagramm darzustellen. Wir stellen nun einen Basiswechsel mit Hilfe von Diagrammen dar.

Ist $V$ ein Vektorraum und sind darin zwei Basen $B$ und $B'$ gegeben, so lässt sich der Basiswechsel von $B$ nach $B'$ durch drei lineare Abbildungen (Isomorphismen) übersichtlich darstellen. Die Isomorphismen sind: Die beiden Koordinatenabbildungen $K_B$, $K_{B'}$ und die Basisübergangsmatrix $\boldsymbol{T}_B^{B'}$ aufgefasst als lineare Abbildung, siehe Bild 15.5. Die Ba-

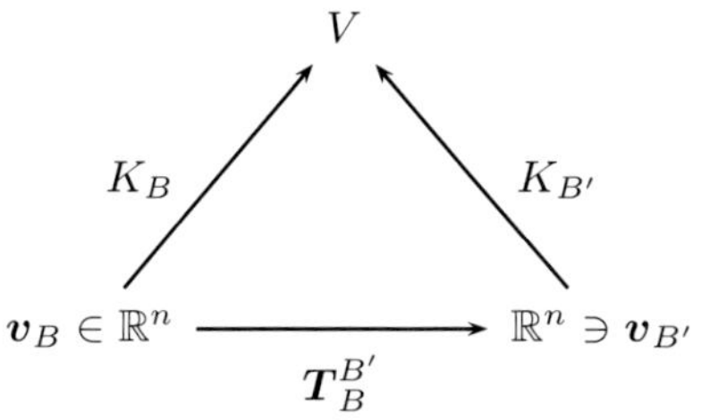


$$\boldsymbol{T}_B^{B'} = K_{B'}^{-1} \circ K_B$$

Bild 15.5.: Diagramm zum Basiswechsel

sisübergangsmatrix $\boldsymbol{T}_B^{B'}$ bildet den Vektorraum $\mathbb{R}^n$ mit der Basis $B$ (Urbildraum) in den Vektorraum $\mathbb{R}^n$ mit der Basis $B'$ (Bildraum) ab. Das Gleiche erreicht man mit den Koordinatenabbildungen $K_B$ und $K_{B'}$. $K_B$ bildet $\mathbb{R}^n$ mit der Basis $B$ nach $V$ ab und $K_{B'}^{-1}$ bildet $V$ nach $\mathbb{R}^n$ ab, wobei $\mathbb{R}^n$ nun mit der Basis $B'$ ausgestattet ist. Aus dem Diagramm kann man auch ablesen, dass $\boldsymbol{v}_{B'} = \boldsymbol{T}_B^{B'}\boldsymbol{v}_B$ ist.

**Beispiel 15.10** (Basiswechsel). Gegeben ist der Vektorraum $V = \mathbb{R}^4$ und die Basen $B = N$ und $B' = \{(1,1,1,1), (1,1,-1,-1), (1,-1,0,0), (0,0,1,-1)\}$. Berechnen Sie die Basisübergangsmatrix $\boldsymbol{T}_{B=N}^{B'}$. Berechnen Sie den Vektor $\boldsymbol{v}_{B'}$ für $\boldsymbol{v}_{B=N} = (6,4,5,1)$.

*Lösung.* Zu berechnen sind die Koordinatenvektoren $(\boldsymbol{b}_1)_{B'}$, $(\boldsymbol{b}_2)_{B'}$, $(\boldsymbol{b}_3)_{B'}$ und $(\boldsymbol{b}_4)_{B'}$, denn diese sind die Spaltenvektoren der Basisübergangsmatrix $\boldsymbol{T}_B^{B'}$. Um $(\boldsymbol{b}_1)_{B'}$ zu berechnen ist das lineare Gleichungssystem

$$\underbrace{\begin{bmatrix} 1 & 1 & 1 & 0 \\ 1 & 1 & -1 & 0 \\ 1 & -1 & 0 & 1 \\ 1 & -1 & 0 & -1 \end{bmatrix}}_{\boldsymbol{T}_{B'}^{N}} \underbrace{\begin{bmatrix} t_{11} \\ t_{21} \\ t_{31} \\ t_{41} \end{bmatrix}}_{(\boldsymbol{b}_1)_{B'}} = \underbrace{\begin{bmatrix} 1 \\ 0 \\ 0 \\ 0 \end{bmatrix}}_{(\boldsymbol{b}_1)_N = \boldsymbol{e}_1}.$$

zu lösen. Die Lösung ist $(\boldsymbol{b}_1)_{B'} = (1/4, 1/4, 1/2, 0)$. Um $(\boldsymbol{b}_2)_{B'}$ zu berechnen ist das lineare System

$$\underbrace{\begin{bmatrix} 1 & 1 & 1 & 0 \\ 1 & 1 & -1 & 0 \\ 1 & -1 & 0 & 1 \\ 1 & -1 & 0 & -1 \end{bmatrix}}_{\boldsymbol{T}_{B'}^{N}} \underbrace{\begin{bmatrix} t_{12} \\ t_{22} \\ t_{32} \\ t_{42} \end{bmatrix}}_{(\boldsymbol{b}_2)_{B'}} = \underbrace{\begin{bmatrix} 0 \\ 1 \\ 0 \\ 0 \end{bmatrix}}_{(\boldsymbol{b}_2)_N = \boldsymbol{e}_2}.$$

zu lösen. Die Lösung ist $(\boldsymbol{b}_2)_{B'} = (1/4, 1/4, -1/2, 0)$. Entsprechend findet man die beiden anderen Lösungen: $(\boldsymbol{b}_3)_{B'} = (1/4, -1/4, 0, 1/2)$ und $(\boldsymbol{b}_4)_{B'} = (1/4, -1/4, 0, -1/2)$. Somit ist

$$\boldsymbol{T}_{B=N}^{B'} = \begin{bmatrix} 1/4 & 1/4 & 1/4 & 1/4 \\ 1/4 & 1/4 & -1/4 & -1/4 \\ 1/2 & -1/2 & 0 & 0 \\ 0 & 0 & 1/2 & -1/2 \end{bmatrix}$$

die Basisübergangsmatrix im Vektorraum $\mathbb{R}^4$ von der natürlichen Basis $N$ zur Basis $B'$. Die Matrix

$$\begin{bmatrix} 1 & 1 & 1 & 0 \\ 1 & 1 & -1 & 0 \\ 1 & -1 & 0 & 1 \\ 1 & -1 & 0 & -1 \end{bmatrix}$$

besteht aus vier orthogonalen Vektoren. Die Inverse ist die transponierte Matrix, deren Spalten durch das Quadrat ihrer Länge dividiert werden müssen. Diese Matrix spielt eine große Rolle in der *Theorie der Wavelets.*

Es ist

$$\boldsymbol{v}_{B'} = \boldsymbol{T}_{B=N}^{B'} \boldsymbol{v}_{B=N} = \begin{bmatrix} 1/4 & 1/4 & 1/4 & 1/4 \\ 1/4 & 1/4 & -1/4 & -1/4 \\ 1/2 & -1/2 & 0 & 0 \\ 0 & 0 & 1/2 & -1/2 \end{bmatrix} \begin{bmatrix} 6 \\ 4 \\ 5 \\ 1 \end{bmatrix} = \begin{bmatrix} 4 \\ 1 \\ 1 \\ 2 \end{bmatrix}.$$

Der Vektor $\boldsymbol{v}_{B=N}$ hat in der Basis $B'$ die Koordinaten $(4, 1, 1, 2)$. ■

## 15.3. Darstellungsmatrix

In Kapitel 8 haben wir gesehen, dass zu jeder linearen Abbildung $L$ von $\mathbb{R}^n$ nach $\mathbb{R}^m$ genau eine Matrix $\boldsymbol{A}_N$ aus $\mathbb{R}^{m\times n}$ gehört, die $L$ darstellt (Satz 8.5). Die Spaltenvektoren der Darstellungsmatrix $\boldsymbol{A}_N$ sind die Bilder der natürlichen Basisvektoren[2]. Wir zeigen nun, dass dies auch möglich ist, wenn $L$ eine lineare Abbildung von einem beliebigen Vektorraum $V$ in einen beliebigen Vektorraum $W$ ist, sofern beide Vektorräume endliche Dimension haben. Wir beginnen mit dem Fall $V = W$.

### Darstellung linearer Abbildungen von $V$ nach $V$ durch Matrizen; eine Basis

Es ist $L : V \to V$ eine lineare Abbildung auf dem reellen Vektorraum $V$ und $B = \{\boldsymbol{b}_1, \boldsymbol{b}_2, \ldots, \boldsymbol{b}_n\}$ eine Basis von $V$. Nun sind die Elemente $L(\boldsymbol{b}_1)$, $L(\boldsymbol{b}_2)$, ... , $L(\boldsymbol{b}_n)$ Vektoren in $V$ und somit ist jeder eine Linearkombination der Elemente der Basis $B$:

$$\begin{aligned}
L(\boldsymbol{b}_1) &= l_{11}\boldsymbol{b}_1 + l_{21}\boldsymbol{b}_2 + \cdots + l_{n1}\boldsymbol{b}_n \\
L(\boldsymbol{b}_2) &= l_{12}\boldsymbol{b}_1 + l_{22}\boldsymbol{b}_2 + \cdots + l_{n2}\boldsymbol{b}_n \\
\vdots &= \vdots \\
L(\boldsymbol{b}_n) &= l_{1n}\boldsymbol{b}_1 + l_{2n}\boldsymbol{b}_2 + \cdots + l_{nn}\boldsymbol{b}_n.
\end{aligned}$$

Die Koeffizienten $l_{ij}$ fasst man nun zu einer Matrix zusammen und bezeichnet sie mit $\boldsymbol{L}_B$; sie heißt **Darstellungsmatrix (Matrixdarstellung, darstellende Matrix) von $L$ bezüglich der Basis $B$** (kurz: **Matrix von $L$ bezüglich der Basis $B$**). Der Index $B$ in $\boldsymbol{L}_B$ gibt an, dass die Darstellung von der Basis $B$ abhängt. Es ist

$$\boldsymbol{L}_B = \begin{bmatrix} l_{11} & l_{12} & \cdots & l_{1n} \\ l_{21} & l_{22} & \cdots & l_{2n} \\ \vdots & \vdots & \vdots & \vdots \\ l_{n1} & l_{n2} & \cdots & l_{nn} \end{bmatrix} = \begin{bmatrix} | & | & & | \\ L(\boldsymbol{b}_1)_B & L(\boldsymbol{b}_2)_B & \cdots & L(\boldsymbol{b}_n)_B \\ | & | & & | \end{bmatrix}.$$

Aus der Konstruktion der Matrix $\boldsymbol{L}_B$ geht hervor: In den Spalten der darstellenden Matrix stehen die Koordinatenvektoren der Bilder der Basisvektoren (Vergleichen Sie die Analogien auf den Seiten 383 und 595). Es ist also:

$$L(\boldsymbol{b}_j)_B = (l_{1j}, l_{2j}, \ldots, l_{nj}), \qquad j = 1, 2, \ldots, n.$$

[2]Statt $\boldsymbol{A}_N$ schreiben wir auch $\boldsymbol{L}_N$, um auch in der Schreibweise noch stärker anzudeuten, dass die Darstellungsmatrix zu $L$ gehört.

Somit kann jede lineare Abbildung $L : V \to V$ nach Wahl fester Basen eindeutig durch eine Matrix $\boldsymbol{L}_B$ des Formats $(n, n)$ dargestellt (bzw. ersetzt) werden[3].

**Satz 15.5** (Darstellungssatz für lineare Abbildungen von $V$ nach $V$)**.** *Gegeben ist ein Vektorraum $V$ mit einer linearen Abbildung $L : V \to V$. Zu jeder Basis $B = \{\boldsymbol{b}_1, \boldsymbol{b}_2, \ldots, \boldsymbol{b}_n\}$ gibt es genau eine Matrix $\boldsymbol{L}_B \in \mathbb{R}^{n\times n}$, sodass*

$$L(\boldsymbol{b}_j) = l_{1j}\boldsymbol{b}_1 + l_{2j}\boldsymbol{b}_2 + \cdots + l_{nj}\boldsymbol{b}_n \qquad \text{für} \quad j = 1, 2, \ldots, n$$

*gilt. Das ergibt ein Diagramm linearer Abbildungen (siehe Bild 15.6) mit $\boldsymbol{L}_B = K_B^{-1} \circ L \circ K_B$ bzw. $K_B \circ \boldsymbol{L}_B = L \circ K_B$. Dabei ist $K_B$ die Koordinatenabbildung und die Matrix $\boldsymbol{L}_B$ wird als lineare Abbildung betrachtet.*

In Bild 15.6 sind die Aussagen von Satz 15.5 übersichtlich dargestellt.

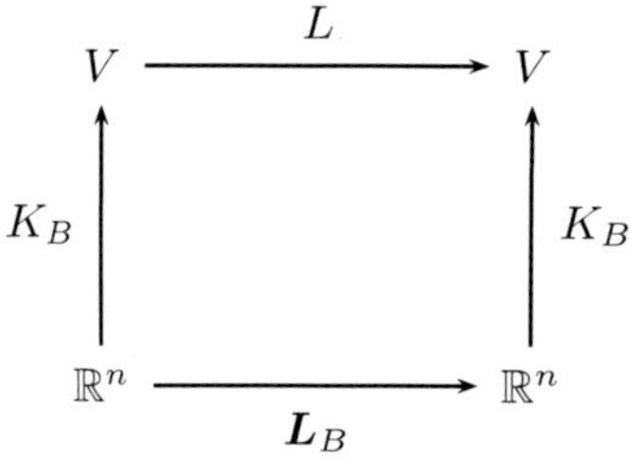


$$\boldsymbol{L}_B = K_B^{-1} \circ L \circ K_B$$

Bild 15.6.: Diagramm zu Satz 15.5

**Beispiel 15.11** (Darstellungsmatrix)**.** Es ist $L : \mathbb{R}^2 \to \mathbb{R}^2$ die lineare Abbildung $L(x_1, x_2) = (x_1 + x_2, -2x_1 + 4x_2)$. Bestimmen Sie die Matrix $\boldsymbol{L}_{B_1}$ bezüglich der Basis $B_1 = \{\boldsymbol{e}_1, \boldsymbol{e}_2\} = \{(1, 0), (0, 1)\}$ und $\boldsymbol{L}_{B_2}$ bezüglich der Basis $B_2 = \{\boldsymbol{b}_1, \boldsymbol{b}_2\} = \{(1, 1), (1, 2)\}$.

*Lösung.* Wegen $L(\boldsymbol{e}_1) = L(1, 0) = (1, -2) = 1\boldsymbol{e}_1 + (-2)\boldsymbol{e}_2$ und $L(\boldsymbol{e}_2) = L(0, 1) = (1, 4) = 1\boldsymbol{e}_1 + 4\boldsymbol{e}_2$ gilt

$$\boldsymbol{L}_{B_1} = \begin{bmatrix} 1 & 1 \\ -2 & 4 \end{bmatrix}.$$

Es ist also $L(\boldsymbol{e}_1)_{B_1} = (1, -2)$ und $L(\boldsymbol{e}_2)_{B_1} = (1, 4)$.

Aus $L(\boldsymbol{b}_1) = L(1, 1) = (2, 2) = 2\boldsymbol{b}_1 + 0\boldsymbol{b}_2$ und $L(\boldsymbol{b}_2) = L(1, 2) = (3, 6) = 0\boldsymbol{b}_1 + 3\boldsymbol{b}_2$ folgt

$$\boldsymbol{L}_{B_2} = \begin{bmatrix} 2 & 0 \\ 0 & 3 \end{bmatrix}.$$

[3] In der Literatur ist statt $\boldsymbol{L}_B$ auch die Bezeichnung $\boldsymbol{A}_B(L)$ oder kurz $\boldsymbol{A}_B$ üblich.

Es ist also $L(\boldsymbol{b}_1)_{B_2} = (2, 0)$ und $L(\boldsymbol{b}_2)_{B_2} = (0, 3)$. ■

In Beispiel 15.11 beobachtet man zwei Dinge. Erstens ist die Matrix von der Basis abhängig (klar!) und zweitens sind die Darstellungsmatrizen bezüglich der natürlichen Basis (Standardbasis) nicht immer die einfachsten Matrizen; die Matrix $\boldsymbol{L}_{B_2}$ hat Diagonalgestalt und damit eine einfachere Struktur als die Matrix $\boldsymbol{L}_{B_1}$. Der folgende Algorithmus zeigt, wie man die Darstellungmatrix von $L : V \to V$ erhält.

**Algorithmus 26: Lösungsverfahren zur Bestimmung der Darstellungsmatrix**

Gegeben ist die lineare Abbildung $L : V \to V$ und die Basis $B = \{\boldsymbol{b}_1, \boldsymbol{b}_2, \ldots, \boldsymbol{b}_n\}$ von $V$. Gesucht ist die $L : V \to V$ darstellende Matrix $\boldsymbol{L}_B \in \mathbb{R}^{n\times n}$ in der Basis $B$.

1. Berechne die Bildvektoren $L(\boldsymbol{b}_1), L(\boldsymbol{b}_2), \ldots, L(\boldsymbol{b}_n)$.
2. Berechne mit Algorithmus 24 die Koordinatenvektoren $L(\boldsymbol{b}_1)_B$, $L(\boldsymbol{b}_2)_B$, …, $L(\boldsymbol{b}_n)_B$, das heißt löse für $j = 1, 2, \ldots, n$ die linearen Gleichungssysteme

$$\begin{bmatrix} | & | & & | \\ (\boldsymbol{b}_1)_N & (\boldsymbol{b}_2)_N & \cdots & (\boldsymbol{b}_n)_N \\ | & | & & | \end{bmatrix} \begin{bmatrix} | \\ L(\boldsymbol{b}_j)_B \\ | \end{bmatrix} = \begin{bmatrix} | \\ L(\boldsymbol{b}_j)_N \\ | \end{bmatrix}.$$

3. Die Matrix $\boldsymbol{L}_B$ ist dann

$$\boldsymbol{L}_B = \begin{bmatrix} | & | & & | \\ L(\boldsymbol{b}_1)_B & L(\boldsymbol{b}_2)_B & \cdots & L(\boldsymbol{b}_n)_B \\ | & | & & | \end{bmatrix}.$$

Beachten Sie, dass im zweiten Schritt des Algorithmus 26 $n$ lineare Gleichungssysteme mit jeweils gleicher Koeffizientenmatrix vom Format $(n, n)$, aber im Allgemeinen verschiedenen rechten Seiten zu lösen sind. Gleichbedeutend: man hat die Matrizengleichung

$$\underbrace{\begin{bmatrix} | & & | \\ (\boldsymbol{b}_1)_N & \cdots & (\boldsymbol{b}_n)_N \\ | & & | \end{bmatrix}}_{\boldsymbol{T}_B^N} \underbrace{\begin{bmatrix} | & & | \\ L(\boldsymbol{b}_1)_B & \cdots & L(\boldsymbol{b}_n)_B \\ | & & | \end{bmatrix}}_{\boldsymbol{L}_B} = \underbrace{\begin{bmatrix} | & & | \\ L(\boldsymbol{b}_1)_N & \cdots & L(\boldsymbol{b}_n)_N \\ | & & | \end{bmatrix}}_{\boldsymbol{L}_N}$$

nach $\boldsymbol{L}_B$ zu lösen. Die Lösung ist

$$\boldsymbol{L}_B = (\boldsymbol{T}_B^N)^{-1}\boldsymbol{L}_N.$$

**Beispiel 15.12** (Darstellungsmatrix)**.** Es ist $L$ die lineare Abbildung auf $\mathbb{R}^2$, die durch $L(x,y) = (4x-2y, 2x+y)$ definiert ist. Geben Sie die Darstellungsmatrix $\boldsymbol{L}_B$ von $L$ in der Basis $B = \{\boldsymbol{b}_1 = (1,1), \boldsymbol{b}_2 = (-1,0)\}$ an.

*Lösung.* Wir lösen die Aufgabe mit Algorithmus 26. Es gilt $L(\boldsymbol{b}_1) = L(1,1) = (2,3)$ und $L(\boldsymbol{b}_2) = (-4,-2)$, also $L(\boldsymbol{b}_1)_N = (2,3)$ und $L(\boldsymbol{b}_2)_N = (-4,-2)$. Somit ist zunächst

$$L(\boldsymbol{b}_1)_B = \begin{bmatrix} l_{11} \\ l_{21} \end{bmatrix} = \begin{bmatrix} 1 & -1 \\ 1 & 0 \end{bmatrix}^{-1} \begin{bmatrix} 2 \\ 3 \end{bmatrix} = \begin{bmatrix} 0 & 1 \\ -1 & 1 \end{bmatrix} \begin{bmatrix} 2 \\ 3 \end{bmatrix} = \begin{bmatrix} 3 \\ 1 \end{bmatrix}$$

und

$$L(\boldsymbol{b}_2)_B = \begin{bmatrix} l_{12} \\ l_{22} \end{bmatrix} = \begin{bmatrix} 1 & -1 \\ 1 & 0 \end{bmatrix}^{-1} \begin{bmatrix} -4 \\ -2 \end{bmatrix} = \begin{bmatrix} 0 & 1 \\ -1 & 1 \end{bmatrix} \begin{bmatrix} -4 \\ -2 \end{bmatrix} = \begin{bmatrix} -2 \\ 2 \end{bmatrix}.$$

Damit ist

$$\boldsymbol{L}_B = \begin{bmatrix} 3 & -2 \\ 1 & 2 \end{bmatrix}$$

die gesuchte Darstellungsmatrix von $L$. Ein alternativer Lösungsweg ist

$$\boldsymbol{L}_B = (\boldsymbol{T}_B^N)^{-1} \boldsymbol{L}_N = \begin{bmatrix} 1 & -1 \\ 1 & 0 \end{bmatrix}^{-1} \begin{bmatrix} 2 & -4 \\ 3 & -2 \end{bmatrix} = \begin{bmatrix} 0 & 1 \\ -1 & 1 \end{bmatrix} \begin{bmatrix} 2 & -4 \\ 3 & -2 \end{bmatrix} = \begin{bmatrix} 3 & -2 \\ 1 & 2 \end{bmatrix}. \quad \blacksquare$$

**Beispiel 15.13** (Darstellungsmatrix)**.** Es ist $V = \mathbb{R}_{\leq 3}[x]$ der Vektorraum der reellen Polynomfunktionen vom Grad höchstens drei. Bestimmen Sie die Darstellungsmatrix $\boldsymbol{L}_B$ der linearen Abbildung

$$\begin{aligned} L : \mathbb{R}_{\leq 3}[x] &\to \mathbb{R}_{\leq 3}[x] \\ p(x) &\mapsto \frac{\mathrm{d}}{\mathrm{d}x} p(x) = p'(x) \end{aligned}$$

in der Basis $B = \{\boldsymbol{b}_1 = x^3, \boldsymbol{b}_2 = x^2, \boldsymbol{b}_3 = x, \boldsymbol{b}_4 = 1\}$.

Wie sieht die Darstellungsmatrix in der Basis $C = \{\boldsymbol{c}_1 = \frac{1}{3!}x^3, \boldsymbol{c}_2 = \frac{1}{2!}x^2, \boldsymbol{c}_3 = \frac{1}{1!}x, \boldsymbol{c}_4 = \frac{1}{0!}1\}$ aus?

*Lösung.* Die lineare Abbildung $L$ ordnet also jeder Polynomfunktion $p$ die Ableitungsfunktion $p'$ zu. Es gilt

$$\begin{aligned} L(\boldsymbol{b}_1) &= \frac{\mathrm{d}}{\mathrm{d}x} x^3 = 3x^2 = 3 \cdot \boldsymbol{b}_2 = 0 \cdot \boldsymbol{b}_1 + 3 \cdot \boldsymbol{b}_2 + 0 \cdot \boldsymbol{b}_3 + 0 \cdot \boldsymbol{b}_4 \\ L(\boldsymbol{b}_2) &= \frac{\mathrm{d}}{\mathrm{d}x} x^2 = 2x = 2 \cdot \boldsymbol{b}_3 = 0 \cdot \boldsymbol{b}_1 + 0 \cdot \boldsymbol{b}_2 + 2 \cdot \boldsymbol{b}_3 + 0 \cdot \boldsymbol{b}_4 \end{aligned}$$

$$L(\boldsymbol{b}_3) = \frac{\mathrm{d}}{\mathrm{d}x}x = 1 = 1 \cdot \boldsymbol{b}_4 = 0 \cdot \boldsymbol{b}_1 + 0 \cdot \boldsymbol{b}_2 + 0 \cdot \boldsymbol{b}_3 + 1 \cdot \boldsymbol{b}_4$$
$$L(\boldsymbol{b}_4) = \frac{\mathrm{d}}{\mathrm{d}x}1 = 0 = 0 \cdot \boldsymbol{b}_1 + 0 \cdot \boldsymbol{b}_2 + 0 \cdot \boldsymbol{b}_3 + 0 \cdot \boldsymbol{b}_4$$

Damit ist

$$\boldsymbol{L}_B = \begin{bmatrix} 0 & 0 & 0 & 0 \\ 3 & 0 & 0 & 0 \\ 0 & 2 & 0 & 0 \\ 0 & 0 & 1 & 0 \end{bmatrix}$$

die Darstellungsmatrix in der Basis $B$.

Eine Rechnung, die fast gleich aussieht wie die soeben durchgeführte, zeigt, dass die Darstellungsmatrix $\boldsymbol{L}_C$ in der Basis $C = \{\boldsymbol{b}_1 = \frac{1}{3!}x^3, \boldsymbol{b}_2 = \frac{1}{2!}x^2, \boldsymbol{b}_3 = \frac{1}{1!}x, \boldsymbol{b}_4 = \frac{1}{0!}1\}$ noch etwas einfacher ist:

$$\boldsymbol{L}_C = \begin{bmatrix} 0 & 0 & 0 & 0 \\ 1 & 0 & 0 & 0 \\ 0 & 1 & 0 & 0 \\ 0 & 0 & 1 & 0 \end{bmatrix}. \quad \blacksquare$$

**Beispiel 15.14** (Darstellungsmatrix)**.** Im Vektorraum $Abb(\mathbb{R}, \mathbb{R})$ betrachten wir den Untervektorraum $V = Lin(1, \cos, \sin)$. $B = \{1, \cos, \sin\}$ ist eine Basis von $V$. Wir betrachten nun die durch Differenziation erklärte lineare Abbildung $D : V \to V$ mit $f \mapsto f'$. Differenziert man die Basisvektoren, so erhält man $D(1) = 0$, $D(\cos) = -\sin$ und $D(\sin) = \cos$. Daraus erhält man die darstellende Matrix

$$\boldsymbol{D}_B = \begin{bmatrix} 0 & 0 & 0 \\ 0 & 0 & 1 \\ 0 & -1 & 0 \end{bmatrix}.$$

Das Bild 15.7 zeigt das Beispiel grafisch. Rechnet man in Koordinaten, so folgt aus $f = c_1 + c_2 \cos + c_3 \sin$, dass $D(f) = c_3 \cos - c_2 \sin$ ist, das heißt

$$\underbrace{\begin{bmatrix} 0 & 0 & 0 \\ 0 & 0 & 1 \\ 0 & -1 & 0 \end{bmatrix}}_{\boldsymbol{D}_B} \underbrace{\begin{bmatrix} c_1 \\ c_2 \\ c_3 \end{bmatrix}}_{\boldsymbol{c}_B} = \underbrace{\begin{bmatrix} 0 \\ c_3 \\ -c_2 \end{bmatrix}}_{D(\boldsymbol{c})_B} \quad \blacksquare$$

Das Beispiel 15.14 zeigt, dass der Koordinatenvektor $L(\boldsymbol{v})_B$ des Bildvektors $L(\boldsymbol{v})$ von $\boldsymbol{v}$ als Matrix-Vektor Multiplikation berechnet werden kann. Die Matrix $\boldsymbol{L}_B$ ist die Darstellungsmatrix von $L$ und der Vektor $\boldsymbol{v}_B$ ist der Koordinatenvektor von $\boldsymbol{v}$ in der Basis $B$.

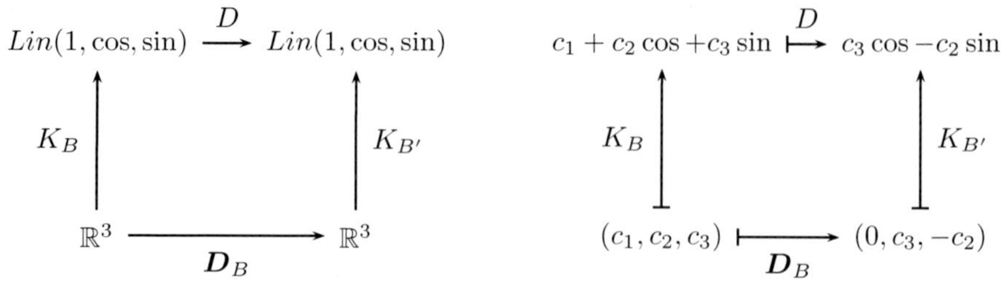


Bild 15.7.: Zu Beispiel 15.14

**Satz 15.6** (Koordinatenvektoren der Bilder)**.** *Ist* $B = \{\boldsymbol{b}_1, \boldsymbol{b}_2, \dots, \boldsymbol{b}_n\}$ *eine Basis von* $V$ *und ist* $L : V \to V$ *eine lineare Abbildung. Dann gilt für alle Vektoren* $\boldsymbol{v} \in V$*:*

$$\boldsymbol{L}_B \boldsymbol{v}_B = L(\boldsymbol{v})_B$$

*Das heißt der Koordinatenvektor des Bildvektors* $L(\boldsymbol{v})$ *kann durch die Multiplikation der Darstellungsmatrix von* $L$ *mit dem Koordinatenvektor von* $\boldsymbol{v}$ *berechnet werden.*

Das Diagramm in Bild 15.8 zeigt die Aussagen des Satzes 15.6 übersichtlich.

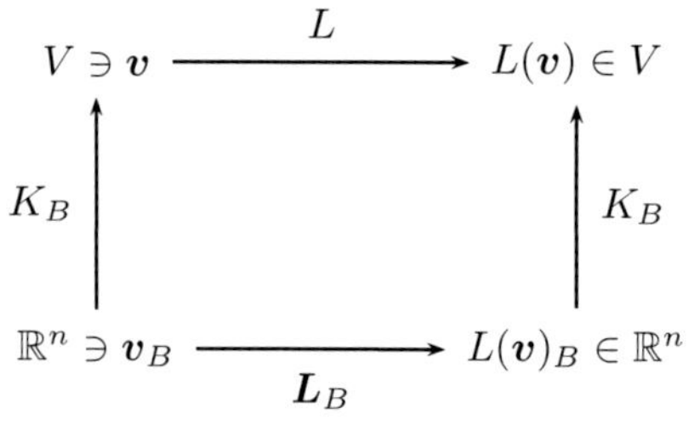


$$L(\boldsymbol{v})_B = \boldsymbol{L}_B \cdot \boldsymbol{v}_B \in \mathbb{R}^n$$

Bild 15.8.: Diagramm zu Satz 15.6

**Beispiel 15.15.** Wir betrachten Beispiel 15.12. Wie lautet der Koordinatenvektor $L(\boldsymbol{v})_B$ von $\boldsymbol{v}_B = (1, 1)$? Verifizieren Sie auch die anderen Zusammenhänge im Hinblick auf Satz 15.6 und Bild 15.8.

*Lösung.* Es ist $V = \mathbb{R}^2$ und nach Satz 15.6 ist

$$L(\boldsymbol{v})_B = \boldsymbol{L}_B \boldsymbol{v}_B = \begin{bmatrix} 3 & -2 \\ 1 & 2 \end{bmatrix} \begin{bmatrix} 1 \\ 1 \end{bmatrix} = \begin{bmatrix} 1 \\ 3 \end{bmatrix}.$$

Der Vektor $\boldsymbol{v}_N$ hat die Koordinaten $(0, 1)$. Dieses Ergebnis erhält man zum Beispiel, wenn man $\boldsymbol{T}_B^N$ mit $\boldsymbol{v}_B = (1, 1)$ multipliziert. Damit ist $L(\boldsymbol{v}) = L(0, 1) = (-2, 1)$, also $L(\boldsymbol{v})_N = (-2, 1)$. Diesen Koordinatenvektor erhält man zum Beispiel, wenn man $\boldsymbol{T}_B^N$ mit $L(\boldsymbol{v})_B = (1, 3)$ multipliziert, siehe auch Bild 15.8. ■

### Darstellung linearer Abbildungen von $V$ nach $W$ durch Matrizen; zwei Basen

Es ist $L : V \to W$ eine lineare Abbildung, $B = \{\boldsymbol{b}_1, \boldsymbol{b}_2, \ldots, \boldsymbol{b}_n\}$ eine Basis von $V$ und $B' = \{\boldsymbol{b}'_1, \boldsymbol{b}'_2, \ldots, \boldsymbol{b}'_m\}$ eine Basis von $W$. Nun sind die Elemente $L(\boldsymbol{b}_1)$, $L(\boldsymbol{b}_2)$, …, $L(\boldsymbol{b}_n)$ Vektoren in $W$ und somit ist jeder eine Linearkombination der Elemente der Basis $B'$:

$$\begin{aligned} L(\boldsymbol{b}_1) &= l_{11}\boldsymbol{b}'_1 + l_{21}\boldsymbol{b}'_2 + \cdots + l_{m1}\boldsymbol{b}'_m \\ L(\boldsymbol{b}_2) &= l_{12}\boldsymbol{b}'_1 + l_{22}\boldsymbol{b}'_2 + \cdots + l_{m2}\boldsymbol{b}'_m \\ \vdots &= \vdots \\ L(\boldsymbol{b}_n) &= l_{1n}\boldsymbol{b}'_1 + l_{2n}\boldsymbol{b}'_2 + \cdots + l_{mn}\boldsymbol{b}'_m. \end{aligned}$$

Die Koeffizienten $l_{ij}$ fasst man nun zu einer Matrix zusammen und bezeichnet sie mit $\boldsymbol{L}_B^{B'}$; sie heißt **Darstellungsmatrix (Matrixdarstellung, darstellende Matrix) von $L$ bezüglich der Basen $B$ und $B'$** (kurz: **Matrix von $L$ bezüglich der Basen** $B$ und $B'$). Der untere Index $B$ in $\boldsymbol{L}_B^{B'}$ kennzeichnet die Basis $B$ in $V$, während der obere Index die Basis $B'$ in $W$ kennzeichnet. Es ist

$$\boldsymbol{L}_B^{B'} = \begin{bmatrix} l_{11} & l_{12} & \cdots & l_{1n} \\ l_{21} & l_{22} & \cdots & l_{2n} \\ \vdots & \vdots & \vdots & \vdots \\ l_{m1} & l_{m2} & \cdots & l_{mn} \end{bmatrix} = \begin{bmatrix} | & | & & | \\ L(\boldsymbol{b}_1)_{B'} & L(\boldsymbol{b}_2)_{B'} & \cdots & L(\boldsymbol{b}_n)_{B'} \\ | & | & & | \end{bmatrix}.$$

Aus der Konstruktion der Matrix $\boldsymbol{L}_B^{B'}$ geht hervor: In den Spalten der darstellenden Matrix stehen die Koordinatenvektoren der Bilder der Basisvektoren (Vergleichen Sie Seite 383, 589). Es ist also:

$$L(\boldsymbol{b}_j)_{B'} = (l_{1j}, l_{2j}, \ldots, l_{nj}), \qquad j = 1, 2, \ldots, n.$$

Somit kann jede lineare Abbildung $L : V \to W$ nach Wahl fester Basen in $V$ und $W$ eindeutig durch eine Matrix $\boldsymbol{L}_B^{B'}$ des Formats $(m, n)$ dargestellt (bzw. ersetzt) werden[4].

**Satz 15.7** (Darstellungssatz für lineare Abbildungen von $V$ nach $W$). *Gegeben sind Vektorräume $V$ und $W$ mit einer linearen Abbildung $L : V \to W$. Zu beliebigen Basen*

[4]In der Literatur ist statt $\boldsymbol{L}_B^{B'}$ auch die Bezeichnung $\boldsymbol{A}_B^{B'}(L)$ oder kurz $\boldsymbol{A}_B^{B'}$ üblich.

*$B = \{\boldsymbol{b}_1, \boldsymbol{b}_2, \ldots, \boldsymbol{b}_n\}$ von $V$ und $B' = \{\boldsymbol{b}'_1, \boldsymbol{b}'_2, \ldots, \boldsymbol{b}'_m\}$ von $W$ gibt es genau eine Matrix $\boldsymbol{L}_B^{B'} \in \mathbb{R}^{m \times n}$, sodass*

$$L(\boldsymbol{b}_j) = l_{1j}\boldsymbol{b}'_1 + l_{2j}\boldsymbol{b}'_2 + \cdots + l_{mj}\boldsymbol{b}'_m \qquad \text{für} \quad j = 1, 2, \ldots, n$$

*gilt. Das ergibt ein Diagramm linearer Abbildungen (siehe Bild 15.9) mit $\boldsymbol{L}_B^{B'} = K_{B'}^{-1} \circ L \circ K_B$ bzw. $K_{B'} \circ \boldsymbol{L}_B^{B'} = L \circ K_B$. Dabei bezeichnen $K_B$ und $K_{B'}$ die Koordinatenabbildungen und die Matrix $\boldsymbol{L}_B^{B'}$ wird als lineare Abbildung betrachtet.*

In Bild 15.9 sind die Aussagen von Satz 15.7 übersichtlich dargestellt.

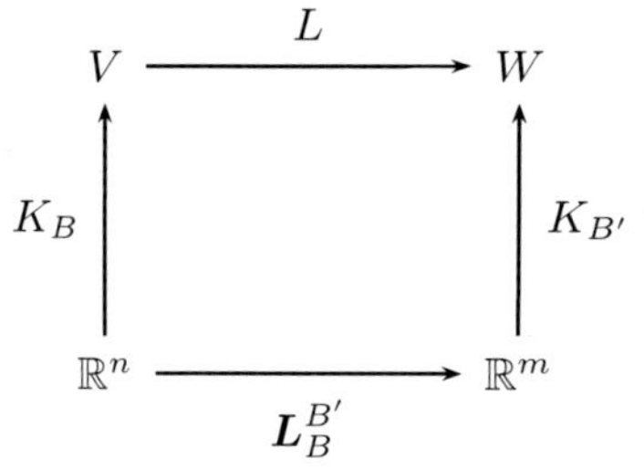


$$\boldsymbol{L}_B^{B'} = K_{B'}^{-1} \circ L \circ K_B$$

Bild 15.9.: Diagramm zu Satz 15.7

**Beispiel 15.16** (Darstellungsmatrix)**.** Es ist $L : \mathbb{R}^3 \to \mathbb{R}$ die lineare Abbildung mit $L(x_1, x_2, x_3) = 1/3(x_1 + x_2 + x_3)$, siehe Beispiel 8.6. Die Abbildung $L$ ordnet dem Vektor $\boldsymbol{x} = (x_1, x_2, x_3) \in \mathbb{R}^3$ den arithmetischen Mittelwert seiner Koordinaten zuordnet. Bestimmen Sie die Darstellungsmatrix $\boldsymbol{L}_{B=N}^{B'}$ mit $B = N = \{\boldsymbol{e}_1, \boldsymbol{e}_2, \boldsymbol{e}_3\}$ und $B' = \{\boldsymbol{b}'_1\} = \{2\}$.

*Lösung.* Wegen $L(\boldsymbol{e}_1) = L(1, 0, 0) = 1/3 = (1/6)(2) = 1/6\boldsymbol{b}'_1$, $L(\boldsymbol{e}_2) = L(0, 1, 0) = 1/3 = (1/6)(2) = (1/6)\boldsymbol{b}'_1$ und $L(\boldsymbol{e}_3) = L(0, 0, 1) = 1/3 = (1/6)(2) = (1/6)\boldsymbol{b}'_1$ ist $L(\boldsymbol{e}_1)_{B'} = l_{11} = 1/6$, $L(\boldsymbol{e}_2)_{B'} = l_{12} = 1/6$ und $L(\boldsymbol{e}_3)_{B'} = l_{13} = 1/6$. Somit ist

$$\boldsymbol{L}_{B=N}^{B'} = \begin{bmatrix} 1/6 & 1/6 & 1/6 \end{bmatrix}$$

die gesuchte Darstellungsmatrix. ■

**Beispiel 15.17** (Darstellungsmatrix)**.** Im Vektorraum $V = \mathbb{R}^n$ und $W = \mathbb{R}^m$ hat man die natürlichen Basen $N_n = \{\boldsymbol{e}_1, \boldsymbol{e}_2, \ldots, \boldsymbol{e}_n\}$ und $N_m = \{\boldsymbol{e}_1, \boldsymbol{e}_2, \ldots, \boldsymbol{e}_m\}$. In diesem Fall sind die Koordinatenabbildungen $K_{N_n}$ und $K_{N_m}$ die identischen Abbildungen. Ist $L : \mathbb{R}^n \to \mathbb{R}^m$ eine lineare Abbildung, so gibt es nach Satz 8.5 genau eine Matrix $\boldsymbol{A} \in \mathbb{R}^{m \times n}$, so dass $L(\boldsymbol{x}) = \boldsymbol{A}\boldsymbol{x}$ ist für alle $\boldsymbol{x} \in \mathbb{R}^n$. In diesem Fall ist $\boldsymbol{L}_{N_n}^{N_m} = \boldsymbol{A}$, das heißt die darstellende Matrix bezüglich der natürlichen Basen ist gleich der Matrix mit der $L$ beschrieben wurde. ■

Der folgende Algorithmus zeigt, wie man die Darstellungmatrix von $L : V \to W$ erhält.

**Algorithmus 27: Lösungsverfahren zur Bestimmung der Darstellungsmatrix**

Gegeben ist die lineare Abbildung $L : V \to W$, die Basis $B = \{\boldsymbol{b}_1, \boldsymbol{b}_2, \ldots, \boldsymbol{b}_n\}$ von $V$ und die Basis $B' = \{\boldsymbol{b}'_1, \boldsymbol{b}'_2, \ldots, \boldsymbol{b}'_m\}$ von $W$. Gesucht ist die $L$ darstellende Matrix $\boldsymbol{L}_B^{B'} \in \mathbb{R}^{m \times n}$ in der Basis $B$ bzw. $B'$.

1. Berechne die Bildvektoren $L(\boldsymbol{b}_1), L(\boldsymbol{b}_2), \ldots, L(\boldsymbol{b}_n)$.
2. Berechne mit Algorithmus 24 die Koordinatenvektoren $L(\boldsymbol{b}_1)_{B'}, L(\boldsymbol{b}_2)_{B'}, \ldots, L(\boldsymbol{b}_n)_{B'}$, das heißt löse für $j = 1, 2, \ldots, n$ die linearen Gleichungssysteme

$$\begin{bmatrix} | & | & & | \\ (\boldsymbol{b}'_1)_N & (\boldsymbol{b}'_2)_N & \cdots & (\boldsymbol{b}'_m)_N \\ | & | & & | \end{bmatrix} \begin{bmatrix} | \\ L(\boldsymbol{b}_j)_{B'} \\ | \end{bmatrix} = \begin{bmatrix} | \\ L(\boldsymbol{b}_j)_N \\ | \end{bmatrix}.$$

3. Die Matrix $\boldsymbol{L}_B^{B'}$ ist dann

$$\boldsymbol{L}_B^{B'} = \begin{bmatrix} | & | & & | \\ L(\boldsymbol{b}_1)_{B'} & L(\boldsymbol{b}_2)_{B'} & \cdots & L(\boldsymbol{b}_n)_{B'} \\ | & | & & | \end{bmatrix}.$$

Beachten Sie, dass im zweiten Schritt des Algorithmus 27 $n$ lineare Gleichungssysteme mit jeweils gleicher Koeffizientenmatrix vom Format $(m, m)$, aber im Allgemeinen verschiedenen rechten Seiten zu lösen sind. Gleichbedeutend: man hat die Matrizengleichung

$$\underbrace{\begin{bmatrix} | & & | \\ (\boldsymbol{b}'_1)_N & \cdots & (\boldsymbol{b}'_m)_N \\ | & & | \end{bmatrix}}_{\boldsymbol{T}_{B'}^N} \underbrace{\begin{bmatrix} | & & | \\ L(\boldsymbol{b}_1)_B & \cdots & L(\boldsymbol{b}_n)_B \\ | & & | \end{bmatrix}}_{\boldsymbol{L}_B^{B'}} = \underbrace{\begin{bmatrix} | & & | \\ L(\boldsymbol{b}_1)_N & \cdots & L(\boldsymbol{b}_n)_N \\ | & & | \end{bmatrix}}_{\boldsymbol{L}_N}$$

nach $\boldsymbol{L}_B$ zu lösen. Die Lösung ist

$$\boldsymbol{L}_B^{B'} = (\boldsymbol{T}_{B'}^N)^{-1} \boldsymbol{L}_N.$$

**Beispiel 15.18** (Darstellungsmatrix)**.** Es ist $L$ die Abbildung des $\mathbb{R}^2$ in sich, die durch folgende Vorschrift definiert ist: $L(x_1, x_2) = (3x_1 - 2x_2, x_1 + x_2)$, siehe Beispiel 8.18. Geben Sie die Darstellungsmatrix $\boldsymbol{L}_B^{B'}$ bezüglich der Basen

(a) $B = B' = N = \{\boldsymbol{e}_1, \boldsymbol{e}_2\} = \{(1,0), (0,1)\}$,

(b) $B = N = \{(1,0),(0,1)\}$ und $B' = \{(3,1),(-2,1)\}$,
(c) $B = \{(5,8),(-1,1)\}$ und $B' = \{(0,1),(1,1)\}$,

an.

*Lösung.* Wir berechnen die Darstellungsmatrizen nach Algorithmus 27.

(a) Es ist $L(\boldsymbol{e}_1)_{B'=N} = (3,1)$ und $L(\boldsymbol{e}_2)_{B'=N} = (-2,1)$. Somit gilt

$$\boldsymbol{L}_{B=N}^{B'=N} = \begin{bmatrix} 3 & -2 \\ 1 & 1 \end{bmatrix}.$$

(b) Es ist $L(\boldsymbol{e}_1) = (3,1)$ und $L(\boldsymbol{e}_2) = (-2,1)$. Nun müssen wir die beiden linearen Gleichungssysteme

$$\begin{bmatrix} 3 & -2 \\ 1 & 1 \end{bmatrix}\begin{bmatrix} l_{11} \\ l_{21} \end{bmatrix} = \begin{bmatrix} 3 \\ 1 \end{bmatrix} \quad \text{und} \quad \begin{bmatrix} 3 & -2 \\ 1 & 1 \end{bmatrix}\begin{bmatrix} l_{12} \\ l_{22} \end{bmatrix} = \begin{bmatrix} -2 \\ 1 \end{bmatrix}$$

lösen. Die Lösungen sind $L(\boldsymbol{e}_1)_{B'} = (1,0)$ und $L(\boldsymbol{e}_2)_{B'} = (0,1)$. Damit erhalten wir

$$\boldsymbol{L}_{B=N}^{B'} = \begin{bmatrix} 1 & 0 \\ 0 & 1 \end{bmatrix}.$$

(c) Es ist $L(5,8) = (-1,13)$ und $L(-1,1) = (-5,0)$. Nun müssen wir die beiden linearen Gleichungssysteme

$$\begin{bmatrix} 0 & 1 \\ 1 & 1 \end{bmatrix}\begin{bmatrix} l_{11} \\ l_{21} \end{bmatrix} = \begin{bmatrix} -1 \\ 13 \end{bmatrix} \quad \text{und} \quad \begin{bmatrix} 0 & 1 \\ 1 & 1 \end{bmatrix}\begin{bmatrix} l_{12} \\ l_{22} \end{bmatrix} = \begin{bmatrix} -5 \\ 0 \end{bmatrix}$$

lösen. Die Lösungen sind $L(\boldsymbol{b}_1)_{B'} = (14,-1)$ und $L(\boldsymbol{b}_2)_{B'} = (5,-5)$. Damit erhalten wir

$$\boldsymbol{L}_{B}^{B'} = \begin{bmatrix} 14 & 5 \\ -1 & -5 \end{bmatrix}. \quad \blacksquare$$

**Satz 15.8** (Koordinatenvektoren der Bilder). *Ist $B = \{\boldsymbol{b}_1, \boldsymbol{b}_2, \ldots, \boldsymbol{b}_n\}$ eine Basis von $V$, $B' = \{\boldsymbol{b}'_1, \boldsymbol{b}'_2, \ldots, \boldsymbol{b}'_n\}$ eine Basis von $W$ und ist $L : V \to W$ eine lineare Abbildung. Dann gilt für alle Vektoren $\boldsymbol{v} \in V$:*

$$\boldsymbol{L}_B^{B'} \boldsymbol{v}_B = L(\boldsymbol{v})_{B'}$$

*Das heißt der Koordinatenvektor von $L(\boldsymbol{v})$ kann durch die Multiplikation der Darstellungsmatrix von $L$ mit dem Koordinatenvektor von $\boldsymbol{v}$ berechnet werden.*

Das Diagramm in Bild 15.10 zeigt die Aussagen des Satzes 15.8 übersichtlich.

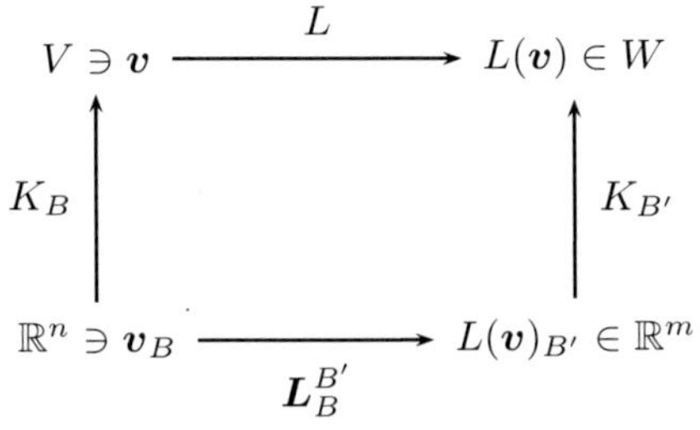


$$L(\boldsymbol{v})_{B'} = \boldsymbol{L}_B^{B'} \cdot \boldsymbol{v}_B \in \mathbb{R}^m$$

Bild 15.10.: Diagramm zu Satz 15.8

**Beispiel 15.19.** Wir betrachten Beispiel 15.16. Wie lautet der Koordinatenvektor $L(\boldsymbol{v})_{B'}$ von $\boldsymbol{v}_{B=N} = (1, 1, 1)$? Verifizieren Sie auch die anderen Zusammenhänge im Hinblick auf Satz 15.8 und Bild 15.10.

*Lösung.* Es ist $V = \mathbb{R}^3$, $W = \mathbb{R}$ und nach Satz 15.8 ist

$$L(\boldsymbol{v})_{B'} = \boldsymbol{L}_{B=N}^{B'} \boldsymbol{v}_{B=N} = \begin{bmatrix} 1/6 & 1/6 & 1/6 \end{bmatrix} \begin{bmatrix} 1 \\ 1 \\ 1 \end{bmatrix} = \frac{3}{6} = \frac{1}{2}.$$

Es ist $L(\boldsymbol{v}) = L(1, 1, 1) = (1/3)(3) = 1$, also $L(\boldsymbol{v})_N = 1$. Diesen Koordinatenvektor erhält man zum Beispiel, wenn man $\boldsymbol{T}_B^N = 2$ mit $L(\boldsymbol{v})_B = 1/2$ multipliziert, siehe auch Bild 15.10. ∎

### Bedeutung der Darstellungsmatrizen

In Kapitel 8 haben wir bereits erwähnt, warum es nützlich ist lineare Abbildungen durch Matrizen darzustellen.

1. Die Struktur linearer Abbildungen lässt sich durch Betrachten ihrer Darstellungsmatrizen leichter erfassen.
2. Die Bildvektoren von linearen Abbildungen können durch Matrix-Vektor Multiplikation berechnet werden. Dies ist insbesondere bei Computerberechnungen und Simulationen von großem Vorteil (Übrigens ist das auch einer der Gründe für den großen Erfolg des Computersystems MATLAB).

Um den zweiten Aspekt (nochmals) zu veranschaulichen, betrachten wir eine lineare Abbildung $L : V \to W$. Wie in Bild 15.11 dargestellt, lässt sich $L(\boldsymbol{v})$ unter Verwendung der Matrix $\boldsymbol{L}_B^{B'}$ indirekt durch Matrix-Vektor Multiplikation berechnen:

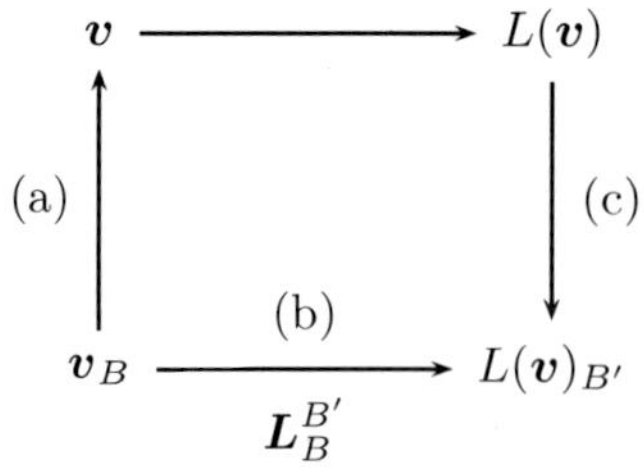


Bild 15.11.: Bedeutung der Darstellungsmatrizen

(a) Man berechne den Koordinatenvektor $\boldsymbol{v}_B$.
(b) Man multipliziere den Koordinatenvektor $\boldsymbol{v}_B$ mit $\boldsymbol{L}_B^{B'}$, um $L(\boldsymbol{v})_{B'}$ zu erhalten.
(c) Man bestimme $L(\boldsymbol{v})$ aus $L(\boldsymbol{v})_{B'}$.

**Beispiel 15.20** (Bedeutung der Darstellungsmatrizen)**.** Es ist $L : \mathbb{R}_{\leq 2}[x] \to \mathbb{R}_{\leq 2}[x]$ die durch $\boldsymbol{v} = a_0 + a_1 x + a_2 x^2 \mapsto L(\boldsymbol{v}) = a_0 + a_1(3x-5) + a_2(3x-5)^2$ definierte lineare Abbildung.

(a) Bestimmen Sie $\boldsymbol{L}_B$ bezüglich der Basis $B = \{1, x, x^2\}$.
(b) Bestimmen Sie $L(1 + 2x + 3x^2)$ indirekt über Matrix-Vektor Multiplikation.
(c) Überprüfen Sie das Ergebnis aus (b) durch direkte Berechnung.

*Lösung.* Es sind drei Teile zu bearbeiten.

(a) Es ist $L(1) = 1$, $L(x) = 3x - 5$ und $L(x^2) = (3x-5)^2 = 9x^2 - 30x + 25$. Das ergibt: $L(1)_B = (1, 0, 0)$, $L(x)_B = (-5, 3, 0)$ und $L(x^2)_B = (25, -30, 9)$, und somit

$$\boldsymbol{L}_B = \begin{bmatrix} 1 & -5 & 25 \\ 0 & 3 & -30 \\ 0 & 0 & 9 \end{bmatrix}.$$

(b) Es ist $\boldsymbol{v}_B = (1, 2, 3)$ und damit

$$\underbrace{\begin{bmatrix} 1 & -5 & 25 \\ 0 & 3 & -30 \\ 0 & 0 & 9 \end{bmatrix}}_{\boldsymbol{L}_B} \underbrace{\begin{bmatrix} 1 \\ 2 \\ 3 \end{bmatrix}}_{\boldsymbol{v}_B} = \underbrace{\begin{bmatrix} 66 \\ -84 \\ 27 \end{bmatrix}}_{L(\boldsymbol{v})_B}$$

Somit ist $L(1 + 2x + 3x^2) = 66 - 84x + 27x^2$.

(c) Die direkte Berechnung ergibt:

$$\begin{aligned}L(1+2x+3x^2) &= 1+2(3x-5)+3(3x-5)^2 = 1+6x-10+3(9x^2-30x+25)\\ &= 1+6x-10+27x^2-90x+75 = 66-84x+27x^2\end{aligned}$$

in Übereinstimmung mit (b).

Bitte beachten Sie, dass der indirekte Weg mit dem Computer durchgeführt werden kann und in der Praxis für größere Probleme und mehrere solcher eventuell auch gleichzeitig auftretende Aufgabenstellungen der geeignetere ist. ■

Darstellungsmatrizen sind offenbar eine Verallgemeinerung der Basisübergangsmatrizen, denn für $V = W$ und $L = I$ (identische Abbildung) gilt $\boldsymbol{L}_B^{B'} = \boldsymbol{T}_B^{B'}$. Dies kann man zum Beispiel dem Diagramm in Bild 15.9 entnehmen.

## 15.4. Verkettung und Matrizenmultiplikation

Wir übertragen Satz 8.6 auf beliebige Vektorräume und verzichten auf den Beweis.

**Satz 15.9** (Verkettung, Multiplikation). *Gegeben sind die linearen Abbildungen $L_1 : U \to V$ und $L_2 : V \to W$, sowie die Basen $B$, $B'$ und $B''$ von $U$, $V$ und $W$. Ist $\boldsymbol{A}_B^{B'}$ die Darstellungsmatrix von $L_1$ in der Basis $B$ bzw. $B'$ und $\boldsymbol{B}_{B'}^{B''}$ die Darstellungsmatrix von $L_2$ in der Basis $B'$ bzw. $B''$, dann gilt*

$$\boldsymbol{C}_B^{B''} = \boldsymbol{B}_{B'}^{B''} \boldsymbol{A}_B^{B'}$$

*wobei $\boldsymbol{C}_B^{B''}$ die Darstellungsmatrix von $L_2 \circ L_1$ in der Basis $B$ bzw. $B''$ ist.*

Verkettungen von Abbildungen entsprechen also Produkten von Matrizen. Beachten Sie, dass sich die Basis des mittleren Vektorraumes $V$ „wegkürzt", so dass nur die Basen in $U$ und $W$ übrig bleiben. Eine Verallgemeinerung auf drei und mehr Verkettungen ist analog möglich.

**Beispiel 15.21.** Es ist $L_1 : U = \mathbb{R}_{\leq 1}[x] \to V = \mathbb{R}_{\leq 2}[x]$ mit $L_1(p(x)) = xp(x)$ und $L_2 : V = \mathbb{R}_{\leq 2}[x] \to W = V = \mathbb{R}_{\leq 2}[x]$ mit $L_2(p(x)) = p(3x-5)$. Geben Sie die lineare Abbildung $L_2 \circ L_1$ und die dazugehörige natürliche Darstellungsmatrix an.

*Lösung.* Die natürliche Basis in $U = \mathbb{R}_{\leq 1}[x]$ ist $N_1 = \{1, x\}$ und in $V = W = \mathbb{R}_{\leq 2}[x]$ ist $N_2 = \{1, x, x^2\}$. Ist $\boldsymbol{A} = \boldsymbol{A}_{N_1}^{N_2}$ die natürliche Darstellungsmatrix von $L_1$ und ist

$\boldsymbol{B} = \boldsymbol{B}_{N_2}^{N_2}$ die natürliche Darstellungsmatrix von $L_2$, so ist wegen $L_1(1) = x$, $L_1(x) = x^2$, $L_2(1) = 1$, $L_2(x) = -5 + 3x$ und $L_2(x^2) = 25 - 30x + 9x^2$

$$\boldsymbol{A} = \begin{bmatrix} | & | \\ L_1(1) & L_1(x) \\ | & | \end{bmatrix} = \begin{bmatrix} 0 & 0 \\ 1 & 0 \\ 0 & 1 \end{bmatrix}, \boldsymbol{B} = \begin{bmatrix} | & | & | \\ L_2(1) & L_2(x) & L_2(x^2) \\ | & | & | \end{bmatrix} = \begin{bmatrix} 1 & -5 & 25 \\ 0 & 3 & -30 \\ 0 & 0 & 9 \end{bmatrix}.$$

Mit $p(x) = a_0 + a_1 x$ ergibt sich als Verkettung die lineare Abbildung $L_2 \circ L_1 : U = \mathbb{R}_{\leq 1}[x] \to W = \mathbb{R}_{\leq 2}[x]$ mit

$$\begin{aligned}(L_2 \circ L_1)(p(x)) &= L_2(L_1(p(x))) = L_2(xp(x)) = (3x-5)p(3x-5) \\ &= (3x-5)(a_0 + a_1(3x-5)) = a_0(3x-5) + a_1(3x-5)^2.\end{aligned}$$

Nun ist $(L_2 \circ L_1)(1) = 3x - 5$ und $(L_2 \circ L_1)(x) = (3x-5)^2 = 25 - 30x + 9x^2$. Ist $\boldsymbol{C} = \boldsymbol{C}_{N_1}^{N_2}$ die naürliche Darstellungsmatrix von $L_2 \circ L_1$, so gilt

$$\boldsymbol{C} = \begin{bmatrix} | & | \\ (L_2 \circ L_1)(1) & (L_2 \circ L_1)(x) \\ | & | \end{bmatrix} = \begin{bmatrix} -5 & 25 \\ 0 & -30 \\ 0 & 9 \end{bmatrix}.$$

Es gilt also die Gleichung

$$\underbrace{\begin{bmatrix} -5 & 25 \\ 0 & -30 \\ 0 & 9 \end{bmatrix}}_{\boldsymbol{C}} = \underbrace{\begin{bmatrix} 1 & -5 & 25 \\ 0 & 3 & -30 \\ 0 & 0 & 9 \end{bmatrix}}_{\boldsymbol{B}} \underbrace{\begin{bmatrix} 0 & 0 \\ 1 & 0 \\ 0 & 1 \end{bmatrix}}_{\boldsymbol{A}}$$

aus Satz 15.9. ∎

## 15.5. Veränderung der Darstellungsmatrix bei Basiswechsel

Die Koordinaten eines Vektors hängen von der Wahl der Basis ab, das haben wir ausführlich diskutiert. Dies gilt auch für die Darstellungsmatrix einer linearen Abbildung. Wir untersuchen nun, wie sich die Zahlen ändern, wenn wir die Basis ändern. Die Problemstellung ist somit: Sind $B$ und $B'$ zwei Basen des endlich dimensionalen Vektorraumes $V$, und ist $L : V \to V$ eine lineare Abbildung. Wie ist der Zusammenhang zwischen den Darstellungsmatrizen $\boldsymbol{L}_B$ und $\boldsymbol{L}_{B'}$?

Wir können die Antwort auf diese Frage aus dem Diagramm 15.12 ablesen.

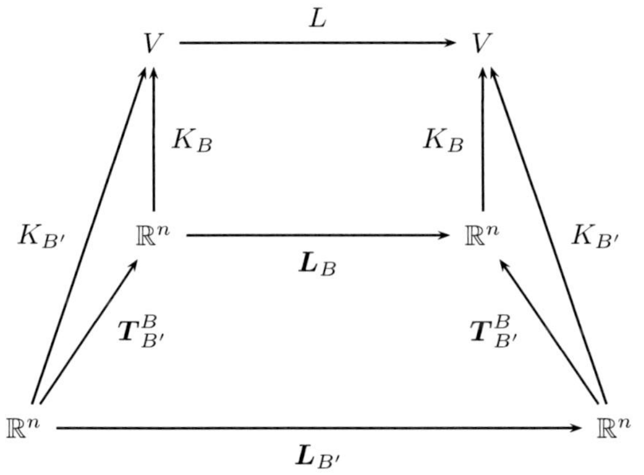


Bild 15.12.: Zusammenhang zwischen den Darstellungsmatrizen $\boldsymbol{L}_B$ und $\boldsymbol{L}_{B'}$

**Satz 15.10** (Darstellungsmatrizen bei Basiswechsel)**.** *Ist* $\boldsymbol{T}_B^{B'}$ *die Basisübergangsmatrix von der Basis B zur Basis B′ im Vektorraum V. Dann gilt*

$$\boldsymbol{L}_{B'} = (\boldsymbol{T}_{B'}^{B})^{-1}\boldsymbol{L}_B\boldsymbol{T}_{B'}^{B} = \boldsymbol{T}_B^{B'}\boldsymbol{L}_B(\boldsymbol{T}_B^{B'})^{-1}$$

*für eine beliebige lineare Abbildung* $L : V \to V$.

Die (neue) Darstellungsmatrix $\boldsymbol{L}_{B'}$ ist also ein Produkt aus zwei Basisübergangsmatrizen und der (alten) Darstellungsmatrix $\boldsymbol{L}_B$.

**Beispiel 15.22** (Darstellungsmatrizen bei Basiswechsel)**.** Es ist $L : \mathbb{R}^2 \to \mathbb{R}^2$ die lineare Abbildung aus Beispiel 15.11. Bestimmen Sie die Matrix $\boldsymbol{L}_{B'}$ mit $B' = \{(1,1),(1,2)\}$.

*Lösung.* Aus Beispiel 15.11 wissen wir, dass

$$\boldsymbol{L}_{B=N} = \begin{bmatrix} 1 & 1 \\ -2 & 4 \end{bmatrix}$$

die Darstellungsmatrix von $L$ in der natürlichen Basis $B = N$ ist. Die Basisübergangsmatrix $\boldsymbol{T}_{B'}^{B=N}$ ist

$$\boldsymbol{T}_{B'}^{B=N} = \begin{bmatrix} 1 & 1 \\ 1 & 2 \end{bmatrix}.$$

Mit Satz 15.10 gilt

$$\boldsymbol{L}_{B'} = (\boldsymbol{T}_{B'}^{B=N})^{-1}\boldsymbol{L}_{B=N}\boldsymbol{T}_{B'}^{B=N} = \begin{bmatrix} 1 & 1 \\ 1 & 2 \end{bmatrix}^{-1}\begin{bmatrix} 1 & 1 \\ -2 & 4 \end{bmatrix}\begin{bmatrix} 1 & 1 \\ 1 & 2 \end{bmatrix} = \begin{bmatrix} 2 & 0 \\ 0 & 3 \end{bmatrix}.$$

Bitte beachten Sie, dass wir das gleiche Ergebnis bereits in Beispiel 15.11 auf direktem Weg gefunden haben. ■

Jetzt aber kommen wir zu einem weiteren äußerst interessanten Zusammenhang; hierzu betrachten wir Beispiel 11.7. In Beispiel 11.7 haben wir über die Theorie von Eigenvektoren und Eigenwerten das gleiche Ergebnis erreicht wie in Beispiel 15.22. Wir haben das Gleiche bewirkt, nur jeweils in einer anderen Sprache. Die Basisübergangsmatrix $\boldsymbol{T}_{B'}^{B=N}$ entspricht der Eigenvektorenmatrix $\boldsymbol{X}$ und die Diagonalmatrix $\boldsymbol{D}$ entspricht der Darstellungsmatrix $\boldsymbol{L}_{B'}$, das heißt der Darstellungsmatrix der linearen Abbildung $L$ in der Basis $B'$, wobei die Basisvektoren von $B'$ Eigenvektoren der Matrix $\boldsymbol{L}_B$ sind. Diagonalisieren entspricht also einem Basiswechsel. Die Eigenvektorenmatrix $\boldsymbol{X}$ beschreibt einen Basisübergang von $B'$ nach $B = N$ und entsprechend beschreibt $\boldsymbol{X}^{-1}$ einen Basisübergang von $B = N$ nach $B'$.

Das Diagonalisiseren einer Matrix ist ein Basiswechsel; die Basisübergangsmatrix ist gleich der Eigenvektorenmatrix und die Diagonalmatrix ist die Darstellungsmatrix der linearen Abbildung in der Eigenvektorenbasis.

Will man die Darstellungsmatrix einer linearen Abbildung finden, die Diagonalform hat, so bedeutet dies eine Basis aus Eigenvektoren zu berechnen.

**Beispiel 15.23.** Gegeben ist die lineare Abbildung $L : \mathbb{R}^3 \to \mathbb{R}^3$ mit $L(x_1, x_2, x_3) = (-2x_3, x_1 + 2x_2 + x_3, x_1 + 3x_2)$. Bestimmen Sie eine Basis $B'$ im Vektorraum $V = \mathbb{R}^3$, sodass $\boldsymbol{L}_{B'}$ Diagonalform hat.

*Lösung.* Wir bestimmen zuerst die Darstellungsmatrix von $L$ in der natürlichen Basis $N$, das heißt die Matrix $\boldsymbol{L}_N$, und diagonalisieren diese dann anschließend.

Die Spaltenvektoren von $\boldsymbol{L}_N$ sind die Bilder der natürlichen Basisvektoren $(1,0,0)$, $(0,1,0)$, $(0,0,1)$. Es ist $L(1,0,0) = (0,1,1)$, $L(0,1,0) = (0,2,0)$ und $L(0,0,1) = (-2,1,3)$, also ist

$$\boldsymbol{L}_N = \begin{bmatrix} 0 & 0 & -2 \\ 1 & 2 & 1 \\ 1 & 0 & 3 \end{bmatrix}.$$

Wir suchen nun eine neue Basis $B'$ bezüglich derer die Darstellungsmatrix von $L$ Diagonalform hat. Dies ist gleichwertig dazu, die Matrix $\boldsymbol{L}_N$ zu diagonalisieren. Dies haben wir bereits in Beispiel 11.8 getan. Mit den dort gewonnenen Resultaten gilt

$$\underbrace{\begin{bmatrix} -2 & -1 & 0 \\ 1 & 0 & 1 \\ 1 & 1 & 0 \end{bmatrix}^{-1}}_{(\boldsymbol{T}_{B'}^{N})^{-1} = \boldsymbol{X}^{-1}} \underbrace{\begin{bmatrix} 0 & 0 & -2 \\ 1 & 2 & 1 \\ 1 & 0 & 3 \end{bmatrix}}_{\boldsymbol{L}_N} \underbrace{\begin{bmatrix} -2 & -1 & 0 \\ 1 & 0 & 1 \\ 1 & 1 & 0 \end{bmatrix}}_{\boldsymbol{T}_{B'}^{N} = \boldsymbol{X}} = \underbrace{\begin{bmatrix} 1 & 0 & 0 \\ 0 & 2 & 0 \\ 0 & 0 & 2 \end{bmatrix}}_{\boldsymbol{L}_{B'}}$$

Die gewünschte Basis $B'$ besteht aus den Spaltenvektoren der Matrix $\boldsymbol{T}_{B'}^{N} = \boldsymbol{X}$; es ist also

$$B' = \{(-2, 1, 1),\ (-1, 0, 1),\ (0, 1, 0)\}.$$

Diese drei Basisvektoren sind Eigenvektoren der Matrix $\boldsymbol{L}_N$. ■

Ist $L : V \to W$ eine lineare Abbildung, so ist für Basen $B$ und $C$ von $V$ und $W$ eine Darstellungsmatrix $\boldsymbol{L}_B^C$ erlärt. Sind nun $B'$ und $C'$ weitere Basen in $V$ und $W$, so stellt sich die Frage nach dem Zusammenhang zwischen $\boldsymbol{L}_B^C$ und $\boldsymbol{L}_{B'}^{C'}$.

Das Diagramm 15.13 beschreibt die Situation übersichtlich, wobei $\mathrm{Dim}(V) = n$ und

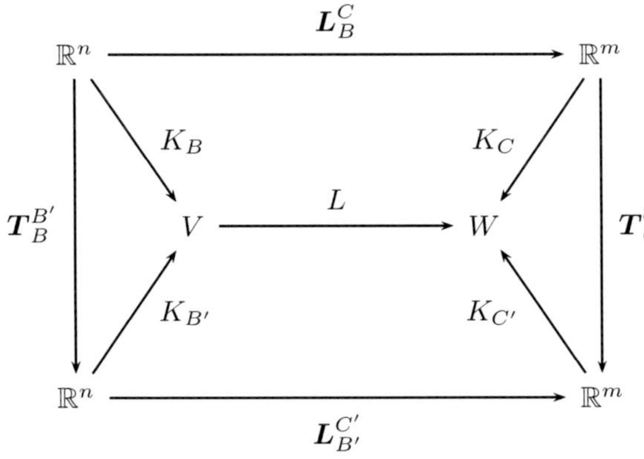


Bild 15.13.: Zusammenhang zwischen den Darstellungsmatrizen $\boldsymbol{L}_B^C$ und $\boldsymbol{L}_{B'}^{C'}$

$\mathrm{Dim}(W) = m$ ist. Dabei werden die Darstellungsmatrizen $\boldsymbol{L}_B^C$ und $\boldsymbol{L}_{B'}^{C'}$, sowie die Basisübergangsmatrizen $\boldsymbol{T}_B^{B'}$ und $\boldsymbol{T}_C^{C'}$ als lineare Abbildungen der Standardräume $\mathbb{R}^n$ und $\mathbb{R}^m$ angesehen.

**Satz 15.11** (Darstellungsmatrizen bei Basiswechsel)**.** *Ist $\boldsymbol{T}_B^{B'}$ die Basisübergangsmatrix von der Basis $B$ zur Basis $B'$ im Vektorraum $V$ und $\boldsymbol{T}_C^{C'}$ die Basisübergangsmatrix von der Basis $C$ zur Basis $C'$ im Vektorraum $W$. Dann gilt*

$$\boldsymbol{L}_{B'}^{C'} = (\boldsymbol{T}_{C'}^{C})^{-1} \boldsymbol{L}_B^C \boldsymbol{T}_{B'}^{B} = \boldsymbol{T}_C^{C'} \boldsymbol{L}_B^C (\boldsymbol{T}_B^{B'})^{-1}$$

*für eine beliebige lineare Abbildung $L : V \to W$.*

Das wird vielleicht noch suggestiver, wenn wir weniger Buchstaben verwenden. Setzen wir $\boldsymbol{A} = \boldsymbol{L}_B^C$, $\boldsymbol{A}' = \boldsymbol{L}_{B'}^{C'}$, $\boldsymbol{T} = \boldsymbol{T}_B^{B'}$ und $\boldsymbol{S} = \boldsymbol{T}_C^{C'}$, so erhalten wir das vereinfachte Diagramm in Bild 15.14 (linkes Bild) und die Formel

$$\boldsymbol{A}' = \boldsymbol{S}\boldsymbol{A}\boldsymbol{T}^{-1}.$$

Tritt der Basiswechsel nur im Vektorraum $W$ ein, so gilt

$$\boldsymbol{L}_B^{C'} = (\boldsymbol{T}_{C'}^{C})^{-1}\boldsymbol{L}_B^C = \boldsymbol{T}_C^{C'}\boldsymbol{L}_B^C$$

und es ist

$$\boldsymbol{L}_{B'}^{C} = \boldsymbol{L}_B^C\boldsymbol{T}_{B'}^{B} = \boldsymbol{L}_B^C(\boldsymbol{T}_B^{B'})^{-1}$$

wenn der Basiswechsel nur $V$ betrifft. Beachten Sie, dass Satz 15.10 den Sonderfall $V = W$ des Satzes 15.11 darstellt. Es ist (rechtes Bild in 15.14) dann

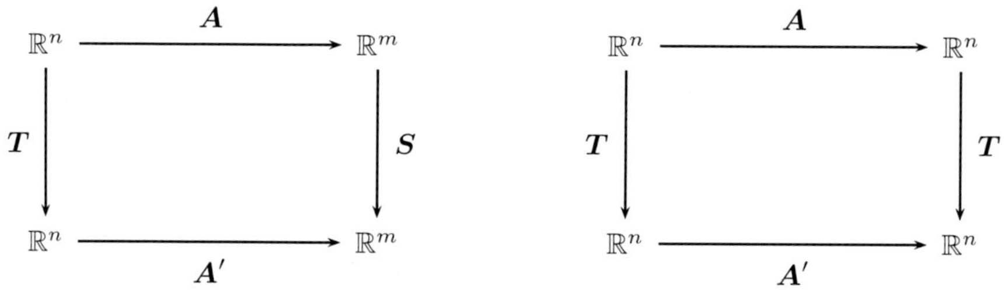


Bild 15.14.: Darstellungsmatrizen bei Basiswechsel

$$\boldsymbol{A}' = \boldsymbol{T}\boldsymbol{A}\boldsymbol{T}^{-1}$$

mit $\boldsymbol{A} = \boldsymbol{L}_B$, $\boldsymbol{A}' = \boldsymbol{L}_{B'}$ und $\boldsymbol{T} = \boldsymbol{T}_B^{B'}$.

## 15.6. Diagonalisierung, Faktorisierung und Basiswechsel

In diesem Abschnitt stellen wir nun wichtige Zusammenhänge her zwischen der Diagonalisierung und der Faktorisierung einer Matrix sowie dem Basiswechsel in einem Vektorraum.

Ist eine quadratische Matrix $\boldsymbol{A} \in \mathbb{R}^{n\times n}$ gegeben, so ist diese genau dann diagonalisierbar, wenn es eine Basis bestehend aus Eigenvektoren gibt, siehe Satz 11.4. Ist dies der

Fall, so gilt $\boldsymbol{X}^{-1}\boldsymbol{A}\boldsymbol{X} = \boldsymbol{D}$. Die Matrix $\boldsymbol{A}$ und die Diagonalmatrix $\boldsymbol{D}$ stellen dieselbe lineare Abbildung $L$ von $V = \mathbb{R}^n$ nach $W = \mathbb{R}^n$ nur in einer anderen Basis dar. $\boldsymbol{A}$ bezüglich der natürlichen Basis $B = E = \{\boldsymbol{e}_1, \boldsymbol{e}_2, \ldots, \boldsymbol{e}_n\}$, also $\boldsymbol{A}_E$ und $\boldsymbol{D}$ bezüglich der Eigenvektorenbasis $B' = \{\boldsymbol{x}_1, \boldsymbol{x}_2, \ldots, \boldsymbol{x}_n\}$, also $\boldsymbol{D}_{B'}$, siehe Satz 15.10. Ausführlich geschrieben ist also

$$\boldsymbol{X}^{-1}\boldsymbol{A}_E\boldsymbol{X} = \boldsymbol{D}_{B'}.$$

Die „guten“ Basisvektoren sind die Eigenvektoren; sie erlauben eine einfache Darstellungsmatrix. Die Diagonalisierung entspricht dem Wechsel der natürlichen Basis zur Eigenvektorenbasis. Die Matrix $\boldsymbol{X}$ ist die Basisübergangsmatrix von der Eigenvektorenbasis $B'$ zur natürlichen Basis $B = E$.

Nun betrachten wir die Singulärwertzerlegung. $\boldsymbol{A}$ kann nun eine rechteckige Matrix sein, das heißt es ist $\boldsymbol{A} \in \mathbb{R}^{m\times n}$; $n$ muss nicht gleich $m$ sein. Nach dem Singulärwertsatz (Hauptsatz 3) gilt $\boldsymbol{U}^{-1}\boldsymbol{A}\boldsymbol{V} = \boldsymbol{S}$ für jede Matrix $\boldsymbol{A} \in \mathbb{R}^{m\times n}$. Jede Matrix lässt sich so diagonalisieren. Die Matrizen $\boldsymbol{A}$ und $\boldsymbol{S}$ beschreiben dieselbe lineare Abbildung $L$; nun ist aber $V = \mathbb{R}^n$ und $W = \mathbb{R}^m$. $\boldsymbol{A}$ stellt $L$ bezüglich der natürlichen Basen $B = E_n = \{\boldsymbol{e}_1, \boldsymbol{e}_2, \ldots, \boldsymbol{e}_n\}$ in $V = \mathbb{R}^n$ und $C = E_m = \{\boldsymbol{e}_1, \boldsymbol{e}_2, \ldots, \boldsymbol{e}_m\}$ in $W = \mathbb{R}^m$ dar. Die Matrix $\boldsymbol{S}$ stellt $L$ in $V = \mathbb{R}^n$ durch die Basis $B' = \{\boldsymbol{v}_1, \boldsymbol{v}_2, \ldots, \boldsymbol{v}_n\}$ und in $W = \mathbb{R}^m$ durch die Basis $C' = \{\boldsymbol{u}_1, \boldsymbol{u}_2, \ldots, \boldsymbol{u}_m\}$ dar. Solche Basen gibt es immer, siehe Satz 15.11. Ausführlich geschrieben ist also

$$\boldsymbol{U}^{-1}\boldsymbol{A}_{B=E_n}^{C=E_m}\boldsymbol{V} = \boldsymbol{S}_{B'}^{C'}.$$

$\boldsymbol{V}$ ist die Basisübergangsmatrix von der Basis $B' = \{\boldsymbol{v}_1, \boldsymbol{v}_2, \ldots, \boldsymbol{v}_n\}$ zur natürlichen Basis $B = E_n$ im Vektorraum $V = \mathbb{R}^n$ und $\boldsymbol{U}$ ist die Basisübergangsmatrix von der Basis $C' = \{\boldsymbol{u}_1, \boldsymbol{u}_2, \ldots, \boldsymbol{u}_m\}$ zur natürlichen Basis $C = E_m$ im Vektorraum $W = \mathbb{R}^m$.

In beiden Fällen sind die „guten“ Matrizen $\boldsymbol{D}$ bzw. $\boldsymbol{S}$ diagonal, die „guten“ Basen sind Eigenvektoren von $\boldsymbol{A}$ bzw. Eigenvektoren von $\boldsymbol{A}^{\mathrm{T}}\boldsymbol{A}$ und $\boldsymbol{A}\boldsymbol{A}^{\mathrm{T}}$. Sie sehen aber auch den Unterschied zwischen den beiden Faktorisierungen. Im Eigenwertproblem sind die Basen die gleichen. $\boldsymbol{D}$ ist eine Darstellungsmatrix bezüglich der Eigenvektoren von $\boldsymbol{A}$ in $\mathbb{R}^n$. $\boldsymbol{A}$ ist eine quadratische Matrix. Auch gibt es quadratische Matrizen, die sich nicht diagonalisieren lassen, da sie keine $n$ linear unabhängige Eigenvektoren besitzen. In $\boldsymbol{S}$ sind die Basen verschieden. Die Matrix kann rechteckig sein. Die Basen sind sogar orthonormal, da $\boldsymbol{A}^{\mathrm{T}}\boldsymbol{A}$ und $\boldsymbol{A}\boldsymbol{A}^{\mathrm{T}}$ symmetrisch sind. $\boldsymbol{U}$ und $\boldsymbol{V}$ sind orthogonale Matrizen. Jede Matrix aus $\mathbb{R}^{m\times n}$ kann diagonalisiert werden; dies ist durch die Singulärwertzerlegung $\boldsymbol{S} = \boldsymbol{U}^{-1}\boldsymbol{A}\boldsymbol{V}$ gewährleistet.

Bei der QR-Faktorisierung $\boldsymbol{A} = \boldsymbol{Q}\boldsymbol{R}$ wird nur eine neue Basis gewählt, nämlich die orthonormale Basis, die durch die Spalten von $\boldsymbol{Q}$ gegeben ist. Ist $\boldsymbol{A} \in \mathbb{R}^{n\times n}$ und regulär, so gilt $\boldsymbol{Q}^{-1}\boldsymbol{A} = \boldsymbol{R}$. Man erreicht so keine Diagonalmatrix, aber eine Dreiecksmatrix

$$\boldsymbol{Q}^{-1}\boldsymbol{A}_E = \boldsymbol{R}_Q$$

mit $E = \{\boldsymbol{e}_1, \ldots, \boldsymbol{e}_n\}$ und $Q = \{\boldsymbol{q}_1, \ldots, \boldsymbol{q}_n\}$. $\boldsymbol{Q}$ ist die Basisübergangsmatrix von der Basis $Q$ zur natürlichen Basis $E$. $\boldsymbol{R}_Q$ stellt dieselbe lineare Abbildung dar wie $\boldsymbol{A}_E$, allerdings in der Basis $Q$.

Alle Faktorisierungen einer Matrix können als Basiswechsel betrachtet werden.

## 15.7. Weitere Bemerkungen und Hinweise

Mehr Details zu den Themen dieses Kapitels finden Sie in [30] und [105].

## Aufgaben

**15.1.** Es sind $V$ und $W$ zwei dreidimensionale Vektorräume mit Basen $B = \{\boldsymbol{b}_1, \boldsymbol{b}_2, \boldsymbol{b}_3\}$ und $C = \{\boldsymbol{c}_1, \boldsymbol{c}_2, \boldsymbol{c}_3\}$, und es ist $L : V \to W$ die lineare Abbildung mit $L(\boldsymbol{b}_j) = \boldsymbol{c}_j$. Dann ist die Darstellungmatrix $\boldsymbol{L}_B^C$ gleich

□ $\begin{bmatrix} 1 & 1 & 1 \\ 1 & 1 & 1 \\ 1 & 1 & 1 \end{bmatrix}$ □ $\begin{bmatrix} 1 & 0 & 0 \\ 0 & 1 & 0 \\ 0 & 0 & 1 \end{bmatrix}$ □ $\begin{bmatrix} 0 & 0 & 0 \\ 0 & 0 & 0 \\ 0 & 0 & 0 \end{bmatrix}$ □ $\begin{bmatrix} 0 & 0 & 1 \\ 0 & 1 & 0 \\ 1 & 0 & 0 \end{bmatrix}$

**15.2.** Es ist $I$ die identische Abbildung von $\mathbb{R}^2$ nach $\mathbb{R}^2$ und $B = \{(2, 1), (1, 2)\}$ die Basis in der Definitionsmengen und $C = \{(1, -1), (1, 0)\}$ die Basis in der Zielmenge. Dann ist

□ $\begin{bmatrix} 1 & 0 \\ 0 & 1 \end{bmatrix}$ □ $\begin{bmatrix} -1 & -2 \\ 3 & 3 \end{bmatrix}$ □ $\begin{bmatrix} -2 & -1 \\ 3 & 3 \end{bmatrix}$ □ $\begin{bmatrix} 0 & 1 \\ 1 & 0 \end{bmatrix}$

die Darstellungsmatrix von $I$ in den Basen $B$ und $C$.

**15.3** (Koordinatenvektor)**.** Es ist $V = \mathbb{R}_{\leq 1}[x]$ der Vektorraum der reellen Polynomfunktionen vom Grad kleiner gleich eins. Geben Sie von dem Vektor $\boldsymbol{v} = 3x + 2 \in \mathbb{R}_{\leq 1}[x]$ den Koordinatenvektor $\boldsymbol{v}_B$ in der Basis $B = \{\boldsymbol{b}_1 = x, \boldsymbol{b}_2 = 1\}$ an. Wie lautet der Koordinatenvektor $\boldsymbol{v}_C$ in der Basis $C = \{\boldsymbol{c}_1 = x - 1, \boldsymbol{c}_2 = 5\}$?

**15.4** (Koordinatenvektor)**.** Es ist $V = \mathbb{R}_{\leq 2}[x]$ der Vektorraum der reellen Polynomfunktionen vom Grad kleiner gleich zwei. Geben Sie von dem Vektor $\boldsymbol{v} = 2x^2 - 5x + 6 \in \mathbb{R}_{\leq 2}[x]$ den Koordinatenvektor $\boldsymbol{v}_B$ in der Basis $B = \{\boldsymbol{b}_1 = 1, \boldsymbol{b}_2 = x - 1, \boldsymbol{b}_3 = (x - 1)^2 = x^2 - 2x + 1\}$ an.

**15.5** (Basiswechsel, Koordinatentransformation). Gegeben ist $\boldsymbol{v}_B = (-1, -4, -2)$ im Vektorraum $\mathbb{R}^3$ in der Basis $B = \{(-1, 1, 3), (1, 0, -1), (0, 1, 1)$. Gesucht werden die Koordinaten von $\boldsymbol{v}_{B'}$ im Vektorraum $\mathbb{R}^3$ in der neuen Basis $B' = \{(2, -1, 14), (1, 1, 2), (1, 2, -1)\}$.

**15.6** (Basiswechsel und Darstellungsmatrix bei Basiswechsel). Das Koordinatensystem (das heißt der Beobachter) dreht sich um $45° = \pi/4$ gegen den Uhrzeigersinn um die $z$-Achse.

(a) Berechnen Sie die neuen Koordinaten des Vektors $\boldsymbol{v}_{\text{neu}}$, der im ursprünglichen kartesischen Koordinatensystem durch $\boldsymbol{v}_{\text{alt}} = (1, 3, 4)$ dargestellt wird.

(b) Spiegeln Sie den Vektor $\boldsymbol{v}_{\text{alt}} = (1, 3, 4)$ an der Ebene $x - y = 0$ und geben Sie dessen Koordinaten bezüglich des alten Koordinatensystems an. Die Bezeichnung des gespiegelten Vektors sei $\boldsymbol{v}'$.

(c) Wie lautet die Matrix $\boldsymbol{A}_{\text{neu}}$, die diese Spiegelung im neuen Koordinatensystem beschreibt. Geben Sie den gespiegelten Vektor im neuen Koordinatensystem an.

(d) Zeigen Sie, dass der gespiegelte Vektor in der alten Basis gleich dem gespiegelten Vektor in der neuen Basis ist.

**15.7** (Basiswechsel). Gegeben ist der Vektorraum $V = \mathbb{R}_{\leq 1}[x]$ mit den Basen $B = \{\boldsymbol{b}_1 = 6 + 3x, \boldsymbol{b}_2 = 10 + 2x\}$ und $B' = \{\boldsymbol{b}_1' = 2, \boldsymbol{b}_2' = 3 + 2x\}$. Bestimmen Sie die Basisübergangsmatrix $\boldsymbol{T}_B^{B'}$, $\boldsymbol{T}_{B'}^{B}$ und die Koordinatenvektoren $\boldsymbol{v}_B$, $\boldsymbol{v}_{B'}$ von $\boldsymbol{v} = -4 + x$.

**15.8** (Basiswechsel). Im Vektorraum $V = \mathbb{R}^2$ sind die Basen $B = \{(1, 1), (1, 2)\}$ und $B' = N$ gegeben. Wie lautet der Koordinatenvektor $\boldsymbol{v}_B = (1, 1)$ in der Basis $N$? Wie lautet der Koordinatenvektor $\boldsymbol{v}_N = (2, 3)$ in der Basis $B$?

**15.9.** Es ist $L : \mathbb{R}^2 \to \mathbb{R}^2$ die folgende Abbildung: $L(x_1, x_2) = (x_1 - 2x_2, -x_2)$. Bestimmen Sie die Darstellungsmatrizen $\boldsymbol{A}_B$ und $\boldsymbol{A}_{B'}$ mit $B = E = \{(1, 0), (0, 1)\}$ und $B' = \{(2, 1), (-3, 4)\}$.

**15.10.** Bestimmen Sie eine Basis des $\mathbb{R}^3$, für die die Darstellungsmatrix von $L : \mathbb{R}^3 \to \mathbb{R}^3$, $L(\boldsymbol{x}) = (-2x_1 + x_2 - x_3, x_1 - 2x_2 - x_3, -x_1 - x_2 - 2x_3)$, Diagonalgestalt hat.

**15.11.** Gegeben ist die lineare Abbildung $L : \mathbb{R}^2 \to \mathbb{R}^2$ mit $L(x_1, x_2) = (x_1 + 2x_2, 2x_1 - x_2)$. Geben Sie jeweils die Darstellungsmatrix $\boldsymbol{L}_B^C$ bezüglich der Basen

(a) $B = C = N = \{\boldsymbol{e}_1, \boldsymbol{e}_2\} = \{(1, 0), (0, 1)\}$,

(b) $B = N = \{(1, 0), (0, 1)\}$ und $C = \{(-1, 2), (2, 0)\}$,

(c) $B = \{(-1, 2), (2, 0)\}$ und $C = N = \{(1, 0), (0, 1)\}$,

(d) $B = C = \{(-1, 2), (2, 0)\}$,

an. Berechnen Sie anschließend $L(1, 2)$ nach der Definition von $L$ und mit den Matrizen aus (a) bis (d).

**15.12.** Gegeben sei eine Basis $B = \{\boldsymbol{b}_1, \boldsymbol{b}_2, \ldots, \boldsymbol{b}_n\}$ des Vektorraumes $V$ und die identische Abbildung $I : V \to V$. Geben Sie $\boldsymbol{L}_B$ von $I$ an.

**15.13.** Es ist $L : \mathbb{R}^3 \to \mathbb{R}^3$ die lineare Abbildung $L(x, y, z) = (x, y, 0)$. Welche geometrische Bedeutung hat $L$. Bestimmen Sie die Darstellungsmatrizen $\boldsymbol{A}_B$ und $\boldsymbol{A}_{B'}$ mit $B = E$ und $B' = \{(1, 0, 0), (1, 1, 0), (1, 1, 1)\}$.

**15.14.** Richtig oder falsch?

(a) Die Nullabbildung hat als Darstellungsmatrix die Nullmatrix.
(b) Die identische Abbildung hat als Darstellungsmatrix die Einheitsmatrix.
(c) Jede Darstellungsmatrix der identischen Abbildung besteht nur aus Nullen und Einsen.
(d) Jede Matrix kann Darstellungsmatrix der identischen Abbildung sein.

**15.15.** Es ist $L$ eine lineare Abbildung von $V$ nach $W$. Richtig oder falsch?

(a) $L$ hat nur eine einzige Darstellungsmatrix.
(b) Wenn man die Basen in $V$ und $W$ festlegt, ist die Darstellungsmatrix von $L$ eindeutig bestimmt.
(c) Zwei verschiedene Darstellungsmatrizen von $L$ unterscheiden sich nur in der Anordnung ihrer Elemente.
(d) Je zwei Darstellungsmatrizen von $L$ haben den gleichen Rang.

**15.16.** Gegeben ist die Matrix

$$\boldsymbol{A} = \begin{bmatrix} 1 & 2 \\ 3 & -1 \end{bmatrix}.$$

Finden Sie Basen $B = \{\boldsymbol{b}_1, \boldsymbol{b}_2\}$ und $B' = \{\boldsymbol{b}'_1, \boldsymbol{b}'_2\}$ von $\mathbb{R}^2$, so dass $\boldsymbol{A}$ bezüglich dieser Basen die Darstellungsmatrix

(a) der identischen Abbildung $I : \mathbb{R}^2 \to \mathbb{R}^2$
(b) der Abbildung $L : \mathbb{R}^2 \to \mathbb{R}^2$ mit $L(x, y) = (y, x)$

ist.

## Sie sollten nun mit folgenden Begriffen umgehen können

Koordinatenvektor, Basiswechsel, Darstellungsmatrix.

# A. Vier Hauptaufgaben der Linearen Algebra

Wir stellen vier Hauptaufgaben der *(Angewandten) Linearen Algebra* zusammen.

> **Lineare Gleichungssysteme**
> Gegeben ist eine Matrix $\boldsymbol{A} \in \mathbb{R}^{m \times n}$ und ein Vektor $\boldsymbol{b} \in \mathbb{R}^m$. Finde einen Vektor $\boldsymbol{x} \in \mathbb{R}^n$, der die Vektorgleichung
>
> $$\boldsymbol{A}\boldsymbol{x} = \boldsymbol{b}$$
>
> erfüllt.

Ist ein gegebenes lineares Gleichungssystem $\boldsymbol{A}\boldsymbol{x} = \boldsymbol{b}$ unlösbar, weil der Vektor $\boldsymbol{b}$ nicht im Spaltenraum der Matrix $\boldsymbol{A}$ liegt, so kann man eine Näherungslösung berechnen, indem man die dazugehörige Ersatzaufgabe, die lineare Ausgleichsaufgabe, löst.

> **Lineare Ausgleichsaufgabe**
> Gegeben ist eine Matrix $\boldsymbol{A} \in \mathbb{R}^{m \times n}$ und ein Vektor $\boldsymbol{b} \in \mathbb{R}^m$. Finde einen Vektor $\boldsymbol{x} \in \mathbb{R}^n$, der die lineare Ausgleichsaufgabe
>
> $$\underset{\boldsymbol{x} \in \mathbb{R}^n}{\text{Minimiere}} \quad |\boldsymbol{b} - \boldsymbol{A}\boldsymbol{x}|$$
>
> löst.

Die Eigenwertaufgabe stellt ebenfalls eine Hauptaufgabe dar.

> **Eigenwertaufgabe**
> Gegeben ist eine quadratische Matrix $\boldsymbol{A} \in \mathbb{R}^{n \times n}$. Finde $n$ Zahlen $\lambda \in \mathbb{R}$ und Vektoren $\boldsymbol{x} \in \mathbb{R}^n$, so dass gilt
>
> $$\boldsymbol{A}\boldsymbol{x} = \lambda \boldsymbol{x}.$$

Die Singulärwertzerlegung ist eine Hauptaufgabe.

**Singuärwertzerlegung**
Gegeben ist eine Matrix $\boldsymbol{A} \in \mathbb{R}^{m \times n}$. Die Aufgabe besteht darin, orthogonale Matrizen $\boldsymbol{U}$ und $\boldsymbol{V}$ und eine Diagonalmatrix $\boldsymbol{S}$ derart zu finden, dass

$$\boldsymbol{A} = \boldsymbol{U}\boldsymbol{S}\boldsymbol{V}^{\mathrm{T}}.$$

gilt.

Diese Matrizenfaktorisierung wird Singulärwertzwerlegung von $\boldsymbol{A}$ genannt. Die Diagonalwerte von $\boldsymbol{S}$ sind die singulären Werte. Die Spaltenvektoren von $\boldsymbol{U}$ und $\boldsymbol{V}$ werden singuläre Vektoren genannt.

# B. Lineare Gleichungssysteme

Lineare Gleichungssysteme lassen sich in vielfältiger Form darstellen und ihre Lösungen beziehungsweise die Lösbarkeit jeweils entsprechend interpretieren.

- System linearer Gleichungen:

  $$x_1 a_{i1} + x_2 a_{i2} + \cdots + x_n a_{in} = b_i, \qquad i = 1, 2, \ldots, m.$$

  Es exisitiert genau dann mindestens einer Lösung, wenn der Durchschnitt der durch die $m$ linearen Gleichungen definierten Hyperebenen nicht leer ist. Die Lösung ist genau dann eindeutig, wenn sich die $m$ Hyperebenen in genau einem Punkt schneiden.
- Vektorgleichung:

  $$x_1 \boldsymbol{a}_1 + x_2 \boldsymbol{a}_2 + \cdots + x_n \boldsymbol{a}_n = \boldsymbol{b}.$$

  Das Gleichungssysteme ist genau dann lösbar, wenn sich $\boldsymbol{b}$ als Linearkombination der $\boldsymbol{a}_j$, $j = 1, 2, \ldots, n$, darstellen lässt; $\boldsymbol{a}_j$ sind die Spalten von $\boldsymbol{A}$. Die Lösung ist genau dann eindeutig, wenn die Vektoren $\boldsymbol{a}_j$ linear unabhängig sind.
- Matrizengleichung:

  $$\boldsymbol{A}\boldsymbol{x} = \boldsymbol{b}.$$

  Die Gleichung ist lösbar, wenn der Rang der Matrix $\boldsymbol{A}$ und der Rang der um die Spalte $\boldsymbol{b}$ erweiterten Matrix gleich sind. Ist die Gleichung lösbar, so ist sie genau dann eindeutig lösbar, wenn der Rang gleich $n$ ist, also gleich der Anzhal der Unbekannten. Die Matrix $\boldsymbol{A}$ ist dann invertierbar und es gilt $\boldsymbol{x} = \boldsymbol{A}^{-1}\boldsymbol{b}$.
- Lineare Abbildung:

  $$L : \mathbb{R}^n \to \mathbb{R}^m \quad \text{mit} \quad \boldsymbol{x} \mapsto L(\boldsymbol{x}) = \boldsymbol{A}\boldsymbol{x}.$$

  Die Lösungsmenge von $\boldsymbol{A}\boldsymbol{x} = \boldsymbol{b}$ ist gerade das Urbild von $\boldsymbol{b}$ unter $L$. Die Gleichung ist genau dann lösbar, wenn $\boldsymbol{b}$ im Bildraum von $L$ liegt. Ist die Gleichung lösbar, so ist sie genau dann eindeutig lösbar, wenn $L$ injektiv ist, wenn also der Kern von $L$ nur aus dem Nullvektor besteht.
- System von Skalarproduktgleichungen:

  $$\boldsymbol{z}_i^{\mathrm{T}} \boldsymbol{x} = b_i, \qquad i = 1, 2, \ldots, m,$$

  wobei $\boldsymbol{z}_i^{\mathrm{T}}$ die $i$-te Zeile von $\boldsymbol{A}$ ist. Die Lösungen des zugehörigen homogenen Systems $\boldsymbol{z}_i^{\mathrm{T}} \boldsymbol{x} = 0$ sind gerade die zu sämtlichen $\boldsymbol{z}_i$, $i = 1, 2, \ldots, m$, orthogonalen Vektoren.

Die verschiedenen Darstellungen und Interpretationen sind auch deshalb interessant, da sie im $\mathbb{R}^2$ bzw. $\mathbb{R}^3$ unterschiedliche geometrisch-anschauliche Sichtweisen ermöglichen. Bezüglich der Lösbarkeit linearer Gleichungssysteme stellen sich folgende Fragen:

(a) *Lösbarkeit*, das heißt, unter welchen Bedingungen an $\boldsymbol{A}$ und $\boldsymbol{b}$ gibt es $\boldsymbol{x}$ mit $\boldsymbol{Ax} = \boldsymbol{b}$?

(b) *Universelle Lösbarkeit*, das heißt, unter welchen Bedingungen an $\boldsymbol{A}$ ist $\boldsymbol{Ax} = \boldsymbol{b}$ für alle $\boldsymbol{b} \in \mathbb{R}^m$ lösbar?

(c) *Beschreibung aller Lösungen* von $\boldsymbol{Ax} = \boldsymbol{b}$, das heißt, wie lassen sich alle Lösungen von $\boldsymbol{Ax} = \boldsymbol{b}$ beschreiben?

(d) *Eindeutige Lösbarkeit*, das heißt, wann ist $\boldsymbol{Ax} = \boldsymbol{b}$ eindeutig lösbar?

Wir beantworten diese Fragen in den folgenden Sätzen. Die Begründungen, Beweise und Herleitungen finden sich in den vorhergehenden Kapiteln.

**Satz B.1** (Lösbarkeit). *Die folgenden Aussagen sind äquivalent:*

*(a) Das Gleichungssystem $\boldsymbol{Ax} = \boldsymbol{b}$ ist lösbar.*

*(b) Die rechte Seite $\boldsymbol{b}$ liegt im Spaltenraum von $\boldsymbol{A}$, das heißt $\boldsymbol{b} \in S(\boldsymbol{A})$.*

*(c) Es ist $Rang(\boldsymbol{A}) = Rang([\boldsymbol{A}\ \boldsymbol{b}])$.*

**Satz B.2** (Universelle Lösbarkeit). *Die folgenden Aussagen sind äquivalent:*

*(a) Das lineare Gleichungssystem $\boldsymbol{Ax} = \boldsymbol{b}$ ist für jede rechte Seite $\boldsymbol{b}$ lösbar.*

*(b) Der Spaltenraum von $\boldsymbol{A}$ ist der ganze Raum $\mathbb{R}^m$.*

*(c) $Rang(\boldsymbol{A}) = m$.*

*(d) Es gilt die Gleichung $\boldsymbol{AA}^+ = \boldsymbol{E}_m$.*

**Satz B.3** (Beschreibung aller Lösungen). *Die Menge $N(\boldsymbol{A})$ der Lösungen $\boldsymbol{x}$ des homogenen Gleichungssystems $\boldsymbol{Ax} = \boldsymbol{o}$ ist ein Unterraum von $\mathbb{R}^n$ der Dimension $n - Rang(\boldsymbol{A})$. Ist $\bar{\boldsymbol{x}}$ eine Lösung von $\boldsymbol{Ax} = \boldsymbol{b}$, so erhält man alle Lösungen von $\boldsymbol{Ax} = \boldsymbol{b}$ in der Form $\boldsymbol{x} = \bar{\boldsymbol{x}} + \boldsymbol{x}_N$ mit $\boldsymbol{x}_N \in N(\boldsymbol{A})$.*

**Satz B.4** (Eindeutige Lösbarkeit). *Ist $\boldsymbol{Ax} = \boldsymbol{b}$ lösbar, dann sind folgende Aussagen äquivalent:*

*(a) Das System $\boldsymbol{Ax} = \boldsymbol{b}$ ist eindeutig lösbar.*

*(b) Der Nullraum von $\boldsymbol{A}$ besteht nur aus dem Nullvektor, das heißt $N(\boldsymbol{A}) = \{\boldsymbol{o}\}$.*

*(c) Der Rang von $\boldsymbol{A}$ ist gleich $n$, das heißt $Rang(\boldsymbol{A}) = n$.*

*(d) Es gilt $\boldsymbol{A}^+\boldsymbol{A} = \boldsymbol{E}_n$.*

*Die (eindeutige) Lösung von $\boldsymbol{Ax} = \boldsymbol{b}$ ist $\boldsymbol{x} = \boldsymbol{A}^{-1}\boldsymbol{b}$.*

# Schlussbemerkungen und Hinweise

Natürlich sind wir nicht am Ende der Linearen Algebra angelangt. Für jemanden, der sich tiefer in dieses faszinierende Gebiet einarbeiten möchte, herrscht kein Mangel an weiterführenden Lehrbüchern. An deutschsprachiger Literatur sind [2], [9], [11], [25], [30], [59], [65], [72] zu nennen; englischsprachige Bücher sind [8], [51], [71], [81], [105] und [106]. Die Bücher [20], [23], [36], [44], [55], [78], [100], [102], [111] und [115] behandeln die Numerische Lineare Algebra[1] oder Teile aus ihr. Klassiche Werke sind: [6], [34], [45], [92], [96] und [118].

In den Büchern [53] und [85] finden Sie weitere Anwendungen der Linearen Algebra, zum Beispiel aus der Mathematischen Physik, aus der Kryptographie, aus der Codierungstheorie und von Stochastischen Prozessen. Übersichtlich dargestellt finden Sie Zusammenhänge von Matrizenrechnung, Linearer Algebra und Statistik im Buch [97]. Speziell als Prüfungstrainer ist das Buch [16] gedacht.

Die sechs Grundmuster mathematischen Arbeitens sind: Beweisen, Argumentieren, mathematische Begriffe, mathematisches Problemlösen, mathematisches Modellieren und Argumentieren. Die Mathematik ist eine beweisenden Wissenschaft, so dass Schlussfolgern eindeutig zum Kerngeschäft der Mathematik (*Linearen Algebra*) gehört. Beweisen bedeutet, eine mathematische Aussage auf andere wahren Aussagen zurückzuführen. Neben dem Beweisen steht das Argumentieren. Dazu gehört: Fragen stellen, Erläuterungen und Begründungen geben, Lösungswege beschreiben und begründen. Begriffe spielen in der Mathematik eine sehr große Rolle. Es gibt einerseits Grundbegriffe und andererseits Begriffe, die über Definitionen und andere Begriffe zurückgeführt werden. Unter einem Problem versteht man eine Aufgabe, die es zu lösen gilt, bei der eine Lösung allerdings nicht offensichtlich ist. Unter mathematischer Modellierung versteht man die Herstellung mathematischer Strukturen eines Teilaspektes der Wirklichkeit. Mit dem Begriff Algorithmus bezeichnet man eine Vorschrift zur Lösung einer Aufgabe. Die *Lineare Algebra* und insbesondere die *Numerische Lineare Algebra* kennt viele interessante Algorithmen. Diese sechs Grundmuster des mathematischen Arbeitens kennzeichnen auch dieses Buch.

Wir haben nur reelle Vektorräume betrachtet, das heißt wir haben wie im Vorwort angekündigt die Lineare Algebra über dem reellen Zahlenkörper $\mathbb{R}$ entwickelt. In vielen Anwendungen ist es aber sinnvoll, nützlich oder notwendig komplexe Zahlen $\mathbb{C}$ als Zahlenkörper zuzulassen und komplexe Vektorräume zu betrachten. Der Prototyp komplexer endlich dimensionaler Vektorräume ist der $\mathbb{C}^n$. Einer der Vorzüge komplexe Zahlen zuzulassen, besteht darin dass alle Matrizen Eigenwerte besitzen, was bei der Beschränkung auf reelle Zahlen nicht der Fall ist. Für die Übertragung der hier behandelten Definitionen, Begriffe, Methoden, Konzepte und Anwendungen auf den komplexen Zahlenkörper verweise ich Sie auf die Literatur.

[1]Die Numerische Lineare Algebra ist ein Teilgebiet der Numerischen Mathematik, welches sich mit Algorithmen für Problemstellungen der Linearen Algebra beschäftigt. Dabei liegt das Hauptaugenmerk bei der Lösung von Linearen Gleichungssystemen und Eigenwertproblemen.

Die Lineare Algebra ist ein faszinierender Teil der Mathematik für eigene Entwicklungen, Entdeckungen und Forschungen. Fassen Sie eine Aufgabe, die Ihnen schwieriger erscheint als eigenes kleines Entwicklungsprojekt auf. Stellen Sie eigene Fragen und versuchen Sie Antworten; ihr Lernerfolg wird riesig sein.

Es wird nun Zeit, dass ich Schluss mache. Wenn Sie die Lineare Algebra bis hierher gut durchgearbeitet und verstanden haben, haben Sie eine gute Grundlage und andere Begriffe, Themen und Theorien können nun ruhig kommen: Systemtheorie, Steuerungs- und Regelungstechnik, KALMAN-Filter, Computergrafik, Signal- und Bildverarbeitung, Robotik, Wavelets, Statistik, Wahrscheinlichkeitsrechnung, Differenzen- und Differenzialgleichungen, Finanzmathematik, Ökonometrie, Ökonomie, FOURIER-Analysis, Finite-Elemente- und Finite-Volumen-Methoden, Graphentheorie, Optimierung und Operations Research, wissenschaftliches Rechnen, numerische Mathematik, Funktionalanalysis, Kryptologie, Quantentheorie, Elektrotechnik, Elektrodynamik, Schwingungs- und Wellenlehre, (technische) Mechanik, Akustik, Thermodynamik, usw. Überall werden Sie ein Stück Lineare Algebra entdecken.

# Musterlösungen der Aufgaben

Um Platz zu sparen, geben wir Ankreuz-Lösungen manchmal von links nach rechts statt von oben nach unten.

**1.1** *Lösung.* Falsch.

**1.2** *Lösung.* Wahr.

**1.3** *Lösung.* Wahr.

**1.4** *Lösung.* Falsch.

**1.5** *Lösung.* Falsch.

**1.6** *Lösung.* Falsch. Richtig ist: $(\boldsymbol{A}-\boldsymbol{B})^2 = (\boldsymbol{A}-\boldsymbol{B})(\boldsymbol{A}-\boldsymbol{B}) = \boldsymbol{A}^2 - \boldsymbol{AB} - \boldsymbol{BA} + \boldsymbol{B}^2$. Da das Matrizenprodukt aber nicht kommutativ ist, dürfen die beiden mittleren Terme nicht zusammengefasst werden.

**1.7** *Lösung.* Falsch. Wählen Sie zum Beispiel:

$$\boldsymbol{A} = \begin{bmatrix} 1 & 0 \\ 0 & 0 \end{bmatrix}, \ \boldsymbol{B} = \begin{bmatrix} 1 & 1 \\ 2 & 2 \end{bmatrix}, \ \boldsymbol{C} = \begin{bmatrix} 1 & 1 \\ 3 & 3 \end{bmatrix}.$$

Wäre die Matrix $\boldsymbol{A}$ quadratisch und invertierbar, dann wäre $\boldsymbol{B} = \boldsymbol{C}$.

**1.8** *Lösung.* Wahr. Jede Zeile der Matrix

$$\boldsymbol{A} = \boldsymbol{x}\boldsymbol{y}^{\mathrm{T}} = \begin{bmatrix} x_1 \\ x_2 \\ \vdots \\ x_n \end{bmatrix} \begin{bmatrix} y_1 & y_2 & \cdots & y_n \end{bmatrix} = \begin{bmatrix} x_1y_1 & x_1y_2 & \cdots & x_1y_n \\ x_2y_1 & x_2y_2 & \cdots & x_2y_n \\ \vdots & \vdots & \vdots & \vdots \\ x_ny_1 & x_ny_2 & \cdots & x_ny_n \end{bmatrix}$$

ist ein Vielfaches der ersten Zeile. Damit sind nach entsprechenden Zeilenumformungen alle Zeilen außer der Ersten Nullzeilen.

**1.9** *Lösung.* Wahr.

**1.10** *Lösung.* Falsch.

**1.11** *Lösung.* Falsch. Zum Beispiel

$$\boldsymbol{A} = \begin{bmatrix} 1 & 0 & 0 \\ 0 & 1 & 0 \end{bmatrix}, \quad \boldsymbol{B} = \begin{bmatrix} 1 & 0 \\ 0 & 1 \\ 0 & 0 \end{bmatrix}.$$

**1.12** *Lösung.* Wahr. Es ist

$$\boldsymbol{A}^{-1} = \begin{bmatrix} \boldsymbol{B}^{-1} & \boldsymbol{O} \\ \boldsymbol{O} & \boldsymbol{C}^{-1} \end{bmatrix}.$$

**1.13** *Lösung.* Falsch.

**1.14** *Lösung.* Wahr.

**1.15** *Lösung.* Wahr.

**1.16** *Lösung.* [×] [ ] [ ]

**1.17** *Lösung.* [ ] [ ] [×]

**1.18** *Lösung.* [×] [ ] [ ]

**1.19** *Lösung.* [ ] [×] [ ]

**1.20** *Lösung.* [ ] [×] [ ]

**1.21** *Lösung.*

| | | |
|---|---|---|
| × | | |

**1.22** *Lösung.* Aus schreibtechnischen Gründen geben wir die Lösung von links nach rechts an, statt von oben nach unten.

| | | | | | | | | | |
|---|---|---|---|---|---|---|---|---|---|
| | | | × | | | | | | |

Zum Beispiel mit

$$\boldsymbol{A} = \begin{bmatrix} -1 & 1 \\ -1 & 1 \end{bmatrix}$$

gilt $\boldsymbol{AA} = \boldsymbol{A}^2 = \boldsymbol{O}$.

**1.23** *Lösung.*

| | | |
|---|---|---|
| × | | |

**1.24** *Lösung.*

| | | |
|---|---|---|
| × | | × |
| × | × | |

**1.25** *Lösung.* Aus schreibtechnischen Gründen geben wir die Lösung von links nach rechts an, statt von oben nach unten.

| | | | |
|---|---|---|---|
| | | | × |

**1.26** *Lösung.* Aus schreibtechnischen Gründen geben wir die Lösung von links nach rechts an, statt von oben nach unten.

| | | | |
|---|---|---|---|
| | × | | |

**1.27** *Lösung.* Aus schreibtechnischen Gründen geben wir die Lösung von links nach rechts an, statt von oben nach unten.

| | | | |
|---|---|---|---|
| | | | × |

Damit $(\boldsymbol{A}+\boldsymbol{B})^2 = \boldsymbol{A}^2+2\boldsymbol{AB}+\boldsymbol{B}^2$ gilt, muss $\boldsymbol{AB} = \boldsymbol{BA}$ sein. $\boldsymbol{A}^{-1}$ oder $\boldsymbol{B}^{-1}$ muss nicht existieren.

**1.28** *Lösung.*

| |
|---|
| |
| × |
| |
| |

**1.29** *Lösung.* Die folgende Paare lösen das System: $(4, 0)$, $(2, 1)$, $(4 - 2\pi, \pi)$, $(-2, 3)$, $(6, -1)$.

**1.30** *Lösung.* Das System in (a) ist linear. Es enthält zwar ein Quadrat, aber die Unbekannten kommen nur linear vor. Das System unter (b) scheint nichtlinear zu sein und zwar wegen der Terme $(y-1)^2$ und $-y^2$ in der ersten Geleichung. Wird diese allerdings etwas umgeformt, bleibt eine lineare Gleichung übrig: $(y-1)^2+x-y^2=7x-y$ ist gleichwertig zu $y^2-2y+1+x-y^2=7x-y$ und schließlich zu $-2y+1+x=7x-y$. Das Gleichungssystem erweist sich also entgegen dem ersten Eindruck als linear.

**1.31** *Lösung.* Die (eindeutige) Lösung ist

$$x=\frac{-7\frac{2}{3}}{\pi}=-\frac{23}{3\pi}=-2.4403\ldots.$$

**1.32** *Lösung.* Die (eindeutige) Lösung ist

$$x=1/10, \quad y=0.$$

**1.33** *Lösung.* Wir nennen die gesuchten Zahlen $x$ und $y$. Dann gilt $x+y=119$ und $x-y=21$. Wenn wir beide Gleichungen addieren, erhalten wir zunächst $x+y+x-y=119+21$, dann durch Vereinfachung $2x=140$ und somit $x=70$. Weil $x-y=21$ ist, muss $x=49$ sein. Die beiden Zahlen lauten also 70 und 49; ihre Summe ist 70 und ihre Differenz ist 21.

**1.34** *Lösung.*

(a) Die Matrix hat die Ordnung $4\times 3$.

(b) Die Elemente sind: $a_{21}=2$, $a_{23}=8$ und $a_{43}=1$.

(c) Die Elemente sind: $\boldsymbol{A}(2,1)=2$, $\boldsymbol{A}(3,3)=e$ und $\boldsymbol{A}(4,1)=\sqrt{2}$.

(d) $\boldsymbol{A}(4,:)$ ist die vierte Zeile von $\boldsymbol{A}$, also $\sqrt{2}$, $-6$ und 1.

(e) Es ist die zweite Zeile der Matrix $\boldsymbol{A}$ aufzusummieren. Damit gilt: $2+9+8=19$.

**1.35** *Lösung.* Ja! Die Matrix $\boldsymbol{X}=\boldsymbol{B}-\boldsymbol{A}\in\mathbb{R}^{3\times 3}$ erfüllt die Gleichung.

**1.36** *Lösung.* Ja, zum Beispiel erfüllt die Matrix

$$\boldsymbol{A}=\begin{bmatrix} 0 & -1 \\ 1 & 0 \end{bmatrix}$$

die Bedingung. Auch die Matrix (Zahl) $\boldsymbol{A}=0$ erfüllt die Gleichung.

**1.37** *Lösung.* Es ist einerseits

$$A^{\mathrm{T}} = \frac{1}{5}\begin{bmatrix} 3 & -4 \\ 4 & 3 \end{bmatrix}$$

und andererseits

$$A^{-1} = \frac{1}{5}\begin{bmatrix} 3 & -4 \\ 4 & 3 \end{bmatrix}$$

Folglich gilt die Gleichung $\boldsymbol{A}^{-1} = \boldsymbol{A}^{\mathrm{T}}$.

**1.38** *Lösung.* Die ersten vier HILBERT-Matrizen sind:

$$\boldsymbol{H}_1 = \begin{bmatrix} 1 \end{bmatrix}, \quad \boldsymbol{H}_2 = \begin{bmatrix} 1 & 1/2 \\ 1/2 & 1/3 \end{bmatrix}, \quad \boldsymbol{H}_3 = \begin{bmatrix} 1 & 1/2 & 1/3 \\ 1/2 & 1/3 & 1/4 \\ 1/3 & 1/4 & 1/5 \end{bmatrix},$$

$$\boldsymbol{H}_4 = \begin{bmatrix} 1 & 1/2 & 1/3 & 1/4 \\ 1/2 & 1/3 & 1/4 & 1/5 \\ 1/3 & 1/4 & 1/5 & 1/6 \\ 1/4 & 1/5 & 1/6 & 1/7 \end{bmatrix}$$

Mit MATLAB lässt sich dies leicht bestätigen:

```
>> sym(hilb(1)), sym(hilb(2)), sym(hilb(3)), sym(hilb(4))
ans =
1
ans =
[   1, 1/2]
[ 1/2, 1/3]
ans =
[   1, 1/2, 1/3]
[ 1/2, 1/3, 1/4]
[ 1/3, 1/4, 1/5]
ans =
[   1, 1/2, 1/3, 1/4]
[ 1/2, 1/3, 1/4, 1/5]
[ 1/3, 1/4, 1/5, 1/6]
[ 1/4, 1/5, 1/6, 1/7]
```

Hinweis: HILBERT-Matrizen sind Prototypen „schlecht konditionierter" Matrizen, siehe zum Beispiel [36], [61].

**1.39** *Lösung.* Alle, nur nicht (d).

**1.40** *Lösung.* Die Matrizen (*b*), (*c*) und (*d*) sind symmetrisch.

**1.41** *Lösung.* In der ersten Zeile kann man $n$ frei wählen, in der zweiten Zeile $n-1$, in der dritten Zeile $n-2$, usw., in der letzten $n$-ten Zeile nur noch 1. Also kann man insgesamt

$$n + (n-1) + (n-2) + \cdots + 2 + 1 = \frac{(n+1)n}{2}$$

Elemente frei wählen. Zum Beispiel für $n = 2$ drei, für $n = 3$ sechs, für $n = 4$ zehn.

**1.42** *Lösung.* Zwei Elemente müssen festgelegt werden.

**1.43** *Lösung.* Für die Matrix

$$\boldsymbol{P} = \begin{bmatrix} 0 & 1 \\ 1 & 0 \end{bmatrix}$$

**1.44** *Lösung.* Die Lösung ist $(1, 0.1, 1, 0.1, 1)$.

**1.45** *Lösung.* Hat eine $(2,2)$ Koeffizientenmatrix die Einheitsmatrix $\boldsymbol{E}_2$ als reduzierte Zeilenstufenform, so ist die Matrix regulär bzw. invertierbar. Die Konsequenz ist, dass ein lineares Gleichungssystem mit solch einer Koeffizientenmatrix stets eindeutig lösbar ist, ganz gleich wie die rechte Seite beschaffen ist. Das Gleichungssystem ist universell lösbar.

**1.46** *Lösung.* Die reduzierte Zeilenstufenform ist die Einheitsmatrix $\boldsymbol{E}_3$. Hier die Bestätigung in MATLAB:

```
>> rref([2 -1 0; -1 2 -1; 0 -1 2])
ans =
      1     0     0
      0     1     0
      0     0     1
```

**1.47** *Lösung.* Die Lösung ist $x_1 = 3$, $x_2 = -2$ und $x_3 = -1/3$.

**1.48** *Lösung.* Die Lösung ist $x_1 = 3$, $x_2 = 1$ und $x_3 = 2$.

**1.49** *Lösung.* Die allgemeine Lösung ist $x_1 = 3$, $x_2 = 1$.

**1.50** *Lösung.* Die allgemeine Lösung ist $x_1 = 3 + 2t$, $x_2 = t$ mit $t \in \mathbb{R}$. Das lineare Gleichungssysteme hat unendlich viele Lösungen. Zum Beispiel sind $x_1 = 5$, $x_2 = 1$ und $x_1 = 7$, $x_2 = 2$ zwei Lösungen. Im ersten Fall haben wir $t = 1$ und im zweiten Fall $t = 2$ gewählt.

**1.51** *Lösung.* Die reduzierte Zeilenstufenform der erweiterten Koeffizientenmatrix ist

$$\left[\begin{array}{ccc|c} 1 & 2 & 1 & 0 \\ 0 & 0 & 0 & 1 \end{array}\right]$$

Folglich hat das System keine Lösung.

**1.52** *Lösung.* Die allgemeine Lösung ist die eindeutige Lösung $x_1 = -1$, $x_2 = 2$ und $x_3 = 2$.

**1.53** *Lösung.* Mithilfe des Verfahrens von GAUSS-JORDAN erhält man für die erweiterte Koeffizientenmatrix die reduzierte Zeilenstufenform

$$\begin{bmatrix} 1 & 0 & 2 & 0 & 1 & 0 \\ 0 & 1 & 2 & 0 & -1 & 0 \\ 0 & 0 & 0 & 1 & 2 & 0 \\ 0 & 0 & 0 & 0 & 0 & 0 \\ 0 & 0 & 0 & 0 & 0 & 0 \end{bmatrix}.$$

Da $x_5$ einen beliebigen reellen Wert annehmen kann, wählen wir $x_5 = t$, $t \in \mathbb{R}$. Damit gilt $x_4 = -2t$. Da $x_3$ ebenfalls einen beliebigen reellen Wert annehmen kann, wählen wir $x_3 = s$, $s \in \mathbb{R}$. Damit ist $x_2 = -2s + t$ und $x_1 = -2s - t$. Das lineare homogene Gleichungssystem hat also unendlich viele Lösungen, die sich durch

$$x_1 = -2s - t, \quad x_2 = -2s + t, \quad x_3 = s, \quad x_4 = -2t, \quad x_5 = t$$

mit $s, t \in \mathbb{R}$ beschreiben lassen.

**1.54** *Lösung.* Es gilt $(\boldsymbol{A}^{\mathrm{T}}\boldsymbol{A})^{\mathrm{T}} = \boldsymbol{A}^{\mathrm{T}}(\boldsymbol{A}^{\mathrm{T}})^{\mathrm{T}} = \boldsymbol{A}^{\mathrm{T}}\boldsymbol{A}$ und $(\boldsymbol{A}\boldsymbol{A}^{\mathrm{T}})^{\mathrm{T}} = (\boldsymbol{A}^{\mathrm{T}})^{\mathrm{T}}\boldsymbol{A}^{\mathrm{T}} = \boldsymbol{A}\boldsymbol{A}^{\mathrm{T}}$, daher sind die Matrizen symmetrisch.

**1.55** *Lösung.* Gesucht ist also eine Matrix $\boldsymbol{B}$, die dafür sorgt, dass die Elemente der Produktmatrix $\boldsymbol{AB}$ die Summe der Zeilenelemente von $\boldsymbol{A}$ sind. Beachten Sie noch, dass $\boldsymbol{AB}$ eine Spaltenmatrix ist. Wählt man $\boldsymbol{B} = \boldsymbol{eins}$ mit

$$\boldsymbol{eins} = \begin{bmatrix} 1 \\ 1 \\ \vdots \\ 1 \end{bmatrix} \in \mathbb{R}^{n\times 1}$$

so hat man das Gewünschte erreicht. Spezialfall: $\boldsymbol{a}^{\mathrm{T}}\boldsymbol{eins} = \sum_{i=1}^{n} a_i$.

**1.56** *Lösung.* Die Matrix $\boldsymbol{A}$ hat drei Zeilen und zwei Spalten; sie ist aus $\mathbb{R}^{3\times 2}$. Die Matrix $\boldsymbol{B}$ ist quadratisch der Ordnung drei und eine untere Dreiecksmatrix. Die Matrix $\boldsymbol{C}$ ist ebenfalls quadratisch der Ordnung drei, symmetrisch und eine Diagonalmatrix. Es ist

$$\boldsymbol{A}^{\mathrm{T}} = \begin{bmatrix} 3 & 5 & 3 \\ 4 & 0 & 2 \end{bmatrix}, \quad \boldsymbol{B}^{\mathrm{T}} = \begin{bmatrix} 2 & 3 & 8 \\ 0 & 5 & 7 \\ 0 & 0 & 9 \end{bmatrix}, \quad \boldsymbol{C}^{\mathrm{T}} = \begin{bmatrix} 7 & 0 & 0 \\ 0 & 0 & 0 \\ 0 & 0 & 5 \end{bmatrix}.$$

**1.57** *Lösung.* Wir haben im obigen Lösungsweg durch den Term $1 - t^2$ dividiert. Dies ist nur erlaubt, wenn $t \neq 1$ und $t \neq -1$ ist. Folglich muss der Fall $t = -1$ gesondert untersucht werden. Außerdem haben wir durch $t$ dividiert, was jedoch nur dann erlaubt ist, wenn $t \neq 0$ ist. Auch dieser Fall muss gesondert untersucht werden. Für $t = 0$ hat das System

$$\begin{aligned} 0x + y &= -5 \\ x + 0y &= 5 \end{aligned}$$

jedoch genau eine Lösung, nämlich $(5, -5)$, was in der allgemeinen Lösungsbeschreibung bereits enthalten ist.

Zusammengefasst gilt: Das System hat für $t \in \mathbb{R}\backslash\{1, -1\}$ genau eine Lösung, nämlich $x = 5/(1-t)$ und $y = -5/(1-t)$.

**1.58** *Lösung.* Wir berechnen zunächst die benötigten Matrizenprodukte $\boldsymbol{AX}$ und $\boldsymbol{XA}$:

$$\boldsymbol{AX} = \begin{bmatrix} 1 & 0 \\ -1 & 1 \end{bmatrix}\begin{bmatrix} a & b \\ c & d \end{bmatrix} = \begin{bmatrix} a & b \\ c-a & d-b \end{bmatrix}$$

$$\boldsymbol{XA} = \begin{bmatrix} a & b \\ c & d \end{bmatrix}\begin{bmatrix} 1 & 0 \\ -1 & 1 \end{bmatrix} = \begin{bmatrix} a-b & b \\ c-d & d \end{bmatrix}.$$

Somit müssen die noch unbekannten reellen Parameter $a$, $b$, $c$ und $d$ die folgende Matrizengleichung erfüllen:

$$\boldsymbol{AX} = \boldsymbol{XA} \quad \text{bzw. gleichwertig} \quad \begin{bmatrix} a & b \\ c-a & d-b \end{bmatrix} = \begin{bmatrix} a-b & b \\ c-d & d \end{bmatrix}.$$

Durch Vergleich entsprechender Elemente auf beiden Seiten dieser Gleichung erhält man vier Gleichungen:

- $a = a - b$ daraus folgt $b = 0$, $a \in \mathbb{R}$ beliebig,
- $b = b$ daraus folgt $b \in \mathbb{R}$ beliebig,
- $c - a = c - d$ daraus folgt $d = a$, $c \in \mathbb{R}$ beliebig,
- $d - b = d$ daraus folgt $b = 0$, $d \in \mathbb{R}$ beliebig.

Somit gilt: $a = d$ darf in $\mathbb{R}$ beliebig gewählt werden, $b = 0$ und $c$ darf in $\mathbb{R}$ völlig beliebig gewählt werden, also gilt:

$$\boldsymbol{X} = \begin{bmatrix} a & 0 \\ c & a \end{bmatrix} \quad \text{mit } a \in \mathbb{R} \text{ und } c \in \mathbb{R}.$$

Kontrollrechnung ergibt:

$$\boldsymbol{AX} = \begin{bmatrix} 1 & 0 \\ -1 & 1 \end{bmatrix} \begin{bmatrix} a & b \\ c & d \end{bmatrix} = \begin{bmatrix} a & 0 \\ c-a & a \end{bmatrix}$$
$$\boldsymbol{XA} = \begin{bmatrix} a & b \\ c & d \end{bmatrix} \begin{bmatrix} 1 & 0 \\ -1 & 1 \end{bmatrix} = \begin{bmatrix} a & 0 \\ c-a & a \end{bmatrix},$$

also $\boldsymbol{AX} = \boldsymbol{XA}$.

**1.59** *Lösung.* Es ist

$$\boldsymbol{Ax} = \begin{bmatrix} 1 & -2 \\ 3 & 2 \end{bmatrix} \begin{bmatrix} 3 \\ 1 \end{bmatrix} = \begin{bmatrix} 1 \\ 3 \end{bmatrix} 3 + \begin{bmatrix} -2 \\ 2 \end{bmatrix} 1 = \begin{bmatrix} 3 \\ 9 \end{bmatrix} + \begin{bmatrix} -2 \\ 2 \end{bmatrix} = \begin{bmatrix} 1 \\ 11 \end{bmatrix}.$$

**1.60** *Lösung.* Spaltenweise:

$$\boldsymbol{AB} = \left[ \begin{bmatrix} 1 & 2 \\ 3 & 4 \\ 5 & 6 \end{bmatrix} \begin{bmatrix} 10 \\ 30 \end{bmatrix} \quad \begin{bmatrix} 1 & 2 \\ 3 & 4 \\ 5 & 6 \end{bmatrix} \begin{bmatrix} 20 \\ 40 \end{bmatrix} \right] = \begin{bmatrix} 70 & 100 \\ 150 & 220 \\ 230 & 340 \end{bmatrix}.$$

Zeilenweise:

$$\boldsymbol{AB} = \begin{bmatrix} \begin{bmatrix} 1 & 2 \end{bmatrix} \begin{bmatrix} 10 & 20 \\ 30 & 40 \end{bmatrix} \\ \\ \begin{bmatrix} 3 & 4 \end{bmatrix} \begin{bmatrix} 10 & 20 \\ 30 & 40 \end{bmatrix} \\ \\ \begin{bmatrix} 5 & 6 \end{bmatrix} \begin{bmatrix} 10 & 20 \\ 30 & 40 \end{bmatrix} \end{bmatrix} = \begin{bmatrix} 70 & 100 \\ 150 & 220 \\ 230 & 340 \end{bmatrix}.$$

Als dyadisches Produkt:

$$\boldsymbol{AB} = \begin{bmatrix} 1 \\ 3 \\ 5 \end{bmatrix} \begin{bmatrix} 10 & 20 \end{bmatrix} + \begin{bmatrix} 2 \\ 4 \\ 6 \end{bmatrix} \begin{bmatrix} 30 & 40 \end{bmatrix}$$

$$= \begin{bmatrix} 10 & 20 \\ 30 & 60 \\ 50 & 100 \end{bmatrix} + \begin{bmatrix} 60 & 80 \\ 120 & 160 \\ 180 & 240 \end{bmatrix} = \begin{bmatrix} 70 & 100 \\ 150 & 220 \\ 230 & 340 \end{bmatrix}.$$

**1.61** *Lösung.* Bringt man $\boldsymbol{A}_t$ auf Zeilenstufenform, so erhält man

$$\begin{bmatrix} t & 2 & 1 \\ 0 & t-1 & 3 \\ 0 & 0 & t^2-3 \end{bmatrix}$$

Die Inverse von $\boldsymbol{A}_t$ existiert genau dann, wenn die Diagonalelemente der Zeilenstufenmatrix alle von Null verschieden sind. Aus $t^2 - 3 = 0$ folgt $t = \pm\sqrt{3}$, aus $t - 1 = 0$ folgt $t = 1$ und wegen $t = 0$ gilt folgendes: Die Inverse von $\boldsymbol{A}_t$ existiert für $t \in \mathbb{R} \setminus \{0, 1, \pm\sqrt{3}\}$.

**1.62** *Lösung.* Eine Zeilenstufenform (nur die letzte Zeile hat keine führende Eins) der erweiterten Koeffizientenmatrix ist

$$\begin{bmatrix} 1 & 0 & 0 & 4 & 2 \\ 0 & 1 & 0 & -4 & -2 \\ 0 & 0 & 1 & -4 & -2 \\ 0 & 0 & 0 & t+16 & s+8 \end{bmatrix}$$

(a) Für $t = -16$ und $s \neq -8$ gibt es keine Lösung.

(b) Für $t = -16$ und $s = -8$ sind alle Lösungen durch $\boldsymbol{x} = (2 - 4a, -2 + 4a, -2 + 4a, a)$, $a \in \mathbb{R}$ gegeben.

(c) Für $t \neq 16$ ist $\boldsymbol{x} = (2 - 4(s+8)/(t+16), -2 + 4(s+8)/(t+16), -2 + 4(s+8)/(t+16), (s+8)/(t+16))$ die eindeutige Lösung.

**1.63** *Lösung.* Das erste System ist ein lineares Gleichungssystem. In den Gleichungen werden die Unbekannten nur mit Zahlen multipliziert. In der ersten Gleichung des zweiten Systems ist das nicht so. Hier werden zwei Unbekannte miteinander multipliziert. Ein System, das solche Gleichungen enthält, ist nichtlinear. Deshalb ist auch das folgende System nichtlinear:

$$\begin{aligned} x^2 + 5y &= 4 \\ 2x + y^3 &= -2 \end{aligned}$$

Nichtlineare Gleichungssysteme spielen in der Praxis ebenfalls eine große Rolle. In der Linearen Algebra studiert man jedoch fast ausschließlich lineare Systeme, weil diese ebenfalls enorm wichtig sind und mathematisch einfacher zu behandeln sind.

**1.64** *Lösung.* An den Formeln sieht man, dass $a_{ii} \neq 0$ für $i = 1, \ldots, n$ gelten muss. Alle Diagonalelemente müssen also ungleich Null sein.

**1.65** *Lösung.* Das erste Gleichungssystem hat $x_1 = -28$, $x_2 = 30$ und das zweite Gleichungssystem hat $x_1 = -298$, $x_2 = 300$ als eindeutige Lösung.

Die Lösungen des zweiten Gleichungssystems sind um den Faktor zehn größer als die Lösungen des ersten, obwohl sich nur an einer Stelle zwei Koeffizienten um 0.09 unterscheiden. Es liegen schlecht konditionierte Gleichungssysteme vor.

**1.66** *Lösung.* Beide Matrizen haben reduzierte Zeilenstufenform.

**1.67** *Lösung.* Es ist $4x^2 - 2xy + 4xz + 2yz$ und

$$\begin{bmatrix} x & y & z \end{bmatrix} \begin{bmatrix} 3 & -4 & 3 \\ -4 & 2 & 0 \\ 3 & 0 & -3 \end{bmatrix} \begin{bmatrix} x \\ y \\ z \end{bmatrix}.$$

**1.68** *Lösung.* Wir probieren mit der Spaltenmatrix $\boldsymbol{x} = [1\ 2\ 3\ 4]^{\mathrm{T}}$. Es ist

$$\boldsymbol{Px} = \begin{bmatrix} 0 & 1 & 0 & 0 \\ 0 & 0 & 1 & 0 \\ 1 & 0 & 0 & 0 \\ 0 & 0 & 0 & 1 \end{bmatrix} \begin{bmatrix} 1 \\ 2 \\ 3 \\ 4 \end{bmatrix} = \begin{bmatrix} 2 \\ 3 \\ 1 \\ 4 \end{bmatrix}.$$

Multipliziert man eine Spaltenmatrix mit einer Permutationsmatrix, so kommt es zu einer Vertauschung der Einträge.

**1.69** *Lösung.* Die Lösung des unteren Dreieckssystems $\boldsymbol{Ly} = \boldsymbol{b}$ ist $\boldsymbol{y} = [6\ 13\ 3]^{\mathrm{T}}$ (Vorwärtseinsetzen) und die Lösung von $\boldsymbol{Ux} = \boldsymbol{y}$ ist schließlich $\boldsymbol{x} = [1\ 1\ 1]^{\mathrm{T}}$ (Rückwärtseinsetzen).

**1.70** *Lösung.* Die Matrix $\boldsymbol{A}$ ist invertierbar, daher hat das System unabhängig von der rechten Seite $\boldsymbol{b}$ genau eine Lösung. Ist zum Beispiel $\boldsymbol{b} = [8\ 13]^{\mathrm{T}}$, dann ist $\boldsymbol{x} = [1\ 2]^{\mathrm{T}}$ die Lösung.

**1.71** *Lösung.* Ist zum Beispiel $\boldsymbol{b} = [4\ 7]^{\mathrm{T}}$, dann gibt es keine Lösung, wohingegen für $\boldsymbol{b} = [4\ 8]^{\mathrm{T}}$

$$\boldsymbol{x} = \begin{bmatrix} t \\ (4-2t)/3 \end{bmatrix} = \begin{bmatrix} 0 \\ 4/3 \end{bmatrix} + t \begin{bmatrix} 1 \\ -2/3 \end{bmatrix}$$

für jedes $t \in \mathbb{R}$ eine Lösung ist.

**1.72** *Lösung.* Führt man die Matrizenmultiplikation $\boldsymbol{AA}^{-1}$ oder $\boldsymbol{A}^{-1}\boldsymbol{A}$ durch, so erhält man die Einheitsmatrix $\boldsymbol{E}_3$.

**1.73** *Lösung.* Sie können die Aufgabe mit Algorithmus 4 oder Aufgabe 1.72 lösen; Sie erhalten

$$\boldsymbol{A}^{-1} = \begin{bmatrix} 27/4 & -11/4 & 3/4 \\ -11/4 & 5/4 & -1/4 \\ 3/4 & -1/4 & 1/4 \end{bmatrix}.$$

Bestätigen Sie das Ergebnis in MATLAB mit der Funktion `inv` oder mit der Funktion `rref`.

**1.74** *Lösung.* Aus

$$\begin{bmatrix} \boldsymbol{A} & \boldsymbol{E}_2 \end{bmatrix} = \begin{bmatrix} 1 & 2 & 1 & 0 \\ 2 & 3 & 0 & 1 \end{bmatrix}$$

erhalten wir mit dem GAUSS-JORDAN-Verfahren

$$\begin{bmatrix} 1 & 2 & 1 & 0 \\ 0 & -1 & -2 & 1 \end{bmatrix} \longrightarrow \begin{bmatrix} 1 & 2 & 1 & 0 \\ 0 & 1 & 2 & -1 \end{bmatrix} \longrightarrow \begin{bmatrix} 1 & 0 & -3 & 2 \\ 0 & 1 & 2 & -1 \end{bmatrix}.$$

Somit ist

$$\boldsymbol{A}^{-1} = \begin{bmatrix} -3 & 2 \\ 2 & -1 \end{bmatrix}$$

die inverse Matrix von $\boldsymbol{A}$.

**1.75** *Lösung.* Wir bilden die Blockmatrix

$$\left[\begin{array}{cc|cc} 1 & 2 & 4 & 1 \\ 3 & 6 & 12 & 1 \end{array}\right]$$

und wenden darauf das GAUSS-JORDAN-Verfahren (Algorithmus 3) an. Das Ergebnis ist

$$\left[\begin{array}{cc|cc} 1 & 2 & 4 & 0 \\ 0 & 0 & 0 & 1 \end{array}\right].$$

Das bedeutet, dass das erste Gleichungssystem unendlich viele Lösungen hat ($x_1 = 4 - 2t$, $x_2 = t$ ist eine Parametrisierung der Lösungsmenge), während das zweite Gleichungssystem keine Lösung hat.

**1.76** *Lösung.* Es ist

$$\left[\begin{array}{cc|cc} 1 & 2 & 1 & 0 \\ 3 & 6 & 0 & 1 \end{array}\right] \xrightarrow{\text{GAUSS-JORDAN-Verfahren}} \left[\begin{array}{cc|cc} 1 & 2 & 0 & 1/3 \\ 0 & 0 & 1 & -1/3 \end{array}\right].$$

Somit hat die Matrix $\boldsymbol{A}$ keine Inverse.

**1.77** *Lösung.* Definiert sind die Ausdrücke (a), (f), (g), (j), (l) und (p).

**2.1** *Lösung.* Wenn die Maschine A $x$ Teile pro Stunde und die Maschine B $y$ Teile pro Stunde fertigen kann, dann ist $x + y = 100$. Die Leistungsfähigkeit von Maschine A ist dreimal so groß wie jene von B, also gilt $x = 3y$. Dann erhalten wir das lineare Gleichungssystem

$$\begin{aligned} x + y &= 100 \\ x - 3y &= 0. \end{aligned}$$

Die Lösung ist $x = 75$ und $y = 25$. Maschine A produziert 75 Teile pro Stunde, während Maschine B auf nur 25 Teile pro Stunde kommt.

**2.2** *Lösung.* Es ist

(a)

$$\boldsymbol{C}_{RE} = \begin{bmatrix} 4 & 3 \\ 6 & 5 \end{bmatrix}$$

(b)

$$\begin{bmatrix} 4 & 3 \\ 6 & 5 \end{bmatrix} \begin{bmatrix} 500 \\ 800 \end{bmatrix} = \begin{bmatrix} 2\,000 + 2\,400 \\ 3\,000 + 4\,000 \end{bmatrix} = \begin{bmatrix} 4\,400 \\ 7\,000 \end{bmatrix}.$$

Es sind somit 4 400 ME von $R_1$ und 7 000 ME von $R_2$ notwendig.

**2.3** *Lösung.* Für den Verbauch $y_i$ der Produktionsfaktoren $F_i$ erhalten wir

$$\begin{aligned} y_1 &= a_{11}x_1 + a_{12}x_2 \\ y_2 &= a_{21}x_1 + a_{22}x_2 \\ y_3 &= a_{31}x_1 + a_{32}x_2 \end{aligned}$$

Daraus resultieren die Beschaffungskosten

$$k = c_1y_1 + c_2y_2 + c_3y_3 = c_1(a_{11}x_1 + a_{12}x_2) + c_2(a_{21}x_1 + a_{22}x_2) + c_3(a_{31}x_1 + a_{32}x_2)$$

Für den Umsatz erhält man

$$u = p_1x_1 + p_2x_2$$

und für den Gewinn

$$g = u - k = p_1x_1 + p_2 - c_1y_1 - c_2y_2 - c_3y_3$$

$$= (p_1 - c_1a_{11} - c_2a_{21} - c_3a_{31})x_1 + (p_2 - c_1a_{12} - c_2a_{22} - c_3a_{32})x_2$$

Der Gewinn hängt ab von den Produktionskoeffizienten $a_{ij}$, von den Kosten pro Faktoreneinheit $c_i$, den Verkaufspreisen $p_j$, sowie den Produktionsquantitäten $x_j$. Derartige Fragestellungen werden in der Produktionstheorie behandelt.

Der Verbrauch der Produktionsfaktoren kann als Matrix (Spaltenmatrix, Spaltenvektor) $\boldsymbol{y} = [y_1\ y_2\ y_3]^{\mathrm{T}}$ definiert werden. Somit ist

$$\boldsymbol{y} = \boldsymbol{A}\boldsymbol{x}$$

mit

$$\boldsymbol{A} = \begin{bmatrix} a_{11} & a_{12} \\ a_{21} & a_{22} \\ a_{31} & a_{32} \end{bmatrix} \quad \text{und} \quad \boldsymbol{x} = \begin{bmatrix} x_1 \\ x_2 \end{bmatrix}.$$

Weiterhin ist mit

$$\boldsymbol{c} = \begin{bmatrix} c_1 \\ c_2 \\ c_3 \end{bmatrix} \quad \text{und} \quad \boldsymbol{p} = \begin{bmatrix} p_1 \\ p_2 \end{bmatrix}$$

$k = \boldsymbol{c}^{\mathrm{T}}\boldsymbol{A}\boldsymbol{x}$, $u = \boldsymbol{p}^{\mathrm{T}}\boldsymbol{x}$ und $g = \boldsymbol{p}^{\mathrm{T}}\boldsymbol{x} - \boldsymbol{c}^{\mathrm{T}}\boldsymbol{A}\boldsymbol{x} = u - k$. Die Größen $k$ und $u$ sind „Skalarprodukte“.

**2.4** *Lösung.*

(a) Aus der Tabelle 2.6 erhält man die Rohstoff-Produktmatrix

$$\boldsymbol{A}_{RP} = \begin{bmatrix} 4 & 6 \\ 0 & 8 \\ 5 & 3 \end{bmatrix}.$$

Die erste Spalte der Matrix $\boldsymbol{A}_{RP}$ gibt an, wie viel Mengeneinheiten der einzelnen Rohstoffe $R_i$ $(i = 1, 2, 3)$ für die Herstellung von einer Mengeneinheit $P_1$ benötigt werden. $P_1 = 4R_1 + 5R_3$. Die erste Zeile der Matrix $\boldsymbol{A}_{RP}$ gibt an, wie viel Mengeneinheiten des Rohstoffes $R_1$ für die Herstellung von einer Mengeneinheit von $P_1$ und $P_2$ benötigt werden. Wir berechnen nun den Rohstoffbedarf von $R_1$: (20)(4)+(15)(1)=170. Für die Herstellung von 20 ME von $P_1$ und 15 ME von $P_2$ braucht man 170 ME von Rohstoff $R_1$. Allgemein. Multiplikation der Rohstoff-Produktmatrix $\boldsymbol{A}_{RP}$ mit dem Produktvektor $\boldsymbol{p} = [20\ 30]^{\mathrm{T}}$ ergibt die benötigte Menge an Rohstoffen (Rohstoffvektor) $\boldsymbol{r}$:

$$\boldsymbol{A}_{RP}\boldsymbol{p} = \begin{bmatrix} 4 & 6 \\ 0 & 8 \\ 5 & 3 \end{bmatrix} \begin{bmatrix} 20 \\ 15 \end{bmatrix} = \begin{bmatrix} 170 \\ 120 \\ 145 \end{bmatrix} = \boldsymbol{r}$$

Für die Herstellung von 20 ME von $P_1$ und 15 ME von $P_2$ benötigt man 170 ME von $R_1$, 120 ME von $R_2$ und 145 ME von $R_3$.

(b) Wir betrachten die Rohstoffkosten für 1 ME von Produkt $P_1$: $(4)(7) + (0)(3) + (5)(2) = 38$. Die Rohstoffkosten für 1 ME von $P_1$ betragen 38 GE. Allgemein: Mulitplikation von links mit dem Rohstoffkostenvektor $\boldsymbol{k}_R$ ergibt die Rohstoffkosten für je eine ME der Produkte:

$$\boldsymbol{k}_R^{\mathrm{T}}\boldsymbol{A}_{RP} = \begin{bmatrix} 7 & 3 & 2 \end{bmatrix} \begin{bmatrix} 4 & 6 \\ 0 & 8 \\ 5 & 3 \end{bmatrix} = \begin{bmatrix} 38 & 72 \end{bmatrix} = \boldsymbol{k}_P^{\mathrm{T}}$$

Für die Herstellung von 1 ME von $P_1$ betragen die Rohstoffkosten 38 GE, für 1 ME von $P_2$ betragen die Rohstoffkosten 72 GE.

Wie groß sind nun die gesamten Rohstoffkosten? Antwort: $(120)(38) + (80)(72) = 10\,320$ oder in Matrixschreibweise:

$$\boldsymbol{k}_P^{\mathrm{T}}\boldsymbol{p} = \begin{bmatrix} 38 & 72 \end{bmatrix} \begin{bmatrix} 120 \\ 80 \end{bmatrix} = 10\,320.$$

Alternative Berechnung:

$$\boldsymbol{A}_{RP}\boldsymbol{p} = \begin{bmatrix} 4 & 6 \\ 0 & 8 \\ 5 & 3 \end{bmatrix} \begin{bmatrix} 120 \\ 80 \end{bmatrix} = \begin{bmatrix} 960 \\ 640 \\ 840 \end{bmatrix} = \boldsymbol{r}$$

und

$$\boldsymbol{k}_R^{\mathrm{T}}\boldsymbol{r} = \begin{bmatrix} 7 & 3 & 2 \end{bmatrix} \begin{bmatrix} 960 \\ 640 \\ 840 \end{bmatrix} = 10\,320.$$

**2.5** *Lösung.*

(a) Die Verflechungsmatrizen sind die Rohstoff-Zwischenproduktmatrix $\boldsymbol{A}_{RZ}$ und die Zwischenprodukt-Endproduktmatrix $\boldsymbol{B}_{RE}$. Diese sind

$$\boldsymbol{A}_{RZ} = \begin{bmatrix} 2 & 3 & 4 \\ 1 & 2 & 6 \end{bmatrix} \quad \text{und} \quad \boldsymbol{B}_{ZE} = \begin{bmatrix} 2 & 1 & 1 \\ 1 & 0 & 2 \\ 5 & 1 & 3 \end{bmatrix}.$$

(b) Um die Mengeneinheiten der Rohstoffe für je eine Mengeneinheit der Endprodukte zu erhalten, berechnen wir die Matrix

$$\boldsymbol{C}_{RE} = \boldsymbol{A}_{RZ}\boldsymbol{B}_{ZE},$$

denn diese enthält den Rohstoffeinsatz für die Endprodukte. Wir erhalten

$$\boldsymbol{C}_{RE} = \boldsymbol{A}_{RZ}\boldsymbol{B}_{ZE} = \begin{bmatrix} 2 & 3 & 4 \\ 1 & 2 & 6 \end{bmatrix} \begin{bmatrix} 2 & 1 & 1 \\ 1 & 0 & 2 \\ 5 & 1 & 3 \end{bmatrix} = \begin{bmatrix} 27 & 6 & 20 \\ 34 & 7 & 22 \end{bmatrix}.$$

Das Ergebnis bedeutet: Zur Herstellung je 1 ME des Endproduktes $E_1$ braucht man 27 ME von Rohstoff $R_1$ und 34 ME von $R_2$. Entsprechend lassen sich die anderen Elemente der Matrix $\boldsymbol{C}_{RE}$ interpretieren.

**2.6** *Lösung.*

(a) Die Nutzungszeiten des Maschinen des Typs I und II, die zur Herstellung der genannten Quantitäten benötigt werden sind in Stunden h

$$\boldsymbol{Z}\boldsymbol{x} = \begin{bmatrix} 0.3 & 0.1 & 0.6 \\ 0.5 & 0.4 & 0.2 \end{bmatrix} \begin{bmatrix} 200 \\ 500 \\ 300 \end{bmatrix} = \begin{bmatrix} 290 \\ 360 \end{bmatrix}.$$

(b) Der Betriebsstoffverbrauch je Stück der Produkte ist

$$\boldsymbol{V}\boldsymbol{Z} = \begin{bmatrix} 70 & 100 \\ 2 & 1 \end{bmatrix} \begin{bmatrix} 0.3 & 0.1 & 0.6 \\ 0.5 & 0.4 & 0.2 \end{bmatrix} = \begin{bmatrix} 71 & 47 & 62 \\ 1.1 & 0.6 & 1.4 \end{bmatrix}$$

Die erste Zeile gibt die Arbeit in kWh und die zweite Zeile die Schmierstoffe in l an.

(c) Die Betriebskosten je Nutzungsstunde einer Maschine betragen in Euro:

$$\boldsymbol{k}^{\mathrm{T}}\boldsymbol{V} = \begin{bmatrix} 0.1 & 3 \end{bmatrix} \begin{bmatrix} 70 & 100 \\ 2 & 1 \end{bmatrix} = \begin{bmatrix} 13 & 13 \end{bmatrix}.$$

(d) Der zur Herstellung der genannten Quantitäten benötigte Betriebsstoffverbrauch ist

$$\boldsymbol{V}\boldsymbol{Z}\boldsymbol{x} = \begin{bmatrix} 56\,300 \\ 940 \end{bmatrix}.$$

Die erste Zeile gibt die Arbeit in kWh und die zweite Zeile die Schmierstoffe in l an.

(e) Die Betriebskosten je Mengeneinheit der Produkte sind in Euro:

$$\boldsymbol{k}^{\mathrm{T}}\boldsymbol{V}\boldsymbol{Z} = \begin{bmatrix} 10.4 & 6.5 & 10.4 \end{bmatrix}.$$

Die Gesamtkosten zur Herstellung der genannten Quantitäten sind in Euro

$$\boldsymbol{k}^{\mathrm{T}}\boldsymbol{V}\boldsymbol{Z}\boldsymbol{x} = 8\,450.$$

**2.7** *Lösung.*

1. *Aufstellung des mathematischen Modells.*
   $x_1$ die Anzahl der hergestellten Produkte nach Verfahren $V_1$
   $x_2$ die Anzahl der hergestellten Produkte nach Verfahren $V_2$
   Aus der ersten Bedingung folgt $20x_1 + 60x_2 = 1500$ und aus der zweiten Bedingung folgt $40x_1 + 50x_2 = 1600$. Zusammengefasst ergibt sich somit das lineare Gleichungssystem

$$\begin{aligned} 20x_1 + 60x_2 &= 1500 \\ 40x_1 + 50x_2 &= 1600 \end{aligned}$$

2. *Lösung des mathematischen Modells.* Zum Beispiel mit Hilfe des GAUSS-Verfahrens findet man die Lösung $x_1 = 15$ und $x_2 = 20$. Somit können 15 Produkte nach Verfahren $V_1$ und 20 Produkte nach Verfahren $V_2$ hergestellt werden.

**2.8** *Lösung.*

1. *Aufstellung des mathematischen Modells.* Es sei

$x_1$: Gesamtanzahl zu produzierender Tonnen Fisch
$x_2$: Gesamtanzahl Tonnen Holz
$x_3$: Gesamtanzahl zu produzierender Fischerboote

Wir betrachten zunächst die Nachfrage nach Fisch. Da $bx_2$ Tonnen Fisch benötigt werden, um $x_2$ Einheiten Holz zu produzieren und die zusätzliche Nachfrage nach Fisch $d_1$ ist, muss $x_1 = bx_2 + d_1$ sein (Die Produktion von Fischerbooten verlangt keinen Fisch als Input, sodass es keinen Term mit $x_3$ gibt). Kurz: 1 Tonne Holz entspricht $b$ Tonnen Fisch, also entspricht $x_2$ Tonnen Holz $bx_2$ Tonnen Fisch. Im Falle von Holz zeigt ein ähnliches Argument, dass die Gleichung $x_2 = cx_3 + d_2$ erfüllt sein muss. Kurz: 1 Fischerboot entspricht $c$ Tonnen Holz, also entspricht $x_3$ Boote $cx_3$ Tonnen Holz. Für den Bootsbau schließlich gilt, dass nur die Fischindustrie Fischerboote braucht. Es gibt in diesem Fall keine zusätzliche externe Nachfrage, sodass $x_3 = ax_1$ ist. Kurz: 1 Tonne Fisch entspricht $a$ Booten, also entspricht $x_1$ Tonnen Fisch $ax_1$ Booten. Deshalb müssen insgesamt die drei folgenden drei Gleichungen erfüllt sein:

$$\begin{aligned} x_1 &= bx_2 + d_1 \\ x_2 &= cx_3 + d_2 \\ x_3 &= ax_1 \end{aligned} \quad \text{bzw. äquivalent} \quad \begin{aligned} x_1 - bx_2 &= d_1 \\ x_2 - cx_3 &= d_2 \\ ax_1 - x_3 &= 0 \end{aligned}$$

2. *Lösung des mathematischen Modells.* Eine Möglichkeit diese Gleichungen zu lösen, beginnt mit dem Einsetzen der dritten Gleichung in die zweite, um $x_3$ zu eliminieren. Das Ergebnis ist $x_2 = cax_1 + d_2$. Die Auflösung dieser letzten Gleichung nach $x_1$ ergibt $x_1 = (d_1 + bd_2)/(1 - abc)$. Die entsprechenden Ausdrücke für die beiden anderen Variablen sind leicht zu finden und die Ergebnisse sind:

$$x_1 = \frac{d_1 + bd_2}{1 - abc}, \quad x_2 = \frac{acd_1 + d_2}{1 - abc}, \quad x_3 = \frac{ad_1 + abd_2}{1 - abc}.$$

Selbstverständlich macht diese Lösung nur Sinn, wenn $abc < 1$ ist. Wenn nämlich $abc \geq 1$ ist, so ist es unmöglich für diese Volkswirtschaft, irgendwelche zusätzlichen Nachfragen nach Fisch und Holz zu erfüllen – die Produkt in der Volkswirtschaft ist zu ineffizient. Die Werte für $x_1$, $x_2$, $x_3$ sind für $1 = abc$ undefiniert und für $1 < abc$ negativ.

Alternativ gilt mit dem GAUSS-Verfahren:

$$\begin{bmatrix} 1 & -b & 0 & d_1 \\ 0 & 1 & -c & d_2 \\ a & 0 & -1 & 0 \end{bmatrix} \quad \begin{bmatrix} 1 & -b & 0 & d_1 \\ 0 & 1 & -c & d_2 \\ 0 & ab & -1 & -ad_1 \end{bmatrix}$$

$$\begin{bmatrix} 1 & -b & 0 & d_1 \\ 0 & 1 & -c & d_2 \\ 0 & 0 & abc - 1 & -ad_1 - abd_2 \end{bmatrix} \quad \begin{bmatrix} 1 & -b & 0 & d_1 \\ 0 & 1 & -c & d_2 \\ 0 & 0 & 1 & \frac{-ad_1 - abd_2}{abc - 1} \end{bmatrix}$$

Die Lösung in MATLAB:

```
>> syms a b c d1 d2
>> rref([1 -b 0 d1; 0 1 -c d2; a 0 -1 0])
ans =
[1, 0, 0,   -(d1+b*d2)/(-1+a*b*c)]
[0, 1, 0, -(d2+c*a*d1)/(-1+a*b*c)]
[0, 0, 1, -a*(d1+b*d2)/(-1+a*b*c)]
```

**2.9** *Lösung.* Das mathematische Modell ist das lineare Gleichungssystem:

$$\begin{aligned} 10 &= a(0)^3 + b(0)^2 + c(0) + d \\ 7 &= a(1)^3 + b(1)^2 + c(1) + d \\ -11 &= a(3)^3 + b(3)^2 + c(3) + d \\ -14 &= a(4)^3 + b(4)^2 + c(4) + d \end{aligned}$$

Löst man dieses System, so erhält man als Lösung die Koeffizienten. Es ist $a = 1$, $b = -6$, $c = 2$ und $d = 10$. Die kubische Funktion ist daher $y = x^3 - 6x^2 + 2x + 10$, $x \in \mathbb{R}$.

**2.10** *Lösung.* Um die drei Unbekannten $x_1$, $x_2$ und $x_3$ zu bestimmen, benötigt man drei Gleichungen. Diese ergeben sich aus dem Aufgabentext.

$$\begin{array}{rcrl} f(-3) = 0 & \Rightarrow & 9x_1 - 3x_2 + x_3 & = 0 \\ f'(-2) = 0 & \Rightarrow & -4x_1 + x_2 & = 0 \\ f(1) = 8 & \Rightarrow & x_1 + x_2 + x_3 & = 8 \end{array}$$

Die Lösung ist $\boldsymbol{x} = (1, 4, 3)$. Damit ist $f(t) = t^2 + 4t + 3$, $t \in \mathbb{R}$ die gesuchte Polynomfunktion.

**2.11** *Lösung.* Dies ist ein Spezialfall $m = n = 4$ der polynomialen Ausgleichsrechnung. Jeder Punkt bestimmt eine lineare Gleichung in den vier Unbekannten $x_1$, $x_2$, $x_3$ und $x_4$:

$$\begin{aligned} b(-2) &= 10 \Rightarrow x_4 - 2x_3 + 4x_2 - 8x_1 = 10 \\ b(-1) &= 4 \Rightarrow x_4 - x_3 + x_2 - x_1 = 4 \\ b(1) &= 6 \Rightarrow x_4 + x_3 + x_2 + x_1 = 6 \\ b(2) &= 3 \Rightarrow x_4 + 2x_3 + 4x_2 + 8x_1 = 3 \end{aligned}$$

Die folgenden MATLAB-Zeilen berechnen die Lösung und plotten die vier Punkte und das Interpolationspolynom.

```
>> t = [-2, -1, 1, 2];
>> b = [10, 4, 6, 3];
>> d = 3;
>> x = polyfit(t,b,d)
x =
   -0.9167    0.5000    1.9167    4.5000
>> tt = linspace(min(t),max(t));
>> bb = polyval(x,tt);
>> plot(tt,bb,'k',t,b,'ko'), grid,
>> xlabel('t'), ylabel('b'),
>> title('Interpolation durch ein Polynom dritten Grades')
```

Eine alternative Lösungsmöglichkeit ist es, den \-Operator zu verwenden. Die Koeffizientenmatrix des aufgestellten linearen Gleichungssystems hat die Struktur

$$\begin{bmatrix} 1 & t_1 & t_1^2 & \cdots & t_1^{n-1} \\ 1 & t_2 & t_2^2 & \cdots & t_2^{n-1} \\ \vdots & \vdots & \vdots & \vdots & \\ 1 & t_n & t_n^2 & \cdots & t_n^{n-1} \end{bmatrix};$$

sie wird VANDERMONDE-Matrix[2] genannt.

**2.12** *Lösung.* Bei einem Grauwertbild erfolgt die Abbildung des Motivs durch unterschiedliche Schwärzung der Fotoschicht. Es treten somit neben schwarz und weiß auch andere Grautöne auf. In der Umgangssprache werden Grautonbilder oft fälschlich als Schwarz/Weiß-Bilder bezeichnet (zum Beispiel Schwarz/Weiß-Fernsehapparat). Bei der Digitalisierung eines Grautonbildes muss nach der Rasterung jeder Rasterfläche ein Grauwert zugeordnet werden. Als Grauwertmenge wird meist $G = \{0, 1, 2, \ldots, 255\}$ verwendet, da diese 256 Grauwerte mit einem Byte (1 Byte=8 Bit und $2^8 = 256$) dargestellt werden können. In byteorientierten Rechenanlagen ist damit der Speicherplatz für digitalisierte Bilddaten optimal ausgenützt und die Adressierung der Bildpunkte ist einfach. Ein digitalisiertes Grautonbild kann somit wider durch eine Matrix $S = [s(x, y)]$ dargestellt werden, nur dass jetzt die Grauwerte aus der Grundwertmenge $G = \{0, 1, 2, \ldots, 255\}$ sind. Die 256 Grauwerte von 0 bis 255 sind in den meisten Fällen ausreichend. Der Grauwert 0 wird dabei in der Regel asl schwarz, der Grauwert 255 als weiß und ein Grauwert um 127 als grau interpretiert. Mit diesen festlegungen lässt sich ein digitalisiertes Grauwertbild wie folgt beschreiben:

| *Symbol* | *Bedeutung* |
|---|---|
| $G = \{0, 1, \ldots, 255\}$ | Grauwertmenge |
| $S = [s(x, y)]$ | Bildmatrix des Grauwertbildes |
| $x = 0, 1, \ldots, L - 1$ | Bildzeilen |
| $y = 0, 1, \ldots, R - 1$ | Bildspalten |
| $(x, y)$ | Ortskoordinate des Bildpunktes |
| $s(x, y) \in G$ | Grauwert des Bildpunktes |

[2] ALEXANDRE-THEOPHILE VANDERMONDE (1735 – 1796).

**2.13** *Lösung.* Das (9,9)-System kann wie folgt unter MATLAB gelöst werden:

```
>> T = zeros(9);
>> T(1,1)=1; T(1,2)=1; T(1,3)=1;
>> T(2,4)=1; T(2,5)=1; T(2,6)=1;
>> T(3,7)=1; T(3,8)=1; T(3,9)=1;
>> T(4,2)=1; T(4,3)=1; T(4,4)=1;
>> T(5,5)=1; T(5,6)=1; T(5,7)=1;
>> T(6,8)=1; T(6,9)=1;
>> T(7,2)=1; T(7,4)=1;
>> T(8,3)=1; T(8,5)=1; T(8,7)=1;
>> T(9,6)=1; T(9,8)=1;
>> b = [18,14,18,17,15,12,12,13,14]';
>> x = T\b;
>> x'
ans =
     6     7     5     5     2     7     6     7     5
```

Dies bestätigt das angegebene Resultat.

**2.14** *Lösung.*

1. *Aufstellung des mathematischen Modells.* Mit den Festlegungen

   $x$: Alter des Vaters
   $y$: Alter des Sohns
   $z$: Alter der Tochter

   ergibt sich das Gleichungssystem

$$\begin{aligned} x &= 4y \\ y &= z+5 \\ (x+5)+(y+5) &= 6(z+5) \end{aligned} \quad \text{bzw.} \quad \begin{aligned} x-4y &= 0 \\ y-z &= 5 \\ x+y-6z &= 20 \end{aligned}$$

2. *Lösung des mathematischen Modells.* Mit der reduzierten Zeilenstufenform

```
>> Ab = [1 -4 0 0; 0 1 -1 5; 1 1 -6 20];
>> rref(Ab)
ans =
     1     0     0    40
     0     1     0    10
     0     0     1     5
```

   können wir die Lösung ablesen. Demnach ist der Vater 40, der Sohn 10 und die Tochter 5 Jahre alt.

**2.15** *Lösung.* In jeder Kreuzung verlassen so viele Fahrzeuge dieselbe wie eintreffen. Deshalb gilt zum Beispiel für Kreuzung $A$, dass die Anzahl der eintreffenden Fahrzeuge $x_1 + 450$ ist und die Kreuzung verlassen $x_2 + 610$. Damit gilt

$$x_1 + 450 = x_2 + 610 \quad \text{(Kreuzung } A\text{)}$$

und analog für die anderen drei Kreuzungen

$$\begin{aligned} x_2 + 520 &= x_3 + 480 \quad \text{(Kreuzung } B\text{)} \\ x_3 + 390 &= x_4 + 600 \quad \text{(Kreuzung } C\text{)} \\ x_4 + 640 &= x_1 + 310 \quad \text{(Kreuzung } D\text{)} \end{aligned}$$

Die erweiterte Korffizientenmatrix ist somit

$$\left[\begin{array}{cccc|c} 1 & -1 & 0 & 0 & 160 \\ 0 & 1 & -1 & 0 & -40 \\ 0 & 0 & 1 & -1 & 210 \\ -1 & 0 & 0 & 1 & -330 \end{array}\right].$$

An der reduzierten Zeilenstufenform

$$\left[\begin{array}{cccc|c} 1 & 0 & 0 & -1 & 330 \\ 0 & 1 & 0 & - & 170 \\ 0 & 0 & 1 & -1 & 210 \\ 0 & 0 & 0 & 0 & 0 \end{array}\right]$$

sieht man, dass das System lösbar ist mit unendlich vielen Lösungen; es gibt eine freie Variable. Das Verkehrsflussdiagramm gibt somit nicht genug Informationen, um die Variablen $x_1$, $x_2$, $x_3$, $x_4$ eindeutig zu bestimmen. Die allgemeine Lösung ist somit für $t \in \mathbb{R}$

$$\begin{aligned} x_1 &= t + 330 \\ x_2 &= t + 170 \\ x_3 &= t + 210 \\ x_4 &= t \end{aligned}$$

Würde man den Verkehrsfluss zwischen zwei Kreuzungen kennen, so wären die übrigen Flüsse eindeutig bestimmbar. Für $x_4 = t = 200$ wäre dann $x_1 = 530$, $x_2 = 370$, $x_3 = 410$.

**2.16** *Lösung.*

1. *Aufstellung des mathematischen Modells.*
   - $x_1$ die Anzahl der passiven Mitglieder
   - $x_2$ die Anzahl der Feldhandballspieler
   - $x_3$ die Anzahl der Hallenhandballspieler
   - $x_4$ die Anzahl der Feld- und Hallenhandballspieler

Aus der ersten Bedingung folgt $x_1 + x_2 = 2x_3 + x_4$, aus der zweiten Bedingung folgt $x_2 + x_3 + x_4 = 50$, aus der dritten Bedingung folgt $x_1 + x_2 + x_3 = 110$ und aus der vierten Bedingung folgt $x_1 = x_3 + x_4 + 25$. Zusammengefasst ergibt sich somit das lineare Gleichungssystem

$$\begin{aligned} x_1 + x_2 - 2x_3 - x_4 &= 0 \\ x_2 + x_3 + x_4 &= 50 \\ x_1 + x_2 + x_3 &= 110 \\ x_1 - x_3 - x_4 &= 25 \end{aligned}$$

2. *Lösung des mathematischen Modells.* Zum Beispiel mit Hilfe des GAUSS-Verfahrens findet man die Lösung $x_1 = 65$, $x_2 = 10$, $x_3 = 35$ und $x_4 = 5$. Die Anzahl der Vereinsmitglieder erhält man durch Addition $x_1 + x_2 + x_3 + x_4 = 115$.

**2.17** *Lösung.* Die Angaben führen zu einem linearen Gleichungssystem mit zwei Gleichungen und zwei Unbekannten. Wenn $k$ das Alter des Kindes ist und $m$ das der Mutter, dann gilt:

$$\begin{aligned} k &= m - 21 \\ 5(k+6) &= m + 6 \end{aligned} \qquad \text{bzw.} \qquad \begin{aligned} m - k &= 21 \\ m - 5k &= 24 \end{aligned}$$

Die Lösung ist $(k, m) = (-\frac{3}{4}, 20\frac{1}{4})$. Als Lösung für das Kindesalter kommt also eine negative Zahl heraus; minus 9 Monate.

**2.18** *Lösung.* Es ist $x + y = 11$ und $10y + x = 27 + 10x + y$. Daraus folgt die Lösung $x = 4$ und $y = 7$. Also ist 47 die gesuchte zweistellige Zahl.

**2.19** *Lösung.* Mit den Bezeichnungen $x_1$ für eine Tonne für Legierung $A$, $x_2$ eine Tonne für Legierung $B$, $x_3$ eine Tonne für Legierung $C$ und $x_4$ eine Tonne für Legierung $D$ ergeben sich die Modellgleichungen

$$\begin{aligned} x_1 + x_2 + x_3 + x_4 &= 1 \\ 70x_1 + 74x_2 + 78x_3 &= 72 \\ 22x_1 + 18x_2 + 15x_3 &= 18 \\ 8x_1 + 8x_2 + 7x_3 + 100x_4 &= 10. \end{aligned}$$

Eine Dreiecksform des linearen Systems ist

$$\begin{aligned} x_1 + x_2 + x_3 + x_4 &= 1 \\ 4x_2 + 8x_3 - 70x_4 &= 2 \\ x_3 - 92x_4 &= -2 \\ 0 &= 0. \end{aligned}$$

Die allgemeine Lösung ist daher

$$x_1 = -3/2 + 147/2r,\ x_2 = 9/2 - 333/2r,\ x_3 = 92r - 2,\ x_4 = r.$$

Für $x_1$, $x_2$, $x_3$, $x_4$ sind keine negativen Werte zulässig. Also muss $r \geq 1/46$ sein; die folgt aus der dritten Koordinate der parametrischen Lösungsbeschreibung. Da $x_1$ und $x_2$ für $r = 1/46$ positiv sind, ist $(9/92, 81/92, 0, 1/46)$ die gesuchte Lösung. Es müssen rund 22 kg Nickel, 880 kg der Sorte $B$ und 98 kg der Sorte $A$ verwendet werden.

**2.20** *Lösung.* Der Produktionsleiter bezeichnet mit $x_1$, $x_2$ und $x_3$ die Mengen in Tonnen, die als Sorten $S_1$, $S_2$ bzw. $S_3$ das Werk verlassen sollen. Dann muss die Summe der Möhrenanteile in den einzelnen Sorten, die

$$0.8x_1 + 0.6x_2 + 0.45x_3$$

beträgt, gerade gleich der Gesamtmenge an Mören sein, also 23t sein. Analoges gilt für die Erbsen. Damit ergibt sich das lineare Gleichungssystem

$$\begin{aligned} 0.8x_1 + 0.6x_2 + 0.45x_3 &= 23 \\ 0.2x_1 + 0.4x_2 + 0.55x_3 &= 17 \end{aligned}$$

zur Beschreibung aller zulässigen Produktionsvarianten.

Der GAUSSsche Algorithmus für dieses LGS ergibt die allgemeine Lösung

$$\boldsymbol{x} = (-5, 45, 0) + t(0.75, -1.75, 1), \quad t \in \mathbb{R}.$$

Berücksichtigt man noch die in diesem Anwendungsfall sinnvollen Nichtnegativitätsforderungen, so erhält man folgende Bedingungen an den Parameter $t$:

$$\begin{aligned} x_1 = -5 + 0.75t \geq 0 &\Rightarrow t \geq 6.67 \\ x_2 = 45 - 1.75t \geq 0 &\Rightarrow t \leq 25.71 \\ x_3 = t \geq 0 &\Rightarrow t \geq 0. \end{aligned}$$

Insgesamt kommen also nur die (immer noch unendlich vielen) Lösungen mit $6.67 \leq t \leq 25.71$ in Frage.

Im Rahmen linearer Gleichungssysteme können solche Nichtnegativitäts- sowie anderer Ungleichungsnebenbedingungen im Allgemeinen nur nachträglich berücksichtigt werden. Für weitergehende Betrachtungen verweise ich Sie auf das Gebiet der *Linearen Optimierung.*

**2.21** *Lösung.* Es ergibt sich folgende Lösung:

(a) Die Leistungsverrechnung ist in Bild B.1 dargestellt.

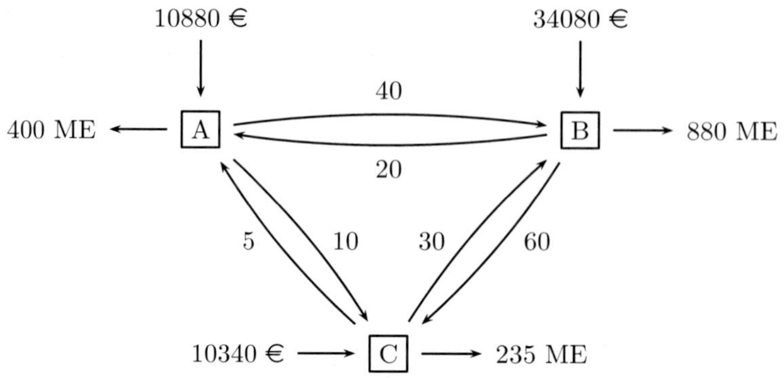


Bild B.1.: Zu Aufgabe 2.21

(b) Das mathematische Modell ist das lineare Gleichungssystem

$$\begin{aligned} 400a - 20b - 5c &= 10\,880 \\ -40a + 880b - 30c &= 34\,080 \\ -10a - 60b + 235c &= 10\,340 \end{aligned}$$

mit der Lösung $a = 30$, $b = 42$ und $c = 56$. Das ergibt:

| | |
|---|---|
| Verrechnungspreis bei A: | 30 € pro ME |
| Verrechnungspreis bei B: | 42 € pro ME |
| Verrechnungspreis bei C: | 56 € pro ME |

(c) Die Gesamtkosten sind:

| | |
|---|---|
| Gesamtkosten bei A: | 12 000 € pro Periode |
| Gesamtkosten bei B: | 36 960 € pro Periode |
| Gesamtkosten bei C: | 13 160 € pro Periode |

**2.22** *Lösung.* Es ergibt sich folgende Lösung:

(a) Das mathematische Modell ist das lineare Gleichungssystem

$$\begin{aligned} 12\,600 + 800p_2 + 50p_3 &= 45\,000p_1 \\ 132\,950 + 500p_1 + 1\,000p_2 + 40p_3 &= 18\,000p_2 \\ 6\,285 + 150p_1 + 80p_2 + 20p_3 &= 120p_3 \end{aligned}$$

mit der Lösung $p_1 = 0.5$ Euro pro kWh, $p_2 = 8$ Euro pro kWh und $p_3 = 70$ Euro pro h. Hier der MATLAB-Code mit der Lösung:

```
>> A = [45000 -800 -50; -500 17000 -40; -150 -80 100];
>> b = [12600; 132950; 6285];
>> p = A\b
p =
     0.5000
     8.0000
    70.0000
```

(b) Die Gesamtkosten für die drei Kostenstellen betragen demnach:

| | Primärkosten | Sekundärkosten | Gesamtkosten |
|---|---|---|---|
| Heizung | 12 600 | 9 900 | 22 500 |
| Strom | 132 950 | 11 050 | 144 000 |
| Reperatur | 6 285 | 2 115 | 8 400 |

**2.23** *Lösung.* Die Anfangsverteilung ist $\boldsymbol{v}_0 = (0.320, 0.297, 0.383)$. Damit ergibt sich

$$\boldsymbol{v}_4 = \boldsymbol{U}^4 \boldsymbol{v}_0 = \begin{bmatrix} 0.45 & 0.20 & 0.20 \\ 0.15 & 0.50 & 0.20 \\ 0.40 & 0.30 & 0.60 \end{bmatrix}^4 \begin{bmatrix} 0.320 \\ 0.297 \\ 0.383 \end{bmatrix} \approx \begin{bmatrix} 0.2669 \\ 0.2667 \\ 0.4664 \end{bmatrix}.$$

Wenn die Wählerwanderung so eintritt, dann kann die CDU bei der nächsten Bundestagswahl mit 26.69% der Erststimmen rechnen und die SPD kann mit 26.67% der Erstimmen rechnen. 46.64% fallen auf sonstige Parteien.

**3.1** *Lösung.*

| | | | |
|---|---|---|---|
| | r | | r |

**3.2** *Lösung.*

| | | |
|---|---|---|
| | × | |
| | | |

**3.3** *Lösung.*

| | | | | | | |
|---|---|---|---|---|---|---|
| × | × | | | | | |

**3.4** *Lösung.*

| | | | | | | | | |
|---|---|---|---|---|---|---|---|---|
| | | | | × | × | | | |

**3.5** *Lösung.*

| | | |
|---|---|---|
| × | × | |

**3.6** *Lösung.* Der Winkel zwischen den beiden Vektoren $\boldsymbol{v}$ und $\boldsymbol{w}$ muss $120^\circ$ betragen.

**3.7** *Lösung.*

(a) $\boldsymbol{a} \cdot \boldsymbol{b} = 0$
(b) $\boldsymbol{a} \cdot \boldsymbol{b} = 0$
(c) $\boldsymbol{a} \cdot \boldsymbol{b} = -6$
(d) $\boldsymbol{a} \cdot \boldsymbol{b} = 18$

**3.8** *Lösung.* Skalare Größen sind: Zeit in h, min, s; Temperatur in °C, °F; Länge in m, cm; Masse in kg, t; Preis in Euro, Dollar.

**3.9** *Lösung.* Vektoren sind: Beschleunigung, Zentrifugalkraft, Geschwindigkeit, Impuls, magnetische Feldstärke, Drehmoment.

**3.10** *Lösung.* Der Summenvektor ist in Bild B.2 gezeichnet.

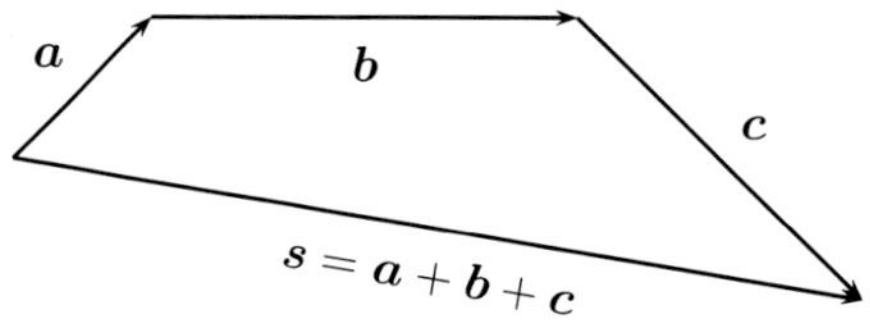


Bild B.2.: Lösung zu Aufgabe 3.10

**3.11** *Lösung.* Die Kraft $\boldsymbol{K} = -(\boldsymbol{K}_1 + \boldsymbol{K}_2 + \boldsymbol{K}_3 + \boldsymbol{K}_4 + \boldsymbol{K}_5)$ ist nötig, um den Körper an einer eventuellen Bewegung zu hindern.

**3.12** *Lösung.* Es ist

$$\cos(\phi) = \frac{(\boldsymbol{a}+\boldsymbol{b}) \cdot (\boldsymbol{a}-\boldsymbol{b})}{|\boldsymbol{a}+\boldsymbol{b}| \cdot |\boldsymbol{a}-\boldsymbol{b}|} = \frac{(\boldsymbol{a}+\boldsymbol{b}) \cdot (\boldsymbol{a}+\boldsymbol{b})}{|\boldsymbol{a}+\boldsymbol{b}| \cdot |\boldsymbol{a}+\boldsymbol{b}|} = \frac{|\boldsymbol{a}+\boldsymbol{b}|^2}{|\boldsymbol{a}+\boldsymbol{b}|^2} = 1$$

Also ist $\phi = 0°$. Die Vektoren sind also parallel.

**3.13** *Lösung.* Nein! Zum Beispiel: $(1,0) + (0,1) = (1,1)$.

**3.14** *Lösung.* Es ist $\boldsymbol{v}+\boldsymbol{w}=(-1,-2,-3)$, $\boldsymbol{u}+\boldsymbol{v}+\boldsymbol{w}=(0,0,0)$ und $2\boldsymbol{u}+2\boldsymbol{v}+\boldsymbol{w}=(-2,3,1)$.

**3.15** *Lösung.* Durch Lösen des linearen Systems

$$\begin{bmatrix} 1 & 1 \\ 1 & 0 \\ 0 & -3 \end{bmatrix} \begin{bmatrix} \alpha \\ \beta \end{bmatrix} = \begin{bmatrix} -5 \\ -4 \\ 3 \end{bmatrix}$$

erhält man die Lösung $\alpha=-4$, $\beta=-1$.

**3.16** *Lösung.* Mit Satz 3.21 berechnet man $\boldsymbol{u}\times\boldsymbol{v}=(3,2,-1)\times(0,2,-3)=(-4,9,6)$.

**3.17** *Lösung.* Bildet man zum Beispiel $\boldsymbol{u}\times\boldsymbol{v}$, so hat man einen Vektor, der auf beiden senkrecht steht. Es ist $\boldsymbol{u}\times\boldsymbol{v}=(18,36,-18)$. Der Vektor $(1,2,-1)$ tut es auch.

**3.18** *Lösung.* Mit $\boldsymbol{u}=(u_1,u_2,u_3)$ und $\boldsymbol{v}=(v_1,v_2,v_3)$ ist $\boldsymbol{u}\cdot(\boldsymbol{u}\times\boldsymbol{v})=(u_1,u_2,u_3)\cdot(u_2v_3-u_3v_2,u_3v_1-u_1v_3,u_1v_2-u_2v_1)=u_1(u_2v_3-u_3v_2)+u_2(u_3v_1-u_1v_3)+u_3(u_1v_2-u_2v_1)=0$.

**3.19** *Lösung.* Mit den in Bild B.3 eingeführten Vektoren gilt: $\boldsymbol{b}+\boldsymbol{c}=\boldsymbol{a}$ bzw. nach $\boldsymbol{c}$ aufgelöst

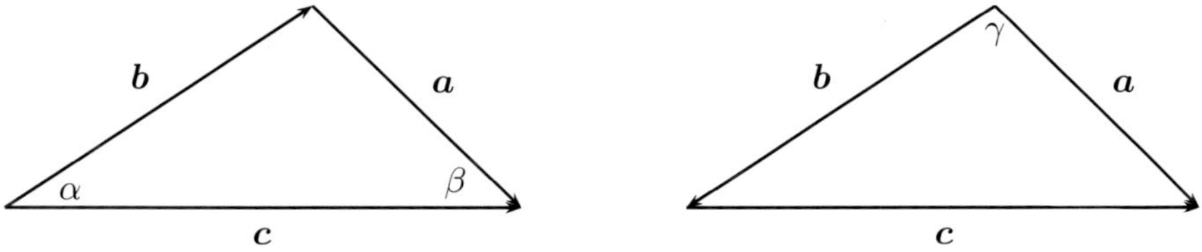


Bild B.3.: Zum Kosinussatz (rechts) und zum Sinussatz (rechts)

$\boldsymbol{c}=\boldsymbol{a}-\boldsymbol{b}$. Daraus folgt

$$\begin{aligned} |\boldsymbol{c}|^2 &= |\boldsymbol{a}-\boldsymbol{b}|^2=(\boldsymbol{a}-\boldsymbol{b})\cdot(\boldsymbol{a}-\boldsymbol{b})=\boldsymbol{a}\cdot\boldsymbol{a}-\boldsymbol{a}\cdot\boldsymbol{b}-\boldsymbol{b}\cdot\boldsymbol{a}+\boldsymbol{b}\cdot\boldsymbol{b} \\ &= |\boldsymbol{a}|^2-2\boldsymbol{a}\cdot\boldsymbol{b}+|\boldsymbol{b}|^2=|\boldsymbol{a}|^2-2|\boldsymbol{a}||\boldsymbol{b}|\cos(\gamma)+|\boldsymbol{b}|^2. \end{aligned}$$

Damit gilt der Kosinussatz: $c^2=a^2+b^2-2ab\cos(\gamma)$. Der Satz des PYTHAGORAS ist der Sonderfall $\gamma=90^\circ$. Dann ist $c^2=a^2+b^2$, weil $\cos 90^\circ=0$ ist.

**3.20** *Lösung.* Es ist $\boldsymbol{v} = (2, 2)$ und $\boldsymbol{w} = (1, -1)$.

**3.21** *Lösung.* Es ergibt sich $3\boldsymbol{v}+\boldsymbol{w} = (7, 5)$, $\boldsymbol{v}-3\boldsymbol{w} = (-1, -5)$ und $\alpha\boldsymbol{v}+\beta\boldsymbol{w} = (2\alpha+\beta, \alpha+2\beta)$.

**3.22** *Lösung.* Es gilt $\cos(\phi) = 1/(2 \cdot 1) = 1/2$, deshalb ist $\phi = 60°$ im Gradmaß oder $\pi/3$ im Bogenmaß.

**3.23** *Lösung.* Anhand von Bild B.4 (rechtes Bild) führen wir folgende Bezeichnungen ein: $\overrightarrow{AM} =$

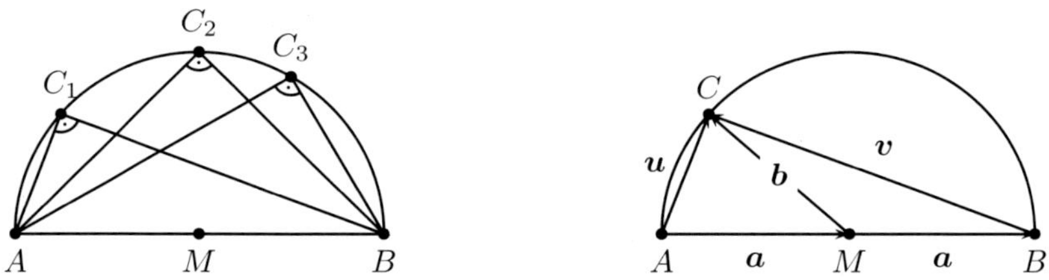


Bild B.4.: Satz des THALES

$\overrightarrow{MB} = \boldsymbol{a}$, $\overrightarrow{MC} = \boldsymbol{b}$, $|\boldsymbol{a}| = |\boldsymbol{b}| = r$, $\overrightarrow{AC} = \boldsymbol{u}$, $\overrightarrow{BC} = \boldsymbol{v}$, wobei $r$ der Radius und $M$ der Mittelpunkt des Kreises (THALESkreis) ist.

Wir müssen zeigen, dass der Winkel im Punkt $C$ des Dreiecks $ACB$ ein rechter Winkel ist. Dies ist genau dann der Fall, wenn die Vektoren $\boldsymbol{u}$ und $\boldsymbol{v}$ orthogonal sind, das heißt das Skalarprodukt aus $\boldsymbol{u}$ und $\boldsymbol{v}$ gleich Null ist. Zunächst drücken wir $\boldsymbol{u}$ und $\boldsymbol{v}$ durch die gleichen Hilfsvektoren $\boldsymbol{a}$ und $\boldsymbol{b}$ wie folgt aus: $\boldsymbol{u} = \boldsymbol{a} + \boldsymbol{b}$ und $\boldsymbol{a} + \boldsymbol{v} = \boldsymbol{b}$ bzw. $\boldsymbol{v} = \boldsymbol{b} - \boldsymbol{a}$. Damit erhalten wir für das Skalarprodukt aus $\boldsymbol{u}$ und $\boldsymbol{v}$ (unter Verwendung des Distributiv- und Kommutativgesetzes für Skalarprodukte):

$$\begin{aligned}\boldsymbol{u} \cdot \boldsymbol{v} &= (\boldsymbol{a} + \boldsymbol{b}) \cdot (\boldsymbol{b} - \boldsymbol{a}) = \boldsymbol{a} \cdot \boldsymbol{b} - \boldsymbol{a} \cdot \boldsymbol{a} + \boldsymbol{b} \cdot \boldsymbol{b} - \boldsymbol{b} \cdot \boldsymbol{a} \\ &= \boldsymbol{a} \cdot \boldsymbol{b} - |\boldsymbol{a}|^2 + |\boldsymbol{b}|^2 - \boldsymbol{a} \cdot \boldsymbol{b} = -|\boldsymbol{a}|^2 + |\boldsymbol{b}|^2 = -r^2 + r^2 = 0.\end{aligned}$$

Die Vektoren $\boldsymbol{u}$ und $\boldsymbol{v}$ stehen aufeinander senkrecht, damit ist der Winkel im Punkt $C$ des Dreiecks $ACB$ ein rechter und der *Satz des* THALES damit bewiesen.

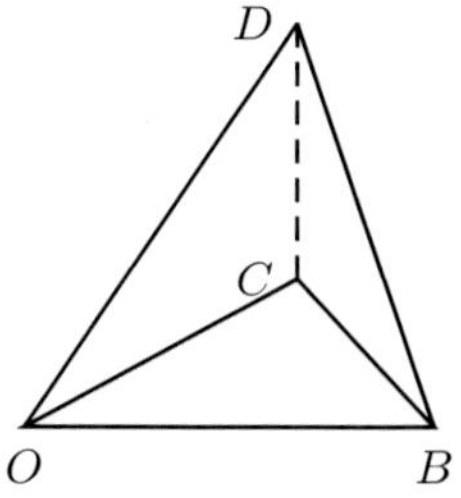

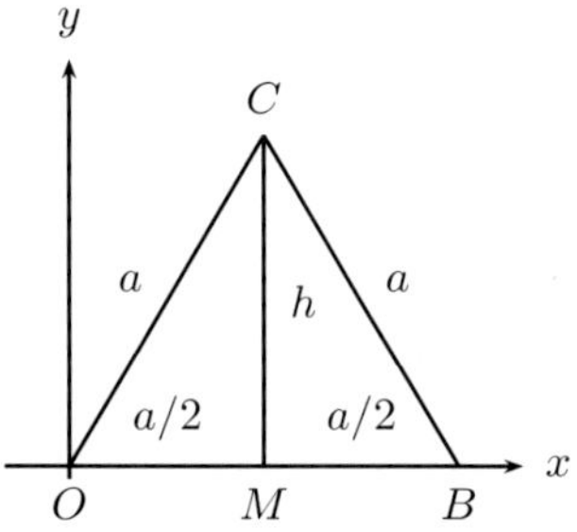


Bild B.5.: Tetraeder und Grundfläche (Bodenfläche)

**3.24** *Lösung.* Das reguläre Tetraeder besteht aus vier kongruenten (deckungsgleichen) gleichseitigen Dreiecken mit der Seitenlänge $a$, siehe Bild B.5 (linkes Bild). Das reguläre Tetraeder ist einer der fünf PLATONischen Körper[3]. Um dessen Oberfläche zu berechnen genügt es, die Grundfläche (Dreieick $OBC$) zu berechnen, die wir in die $x, y$-Ebene legen, siehe Bild B.5 (rechtes Bild). Wir bestimmen zunächst die Seitenvektoren $\overrightarrow{OB}$ und $\overrightarrow{OC}$, mit deren Hilfe dann der Flächeninhalt des Dreiecks $OBC$ berechnet werden kann. Zunächst ist $\overrightarrow{OB} = (a, 0, 0)$. Um $\overrightarrow{OC}$ angeben zu können, brauchen wir die Koordinaten des Punktes $C$ und dazu die Höhe $h$. Die Höhe $h$ kann aber mit dem Satz des PYTHAGORAS bestimmt werden: $(a/2)^2 + h^2 = a^2$, woraus $h = a\sqrt{3}/2$ folgt. Damit ist $C = (a/2, a\sqrt{3}/2, 0)$ und somit $\overrightarrow{OC} = (a/2, a\sqrt{3}/2, 0)$. Damit gilt $\overrightarrow{OB} \times \overrightarrow{OC} = (0, 0, a^2\sqrt{3}/2)$. Also ist der Flächeninhalt des Dreiecks $OBC$

$$\frac{1}{2}|\overrightarrow{OB} \times \overrightarrow{OC}| = \frac{1}{2} \cdot a^2 \frac{\sqrt{3}}{2} = \frac{1}{4}\sqrt{3}a^2.$$

Die Gesamtoberfläche des Tetraeders ist damit

$$O = 4 \cdot \frac{1}{4}\sqrt{3}a^2 = \sqrt{3}a^2.$$

**3.25** *Lösung.* Mit den Vektoren $\boldsymbol{a} = \overrightarrow{P_1P_2}$ und $\boldsymbol{b} = \overrightarrow{P_1P_3}$ erhält man aus der Definition des Kreuzproduktes $\boldsymbol{a} \times \boldsymbol{b}$ die Dreiecksfläche in der Form

$$\frac{1}{2}|\boldsymbol{a} \times \boldsymbol{b}|.$$

Begründung: Die Länge des Vektors $\boldsymbol{a} \times \boldsymbol{b}$ entspricht dem Flächeninhalt des von den Vektoren $\boldsymbol{a}$ und $\boldsymbol{b}$ aufgespannten Parallelogramms und dieses ist doppelt so groß wie das Dreieck.

Sonderfall: Liegt das Dreieck in der $x, y$-Ebene, so ergibt sich mit $\boldsymbol{a} = (a_1, a_2, 0)$ und $\boldsymbol{b} = (b_1, b_2, 0)$ die Beziehung $\boldsymbol{a} \times \boldsymbol{b} = (0, 0, a_1b_2 - a_2b_1)$ und daraus weiter $1/2(0^2 + 0^2 + (a_1b_2 - a_2b_1)^2) = 1/2(a_1b_2 - a_2b_1)^2$.

[3] PLATON (428 v. Chr. bis 348 v. Chr.).

**3.26** *Lösung.* Der normierte Vektor zu $\boldsymbol{v}$ zeigt in dieselbe Richtung wie $\boldsymbol{v}$, hat aber die Länge 1. Man erhält ihn, indem man $\boldsymbol{v}$ durch sein Länge teilt: $\boldsymbol{e}_{\boldsymbol{v}} = \boldsymbol{v}/|\boldsymbol{v}|$.

**3.27** *Lösung.* Der Vektor $(1,1)$ ist senkrecht zu dem Vektor $(1,5) - \alpha(1,1)$, wenn $6 - 2\alpha = 0$ bzw. $\alpha = 2$ gilt. Allgemein ist $\boldsymbol{v} \cdot (\boldsymbol{w} - \alpha\boldsymbol{v}) = 0$, wenn $\alpha = \boldsymbol{v} \cdot \boldsymbol{w}/(\boldsymbol{v} \cdot \boldsymbol{v})$ gilt.

**3.28** *Lösung.* (a) 0°C (b) 180°C (c) $(\boldsymbol{v} + \boldsymbol{w}) \cdot (\boldsymbol{v} - \boldsymbol{w}) = \boldsymbol{v} \cdot \boldsymbol{v} - \boldsymbol{w} \cdot \boldsymbol{w} = 1 - 1 = 0$, so dass der Winkel 90°C ist.

**3.29** *Lösung.* Es ist

$$\cos(\phi_1) = \frac{\boldsymbol{v} \cdot \boldsymbol{e}_1}{|\boldsymbol{v}| \cdot |\boldsymbol{e}_1|} = \frac{4}{5} \quad \Rightarrow \quad \phi_1 \approx 37^\circ$$

$$\cos(\phi_2) = \frac{\boldsymbol{v} \cdot \boldsymbol{e}_2}{|\boldsymbol{v}| \cdot |\boldsymbol{e}_2|} = \frac{-3}{5} = -\frac{3}{5} \quad \Rightarrow \quad \phi_2 \approx 126.8^\circ$$

$$\cos(\phi_3) = \frac{\boldsymbol{v} \cdot \boldsymbol{e}_3}{|\boldsymbol{v}| \cdot |\boldsymbol{e}_3|} = 0 \quad \Rightarrow \quad \phi_3 = 90^\circ$$

**3.30** *Lösung.* Kollineare Vektoren sind parallel, das heißt $\boldsymbol{v} = \lambda\boldsymbol{w}$. Die reelle Zahl $\lambda$ kann aus den vorhandenen $z$-Koordinaten von $\boldsymbol{v}$ und $\boldsymbol{w}$ berechnet werden: $\lambda = -1/2$. Also ist $x = -4$, $y = -6$ und somit $\boldsymbol{w} = (-4, -6, 10)$.

**3.31** *Lösung.* Die orthogonale Projektion von $\boldsymbol{K}$ auf $\boldsymbol{s}$ ist die Koordinate der Kraft $\boldsymbol{K}$, die in Richtung des Weges $\boldsymbol{s}$ wirkt.

**3.32** *Lösung.*

(a) Vektoren und Zahlen können nicht miteinander addiert werden.

(b) Die Summe zweier Vektoren ist ein Vektor, keine Zahl.

(c) Das Skalarprodukt $\boldsymbol{v} \cdot \boldsymbol{w}$ ist eine Zahl und kann deshalb nicht zum Vektor $\boldsymbol{u}$ addiert werden.

(d) Das Vektorprodukt $\boldsymbol{v} \times \boldsymbol{w}$ ist ein Vektor, das Skalarprodukt $\boldsymbol{v} \cdot \boldsymbol{w}$ dagegen eine Zahl. Beide können nicht addiert werden.

(e) Das Skalarprodukt $(\boldsymbol{a} \cdot \boldsymbol{b})$ und $(\boldsymbol{c} \cdot \boldsymbol{d})$ sind Zahlen, können also nicht mit dem Kreuzprodukt veknüpft werden.

**3.33** *Lösung.* Die Vektoraddition ist im Spezialfall $n = 1$ nichts anderes als die Addition reeller Zahlen. Man kann die Vektoraddition folglich als Erweiterung der gewöhnlichen Addition reeller Zahlen verstehen. Stellt man die reelle Zahl $v = \boldsymbol{v}$ auf dem Zahlenstrahl als einen vom Nullpunkt ausgehenden Pfeil dar, so ergibt sich anschaulich die Summe zweier Zahlen $\boldsymbol{v}$ und $\boldsymbol{w}$, indem der von $O$ zum Ende des Pfeiles $\boldsymbol{w}$ verlaufende Pfeil an das in $\boldsymbol{v}$ ankommende Pfeilende angehängt wird.

**3.34** *Lösung.* Mit den in dem Bild B.3 eingeführten Vektoren gilt: $\boldsymbol{c} = \boldsymbol{a} + \boldsymbol{b}$. Vektorielle Multiplikation mit $\boldsymbol{c}$ von rechts ergibt unter Beachtung von $\boldsymbol{c} \times \boldsymbol{c} = \boldsymbol{o}$ und den Rechenregeln des Kreuzproduktes

$$\boldsymbol{o} = (\boldsymbol{a} + \boldsymbol{b}) \times \boldsymbol{c} = (\boldsymbol{a} \times \boldsymbol{c}) + (\boldsymbol{b} \times \boldsymbol{c})$$

bzw. äquivalent

$$\boldsymbol{a} \times \boldsymbol{c} = \boldsymbol{c} \times \boldsymbol{b} \quad \Leftrightarrow \quad |\boldsymbol{a}||\boldsymbol{c}| \sin(\beta) = |\boldsymbol{c}||\boldsymbol{b}| \sin(\alpha) \quad \Leftrightarrow \quad \frac{|\boldsymbol{a}|}{\sin(\alpha)} = \frac{|\boldsymbol{b}|}{\sin(\beta)}$$

Damit gilt der Sinussatz:

$$\frac{a}{\sin(\alpha)} = \frac{b}{\sin(\beta)}$$

**3.35** *Lösung.* Wir erhalten folgende Lösungen.

(a) Als Ortsvektor geht $(-3, 1)$ von $O = (0, 0)$ aus und mündet im Punkt $A = (-3, 1)$.

(b) In der Darstellung $\overrightarrow{PQ}$ geht $(-3, 1)$ von $P = (2, 1)$ aus und seine Spitze liegt im Punkt $Q$, der durch

$$\begin{bmatrix} -3 \\ 1 \end{bmatrix} = \begin{bmatrix} x_Q - 2 \\ y_Q - 1 \end{bmatrix}$$

festgelegt ist. Also ist $Q = (-1, 2)$.

(c) In der Darstellung $\overrightarrow{RS}$ geht $(-3, 1)$ von $R$ aus und seine Spitze liegt in $S = (0, 1)$. Die Koordinaten von $R$ sind gegeben durch

$$\begin{bmatrix} -3 \\ 1 \end{bmatrix} = \begin{bmatrix} 0 - x_R \\ 1 - y_R \end{bmatrix},$$

somit folgt $R = (3, 0)$.

Bild B.6 veranschaulicht die Situation. Die drei parallelen Pfeile stellen ein- und denselben Vektor $(-3, 1)$ dar.

**3.36** *Lösung.* Auf einem Kreis mit Mittelpunkt im Koordinatenursprung und Radius $r = \sqrt{x^2 + y^2}$.

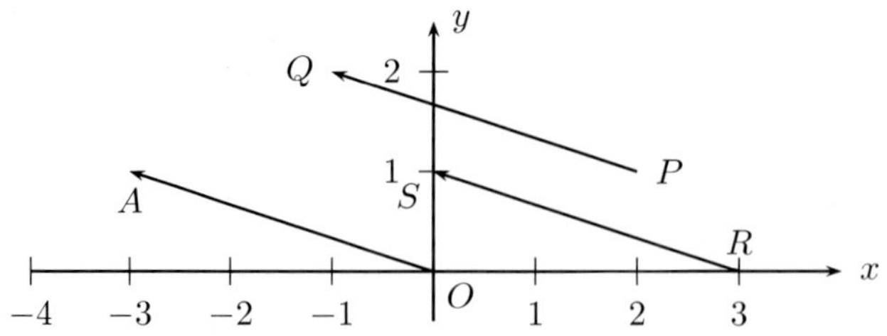


Bild B.6.: Zu Aufgabe 3.35

**3.37** *Lösung.* Es handelt sich um eine Kugel mit Radius $r = 4$.

**3.38** *Lösung.* (a) ist richtig, aber (b) ist falsch; zum Beispiel ist $|(1,0)| = |(0,1)|$, es ist aber $(1,0) \neq (0,1)$.

**3.39** *Lösung.* Es ist

$$\begin{aligned} \boldsymbol{s} &= 5\boldsymbol{a} - 3(\boldsymbol{b} + 2\boldsymbol{c}) + 3(2\boldsymbol{a} - \boldsymbol{c}) = 5\boldsymbol{a} - 3\boldsymbol{b} - 6\boldsymbol{c} + 6\boldsymbol{a} - 3\boldsymbol{c} \\ &= 11\boldsymbol{a} - 3\boldsymbol{b} - 9\boldsymbol{c} \\ &= 11\begin{bmatrix} 2 \\ 5 \\ 3 \end{bmatrix} - 3\begin{bmatrix} -1 \\ 5 \\ 8 \end{bmatrix} - 9\begin{bmatrix} 5 \\ 0 \\ 1 \end{bmatrix} = \begin{bmatrix} 22 \\ 55 \\ 33 \end{bmatrix} + \begin{bmatrix} 3 \\ -15 \\ -24 \end{bmatrix} + \begin{bmatrix} -45 \\ 0 \\ -9 \end{bmatrix} = \begin{bmatrix} -20 \\ 40 \\ 0 \end{bmatrix}, \end{aligned}$$

das heißt der Vektor liegt in der $x, y$-Ebene. Die Länge des Vektors ist

$$|\boldsymbol{s}| = \sqrt{(-20)^2 + (40)^2 + (0)^2} = \sqrt{2000} \approx 44.72.$$

**3.40** *Lösung.* Wir beginnen mit der Lösung über Skalarprodukte.

(a) Die Skalarprodukte $\boldsymbol{a} \cdot \boldsymbol{c}$ und $\boldsymbol{b} \cdot \boldsymbol{c}$ müssen jeweils verschwinden. Dies führt zu zwei linearen Gleichungen mit den beiden Unbekannten $c_1$ und $c_3$. Es ist $\boldsymbol{a} \cdot \boldsymbol{c} = c_1 + 5 + 2c_3$ und $\boldsymbol{b} \cdot \boldsymbol{c} = -2c_1 + 14 + c_3$. Null setzen ergibt die beiden linearen Gleichungen

$$\begin{aligned} c_1 + 2c_3 &= -5 \\ -2c_1 + c_3 &= -14 \end{aligned}$$

mit der Lösung $c_1 = 4.6$ und $c_3 = -4.8$.

(b) Das Kreuzprodukt aus $\boldsymbol{a}$ und $\boldsymbol{b}$ ist ein Vektor, der sowohl auf $\boldsymbol{a}$ als auch auf $\boldsymbol{b}$ senkrecht steht. Der gesuchte Vektor $\boldsymbol{c}$ ist daher zum Vektor $\boldsymbol{a} \times \boldsymbol{b}$ entweder parallel oder antiparallel, das heißt $\boldsymbol{c}$ und $\boldsymbol{a} \times \boldsymbol{b}$ sind kollineare Vektoren (sie liegen auf einer gemeinsamen Geraden). Somit muss der Vektor $\boldsymbol{c}$ ein Vielfaches von $\boldsymbol{a} \times \boldsymbol{b}$ sein: $\boldsymbol{c} = \lambda(\boldsymbol{a} \times \boldsymbol{b})$. Diese Vektorgleichung führt dann zu drei linearen Gleichungen für die drei Unbekannten $\lambda$, $c_1$ und $c_3$. Zunächst ist

$$\boldsymbol{a} \times \boldsymbol{b} = \begin{bmatrix} 1 \\ 5 \\ 2 \end{bmatrix} \times \begin{bmatrix} -2 \\ 14 \\ 1 \end{bmatrix} = \begin{bmatrix} 5 - 28 \\ -4 - 1 \\ 14 + 10 \end{bmatrix} = \begin{bmatrix} -23 \\ -5 \\ 24 \end{bmatrix}.$$

Aus $\boldsymbol{c} = \lambda(\boldsymbol{a} \times \boldsymbol{b})$ folgt das lineare Gleichungssystem

$$\begin{aligned} c_1 + 23\lambda &= 0 \\ -5\lambda &= 1 \\ c_3 - 24\lambda &= 0 \end{aligned}$$

mit der Lösung $\lambda = -1/5$, $c_1 = 4.6$ und $c_3 = -4.8$, in Übereinstimmung mit der Lösung aus Teil (a).

**3.41** *Lösung.* Der Vektor $\boldsymbol{v} \in \mathbb{R}^3$ zeigt:

(a) Entlang der $z$-Achse ($\pm z$-Achse).
(b) In positiver $y$-Richtung ($+y$-Achse).
(c) In negativer $x$-Richtung ($-x$-Achse).

**3.42** *Lösung.* Aus $\boldsymbol{F} = q(\boldsymbol{v} \times \boldsymbol{B})$ folgt wegen $q \neq 0$, dass das Kreuzprodukt $\boldsymbol{v} \times \boldsymbol{B}$ null sein muss. Dies ist bekanntlich genau dann der Fall, wenn die Vektoren $\boldsymbol{v}$ und $\boldsymbol{B}$ parallel sind, das heißt entweder parallel oder antiparallel verlaufen. Folgerung: Die Ladung $q$ bewegt sich kräftefrei, wenn sie in Feldrichtung oder in der Gegenrichtung in das Magnetfeld eintritt.

**3.43** *Lösung.* Geschwindigkeit ist eine vektorielle Größe; sie kann also durch einen Pfeil modelliert werden. Das linke Bild B.7 zeigt die Situation grafisch und insbesondere die Geschwindigkeit des Flugzeuges.

**3.44** *Lösung.* Es ist $\boldsymbol{v}_F + \boldsymbol{v}_1 = (0, 300)\text{km/h} + (0, -50)\text{km/h} = (0, 250)\text{km/h}$ (mit Gegenwind), $\boldsymbol{v}_F + \boldsymbol{v}_2 = (50, 300)$ km/h (mit Seitenwind) und $\boldsymbol{v}_F + \boldsymbol{v}_3 = (0, 350)$ km/h (mit Rückenwind). Die Geschwindigkeitsbeträge sind somit: $|\boldsymbol{v}_F + \boldsymbol{v}_1| = \sqrt{(0)^2 + (250)^2} = 250$, also 250 km/h, $|\boldsymbol{v}_F + \boldsymbol{v}_2| = \sqrt{(50)^2 + (300)^2} \approx 304$, also 304 km/h, $|\boldsymbol{v}_F + \boldsymbol{v}_3| = \sqrt{(0)^2 + (350)^2} = 350$, also 350 km/h.

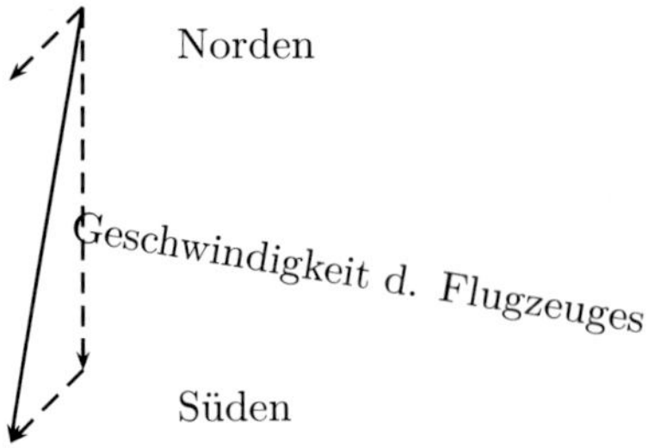


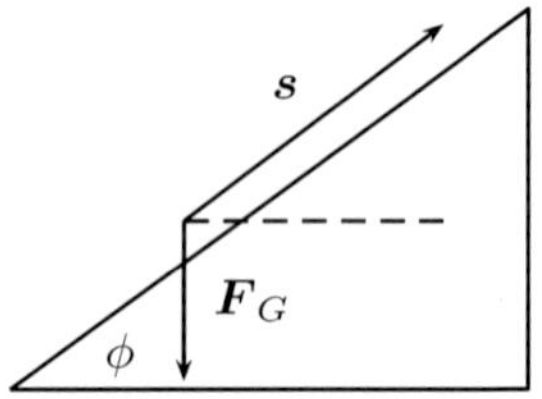


Bild B.7.: Zu den Aufgaben 3.43 und 3.48

**3.45** *Lösung.* Es ist in Nm bzw. J

$$W_1 = \boldsymbol{F} \cdot \boldsymbol{s}_1 = (0)(3) + (5)(3) = 15$$
$$W_2 = \boldsymbol{F} \cdot \boldsymbol{s}_2 = (0)(1) + (5)(1) = 5$$
$$W_3 = \boldsymbol{F} \cdot \boldsymbol{s}_3 = (0)(2) + (5)(0) = 0$$

**3.46** *Lösung.* Die Geschwindigkeit $\boldsymbol{v}$ ist die erste Ableitung, die Beschleunigung $\boldsymbol{a}$ die zweite Ableitung des Ortvektors $\boldsymbol{r}(t)$ nach der Zeit $t$, wobei koordinatenweise zu differenzieren ist. Wir erhalten mit Hilfe der Kettenregel für die Geschwindigkeit:

$$\boldsymbol{v}(t) = \dot{\boldsymbol{r}}(t) = (-r\omega\sin(\omega t), r\omega\cos(\omega t), c)$$

und

$$\begin{aligned}|\boldsymbol{v}(t)|^2 &= r^2\omega^2\sin(\omega t) + r^2\omega^2\cos(\omega t) + c^2\\ &= r^2\omega^2(\sin^2(\omega t) + \cos^2(\omega t)) + c^2 = r^2\omega^2 + c^2,\end{aligned}$$

also

$$v(t) = |\boldsymbol{v}(t)| = \sqrt{r^2\omega^2 + c^2}.$$

Da $v(t)$ von der Zeit nicht abhängt, ist die Geschwindigkeit konstant.

Für die Beschleunigung finden wir:

$$\boldsymbol{a}(t) = \ddot{\boldsymbol{a}}(t) = \dot{\boldsymbol{v}}(t) = -r\omega^2(\cos(\omega t), \sin(\omega t), 0)$$

und

$$|\boldsymbol{a}(t)|^2 = (-r\omega^2)^2(\cos^2(\omega t) + \sin^2(\omega t) + 0) = r^2\omega^4$$

also

$$a(t) = |\boldsymbol{a}(t)| = r\omega^2.$$

Da $a(t)$ von der Zeit nicht abhängt, ist die Beschleunigung konstant.

Die Elektronen bewegen sich in dem Magnetfeld auf schraubenförmigen Bahnen mit (dem Betrage nach) konstanter Geschwindigkeit und konstanter Beschleunigung.

**3.47** *Lösung.* Es ist $\boldsymbol{F}_{\text{gesamt}} = \boldsymbol{F}_1 + \boldsymbol{F}_2 + \boldsymbol{F}_3 + \boldsymbol{F}_4 = (90, 10)$ N.

**3.48** *Lösung.* Aus $\tan(\phi) = 0.09$ folgt $\phi \approx 5.14°$ für den Winkel der geneigten Ebene. Damit ist $90° + \phi \approx 90° + 5.14° = 95.14°$ der Winkel zwischen Gewichtskraft $\boldsymbol{F}_G$ und dem Ort $\boldsymbol{s}$ des PKWs (rechtes Bild B.7). Wir erhalten

$$\begin{aligned} A = \boldsymbol{F}_G \cdot \boldsymbol{s} = |\boldsymbol{F}_G| \cdot |\boldsymbol{s}| \cdot \cos(95.14°) &\approx 1300\,\text{kg} \cdot 9.81\,\text{m/s}^2 \cdot 750\,\text{m} \cdot \cos(95.14°) \\ &\approx 12.75\,\text{kN} \cdot 750\,\text{m} \cdot \cos(95.14°) \approx -857\,\text{kJ}. \end{aligned}$$

Das negative Vorzeichen rührt daher, dass Arbeit verrichtet (Energie zugeführt) werden muss. Die zu verrichtende Arbeit beträgt somit 857 kJ.

**3.49** *Lösung.* Die Vektoren $\boldsymbol{u}$ und $\boldsymbol{v}$ liegen in der $x, y$-Ebene. Folglich liegt der Vektor $\boldsymbol{u} \times \boldsymbol{v}$ auf der $z$-Achse. Wir erhalten

$$\begin{aligned} \boldsymbol{u} \times \boldsymbol{v} &= (u_2v_3 - u_3v_2, u_3v_1 - u_1v_3, u_1v_2 - u_2v_1) \\ &= ((6)(0) - (0)(6), (0)(3) - (5)(0), (5)(-2) - (6)(3)) = (0, 0, -28). \end{aligned}$$

Der Vektor $\boldsymbol{u} \times \boldsymbol{v} = (0, 0, -28) = -28\boldsymbol{e}_z$ liegt also auf der $z$-Achse und zeigt in Richtung negativer $z$-Werte.

**3.50** *Lösung.* Die Bahngeschwindigkeit $\boldsymbol{v}$ an der Stelle $P$ ist

$$\boldsymbol{v} = \boldsymbol{\omega} \times \boldsymbol{r} = (0, 0, \omega_z) \times (0, r_y, r_z) = (-\omega_z r_y, 0, 0) = -\omega_z r_y \boldsymbol{e}_x.$$

Die Bahngeschwindigkeit im Punkt $P$ hat den Betrag $\omega_z r_y$ und zeigt in Richtung der negativen $x$-Achse. Je größer $\omega_z$ oder $r_y$ ist, desto größer ist der Betrag der Bahngeschwindigkeit. Der Wert $r_z$ spielt keine Rolle. Fährt man auf einem Karusell außen, so ist man schneller unterwegs.

**3.51** *Lösung.* Die Matrix

$$\boldsymbol{R} = \begin{bmatrix} 0 & 1 \\ -1 & 0 \end{bmatrix}$$

dreht jeden Vektor in der Ebene $\mathbb{R}^2$ um 90°.

**3.52** *Lösung.* Eine Musterlösung kann wie folgt aussehen.

(a) Die Vektoren $\boldsymbol{w}$ für den Warenbestand und $\boldsymbol{e}$ für den Einkaufspreis können wir aus Tabelle 3.2 entnehmen:

$$\boldsymbol{w} = \begin{bmatrix} 2\,500 \\ 800 \\ 13\,000 \end{bmatrix}, \qquad \boldsymbol{e} = \begin{bmatrix} 1.50 \\ 3.20 \\ 0.50 \end{bmatrix}.$$

(b) Um den Vektor des Warenbestandes $\boldsymbol{b}$ zu Beginn des dritten Tages ermitteln zu können, muss man vom Vektor $\boldsymbol{w}$ die beiden Vektoren der täglichen Verkäufe subtrahieren:

$$\boldsymbol{b} = \begin{bmatrix} 2\,500 \\ 800 \\ 13\,000 \end{bmatrix} - \begin{bmatrix} 800 \\ 320 \\ 6\,000 \end{bmatrix} - \begin{bmatrix} 700 \\ 250 \\ 5\,000 \end{bmatrix} = \begin{bmatrix} 1\,000 \\ 230 \\ 2\,000 \end{bmatrix}.$$

(c) Den Umsatz $u$ während der betrachteten zwei Tage erhält man wie folgt:

$$u = (\boldsymbol{w} - \boldsymbol{b}) \cdot \boldsymbol{v} = \left( \begin{bmatrix} 2\,500 \\ 800 \\ 13\,000 \end{bmatrix} - \begin{bmatrix} 1\,000 \\ 230 \\ 2\,000 \end{bmatrix} \right) \cdot \begin{bmatrix} 2.00 \\ 4.50 \\ 1.00 \end{bmatrix} = 16\,565.$$

wobei $\boldsymbol{v} = (2.00, 4.50, 1.00)$ der Vektor des Verkaufspreises ist. Es wurde ein Gesamtumsatz von 16 565 Euro erzielt.

Berechnet man in analoger Weise die Tagesumsätze, so erhält man für den ersten Tag 9 040 Euro und 7 525 Euro für den zweiten Tag. Der größte Umsatz wurde demnach am ersten Tag erzielt.

(d) Den in den beiden Tagen erzielten Verkauf erhält man aus

$$(\boldsymbol{w} - \boldsymbol{b}) \cdot (\boldsymbol{v} - \boldsymbol{e}) \begin{bmatrix} 1\,500 \\ 570 \\ 11\,000 \end{bmatrix} \cdot \begin{bmatrix} 0.50 \\ 1.30 \\ 0.50 \end{bmatrix} = 6\,991.$$

Der Verkauf beträgt demnach 6 991 Euro. Da 60% für Personal- und andere Kosten verbraucht werden, bleiben vom Verkauf 40% für den Gewinn, das sind 2 796.40 Euro.

**3.53** *Lösung.* Bild 3.43 zeigt wie die Addition zweier geometrischer Vektoren aufgefasst werden kann. Sind $\boldsymbol{v}_1$ und $\boldsymbol{v}_2$ zwei gegebene Vektoren in der Ebene oder im Raum, so ist $\boldsymbol{v}_1 + \boldsymbol{v}_2$ derjenige Pfeil, der den Anfangspunkt von $\boldsymbol{v}_1$ mit dem Endpunkt von $\boldsymbol{v}_2$ verbindet, oder die gerichtete Diagonale des Parallelogramms, das von $\boldsymbol{v}_1$ und $\boldsymbol{v}_2$ erzeugt wird (Parallelogrammregel).

**3.54** *Lösung.* Es muss gelten $\boldsymbol{v} \cdot \boldsymbol{w} = 0$. Es ist $\boldsymbol{v} = (5, x, 3)$ und $\boldsymbol{w} = (1, -2, -7)$, also $\boldsymbol{v} \cdot \boldsymbol{w} = (5)(1) + (x)(-2) + (3)(-7) = 5 - 2x - 21 = -2x - 16$. Der Term $-2x - 16$ ist genau dann Null, wenn $x = -8$ ist.

**3.55** *Lösung.* Es ist

$$\boldsymbol{v} \cdot \boldsymbol{w} = (1,1,1) \cdot (-1,0,1) = (1)(-1) + (1)(0) + (1)(1) = -1 + 0 + 1 = 0.$$

Also ist $\boldsymbol{v} \perp \boldsymbol{w}$.

**3.56** *Lösung.* Es ist

$$\cos(\phi) = \frac{\boldsymbol{u} \cdot \boldsymbol{v}}{|\boldsymbol{u}| \cdot |\boldsymbol{v}|} = \frac{(1,0) \cdot (1,1)}{1 \cdot \sqrt{2}} = \frac{1}{\sqrt{2}}.$$

Somit ist $\phi = \arccos(1/\sqrt{2}) = 45°$.

**3.57** *Lösung.* Nach Satz 3.15 gilt

$$Proj_{\boldsymbol{a}}(\boldsymbol{u}) = \frac{\boldsymbol{u} \cdot \boldsymbol{a}}{|\boldsymbol{a}|^2}\boldsymbol{a} = \frac{16}{32}(4,4) = \frac{1}{2}(4,4) = (2,2).$$

Das Bild B.8 (links) zeigt die Situation grafisch.

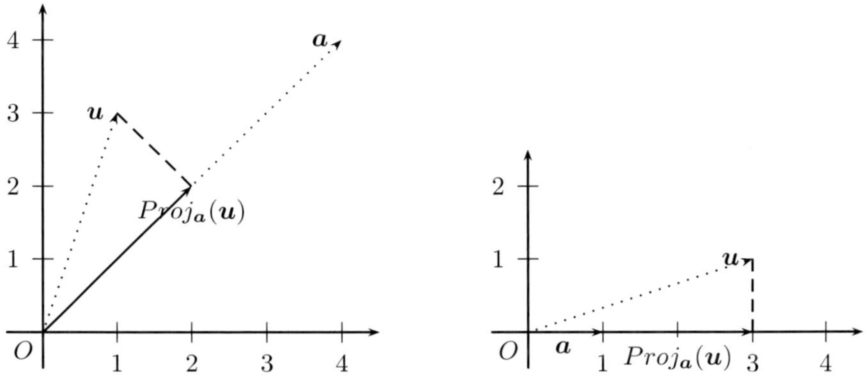


Bild B.8.: Zu Aufgabe 3.57 und Aufgabe 3.59

**3.58** *Lösung.* Die $x$-Achse wird zum Beispiel von dem Vektor $(1,0)$ aufgespannt, also können wir $\boldsymbol{a} = (1,0)$ wählen. Dann ist nach Satz 3.15

$$Proj_{\boldsymbol{a}}(\boldsymbol{u}) = \frac{\boldsymbol{u} \cdot \boldsymbol{a}}{|\boldsymbol{a}|^2}\boldsymbol{a} = \frac{3}{1}(1,0) = (3,0).$$

Das Bild B.8 (rechts) zeigt die Situation grafisch.

**3.59** *Lösung.* Es gibt keine Rechenregel der Form $(\boldsymbol{a} \cdot \boldsymbol{b}) \cdot \boldsymbol{b} = \boldsymbol{a} \cdot (\boldsymbol{b} \cdot \boldsymbol{b})$. Diese Gleichung ist im Allgemeinen falsch. Ist zum Beispiel $\boldsymbol{a} = (1, 0)$ und $\boldsymbol{b} = (2, 2)$, so ist einerseits $(\boldsymbol{a} \cdot \boldsymbol{b}) \cdot \boldsymbol{b} = 2 \cdot (2, 2) = (4, 4)$ und andererseits $\boldsymbol{a} \cdot (\boldsymbol{b} \cdot \boldsymbol{b}) = (1, 0) \cdot 8 = (8, 0)$. Die beiden Malzeichen in der Gleichung auf der linken Seite (bzw. auf der rechten Seite) haben unterschiedliche Bedeutungen: Skalares Vektorprodukt (Skalarprodukt) und Multiplikation eines Vektors mit einem Skalar.

**3.60** *Lösung.* Dazu müsste gelten: $\boldsymbol{x} \times \boldsymbol{n} = \boldsymbol{x}$ für alle $\boldsymbol{x} \in \mathbb{R}^3$. So ein Element $\boldsymbol{n} \in \mathbb{R}^3$ kann es nicht geben, denn der Vektor $\boldsymbol{x} \times \boldsymbol{n}$ muss auf $\boldsymbol{x}$ und $\boldsymbol{n}$ senkrecht stehen.

**4.1** *Lösung.* Da $A$ auf der Geraden liegt, ist der Vektor $\boldsymbol{a} = (0, 5, -4)$ ein möglicher Stützvektor der Geraden. Da $A$ und $B$ auf der Geraden liegen, ist der Vektor $\overrightarrow{AB} = (6, 3, 1) - (0, 5, -4) = (6, -2, 5)$ ein möglicher Richtungsvektor der Geraden. Daher ist $\boldsymbol{x} = (0, 5, -4) + t(6, -2, 5)$ eine mögliche Parameterdarstellung.

**4.2** *Lösung.* Wenn $X$ auf der Geraden liegt, dann muss es eine reelle Zahl geben, die die Vektorgleichung $(1, 0, 1) + t(1, 3, 3) = (2, -1, -1)$ erfüllt. Aus $1 + t = 2$ folgt $t = 1$, es ist aber $0 + (1)(3) \neq -1$. Somit liegt der Punkt $X$ nicht auf der Geraden.

**4.3** *Lösung.* Wählt man als Stützvektor den Ortsvektor von $A$ und als Spannvektoren $\overrightarrow{AB}$ und $\overrightarrow{AC}$, so erhält man

$$\boldsymbol{x} = \begin{bmatrix} 2 \\ 0 \\ 3 \end{bmatrix} + s \begin{bmatrix} -1 \\ -1 \\ 2 \end{bmatrix} + t \begin{bmatrix} 1 \\ -2 \\ -3 \end{bmatrix}.$$

Wählt man als Stützvektor den Ortsvektor von $B$ und als Spannvektoren $\overrightarrow{BA}$ und $\overrightarrow{BC}$, so erhält man

$$\boldsymbol{x} = \begin{bmatrix} 1 \\ -1 \\ 5 \end{bmatrix} + s \begin{bmatrix} 1 \\ 1 \\ -2 \end{bmatrix} + t \begin{bmatrix} 2 \\ -1 \\ -5 \end{bmatrix}.$$

**4.4** *Lösung.* Schreibt man die Parametergleichung als drei Gleichungen, so erhält man

$$\begin{aligned} x_1 &= 1 + 1s + 1t \\ x_2 &= 2 + 0s + 2t \\ x_3 &= 0 + 1s + 3t. \end{aligned}$$

Löst man die erste Gleichung nach $s$ auf und setzt sie in die dritte ein, so erhält man $x_3 = x_1 - 1 + 2t$. Löst man die zweite Gleichung nach $2t$ auf und setzt sie in $x_3 = x_1 - 1 + 2t$ ein, so erhält man

$$x_1 + x_2 - x_3 = 3.$$

**4.5** *Lösung.* Einsetzen von $\boldsymbol{p} = \overrightarrow{OP}$ und $\boldsymbol{n}$ in $(\boldsymbol{x} - \boldsymbol{p}) \cdot \boldsymbol{n} = 0$ ergibt die Gleichung in Normalenform

$$\left(\boldsymbol{x} - \begin{bmatrix} 2 \\ -5 \\ 7 \end{bmatrix}\right) \cdot \begin{bmatrix} 2 \\ 1 \\ -2 \end{bmatrix} = 0.$$

Setzen wir $A = (2, 7, 1)$ für $\boldsymbol{x}$ ein, so sehen wir, dass die linke Seite nicht Null ist, also liegt $A$ nicht auf der Ebene.

**4.6** *Lösung.* Jeder Normalenvektor $\boldsymbol{n}$ muss zu den Spannvektoren orthogonal sein, also muss für $\boldsymbol{n} = (n_1, n_2, n_3)$ gelten $(1, 3, 0) \cdot (n_1, n_2, n_3) = 0$ und $(-2, 1, 3) \cdot (n_1, n_2, n_3) = 0$. Ausrechnen der beiden Skalarprodukte ergibt das lineare Gleichungssystem

$$\begin{aligned} 1n_1 + 3n_2 + 0n_3 &= 0 \\ -2n_1 + 1n_2 + 3n_3 &= 0 \end{aligned}$$

mit zwei Gleichungen und drei Variablen. Eine (ganzzahlige) Lösung ist zum Beispiel $n_1 = 9$, $n_2 = -3$ und $n_3 = 7$. Damit ist $\boldsymbol{n} = (9, -3, 7)$ ein Normalenvektor und als eine Normalengleichung der Ebene (den benötigten Stützvektor kann man direkt der gegebenen Ebenengleichung entnehmen) bekommen wir

$$\left(\boldsymbol{x} - \begin{bmatrix} 2 \\ 1 \\ 2 \end{bmatrix}\right) \cdot \begin{bmatrix} 9 \\ -3 \\ 7 \end{bmatrix} = 0.$$

Einsetzen von $\boldsymbol{x} = (x_1, x_2, x_3)$ in die Normalenform ergibt

$$\begin{bmatrix} x_1 \\ x_2 \\ x_3 \end{bmatrix} \cdot \begin{bmatrix} 9 \\ -3 \\ 7 \end{bmatrix} = \begin{bmatrix} 2 \\ 1 \\ 2 \end{bmatrix} \cdot \begin{bmatrix} 9 \\ -3 \\ 7 \end{bmatrix}.$$

Ausrechnen der beiden Skalarprodukte ergibt die Koordinatengleichung $9x_1 - 3x_2 + 7x_3 = 29$.

**4.7** *Lösung.* $x_1, x_2$-Ebene: $\boldsymbol{x} \cdot (0, 0, 1) = 0$, $x_1, x_3$-Ebene: $\boldsymbol{x} \cdot (0, 1, 0) = 0$ und $x_2, x_3$-Ebene: $\boldsymbol{x} \cdot (1, 0, 0) = 0$.

**4.8** *Lösung.* Wird durch die Vektoren $\boldsymbol{a}$ und $\boldsymbol{b}$ eine Ebene aufgespannt, dann steht ein Vektor senkrecht dazu, wenn er sowohl zu $\boldsymbol{a}$ als auch zu $\boldsymbol{b}$ senkrecht ist. Man nennt einen solchen Vektor auch einen Normalenvektor der Ebene. Man kann ihn zum Beispiel über das Kreuzprodukt $\boldsymbol{a} \times \boldsymbol{b}$ bestimmen. Es gibt zwei solcher Vektoren. Diese sind gegensinnig parallel zueinander.

**4.9** *Lösung.* Einsetzen von $\boldsymbol{x} = (x, y, z)$, $\boldsymbol{p} = \overrightarrow{OP} = (5, 1, 5)$ und $\boldsymbol{n} = (-1, 2, -1)$ in $(\boldsymbol{x}-\boldsymbol{p})\cdot\boldsymbol{n} = 0$ ergibt die Gleichung in Normalenform

$$\begin{bmatrix} x-5 \\ y-1 \\ z-5 \end{bmatrix} \cdot \begin{bmatrix} -1 \\ 2 \\ -1 \end{bmatrix} = 0$$

Ausrechnen des Skalarproduktes auf der linken Seite der Gleichung ergibt die Koordinatengleichung der Ebene $E$: $-x + 2y - z + 8 = 0$ bzw. gleichwertig $x - 2y + z - 8 = 0$. Damit lässt sich die Ebene $E$ in Koordinatengleichungsform wie folgt beschreiben:

$$E = \{(x, y, z) \in \mathbb{R}^3 \mid x - 2y + z - 8 = 0\}.$$

**4.10** *Lösung.* Wir bestimmen zunächst den Verschiebungsvektor $\boldsymbol{s} = \overrightarrow{P_1P_2}$ der Masse. Dazu benötigen wir die Koordinaten der beiden Punkte in m: $P_1 = \boldsymbol{r}(s = 0, t = -1) = (2, 1, -1)$ und $P_2 = \boldsymbol{r}(s = 1, t = 2) = (0, 4, 0)$. Also ist $\boldsymbol{s} = \overrightarrow{P_1P_2} = (0, 4, 0) - (2, 1, -1) = (-2, 3, 1)$. Die von der Kraft an der Masse verrichtete Arbeit $W$ ist das Skalarprodukt aus dem Kraftvektor $\boldsymbol{F}$ und dem Verschiebungsvektor $\boldsymbol{s}$:

$$W = \boldsymbol{F} \cdot \boldsymbol{s} = (10, 20, 3)\,\text{N} \cdot (-2, 3, 1)\,\text{m} = (-20 + 60 + 3)\,\text{Nm} = 43\,\text{Nm}.$$

Den Winkel $\phi$ zwischen dem Kraft- und Verschiebungsvektor erhalten wir aus

$$\cos(\phi) = \frac{W}{|\boldsymbol{F}| \cdot |\boldsymbol{s}|} = \frac{43\,\text{Nm}}{\sqrt{509}\,\text{N} \cdot \sqrt{14}\,\text{m}} \approx 0.5094$$

zu

$$\phi = \arccos(0.5094) \approx 59.38°.$$

**4.11** *Lösung.* Die Aufgabe kann wie folgt gelöst werden.

(a) Die in der Ebene $E$ liegenden Vektoren $\overrightarrow{P_1P_2} = (3-2, 0-1, 2+3) = (1, -1, 5)$ und $\overrightarrow{P_1P_3} = (2-2, 2-1, 1+3) = (0, 1, 4)$ liegen nicht auf einer Geraden (sind linear unabhängig) und können daher als Richtungsvektoren dieser Ebene angesehen werden. Ihr Kreuzprodukt ist daher ein Normalenvektor $\boldsymbol{n}$ der Ebene $E$ (alle Zwsichenrechnungen ohne Einheiten):

$$\boldsymbol{n} = \overrightarrow{P_1P_2} \times \overrightarrow{P_1P_3} = (1, -1, 5) \times (0, 1, 4) = (-4-5, 0-4, 1-0) = (-9, -4, 1).$$

Da der Kraftvektor $\boldsymbol{F}$ senkrecht auf der Ebene $E$ stehen soll, müssen $\boldsymbol{F}$ und $\boldsymbol{n}$ kollineare Vektoren sein, das heißt $\boldsymbol{F}$ ist entweder parallel oder antiparallel zu $\boldsymbol{n}$. Es gilt also $\boldsymbol{F} = \lambda\boldsymbol{n}$, $\lambda \in \mathbb{R}$, und somit $\boldsymbol{F} \times \boldsymbol{n} = \boldsymbol{o}$. Setzen wir in die letzte Vektorgleichung die zur Verfügung stehenden Werte ein, so erhalten wir die drei linearen Gleichungen

$$\begin{aligned} F_y - 8 &= 0 \\ F_x - 18 &= 0 \\ -4f_x + 9F_y &= 0 \end{aligned}$$

mit der Lösung $F_x = 8$ und $F_y = 18$. Die Kraftkoordinaten lauten somit $F_x = 18\,\text{N}$, $F_y = 8\,\text{N}$, $F_z = -2\,\text{N}$.

(b) Für das Drehmoment $\boldsymbol{M}$ der in $P_1$ angreifenden Kraft $\boldsymbol{F}$ bezüglich $Q$ gilt die folgende Darstellung: $\boldsymbol{r} = \overrightarrow{QP_1} = (2, 1, -3) - (5, 1, -2) = (-3, 0, -1)$ in m und damit

$$\boldsymbol{M} = \boldsymbol{r} \times \boldsymbol{F} = \begin{bmatrix} -3 \\ 0 \\ -1 \end{bmatrix} \times \begin{bmatrix} 18 \\ 8 \\ -2 \end{bmatrix} = \begin{bmatrix} 0+8 \\ -18-6 \\ -24-0 \end{bmatrix} = \begin{bmatrix} 8 \\ -24 \\ -24 \end{bmatrix} = 8 \begin{bmatrix} 1 \\ -3 \\ -3 \end{bmatrix}.$$

Weiterhin ist $|\boldsymbol{M}| = 8\sqrt{(1)^2 + (-3)^2 + (-3)^2} = 8\sqrt{19} \approx 34.87$ in Nm.

**4.12** *Lösung.* Die beiden Richtungsvektoren sind parallel, wenn $(4, u_2) = \alpha(-1, 3)$ gilt. Daraus folgt $\alpha = -4$ und damit $u_2 = -12$.

**4.13** *Lösung.* Es ist $\cos(45^\circ) = \sin(45^\circ) = 1/\sqrt{2}$. Somit ist

$$\begin{bmatrix} x' \\ y' \end{bmatrix} = \begin{bmatrix} \cos(45^\circ) & \sin(45^\circ) \\ -\sin(45^\circ) & \cos(45^\circ) \end{bmatrix} \begin{bmatrix} 2 \\ 2 \end{bmatrix} = \begin{bmatrix} 1/\sqrt{2} & 1/\sqrt{2} \\ -1/\sqrt{2} & 1/\sqrt{2} \end{bmatrix} \begin{bmatrix} 2 \\ 2 \end{bmatrix} = \begin{bmatrix} 2\sqrt{2} \\ 0 \end{bmatrix}.$$

Damit hat der Punkt $P$ in dem um 45° gedrehten Koordinatensystem die Koordinaten $P = (2\sqrt{2}, 0)$. Weil der Punkt $P$ auf der neuen $x'$-Achse liegt, ist seine $y'$-Koordinate null.

**5.1** *Lösung.* Wahr.

**5.2** *Lösung.* Wahr.

**5.3** *Lösung.* Wahr.

**5.4** *Lösung.* Falsch.

**5.5** *Lösung.* Falsch.

**5.6** *Lösung.* Wahr.

**5.7** *Lösung.* Wahr.

**5.8** *Lösung.* Falsch.

**5.9** *Lösung.* Wahr.

**5.10** *Lösung.* Falsch.

**5.11** *Lösung.* Wahr.

**5.12** *Lösung.* Falsch.

**5.13** *Lösung.* Wahr.

**5.14** *Lösung.* Wahr.

**5.15** *Lösung.* Falsch. (Beispiel: $M_1 = \{(1,0),(0,1)\}$, $M_2 = \{(1,1),(1,-1)\}$)

**5.16** *Lösung.* Wahr.

**5.17** *Lösung.* Falsch. (Richtig wäre $N(\boldsymbol{BA}) \supseteq N(\boldsymbol{A})$)

**5.18** *Lösung.*

| | | | | | | | |
|---|---|---|---|---|---|---|---|
| r | | r | | r | | | |

**5.19** *Lösung.*

| | |
|---|---|
| | |
| | × |

**5.20** *Lösung.*

| | | |
|---|---|---|
| | | × |

**5.21** *Lösung.* [×] [ ] [ ]

**5.22** *Lösung.* [ ] [×] [ ] [×] [ ]

**5.23** *Lösung.* [ ] [ ] [×]

**5.24** *Lösung.* [ ] [ ] [×]

**5.25** *Lösung.* [×] [ ] [ ]

**5.26** *Lösung.* [ ] [×] [ ]

**5.27** *Lösung.* [×] [ ] [ ] [ ]

**5.28** *Lösung.* [×] [ ] [ ]

**5.29** *Lösung.* [ ] [ ] [×] [ ] [ ] [ ] [ ]

**5.30** *Lösung.* [ ] [×] [ ] [ ]

**5.31** *Lösung.* [ ] [ ] [ ] [×]

**5.32** *Lösung.* [×] [ ] [ ] [ ]

**5.33** *Lösung.* [ ] [ ] [×] [ ]

**5.34** *Lösung.* (a) ist falsch. (b) ist richtig.

**5.35** *Lösung.* (b) kein reeller Vektorraum.

**5.36** *Lösung.* (b) ist richtig.

**5.37** *Lösung.* Wir haben zu zeigen, dass $(x_1, y_1) + (x_2, y_2)$ und $c(x, y)$ jeweils eine Lösung ist, wenn $(x, y)$, $(x_1, y_1)$ und $(x_2, y_2)$ Lösungen sind. Setzen wir $(x_1, y_1)+(x_2, y_2) = (x_1+x_2, y_1+y_2)$ in die linke Seite der Gleichung ein, so gilt: $a(x_1 + x_2) + b(y_1 + y_2) = ax_1 + ax_2 + by_1 + by_2 = ax_1 + by_1 + ax_2 + by_2 = 0 + 0 = 0$, also ist $(x_1, y_1) + (x_2, y_2)$ eine Lösung. Auch $c(x, y) = (cx, cy)$ ist eine Lösung, denn es ist: $a(cx) + b(cy) = acx + bcy = c(ax + by) = c0 = 0$.

**5.38** *Lösung.* Durch Ausrechnen der rechten Seite der Vektorgleichung $a(3, 5, 2) + b(1, 1, 1) + c(3, 6, 2) = \boldsymbol{o}$ mit $a, b, c \in \mathbb{R}$, erhalten wir

$$\begin{bmatrix} 3a + b + 3c \\ 5a + b + 6c \\ 2a + b + 2c \end{bmatrix} = \begin{bmatrix} 0 \\ 0 \\ 0 \end{bmatrix}.$$

Da zwei Vektoren aber nur dann gleich sind, wenn ihre einzelnen Einträge übereinstimmen, bekommen wir drei lineare Gleichungen mit den drei Unbekannten $a, b, c$:

$$\begin{aligned} 3a + b + 3c &= 0 \\ 5a + b + 6c &= 0 \\ 2a + b + 2c &= 0 \end{aligned}$$

Nun müssen wir dieses homogene lineare Gleichungssystem nach $a, b, c$ auflösen. Tun wir dies mit einem uns bekanntem Verfahren, so finden wir $a = 0$, $b = 0$ und $c = 0$ als eindeutige Lösung. Das bedeutet, dass die Menge $M$ linear unabhängig ist.

**5.39** *Lösung.* Da die Vektoren $\boldsymbol{x}_1$, $\boldsymbol{x}_2$, …, $\boldsymbol{x}_n$ linear unabhängig sind, ist die $(n, n)$-Matrix

$$\boldsymbol{X} = \begin{bmatrix} | & | & & | \\ \boldsymbol{x}_1 & \boldsymbol{x}_2 & \dots & \boldsymbol{x}_n \\ | & | & & | \end{bmatrix}$$

regulär. Damit folgt aus der Matrizengleichung $\boldsymbol{AX} = \boldsymbol{B}$, wobei die Spaltenvektoren von $\boldsymbol{B}$ die Vektoren $\boldsymbol{b}_i$ für $i = 1, 2, \dots n$ sind, die eindeutige Matrixlösung

$$\boldsymbol{A} = \boldsymbol{BX}^{-1}.$$

**5.40** *Lösung.* (b) ist richtig.

**5.41** *Lösung.* | × | × | |

**5.42** *Lösung.* Die Menge der invertierbaren Matrizen besitzt keinen Nullvektor, da der Nullvektor die Nullmatrix $\boldsymbol{O} \in \mathbb{R}^{n \times n}$ ist, und diese ist nicht invertierbar.

**5.43** *Lösung.* Zum Beispiel ist $\boldsymbol{b}_1 = \boldsymbol{e}_1 = (1,0,0,0)$, $\boldsymbol{b}_2 = \boldsymbol{e}_2 = (0,1,0,0)$, $\boldsymbol{b}_3 = \boldsymbol{e}_3 = (0,0,1,0)$ und $\boldsymbol{b}_4 = \boldsymbol{e}_4 = (0,0,0,1)$ eine Basis von $\mathbb{R}^4$; es ist die natürliche Basis.

**5.44** *Lösung.* Nach Definition ist der Nullraum der Matrix $\boldsymbol{A}$ der Lösungsraum von $\boldsymbol{Ax} = \boldsymbol{o}$ mit $\boldsymbol{o} \in \mathbb{R}^4$ und $\boldsymbol{x} \in \mathbb{R}^5$. Die erweiterte Koeffizientenmatrix ist

$$\left[\begin{array}{rrrrr|r} 2 & 2 & -1 & 0 & 1 & 0 \\ -1 & -1 & 2 & -3 & 1 & 0 \\ 1 & 1 & -2 & 0 & -1 & 0 \\ 0 & 0 & 1 & 1 & 1 & 0 \end{array}\right].$$

Durch elementare Zeilenumformungen erhält man die folgende reduzierte Zeilenstufenform (mit der MATLAB-Funktion `rref` können Sie dies bestätigen)

$$\left[\begin{array}{ccccc|c} 1 & 1 & 0 & 0 & 1 & 0 \\ 0 & 0 & 1 & 0 & 1 & 0 \\ 0 & 0 & 0 & 1 & 0 & 0 \\ 0 & 0 & 0 & 0 & 0 & 0 \end{array}\right]$$

und als zugehöriges Gleichungssystem

$$\begin{aligned} x_1 + x_2 + x_5 &= 0 \\ x_3 + x_5 &= 0 \\ x_4 &= 0. \end{aligned}$$

Auflösen nach den führenden Variablen liefert

$$\begin{aligned} x_1 &= -x_2 - x_5 \\ x_3 &= -x_5 \\ x_4 &= 0. \end{aligned}$$

Mit $x_2 = s$ und $x_5 = t$ erhalten wir die allgemeine Lösung:

$$x_1 = -s - t,\ x_2 = s,\ x_3 = -t,\ x_4 = 0,\ x_5 = t$$

bzw.

$$\boldsymbol{x} = \begin{bmatrix} x_1 \\ x_2 \\ x_3 \\ x_4 \\ x_5 \end{bmatrix} = \begin{bmatrix} -s-t \\ s \\ -t \\ 0 \\ t \end{bmatrix} = \begin{bmatrix} -s \\ s \\ 0 \\ 0 \\ 0 \end{bmatrix} + \begin{bmatrix} -t \\ 0 \\ -t \\ 0 \\ t \end{bmatrix} = s \begin{bmatrix} -1 \\ 1 \\ 0 \\ 0 \\ 0 \end{bmatrix} + t \begin{bmatrix} -1 \\ 0 \\ -1 \\ 0 \\ 1 \end{bmatrix}.$$

Also spannen die Vektoren $\boldsymbol{b}_1 = (-1,1,0,0,0)$ und $\boldsymbol{b}_2 = (-1,0,-1,0,1)$ den Lösungsraum auf; außerdem sind die beiden Vektoren linear unabhängig (bitte nachrechnen!). Damit ist $\{\boldsymbol{b}_1, \boldsymbol{b}_2\}$ eine Basis des Lösungsraumes, das heißt des Nullraumes von $\boldsymbol{A}$. Die Dimension ist zwei.

**5.45** *Lösung.* Nach Definition ist der Nullraum der Matrix $\boldsymbol{Z}$ der Lösungsraum von $\boldsymbol{Zx} = \boldsymbol{o}$ mit $\boldsymbol{o} \in \mathbb{R}^4$ und $\boldsymbol{x} \in \mathbb{R}^5$. Die Matrix $\boldsymbol{Z}$ hat bereits Zeilenstufenform, so dass wir die allgemeine Lösung leicht angeben können. Das zugehörige Gleichungssystem ist

$$\begin{aligned} x_1 + 2x_2 + 4x_3 + x_5 &= 0 \\ x_2 + 2x_3 &= 0 \\ x_4 &= 0. \end{aligned}$$

Auflösen nach den führenden Variablen liefert

$$\begin{aligned} x_1 &= -2x_2 - 4x_3 - x_5 \\ x_2 &= -2x_3 \\ x_4 &= 0. \end{aligned}$$

Mit $x_3 = s$ und $x_5 = t$ erhalten wir die allgemeine Lösung:

$$x_1 = -t,\ x_2 = -2s,\ x_3 = s,\ x_4 = 0,\ x_5 = t$$

bzw.

$$\boldsymbol{x} = \begin{bmatrix} x_1 \\ x_2 \\ x_3 \\ x_4 \\ x_5 \end{bmatrix} = \begin{bmatrix} -t \\ -2s \\ s \\ 0 \\ t \end{bmatrix} = \begin{bmatrix} 0 \\ -2s \\ s \\ 0 \\ 0 \end{bmatrix} + \begin{bmatrix} -t \\ 0 \\ 0 \\ 0 \\ t \end{bmatrix} = s \begin{bmatrix} 0 \\ -2 \\ 1 \\ 0 \\ 0 \end{bmatrix} + t \begin{bmatrix} -1 \\ 0 \\ 0 \\ 0 \\ 1 \end{bmatrix}.$$

Also spannen die Vektoren $\boldsymbol{b}_1 = (0,-2,1,0,0)$ und $\boldsymbol{b}_2 = (-1,0,0,0,1)$ den Lösungsraum auf; außerdem sind die beiden Vektoren linear unabhängig (bitte nachrechnen!). Damit ist $\{\boldsymbol{b}_1, \boldsymbol{b}_2\}$ eine Basis des Lösungsraumes, das heißt des Nullraumes von $\boldsymbol{Z}$. Die Dimension ist zwei.

**5.46** *Lösung.* Die Matrizen sind alle in Zeilenstufenform, daher sind die Basen leicht anzugeben.

(a) Zeilenraumbasis: $\boldsymbol{z}_1 = (1,0,2)$, $\boldsymbol{z}_2 = (0,0,1)$.
Spaltenraumbasis: $\boldsymbol{s}_1 = (1,0,0)$, $\boldsymbol{s}_2 = (2,1,0)$.

(b) Zeilenraumbasis: $\boldsymbol{z}_1 = (1,-3,0,0)$, $\boldsymbol{z}_2 = (0,1,0,0)$.
Spaltenraumbasis: $\boldsymbol{s}_1 = (1,0,0,0)$, $\boldsymbol{s}_2 = (-3,1,0,0)$.

(c) Zeilenraumbasis: $\boldsymbol{z}_1 = (1,2,4,5)$, $\boldsymbol{z}_2 = (0,1,-3,0)$, $\boldsymbol{z}_3 = (0,0,1,-3)$, $\boldsymbol{z}_4 = (0,0,0,1)$.
Spaltenraumbasis: $\boldsymbol{s}_1 = (1,0,0,0,0)$, $\boldsymbol{s}_2 = (2,1,0,0,0)$, $\boldsymbol{s}_3 = (4,-3,1,0,0)$, $\boldsymbol{s}_4 = (5,0,-3,1,0)$.

(d) Zeilenraumbasis: Alle Zeilen der Matrix.
Spaltenraumbasis: Alle Spalten der Matrix.

**5.47** *Lösung.* Die Vektoren (Matrizen)

$$\boldsymbol{A}_1 = \begin{bmatrix} 1 & 0 & 0 \\ 0 & 0 & 0 \end{bmatrix}, \boldsymbol{A}_2 = \begin{bmatrix} 0 & 0 & 0 \\ 1 & 0 & 0 \end{bmatrix}, \boldsymbol{A}_3 = \begin{bmatrix} 0 & 1 & 0 \\ 0 & 0 & 0 \end{bmatrix},$$
$$\boldsymbol{A}_4 = \begin{bmatrix} 0 & 0 & 0 \\ 0 & 1 & 0 \end{bmatrix}, \boldsymbol{A}_5 = \begin{bmatrix} 0 & 0 & 1 \\ 0 & 0 & 0 \end{bmatrix}, \boldsymbol{A}_6 = \begin{bmatrix} 0 & 0 & 0 \\ 0 & 0 & 1 \end{bmatrix}$$

bilden eine Basis von $\mathbb{R}^{2\times 3}$, denn jede Matrix

$$\boldsymbol{A} = \begin{bmatrix} a & b & c \\ d & e & f \end{bmatrix} \in \mathbb{R}^{m\times n}$$

kann mit Hilfe von $\boldsymbol{A}_1$, $\boldsymbol{A}_2$, $\boldsymbol{A}_3$, $\boldsymbol{A}_4$, $\boldsymbol{A}_5$ und $\boldsymbol{A}_6$ dargestellt werden:

$$\begin{bmatrix} a & c & e \\ b & d & f \end{bmatrix} = a \begin{bmatrix} 1 & 0 & 0 \\ 0 & 0 & 0 \end{bmatrix} + b \begin{bmatrix} 0 & 0 & 0 \\ 1 & 0 & 0 \end{bmatrix} + \cdots + f \begin{bmatrix} 0 & 0 & 0 \\ 0 & 0 & 1 \end{bmatrix}.$$

Mit anderen Worten der Raum $\mathbb{R}^{2\times 3}$ wird von den Matrizen $\boldsymbol{A}_j$ aufgespannt. Die Matrizen $\boldsymbol{A}_j$ sind außerdem linear unabhängig, denn es gilt

$$\begin{bmatrix} 0 & 0 & 0 \\ 0 & 0 & 0 \end{bmatrix} = a \begin{bmatrix} 1 & 0 & 0 \\ 0 & 0 & 0 \end{bmatrix} + b \begin{bmatrix} 0 & 0 & 0 \\ 1 & 0 & 0 \end{bmatrix} + \cdots + f \begin{bmatrix} 0 & 0 & 0 \\ 0 & 0 & 1 \end{bmatrix}.$$

dann und nur dann, wenn $a = b = c = d = e = f = 0$ ist.

Daher ist die Dimension von $\mathbb{R}^{2\times 3}$ gleich $2 \cdot 3 = 6$. Analog zeigt man, dass $\mathrm{Dim}(\mathbb{R}^{m\times n}) = m \cdot n$ ist.

**5.48** *Lösung.* Der eindimensionale Standardraum $V = \mathbb{R}$ hat nur die beiden trivialen Untervektorräume $U_1 = \{0\}$ und $U_2 = \mathbb{R}$.

**5.49** *Lösung.* Nein! Nicht alle Vektorraumaxiome sind erfüllt. Das Rechengesetz $(r + s) \cdot \boldsymbol{v} = r \cdot \boldsymbol{v} + s \cdot \boldsymbol{v}$ ist nicht erfüllt. Wählt man zum Beispiel $r = 1$, $s = 2$ und $\boldsymbol{v} = (1, 1)$, so ist einerseits

$$(r + s) \cdot (v_1, v_2) = (1 + 2) \cdot (1, 1) = 3 \cdot (1, 1) = (3, 1),$$

andererseits aber

$$r \cdot (v_1, v_2) + s \cdot (v_1, v_2) = 1 \cdot (1, 1) + 2 \cdot (1, 1) = (1, 1) + (2, 1) = (3, 2).$$

Also ist $(r + s) \cdot \boldsymbol{v} = r \cdot \boldsymbol{v} + s \cdot \boldsymbol{v}$ nicht erfüllt.

**5.50** *Lösung.* Es ist

$$A = \begin{bmatrix} -1 & 1 \\ -1 & 1 \end{bmatrix}$$

eine solche Matrix. Es ist

$$N(\boldsymbol{A}) = S(\boldsymbol{A}) = \{r(1,1) \mid r \in \mathbb{R}\}.$$

Damit sind natürlich auch der Zeilenraum von $\boldsymbol{A}$ und der Nullraum von $\boldsymbol{A}^{\mathrm{T}}$ gleich. Es ist also

$$N(\boldsymbol{A}^{\mathrm{T}}) = Z(\boldsymbol{A}) = \{s(-1,1) \mid s \in \mathbb{R}\}.$$

**5.51** *Lösung.* Es ist

$$\boldsymbol{A} = \begin{bmatrix} -1/2 & 0 \\ 2/3 & -2/3 \end{bmatrix}, \quad \boldsymbol{b} = \begin{bmatrix} 1/2 \\ 0 \end{bmatrix}.$$

Die Dimension des Zustandsraumes ist $n = 2$ und als Steuerbarkeitsmatrix erhält man

$$\begin{bmatrix} | & | \\ \boldsymbol{b} & \boldsymbol{A}\boldsymbol{b} \\ | & | \end{bmatrix} = \begin{bmatrix} 1/2 & -1/4 \\ 0 & 1/3 \end{bmatrix}.$$

Diese Matrix hat den Rang $n = 2$. Die Programmzeilen

```
>> A = [-1/2 0; 2/3 -2/3];
>> b = [1/2; 0];
>> rank([b A*b])
ans =
     2
```

bestätigen dies in MATLAB.

**5.52** *Lösung.* Wir lösen die Aufgabe mit MATLAB. Es ist

```
>> A = [1 1 0; 0 1 0; 0 0 1];
>> B = [0 1; 1 0; 1 0];
>> rank([B A*B A^2*B])
ans =
     2
```

Da hier $n = 3$ ist, der Rang der Steuerbarkeitsmatrix aber gleich 2 ist, ist das System nicht steuerbar.

**5.53** *Lösung.* Die Dimension des Zustandsraumes ist $n = 2$ und als Beobachtbarkeitsmatrix erhält man

$$\begin{bmatrix} \boldsymbol{C} \\ \boldsymbol{CA} \end{bmatrix} = \begin{bmatrix} 1 & 1 \\ 0 & 1 \\ -1 & -2 \\ -1 & -3 \end{bmatrix}$$

Diese hat den Rang 2. Die Programmzeilen

```
>> A = [0 1; -1 -3];
>> C = [1 1; 0 1];
>> rank([C; C*A])
ans =
     2
```

bestätigen dies in MATLAB.

**5.54** *Lösung.* Ein homogenes lineares Gleichungssystem mit $n$ Variablen wird durch $\boldsymbol{Ax} = \boldsymbol{o}$ beschrieben, wobei $\boldsymbol{A} \in \mathbb{R}^{m \times n}$ ist. Der Nullraum der Koeffizientenmatrix $\boldsymbol{A}$ ist gleich dem Unterraum der Lösungen des Systems. Dieser hat die Dimension $n - r$, wobei $r$ der Rang der Matrix $\boldsymbol{A}$ ist. Daher hat der Unterraum der Lösungen eines homogenen linearen Gleichungssystems mit $n$ Variablen die Dimension $n - r$.

**5.55** *Lösung.* Wir beweisen (a) und (b). Eine Begründung für (c) können Sie zum Beispiel bei [81] auf Seite 210 nachlesen.

(a) Ist $\boldsymbol{b} \in S(\boldsymbol{AB})$, so gibt es ein $\boldsymbol{x}$, so dass $\boldsymbol{b} = \boldsymbol{ABx} = \boldsymbol{A}(\boldsymbol{Bx})$ gilt. Somit ist $\boldsymbol{b} \in S(\boldsymbol{A})$, da $\boldsymbol{b}$ das Bild von $\boldsymbol{Bx}$ ist.

(b) Ist $\boldsymbol{x} \in N(\boldsymbol{B})$, das heißt $\boldsymbol{Bx} = \boldsymbol{o}$. Dann ist aber auch $\boldsymbol{ABx} = \boldsymbol{o}$, also ist $\boldsymbol{x} \in N(\boldsymbol{AB})$.

**5.56** *Lösung.* Ist $(a_1, a_1, b_1)$, $(a_2, a_2, b_2)$ aus $U$ und $c \in \mathbb{R}$, so gilt $(a_1, a_1, b_1) + (a_2, a_2, b_2) = (a_1 + a_2, a_1 + a_2, b_1 + b_2) \in U$ und $c(a_1, a_1, b_1) = (ca_1, ca_1, cb_1) \in U$ also ist $U$ ein Unterraum von $\mathbb{R}^3$.

Zum Beispiel ist $\{(1, 1, 0), (0, 0, 1)\}$ eine Basis von $U$, denn ist $(a, a, b) \in \mathbb{R}^3$, dann ist $(a, a, b) \in U$ genau dann, wenn $a(1, 1, 0) + b(0, 0, 1) = (a, a, b)$ ist, und $c(1, 1, 0) + d(0, 0, 1) = (0, 0, 0)$ genau dann, wenn $c = d = 0$. Da es zwei Basisvektoren gibt, ist die Dimension von $U$ gleich zwei.

**6.1** *Lösung.* Falsch.

**6.2** *Lösung.* Falsch.

**6.3** *Lösung.* Falsch.

**6.4** *Lösung.* Falsch. Zum Beispiel

$$\boldsymbol{A} = \begin{bmatrix} 1 & 0 \\ 0 & 0 \end{bmatrix}, \qquad \boldsymbol{B} = \begin{bmatrix} 0 & 1 \\ 0 & 0 \end{bmatrix}.$$

**6.5** *Lösung.* Wahr. Ist $m \leq \text{Rang}(\boldsymbol{A}) \leq n$, so ist $m = \min\{m, n\}$. Somit ist $m \leq \text{Rang}(\boldsymbol{A}) \leq \text{Rang}([\boldsymbol{A}\ \boldsymbol{b}]) \leq \min\{m, n+1\} = m$ und somit ist $\text{Rang}(\boldsymbol{A}) = \text{Rang}([\boldsymbol{A}\ \boldsymbol{b}])$.

**6.6** *Lösung.* Das Bild B.9 zeigt die vier Fundamentalräume symbolisch. Es ist:

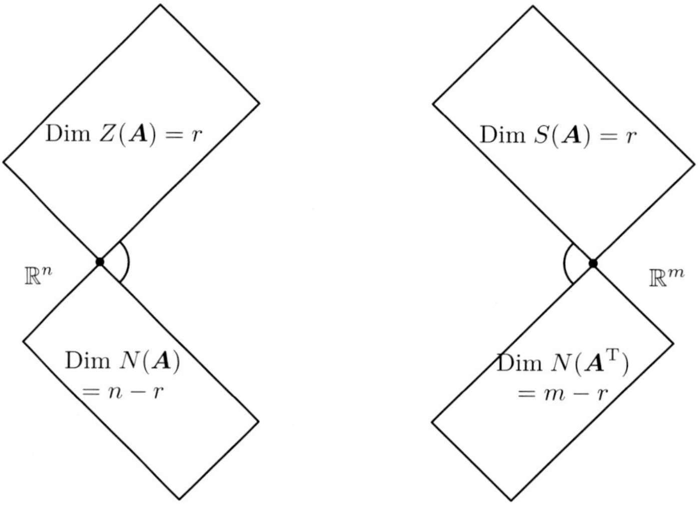


Bild B.9.: Die vier Fundamentalräume und deren Dimensionen

- $\text{Dim } Z(\boldsymbol{A}) = \text{Dim } S(\boldsymbol{A}) = \text{Rang}(\boldsymbol{A}) = r$
- $\text{Dim } N(\boldsymbol{A}) = n - r$
- $\text{Dim } N(\boldsymbol{A}^{\mathrm{T}}) = m - r$

**6.7** *Lösung.* (a) $E = \boldsymbol{x}^{\mathrm{T}}\boldsymbol{p} \geq E^*$. (b) $\boldsymbol{x} \cdot (1,1,1,1) \geq 1000$.

**6.8** *Lösung.* $W^{\perp}$ enthält mindestens den Nullvektor, da für jeden Vektor $\boldsymbol{w} \in W$ gilt: $\boldsymbol{o} \cdot \boldsymbol{w} = 0$. Wir müssen nun zeigen, dass $W^{\perp}$ unter der Addition und skalaren Multiplikation abgeschlossen ist. Sind $\boldsymbol{u}$, $\boldsymbol{v}$ in $W^{\perp}$ und $c$ ein Skalar, dann gilt für jeden Vektor $\boldsymbol{w} \in W$: $\boldsymbol{u} \cdot \boldsymbol{w} = \boldsymbol{v} \cdot \boldsymbol{w} = 0$, also $(\boldsymbol{u}+\boldsymbol{v}) \cdot \boldsymbol{w} = \boldsymbol{u} \cdot \boldsymbol{w} + \boldsymbol{v} \cdot \boldsymbol{w} = 0 + 0 = 0$ und $(c\boldsymbol{u}) \cdot \boldsymbol{w} = c\boldsymbol{u} \cdot \boldsymbol{w} = c0 = 0$. Damit liegen auch die Vektoren $\boldsymbol{u}+\boldsymbol{v}$ und $c\boldsymbol{u}$ in $W^{\perp}$.

**6.9** *Lösung.* Der Spaltenraum der Matrix $\boldsymbol{P}_{S(\boldsymbol{A})}$ ist der Unterraum $S(\boldsymbol{A})$; $\boldsymbol{P}_{S(\boldsymbol{A})}$ und $\boldsymbol{A}$ haben den gleichen Spaltenraum. Die Matrix $\boldsymbol{P}_{S(\boldsymbol{A})}$ ist symmetrisch, denn es ist

$$\boldsymbol{P}_{S(\boldsymbol{A})}^{\mathrm{T}} = (\boldsymbol{A}(\boldsymbol{A}^{\mathrm{T}}\boldsymbol{A})^{-1}\boldsymbol{A}^{\mathrm{T}})^{\mathrm{T}} = \boldsymbol{A}(\boldsymbol{A}^{\mathrm{T}}\boldsymbol{A})^{-1}\boldsymbol{A}^{\mathrm{T}} = \boldsymbol{P}_{S(\boldsymbol{A})},$$

weil die Matrix $(\boldsymbol{A}^{\mathrm{T}}\boldsymbol{A})^{-1}$ symmetrisch ist. Die Matrix $\boldsymbol{P}_{S(\boldsymbol{A})}$ ist auch idempotent, denn es ist

$$\begin{aligned}\boldsymbol{P}_{S(\boldsymbol{A})}^{2} &= (\boldsymbol{A}(\boldsymbol{A}^{\mathrm{T}}\boldsymbol{A})^{-1}\boldsymbol{A}^{\mathrm{T}})(\boldsymbol{A}(\boldsymbol{A}^{\mathrm{T}}\boldsymbol{A})^{-1}\boldsymbol{A}^{\mathrm{T}}) = \boldsymbol{A}(\boldsymbol{A}^{\mathrm{T}}\boldsymbol{A})^{-1}\boldsymbol{A}^{\mathrm{T}}\boldsymbol{A}(\boldsymbol{A}^{\mathrm{T}}\boldsymbol{A})^{-1}\boldsymbol{A}^{\mathrm{T}} \\ &= \boldsymbol{A}(\boldsymbol{A}^{\mathrm{T}}\boldsymbol{A})^{-1}\boldsymbol{A}^{\mathrm{T}} = \boldsymbol{P}_{S(\boldsymbol{A})}.\end{aligned}$$

Damit ist $\boldsymbol{P}_{S(\boldsymbol{A})}$ eine orthogonale Projektionsmatrix auf $S(\boldsymbol{A})$.

**6.10** *Lösung.*

(a) Ja. (b) Ja. (c) Nein.

Die Matrix $\boldsymbol{P}_3$ ist nicht symmetrisch.

**6.11** *Lösung.* Es ist $\boldsymbol{P}$ eine orthogonale Projektionsmatrix. Dann gilt für die Matrix $\boldsymbol{E} - 2\boldsymbol{P}$ :

$$\begin{aligned}(\boldsymbol{E}-2\boldsymbol{P})(\boldsymbol{E}-2\boldsymbol{P})^{T} &= (\boldsymbol{E}-2\boldsymbol{P})(\boldsymbol{E}-2\boldsymbol{P}^{T}) = (\boldsymbol{E}-2\boldsymbol{P})(\boldsymbol{E}-2\boldsymbol{P}) \\ &= \boldsymbol{E}-2\boldsymbol{P}-2\boldsymbol{P}+4\boldsymbol{P}^2 = \boldsymbol{E}-4\boldsymbol{P}+4\boldsymbol{P}^2 \\ &= \boldsymbol{E}-4\boldsymbol{P}+4\boldsymbol{P} = \boldsymbol{E}\end{aligned}$$

Also ist

$$(\boldsymbol{E}-2\boldsymbol{P})(\boldsymbol{E}-2\boldsymbol{P})^{T} = \boldsymbol{E},$$

das heißt $\boldsymbol{E} - 2\boldsymbol{P}$ ist eine orthogonale Matrix.

**6.12** *Lösung.* Bild B.10 zeigt eine geometrische Darstellung im Raum $\mathbb{R}^3$.

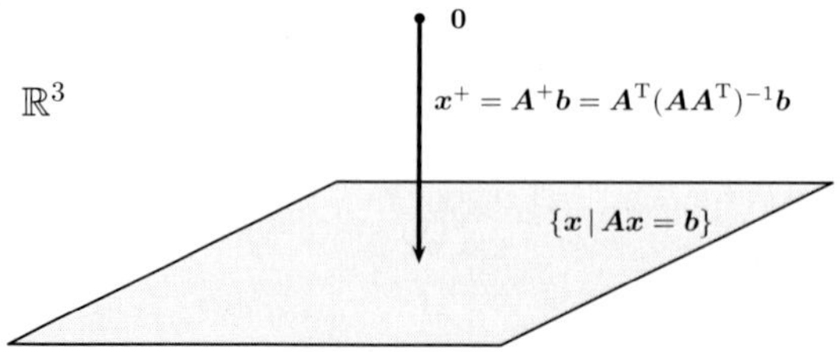


Bild B.10.: Lösung kleinster Länge

**6.13** *Lösung.* Die Spalten der Matrix $\boldsymbol{A}$ sind linear unabhängig, daher können wir $\boldsymbol{P}_{S(\boldsymbol{A})}$ mit der Formel $\boldsymbol{A}(\boldsymbol{A}^{\mathrm{T}}\boldsymbol{A})^{-1}\boldsymbol{A}^{\mathrm{T}}$ berechnen. Analog für die Matrix $\boldsymbol{B}$.

(a)

$$\boldsymbol{P}_{S(\boldsymbol{A})} = \begin{bmatrix} 0.5 & 0 & 0.5 \\ 0 & 1 & 0 \\ 0.5 & 0 & 0.5 \end{bmatrix} \quad \text{und} \quad \boldsymbol{P}_{S(\boldsymbol{A})} \begin{bmatrix} 1 \\ 2 \\ 3 \end{bmatrix} = \begin{bmatrix} 2 \\ 2 \\ 2 \end{bmatrix}$$

(b)

$$\boldsymbol{P}_{S(\boldsymbol{B})} = \begin{bmatrix} 0.8333 & 0.3333 & 0.1667 \\ 0.3333 & 0.3333 & -0.3333 \\ 0.1667 & -0.3333 & 0.8333 \end{bmatrix} \quad \text{und} \quad \boldsymbol{P}_{S(\boldsymbol{B})} \begin{bmatrix} 1 \\ 2 \\ 3 \end{bmatrix} = \begin{bmatrix} 2 \\ 0 \\ 2 \end{bmatrix}$$

**6.14** *Lösung.* Alle drei Matrizen sind idempotent. Jedoch ist $\boldsymbol{P}_3$ die einzige orthogonale Projektion, da $\boldsymbol{P}_3$ die einzige symmetrische Matrix ist.

**6.15** *Lösung.* Die Vektoren sind linear unabhängig, wenn die Vektorgleichung (bzw. das homogene lineare System)

$$a_1 \begin{bmatrix} 2 \\ 2 \\ 1 \end{bmatrix} + a_2 \begin{bmatrix} 2 \\ -1 \\ -2 \end{bmatrix} + a_3 \begin{bmatrix} -1 \\ 2 \\ -2 \end{bmatrix} = \boldsymbol{o}$$

nur die triviale Lösung $\boldsymbol{a} = (a_1, a_2, a_3) = \boldsymbol{o}$ hat. Mit dem GAUSS-JORDAN Verfahren findet man, dass die Koeffizienten die reduzierte Zeilenstufenform $\boldsymbol{E}_3$ hat. Daher ist $\boldsymbol{a} = \boldsymbol{o}$ die eindeutige Lösung. Die Vektoren sind orthogonal, da $(2,2,1) \cdot (2,-1,-2) = 4 - 2 - 2 = 0$, $(2,2,1) \cdot (-1,2,-2) = -2 + 4 - 2 = 0$ und $(2,-1,-2) \cdot (-1,2,-2) = -2 - 2 + 4 = 0$ ist. Da die drei Vektoren außerdem den ganzen Raum $\mathbb{R}^3$ aufspannen, bilden sie eine orthogonale Basis von $\mathbb{R}^3$. Damit lässt sich jeder Vektor $\boldsymbol{v}$ des $\mathbb{R}^3$ eindeutig in der Form

$$\boldsymbol{v} = c_1 \begin{bmatrix} 2 \\ 2 \\ 1 \end{bmatrix} + c_2 \begin{bmatrix} 2 \\ -1 \\ -2 \end{bmatrix} + c_3 \begin{bmatrix} -1 \\ 2 \\ -2 \end{bmatrix}$$

darstellen mit $c_i = \boldsymbol{v}^{\mathrm{T}}\boldsymbol{u}_i/|\boldsymbol{u}_i|^2$. Die Zahlen $c_i$ sind die Koordinaten des Vektors $\boldsymbol{v}$ bezüglich der neuen orthogonalen Basis $\boldsymbol{u}_1$, $\boldsymbol{u}_2$, $\boldsymbol{u}_3$. Es ist

$$\begin{aligned} c_1 &= (-1,1,3)\cdot(2,2,1)/|(2,2,1)|^2 = 1/3,\\ c_2 &= (-1,1,3)\cdot(2,-1,-2)/|(2,-1,-2)|^2 = -1,\\ c_3 &= (-1,1,3)\cdot(-1,2,-2)/|(-1,2,-2)|^2 = -1/3. \end{aligned}$$

Damit gilt die Zerlegung:

$$\begin{bmatrix} -1\\ 1\\ 3 \end{bmatrix} = \frac{1}{3}\begin{bmatrix} 2\\ 2\\ 1 \end{bmatrix} - \begin{bmatrix} 2\\ -1\\ -2 \end{bmatrix} - \frac{1}{3}\begin{bmatrix} -1\\ 2\\ -2 \end{bmatrix}.$$

**6.16** *Lösung.* Die Lösung der Aufgabe ist der folgende Algorithmus 28.

**Algorithmus 28: Gram-Schmidt-Orthonormalisierungsverfahren**

Gegeben ist eine beliebige Basis $B = \{\boldsymbol{u}_1, \boldsymbol{u}_2, \ldots, \boldsymbol{u}_n\}$ des $\mathbb{R}^n$. Dann erzeugen die folgenden Schritte eine Orthonormalbasis $Q = \{\boldsymbol{q}_1, \boldsymbol{q}_2, \ldots, \boldsymbol{q}_n\}$ des Vektorraumes $\mathbb{R}^n$.

1. Setze

$$\boldsymbol{q}_1 = \frac{\boldsymbol{u}_1}{|\boldsymbol{u}_1|}.$$

2. Es ist $W_1 = Lin(\boldsymbol{q}_1)$. Wir erhalten den zweiten orthonormalen Basisvektor $\boldsymbol{q}_2$ als Orthogonalprojektion von $\boldsymbol{u}_2$ senkrecht zu $W_1$. Zunächst ist

$$\boldsymbol{v}_2 = \boldsymbol{u}_2 - (\boldsymbol{u}_2^{\mathrm{T}}\boldsymbol{q}_1)\boldsymbol{q}_1$$

und schließlich liefert die Normierung den gewünschten Vektor

$$\boldsymbol{q}_2 = \frac{\boldsymbol{v}_2}{|\boldsymbol{v}_2|}.$$

3. Es ist $W_2 = Lin(\boldsymbol{q}_1, \boldsymbol{q}_2)$. Wir wählen den dritten orthonormalen Basisvektor $\boldsymbol{q}_3$ als Orthogonalprojektion von $\boldsymbol{u}_3$ senkrecht zu $W_2$. Zunächst ist

$$\boldsymbol{v}_3 = \boldsymbol{u}_3 - (\boldsymbol{u}_3^{\mathrm{T}}\boldsymbol{q}_1)\boldsymbol{q}_1 - (\boldsymbol{u}_3^{\mathrm{T}}\boldsymbol{q}_2)\boldsymbol{q}_2$$

und schließlich liefert die Normierung den gewünschten Vektor

$$\boldsymbol{q}_3 = \frac{\boldsymbol{v}_3}{|\boldsymbol{v}_3|}.$$

4. Mit $W_3 = Lin(\boldsymbol{q}_1, \boldsymbol{q}_2, \boldsymbol{q}_3)$ setzen wir den vierten orthonormalen Basisvektor $\boldsymbol{q}_4$ als Orthogonalprojektion von $\boldsymbol{u}_4$ senkrecht zu $W_3$. Zunächst ist

$$\boldsymbol{v}_4 = \boldsymbol{u}_4 - (\boldsymbol{u}_4^{\mathrm{T}}\boldsymbol{q}_1)\boldsymbol{q}_1 - (\boldsymbol{u}_4^{\mathrm{T}}\boldsymbol{q}_2)\boldsymbol{q}_2 - (\boldsymbol{u}_4^{\mathrm{T}}\boldsymbol{q}_3)\boldsymbol{q}_3$$

und schließlich liefert die Normierung den gewünschten Vektor

$$\boldsymbol{q}_4 = \frac{\boldsymbol{v}_4}{|\boldsymbol{v}_4|}.$$

5. Fahren wir auf diese Art und Weise fort, so erhalten wir nach $n$ Schritten eine Orthonormalbasis $\{\boldsymbol{q}_1, \boldsymbol{q}_2, \ldots, \boldsymbol{q}_n\}$ des Vektorraumes $\mathbb{R}^n$.

**6.17** *Lösung.* Nach dem GRAM-SCHMIDTschen Orthonormalisierungsverfahren gilt:

1. Der erste normalisierte Basisvektor ist

$$\boldsymbol{q}_1 = \frac{\boldsymbol{u}_1}{|\boldsymbol{u}_1|} = \frac{1}{5}\begin{bmatrix} 4 \\ 3 \end{bmatrix}.$$

2. Der zweite normalisierte Basisvektor ergibt sich mit

$$\boldsymbol{v}_2 = \boldsymbol{u}_2 - (\boldsymbol{u}_2^{\mathrm{T}}\boldsymbol{q}_1)\boldsymbol{q}_1 = \begin{bmatrix} -2 \\ 1 \end{bmatrix} - (1)(\frac{1}{5})\begin{bmatrix} 4 \\ 3 \end{bmatrix} = \frac{1}{5}\begin{bmatrix} -6 \\ 8 \end{bmatrix}$$

zu

$$\boldsymbol{q}_2 = \frac{\boldsymbol{v}_2}{|\boldsymbol{v}_2|} = \frac{1}{2}\cdot\frac{1}{5}\begin{bmatrix} -6 \\ 8 \end{bmatrix} = \frac{1}{5}\begin{bmatrix} -3 \\ 4 \end{bmatrix}.$$

Das Bild B.11 zeigt die alten Basisvektoren $\boldsymbol{u}_1 = (4, 3)$ und $\boldsymbol{u}_2 = (-2, 1)$ und die neuen ortho-

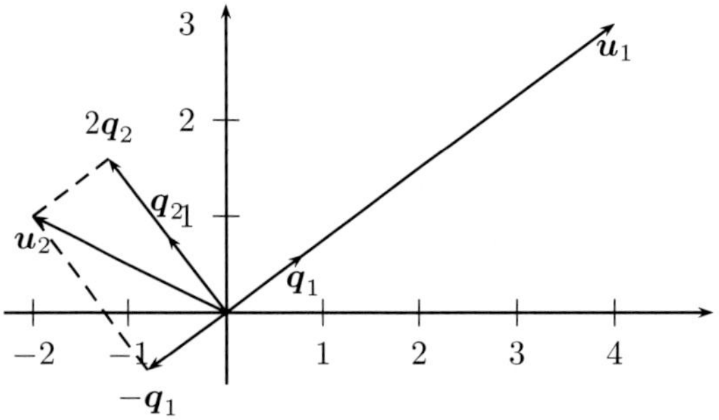


Bild B.11.: Alte Basis und neue Orthonormalbasis

normalen Basisvektoren $\boldsymbol{q}_1 = 1/5(4, 3)$ und $\boldsymbol{q}_2 = 1/5(-3, 4)$.

**6.18** *Lösung.* Es ist

$$\bar{x} = \frac{1}{n}(x_1 + x_2 + \cdots + x_n) = \frac{1}{n}(\boldsymbol{eins}^{\mathrm{T}}\boldsymbol{x}),$$

mit $\boldsymbol{eins} = [1\ 1\ \ldots 1]^{\mathrm{T}}$.

**6.19** *Lösung.* Mithilfe des Preisvektors $\boldsymbol{p} = (11000, 18000, 1100, 22000)$ und des Absatzvektors $\boldsymbol{x} = (4000, 2400, 6000, 200)$ ergibt sich

$$\begin{aligned}\boldsymbol{p}\cdot\boldsymbol{x} &= (11000, 18000, 1100, 22000)\cdot(4000, 2400, 6000, 200)\\ &= (11000)(4000) + (18000)(2400) + (1100)(6000) + (22000)(200)\\ &= 44000 + 43200000 + 6600000 + 4400000 = 54244000.\end{aligned}$$

Der erzielte Gesamtumsatz ist demnach Euro 54 244 000.

**6.20** *Lösung.* Es ist dann $\mathrm{Rang}(\boldsymbol{A}) = n$, $N(\boldsymbol{A}) = \{\boldsymbol{o}\}$, $Z(\boldsymbol{A}) = \mathbb{R}^n$, $\mathrm{Dim}S(\boldsymbol{A}) = n$ und $\mathrm{Dim}N(\boldsymbol{A}^{\mathrm{T}}) = m - n$. Das Bild B.12 zeigt die vier Fundamentalräume symbolisch. Der Zeilenraum ist der ganze Raum $\mathbb{R}^n$ und der Nullraum besteht nur aus dem Nullvektor.

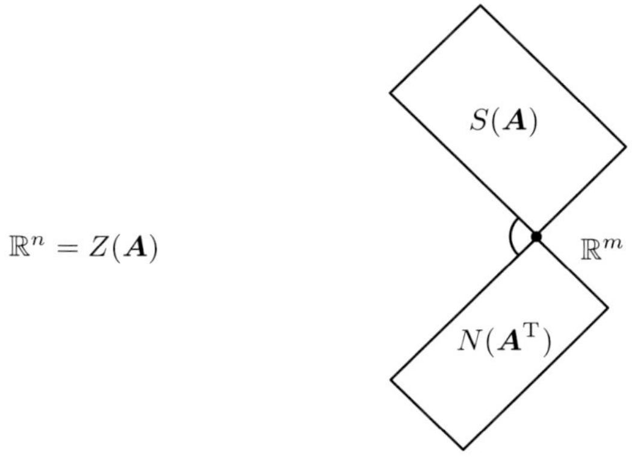


Bild B.12.: Die vier Fundamentalräume bei vollem Spaltenrang

**6.21** *Lösung.* Wenden wir das Gram-Schmidtsche Orthonormalisierungsverfahren auf die Spaltenvektoren der Matrix $\boldsymbol{A}$ an, so erhalten wir

$$\boldsymbol{q}_1 = \begin{bmatrix} 1/\sqrt{3} \\ 1/\sqrt{3} \\ 1/\sqrt{3} \end{bmatrix}, \quad \boldsymbol{q}_2 = \begin{bmatrix} -2/\sqrt{6} \\ 1/\sqrt{6} \\ 1/\sqrt{6} \end{bmatrix}, \quad \boldsymbol{q}_3 = \begin{bmatrix} 0 \\ -1/\sqrt{2} \\ 1/\sqrt{2} \end{bmatrix}.$$

Damit ist

$$\boldsymbol{R} = \begin{bmatrix} \boldsymbol{a}_1^{\mathrm{T}}\boldsymbol{q}_1 & \boldsymbol{a}_2^{\mathrm{T}}\boldsymbol{q}_1 & \boldsymbol{a}_3^{\mathrm{T}}\boldsymbol{q}_1 \\ 0 & \boldsymbol{a}_2^{\mathrm{T}}\boldsymbol{q}_2 & \boldsymbol{a}_3^{\mathrm{T}}\boldsymbol{q}_2 \\ 0 & 0 & \boldsymbol{a}_3^{\mathrm{T}}\boldsymbol{q}_3 \end{bmatrix} = \begin{bmatrix} 3/\sqrt{3} & 2/\sqrt{3} & 1/\sqrt{3} \\ 0 & 2/\sqrt{6} & 1/\sqrt{6} \\ 0 & 0 & 1/\sqrt{2} \end{bmatrix},$$

also hat $\boldsymbol{A}$ die Zerlegung

$$\underbrace{\begin{bmatrix} 1 & 0 & 1 \\ 1 & 1 & 0 \\ 1 & 1 & 1 \end{bmatrix}}_{\boldsymbol{A}} = \underbrace{\begin{bmatrix} 1/\sqrt{3} & -2/\sqrt{6} & 0 \\ 1/\sqrt{3} & 1/\sqrt{6} & -1/\sqrt{2} \\ 1/\sqrt{3} & 1/\sqrt{6} & 1/\sqrt{2} \end{bmatrix}}_{\boldsymbol{Q}} \underbrace{\begin{bmatrix} 3/\sqrt{3} & 2/\sqrt{3} & 1/\sqrt{3} \\ 0 & 2/\sqrt{6} & 1/\sqrt{6} \\ 0 & 0 & 1/\sqrt{2} \end{bmatrix}}_{\boldsymbol{R}}.$$

**6.22** *Lösung.* Wir beweisen alle drei Aussagen.

(a) Wegen Aufgabe 5.55 gilt zunächst: $\mathrm{Rang}(\boldsymbol{AB}) = \mathrm{Rang}(\boldsymbol{B}) - \mathrm{Dim}(N(\boldsymbol{A}) \cap S(\boldsymbol{B}))$. Stets gilt: $N(\boldsymbol{A}^{\mathrm{T}}) \cap S(\boldsymbol{A}) = \{\boldsymbol{o}\}$. Also ist: $\mathrm{Rang}(\boldsymbol{A}^{\mathrm{T}}\boldsymbol{A}) = \mathrm{Rang}(\boldsymbol{A}) - \mathrm{Dim}(N(\boldsymbol{A})^{\mathrm{T}} \cap S(\boldsymbol{A})) = \mathrm{Rang}(\boldsymbol{A})$.

(b) Wegen Aufgabe 5.55 gilt zunächst: $S(\boldsymbol{A}^{\mathrm{T}}\boldsymbol{A}) \subseteq S(\boldsymbol{A}^{\mathrm{T}})$. Weiter ist $\mathrm{Dim} S(\boldsymbol{A}^{\mathrm{T}}\boldsymbol{A}) = \mathrm{Rang}(\boldsymbol{A}^{\mathrm{T}}\boldsymbol{A}) = \mathrm{Rang}(\boldsymbol{A}) = \mathrm{Rang}(\boldsymbol{A}^{\mathrm{T}}) = \mathrm{Dim} S(\boldsymbol{A}^{\mathrm{T}})$, also ist $S(\boldsymbol{A}^{\mathrm{T}}\boldsymbol{A}) = S(\boldsymbol{A}^{\mathrm{T}})$.

(c) Wegen Aufgabe 5.55 gilt zunächst: $N(\boldsymbol{A}) \subseteq N(\boldsymbol{A}^{\mathrm{T}}\boldsymbol{A})$. Weiterhin ist $\mathrm{Dim}(\boldsymbol{A}) = n - \mathrm{Rang}(\boldsymbol{A}) = n - \mathrm{Rang}(\boldsymbol{A}^{\mathrm{T}}\boldsymbol{A}) = \mathrm{Dim}(\boldsymbol{A}^{\mathrm{T}}\boldsymbol{A})$, also ist $N(\boldsymbol{A}) = N(\boldsymbol{A}^{\mathrm{T}}\boldsymbol{A})$.

**6.23** *Lösung.* Die Begründung dieser Eigenschaften ist nicht schwer.

(a) Es ist $(\boldsymbol{A}^{\mathrm{T}}\boldsymbol{A})^{\mathrm{T}} = \boldsymbol{A}^{\mathrm{T}}(\boldsymbol{A}^{\mathrm{T}})^{\mathrm{T}} = \boldsymbol{A}^{\mathrm{T}}\boldsymbol{A}$.

(b) Es ist $\boldsymbol{x}^{\mathrm{T}}\boldsymbol{A}^{\mathrm{T}}\boldsymbol{A}\boldsymbol{x} = (\boldsymbol{A}\boldsymbol{x})^{\mathrm{T}}\boldsymbol{A}\boldsymbol{x} = |\boldsymbol{A}\boldsymbol{x}|_2^2 \geq 0$ für alle $\boldsymbol{x} \in \mathbb{R}^n$.

(c) Hat nun $\boldsymbol{A}$ vollen Rang $n$, so ist $\boldsymbol{A}\boldsymbol{x}$ nur dann gleich dem Nullvektor, wenn $\boldsymbol{x}$ der Nullvektor ist. Folglich ist $\boldsymbol{A}\boldsymbol{x} \neq \boldsymbol{o}$ für $\boldsymbol{x} \neq \boldsymbol{o}$. Damit gilt für $\boldsymbol{x} \neq \boldsymbol{o}$:

$$\boldsymbol{x}^{\mathrm{T}}\boldsymbol{A}^{\mathrm{T}}\boldsymbol{A}\boldsymbol{x} = (\boldsymbol{A}\boldsymbol{x})^{\mathrm{T}}\boldsymbol{A}\boldsymbol{x} = |\boldsymbol{A}\boldsymbol{x}|_2^2 > 0.$$

Die Matrix $\boldsymbol{A}^{\mathrm{T}}\boldsymbol{A}$ ist daher positiv definit, wenn $\boldsymbol{A}$ vollen Rang hat.

**6.24** *Lösung.* Es ist dann $\mathrm{Rang}(\boldsymbol{A}) = \mathrm{Dim} Z(\boldsymbol{A}) = \mathrm{Dim} S(\boldsymbol{A}) = m$, $N(\boldsymbol{A}^{\mathrm{T}}) = \{\boldsymbol{o}\}$, $S(\boldsymbol{A}) = \mathbb{R}^m$ und $\mathrm{Dim} N(\boldsymbol{A}) = n - m$. Das Bild B.13 zeigt die vier Fundamentalräume symbolisch. Der Spaltenraum ist der ganze Raum $\mathbb{R}^m$ und der Nullraum von $\boldsymbol{A}^{\mathrm{T}}$ besteht nur aus dem Nullvektor.

**6.25** *Lösung.* Die Matrix $\boldsymbol{P}$ ist idempotent und beschreibt somit eine Projektion. Die Projektion ist aber nicht orthogonal, weil $\boldsymbol{P}$ nicht symmetrisch ist.

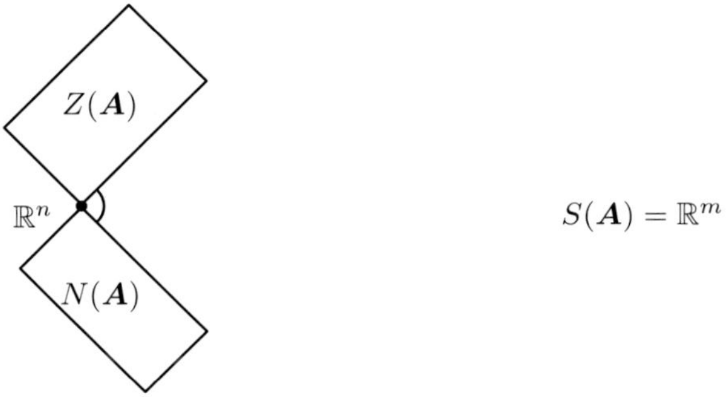


Bild B.13.: Die vier Fundamentalräume bei vollem Zeilenrang

**6.26** *Lösung.* Die Vektoren $\boldsymbol{u}_1 = (1, 1, 0)$ und $\boldsymbol{u}_2 = (1, 0, 0)$ spannen die $x, y$-Ebene von $\mathbb{R}^3$ auf. $U$ ist also die Menge der Punkte $(x, y, 0)$ in $\mathbb{R}^3$. Es ist

$$\boldsymbol{A} = \begin{bmatrix} 1 & 1 \\ 1 & 0 \\ 0 & 0 \end{bmatrix}, \quad \boldsymbol{A}^{\mathrm{T}}\boldsymbol{A} = \begin{bmatrix} 2 & 1 \\ 1 & 1 \end{bmatrix}, \quad (\boldsymbol{A}^{\mathrm{T}}\boldsymbol{A})^{-1} = \begin{bmatrix} 1 & -1 \\ -1 & 2 \end{bmatrix}$$

und somit

$$\boldsymbol{P} = \boldsymbol{A}(\boldsymbol{A}^{\mathrm{T}}\boldsymbol{A})^{-1}\boldsymbol{A}^{\mathrm{T}} = \begin{bmatrix} 1 & 0 & 0 \\ 0 & 1 & 0 \\ 0 & 0 & 0 \end{bmatrix}.$$

Die orthogonale Projektionsmatrix $\boldsymbol{P}$ projiziert jeden Vektor aus $\mathbb{R}^3$ auf die $x, y$-Ebene.

**7.1** *Lösung.* Wahr.

**7.2** *Lösung.* Wahr.

**7.3** *Lösung.* Falsch.

**7.4** *Lösung.* Wahr.

**7.5** *Lösung.* (c) ist richtig.

**7.6** *Lösung.*

| | | | | | | | |
|---|---|---|---|---|---|---|---|
| | | | × | × | | | |

**7.7** *Lösung.* Zunächst gilt

$$\boldsymbol{A}^{\mathrm{T}}\boldsymbol{A} = \begin{bmatrix} 3 & -2 \\ -2 & 6 \end{bmatrix}, \quad \boldsymbol{A}^{\mathrm{T}}\boldsymbol{b} = \begin{bmatrix} 14 \\ -7 \end{bmatrix}$$

und

$$(\boldsymbol{A}^{\mathrm{T}}\boldsymbol{A})^{-1} = \begin{bmatrix} 3/7 & 1/7 \\ 1/7 & 3/14 \end{bmatrix}.$$

Somit ist

$$\boldsymbol{x} = (\boldsymbol{A}^{\mathrm{T}}\boldsymbol{A})^{-1}\boldsymbol{A}^{\mathrm{T}}\boldsymbol{b} = \begin{bmatrix} 5 \\ 1/2 \end{bmatrix}$$

die Lösung und der orthogonale Projektionsvektor ist

$$\boldsymbol{p} = \boldsymbol{A}\boldsymbol{x} = \begin{bmatrix} 11/2 \\ -9/2 \\ -4 \end{bmatrix}.$$

**7.8** *Lösung.* Die Lösung der Ausgleichsaufgabe ist

$$\boldsymbol{x} = (\boldsymbol{A}^{\mathrm{T}}\boldsymbol{A})^{-1}\boldsymbol{A}^{\mathrm{T}}\boldsymbol{b} = (20)^{-1}\begin{bmatrix} 2 & 4 \end{bmatrix}\begin{bmatrix} 3 \\ 1 \end{bmatrix} = \frac{1}{2}.$$

Der orthogonale Projektionsvektor ist

$$\boldsymbol{p} = \boldsymbol{A}\boldsymbol{x} = \begin{bmatrix} 2 \\ 4 \end{bmatrix}\frac{1}{2} = \begin{bmatrix} 1 \\ 2 \end{bmatrix}$$

und der Fehlervektor ergibt sich zu

$$\boldsymbol{r} = \boldsymbol{p} - \boldsymbol{b} = \begin{bmatrix} -2 \\ 1 \end{bmatrix}.$$

Siehe auch Beispiel 7.2, Beispiel 7.4, Aufgabe 7.8 und Aufgabe 13.5.

**7.9** *Lösung.* Die folgenden Anweisungen berechnen die Lösungsparabel

```
>> v = [40, 70, 100, 130, 150];
>> s = [14, 39, 78 ,120, 153];
>> x = polyfit(v,s,2)
x =
    0.0044      0.4372   -11.2334
```

Damit ist $s = 0.0044v^2 + 0.4372v - 11.2334$ die Lösungsparabel. Den Bremsweg bei $v = 90$ km/h erhalten wir durch die Anweisung

```
>> s90 = polyval(x,90)
s90 = 63.7519
```

Damit benötigt das Fahrzeug bei einer Geschwindigkeit von 90 km/h einen Bremsweg von zirka 64 m.

**7.10** *Lösung.* Das mathematische Modell ist das überbestimmte lineare Gleichungssystem

$$\underbrace{\begin{bmatrix} 1 \\ 1 \\ 1 \end{bmatrix}}_{\boldsymbol{A}} \begin{bmatrix} x \end{bmatrix} = \underbrace{\begin{bmatrix} 70 \\ 80 \\ 120 \end{bmatrix}}_{\boldsymbol{b}}.$$

Die Lösung der dazugehörigen Ausgleichsaufgabe ergibt den arithmetischen Mittelwert

$$\bar{x} = (\boldsymbol{A}^{\mathrm{T}}\boldsymbol{A})^{-1}\boldsymbol{A}^{\mathrm{T}}\boldsymbol{b} = \frac{1}{3}(70 + 80 + 120) = 90.$$

Kommt der neue Messwert $b_4 = 130$ hinzu, so lautet das überbestimmte System

$$\underbrace{\begin{bmatrix} 1 \\ 1 \\ 1 \\ 1 \end{bmatrix}}_{\boldsymbol{A}_{\mathrm{neu}}} \begin{bmatrix} x \end{bmatrix} = \underbrace{\begin{bmatrix} 70 \\ 80 \\ 120 \\ 130 \end{bmatrix}}_{\boldsymbol{b}_{\mathrm{neu}}}.$$

Die Lösung der dazugehörigen Ausgleichsaufgabe ergibt den arithmetischen Mittelwert der vier Messungen

$$\bar{x}_{\mathrm{neu}} = (\boldsymbol{A}_{\mathrm{neu}}^{\mathrm{T}}\boldsymbol{A}_{\mathrm{neu}})^{-1}\boldsymbol{A}_{\mathrm{neu}}^{\mathrm{T}}\boldsymbol{b}_{\mathrm{neu}} = \frac{1}{4}(70 + 80 + 120 + 130) = 100.$$

Dieses Ergebnis erhalten wir aber auch mit der angegebenen Aktualisierungsformel, denn

$$\bar{x}_{\mathrm{neu}} = \bar{x} + \frac{1}{4}(b_4 - \bar{x}) = 90 + \frac{1}{4}(130 - 90) = 100.$$

Die Aktualisierung von 3 auf 4 bzw. von 99 auf 100 Messungen weist die KALMAN-Verstärkungsmatrix 1/4 bzw. 1/100 in einem KALMAN-*Filter* auf, die mit dem Fehlerschätzer $b_{\mathrm{neu}} - \bar{x}_{\mathrm{alt}}$ multipliziert wird. Beachten Sie, dass mit $1/100 = 1/99 - 1/9900$ gilt

$$\begin{aligned}\bar{x}_{\mathrm{neu}} &= \frac{b_1 + b_2 + \cdots + b_{100}}{100} \\ &= \frac{b_1 + b_2 + \cdots + b_{99}}{99} + \frac{1}{100}(b_{100} - \frac{b_1 + b_2 + \cdots + b_{99}}{99}).\end{aligned}$$

**7.11** *Lösung.* Wir werden mit der Methode der kleinsten Quadrate eine quadratische Polynomfunktion

$$s = x_1 + x_2 t + x_3 t^2$$

an die Messpunkte (0.1, −0.055), (0.2, 0.095) usw. angepassen. Mit

$$\boldsymbol{A} = \begin{bmatrix} 1 & t_1 & t_1^2 \\ 1 & t_2 & t_2^2 \\ 1 & t_3 & t_3^2 \\ 1 & t_4 & t_4^2 \\ 1 & t_5 & t_5^2 \end{bmatrix} = \begin{bmatrix} 1 & 0.1 & 0.01 \\ 1 & 0.2 & 0.04 \\ 1 & 0.3 & 0.09 \\ 1 & 0.4 & 0.16 \\ 1 & 0.5 & 0.25 \end{bmatrix}, \quad \boldsymbol{s} = \begin{bmatrix} s_1 \\ s_2 \\ s_3 \\ s_4 \\ s_5 \end{bmatrix} = \begin{bmatrix} -0.055 \\ 0.095 \\ 0.314 \\ 0.756 \\ 1.137 \end{bmatrix}$$

ergibt sich der Koeffizientenvektor

$$\boldsymbol{x} = (x_1, x_2, x_3) = (\boldsymbol{A}^{\mathrm{T}}\boldsymbol{A})^{-1}\boldsymbol{A}^{\mathrm{T}}\boldsymbol{s} \approx (-0.1216, 0.1093, 4.8929).$$

Wegen $x_3 = 1/2g$, erhalten wir den Näherungswert

$$g = 2x_3 \approx 2(4.8929)\ \mathrm{m/s^2} = 9.7857\mathrm{m/s^2}.$$

Außerdem können wir die Anfangslage und Anfangsgeschwindigkeit durch $x_1 = s_0 \approx -0.1216$ m und $x_2 = v_0 \approx 0.1093$ m/s abschätzen. Das Bild B.14 zeigt die Messwerte mit ihrer Näherungskurve.

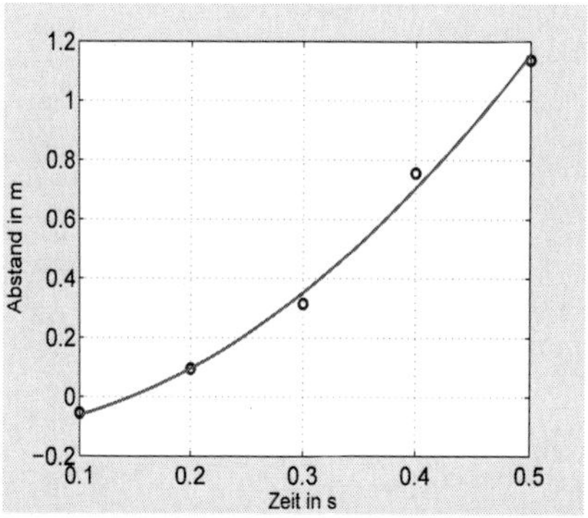


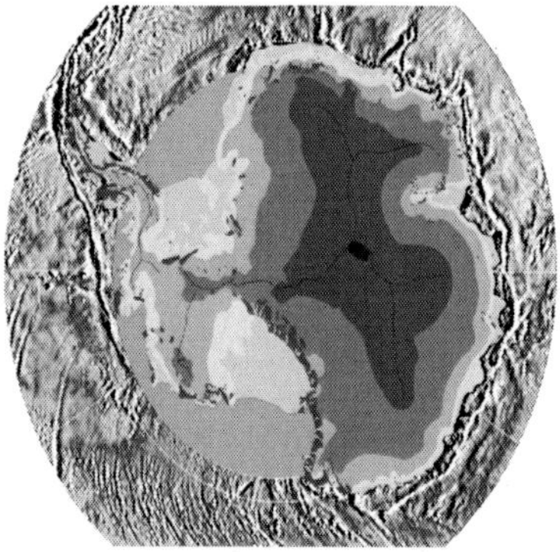

Bild B.14.: Zu Aufgabe 7.11; Schwerefeld der Erde im Südpolarmeer (Wikipedia)

**7.12** *Lösung.* Es ist

$$\boldsymbol{A}^{\mathrm{T}}\boldsymbol{A} = \begin{bmatrix} 1 & 2 & 4 \\ -1 & 3 & 5 \end{bmatrix} \begin{bmatrix} 1 & -1 \\ 2 & 3 \\ 4 & 5 \end{bmatrix} = \begin{bmatrix} 21 & 25 \\ 25 & 35 \end{bmatrix}$$

und

$$\boldsymbol{A}^{\mathrm{T}}\boldsymbol{b} = \begin{bmatrix} 1 & 2 & 4 \\ -1 & 3 & 5 \end{bmatrix} \begin{bmatrix} 2 \\ -1 \\ 5 \end{bmatrix} = \begin{bmatrix} 20 \\ 20 \end{bmatrix}.$$

Damit ist

$$\begin{bmatrix} 21 & 25 \\ 25 & 35 \end{bmatrix} \begin{bmatrix} x_1 \\ x_2 \end{bmatrix} = \begin{bmatrix} 20 \\ 20 \end{bmatrix}$$

das Normalsystem zu $\boldsymbol{Ax} = \boldsymbol{b}$.

**7.13** *Lösung.* Eine reduzierte QR-Zerlegung von $\boldsymbol{A}$ haben wir bereits in Beispiel 6.25 berechnet. Damit gilt:

$$\boldsymbol{Q}_1^{\mathrm{T}}\boldsymbol{b} = \begin{bmatrix} 1/5 & 2/5 & 2/5 & 4/5 \\ -2/5 & 1/5 & -4/5 & 2/5 \\ -4/5 & 2/5 & 2/5 & -1/5 \end{bmatrix} \begin{bmatrix} -1 \\ 1 \\ 1 \\ -2 \end{bmatrix} = \begin{bmatrix} -1 \\ -1 \\ 2 \end{bmatrix}$$

Das System $\boldsymbol{R}_1\boldsymbol{x} = \boldsymbol{Q}_1^{\mathrm{T}}\boldsymbol{b}$, also

$$\left[\begin{array}{ccc|c} 5 & -2 & 1 & -1 \\ 0 & 4 & -1 & -1 \\ 0 & 0 & 2 & 2 \end{array}\right]$$

hat die Lösung $\boldsymbol{x}_* = (-2/5, 0, 1)$.

**7.14** *Lösung.* Eine reduzierte QR-Zerlegung von $\boldsymbol{A}$ ist:

$$\underset{\boldsymbol{A}}{\begin{bmatrix} 1 & 0 \\ 1 & 1 \\ 1 & 2 \end{bmatrix}} = \underset{\boldsymbol{Q}_1}{\begin{bmatrix} 1/\sqrt{3} & -1/\sqrt{2} \\ 1/\sqrt{3} & 0 \\ 1/\sqrt{3} & 1/\sqrt{2} \end{bmatrix}} \underset{\boldsymbol{R}_1}{\begin{bmatrix} \sqrt{3} & 2\sqrt{3} \\ 0 & \sqrt{2} \end{bmatrix}}.$$

Damit gilt

$$\boldsymbol{Q}_1^{\mathrm{T}}\boldsymbol{b} = \begin{bmatrix} 1/\sqrt{3} & 1/\sqrt{3} & 1/\sqrt{3} \\ -1/\sqrt{2} & 0 & 1/\sqrt{2} \end{bmatrix} \begin{bmatrix} 6 \\ 1 \\ 2 \end{bmatrix} = \begin{bmatrix} 3\sqrt{3} \\ -2\sqrt{2} \end{bmatrix}.$$

Das System $\boldsymbol{R}_1\boldsymbol{x} = \boldsymbol{Q}_1^{\mathrm{T}}\boldsymbol{b}$, also

$$\left[\begin{array}{cc|c} \sqrt{3} & 2\sqrt{3} & 3\sqrt{3} \\ 0 & \sqrt{2} & -2\sqrt{2} \end{array}\right]$$

hat die Lösung $\boldsymbol{x}_* = (7, -2)$.

**7.15** *Lösung.* Dieses überbestimmte lineare Gleichungssystem hat keine Lösung. Dies erkennt man zum Beispiel dadurch, dass man von der erweiterten Koeffizientenmatrix

$$\left[\begin{array}{rr|r} 1 & 2 & 3 \\ 2 & 4 & 2 \\ -1 & -2 & 1 \end{array}\right]$$

die reduzierte Zeilenstufenform bildet. Man erhält:

$$\left[\begin{array}{rr|r} 1 & 2 & 0 \\ 0 & 0 & 1 \\ 0 & 0 & 0 \end{array}\right].$$

Das Normalsystem der dazugehörigen Ersatzaufgabe ist

$$\underbrace{\begin{bmatrix} 6 & 12 \\ 12 & 24 \end{bmatrix}}_{\boldsymbol{A}^{\mathrm{T}}\boldsymbol{A}} \underbrace{\begin{bmatrix} x_1 \\ x_2 \end{bmatrix}}_{\boldsymbol{x}} = \underbrace{\begin{bmatrix} 6 \\ 12 \end{bmatrix}}_{\boldsymbol{A}^{\mathrm{T}}\boldsymbol{b}}.$$

Die reduzierte Zeilenstufenform dieser erweiterten Koeffizientenmatrix

$$\left[\begin{array}{rr|r} 6 & 12 & 6 \\ 12 & 24 & 12 \end{array}\right]$$

ist

$$\left[\begin{array}{rr|r} 1 & 2 & 1 \\ 0 & 0 & 0 \end{array}\right].$$

Somit hat das Normalsystem und damit die lineare Ausgleichsaufgabe unendlich viele Lösungen.

$$x_1 = 1 - 2t, \quad x_2 = 2 \quad (t \in \mathbb{R})$$

ist eine Parameterdarstellung der Lösungsmenge. Die Lösungen sind

$$\boldsymbol{x} = \begin{bmatrix} x_1 \\ x_2 \end{bmatrix} = \begin{bmatrix} 1 \\ 0 \end{bmatrix} + t \begin{bmatrix} -2 \\ 1 \end{bmatrix} = \begin{bmatrix} 1-2t \\ t \end{bmatrix}, \quad t \in \mathbb{R}.$$

Der Vektor $(-2, 1)$ ist eine Basis des Nullraumes von $\boldsymbol{A}$ und $(1, 0)$ ist eine spezielle Lösung des Normalsystems. Dies ist eine Bestätigung des Satzes 7.2. Wir fassen zusammen: Das überbestimmte lineare Gleichungssystem ist unlösbar mit $\mathrm{Rang}(\boldsymbol{A}) = 1 < 2 = \mathrm{Rang}([\boldsymbol{A}, \boldsymbol{b}])$. Die lineare Ausgleichsaufgabe (Ersatzaufgabe) aber hat unendlich viele Lösungen. Diese sind von der Form: Spezielle Lösung plus alle Lösungen des Nullraumes der Koeffizientenmatrix.

**7.16** *Lösung.* Es ist

```
>> x = A\b
x =
         0
    0.5000
```

und

```
>> x = pinv(A)*b
x =
    0.2000
    0.4000
```

Beides sind spezielle Lösungen der entsprechenden linearen Ausgleichsaufgabe, siehe Aufgabe 7.15. `x = A\b` berechnet eine *Basislösung* ($t = 0.5$ in Aufgabe 7.15) und `x = pinv(A)*b` die *Lösung kleinster Länge* ($t = 0.4$ in Aufgabe 7.15).

**7.17** *Lösung.*

(a) Die notwendigen Bedingungen erster Ordnung lauten

$$\boldsymbol{A}^{\mathrm{T}}\boldsymbol{A}\boldsymbol{x} - \boldsymbol{A}^{\mathrm{T}}\boldsymbol{b} = \boldsymbol{o}.$$

Diese Bedingungen sind auch hinreichend, da die Funktion $f(\boldsymbol{x}) = |\boldsymbol{A}\boldsymbol{x} - \boldsymbol{b}|_2$ quasi-konvex ist.

(b) Da $A$ vollen Rang hat ist die optimale Lösung $\boldsymbol{x}_*$ die Lösung der Normalgleichungen und lautet:

$$\boldsymbol{x}^* = (\boldsymbol{A}^{\mathrm{T}}\boldsymbol{A})^{-1}\boldsymbol{A}^{\mathrm{T}}\boldsymbol{b}.$$

**7.18** *Lösung.* Es ist $f'(x) = \sum_{k=1}^{n} 2(x - a_k)$. Setzt man diesen Ableitungsterm gleich Null, so ist dies äquivalent zu $2\sum_{k=1}^{n}(x - a_k) = 0$ und zu $nx - \sum_{k=1}^{n} a_k = 0$. Damit ist

$$x = \sum_{k=1}^{n} \frac{a_k}{n}$$

die einzige Extremstelle, die wegen $f''(x) = 2n > 0$ eine Minimalstelle ist. $x = \sum_{k=1}^{n} a_k/n$ ist der *arithmetische Mittelwert* der Zahlen $a_1$, $a_2$, …, $a_n$.

Wir können diese Aufgabe auch wie folgt interpretieren und lösen. Gegeben ist das überbestimmte lineare Gleichungssystem

$$\begin{aligned} x &= a_1 \\ x &= a_2 \\ \vdots &= \vdots \\ x &= a_n \end{aligned} \quad \text{bzw. in Matrixform} \quad \begin{bmatrix} 1 \\ 1 \\ \vdots \\ 1 \end{bmatrix} x = \begin{bmatrix} a_1 \\ a_2 \\ \vdots \\ a_n \end{bmatrix}$$

Die Lösung des Ersatzproblems (lineare Ausgleichsaufgabe) ist

$$x = (\boldsymbol{A}^{\mathrm{T}}\boldsymbol{A})^{-1}\boldsymbol{A}^{\mathrm{T}}\boldsymbol{a} = \left(\begin{bmatrix} 1 & 1 & \cdots & 1 \end{bmatrix}\begin{bmatrix} 1 \\ 1 \\ \vdots \\ 1 \end{bmatrix}\right)^{-1}\begin{bmatrix} 1 & 1 & \cdots & 1 \end{bmatrix}\begin{bmatrix} a_1 \\ a_2 \\ \vdots \\ a_n \end{bmatrix}$$

$$= (n)^{-1}\sum_{i=1}^{n} a_i = \frac{1}{n}\sum_{i=1}^{n} a_i.$$

**7.19** *Lösung.* Es ist $f'(x) = -2\sum_{i=1}^{m} t_i y_i + 2x\sum_{i=1}^{m} t_i^2$. Setzt man diesen Ableitungsterm gleich Null, so ist $-2\sum_{i=1}^{m} t_i y_i + 2x\sum_{i=1}^{m} t_i^2 = 0$. Aufgelöst nach $x$ ergibt:

$$x = \frac{\sum_{i=1}^{m} t_i y_i}{\sum_{i=1}^{m} t_i^2}.$$

Wir können diese Aufgabe auch wie folgt interpretieren und lösen. Gegeben ist das überbestimmte lineare Gleichungssystem

$$\begin{aligned} xt_1 &= y_1 \\ xt_2 &= y_2 \\ \vdots &= \vdots \\ xt_m &= y_m \end{aligned} \qquad \text{bzw. in Matrixform} \qquad \begin{bmatrix} t_1 \\ t_2 \\ \vdots \\ t_m \end{bmatrix} x = \begin{bmatrix} y_1 \\ y_2 \\ \vdots \\ y_m \end{bmatrix}$$

Die Lösung des Ersatzproblems (lineare Ausgleichsaufgabe) ist

$$x = (\boldsymbol{A}^{\mathrm{T}}\boldsymbol{A})^{-1}\boldsymbol{A}^{\mathrm{T}}\boldsymbol{a} = \left(\begin{bmatrix} t_1 & t_2 & \cdots & t_m \end{bmatrix}\begin{bmatrix} t_1 \\ t_2 \\ \vdots \\ t_m \end{bmatrix}\right)^{-1}\begin{bmatrix} t_1 & t_2 & \cdots & t_m \end{bmatrix}\begin{bmatrix} y_1 \\ y_2 \\ \vdots \\ y_m \end{bmatrix}$$

$$= \left(\sum_{i=1}^{m} t_i^2\right)^{-1}\sum_{i=1}^{m} t_i y_i = \frac{\sum_{i=1}^{m} t_i y_i}{\sum_{i=1}^{m} t_i^2}.$$

Geometrisch gesprochen handelt es sich um das Problem zu gegebenen Punkten $(t_i, y_i)$ eine Ursprungsgerade in der $t, y$-Ebene so zu finden. Die Urspungsgerade ist bestimmt, wenn man die Steigung kennt; das ist gerade der Wert von $x$.

**7.20** *Lösung.* Falsch.

**7.21** *Lösung.* Wahr.

**7.22** *Lösung.* Falsch.

**7.23** *Lösung.* Wahr.

**7.24** *Lösung.* (c) ist richtig.

**7.25** *Lösung.* Es ist immer $\boldsymbol{A}^{\mathrm{T}}\boldsymbol{b} \in S(\boldsymbol{A}^{\mathrm{T}})$. Andererseits ist $S(\boldsymbol{A}^{\mathrm{T}}\boldsymbol{A}) = S(\boldsymbol{A}^{\mathrm{T}})$, also ist $\boldsymbol{A}^{\mathrm{T}}\boldsymbol{b}$ auch in $S(\boldsymbol{A}^{\mathrm{T}}\boldsymbol{A})$.

**7.26** *Lösung.* Es ist

$$\begin{aligned} f(\boldsymbol{x}) &= |\boldsymbol{A}\boldsymbol{x} - \boldsymbol{b}|^2 = (\boldsymbol{A}\boldsymbol{x} - \boldsymbol{b})^{\mathrm{T}}(\boldsymbol{A}\boldsymbol{x} - \boldsymbol{b}) = \boldsymbol{x}^{\mathrm{T}}\boldsymbol{A}^{\mathrm{T}}\boldsymbol{A}\boldsymbol{x} - \boldsymbol{x}^{\mathrm{T}}\boldsymbol{A}^{\mathrm{T}}\boldsymbol{b} - \boldsymbol{b}^{\mathrm{T}}\boldsymbol{A}\boldsymbol{x} + \boldsymbol{b}^{\mathrm{T}}\boldsymbol{b} \\ &= \boldsymbol{x}^{\mathrm{T}}\boldsymbol{A}^{\mathrm{T}}\boldsymbol{A}\boldsymbol{x} - 2\boldsymbol{x}^{\mathrm{T}}\boldsymbol{A}^{\mathrm{T}}\boldsymbol{b} + \boldsymbol{b}^{\mathrm{T}}\boldsymbol{b}. \end{aligned}$$

Wir müssen, um den Gradienten zu berechnen, die partiellen Ableitungen nach jeder Koordinate $x_i$ berechnen. Es ist mit der Produktregel

$$\frac{\partial f}{\partial x_i}(\boldsymbol{x}) = \frac{\partial \boldsymbol{x}^{\mathrm{T}}}{\partial x_i}\boldsymbol{A}^{\mathrm{T}}\boldsymbol{A}\boldsymbol{x} + \boldsymbol{x}^{\mathrm{T}}\boldsymbol{A}^{\mathrm{T}}\boldsymbol{A}\frac{\partial \boldsymbol{x}}{\partial x_i} - 2\frac{\partial \boldsymbol{x}^{\mathrm{T}}}{\partial x_i}\boldsymbol{A}^{\mathrm{T}}\boldsymbol{b}.$$

Da $\partial \boldsymbol{x}/\partial x_i = \boldsymbol{e}_i = (0, \ldots, 0, \underbrace{1}_{i\text{-te Stelle}}, 0, \ldots, 0)$ ist, folgt

$$\begin{aligned} \frac{\partial f}{\partial x_i}(\boldsymbol{x}) &= \boldsymbol{e}_i^{\mathrm{T}}\boldsymbol{A}^{\mathrm{T}}\boldsymbol{A}\boldsymbol{x} + \boldsymbol{x}^{\mathrm{T}}\boldsymbol{A}^{\mathrm{T}}\boldsymbol{A}\boldsymbol{e}_i - 2\boldsymbol{e}_i^{\mathrm{T}}\boldsymbol{A}^{\mathrm{T}}\boldsymbol{b} \\ &= \boldsymbol{e}_i^{\mathrm{T}}\boldsymbol{A}^{\mathrm{T}}\boldsymbol{A}\boldsymbol{x} + \boldsymbol{e}_i^{\mathrm{T}}\boldsymbol{A}^{\mathrm{T}}\boldsymbol{A}\boldsymbol{x} - 2\boldsymbol{e}_i^{\mathrm{T}}\boldsymbol{A}^{\mathrm{T}}\boldsymbol{b} \\ &= 2\boldsymbol{e}_i^{\mathrm{T}}\boldsymbol{A}^{\mathrm{T}}\boldsymbol{A}\boldsymbol{x} - 2\boldsymbol{e}_i^{\mathrm{T}}\boldsymbol{A}^{\mathrm{T}}\boldsymbol{b}. \end{aligned}$$

Da $\boldsymbol{e}_i^{\mathrm{T}}\boldsymbol{A}^{\mathrm{T}}$ die $i$-te Zeile der Matrix $\boldsymbol{A}^{\mathrm{T}}$ ist, folgt

$$\nabla f(\boldsymbol{x}) = 2\boldsymbol{A}^{\mathrm{T}}\boldsymbol{A}\boldsymbol{x} - 2\boldsymbol{A}^{\mathrm{T}}\boldsymbol{b}.$$

Damit gilt

$$\nabla f(\boldsymbol{x}) = \boldsymbol{o} \quad \Leftrightarrow \quad \boldsymbol{A}^{\mathrm{T}}\boldsymbol{A}\boldsymbol{x} = \boldsymbol{A}^{\mathrm{T}}\boldsymbol{b}.$$

**7.27** *Lösung.*

| | | | | | | |
|---|---|---|---|---|---|---|
| × | | | × | | × | |

**7.28** *Lösung.* Ist Rang($\boldsymbol{A}$) $= n$, dann ist $\boldsymbol{x}^* = (\boldsymbol{A}^{\mathrm{T}}\boldsymbol{A})^{-1}\boldsymbol{A}^{\mathrm{T}}\boldsymbol{o} = \boldsymbol{o}$ die Lösung. Ist Rang($\boldsymbol{A}$) $< n$, dann ist jeder Vektor aus dem Nullraum von $\boldsymbol{A}$ eine Lösung, also $\boldsymbol{x}^* = \boldsymbol{x}_N$ mit $\boldsymbol{x}_N \in \mathrm{N}(\boldsymbol{A})$. Als spezielle Lösung ist dann oft diejenige kleinster Länge sinnvoll, also $\boldsymbol{x}^* = \boldsymbol{o}$.

**7.29** *Lösung.*

(a) Es ist $\boldsymbol{A}^{\mathrm{T}}\boldsymbol{A} = m$ und $\boldsymbol{A}^{\mathrm{T}}\boldsymbol{b} = b_1 + b_2 + \cdots + b_m$. Damit ist

$$\boldsymbol{x} = (\boldsymbol{A}^{\mathrm{T}}\boldsymbol{A})^{-1}\boldsymbol{A}^{\mathrm{T}}\boldsymbol{b} = \frac{1}{m}(b_1 + b_2 + \cdots + b_m) = \bar{x}$$

die Lösung der Normalgleichung $\boldsymbol{A}^{\mathrm{T}}\boldsymbol{A} = \boldsymbol{A}^{\mathrm{T}}\boldsymbol{b}$. Die Lösung $\bar{x}$ ist aber gerade der arithmetische Mittelwert der Zahlen $b_i$.

(b) Der Fehlervektor $\boldsymbol{r}$ ist nach Definition $\boldsymbol{b} - \boldsymbol{A}\boldsymbol{x}$. In diesem Fall gilt somit

$$\boldsymbol{r} = \boldsymbol{b} - \boldsymbol{A}\boldsymbol{x} = \begin{bmatrix} b_1 \\ b_2 \\ \vdots \\ b_m \end{bmatrix} - \begin{bmatrix} 1 \\ 1 \\ \vdots \\ 1 \end{bmatrix} \bar{x} = \begin{bmatrix} b_1 - \bar{x} \\ b_2 - \bar{x} \\ \vdots \\ b_m - \bar{x} \end{bmatrix}.$$

Damit ist

$$|\boldsymbol{r}|^2 = \sum_{i=1}^{m}(b_i - \bar{x})^2$$

und daher ist $s^2 = |\boldsymbol{r}|^2/m$ die mittlere quadratische Abweichung (empirische Varianz) und $s = |\boldsymbol{r}|/\sqrt{m}$ die Standardabeichung der Zahlen $b_i$.

**7.30** *Lösung.* Das überbestimmte lineare Gleichungssystem hat vier Gleichungen und drei Unbekannte $\boldsymbol{x} = (a, b, c)$:

$$\begin{aligned} ax_1 + by_1 + c &= z_1 \\ ax_2 + by_2 + c &= z_2 \\ ax_3 + by_3 + c &= z_3 \\ ax_4 + by_4 + c &= z_4 \end{aligned}$$

bzw.

$$\boldsymbol{A}\boldsymbol{x} = \boldsymbol{z}$$

mit

$$\boldsymbol{A} = \begin{bmatrix} x_1 & y_1 & 1 \\ x_2 & y_2 & 1 \\ x_3 & y_3 & 1 \\ x_4 & y_4 & 1 \end{bmatrix}, \qquad \boldsymbol{z} = \begin{bmatrix} z_1 \\ z_2 \\ z_3 \\ z_4 \end{bmatrix}.$$

Dies führt auf die lineare Ausgleichsaufgabe $\boldsymbol{A}\boldsymbol{x} \cong \boldsymbol{z}$. Hier handelt es sich um eine lineare Mehrfachregression mit der Modellfunktion $\phi(\boldsymbol{t}, \boldsymbol{x}) = \phi(x, y, a, b, c)$ mit $\boldsymbol{x} = (a, b, c) \in \mathbb{R}^3$ und $\boldsymbol{t} = (x, y) \in \mathbb{R}^2$.

**7.31** *Lösung.* Dieses Problem führt auf das überbestimmte lineare Gleichungssystem

$$\boldsymbol{A}\begin{bmatrix}\alpha\\ \beta\end{bmatrix}=\boldsymbol{b}$$

mit

$$\boldsymbol{A}=\begin{bmatrix}1&0\\1&3\\1&4\\1&7\end{bmatrix},\qquad \boldsymbol{b}=\begin{bmatrix}1\\2\\6\\4\end{bmatrix},$$

das im Sinne kleinster Quadrate zu lösen ist. Wegen

$$\boldsymbol{A}^{\mathrm{T}}\boldsymbol{A}=\begin{bmatrix}1&1&1&1\\0&3&4&7\end{bmatrix}\begin{bmatrix}1&0\\1&3\\1&4\\1&7\end{bmatrix}=\begin{bmatrix}4&14\\14&74\end{bmatrix}$$

und

$$\boldsymbol{A}^{\mathrm{T}}\boldsymbol{b}=\begin{bmatrix}1&1&1&1\\0&3&4&7\end{bmatrix}\begin{bmatrix}1\\2\\6\\4\end{bmatrix}=\begin{bmatrix}13\\58\end{bmatrix},$$

lautet das zugehörige Normalgleichungssystem

$$\begin{bmatrix}4&14\\14&74\end{bmatrix}\begin{bmatrix}\alpha\\ \beta\end{bmatrix}=\begin{bmatrix}13\\58\end{bmatrix}.$$

Die Determinante der Koeffizientenmatrix ist $(4)(74)-(14)(14)=296-196=100\neq 0$, also ist die Matrix regulär und das Normalsystem eindeutig lösbar. Die eindeutige Lösung ist

$$\begin{bmatrix}\alpha\\ \beta\end{bmatrix}=\begin{bmatrix}3/2\\1/2\end{bmatrix}.$$

Die gesuchte Ausgleichsgerade ist daher $y=\frac{3}{2}+\frac{1}{2}x$.

**7.32** *Lösung.* Einfach ausrechnen. Die linke Seite ergibt

$$\begin{bmatrix}\boldsymbol{A}&\boldsymbol{E}\\ \boldsymbol{O}&\boldsymbol{A}^{\mathrm{T}}\end{bmatrix}\begin{bmatrix}\boldsymbol{x}\\ \boldsymbol{r}\end{bmatrix}=\begin{bmatrix}\boldsymbol{Ax}+\boldsymbol{r}\\ \boldsymbol{A}^{\mathrm{T}}\boldsymbol{r}\end{bmatrix}.$$

Andererseits ist nach Definition $\boldsymbol{b}=\boldsymbol{Ax}+\boldsymbol{r}$ und $\boldsymbol{r}$ liegt im Nullraum von $\boldsymbol{A}^{\mathrm{T}}$, das heißt $\boldsymbol{A}^{\mathrm{T}}\boldsymbol{r}=\boldsymbol{o}$.

**7.33** *Lösung.* Wir zeigen, dass das homogene Gleichungssystem $\boldsymbol{A}^{\mathrm{T}}\boldsymbol{A}\boldsymbol{x} = \boldsymbol{o}$ nur die Lösung $\bar{\boldsymbol{x}} = \boldsymbol{o}$ hat. Es sei $\bar{\boldsymbol{x}}$ eine Lösung von $\boldsymbol{A}^{\mathrm{T}}\boldsymbol{A}\boldsymbol{x} = \boldsymbol{o}$, dann liegt der Vektor $\boldsymbol{A}\bar{\boldsymbol{x}}$ im Nullraum von $\boldsymbol{A}^{\mathrm{T}}$, das heißt $\boldsymbol{A}\bar{\boldsymbol{x}} \in N(\boldsymbol{A}^{\mathrm{T}})$. Der Vektor $\boldsymbol{A}\bar{\boldsymbol{x}}$ liegt aber auch im Spaltenraum von $\boldsymbol{A}$, das heißt $\boldsymbol{A}\bar{\boldsymbol{x}} \in S(\boldsymbol{A})$, denn $\boldsymbol{A}\bar{\boldsymbol{x}}$ ist eine Linearkombination der Spalten von $\boldsymbol{A}$. Da allgemein $N(\boldsymbol{A}^{\mathrm{T}}) \cap S(\boldsymbol{A}) = \{\boldsymbol{o}\}$ gilt, folgt dass $\boldsymbol{A}\bar{\boldsymbol{x}}$ der Nullvektor sein muss, also $\boldsymbol{A}\bar{\boldsymbol{x}} = \boldsymbol{o}$. Da die Matrix $\boldsymbol{A}$ nach Voraussetzung vollen Spaltenrang $n$ hat, sind die Spalten von $\boldsymbol{A}$ linear unabhängig, das heißt das homogene lineare Gleichungssystem $\boldsymbol{A}\boldsymbol{x} = \boldsymbol{o}$ hat nur die Lösung $\boldsymbol{x} = \boldsymbol{o}$, also ist

$$\bar{\boldsymbol{x}} = \boldsymbol{o}.$$

Das heißt $\boldsymbol{A}^{\mathrm{T}}\boldsymbol{A}\boldsymbol{x} = \boldsymbol{o}$ hat nur die Lösung $\bar{\boldsymbol{x}} = \boldsymbol{o}$, also ist die Matrix $\boldsymbol{A}^{\mathrm{T}}\boldsymbol{A}$ eine reguläre (invertierbare) Matrix.

**7.34** *Lösung.*

(a) Das lineare Gleichungssystem $\boldsymbol{A}\boldsymbol{x} = \boldsymbol{b}$ ist lösbar und der Fehlervektor ist der Nullvektor, das heißt $\boldsymbol{r} = \boldsymbol{o}$.

(b) $\boldsymbol{r} = \boldsymbol{b}$ und $\boldsymbol{p} = \boldsymbol{P}_{S(\boldsymbol{A})}\boldsymbol{x} = \boldsymbol{o}$.

**7.35** *Lösung.* Angenommen $(t_i, b_i)$, $i = 1, 2, \ldots, m$ sind die gegebenen Daten und gesucht sind die Paremeter $x_1$ und $x_2$ der Modellfunktion $\phi(t, \boldsymbol{x}) = x_1 + x_2 t$, $t \in \mathbb{R}$. Der Fehlervektor $\boldsymbol{r}$ ist dann

$$\boldsymbol{r} = \boldsymbol{b} - \boldsymbol{A}\boldsymbol{x} = \begin{bmatrix} b_1 \\ b_2 \\ \cdots \\ y_m \end{bmatrix} - \begin{bmatrix} x_1 + x_2 t_1 \\ x_1 + x_2 t_2 \\ \cdots \\ x_1 + x_2 t_m \end{bmatrix}.$$

Diesen gilt es im Sinne der EUKLIDischen Länge (Norm) so klein wie möglich zu wählen, das heißt den Parametervektor $\boldsymbol{x} = (x_1, x_2)$ so zu bestimmen, dass die Summe der Fehlerquadrate

$$|\boldsymbol{b} - \boldsymbol{A}\boldsymbol{x}|^2 = \sum_{i=1}^{m} \big(b_i - (x_1 + x_2 t_i)\big)^2$$

so klein wie möglich wird. Um das Normalsystem anzugeben, müssen wir $\boldsymbol{A}^{\mathrm{T}}\boldsymbol{A}$ und $\boldsymbol{A}^{\mathrm{T}}\boldsymbol{b}$ berechnen. Es ist

$$\boldsymbol{A}^{\mathrm{T}}\boldsymbol{A} = \begin{bmatrix} 1 & 1 & \cdots & 1 \\ t_1 & t_2 & \cdots & t_m \end{bmatrix} \begin{bmatrix} 1 & t_1 \\ 1 & t_2 \\ \vdots & \vdots \\ 1 & t_m \end{bmatrix} = \begin{bmatrix} m & \sum t_i \\ \sum t_i & \sum t_i^2 \end{bmatrix}$$

und

$$\boldsymbol{A}^{\mathrm{T}}\boldsymbol{b} = \begin{bmatrix} 1 & 1 & \cdots & 1 \\ t_1 & t_2 & \cdots & t_m \end{bmatrix} \begin{bmatrix} b_1 \\ b_2 \\ \vdots \\ b_m \end{bmatrix} = \begin{bmatrix} \sum b_i \\ \sum t_i b_i \end{bmatrix}.$$

Das Normalgeichungssystem ist somit

$$\underbrace{\begin{bmatrix} m & \sum t_i \\ \sum t_i & \sum t_i^2 \end{bmatrix}}_{\boldsymbol{A}^{\mathrm{T}}\boldsymbol{A}} \underbrace{\begin{bmatrix} x_1 \\ x_2 \end{bmatrix}}_{\boldsymbol{x}} = \underbrace{\begin{bmatrix} \sum b_i \\ \sum t_i b_i \end{bmatrix}}_{\boldsymbol{A}^{\mathrm{T}}\boldsymbol{b}}$$

Um die Lösung zu berechnen, müssen wir die Matrix $\boldsymbol{A}^{\mathrm{T}}\boldsymbol{A}$ invertieren. Es ist

$$\begin{aligned} \boldsymbol{x} = \begin{bmatrix} x_1 \\ x_2 \end{bmatrix} = (\boldsymbol{A}^{\mathrm{T}}\boldsymbol{A})^{-1}\boldsymbol{A}^{\mathrm{T}}\boldsymbol{b} &= \frac{1}{m\sum t_i^2 - (\sum t_i)^2} \begin{bmatrix} \sum t_i^2 & -\sum t_i \\ -\sum t_i & m \end{bmatrix} \begin{bmatrix} \sum b_i \\ \sum t_i b_i \end{bmatrix} \\ &= \frac{1}{m\sum t_i^2 - (\sum t_i)^2} \begin{bmatrix} \sum t_i^2 \sum b_i - \sum t_i \sum t_i b_i \\ m\sum t_i b_i - \sum t_i \sum b_i \end{bmatrix}, \end{aligned}$$

die Lösung des Geradenausgleichs an die Daten $(t_i, b_i)$.

**8.1** *Lösung.* Falsch.

**8.2** *Lösung.*

| | | | | | |
|---|---|---|---|---|---|
| × | | × | | | |

**8.3** *Lösung.*

| | | | | | |
|---|---|---|---|---|---|
| | | | × | | × |

**8.4** *Lösung.*

| | | |
|---|---|---|
| | × | |
| | | |

**8.5** *Lösung.*

| | |
|---|---|
| | |
| × | |

**8.6** *Lösung.*

| | | | | | | | | | | | |
|---|---|---|---|---|---|---|---|---|---|---|---|
| × | × | | | | × | | × | | | | × |

**8.7** *Lösung.*

| | | |
|---|---|---|
| | × | |

**8.8** *Lösung.*

| | | | |
|---|---|---|---|
| | | × | |

**8.9** *Lösung.*

| | | | |
|---|---|---|---|
| | | × | |

**8.10** *Lösung.*

| | | | |
|---|---|---|---|
| | | × | |

**8.11** *Lösung.*

| | | | |
|---|---|---|---|
| | × | | |

**8.12** *Lösung.* Die Punkte werden auf die $x$-Achse projiziert. Die Wertemenge ist $\mathbb{R} \times \{0\} \subset \mathbb{R}^2$.

**8.13** *Lösung.* Ja.

**8.14** *Lösung.* Richtig.

**8.15** *Lösung.* $L$ ist linear, denn es gilt

$$\begin{aligned} L(c\boldsymbol{x} + d\boldsymbol{y}) &= L(cx_1 + dy_1, cx_2 + dy_2) \\ &= (cx_1 + dy_1 - 2(cx_2 + dy_2), -(cx_2 + dy_2)) \\ &= (cx_1 + dy_1 - 2cx_2 - 2dy_2, -cx_2 - dy_2) \\ &= (cx_1 - 2cx_2 + dy_1 - 2dy_2, -cx_2 - dy_2) \\ &= (cx_1 - 2cx_2, -cx_2) + (dy_1 - 2dy_2, -dy_2) \\ &= c(x_1 - 2x_2, -x_2) + d(y_1 - 2y_2, -y_2) \\ &= cL(\boldsymbol{x}) + dL(\boldsymbol{y}). \end{aligned}$$

**8.16** *Lösung.* Es ist $\boldsymbol{A}_E = \begin{bmatrix} 1 & -2 \\ 0 & -1 \end{bmatrix}$.

**8.17** *Lösung.* $L$ ist die orthogonale Projektion auf die $(x, y)$-Ebene; jeder Punkt (Vektor) im $\mathbb{R}^3$ wird auf die $(x, y)$-Ebene orthogonal projiziert. Es ist

$$\boldsymbol{A}_E = \begin{bmatrix} 1 & 0 & 0 \\ 0 & 1 & 0 \\ 0 & 0 & 0 \end{bmatrix}$$

**8.18** *Lösung.* Wir müssen zwei Richtungen zeigen. Zuerst nehmen wir an, dass die beiden Bedingungen erfüllt sind. Dann gilt: $L(c\boldsymbol{x} + d\boldsymbol{y}) = L(c\boldsymbol{x}) + L(d\boldsymbol{y}) = cL(\boldsymbol{x}) + dL(\boldsymbol{y})$.

Ist umgekehrt diese Gleichung erfüllt, so ist mit $c = d = 1$ die erste und mit $d = 0$ die zweite Gleichung aus der Definition einer linearen Abbildung erfüllt.

Damit haben wir die Gleichwertigkeit (Äquivalenz) gezeigt.

**8.19** *Lösung.* Um $L$ angeben zu können müssen wir die vier Einträge der Matrix

$$\begin{bmatrix} a & b \\ c & d \end{bmatrix} \quad \text{aus} \quad \begin{bmatrix} a & b \\ c & d \end{bmatrix} \begin{bmatrix} x_1 \\ x_2 \end{bmatrix} = \begin{bmatrix} y_1 \\ y_2 \end{bmatrix}$$

für $(x_1, x_2) = (1, 2)$, $(y_1, y_2) = (-2, 8)$ und $(x_1, x_2) = (3, 1)$, $(y_1, y_2) = (9, -1)$ berechnen. Dies führt auf das folgende lineare Gleichungssystem

$$\begin{aligned} a + 2b &= -2 \\ c + 2d &= 8 \\ 3a + b &= -9 \\ 3c + d &= -1 \end{aligned}$$

mit der Lösung $(a, b, c, d) = (4, -3, -2, 5)$. Die lineare Abbildung ist daher durch $L : \mathbb{R}^2 \to \mathbb{R}^2$ mit $L(x_1, x_2) = (4x_1 - 3x_2, -2x_1, 5x_2)$ gegeben.

**8.20** *Lösung.* Es ist

$$\hat{\boldsymbol{v}} = \boldsymbol{F}^{-1}\boldsymbol{v} = \begin{bmatrix} 1/4 & 1/4 & 1/4 & 1/4 \\ 1/2 & 0 & -1/2 & 0 \\ 1/4 & -1/4 & 1/4 & -1/4 \\ 0 & 1/2 & 0 & -1/2 \end{bmatrix} \begin{bmatrix} 1 \\ -1 \\ 2 \\ -1 \end{bmatrix} = \begin{bmatrix} 1/4 \\ -1/2 \\ 5/4 \\ 0 \end{bmatrix}$$

Somit ist der Vektor $\hat{\boldsymbol{v}} = (1/4, -1/2, 5/4, 0)$ die (reelle) FOURIER-Transformierte von $\boldsymbol{v} = (1, -1, 2, -1)$.

**8.21** *Lösung.* Das Bild B.15 zeigt die geometrische Interpretation der beiden charakteristischen

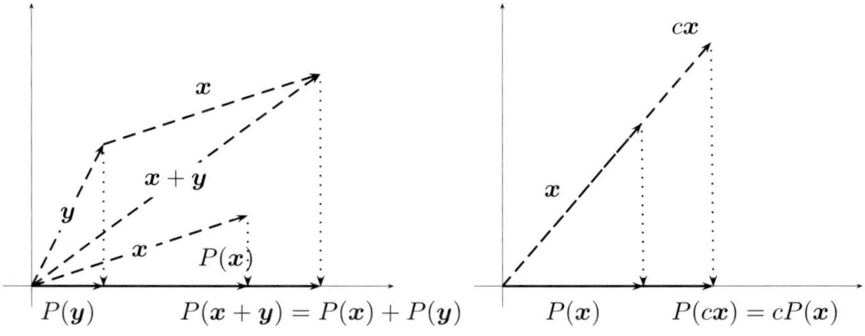


Bild B.15.: Eine orthogonale Projektion $P$ auf die $x$-Achse ist eine lineare Abbildung

Eigenschaften einer linearen Abbildung bei einer orthogonalen Projektion auf die $x$-Achse. Man erhält das gleiche Ergebnis, ob man Vektoren erst addiert und dann orthogonal projiziert oder erst projiziert und dann addiert. Man erhält auch das gleiche Ergebnis, wenn man einen Vektor erst mit einem Skalar multipliziert (streckt oder staucht) und dann projiziert oder erst projiziert und dann mit dem Skalar multipliziert.

**8.22** *Lösung.* Wir müssen die beiden charakteristischen Eigenschaft $L(x + y) = L(x) + L(y)$ und $L(cx) = cL(x)$, $x, y, c \in \mathbb{R}$, nachweisen. Es ist

$$L(x + y) = (x + y)\boldsymbol{a} = x\boldsymbol{a} + y\boldsymbol{a} = L(x) + L(y)$$

sowie

$$L(cx) = (cx)\boldsymbol{a} = c(x\boldsymbol{a}) = cL(x),$$

also ist $L$ linear. Die natürlich Darstellungsmatrix von $L$ ist

$$\boldsymbol{A}_N = \begin{bmatrix} a_1 \\ a_2 \\ \vdots \\ a_m \end{bmatrix} \in \mathbb{R}^{m \times 1}.$$

**8.23** *Lösung.* Das Bild B.16 zeigt die geometrische Interpretation der beiden charakteristischen

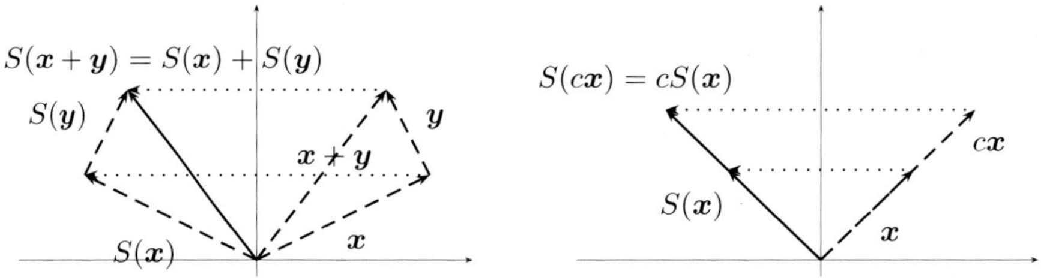


Bild B.16.: Eine Spiegelung $S$ an der $y$-Achse ist eine lineare Abbildung

Eigenschaften einer linearen Abbildung bei einer Spiegelung an der $y$-Achse. Man erhält das gleiche Ergebnis, ob man Vektoren erst addiert und dann spiegelt oder erst spiegelt und dann addiert. Man erhält das gleiche Ergebnis, wenn man einen Vektor erst mit einem Skalar multipliziert (streckt oder staucht) und dann spiegelt oder erst spiegelt und dann mit dem Skalar multipliziert.

**8.24** *Lösung.* Die Drehung um 90° in der Ebene $\mathbb{R}^2$ um den Koordinatenursprung wird durch die Abbildung

$$\begin{array}{rccc} D: & \mathbb{R}^2 & \to & \mathbb{R}^2 \\ & (x_1, x_2) & \mapsto & (-x_2, x_1) \end{array}$$

beschrieben. Wir beweisen nun, dass die Abbildung $D$ linear ist. Mit $\boldsymbol{x} = (x_1, x_2) \in \mathbb{R}^2$ und $\boldsymbol{y} = (y_1, y_2) \in \mathbb{R}^2$ ist einerseits

$$\begin{aligned} D(\boldsymbol{x}+\boldsymbol{y}) &= D((x_1,x_2)+(y_1,y_2)) = D(x_1+y_1, x_2+y_2) = (-(x_2+y_2), x_1+y_1) \\ &= (-x_2-y_2, x_1+y_1) = (-x_2, x_1) + (-y_2, y_1) = D(x_1,x_2) + D(y_1,y_2) \\ &= D(\boldsymbol{x}) + D(\boldsymbol{y}), \end{aligned}$$

und andererseits mit $c \in \mathbb{R}$

$$D(c\boldsymbol{x}) = D(c(x_1,x_2)) = D(cx_1, cx_2) = (-cx_2, cx_1) = c(-x_2, x_1) = cD(x_1,x_2) = cD(\boldsymbol{x}).$$

Somit ist $D$ eine lineare Abbildung.

**8.25** *Lösung.* Die Drehung um $\phi$ in der Ebene $\mathbb{R}^2$ um den Koordinatenursprung wird durch die Abbildung

$$\begin{array}{rccc} D: & \mathbb{R}^2 & \to & \mathbb{R}^2 \\ & (x_1, x_2) & \mapsto & (x_1 \cos\phi - x_2 \sin\phi, x_1 \sin\phi + x_2 \cos\phi) \end{array}$$

beschrieben. Wir beweisen nun, dass die Abbildung $D$ linear ist. Mit $\boldsymbol{x} = (x_1, x_2) \in \mathbb{R}^2$ und $\boldsymbol{y} = (y_1, y_2) \in \mathbb{R}^2$ ist einerseits

$$\begin{aligned} D(\boldsymbol{x}+\boldsymbol{y}) &= D((x_1,x_2)+(y_1,y_2)) = D(x_1+y_1, x_2+y_2) \\ &= \big((x_1+y_1)\cos\phi - (x_2+y_2)\sin\phi, (x_1+y_1)\sin\phi + (x_2+y_2)\cos\phi)\big) \\ &= (x_1\cos\phi + y_1\cos\phi - x_2\sin\phi - y_2\sin\phi, x_1\sin\phi + y_1\sin\phi + x_2\cos\phi + y_2\cos\phi) \\ &= (x_1\cos\phi - x_2\sin\phi, x_1\sin\phi + x_2\cos\phi) + (y_1\cos\phi - y_2\sin\phi, y_1\sin\phi + y_2\cos\phi) \\ &= D(x_1,x_2) + D(y_1,y_2) = D(\boldsymbol{x}) + D(\boldsymbol{y}). \end{aligned}$$

und andererseits mit $c \in \mathbb{R}$

$$\begin{aligned} D(c\boldsymbol{x}) &= D(c(x_1,x_2)) = D(cx_1, cx_2) = (cx_1\cos\phi - cx_2\sin\phi, cx_1\sin\phi + cx_2\cos\phi) \\ &= (c(x_1\cos\phi - x_2\sin\phi), c(x_1\sin\phi + x_2\cos\phi)) \\ &= (x_1\cos\phi - x_2\sin\phi, x_1\sin\phi + x_2\cos\phi) = cD(x_1,x_2) = cD(\boldsymbol{x}). \end{aligned}$$

Somit ist $D$ eine lineare Abbildung.

**8.26** *Lösung.* Es ergeben sich die folgenden natürlichen Darstellungsmatrizen (Die Spaltenvektoren sind die Bilder der natürlichen Einheitsvektoren).

(a) $\boldsymbol{L}_1 = \begin{bmatrix} a \end{bmatrix} \in \mathbb{R}^{1\times 1}$.

(b) $\boldsymbol{L}_2 = \begin{bmatrix} a & b \\ c & d \end{bmatrix} \in \mathbb{R}^{2\times 2}$.

(c) $\boldsymbol{L}_3 = \begin{bmatrix} a & b \end{bmatrix} \in \mathbb{R}^{1\times 2}$.

(d) $\boldsymbol{L}_4 = \begin{bmatrix} a \\ b \end{bmatrix} \in \mathbb{R}^{2\times 1}$.

**8.27** *Lösung.* Die Spaltenvektoren von $\boldsymbol{P}_E$ sind die Bilder der natürlichen Basisvektoren $\boldsymbol{e}_1$, $\boldsymbol{e}_2$ aus $\mathbb{R}^2$. Beide Vektoren werden auf den Vektor $(1/2, 1/2)$ abgebildet, also ist

$$\boldsymbol{P}_E = \begin{bmatrix} | & | \\ P(\boldsymbol{e}_1) & P(\boldsymbol{e}_2) \\ | & | \end{bmatrix} = \begin{bmatrix} 1/2 & 1/2 \\ 1/2 & 1/2 \end{bmatrix}$$

die natürliche Darstellungsmatrix von $P$.

**9.1** *Lösung.*

(a) Bei der geometrischen Figur handelt es sich um ein Quadrat.

(b) Stauchung mit Faktor 1/2, Drehung im Uhrzeigersinnn um 45° und Verschiebung um zwei Längeneinheiten nach rechts und drei Längeneinheiten nach unten.

**9.2** *Lösung.* Die Verschiebungsmatrix lautet

$$\boldsymbol{T} = \begin{bmatrix} 1 & 0 & -3 \\ 0 & 1 & 5 \\ 0 & 0 & 1 \end{bmatrix}.$$

**9.3** *Lösung.* Die Drehmatrix ist

$$\boldsymbol{D} = \begin{bmatrix} \cos(120^\circ) & -\sin(120^\circ) & 0 \\ \sin(120^\circ) & \cos(120^\circ) & 0 \\ 0 & 0 & 1 \end{bmatrix} = \begin{bmatrix} -1/2 & -\sqrt{3}/2 & 0 \\ \sqrt{3}/2 & -1/2 & 0 \\ 0 & 0 & 1 \end{bmatrix}.$$

**9.4** *Lösung.* Es gilt

$$\begin{bmatrix} 1 & 0 & 0 \\ 0 & 1 & 2 \\ 0 & 0 & 1 \end{bmatrix} \begin{bmatrix} -1 & 0 & 0 \\ 0 & 1 & 0 \\ 0 & 0 & 1 \end{bmatrix} = \begin{bmatrix} -1 & 0 & 0 \\ 0 & 1 & 2 \\ 0 & 0 & 1 \end{bmatrix}.$$

**9.5** *Lösung.* Es ist die Diagonalmatrix

$$\begin{bmatrix} 2 & 0 & 0 \\ 0 & 1/4 & 0 \\ 0 & 0 & -4 \end{bmatrix}.$$

**9.6** *Lösung.* Es ist die Matrix

$$\begin{bmatrix} 1 & 0 & 0 \\ 0 & \cos\phi & -\sin\phi \\ 0 & \sin\phi & \cos\phi \end{bmatrix}.$$

**9.7** *Lösung.* Um die Formel anwenden zu können, müssen wir den Vektor $(-1, 0, -1)$ zunächst auf die Länge 1 skalieren. Es ist $\boldsymbol{q} = (-1/\sqrt{2}, 0, -1/\sqrt{2})$. Damit gilt

$$\begin{bmatrix} 1/2(1+\sqrt{2}/2) & 1/2 & 1/2(1-\sqrt{2}/2) \\ -1/2 & \sqrt{2}/2 & 1/2 \\ 1/2(1-\sqrt{2}/2) & -1/2 & 1/2(1+\sqrt{2}/2) \end{bmatrix}.$$

Als Test ergibt sich, dass der Vektor $(-1, 0, -1)$ wieder auf sich abgebildet wird.

**9.8** *Lösung.* Es ist die Matrix

$$\begin{bmatrix} 0 & 1 & 0 \\ 1 & 0 & 0 \\ 0 & 0 & 1 \end{bmatrix}.$$

**9.9** *Lösung.* Die Drehmatrix

$$\boldsymbol{D} = \begin{bmatrix} \cos(180^\circ) & -\sin(180^\circ) \\ \sin(180^\circ) & \cos(180^\circ) \end{bmatrix} = \begin{bmatrix} -1 & 0 \\ 0 & -1 \end{bmatrix}$$

dreht jeden Vektor um 180°.

**9.10** *Lösung.*

(a) Keine Aktion; Identität.
(b) Verschiebung (Translation um $\boldsymbol{b}$).
(c) Spiegelung an der $x$-Achse.
(d) Gleitspiegelung.
(e) Spiegelung an der $y$-Achse.
(f) Spiegelung an der Geraden $y = x$.
(g) Drehung um 180°.
(h) Drehung um 90°.
(i) Zentrische Streckung.
(j) Ausdehnung oder Zusammenpressung (Expansion oder Kompression) in $y$-Richtung mit Faktor $a$.

(k) Scherung in $x$-Richtung.

(l) Drehung um $\phi$.

(m) Spiegelung an der $x$-Achse, dann Drehung um $2\phi$.

**9.11** *Lösung.* Die Drehmatrix bei 180° ist

$$\begin{bmatrix} -1 & 0 \\ 0 & -1 \end{bmatrix}$$

Wegen

$$\begin{bmatrix} -1 & 0 \\ 0 & -1 \end{bmatrix} = \begin{bmatrix} -1 & 0 \\ 0 & 1 \end{bmatrix} \begin{bmatrix} 1 & 0 \\ 0 & -1 \end{bmatrix}$$

entspricht dies einer Spiegelung an der $x$-Achse und dann einer Spiegelung an der $y$-Achse.

**9.12** *Lösung.* Die allgemeine Form ist

$$\begin{bmatrix} a & -b \\ b & a \end{bmatrix}$$

mit $a, b \in \mathbb{R}$, aber $b \neq 0$.

**9.13** *Lösung.* Die Lösung von (a) nach (d):

$$\begin{bmatrix} 0 & -1 \\ -1 & 0 \end{bmatrix}, \quad \begin{bmatrix} -1 & 0 \\ 0 & -1 \end{bmatrix}, \quad \begin{bmatrix} 1 & 0 \\ 0 & 0 \end{bmatrix}, \quad \begin{bmatrix} 0 & 0 \\ 0 & 1 \end{bmatrix}.$$

**9.14** *Lösung.* Die natürliche Darstellungsmatrix für die Drehung um den Koordinatenursprung um 90° ist

$$\begin{bmatrix} 0 & -1 \\ 1 & 0 \end{bmatrix}.$$

Damit ist

$$\begin{bmatrix} 0 & -1 \\ 1 & 0 \end{bmatrix} \begin{bmatrix} 0 \\ 0 \end{bmatrix} = \begin{bmatrix} 0 \\ 0 \end{bmatrix}, \begin{bmatrix} 0 & -1 \\ 1 & 0 \end{bmatrix} \begin{bmatrix} 2 \\ 0 \end{bmatrix} = \begin{bmatrix} 0 \\ 2 \end{bmatrix}, \begin{bmatrix} 0 & -1 \\ 1 & 0 \end{bmatrix} \begin{bmatrix} 1 \\ 1 \end{bmatrix} = \begin{bmatrix} -1 \\ 1 \end{bmatrix}.$$

Das gedrehte Dreieck $A'B'C'$ hat somit die Eckpunkte $A' = (0,0)$, $B' = (0,2)$ und $C' = (-1,1)$, siehe Bild 9.20 (rechts).

**9.15** *Lösung.*

(a) Rechteck mit den Eckpunkten $A' = (0,0)$, $B' = (1,0)$, $C' = (1,-2)$, $D' = (0,-2)$.

(b) Rechteck mit den Eckpunkten $A' = (0,0)$, $B' = (-1,0)$, $C' = (-1,2)$, $D' = (0,2)$.
(c) Rechteck mit den Eckpunkten $A' = (0,0)$, $B' = (1,0)$, $C' = (1,1/2)$, $D' = (0,1/2)$.
(d) Quadrat mit den Eckpunkten $A' = (0,0)$, $B' = (2,0)$, $C' = (2,2)$, $D' = (0,2)$.
(e) Parallelogram mit den Eckpunkten $A' = (0,0)$, $B' = (1,0)$, $C' = (7,2)$, $D' = (6,2)$.
(f) Parallelogram mit den Eckpunkten $A' = (0,0)$, $B' = (1,-2)$, $C' = (1,0)$, $D' = (0,2)$.

**10.1** *Lösung.*

| | |
|---|---|
| | × |
| | |

**10.2** *Lösung.*

| | | |
|---|---|---|
| | × | |

**10.3** *Lösung.*

| | | |
|---|---|---|
| | × | |

**10.4** *Lösung.*

| | | |
|---|---|---|
| f | | |

**10.5** *Lösung.*

| | | |
|---|---|---|
| | | × |

**10.6** *Lösung.*

| | | |
|---|---|---|
| | | × |

**10.7** *Lösung.* Wahr

**10.8** *Lösung.* Falsch

**10.9** *Lösung.* Falsch

**10.10** *Lösung.* Wahr

**10.11** *Lösung.* Es ist $x_1 = \frac{\mathrm{Det}(\boldsymbol{A}_1)}{\mathrm{Det}(\boldsymbol{A})} = \frac{24}{8} = 3$ und $x_2 = \frac{\mathrm{Det}(\boldsymbol{A}_2)}{\mathrm{Det}(\boldsymbol{A})} = \frac{8}{8} = 1$.

**10.12** *Lösung.* Es ist einerseits

$$\mathrm{Det}(\boldsymbol{A}) = \mathrm{Det}\begin{bmatrix} 1 & -2 \\ 3 & 2 \end{bmatrix} = 8, \qquad \mathrm{Det}(\boldsymbol{B}) = \mathrm{Det}\begin{bmatrix} 1 & 2 \\ -2 & 3 \end{bmatrix} = 7$$

also $\mathrm{Det}(\boldsymbol{A})\mathrm{Det}(\boldsymbol{B}) = 8 \cdot 7 = 56$. Andererseits ist

$$\mathrm{Det}(\boldsymbol{AB}) = \mathrm{Det}\begin{bmatrix} 5 & -4 \\ -1 & 12 \end{bmatrix} = 60 - 4 = 56.$$

Also ist $\mathrm{Det}(\boldsymbol{AB}) = \mathrm{Det}(\boldsymbol{A})\mathrm{Det}(\boldsymbol{B})$.

**10.13** *Lösung.* Die erweiterte Matrix ist

$$\begin{bmatrix} \cos(\phi) & -\sin(\phi) & 0 & \cos(\phi) & -\sin(\phi) \\ \sin(\phi) & \cos(\phi) & 0 & \sin(\phi) & \cos(\phi) \\ 0 & 0 & 1 & 0 & 0 \end{bmatrix}$$

und somit $\mathrm{Det}(\boldsymbol{Q}) = \cos^2(\phi) + 0 + 0 - 0 - 0 - (-\sin^2(\phi)) = \cos^2(\phi) + \sin^2(\phi) = 1$.

**10.14** *Lösung.* | × | | |

Hier die Bestätigung in MATLAB.

```
>> syms lambda
>> det([lambda lambda lambda; lambda lambda lambda; ...
lambda lambda lambda])
ans =
0
```

**10.15** *Lösung.* Die folgenden symbolischen Berechnungen zeigen, dass dies für $t = 0$, $t = \sqrt{2}$ und $t = -\sqrt{2}$ der Fall ist. Wir definieren die symbolische Matrix $\boldsymbol{A}$.

```
>> syms t
>> A = [t 1 0; 1 t 1; 0 1 t];
```

Die Determinate ist

```
>> det(A)
ans =
t^3-2*t
```

Die Nullstellen der Determinante besagen, dass dort die Matrix singulär ist. Dies ist genau für die Werte $t = 0$, $t = \sqrt{2}$ und $t = -\sqrt{2}$ der Fall:

```
>> solve(det(A))
ans =
[0]
[2^(1/2)]
[-2^(1/2)]
```

**10.16** *Lösung.* Bei (a), (c), (d) und (f) ist die dritte Spalte ein Vielfaches der ersten Spalte und somit ist $\mathrm{Det}(\boldsymbol{A}) = 0$.

**10.17** *Lösung.* Es ist geschickt nach dem LAPLACEschen Satz nach der zweiten Zeile zu entwickeln, weil diese die meisten Nullen hat. Wir erhalten:

$$\mathrm{Det}(\boldsymbol{A}) = (t-1)(t+3)(t+1).$$

Hier die Bestätigung in MATLAB:

```
>> syms t
>> A = [t+3 2 1; 0  t-1  0; 0 11 t+2];
>> det(A)
ans =
(t+3)*(t-1)*(t+2)
```

**11.1** *Lösung.* Wahr.

**11.2** *Lösung.* Falsch.

**11.3** *Lösung.* Falsch.

**11.4** *Lösung.* Falsch. Singularität einer Matrix bedeutet nur, dass mindestens einer der Eigenwerte null ist. Wählt man etwa eine symmetrische singuläre Matrix, so gibt es $n$ orthogonale Eigenvektoren, die insbesonders linear unabhängig sind; man kann sogar die Nullmatrix wählen.

**11.5** *Lösung.* Falsch. Die Matrix

$$\boldsymbol{A} = \begin{bmatrix} 0 & 1 \\ 0 & 0 \end{bmatrix}$$

hat nur den doppelten Eigenwert 0, sie ist aber nicht die Nullmatrix.

**11.6** *Lösung.* | | × | |

**11.7** *Lösung.* Sowohl die Matrix $\boldsymbol{A}^{\mathrm{T}}\boldsymbol{A}$ als auch die Matrix $\boldsymbol{A}\boldsymbol{A}^{\mathrm{T}}$ ist symmetrisch. Daher besitzen beide Matrizen eine Basis aus Eigenvektoren; zum einen im Raum $\mathbb{R}^n$ und zum anderen im Raum $\mathbb{R}^m$.

**11.8** *Lösung.* Die Eigenwerte sind die Diagonalelemente und als Eigenvektoren kann man die natürliche Basis wählen.

**11.9** *Lösung.* Mit $c = 1 - a$ und $d = 1 - b$ gilt

$$\boldsymbol{A} = \begin{bmatrix} a & b \\ c & d \end{bmatrix} = \begin{bmatrix} a & b \\ 1-a & 1-b \end{bmatrix}.$$

Damit ist

$$\boldsymbol{A} - \lambda\boldsymbol{E} = \begin{bmatrix} a-\lambda & b \\ 1-a & 1-b-\lambda \end{bmatrix}$$

und $\operatorname{Det}(\boldsymbol{A} - \lambda\boldsymbol{E}) = (a-\lambda)(1-b-\lambda) - b(1-a) = a - ab - a\lambda - \lambda + \lambda + \lambda^2 - b + ab = \lambda^2 + \lambda(b-a-1) + a - b$. Null setzen ergibt

$$\begin{aligned}\lambda_{1,2} &= \frac{-(b-a-1) \pm \sqrt{(b-a-1)^2 - 4(a-b)}}{2} \\ &= \frac{a+1-b \pm \sqrt{(b-a+1)^2}}{2}.\end{aligned}$$

Somit ist $\lambda_1 = (a+1-b+b-a+1)/2 = 2/2 = 1$ und $\lambda_2 = (a+1-b-b+a-1)/2 = (2a-2b)/2 = a - b$. Folglich hat die Matrix $\boldsymbol{A}$ den Eigenwert 1.

**11.10** *Lösung.* Aus der charakteristischen Gleichung von $\boldsymbol{A}$ $\operatorname{Det}(\lambda\boldsymbol{E}_2 - \boldsymbol{A}) = (\lambda-4)(\lambda-2) = 0$ ergeben sich die Eigenwerte $\lambda = 4$ und $\lambda = 2$. $\boldsymbol{q}_1 = (1/\sqrt{2}, 1/\sqrt{2})$ und $\boldsymbol{q}_2 = (-1/\sqrt{2}, 1/\sqrt{2})$ sind orthonormale Basisvektoren, sodass sich eine Eigenvektorenmatrix $\boldsymbol{Q}$ wie folgt ergibt

$$\boldsymbol{Q} = \begin{bmatrix} 1/\sqrt{2} & -1/\sqrt{2} \\ 1/\sqrt{2} & 1/\sqrt{2} \end{bmatrix}.$$

**11.11** *Lösung.* Die Eigenwerte sind $\lambda_1 = 1$ und $\lambda_2 = 0$, denn das charakteristische Polynom ist $\lambda(\lambda-1)$. Die Eigenräume sind $Eig(\lambda_1) = \{\boldsymbol{x} \in \mathbb{R}^2 \mid \boldsymbol{x} = (t, 0), t \in \mathbb{R}\}$ und $Eig(\lambda_2) = \{\boldsymbol{x} \in \mathbb{R}^2 \mid \boldsymbol{x} = (0, t), t \in \mathbb{R}\}$. Demnach ist der Eigenraum $Eig(\lambda_1)$ die $x$-Achse und der Eigenraum $Eig(\lambda_2)$ die $y$-Achse, siehe Bild 11.6 (rechts).

Außerdem gilt: $\boldsymbol{P}$ hat Diagonalform, daher sind auch die Eigenwerte leicht ablesbar. Die Eigenräume stehen senkrecht aufeinander, weil $\boldsymbol{P}$ eine symmetrische Matrix ist. $\boldsymbol{P}$ ist singuär, das ist immer so, wenn ein Eigenwert gleich null ist.

**11.12** *Lösung.*

(a) Falsch.
(b) Richtig; dies gilt sogar für alle invertierbaren Matrizen.
(c) Richtig.
(d) Falsch; auch $\text{Det}(\boldsymbol{Q}) = -1$ ist möglich.

**11.13** *Lösung.*

(a) Falsch.
(b) Richtig.
(c) Richtig, da $\boldsymbol{Q}_2^{\mathrm{T}}$ und das Produkt zweier orthogonaler Matrizen orthogonal sind.

**11.14** *Lösung.* Die Eigenwerte sind $\lambda_1 = 1$ und $\lambda_2 = -1$, denn das charakteristische Polynom ist $\lambda^2 - 1$. Die Eigenräume sind $Eig(\lambda_1) = \{\boldsymbol{x} \in \mathbb{R}^2 \mid \boldsymbol{x} = t(1,0), t \in \mathbb{R}\}$ und $Eig(\lambda_2) = \{\boldsymbol{x} \in \mathbb{R}^2 \mid \boldsymbol{x} = t(0,1), t \in \mathbb{R}\}$. Demnach ist der Eigenraum $Eig(\lambda_1)$ die $x$-Achse und der Eigenraum $Eig(\lambda_2)$ die $y$-Achse.

Außerdem gilt:

- $\boldsymbol{S}$ hat Diagonalform, daher sind auch die Eigenwerte leicht ablesbar,
- die Eigenräume stehen senkrecht aufeinander, weil $\boldsymbol{S}$ eine symmetrische Matrix ist,
- $\lambda_1 + \lambda_2 = \text{Spur}(\boldsymbol{S}) = s_{11} + s_{22} = 1 + (-1) = 0$,
- $\lambda_1 \cdot \lambda_2 = \text{Det}(\boldsymbol{S}) = -1$.

**11.15** *Lösung.* Die Eigenwerte sind $\lambda_1 = 1$ und $\lambda_2 = -1$, denn das charakteristische Polynom ist $\lambda^2 - 1$. Die Eigenräume sind $Eig(\lambda_1) = \{\boldsymbol{x} \in \mathbb{R}^2 \mid \boldsymbol{x} = t(1,1), t \in \mathbb{R}\}$ und $Eig(\lambda_2) = \{\boldsymbol{x} \in \mathbb{R}^2 \mid \boldsymbol{x} = t(1,-1), t \in \mathbb{R}\}$. Demnach ist der Eigenraum $Eig(\lambda_1)$ die Gerade $y = x$ und und der Eigenraum $Eig(\lambda_2)$ die Gerade $y = -x$.

Außerdem gilt:

- $\boldsymbol{S}$ ist keine Diagonalmatrix,
- die Eigenräume stehen senkrecht aufeinander, weil $\boldsymbol{S}$ eine symmetrische Matrix ist,
- $\lambda_1 + \lambda_2 = \text{Spur}(\boldsymbol{S}) = s_{11} + s_{22} = 0 + 0 = 0$,
- $\lambda_1 \cdot \lambda_2 = \text{Det}(\boldsymbol{S}) = -1$.

**11.16** *Lösung.* Da das charakteristische Polynom $\lambda^2$ ist, ist 0 einziger Eigenwert mit Vielfachheit zwei. Der Eigenraum ist durch $Eig(0) = \{\boldsymbol{x} \in \mathbb{R}^2 \mid \boldsymbol{x} = t(1,0), t \in \mathbb{R}\}$ gegeben. Der Eigenraum ist die $x$-Achse, zum Beispiel ist $\boldsymbol{v} = (1,0)$ ein Eigenvektor von $\boldsymbol{A}$, siehe Bild B.17. Es gibt keinen zweiten linear unabhängigen Eigenvektor, das heißt es gibt keine Basis von $\mathbb{R}^2$, die aus Eigenvektoren besteht. Die Matrix $\boldsymbol{A}$ ist demzufolg nicht diagonalisierbar.

Außerdem gilt:

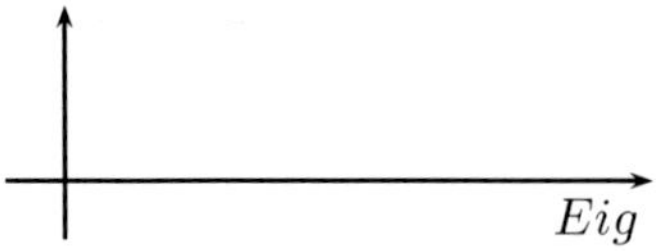


Bild B.17.: Zu Aufgabe 11.16

- $\lambda_1 + \lambda_2 = \text{Spur}(\boldsymbol{A}) = a_{11} + a_{22} = 0 + 0 = 0$,
- $\lambda_1 \cdot \lambda_2 = \text{Det}(\boldsymbol{A}) = 0$.

**11.17** *Lösung.* Da das charakteristische Polynom $(\lambda - 2)(\lambda - 4)$ ist, sind $\lambda_1 = 2$ und $\lambda_2 = 4$ die Eigenwerte. Die Eigenräume sind $Eig(\lambda_1) = \{\boldsymbol{x} \in \mathbb{R}^2 \mid \boldsymbol{x} = t(1,1), t \in \mathbb{R}\}$ und $Eig(\lambda_2) = \{\boldsymbol{x} \in \mathbb{R}^2 \mid \boldsymbol{x} = t(1,-1), t \in \mathbb{R}\}$. Es sind die Geraden $y = x$ und $y = -x$. Die Eigenräume stehen senkrecht aufeinander.

Außerdem gilt:

- Die Matrix $\boldsymbol{A}$ ist symmetrisch, daher immer diagonalisierbar und die Eigenräume stehen senkrecht aufeinander,
- $\lambda_1 + \lambda_2 = \text{Spur}(\boldsymbol{A}) = a_{11} + a_{22} = 3 + 3 = 6$,
- $\lambda_1 \cdot \lambda_2 = \text{Det}(\boldsymbol{A}) = (2)(4) = 8$.

**11.18** *Lösung.* Die Eigenwerte sind die Diagonalelemente $\lambda_1 = 3$, $\lambda_2 = 7$, $\lambda_3 = 9$ und $\lambda_4 = 11$.

**11.19** *Lösung.* Der Vektor $(0,1,0)$ ist Eigenvektor zum Eigenwert $\lambda_1 = 1$.

**11.20** *Lösung.* Das charakteristische Polynom von $\boldsymbol{A}$ ist

$$\text{Det}(\boldsymbol{A} - \lambda \boldsymbol{E}) = \text{Det}\begin{bmatrix} 1-\lambda & 1 \\ 0 & 1-\lambda \end{bmatrix} = (1-\lambda)^2.$$

Die charakteristische Gleichung $(1-\lambda)^2 = 0$ hat offenbar die doppelte Nullstelle $\lambda_1 = \lambda_2 = 1$. Also ist 1 ein doppelter Eigenwert von $\boldsymbol{A}$. Alle zu 1 gehörende Eigenvektoren sind $\boldsymbol{x} = (t, 0)$ mit $t \in \mathbb{R} \setminus \{0\}$. Insbesondere gibt es keine zwei lineare unabhängige Eigenvektoren zum doppelten Eigenwert $\lambda_1 = \lambda_2 = 1$. Damit ist die Matrix $\boldsymbol{A}$ nicht diagonalisierbar bzw. hat keine Basis aus Eigenvektoren.

**11.21** *Lösung.* Es ist

$$Eig(0) = \{\boldsymbol{x} \in \mathbb{R}^n \mid \boldsymbol{A}\boldsymbol{x} = 0 \cdot \boldsymbol{x}\} = \{\boldsymbol{x} \in \mathbb{R}^n \mid \boldsymbol{A}\boldsymbol{x} = \boldsymbol{o}\} = N(\boldsymbol{A}).$$

In Worten: Der Eigenraum zum Eigenwert 0 ist gleich dem Nullraum der Matrix.

**11.22** *Lösung.* Die Eigenwerte sind $\lambda_1 \approx 0.0657$ und $\lambda_2 \approx 1.2676$. Eigenvektoren sind $\boldsymbol{x}_1 \approx (0.4719, -0.8817)$ und $\boldsymbol{x}_2 \approx (-0.8817, -0.4718)$.

```
>> [V,D] = eig(hilb(2))
V =
    0.4719   -0.8817
   -0.8817   -0.4719
D =
    0.0657         0
         0    1.2676
```

**11.23** *Lösung.* Die Eigenwerte sind $\lambda_1 = -1/2+1/2\sqrt{5}$ und $\lambda_2 = -1/2-1/2\sqrt{5}$. Eigenvektoren sind $\boldsymbol{x}_1 = (3/2 + 1/2\sqrt{5}, 0)$ und $\boldsymbol{x}_2 = (0, 3/2 - 1/2\sqrt{5})$.

```
>> [V,D] = eig(sym(pascal(2)))
V =
[ -1/2+1/2*5^(1/2), -1/2-1/2*5^(1/2)]
[                1,                1]
D =
[ 3/2+1/2*5^(1/2),                0]
[               0, 3/2-1/2*5^(1/2)]
```

**11.24** *Lösung.* Die Eigenwerte sind $\lambda_1 = 1/2$ und $\lambda_2 = 3/2$. Eigenvektoren sind $\boldsymbol{x}_1 = (-1, 1)$ und $\boldsymbol{x}_2 = (1, 1)$.

```
>> [V,D] = eig(sym(gallery('lehmer',2)))
V =
[ -1,  1]
[  1,  1]
D =
[ 1/2,   0]
[   0, 3/2]
```

**11.25** *Lösung.* Nach Beispiel 11.14 ist

$$\boldsymbol{Q} = \begin{bmatrix} 1/\sqrt{2} & -1/\sqrt{2} \\ 1/\sqrt{2} & 1/\sqrt{2} \end{bmatrix}$$

Hier die MATLAB-Probe:

```
>> syms a b
>> A = [a b; b a];
>> Q = [1/sqrt(2) -1/sqrt(2);1/sqrt(2) 1/sqrt(2)];
>> simplify(Q'*A*Q)
ans =
[  a+b,     0]
[    0,  -b+a]
```

**11.26** *Lösung.* Die Eigenwerte sind $\lambda_1 = 0$ und $\lambda_2 = 1$. Eigenvektoren sind $\boldsymbol{x}_1 = (-1, 1)$ und $\boldsymbol{x}_2 = (1, 1)$.

```
>> [V,D] = eig(sym([1/2 1/2; 1/2 1/2]))
V =
[ -1,  1]
[  1,  1]
D =
[ 0, 0]
[ 0, 1]
```

**11.27** *Lösung.* Die Eigenwerte sind $\lambda_1 = 1$ und $\lambda_2 = -1$. Eigenvektoren sind $\boldsymbol{x}_1 = (1, 1)$ und $\boldsymbol{x}_2 = (-1, 1)$.

```
>> [V,D] = eig(sym([0 1; 1 0]))
V =
[  1, -1]
[  1,  1]
D =
[  1,  0]
[  0, -1]
```

**11.28** *Lösung.* Es ist

$$\underbrace{\begin{bmatrix} 4 & 2 & 2 \\ 2 & 4 & 2 \\ 2 & 2 & 4 \end{bmatrix}}_{\boldsymbol{A}} = 2 \underbrace{\begin{bmatrix} 4/6 & -2/6 & -2/6 \\ -2/6 & 4/6 & -2/6 \\ -2/6 & -2/6 & 4/6 \end{bmatrix}}_{\boldsymbol{P}_{Eig(2)}} + 8 \underbrace{\begin{bmatrix} 1/3 & 1/3 & 1/3 \\ 1/3 & 1/3 & 1/3 \\ 1/3 & 1/3 & 1/3 \end{bmatrix}}_{\boldsymbol{P}_{Eig(8)}}.$$

Hier die Begründung. Es ist zunächst, siehe Beispiel 11.15:

$$\boldsymbol{P}_{Lin(\boldsymbol{q}_1)} = \boldsymbol{q}_1 \boldsymbol{q}_1^{\mathrm{T}} = \begin{bmatrix} -1/\sqrt{2} \\ 1/\sqrt{2} \\ 0 \end{bmatrix} \begin{bmatrix} -1/\sqrt{2} & 1/\sqrt{2} & 0 \end{bmatrix} = \begin{bmatrix} 1/2 & -1/2 & 0 \\ -1/2 & 1/2 & 0 \\ 0 & 0 & 0 \end{bmatrix},$$

$$\boldsymbol{P}_{Lin(\boldsymbol{q}_2)} = \boldsymbol{q}_2\boldsymbol{q}_2^{\mathrm{T}} = \begin{bmatrix} -1/\sqrt{6} \\ -1/\sqrt{6} \\ 2/\sqrt{6} \end{bmatrix} \begin{bmatrix} -1/\sqrt{6} & -1/\sqrt{6} & 2/\sqrt{6} \end{bmatrix}$$

$$= \begin{bmatrix} 1/6 & 1/6 & -2/6 \\ 1/6 & 1/6 & -2/6 \\ -2/6 & -2/6 & 4/6 \end{bmatrix},$$

$$\boldsymbol{P}_{Lin(\boldsymbol{q}_3)} = \boldsymbol{q}_3\boldsymbol{q}_3^{\mathrm{T}} = \begin{bmatrix} 1/\sqrt{3} \\ 1/\sqrt{3} \\ 1/\sqrt{3} \end{bmatrix} \begin{bmatrix} 1/\sqrt{3} & 1/\sqrt{3} & 1/\sqrt{3} \end{bmatrix} = \begin{bmatrix} 1/3 & 1/3 & 1/3 \\ 1/3 & 1/3 & 1/3 \\ 1/3 & 1/3 & 1/3 \end{bmatrix}.$$

Die Vektoren $\boldsymbol{q}_1$ und $\boldsymbol{q}_2$ bilden eine orthonormale Eigenvektorenbasis von $Eig(2)$ und der Vektor $\boldsymbol{q}_3$ bildet eine orthonormale Eigenvektorbasis von $Eig(8)$. Damit ist

$$\boldsymbol{P}_{Eig(2)} = \boldsymbol{P}_{Lin(\boldsymbol{q}_1)} + \boldsymbol{P}_{Lin(\boldsymbol{q}_2)} = \begin{bmatrix} 1/2 & -1/2 & 0 \\ -1/2 & 1/2 & 0 \\ 0 & 0 & 0 \end{bmatrix} + \begin{bmatrix} 1/6 & 1/6 & -2/6 \\ 1/6 & 1/6 & -2/6 \\ -2/6 & -2/6 & 4/6 \end{bmatrix}$$

$$= \begin{bmatrix} 4/6 & -2/6 & -2/6 \\ -2/6 & 4/6 & -2/6 \\ -2/6 & -2/6 & 4/6 \end{bmatrix}$$

die orthogonale Projektionsmatrix auf den zweidimensionalen Eigenraum $Eig(2)$ und

$$\boldsymbol{P}_{Eig(8)} = \boldsymbol{P}_{Lin(\boldsymbol{q}_3)} = \begin{bmatrix} 1/3 & 1/3 & 1/3 \\ 1/3 & 1/3 & 1/3 \\ 1/3 & 1/3 & 1/3 \end{bmatrix}$$

die orthogonale Projektionsmatrix auf den eindimensionalen Eigenraum $Eig(8)$. Verifizieren Sie $\boldsymbol{P}_{Eig(2)} + \boldsymbol{P}_{Eig(8)} = \boldsymbol{E}_3$.

**12.1** *Lösung.* Die Koeffizientenmatrix des linearen Differenzialgleichungssystems lautet

$$\boldsymbol{A} = \begin{bmatrix} 1 & -1 \\ 2 & 4 \end{bmatrix}$$

mit den Eigenwerten $\lambda_1 = 2$ und $\lambda_2 = 3$ und den dazugehörigen Eigenvektoren $\boldsymbol{x}_1 = (1, -1)$ bzw. $\boldsymbol{x}_2 = (1, -2)$. Da die Eigenwerte verschieden sind, sind die Eigenvektoren linear unabhängig, das heißt, sie bilden eine Basis des $\mathbb{R}^2$. Damit ist die allgemeine Lösung des Differenzialgleichungssystems durch

$$\begin{aligned} y_1(t) &= c_1\mathrm{e}^{2t} + c_2\mathrm{e}^{3t} \\ y_2(t) &= -c_1\mathrm{e}^{2t} - 2c_2\mathrm{e}^{3t} \end{aligned}$$

gegeben.

**12.2** *Lösung.* Die Koeffizientenmatrix der Differenzialgleichung haben wir in Beispiel 11.8 diagonalisiert. Damit erhalten wir

$$\underbrace{\begin{bmatrix} u_1'(t) \\ u_2'(t) \\ u_3'(t) \end{bmatrix}}_{\boldsymbol{u}'(t)} = \underbrace{\begin{bmatrix} 1 & 0 & 0 \\ 0 & 2 & 0 \\ 0 & 0 & 2 \end{bmatrix}}_{\boldsymbol{D}} \underbrace{\begin{bmatrix} u_1(t) \\ u_2(t) \\ u_3(t) \end{bmatrix}}_{\boldsymbol{u}(t)}$$

mit der allgemeinen Lösung $\boldsymbol{u}(t) = (c_1 e^t, c_2 e^{2t}, c_3 e^{2t})$. Rücksubstitution liefert $\boldsymbol{y}(t) = (-2c_1 e^t - c_2 e^{2t}, c_1 e^t + c_3 e^{2t}, c_1 e^t + c_2 e^{2t})$. Die Anfangsbedingungen bestimmen die Koeffizienten $c_1 = -3$, $c_2 = 5$ und $c_3 = 5$. Daher ist $\boldsymbol{y}(t) = (6e^t - 5e^{2t}, -3e^t + 5e^{2t}, -3e^t + 5e^{2t})$ die Lösung der Anfangswertaufgabe.

**12.3** *Lösung.* Die Eigenwerte von $\boldsymbol{A}$ sind $\lambda_1 = 6$ und $\lambda_2 = -1$ mit Eigenvektoren $\boldsymbol{x}_1 = (4, 3)$ und $\boldsymbol{x}_2 = (1, -1)$. Damit gilt

$$\boldsymbol{A} = \boldsymbol{X}\boldsymbol{D}\boldsymbol{X}^{-1} = \begin{bmatrix} 4 & 1 \\ 3 & -1 \end{bmatrix} \begin{bmatrix} 6 & 0 \\ 0 & -1 \end{bmatrix} \begin{bmatrix} 1/7 & 1/7 \\ 3/7 & -4/7 \end{bmatrix}$$

und die Lösung der Anfangswertaufgabe ist somit

$$\begin{aligned} \boldsymbol{y}(t) &= e^{\boldsymbol{A}t}\boldsymbol{y}_0 = \boldsymbol{X}e^{\boldsymbol{D}t}\boldsymbol{X}^{-1}\boldsymbol{y}_0 \\ &= \begin{bmatrix} 4 & 1 \\ 3 & -1 \end{bmatrix} \begin{bmatrix} e^6 & 0 \\ 0 & e^{-1} \end{bmatrix} \begin{bmatrix} 1/7 & 1/7 \\ 3/7 & -4/7 \end{bmatrix} \begin{bmatrix} 6 \\ 1 \end{bmatrix} = \begin{bmatrix} 4e^{6t} + 2e^{-t} \\ 3e^{6t} - 2e^{-t} \end{bmatrix}. \end{aligned}$$

Hier die MATLAB-Bestätigung

```
>> A = sym([3 4; 3 2]);
>> syms t
>> y = expm(A*t)*[6;1]
y =
[  4*exp(6*t)+2*exp(-t)]
[ -2*exp(-t)+3*exp(6*t)]
```

**12.4** *Lösung.* Löst man dieses Eigenwertproblem, so ist $\lambda = 1.1$ und $\boldsymbol{z} = (2c, 3c)$ mit $c > 0$ eine Lösung. Es gilt:

$$\boldsymbol{A}\boldsymbol{z} = \begin{bmatrix} 0.8 & 0.2 \\ 0.0 & 1.1 \end{bmatrix} \begin{bmatrix} 2c \\ 3c \end{bmatrix} = \begin{bmatrix} 2.2c \\ 3.3c \end{bmatrix} = 1.1 \begin{bmatrix} 2c \\ 3c \end{bmatrix} = \lambda\boldsymbol{z}.$$

Für $c = 10$ und damit $\boldsymbol{z} = (20, 30)$ ergibt sich folgende Interpretation: Gehen wir von 20 Männern und 30 Frauen im Zeitpunkt $k$ aus, so erhalten wir im Zeitpunkt $k + 1$ genau 22 Männer und 33 Frauen. Wir haben mit $\lambda = 1.1$ einen gleichförmigen Wachstumsprozess und ein Wachstum um 10% pro Zeitperiode.

**12.5** *Lösung.* In Beispiel 11.7 ist es uns gelungen, die Matrix $\boldsymbol{A}$ zu diagonalisieren mit dem Erfolg

$$\underbrace{\begin{bmatrix} 2 & -1 \\ -1 & 1 \end{bmatrix}}_{\boldsymbol{X}^{-1}} \underbrace{\begin{bmatrix} 1 & 1 \\ -2 & 4 \end{bmatrix}}_{\boldsymbol{A}} \underbrace{\begin{bmatrix} 1 & 1 \\ 1 & 2 \end{bmatrix}}_{\boldsymbol{X}} = \underbrace{\begin{bmatrix} 2 & 0 \\ 0 & 3 \end{bmatrix}}_{\boldsymbol{D}}.$$

Damit ist

$$\boldsymbol{A}^7 = \boldsymbol{X}\boldsymbol{D}^7\boldsymbol{X}^{-1} = \begin{bmatrix} 1 & 1 \\ 1 & 2 \end{bmatrix} \begin{bmatrix} 128 & 0 \\ 0 & 2187 \end{bmatrix} \begin{bmatrix} 2 & -1 \\ -1 & 1 \end{bmatrix} = \begin{bmatrix} -1931 & 2059 \\ -4118 & 4246 \end{bmatrix}.$$

**12.6** *Lösung.* Die Matrix $\boldsymbol{A}$ wird durch die Matrix

$$\boldsymbol{X} = \begin{bmatrix} 0 & -1 & -2 \\ 1 & 0 & 1 \\ 0 & 1 & 1 \end{bmatrix}.$$

diagonalisiert, wobei

$$\boldsymbol{D} = \boldsymbol{X}^{-1}\boldsymbol{A}\boldsymbol{X} = \begin{bmatrix} 2 & 0 & 0 \\ 0 & 2 & 0 \\ 0 & 0 & 1 \end{bmatrix}$$

ist. Damit gilt

$$\begin{aligned} \boldsymbol{A}^{13} = \boldsymbol{X}\boldsymbol{D}^{13}\boldsymbol{X}^{-1} &= \begin{bmatrix} 0 & -1 & -2 \\ 1 & 0 & 1 \\ 0 & 1 & 1 \end{bmatrix} \begin{bmatrix} 2^{13} & 0 & 0 \\ 0 & 2^{13} & 0 \\ 0 & 0 & 1^{13} \end{bmatrix} \begin{bmatrix} 1 & 1 & 1 \\ 1 & 0 & 2 \\ -1 & 0 & -1 \end{bmatrix} \\ &= \begin{bmatrix} -8190 & 0 & -16382 \\ 8191 & 8192 & 8191 \\ 8191 & 0 & 16383 \end{bmatrix} \end{aligned}$$

Die Zeilen

```
>> A = [0 0 -2; 1 2 1; 1 0 3];
>> A^13
ans =
        -8190            0       -16382
         8191         8192         8191
         8191            0        16383
```

bestätigen das Ergebnis in MATLAB.

**12.7** *Lösung.* Die dazugehörige Koeffizientenmatrix

$$A = \begin{bmatrix} 1 & 3 \\ 2 & 2 \end{bmatrix}$$

hat die Eigenwerte $\lambda_1 = -1$, $\lambda_2 = 4$ und Eigenvektoren $(3, -2)$, $(1, 1)$. Damit ist die allgemeine Lösung durch

$$\begin{aligned} \boldsymbol{y}_k &= \begin{bmatrix} 3 & 1 \\ -2 & 1 \end{bmatrix} \begin{bmatrix} (-1)^k & 0 \\ 0 & (4)^k \end{bmatrix} \begin{bmatrix} c_1 \\ c_2 \end{bmatrix} = \begin{bmatrix} 3 & 1 \\ -2 & 1 \end{bmatrix} \begin{bmatrix} c_1(-1)^k \\ c_2(4)^k \end{bmatrix} \\ &= c_1(-1)^k \begin{bmatrix} 3 \\ -2 \end{bmatrix} + c_2(4)^k \begin{bmatrix} 1 \\ 1 \end{bmatrix} \end{aligned}$$

gegeben.

**13.1** *Lösung.* Die Eigenwerte der Matrix

$$A^{\mathrm{T}} A = \begin{bmatrix} 1 & 1 \\ 1 & 1 \end{bmatrix} \begin{bmatrix} 1 & 1 \\ 1 & 1 \end{bmatrix} = \begin{bmatrix} 2 & 2 \\ 2 & 2 \end{bmatrix}$$

sind $\lambda_1 = 4$ und $\lambda_2 = 0$. Daher sind $s_1 = \sqrt{\lambda_1} = \sqrt{4} = 2$ und $s_2 = \sqrt{\lambda_2} = \sqrt{0} = 0$ die singulären Werte von $\boldsymbol{A}$.

Die Eigenwerte der Matrix

$$B^{\mathrm{T}} B = \begin{bmatrix} 5 & 0 & 0 \\ 0 & 0 & -1 \end{bmatrix} \begin{bmatrix} 5 & 0 \\ 0 & 0 \\ 0 & -1 \end{bmatrix} = \begin{bmatrix} 25 & 0 \\ 0 & 1 \end{bmatrix}$$

sind $\lambda_1 = 25$ und $\lambda_2 = 1$. Daher sind $s_1 = \sqrt{\lambda_1} = \sqrt{25} = 5$ und $s_2 = \sqrt{\lambda_2} = \sqrt{1} = 1$ die singulären Werte von $\boldsymbol{B}$.

**13.2** *Lösung.* Wir lösen die Aufgabe nach Algorithmus 22. Die Eigenwerte der Matrix

$$A^{\mathrm{T}} A = \begin{bmatrix} 1 & -1 \\ 1 & 1 \end{bmatrix} \begin{bmatrix} 1 & 1 \\ -1 & 1 \end{bmatrix} = \begin{bmatrix} 2 & 0 \\ 0 & 2 \end{bmatrix}$$

sind $\lambda_1 = 2$ und $\lambda_2 = 2$, also ein Eigenwert der Vielfachheit zwei. Damit sind $s_1 = \sqrt{2}$ und $s_2 = \sqrt{2}$ die singulären Werte von $\boldsymbol{A}$. Da in diesem Beispiel $m = n = 2$ ist, ist $\boldsymbol{S}$ die folgende $(2, 2)$-Matrix

$$S = \begin{bmatrix} \sqrt{2} & 0 \\ 0 & \sqrt{2} \end{bmatrix}.$$

Eine orthonormale Eigenvektorenbasis von $A^{\mathrm{T}} A$ ist $(1, 0)$ und $(0, 1)$. Daher ist

$$V = \begin{bmatrix} 1 & 0 \\ 0 & 1 \end{bmatrix}.$$

Damit erhalten wir die linken singulären Vektoren

$$u_1 = 1/s_1 Av_1 = \frac{1}{\sqrt{2}} \begin{bmatrix} 1 & 1 \\ -1 & 1 \end{bmatrix} \begin{bmatrix} 1 \\ 0 \end{bmatrix} = \begin{bmatrix} 1/\sqrt{2} \\ -1/\sqrt{2} \end{bmatrix}$$

und

$$u_2 = 1/s_2 Av_2 = \frac{1}{\sqrt{2}} \begin{bmatrix} 1 & 1 \\ -1 & 1 \end{bmatrix} \begin{bmatrix} 0 \\ 1 \end{bmatrix} = \begin{bmatrix} 1/\sqrt{2} \\ 1/\sqrt{2} \end{bmatrix}.$$

Die Matrix $U$ ist somit durch

$$U = \begin{bmatrix} 1/\sqrt{2} & 1/\sqrt{2} \\ -1/\sqrt{2} & 1/\sqrt{2} \end{bmatrix}.$$

gegeben. Man prüft leicht nach, dass $USV^T = A$ ist.

Die Eigenwerte der Matrix

$$B^T B = \begin{bmatrix} 1 & -2 & 2 \\ -4 & 2 & 4 \end{bmatrix} \begin{bmatrix} 1 & -4 \\ -2 & 2 \\ 2 & 4 \end{bmatrix} = \begin{bmatrix} 9 & 0 \\ 0 & 36 \end{bmatrix}$$

sind $\lambda_1 = 9$ und $\lambda_2 = 36$. Damit sind $s_1 = 3$ und $s_2 = 6$ die singulären Werte von $B$. Da in diesem Beispiel $m = 3$ und $n = 2$ ist, ist $S$ die folgende $(3, 2)$-Matrix

$$S = \begin{bmatrix} 3 & 0 \\ 0 & 6 \\ 0 & 0 \end{bmatrix}.$$

Eine orthonormale Eigenvektorenbasis von $B^T B$ ist $(1, 0)$ und $(0, 1)$. Daher ist

$$V = \begin{bmatrix} 1 & 0 \\ 0 & 1 \end{bmatrix}.$$

Damit erhalten wir die ersten beiden linken singulären Vektoren

$$u_1 = 1/s_1 Bv_1 = \frac{1}{3} \begin{bmatrix} 1 & -4 \\ -2 & 2 \\ 2 & 4 \end{bmatrix} \begin{bmatrix} 1 \\ 0 \end{bmatrix} = \begin{bmatrix} 1/3 \\ -2/3 \\ 2/3 \end{bmatrix}$$

und

$$u_2 = 1/s_2 Bv_2 = \frac{1}{6} \begin{bmatrix} 1 & -4 \\ -2 & 2 \\ 2 & 4 \end{bmatrix} \begin{bmatrix} 0 \\ 1 \end{bmatrix} = \begin{bmatrix} -2/3 \\ 1/3 \\ 2/3 \end{bmatrix}.$$

Nun müssen wir einen dritten Vektor $u_3$ derart konstruieren, dass $u_1$, $u_2$ und $u_3$ eine orthonormale Basis des $\mathbb{R}^3$ bildet. Wir erhalten zum Beispiel

$$U = \begin{bmatrix} 1/3 & -2/3 & -2/3 \\ -2/3 & 1/3 & -2/3 \\ 2/3 & 2/3 & -1/3 \end{bmatrix}.$$

Man prüft leicht nach, dass $USV^T = B$ ist.

**13.3** *Lösung.* Es ist

```
>> A = [1 1; 1 1]; B = [5 0; 0 0; 0 -1];
>> [svd(A), svd(B)]
ans =
     2     5
     0     1
```

und

```
>> A = [1 1; -1 1];
>> [U,S,V] = svd(A)
U =
   -0.7071    0.7071
    0.7071    0.7071
S =
    1.4142         0
         0    1.4142
V =
    -1     0
     0     1
```

sowie

```
>> A = [1 -4; -2 2; 2 4];
>> [U,S,V] = svd(A)
U =
    0.6667   -0.3333   -0.6667
   -0.3333    0.6667   -0.6667
   -0.6667   -0.6667   -0.3333
S =
     6     0
     0     3
     0     0
V =
     0    -1
    -1     0
```

Beachten Sie, dass die Matrizen $\boldsymbol{U}$ und $\boldsymbol{V}$ nicht eindeutig sind. Auch die Reihenfolge der singulären Werte und der Spaltenvektoren kann anders sein.

**13.4** *Lösung.* Mit dem Hauptsatz 3 und der Tatsache, das ein Matrizenprodukt auch als Summe dyadischer Produkte geschrieben werden kann, gilt

$$
\begin{aligned}
\boldsymbol{A} &= \boldsymbol{U}\boldsymbol{S}\boldsymbol{V}^{\mathrm{T}} \\
&= \begin{bmatrix} \vert & & \vert & \vert & & \\ s_1\boldsymbol{u}_1 & \cdots & s_r\boldsymbol{u}_r & 0\boldsymbol{u}_{r+1} & \cdots & 0\boldsymbol{u}_n \\ \vert & & \vert & \vert & & \end{bmatrix} \begin{bmatrix} - & \boldsymbol{v}_1^{\mathrm{T}} & - \\ - & \boldsymbol{v}_2^{\mathrm{T}} & - \\ & \vdots & \\ - & \boldsymbol{v}_n^{\mathrm{T}} & - \end{bmatrix} \\
&= s_1\boldsymbol{u}_1\boldsymbol{v}_1^{\mathrm{T}} + s_2\boldsymbol{u}_2\boldsymbol{v}_2^{\mathrm{T}} + \cdots s_r\boldsymbol{u}_r\boldsymbol{v}_r^{\mathrm{T}}.
\end{aligned}
$$

**13.5** *Lösung.* Für die Pseudoinverse finden wir

$$
\boldsymbol{A}^{+} = \boldsymbol{V}\boldsymbol{S}^{+}\boldsymbol{U}^{\mathrm{T}} = \begin{bmatrix} -1 \end{bmatrix} \begin{bmatrix} 1/(2\sqrt{5}) & 0 \end{bmatrix} \begin{bmatrix} -1/\sqrt{5} & -2/\sqrt{5} \\ -2/\sqrt{5} & 1/\sqrt{5} \end{bmatrix} = \begin{bmatrix} 1/10 & 1/5 \end{bmatrix}
$$

und für $\boldsymbol{A}^{+}\boldsymbol{b}$ gilt

$$
\boldsymbol{A}^{+}\boldsymbol{b} = \begin{bmatrix} 1/10 & 1/5 \end{bmatrix} \begin{bmatrix} 3 \\ 1 \end{bmatrix} = \frac{1}{2}.
$$

**13.6** *Lösung.*

| | | |
|---|---|---|
| | × | |

**13.7** *Lösung.* Für

$$
\boldsymbol{A}\boldsymbol{A}^{\mathrm{T}} = \begin{bmatrix} 2 & 1 \\ 1 & 2 \end{bmatrix}
$$

ist $\lambda_1 = s_1^2 = 3$ mit $\boldsymbol{u}_1 = (1/\sqrt{2}, 1/\sqrt{2})$ und $\lambda_2 = s_2^2 = 1$ mit $\boldsymbol{u}_2 = (1/\sqrt{2}, -1/\sqrt{2})$. Für

$$
\boldsymbol{A}^{\mathrm{T}}\boldsymbol{A} = \begin{bmatrix} 1 & 1 & 0 \\ 1 & 2 & 1 \\ 0 & 1 & 1 \end{bmatrix}
$$

gilt $\lambda_1 = s_1^2 = 3$ mit $\boldsymbol{v}_1 = (1/\sqrt{6}, 2/\sqrt{6}, 1/\sqrt{6})$ und $\lambda_2 = s_2^2 = 1$ mit $\boldsymbol{v}_2 = (1/\sqrt{2}, 0, -1/\sqrt{6})$ und $\boldsymbol{v}_3 = (1/\sqrt{3}, -1/\sqrt{3}, 1/\sqrt{3})$. Es ist somit

$$
\begin{bmatrix} 1 & 1 & 0 \\ 0 & 1 & 1 \end{bmatrix} = \begin{bmatrix} \vert & \vert \\ \boldsymbol{u}_1 & \boldsymbol{u}_2 \\ \vert & \vert \end{bmatrix} \begin{bmatrix} \sqrt{3} & & \\ & 1 & \\ & & 0 \end{bmatrix} \begin{bmatrix} \vert & \vert & \vert \\ \boldsymbol{v}_1 & \boldsymbol{v}_2 & \boldsymbol{v}_3 \\ \vert & \vert & \vert \end{bmatrix}^{\mathrm{T}}.
$$

**13.8** *Lösung.* Die Singulärwertzerlegung von $\boldsymbol{A}$ kann dann folgendes Aussehen haben

$$
\boldsymbol{A} = \boldsymbol{U}\boldsymbol{S}\boldsymbol{V}^{\mathrm{T}} = \begin{bmatrix} \vert & \vert \\ \boldsymbol{u}_1 & \boldsymbol{u}_2 \\ \vert & \vert \end{bmatrix} \begin{bmatrix} 3 & \\ & 2 \end{bmatrix} \begin{bmatrix} \vert & \vert \\ \boldsymbol{u}_1 & -\boldsymbol{u}_2 \\ \vert & \vert \end{bmatrix}^{\mathrm{T}}.
$$

**13.9** *Lösung.* Es ist $\boldsymbol{A}^{\mathrm{T}} = \boldsymbol{V}\boldsymbol{S}^{\mathrm{T}}\boldsymbol{U}^{\mathrm{T}}$ und $\boldsymbol{A}^{-1}$ ist quadratisch und gleich $\boldsymbol{V}\boldsymbol{S}^{-1}\boldsymbol{U}^{\mathrm{T}}$.

**13.10** *Lösung.* Es ist

$$\boldsymbol{A} = \boldsymbol{U}\boldsymbol{S}\boldsymbol{V}^{\mathrm{T}} = \begin{bmatrix} 1/\sqrt{10} & -3/\sqrt{10} \\ 3/\sqrt{10} & 1/\sqrt{10} \end{bmatrix} \begin{bmatrix} \sqrt{50} & 0 \\ 0 & 0 \end{bmatrix} \begin{bmatrix} 1/\sqrt{5} & 2/\sqrt{5} \\ -2/\sqrt{5} & 1/\sqrt{5} \end{bmatrix}.$$

**13.11** *Lösung.* Eine Singulärwertzerlegung liefert orthonormale Basen aller vier fundamentalen Unterräume einer Matrix. Wir berechnen daher eine Singulärwertzerlegung von $\boldsymbol{A}$ und speichern die entsprechenden Basen im Zeilenarray `Z` ab. Dies erreicht man durch die nachfolgenden Zeilen.

```
>> A = [1 -1 1; 1 0 0; 1 1 1; 1 2 4];
>> [U,S,V] = svd(A);
>> Z = cell(2,2);
>> Z(1,1) = {V};
>> Z(1,2) = {[]};
>> Z(2,1) = {U(:,1:3)};
>> Z(2,2) = {U(:,4)};
>> cellplot(Z) %-Zeichnet die Zelle.
```

Eine alternative Lösung sieht wie folgt aus:

```
>> A = [1 -1 1; 1 0 0; 1 1 1; 1 2 4];
>> Z{1,1} = orth(A');
>> Z{1,2} = null(A);
>> Z{2,1} = orth(A);
>> Z{2,2} = null(A');
>> cellplot(Z) %-Zeichnet die Zelle.
```

**13.12** *Lösung.* Ist $\mathrm{Rang}(\boldsymbol{A}) = m$, dann hat eine Singulärwertzerlegung von $\boldsymbol{A}$ die Form $\boldsymbol{A} = \boldsymbol{E}_m[\boldsymbol{S}\ \boldsymbol{O}]\boldsymbol{V}^{\mathrm{T}}$ und damit gilt

$$\boldsymbol{A}^{+} = \boldsymbol{V} \begin{bmatrix} \boldsymbol{S}^{-1} \\ \boldsymbol{O} \end{bmatrix} \boldsymbol{E}_m.$$

Weiterhin ist $\boldsymbol{A}\boldsymbol{A}^{\mathrm{T}} = \boldsymbol{S}^2$ und damit ist

$$\boldsymbol{A}^{\mathrm{T}}(\boldsymbol{A}\boldsymbol{A}^{\mathrm{T}})^{-1} = \boldsymbol{V} \begin{bmatrix} \boldsymbol{S}^{-1} \\ \boldsymbol{O} \end{bmatrix} \boldsymbol{E}_m = \boldsymbol{A}^{+}.$$

**13.13** *Lösung.* Die Matrix $\boldsymbol{A}$ hat vollen Spaltenrang gleich 1, daher gilt

$$\boldsymbol{A}^{+} = (\boldsymbol{A}^{\mathrm{T}}\boldsymbol{A})^{-1}\boldsymbol{A}^{\mathrm{T}} = (3)^{-1} \begin{bmatrix} 1 & 1 & 1 \end{bmatrix} = \begin{bmatrix} 1/3 & 1/3 & 1/3 \end{bmatrix}.$$

Die nachfolgenden Zeilen bestätigen dieses Ergebnis in MATLAB.

```
>> A = [1; 1; 1];
>> Aplus = pinv(A)
Aplus =
    0.3333    0.3333    0.3333
```

Die Matrix $\boldsymbol{B}$ hat vollen Zeilenrang gleich 1, daher gilt

$$\boldsymbol{B}^+ = \boldsymbol{B}^{\mathrm{T}}(\boldsymbol{B}\boldsymbol{B}^{\mathrm{T}})^{-1} = \begin{bmatrix} 1 \\ 1 \\ 1 \\ 1 \end{bmatrix} (4)^{-1} = \begin{bmatrix} 1/4 \\ 1/4 \\ 1/4 \\ 1/4 \end{bmatrix}.$$

Die nachfolgenden Zeilen bestätigen dieses Ergebnis in MATLAB.

```
>> B = [1 1 1 1];
>> Bplus = pinv(B)
Bplus =
    0.2500
    0.2500
    0.2500
    0.2500
```

**13.14** *Lösung.* Die Pseudoinverse der Matrix

$$\boldsymbol{A} = \begin{bmatrix} 1 & 2 \\ 3 & 6 \end{bmatrix}$$

ist

$$\begin{aligned} \boldsymbol{A}^+ &= \boldsymbol{V}\boldsymbol{S}^+\boldsymbol{U}^{\mathrm{T}} \\ &= \begin{bmatrix} 1/\sqrt{5} & -2/\sqrt{5} \\ 2/\sqrt{5} & 1/\sqrt{5} \end{bmatrix} \begin{bmatrix} 1/\sqrt{50} & 0 \\ 0 & 0 \end{bmatrix} \begin{bmatrix} 1/\sqrt{10} & 3/\sqrt{10} \\ -3/\sqrt{10} & 1/\sqrt{10} \end{bmatrix} = \begin{bmatrix} 1/50 & 3/50 \\ 1/25 & 3/25 \end{bmatrix}. \end{aligned}$$

Damit ergibt sich die Lösung kleinster Länge zu

$$\boldsymbol{x}^+ = \boldsymbol{A}^+\boldsymbol{b} = \begin{bmatrix} 1/50 & 3/50 \\ 1/25 & 3/25 \end{bmatrix} \begin{bmatrix} 4 \\ 12 \end{bmatrix} = \begin{bmatrix} 4/5 \\ 8/5 \end{bmatrix}.$$

Da die allgemeine Lösung durch $x_1 = 4 - 2t$, $x_2 = t$, $t \in \mathbb{R}$ gegeben ist (siehe Beispiel 1.15), erhält man also für $t = 8/5$ die Lösung kleinster Länge.

**14.1** *Lösung.* Falsch.

**14.2** *Lösung.* Wahr.

**14.3** *Lösung.*

| × | | × | | | | |
|---|---|---|---|---|---|---|

**14.4** *Lösung.*

| | × | | |
|---|---|---|---|

**14.5** *Lösung.* Dass die Abbildung $L^{-1}$ wieder bijektiv ist, ist klar. Daher müssen wir uns nur noch davon überzeugen, dass sie auch linear ist.

Sind $\boldsymbol{v}_1, \boldsymbol{v}_2 \in V$, so gibt es eindeutige Vektoren $\boldsymbol{w}_1, \boldsymbol{w}_2 \in W$ mit $L(\boldsymbol{v}_1) = \boldsymbol{w}_1$ und $L(\boldsymbol{v}_2) = \boldsymbol{w}_2$ (bzw. $L^{-1}(\boldsymbol{w}_1) = \boldsymbol{v}_1$ und $L^{-1}(\boldsymbol{w}_2) = \boldsymbol{v}_2$). Nun ist

$$\begin{aligned} L^{-1}(\boldsymbol{w}_1 + \boldsymbol{w}_2) &= L^{-1}(L(\boldsymbol{v}_1) + L(\boldsymbol{v}_2)) = L^{-1}(L(\boldsymbol{v}_1 + \boldsymbol{v}_2)) = \boldsymbol{v}_1 + \boldsymbol{v}_2 \\ &= L^{-1}(\boldsymbol{w}_1) + L^{-1}(\boldsymbol{w}_2) \end{aligned}$$

und

$$L^{-1}(r\boldsymbol{w}_1) = L^{-1}(rL(\boldsymbol{v}_1)) = L^{-1}(L(r\boldsymbol{v}_1)) = r\boldsymbol{v}_1 = rL^{-1}(\boldsymbol{w}_1)).$$

Also ist die Abbildung $L^{-1}$ linear.

**14.6** *Lösung.* Die Linearität ergibt sich aus den Integrationsregeln für bestimmte Integrale

$$L(f+g) = \int_0^x \big(f(t) + g(t)\big)\,\mathrm{d}t = \int_0^x f(t)dt + \int_0^x g(t)\,\mathrm{d}t = L(f) + L(g)$$

und

$$L(cf) = \int_0^x cf(t)\,\mathrm{d}t = c\int_0^x f(t)\,\mathrm{d}t = cL(f).$$

Es ist

$$L(\mathrm{e}^x) = \int_0^x \mathrm{e}^t\,\mathrm{d}t = \mathrm{e}^t\Big|_0^x = \mathrm{e}^x - 1 \text{ und } L(x^2) = \int_0^x t^2\,\mathrm{d}t = \frac{t^3}{3}\Big|_0^x = \frac{x^3}{3}.$$

**14.7** *Lösung.* Es ist $(D \circ D)(f) = D(D(f)) = D(f') = (f')' = f''$. Somit besteht der Kern von $D$ aus allen Elementen $f$ aus $C^\infty(\mathbb{R}, \mathbb{R})$ mit $f'' = o$, also aus allen Funktionen, deren zweite Ableitung die Nullfunktion ist. Es ist $\mathrm{Kern}(L) = \{f \in C^\infty(\mathbb{R}, \mathbb{R}) \mid f'' = o\}$. Dies sind die affin linearen Funktionen der Form $f(x) = ax + b$, $x \in \mathbb{R}$, und $a$, $b$ reelle Parameter. In Worten: Der Kern von $D \circ D$ im Vektorraum der unendlich oft differenzierbaren Funktionen ist die Menge der affin linearen Funktionen.

**14.8** *Lösung.* Mit $p(x) = a + bx$ ist

$$\int_{-1}^{1} p(x)\,\mathrm{d}x = \int_{-1}^{1} (a + bx)\,\mathrm{d}x = \big[ax + \frac{1}{2}bx^2\big]_{-1}^{1} = a + \frac{1}{2}b - (-a + \frac{1}{2}b) = 2a.$$

Damit besteht der Kern aus allen Polynomfunktionen der Form $p(x) = ax$, $x \in \mathbb{R}$, wobei $a$ ein reeller Parameter ist. Es sind also genau die linearen Funktionen, die den Kern von $J$ im Vektorraum der Polynomfunktionen vom Grad kleiner oder gleich 1 ausmachen.

**14.9** *Lösung.* Die Nullfolge $(0, 0, \ldots)$ ist arithmetisch. Für $(a, a + r_1, a + 2r_1, \ldots)$ und $(b, b + r_2, b + 2r_2, \ldots)$ ist die Summenfolge $(a + b, a + b + (r_1 + r_2), a + b + 2(r_1 + r_2), \ldots)$ arithmetisch; ebenso $(ca, ca + cr_1, ca + 2cr_1, \ldots)$.

Durch $L : Ari \to \mathbb{R}^2$ mit $(a, a + r, a + 2r, \ldots) \mapsto (a, r)$ wird ein Isomorphismus definiert.

**15.1** *Lösung.*

| | |
|---|---|
| | × |
| | |

**15.2** *Lösung.*

| | | | |
|---|---|---|---|
| | × | | |

**15.3** *Lösung.* Da $B = \{\boldsymbol{b}_1 = x, \boldsymbol{b}_2 = 1\}$ eine Basis von $V = \mathbb{R}_{\leq 1}[x]$ ist, gibt es Zahlen $c_1$ und $c_2$ so dass gilt

$$3x + 2 = c_1 \cdot x + c_2 \cdot 1.$$

Da zwei Polynome genau dann gleich sind, wenn deren Koeffizienten gleich sind, ist diese Polynomgleichung genau dann erfüllt, wenn wir das lineare Gleichungssystem

$$\begin{aligned} 3x &= c_1 x \\ 2 &= c_2 \end{aligned}$$

gelöst haben. Die Lösung ist $c_1 = 3$ und $c_2 = 2$. Also ist

$$\boldsymbol{v}_B = \begin{bmatrix} 3 \\ 2 \end{bmatrix} \in \mathbb{R}^2$$

der gesuchte Koordinatenvektor.

Nun ist $\boldsymbol{v}_C$ für die Basis $C = \{\boldsymbol{c}_1 = x - 1, \boldsymbol{c}_2 = 5\}$ gesucht. Es ist

$$3x + 2 = d_1 \cdot (x - 1) + d_2 \cdot 5.$$

genau dann erfüllt, wenn

$$\begin{aligned} 3x &= d_1 x \\ 2 &= -d_1 + 5d_2 \end{aligned}$$

ist. Dieses lineare Gleichungssystem hat die Lösung $d_1 = 3$ und $d_2 = 1$. Folglich ist

$$\boldsymbol{v}_C = \begin{bmatrix} 3 \\ 1 \end{bmatrix}$$

der gesuchte Koordinatenvektor.

**15.4** *Lösung.* Es ist

$$\begin{aligned} 2x^2 - 5x + 6 &= c_1(1) + c_2(x-1) + c_3(x^2 - 2x + 1) \\ &= c_1 + c_2 x - c_2 + c_3 x^2 - 2c_3 x + c_3 \\ &= c_3 x^2 + (c_2 - 2c_1)x + (c_1 - c_2 + c_3) \end{aligned}$$

Da zwei Polynome genau dann gleich sind, wenn deren Koeffizienten gleich sind, ist diese Polynomgleichung genau dann erfüllt, wenn wir das lineare Gleichungssystem

$$\begin{aligned} c_1 - c_2 + c_3 &= 6 \\ c_2 - 2c_3 &= -5 \\ c_3 &= 2 \end{aligned}$$

gelöst haben. Die Lösung ist $c_1 = 3$, $c_2 = -1$ und $c_3 = 2$. Also gilt $\boldsymbol{v} = 3\boldsymbol{b}_1 - \boldsymbol{b}_2 + 2\boldsymbol{b}_3$ und daher ist

$$\boldsymbol{v}_B = \begin{bmatrix} 3 \\ -1 \\ 2 \end{bmatrix}$$

der gesuchte Koordinatenvektor.

**15.5** *Lösung.* Es ist:

$$\begin{aligned} \boldsymbol{v}_{B'} &= \boldsymbol{T}_B^{B'} \boldsymbol{v}_B = (\boldsymbol{T}_{B'}^N)^{-1} \boldsymbol{T}_B^N \boldsymbol{v}_B \\ &= \begin{bmatrix} 2 & 1 & 1 \\ -1 & 1 & 2 \\ 14 & 2 & -1 \end{bmatrix}^{-1} \begin{bmatrix} -1 & 1 & 0 \\ 1 & 0 & 1 \\ 3 & -1 & 1 \end{bmatrix} \begin{bmatrix} -1 \\ -4 \\ -2 \end{bmatrix} \\ &= \begin{bmatrix} -5 & 3 & 1 \\ 27 & -16 & -5 \\ -16 & 10 & 3 \end{bmatrix} \begin{bmatrix} -1 & 1 & 0 \\ 1 & 0 & 1 \\ 3 & -1 & 1 \end{bmatrix} \begin{bmatrix} -1 \\ -4 \\ -2 \end{bmatrix} = \begin{bmatrix} 5 \\ -28 \\ 15 \end{bmatrix}. \end{aligned}$$

Somit ist $\boldsymbol{v}_{B'} = (5, -28, 15) \in \mathbb{R}^3$.

**15.6** *Lösung.* Gegeben ist also der Vektor $\boldsymbol{v}_{\text{alt}} = (1,3,4)$ in der natürlichen Basis $\{\boldsymbol{e}_1 = (1,0,0), \boldsymbol{e}_2 = (0,1,0), \boldsymbol{e}_3 = (0,0,1)\}$.

(a) Gesucht ist der Vektor $\boldsymbol{v}_{\text{neu}}$ in der neuen Basis

$$\{\boldsymbol{u}_1 = (\cos(\pi/4), \sin(\pi/4), 0),\ \boldsymbol{u}_2 = (-\sin(\pi/4), \cos(\pi/4), 0),\ \boldsymbol{u}_3 = (0,0,1)\}.$$

Da die alte Basis die natürliche Basis ist, ist $\boldsymbol{T}_{B=N}^{N}$ die Einheitsmatrix $\boldsymbol{E}_3$ und die Matrix $\boldsymbol{T}_{B'}^{N}$ hat $\boldsymbol{u}_1$, $\boldsymbol{u}_2$ und $\boldsymbol{u}_3$ als Spaltenvektoren. Daher ist

$$\boldsymbol{T}_{B'}^{N} = \begin{bmatrix} \cos(\pi/4) & -\sin(\pi/4) & 0 \\ \sin(\pi/4) & \cos(\pi/4) & 0 \\ 0 & 0 & 1 \end{bmatrix} = \begin{bmatrix} 1/\sqrt{2} & -1/\sqrt{2} & 0 \\ 1/\sqrt{2} & 1/\sqrt{2} & 0 \\ 0 & 0 & 1 \end{bmatrix}.$$

$\boldsymbol{T}_{B'}^{N}$ ist eine orthogonale Matrix. Die inverse Matrix $(\boldsymbol{T}_{B'}^{N})^{-1} = \boldsymbol{T}_{N}^{B'}$ von $\boldsymbol{T}_{B'}^{N}$ ist daher schnell gefunden, denn sie entspricht der Drehung um $-\pi/4$. Oder anders gesagt: Die Inverse ist gleich der Transponierten. Die Koordinaten des Vektors bezüglich der neuen Basis sind somit

$$\boldsymbol{v}_{\text{neu}} = \begin{bmatrix} 1/\sqrt{2} & 1/\sqrt{2} & 0 \\ -1/\sqrt{2} & 1/\sqrt{2} & 0 \\ 0 & 0 & 1 \end{bmatrix} \begin{bmatrix} 1 \\ 3 \\ 4 \end{bmatrix} = \begin{bmatrix} 2\sqrt{2} \\ \sqrt{2} \\ 4 \end{bmatrix}.$$

Mit anderen Worten:

$$\boldsymbol{v}_{\text{neu}} = 2\sqrt{2}\boldsymbol{u}_1 + \sqrt{2}\boldsymbol{u}_2 + 4\boldsymbol{u}_3.$$

(b) Die Matrix, die die Spiegelung an der Ebene $x - y = 0$ beschreibt ist die Matrix

$$\boldsymbol{A} = \begin{bmatrix} 0 & 1 & 0 \\ 1 & 0 & 0 \\ 0 & 0 & 1 \end{bmatrix}.$$

Damit gilt

$$\boldsymbol{v}'_{\text{alt}} = \boldsymbol{A}\boldsymbol{v}_{\text{alt}} = \begin{bmatrix} 0 & 1 & 0 \\ 1 & 0 & 0 \\ 0 & 0 & 1 \end{bmatrix} \begin{bmatrix} 1 \\ 3 \\ 4 \end{bmatrix} = \begin{bmatrix} 3 \\ 1 \\ 4 \end{bmatrix}.$$

Der gespiegelte Vektor hat somit im alten Koordinatensystem die Darstellung $\boldsymbol{v}'_{\text{alt}} = (3,1,4)$.

(c) Nach Satz 15.10 gilt

$$\boldsymbol{A}_{\text{neu}} = (\boldsymbol{T}_{B'}^{N})^{-1}\boldsymbol{A}\boldsymbol{T}_{B'}^{N} = \begin{bmatrix} 1 & 0 & 0 \\ 0 & -1 & 0 \\ 0 & 0 & 1 \end{bmatrix}$$

und damit

$$\boldsymbol{v}'_{\text{neu}} = \boldsymbol{A}_{\text{neu}}\boldsymbol{v}_{\text{neu}} = \begin{bmatrix} 1 & 0 & 0 \\ 0 & -1 & 0 \\ 0 & 0 & 1 \end{bmatrix} \begin{bmatrix} 2\sqrt{2} \\ \sqrt{2} \\ 4 \end{bmatrix} = \begin{bmatrix} 2\sqrt{2} \\ -\sqrt{2} \\ 4 \end{bmatrix}.$$

Der gespiegelte Vektor hat somit im neuen Koordinatensystem die Darstellung $\boldsymbol{v}'_{\text{neu}} = (2\sqrt{2}, -\sqrt{2}, 4)$.

(d) Es ist

$$3\boldsymbol{e}_1 + \boldsymbol{e}_2 + 4\boldsymbol{e}_3 = (3,1,4) = 2\sqrt{2}\boldsymbol{u}_1 - \sqrt{2}\boldsymbol{u}_2 + 4\boldsymbol{u}_3.$$

Das Bild B.18 zeigt den Basiswechsel und die Spiegelung geometrisch.

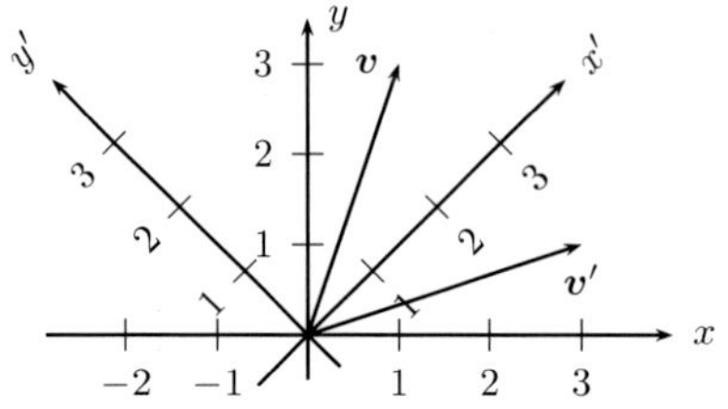


Bild B.18.: Basiswechsel und Darstellungsmatrix bei Basiswechsel

**15.7** *Lösung.* Die Matrizengleichung ist

$$\begin{bmatrix} 2 & 3 \\ 0 & 2 \end{bmatrix} \begin{bmatrix} | & | \\ (\boldsymbol{b}_1)_{B'} & (\boldsymbol{b}_2)_{B'} \\ | & | \end{bmatrix} = \begin{bmatrix} 6 & 10 \\ 3 & 2 \end{bmatrix}.$$

Wir multiplizieren diese Matrizengleichung von links mit $\begin{bmatrix} 2 & 3 \\ 0 & 2 \end{bmatrix}^{-1}$ und erhalten

$$\boldsymbol{T}_B^{B'} = \begin{bmatrix} | & | \\ (\boldsymbol{b}_1)_{B'} & (\boldsymbol{b}_2)_{B'} \\ | & | \end{bmatrix} = \begin{bmatrix} 2 & 3 \\ 0 & 2 \end{bmatrix}^{-1} \begin{bmatrix} 6 & 10 \\ 3 & 2 \end{bmatrix}$$
$$= \frac{1}{4}\begin{bmatrix} 2 & -3 \\ 0 & 2 \end{bmatrix} \begin{bmatrix} 6 & 10 \\ 3 & 2 \end{bmatrix} = \frac{1}{4}\begin{bmatrix} 3 & 14 \\ 6 & 4 \end{bmatrix}.$$

Es ist

$$\boldsymbol{T}_{B'}^{B} = (\boldsymbol{T}_B^{B'})^{-1} = \begin{bmatrix} -2/9 & 7/9 \\ 1/3 & -1/6 \end{bmatrix}.$$

Die Koordinatenvektoren erhalten wir zum Beispiel durch

$$\boldsymbol{v}_B = \boldsymbol{T}_N^B \boldsymbol{v}_N = \begin{bmatrix} 6 & 10 \\ 3 & 2 \end{bmatrix}^{-1} \begin{bmatrix} -4 \\ 1 \end{bmatrix} = \frac{1}{-18}\begin{bmatrix} 2 & -10 \\ -3 & 6 \end{bmatrix} \begin{bmatrix} -4 \\ 1 \end{bmatrix} = \begin{bmatrix} 1 \\ -1 \end{bmatrix}.$$

und

$$\boldsymbol{v}_{B'} = \boldsymbol{T}_B^{B'} \boldsymbol{v}_B = \frac{1}{4}\begin{bmatrix} 3 & 14 \\ 6 & 4 \end{bmatrix} \begin{bmatrix} 1 \\ -1 \end{bmatrix} = \begin{bmatrix} -11/4 \\ 1/2 \end{bmatrix}.$$

Die Koordinatenvektoren von $\boldsymbol{v} = -4 + x$ sind demnach $\boldsymbol{v}_B = (1,-1)$ und $\boldsymbol{v}_{B'} = (-11/4, 1/2)$.

**15.8** *Lösung.* Es ist

$$\boldsymbol{v}_N = \boldsymbol{T}_B^N \boldsymbol{v}_B = \begin{bmatrix} 1 & 1 \\ 1 & 2 \end{bmatrix} \begin{bmatrix} 1 \\ 1 \end{bmatrix} = \begin{bmatrix} 2 \\ 3 \end{bmatrix}.$$

Es ist

$$\boldsymbol{v}_B = \boldsymbol{T}_N^B \boldsymbol{v}_N = \begin{bmatrix} 1 & 1 \\ 1 & 2 \end{bmatrix}^{-1} \begin{bmatrix} 2 \\ 3 \end{bmatrix} = \begin{bmatrix} 2 & -1 \\ -1 & 1 \end{bmatrix} \begin{bmatrix} 2 \\ 3 \end{bmatrix} = \begin{bmatrix} 1 \\ 1 \end{bmatrix}.$$

**15.9** *Lösung.* Es ist $L(\boldsymbol{b}_1) = L(2,1) = (0,-1) = -3/11\boldsymbol{b}_1 - 2/11\boldsymbol{b}_2$ und $L(\boldsymbol{b}_2) = L(-3,4) = (-11,-4) = -56/11\boldsymbol{b}_1 + 3/11\boldsymbol{b}_2$. Also ist

$$\boldsymbol{A}_{B'} = \begin{bmatrix} -3/11 & -56/11 \\ -2/11 & 3/11 \end{bmatrix}.$$

Alternativ ist $\boldsymbol{A}_E = \begin{bmatrix} 1 & -2 \\ 0 & -1 \end{bmatrix}$ und

$$\begin{aligned} \boldsymbol{A}_{B'} &= (\boldsymbol{T}_{B'}^N)^{-1} \boldsymbol{A}_E \boldsymbol{T}_{B'}^N \\ &= \begin{bmatrix} 2 & -3 \\ 1 & 4 \end{bmatrix}^{-1} \begin{bmatrix} 1 & -2 \\ 0 & -1 \end{bmatrix} \begin{bmatrix} 2 & -3 \\ 1 & 4 \end{bmatrix} = \begin{bmatrix} -3/11 & -56/11 \\ -2/11 & 3/11 \end{bmatrix}. \end{aligned}$$

Siehe auch Satz 15.10.

**15.10** *Lösung.* Die Standarddarstellungsmatrix von $L$ ist symmetrisch und daher diagonalisierbar. Eigenvektoren sind daher eine geeignete Basis. Durch Diagonalisierung der Standardarstellungsmatrix

$$\boldsymbol{L}_E = \begin{bmatrix} -2 & 1 & -1 \\ 1 & -2 & -1 \\ -1 & -1 & -2 \end{bmatrix}$$

erhält man zum Beispiel die Eigenvektoren $(-1,-1,1)$, $(-1,1,0)$ und $(1,0,1)$. Sie bilden eine Basis des $\mathbb{R}^3$ bezüglich derer $L$ Diagonalgestalt hat, da die dazugehörige Darstellungsmatrix eine Diagonalmatrix ist.

**15.11** *Lösung.* Nach Algorithmus 27 erhält man:

(a) $\boldsymbol{L}_B^C = \begin{bmatrix} 1 & 2 \\ 2 & -1 \end{bmatrix}$

(b) $\boldsymbol{L}_B^C = \begin{bmatrix} 1 & -1/2 \\ 1 & 3/4 \end{bmatrix}$

(c) $\boldsymbol{L}_B^C = \begin{bmatrix} 3 & 2 \\ -4 & 4 \end{bmatrix}$

(d) $\boldsymbol{L}_B^C = \begin{bmatrix} -2 & 2 \\ 1/2 & 2 \end{bmatrix}$

Es ist $L(1,2) = (1 + (2)(2), (2)(1) - 2) = (5,0)$ und

$$\begin{bmatrix} 1 & 2 \\ 2 & -1 \end{bmatrix} \begin{bmatrix} 1 \\ 2 \end{bmatrix} = \begin{bmatrix} 1 & -1/2 \\ 1 & 3/4 \end{bmatrix} \begin{bmatrix} 3 \\ -4 \end{bmatrix} =$$

$$\begin{bmatrix} 3 & 2 \\ -4 & 4 \end{bmatrix} \begin{bmatrix} 1 \\ 1 \end{bmatrix} = \begin{bmatrix} -2 & 2 \\ 1/2 & 2 \end{bmatrix} \begin{bmatrix} -10/3 \\ -5/6 \end{bmatrix} = \begin{bmatrix} 5 \\ 0 \end{bmatrix}.$$

Es ist

$$\begin{aligned} (5,0)_N &= (1,2)_{\{(1,2),(2,-1)\}} = (3,-4)_{\{(1,1),(-1/2,3/4)\}} \\ &= (1,1)_{\{(3,-4),(2,4)\}} = (-10/3,-5/6)_{\{(-2,1/2),(2,2)\}}. \end{aligned}$$

**15.12** *Lösung.* Wegen $I(\boldsymbol{b}_1) = \boldsymbol{b}_1$, $I(\boldsymbol{b}_2) = \boldsymbol{b}_2$, ..., $I(\boldsymbol{b}_n) = \boldsymbol{b}_n$, also

$$\begin{aligned} I(\boldsymbol{b}_1) &= 1\boldsymbol{b}_1 + 0\boldsymbol{b}_2 + \cdots + 0\boldsymbol{b}_n \\ I(\boldsymbol{b}_2) &= 0\boldsymbol{b}_1 + 1\boldsymbol{b}_2 + \cdots + 0\boldsymbol{b}_n \\ \vdots &= \vdots \\ I(\boldsymbol{b}_n) &= 0\boldsymbol{b}_1 + 0\boldsymbol{b}_2 + \cdots + 1\boldsymbol{b}_n \end{aligned}$$

ergibt sich

$$\boldsymbol{L}_B = \begin{bmatrix} 1 & 0 & \cdots & 0 \\ 0 & 1 & \cdots & 0 \\ \vdots & \vdots & \ddots & \vdots \\ 0 & 0 & \cdots & 1 \end{bmatrix} = \boldsymbol{E}_n.$$

Die identische Abbildung wird bezüglich jeder Basis von $V$ durch die Einheitsmatrix dargestellt.

**15.13** *Lösung.* $L$ ist die orthogonale Projektion auf die $(x,y)$-Ebene; jeder Punkt im $\mathbb{R}^3$ wird auf die $(x,y)$-Ebene orthogonal projiziert. Es ist

$$\boldsymbol{A}_E = \begin{bmatrix} 1 & 0 & 0 \\ 0 & 1 & 0 \\ 0 & 0 & 0 \end{bmatrix}$$

und

$$\begin{aligned} \boldsymbol{A}_{B'} &= (\boldsymbol{T}_{B'}^N)^{-1} \boldsymbol{A}_N \boldsymbol{T}_{B'}^N \\ &= \begin{bmatrix} 1 & 1 & 1 \\ 0 & 1 & 1 \\ 0 & 0 & 1 \end{bmatrix}^{-1} \begin{bmatrix} 1 & 0 & 0 \\ 0 & 1 & 0 \\ 0 & 0 & 0 \end{bmatrix} \begin{bmatrix} 1 & 1 & 1 \\ 0 & 1 & 1 \\ 0 & 0 & 1 \end{bmatrix} = \begin{bmatrix} 1 & 0 & 0 \\ 0 & 1 & 1 \\ 0 & 0 & 0 \end{bmatrix}. \end{aligned}$$

**15.14** *Lösung.* (a) ist richtig, (b) ist falsch, (c) ist falsch und (d) ist richtig.

**15.15** *Lösung.* (a) ist falsch, (b) ist richtig, (c) ist falsch und (d) ist richtig.

**15.16** *Lösung.* Es muss sein

$$L(\boldsymbol{b}_1) = 1\boldsymbol{b}_1' + 3\boldsymbol{b}_2'$$
$$L(\boldsymbol{b}_2) = 2\boldsymbol{b}_1' + (-1)\boldsymbol{b}_2'.$$

Mit $\boldsymbol{b}_1 = (x_1, y_1)$, $\boldsymbol{b}_2 = (x_2, y_2)$, $\boldsymbol{b}_1' = (x_3, y_3)$ und $\boldsymbol{b}_2' = (x_4, y_4)$ können wir die Teilaufgaben wie folgt lösen.

(a) Es ist für $L = I$

$$\underbrace{\begin{bmatrix} x_1 \\ y_1 \end{bmatrix}}_{I(\boldsymbol{b}_1) = \boldsymbol{b}_1} = 1 \underbrace{\begin{bmatrix} x_3 \\ y_3 \end{bmatrix}}_{\boldsymbol{b}_1'} + 3 \underbrace{\begin{bmatrix} x_4 \\ y_4 \end{bmatrix}}_{\boldsymbol{b}_2'}$$

$$\underbrace{\begin{bmatrix} x_2 \\ y_2 \end{bmatrix}}_{I(\boldsymbol{b}_2) = \boldsymbol{b}_2} = 2 \underbrace{\begin{bmatrix} x_3 \\ y_3 \end{bmatrix}}_{\boldsymbol{b}_1'} + (-1) \underbrace{\begin{bmatrix} x_4 \\ y_4 \end{bmatrix}}_{\boldsymbol{b}_2'}$$

Dieses unterbestimmte lineare Gleichungssystem (acht Unbekannte, vier Gleichungen) schreiben wir wie folgt

$$\begin{bmatrix} -1 & 0 & -1 & -3 & 0 & 0 & 0 & 0 \\ 0 & 1 & -2 & 1 & 0 & 0 & 0 & 0 \\ 0 & 0 & 0 & 0 & 1 & 0 & -1 & -3 \\ 0 & 0 & 0 & 0 & 0 & 1 & -2 & 1 \end{bmatrix} \begin{bmatrix} x_1 \\ x_2 \\ x_3 \\ x_4 \\ y_1 \\ y_2 \\ y_3 \\ y_4 \end{bmatrix} = \begin{bmatrix} 0 \\ 0 \\ 0 \\ 0 \end{bmatrix}$$

Eine Lösung dieses Systems ist $(x_1, x_2, x_3, x_4, y_1, y_2, y_3, y_4) = (1, 2, 1, 0, 4, 1, 1, 1)$. Also sind

$$\boldsymbol{b}_1 = (1, 4), \quad \boldsymbol{b}_2 = (2, 1), \quad \boldsymbol{b}_1' = (1, 1), \quad \boldsymbol{b}_2' = (0, 1)$$

gewünschte Basisvektoren.

(b) Es ist

$$\begin{array}{ccccc} \begin{bmatrix} y_1 \\ x_1 \end{bmatrix} & = 1 & \begin{bmatrix} x_3 \\ y_3 \end{bmatrix} & + 3 & \begin{bmatrix} x_4 \\ y_4 \end{bmatrix} \\ L(\boldsymbol{b}_1) & & \boldsymbol{b}_1' & & \boldsymbol{b}_2' \end{array}$$

$$\begin{array}{ccccc} \begin{bmatrix} y_2 \\ x_2 \end{bmatrix} & = 2 & \begin{bmatrix} x_3 \\ y_3 \end{bmatrix} & + (-1) & \begin{bmatrix} x_4 \\ y_4 \end{bmatrix} \\ L(\boldsymbol{b}_2) & & \boldsymbol{b}_1' & & \boldsymbol{b}_2' \end{array}$$

Dieses unterbestimmte lineare Gleichungssystem (acht Unbekannte, vier Gleichungen) schreiben wir wie folgt

$$\begin{bmatrix} 1 & 0 & 0 & 0 & 0 & 0 & -1 & -3 \\ 0 & 1 & 0 & 0 & 0 & 0 & -2 & 1 \\ 0 & 0 & -1 & -3 & 1 & 0 & 0 & 0 \\ 0 & 0 & -2 & 1 & 0 & 1 & 0 & 0 \end{bmatrix} \begin{bmatrix} x_1 \\ x_2 \\ x_3 \\ x_4 \\ y_1 \\ y_2 \\ y_3 \\ y_4 \end{bmatrix} = \begin{bmatrix} 0 \\ 0 \\ 0 \\ 0 \end{bmatrix}$$

Eine Lösung dieses Systems ist $(x_1, x_2, x_3, x_4, y_1, y_2, y_3, y_4) = (1, 2, 0, 1, 3, -1, 1, 0)$. Also sind

$$\boldsymbol{b}_1 = (x_1, y_1) = (1, 3),\ \boldsymbol{b}_2 = (x_2, y_2) = (2, -1),\ \boldsymbol{b}_1' = (x_3, y_3) = (0, 1),\ \boldsymbol{b}_2' = (x_4, y_4) = (1, 0)$$

gewünschte Basisvektoren.

# Literaturverzeichnis

Die Literaturangaben sind alphabetisch nach den Namen der Autoren sortiert.


[1] H. W. ALT. *Lineare Funktionalanalysis.* 4. Auflage. Springer Verlag, 2002 (siehe Seite 329).

[2] H. ANTON. *Lineare Algebra.* Spektrum Verlag, 1998 (siehe Seiten 388, 518, 615).

[3] T. ARENS u. a. *Mathematik.* 2. Auflage. Spektrum Akademischer Verlag, 2012 (siehe Seite 76).

[4] B. ARTMANN. *Lineare Algebra.* 3. Auflage. Birkhäuser Verlag, 1991 (siehe Seite 571).

[5] H.J. BARTSCH. *Taschenbuch Mathematischer Formeln.* 19. Auflage. Fachbuchverlag Leipzig im Carl Hanser Verlag, 2001 (siehe Seite 514).

[6] R. BELLMANN. *Indroduction to Mattrix Analysis.* Society for Industrial und Applied Mathematics, 1997 (siehe Seite 615).

[7] M. BENDER und M. BRILL. *Computergrafik.* Carl Hanser Verlag, 2003 (siehe Seite 435).

[8] D. BERNSTEIN. *Matrix Mathematics.* Princeton University Press, 2009 (siehe Seite 615).

[9] A. BEUTELSPACHER. *Lineare Algebra.* 7. Auflage. Vieweg Verlag, 2009 (siehe Seiten 75, 76, 232, 615).

[10] A. BJÖRCK. *Numerical Methods for Least Squares Problems.* Philadelphia, PA, USA: Society for Industrial und Applied Mathematics, 1996 (siehe Seite 364).

[11] S. BOSCH. *Lineare Algebra.* 4. Auflage. Springer Verlag, 2008 (siehe Seite 615).

[12] T. BRÖCKER. *Lineare Algebra und Analytische Geometrie.* Birkhäuser Verlag, 2003 (siehe Seite 225).

[13] E. BRIESKORN. *Lineare Algebra und Analytische Geometrie.* Vieweg Verlag, 1983 (siehe Seite 569).

[14] R. BRIGOLA. FOURIER-*Analysis und Distributionen.* edition swk, 2012 (siehe Seite 399).

[15] K. BURG, H. HAF und F. WILLE. *Höhere Mathematik für Ingenieure.* 6. Auflage. Band 2. Teubner Verlag, 2008 (siehe Seiten 76, 187, 429, 433).

[16] R. BUSAM und T. EPP. *Prüfungstrainer Lineare Algebra.* Spektrum Akademischer Verlag, 2009 (siehe Seiten 76, 615).

[17] T. BUTZ. FOURIER-*Transformation für Fußgänger.* 6. Auflage. Vieweg+Teubner, 2009 (siehe Seite 399).

[18] E. CAPRANO und K. WIMMER. *Finanzmathematik.* 6. Auflage. Vahlen Verlag, 1999 (siehe Seite 519).

[19] W. DAHMEN und A. REUSKEN. *Numerik für Ingenieure und Naturwissenschaftler*. 2. Auflage. Springer Verlag, 2008 (siehe Seiten 73, 74, 479).

[20] B. DATTA. *Numerical Linear Algebra and Applications*. Society for Industrial und Applied Mathematics, 2010 (siehe Seite 615).

[21] P. DAUME. *Finanzmathematik im Unterricht*. Vieweg+Teubner Verlag, 2009 (siehe Seite 519).

[22] P. DAVIS und R. HERSH. *Erfahrung Mathematik*. Birkhäuser Verlag, 1985 (siehe Seite 1).

[23] J. DEMMEL. *Applied Numerical Linear Algebra*. Society for Industrial und Applied Mathematics, 1997 (siehe Seiten 538, 615).

[24] R. DIESTEL. *Graphentheorie*. 4. Auflage. Springer Verlag, 2010 (siehe Seite 131).

[25] H.-J. DOBNER und B. ENGELMANN. *Analysis 1*. 2. Auflage. Mathematik-Studienhilfen. Fachbuchverlag Leipzig im Carl Hanser Verlag, 2007 (siehe Seiten 231, 615).

[26] J. DONGARRA u. a. *Numerical Linear Algebra for High-Performance Computers*. Philadelphia, PA, USA: Society for Industrial und Applied Mathematics, 1998 (siehe Seite 518).

[27] K. DÜRRSCHNABEL. *Mathematik für Ingenieure*. Teubner Verlag, 2004 (siehe Seite 76).

[28] A. FETZER und H. FRÄNKEL. *Mathematik 1*. 10. Auflage. Springer Verlag, 2008 (siehe Seite 231).

[29] A. FILLER. *Lineare Algebra*. Spektrum Akademischer Verlag, 2011 (siehe Seite 193).

[30] G. FISCHER. *Lineare Algebra*. 17. Auflage. Vieweg Verlag, 2009 (siehe Seiten 26, 76, 435, 479, 608, 615).

[31] M. FRAZIER. *An Introduction to Wavelets through Linear Algebra*. Springer Verlag, 1999 (siehe Seite 399).

[32] T. FREY und M. BOSSERT. *Signal- und Systemtheorie*. 2. Auflage. Vieweg+Teubner, 2008 (siehe Seite 397).

[33] P. FURLAN. *Das gelbe Rechenbuch 1*. Verlag Martina Furlan, 2004 (siehe Seite 76).

[34] F.R. GANTMACHER. *Matrizentheorie*. 1986 (siehe Seite 615).

[35] B. GIROD, R. RABENSTEIN und A. STENGER. *Einführung in die Systemtheorie*. 4. Auflage. Teubner Verlag, 2007 (siehe Seite 397).

[36] G. GOLUB und C. van LOAN. *Matrix Computations*. 3. Auflage. The Johns Hopkins University Press, 1996 (siehe Seiten 56, 63, 73, 327, 479, 518, 549, 615, 621).

[37] G. GRAMLICH. *Eine Einführung in* MATLAB. Skript. `http://www.hs-ulm.de/gramlich`. Hochschule Ulm, 2012 (siehe Seiten 74, 75, 294, 324, 479, 519).

[38] G. GRAMLICH. »Google und Mathematik«. In: *Materialien für einen realitätsbezogenen Unterricht*. Herausgegeben von R. BRUDER und A. EICHLER. Franzbecker, 2010, Seiten 95–108 (siehe Seiten 126, 131, 519).

[39] G. GRAMLICH. *Lineare Algebra. Eine Einführung*. 3. Auflage. Mathematik-Studienhilfen. Fachbuchverlag Leipzig im Carl Hanser Verlag, 2011. ISBN: 978-3446430358 (siehe Seiten ii, 76).

[40] D. von GRÜNIGEN. *Digitale Signalverarbeitung*. 4. Auflage. Hanser Verlag, 2008 (siehe Seite 397).

[41] S. GROSSMANN. *Funktionalanalysis*. 4. Auflage. AULA-Verlag, 1988 (siehe Seite 329).

[42] H. HAARMAN und H. WALPERS. *Lineare Algebra*. 4. Auflage. Merkur Verlag Rinteln, 2011 (siehe Seite 128).

[43] E.G. HAFNER. *Übungsbuch Lineare Algebra*. WILEY-VCH Verlag, 2012 (siehe Seite 76).

[44] W. W. HAGER. *Applied Numerical Linear Algebra*. Prentice Hall, 1988 (siehe Seite 615).

[45] P. HALMOS. *Finite-Dimensional Vector Spaces*. Springer Verlag, 1987 (siehe Seite 615).

[46] P. HARTMANN. *Mathematik für Informatiker*. 5. Auflage. Vieweg+Teubner Verlag, 2012 (siehe Seite 76).

[47] J. HEITZER. *Orthogonalität und Approximation*. Springer Spektrum, 2012 (siehe Seiten 344, 357).

[48] H. HEUSER. *Funktionalanalysis*. 3. Auflage. Teubner Verlag, 1992 (siehe Seiten 231, 329, 344, 571).

[49] H. HEUSER. *Gewöhnliche Differentialgleichungen*. 3. Auflage. Teubner Verlag, 1995 (siehe Seiten 492, 495).

[50] H. HEUSER. *Lehrbuch der Analysis: Teil 1*. 17. Auflage. Teubner Verlag, 2009 (siehe Seite 231).

[51] R. HORN und C. JOHNSON. *Matrix Analysis*. 2. Auflage. Cambridge University Press, 2013 (siehe Seite 615).

[52] R. HORN und C. JOHNSON. *Topics in Matrix Analysis*. Cambridge University Press, 1991 (siehe Seite 549).

[53] B. HUPPERT und W. WILLEMS. *Lineare Algebra*. 2. Auflage. Vieweg+Teubner Verlag, 2010 (siehe Seiten 26, 615).

[54] K. JÄNICH. *Lineare Algebra*. 11. Auflage. Springer Verlag, 2010 (siehe Seiten 26, 76, 479).

[55] C. KANZOW. *Numerik linearer Gleichungssysteme*. Springer Verlag, 2005 (siehe Seite 615).

[56] A. KIELBASINSKI und H. SCHWETLICK. *Numerische lineare Algebra*. Verlag Harry Deutsch, 1988 (siehe Seite 518).

[57] U. KIRCHGRABER und M. BETTINAGLIO. *Lineare Gleichungssysteme*. Technischer Bericht. Department Mathematik, ETH Zürich, 1995 (siehe Seiten 74, 99).

[58] U. KIRCHGRABER, M. BETTINAGLIO und C. WEBER. »Computer-Tomographie«. In: *Materialien für einen realitätsbezogenen Mathematikunterricht*. Herausgegeben von Förster et AL. Verlag Franzbecker, 2000, Seiten 80–85 (siehe Seite 99).

[59] P. KNABNER und W. BARTH. *Lineare Algebra*. Springer Spektrum, 2013 (siehe Seiten 26, 615).

[60] M. KNORRENSCHILD. *Mathematik für Ingenieure 1*. Fachbuchverlag Leipzig im Carl Hanser Verlag, 2009 (siehe Seiten 76, 231, 397).

[61] M. KNORRENSCHILD. *Numerische Mathematik.* 4. Auflage. Mathematik-Studienhilfen. Fachbuchverlag Leipzig im Carl Hanser Verlag, 2010 (siehe Seiten 73, 327, 479, 621).

[62] H. KOBELT und P. SCHULTE. *Finanzmathematik.* 7. Auflage. nwb Verlag, 1999 (siehe Seite 519).

[63] J. KOCH und M. STÄMPFLE. *Mathematik für das Ingenieurstudium.* Fachbuchverlag Leipzig im Carl Hanser Verlag, 2010 (siehe Seite 76).

[64] M. KOECHER. *Lineare Algebra und analytische Geometrie.* 3. Auflage. Springer Lehrbuch, 1992 (siehe Seiten 193, 223, 232).

[65] H.-J. KOWALSKY und G. MICHLER. *Lineare Algebra.* 12. Auflage. Walter de Gruyter Verlag, 2003 (siehe Seite 615).

[66] W. KRABS. *Dynamische Systeme: Steuerbarkeit und chaotisches Verhalten.* Teubner Verlag, 1998 (siehe Seite 131).

[67] L. KRUSCHWITZ. *Finanzmathematik.* Verlag Vahlen, 2006 (siehe Seite 519).

[68] A. N. LANGVILLE und C. D. MEYER. GOOGLE*'s PageRank and Beyond: The Science of Search Engine Rankings.* Princeton und Oxford: Princeton University Press, 2006 (siehe Seiten 126, 131).

[69] E. LEHMANN. *Matrizenrechnung. Anwendungen Teil 2.* Pro BUSINESS Verlag, 2009 (siehe Seite 113).

[70] B. LENZE. *Einführung in die* FOURIER*-Analysis.* logos Verlag, 2000 (siehe Seite 399).

[71] S. LEON. *Linear Algebra with Applications.* 6. Auflage. Prentice Hall, 2002 (siehe Seite 615).

[72] J. LIESEN und V. MEHRMANN. *Lineare Algebra.* Vieweg+Teubner Verlag, 2011 (siehe Seiten 130, 615).

[73] S. LIPSCHUTZ. *Lineare Algebra. Theorie und Anwendung.* Mc Graw-Hill, 1977 (siehe Seite 76).

[74] L. LJUNG. *System Identifikation: Theory for the User.* 2. Auflage. Prentice Hall Information und System Sciences Series, 1999 (siehe Seite 131).

[75] J. LUNZE. *Regelungstechnik 1.* 3. Auflage. Springer Verlag, 2001 (siehe Seite 284).

[76] H. MANN, H. SCHIFFELGEN und R. FRORIEP. *Einführung in die Regelungstechnik.* 7. Auflage. Carl Hanser Verlag, 1997 (siehe Seite 284).

[77] T. MARTIN. *Finanzmathematik.* Mathematik-Studienhilfen. Fachbuchverlag Leipzig im Carl Hanser Verlag, 2003 (siehe Seiten 503, 519).

[78] A. MEISTER. *Numerik linearer Gleichungssysteme.* 4. Auflage. Vieweg Verlag, 2011 (siehe Seiten 327, 615).

[79] A. MERTINS. *Signaltheorie.* 2. Auflage. Vieweg+Teubner Verlag, 2010 (siehe Seiten 329, 397).

[80] W. MERZ und P. KNABNER. *Mathematik für Ingenieure und Naturwissenschaftler.* Springer Spektrum, 2012 (siehe Seite 76).

[81] C. D. MEYER. *Matrix Analysis and Applied Linear Algebra.* Philadelphia, PA, USA: Society for Industrial und Applied Mathematics, 2000 (siehe Seiten 15, 615, 665).

[82] F. MODLER und M. KREH. *Tutorium Analysis 1 und Lineare Algebra 1.* Spektrum Akademischer Verlag, 2010 (siehe Seite 76).

[83] C. MOLER. »Professor SVD«. In: *The MathWorks News&Notes* (2006) (siehe Seite 549).

[84] C. MOLER und C.v. LOAN. »Ninetee Dubious Ways to Compute the Exponential of a Matrix, Twenty-Five Years Later«. In: *SIAM Review* 45.1 (2003), Seiten 3–49 (siehe Seite 519).

[85] H. MUTHSAM. *Lineare Algebra und Anwendungen.* ELSEVIER Spektrum Akademischer Verlag, 2006 (siehe Seite 615).

[86] J. von NEUMANN. *Mathematische Grundlagen der Quantenmechanik.* 2. Auflage. Springer Verlag, 1996 (siehe Seite 572).

[87] H. NEUNZERT u. a. *Analysis 1.* 2. Auflage. Springer Verlag, 1993 (siehe Seite 231).

[88] M. NITSCHKE. *Geometrie.* Mathematik-Studienhilfen. Fachbuchverlag Leipzig im Carl Hanser Verlag, 2005 (siehe Seite 223).

[89] M. NITZSCHE. *Graphen für Einsteiger: Rund um Das Haus vom Nikolaus.* 3. Auflage. Vieweg+Teubner Verlag, 2009 (siehe Seite 131).

[90] D. OHSE. *Mathematik für Wirtschaftwissenschaftler 2, Lineare Wirtschaftsalgebra.* 5. Auflage. Verlag Vahlen, 2005 (siehe Seite 76).

[91] C. P. ORTLIEB u. a. *Mathematische Modellierung. Eine Einführung in zwölf Fallstudien.* Vieweg+Teubner Verlag, 2009 (siehe Seite 485).

[92] B. PARLETT. *The Symmetric Eigenvalue Problem.* Philadelphia, PA, USA: Society for Industrial und Applied Mathematics, 1998 (siehe Seite 615).

[93] R. PLATO. *Numerische Mathematik kompakt.* 4. Auflage. Vieweg Verlag, 2009 (siehe Seiten 327, 479).

[94] T. RIESSINGER. *Mathematik für Ingenieure.* 4. Auflage. Springer Verlag, 2004 (siehe Seite 76).

[95] H. ROMMELFANGER. *Mathematik für Wirtschaftswissenschaftler.* 5. Auflage. Band 2. Spektrum Akademischer Verlag, 2004 (siehe Seite 76).

[96] W. SAWYER. *An Engineering Approach to Linear Algebra.* Cambridge University Press, 1972 (siehe Seite 615).

[97] K. SCHMIDT und G. TRENKLER. *Einführung in der Moderne Matrix-Algebra.* Springer Verlag, 2006 (siehe Seite 615).

[98] H. SCHNEEBELI und H. VOLLMER. *Skalarprodukte, Schwingungen, Signale.* Lulu Verlag, 2005 (siehe Seite 360).

[99] J. SCHWARZE. *Mathematik für Wirtschaftswissenschaftler.* 12. Auflage. Band 3: Lineare Algebra, Lineare Optimierung und Graphentheorie. nwb Verlag, 2005 (siehe Seite 76).

[100] G. SEWELL. *Computational Methods of Linear Algebra.* 2. Auflage. John Wiley & Sons, 2005 (siehe Seite 615).

[101] K. SPINDLER. *Höhere Mathematik*. Verlag Harri Deutsch, 2010 (siehe Seite 76).

[102] O. STEINBACH. *Lösungsverfahren für lineare Gleichungssysteme*. Teubner Verlag, 2005 (siehe Seite 615).

[103] G. W. STEWART. »On The Early History of the Singular Value Decomposition«. In: *SIAM Review* 35.4 (1993), Seiten 551–566 (siehe Seite 549).

[104] G.W. STEWART und J. SUN. *Matrix Perturbation Theory*. Academic Press, Inc., 1990 (siehe Seite 518).

[105] G. STRANG. *Introduction to Linear Algebra*. 4. Auflage. Wellesley-Cambridge Press, 2009 (siehe Seiten 363, 408, 608, 615).

[106] G. STRANG. *Linear Algebra and its Applications*. 3. Auflage. Saunders, 1988 (siehe Seiten 518, 615).

[107] G. TESCHL und S. TESCHL. *Mathematik für Informatiker*. Band 1. Springer Verlag, 2006 (siehe Seite 76).

[108] J. TIETZE. *Einführung in die Finanzmathematik*. 4. Auflage. Vieweg Verlag, 2001 (siehe Seite 519).

[109] U.-P. TIETZE u. a. *Mathematikunterricht in der Sekundarstufe II, Bd.2, Didaktik der Analytischen Geometrie und Linearen Algebra*. Vieweg Verlag, 2000 (siehe Seite 75).

[110] P. TITTMANN. *Graphentheorie*. Mathematik-Studienhilfen. Fachbuchverlag Leipzig im Carl Hanser Verlag, 2003 (siehe Seite 131).

[111] L. N. TREFETHEN und D. BAU. *Numerical Linear Algebra*. Philadelphia, PA, USA: Society for Industrial und Applied Mathematics, 1997 (siehe Seite 615).

[112] H. TRIEBEL. *Höhere Analysis*. 2. Auflage. Verlag Harri Deutsch, 1980 (siehe Seite 571).

[113] V. TURAU. *Algorithmische Graphentheorie*. 2. Auflage. Oldenbourg Verlag, 2004 (siehe Seite 131).

[114] R. UNBEHAUEN. *Systemtheorie 1*. Oldenbourg Verlag, 2002 (siehe Seite 284).

[115] D. WATKINS. *Fundamentals of Matrix Computations*. 2. Auflage. John Wiley und Sons, 2002 (siehe Seite 615).

[116] J. WEIDMANN. *Lineare Operatoren in Hilberträumen, Teil 1: Grundlagen*. Teubner Verlag, 2000 (siehe Seiten 231, 329, 480, 571).

[117] D. WERNER. *Funktionalanalysis*. 6. Auflage. Springer Verlag, 2007 (siehe Seite 329).

[118] H. WEYL. *Raum. Zeit. Materie*. 4. Auflage. Springer Verlag, 1921 (siehe Seiten 232, 615).

[119] T. WHILER. *Mathematik für Naturwissenschaften: Einführung in die Lineare Algebra*. Haupt Verlag, 2012 (siehe Seite 76).

[120] K.-U. WITT. *Lineare Algebra für die Informatik*. Springer Vieweg, 2013 (siehe Seite 76).

[121] R. WÜST. *Mathematik für Physiker und Mathematiker*. 3. Auflage. Band 1: Reelle Analysis und Lineare Algebra. WILEY-VCH Verlag, 2009 (siehe Seite 76).

[122] S. XU. *An Introduction to Inverse Algebraic Eigenvalue Problems*. Vieweg Verlag, 1998 (siehe Seite 518).

# Symbole und Bedeutungen. Alphabet

| *Mathematisches Symbol* | *Bedeutung* |
|---|---|
| $\mathbb{N}$ | Menge der natürlichen Zahlen (ohne Null) |
| $\mathbb{N}_0 = \mathbb{N}_{\geq 0}$ | Menge der natürlichen Zahlen (mit Null) |
| $\mathbb{R}$ | Menge der reellen Zahlen |
| $\mathbb{R}_{\geq 0}$ | Menge der nicht negativen reellen Zahlen |
| $\mathbb{R}_{>0}$ | Menge der positiven reellen Zahlen |
| $\mathbb{R}^n$ | Reeller Vektorraum der reellen $n$-Vektoren |
| $\mathbb{R}^{m \times n}$ | Reeller Vektorraum der reellen $(m, n)$-Matrizen |
| $\mathbb{R}_r^{m \times n}$ | Menge der reellen $(m, n)$-Matrizen mit Rang $r$ |
| $\mathbb{R}_n^{n \times n}$ | Menge der reellen regulären $(n, n)$-Matrizen |
| $\boldsymbol{A}, \boldsymbol{B}, \boldsymbol{C}, \ldots$ | Matrizen |
| $\boldsymbol{a}, \boldsymbol{b}, \boldsymbol{c}, \ldots$ | Vektoren, Spaltenmatrizen |
| $\boldsymbol{a}^{\mathrm{T}}, \boldsymbol{b}^{\mathrm{T}}, \boldsymbol{c}^{\mathrm{T}}, \ldots$ | Zeilenmatrizen |
| $a, b, c, \ldots, \alpha, \beta, \gamma, \ldots$ | Skalare |
| $\boldsymbol{E}$, $\boldsymbol{E}_n$ | Einheitsmatrix, Einheitsmatrix der Größe $n$ |
| $\boldsymbol{O}$ | Nullmatrix |
| $\boldsymbol{A}^{\mathrm{T}}$ | Transponierte Matrix von $\boldsymbol{A}$ |
| $\mathrm{Det}(\boldsymbol{A})$ | Determinante von $\boldsymbol{A}$ |
| $\mathrm{Diag}(d_1, \ldots, d_n)$ | Diagonalmatrix |
| $\boldsymbol{A}^{-1}$ | Inverse der regulären Matrix $\boldsymbol{A}$ |
| $\boldsymbol{A}^{+}$ | Pseudoinverse von $\boldsymbol{A}$ |
| $Lin(\boldsymbol{v}_1, \boldsymbol{v}_2, \ldots, \boldsymbol{v}_n)$ | Die Menge aller Linearkombinationen von $\boldsymbol{v}_1, \boldsymbol{v}_2, \ldots, \boldsymbol{v}_n$ |
| $S(\boldsymbol{A})$ | Spaltenraum (Bildraum) von $\boldsymbol{A}$ |
| $N(\boldsymbol{A})$ | Nullraum (Kern) von $\boldsymbol{A}$ |
| $Z(\boldsymbol{A})$ | Zeilenraum von $\boldsymbol{A}$ |
| $\mathrm{Rang}(\boldsymbol{A})$ | Rang von $\boldsymbol{A}$ |
| $\boldsymbol{e}_i$ | $(0, \ldots, 0, 1, 0, \ldots, 0)$ |
| $(\boldsymbol{e}_1, \boldsymbol{e}_2, \boldsymbol{e}_3)$, $(\boldsymbol{i}, \boldsymbol{j}, \boldsymbol{k})$ | natürliche Basisvektoren im $\mathbb{R}^3$ |
| $\boldsymbol{e}_1, \ldots, \boldsymbol{e}_n$ | natürliche Basisvektoren im $\mathbb{R}^n$ |
| $\boldsymbol{v} \perp \boldsymbol{w}$ | Orthogonale Vektoren, d.h. $\boldsymbol{v} \cdot \boldsymbol{w} = 0$ |
| $\boldsymbol{o}$ | Nullvektor |
| $\lvert\boldsymbol{v}\rvert$ | Die EUKLIDische Länge des Vektors $\boldsymbol{v}$ |
| $\boldsymbol{eins}$ | Vektor mit lauter Einsen als Elemente |
| $\boldsymbol{Eins}$ | Matrix mit lauter Einsen als Elemente |
| $U, V, W, \ldots$ | Vektorräume (lineare Räume) |
| $U_1 + U_2$ | Summe zweier Untervektorräume |
| $U_1 \oplus U_2$ | Direkte Summe zweier Untervektorräume |
| $U^{\perp}$ | Das orthogonale Komplement des Unterraumes $U$ |
| $L, M, \ldots$ | Lineare Abbildungen |

| | |
|---|---|
| $L : V \to W$ | Lineare Abbildung von $V$ nach $W$ |
| $L : \mathbb{R}^n \to \mathbb{R}^m$ | Lineare Abbildung von $\mathbb{R}^n$ nach $\mathbb{R}^m$ |
| $I : V \to V$ | Identische lineare Abbildung von $V$ nach $V$, $\boldsymbol{v} \mapsto \boldsymbol{v}$ |
| $L_1 \oplus L_2$ | Direkte Summe der linearen Abbildungen $L_1$ und $L_2$ |
| $\mathrm{Kern}(L)$ | Kern von $L$ |
| $\mathrm{Bild}(L)$ | Bild von $L$ |
| $\boldsymbol{A}_E$, $\boldsymbol{A}_N$, $\boldsymbol{L}$ | Natürliche Darstellungsmatrix von $L$ |
| $C^k(\mathbb{R}, \mathbb{R})$ | Menge der $k$-mal stetig differenzierbaren Funktionen von $\mathbb{R}$ nach $\mathbb{R}$ |
| $\mathbb{R}_{\leq n}[x]$ | Polynomfunktionen vom Grad kleiner gleich $n$ |
| $\boldsymbol{L}_B^{B'}$ | Darstellungsmatrix von $L : V \to W$; $B$ Basis in $V$, $B'$ Basis in $W$ |
| $K_B$ | Koordinatenabbildung von $\mathbb{R}^n$ nach $V$ |
| $\boldsymbol{T}_B^{B'}$ | Basisübergangsmatrix von $B$ nach $B'$ |
| $Eig(\lambda)$ | Eigenraum zum Eigenwert $\lambda$ |

## Das Griechische Alphabet

| *Großbuchstabe* | *Kleinbuchstabe* | *Name* | LATEINISCHES *Analogon* |
|---|---|---|---|
| A | $\alpha$ | Alpha | A,a |
| B | $\beta$ | Beta | B,b |
| $\Gamma$ | $\gamma$ | Gamma | C,c,G,g |
| $\Delta$ | $\delta$ | Delta | D,d |
| E | $\epsilon$, $\varepsilon$ | Epsilon | E,e |
| Z | $\zeta$ | Zeta | Z,z |
| H | $\eta$ | Eta | Y,y,H,h |
| $\Theta$ | $\theta$, $\vartheta$ | Theta | |
| I | $\iota$ | Iota | I,i |
| K | $\kappa$ | Kappa | K,k |
| $\Lambda$ | $\lambda$ | Lambda | L,l |
| M | $\mu$ | Mu | M,m |
| N | $\nu$ | Nu | N,n,V,v |
| $\Xi$ | $\xi$ | Xi | X,x |
| O | o | Omicron | O,o |
| $\Pi$ | $\pi$ | Pi | P,p |
| P | $\rho$, $\varrho$ | Rho | R,r |
| $\Sigma$ | $\sigma$, $\varsigma$ | Sigma | S,s |
| T | $\tau$ | Tau | T,t |
| $\Upsilon$ | $\upsilon$ | Upsilon | U,u |
| $\Phi$ | $\phi$, $\varphi$ | Phi | F,f |
| X | $\chi$ | Chi | |
| $\Psi$ | $\psi$ | Psi | |
| $\Omega$ | $\omega$ | Omega | W,w |

# Namen- und Stichwortverzeichnis

Alle **fett** gedruckten Seitenzahlen sind Referenzen auf die Definition des jeweiligen Begriffs. Demgegenüber geben normal gedruckte Seitenzahlen die Seiten der Verwendung des jeweiligen Begriffs wieder.